Weis · Marketing

D1924628

umweltfreundlich

... weil auf chlor- und säurefrei gefertigtem Papier gedruckt

Sie finden uns im Internet unter: www.kiehl.de

Kompendium der praktischen Betriebswirtschaft

Herausgeber Prof. Dipl.-Kfm. Klaus Olfert

Marketing

von

Prof. Dr. Hans Christian Weis

13., überarbeitete und aktualisierte Auflage

Kiehl

Herausgeber:

Prof. Dipl.-Kfm. Klaus Olfert
Hochschule für Technik, Wirtschaft und Kultur Leipzig
Fachbereich Wirtschaftswissenschaften
Postfach 66, 04251 Leipzig

ISBN 3 470 **51273** 6 · 13. Auflage · 2004
© Friedrich Kiehl Verlag GmbH, Ludwigshafen (Rhein), 1977
Alle Rechte vorbehalten. Das Werk und seine Teile sind urheberrechtlich geschützt. Jede Nutzung in anderen als den gesetzlich zugelassenen Fällen bedarf der vorherigen schriftlichen Einwilligung des Verlages. Hinweis zu § 52 a UrhG: Weder das Werk noch seine Teile dürfen ohne eine solche Einwilligung eingescannt und in ein Netzwerk eingestellt werden. Dies gilt auch für Intranets von Schulen und sonstigen Bildungseinrichtungen.
Druck: Druckhaus Beltz, Hemsbach – wa

Kompendium der praktischen Betriebswirtschaft

Das Kompendium der praktischen Betriebswirtschaft soll dazu dienen, das allgemein anerkannte und praktisch verwertbare Grundlagenwissen der modernen Betriebswirtschaftslehre praxisgerecht, übersichtlich und einprägsam zu vermitteln.

Dieser Zielsetzung gerecht zu werden, ist gemeinsames Anliegen des Herausgebers und der Autoren, die durch ihr Wirken an Hochschulen, als leitende Mitarbeiter von Unternehmen und in der betriebswirtschaftlichen Unternehmensberatung vielfältige Kenntnisse und Erfahrungen sammeln konnten.

Das Kompendium der praktischen Betriebswirtschaft umfasst mehrere Bände, die einheitlich gestaltet sind und jeweils aus zwei Teilen bestehen:

- Dem **Textteil**, der systematisch gegliedert sowie mit vielen Beispielen und Abbildungen versehen ist, welche die Wissensvermittlung erleichtern. Zahlreiche Kontrollfragen mit Lösungshinweisen dienen der Wissensüberprüfung. Umfassende Literaturverzeichnisse zu jedem Kapitel verweisen auf die verwendete und weiterführende Literatur.

- Dem **Übungsteil**, der eine Vielzahl von Aufgaben und Fällen enthält, denen sich ausführliche Lösungen anschließen, die schrittweise und in verständlicher Form in die betriebswirtschaftlichen Fragestellungen einführen.

Als praxisorientierte Fachbuchreihe wendet sich das Kompendium der praktischen Betriebswirtschaft vor allem an:

- **Studierende** der Fachhochschulen und Universitäten, Akademien und sonstigen Institutionen, denen eine systematische Einführung in die betriebswirtschaftlichen Teilgebiete vermittelt werden soll, die eine praktische Umsetzbarkeit gewährleistet.

- **Praktiker** in den Unternehmen, die sich innerhalb ihres Tätigkeitsfeldes weiterbilden, sich einen fundierten Einblick in benachbarte Bereiche verschaffen oder sich eines umfassenden betrieblichen Handbuches bedienen wollen.

Für Anregungen, die der weiteren Verbesserung der Fachbuchreihe dienen, bin ich dankbar.

Klaus Olfert
Herausgeber

Vorwort zur 13. Auflage

Die zwölfte Auflage hat sich seit über 25 Jahren als grundlegendes Standardwerk des Marketing bewährt, wobei sich in diesem Zeitraum gewaltige Veränderungen im Marketing vollzogen haben. Stets wurden diese neuen Konzepte und Entwicklungen soweit erforderlich berücksichtigt.

Die turbulente und dynamische Entwicklung in Wirtschaft und Marketing war nunmehr auch Anlass zu einer allgemeinen Überarbeitung und Aktualisierung über den üblichen Rahmen hinaus, sodass sich der Leser aktuell über Stand und Entwicklungstendenzen im Marketing informieren kann. Aufgrund der gewaltigen Stoffvielfalt im Marketing und um den Gesamteindruck von und über Marketing zu gewährleisten, war es notwendig, sich auf die wesentlichen Inhalte des Marketing zu beschränken. Interessierte Leser, die sich intensiver mit verschiedenen Problemkreisen auseinander setzen wollen, werden in der vom Verfasser herausgegebenen Reihe „Modernes Marketing für Studium und Praxis" einen differenzierteren Einblick bekommen.

In der vorliegenden Konzeption wurden insbesondere Fragen zu Customer Relationship Management (CRM), Online-Marketing, E-Commerce, Online-Marktforschung, Multichannel-Distribution, Marketing-Controlling und Kundenbindung noch intensiver behandelt. So wurden u.a. die Abschnitte über Internationales Marketing, Online-Marketing, CRM, Garantieleistungspolitik, Multichannel-Absatzsysteme, Marketing-Logistik und Marketing-Controlling völlig neu konzipiert. Darüber hinaus wurden die übrigen Abschnitte teilweise völlig überarbeitet und aktualisiert.

Die vorliegende Konzeption will Leserinnen und Lesern aktuell, anwendungsorientiert, allgemein verständlich und wissenschaftlich gesichert einen Überblick über den Marketingbereich vermitteln. Die Darstellung wurde bewusst anschaulich, benutzerfreundlich und lerneffizient gestaltet, sodass dieses Buch für Studenten, Marketingfachleute aber auch für alle am Marketing allgemein Interessierte geeignet ist.

Möge die vorliegende aktualisierte und intensiv überarbeitete 13. Auflage eine ebenso gute Aufnahme bei allen Leserinnen und Lesern finden wie die bisherigen erfolgreichen zwölf Auflagen.

Für Anregungen und Hinweise aus Wissenschaft und Praxis danke ich allen Kollegen, Leserinnen und Lesern. Mein besonderer Dank gilt allen Teilnehmern meiner Lehrveranstaltungen und Seminare sowie meinen ehemaligen und gegenwärtigen Mitarbeitern und -innen, die zum Erfolg dieses Buches beigetragen haben.

Mönchengladbach, im November 2003

Hans Christian Weis

Benutzungshinweis

Kontrollfragen

Die Kontrollfragen dienen der Wissenskontrolle. Sie finden sich am Ende eines jeden Kapitels. Zur Wissenskontrolle wird folgende Vorgehensweise vorgeschlagen:

- Beantwortung der Kontrollfragen und Vermerk in der Spalte »bearbeitet«.
- Vergleich der beantworteten Kontrollfragen mit den in der Spalte »Lösungshinweis« gegebenen Textstellen.
- Vermerk in der Spalte »Lösung«, ob die beantworteten Kontrollfragen befriedigend (+) oder unbefriedigend (-) gelöst wurden.

Aufgaben/Fälle

Die Aufgaben/Fälle im Übungsteil dienen der Wissens- und Verständniskontrolle. Auf sie wird jeweils im Textteil hingewiesen:

01 Seite ...

02 Seite ...

03 Seite ...

04 Seite ...

05 Seitc ...

.
.
.

Der Übungsteil befindet sich als »blauer Teil« am Ende des Buches. Es wird empfohlen, die Aufgaben/Fälle unmittelbar nach Bearbeitung der entsprechenden Textstellen zu lösen.

Inhaltsverzeichnis

Übungsteil (Aufgaben/Fälle)

A. Grundlagen

Das Eindringen des aus dem Amerikanischen übernommenen Wortes **Marketing** kann nur im Rahmen der wirtschaftlichen Entwicklung in Deutschland nach dem 2. Weltkrieg gesehen werden.

Während man sich in den USA schon seit den 20er-Jahren mit Zielen und Aufgaben des Marketing beschäftigte, begann man in Deutschland erst dann sich eingehender mit Marketing zu beschäftigen, als der Verkäufermarkt, der nach 1945 vorhanden war, sich allmählich in einen Käufermarkt wandelte (ab 1960 etwa).

Als **Käufermarkt** bezeichnet man einen Markt, in dem das Angebot an Gütern die Nachfrage übersteigt und der Käufer oder Verbraucher auf dem Markt aus einer Vielzahl von Angeboten auswählen kann.

Ein **Verkäufermarkt** ist dadurch gekennzeichnet, dass die Nachfrage größer als das Angebot ist, d.h. dass ein Nachfrageüberhang besteht. Bei einer derartigen Absatzmarktsituation, wie sie zum Teil bis Ende der fünfziger Jahre in Deutschland bestand, war die Marktorientierung von untergeordneter Bedeutung. In einem Verkäufermarkt stellen für ein Unternehmen die Probleme in den Bereichen Produktion, Finanzierung und Beschaffung meist typische Engpässe dar, während der Absatz problemlos ist.

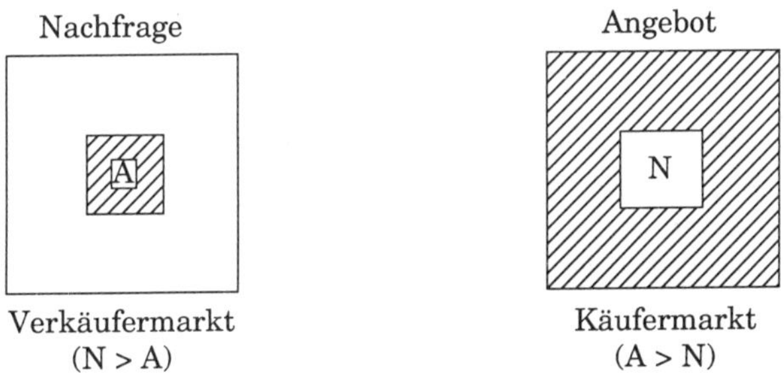

Mit dem Wandel vom Verkäufermarkt zum Käufermarkt waren die Unternehmen gezwungen, sich auf die Probleme, Wünsche und Bedürfnisse der potenziellen Abnehmer mit ihren Leistungen (Produkten, Dienstleistungen) einzustellen. Es war also erforderlich, das Unternehmen vom Absatzmarkt her zu führen. Es ergab sich nunmehr eine intensive Beschäftigung mit dem Marketing und seinen verschiedenen Instrumenten, was eine Ablösung vom produktionsorientierten Denken **zum marktorientierten Führen** eines **Unternehmens** mit sich brachte. Im Vordergrund stand nunmehr die Beschäftigung mit dem Markt und seinen Möglichkeiten (vgl. Abb.)

Kriterium	**Verkäufermarkt**	**Käufermarkt**
Wirtschaftliche Situation	Knappheitswirtschaft	Überflussgesellschaft
Nachfrage	Nachfrage → Angebot	Angebot → Nachfrage
Engpass	Produktion, Beschaffung	Absatz
Bedeutung der betrieblichen Teilfunktion	Primat der Produktion/ Beschaffung	Primat des Marketing
Vorrangige betriebliche Anstrengungen	Optimierung der Produktions- und Beschaffungsaktivitäten	Optimale Marktposition, Optimierung des Marketing

Verkäufer- und Käufermarkt im Vergleich

1. Marketing

Versucht man in Praxis und Wissenschaft einen einheitlichen Inhalt und Begriff für Marketing zu finden, so stellt man fest, dass Marketing keineswegs einheitlich verstanden wird.

Die Bezeichnung Marketing wurde lange Zeit in Deutschland sogar gemieden und wurde früher oft in vielen Gebieten durch andere Bezeichnungen ersetzt. So wundert es nicht, dass verschiedene Autoren zu unterschiedlichen Begriffen gelangen.

Lange wurde dann Marketing mit **marktorientierter Unternehmensführung** gleichgesetzt (z. B. *Tietz, Engelhardt, Fritz* u. a.). Dabei stand die Ausrichtung aller Unternehmensaktivitäten auf die Marktsituation sowie die Orientierung auf die Abnehmer und den Wettbewerber im Vordergrund.

Die American Marketing Association kam 1985 zu folgender Definition für Marketing: „Marketing ist der Planungsprozess der Konzeption, Preisgestaltung, Promotion und Distribution von Produkten und Dienstleistungen um Austauschprozesse zu erreichen, die individuelle und organisationale Ziele erfüllen" (AMA 1985).

Für *Meffert* (1998) bedeutet in der klassischen Interpretation „Marketing die Planung, Koordination und Kontrolle aller auf die aktuellen und potenziellen Märkte ausgerichteten Unternehmensaktivitäten. Durch eine dauerhafte Befriedigung der Kundenbedürfnisse sollen die Unternehmensziele verwirklicht werden."

Kotler / Bliemel (1999) sehen „Marketing als einen Prozess im Wirtschafts- und Sozialgefüge, durch den Einzelpersonen und Gruppen ihre Bedürfnisse befriedigen, indem sie Produkte und andere Dinge von Wert erzeugen, anbieten und miteinander austauschen".

Wie man sieht, ist auch noch heute der Begriff des Marketing einem permanenten Wandel unterworfen und mit keinem einheitlichen Vorstellungsbild verbunden.

Am zutreffendsten lässt sich **Marketing** u.E. kennzeichnen, wenn man seine **Wesensmerkmale** skizziert, die sind:

- Führungsphilosophie.
- Instrument der Bedürfnisbefriedigung aller Beteiligten.
- Absatz- und Kundenorientierung aller Unternehmensbereiche.
- Zielorientierte, rational vorgeplante Ausrichtung sämtlicher Aktivitäten auf den Markt hin.
- Anpassung der Organisation des Unternehmens auf die Ziele der Aktivitäten.
- Kreativ systematische Marktsuche und Markterschließung, die den systematischen Einsatz der Marketingforschungsinstrumente bedingt.
- Denken in Systemen sowohl innerhalb des Marketingbereiches als auch im System des Unternehmens und der Umwelt.
- Anwendung des Prinzips der differenzierten Marktbearbeitung, d. h. die analytische Aufteilung des Marktes und den selektiven Einsatz der einzelnen Aktivitäten.
- Berücksichtigung der ökologischen und gesellschaftlichen Bedingungen.

Aus der Überprüfung dieser Wesensmerkmale und der Analyse der gegenwärtig vorhandenen Fachliteratur lässt sich über Marketing Folgendes aussagen:

Heute wird **Marketing** überwiegend als Ausdruck für eine **umfassende Philosophie und Konzeption des Planens und Handelns** gesehen, bei der – ausgehend von systematisch gewonnenen Informationen – **alle Aktivitäten eines Unternehmens konsequent auf die gegenwärtigen und künftigen Erfordernisse der Märkte** ausgerichtet werden, mit dem Ziel der **Befriedigung von Bedürfnissen** des Marktes und der **individuellen Ziele**.

Stark vereinfacht lässt sich Marketing – als Führung vom Markte her –, seine **Philosophie** und **Konzeption**, seine **funktionelle Durchführung** sowie die **organisatorische Integration** schaubildlich wie folgt darstellen.

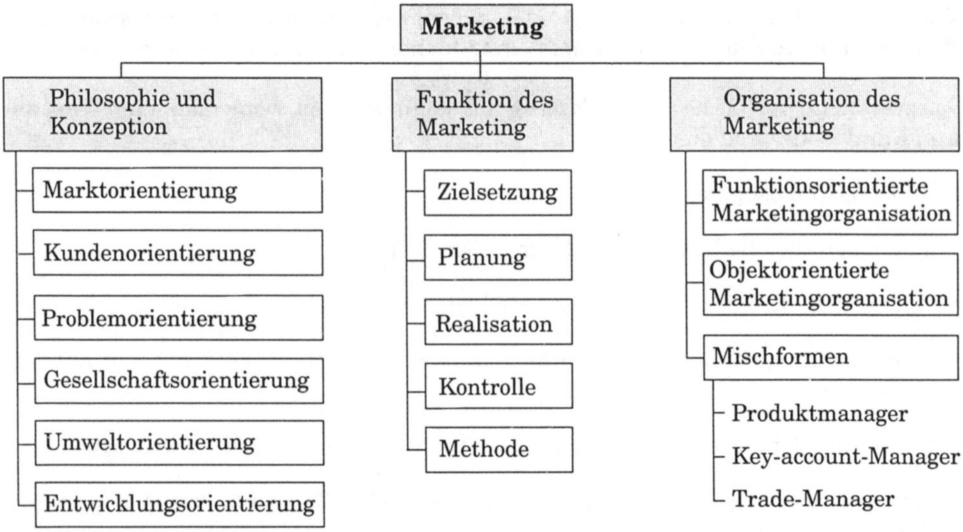

Ausprägung des Marketingkonzepts

So kann man u. a. in die Grundrichtungen Beschaffungs-, Absatz- und Internes Marketing unterscheiden (vgl. Abb. S. 21). Beschaffungsmarketing beschäftigt sich mit der Förderung und Optimierung der Beschaffungssituation, während Absatzmarketing zum Einsatz des Absatzes von Gütern und Dienstleistungen eingesetzt wird.

Internes Marketing bedeutet die Übertragung des externen Marketingkonzepts auf die Ausgestaltung der unternehmensinternen Austauschprozesse.

Nach *Stauss* findet internes Marketing in drei Formen statt, als

- Kundenorientierung aller Mitarbeiter
- Kundenorientiertes Prozessmanagement
- Kooperationsmarketing in Unternehmenskooperationen.

Dimensionen des Marketing

Die Ausweitung und weitergehende Differenzierung des Marketingbegriffs zeigt sich auch an den vielfältigen speziellen Erscheinungsformen des Marketing, z. B. nach:

- **betrieblichen Funktionen**, auf das der Marketingansatz angewendet wird, in **Beschaffungsmarketing**, **Finanzmarketing** oder **Personalmarketing**,
- **Objekten**, mit denen sich Marketing befasst wie z. B. in **Konsumgüter**-, **Investitionsgüter**- bzw. **Dienstleistungsmarketing**,
- **Subjekten** (Rechtsträgern) des Marketing wie z. B. in **Herstellermarketing** und **Handelsmarketing**,
- dem Vorgehen auf verschiedenen Märkten wie z. B. **Lokalem**, **Nationalem**, **Internationalem**, **Multinationalem** und **Global-Marketing**,

- den **spezifischen Aufgaben des Marketing** (*Kotler*) in Konversions-Marketing, Anreizmarketing, Entwicklungsmarketing, Revitalisierungsmarketing, Synchro-Marketing, Erhaltungsmarketing, Reduktions-Marketing, Kontra-Marketing,

- **Anwendergruppen des Marketing** in **Business Marketing** und **Marketing für Nonprofit-Organisationen**.

  Hierin zeigt sich eindeutig die Ausdehnung des Marketingkonzepts auch auf die öffentlichen und privaten nicht erwerbswirtschaftlichen Organisationen (wie Gemeinden, Städte, Bundesländer, Schulen, Krankenhäuser, Parteien usw.). Als Hauptgrund lässt sich hier insbesondere anführen, dass der Wettbewerb zwischen diesen Organisationen auf immer mehr gesättigten Märkten die Übernahme des Marketinggedanken nahelegen musste.

  Welche Bedeutung Marketing heute für die Wirtschaft in der Bundesrepublik hat, zeigt sich unter anderem daran, dass jährlich ca. 30 Milliarden € für die Realisierung des Marketing ausgegeben wurden und etwa 20 % aller Beschäftigten (ca. 6 Millionen) in den zum Marketing gehörenden Funktionsbereichen tätig sind.

Zu den Stellen im Unternehmen, die insbesondere über ein aktuelles Wissen im Marketing verfügen sollten, gehören u. a.

- die Geschäfts- und Unternehmensleitung
- alle im Marketing- und Verkaufsbereich Tätigen, wie z. B.
  - Marketingleiter
  - Marketingassistenten
  - Marktforscher
  - Produktmanager
  - Key-Account-Manager
  - Trademanager
  - Verkaufs- und Vertriebsleiter
  - Verkäufer
  - Kundendienstmitarbeiter
  - Vertriebsingenieure
  - Werbeleiter
  - Category Manager
  - Brand-Manager
  - Content-Manager
  - Werbeassistenten
  - Marketingcontroller
  - Vertriebscontroller
  - Exportleiter
  - Niederlassungsleiter
  - PR-Manager
  - Verkaufstrainer
  - Verkaufsförderer
  - Mitarbeiter in Werbeagenturen
  - Handelsmanager
  - Reward and Recognition Manager
  - Marketingberater usw.

Im Hinblick auf die Einsatzmöglichkeiten für Hochschulabsolventen mit Schwerpunkt Marketing geben die Untersuchungen von *Köhler, R.* (1995 und 1998) wertvolle Hinweise.

Funktionsbereiche	1998	1995
1. Strategisches Marketing/ Marketing Planung	54,6 %	51,5 %
2. Produktmanagement	47,3 %	48,0 %
3. Marktforschung	40,0 %	43,9 %
4. Vertrieb	37,3 %	51,5 %
5. Marketing-Controlling	35,1 %	34,5 %
6. Werbung	33,7 %	36,8 %
7. Kundenmanagement	32,8 %	36,8 %
8. Verkaufsförderung	32,8 %	38,0 %
9. Verkaufsaußendienst	23,7 %	30,4 %
10. Public Relations	22,8 %	24,6 %

Einstiegsmöglichkeiten für Marketingabsolventen

Quelle: *Köhler, Habann, Hahne* in asw 1/1999

Anforderungen	1998	1995
1. Vertrieb	3,86	3,75
2. Preispolitik	3,67	3,51
3. Internationales Marketing	3,60	3,30
4. Verkaufsförderung	3,60	3,70
5. Marktforschung	3,56	3,49
6. EDV im Marketing	3,52	3,49
7. Marketing-Controlling	3,43	3,47
8. Werbung	3,37	3,55
9. Direct Marketing	3,36	keine Angabe
10. Budgetierung	3,34	3,35
11. Multimediaanwendungen	3,29	keine Angabe
12. Database Marketing	3,14	3,26
13. Kosten-Leistungs-Rechnung	3,14	3,22
14. Verkaufsaußendienst	3,05	3,33
15. Trade Marketing	3,04	3,12
16. Public Relations	3,00	3,11

Fachliche Anforderungen an Marketingabsolventen
Beurteilung: 1 = sehr unwichtig
5 = sehr wichtig

Quelle: *Köhler, Habann, Hahne* in asw 1/1999

Für 1998 liegt dabei strategisches Marketing und Produktmanagement an der Spitze. Obgleich Vertrieb 1998 nur den 4. Platz einnimmt, werden die fachlichen Anforderungen im Vertriebsbereich in den gleichen Unternehmungen mit der höchsten Wichtigkeit ausgewiesen. Im Hinblick auf die fachlichen Anforderungen weist vor allem internationales Marketing eine zunehmende Bedeutung aus.

Nach der Staufenbiel-Studie 1999 werden die meisten Tätigkeitsfelder für Wirtschaftsakademiker im Verkauf/Vertrieb ausgewiesen.

Relevante Tätigkeitsfelder für Wirtschaftsakademiker (150 Unternehmen)	
	Nennungen
Verkauf / Vertrieb	66
Finanz- / Rechnungswesen	49
Marketing / Produktmanagement	43
Controlling	42
Beratung	29

Im Hinblick auf die Vergütung liegen die Gesamtbezüge Leitender Mitarbeiter und den dazugehörenden Funktionen an der Spitze der Gesamtbezüge:

Vertriebs-/Marketingfunktionen

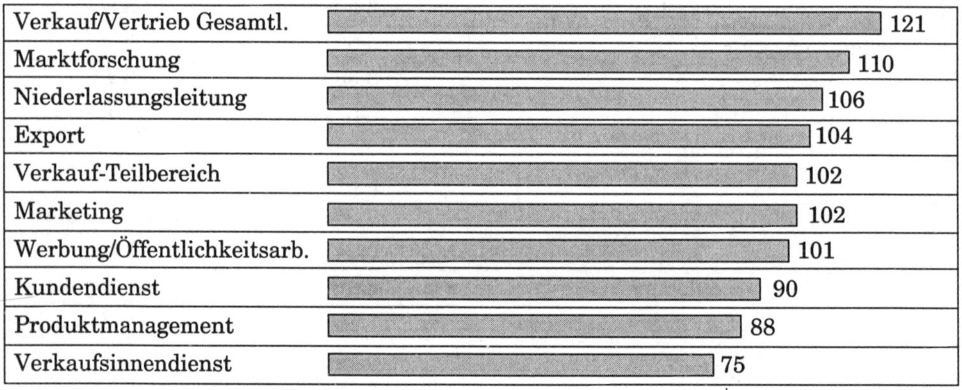

Gesamtbezüge Leitender Angestellter nach Funktion in Tausend Euro (Ende 2002)

Quelle: Kienbaum Vergütungsberatung, Gummersbach

In zunehmendem Maße hat sich Marketing auf alle betriebswirtschaftlichen Funktionen des Unternehmens ausgedehnt und die Verbindung mit der Unternehmensführung bewirkt. So ist es nicht verwunderlich, dass zunehmend ein Konvergieren von Marketing und Unternehmensführung erkennbar ist, wobei in zunehmendem Ausmaß ab 2000 die Bereiche Global Business, Electronic Business und Netzwerke an Bedeutung gewinnen werden.

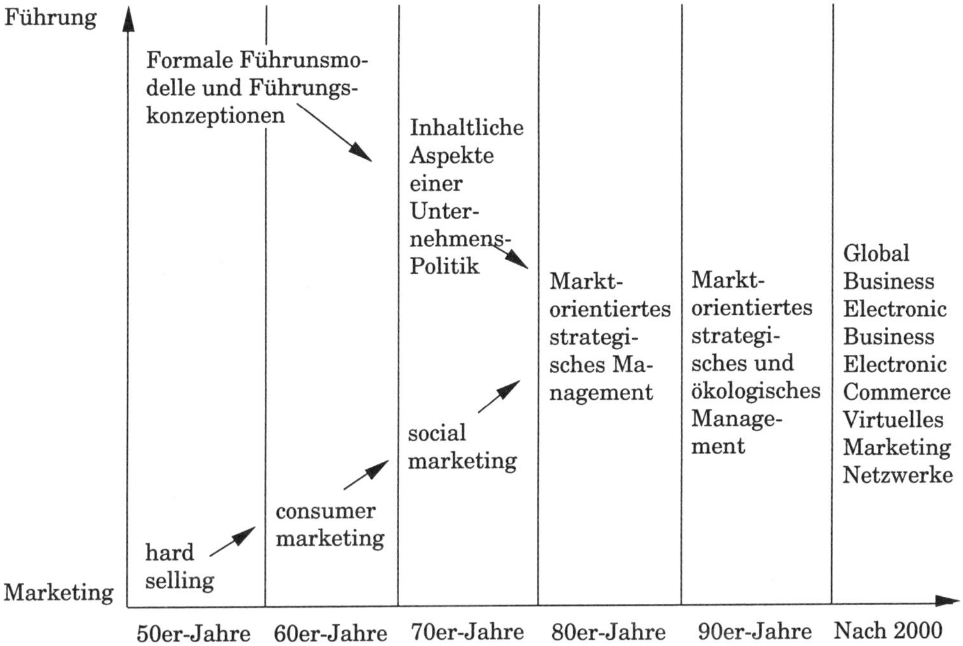

Konvergenz von Marketing und Unternehmensführung
(in Erweiterung von *Rühli, E.*, 1987, S. 14)

Daneben werden aber auch für bestimmte charakteristische Ausprägungen des Marketing neue Begriffe für Marketingkonzeptionen aufgestellt und praktiziert.

Mögliche Ansätze für das Marketing heute (vgl. *Belz, C.* (1989), *Mercer, D.* (1992)) finden sich z. B. unter anderem in folgenden Ausprägungen:

- Im Hinblick auf die **Käufer** und **Absatzpartner** spricht man heute u. a. vom:
  - Key-Account-Marketing,
  - Stammkunden-Marketing,
  - Partnerschafts-Marketing,
  - Relationship-Marketing,
  - Vertrauensmarketing,
  - Kleinkunden-Marketing usw.

- Im Hinblick auf die **Realisation** des Marketinggedankens unterscheidet man in:
  - Traditionelles Marketing,
  - Dialogmarketing,
  - Telefonmarketing,
  - Data-base-Marketing,
  - Online Marketing,
  - Internetmarketing usw.

- Im Hinblick auf die **generelle Ausrichtung** des Marketinggedankens diskutiert man:
  - Global-Marketing,
  - Situatives-Marketing,
  - Öko-Marketing,
  - Internes Marketing usw.

- Stellt man einen besonderen Aspekt in den Vordergrund der Marketingaktivitäten, so unterscheidet man in:

  - Ganzheitliches Marketing,
  - Erlebnismarketing,
  - Event-Marketing,
  - Vertikales Marketing,
  - Integriertes Marketing usw.

- Je nachdem, ob mehr kurzfristige und marketinginstrumentale Überlegungen oder eher längerfristige auf Wettbewerbsvorteile und Erfolgspotenziale ausgerichtete Prozesse im Vordergrund stehen, spricht man von **Operativem** oder **Strategischem Marketing**. Die folgende Übersicht soll die beiden Aspekte verdeutlichen.

Kriterium	**Marketing**	
	Operatives	**Strategisches**
Ziel	❑ Marketingeffizienz („To do things right")	❑ Marketingeffektivität („To do the right things")
Aufgaben	❑ Optimaler Marketing-Mix ❑ Kundenorientierung ❑ Kundenzufriedenheit	❑ Lösung von Käuferproblemen ❑ Befriedigung von Kundenbedürfnissen ❑ Erreichung von Wettbewerbsvorteilen ❑ Festlegung des Marktauftritts
Zeitdimension	eher kurz- und mittelfristig	eher langfristig
Hauptverantwortliche	„Operative Ebene" Middle Management	Top Management
Veränderungsmöglichkeiten	eher schnell und einfach	eher schwieriger und komplexer
Informationen	genaue Daten vorhanden	auf Prognosen aufbauend

Abb.: Vergleich Operatives und Strategisches Marketing

Man erkennt aufgrund dieser kurzen Betrachtungen sehr schnell, welche vielfältigen, unterschiedlichen Ausprägungen heute zur Kennzeichnung eines **typischen** Marketingkonzeptes genutzt werden und wie differenziert „Marketing" gehandhabt werden kann. Bei Marketing steht zwar stets der Markt am Anfang und Ende des Vorgehens, jedoch unter Betonung bestimmter mit, durch und im Marketing zu realisierender Kerngedanken. Auf diese Weise werden laufend wichtige zusätzliche Überlegungen in das Marketingkonzept integriert und auf dem Markt zu realisieren versucht.

01 Seite 619

Die einzelnen Entwicklungsphasen gibt sehr gut die Darstellung von *Meffert* (1999) wieder:

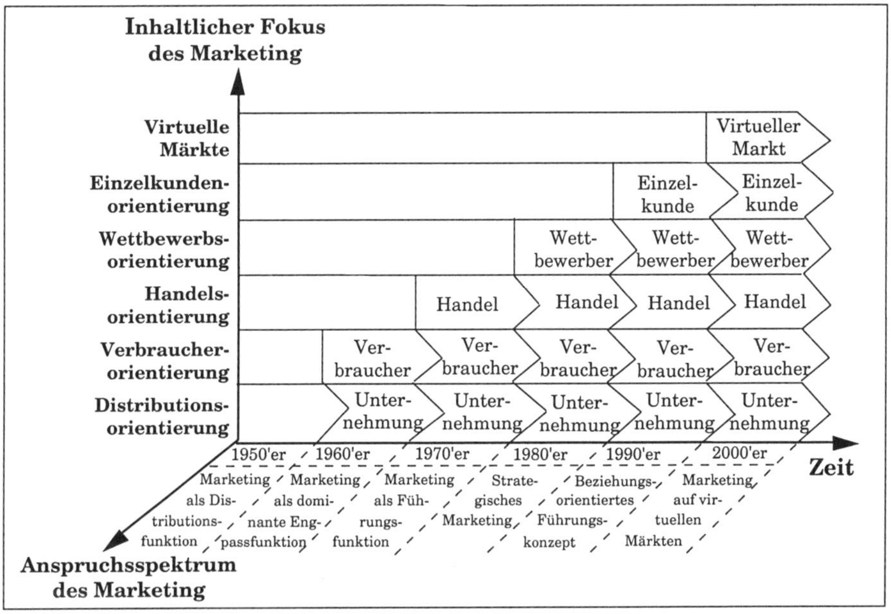

Entwicklungsphasen des Marketing

Quelle: *Meffert* (1998), S. 7; (1999), S. 411

1.1 Ziele

Die Ziele, die im Marketing angestrebt werden, leiten sich, wie die übrigen Teilziele, aus den Unternehmenszielen ab.

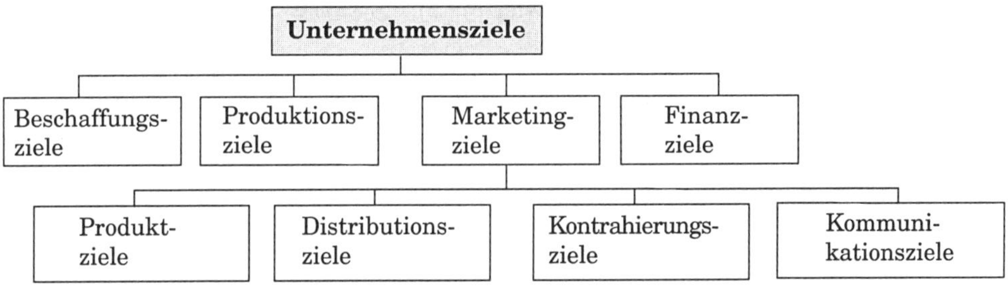

Unternehmens- und Marketingziele

Bei der Festlegung der Marketingziele muss auf die wechselseitigen Abhängigkeiten mit anderen vom Unternehmen verfolgten Ziele geachtet werden, um etwaige Zielkonflikte auszuschalten. Die Abbildung auf Seite 29 veranschaulicht grob die Zusammenhänge, ohne auf die Komplexität und Interdependenz der Unternehmensziele mit den verschiedenen Funktionszielen einzugehen.

Die Marketingziele leiten sich grundsätzlich aus dem für das Unternehmen geltenden Zielbündel in der Planungsphase ab, wobei die wechselseitigen Abhängigkeiten der übrigen Teilziele zu berücksichtigen sind.

Die Unternehmensziele und die Ziele im Marketing können nach verschiedenen Aspekten unterschieden werden. So ist z. B. eine Differenzierung in quantitative und qualitative sowie in kurz-, mittel- und langfristige sowie in monetäre und nicht-monetäre Ziele möglich.

Eine Unterscheidung von Zielen im Marketing nach quantitativen (ökonomischen) und qualitativen (nicht ökonomischen) Aspekten zeigt die folgende Darstellung.

Quantitative und qualitative Marketingziele

Ziele sollen stets operational sein, wobei darauf zu achten ist, dass die operationalen Ziele sowohl vertikal als auch horizontal mit den übrigen Unternehmenszielen übereinstimmen.

Besondere Probleme ergeben sich dann, wenn es sich um qualitative Zielsetzungen handelt. Auch hier ist eine Operationalisierung anzustreben.

Wie eine Zielhierarchie, ausgehend von den Zielen des Unternehmens bis hin zu einem operationalen Image- bzw. Bekanntheitsgradziel strukturiert sein kann, zeigt die folgende Zielhierarchie (vgl. Abb. S. 29).

Beispiel: Unternehmensvision BASF

Die BASF ist das führende Chemieunternehmen der Welt. Wir wollen unseren Unternehmenswert durch Wachstum und Innovation nachhaltig steigern. Unseren Kunden bieten wir ein leistungsfähiges Sortiment, das Chemikalien, Kunststoffe, Lacksysteme, Dispersionen, Pflanzenschutzmittel sowie Feinchemikalien umfasst und bis zum Erdöl und Erdgas reicht. Die ausgeprägte Verbundstrategie ist unsere Stärke: Damit erreichen wir Kostenführerschaft und langfristig entscheidende Wettbewerbsvorteile. Wir richten unser Handeln am Leitbild der nachhaltig zukunftsverträglichen Entwicklung, Sustainable Development, aus.

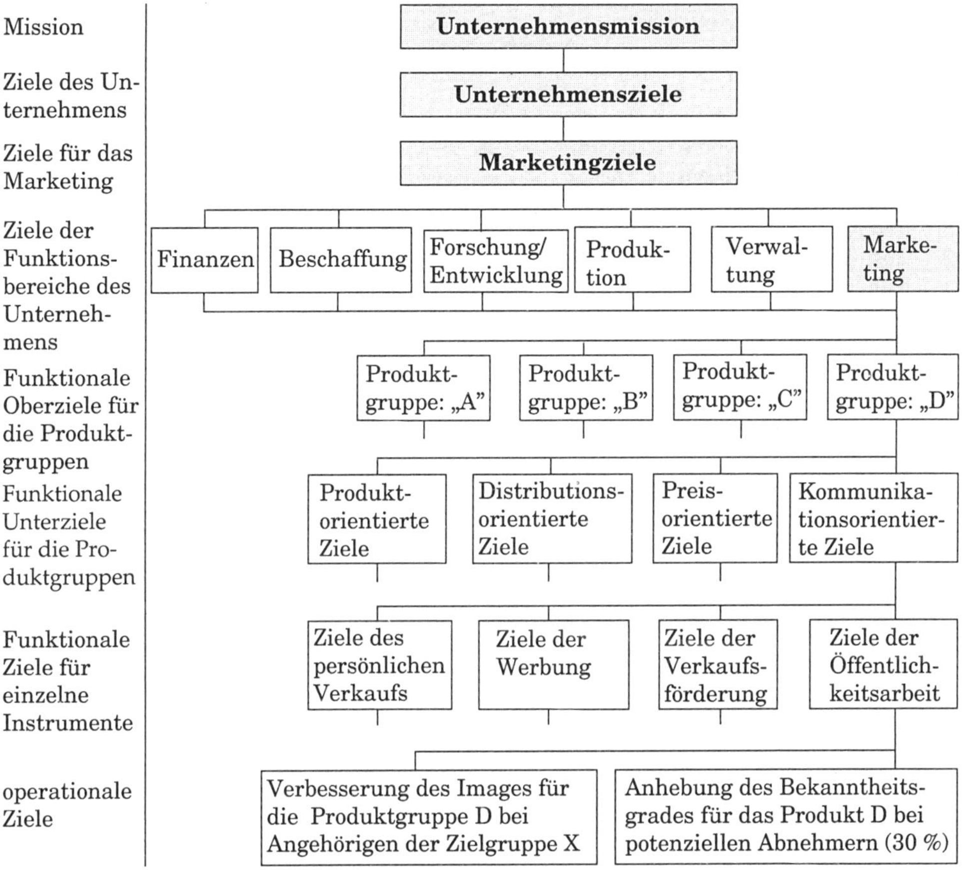

Zielhierarchie des Unternehmens

02 Seite 619

03 Seite 620

Die Ziele von Industrieunternehmen und ihre Bedeutung für diese Unternehmen gibt die folgende Untersuchung von *Raffée / Fritz* wieder.

	Unternehmensziele	$\bar{x}$	SD
1.	Kundenzufriedenheit	6,12	0,70
2.	Sicherung des Unternehmensbestands	6,08	0,70
3.	Wettbewerbsfähigkeit	6,00	0,73
4.	Qualität des Angebots	5,89	0,71
5.	Langfristige Gewinnerzielung	5,80	0,76
6.	Gewinnerzielung insgesamt	5,74	0,75
7.	Kosteneinsparungen	5,73	0,79
8.	Gesundes Liquiditätspolster	5,64	0,91
9.	Kundenloyalität	5,64	1,03
10.	Kapazitätsauslastung	5,57	0,91
11.	Rentabilität des Gesamtkapitals	5,56	0,85
12.	Produktivitätssteigerungen	5,54	0,84
13.	Finanzielle Unabhängigkeit	5,54	1,22
14.	Mitarbeiterzufriedenheit	5,42	0,84
15.	Umsatz	5,24	0,97
16.	Erhaltung und Schaffung von Arbeitsplätzen	5,20	1,09
17.	Wachstum des Unternehmens	5,05	1,03
18.	Marktanteil	4,92	1,38
19.	Umweltschutz	4,87	1,26
20.	Soziale Verantwortung	4,86	1,02
21.	Ansehen in der Öffentlichkeit	4,61	1,27
22.	Kurzfristige Gewinnerzielung	4,48	1,36
23.	Macht und Einfluss auf dem Markt	4,46	1,43
24.	Verbraucherversorgung	4,14	1,71

Anmerkung: $\bar{x}$ = arithmetisches Mittel; SD = Standardabweichung;
Skala 1 = gar keine, ..., 7 = überragende Bedeutung

Ziele von Industrieunternehmen (*Raffée / Fritz* 1992, S. 310)

Neben diesen immer noch gültigen Zielen bestimmen in den gegenwärtigen turbulenten Zeiten insbesondere sechs Zielsetzungen die erfolgreichen Unternehmen (vgl. dazu *Malik F.*) und ihr Marketing.

- Die gute Marktstellung des Unternehmens
- Die hohe Innovationskraft des Unternehmens
- Die hohe Produktivität
- Die Attraktivität für Mitarbeiter
- Die Liquidität
- Die Gewinnsituation (real) eines Unternehmens.

1.2 Aufgaben

Aus der Zielsetzung des Marketing ergibt sich, dass im Rahmen des Marketing bestimmte Aufgaben wahrzunehmen sind. Diese Aufgaben bestehen in der Beschaffung der für das Planen und systematische Vorgehen erforderlichen Informationen (**Marktinformationsbeschaffung**) und dem Einsatz der zur Zielerreichung erforderlichen Mittel (**Marketingpolitische Instrumente**).

Die Lösung der Marketingaufgaben erfordert sowohl die Erforschung des Marktes als auch die Einwirkung auf den Markt mithilfe der marketingpolitischen Instrumente.

2. Marketingkonzepte

Um diese Aufgaben optimal erfüllen zu können, bedarf es eines adäquaten Marketingkonzepts. Heute unterscheidet man im Prinzip fünf verschiedene Marketingkonzepte (vgl. *Kotler* 1988):

- das **Produktionskonzept**
- das **Produktkonzept**
- das **Verkaufskonzept**
- das **Integrierte Marketingkonzept**
- das **Social Marketingkonzept.**

Beim **Produktionskonzept** versuchen die Unternehmen gute Produkte herzustellen und möglichst kostengünstig auf den Markt zu bringen. Die vorherrschende Philosophie ist: „Gute Produkte verkaufen sich von selbst". Das Schwergewicht der Unternehmensführung liegt hierbei auf einer optimalen Produktion.

Das **Produktkonzept** unterstellt, dass diejenigen Produkte gekauft werden, die dem Käufer die beste Qualität, das beste Design, die beste Gegenleistung bieten. Also müssen die Produkte permanent verbessert werden.

Das **Verkaufskonzept** oder **traditionelle Marketingkonzept** hat als Ausgangspunkt die Produkte eines Unternehmens, für die Kunden, primär durch den Einsatz von Verkauf, Werbung und Verkaufsförderung, gefunden werden müssen. Es wird versucht, durch die Erzielung eines bestimmten Umsatzvolumens Gewinne zu machen.

Das traditionelle Marketingkonzept ergab sich aus dem Problem Kunden für existierende Produkte zu finden:

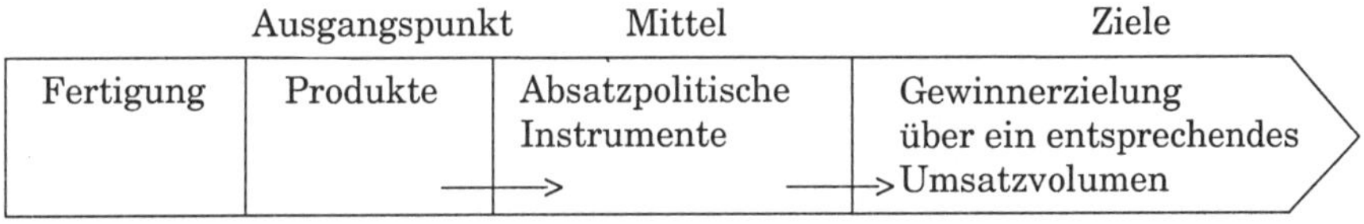

Traditionelles Marketingkonzept

Beim modernen Marketingkonzept stehen die Erforschung der Nachfragerwünsche am Beginn des betrieblichen Leistungsprozesses. Marketing steht am Anfang der Aktivitäten und durchdringt alle unternehmerischen Entscheidungen.

Marketing ist hier die **Konzeption der Unternehmensführung**, die von den vorhandenen und potenziellen Kunden ausgeht; sie ist darauf ausgerichtet, durch Befriedigung der Kundenwünsche Gewinne zu erzielen. Zur Realisierung dieser Ziele werden die Marktforschung und die marketingpolitischen Instrumente optimal eingesetzt.

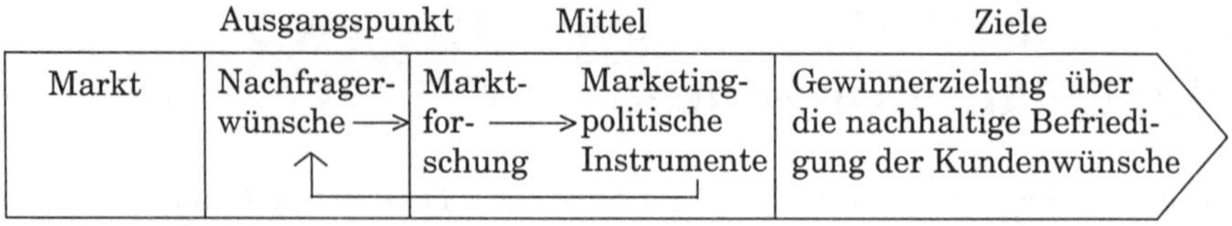

Modernes Marketingkonzept

Heute geht man in eine noch differenziertere Betrachtung des Marketingprozesses (vgl. dazu auch *Kotler / Bliemel* 1995) über.

Bedürfnis- und wertorientierte Marktsegmentierung	Markt-positionierung
Festlegung der Zielsegmente	
Produktpositionierung	
Produktentwicklung und Test	Leistungs-erstellung
Konditionenfestlegung	
Herstellungsablauf	
Logistikgestaltung	
Serviceangebot	
Werbung / PR	Leistungs-kommunikation
Verkaufsförderung	
Verkauf	

Betrachtung des Marketingprozesses heute

Ausgangspunkt ist der Markt, auf dem man untersucht, welche potenziellen Kunden, mit welchen Bedürfnissen und welchen Produkten bzw. Produktpositionierungen mit dem noch zu spezifizierenden Angebot zum Kauf gewonnen werden sollen (Marktpositionierung). An diese marktorientierte Angebotskonzeption schließt sich der Leistungserstellungsprozess an, der die detaillierte Ausarbeitung des anzubietenden Produktes, die Produktentwicklung, den Produkttest, die Konditionenfestlegung, die Produktion, die Logistik und das Serviceangebot umfasst.

In der letzten Phase des Marketingprozesses ist festzulegen, welchen Beitrag Werbung, PR, Verkaufsförderung und Verkauf zur Leistungskommunikation leisten sollen. Die gesamte Betrachtung des Marketingprozesses erfolgt somit hier prozessorientiert und ganzheitlich.

Heute geht man in eine noch differenziertere Betrachtung des Marketings, indem man sowohl die dem Unternehmensmarketing spezifischen Aktivitäten der Wertkette als auch die vor- und nachgelagerten Wertketten betrachtet. Betrachtet man die vor- und nachgelagerten Wertketten, so spricht man von dem jeweiligen **Wertsystem**.

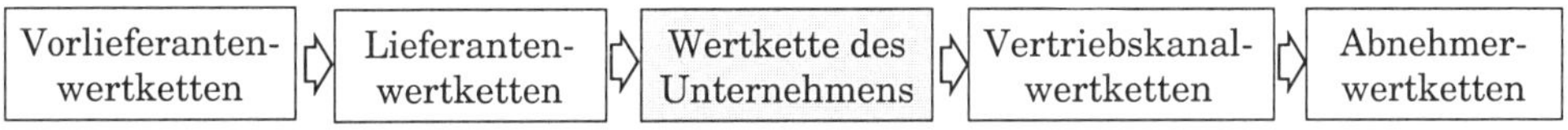

Untersucht man nur die unternehmensspezifischen Aktivitäten, so spricht man von der Wertkettenanalyse.

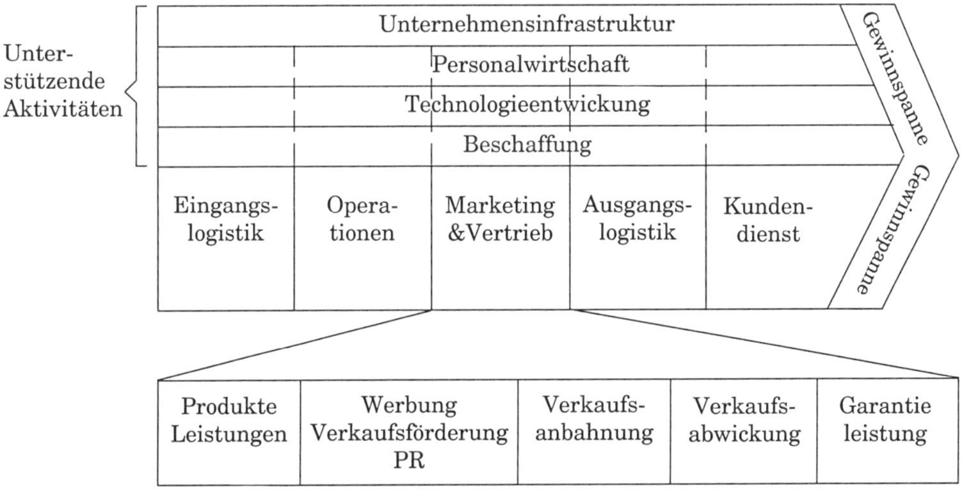

Modell einer Wertkette

Quelle: in Erweiterung von *Porter, M.* (1992) S. 62

Das Ziel dieser **Wertkettenanalyse** besteht darin, in den einzelnen Aktivitäten der Wertkette Ansatzpunkte für die Erreichung von Wettbewerbsvorteilen durch Kostenvorteile und in einer optimalen kundenbezogenen Leistungsdifferenzierung zu erreichen. Ziel ist es, die Erwartungen des Kunden durch den Marketingprozess voll zu erfüllen.

Ausgangspunkt sind die Kundenerwartungen, die vom Marketing glaubwürdig kommuniziert werden müssen und dann auch im Rahmen der Leistungserfüllung erfüllt werden.

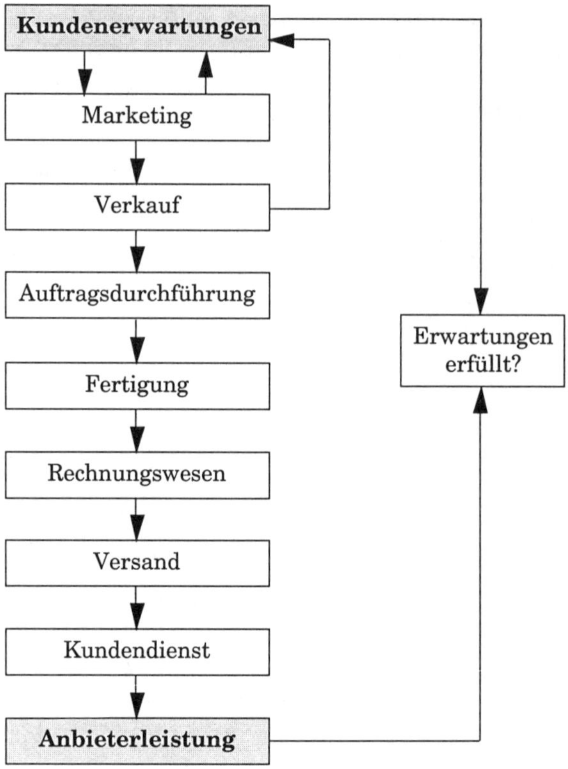

Kundenerwartungen und -erfüllung

Um Marketing so effizient wie möglich einsetzen zu können, bedarf es auch eines integrierten Marketing, d. h. des sinnvoll durch die systematische Ausrichtung aller Funktionen im Unternehmen auf den Absatzmarkt gekennzeichneten Marketing.

Das sog. integrierte **Marketingkonzept I** ist darauf ausgerichtet, dass die einzelnen Funktionen mit ausreichender gegenseitiger Abstimmung und mit koordinierter Intention auf den Absatzmarkt treffen. Eine wirksame Koordination steigert die Effizienz. Das mögliche Auftreten von Synergieeffekten, bei denen die Gesamtwirkung einer Maßnahme größer als die Summe der Teilwirkungen ist, erfordert den koordinierten Einfluss des Marketing auf das gesamte Unternehmen.

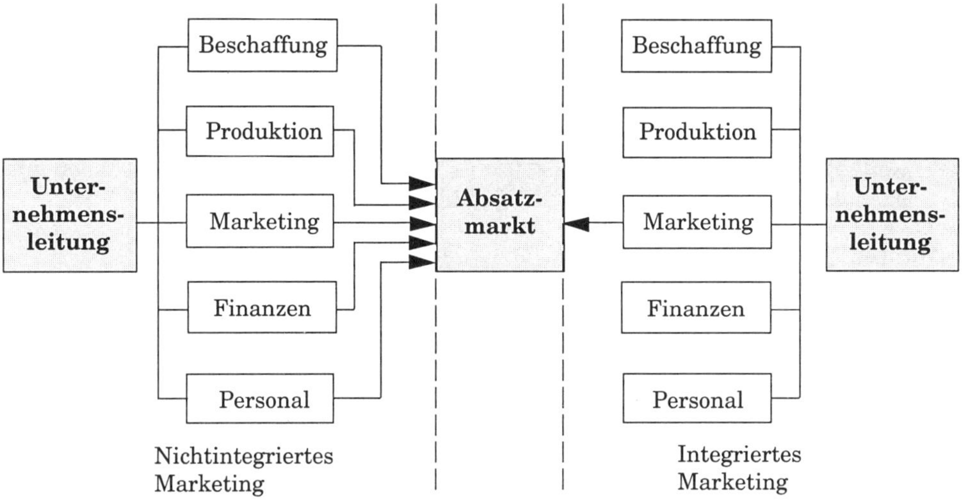

Integriertes Marketingkonzept I

Im Laufe der Zeit entwickelte sich dieses Marketingkonzept I zu einer weitergehenden Integration, die nicht nur alle Funktionen des Absatzmarketings sondern auch des Beschaffungsmarketing, das Public Marketing und das Wettbewerbsmarketing beinhaltet.

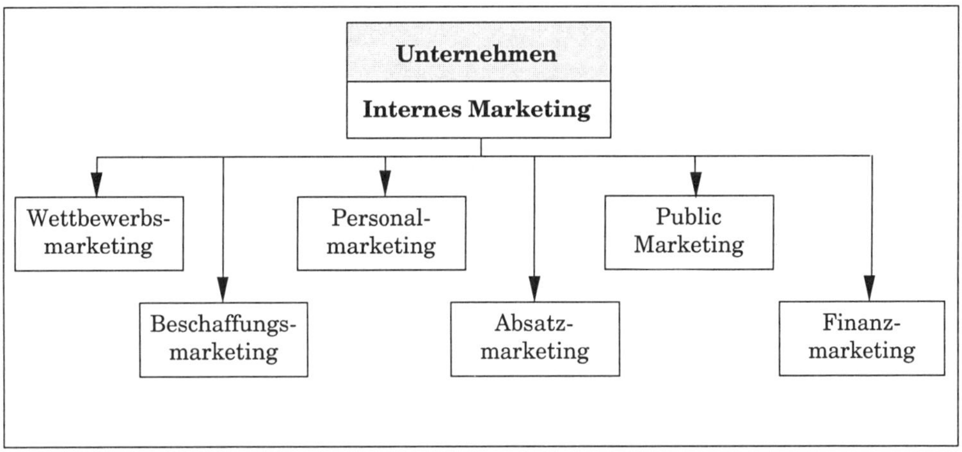

Integriertes Marketingkonzept II

Eine zusätzliche Ausweitung des Marketinggedankens erfolgt dadurch, dass man die Frage nach dem gesellschaftlichen Nutzen und dem Konsumentennutzen des Marketing in die Überlegungen einbezog. Dies führte zum **Social-Marketing.** Wenngleich auch dieser Begriff nicht allgemein einheitlich interpretiert wird, drückt er doch zunehmend den Wunsch aus, im Rahmen des Marketing auch die öffentlichen Interessen zu berücksichtigen.

Erfolgreiches Marketing liegt dann vor, wenn die Käufer nach dem Kauf mit ihrem Kauf bzw. der erhaltenen Leistung zufrieden sind und wenn sie dem Unternehmen verbunden bleiben.

Kundenzufriedenheit hängt von der angebotenen Leistung und der Erwartung vor dem Kauf ab. Kunden werden umso zufriedener sein, je mehr ihre Erwartungen mit dem Kaufabschluss auch durch den Kauf erfüllt werden.

In der Praxis lässt sich Kundenzufriedenheit unterschiedlich messen.

Verfahren zur Messung und Darstellung der Kundenzufriedenheit			
	Beobachtung		**Befragung**
	direkt	**indirekt**	
Quantitative Verfahren	– Kaufabschlussquoten – Customer Service Audit	– Umsätze, Verkaufsanalysen – Leistungs-Qualitäts-Indikator – Kunden-Wert-Management (customer value management nach B. Gale)	– Kunden-Barometer – Customer Satisfaction Index – Consumer Pulse Survey – Kunden-Wert-Management – Focus-Gruppen
Qualitative Verfahren	– Focus-Gruppen – Video-Monitoring	– Mystery Customer Research	– Beschwerdemanagement – Customer Retention Index

Methoden der Messung der Kundenzufriedenheit

Eine Messung der Kundenzufriedenheit in der Bundesrepublik Deutschland wird seit 1992 auf Initiative der Deutschen Marketing Vereinigung und der Deutschen Post AG für die verschiedenen Branchen durchgeführt. Dabei werden Personen über ihre Zufriedenheit mit Produkten, Dienstleistungen und Institutionen befragt.

Folgende Fragenbereiche sind von Bedeutung:

- Kontakte zur Branche des Anbieters
- Zufriedenheit mit den Leistungen der Branche bzw. den Anbietern
- Gründe für das Zufriedenheitsurteil
- Intensität und Dauer der Kundenbeziehung
- Wiederkauf- und Weiterempfehlungsabsicht
- Beschwerdehäufigkeit und Verhalten bei Beschwerden
- Branchenspezifische und soziodemografische Strukturdaten.

Seit der Einführung des Deutschen Kundenbarometers hat sich gezeigt, dass eine Vielzahl von Einzelfaktoren zu Kundenzufriedenheit und Kundenbindung führen wie z. B. zuverlässige Leistungen, Schnelligkeit, Eingehen auf die Wünsche und Anforderungen einzelner Kundensegmente, ausgezeichnete Marktkommunikation, hohe Mitarbeiterorientiertung usw.

Die Gesamtheit der Faktoren erzeugt dann Kundenzufriedenheit oder nicht.

Die Ergebnisse des Kundenbarometers für die Globalzufriedenheit in einzelnen Branchen für 1998 zeigt die folgende Abbildung.

Das Ranking der Globalzufriedenheit 1998*	
Apotheken	2,13
Kfz-Versicherungen	2,21
Tankstellen	2,24
Hotels	2,25
Automobilclubs	2,28
Hörfunksender	2,28
Krankenkassen/Krankenversicherungen	2,36
Banken und Sparkassen	2,37
Versandhäuser	2,37
Elektrohaushaltsgroßgeräte (Kundendienst)	2,39
Mobilfunk (Telefone)	2,39
Lebensmittelmärkte/-geschäfte	2,44
Drogeriemärkte/-geschäfte	2,46
Bausparkassen	2,50
Personalcomputer (Hardware)	2,50
Textilreinigungen	2,50
Stromversorgungsunternehmen	2,52
Mobilfunk (Netzbetreiber)	2,54
Flughäfen	2,55
Mobilfunk (Serviceprovider)	2,56
Lebensversicherungen	2,58
Bau- und Heimwerkermärkte	2,61
Pesonalcomputer (Betriebssysteme)	2,62
Paketdienste (Privatkunden)	2,70
Postfilialen	2,71
Briefpost (Privatkunden)	2,74
Telefondienste	2,74
Onlinedienste	2,75
Wertstoffentsorgung (Duales System)	2,84
Deutsche Bahn (Bahnhöfe)	2,86
Deutsche Bahn (Fernverkehr)	2,86
Stadt- und Kreisverwaltungen	3,00
Öffentlicher Personennahverkehr	3,01
Polizei (Öffentliche Sicherheit)	3,08
Deutsche Bahn (Nahverkehr)	3,13

* Ranking nach dem Durchschnittswert der Zufriedenheit der deutschsprachigen Bevölkerung ab 16 Jahre, gemessen auf einer Fünfer-Skala von vollkommen zufrieden „1" bis unzufrieden „5".

Danach ist die deutschsprachige Bevölkerung am meisten global mit Apotheken und Kfz-Versicherungen und am wenigsten mit der Deutschen Bahn und der Polizei zufrieden, obgleich gerade im Rahmen der Polizei viele „Kundenforderungen" erfüllt werden.

Pampig, lahm, inkompetent

Dienstleistungswüste Deutschland – kein Klischee, sondern ein allgegenwärtiges Ärgernis. Viele Unternehmen geizen mit dem Service. So manche Hotline frustriert die Anrufer. Der Kunde fühlt sich nicht als König, sondern als Störfaktor.

Von GERHARD VOOGT

DÜSSELDORF. *„Herzlich Willkommen beim Reisezentrum der Deutschen Bahn. Bitte sprechen Sie deutlich, um Missverständnisse bei der Spracherkennung zu vermeiden. Bitte nennen Sie Ihren Abfahrtsbahnhof.“* Düsseldorf. *„Bitte nennen Sie Ihren Zielbahnhof.“* Mülheim an der Ruhr. *„Sie wollen also nach Willmenrod fahren?“*

Nein! Nein! Nein! Auch der dritte Anruf bei der Rufnummer 0800/150 70 90 führt zu keinem Ergebnis. Das Sprachdialogsystem der Deutschen Bahn weigert sich hartnäckig, den Bahnhof der Ruhrstadt als Reiseziel zu akzeptieren. Die kostenlose Reiseauskunft, die die Bahn als „praktisch“ rühmt – sie produziert nur Frust und Ärger.

Geduldsprobe am Info-Schalter

Wer von der Bahn eine vernünftige Auskunft haben will, hat es nicht einfach. Die Hotline, die die Anrufer mit einem „persönlichen Ansprechpartner“ verbindet, ist kostenpflichtig und in der Regel dauerbesetzt. Auch im Bahnhof stehen die Kunden meist in der Warteschlange. Besserung ist nicht in Sicht. Im Gegenteil. „Die Bahn plant, in den kommenden Jahren 300 Reisezentren zu schließen“, sagt Willi Becker von der Bahn-Gewerkschaft Transnet. In NRW sollen 30 Städte betroffen sein.

Dienstleistungswüste Deutschland: Kein Klischee, sondern ein allgegenwärtiges Ärgernis. Obwohl „Service-Points“, „Infotheken“ und „Kunden-Center“ aus dem Boden sprießen, wird es für die Verbraucher immer schwieriger, die richtige Information zu bekommen. „Es wird nur suggeriert, dass der Kunde König ist“, sagt Simone Vintz, Testleiterin bei der Stiftung Warentest. „Aber die Leute, die helfen sollen, haben oft keine Ahnung.“

Beispiel Telekom: Der Telefon-Anbieter hat in Nordrhein-Westfalen in den letzten Jahren 300 Stellen in Call-Centern abgebaut. Anrufer, die im Rheinland die Nummer 11833 wählen, müssen damit rechnen, mit der Auskunft in Frankfurt/Oder verbunden zu werden. „Gutentagmeinnameistevamariafischerwaskannichfürsietun?“ – oft nur wenig: Wer beispielsweise die Nummer des Schauspielhauses in Wuppertal erfragen will, bekommt zu hören: „In Wuppertal gibt es kein Theater.“ Dann wird man mit dem „Rex-Theater“ verbunden – einem Kino in der Bergischen Großstadt.

Beispiel Post: In NRW wurden 14 000 Stellen abgebaut, 1000 Filialen sollen geschlossen werden. Dafür kann man jetzt seine Briefe in der Lottoannahme im Supermarkt abgeben. Wer ein Paket nach San Marino abschicken will, soll bei der Büdchen-Post schon mal den Welttarif von 20,40 Euro statt 11,70 Euro (europäisches Ausland) zahlen. „San Marino – das ist doch in Südamerika, oder?“

Inkompetenz, Schludrigkeit, lange Leitungen – eine Umfrage des Meinungsforschungsinstituts Allensbach stellt den ehemaligen Monopolisten Bahn und Telekom ein verheerendes Urteil über die angebotenen Dienstleistungen aus. Jeweils 47 Prozent der Befragten kritisierten den Service. Auf Rang drei der Negativ-Skala rangiert die Post: 41 Prozent der Kunden kritisierten den „gelben Riesen“.

Nicht nur die ehemaligen Monopolisten bekommen schlechte Noten. Die Hamburger Unternehmensberatung M&Oh Research testete den Service von Banken, Versicherungen, Mobilfunkern und Energieversorgern. „Das Ergebnis ist vernichtend“, sagt Tester Christian Musfeldt. Keiner der 100 Kandidaten erreichte die Höchstwertung. Schriftliche Anfragen werden gar nicht oder erst im Schneckentempo beantwortet. Oft bleibt die Kundenpost wegen Personaleinsparungen liegen.

Massenhaft Fehler bei der Hotline

Schier zur Verzweiflung können Hotline-Mitarbeiter die Kunden treiben. Die Stiftung Warentest hat überprüft, wie sachkundig die „Experten“ in den Call-Centern beim Thema Notebooks tatsächlich sind. Der Bericht ist mit der Schlagzeile „Zum Ausrasten“ überschrieben. „Alle Fragen hätten nach einem Blick ins Handbuch auch von versierten Laien gelöst werden können“, sagt Testleiterin Vintz. „Aber nur 17 Prozent der Probleme wurden fehlerfrei gelöst.“

Marcus Reiner ist der Leiter des Kölner Unternehmens „Shopcontrol“, das in geheimer Mission die Freundlichkeit der Mitarbeiter in Boutiquen und Kaufhausketten kontrolliert. Der Chef von 19000 Testkäufern kann stundenlang über pampige Wurstverkäuferinnen und stumme Kassiererinnen referieren. „Im Lebensmitteleinzelhandel ist das Phänomen der Muffeligkeit besonders weit verbreitet“, sagt der 34-Jährige. In mancher Herrenabteilung wartet man vergeblich darauf, beraten zu werden.

In den USA wird den Kunden ganz selbstverständlich beim Einpacken ihrer Waren geholfen. In Japan gibt es in Einkaufszentren sogar spezielle Mitarbeiter, die die Besucher begrüßen. Ökonomen schätzen, dass in Deutschland rund 3,5 Millionen Arbeitsplätze im Niedriglohnbereich entstehen müssten, um die „Dienstleistungslücke“ zu schließen.

Ob der Service-Sektor sich jemals zur „Jobmaschine“ entwickelt, ist eine Frage, an der sich die Geister scheiden. Denn es ist nicht nur der hohe Preis, den die Arbeitgeber für die wenig qualifizierte Arbeit bezahlen müssen, der die Begrünung der Servicewüste blockiert.

Der Japaner Minoru Tominaga, der in Düsseldorf eine Unternehmensberatung betreibt, sieht die Kundenfeindlichkeit in der deutschen Mentalität begründet. „Die Deutschen haben einfach keinen Spaß daran, zu dienen. Hier ist es den Leuten oft sogar peinlich, Dienstleistungen in Anspruch zu nehmen.“

Tominaga weiß, wovon er spricht. Er hat sich im Selbstversuch als Schuhputzer an die Düsseldorfer Kö gesetzt. „Aber kein einziger Passant wollte sich von mir die Schuhe sauber machen lassen“, berichtet der 63-Jährige. Stattdessen habe ihm eine Dame geraten, sich beim Arbeitsamt zu melden. „Die sagte mir: ‚Da können Sie mehr verdienen.‘“

❑ *Haben Sie auch Erfahrungen mit der Dienstleistungswüste Deutschland? Dann schreiben Sie uns.*
Rheinische Post, Ressort Report, Stichwort: Dienstleistungswüste.
Zülpicher Straße 10,
40196 Düsseldorf.
Fax.: 0211 /505 2759.
E-Mail: report@rheinische-post.de

Pampig, lahm, inkompetent

Quelle: Rheinische Post vom 27.11.2002

Wie es in der Praxis oft mit den angebotenen Leistungen und der Forderung nach Kundenorientierung aussieht, gibt der obige Artikel wieder. Er zeigt wie gering die Ausrichtung vieler Anbieter auf die Kundenbedürfnisse ist.

Auch das folgende Beispiel „Die Firma – für fast alles“ ist im Hinblick auf Kundenprobleme aufschlussreich.

Die Firma – für fast alles

Es ist beileibe kein junges Unternehmen – eine gewisse Tradition kann dieser Firma nicht abgesprochen werden. Und sie hat schon früh erkannt, dass Dienstleistung Zukunft hat. Darauf ist auch die gesamte Angebots-Palette ausgerichtet.

In der Filiale Mönchengladbach haben die Mitarbeiter aktuell eine neue Werbelinie ausgearbeitet – und die Vorzüge ihres Unternehmens auf den Punkt, eigentlich auf mehrere, gebracht:

- 24 Stunden geöffnet, an sieben Tagen in der Woche, keine Ladenschluss-Zeiten
- gebührenfreie Hotline, unabhängig von den unterschiedlichen Tarif-Zeiten
- kostenfreie Anfahrt bei Hausbesuchen, Entfernungs-Kilometer und angefangene Stunden werden nicht extra berechnet
- Call-Center mit qualifiziertem Personal, zum Teil mehrsprachig, keine Teilzeit-Kräfte
- die Mitarbeiter im Kundendienst sind auf spezielle Problem-Lösungen vorbereitet
- eine Vielzahl von Filialen steht zur Verfügung, in der Regel gibt es keine lästigen Wartezeiten
- in Einzel-Fällen können besonders geschulte Fachleute umgehend alle anfallenden Aufgaben übernehmen
- die technische Ausrüstung wird ständig überprüft und der modernen Entwicklung angepasst
- besondere Service-Angebote für Schulen, Altenheime und Vereine

Na, schon erkannt, diese Firma? Noch unschlüssig, so irgendwo zwischen Gebäudereinigung und Handwerks-Betrieb? Die Lösung.

(Die Polizei)

Quelle: Rheinische Post vom 26.8.2000

Je nachdem, ob Kunden zufrieden sind oder nicht, fällt deren Reaktion unterschiedlich aus. Die folgende Abbildung gibt die verschiedenen Kundenreaktionen wieder.

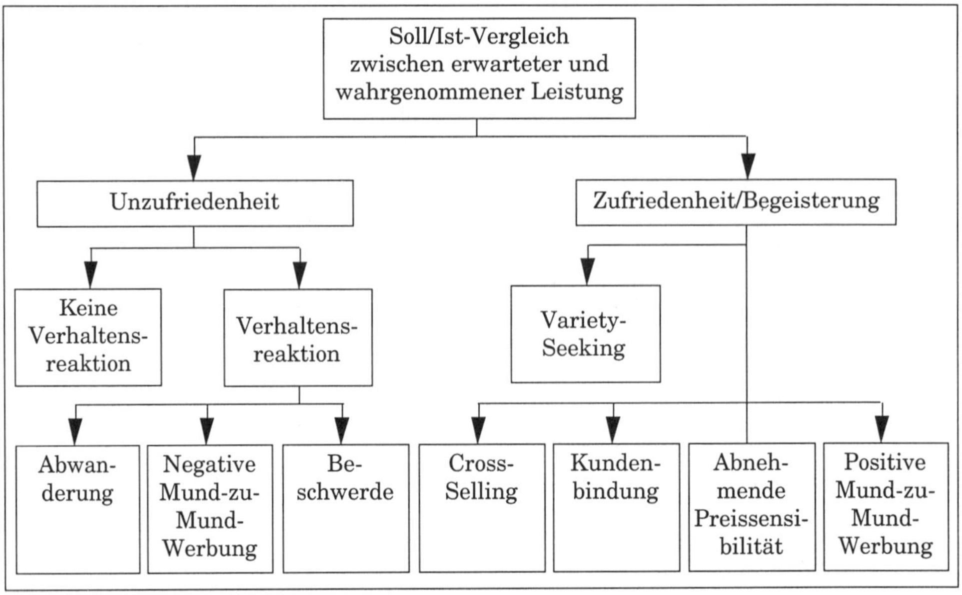

Kundenzufriedenheit: Kundenreaktionen

Quelle: *Schneider, W.:* Kundenzufriedenheit (2000)

Es ist daher notwendig, die Erwartungen der Kunden zu erfüllen, um positive Reaktionen zu erzielen. Allgemein bekannt ist, dass Unzufriedenheit nicht nur öfters negativ erwähnt wird als Zufriedenheit und dadurch zu sehr unangenehmen Folgen führen kann.

3. Marketing in einzelnen Bereichen

Der Marketinggedanke, der sich ursprünglich auf dem Konsumgütermarkt entwickelte, hat heute im Gebrauchsgüter- und Investitionsgüterbereich sowie im Dienstleistungsbereich spezifische Formen angenommen, die eine besondere Betrachtung dieser Bereiche empfiehlt.

Wenn man das spezifische Marketing für einen bestimmten Bereich kennzeichnen will, so spricht man heute auch vom

- Konsumgütermarketing
- Investitionsgütermarketing
- Dienstleistungsmarketing
- Handelsmarketing
- Bankenmarketing usw.

Als Einteilungskriterium bieten sich dabei die **Ziele** des Marketing, die Leistungen, die vermarktet werden, die **Institutionen**, die Marketing praktizieren (z. B. Handelsmarketing, Bankenmarketing usw.) bzw. die Regionen, in denen Marketing betrieben werden soll usw., an.

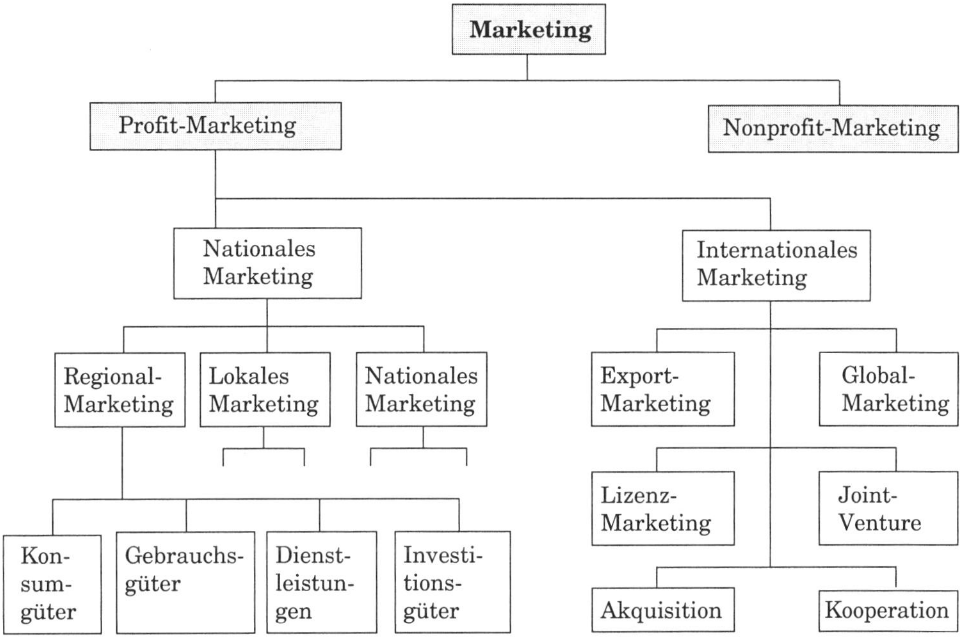

4-stufige Einteilung des Marketing

Im Folgenden soll kurz auf die Besonderheiten spezifischer Formen des Marketing, wie

- Konsumgütermarketing
- Business-to-Business-Marketing
- Dienstleistungsmarkting
- Internationales Marketing sowie auf
- Onlinemarketing

eingegangen werden.

3.1 Konsumgütermarketing

Bei Konsumgütern handelt es sich um Güter des täglichen Bedarfs, die von Privatpersonen gekauft werden.

Kennzeichnend für „typische" Konsumgüter ist

- Produkt ist gegenständlich vorhanden
- Produkt wechselt beim Kauf den Besitzer
- Produkt kann vorgeführt, u. U. probiert bzw. getestet werden.

Die Abnehmer treten sehr zahlreich auf und sind i. d. R. anonym. Das Käuferverhalten ist im Hinblick auf das Angebot sehr heterogen. Daher müssen insbesondere die Massenmedien zur Realisation des Marketings eingesetzt werden. Die Distribution erfolgt auf verschiedenen Wegen (Multichanel-Marketing), meist unter Einschaltung des Handels.

Das Marketing ist sowohl auf die Käufer („Massenmarketing") als auch auf den Handel gerichtet (Handelsmarketing, „Key-Account-Manager"). Auf dem Markt werden alle marketingpolitischen Instrumente eingesetzt, insbesondere die Werbung sowie die Produkt- und Preispolitik. Produktmanager betreuen einzelne Produkte bzw. Produktgruppen, um diese bestmöglich fördern zu können. Neben Key-Account-Managern werden auch Category-Manager eingesetzt.

3.2 Business-to-Business Marketing

Business-to-Business Marketing ist dadurch gekennzeichnet, dass die Kunden und Anbieter Unternehmen oder andere Organisationen sind. Die Käufer setzen die gekauften Güter oft zur Erstellung weiterer Leistungen ein. Man spricht daher auch bei der Nachfrage von Unternehmen von abgeleiteter Nachfrage. Investitionsgüter dienen z. B. zur Herstellung weiterer Produkte bzw. Dienstleistungen. Diese Angebote können sehr unterschiedlich sein, man spricht von:

- Produktgeschäften
- Anlagengeschäften
- Systemgeschäften und
- Zuliefergeschäften.

In jedem Fall ist die Leistungsfähigkeit des Angebots kaufentscheidend. Die Angebote sind oft stark erklärungsbedürftig und oft hochpreisig. Nach dem Kauf erbringt der Hersteller i. d. R. noch Dienstleistungen, um die Funktionsfähigkeit der Produkte zu gewährleisten. Die Leistungsfähigkeit der Produkte ist oft kaufentscheidend. Große Bedeutung kommt dem persönlichen Verkauf und dem Kundendienst zu. In der Regel werden die meisten Investitionsgüter direkt an die Käufer verkauft. Der Handel spielt im Vergleich zum Konsumgütermarkt eine geringe Rolle. Die Kaufentscheidungsprozesse dauern oftmals lange und sind durch häufige Aktivitäten und Verhandlungen gekennzeichnet. Sowohl auf der Käufer- als auch auf der Verkäuferseite sind in vielen Fällen mehrere Personen beteiligt.

3.3 Dienstleistungsmarketing

Dienstleistungen gewinnen in Deutschland immer mehr an Bedeutung, sodass schon mehr als zwei Drittel des Bruttosozialprodukts im Dienstleistungssektor erwirtschaftet werden.

Dienstleistungsmarketing ist vor allem durch folgende Faktoren geprägt:

- Immaterialität (Nichtgreifbarkeit bzw. Nichtvorhandensein)
- Vergänglichkeit
- Keine Lagerfähigkeit gegeben
- Heterogenität der Leistungen
- Kein Besitzerwechsel
- Kundenbeteiligung erforderlich
- Produktion und Marketing erfolgen oft synchron.

Diese besonderen Eigenschaften erfordern ein spezifisches Marketing für Dienstleistungen, die sehr heterogen sein können, je nachdem, ob es sich z.B. um personenbezogene oder objektbezogene Dienstleistungen handelt. Aus diesem Grunde benötigen Dienstleistungen ein Trägermedium, das der Mensch bzw. ein anderes Gut sein kann. Das Marketing für Dienstleistungen ist primär dadurch gekennzeichnet, dass für die immaterielle Dienstleistung ein Image geschaffen werden muss, das dem Käufer als Entscheidungskriterium für seine Kaufentscheidung dienen kann. Dies bedeutet, dass Dienstleistungsunternehmen eine gute Corporate-Identity-Politik betreiben müssen, wenn sie erfolgreich sein wollen. Eine hervorragende Corporate-Identity-Strategie liegt vor, wenn es gelingt, dass die Corporate Identity sich weitgehend im Corporate Image widerspiegelt. Diese Strategie erweist sich als beste Marketingstrategie für Dienstleistungsunternehmen. Dies bedeutet, dass Werbung, Öffentlichkeitsarbeit, Service und persönlicher Verkauf bedeutende Marketinginstrumente sind. Populär lässt sich ein derartiges Marketing als „Imagemarketing (Corporate Identity)“ kennzeichnen.

Kennzeichen	**Konsumgüter-marketing**	**Investitionsgüter-marketing**	**Dienstleistungs-marketing**
Angebot	Massenprodukte eher niedrigpreisig standardisiert	oft individuell gestaltet oft hochpreisig oft noch nicht produziert	immateriell unterschiedliche Qualität nicht lager-/transportfähig oft nicht konkret erfassbar
Anbieter	Handel vorherrschend (indirekter Absatz)	Hersteller vorherrschend (Direktabsatz)	Dienstleistungs-unternehmen („Hersteller" und Makler)
Käufer	Privatpersonen	Unternehmen (Buying-Center)	Privatpersonen und Unternehmen
Kaufentscheidungs-prozess • Zeitdauer • Kaufmotive • Teilnehmer	 kurz eher emotional als rational oft nur eine Person auf jeder Seite oder nur Käufer (SB)	 kurz bis sehr lang eher rational, aber auch emotional oft auf beiden Seiten mehrere Personen	 kurz bis sehr lang oft eher emotional oft auf beiden Seiten mehrere Personen
Marketing • Werbung • Preispolitik • Persönlicher Verkauf • Produktpolitik • Service	„Massenmarketing" sehr wichtig sehr wichtig keine Bedeutung wichtig, Massenprodukte Positionierung geringe Bedeutung	„Individualmarketing" auch wichtig weniger wichtig große Bedeutung wichtig, Individualprodukte Systemlösungen große Bedeutung	„Imagemarketing (Corporate Identity)" sehr wichtig bedeutsam große Bedeutung bedeutsam, zielorientiert Individual- und Massenprodukt sehr große Bedeutung

Kennzeichen verschiedener Marketingarten

3.4 Internationales Marketing

Der Export von Waren spielt für Deutschland eine wesentliche Rolle. So erreichte die Ausfuhr 2002 einen Wert von 648 Mrd. Euro, was einen Rekord darstellt.

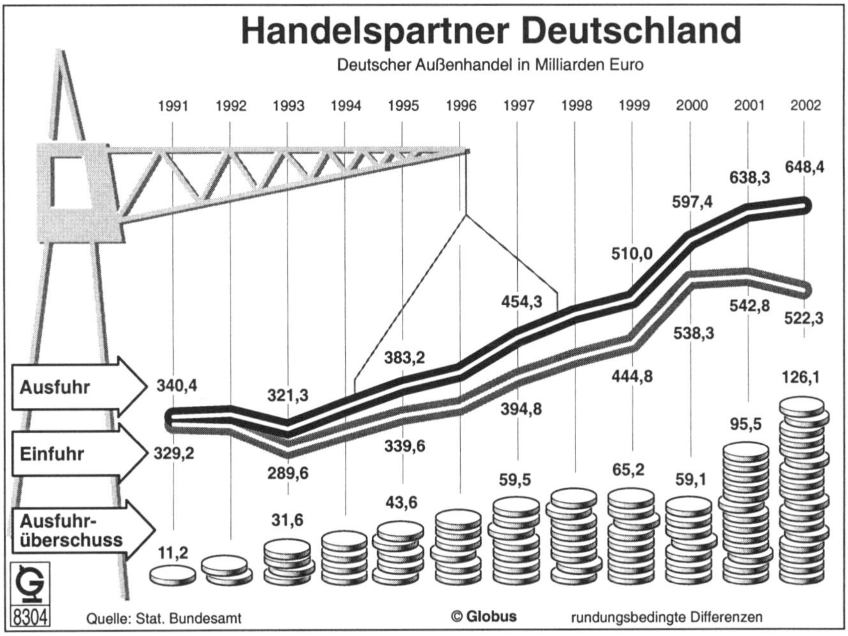

Damit hat sich die Ausfuhr von 1991 mit 340 Mrd. Euro bis 2002 um 90 Prozent gesteigert. Im Jahre 2002 betrug der Export knapp 31 Prozent des Bruttoinlandsprodukts.

Die Handelsbilanz 2002 schloss mit einem Überschuss von 126 Mrd. Euro ab. Die Ausfuhr stieg im Vergleich zum Vorjahr um 1,7 Prozent, während die Einfuhr um knapp 4 Prozent auf 522 Mrd. Euro zurück ging. Das ist der mit Abstand höchste Außenhandelsüberschuss der Geschichte. Auch im 1. Halbjahr 2003 setzte sich die Entwicklung bei den Ausfuhren fort. Im Vergleich zum 1. Halbjahr 2002 stiegen die Ausfuhren um 2 % an. Die Einfuhren haben jedoch ebenfalls den Weg zurück ins Plus gefunden, sie stiegen im 1. Halbjahr 2003 im Vergleich zum Vorjahreszeitraum um 4,2 %.

Der hohe deutsche Außenhandelsüberschuss ist demnach vor allem auf den schwachen Import zurückzuführen. Das unterstreicht die Konjunkturschwäche in Deutschland. Aber auch der Export ist wegen der konjunkturellen Schwäche der Weltwirtschaft deutlich weniger gewachsen als im Vorjahr.

Das zweite Mal in Folge verzeichnete auch die deutsche Leistungsbilanz in 2002 ein positives Ergebnis. Nach 11 Mrd. Euro in 2001 stieg der Überschuss 2002 auf fast 49 Mrd. Euro an. Die gesamten 90er-Jahre verzeichnete die Leistungsbilanz ein Defizit.

Die zehn größten Exportländer der Welt führen im Jahr 2002 die USA an vor Deutschland, Japan, Frankreich und China.

Die 10 größten Exportländer 2002 (in Mrd. US-$)

Dabei hat sich der deutsche Export 2002 im Vergleich zum Jahr 2000 um 11 % gesteigert. Den größen Umsatz erzielten dabei Automobile, Maschinen und Chemische Erzeugnisse.

Wichtige Informationen zum Internationalen Marketing können aus allen bekannten Sekundärquellen (vgl. Literaturverzeichnis) sowie insbesondere aus den Veröffentlichungen folgender Institutionen entnommen werden:

- des Statistischen Bundesamtes (www.statistik-bund.de)
- der verschiedenen Ministerien (www.bmwi.de/www.bmz.de)
- der Bundesbank (www.bundesbank.de)
- der Bundesagentur für Außenwirtschaft (www.bfai.com; vgl. Abb. S. 47).

Bei der Realisierung des grenzüberschreitenden Marketing muss unterschiedlich vorgegangen werden. Je nachdem, wie das transnationale Marketing realisiert wird, unterscheidet man in

- Export-Marketing
- Multinationalem Marketing
- Internationalem Marketing oder
- Globalmarketing.

Von **Export-Marketing** spricht man dann, wenn ein nationales Unternehmen im Inland produziert und seine Produkte mittels Exportstrategien auf Auslandsmärkten absetzen will.

Sitzung beenden

Aktuell Service Außenwirtschaft Marktplatz Publikationen Profil Kontakt

Außenwirtschaft

bfai

Home > Außenwirtschaft

Sitemap

Suche Go

Länder und Märkte
Ausschreibungen im Ausland
Investitions- und Entwicklungsvorhaben
Geschäftswünsche

RECHT
ZOLL

AGB
Gebrauchsanweisung
Preisliste

Datenbanken der Bundesagentur für Außenwirtschaft (bfai)

Das Herzstück unserer Arbeit sind die Datenbanken zur Außenwirtschaft. Über komfortable Suchmaschinen können Sie selbst Daten und Informationen recherchieren. Die Suchmaschinen greifen auf rund 45.000 Datensätze zurück.

> Länder und Märkte
In dieser Rubrik finden Sie Marktanalysen, Wirtschaftsdaten und Länderberichte, zusammengestellt von unseren Korrespondenten an den Wirtschaftsstandorten der Welt.

> Ausschreibungen im Ausland
Hier finden Sie alle nötigen Hinweise auf öffentliche Ausschreibungen ausländischer staatlicher Stellen, und zwar über Art und Umfang der Ausschreibung, die ausschreibende Stelle und die Abgabebedingungen sowie den Bezug der Ausschreibungsunterlagen.

> Investitions- und Entwicklungsvorhaben
Diese Datenbank enthält: Fakten über Investitions- und Entwicklungsvorhaben im Ausland, die von internationalen Finanzierungsinstituten gefördert werden: Von Straßenbau über Consulting und Gesundheitsvorsorge bis zum Bau von Industrieanlagen.

> Geschäftswünsche
Die bfai veröffentlicht Anfragen ausländischer Unternehmen, die für Ihre Geschäftsvorhaben deutsche Geschäftspartner suchen. Es handelt sich um Warenangebote, Warennachfrage, Gebrauchtwaren, Investitionen und Kooperationen, Vertretungsangebote und Vertretungsgesuche.

> Recht
Wichtige Informationen zu allen rechtlich relevanten Aspekten außenwirtschaftlicher Tätigkeit. Die Datenbank "Anwälte im Ausland" sowie die Rubriken "Rechtsprechung", "Häufig gestellte Fragen" und "Literaturhinweise" runden diesen umfangreichen Informationsbereich ab.

> Zoll
Der Informationsbereich Zoll bietet Zolltarife, Verbote und Beschränkungen. Ein direkter Ländervergleich für eine oder mehrere Waren ist möglich.

Beim **Multinationalen bzw. Internationalen Marketing**, das von multinationalen Unternehmen (Konzernen) betrieben wird, spielt es keine Rolle mehr, wo produziert und wo abgesetzt werden soll. Alle betrieblichen Funktionen können in allen Ländern, in denen das Unternehmen vertreten ist, wahrgenommen werden.

Globalmarketing kennzeichnet das Marketing im Hinblick auf das Marketing in mehreren Ländern mit der Zielsetzung einer weitgehenden Standardisierung der Maßnahmen.

Die Geschäftsanbahnung und -abwicklung kann dabei auf unterschiedliche Art und Weise erfolgen (vgl. Abb.).

	Indirekter Export	Direkter Export	Internationalisierung			Direktinvestition
Inland	Produktion ↓ Exporthändler	Produktion	Hersteller	Hersteller	Hersteller	Hersteller
Ausland	↓ Käufer	↓ Käufer	↓ Lizenzvergabe	↓ Produktion mit ausländischen Unternehmen	↓ Allianz gemeinsam mit ausländischen Unternehmen	↓ Hersteller produziert im Ausland

Marktbearbeitungsstrategien im Ausland

Auch in Hinblick auf den Kapitaleinsatz sowie die Managementleistungen lassen sich die Marktbearbeitungsmöglichkeiten differenzieren.

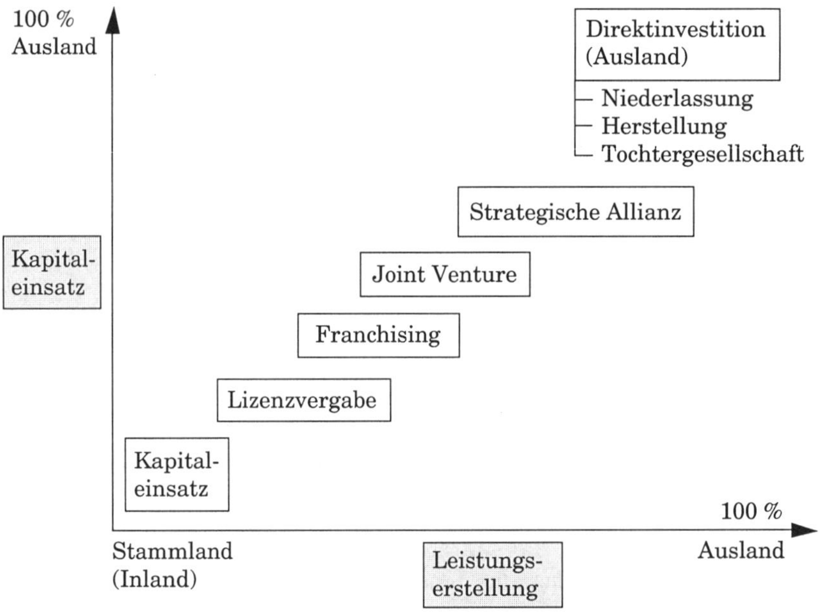

Kapitaleinsatz und Leistungserstellung bei unterschiedlichen Formen der Marktbearbeitung

Im Folgenden sollen einzelne wichtigen Marktbearbeitungsstrategien kurz skizziert werden:

- **Indirekter Export**

  Beim indirekten Export werden die im Inland erstellten Produkte an eine exportierende Unternehmung (Exporteur) geliefert, die dann diese Produkte im Ausland absetzt. Für den Produzenten handelt es sich i. d. R. um ein „reines" Inlandgeschäft.

- **Direkter Export**

  Hier exportiert das inländische Unternehmen seine Produkte unter Einsatz der eigenen Verkaufsorganisation direkt in das Ausland.

- **Lizenzvergabe**

  Bei der Lizenzvergabe vergibt ein Hersteller die Genehmigung zur Produktion und dem Verkauf an einen ausländischen Lizenznehmer, der gegen Zahlung einer Lizenzgebühr Herstellung und Marketing auf ausländischen Märkten durchführt. In diesen Bereich fällt auch Franchising, wenn zu der Herstellung durch einen Franchisenehmer auch der Verkauf gehört.

- **Joint Venture**

  Ein Joint Venture liegt vor, wenn mindestens ein ausländischer und inländischer Partner eine Unternehmung gründen, die z. B. im Ausland dann gemeinsam Produktion und Vermarktung durchführen. Hierzu können auch Strategische Allianzen zur Produktion und/oder dem Verkauf von Produkten dienen.

- **Direktinvestitionen**

  Direktinvestitionen im Ausland können durch:

  – Kauf eines Unternehmens im Ausland (z.B. DaimlerChrysler)
  – Kapitalmäßige Beteiligung an einem Unternehmen im Ausland (z.B. Vodafone an Mannesmann)
  – Gründung eines Unternehmens im Ausland (z.B. Tochterunternehmen)

  getätigt werden. Die **Direktinvestitionen** entwickelten sich von 1996 bis 2002 wie folgt:

	1997 in Mio. €	**1998 in Mio. €**	**1999 in Mio. €**	**2000 in Mio. €**	**2001 in Mio. €**	**2002 in Mio. €**
Dt. Direktinvestitionen im Ausland	– 37.058	– 79.696	– 102.729	– 54.045	– 48.430	– 26.070
Ausl. Direktinvestitionen in Deutschland	10.856	21.842	51.392	211.786	35.574	40.414
Saldo	– 26.202	– 57.854	– 51.337	157.741	– 12.856	14.344

Direktinvestitionen = Beteiligungskapital, reinvestierte Gewinne, Kreditverkehr deutscher Direktinvestoren, übrige Anlagen (ohne Wertpapieranlagen)

Quelle: Monatsberichte der deutschen Bundesbank

Je nach den Exportmöglichkeiten und der eigenen sowie weltweiten Entwicklung wählen die Unternehmen unterschiedliche Möglichkeiten der Marktbearbeitung.

Exportmöglichkeiten 2002					
1 Neuseeland	86,4	16 Luxemburg	77,4	31 Venezuela	67,4
2 Hongkong	86,3	17 Chile	76,9	32 Israel	66,7
3 Dänemark	84,7	18 Spanien	74,8	33 Schweiz	66,2
4 Irland	84,0	19 Österreich	74,5	34 Kolumbien	64,8
5 Finnland	83,1	20 Australien	73,3	35 Thailand	64,0
6 Schweden	82,6	21 Kanada	73,0	36 Südafrika	62,6
7 Portugal	82,2	22 Norwegen	72,8	37 Malaysia	59,6
8 Niederlande	81,6	23 USA	72,7	38 Brasilien	57,9
9 Deutschland	81,3	24 Ungarn	71,2	39 Russland	57,1
10 Belgien	80,7	25 Italien	71,1	40 Indonesien	56,2
11 Griechenland	80,5	26 Philippinen	69,2	41 Iran	55,6
12 Tschechien	80,1	27 Frankreich	68,7	42 Indien	54,5
13 Singapur	80,0	28 Mexiko	68,5	43 Polen	48,7
14 Großbritannien	78,2	29 Taiwan	68,3	44 Japan	48,5
15 Türkei	77,7	30 Argentinien	68,3	45 China	48,2

In relativ vielen Ländern werden Markteintrittsinitiativen behindert. In solchen Fällen zählt auch die »Landschaftspflege« zur Aufgabe des Globalmarketings. Die Rangliste zeigt das Ergebnis einer Untersuchung des »World Competitivness Yearbook«. Die erreichten Punkte verdeutlichen die Exportfreudigkeit der einzelnen Länder. Demnach ist Neuseeland mit 86,4 von 100 Punkten ein »Exportparadies«, China mit nur 48,2 Punkten ein »Exportdschungel«.

3.5 Online-Marketing (E-Marketing)

Unter Online-Marketing (E-Marketing) versteht man den Einsatz der neuen, interaktiven, digitalen Informations- und Kommunikationsmedien im Marketing. Oft spricht man bei Online-Marketing auch von Electronic Marketing. Berücksichtigt man noch die Multimedialen Offline-Medien (z.B. CD-ROM und POS-Kiosksysteme), so spricht man auch von Multimedia-Marketing. Als Electronic Commerce (i.e.S.) bezeichnet man die Markttransaktionen, die im Internet bzw. auf anderer elektronischer Basis (CD-ROM, Kiosksysteme) angebahnt und abgewickelt werden.

Heute unterscheidet man im E-Business in B2B (Business-to-Business), B2C (Business to Consumer) und weiter in B2A (Business-to-Adminstration), C2A (Consumer-to-Administration), C2C (Consumer-to-Consumer) sowie in das B2E (Business-to-Employee).

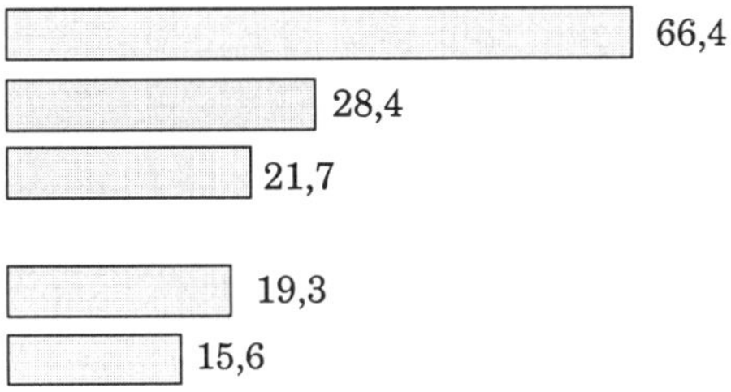

Kontaktaufnahme über das Internet
– Angaben in Prozent –

Quelle: Emnid/AOL

Um ein eigenes Geschäft einzurichten, kann ein Unternehmen eine eigene **Website** einrichten oder bei einem kommerziellen Online-Dienst einen Platz kaufen: Daneben oder auch alleine ist die Einrichtung einer eigenen Web-Site möglich. Bei den Web-Sites kann man in Unternehmens-Websites, die primär über das Unternehmen und sein Angebot informieren sollen und Marketing-Websites unterscheiden, deren hauptsächliche Zielsetzung darin besteht, mit „Besuchern" in Kontakt zu kommen, um weitere Marketing- und Verkaufsaktivitäten in Angriff zu nehmen. Dazu ist dann notwendig, dass der Besucher zumindest Name, Anschrift, Telefonnummer und E-Mail-Adresse angibt. Ferner können **E-Mail-Adressen** eingerichtet werden, an die Internetnutzer sich wenden können, wenn sie Fragen oder Probleme haben. Besteht schon ein Kontakt mit dem Unternehmen, so können auch E-Mails an Käufer bzw. potenzielle Käufer gesendet werden: An **Werbemöglichkeiten** bieten sich sog. Banner- und Sponsoring Platzierungen an, die noch im Internet dominieren, deren Bedeutung aber eher abnimmt.

Dafür tauchen neue Kontaktmöglichkeiten auf, wie

- Pop-up-Fenster
- Screenflyer
- Walking Banner
- Interstitials
- Transition Ads
- E-Mail-Ads und
- Autoresponder.

Ferner können Unternehmen durch Teilnahme bzw. Sponsoring von Internet-Form und Newsgroups mit Interessenten in Kontakt kommen. Im Rahmen dieser Sites können Teilnehmer miteinander Kontakt aufnehmen und Meinungen austauschen.

Auf dem elektronischen Markt bieten sich für den Handel an:

- Online-Stores
- Auktionen (Versteigerungen)
- Börsen (vgl. Abb.)

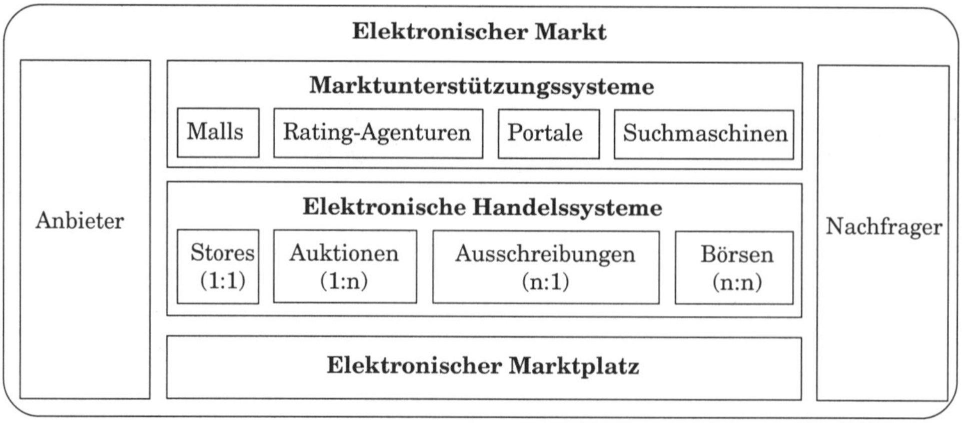

Drei-Ebenen-Modell elektronischer Märkte

Quelle: *Picot, A.; Reichwald, R.; Wigand R.T.:* 2001, S. 343).

Die grundsätzlichen Transaktionsbereiche in Electronic Commerce gibt die folgende Abbildung wieder:

		Nachfrager der Leistung		
		Consumer	**Business**	**Administration**
Anbieter der Leistung	**Consumer**	**Consumer-to-Consumer** z. B. Internet-Kleinanzeigenmarkt	**Consumer-to-Business** z.B. Anfrage zur Abgabe eines Produktangebots (Reverse Auction)	**Consumer-to-Administration** z.B. Steuerabwicklung von Privatpersonen (Einkommensteuer etc.)
	Business	**Business-to-Consumer** z. B. Angebote in Internet-Shopping-Mails	**Business-to-Business** z.B. Geschäfte zwischen Zulieferern und Herstellern	**Business-to-Administration** z.B. Steuerabwicklung von Unternehmen (Umsatzsteuer etc.)
	Administration	**Administration-to-Consumer** z.B. Abwicklung von Unterstützungsleistungen (Sozialhilfe, Arbeitslosenhilfe etc.)	**Administration-to-Business** z.B. Beschaffungsmaßnahmen öffentlicher Institutionen im Internet	**Administration-to-Administration** z.B. Transaktionen zwischen öffentlichen Institutionen im In- und Ausland

Transaktionsbereiche des E-Commerce

Quelle: Hermanns/Sauter 2001a, S. 25

Jeder dritte Deutsche hat in den vergangenen zwölf Monaten ein Produkt im Internet gekauft. „Ein Fünftel der Bevölkerung kauft sogar regelmäßig im Internet ein", findet das Marktforschungsunternehmen Enigma GfK, das gemeinsam mit NFO Infratest das Online-Einkaufsverhalten privater Konsumenten in Deutschland erforscht hat. Die wachsende Lust auf den Einkauf per Mausklick bringt den Händlern inzwischen respektable Umsätze im Netz: Auf rund elf Milliarden Euro schätzt der Hauptverband des Deutschen Einzelhandels die Umsätze im Internethandel im Jahre 2002, rund 40 Prozent mehr als im vergangenen Jahr.

Für welche Käufe, bei welchen Internetshops deutsche Surfer das Internet nutzen, zeigt das Ergebnis der Allensbach Acta 2003 und anderer Untersuchungen.

Internet-Warenhäuser

	Kunden in Millionen	Veränderung in Prozent gegenüber 2002
amazon.de	6,89	40,3
otto.de	3,16	44,3
tchibo.de	2,85	61,9
quelle.de	2,64	41,4
bol.de	2,36	37,0
weltbild.de	2,08	32,2
neckermann.de	1,88	40,0
buch.de	1,39	43,3
conrad.com	1,38	– 2,2
heine.de	1,04	22,6
discount24.de	0,80	143,4
fleurop.de	0,74	11,4
karstadt.de	0,64	10,0
zweitausend-eins.de	0,59	18,9
bader.de	0,56	39,8
baur.de	0,54	10,8
buecher.de/ medantis.de	0,42	– 11,8
shopping24.de	0,40	– 27,5
klingel.de	0,34	14,0
schwab.de	0,30	– 4,6
kaufhof.de	0,29	2,7
0800doc-morris.de	0,27	204,6
hse24.de	0,27	10,8
primus-online.de	0,42	– 4,5
anderes internet-Warenhaus	5,66	12,2

Quelle: Allensbach Acta 2003

Die beliebtesten Produkte*

Bücher	8,20
Bekleidung	5,63
CDs/Tonträger	5,55
Karten für Kino/Veranst.	5,10
Software/Spiele	4,61
Übernachtung	3,79
DVDs, VHS-Videos	3,78
Spielwaren, Spielzeug	2,93
Hardware (ab 500 Euro)	2,77
Flugtickets	2,64

Anteil an Käufern in Prozent

Internet-Informationssuchende***

Hardware (ab 500 Euro)	7,86	43,1
Karten für Kino/Veranst.	7,28	36,0
Auto**	6,93	43,8
Mobiltelefon/Handy**	6,67	31,2
Software/Spiele	6,42	44,1
Bücher*	6,17	29,9
Übernachtung*	5,79	55,9
Unterhaltungselektronik**	5,28	32,5
Fotoapparate/Digitalkam.**	5,01	40,9
CDs u. and. Tonträger*	4,80	24,1

* In den vergangenen 12 Monaten
** In den vergangenen fünf Jahren
*** Käufer, die sich vor dem Kauf gewöhnlich gezielt im Internet über Preise u. Produkteigenschaften informiert haben

Quelle: Enigma GfK/NFO Infratest, Online Shopping Survey

Bei den Bedenken beim Onlinekauf liegen an erster Stelle die Zahlungsmodalitäten, die Seriosität der Anbieter, die Verwendung der persönlichen Daten und die Vertragsunsicherheit.

Bedenken der Online-Käufer und der Nicht-Käufer, Angaben in % (Mehrfachnennungen)

Online-Käufer		Nicht-Käufer
79 %	Sichere Übermittlung der Zahlungsdaten bedenklich	80 %
68	Seriosität der Online-Händler	74
68	Noch kein 100 % sicheres Online-Zahlungssystem vorhanden	72
69	Verwendung der persönlichen Daten durch den Shop	68
42	Vertragsunsicherheit	54
26	Bestellabwicklung nicht transparent	37

Bedenken beim Onlinekauf

Aber auch traditionelle Gründe – wie beim Versandhandel – führen zum Nichtkauf. Dazu gehören die fehlende Möglichkeit Produkte auszuprobieren, Transportkosten, zu hohe Preise, Vorbehalte beim Kauf von verderblichen Produkten und die fehlende Möglichkeit Produkte anzufassen, zu fühlen, zu riechen oder zu sehen.

Die verschiedenen Realisationsebenen des E-Commerce veranschaulicht die Darstellung von *Schninzer / Thome.*

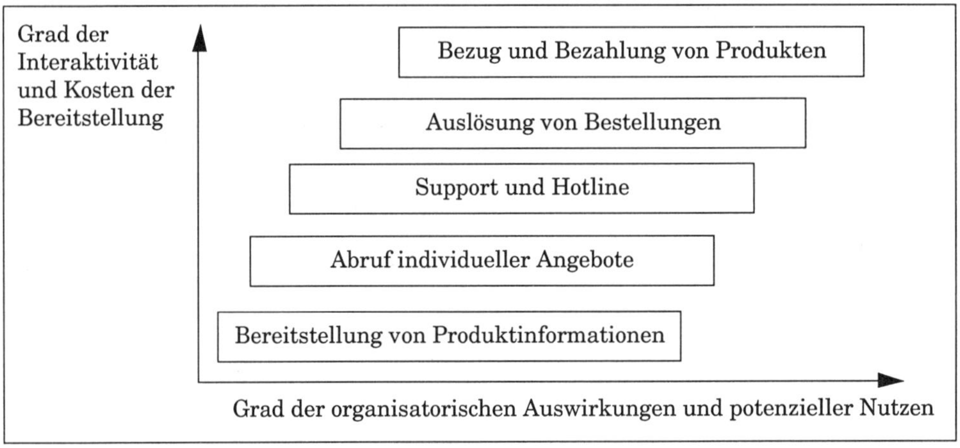

Realisationsmöglichkeiten des E-Commerce

Quelle: *Schinzer / Thome* 2000, S. 12

Im Hinblick auf die Einsatzmöglichkeiten neuer Medien im Marketing zeigt die folgende Tabelle einige Beispiele auf:

Marktforschung	• Diskussionsforen • virtuelle Testmärkte • Desk Research im Internet • Online-Befragungen
Produkt- und Sortimentspolitik	• Virtuelle Kataloge • Produkt-Konfigurationen • Virtuelle Produkte • Elektronische Beipackzettel • Virtuelle Sortimente
Kontrahierungspolitik	• Online-Versteigerungen • Visuelle Agenten • Online-Zahlungssysteme
Distributionspolitik	• Malls • Virtuelle Shops • POS-Kiosksysteme • Elektronischer Versand • Tracking-Systeme
Kommunikationspolitik	• Home-Pages • Pull-Werbung im Netz • Push-Werbung im Netz • Advertainment • Virtuelle Hauptversammlungen

Beispiele für den Einsatz neuer Medien

Nach der Acta 2003 nutzen ca. 27 Millionen das Internet in Deutschland. Das sind ca. 54 % aller Haushalte. Im Besitz eines PC sind ca. 70 % aller Haushalte.

PC-Besitz in Haushalten und Internet-Nutzung
(Angaben in Prozent)

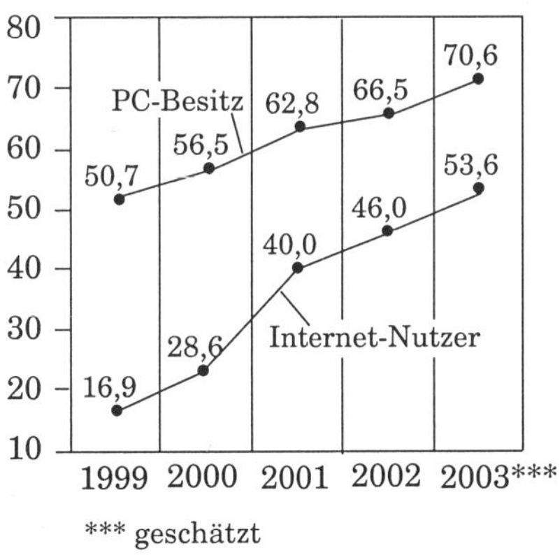

*** geschätzt

Ausstattung des privaten PC, Zubehör
(Angaben in Prozent der Computernutzer)

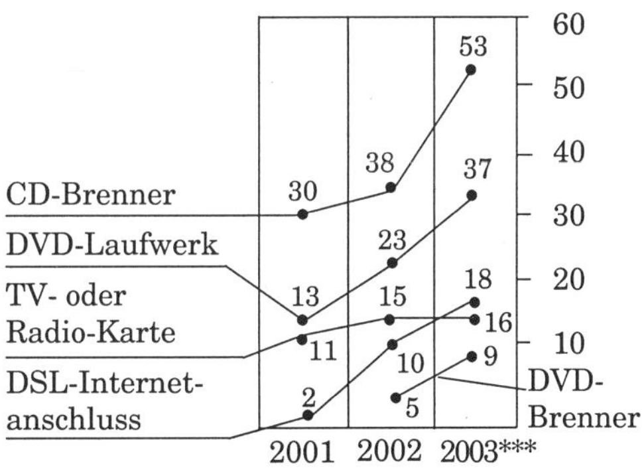

F.A.Z.-Grafik Kaiser/
Quelle: Allensbach Acta 2003

*** geschätzt

Wie Konsumenten die verschiedenen Absatzkanäle vor, beim und nach dem Kauf nutzen, zeigt eine Untersuchung von Cambridge Technology Partners (2001):

Wie Konsumenten Verkaufskanäle nutzen Angaben in Prozent				
	Persönlicher Kontakt	**Website**	**Telefon**	**Brief/Fax**
Vor dem Kauf				
Einzelhandel	98	62	13	4
Banken	98	33	11	6
Telekommunikation	81	50	15	6
Versicherungen	78	27	26	11
Energieversorger	47	36	29	23
Beim Kauf				
Einzelhandel	100	38	14	9
Banken	86	18	11	6
Telekommunikation	89	6	6	7
Versicherungen	82	4	10	16
Energieversorger	52	6	23	28
Nach dem Kauf				
Einzelhandel	89	28	53	9
Banken	77	27	36	11
Telekommunikation	57	20	63	9
Versicherungen	62	11	51	16
Energieversorger	42	11	52	21

Umfrage unter 560 Online-Nutzern, Mehrfachnennungen möglich

Quelle: FAZ vom 5.9.2001

Nach verschiedenen Internet-Studien sind die folgenden Kommunikationsformen die am häufigsten gewünschten Kommunikationsformen der Kunden.

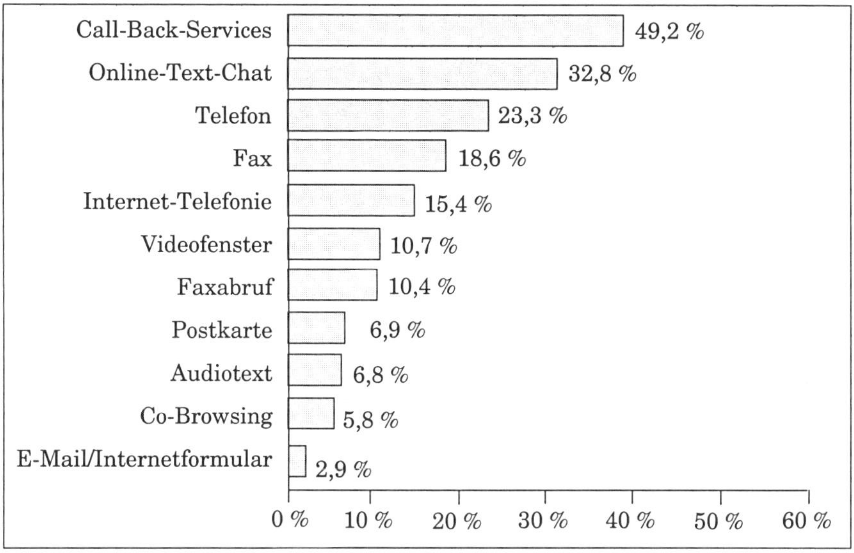

Wunschkommunikationsformen der Kunden

Quelle: *DDV*

Der wachsenden Bedeutung des Online-Marketing entsprechend soll im Folgenden Online- und Traditionelles Marketing im Hinblick auf einige Aspekte verglichen werden.

Einen Vergleich Traditionelles und Online-Marketing gibt die folgende Übersicht wieder.

Vergleichsansätze	Traditionelles Marketing	Online-Marketing
❑ Angebote • gegenständlich • virtuell	 z.B. vorhandene Produkte z.B. über Telefon, Kataloge, Dienstleistungen, Printmedien usw.	 z.B. Software, Musik, bestimmte Dienstleistungen z.B. alle gegenständlichen Produkte, verschiedene Dienstleistungen
❑ Preis ❑ Konditionen	ja, bekannt ja, bekannt	ja, bekannt ja, bekannt
❑ Kaufgegenstand (Angebote)	vorhanden (z.B. Markenartikel, schon hergestellte Produkte sofort verfügbar)	nicht vorhanden, werden geliefert, i.d.R. nicht sofort verfügbar, außerdigital
❑ Kaufabwicklung	persönlich oder unpersönlich, physisch	persönlich, physisch oder digital

❑ Angebotspräsentation	• gegenständlich (Messe, Laden) • Medien (z.B. TV, Zeitungen, Radio, Zeitschriften, Direktmailings usw. • Persönlicher Verkauf	• über Internet (virtuell) in unterschiedlichen Formen • Unternehmenspräsentation • Auktionen • Portale • Börsen • Online-Stores
❑ Produkt	physisch oder digitale Form	physisch oder digitale Form
❑ Marketinginstrumente	• Produkt • Preis • Place (Ort gegenständlich unterschiedlich) • Promotion (unterschiedlich, je nach Medien)	Produkt Preis Interpräsentation WWW-Präsentationsmöglichkeiten
❑ Distribution	unterschiedlich Direktabsatz Indirekter Absatz	physischer Absatz über Verteilerorganisation (Distribution) aber auch elektronische Distribution
❑ Kundendienst (Service)	ja, gleichwertig möglich	ja, gleichwertig möglich, auch schneller möglich
❑ Einsatzmöglichkeiten	nur während der Geschäftsstunden lokal, regional, national unterschiedlich	24 Stunden möglich, jederzeit weltweit im Prinzip
❑ Kommunikation	Ein-Weg-Kommunikation	Interaktive Kommunikation
❑ Käuferverhalten	Informationen schwierig zu gewinnen	Informationen einfacher zu gewinnen
❑ Werbung	Intiative geht vom Anbieter aus (Push)	Konsumenten entscheiden, was sie neu wollen (Pull). Ausnahmen E-Mail-Werbung und Interstitials
❑ Standort	wichtig – sehr wichtig	unwichtig, außer für Logistik
❑ Zielgruppenorientierung	alle Zielgruppen möglich, auch repräsentative Orientierung	nicht alle Zielgruppen und Segmente möglich (z.B. nicht User, Senioren, unbekannte Zielgruppen im WWW) abhängig von Usern, nicht repräsentativ
❑ Erfolgskontrollmöglichkeiten	ja, möglich, aber unterschiedlich generell	ja, möglich, aber in vielen Fällen verschieden vom traditionellen Marketing
❑ Einsatzgebiete	unterschiedlich nach Region, Land, Erdteil, weltweit	im Prinzip weltweit
❑ Kontaktinitiative	(primär) vom Anbieter	(primär) von Nachfrager (Käufer)

Übersicht: Traditionelles und Online-Marketing © Prof. Weis

Neben dem Internet und dem Fax wird auch das Handy für das Marketing eingesetzt. SMS werden nach der folgenden Untersuchung jedoch mehr für private Zwecke verwendet.

Der SMS-Boom	
Regelmäßig genutzte Funktionen per SMS, in % der befragten Handy- und Online-Nutzer ab 14 Jahre	
Kurznachrichten versenden	78,9
Aktuelle Nachricht abrufen	31,1
Aktuelle Sportinformationen abrufen	18,8
Klingeltöne herunterladen	13,3
Logos herunterladen	11,5
Verkehrsinformationen, Staumeldungen	9,7
Aktuelle Wirtschaftsinformationen abrufen	7,5
Informationen zu Reisen, Flug-/Fahrplänen	4,0
Online-Banking	3,3
Spiele herunterladen	1,4

Der SMS-Boom

Quelle: Initative Media

Vergleicht man die Bewertungen des traditionellen Marketing mit dem Online-Marketing (s. Übersichten S. 59 f.), so findet man nur weitgehende Übereinstimmungen bei:

- Preis
- Konditionen
- Kundendienst und z.T. bei
- Erfolgskontrollmöglichkeiten.

Bei den übrigen Kriterien liegen mehr oder weniger große Unterschiede zwischen dem Traditionellen Marketing 2002 und dem Online-Marketing vor. Bei einer näheren Betrachtung muss weiter zwischen

Konsumgütermarketing	und	B2C
Industriegütermarketing	und	B2B
Dienstleistungsmarketing	und	B2C und B2B
„Internem Marketing“	und	B2E

eine differenzierte Betrachtung angestellt werden, wobei die einzelnen Möglichkeiten im „Traditionellen“ und Online-Marketing für die verschiedenen Unterschiede bzw. Möglichkeiten getrennt betrachtet und analysiert werden müssen.

Online-Marketing	
Vorteile	**Nachteile**
❑ Weltweite Einsatzmöglichkeiten ❑ 24 Stunden einsetzbar ❑ sofortige Kontaktherstellung ❑ Anbieter jederzeit erreichbar ❑ Schnelle Reaktionen auf dem Markt möglich ❑ Theoretisch sind alle motivierten Internet-User erreichbar ❑ Für Käufer hohe Markttransparenz ❑ Für Käufer große Wahlmöglichkeiten ❑ Käufer können von Zuhause jederzeit einkaufen ❑ Cross-Selling möglich ❑ Aufbaumöglichkeiten einer Kundendatei ❑ Service online möglich ❑ Hotline für Kunden	❑ Wirkung hängt von der Kontaktaufnahme des Käufers ab ❑ Produkte i.d.R. nicht sofort für Käufer verfügbar ❑ Nicht alle potenziellen Käufer aus unterschiedlichen Gründen erreichbar ❑ Bestimmte Zielgruppen können nicht bzw. nur teilweise erreicht werden (kein PC, kein Internet-User usw.) ❑ Infolge hoher Markttransparenz Imitationen schneller und wahrscheinlicher auf dem Markt ❑ Eventuelle Schwierigkeiten bei Zahlungsabwicklung

4. Marketingprozess

Der Marketingprozess kann – wie jeder Entscheidungsprozess – anhand eines **Phasenschemas** analysiert werden. Der Marketing(entscheidungs)prozess lässt sich dabei in **sieben Phasen** zerlegen, die ineinander greifen.

Die **einzelnen Phasen** dürfen dabei nicht isoliert betrachtet werden, sondern sind ganz allgemein durch den vereinfachenden ineinander greifenden Zusammenhang verschiedener Tätigkeiten von verschiedenen Funktionsträgern zu sehen. Dabei kann jede Phase im Rahmen des Gesamtprozesses selbst als Entscheidungsprozess „en miniature" betrachtet werden.

Phasen des Marketingprozesses sind:

Lfd. Nr.	Phase	Funktionsträger
①	Erkennen des Problems	
②	Informationsbeschaffung	Marktforschung/ Rechnungswesen
③	Datenanalyse	
④	Erarbeitung einer Konzeption	Marketingplanung
⑤	Entschlussfassung	Management
⑥	Realisation der Marketingkonzeption	Innere und äußere Marketingorganisation
⑦	Kontrolle	Marketingkontrolle/ Rechnungswesen/Statistik

Die erste Phase kann als die Erkennungs- oder Identifizierungsphase eines Problems gekennzeichnet werden.

Dieser Phase schließt sich eine Phase der Beschaffung von Informationen über den Markt, die Marktteilnehmer, die Produkte usw. an. Die nunmehr vorliegenden Daten werden analysiert und bewertet um zu einer realistischen Beurteilung des Marktes zu gelangen. Je nach dem Ergebnis dieser Analyse wird man zusätzliche Daten beschaffen müssen oder eventuell schon eine Marketingkonzeption zu erarbeiten versuchen.

Im letzteren Fall muss in der folgenden Phase entschieden werden, wie weiter zu verfahren ist.

Entschließt man sich eine Marketingkonzeption durchzuführen, folgt die Realisationsphase. Da man auch im Marketing stets systematisch vorgehen muss, folgt als Abschluss und gegebenenfalls Neubeginn die Kontrollphase.

In der Kontrollphase soll der Erfolg oder Misserfolg der Marketingaktivitäten festgestellt werden.

Das hier skizzierte Vorgehen hat den Vorteil, dass das Unternehmen systematisch an die Erarbeitung neuer Lösungen herangeht.

5. Markt

Marketing vollzieht sich auf dem Markt und der den Markt umgebenden Umwelt (vgl. Abb. auf S. 64). Die Umwelt wird durch die jeweils vorhandenen

- sozio-kulturellen,
- technologischen,
- politisch-rechtlichen,
- physischen,
- ökologischen und
- ökonomischen Faktoren

bestimmt. Diese Faktoren liefern die Rahmenbedingungen für den Markt, auf dem die Austauschbeziehungen zwischen Anbieter und Nachfrager erfolgen. Der Marktbegriff kann aus betriebswirtschaftlicher, volkswirtschaftlicher, soziologischer oder juristischer Sicht betrachtet werden.

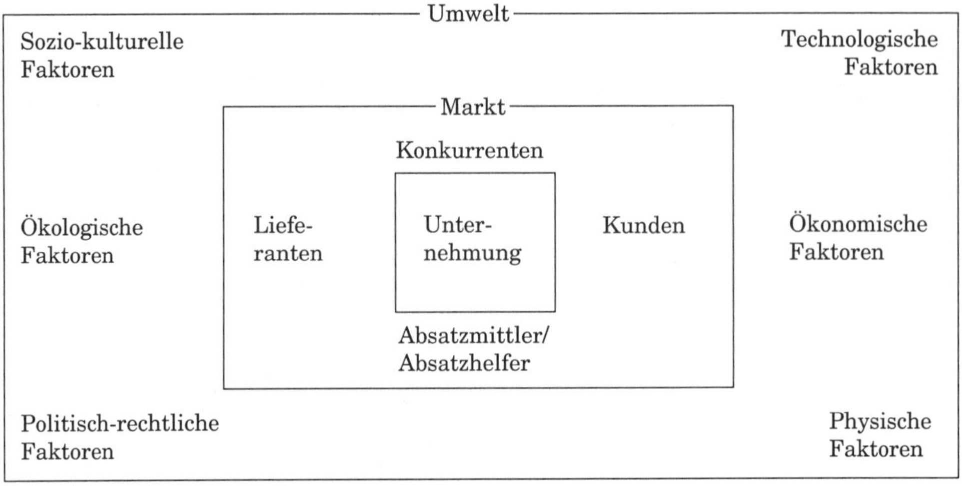

Unternehmung, Markt, Umwelt

Die verschiedenen Institutionen (Kunden, Lieferanten usw.) eines Unternehmens sowie die zwischen diesen vorhandenen Dimensionen veranschaulicht, unter Berücksichtigungen zusätzlicher Partner, die Abbildung von *Ulrich/Probst* (1990).

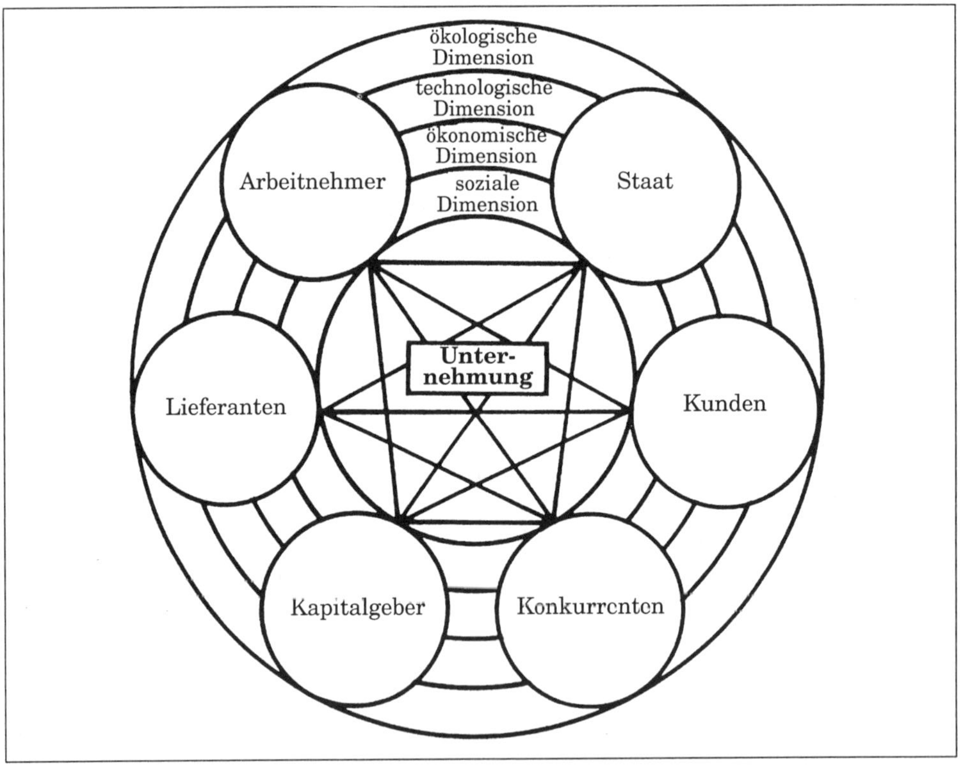

Institutionen und Dimensionen der Umwelt einer Unternehmung

Aus betriebswirtschaftlicher Sicht lässt sich der **Markt** als die wirtschaftlich relevante Umwelt bezeichnen, in der die Austauschbeziehungen zwischen Anbietern und allen potenziellen und tatsächlichen Abnehmern erfolgen. Von besonderer Bedeutung für ein Unternehmen ist dabei der relevante Markt. Der **relevante Markt** eines Unternehmens ist der Markt, auf dem sich die wirtschaftlichen Austauschbeziehungen eines Unternehmens vollziehen und auf den das Unternehmen seine Marketinganstrengungen konzentriert. Im Hinblick auf den Begriff „relevanter Markt" gibt es verschiedene Ansätze, aber keine eindeutige Definition. Die folgende Übersicht gibt einen Überblick über verschiedene Ansätze zur Marktabgrenzung.

Konzepte	**Aussage**	**Vertreter**
1. „Datenkranzkonzept"	Preistheoretische Modelle: Ausgangspunkt ist eine bestimmte Preisabsatzfunktion. Der Markt ist eine gegebene, exogene Größe.	Cournot
2. Elementarmarkt-konzept	Jedes Gut hat einen eigenen relevanten Markt (RM)	Stackelberg
3. Konzept der physisch-technischen Ähnlichkeit	RM umfasst alle Produkte, die sich nach Stoff, Verarbeitung, Form, technischer Gestaltung gleichen	A. Marshall
4. Konzept der Kreuzpreiselastizität	RM umfasst alle Produkte, die sich durch eine hohe Kreuzpreiselastizität auszeichnen	Triffin
5. Grundbedürfniskonzept bzw. Konzept der funktionalen Ähnlichkeit	RM umfasst alle Güter, die das gleiche Grundbedürfnis/ die gleiche Funktion erfüllen. Verwenderorientiertes Konzept	Abott H. Arndt
6. Konzept der konjekturalen Konkurrenz-reaktionen	RM umfasst alle Konkurrenzprodukte, die ein Anbieter bei seinen Absatzplanungen berücksichtigt. Anbieterorientiertes Konzept.	E. Schneider
7. Konzept der verwender-orientierten, subjektiven Austauschbarkeit	RM umfasst alle Produkte, die vom Verwender als subjektiv austauschbar angesehen werden	Dichtl u. a.

Ansätze zur Marktabgrenzung

Quelle: *Backhaus, K.* (1990) S. 125

Ohne auf diese Ansätze im Einzelnen einzugehen, soll im Folgenden der relevante Markt als Markt angesehen werden, auf dem ein Unternehmen seine Aktivitäten plant und durchführt. Dabei ist daneben auch die Struktur des Marktes von besonderer Bedeutung, je nachdem, ob es sich um

- wachsende, schrumpfende oder stagnierende Märkte
- gesättigte oder ungesättigte Märkte

- Märkte mit wenigen oder vielen Anbietern/Nachfragern
- Märkten mit starkem oder schwachem Wettbewerb
- usw.

handelt.

Hinweise für eine Sättigung des Marktes 2001 für private Haushalte in Deutschland vermittelt die folgende Darstellung. Man erkennt z. B., dass der Markt für Telefon, Waschmaschinen und Pkw in Deutschland weitgehend gesättigt ist. Der Gesamtmarkt Deutschland ist jedoch noch sehr heterogen.

Ausstattung privater Haushalte* mit langlebigen Gebrauchsgütern 2001

Gebrauchsgüter	Ausstattungsgrad[2]	Ausstattungsgrad[1]
Personenkraftwagen	98,2	75,1
Videorecorder	84,2	68,6
Videokamera/Camcorder	19,1	18,2
PC und Nachrichtenübermittlung		
Personalcomputer	69,3	53,4
Modem für Datenfernübertragung	22,8	21,5
Internet oder Online-Dienste	29,4	27,3
ISDN-Anschluss	12,2	12,0
Telefon	181,9	98,5
Telefon stationär (auch schnurlos)	101,7	96,4
Telefon mobil (Autotelefon, Handy)	80,2	55,7
Anrufbeantworter	43,9	43,1
Faxgerät, PC-Faxkarte	16,1	16,0
Elektrische Haushaltsgeräte		
Geschirrspülmaschine	51,8	51,3
Mikrowellengerät	59,4	58,2
Waschmaschine	97,1	95,1
Wäschetrockner	33,6	33,3

* Ohne Haushalte von Landwirten und Selbstständigen. [1] Zahl der Haushalte, in denen entsprechende langlebige Gebrauchsgüter vorhanden sind, bezogen auf Haushalte insgesamt der jeweiligen Spalte. [2] Zahl der in den Haushalten vorhandenen langlebigen Gebrauchsgüter, bezogen auf Haushalte insgesamt der jeweiligen Spalte.

Quelle: Statistisches Bundesamt, Wiesbaden

Im Hinblick auf die internationale Wettbewerbsfähigkeit hat sich der „Markt Deutschland" deutlich verschlechtert. Nach der **„Internationalen Wettbewerbsstudie 2002"** des World Economic Forum (WEF) hat sich Deutschland beim Wettstreit mit anderen Staaten von Rang zwölf auf den Rang fünfzehn verschlechtert (vgl. Abb.).

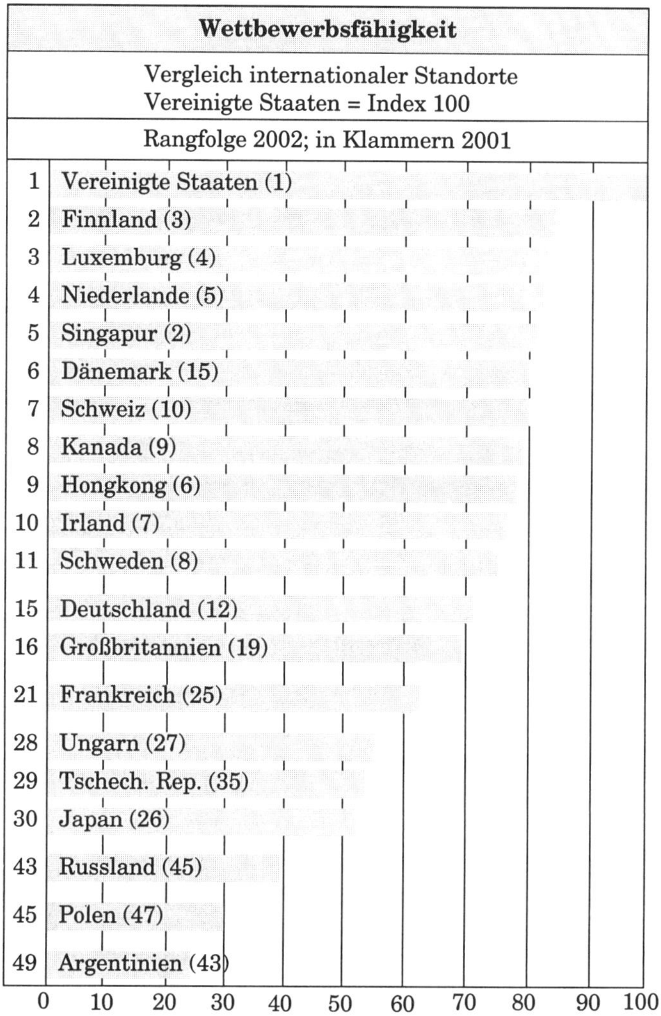

Quelle: IMD, World Competitiveness Scoreboard 2002

Damit hat sich Deutschland seit 2000 um vier Plätze verschlechtert. Auch im Hinblick auf die Wachstumschancen war 2002 ein Rückgang für Deutschland durch das Weltwirtschaftforum festgestellt worden (vgl. Abb.).

Finnland vorn		
Ranking bei Wachstumschancen 2001 (2000)		
1.	(5.)	Finnland
2.	(1.)	USA
3.	(6.)	Kanada
4.	(2.)	Singapur
5.	(11.)	Australien
6.	(15.)	Norwegen
7.	(10.)	Taiwan
8.	(3.)	Niederlande
9.	(12.)	Schweden
10.	(19.)	Neuseeland
11.	(4.)	Irland
12.	(8.)	Großbritannien
13.	(7.)	Hongkong
14.	(13.)	Dänemark
15.	(9.)	Schweiz
16.	(23.)	Island
17.	(14.)	Deutschland
18.	(17.)	Österreich
19.	(16.)	Belgien
20.	(21.)	Frankreich

Quelle: Weltwirtschaftsforum

5.1 Anbieter

Auf den Märkten bieten Produzenten, der Handel, Absatzmittler und -helfer Waren an, die von den Käufern erworben werden sollen. Sowohl die Hersteller als auch der Handel lassen sich nach bestimmten Kriterien unterscheiden.

Hersteller können z. B. nach den von ihnen hergestellten Produkten unterschieden werden (wie z. B. Pkw-Hersteller, Möbelhersteller, Reifenhersteller usw.), aber auch nach den Güterkategorien, denen die hergestellten Produkte angehören (wie z. B. Konsumgüter, Gebrauchsgüter, Investitionsgüter). Der **Handel** kann nach Betriebsformen unterschieden werden in Einzel- und Großhandel sowie entsprechend seinem Sortiment und der Darbietungsform.

Hersteller und Handel bieten auf „ihrem Markt" entweder direkt oder über Absatzhelfer ihre Produkte an.

Die jeweiligen Märkte lassen sich nach unterschiedlichen **Kriterien** kennzeichnen und zwar nach:

- **geografischen Gesichtspunkten**
  (lokale, regionale, nationale, internationale Märkte)

- **Bedürfniskomplexen**
  (Ernährungsmarkt, Unterhaltungsmarkt, Wohnungsmarkt usw.)

- **Käufergruppen**
  (Haushaltungen, Handel, Produzenten usw.)

- **der Anzahl der Marktteilnehmer**
  (Monopol, Oligopol, Polypol)

- **der Struktur der Konsumenten**
  (Teenagermarkt, Altenmarkt usw.)

- **der Struktur der industriellen Anbieter**
  (Rohstoffmarkt, Maschinenmarkt, Halbfabrikatemarkt usw.)

- **Produktarten (Leistungsarten)**
  (Konsumgütermarkt, Gebrauchsgütermarkt, Investitionsgütermarkt, Dienstleistungsmarkt).

5.2 Käufer

Als Käufer können Privatpersonen (Konsumenten), industrielle Abnehmer (Unternehmen), öffentliche Organisationen (Bund, Land, Gemeinden) und der Handel infrage kommen.

Je nachdem, wer als Käufer auftritt, wird das Verhalten auf dem Markt, insbesondere das Kaufverhalten, verschieden sein. Auch die Kaufentscheidungsprozesse in den einzelnen Käufergruppen sind sehr unterschiedlich strukturiert. Zum Vergleich sei hier beispielhaft nur auf den Kauf von Zigaretten durch Konsumenten und den Kauf einer großen Produktionsanlage durch ein Unternehmen hingewiesen.

Aufgrund dieser Überlegungen kommt man zu der Frage, wie soll man Käufer bzw. potenzielle Käufer bewerten.

Grundsätzlich stehen die folgenden Verfahren zur Verfügung:

- ABC-Analyse
- RFMR-Methode
- FRAT-Methode
- Kundenscoring
- Lebenszeitwert (Customer Lifetime Value)
- Kundenportfolio.

Auf die verschiedenen Verfahren soll im Folgenden kurz eingegangen werden.

Bei der **ABC-Analyse** wird entsprechend der Höhe des Umsatzes bzw. potenziellen Umsatzes und Deckungsbeitrag in Kundenklasse A, B, C unterteilt.

Die **RFMR-Analyse** untersucht **R**ecency (wann war der letzte Kauf), **F**requency (Anzahl der Käufe, zum Beispiel pro Jahr), **M**onetary **R**atio (kumulierter Umsatz bisher oder pro Jahr).

Die **FRAT-Methode** stellt eine Weiterentwicklung dar und führt zu **Kundenscoring-Methoden**, die eine Vielzahl von Kriterien berücksichtigen können, auf der Basis künstlicher Intelligenz und des Data-Mining.

Beliebt ist auch die Kundenlebenszeitmethode **(Customer Life Value)**, wo der Kunde nach seinen insgesamt im Leben erreichbaren Umsatz bewertet wird.

Wichtig ist im Hinblick auf die Käufer nicht nur den Kunden als **Einmalkäufer** zu erreichen, sondern ihn zum Folgekäufer, Mehrfachkäufer und letztlich zum **Stammkunden** zu machen. Den Käufer während seiner Kauflebenszeit als Kunden zu halten, ist für ein Unternehmen von großer Bedeutung. So kann man den sog. **Kundenwert** (Lebenszeitwert, Customer Lifetime Value) für einen Kunden ermitteln. Die folgenden Beispiele für Kundenwert (A) für 5 Jahre und (B) für 3 Jahre zeigt den gegenwärtigen Barwert des Kunden bei den erzielbaren Absatzeinheiten, Durchschnittspreisen, Stückkosten und Marketingaufwendungen.

Lebenszeitwert von Kunden (1)									
Kunde	Jahr	erzielbarer Absatz Einheiten	Durchschnittspreis €	Kosten je Stück €	Nettozufluss €	Marketingaufwendungen €	Kundenwert €	Diskontierungsfaktor	Barwert der Kunden €
A	1	5	200	150	250	200	50	1,000	50
	2	10	250	180	700	300	400	0,943	377
	3	20	250	170	1.600	400	1.200	0,890	1.068
	4	15	220	150	1.050	300	750	0,840	630
	5	10	220	150	700	200	500	0,792	396
Lifetime-Value (LTV) Kunde A									2.521
B	1	80	80	70	800	150	650	1,000	650
	2	100	70	60	1.000	200	800	0,943	754
	3	200	70	60	2.000	300	1.700	0,890	1.513
Lifetime-Value (LTV) Kunde B									2.917

Beispiel zur Ermittlung des Lebenszeitwerts in Euro

Quelle: *Bruns, J.* (1998) S. 83

Das folgende Beispiel zeigt den Wert (Umsatzpotenzial) von Kunden für verschiedene Produkte.

Produkt	**Bedarf Nutzungs-dauer €**	**Wert je Kauf €**	**Wert in 1 Jahr €**	**Wert in 5 Jahren €**	**Wert in 20 Jahren €**
• Benzin	50 l/Woche	l = 1,00	2.600	13.000	260.000
• Zigaretten	1 Schachtel/ Tag	= 2,50	1.300	6.500	50.600
• Bier	1 Flasche/ Tag	= 0,60	2.190	10.950	43.800
• PKW (Mittelklasse)	5 Jahre	= 17.500	3.500	17.500	70.000
• Fernsehgerät	6 Jahre	= 600	100	500	2.000
• Lebensversicherung	monatlich	= 200	2.400	12.000	48.000
• Lebensmittel	wöchentlich	= 200	10.400	52.000	208.000
• Zeitschrift	wöchentlich	= 3,00	156	1.800	7.200

Beispiel: Kundenwert (Umsatzpotenzial) in Euro

Aus der Übersicht sieht man welches Umsatzpotenzial sich durch die dauerhafte Bindung von Kunden an einen Anbieter erzielen lassen. Man erkennt daran auch, warum Unternehmen auf die Kundenbindung einen großen Wert legen müssen.

5.3 Absatzmittler und Absatzhelfer

Unter **Absatzmittlern** versteht man alle diejenigen Personen und Institutionen, die zwischen Hersteller und Käufer (Endverbraucher) tätig werden um den Käufer mit Produkten (Leistungen) zu versorgen. Hierzu gehören die unterschiedlichen Formen der Handelsbetriebe (Großhandel, Einzelhandel usw.).

Absatzhelfer sind alle diejenigen Personen und Institutionen, die Hersteller und Handel bei der Distribution unterstützen, ohne selbst Hersteller oder Händler für die angebotenen Produkte zu sein.

Hierzu gehören insbesondere:

- Handelsvertreter
- Makler
- Kommissionäre
- Kreditinstitute
- Versicherungen
- Spediteure
- Werbeagenturen
- Marktforschungsinstitute usw.

5.4 Sonstige Marktteilnehmer

Die Käufer bzw. Nachfrager und ihre Struktur und Entwicklung sind von besonderem Interesse für das Marketing. Die Bevölkerungsentwicklung in der Bundesrepublik war von 1950 bis 1974 durch ein stetiges Wachstum auf ca. 62 Millionen Personen gekennzeichnet. Seit 1974 geht die Bevölkerung in der Bundesrepublik Deutschland zurück. Man geht davon aus, dass die Gesamtbevölkerung in West- und Ostdeutschland von 82 Millionen im Jahre 2000 auf 64,4 Millionen im Jahre 2050 sinken wird. Bis zum Jahre 2000 wird die Anzahl der Personen unter 20 Jahren auf 21 Millionen Personen sinken, während der Anteil der Personen über 60 Jahre auf 22,1 Millionen ansteigen wird. Besonders stark sinkt die Anzahl der Personen im Alter von 15 - 40 Jahren und zwar von 38 Mio. auf 34,4 Mio. Eine Betrachtung bis zum Jahre 2050 (vgl. Abb.) veranschaulicht den Wandel in der Bevölkerungsstruktur sehr anschaulich. Allgemein entwickelt sich die Bevölkerungsstruktur von der „Zwiebel zum Pilz".

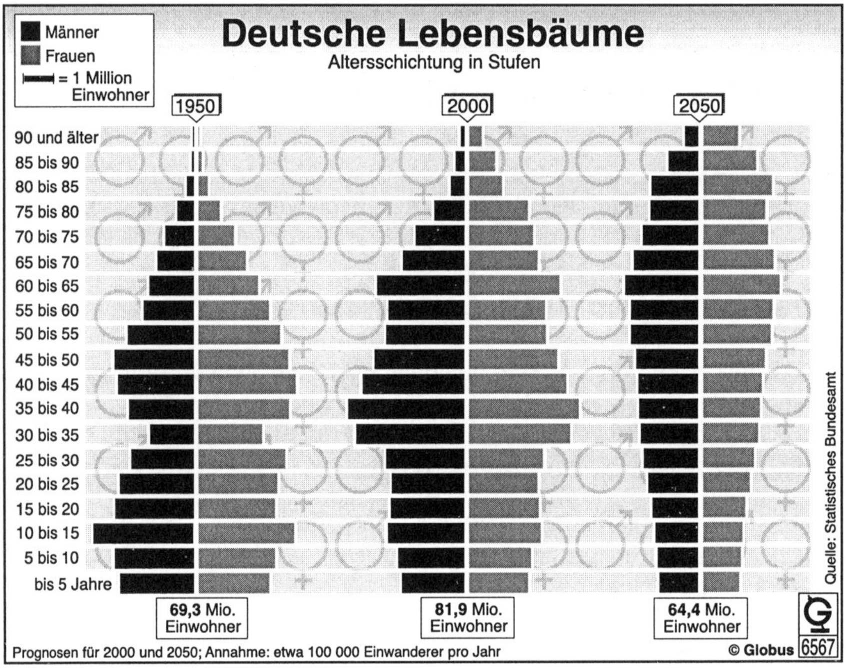

Entwicklung der Bevölkerungsstruktur in Deutschland

Quelle: *Statistisches Bundesamt*

Für die Weltbevölkerung geht der Weltbevölkerungsbericht 2000 der Vereinten Nationen von einem Bevölkerungswachstum um 50 % bis zum Jahre 2050 aus, das ausschließlich in den Entwicklungsländern stattfindet.

Weltbevölkerung (in Mio.)

	Industrieländer	Entwicklungsländer	
2000	1.194	4.940	Gesamt 6.134
2050	1.181	8.141	Gesamt 9.322

	2001	2050
Asien	3.721	5.428
Afrika	813	2.000
Europa	726	603
Nordamerika	317	438
Zentral-, Südamerika und Karibik	527	806

Entwicklung der Weltbevölkerung bis 2050

Quelle: *Reuters*

Wie der „Weg" im Handelsbereich zum Stammkunden aussieht, zeigt die Untersuchung von McKinsey.

Der Weg vom potenziellen Kunden zum Stammkunden
Vergleich deutscher Handelsunternehmen

Angaben in Prozent

	H&M Deutschland	**Karstadt**	**Aldi**
Bekannt	60	86	96
Besucht	↓ davon 80 Prozent 48	↓ davon 92 Prozent 79	↓ davon 98 Prozent 94
Eingekauft	↓ davon 73 Prozent 35	↓ davon 90 Prozent 71	↓ davon 100 Prozent 94
Häufiger eingekauft	↓ davon 74 Prozent 26	↓ davon 77 Prozent 55	↓ davon 90 Prozent 85
Stammkunde	↓ davon 42 Prozent 11	↓ davon 27 Prozent 15	↓ davon 51 Prozent 43

Quelle: McKinsey

6. Erklärungsansätze des Käuferverhaltens

Da die Produzenten ihre angebotenen Produkte und Dienstleistungen absetzen müssen, um existieren zu können, haben sich schon lange Zeit Wissenschaft und Praxis bemüht, Kenntnisse über das Kaufentscheidungsverhalten der Abnehmer zu erhalten. Unterschiedliche Erklärungsansätze des Käuferverhaltens bzw. Modelle des Käuferverhaltens wurden im Laufe der Zeit entwickelt, von denen einige kurz skizziert werden sollen.

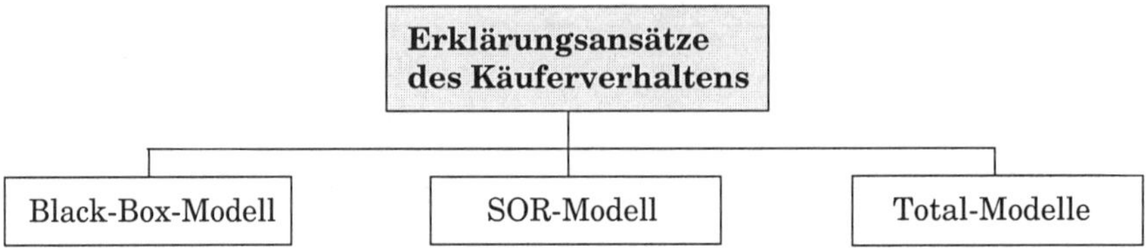

6.1 Black-Box-Modell

Einer der einfachsten Erklärungsansätze für das Verbraucherverhalten ist das Grundmodell der Consumer-Behaviour-Theorie, in dem der Verbraucher als „black box" behandelt wird, über dessen Psyche nichts bekannt ist. Die Psyche und der Entscheidungsprozess des Käufers stellt dabei eine „black box" dar (vgl. Abb.).

Stimuli →		**Black Box**		**→ Response**
Input		Konsument „Black Box"		Konsumentenverhalten
Marketinginstrumente	Umwelteinflüsse	Konsumentenverhalten	Entscheidungsprozess	Kauf Wahl des Kauforts Kaufzeitpunkt Kaufmenge Kaufsumme
Produktpolitik Kontrahierungspolitik Distribution Kommunikation	ökonomische kulturelle politische technische	Einstellungen Wahrnehmungen Persönlichkeit Motivation Lebensstil	Informationssuche Alternativenbewertung Kaufentschluss Nachkaufverhalten	

Black-Box-Modell

Es können also keine Aussagen über das Verhalten und den Entscheidungsprozess des Konsumenten gemacht werden. Allgemein wird nun unterstellt, dass der Konsument bestimmten Stimuli (Marketinginstrumenten und Umwelteinflüssen) ausgesetzt ist, die dann zu einem bestimmten, sichtbaren oder unsichtbaren Konsumentenverhalten führen.

Dieser Ansatz erweist sich somit von geringem Erklärungswert, weil er sich auf einen Vergleich von Konsumentenverhalten (Output) und Stimuli (Input) beschränkt, ohne auf die intrapersonellen Abläufe des Konsumenten einzugehen.

Black-Box-Modelle bezeichnet man oft auch als **Stimulus-Response-Modelle** (S-R-Modell).

6.2 Stimulus-Organismus-Response-Modell

Will man die Vorgänge im Organismus (Psyche) des Käufers erklären, so erweitert man das Modell zum S-O-R-Modell.

Als Stimuli sind Produkte, Preis, Qualitäten, Werbemedien, Personen usw. anzusehen. Der Organismus (= psychischer Apparat) ist durch Motive, Einstellungen usw. geprägt, den man in zwei Bereiche einteilen kann, den Motivationsteil und den Kognitionsteil.

Den menschlichen Handlungen liegen **Motive** (Beweggründe) zugrunde, die den Organismus veranlassen, einen bestimmten Mangel zu beseitigen. Nach der **Theorie der kognitiven Dissonanz** (*Festinger*) werden die Individuen bestrebt sein, eine neue Harmonie zu erhalten oder herzustellen, was zu Handlungen führen kann bzw. wird.

Die Reaktion auf Motivation und Kognition kann dann eine Kaufhandlung darstellen.

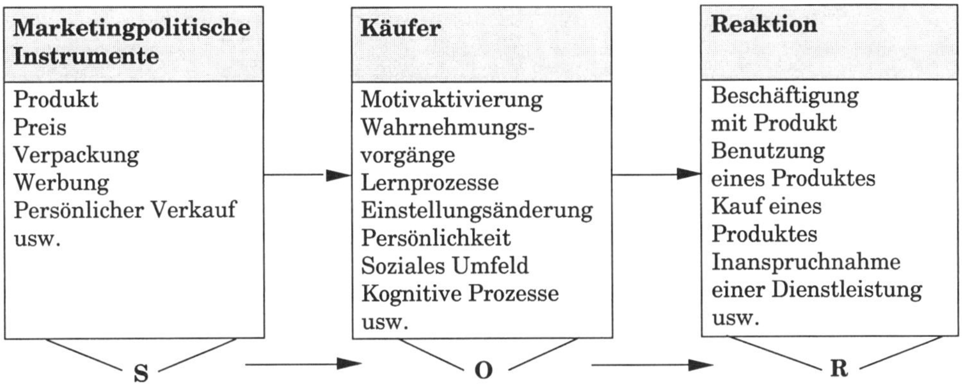

S-O-R-Modell

In **sequenzieller Folge** kann das Modell des Konsumentenverhaltens als S-O-R-Modell kurz wie folgt dargestellt werden (vgl. Abb.). Hier ist eine denkbare Sequenz unterstellt.

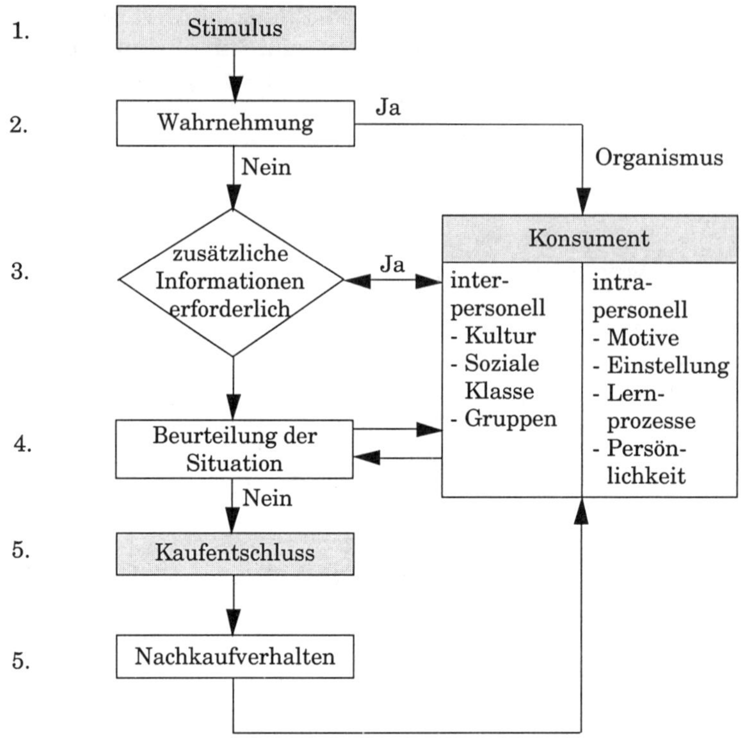

Konsumentenmodell

Derartige Interpretationen berücksichtigen nur individuelle Faktoren. Es ist jedoch erwiesen, dass auch soziale und sozio-kulturelle Faktoren das Verbraucherverhalten beeinflussen. Wie verschiedene Faktoren zusammenwirken, veranschaulicht die Darstellung von *Kassarjian* und *Robertson*:

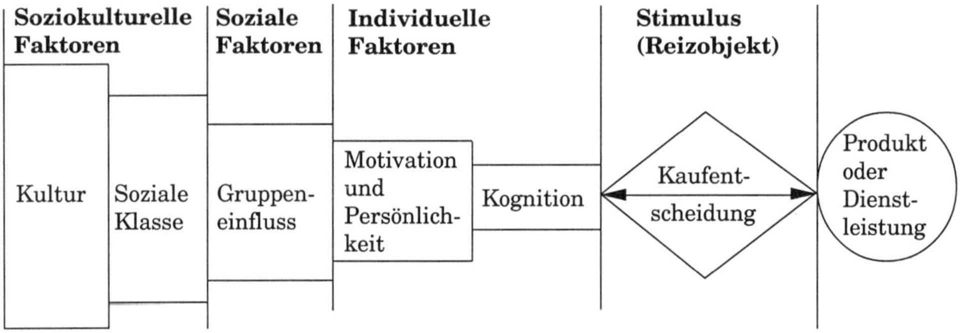

Einflussfaktoren auf das Konsumentenverhalten

Die hier aufgeführten Erklärungsansätze kann man als **Partialmodelle** bezeichnen, weil sie nicht alle relevanten Erkenntnisse des Verbraucherverhaltens berücksichtigen. Sollen alle relevanten Erkenntnisse berücksichtigt werden, spricht man von **Totalmodellen**.

Partialmodelle sind z. B. die Ansätze von *Pawlow, Skinner, Hull, Tolman, Lewin, Spiegel, Freud, Maslow, Rodgers* und *Festinger.*

Ansätze zu Totalmodellen finden sich z. B. bei *Howard / Sheth, Engel / Kollat / Blackwell, Andersen* und *Nicosia.*

Die verschiedenen Erklärungsansätze lassen sich unterschiedlich einteilen:

- *Raffée* unterscheidet lediglich zwischen **ökonomischen Erklärungsansätzen** des Kaufverhaltens und **verhaltenswissenschaftlichen Erklärungsansätzen** des Käuferverhaltens, wobei er letztere in partialanalytische Erklärungsansätze und Totalmodelle des Käuferverhaltens unterteilt.

- *Meffert* unterscheidet die Modelle des Käuferverhaltens nach der Herkunft der darin verwendeten Gedanken aus verschiedenen Disziplinen in **ökonomische**, **psychologische** und **soziologisch orientierte Modelltypen**.

- *Kotler* wiederum unterscheidet in **phänomenologische**, **logische** und **theoretische Modelle**.

Auf die hier genannten Einteilungen soll jedoch nicht näher eingegangen werden.

6.3 Totalmodelle

Nur die Modelle von *Engel, Kollat* und *Blackwell* sowie von *Howard* und *Sheth* sollen im Folgenden kurz skizziert werden.

6.3.1 Das Engel, Kollat, Blackwell-Modell

Bei dem von *Engel, Kollat* und *Blackwell* 1968 veröffentlichten Modell des Käuferverhaltens steht im Mittelpunkt der Ablauf eines Kaufentscheidungsprozesses. Dabei werden die Vorgänge vor und nach dem Kaufentschluss berücksichtigt. Der Käufer kann durch Persönlichkeitsmerkmale sowie durch sein gespeichertes Wissen und seine Erfahrungen gekennzeichnet werden, die ihrerseits auf die Werte und Einstellungen einwirken. Der ganze Kaufentscheidungsprozess wird in fünf Stufen eingeteilt (vgl. S. 78):

- Erkennen des Problems
- Suche nach Alternativen
- Bewertung der Alternativen
- Kaufakt
- Nachträgliche Bewertung des Kaufs.

Das Ergebnis des Kaufentscheidungsprozesses ist abhängig von der Art der Problemerkennung, dem Informationsverhalten, dem Beschaffungsprozess sowie der Bewertung nach dem Kauf. Die grafische Darstellung zeigt den möglichen Ablauf des Kaufentscheidungsprozesses. Dadurch ist es für Marketingmanager möglich, das Konsumverhalten im Hinblick auf die von ihnen angebotenen Produkte und Dienstleistungen zu analysieren.

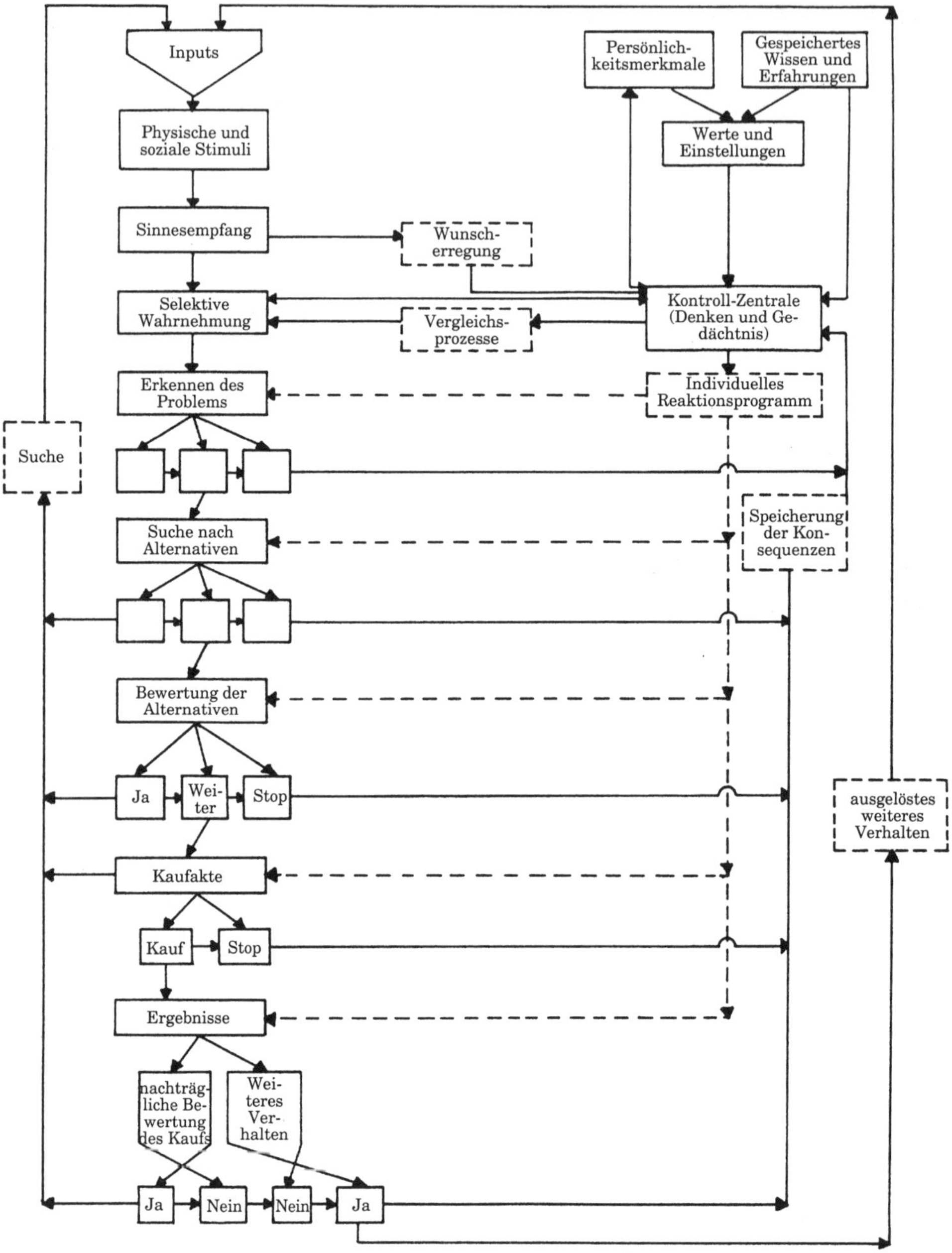

Das Kaufentscheidungsmodell nach *Engel/Kollat/Blackwell*

Die einzelnen Stufen der Abbildung werden insbesondere bei Kaufentscheidungen durchlaufen, bei denen es sich um einen Erstkauf handelt, bei dem der Käufer noch über keine Erfahrungen mit dem Produkt verfügt.

Bei wiederkehrenden Entscheidungen wird der Kaufentscheidungsprozess unter Umständen nach dem Erkennen des Problems unter Vernachlässigung der folgenden Stufen sofort zum Kaufakt führen können.

6.3.2 Das Howard/Sheth-Modell

Nach herrschender Auffassung gilt der Versuch von *Howard / Sheth* als der konsequenteste, eine integrierte Theorie des Käuferverhaltens aufzustellen. Das „*Howard / Sheth-Modell* stellt das umfassendste und detaillierteste generell bestimmende Kaufentscheidungsmodell dar, das bisher entwickelt wurde" (vgl. S. 80).

Im Prinzip repräsentiert es ein **S-O-R-Modell,** bei dem folgende Variablen auftreten:

(1) **Endogene Variablen**
Hierbei handelt es sich um diejenigen Variablen, die messbar sind. Man unterscheidet:

- **Inputvariablen**
  Die Inputvariablen stellen jene Reizkonfiguration (stimulus display), welcher ein Verbraucher ausgesetzt ist, dar.

- **Outputvariablen**
  Diese Variablen sind Aufmerksamkeit, Markenkenntnis, Einstellung, Kaufabsicht und Kauf. Sie unterscheiden sich von den gleichnamigen Variablen der Wahrnehmungs- und Lernkonstrukte dadurch, dass sie beobachtbar und grundsätzlich messbar sind.

(2) **Hypothetische Konstrukte**
Die hypothetischen Konstrukte (Mechanismen des Reizverarbeitungsprozesses) werden unterteilt in:

- **Wahrnehmungskonstrukte**
  Aufgabe des Wahrnehmungskonstruktes ist es, die auf den Organismus treffenden Informationen sowohl in qualitativer als auch in quantitativer Hinsicht durch die Konstrukte Aufmerksamkeit, Stimulus-Mehrdeutigkeit, Wahrnehmungsverhalten und Suchverhalten zu verändern.

- **Lernkonstrukte**
  Sie haben die Aufgabe, durch ihr Wechselspiel ein „Programm" zur Lösung des Kaufentscheidungsproblems bereitzustellen. Besondere Bedeutung verdient das Lernkonstrukt Kaufabsicht, das die Outputvariable Kauf bestimmt. Die übrigen Konstrukte wie Markenkenntnis, Entscheidungskriterien, Sicherheit, Motive und Einstellungen führen im Wechselspiel zur Kaufabsicht, die zum Kauf letztlich führt.

(3) **Exogene Variablen**
Finanzielle Lage, Bedeutsamkeit des Kaufes, Persönlichkeitsmerkmale, Zeitdruck.

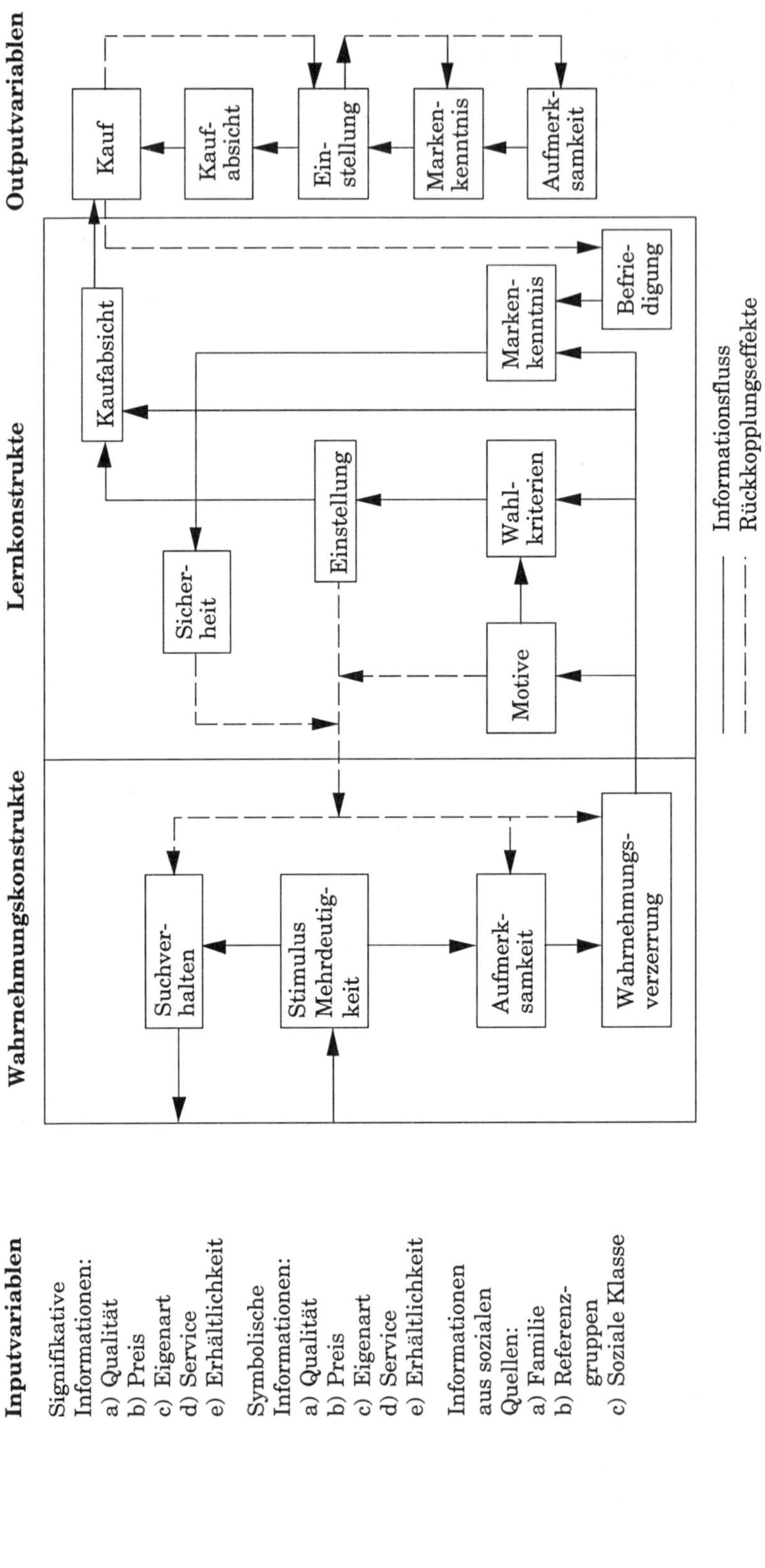

Darstellung der Theorie des Konsumentenverhaltens von *Howard/Sheth*

Das Modell von *Howard / Sheth* geht von mehreren Phasen der Stimuluswirkung aus. Es gibt einen insgesamt guten Einblick in die den Kaufentscheidungsprozess bestimmenden Determinanten. Dennoch sind einige **Schwachstellen** erkennbar:

- Die Verwendung hypothetischer Konstrukte, die sich nicht oder nur zum Teil empirisch interpretieren lassen, schließt eine Falsifizierung des Gesamtmodells aus.
- Hohes Abstraktionsniveau erschwert die Anwendung.
- Modell erklärt nicht den industriellen Kaufentscheidungsprozess.
- Ökonomische und soziale Variable sind exogene Faktoren.

Einen Überblick über einige bekannte Modelle des Käuferverhaltens und die in ihnen berücksichtigten exogenen Variablen und hypothetischen Konstrukte soll die Übersicht von *Gerth* vermitteln. Eine weitergehende Analyse der hier aufgeführten Modelle soll jedoch im Hinblick auf die Zielsetzung dieses Buches unterbleiben (vgl. Abb. S. 82).

6.4 Praxis der Kaufentscheidungsprozesse

Letztlich sind alle Marketingaktivitäten auf künftige Käufer ausgerichtet, um diese zum Kauf der Angebote (Produkte, Dienstleistungen) zu bewegen. Je nach Kaufobjekt und Personen ergeben sich unterschiedliche Kaufentscheidungsprozesse.

Kaufentscheidungsprozesse lassen sich nach verschiedenen Kriterien unterscheiden und zwar

- nach den **Zielsubjekten** (private Personen, Unternehmen, öffentliche Institutionen)
- nach dem **Verhalten** der Käufer im Kaufentscheidungsprozess (rationales Verhalten, emotionales Verhalten, High-Involvement, Low-Involvement der Käufer)
- nach den **Produkten**, die gekauft werden sollen (Verbrauchs-, Gebrauchs-, Investitionsgüter, Dienstleistungen)
- nach der **Struktur** des Kaufentscheidungsprozesses (habitualisierte, extensive, limitierte, impulsive Kaufentscheidungen)
- nach der **Dauer** des Kaufentscheidungsprozesses (kurzfristige, mittelfristige, langfristige)
- nach den wichtigsten **Kriterien** für oder gegen einen Kauf.

Ohne auf die hier genannten Kriteriem im Einzelnen einzugehen, sollen vor allem die folgende typischen Kaufentscheidungsprozesse kurz besprochen werden.

Konstrukte als Parameter		Total-Modelle: Howard-Sheth-Modelle	Soziologisch orientierte Modelle: Diffusionsmodelle	Soziologisch orientierte Modelle: Meinungsführer und zweistufige Kommunikation	Soziologisch orientierte Modelle: Referenzgruppenmodelle	Psychologisch orientierte Modelle: Dissonanzmodelle	Psychologisch orientierte Modelle: Risikotheoretischer Ansatz	Psychologisch orientierte Modelle: Lernpsychologische Modelle	Psychologisch orientierte Modelle: Motivationsmodelle
Exogene Variable	Prädisposition								
	Kognitive Dissonanz					X			
	Finanzielles Risiko						X		
	Soziales Risiko						X		
	Preis der Güter						X		
	Einkommen						X		
	Wahrnehmung		X		X		X	X	
Wahrnehmungskonstrukte	Aktives Suchverhalten (Information)	X	X		X	X	X		
	Wahrnehmungsverzerrung	X				X		X	
	Stimulus - Mehrdeutigkeit	X						X	
	Aufmerksamkeit	X							
Lernkonstrukte	Befriedigung	X	X					X	
	Grad der Sicherheit	X		X	X				
	Kaufabsicht	X	X						
	Einstellung	X	X		X				
	Entscheidungskriterien	X	X	X	X				
	Markenkenntnis	X							
	Motive	X			X				X

Modelle des Käuferverhaltens

Quelle: *Gerth, E.* (1983) S. 88

- **Habitualisierte Kaufentscheidungsprozesse**
Hier werden die Kaufentscheidungen für ein Produkt gewohnheitsmäßig (man verhält sich wie bisher in vergleichbaren Situationen).

  Die Anzahl neuer Informationen ist gering und es liegt eine sehr geringe kognitive Steuerung vor.

  Beispiele: - Verbrauchsgüter des täglichen Bedarfs (Seife, Zigaretten, Bier)
  - Gebrauchsgüter (Marken-Jeans, Haushaltsgeräte)
  - alle markentreuen Produkte

- **Extensive Kaufentscheidungsprozesse**
Bei extensiven Kaufentscheidungen engagiert sich der Käufer sehr stark, sucht nach Informationen und Beurteilungen und steht meist nicht unter Zeitdruck und vergleicht oft die relevanten Angebote im Hinblick auf Unterschiede.

  Beispiele: - neue technische Produkte (Innovationen)
  - Modeerzeugnisse (Bekleidung)
  - Hochpreisige Produkte (Häuser, PKW)
  - Risikobehaftete Entscheidungen (Anlagen)

- **Limitierte Kaufentscheidungsprozesse**
liegen vor, wenn nur eine begrenzte Anzahl von Produkten in die engere Auswahl gelangen. Hierbei werden dann nur diese bekannten Alternativen miteinander verglichen und dann wird entschieden. Typische Beispiele dafür sind sehr viele Wiederholungskäufe.

  Beispiele: - Schuhe
  - Urlaubsreisen
  - Handwerkerleistungen

- **Impulsive Kaufentscheidungsprozesse**
liegen dann vor, wenn der Käufer sich unmittelbar auf bestimmte Reize (Form, Aussehen, Geruch, Geschmack, Werbung) für einen Kauf entscheidet. Der Impulskauf ist hauptsächlich affektgesteuert.

  Beispiele: - Spontankäufe an Point of Sale (PoS)
  - Käufe aufgrund von Werbeaktivitäten
  - Käufe aufgrund von Mund-zu-Mund-Werbung
  - Kauf von Gebrauchs- und Verbrauchsgütern

Nach einer Untersuchung von *Rock* ergab sich impulsives Kaufverhalten nach Produkten in der Bevölkerung wie folgt:

Produktgruppe	% Bevölkerung
Kleidung	45
Blumen	38
Schuhe	30
Bücher	28
Spirituosen	17
Autozubehör	15
Spielsachen	10

Beispiele für Entscheidungsprozesse

Wie z. B. die Kaufentscheidungen bei einigen Produkten des täglichen Bedarfs, im Hinblick auf geplante bzw. ungeplante Kaufentscheidungen, ablaufen vermitteln die Ergebnisse der folgenden Untersuchung.

Charakter der Kaufentscheidung über einige ausgewählte Warengruppen:

Angaben in Prozent	Speziell geplante Kaufentscheidung	Vage geplante Kaufentscheidung	Habitualisierte Kaufentscheidung	Ungeplante Kaufentscheidung	Instore geplante Rate
Total	46,6	9,8	4,8	41,5	56,4
Schokolade, Pralinen	31,8	5,8	3,3	50,8	60,8
Chips, Salzgebäck	30,3	9,2	5,3	56,3	90,7
Joghurt, Quark	47,3	8,8	7,3	36,4	52,7
Nudeln, Spaghetti	34,4	16,8	10,4	35,4	66,6
Brot, Backwaren (nicht frisch)	49,3	11,5	1,8	43,3	98,7
Babynahrung	78,6	7,0	6,3	14,3	21,4
Antialkohol. Getränke	90,5	5,5	6,3	36,6	41,5
Körperpflege, Haarpflege	52,3	5,1	1,6	41,5	47,9
Hygieneartikel	60,5	10,3	4,8	25,4	40,9
Zeitung, Bücher	36,8	13,7	2,5	47,8	64,6

Quelle: Pepsi, Frankfurt

Kriterien beim Reifenkauf	
1. Gute Haftung bei Regen und Nässe	95 %
2. Gute Bremskraft	95 %
3. Präzises Lenkverhalten	93 %
4. Belastbarkeit in Extremsituationen	83 %
5. Hoher Fahrkomfort	69 %
6. Günstiger Preis	68 %
7. Optik	39 %
Mehrfachnennungen möglich	

Quelle: *Dunlop*

Kriterien beim Kauf eines Laptops	
1. Leistung	37 %
2. Display	18 %
3. Preis	11 %
4. Gewicht	9 %
5. Image	8 %
6. Haltbarkeit	8 %
7. Akku-Lebensdauer	5 %
8. Sonstiges	4 %

Quelle: *PC Magazin / Fujitsu*

Wie man sieht, legen deutsche Autofahrer mehr Wert auf Sicherheitsaspekte als auf den Preis, Fahrkomfort oder Optik. Das ist das Ergebnis einer von Dunlop in Auftrag gegebenen repräsentativen Befragung unter 1.400 Autofahrer. Für über 90 % der

Befragten stehen sichere Haftung auf nasser Fahrbahn sowie gutes Brems- und Lenkverhalten der Reifen beim Kauf im Vordergrund. Nur 39 % legen großen Wert auf optische Kriterien.

Auch beim Kauf eines Laptops sind Leistung und Display für oder gegen einen Kauf von größerer Bedeutung als der Preis.

Beim Kauf von Handys spielen nach einer Untersuchung von *Allensbach* folgende Kriterien eine Rolle:

Kriterien beim Handykauf		
1.	Einfache Bedienung	66 %
2.	Lange Akkuzeit	61 %
3.	Günstiger Preis	57 %
4.	Geringes Gewicht	53 %
5.	Gute Tastatur	51 %
6.	Hohe Tonqualität	41 %
7.	Geringe Größe	39 %
8.	Vibrationssignal	38 %
9.	Gutes Design	34 %
10.	Zusatzfunktionen	31 %
11.	Spielfunktionen	13 %

Quelle: *Allensbach*, Stand 2002

Wie man sieht, sind einfache Bedienung und „lange Akkuzeit" wichtigere Kriterien als der Preis. Bei allen drei Beispielen ist der Preis nicht das Hauptkriterium für einen Kauf, sondern Funktionalität und Leistung.

Anbieter sollten im Rahmen einer Kunden- und Interessentenbefragung stets ermitteln, welche Kaufkriterien von Bedeutung für ihre Zielgruppe sind.

7. Marktgrößen

Alle Aktivitäten des Marketing sind auf den Markt bzw. die Märkte eines Unternehmens gerichtet. Einige den Absatzmarkt eines Unternehmens kennzeichnende Begriffe sind daher näher zu betrachten.Um die Marktsituation auf den einzelnen Märkten zu kennzeichnen, sind besonders folgende Begriffe von Bedeutung, die voneinander beeinflusst werden:

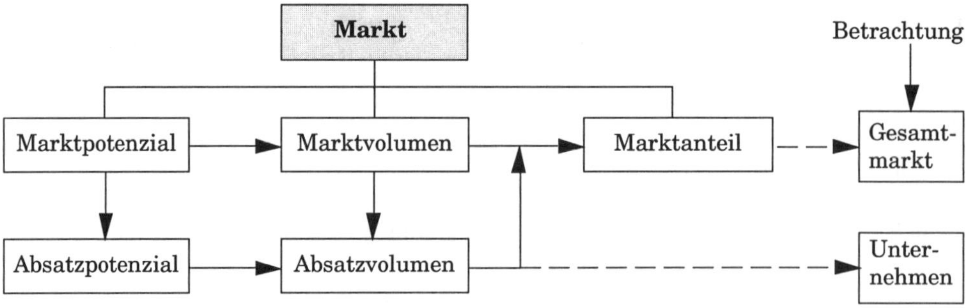

Marktgrößen

Märkte lassen sich nach verschiedenen Kriterien unterscheiden:

- nach dem **geografischen Raum** in lokale, regionale, nationale und internationale Märkte
- nach der **Anzahl der Marktteilnehmer** in monopolistische, oligopolistische und polypolistische Märkte
- nach dem **Wachstum** in expandierende, stagnierende und schrumpfende Märkte.
- nach den **Wettbewerbsverhältnissen**, die auf den Märkten anzutreffen sind, in Märkte mit geregelten und ungeregelten Wettbewerbsbedingungen
- nach den **Teilnahmemöglichkeiten** in geschlossene, offene und beschränkt offene Märkte.

Als Beispiele für schrumpfende Märkte sind hier der „Möbel- und Biermarkt" genannt.

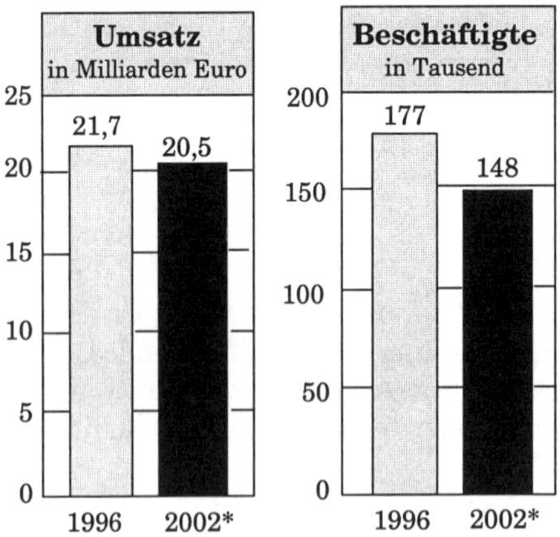

* geschätzter Wert

Quelle: Statistisches Bundesamt; Verband der Deutschen Möbelindustrie (VDM)

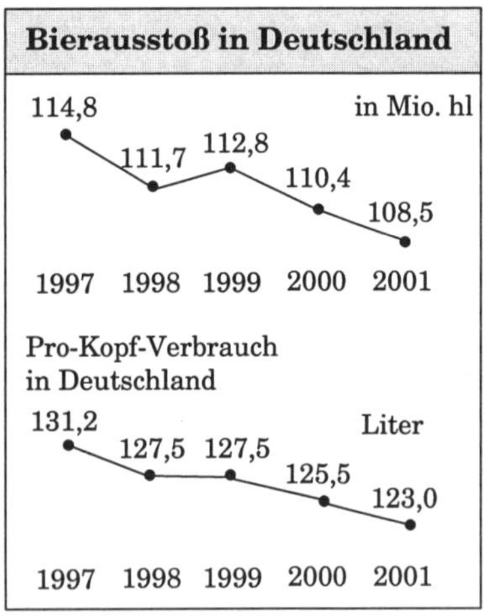

Ein Beispiel für einen wachsenden Markt ist der Markt für die elektronische Bearbeitung von Kundenbeziehungen (ERM).

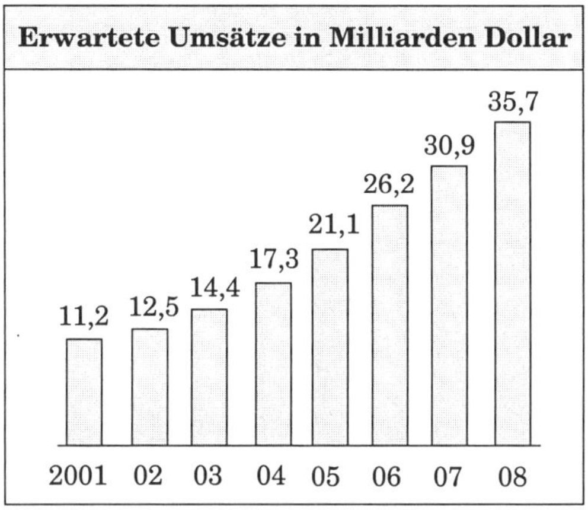

Quelle: Frost & Sullivan

7.1 Markt- und Absatzpotenzial

Als **Marktpotenzial** wird i.d.R. die überhaupt mögliche Aufnahmefähigkeit eines Marktes für ein Produkt oder eine Dienstleistung bezeichnet. Das Marktpotenzial gibt somit an, wie viel Einheiten eines Produktes auf einem Markt abgesetzt werden können, falls

- alle denkbaren Käufer über das erforderliche Einkommen verfügen würden und
- für den Erwerb „reif" wären, d. h. ein bewusstes Kaufbedürfnis entwickelt hätten.

In erster Linie bestimmen folgende Faktoren das Marktpotenzial:

- die Zahl potenzieller Nachfrager
- die Bedarfsintensität
- die Markttransparenz
- die Marktsättigung
- die Marketingaktivitäten der Anbieter.

Das **Absatzpotenzial** gibt den Anteil am Marktpotenzial an, den ein Unternehmen für ein Produkt maximal erreichen zu können glaubt. Die Zusammenhänge veranschaulichen die folgenden Abbildungen:

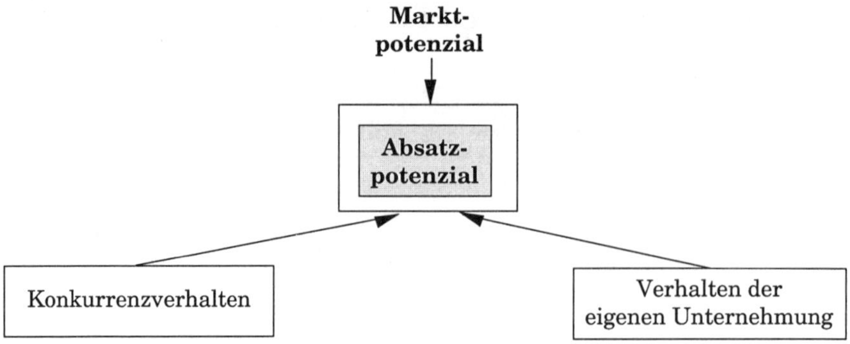

Absatzpotenzial eines Unternehmens

Absatzvolumen und Potenzielle Nachfrage

Die **Höhe** des Absatzpotenzials wird vor allem beeinflusst durch:

- das bisherige Absatzvolumen,
- die marketingpolitischen Maßnahmen des Anbieters in Vergangenheit und Gegenwart,
- die vorhandene Kaufkraft,
- den Preis und die Produktqualität im Vergleich zu Konkurrenzprodukten,
- die potenziellen Abnehmer,
- den Grad der Distribution,
- den Substitutionsbeziehungen zwischen den Märkten,
- das Verhalten der Konkurrenten auf dem Markt.

Eine mögliche grobe Schätzung des Absatzpotenzials lässt sich z. B. nach folgendem Schema durchführen:

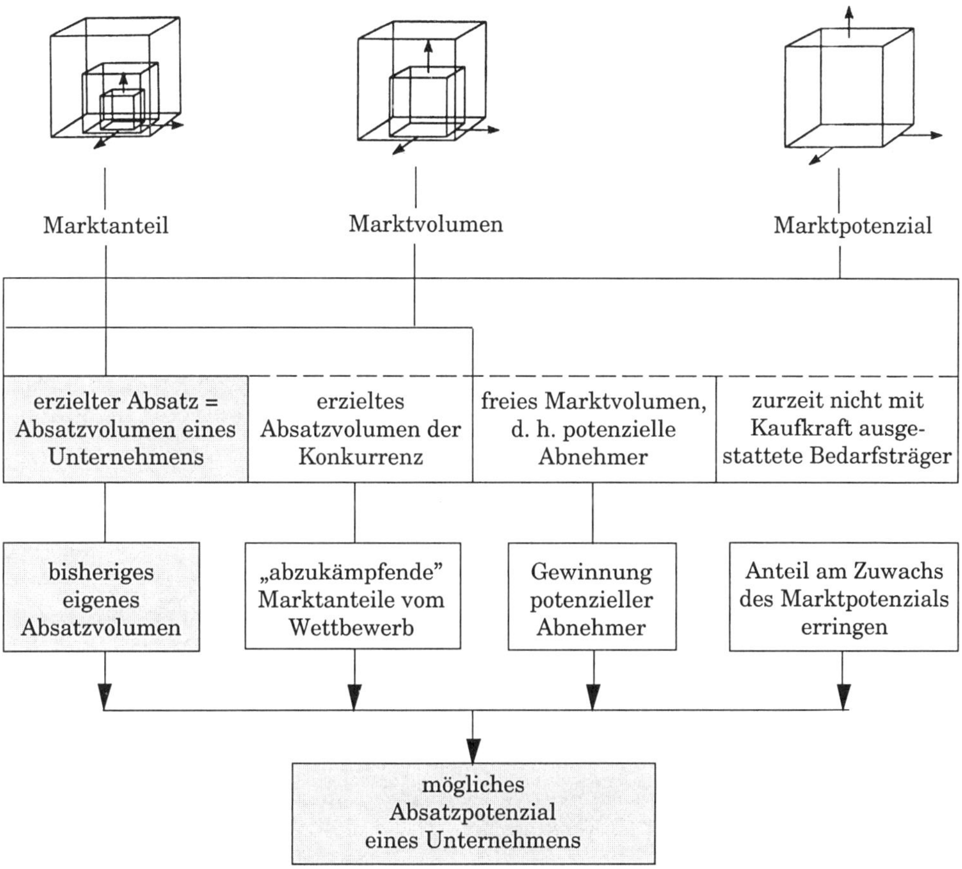

Abschätzung des Absatzpotenzials eines Unternehmens
(nach *Mühlbacher*)

7.2 Markt- und Absatzvolumen

Als **Marktvolumen** kann man grundsätzlich die realisierten oder prognostizierten Absatzmengen einer Güter- oder Dienstleistungsart pro Periode in einem abgegrenzten Markt ansehen.

Genauer definiert *Fuchs* den Begriff: „Unter Marktvolumen wird die Gesamtheit aller in physischen oder in Werteinheiten gemessenen, ökonomisch oder substantiell homogenen Marktobjekte - Güter oder Dienstleistungen - verstanden, die von den definitiven Bedarfsträgern je Zeit- und Raumeinheit vom Markt zum sofortigen Gebrauch oder Verbrauch effektiv aufgenommen werden."

Das **Absatzvolumen** ist die Summe der getätigten Umsätze bzw. abgesetzten Mengen eines Unternehmens pro Periode in einem bestimmten Markt.

7.3 Marktanteil

Unter dem Marktanteil eines Unternehmens versteht man den prozentualen Anteil des in Mengen- oder Werteinheiten gemessenen Marktabsatzes eines Unternehmens am gesamten Marktvolumen eines Marktes:

$$\textbf{Marktanteil} = \frac{\text{Unternehmensumsatz oder -absatz} \cdot 100}{\text{Marktvolumen}} \ \%$$

Durch die Ermittlung des Marktanteils lässt sich feststellen, wie stark die Position eines Unternehmens im Vergleich zu anderen Unternehmen auf einem bestimmten Markt ist. Daneben zeigt die zeitliche Veränderung des Marktanteils die Entwicklung der Stellung des Unternehmens auf dem Markt an.

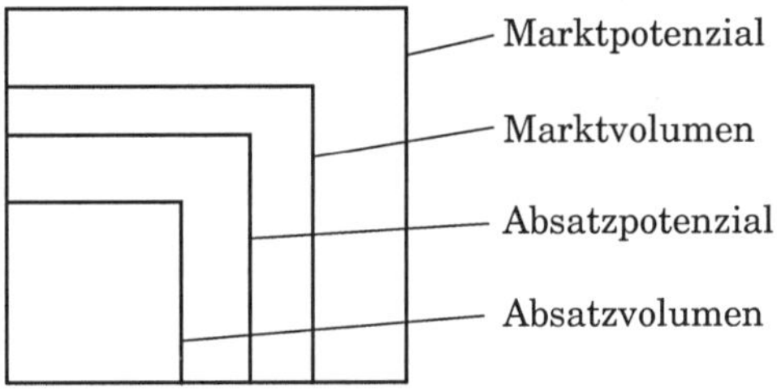

statische Betrachtung

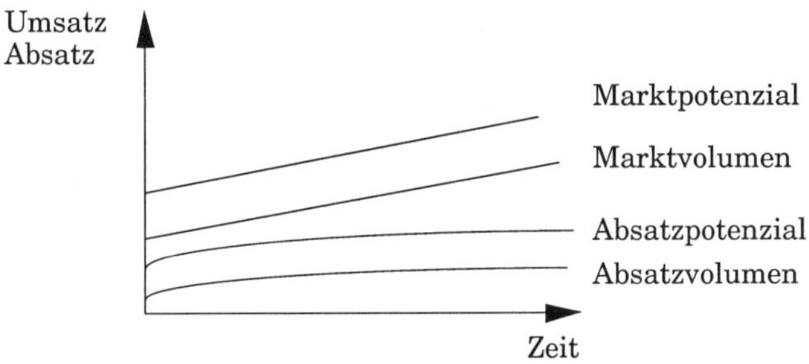

dynamische Betrachtung in wachsendem Markt

Zusammenhang zwischen Marktpotenzial, Marktvolumen und Absatzvolumen

Die Beobachtung der Marktanteile im Zeitablauf zeigt die Verbesserung oder Verschlechterung der eigenen Marktstellung. Da sich die Marktanteile aller Anbieter zu eins addieren müssen, kann ein Marktanteilgewinn nur auf Kosten eines anderen Anbieters erfolgen. Der Marktanteil wird im Zusammenhang mit der Beurteilung des Markt- und Absatzvolumens noch aussagefähiger, da dann auch die gesamte Marktentwicklung berücksichtigt wird.

Die Zusammenhänge der verschiedenen Markgrößen untereinander veranschaulicht die folgende Übersicht:

	Markt	**Unternehmen**	**Markt/Unternehmen**
Ist-Zustand	Marktvolumen	Absatzvolumen	Marktanteil
Soll-Zustand	Marktpotenzial	Absatzpotenzial	---
Marktvolumen ≤ ≥ Marktpotenzial	= 1 → gesättigt	---	---
	< 1 → ungesättigt	---	---

Marktgrößen

04 Seite 620

8. Marketingstrategien

Unternehmen müssen sich auf dem Markt systematisch und zielorientiert verhalten. Um die jeweiligen kurz-, mittel- und langfristigen Ziele erreichen zu können, empfiehlt es sich, bestimmte Verhaltensgrundsätze für das Marketing anzuwenden, sog. **Marketingstrategien**. Als Marketingstrategie lässt sich eine bestimmte zeitlich festgelegte Verhaltensweise auf dem Markt bezeichnen, mit der ein Unternehmen erfolgreich sein will.

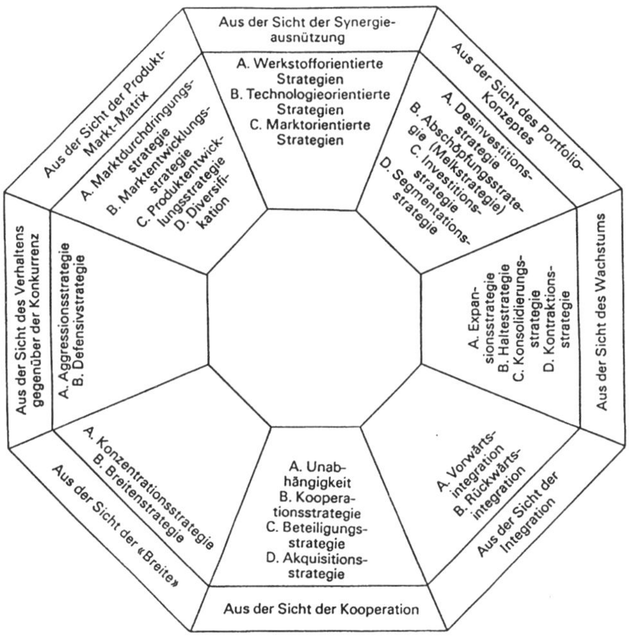

Strategienkatalog

Quelle: *Pümpin, C.* (1980) S. 48

Im Folgenden soll für unterschiedliche Bereiche, die jeweils im Vordergrund stehen, eine Übersicht über mögliche Strategien im Marketingbereich gegeben werden.

Bereich	Strategie
Gesamtmarketing	Differenzierungsstrategie Undifferenzierte Marketingstrategie Segmentorientierte Marketingstrategie Strategische Partnerschaften
Entwicklungsrichtung	Wachstumsstrategie Stabilisierungsstrategie Schrumpfungsstrategie
Wettbewerb	Strategie der Kostenführerschaft Differenzierungsstrategie Konzentrationsstrategie
Verhalten	Offensivsstrategie Defensivsstrategie
Produkt-Markt	Marktdurchdringungsstrategie Marktentwicklungsstrategie Produktentwicklungsstrategie Diversifikationsstrategie
Preis	Penetrationspreis Prämiumpreis Promotionspreis Skimmingpreis Preisdifferenzierung Preisbündelung
Distribution	Direktabsatz Indirekter Absatz Universalvertrieb Selektivvertrieb Exklusivvertrieb
Kommunikation	Werbestrategie PR-Strategie Verkaufsförderungsstrategie Verkaufsstrategie

Überblick über Strategien im Marketing

Je nachdem, welche Ziele ein Unternehmen erreichen will, sind unterschiedliche Strategien im Hinblick auf das Marketing, die Entwicklungsrichtung des Marketing, das Marktverhalten, die Produkt-Marktbeziehungen sowie die Wettbewerbsvorteile einzuschlagen.

Grundsätzlich kann ein Unternehmen im Hinblick auf das Gesamtmarketing zwischen folgenden Strategien wählen:

- einer **Differenzierungsstrategie**, d. h. eine Strategie des sich von der Konkurrenz Unterscheidens oder

- einer **Anpassungsstrategie**, d. h. eine Strategie der Anpassung an die Konkurrenz auf dem Markt.

Daneben muss unterschieden werden, je nachdem, ob der Gesamtmarkt oder nur Marktsegmente mit der Marktstrategie erreicht werden sollen. Man unterscheidet dann in:

- eine **undifferenzierte Marketingstrategie**, d. h. man versucht aus ökonomischen Gründen den Gesamtmarkt oder große Teile des Marktes mit einer Marketingstrategie zu erreichen bzw. in

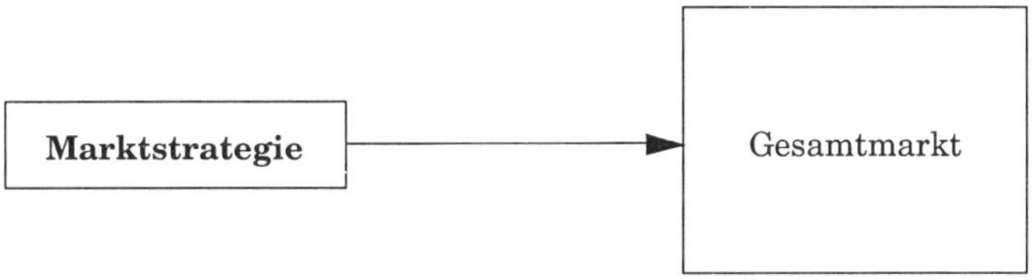

Undifferenzierte Marketingstrategie

- eine **differenzierte Marketingstrategie**, d. h. man unterteilt den Gesamtmarkt in Marktsegmente und spricht diese Marktsegmente mit einer auf die Zielpersonen festgelegten Marktstrategie an. Unterschiedliche Marktsegmente werden dann z. B. mit verschiedenen Produkten beliefert und mit verschiedenen Strategien bearbeitet.

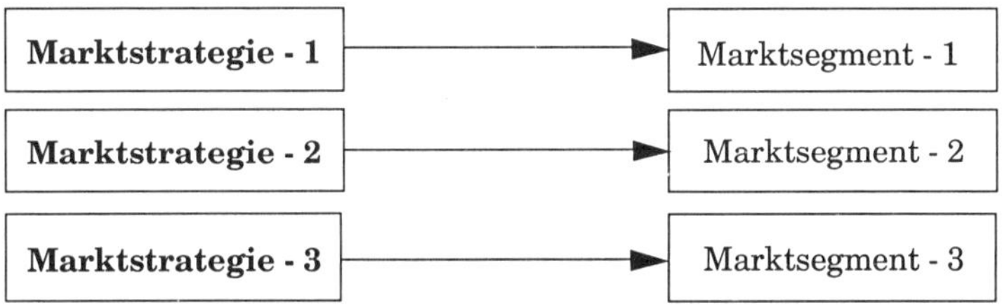

Differenzierte Marketingstrategie

- eine **segmentorientierte Marketingstrategie**, d. h. man versucht sich auf z. B. ein, zwei oder drei Marktsegmente zu beschränken, die man mit einer dafür geeigneten Marketingstrategie bearbeitet. Dieses Vorgehen empfiehlt sich in den Fällen, in denen man aus kapazitiven, personellen und anderen Gründen den Gesamtmarkt nicht bearbeiten kann. Diese Strategie ist z. B. für kleine und mittlere Unternehmen besonders geeignet.

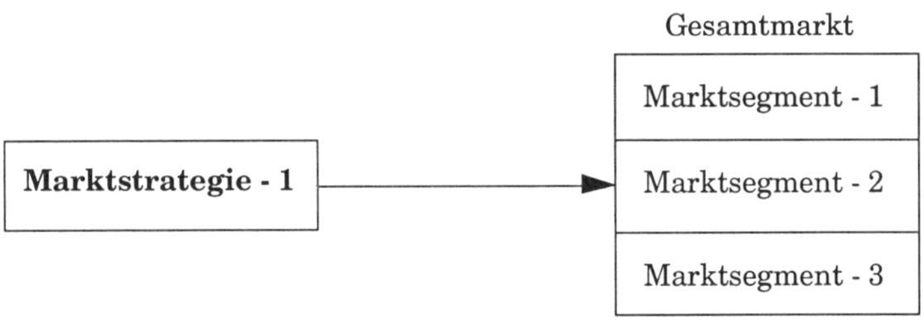

Segmentorientierte Marketingstrategie

Eine anschauliche Darstellung verschiedener Markt-Strategien vermittelt auch die Darstellung von *Abell*, der unterschiedliche Strategien für drei Märkte und drei Produkte darstellt.

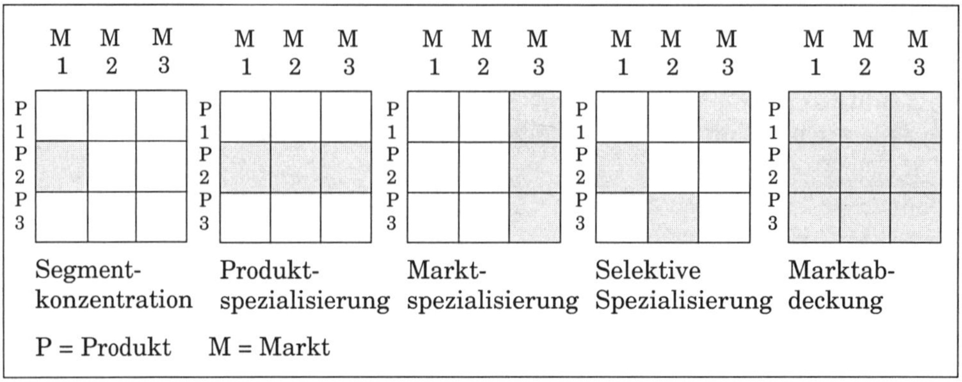

Markt-Produktstrategien

Quelle: *Abell, D.F.* (1980) S. 13

Will man sich auf einem Markt erfolgreich behaupten, so stellt sich die Frage, welche Grundstrategie und daraus folgend Teilstrategien einzuschlagen sind. Die Wahl der Strategie hängt von der eigenen Kapitalkraft, der Größe des Unternehmens, aber auch vom Verhalten der Wettbewerber und der Möglichkeit, den Gesamtmarkt zu segmentieren, ab. Aus diesem Grunde sind zusammen mit der Festlegung der Marketingstrategie auch Strategien für eine Marktsegmentierung, den Wettbewerb und die Produkte festzulegen.

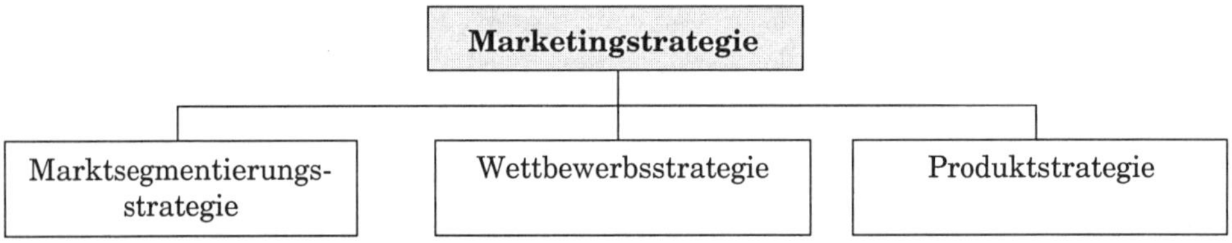

8.1 Marktsegmentierungsstrategien

Bevor man daran denkt, ob man den Markt als Ganzes oder nur Segmente davon bearbeitet, sollte man sich einen Überblick über Marktsegmentierung und Marktbearbeitung verschaffen (vgl. Abb.). Die Abbildung veranschaulicht die Zusammenhänge zwischen Marketingstrategie und Segmentierungsstrategie.

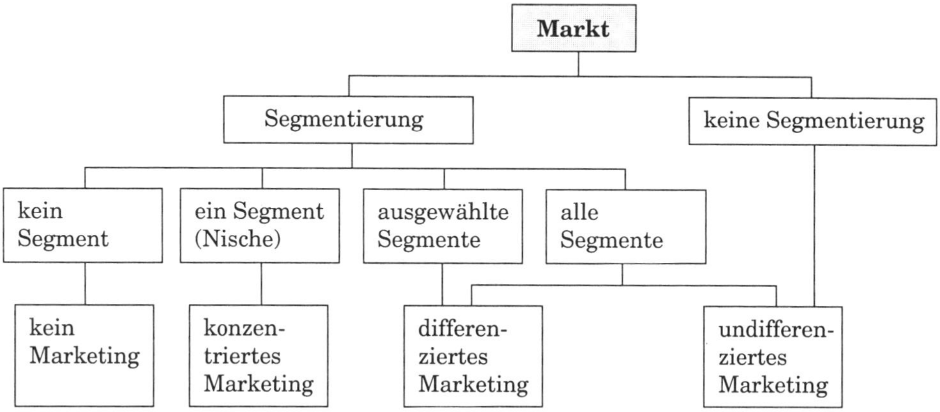

Segmentierungsstrategie

Vgl. *Auer, Manfred; Horrion, Wolfgang; Kalweit, Udo:* Marketing für neue Zielgruppen, Landsberg/Lech 1990, S. 99

Als Marktsegmentierung bezeichnet man die Aufteilung des Gesamtmarktes in abgrenzbare möglichst homogene Teilmärkte. Aufgrund der vorgenommenen Marktsegmentierung lassen sich Zielgruppen besser erfassen und gezielter bearbeiten, da die Käufer des Teilmarktes homogener in Bezug auf Wünsche und Bedüfnisse sind, als diejenigen des Gesamtmarktes.

Merkmale der Segmentierung

Bei der Segmentierung können verschiedene Kriterien herangezogen werden. Allen Segmentierungen liegen in der Literatur meist

- geografische,
- demografische und
- psychografische Segmentierungsformen

zu Grunde. Dazu kommt dann noch in der Regel

- die verhaltensorientierte Segmentierung.

Da die Interpretationen in der Literatur nicht immer eindeutig erscheinen, soll auf die hier genannten Segmentierungsformen und die Voraussetzung für eine derartige Marktsegmentierung kurz eingegangen werden.

Von **demografischer Marktsegmentierung** spricht man, wenn der Markt nach sozioökonomischen Kriterien wie Geschlecht, Alter, Einkommen, Beruf, Ausbildung usw. abgegrenzt wird. Ein Beispiel für eine derartige Segmentierung ist auf Seite 98 dargestellt.

Als **psychografische Marktsegmentierung** wird die Zusammenfassung möglichst gleichartiger Käuferschichten aufgrund bestimmter psychologischer Kriterien verstanden, beispielsweise Persönlichkeitsmerkmale, Einstellungen, Verhaltensmerkmale oder Lebensstile.

Geografische Marktsegmentierung liegt dann vor, wenn der Gesamtmarkt nach Bundesländern, Großstädten, Regierungsbezirken, Kaufkraftbezirken, Nielsengebieten usw. in Teilmärkte aufgeteilt wird (vgl. S. 194).

Wie aus der nachfolgenden Abbildung ersichtlich ist, lässt sich der Markt nach verschiedenen Merkmalen segmentieren. Bei der Marktsegmentierung kann man entsprechend der Zielsetzung unter dem Gesichtspunkt der **Markterfassung** oder der **Marktbearbeitung** vorgehen.

Allgemein lassen sich die Zielgruppen nach folgenden Merkmalen unterscheiden:

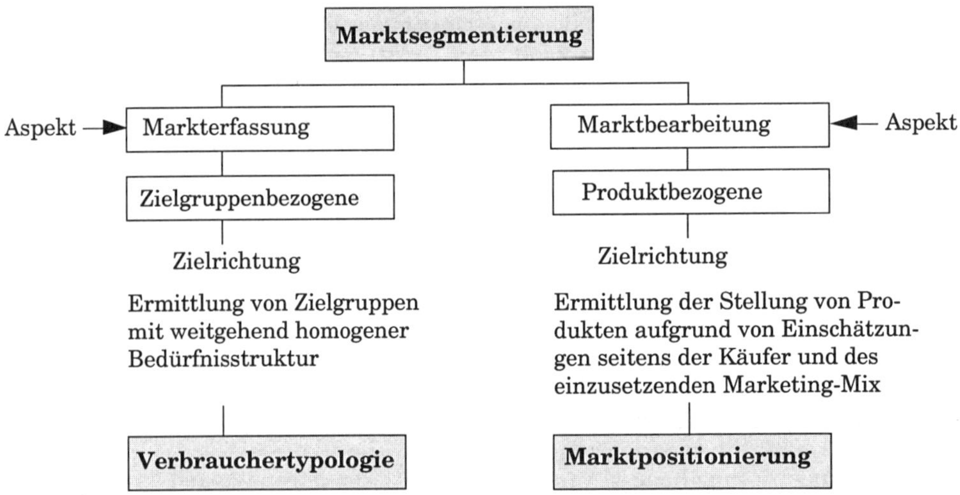

Aspekte der Marktsegmentierung

Als Beispiele für **Typologien** sollen beispielhaft genannt werden:

- Verbraucheranalyse (VA)
- Typologie der Wünsche (TdWI)
- Media-Analyse (MA)
- Allensbacher Werbeanalyse (AWA)

Steckbrief
VerbraucherAnalyse 99 I (VA)

Herausgeber:
Axel Springer Verlag, Verlagsgruppe Bauer

Grundgesamtheit:
Deutsche Wohnbevölkerung in Privathaushalten ab 14 Jahre

Erhebungszeitraum:

1. Welle:	05.09. bis 12.11.1997
2. Welle:	02.01. bis 27.02.1998
3. Welle:	24.04. bis 28.06.1998
4. Welle:	19.08. bis 15.11.1998

Stichprobe:
31.337 Fälle (Random)

Untersuchungsgegenstand:
- Reichweiten und Strukturen von klassischen Werbeträgern
- Konsumdaten
- Besitz/Anschaffungsplan
- Dienstleistungen
- Freizeit-Interessen
- Einstellungen/Sozialverhalten

Medien: (MA-Anpassung)
Publikumszeitschriften (125), Supplements (5), Zeitungsmagazine (3), Stadtillustrierte (1), Überreg. Tageszeitungen (5), Regionale/überreg. Abo-Zeitungen, Plakat, Telefonbücher, Videotext (jeweils gesamt)

Steckbrief
TdWI Intermedia 98/99

Herausgeber:
TdWI Intermedia GmbH & Co. KG

Grundgesamtheit:
Deutsche Wohnbevölkerung in Privathaushalten ab 14 Jahre

Erhebungszeitraum:

1. Welle:	01.04.1997 - 23.05.1997
2. Welle:	03.04.1998 - 05.06.1998

Stichprobe: (Random)
Welle 1 + 2: 20.660 Fälle
Welle 2: 10.076 Fälle (Trendwelle)

Untersuchungsgegenstand:
- Reichweiten und Strukturen von klassischen Werbeträgern
- Konsumdaten (390 Produktbereiche / 1.400 Marken)
- Psychografische Daten (220 Statements)
- Zielgruppenmodelle u.a.
  - Sinus-Milieu
  - Konsum-Motive
  - Geschlechtsrollenorientierung

Medien: (MA-Anpassung)
Publikumszeitschriften (161), Supplements (8), Überreg. Tages- und Kaufzeitungen (11), Kundenzeitschriften (9), TV (34), Online-Dienste, Videotext, Funk, Kino (jeweils gesamt)

Steckbrief
MA 99 Pressemedien I

Herausgeber:
Arbeitsgemeinschaft Media-Analyse e.V. (AG.MA)

Grundgesamtheit:
Deutsche Wohnbevölkerung in Privathaushalten ab 14 Jahre

Erhebungszeitraum:

Welle 2 / MA 98:	24.08.1997 - 14.02.1998
Welle 1 / MA 99 I:	19.04.1998 - 10.10.1998 (= Trend Frühjahr '99)

Stichprobe:
Summe der Personengewichte 25.976 (Random)

Untersuchungsgegenstand:
- Struktur der deutschen Bevölkerung ab 14 Jahe
- Reichweiten und Strukturen von klassischen Werbeträgern
- Werbeträger-/Werbemittelkontaktchance
- Besitz von Gebrauchsgütern, Wohnsituation, Hobby-, Freizeittätigkeiten, Tiere im Haushalt, Einkaufsgewohnheiten

Medien:
Zeitschriften/Wochenzeitungen (144), Supplements (5), Stadtillustrierte (4), Kongress gesamt, Lesezirkel

Steckbrief
AWA 98

Herausgeber:
Institut für Demoskopie Allensbach

Grundgesamtheit:
Deutsche Wohnbevölkerung in Privathaushalten ab 14 Jahre

Fallzahl:
19.888 Fälle (Quota)

Erhebungszeitraum:

Frühjahr 1997:	21.02. bis 14.05.1997
Herbst 1997:	15.10. bis 21.12.1997
Frühjahr 1998:	19.02. bis 29.04.1998

Untersuchungsgegenstand:
- Reichweiten und Strukturen von klassischen Werbeträgern
- Besitz- und Konsumdaten
- Psychologische Merkmale
- Interessengebiete

Medien:
Publikumszeitschriften (219), Überreg. Tageszeitungen (7), Regionale Kaufzeitungen (7), Kundenzeitschriften (15), TV (12), Funk, Kino und Plakate (jeweils gesamt)

Typologien
(entnommen Focus: Fakten für die INFO-ELITE)

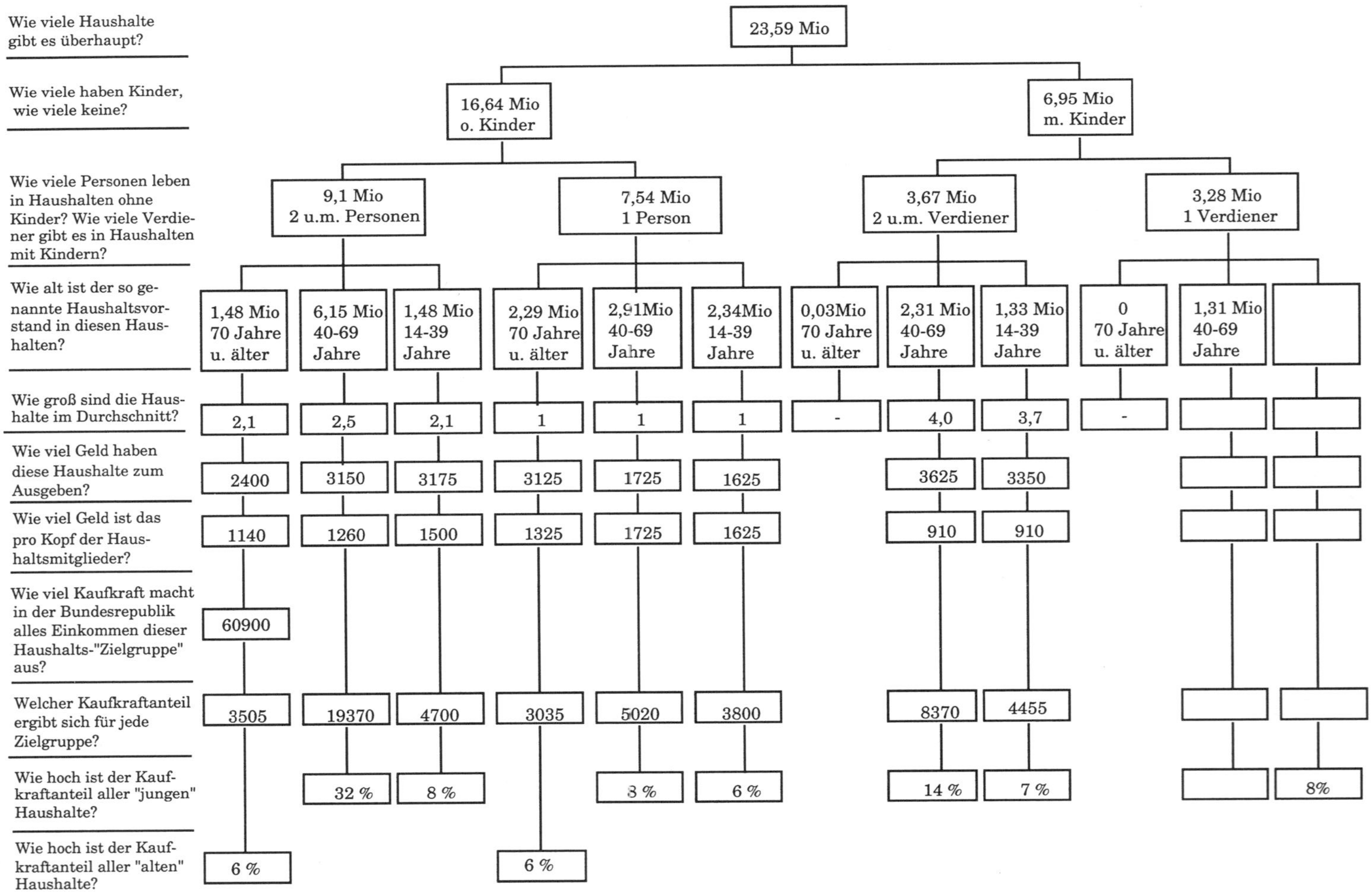

Beispiel für eine Segmentierung des Marktes nach demographischen Kriterien

Quelle: Lebensmittel-Zeitung Nr. 487

Nach *Freter* kann Marktsegmentierung grundsätzlich einer Vielzahl von Zielen dienen.

1. Marktidentifizierung
   a) Abgrenzung des relevanten Gesamtmarktes
   b) Bestimmung der relevanten Teilmärkte
   c) Auffinden vernachlässigter Teilmärkte (Marktlücken, Marktnischen)
2. Bessere Befriedigung der Konsumentenbedürfnisse
3. Erzielung von Wettbewerbsvorteilen
4. Vermeidung von Substitutionseffekten zwischen den Märkten im eigenen Sortiment
5. Rechtzeitige Beurteilung von Neueinführungen der Konkurrenz und rechtzeitiges Ergreifen von Gegenmaßnahmen
6. Beurteilung der eigenen Markenpositionierung im Vergleich zur Positionierung der Konkurrenzprodukte
7. Richtige Positionierung von Neuprodukten
8. Präzisierung der Zielgruppen eingeführter Marken (evtl. Umpositionierung)
9. Fundierte Prognose der (segmentspezifischen) Marktentwicklung
10. Exaktere Ableitung von Marktreaktionsfunktionen
11. Gezielter Einsatz der Marketing-Instrumente
12. Optimale Allokation des Marketing-Budgets auf die einzelnen Segmente
13. Erhöhung der Zielerreichungsgrade (z. B. Erhöhung des Gewinns, des Umsatzes)

Unterschiedliche Zielsetzungen der Marktsegmentierung

(*Freter, H.:* Marktsegmentierung, in *Diller, H.* (Hrsg.), Großes Marketinglexikon, München 1992, S. 733)

Um eine vollständige Marktsegmentierung zu erreichen, müssten alle relevanten Beziehungen zwischen Konsumentenverhalten, Persönlichkeitsmerkmalen, Einstellungen und Verhaltensweisen sowie die demografischen Daten erfasst werden. Dies ist heute durch Database-Marketing besser als früher möglich.

8.2 Wettbewerbsstrategien

Neben der Festlegung einer Strategie zur Marktaufteilung ist es erforderlich, auch eine bestimmte Strategie des Wettbewerbs zu finden. Aufgabe einer effektiven Wettbewerbsstrategie ist in Anlehnung an *Porter:*

- Das Unternehmen so im Markt zu positionieren, dass es bestmöglich gegen den Wettbewerb vorbereitet ist.

- Die Position des Unternehmens durch strategische Maßnahmen zu verbessern.

- Die Veränderungen auf dem Markt frühzeitig zu erkennen und unter Berücksichtigung des Wandels schneller als die Konkurrenz darauf angepasste Strategien zu entwickeln.

Bei der Wahl der Wettbewerbsstrategie kann man grundsätzlich drei erfolgversprechende Strategietypen unterscheiden, je nach der Situation der fünf Wettbewerbskräfte *(Porter)* – Markteintritt, Gefahr durch Ersatzprodukte, Verhandlungsstärke von Lieferanten und Abnehmern sowie die Rivalität unter den vorhandenen Wettbewerbern – und zwar:

- Strategie der umfassenden Kostenführerschaft
- Strategie der Differenzierung
- Strategie der Konzentration auf Schwerpunkte.

Die **Wettbewerbsstrategie der umfassenden Kostenführerschaft** (Kostenminimalprinzip) bedeutet, niedrigere Kosten im Verhältnis zur Konkurrenz zu verursachen. Diese Strategie ist in der Regel nur möglich, wenn in großen Stückzahlen produziert wird und die erforderlichen Rohstoffe günstig beschafft werden können. Auch ist meist ein großer Marktanteil wesentlich für diese Strategie.

Bei der **Differenzierungsstrategie** versucht man die eigenen Leistungen so zu gestalten, dass sie als einzigartig für die betreffende Branche angesehen werden.

Die **Konzentrationsstrategie** will den Unternehmenserfolg durch Konzentration auf eine begrenzte Zahl von Abnehmern und/oder bestimmte Leistungen erreichen. Dadurch wird u.U. auf den maximal erreichbaren Umsatz und Marktanteil verzichtet.

In der Praxis lässt sich heute schon auf verschiedenen Märkten eine Verbindung der beiden Wettbewerbsstrategien Kostenführerschaft und Differenzierung feststellen. Dies erkennt man dadurch, dass Unternehmen durch Prozessinnovation und durch Produktinnovation den Produktnutzen des Angebots erhöhen wird. Diese Verknüpfung wird als **„Outpacingstrategie"** bezeichnet und führt Unternehmen zum „Spitzenreiter".

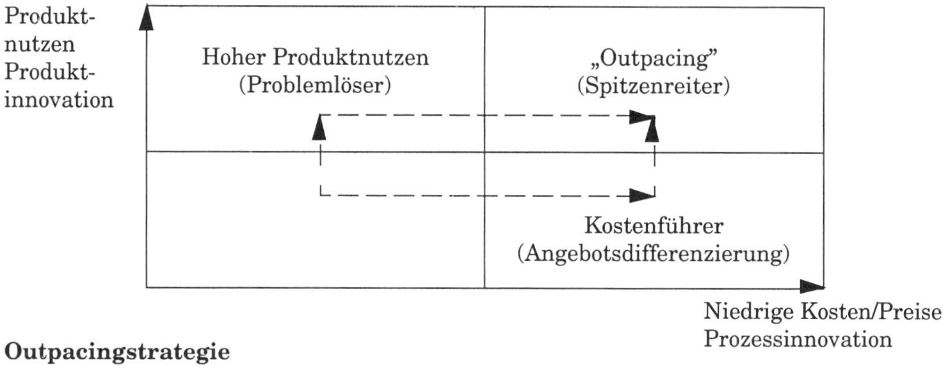

Outpacingstrategie

(in Anlehnung an *Gilbert/Strebel* 1987 S. 32)

Welche Voraussetzungen für die Durchführung der Strategien erforderlich sind, veranschaulicht die folgende Übersicht *(Porter)*.

Strategie-typ	**Gewöhnlich erforderliche Fähigkeiten und Mittel**	**Übliche organisatorische Anforderungen**
Umfassende Kosten-führer-schaft	• Hohe Investitionen und Zugang zu Kapital • Verfahrensinnovationen und -verbesserung • Intensive Beaufsichtigung der Arbeitskräfte • Produkte, die im Hinblick auf einfache Herstellung entworfen sind • Kostengünstiges Vertriebssystem	• Intensive Kostenkontrolle • Häufige detaillierte Kontrollberichte • Klar gegliederte Organisation und Verantwortlichkeiten • Anreizsystem, das auf der strikten Erfüllung quantitativer Ziele beruht
Differen-zierung	• Gute Marketingfähigkeiten • Produktengineering • Kreativität • Stärken in der Grundlagenforschung • Guter Ruf in Sachen Qualität und technologische Spitzenstellung des strategischen Zielobjekts • Lange Branchentradition oder einmalige Kombination von Fähigkeiten, die aus anderen Branchen stammen • Enge Kooperation mit Beschaffungs- und Vertriebskanälen	• Strenge Koordination von Tätigkeiten in den Bereichen F & E, Produktentwicklung und Marketing • Subjektive Bewertungen und Anreize anstelle von quantitativen Kriterien • Annehmlichkeiten um hochqualifizierte Arbeitskräfte, Wissenschaftler oder kreative Menschen anzuziehen
Konzen-tration	• Kombination der oben genannten Maßnahmen, gerichtet auf das bestimmte strategische Zielobjekt	• Kombination der oben genannten Maßnahmen, gerichtet auf das bestimmte strategische Zielobjekt

Anforderungen der Strategietypen

Quelle: *Porter*, S. 69

Allgemein wird sich der Wettbewerb in der Gegenwart vom Wettbewerb in der Zukunft in vielen Merkmalen unterscheiden.

Die folgende Abbildung gibt allgemeine Hinweise zu den möglichen Veränderungen im Hinblick auf bestimmte Kriterien:

Merkmale	**Wettbewerb in der Gegenwart**	**Wettbewerb um die Zukunft**
Dynamik des Wandels	lineare Veränderungen geschlossener, abschätzbarer Wandel	turbulente Veränderungen offener Wandel
Wettbewerb		
- Klima	eher freundlich	zunehmend feindlich
- Art	fairer Nischenwettbewerb	aggressiver Konfrontationswettbewerb
- Gegner	bekannt	wechselnd
- Arena	strukturiert, stabil	unstrukturiert, instabil
- Reichweite	lokal, national, international	global
- Ort	Markt	Vormarkt und Markt
- Ziel	Marktanteile	Chancenanteile und Marktanteile
- Regel	bekannt	entstehend
- Mittel	Produkte u. Dienstleistungen; Innovationen	Produkte und Dienstleistungen, Innovationen Markterweiterungen Branchenveränderungen

Wandel der Wettbewerbsbedingungen

Für die Entwicklung der Veränderung der Struktur des Wettbewerbs auf vielen Märkten hat *D'Aveni* den Begriff **Hyperwettbewerb (Hypercompetition)** gewählt.

Im Wettbewerb kann man in der Entwicklung des Wettbewerbs nach *D'Aveni* vier **Wettbewerbsvorteile** haben bzw. erreichen:

1. Kosten- und Qualitätsvorteile
2. Zeit- und Wissensvorteile
3. Einzigartige Marktpositionen
4. Große finanzielle Möglichkeiten.

Unterstellt man, dass Unternehmen in dieser (zeitlichen) Reihenfolge die verschiedenen Wettbewerbsmöglichkeiten einsetzen, so kommt man zu unterschiedlichen Wettbewerbsszenarien.

Die folgende Abbildung nach *D'Aveni* zeigt die vier Wettbewerbsarenen im Schaubild auf.

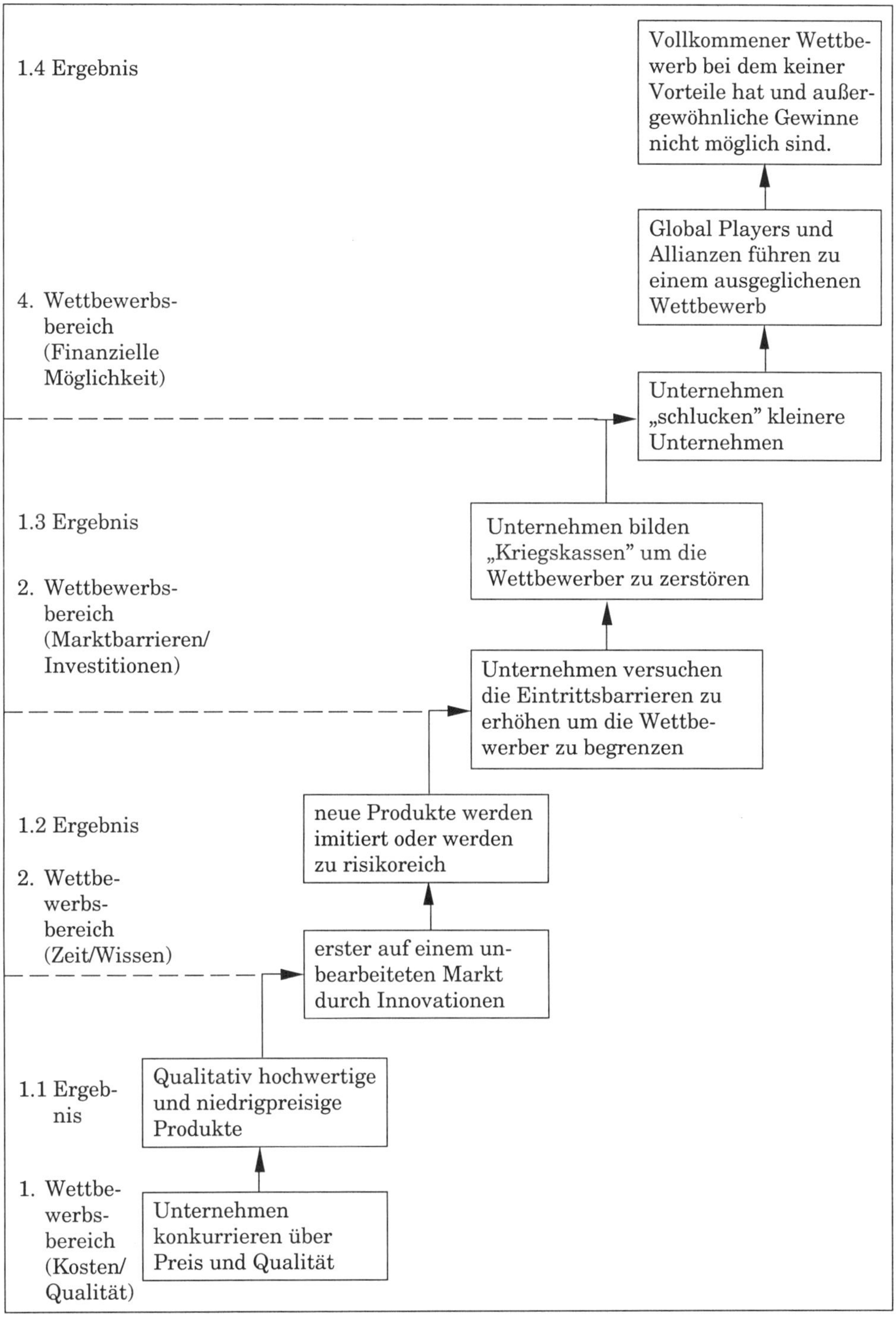

Ein Szenario zur Entwicklung des Wettbewerbs

Quelle: In Anlehnung an *D'Aveni, R.* (1994)

Dabei steigt der Wettbewerb in vielen Märkten von einem geringen und mäßigen zu einem extremen Wettbewerb. Dieser **extreme** oder sog. **perfekte** Wettbewerb lässt sich wie folgt kennzeichnen (*D'Aveni* S. 28):

1. Alle vier oben genannten Wettbewerbsvorteile sind ausgespielt, sodass alle Wettbewerber die gleiche Ausgangsposition haben.

2. Die Unternehmen konkurrieren über die Preisgestaltung, sodass kein Unternehmen mehr außergewöhnliche Gewinne erzielt.

3. In der Regel wird der perfekte Wettbewerb einem geringeren oder moderateren Wettbewerb nicht vorgezogen, obgleich ein geringerer Wettbewerb mehr Gewinnmöglichkeiten bietet.

Um bei diesem **Hyperwettbewerb** dennoch erfolgreich sein zu können, sollen Unternehmen die neuen 7-Strategien (7-S) einsetzen, die sind (*D'Aveni, R. A.* (S. 248)):

- Superior stakeholder satisfaction
- Strategic soothsaying
- Speed
- Surprise
- Shifting the rules of game
- Signaling
- Simultanous and sequential strategic thrust.

Diese Strategien dienen dazu:

- Die bisherige Marktsituation zu verändern
- Zeitweilig Vorteile zu erzielen
- Die Initiative zu ergreifen
- Dem jeweiligen Markt neue Impulse zu geben.

Auf diese Weise können Unternehmen dann auch im Hyperwettbewerb erfolgreich überleben.

8.3 Produktstrategien

Auf die Wettbewerbs- und Marktsegmentierungsstrategie abgestimmt, ist eine entsprechende **Produktstrategie** anzuwenden.

Als Ausgangsbasis für die Auswahl einer Produktstrategie bietet sich die Produkt-Markt-Matrix in Anlehnung an *Ansoff* an.

Märkte / Produkte, Leistungen	bestehende	neue
bestehende	**Marktdurchdringung** → Marktbesetzung → Verdrängung	**Marktdurchdringung** → Internationalisierung → Marktsegmentierung
neue	**Produktentwicklung** → Produktinnovation → Produktdifferenzierung	**Marktdurchdringung** → vertikale Diversifikation → horizontale Diversifikation → laterale Diversifikation

Produkt-Markt-Matrix (nach *Ansoff*)

Danach bieten sich folgende Basisstrategien für die Produktpolitik an:

- **Strategie der Marktdurchdringung**. Sie will eine weitere Durchdringung der gegenwärtigen Märkte mit den gegenwärtigen Produkten erzielen. Dies lässt sich erreichen durch

  - Steigerung der Verwendung der Produkte und/oder Erschließung neuer Verwendungsmöglichkeiten bei vorhandenen Abnehmern
  - Gewinnung neuer Kunden für bestehende Produkte, z. B. durch Preissenkung oder Werbung
  - Gewinnung von Nichtverwendern der angebotenen Produkte
  - Gewinnung von Abnehmern der Konkurrenz als Kunden
  - Intensivierung des Persönlichen Verkaufs
  - Verstärkung der Werbung
  - Intensivierung der Verkaufsförderung
  - Verbesserung des Kundendienstes
  - Preissenkung.

- **Strategie der Marktentwicklung**. Hier sollen für bestehende Produkte neue Märkte erschlossen werden. Folgende Möglichkeiten bieten sich an:

  - Absatz der Produkte auf geografisch neuen Märkten
  - Erschließung neuer Marktsegmente
  - Neue Absatzwege und Erschließung neuer Abnehmer.

- Bei der **Strategie der Produktentwicklung** werden entweder neue Produkte für bestehende Märkte entwickelt oder durch Produktdifferenzierung im Urteil der Käufer andersartige Produkte geschaffen. Auf lange Sicht kann diese Strategie jedoch nur in einer systematischen Innovationspolitik bestehen.

- Die **Diversifikationsstrategie** ist dadurch gekennzeichnet, dass ein Unternehmen durch systematisches Vorgehen versucht, neue Produkte aufzunehmen, die in einem bestimmten Zusammenhang mit den bisherigen Produkten stehen. Je nachdem, welche Art von Zusammenhang besteht, spricht man von horizontaler, vertikaler oder lateraler Diversifikation.

Welche der möglichen Strategien oder Kombinationen von Strategien für das einzelne Unternehmen empfehlenswert ist, hängt insbesondere von folgenden Faktoren ab:

- **den Marktgegebenheiten** (wachsender, schrumpfender, stagnierender Markt, Marktwettbewerb usw.)

- **der Stellung des Unternehmens im Markt** (Marktführer, Mitläufer, Marktanteil, Kapitalkraft usw.).

Hinweise im Hinblick auf Erfolgswahrscheinlichkeit und erforderliche Ressourcen veranschaulicht die folgende Übersicht.

	Alter Markt	Neuer Markt
Altes Produkt	**Marktdurchdringungsstrategie** Erfolgswahrscheinlichkeit: 50 % Ressourcen: 100 %	**Marktentwicklungsstrategie** Erfolgswahrscheinlichkeit: 33 % Ressourcen: 400 %
Neues Produkt	**Produktentwicklungsstrategie** Erfolgswahrscheinlichkeit: 20 % Ressourcen: 800 %	**Diversifikationsstrategie** Erfolgswahrscheinlichkeit: 5 % Ressourcen: 1.200 - 1.600 %

Erfolgswahrscheinlichkeiten und Aufwand der vier Strategien

Quelle: *Hinterhuber, H.H. / Thom, N.,* Innovation im Unternehmen (1979)

Eine andere (in Anlehnung an *Ansoff* und *Porter*) die Konkurrenz- und die Wettbewerbssituation berücksichtigende Darstellung zeigt mögliche Strategien für ein Unternehmen auf.

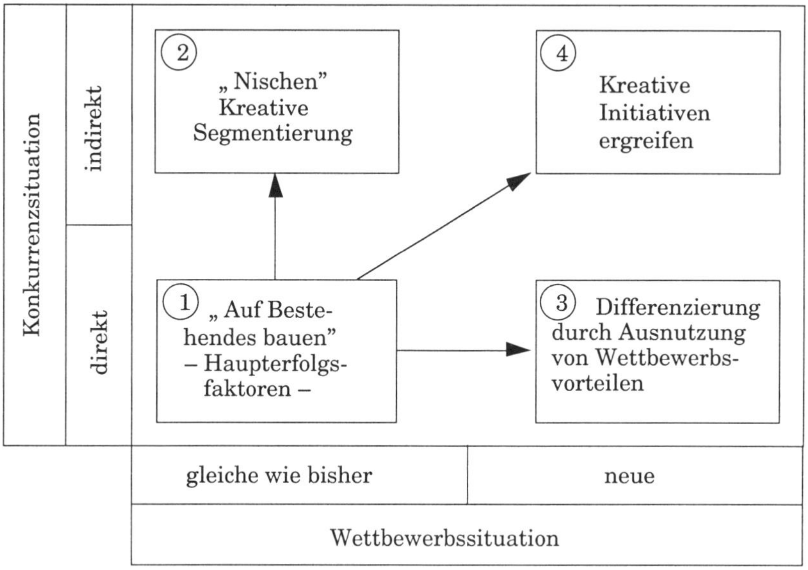

Strategien in Anlehnung an McKinsey

Quelle: *Henzler, H.*, Strategisches Management, ZfB 1980, S. 78

Dabei kann ganz grob die Strategie 1 in etwa der „Marktdurchdringung", die Strategie 2 der „Marktsegmentierung", Strategie 3 der „Differenzierung" und Strategie 4 der Diversifikation im Ansatz vergleichbar zugeordnet werden. Auch diese Darstellung kann Unternehmen anschaulich die verschiedenen Konkurrenz- und Wettbewerbsmöglichkeiten aufzeigen.

Allgemein ist die Erfolgswahrscheinlichkeit bei der Marktdurchdringungsstrategie am höchsten und bei der Diversifikation am niedrigsten.

Bei dem Einsatz der erforderlichen Ressourcen verhält es sich entgegengesetzt.

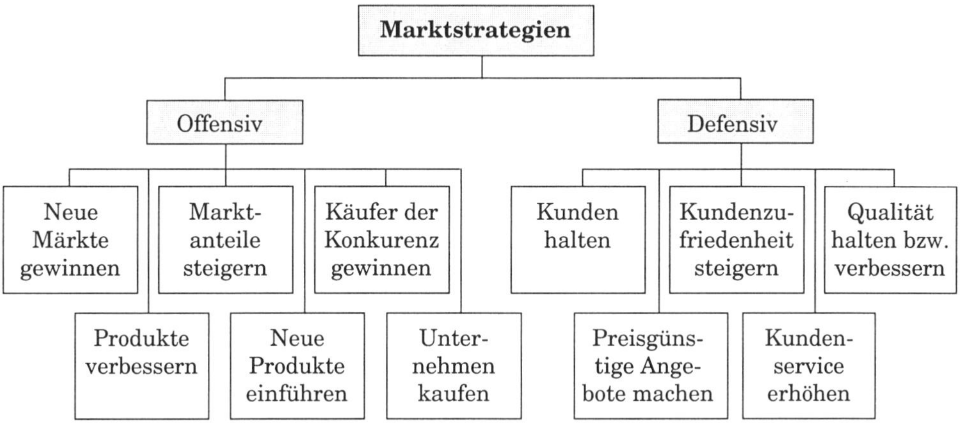

Marktstrategien

Fasst man die unterschiedlichen Marketingstrategien zusammen, so bietet sich auch die obige Unterscheidung – nach den bisher dargestellten Strategien – an. Die jeweiligen Marktstrategien lassen sich – je nach den realisierten Maßnahmen – in offensive und defensive Marktstrategien einteilen (s. Abb. S. 107).

Im Hinblick auf die möglichen Kundenstrategien bieten sich die in der Abbildung dargestellten Möglichkeiten an.

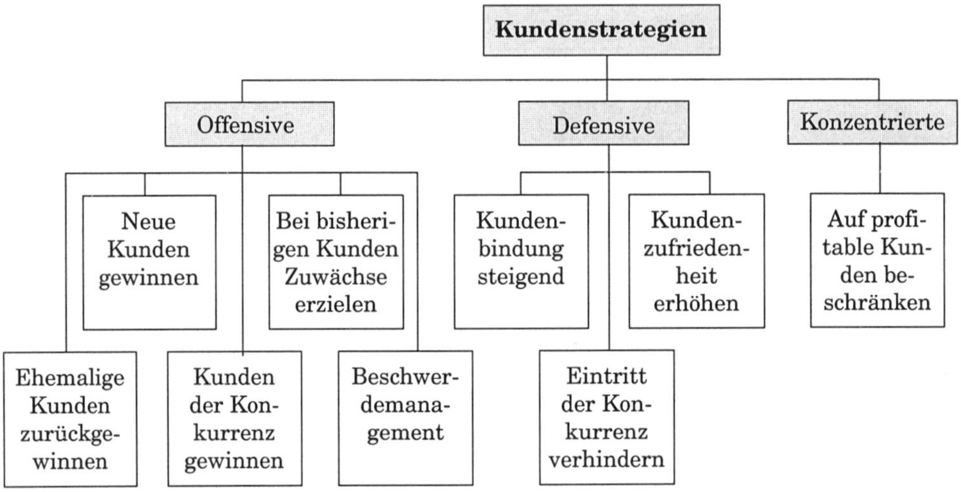

Alternative Kundenstrategien

8.4 Positionierung

Von sehr großer Bedeutung ist – neben Produktgestaltung, -design, -name, -verpackung usw. – die Positionierung eines Produktes. Darunter versteht man alle Maßnahmen um für ein Produkt und/oder ein Unternehmen eine bestimmte Wahrnehmung und Einstellung seitens der Käufer zu erreichen. Man geht dabei davon aus, dass bestimmte Produkteigenschaften die ganzheitliche Wahrnehmung eines Produktes bestimmen.

In der Regel sind für die Festlegung einer Positionierung wichtig:

- **Produkteigenschaft**, d. h. die Produkteigenschaften, die für eine Kaufentscheidung von Bedeutung sind.

- **Produktposition**, d. h. wie das Produkt von den Käufern beurteilt wird sowie die

- **Kundenposition**, d. h. wie ein Käufer die Eigenschaften des Produktes im Hinblick auf seine Anforderungen beurteilt.

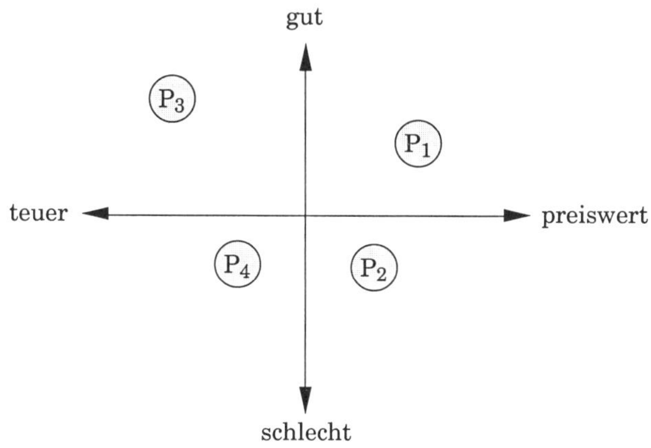

Beispiel Produktpositionierung Ist

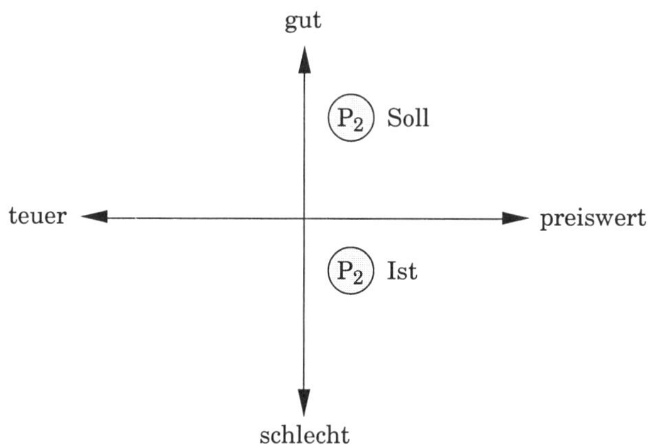

Ist- und Sollpositionierung

Wird ein Produkt z. B. von den potenziellen Kunden am Platz P_2-Ist positioniert, nach dem Unternehmen soll es aber an P_2-Soll positioniert sein, so muss das Unternehmen analysieren aufgrund welcher Faktoren die Istpositionierung von der Sollpositionierung abweicht. Im vorliegenden Fall z. B. könnten Fehler in der Herstellung, schlechtes Design, bisheriges schlechtes Image, geringe Lebensdauer, überholtes Leistungsvermögen usw. der Grund sein.

Jedes Unternehmen (insbesondere im Verbrauchs- und Gebrauchsgütermarkt) muss daher dafür sorgen, dass die Produkteigenschaften (Nutzen) von den Käufern so wahrgenommen werden, dass das Produkt die Produktposition erhält, die vom Anbieter beabsichtigt ist.

Ein Beispiel der Istpositionierung mithilfe der Mehrdimensionalen Skalierung soll die Möglichkeiten veranschaulichen.

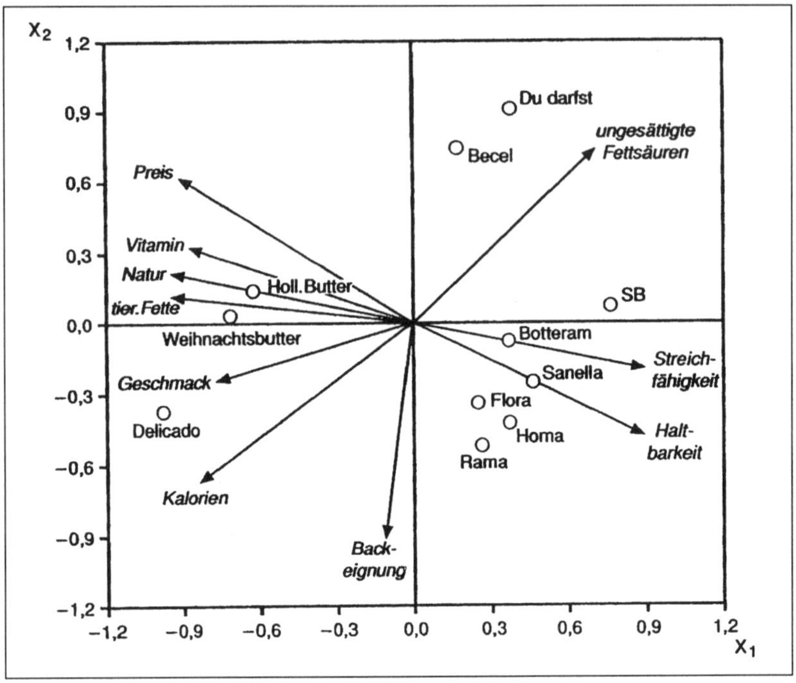

Ist-Positionierung mithilfe der Mehrdimemsionalen Skalierung

Quelle: *Backhaus/Erichson/Plinke/Weiber* 2000, S. 551

8.5 Customer Relationship Management (CRM)

Customer Relationship Management wird heute gleichbedeutend mit Beziehungsmanagement und Kundenbindungsmanagement gesehen. Ziel des CRM-Ansatzes ist es, noch besser als bisher alle Beziehungen (Anstrengungen) auf potenzielle Kunden und vorhandene Kunden zu fokussieren. Insbesondere die Verbesserung der Kundenbeziehungen und eine Senkung der Abwanderungsrate führt zu einer Steigerung des Gewinns. Dazu die beispielhafte Darstellung bei einer 5 % geringeren Abwanderungsrate in verschiedenen Bereichen (vgl. Abb.). Man will die Kundenbeziehungen verbessern, die Kundenzufriedenheit erhöhen und die Kundenbindung verstärken, um zu optimalen Kunden-Anbieterbeziehungen zu kommen. Dies alles geschieht auf der Basis geeigneter Software, die Kundenprofile erfasst, im Rahmen eines Data Warehouse zusammenführt und optimale Kundensegmente aufzeigt. Darum erhalten Kunden auch Leistungen, die ihren Erwartungen entsprechen. Im Idealfall entwickelt der Kunde das Produkt, das er haben will, gleich selbst mit. CRM kann für Unternehmen i.d.R. nur erfolgreich sein, wenn es im Rahmen des strategischen Marketing mit der richtigen IT-Technologie entwickelt wird.

Man hat ermittelt, dass es gewinnbringender ist, wenn ein Kunde nicht nur einmal kauft, sondern dass Kunden dauerhaft an das Unternehmen, das Produkt und an die Einkaufsstelle gebunden werden. Diese Kundenbindung bringt im Zeitablauf zusätzliche Erfolgsbeiträge für ein Unternehmen.

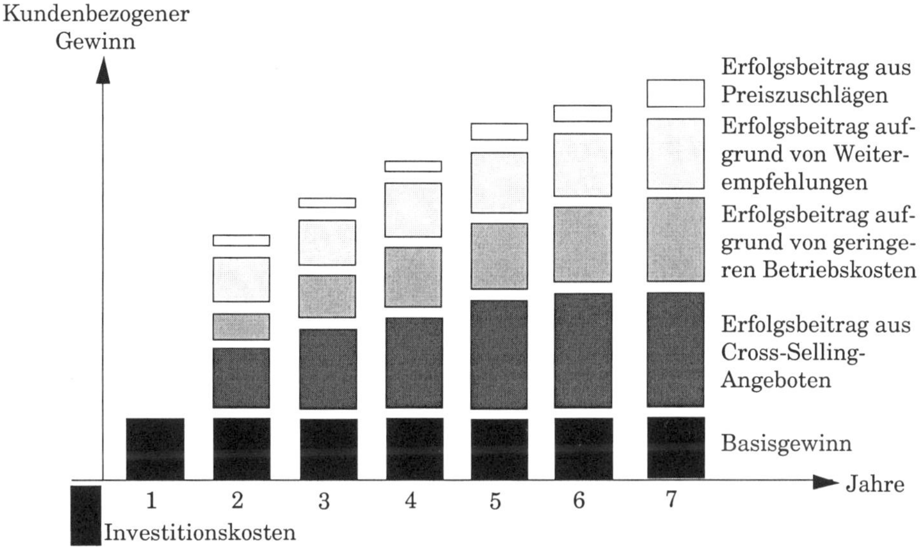

Gewinnpotenziale eines Kunden im Zeitablauf

Quelle: nach *Reichheld / Sasser*

Diese Ziele werden heute durch sog. CRM-Programme angestrebt. Die Aktivitäten zur Steigerung der Erfolgbeiträge sind u. a.:

- Mass Customizing
- Kundenbindung
- Kundenzufriedenheit.

Mit **Mass Customizing** wird versucht, den Bedürfnissen des einzelnen Kunden zu entsprechen, ohne dass die Kosten wesentlich steigen. Durch das individualisierte Produkt hat der Kunde einen höheren Nutzen.

Voraussetzung für eine erfolgreiche Realisierung sind moderne Fertigungs-, Informations- und Kommunikationstechnologien (vgl. *Wirtz* 2001, S. 420).

Dabei stellt sich die Frage nach der Kundenbindungsstrategie und den einzusetzenden Kundenbindungsinstrumenten. Die Kundenbindungsstrategie muss festlegen:

- Kundenbindungszielgruppe
- Art der Kundenbindung
- Kundenbindungsinstrumente
- Kundenkontaktkanäle

- Intensität und Timing der Kundenbindung
- Kooperationspartner.

Zur Realisierung der **Kundenbindungsstrategie** können u.a. eingesetzt werden:

- Kundenzeitungen/-zeitschriften
- Kundenkarten
- Kundenclubs
- Bonusprogramme
- Events
- Sponsoring
- Coupons
- Beschwerdemanagement usw.
- Kundenforen
- Servicenummern
- Kundenkredite
- Messeeinladungen
- Firmeneinladungen
- Auszeichnungen für Kunden

Die Gründe, warum **Kundenbindungssysteme** die Erwartungen oft nicht erfüllen, zeigt eine Untersuchung von *Roland Berger*.

	Angaben in Prozent*
Programm zu unbekannt	49
Kunden sehen keinen echten Vorteil	44
Programm zu kompliziert	42
Rabatte bzw. Prämien zu unattraktiv	42
Partnerunternehmen nicht attraktiv	28
Kunden gehen in verschiedenen Geschäften einkaufen	25
Kein Platz für weitere Karte	24

* Mehrfachnennungen möglich

Gründe für mangelnde Akzeptanz von Kundenbindungssystemen

Quelle: *Roland Berger*

Alle Maßnahmen sind auf die Bindung und Steigerung des Erfolgspotenzials bei den einzelnen Kunden gerichtet. Zur Kundenbindung reicht allein jedoch die Bekanntheit nicht aus.

Kundenbindung im Lebensmittelhandel		
	Stammkunden in Prozent	Bekanntheit in Prozent
Aldi	51	96
Edeka	29	82
Lidl	20	85
Globus	32	38
Real	26	59
Wal-Mart	23	43
Rewe	28	68
Plus	22	80

Bekanntheit und Kundenbindung

Quelle: *McKinsey / Food Economy*

Beispiele für die Kundenbindung im Internet sind u. a.:

- Online-Gewinnspiele
- Online-Events
- Online-Clubs
- Online-Gästebücher.

Kundenzufriedenheit liegt dann vor, wenn der Kunde mit der wahrgenommenen Leistung eines Anbieters zufrieden ist. Diese Zufriedenheit ist i.d.R. Voraussetzung dafür, dass der Kunde als Kunde erhalten bleibt. Jedoch ergibt sich daraus nicht, dass der Kunde auch auf Dauer als Kunde erhalten werden kann. Liegt keine Kundenzufriedenheit vor, ist die Wahrscheinlichkeit, den Kunden auf Dauer zu binden, gering.

Um die Ziele für ein Unternehmen erreichen zu können, wird heute Customer Relationship Management (CRM) eingesetzt. CRM-Systeme arbeiten auf der Basis geeigneter Software, um Kundenprofile zu erfassen, führen die Daten in Date-Warehouse ein und geben mit den Methoden des Data-Mining Hilfestellung bei den Kundenkontakten.

Den Vergleich zwischen dem Traditionellen Kundenmanagement und dem EC-CRM zeigt die folgende Abbildung von *Wirtz*:

	Traditionelles Kundenmanagement	EC-Customer Relationship Management
Ziel	• Diskreter Verkauf als Abschluss- und Erfolgskriterium (product transaction value) • Einseitige Transaktion/Kunde kauft Leistungsangebot	• Etablierung langfristiger Geschäftsbeziehungen (customer live relationship value) • Interaktive Wertgenerierung und Kundenintegration
Paradigma	• Massenproduktion/ Skalenvorteile • Standardisierter Leistungs-austausch	• Customized-Production/ Verbundvorteile • Individualisierte Leistungs-generierung
Kunden-verständnis	• Anonymer Kunde • Relative Unabhängigkeit Verkäufer/Käufer	• Kenntnis individueller Kunden • Interdependenz Verkäufer/Käufer
Marktsicht	• Bewertung auf der Basis von Produkten und Kosten • Focus auf Neukundengewinnung	• Bewertung auf der Basis der Problemlösungskompetenz • Fokus auf Wertsteigerung in bestehenden Beziehungen
Marketing-verständnis	• Fokus auf Produkte • Kundenkontakt als episodische Ereignisse • „End-of-pipe"-Philosophie/ Monolog zu aggregierter Kundenmenge	• Fokus auf Service • Kundenkontakt als kontinuierlicher Prozess • Individualisierter Dialog

Traditionelles und ECR-Management

Quelle: *Wirtz, B.W.* (2001), S. 468

Dieser Vergleich zeigt auch, welche Vorteile C-R-M haben kann, und dass es empfehlenswert ist, auch EC-Customer Relationship Management zu betreiben.

9. Marketingpolitische Instrumente

Als marketingpolitische Instrumente werden diejenigen Instrumente bezeichnet, die dem Unternehmen dazu dienen, aktiv Einfluss auf den Absatzmarkt zu nehmen.

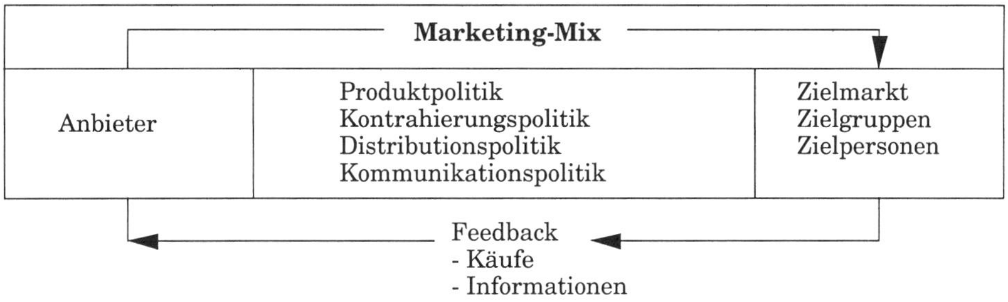

Wirkung des Marketing-Mix

Die marketingpolitischen Instrumente können wie in der Übersicht aufgeteilt werden:

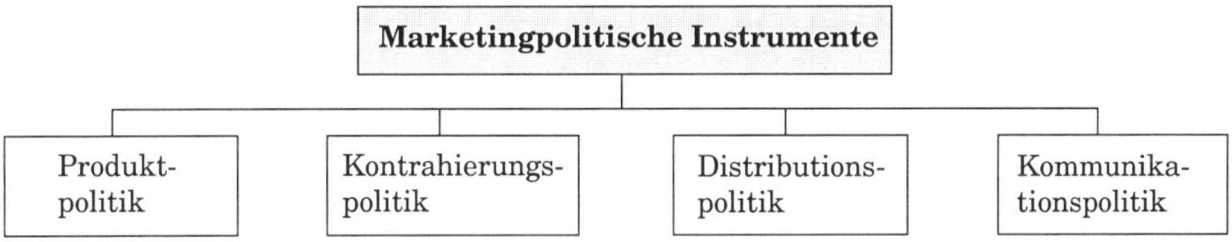

9.1 Produktpolitik

Unter Produktpolitik versteht man alle mit dem Produkt zusammenhängenden Maßnahmen um für das Produkt bei den Käufern eine bessere Beurteilung zu erreichen. Im Einzelnen zählen dazu die Produktgestaltung, Produktqualität, Markenpolitik, Produktlinienpolitik, Verpackung, Namenspolitik, Kundendienst und Garantieleistungspolitik.

9.2 Kontrahierungspolitik

Zur Kontrahierungspolitik gehören alle Maßnahmen, die durch Gestaltung des geldlichen Ausgleichs des Kaufs dazu beitragen können, einen Kaufabschluss (Kontrakt) zu Stande zu bringen. Die entsprechenden Maßnahmen betreffen die Preis- und Rabattpolitik, die Liefer- und Zahlungsbedingungen sowie die Finanzierungspolitik.

9.3 Distributionspolitik

Zur Distributionspolitik zählen alle Maßnahmen, die ergriffen werden um das Produkt vom Ort der Herstellung zum Abnehmer zu bringen. Dazu gehören die Entscheidungen über die Absatzwege, die Einschaltung des Handels sowie die Marketinglogistik.

9.4 Kommunikationspolitik

Aufgabe der Kommunikationspolitik ist es, auf persönlichem und/oder unpersönlichem Wege einen Kontakt zwischen Anbieter und potenziellem Abnehmer herzustellen, der letztlich zu einem Verkaufsabschluss führen kann.

Die traditionellen Instrumente der Kommunikationspolitik sind:

- die Werbung
- der persönliche Verkauf
- die Verkaufsförderung
- die Öffentlichkeitsarbeit.

Allgemein kann man unterstellen, dass es Aufgabe der Produkt- und Kontrahierungspolitik ist, das Angebot für den Markt festzulegen. Der Distributionspolitik obliegt es, das Angebot für den Markt bereitzuhalten und verfügbar zu machen. Der Kommunikationspolitik schließlich muss es gelingen, das Angebot bekannt zu machen und ein positives Produkt- und Unternehmensimage aufzubauen.

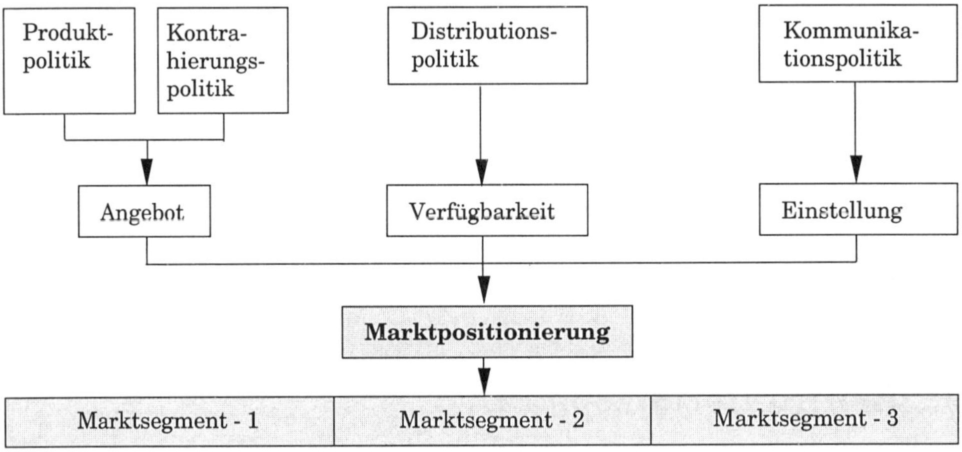

Ziele und Wirkung der marketingpolitischen Instrumente

Die Abbildung versucht grob die Zusammenhänge, die zur Marktstellung führen, zu veranschaulichen.

9.5 Marketing-Mix

Unter Marketing-Mix versteht man die von einem Unternehmen zu einem bestimmten Zeitpunkt eingesetzte **Kombination von marketingpolitischen Instrumenten**. Jeder Anbieter steht vor dem Problem, welche marketingpolitischen Instrumente in einer bestimmten Marktsituation in welcher Kombination und wie lange eingesetzt werden sollen. Das Marketing-Mix, das sowohl eine qualitative als auch quantitative Komponente hat, soll dabei optimal sein.

Will man die marketingpolititschen Instrumente optimal einsetzen, so muss man zuerst die möglichen Instrumente kennen. Dabei sieht man schon aus der vorhergehenden Kurzbeschreibung, dass es eine Vielzahl unterschiedlicher Einzelinstrumente gibt, auf die hier nicht näher eingegangen werden soll.

In der Literatur hat man daher schon frühzeitig versucht, ein System für die Gliederung der marketingpolitischen Instrumente zu entwickeln.

Das Ergebnis dieser Versuche sind unterschiedliche Einteilungen bzw. auch Nichteinteilungen (siehe z. B. *Kotler, Ph.,* 1988).

In den USA hat sich z. B. bei *McCarthy* (1981), *Kotler, Ph.* (1988), *Rosenberg* (1977), *McDaniel* (1982), u. a. die Einteilung in 4 Bereiche durchgesetzt, die im Prinzip auf *McCarthy*'s (1960) Einteilung in

- Produkt (product)
- Preis (price)
- Platz (place)
- Promotion (promotion)

zurückgeht, deren Inhalt jedoch von den verschiedenen Autoren oft unterschiedlich interpretiert wird. Daneben gibt es andere Einteilungen, wie z. B. von *Frey* (1961) in **zwei** Bereiche, von *Lazer* (1971), *Stern* (1975) u. a. in **drei** Bereiche und von *Kollat, Blackewell, Robeson* (1972) in **sechs** Bereiche.

Im deutschsprachigen Raum hat man sich überwiegend einer in **vier** Bereiche gegliederten Systematik der marketingpolitischen Instrumente angeschlossen, wobei die jeweiligen Inhalte bei den verschiedenen Autoren untereinander als auch im Zeitablauf und in der Reihenfolge variieren.

Die Zahlen ( ) geben die Reihenfolge bei der Behandlung der Bereiche durch die Autoren an.

Gutenberg (1976)	**Nieschlag, Dichtl, Hörschgen** (1986)	**Meffert** (1980)
• Produktgestaltung (4) • Preispolitik (2) • Absatzmethode (1) • Werbung (3)	• Produktpolitik (1) (früher Produkt- und Programmpolitik) • Entgeltpolitik (2) • Distributionspolitik (3) • Kommunikationspolitik (4)	• Produkt- und Sortimentspolitik (2) • Kontrahierungspolitik (1) • Distributionspolitik (3) • Kommunikationspolitik (4)

Systematik der marketingpolitischen Instrumente

Im Folgenden soll auf eine Diskussion der verschiedenen Systematisierungsversuche verzichtet werden. Vielmehr sollen unter der hier gewählten Systematik wichtige marketingpolitische Instrumente aufgeführt werden, ohne auf eine tiefdringende Diskussion einzugehen. Die Darstellung kann nicht den Anspruch auf Vollständigkeit erheben.

Marketinginstrumente			
der Produktpolitik	**der Kontrahierungspolitik**	**der Distributionspolitik**	**der Kommunikationspolitik**
Produktpolitik i.e.S. Produktdesign Namenspolitik Verpackung Qualitätspolitik Markenpolitik Diversifikation Differenzierungspolitik Produktvariationspolitik Programmpolitik Sortimentspolitik Kundendienst Garantiepolitik	Preispolitik i.e.S. Prämienpreispolitik Promotionpreispolitik Penetrationspolitik Abschöpfungpolitik Preisdifferenzierungspolitik Rabattpolitik Kreditpolitik Liefer- und Zahlungsbedingungen	Distributionspolitik i.e.S. Handelspolitik Absatzwegepolitik Absatzmittlerpolitik Standortpolitik Niederlassungspolitik Marketinglogistik Auslieferungspolitik Fertiglagerpolitik	Werbung Werbeträgerpolitik Werbemittelpolitik Werbebotschaft Direktwerbung Verkaufsförderung Persönlicher Verkauf Öffentlichkeitsarbeit Sponsoring Product Placement

Überblick über einige marketingpolitische Instrumente

Als **optimales Marketing-Mix** lässt sich diejenige Kombination von marketingpolitischen Instrumenten bezeichnen, durch die ein bestimmtes Ziel bestmöglich erreicht wird. Die relative Bedeutung der einzelnen Instrumente hängt wesentlich vom Betriebstyp (Handel, Konsumgüterproduzent, Investitionsgüterproduzent), vom Produkt und vom Käuferverhalten ab. So spielt z. B. bei manchen Produkten der Preis eine wesentliche Rolle, während er bei anderen von untergeordneter Bedeutung ist (Alltagsgüter - Luxusgüter). Auch ist bei einigen Leistungen der Kundendienst wesentlich für Kauf oder Nichtkauf (z. B. Automobile, Computer, Investitionsgüter usw.), bei anderen spielt der Kundendienst dagegen keine Rolle (z. B. Seife, Zahnpasta, Mehl usw.). Auch die Produktpolitik ist dann ohne Bedeutung, wenn es sich um standardisierte oder gleichartige Produkte handelt (z. B. Benzin). Dagegen ist die Produktpolitik dann bedeutsam, wenn die verschiedenen angebotenen Produkte sich wesentlich unterscheiden (Brotsorten, Fernsehgeräte usw.). Die Bedeutung der Werbung variiert auch sehr stark in Abhängigkeit von dem jeweiligen Produkt (z. B. Brötchen und Automobile).

Die unterschiedliche Bedeutung der einzelnen marketingpolitischen Instrumente soll tendenziell das folgende Beispiel veranschaulichen:

Produkte/ Dienstleistungen / Instrumente	Zahnpasta	Brötchen	Fernsehgeräte	Anzug	Bausparvertrag
Produktpolitik	4	4	5	5	3
Preispolitik	3	4	3	3	2
Werbung	5	1	4	2	4
Absatzweg	4	5	2	2	3
Persönlicher Verkauf	1	2	3	4	5
Kundendienst	–	–	4	2	3

1 = geringe Bedeutung 5 = hohe Bedeutung

Bedeutung verschiedener Marketinginstrumente für einzelne Produkte/Leistungen

Die Einschätzung der Wichtigkeit verschiedener marketingpolitischer Instrumente aus der Sicht von 334 Industrieunternehmen zeigt eine Untersuchung von *Köhler* und *Uebele* (1977).

Marketinginstrumente	Rangfolge der Wichtigkeit P	K
1. Produktpolitik	(1)	(1)
2. Preis- und Konditionenpolitik	(2)	(3)
3. Programmpolitik	(3)	(5)
4. Außendiensteinsatz	(4)	(4)
5. Werbung und Verkaufsförderung	(5)	(2)
6. Distribution/Vertrieb	(6)	(6)

P = Hersteller von Produktions- bzw. Investitionsgütern
K = Hersteller von Konsumgütern

Bedeutung einzelner Marketinginstrumente im Urteil von Industrieunternehmen

Eine Untersuchung von *Hörschgen, Gaiser* und *Strobel* vermittelt die Bedeutung der einzelnen Instrumente aus der Sicht von Praktikern aus 358 Unternehmen. Es ergibt sich die im Folgenden wiedergegebene Bedeutung:

Instrumente	Klein-betriebe	Groß-betriebe	Konsum-güter-industrie	Investitions- u. Produktions-güterindustrie	Insgesamt
Produktpolitik	1	1	1	1	1
Vertrieb	2	2	2	2	2
Preispolitik	3	3	3	3	3
Verkaufsförderung	4	5	4	4	4
Werbung	5	4	4	5	5
Public Relations	6	6	6	6	6

Bedeutung der Instrumente des Marketing-Mix aus der Sicht der Praxis (Rangzahlen)

Quelle: *Hörschgen, Gaiser & Strobel*, 1981, S. 10

Beiden Untersuchungen ist gemeinsam, dass der Produktpolitik die größte Bedeutung zugemessen wird. In der Untersuchung von *Hörschgen* u. a. wird dem Vertrieb (Verkauf) durchweg die zweitgrößte Bedeutung zugemessen, während in der Untersuchung von *Köhler / Uebele* dem Vertrieb (Verkauf) eine weitaus geringere Bedeutung zukommt.

10. Marketingorganisation

Um die permanente Erfüllung der Marketingfunktion sichern zu können, bedarf es einer institutionellen Verankerung der einzelnen Aufgaben. Soll die Marketingfunktion wirksam durchgeführt werden, ist eine systematisch entwickelte organisatorische **Eingliederung** in das Unternehmen und ein zielgerichteter **Aufbau** der Marketingorganisation erforderlich:

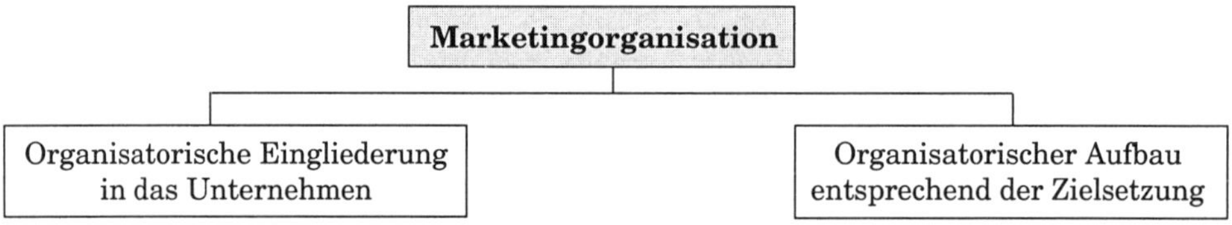

10.1 Organisatorische Eingliederung

Ausgehend von den Zielen des Marketing sind für eine entsprechende markt- und marketinggerechte Unternehmensorganisation folgende **Forderungen** aufzustellen (*Hill, Steiner, Kotler, Corbin*):

- Die Unternehmensorganisation muss die notwendigen Voraussetzungen schaffen um ein integriertes Marketing zu ermöglichen.
- Die Unternehmensorganisation soll gewährleisten, dass die Leistungen und das Verhalten des Unternehmens jederzeit auf die Befriedigung und Beeinflussung der Bedürfnisse der gegenwärtigen und potenziellen Abnehmer ausgerichtet ist.

- Die Unternehmensorganisation hat dafür zu sorgen, dass in hohem Maße Kreativität und Innovationsbereitschaft der Mitarbeiter sich entwickeln können.

- Die Unternehmensorganisation soll eine sinnvolle Anpassung an die wahrzunehmenden Funktionen, die anzubietenden Produkte und Märkte ermöglichen.

- Die Unternehmensorganisation soll effizient arbeiten, das heißt, „ihre Leistungen mit möglichst geringem Aufwand erlangen".

Daneben soll jede Unternehmensorganisation grundsätzlich folgende Bedingungen erfüllen (*Frese*):

- Die optimale Ausnutzung der vorhandenen Ressourcen
- Die Berücksichtigung auftretender Marketingdependenzen
- Die Möglichkeit der Disposition
- Die Fähigkeit zur Innovation.

Will man die genannten Forderungen erfüllen, muss bei der organisatorischen Realisierung systematisch vorgegangen werden. Das bedeutet, dass von den Zielen der Unternehmung ausgehend stufenweise Teilaufgaben ermittelt werden:

- Den **ersten** Schritt bezeichnet man als **Aufgabenanalyse**. Sie dient dazu, einzelne Teilaufgaben abzuleiten und transparent darzustellen. Auf die Marketingaufgabe bezogen bedeutet dies, alle jene verteilungsfähigen Teilaufgaben zu ermitteln und transparent zu machen, die erfüllt werden müssen.

- Im **nächsten** Schritt der **Aufgabensynthese** werden die Teilaufgaben zu Aufgabenkomplexen zusammengefasst, die ihren Niederschlag dann als Stellen oder Abteilungen in der organisatorischen Struktur des Unternehmens finden.

Eine derartige Vorgehensweise bei der Gestaltung der Organisationsstrukturen in der Praxis wird nur für eine geringe Zahl von Unternehmen zutreffen. Dieser Umstand lässt demzufolge auf Schwachstellen in der Organisationsstruktur vieler Unternehmen schließen.

10.2 Organisatorischer Aufbau

Da die wahrzunehmenden Aufgaben im Marketingbereich von Unternehmen zu Unternehmen in der Regel nicht gleich sind, werden auch sehr unterschiedliche Organisationsstrukturen in der Praxis feststellbar sein. So ist auch die Aussage *Kotlers* einsichtig, dass „die perfekte Organisationsstruktur für eine Marketingabteilung noch nicht erfunden worden ist" und auch nicht gefunden werden wird.

In jeder Organisationsform sollten vielmehr stets drei Faktoren berücksichtigt werden:

- die **Funktionen**, die das Marketing zu erfüllen hat.

- die **Produkte**, die auf dem Markt abgesetzt werden sollen.

- die **Märkte**, auf denen mithilfe des Marketing die angebotenen Produkte abgesetzt werden.

Entscheidend für die jeweilige Organisationsform ist deshalb der im Vordergrund stehende Gesichtspunkt.

Aus der Vielzahl möglicher organisatorischer Lösungen für die strukturelle Gestaltung des Marketing wollen wir die im Schaubild enthaltenen Organisationsstrukturen kurz beleuchten.

Funktionsorientierte Marketingorganisation

10.2.1 Funktionsorientierte Marketingorganisation

In der ältesten Organisationsform des Marketing, der **funktionalen oder funktionsorientierten Organisationsform**, werden die Aufgaben nach auszuführenden Aufgabenbereichen abgegrenzt.

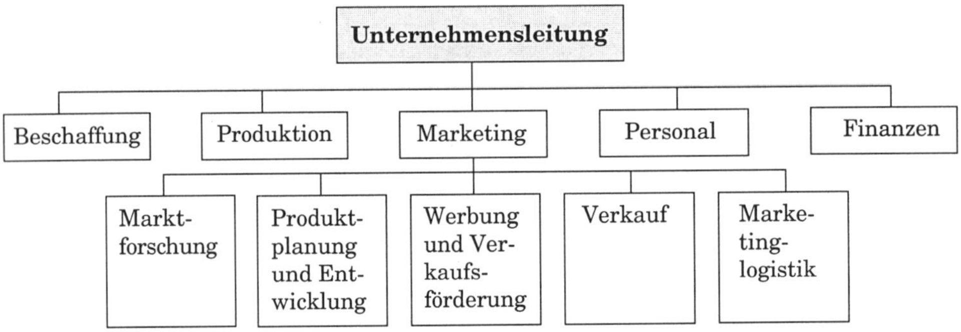

Jedem Mitarbeiter dieser Organisationsform werden in erster Linie Kompetenz und Verantwortung für bestimmte Funktionen wie Marktforschung, Werbung, Verkaufsförderung, Verkauf usw. übertragen. Bei einer derartigen Lösung ist kein Funktionsinhaber für ein Produkt, einen Kunden oder einen Markt besonders zuständig oder verantwortlich. Gesamtverantwortung für alle Marketingaktivitäten trägt allein der Leiter der Marketingabteilung.

Diese Organisationsform wird man in den Fällen wählen, in denen die effiziente Erfüllung der Marketingfunktion im Vordergrund stehen. Ebenso ist diese Organisationsform im Falle von Einproduktunternehmen und von Unternehmen, deren Markt, Produkte und Kunden verhältnismäßig homogen sind, empfehlenswert.

Schwierig ist bei dieser Lösung:

- die Koordination aller Aktivitäten im Hinblick auf die Marketingzielsetzung,
- die Gewinnverantwortlichkeit für die verschiedenen Produkte zu bestimmen,
- die Gewährleistung des Hervorbringens neuer Produktideen,
- die schnelle Entscheidung bei speziellen Kundenwünschen.

Neben dem hier dargestellten Grundkonzept gibt es noch zwei **Varianten der funktionsorientierten Marketingorganisation**:

(1) Funktionsorientierte Marketingorganisation mit **funktionellen** Stabsstellen

(2) Funktionsorientierte Marketingorganisation mit **produktbezogenen** Stabsstellen.

Bei der funktionsorientierten Marketingorganisation mit produktbezogenen Stabsstellen werden die Funktionen im Hinblick auf die Produkte durch besondere Stellen (Stabsstellen) koordiniert.

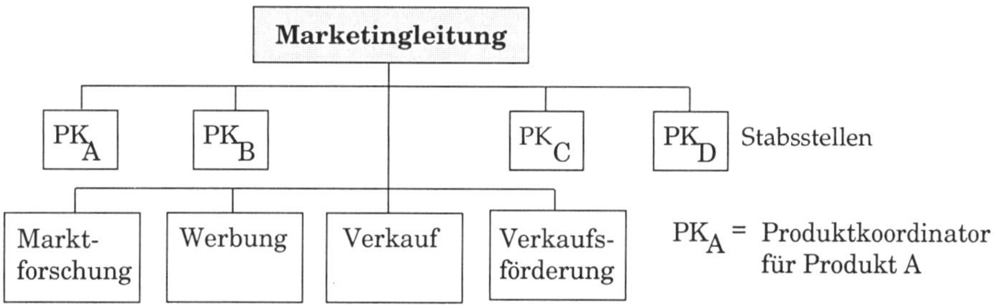

Funktionsorientierte Marketingorganisation mit produktbezogenen Stabsstellen

In der oben dargestellten Lösung, die auch heute noch anzutreffen ist, wird der **Produktmanager** als sog. **Produktkoordinator** tätig. Er soll die verschiedenen Tätigkeiten im Marketing aufeinander abstimmen und produktbezogen steuern. Der Nachteil dabei ist, dass derartige Produktmanager keine Weisungsbefugnis haben und nicht zu einer Entlastung der Marketingleitung beitragen können. Daneben kann der Produktmanager auch z. B. der Unternehmensleitung zugeordnet werden. Stets liegt bei diesen Lösungen das Dilemma darin, dass Produktmanager Verantwortung übernehmen sollen, ohne mit den entsprechenden formalen Weisungsrechten ausgestattet zu sein. So hängt Erfolg oder Misserfolg eines derartigen Stabsstellenkonzepts des Produktmanagers in hohem Maße von Fähigkeiten und Eigenschaften der Produktmanager und der Kooperationsbereitschaft der Linienmanager ab.

10.2.2 Produktorientierte Marketingorganisation

Ein Produktmanager in der Marketingorganisation wird nur dann effizient arbeiten können, wenn der Produktmanager als Linieninstanz zwischen Marketingleitung und den Funktionsabteilungen eingegliedert ist.

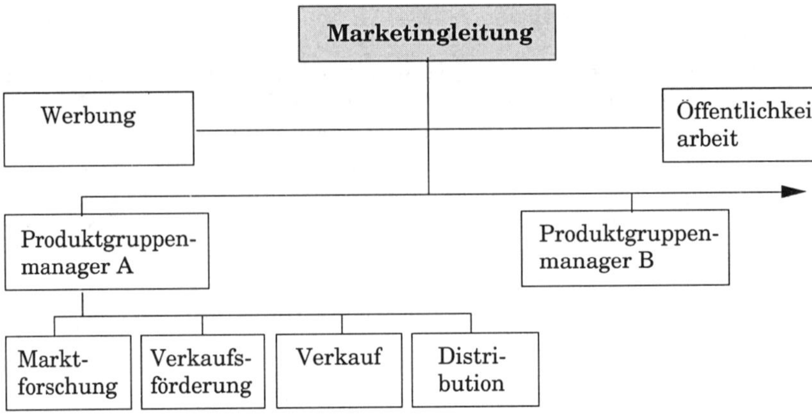

Produktorientierte Marketingorganisation

Bei der produktorientierten Marketingorganisation werden durch produktorientierte Aufgliederung, Spezialisierung und Koordination die Wahrnehmung der Belange der Produkte im Rahmen der Linie weitgehend sichergestellt, jedoch ergeben sich hier Koordinierungsschwierigkeiten im Hinblick auf die Funktionen.

In der hier vereinfacht dargestellten Form der klaren Trennung der Funktionsbereiche zwischen den Produktgruppen wird diese Organisationsform nur in relativ kleinen Unternehmen zufriedenstellend funktionieren.

Im Großunternehmen sind noch zusätzliche Stabsstellen einzubauen, entweder als übergeordnete Stabsstellen oder als Stabsstellen, die nach Funktionen gegliedert sind und diese für die einzelnen Produkt-Managementabteilungen koordinieren.

Die **Gründe**, die viele Unternehmen dazu veranlassten, ihre Marketingorganisation primär produktorientiert auszurichten, liegen in:

- Wandlung vieler Unternehmen zu Multiprodukt- bzw. Multimarktunternehmen
- Dynamik, Ausweitung und Integration der Märkte
- kürzeren Lebenszyklen der Produkte
- Verbesserung der Reaktionsmöglichkeiten auf Abnehmerwünsche
- Einrichtung von gewinnverantwortlichen Managern.

10.2.3 Kundenorientierte Marketingorganisation

In den letzten Jahren wird verstärkt einer Ausrichtung des Leistungsprogramms auf die Abnehmergruppen und ihrer Berücksichtigung in der Marketingorganisation Aufmerksamkeit geschenkt. Die Gründe liegen zum einen in dem beschleunigten Kooperations- und Konzentrationsprozess auf Abnehmerseite (z. B. im Handel), zum anderen auf der bestmöglichen Berücksichtigung etwaiger Marktinterdependenzen, z. B. durch eine kundeneinheitliche Marktstrategie. Für die organisatorische Eingliederung eines Kundenmanagers gibt es im Prinzip ähnliche Varianten wie bei dem Produktmanager und zwar:

- den Kundenmanager als Stabsstelle der Marketingleitung,
- den Kundenmanager als Stabsstelle der Verkaufsleitung,
- den Kundenmanager als Produktkoordinator,
- den Kundenmanager als Funktionskoordinator,
- den Kundenmanager als Produkt-Funktionskoordinator.

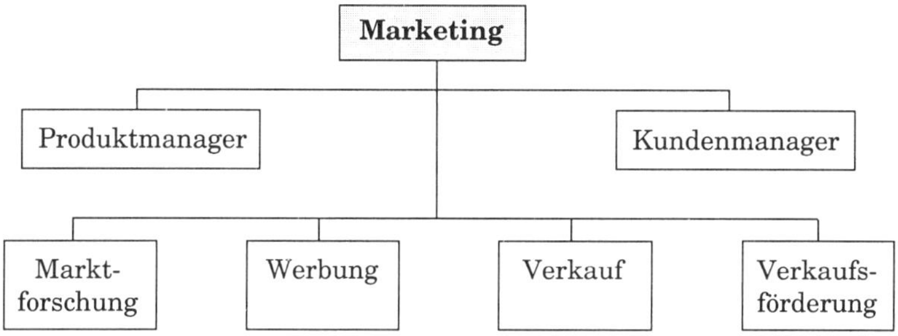

Kundenmanager als Stabsstelle der Marketingleitung

Die kundenorientierte Marketingorganisation bietet folgende **Vorteile**:

- Individuelle Betreuung der Kundengruppen der Abnehmerbranchen durch Kundenbetreuer des anbietenden Unternehmens,

- Berücksichtigung von individuellen Kundenwünschen,

- bessere Information über die Entwicklung bei den verschiedenen Kunden und Kundengruppen,

- bessere Umsatz- und Gewinnsicherung im Markt.

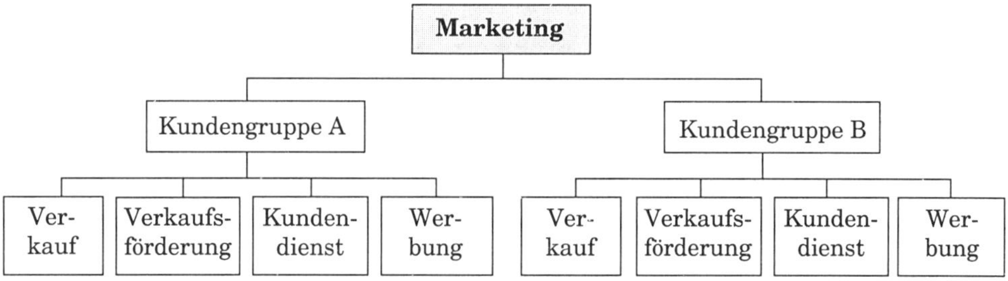

Kundenmanager als Funktionskoordinator

Im Falle des Kundenmanagers als Stabsstelle liegt die Aufgabe des Kundenmanagers vor allem in Informations-, Kontroll- und Planungsaufgaben im Hinblick auf die von ihm betreuten Kunden. Der Hauptnachteil dieser Lösung liegt in dem Fehlen von Entscheidungsbefugnissen, sodass keine entscheidende Entlastung der Marketingleitung auftritt und die besonderen Aufgaben beim Kunden nur bedingt wahrgenommen werden können. Anders ist die Lage im zweiten Beispiel. Hier ist der Kundengruppenmanager voll verantwortlich für alle Entscheidungen im Marketing. Er koordiniert alle Aktivitäten und kann deshalb auch als Gewinnverantwortlicher betrachtet werden.

In der Praxis ist aus der Vielzahl möglicher Gestaltungsalternativen die für das jeweilige Unternehmen geeignetste auszuwählen.

Wenn diese Organisationsform gewählt wird, ergeben sich folgende **Vorteile**:

- Individuelle Betreuung der verschiedenen Kundengruppen durch eigene Kundenmanager,
- bessere Ausschöpfung des Absatzpotenzials,
- bessere Koordinierung des Handels- und Konsumentenmarketing,
- Berücksichtigung individueller Kundenwünsche,
- Verbesserung der Information über Entwicklungen bei Kunden bzw. Kundengruppen.

In einer Untersuchung hat die Unternehmensberatungsgesellschaft Droege & Comp 1994 ermittelt, dass Unternehmen mit einer nach Kunden ausgerichteten Organisation den höchsten Zielerreichungsgrad erreichen, wobei jedoch die Unterschiede zu anderen Organisationsstrukturen (außer der Funktionsorientierung) gering sind.

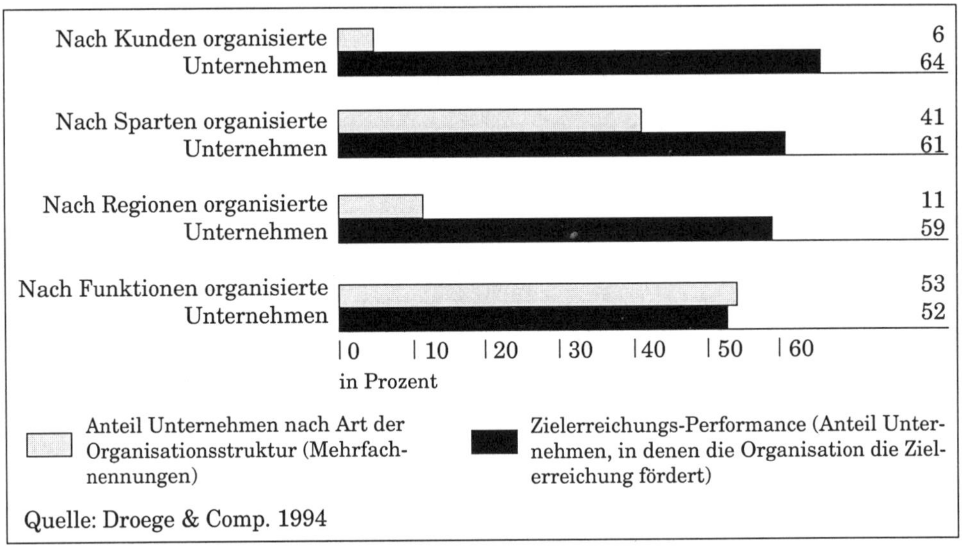

Organisation und Zielerreichung
(entnommen absatzwirtschaft 5/1994)

10.2.4 Gebietsorientierte Marketingorganisation

Bei der **gebietsorientierten** oder **regionalen** Marketingorganisation wird der Gesamtmarkt in geografisch abgegrenzte Regionen aufgeteilt, die von einem Gebiets-

oder Regionalmanager betreut werden. Ihm obliegt die Koordination aller Marketingmaßnahmen für alle Produkte und die Betreuung aller Kunden in seinem Verkaufsgebiet.

Eine gebietsorientierte Marketingorganisation kommt vor allem in Betracht bei:

- multinationalen Unternehmen,
- Unternehmen mit Gebieten unterschiedlichen Verbraucherverhaltens,
- Unternehmen mit weitgehend problemlosen Produkten,
- Unternehmen mit weitgehend homogenen Produkten,
- Unternehmen mit mitarbeiterintensivem Außendienst.

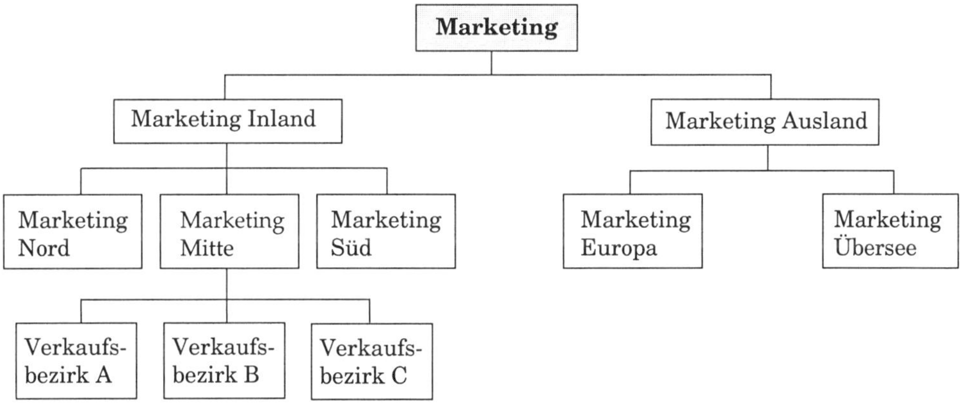

Gebietsorientierte Marketingorganisation

Eine ausschließlich nach regionalen Kriterien strukturierte Marketingorganisation wird jedoch nicht empfehlenswert sein. In der Praxis sind meist in Marketingorganisationen mehrere Kriterien (z. B. Funktion, Produkt, Gebiet) als bestimmende Elemente vorhanden. Nach Homburg u. a. (1997) sind in 80 % der deutschen Industrieunternehmen bestimmte Marketingaufgaben regional organisiert.

10.3 Matrixorganisation

Mit der Einführung der Matrixorganisation soll eine bestmögliche Aufteilung der Aufgaben im Hinblick auf wahrzunehmende **Funktionen**, zu verkaufende **Produkte** und zu bearbeitende **Märkte** erfolgen. Um diesen Anforderungen gerecht zu werden, bedarf es der Institution des **Produktmanagers**, der in funktional gegliederten Mehrproduktunternehmungen die Koordination aller Pläne und Entscheidungen für ein Produkt oder eine Produktgruppe vornimmt. Im Rahmen der Produktmatrixorganisation erfolgt eine Teilung der Gesamtaufgabe in horizontale (produktorientierte) und vertikale (funktionsorientierte) Funktionen.

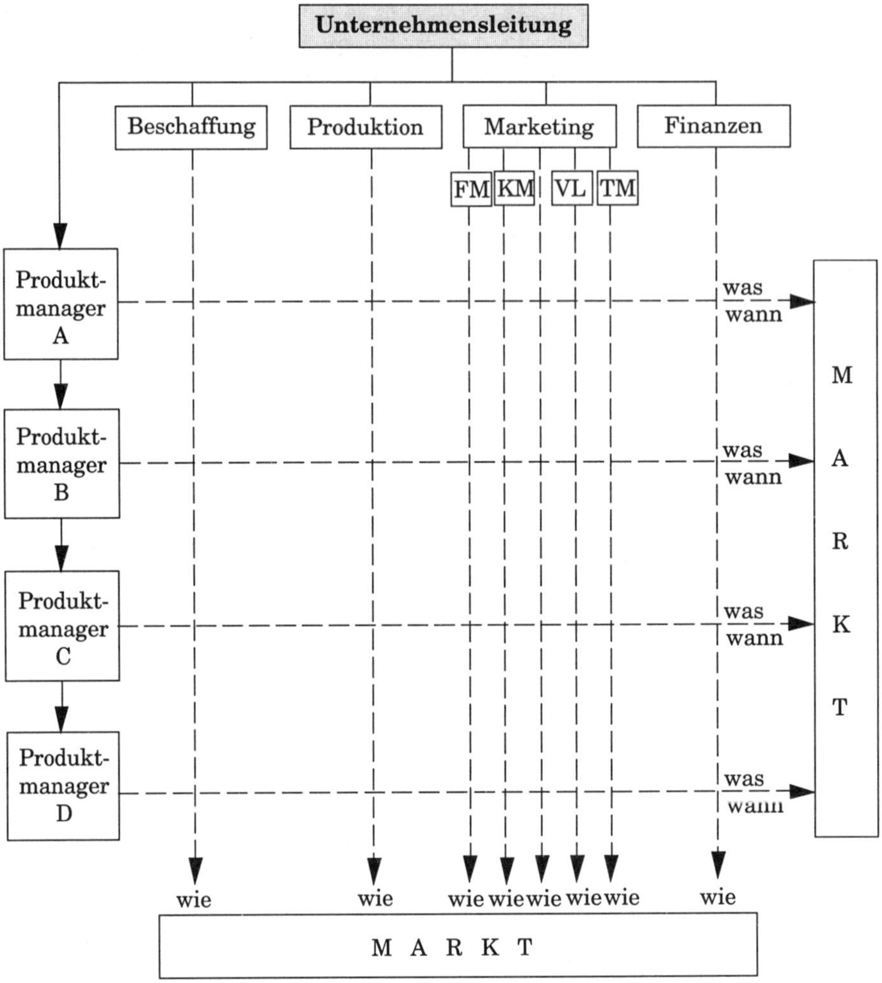

FM = Funktionsmanager
KM = Key-Account-Manager
VL = Verkaufsleiter
TM = Trade Manager

Produktmanager in der Matrixorganisation

Dem **Produktmanager** wird bei dieser Lösung die Kompetenz zugestanden, horizontal durch alle Funktionsbereiche festzulegen, was und wann für die von ihm betreuten Produkte zu tun ist.

Allgemein ist es Aufgabe eines Produktmanagers für sein Produkt bzw. Produktgruppe eine Marketingkonzeption zu entwickeln und für die entsprechende Realisierung in allen Funktionsbereichen des Unternehmens zu sorgen. Ihm obliegen dabei Initiativ-, Informations-, Planungs-, Kontroll- und Koordinationsaufgaben. Deren Durchsetzung hängt von seiner Persönlichkeit und seinen Kompetenzen ab. Im Rahmen der Matrixorganisation haben **Funktionsmanager** der Initiative des Produktmanagers zu folgen, entscheiden jedoch, wie die Verrichtungen auszuführen sind. Bei dieser

Lösung treffen Produktmanagerautoriät und Funktionsmanagerautorität zusammen und können zu Konflikten führen. Diese Konflikte führen jedoch in vielen Fällen zu einer höheren Effizienz der Geamtorganisation.

Eine derartige Lösung bietet sich vor allem an, wenn Unternehmen **zahlreiche** und **heterogene** Produkte anbieten. Sie wird umso eher gelingen, je konsequenter man bereit ist, Produktmanager entsprechend ihren Aufgaben mit Kompetenzen und Entscheidungsbefugnissen auszustatten.

Welche einzelnen Funktionen ein Produktmanager formal in einem Unternehmen auszufüllen hat, kann durch ein **Funktionendiagramm** aufgezeigt werden, das darstellt, wie Aufgaben und Kompetenzen im Hinblick auf stellen- und abteilungsübergreifende Aufgaben verteilt sind. Es eignet sich daher auch im Falle des Produktmanagers gut zur Querschnittskoordination.

Das Funktionendiagramm *(Wild)* gibt ausschnittsweise Aufgaben eines Produktmanagers wieder. Siehe hierzu Seite 130.

Im Laufe der Zeit hat sich gezeigt, dass der klassische Produktmanager den geänderten Verhältnissen auf den Märkten nach differenzierter Bearbeitung unterschiedlicher Märkte und Kundengruppen in vielen Fällen nicht gerecht werden kann. Diese Erkenntnis führte zur Einführung des **Kundenmanagers**, dessen Aktivitäten auf die bestmögliche Bearbeitung eines Marktsegments ausgerichtet sind.

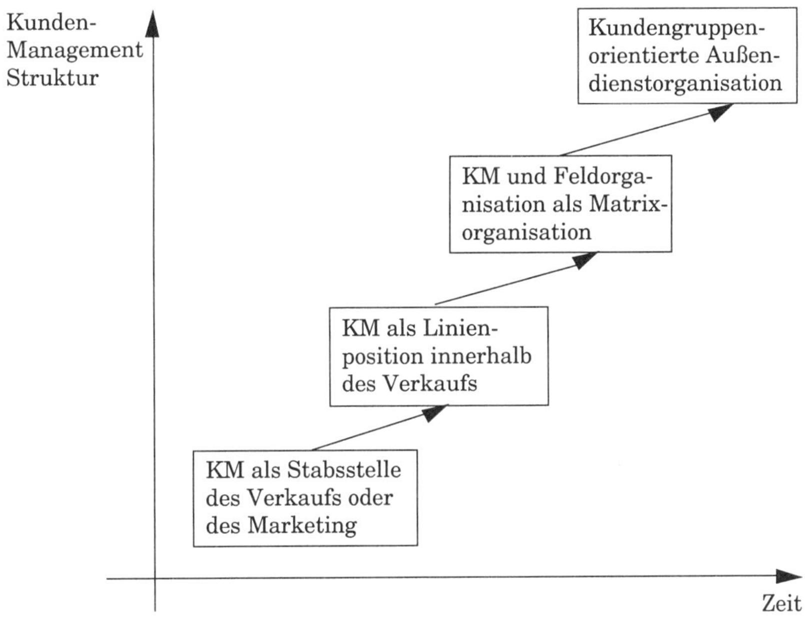

Entwicklung des Kundenmanagement

Quelle: *Zentes, J.* (1986), DBW 46. Jg. Nr. 1

Aufgabeninhalt / zuständige Stellen	PM	Geschäftsleitung	Marketing-Leitung	Controller	Unternehmensplanung	Marktforschung	Werbe-Abteilung	Verkauf	Gebietsverkaufsleiter	Verkaufsförderung	Versand	Public Relations	Produktionsleitung	Forschung/ Entwicklung	Einkauf	Buchhaltung
Erstellung des produktindividuellen Marketing-Plans	P,M,V	E	E, W	I, B	M, O, B	I, O	I, O	I, O		I, O	I	I	I, O	I	I, O	
Produktbudget	P, M, K, EG	EG	E	B, K, O		I	I	I	I	I	I	I	I	I	I	I
Einzelmaßnahmen für die Gestaltung der Marketing-Mix-Faktoren	N, V, P, B, A		E, EG			I	D	D	D	D	D	D	D	D	D	
Planung und Entwicklung neuer Produkte	N, V, M, B	E				I, B								M, D	O	
Marktforschung	A, P, M, N					P, E, B, I, D										
Vertrieb einschließlich besonderer Verkaufsmaßnahmen	V, M, B, EG							E, D, P, K	D B		D B, I		O			
Werbekonzeption, Werbemitteleinsatz	V, N, M, O		E EG				E, P D									
Verkaufsförderung	P,M,K V,EG,A		EG							D, B, I						
Produktion	V, O, N												P, E, K, B			

Legende:
Symbole für die Art der funktionalen Zuständigkeit und Verantwortung:

A = Auftragserteilung
B = Beratung
D = Durchführung (ausführender Vollzug)
E = Entscheidung
EG = Einspruchs-, Genehmigungsrecht
I = Informationslieferung
K = Kontrolle
M = Mitsprache
N = Initiative, Anregung
O = Koordination, Abstimmung
P = Planung
V = Vorschlag
W = Weisung, Leitung

Die Position eines Kundenmanagers durchlief in etwa die von *Zentes* dargestellte Entwicklung. Am Anfang steht dabei der Kundenmanager als Stabstelle des Verkaufs oder Marketing, der dann seine volle Ausprägung in der kundenorientierten Organisation findet (vgl. Abb. auf S. 129).

Allgemein haben **Kundenmanager** folgende Aufgaben:

- die Stellung des Unternehmens bei bestimmten Kunden oder Kundengruppen zu verbessern,
- die Marketingmaßnahmen kundenspezifisch zu koordinieren,
- die Wettbewerbsfähigkeit auf dem Markt zu verbessern.

Kundenmanager in der Kunden-Matrixorganisation

Damit der Kundenmanager seine ihm obliegenden Informations-, Planungs-, Koordinations- und Kontrollaufgaben wahrnehmen kann, sind ihm – entsprechend dem Produktmanager und dem Funktionsmanager – Kompetenzen und Weisungsrechte einzuräumen. Im Rahmen der zunehmenden Konzentration und Fusionierung kommt Kundenmanagern wachsende Bedeutung zu.

Betreut der Kundenmanager nur einen oder einige Großkunden, so spricht man vom **Key-Account-Manager**. Für diese sog. Schlüsselkunden koordiniert er die Marketingaktivitäten zum Vorteil von Käufer und Verkäufer.

Mit der Matrixorganisation und der Einführung des Produkt- und Kundenmanagers wird versucht, die dem Marketing obliegenden Aufgaben bestmöglich zu lösen. Diese Organisationsform entspricht dem Trend in der gegenwärtigen Organisationstheorie, Teamarbeit und aktive Teilnahme der Organisationsteilnehmer zu fördern und hierarchische Strukturen weitgehend abzubauen.

Als Ergebnis stellt sich ein integriertes Marketing dar, bei dem Kunden-, Produkt- und Funktionsmanager zusammenwirken. Dabei ist der Produktmanager vor allem für die produktbezogenen Aspekte, der Kundenmanager für die kundenbezogenen Aspekte und der Funktionsmanager (Verkaufsmanager) für die Durchführung (das „Wie") der Verkaufsaktivitäten zuständig.

Die folgende Abbildung soll die Zusammenarbeit der drei Managementbereiche veranschaulichen.

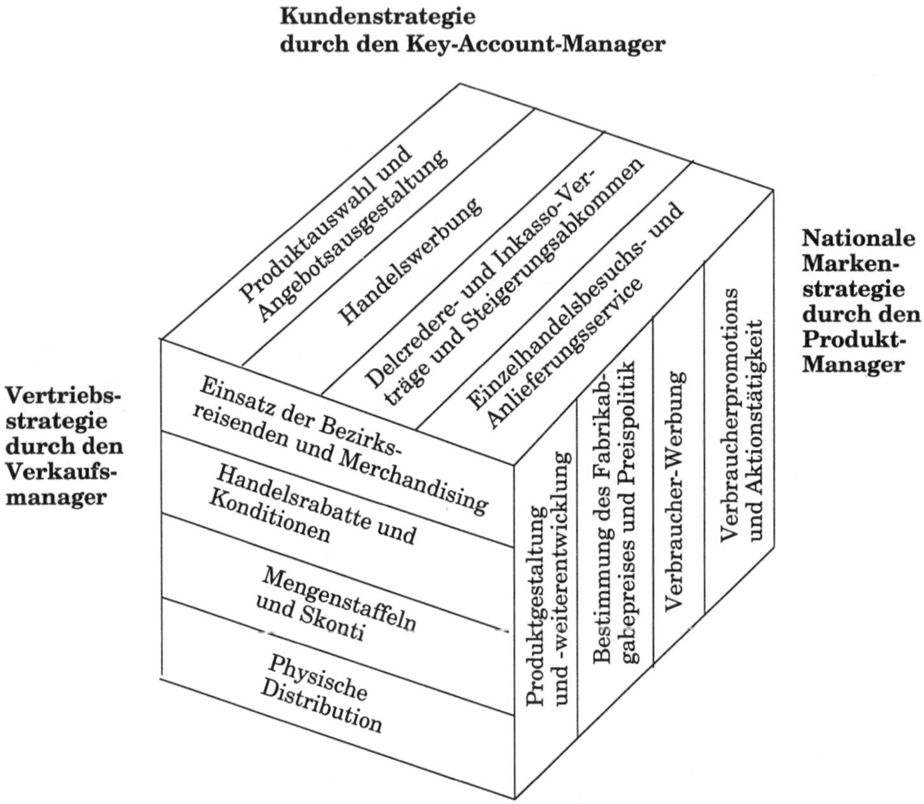

Zusammenwirken von Kunden-, Produkt- und Verkaufsmanagern

Quelle: *Kemma* (1979) S. 177

Nach Homburg u. a. (1997) habe 85 % aller deutschen Industrieunternehmen Produktmanager und 75 % verfügen über Key-Account-Manager.

05 Seite 620

06 Seite 621

	Kontrollfragen	bearbeitet	Lösungshinweis	Lösung +	Lösung -
01	Was versteht man unter einem Käufermarkt?		17		
02	Wann ist ein Markt ein Verkäufermarkt?		17		
03	Charakterisieren Sie das Wesen des Marketing!		19		
04	Inwieweit ist eine Konvergenz von Marketing und Unternehmensführung erkennbar?		25		
05	Nennen Sie die Hauptziele des Marketing!		27		
06	Was versteht man unter „internem Marketing"?		20		
07	Welche fachlichen Anforderungen werden an Absolventen mit Schwerpunkt Marketing gestellt?		23		
08	In welchen Bereichen des Marketing bestehen gute Einstiegsmöglichkeiten für Marketingabsolventen?		23		
09	Was versteht man unter operativem Marketing?		26		
10	Was bedeutet strategisches Marketing?		26		
11	Wie hat sich Marketing seit 1950 bis in die 2000er entwickelt?		27		
12	Was sind quantitative Ziele im Marketing?		28		
13	Was sind qualitative Ziele des Marketing?		28		
14	Warum sollen Ziele operational sein?		28		
15	Zeigen Sie, inwieweit die verschiedenen Ziele eine Zielhierarchie bilden!		29		
16	Welche Ziele stehen in der Praxis im Vordergrund bei Unternehmen?		30		
17	Was versteht man unter einem Marketingkonzept?		31		
18	Was beinhaltet das „Produktkonzept"?		31		
19	Was versteht man unter dem Verkaufskonzept?		31		
20	Was versteht man unter dem modernen Marketingkonzept?		32		
21	Was sind die Ziele des integrierten Marketingkonzepts I?		34		
22	Was versteht man unter Social Marketing?		35		
23	In welche Phasen lässt sich der Entscheidungsprozess im Marketing grundsätzlich einteilen?		62		
24	Wie lässt sich ein integriertes Marketingkonzept II realisieren?		35		
25	Welche Vorteile kann eine Wertkettenanalyse für das Marketing bringen?		33		
26	Warum ist Kundenzufriedenheit wichtig für Marketingüberlegungen? Wie kann man Kundenzufriedenheit messen?		36		
27	Welche Probleme ergeben sich beim Konsumgütermarketing?		41		

	Kontrollfragen	bear-beitet	Lösungs-hinweis	Lösung +	Lösung -
28	Welche Besonderheiten ergeben sich beim Business-to-Business-Marketing?		42		
29	Welche Besonderheiten sind beim Dienstleistungsmarketing zu berücksichtigen?		42		
30	Wie kann Internationales Marketing in der Praxis realisiert werden?		44 f.		
31	Was versteht man unter Online-Marketing?		50		
32	Welche Möglichkeiten des Online-Marketing kennen Sie?		50		
33	Welche Probleme ergeben sich beim E-Commerce? Welche Vorteile hat E-Commerce?		52		
34	Wie wird die Entwicklung des Online-Marketing und E-Commerce beurteilt?		55		
35	Wie sieht ein Vergleich von Traditionellem Marketing und Online-Marketing aus?		59		
36	Wer gehört zum Markt?		63		
37	Was bezeichnet man als Rahmenbedingungen (Umwelt), in dem Markt stattfindet?		64		
38	Wie lassen sich Märkte unterscheiden?		68		
39	Wie wird die Wettbewerbsfähigkeit der verschiedenen Länder beurteilt?		67		
40	Was verstehen Sie unter dem Begriff des „Marktes"?		65		
41	Welche Arten von Märkten kennen Sie?		68		
42	Nennen Sie relevante Marktteilnehmer!		68 f.		
43	Was ist das Ziel der Erklärungsansätze für das Käuferverhalten?		74		
44	Welche Erklärungsansätze für das Käuferverhalten kennen Sie?		74		
45	Was versteht man unter „Black-Box-Modell"?		74		
46	Was versteht man unter „Stimulus-Organismus-Response-Modell"?		75		
47	Erklären Sie die Grundzüge des Modells von Howard und Sheth!		79		
48	Welcher Bedeutung kommt der Betrachtung der Kaufentscheidungsprozesse zu?		81		
49	Wie lassen sich Kaufentscheidungsprozesse unterscheiden?		81		
50	Kennen Sie die Kaufkriterien für (ihre) verschiedenen Produkte?		84 f.		
51	Was versteht man unter „Marktgrößen"?		85		
52	Was verstehen Sie unter Marktpotenzial und Absatzpotenzial?		87		
53	Was verstehen Sie unter Markt- und Absatzvolumen?		89		

	Kontrollfragen	bearbeitet	Lösungshinweis	Lösung +	Lösung -
54	Was ist der Marktanteil eines Unternehmens?		90		
55	Was ist der Kundenwert?		70		
56	Was versteht man unter dem relevanten Markt?		65		
57	Was versteht man unter einem ungesättigten Markt?		91		
58	Wann ist ein Markt gesättigt?		91		
59	Was versteht man unter Marketingstrategie?		91 f.		
60	Was ist eine undifferenzierte Marketingstrategie?		93		
61	Was ist eine differenzierte Marketingstrategie?		93		
62	Was ist eine konzentrierte Marketingstrategie?		93		
63	Was versteht man unter einer Marktsegmentierungsstrategie?		93		
64	Was ist eine geographische Marktsegmentierung?		95		
65	Was verstehen Sie unter demographischer Marktsegmentierung?		95		
66	Was verstehen Sie unter psychographischer Marktsegmentierung?		95		
67	Was versteht man unter verhaltensorientierter Marktsegmentierung?		95		
68	Inwiefern kann die Marktsegmentierung zur Bildung von Verbrauchertypologien beitragen?		96		
69	Wie hilft die Marktsegmentierung zur Produktpositionierung?		96		
70	Welche Typologien kennen Sie?		97		
71	Was sind Wettbewerbsstrategien?		100		
72	Wie vollzieht sich der Wandel der Wettbewerbsbedingungen?		102		
73	Was wird als Strategie der umfassenden Kostenführerschaft bezeichnet?		100		
74	Was wird nach Porter als Strategie der Differenzierung bezeichnet?		100		
75	Was ist eine Strategie der Konzentration auf Schwerpunkte?		100		
76	Was versteht man als Produktstrategie?		104		
77	Was versteht man unter Hyperwettbewerb?		102		
78	Welche Ursachen führen zum Hyperwettbewerb?		103		
79	Was bezeichnet man als Hyperwettbewerb?		102		
80	Wie kann man im Hyperwettbewerb Wettbewerbsvorteile erzielen?		104		

	Kontrollfragen	bearbeitet	Lösungshinweis	Lösung +	Lösung -
81	Was versteht man unter den 7-S (Strategien) des Hyperwettbewerbs?		104		
82	Was ist eine Strategie der Marktdurchdringung?		105		
83	Was bezeichnet man als Strategie der Marktentwicklung?		105		
84	Was bezeichnet man als Strategie der Produktentwicklung?		106		
85	Was versteht man unter Positionierung?		108		
86	Was versteht man unter marketingpolitischen Instrumenten?		114		
87	Welche Bestandteile beinhaltet die Produktpolitik?		115		
88	Welche Bestandteile beinhaltet die Distributionspolitik?		115		
89	Welche Bestandteile beinhaltet die Kontrahierungsspolitik?		115		
90	Welche Bestandteile beinhaltet die Kommunikationsspolitik?		116		
91	Welche Marketinginstrumente sind im Urteil der Industrieunternehmen am wichtigsten?		119		
92	Was versteht man unter Marketing-Mix?		116		
93	Wie kann man zur Bestimmung des Marketing-Mix vorgehen?		118		
94	Was versteht man unter einem optimalen Marketing-Mix?		118		
95	Wie lässt sich Marketing im Unternehmen institutionalisieren?		120		
96	Was muss eine markt- und marketinggerechte Organisation gewährleisten?		120		
97	Wie sollte bei der Gestaltung der Marketingorganisation grundsätzlich vorgegangen werden?		121		
98	Welche Faktoren sind vorrangig in jeder Marketingorganisation zu berücksichtigen?		121		
99	Was versteht man unter einer funktionsorientierten Marketingorganisation?		122		
100	Was versteht man unter einer produktorientierten Marketingorganisation?		123		
101	Welche Faktoren sprechen für eine Produktorientierung der Marketingorganisation?		124		
102	Was versteht man unter einer kundenorientierten Marketingorganisation?		124		
103	Welche Faktoren sprechen für eine Kundenorientierung der Marketingorganisation?		125		
104	Was versteht man unter einer gebietsorientierten Marketingorganisation?		126		

	Kontrollfragen	bear-beitet	Lösungs-hinweis	Lösung +	-
105	Wann ist eine gebietsorientierte Marketingorganisation empfehlenswert?		127		
106	Was ist ein Produktmanager?		127		
107	Welche Stellung kann der Produktmanager im Unternehmen einnehmen?		128 f.		
108	Wie ist die Position des Produktmanagers in der Matrixorganisation?		128		
109	Inwieweit entspricht die Organisationsform des Produktmanagers in der Matrixorganisation dem Trend in der Organisationstheorie?		127 f.		
110	Welche Ursachen führten zur Position des Kundenmanagers?		129		
111	Welche Aufgaben kann – je nach organisatorischer Stellung – ein Kundenmanager übernehmen?		130		
112	Wie können die Aufgaben zwischen Verkaufsmanager, Produkt- und Kundenmanager aufgeteilt werden?		132		
113	Welche Aufgaben haben Kundenmanager?		132		
114	Was sind die Hauptaufgaben von Key-Account-Managern?		132		

B. Marktinformationsbeschaffung

Um die marketingpolitischen Instrumente so einzusetzen, dass die jeweiligen Marketingziele erreicht werden können, ist es erforderlich sich systematisch Informationen über den Markt zu beschaffen. Je besser die Informationen über den Markt sind, desto besser werden in der Regel auch die Entscheidungen über Einsatz und Wirkung der marketingpolitischen Instrumente sein.

Wenn auch in der Regel marketingpolitische Entscheidungen unter unvollkommenen Informationsbedingungen getroffen werden müssen, so stellt die Beschaffung von Marktinformationen mithilfe der Marketingforschung doch ein wichtiges Mittel zur Verbesserung des Marketingentscheidungsprozesses dar.

Die verschiedenen **Phasen des Marktinformationsbeschaffungsprozesses** lassen sich schematisch wie folgt darstellen:

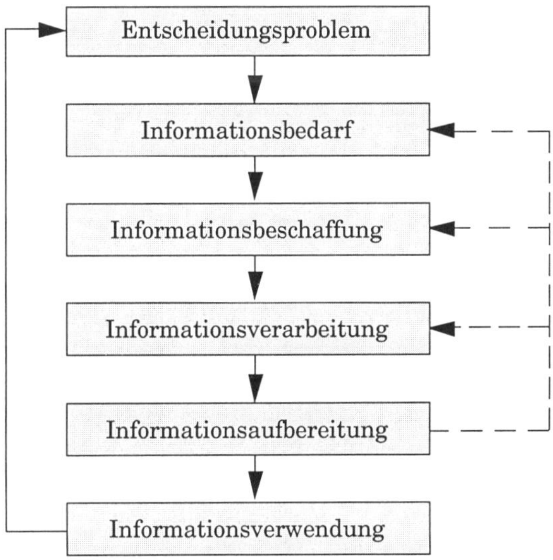

Informationskreislaufschema

Als für das Marketing erforderliche Informationen können alle die Informationen angesehen werden, die zur Problemerkennung, Analyse, Zielsetzung und zum Mitteleinsatz im Marketing relevant sind.

Diese **Informationen** lassen sich in zwei Gruppen einteilen:

(1) **Externe Informationen**

- wirtschaftliche Informationen
  (Informationen über gesamtwirtschaftliche Größen, bestimmte Branchen, Nachfrager, Konkurrenten; sonstige Informationen über den Markt)

- technische Informationen
- Informationen über die Wirkung der marketingpolitischen Instrumente (Instrumentalinformationen).

(2) **Informationen über unternehmensinterne Tatbestände**

Bevor Informationen beschafft werden können, ist zu prüfen, ob sie ein Mindestmaß an Genauigkeit, Aktualität, Vollkommenheit und Relevanz erfüllen. Gleichzeitig ist zu prüfen, ob die entstehenden Kosten für die Informationsbeschaffung den Wert der Informationen nicht übersteigen.

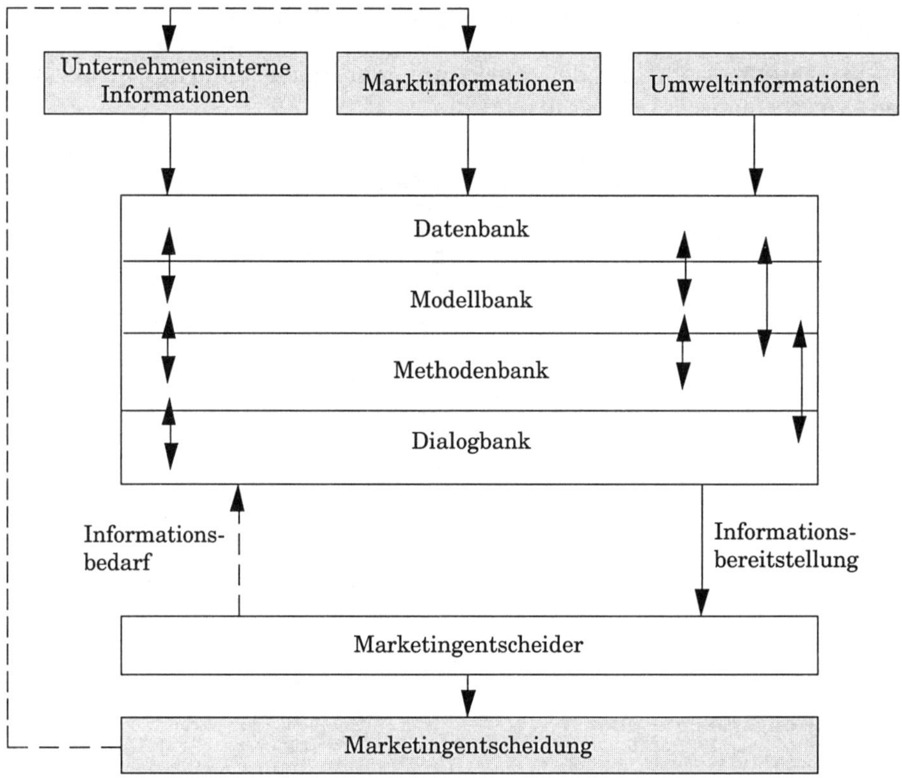

Das Marketing-Informationssystem

Einen Überblick über das Unternehmensinformationssystem und die beteiligten Bereiche vermittelt die folgende Abbildung:

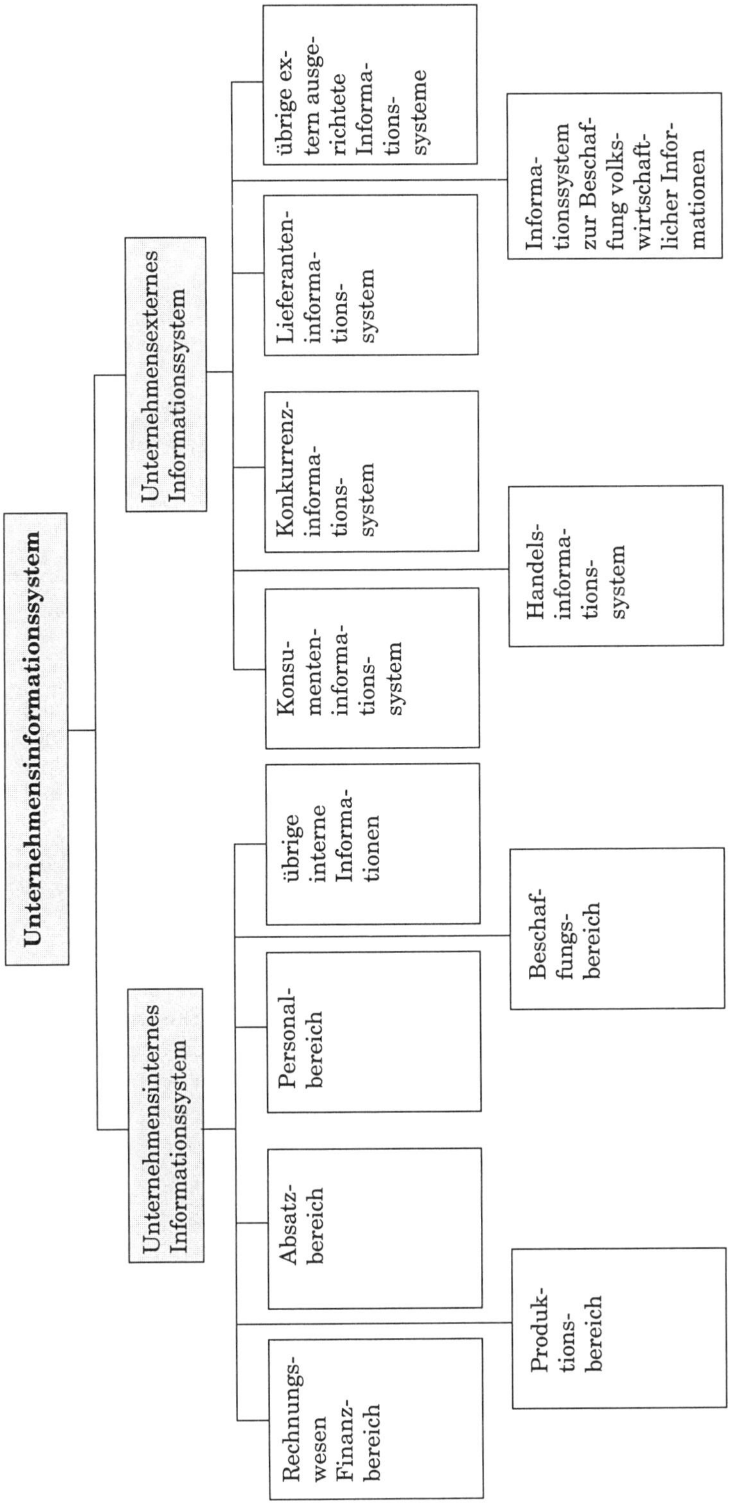

Überblick über das Unternehmensinformationssystem

1. Marktforschung

In der wissenschaftlichen Literatur wie auch in der Praxis verwendet man die Begriffe

- **Marketingforschung**
- **Marktforschung** und
- **Absatzforschung** oft synonym, aber auch unterschiedlich.

Kotler/Bliemel (2001)	**Marketingforschung** ist die systematische Anlage und Durchführung von Datenerhebungen sowie die Analyse und Weitergabe von Daten und Befunden, die in bestimmten Marktsituationen von Unternehmen benötigt werden.
Meffert (1998)	Vom Begriff der Marketingforschung kann der Begriff **Marktforschung** abgegrenzt werden. Marktforschung ist die systematisch betriebene Erforschung der Märkte (Zusammentreffen von Angebot und Nachfrage), insbesondere die Analyse der Fähigkeit dieser Märkte, Umsätze hervorzubringen. Der Begriff Marketingforschung ist einerseits umfassender, andererseits enger als der Begriff Marktforschung. Umfassender ist der Begriff der Marketingforschung, weil er die gesamten zur Absatzgestaltung eines Unternehmens zu lösenden Informationsprobleme zum Gegenstand hat.
Nieschlag/ Dichtl/ Hörschgen (1988)	**Marktforschung** („market research“) als zielbewusste Untersuchung eines konkreten Marktes umfasst die Erlangung von Informationen sowohl über die Absatz- als auch über die Beschaffungsmärkte einer Organisation, und zwar hinsichtlich deren Größe, Konturen, Struktur usw. Marktforschung wird somit zum Oberbegriff für die Absatz- und die Beschaffungsmarktforschung.
Bruhn (2001)	**Marketingforschung** umfasst die Gewinnung, Auswertung und Interpretation von Informationen über jetzige und zukünftige Marketingsituationen und -entscheidungen einer Untersuchung.

Während einige Autoren begrifflich zwischen Marketingforschung, Marktforschung und Absatzforschung nicht unterscheiden, sehen andere die Marketingforschung (Marketingresearch) oder die Marktforschung als den umfassenderen Begriff an. Die Mehrzahl der amerikanischen Autoren sehen mehrheitlich in der Marketingforschung den weiter gefassten Begriff.

<table>
<tr><td colspan="2">Marktforschung</td><td></td></tr>
<tr><td colspan="2">Externe Informationen</td><td rowspan="2">Interne Informationen</td></tr>
<tr><td>Beschaffungsmarkt-forschung</td><td>Absatzmarkt-forschung</td></tr>
<tr><td></td><td colspan="2">Marketingforschung</td></tr>
</table>

Abgrenzung zwischen Markt- und Marketingforschung

Im Folgenden sollen unter **Marketingforschung alle Aktivitäten zur Sammlung und Analyse von Informationen für Marketingentscheidungen verstanden werden.**

Unter Marktforschung wird das systematische und methodisch einwandfreie, laufende oder fallweise Untersuchen eines Marktes verstanden, mit dem Ziel Entscheidungen in diesem Bereich zu treffen und zu erklären.

Im Rahmen von Marktuntersuchungen unterscheidet man in Markterkundung und Marktforschung, wobei man Marktforschung weiter in Marktanalyse, Marktbeobachtung und Marktprognose unterscheiden kann.

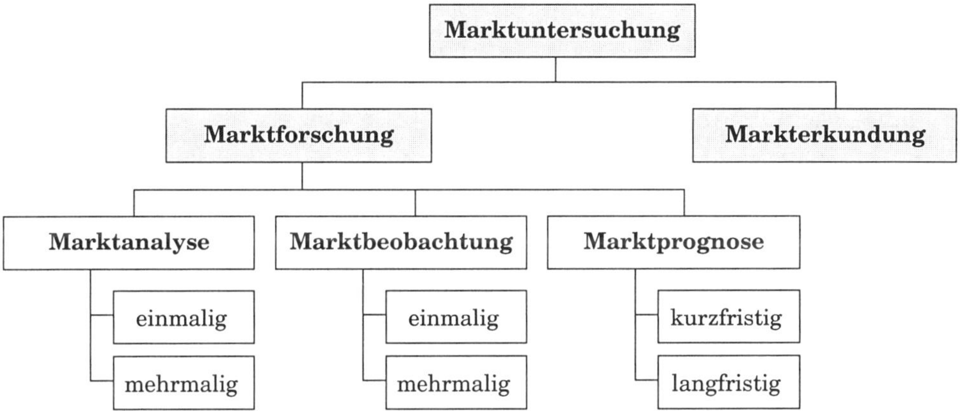

Bereiche der Marktuntersuchung

- Die **Markterkundung** bezeichnet heute überwiegend ein mehr zufälliges und gelegentliches Untersuchen eines Marktes im Gegensatz zu einer systematischen und objektiven Erforschung des Marktes.

- Die **Marktanalyse** ermittelt einmalig oder in bestimmten Intervallen alle einen Markt kennzeichnende Faktoren.

- Bei der **Marktbeobachtung** steht die Entwicklung eines Marktes im Zeitablauf im Vordergrund.

- Die **Marktprognose** versucht zu ermitteln, wie die Marktsituationen in Zukunft sein werden. Sie baut auf der Marktanalyse und Marktbeobachtung auf.

1.1 Arten der Marktforschung

Die jeweiligen von der Marktforschung wahrzunehmenden Aufgaben können nach unterschiedlichen Kriterien gegliedert werden. Dadurch gelangt man zu unterschiedlichen „Arten" der Marktforschung.

- Zum einen ist eine Gliederung nach den **betrieblichen Funktionsbereichen,** für die Marktforschung durchgeführt wird, möglich, was zu einer Einteilung in

  - Absatzmarktforschung
  - Beschaffungsmarktforschung
  - Finanzmarktforschung usw.

  führt.

- Daneben lässt sich Marktforschung im Hinblick auf die zu **untersuchenden Objekte** in

  - Konsumgütermarktforschung
  - Investitionsgütermarktforschung
  - Dienstleistungsmarktforschung

  einteilen.

- Im Hinblick auf die **räumliche Erstreckung** der Marktforschung lässt sich unterscheiden in

  - lokale
  - regionale
  - nationale und
  - internationale Marktforschung.

- Da Marktforschung Informationen über den Markt **vergangenheitsbezogen, gegenwartsbezogen und zukunftsbezogen** bereitstellen kann, unterscheidet man in

  - rückschauende Marktforschung, d. h. es werden rückschauend die Informationen bereitgestellt und analysiert
  - gegenwärtige Marktforschung, d. h. es wird die gegenwärtige Marktsituation dargestellt
  - vorausschauende Marktforschung, d. h. es wird versucht zu prognostizieren, wie sich der Markt verändert und bzw. wie der Markt in künftigen Jahren strukturiert sein wird.

- Stellt man die **Marktteilnehmer** einer Untersuchung in den Vordergrund, so spricht man von:

  - Käuferforschung
  - Konkurrenzforschung
  - Absatzmittlerforschung
  - Produzentenforschung

- Untersucht man die **marketingpolitischen Instrumente**, so unterscheidet man:

  - Produktforschung
  - Preisforschung
  - Distributionsforschung
  - Kommunikationsforschung

- Je nachdem welche **Methode** der Informationsgewinnung eingesetzt werden soll, wählt man:

  - Befragung
  - Beobachtung
  - Experiment

- Nach der **Anzahl** der Marktforschungsuntersuchungen kann in einmalige und wiederholte (mehrmalige) Untersuchungen (z.B. Panel) unterschieden werden.

- Entsprechend der Anzahl der Themen einer Untersuchung spricht man von **Einthemen-** und **Omnibus- oder Mehrthemenbefragungen**. Hauptsächlich spielen Kostengründe eine wichtige Entscheidung sich an Omnibuserhebungen zu beteiligen.

- Oft wird zwischen **operativer** und **strategischer** Marktforschung unterschieden, wobei strategische Marktforschung die Marktforschung für das strategische Marketing (Strategie, Planung usw.) darstellt.

- Nach dem **Träger** der Marktforschungsaufgabe kann in Eigenmarktforschung und Instituts-Marktforschung (Fremdforschung) unterschieden werden, je nachdem, ob die Unternehmen eigene Marktforschung betreiben oder die Aufgabe an Marktforschungsinstitute übertragen wird.

- Je nachdem, ob Marktforschung **subjektbezogen oder objektbezogen** ist, unterscheidet man in **demoskopische** Marktforschung und **ökoskopische** Marktforschung *(Behrens, H. Ch.,* 1974, S. 5).

- Bezieht sich Marktforschung primär auf die Erfassung von physischen Gegebenheiten, so kann dafür der zutreffende Ausdruck **objektbezogene Marktforschung** geprägt werden. Stehen Motive, Einstellungen und Meinungen von Personen im Vordergrund, so kann man von **psychologischer Marktforschung** sprechen (vgl. *Salcher, E.F.,* 1995). Allgemein gesagt, beschäftigt sich psychologische Marktforschung mit im subjektiven Bereich liegenden Verhaltensweisen, die ihren Niederschlag auf dem Markt finden und gleichzeitig auf die Vielfalt der Ausprägungen hinweisen.

  (in Anlehnung an *Weis / Steinmetz* 2002)

Die wichtigsten Einsatzgebiete der Marktforschung im Bereich des Marketing zeigt die folgende Übersicht:

- **Erforschung von Märkten**
  - Internationale Märkte
  - Nationale Märkte
  - Regionale Märkte
  - Marktprognosen
  - Markttrends
  - Marktvolumen
  - Marktpotenzial
  - Marktkapazität
  - Aufbau von Marktmodellen
  - Marktsegmentierung
  - Zielgruppenbestimmung

- **Produktforschung**
  - Untersuchung der Produktakzeptanz
  - Produktforschung für neue Produkte
  - Produkttest
  - Produktakzeptanztest
  - Verpackungstest
  - Namenstest
  - Produktimageuntersuchung
  - Produktlebenszyklusanalyse
  - Testmarktforschung
  - Namensfindung
  - Innovationsforschung
  - Trendforschung
  - Konkurrenzproduktanalyse
  - Ideenfindung
  - Produktprognosen
  - Markenforschung
  - Markenbewertung

- **Preisforschung**
  - Preistest
  - Preisreagibilität
  - Preislagenermittlung
  - Preisvergleich
  - Preiselastizität
  - Preisanalyse
  - Konditionenanalyse
- **Werbeforschung**
  - Copy research
  - Werbemitteltest
  - Werbeträgeranalyse
  - Internetanalyse
  - Motivforschung
  - Leseranalyse
  - Fernsehanalyse
- **Absatzforschung**
  - Verkaufsanalyse
  - Haushaltspanelanalyse
  - Verbraucherpanelanalyse
  - Distributionswegeanalyse
  - Käuferanalyse
  - Markentreue
  - Verkaufsgebietseinteilung
  - Verkaufsquoten
  - Vergütung des Außendienstes
  - Verkaufsprognosen
  - Absatzkanalanalyse
  - Handelsforschung
- **Käuferforschung**
  - Käuferstrukturforschung
  - Käuferverhaltensforschung
  - Kaufmotivforschung
  - Segmentierung
  - Käufereinstellung
  - Zielgruppeneinteilung
  - Kaufprozesse
  - Konsumententreue
- **Konkurrenzforschung**
  - Konkurrenzbeobachtung
  - Konkurrenzanalyse
  - Benchmarking
- **Data Mining**

1.2 Aufgaben

Die Funktionen der Marktforschung werden insbesondere deutlich, wenn man ihre Stellung in den einzelnen Phasen des Marketingentscheidungsprozesses untersucht. Elemente eines jeden Entscheidungsprozesses sind Zielsetzung, Planung, Durchführung und Kontrolle. Im Sinne *Heinens* handelt es sich bei diesen drei Tätigkeiten um einen Prozess, der mehrere Phasen durchläuft, die grundsätzlich zu den beiden Hauptphasen der Willensbildung und der Willensdurchsetzung zusammengefasst werden können.

Der Schwerpunkt der Marktforschung liegt in den drei Einzelphasen des Willensbildungsprozesses, in denen sie unterschiedliche Informationsfunktionen wahrnimmt. Sie vermag dem Marketing-Management dabei zu helfen:

- In der **Anregungsphase** ein Marketingproblem zu erkennen und zu analysieren.
- In der **Suchphase** alternative Marketingmaßnahmen zu entwickeln, zu Grunde liegende Zielsetzungen zu formulieren und begrenzende Daten des Marktes zu erkennen sowie

- in der **Optimierungsphase** die verfügbaren Marketingalternativen im Hinblick auf die jeweils zu erwartenden Ergebnisse systematisch abzuwägen und die günstigsten Maßnahmen auszuwählen.

- Im anschließenden Prozess der Willensdurchsetzung erfolgt die **Realisierung** der gewählten Maßnahmen, deren Wirkung in einer Kontrollphase durch die Marktforschung überwacht wird.

- Die **Kontrollphase** überlagert somit den gesamten Prozess der Willensbildung und Willensdurchsetzung. Bei Abweichungen zwischen Plan- und Kontrollwerten fließen Revisionsinformationen zum Entscheidungsträger zurück. Sie führen zu Anpassungsmaßnahmen und können ihrerseits neue Entscheidungen auslösen. Der Entscheidungsprozess nimmt einen neuen Anfang. Die Kontrollphase der Willensdurchsetzung geht in die Anregungsphase der Willensbildung über. Der „Kreis" schließt sich.

Diese fünf Stufen des Marketing-Prozesses laufen nacheinander ab und können sich wiederholen. Man kann also von einem kontinuierlichen Entscheidungsprozess oder von einem Marketing-Kreislauf sprechen, in dem mit Ausnahme der Realisierungsphase die Marktforschung bestimmte Aufgaben zu erfüllen hat.

2. Quantitative und qualitative Marktforschung

Der Bereich der Marktforschung lässt sich vom Erhebungsziel aus gesehen in quantitative Marktforschung und qualitative Marktforschung einteilen.

Das Ziel der **quantitativen Marktforschung** besteht darin, numerische Werte über den Markt zu ermitteln.

Das Ziel der **qualitativen Marktforschung** ist, z. B. bestimmte Motive für bestimmte Verhaltensweisen im Markt aufzuzeigen und Erwartungen und Einstellungen zu ermitteln. Als bedeutendstes qualitatives Marktforschungsverfahren sind die Meinungs- und Motivforschung anzusehen.

Aufgrund der allgemeinen Entwicklung auf den Märkten, wie z.B. Globalisierung, Ähnlichkeit der Produkte, Markenführung, Imagefragen, Kaufentscheidungsprozesse usw. wird die Beschäftigung mit qualitativen Fragen in Zukunft noch weiter an Bedeutung gewinnen.

Kepper analysiert in ihrer Untersuchung eingehend die Definition Qualitative Marktforschung und kommt zu dem Ergebnis, dass es sich dabei „um eine personenbezogene, auf psychologische und soziologische Inhalte abstellende Marktforschung" handelt (*Kepper* (1994) S. 31).

Im Hinblick auf die eingesetzten Verfahren lässt sich in etwa folgende Unterscheidung (vgl. Abb. S. 148) treffen. Auf einzelne Verfahren der Qualitativen Marktforschung wird an anderer Stelle eingegangen. Die verschiedenen Aufgabenfelder unterschiedlicher Verfahren zeigt die Tabelle von *Kepper* (1994) auf.

Marktforschungsverfahren

qualitative
- Exploratives Interview
- Tiefeninterview
- Fokussiertes Interview
- Gruppendiskussion
- Gelenkte Kreativ-Gruppe
- Projektive Verfahren
- Assoziative Verfahren
- Qualitative Beobachtung

quantitative
- Mündliche Befragung
- Schriftliche Befragung
- Telefonische Befragung
- Quantitative Beobachtung
- Panel
- Internetauswertung
- Kauftest
- apparative Erhebungen

Qualitative und quantitative Marktforschungsverfahren

Aufgabenfelder / Methoden	Strukturierung	Qualitative Prognose	Ideengenerierung	Screening	Ursachenforschung
Exploratives Interview	+	+	•	•	–
Tiefeninterview	•	–	–	–	+
Fokussiertes Interview	+	–	–	+	+
Gruppendiskussion	+	•	+	+	•
Gelenkte Kreativ-Gruppe	•	•	+	•	–
Delphi-Befragung	•	+	•	–	–
Projektive Verfahren	+	–	•	•	+
Assoziative Verfahren	+	–	–	•	•
Qualitative Beobachtung	+	–	–	–	•

+ = gut geeignet
• = mit Einschränkungen
– = weniger oder nicht geeignet

Methoden und Aufgabenfelder

Quelle: *Kepper, G.* (1994)

3. Erhebungsarten

Über die verschiedenen Möglichkeiten der Marketingforschung gibt die nachstehende Übersicht Hinweise.

Ausprägungen der Marktforschung

Marketingforschung kann quantitative und qualitative Informationen beschaffen. Diese Informationen können vergangenheits-, gegenwarts- oder zukunftsbezogen sein. Je nach der Erhebungsart unterscheidet man in **Primärerhebung** (= Neugewinnung der Daten) oder **Sekundärerhebung** (= Gewinnung der Informationen aufgrund schon vorhandener Daten). Primärerhebungen können als Vollerhebungen (= alle Erhebungssubjekte bzw. -objekte werden erfasst) oder Teilerhebungen (nur eine bestimmte Anzahl der Erhebungssubjekte bzw. -objekte werden erfasst) durchgeführt werden. Sekundärerhebungen benutzen interne und/oder externe Datenquellen.

3.1 Sekundärerhebungen

Als Sekundärerhebungen bezeichnet man **alle Auswertungen bereits vorhandener Daten**, sog. Sekundärinformationen, **die ursprünglich für andere Zwecke er-**

hoben wurden. Grundsätzlich sind bei jedem Marktforschungsproblem zuerst vorhandene sekundäre Quellen aufzusuchen und auszuwerten.

Folgende **Gründe** sprechen für ein derartiges Vorgehen:

- Durch Auswertung der Sekundärinformation können oft schon Probleme gelöst werden, sodass sich Primärerhebungen erübrigen.

- Die Kosten für diese Erhebungen sind erheblich niedriger als bei Primärerhebungen.

- Wenn auch im Einzelfall durch Sekundärerhebungen nicht das gesamte Problem gelöst werden kann, so können sie doch helfen bei:

  - der Problemdefinition für eine Primärerhebung
  - der Planung der Primärerhebung
  - der Stichprobenauswahl.

Quellen der Sekundärerhebungen können sowohl betriebsinterne als auch betriebsexterne Daten sein:

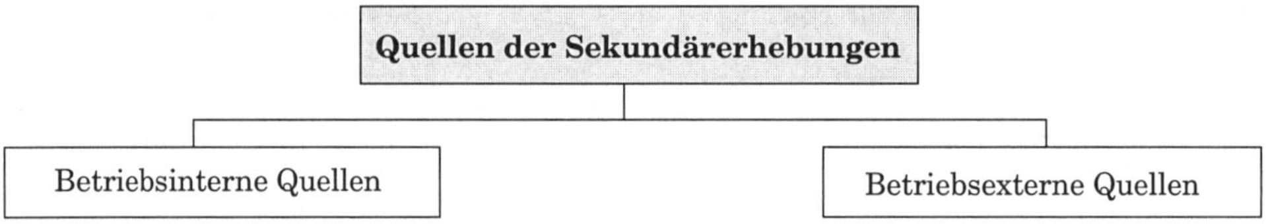

3.1.1 Betriebsinterne Quellen

Sofern ein Informationsbedarf auftritt, sollte zuerst untersucht werden, ob dieser nicht durch Auswertung der vorhandenen betriebsinternen Quellen gedeckt werden kann. Als Quellen hierzu bieten sich an:

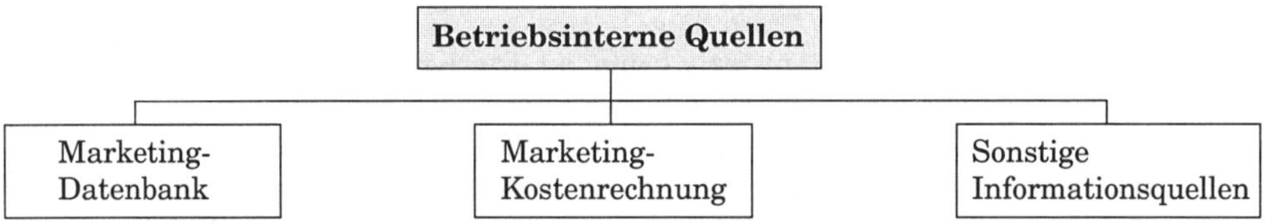

3.1.1.1 Marketing-Datenbank

Die Marketing-Datenbank wird oft auch in der Praxis als **Umsatz-, Absatz- oder Verkaufsdatenbank** bezeichnet. Hier sind folgende Daten über die Vorgänge im Marketingbereich von besonderem Interesse:

(1) **Anfragen- und Angebotsdaten**

Anfragen- und Angebotsdaten stellen einen wichtigen Indikator für die künftige Geschäftsentwicklung dar. Anfragen sind oft die Grundlagen für den gezielten Einsatz der Außendienstmitarbeiter oder für bestimmte Werbeaktivitäten. Statistiken über Anfragen und Angebote, unterteilt nach Abnehmern, Produkten, Absatzgebieten, Mengen und Werten sind für ein gezieltes Marketing eine vorzügliche Hilfe.

(2) **Auftragseingangs- und Umsatzdaten**

Auftragseingangsdaten ermöglichen zum einen durch Vergleich der abgegebenen Angebote mit den Aufträgen die Ermittlung eines „Angebotserfolges", zum anderen lassen sich aus den kumulierten Auftragseingängen die Auftragsbestände ermitteln, die Hinweise für Lieferzeiten, Kapazitätsplanungen usw. geben. Sowohl bei Aufträgen als auch bei den späteren Umsätzen empfiehlt sich eine Differenzierung nach Produkten, Abnehmern, Verkaufsgebieten usw.

Aus den Umsatzdaten lassen sich durch entsprechende Analysen leicht strukturelle und soziale Veränderungen erkennen, die dann den Anstoß zu entsprechenden marketingpolitischen Maßnahmen geben können.

(3) **Daten über die Außendiensttätigkeit**

Außendienstinformationen ermöglichen einen Einblick in die Tätigkeit der Außendienstmitarbeiter und geben Hinweise zur Beurteilung von Reisenden und Vertretern. Neben zusätzlichen Erfahrungsberichten des Außendienstes, die nach Möglichkeit einheitlich aufgemacht sein sollen und die Kennzahlen über die Außendiensttätigkeit ergänzen, können folgende Daten ermittelt werden:

- Umsätze je Außendienstmitarbeiter in einer Periode
- Umsatz je Reisetag
- Umsatz je Auftrag
- Umsatz je Besuch
- Umsätze je Produktgruppe, Abnehmer, Branche usw.
- Zahl der Aufträge, Besuche und Reisetage
- durchschnittlicher Umsatz je Kunde usw.

(4) **Reklamationsdaten**

Von nicht zu unterschätzender Bedeutung sind auch Reklamationen, da durch ihre Analyse wertvolle Hinweise über die Zufriedenheit der Kunden erhalten werden können.

Die Marketinginformationen können das in einer Periode erzielte Marketingergebnis detailliert darstellen, Kennzahlen ermitteln und zeitliche Veränderungen aufzeigen und damit sowohl Trends als auch periodische Schwankungen nachweisen und dadurch zu einem effizienten Einsatz der marketingpolitischen Mittel beitragen.

Da Umsatzzahlen aber noch keine Aussagen über Gewinn oder Verlust machen, sind die genannten Unterlagen um eine Erfolgsrechnung zu ergänzen.

3.1.1.2 Marketing-Kosten

Die Marketing-Kostenrechnung, Vertriebserfolgsrechnung bzw. Absatzerfolgsrechnung hat grundsätzlich folgende **Aufgaben** auf den Grundlagen der Umsätze und der betrieblichen Kostenrechnung zu lösen:

- Welches Ergebnis wurde pro Absatzsegment (Produkt, Produktgruppe, Abnehmer usw.) erzielt und wie verhält sich dieses Ist-Ergebnis zum Soll-Ergebnis?

- Welche marketingpolitischen Maßnahmen sind in Zukunft aufgrund der Ergebnisse zu ergreifen?

Folgende **Informationen** können durch die Marketing-Kostenrechnung bereitgestellt werden:

- Marketingkosten insgesamt und unterteilt nach bestimmten Marketingfunktionen in zeitlicher Entwicklung

- Einzelne Marketingkosten absolut und in prozentualer Höhe

- Kosten, die für die einzelnen marketingpolitischen Instrumente entstehen

- Höhe der Marketingkosten für bestimmte Produkte, Produktgruppen, Kunden, Kundengruppen, Verkaufsgebiete, Auftragsgrößen usw.

Da marketingpolitische Entscheidungen weder allein nach Umsatzgesichtspunkten noch nach Kostengesichtspunkten getroffen werden können, ist es erforderlich, die Marketingkostenrechnung zu einer Marketingerfolgsrechnung auszubauen.

Diese Marketingerfolgsrechnung ist nach folgenden Kriterien selektiv aufzubauen:

- nach den Grundsätzen der Deckungsbeitragsrechnung
- nach dem Prinzip der Verantwortlichkeit
- nach den jeweiligen zu analysierenden Segmenten (Kundengruppen, Verkaufsgebieten, Auftragsgrößen, Abnehmergruppen usw.).

3.1.1.3 Sonstige Informationsquellen

Sonstige interne Informationsquellen für den Marketingbereich sind insbesondere:

- Intranet
- Kundendateien
- Interessentendateien
- Kapazitätsdateien
- Lagerbestandsdateien
- Rohstoffpreisdaten.

Alle betriebsinternen Informationen müssen auf Nachfrage durch eine entsprechend aufgebaute Marketingdatenbank bzw. Intranet bereitgestellt werden.

07 Seite 621

3.1.2 Betriebsexterne Quellen

Als betriebsexterne Quellen werden alle Daten bezeichnet, die **außerhalb des Unternehmens erstellt** werden, aber zugänglich sind. Häufig benutzte Quellen sind u.a.:

- **Veröffentlichungen supranationaler Behörden** (z. B. EU, UNO) **und internationaler Organisationen**

- **Amtliche Statistiken**

  - Statistisches Bundesamt *(www.destatis.de)*
  - Statistische Landesämter
  - Statistische Ämter der Städte
  - Gemeindestatistik
  - Statistiken der Bundesbehörden (z.B. *www.auswaertiges-amt.de*)
  - Bundestag
  - Bundesrat
  - Bundesministerien (z.B. *www.bmwi.de oder www.bmz.de*)
  - Statistiken der Landesbehörden
  - Statistiken der Bundesbank *(www.bundesbank.de)*

- **Statistiken der Industrie- und Handelskammern und Handwerkskammern** *(www.dihk.de / www.ihk.de)*

- **Statistiken und Veröffentlichungen der wirtschaftswissenschaftlichen Institute**

  - DeutschesI nstitut für Wirtschaftsforschung (DIW), Berlin *(www.diw.de)*
  - HWWA-Institut für Wirtschaftsforschung, Hamburg *(www.hwwa.de)*
  - Institut der deutschen Wirtschaft (IW), Köln *(www.iwkoeln.de)*
  - Institut für Weltwirtschaft an der Universität (IfW), Kiel *(www.uni-kiel.de)*
  - Ifo-Institut für Wirtschaftsforschung, München *(www.ifo.de)*
  - Rheinisch-Westfälisches Institut für Wirtschaftsforschung (RWI), Essen *(rwi-essen-de)*

- **Marktforschungsinstitute** *(www.adm.ev.de)*

  - A.C. Nielsen GmbH, Frankfurt *(www.acnielsen.de)* und *(www.acnielsen.com)*
  - forsa Gesellschaft für Sozialforschung und statistische Analysen mbH, Berlin *(www.forsa.de)*
  - GfK AG, Nürnberg *(www.gfk.de)*
  - Ifak Institut GmbH & Co. KG, Taunusstein *(www.ifak.de)*
  - Inra Deutschland GmbH, Möln *(www.inra.de)*
  - Institut für Demoskopie Allensbach GmbH, Allensbach *(www.ifd-allensbach.de)*
  - TSN Emnid, Bielefeld *(www.emnid.tnsofres.com)*

- **Veröffentlichungen der Verlage in Form von**
  - Studien (Untersuchungen)
  - Fachbüchern
  - Fachzeitschriften
  - Forschungsberichten
  - Zeitungen usw.

- **Veröffentlichungen von Werbeträgern und Werbemittelherstellern**

- **Veröffentlichungen der Unternehmen**

- **Veröffentlichungen von Beratungsgesellschaften**
  - Frost & Sullivan, New York *(www.frost.com)*
  - Prognos AG, Basel *(www.prognos.ch)*
  - Diebold, Frankfurt *(www.diebold.de)*
  - Arthur D. Little, Boston *(www.adlittle.com)*

- **Sonstige Veröffentlichungen**

Bei unternehmensexternen Datenquellen sind die Daten entweder aufgrund von Veröffentlichungen zugänglich oder sie können von Datenbanken oder aus dem Internet direkt abgefragt werden.

Mit den Möglichkeiten des Internets lassen sich zusätzlich externe Daten der unterschiedlichsten Art beschaffen. Dazu bieten sich an:

- **Suchmaschinen** und Metasuchmaschinen
- **Verzeichnisse** und Themenverzeichnisse
- **Link-Listen**.

Suchmaschinen helfen bei der Datenbeschaffung dadurch, dass man eine Suchfrage oder einen Suchbegriff eingibt und daraufhin eine Liste von Webseiten erhält, die diesen Suchbegriff enthalten.

Zu den größten Suchmaschinen gehören:

- www.google.com
- www.alltheweb.com
- www.altavista.com
- www.lycos.com
- www.teoma.com

Verzeichnisse (Themenverzeichnisse) sind hierarschisch aufgebaut. Dies bedeutet, dass man zuerst einen Oberbegriff eingibt und dann sukzessive – je nach Aufbau des Verzeichnisses – zu dem gesuchten Begriff gelangt.

Adresse	Beschreibung
http://yahoo.cominternational)	Größtes internationales Themenverzeichnis
http://news.yahoo.com	Größtes internationales Themenverzeichnis mit aktuellen Nachrichten
http://www.excite.com (international)	Unter der Rubrik Explore Excite befinden sich 12 Kategorien mit Suchverzeichnissen
http://vlib.org (international)	Die WWW Virtual Library umfasst 13 Kategorien zu den relevantesten Kategorien, wie z.B. Wirtschaft
http://weblist.ru/russian/ (national)	national
http://www.yahoo.de/ (national)	Die deutsche Startseite von yahoo.com
http://www.excite.de (national)	Ebenso wie bei yahoo.de handelt es sich hier um die nationale Startseite
http://themen.web.de/ (national)	Das Themenangebot der Web.de AG umfasst 18 Kategorien

Einige Themenverzeichnisse

Link-Listen bieten eine Sammlung von Informationen zu bestimmten Bereichen (z.B. Medien, juristische Themen usw.).

Stellt man die Vor- und Nachteile von Sekundärerhebungen gegenüber, so erhält man folgende Beurteilung:

Sekundärforschung	
Vorteile	**Nachteile**
o Schnelle Informationsbeschaffung o Kostengünstige Informationsbeschaffung o Kann Primärforschung unterstützen o Weist oft die genauen Werte aus (z. B. gesetzliche Grundlage) o Gibt schnell einen Einblick in die Untersuchungsgebiete	o Informationen sind nicht immer genau für das Problem geeignet o Dauert manchmal lange bis zur Verfügbarkeit o Auch Konkurrenz hat Zugriff darauf o Daten sind oft veraltet

3.2 Primärerhebungen

Kann man aus den vorhandenen sekundärstatistischen Daten nicht die erforderlichen Informationen gewinnen, so müssen durch Primärerhebungen neue bisher noch nicht erhobene Marktdaten ermittelt werden. Dabei wird es sich in den meisten Fällen um subjektive Sachverhalte (Einstellungen, Meinungen, Motive, Vorstellungen usw.) sowie um subjektbezogene objektive Sachverhalte (Kaufhandlungen, Käufer, Käufergruppen usw.) handeln.

3.2.1 Möglichkeiten

Die Primärerhebungen können als **Befragung** oder **Beobachtung** durchgeführt werden und sich an Produzenten, den Handel und/oder Verbraucher richten.

Werden alle infrage kommenden Personen befragt, so spricht man von einer **Vollerhebung**. Wird nur ein bestimmter Prozentsatz aller interessierenden Personen befragt, so spricht man von einer **Teilerhebung**.

Primärerhebungen sind nur dann gerechtfertigt, wenn:

- Sekundärerhebungen vom Erhebungsobjekt her nicht infrage kommen bzw. keine hinreichenden Resultate erbringen.
- die hohen Erhebungskosten für primäre Informationen durch die Bedeutung der zu treffenden Entscheidungen gewährleistet ist.

3.2.2 Auswahlverfahren

Als Auswahlverfahren werden die verschiedenen Verfahren, die zur Festlegung der zu untersuchenden Personen aus der Gesamtheit dienen, bezeichnet. Werden in eine Untersuchung alle für die Untersuchung relevanten Personen einbezogen, so entfällt ein Auswahlproblem. In vielen Fällen sind jedoch Auswahlverfahren für Teilerhebungen durchzuführen aus

- zeitlichen Gründen,
- Kostenüberlegungen,
- wegen Nichtkenntnis der Gesamtheit usw.

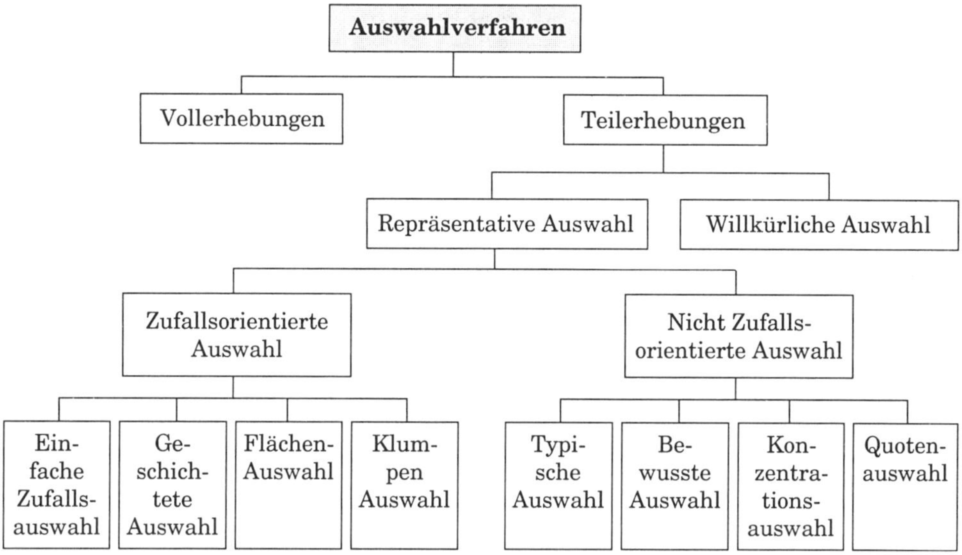

3.2.2.1 Vollerhebungen

Bei **Einbeziehung aller Erhebungsobjekte der Grundgesamtheit** in eine Untersuchung spricht man von einer Voll- oder Totalerhebung.

Sie wird vor allem dann angewandt, wenn die Zahl der zu untersuchenden Einheiten relativ klein ist, z. B. wenn nur wenige Großbetriebe infrage kommen.

Allgemein sprechen für Vollerhebungen ihre Genauigkeit, dagegen die hohen Kosten und der große Zeitaufwand.

Warum sich eine Vollerhebung nur in Ausnahmefällen durchführen lässt, liegt oft an den folgenden Gründen: Einmal ist die Grundgesamtheit der zu befragenden Personen sehr oft gar nicht bekannt (Beispiel: Man möchte Raucher über ihre Rauchgewohnheiten oder Amateurfotografen über ihre Einstellung zum Fachhandel befragen). Zum anderen entstehen, wenn die zu befragende Grundgesamtheit groß ist, durch die Vollerhebung sehr rasch prohibitiv hohe Kosten, die in keinem vernünftigen Verhältnis zum Nutzen der gewonnenen Information stehen.

3.2.2.2 Teilerhebungen

Aufgrund der oben angeführten Gründe bedient man sich bei der Beschaffung von Informationen in vielen Fällen der Teilerhebung, d. h. es wird nur ein bestimmter **Prozentsatz der Grundgesamtheit** befragt. Die ausgewählten Elemente müssen im Hinblick auf die zu untersuchenden Merkmale repräsentativ für die Grundgesamtheit sein, soll die Aussage für die Grundgesamtheit gelten können.

Für die Praxis bieten sich folgende **Auswahlverfahren** an:

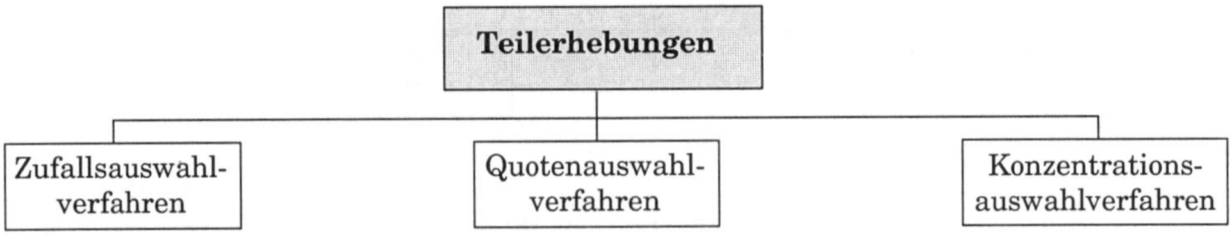

Außer den obigen Verfahren gibt es noch ein Teilerhebungsverfahren, bei dem aufs Geratewohl ausgewählt wird. Bei dieser „Stichprobe aufs Geratewohl" geht man z. B. so vor, dass beliebige gerade auf der Straße vorbeikommende Passanten angesprochen werden oder Fernsprechteilnehmer eines Gebietes mit einem bestimmten Anfangsbuchstaben befragt werden. Das Ergebnis ist jedoch dann nicht repräsentativ.

3.2.2.2.1 Zufallsauswahlverfahren

Zufallsauswahlverfahren, die auch als **Randomverfahren** bezeichnet werden, können durchgeführt werden als:

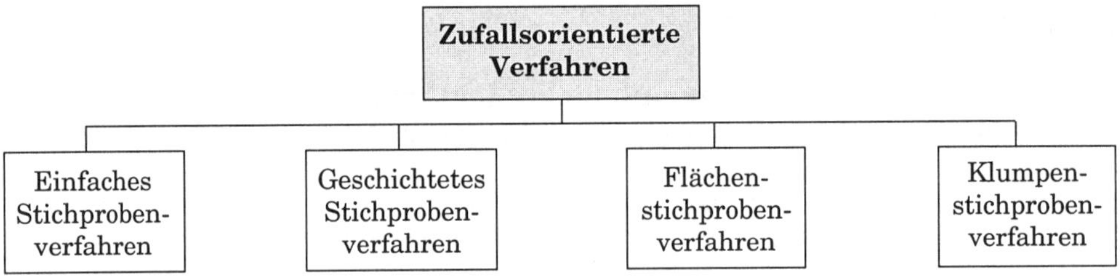

3.2.2.2.1.1 Einfaches Stichprobenverfahren

Bei einfachen Stichprobenverfahren müssen alle Elemente der Grundgesamtheit die gleiche Chance haben in die Auswahl (Stichprobe) aufgenommen zu werden. Will man dieses Zufallsauswahlverfahren anwenden, so muss für alle Elemente einer Grundgesamtheit die gleiche Wahrscheinlichkeit bestehen in die Stichprobe hineingenommen zu werden. Ziel einer jeden Stichprobe ist es möglichst brauchbare Aussagen über die zugehörige Grundgesamtheit zu machen.

Bei der Auswahl der zu Befragenden ergeben sich folgende **Fragen**:

- Wie umfangreich muss eine Stichprobe sein?
- Wie soll die Auswahl der in die Stichprobe einzubeziehenden Elemente erfolgen?
- Inwieweit kann man sich auf die Ergebnisse der Stichprobe verlassen, d. h. inwieweit gibt sie den wahren Sachverhalt wieder?

Der **Umfang der Stichprobe** lässt sich entweder nach einem Fehlerspannennomogramm (siehe Abbildung S. 160) oder nach der folgenden Formel berechnen:

$$n = \frac{z^2 \cdot p \cdot q}{e^2}$$

n= Stichprobenumfang
z= Sicherheitsfaktor
p= Anteilsmerkmal 1 der Stichprobe
q= Anteilsmerkmal 2 der Stichprobe
e= Fehlertoleranz

Den Zusammenhang zwischen Sicherheitsfaktor z und Wahrscheinlichkeit bzw. Irrtumswahrscheinlichkeit der Aussage einer Stichprobe verdeutlicht folgende Tabelle:

Sicherheitsfaktor	Wahrscheinlichkeit	Irrtumswahrscheinlichkeit
z = 1,00	68,3 %	31,7 %
z = 1,50	86,6 %	13,4 %
z = 1,64	90,0 %	10,0 %
z = 1,96	95,0 %	5,0 %
z = 2,00	95,5 %	4,5 %
z = 2,58	99,0 %	1,0 %
z = 3,00	99,7 %	0,3 %
z = 3,29	99,9 %	0,1 %
z = 3,70	99,99 %	0,01 %

Beispiel 1:

Ein Unternehmen möchte den Bekanntheitsgrad eines neu eingeführten Produktes ermitteln. Es wird eine Aussagewahrscheinlichkeit von 95,5 % gewünscht. Ein Fehlerbereich von ± 4 % wird als tolerierbar in Kauf genommen. Wie viele Stichproben müssen gezogen werden?

Bemerkung: Da noch nicht bekannt ist, wer das neue Produkt kennt, muss „bekannt" und „nicht bekannt" (p und q) mit 50 % angesetzt werden.

$$n = \frac{z^2 \cdot p \cdot q}{e^2} = \frac{2^2 \cdot 0{,}50 \cdot 0{,}50}{0{,}04^2} = \frac{2.500}{4} = 625$$

Beispiel 2:

Will man wie in Beispiel 1 jedoch eine Aussagewahrscheinlichkeit von 99,7 % und der Fehlerbereich darf nur ± 1 % betragen, so muss folgende Anzahl von Stichproben gezogen werden:

$$n = \frac{3^2 \cdot 0{,}50 \cdot 0{,}50}{0{,}01^2} = 22.500$$

Beispiel 3:

Ist dem Unternehmen in Beispiel 1 schon bekannt, dass 2002 20 % der Bevölkerung das neue eingeführte Produkt kannten, so verringert sich die Anzahl der zu ziehenden Stichproben wie folgt:

$$n = \frac{2^2 \cdot 0{,}20 \cdot 0{,}80}{0{,}04^2} = \frac{20 \cdot 80}{4} = 400$$

Aus der Formel *(Kellerer)* und den Beispielen erkennen wir eindeutig, dass im Falle der Ermittlung von Anteilsmerkmalen der Grundgesamtheit der Umfang der Stichprobe von drei **Faktoren** abhängt:

(1) von der Wahrscheinlichkeit, mit der die Aussage aufgrund der Stichprobe gelten soll
(2) von der Fehlertoleranz, die vom Problem her noch tragbar ist
(3) von der Verteilung der tatsächlichen Anteilsmerkmale in der Grundgesamtheit.

Grundlage für die Berechnung der Wahrscheinlichkeiten bildet die **Normalverteilung**.

Beispiel 4:

Will man im Beispiel 1 jedoch eine Aussagewahrscheinlichkeit von 99,7 %, so müssen folgende Stichproben gezogen werden:

$$n = \frac{3^2 \cdot 0{,}50 \cdot 0{,}50}{0{,}04^2} \approx 1.407$$

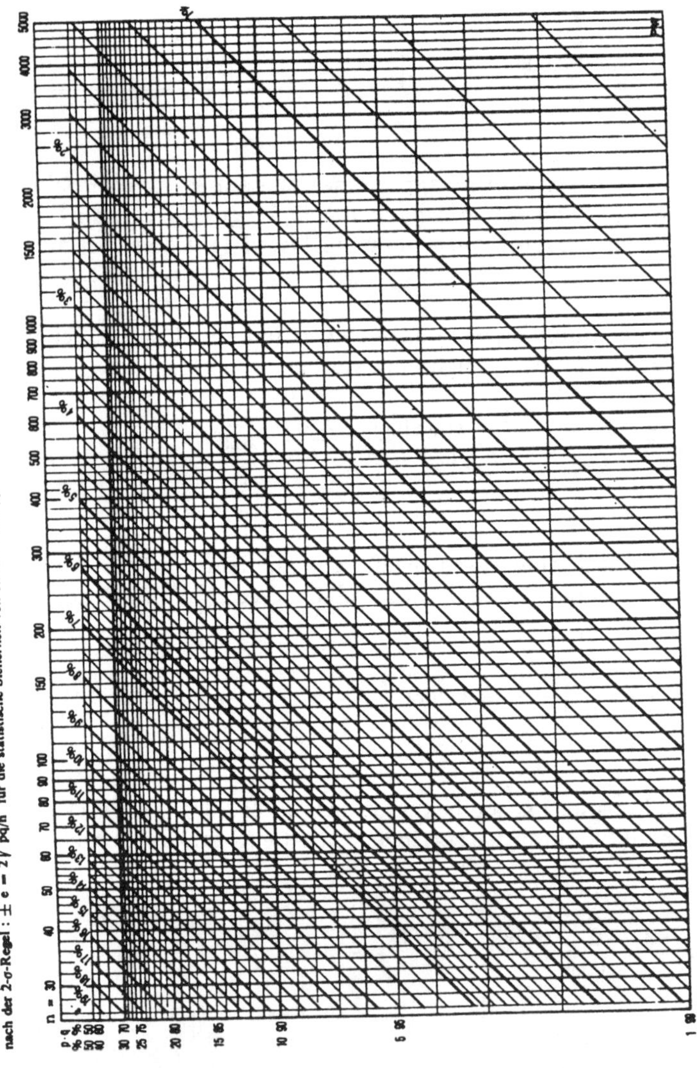

Nomogramm

Beispiel: Vermuteter Merkmalsanteil sei 20 % (p.)
Höchstzulässige Abweichung sei ± 4 % (e).

Wir fahren von p = 20 % horizontal nach rechts bis zur Stelle, wo sich diese Zeile mit der schrägen Linie von e = 4 % kreuzt und von diesem Schnittpunkt senkrecht nach oben. Dort lesen wir ab: n = 400. Wir benötigen also 400 Befragte.

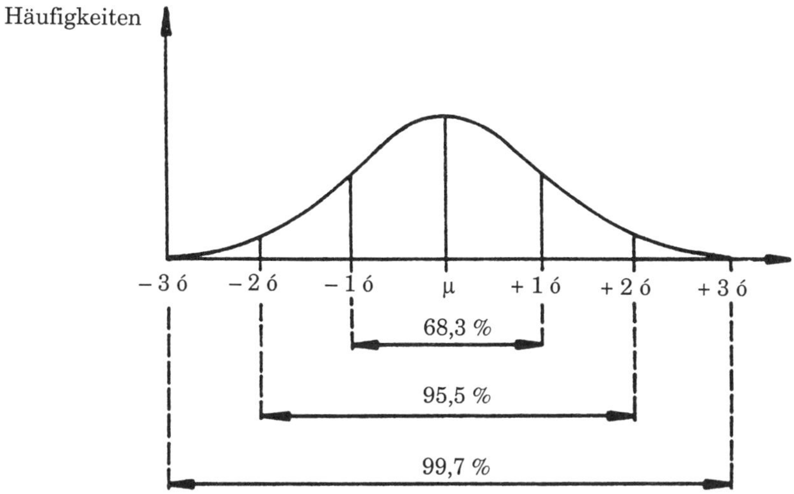

In der Praxis der Marktforschung kommt man gewöhnlich mit einem Sicherheitsfaktor z = 2 bzw. einem Wahrscheinlichkeitsgrad von 95,5 % aus.

Die **Auswahl der Elemente bei der zufallsgesteuerten Stichprobe** kann wie folgt durchgeführt werden *(Kellerer):*

(1) **Auswahl nach dem Urnen-Modell**

Hierbei müssten für die gesamte Grundgesamtheit Lotterieröllchen erstellt und durchgemischt werden und dann die entsprechende Anzahl von Röllchen gezogen werden. Dieses Vorgehen erweist sich jedoch in der Praxis als nicht praktikabel.

(2) **Auswahl nach Zufallszahlentabellen**

Hier werden Karteien durchnummeriert und unter Verwendung von „Zufallstafeln" die entsprechende Stichprobe gezogen. Voraussetzung ist jedoch das Vorliegen einer Kartei.

(3) **Systematisches Auswahlverfahren**

Bei diesem Verfahren beginnt man mit einer Zahl, die kleiner ist als der Quotient aus Grundgesamtheit und Stichprobe und erhöht die gefundene Zahl jeweils um den Quotienten z. B. 3, 23, 43, 63 7983

(4) **Schlussziffernverfahren**

Dabei werden alle Elemente mit bestimmten Schlussziffern ausgewählt. Ein Vorteil bei diesem Verfahren ist u. a., dass die Karten nicht in der Zahlenfolge 1, 2, 3 ... N vorliegen müssen.

08 Seite 621

09 Seite 622

10 Seite 622

11 Seite 622

12 Seite 623

3.2.2.2.1.2 Geschichtetes zufallsgesteuertes Auswahlverfahren

Dieses Verfahren ist sinnvollerweise dann anzuwenden, wenn die zu analysierende Grundgesamtheit heterogen ist, z. B. aus Groß-, Mittel- und Kleinbetrieben besteht.

Man teilt die Grundgesamtheit in eine Reihe von Untergruppen (Schichten) auf und zieht aus jeder weitgehend homogenen Schicht zufallsgesteuerte Stichproben. Bei der Ermittlung des Endergebnisses werden die Ergebnisse der einzelnen Schichten nach dem Verhältnis der Schichten gewichtet.

Das folgende **Beispiel** möge dieses Vorgehen verdeutlichen:

Anhand der vorliegenden amtlichen Statistiken hat man festgestellt, dass ca. 30 % der Bevölkerung eines bestimmten Gebietes unter 30 Jahren, 22 % zwischen 30 und 44, 28 % zwischen 45 und 59 und 20 % 60 Jahre und älter sind. Würde man nun eine reine Zufallsstichprobe ziehen, so wären die Klassen 45 bis 59 Jahren im Vergleich zu anderen möglicherweise unterrepräsentiert.

Man teilt daher die Gesamtzahl der Stichproben in Schichten auf und zieht innerhalb dieser Schichten dann die Stichproben.

Bei 600 Befragungen wären in den einzelnen Klassen die folgende Anzahl von Personen zu befragen:

bis unter 30 Jahren	180
30 bis unter 45 Jahren	132
45 bis unter 60 Jahren	168
über 60 Jahren	120
	600

Jede Schicht wird nunmehr als separate Grundgesamtheit aufgefasst, aus der Stichproben gezogen werden (z. B. bis unter 30 Jahre 180 Stichproben).

Nach *Menges* verdankt dieses Verfahren seine große praktische Bedeutung hauptsächlich dem Umstand, dass der Zufallsfehler bei der geschichteten Auswahl im Allgemeinen kleiner ist als derjenige bei der reinen Zufallsauswahl.

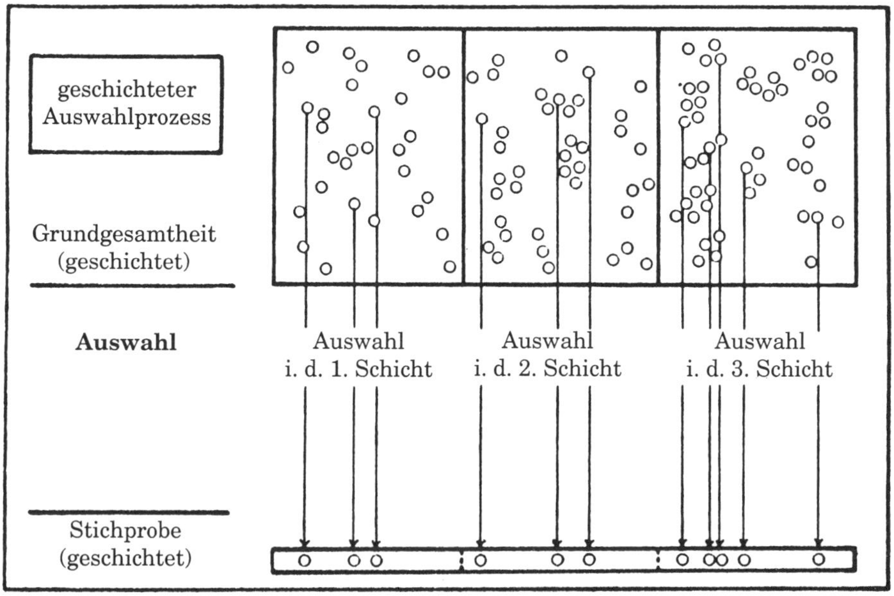

Geschichtetes Zufallsauswahlverfahren

3.2.2.2.1.3 Flächenstichprobenverfahren

Beim Flächenstichprobenverfahren wird der Markt anhand einer Landkarte in kleine, zahlreiche durchnummerierte Gebiete (Flächen) unterteilt. Aus den einzelnen Teilflächen können nunmehr zufallsgesteuerte Stichproben entnommen werden. In der zweiten Stufe werden dann aus diesen Teilstücken z. B. Stichproben gezogen oder eine Vollerhebung durchgeführt.

Bei diesem Verfahren lässt sich infolge der Konzentration auf wenige Gebiete kostengünstig arbeiten und die Durchführung relativ leicht steuern.

Aus der folgenden Abbildung geht das Vorgehen beim mehrstufigen Auswahlverfahren mit Unterstichproben hervor (Quelle: *Wettschurek*).

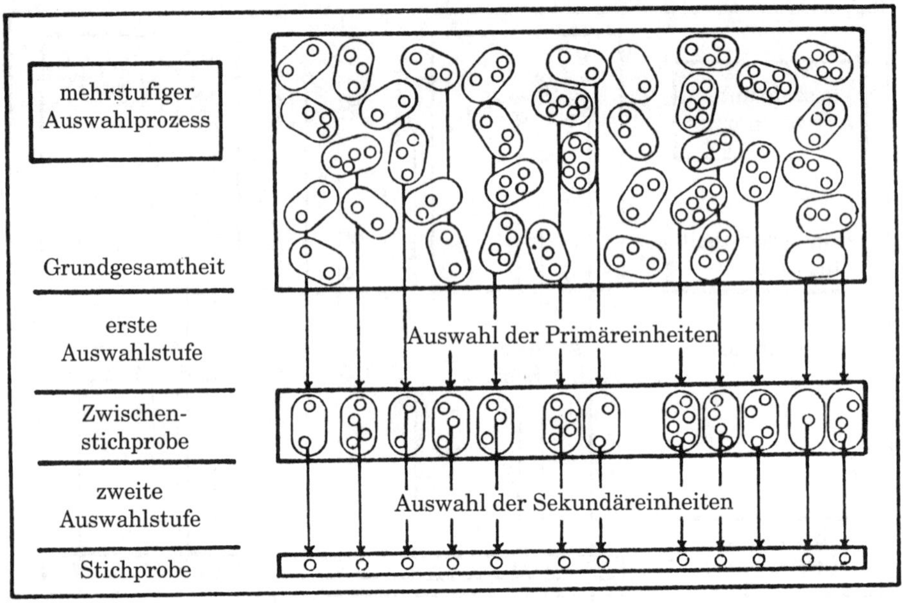

Flächenstichprobenverfahren

3.2.2.2.1.4 Klumpenstichprobenverfahren

Ein weiterer wichtiger Fall einer zweistufigen Stichprobenbildung ist das Klumpenstichprobenverfahren. Dabei wird die Grundgesamtheit in eine Anzahl von Erhebungseinheiten (Klumpen) eingeteilt, aus denen dann die endgültige Stichprobe gezogen wird. Das dabei anzuwendende Vorgehen richtet sich nach der Grundgesamtheit und dem jeweiligen Untersuchungszweck.

Der **Vorteil** dieses Verfahrens liegt in der Senkung der Kosten. Nachteilig kann sich eine Verzerrung der Schätzwerte sowie mögliche Stichprobenfehler im Vergleich zur uneingeschränkten Stichprobe auswirken. Dennoch ist das Klumpenstichprobenverfahren in der Marktforschungspraxis stark verbreitet.

3.2.2.2.2 Quotenauswahlverfahren

Das Quotenauswahlverfahren ist das in der Marktforschung am häufigsten angewandte Verfahren der bewussten Auswahl *(Hüttner, Behrens, Noelle-Neumann)*. Sein Wesen besteht darin, dass entsprechend der schon vor Durchführung bekannten Verteilung der Merkmale in der Grundgesamtheit den Interviewern Quoten vorgegeben werden (Quotenanweisung), nach denen sie sich bei der Auswahl der zu Befragenden zu richten haben.

Der Auswahlvorgang wird bei diesem Verfahren auf den Interviewer verlagert. Nach der Quotenanweisung, dessen Einhaltung verbindlich ist, werden die Auskunftspersonen ausgesucht.

Das folgende **Beispiel** möge das Vorgehen verdeutlichen *(Wettschurek):*

Umfrage: ____________

Interviewer: ____________ Interviewerausweis: ____________

Gesamtzahl der Interviews: 12 ____ Fragebogen-Nummern von 578 bis 589

Stadtteil: Wilmersdorf	1 2 3 4 5 6 7 ~~8 9 10 11 12 13 14 15 16 17 18 19 20~~	
Dahlem	1 2 3 4 5 ~~6 7 8 9 10 11 12 13 14 15 16 17 18 19 20~~	
____________	1 2 3 4 5 6 7 8 9 10 11 12 13 14 15 16 17 18 19 20	
Alter:		
16 bis 19 Jahre	~~1 2 3 4 5 6 7 8 9 10 11 12 13 14 15 16 17 18 19 20~~	
20 bis 29 Jahre	1 2 ~~3 4 5 6 7 8 9 10 11 12 13 14 15 16 17 18 19 20~~	
30 bis 39 Jahre	1 2 3 ~~4 5 6 7 8 9 10 11 12 13 14 15 16 17 18 19 20~~	
40 bis 49 Jahre	1 2 3 ~~4 5 6 7 8 9 10 11 12 13 14 15 16 17 18 19 20~~	
50 bis 59 Jahre	1 ~~2 3 4 5 6 7 8 9 10 11 12 13 14 15 16 17 18 19 20~~	
60 bis 69 Jahre	1 2 ~~3 4 5 6 7 8 9 10 11 12 13 14 15 16 17 18 19 20~~	
70 Jahre und älter	1 ~~2 3 4 5 6 7 8 9 10 11 12 13 14 15 16 17 18 19 20~~	
Berufsstellung:	5 männlich	7 weiblich
berufstätig als:		
Arbeiter	1 2 ~~3 4 5 6 7 8 9 10 11~~	1 ~~2 3 4 5 6 7 8 9 10 11~~
Angest./Beamter	1 2 ~~3 4 5 6 7 8 9 10 11~~	1 ~~2 3 4 5 6 7 8 9 10 11~~
Selbst./Freiberufl.	1 ~~2 3 4 5 6 7 8 9 10 11~~	~~1 2 3 4 5 6 7 8 9 10 11~~
nicht berufstätig aus:		
Arbeiterkreisen	~~1 2 3 4 5 6 7 8 9 10 11~~	1 2 3 ~~4 5 6 7 8 9 10 11~~
Mittelstandskreisen	~~1 2 3 4 5 6 7 8 9 10 11~~	1 2 ~~3 4 5 6 7 8 9 10 11~~
Wochentag:		
Montag bis Freitag	1 2 3 4 5 6 7 8 9 ~~10 11 12 13 14 15 16 17 18 19 20~~	
Sonnabend	1 2 ~~3 4 5 6 7 8 9 10 11 12 13 14 15 16 17 18 19 20~~	
Sonntag	1 ~~2 3 4 5 6 7 8 9 10 11 12 13 14 15 16 17 18 19 20~~	

Im Beispiel hat der Interviewer insgesamt zwölf Personen zu befragen, davon sieben in Berlin-Wilmersdorf und fünf in Berlin-Dahlem; die höchste nicht durchgestrichene Ziffer in jeder Reihe gibt die Zahl der zu Interviewenden an. Zwei Personen sollen zwischen 20 und 29 Jahren alt sein, drei zwischen 30 und 39 usw. Die Quote schreibt weiterhin vor, dass fünf Männer und sieben Frauen interviewt werden. Alle fünf Männer haben berufstätig zu sein und zwar zwei als Arbeiter, zwei als Angestellte/Beamte und einer als selbstständig/freiberuflich Tätiger. Drei der Frauen sollen nicht berufstätig sein und aus Arbeiterkreisen, zwei aus Mittelstandskreisen stammen; ferner ist je eine Arbeiterin und eine Angestellte/Beamtin zu befragen.

Bei der Kombination der einzelnen Quotenvorschriften hat der Interviewer weitgehend freie Hand. Er kann die jeweils „verbrauchten" Quotenbestandteile auf dem Formular abstreichen und hat so zu jeder Zeit einen Überblick über die ihm noch verbleibenden Kombinationsmöglichkeiten. Mit zunehmender Zahl erledigter Interviews wird der Spielraum immer enger; er muss deshalb sehr darauf achten, dass ihm zum Schluss keine unerfüllbare oder nur sehr schwer realisierbare Quotenkonstellation übrig bleibt (16 bis 19 Jahre/weiblich/berufstätig/selbstständig).

Die Vor- und Nachteile des Quotenauswahlverfahrens wurden in Theorie und Praxis immer wieder diskutiert und dargelegt. Ohne auf die einzelnen Einwendungen hier eingehen zu wollen, lässt sich festhalten, dass im Gegensatz zu den zufallgesteuerten Auswahlverfahren dem Quotenauswahlverfahren das mathematische Fundament fehlt, sodass Wahrscheinlichkeitsaussagen für die Ergebnisse und Berechnungen für Fehlerspannen nicht möglich sind.

3.2.2.2.3 Konzentrationsauswahlverfahren

Bei diesem Verfahren werden alle Elemente der Grundgesamtheit abgeschnitten, die das Ergebnis nur unwesentlich verändern können (cut-off-technique). Bei der Umfrage konzentriert man sich auf diejenigen Elemente, die für das betreffende Untersuchungsziel von Bedeutung sind.

Dieses Verfahren ist vor allem dann sinnvoll, wenn z. B. in der Grundgesamtheit 4 % der Betriebe 90 % Umsatz machen. Es ist vor allem für die Produktionsgütermarktforschung von Bedeutung.

4. Erhebungsmethoden

Im Rahmen der Primärerhebungen lassen sich die Informationen durch Beobachtung, Befragung, Experiment und Panel gewinnen. Einigen Autoren erscheint es empfehlenswert, nur Befragung und Beobachtung zu unterscheiden und die Anwendung experimenteller Verfahren beiden Methoden als Sonderfall zuzuordnen.

Wir wollen als Erhebungsmethoden betrachten:

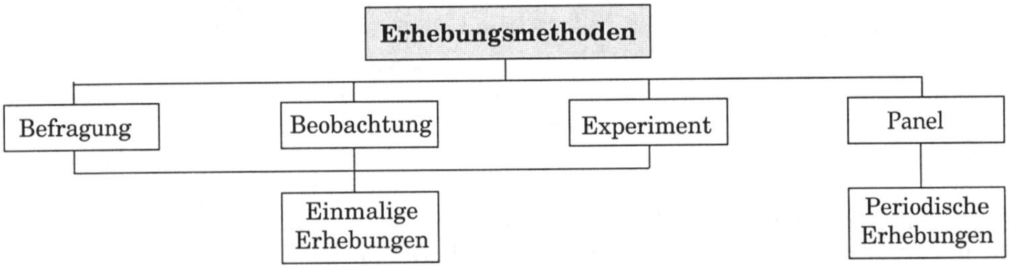

4.1 Befragung

Die Befragung wird heute als die **wichtigste Methode** der Informationsbeschaffung im Marketing betrachtet. Unter einer Befragung soll ein systematisches Vorgehen der Erhebung verstanden werden, bei dem Personen durch gezielte Fragen zur Abgabe von Informationen (Aussagen) veranlasst werden sollen.

Befragungen lassen sich nach verschiedenen Kriterien unterscheiden, die im Folgenden kurz näher besprochen werden.

Befragung	
Kriterium	**Form**
• Kommunikationsform	schriftlich – mündlich – telefonisch – computerunterstützt – Internet
• Umfang	Gesamtbefragung – Teilbefragung
• Inhalt	Einthemen – Mehrthemenbefragung (Omnibus)
• Häufigkeit	Einmalbefragung – Mehrfachbefragung (Panel)
• Auswahl der zu Befragenden	Zufallsauswahl – systematische Auswahl
• Befragungsstrategie	Standardisiert – nicht standardisirt
• Befragungstaktik	Direkte – indirekte Befragung
• Befragungsumfeld	real – experimentell
• Methode	persönlich – apparativ (Computer usw.)

Dimensionen der Befragung

Quelle: *Weis / Steinmetz* (2002) S. 91

Befragungen gelten als die am häufigsten angewendete und am wichtigsten eingeschätzte Erhebungsmethode der Primärforschung bei Konsumenten, Industrie-, Handels- und Dienstleistungsunternehmen.

4.1.1 Befragungsformen

Wie wir gesehen haben, lassen sich Befragungen nach unterschiedlichen **Kriterien** strukturieren, wie z. B.:

- Nach der Zahl der **Untersuchungsthemen**.

  Hiernach kann man zwischen Ein-Themen- oder Spezialbefragungen und **Mehrthemen- oder Omnibusbefragungen** unterscheiden. Eine Ein-Themen-Befragung (Spezialbefragung) beschäftigt sich mit dem Informationsproblem einer einzigen Unternehmung bzw. einem bestimmten Informationsproblem, an dem auch mehrere Unternehmen als Auftraggeber beteiligt sein können. Mehrthemenbefragungen (Omnibusbefragungen) befassen sich mit Themenkomplexen unterschiedlicher Auftraggeber.

Der **Vorteil** dieser Mehrthemenbefragungen liegt für einen Auftraggeber in den verhältnismäßig geringen Kosten. Für Marktforschungsinstitute bieten derartige Befragungen, die auch als sog. **Standarderhebungen** durchgeführt werden, eine günstigere Auslastung ihrer Kapazitäten.

- Nach den **zu befragenden** Personen bzw. Organisationen.

  Hier bietet sich z.B. folgende Einteilung an:

  - Unternehmensbefragungen
  - Verbraucherbefragungen
  - Expertenbefragungen.

  Bei **Unternehmensbefragungen** handelt es sich meist um Befragungen bei industriellen Abnehmern und/oder dem Handel.

  Verbraucherbefragungen liegen dann vor, wenn der Endverbraucher für Verbrauchs- bzw. Gebrauchsgüter befragt wird.

  Unter einer **Expertenbefragung** versteht man in der Regel eine mündliche Befragung von Experten um Hinweise zu bekommen, welche Aufgabenstellung in der folgenden Befragung gelöst werden soll. Als Experten werden dabei Fachleute eines bestimmten Fachgebietes bezeichnet, die einer bestimmten Grundgesamtheit angehören und aufgrund deren Hinweise wichtige Erkenntnisse im Hinblick auf die Befragungskonzeption erwartet werden.

- Nach der **Art der Befragung.**

  Im Hinblick auf die Art der Kommunikation bei der Erhebung kann man unterscheiden in:

  - schriftliche Befragung
  - telefonische Befragung
  - mündliche Befragung
  - computerintegrierte Befragung
  - Internetbasierte Befragung.

Eine **schriftliche Befragung** liegt dann vor, wenn die gestellten Fragen schriftlich zu beantworten sind und der Fragebogen durch die Post verteilt wird, persönlich oder durch Medien (Zeitungen, Beilagen usw.) gestreut wird. Neben einer Reihe von Vorteilen, wie der Möglichkeit einer kostengünstigen, schnellen und auch großzahligen Erhebung, hat diese Art der Erhebung den Nachteil einer möglichen geringen Antwortquote und Repräsentanz.

In letzter Zeit werden jedoch in zunehmendem Maße in der Literatur Umfragen genannt, die eine Antwortquote von 50 bis 80 % erreichen, während noch vor 20 Jahren Rücklaufquoten von 15 bis 25 % und weniger als üblich angesehen wurden.

Bei der **telefonischen Befragung** werden durch Telefonanruf die gewünschten Informationen erhoben. Die Qualität der Informationen bei dieser Erhebungsart ist geringer, da man sich auf verhältnismäßig einfache Fragestellungen beschränken muss. Auch lässt die nur akustische Kommunikationsform, außer bei Bildtelefonen, komplexe Fragen nicht zu. Dazu kommt, dass derartige Befragungen nicht für allgemeine repräsentative Umfragen geeignet sind. Möglich erscheinen sie hingegen bei Zielgruppen mit hoher Telefondichte, wie Ärzten, Rechtsanwälten, Apothekern und Unternehmen.

Die **mündliche Befragung** ist diejenige Befragungsart, mit der im Prinzip jede beliebige Person befragt werden kann. Dies scheint u. a. der Grund zu sein, dass diese Befragungsart wohl am häufigsten verwendet wird. Ein weiterer Grund für den Einsatz dieser Art der Befragung ist die Qualität der gewonnenen Informationen und die Zuverlässigkeit, dass auch die zu interviewende Person tatsächlich interviewt wurde. Dazu kommt noch, dass sich in diesem Fall die Fragestellung und -taktik besonders gut auf die zu Interviewenden ausrichten lässt.

Die nachfolgende Übersicht gibt allgemein tendenzielle Hinweise für verschiedene Arten der Befragung wieder. Im Internet können Erhebungen über **E-Mails** und die **„Homepage"** durchgeführt werden. Dabei sind jedoch für viele Bereiche keine repräsentativen Erhebungen möglich, da die Internetnutzer nicht für die gesamte Bevölkerung repräsentativ sind.

		Befragungsart				
Kriterien		**schriftlich**	**telefonisch**	**mündlich**	**computerintegriert**	**internetbasiert**
1.	Rücklaufquote	unterschiedlich	hoch	hoch	hoch	hoch
2.	Beeinflussung durch Dritte	möglich	nicht möglich	kaum möglich	nicht möglich	möglich
3.	Umfang der Befragung	mittelgroß	klein	groß	mittelgroß	mittelgroß
4.	Interviewereinfluss	nicht möglich	relativ groß	groß	nicht möglich	nicht möglich
5.	Genauigkeit	gering	unterschiedlich	hoch	unterschiedlich	unterschiedlich
6.	Zuverlässigkeit	unterschiedlich	relativ hoch	hoch	relativ hoch	relativ hoch
7.	Geschwindigkeit der Durchführung	relativ gering	hoch	niedrig	relativ hoch	sehr hoch
8.	Kosten	niedrig	relativ niedrig	hoch	unterschiedlich	niedrig
9.	Repräsentanz	relativ niedrig	gering	relativ hoch	unterschiedlich	gering
10.	Erklärung der Fragen	nicht möglich	möglich	möglich	möglich	möglich

Kriterien verschiedener Befragungsarten

- Nach der **Befragungshäufigkeit**.

  Hier ist zwischen **Einmalbefragungen**, die das Ziel haben, für ein bestimmtes Problem relevante Informationen zu beschaffen und periodisch **wiederkehrenden Befragungen** (Panels), die primär die Entwicklung in bestimmten Bereichen veranschaulichen wollen, zu unterscheiden.

- Nach der **Befragungsstrategie**.

  Sehr bedeutsam für Erfolg oder Misserfolg einer Befragung ist die jeweils angewandte Befragungsstrategie.

  Dabei lassen sich unterscheiden:

  - das standardisierte Interview
  - das strukturierte Interview
  - das freie Gespräch.

  Standardisierte Interviews sind durch eine genaue Reihenfolge der Fragen und genau festgelegte Fragen gekennzeichnet.

  Bei einem **strukturierten Interview** sind bestimmte Kernfragen festgelegt, wobei jedoch der Interviewer noch Zusatzfragen stellen kann. Ebenso muss der Interviewer nicht eine bestimmte Reihenfolge der Fragen einhalten.

  Ein **freies Gespräch** liegt dann vor, wenn nur das Gesprächsthema festgelegt ist und der Interviewer über Art und Reihenfolge der Fragen frei entscheiden kann.

- Nach der **Befragungstaktik**.

  Im Hinblick auf die Befragungstaktik kann man unterscheiden in:

  - direkte Befragungstaktik
  - indirekte Befragungstaktik.

  Bei der **direkten Befragungstaktik** ist aufgrund der Frage das Erkenntnisziel sofort erkennbar.

  Beispiel: Besitzen Sie eine Spülmaschine?

  Oft ist es in der Praxis so, dass man auf direkte Fragen falsche oder keine Antworten über die tatsächlichen Sachverhalte bekommt.

  In Fällen, in denen diese Gefahr besteht, empfiehlt es sich die **indirekte Befragungstaktik** anzuwenden, d. h. Fragen psychologisch so zu formulieren, dass der Interviewte richtig antwortet, was er bei direkter Fragestellung nicht getan hätte.

  Beispiel: Wer in diesem Haus und in ihrem Bekanntenkreis besitzt eine Spülmaschine?

Wie wir gesehen haben, sind Fragen nach unterschiedlichen Zielsetzungen zu interpretieren. Die von *Hüttner* und *Bidlingmaier* übernommene Einteilung der Fragen nach Antwortmöglichkeiten vermittelt einen Überblick über die verschiedenen Fragearten. Siehe hierzu Seite 171.

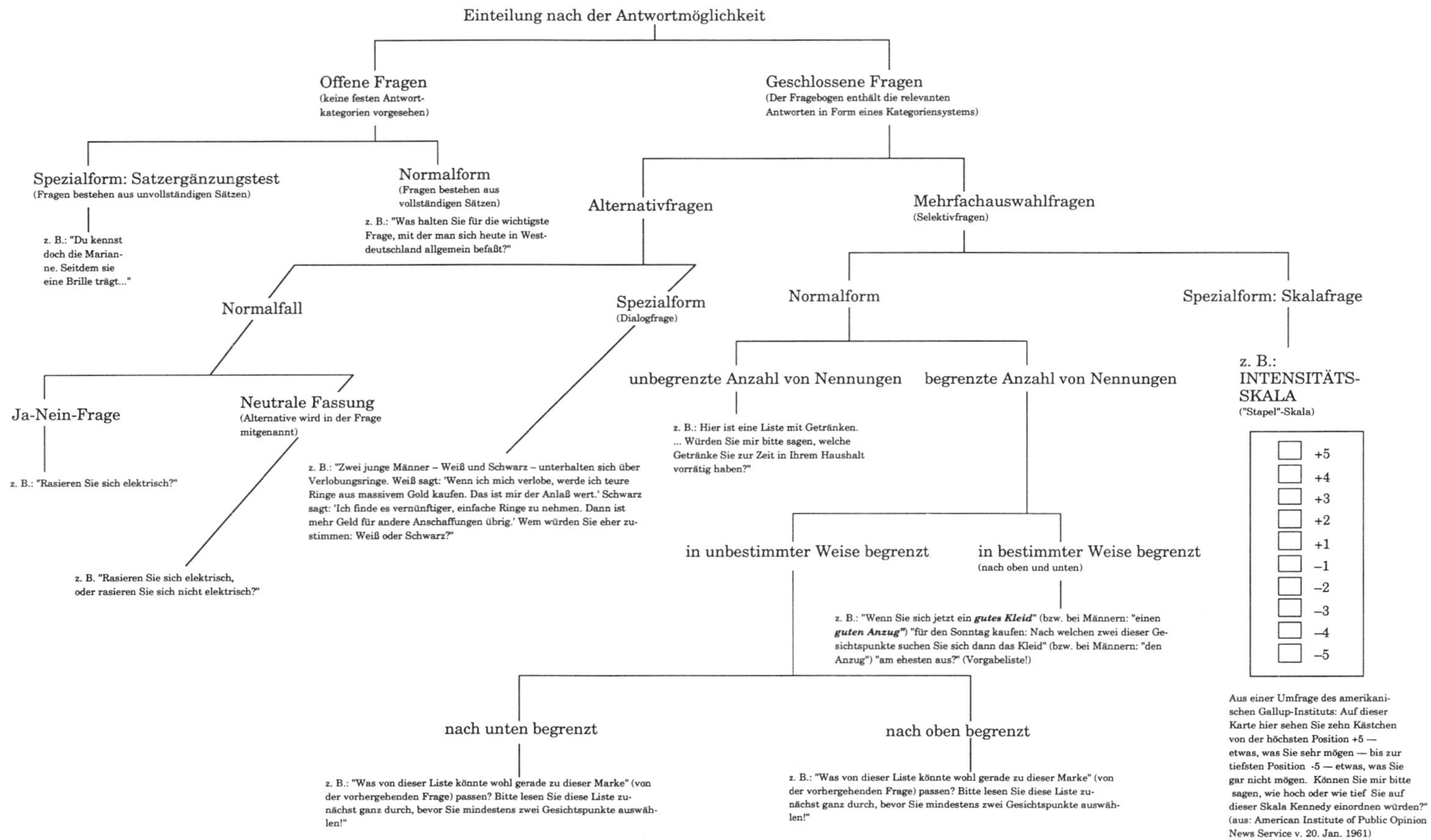
Einteilung nach der Antwortmöglichkeit
Offene Fragen
(keine festen Antwortkategorien vorgesehen)
Geschlossene Fragen
(Der Fragebogen enthält die relevanten Antworten in Form eines Kategoriensystems)
Spezialform: Satzergänzungstest
(Fragen bestehen aus unvollständigen Sätzen)
z. B.: "Du kennst doch die Marianne. Seitdem sie eine Brille trägt..."
Normalform
(Fragen bestehen aus vollständigen Sätzen)
z. B.: "Was halten Sie für die wichtigste Frage, mit der man sich heute in Westdeutschland allgemein befaßt?"
Alternativfragen
Mehrfachauswahlfragen
(Selektivfragen)
Normalfall
Spezialform
(Dialogfrage)
Normalform
Spezialform: Skalafrage
Ja-Nein-Frage
z. B.: "Rasieren Sie sich elektrisch?"
Neutrale Fassung
(Alternative wird in der Frage mitgenannt)
z. B. "Rasieren Sie sich elektrisch, oder rasieren Sie sich nicht elektrisch?"
z. B.: "Zwei junge Männer – Weiß und Schwarz – unterhalten sich über Verlobungsringe. Weiß sagt: 'Wenn ich mich verlobe, werde ich teure Ringe aus massivem Gold kaufen. Das ist mir der Anlaß wert.' Schwarz sagt: 'Ich finde es vernünftiger, einfache Ringe zu nehmen. Dann ist mehr Geld für andere Anschaffungen übrig.' Wem würden Sie eher zustimmen: Weiß oder Schwarz?"
unbegrenzte Anzahl von Nennungen
z. B.: Hier ist eine Liste mit Getränken. ... Würden Sie mir bitte sagen, welche Getränke Sie zur Zeit in Ihrem Haushalt vorrätig haben?"
begrenzte Anzahl von Nennungen
z. B.:
INTENSITÄTS-SKALA
("Stapel"-Skala)
+5
+4
+3
+2
+1
–1
–2
–3
–4
–5
Aus einer Umfrage des amerikanischen Gallup-Instituts: Auf dieser Karte hier sehen Sie zehn Kästchen von der höchsten Position +5 — etwas, was Sie sehr mögen — bis zur tiefsten Position -5 — etwas, was Sie gar nicht mögen. Können Sie mir bitte sagen, wie hoch oder wie tief Sie auf dieser Skala Kennedy einordnen würden?" (aus: American Institute of Public Opinion News Service v. 20. Jan. 1961)
in unbestimmter Weise begrenzt
in bestimmter Weise begrenzt
(nach oben und unten)
z. B.: "Wenn Sie sich jetzt ein gutes Kleid" (bzw. bei Männern: "einen guten Anzug") "für den Sonntag kaufen: Nach welchen zwei dieser Gesichtspunkte suchen Sie sich dann das Kleid" (bzw. bei Männern: "den Anzug") "am ehesten aus?" (Vorgabeliste!)
nach unten begrenzt
z. B.: "Was von dieser Liste könnte wohl gerade zu dieser Marke" (von der vorhergehenden Frage) passen? Bitte lesen Sie diese Liste zunächst ganz durch, bevor Sie mindestens zwei Gesichtspunkte auswählen!"
nach oben begrenzt
z. B.: "Was von dieser Liste könnte wohl gerade zu dieser Marke" (von der vorhergehenden Frage) passen? Bitte lesen Sie diese Liste zunächst ganz durch, bevor Sie mindestens zwei Gesichtspunkte auswählen!"

4.1.1.1 Schriftliche Befragungen

Bei schriftlichen Befragungen geht es, bevor mit dem Aufbau eines Fragebogens begonnen werden kann, darum

- Untersuchungsziele
- Untersuchungsaufgaben und die
- Programmfragen

festzulegen.

Unter **Programmfragen** *(Noelle-Neumann)* versteht man Fragen, die Untersuchungsaufgaben lösen, aber nicht immer im Hinblick auf das Unternehmensziel in der beabsichtigten Form gestellt werden können. Derartige Programmfragen müssen deshalb in **Textfragen** übersetzt werden, um den objektiven Sachverhalt feststellen zu können.

Als **Gründe**, die eine Übersetzung von Programmfragen in Textfragen erforderlich machen, können sich ergeben *(Noelle):*

„1. Weil sprachliche Verständigungsschwierigkeiten bestehen, weil die Begriffe, mit denen die Beweisfrage oder die Untersuchungsaufgabe formuliert ist, der Bevölkerung nichts sagen, oder weil sie falsch verstanden oder auch verschieden ausgelegt werden, weil sie vieldeutig sind oder suggestiven Charakter haben, weil sie emotionell „geladen" sind."

2. Weil die Beweisfragen oder Untersuchungsaufgaben oft abstrakter Art sind, sodass die Intelligenz vieler Befragter nicht ausreicht, sie zu verstehen. Die Bevölkerung antwortet umso ergiebiger und treffender, je konkreter die Testfragen formuliert sind.

3. Weil die sprachliche Begabung der Befragten nicht ausreicht oder durch Verschlossenheit, Schüchternheit zu sehr gehemmt wird um auf Anhieb die Meinung oder Er-fahrung oder Verhaltensweise usw., nach der gefragt wird, zutreffend zu beschreiben.

4. Weil die Beobachtungsgabe nicht ausreicht, weil also die Sachverhalte, nach denen gefragt wird, nicht oder nur ungenau wahrgenommen werden.

5. Weil die Erinnerung zu schwach ist um zuverlässlich Auskünfte zu geben. Die Wahrnehmung fand statt, ist aber ganz oder teilweise wieder ausgelöscht.

6. Weil Ermüdung die Aussagefähigkeit oder -bereitschaft zerstören kann. Viele Forschungsziele oder auch Techniken verlangen vom einzelnen Befragten eine große Zahl von Auskünften, die nur durch geeignete „Übersetzung" verlässlich, ohne Ermattung, erlangt werden.

7. Weil Höflichkeit gegenüber dem Interviewer oder dem vermeintlichen Auftraggeber („Sponsorship-effect" heißt es in der anglo-amerikanischen Fachsprache) die Antworten beeinflussen könnte.

8. Weil Misstrauen oder Angst politischer, wirtschaftlicher, gesellschaftlicher oder religiöser Art die Befragten am Sprechen hindern könnte.

9. Weil das Prestige-Bedürfnis die Antworten verfälschen könnte. (Dieser Faktor spielt jedoch eine geringere Rolle, als man allgemein annimmt.)

10. Weil die Ermittlungen Sachverhalte betreffen, die als persönliche, private Fragen empfunden werden, über die man einem Außenstehenden nichts mitteilen will (dieser Grund, eine Frage nicht beantworten zu wollen, wird am ehesten einleuchten, aber in der Praxis spielt er eine verhältnismäßig geringe Rolle).

11. Weil Rationalisierungen und Selbsttäuschungen aller Art die Antworten verzerren. Das Bedürfnis, widerspruchsfrei, „vernünftig" zu antworten, ist hier zuzuordnen. Daraus erwachsen für die Fragebogen-Konstruktion erhebliche Komplikationen.

12. Weil bei vielen Untersuchungen nach Sachverhalten, Verhaltensweisen oder Einstellungen geforscht wird, die den Befragten unbewusst sind; sie können also auch bei gutem Willen, direkt befragt, keine Auskunft geben.

An den **Aufbau eines Fragebogens** sollte unter Beachtung folgender Gesichtspunkte herangegangen werden, die sich in erster Linie auf den Befragten beziehen *(Noelle):*

„1. der Notwendigkeit, den Befragten zu motivieren, ein sehr wichtiger Punkt, weil das Interview freiwillig gewährt wird;

2. der Absicht, die Auskunftsfähigkeit zu optimieren;

3. der Einsicht, dass das demoskopische Interview außerordentlich störanfällig ist. Der Fragebogenaufbau kann Störungen bewirken, aber auch ausschalten;

4. dem Versuch, eine möglichst große Einheitlichkeit im Ablauf der Befragung zu erreichen als Voraussetzung jeder statistischen Behandlung des Materials: Man kann nur zählen, wenn man zuvor Vergleichbarkeit, Einheitlichkeit hergestellt hat."

Bevor der Aufbau des Fragebogens endgültig festgelegt wird, sind neben den erforderlichen Sachfragen auch Fragen aufzunehmen, die für den eigentlichen Befragungsablauf von technischer und psychologischer Bedeutung sind:

(1) **Kontakt- und Eisbrecherfragen**

Am Anfang des Fragebogens sollen so genannte Einleitungs- und Kontaktfragen stehen, die das Interesse und die Kommunikationsbereitschaft des zu Befragenden wecken sollen. Es ist empfehlenswert, sie möglichst einfach und neutral zu halten.

(2) **Übergangs- und Vorbereitungsfragen**

Ihre Aufgabe besteht darin, den Ablauf der Gedankengänge in die beabsichtigte Richtung zu lenken oder den Wechsel des Themas zu erleichtern, z. B. bei Omnibusbefragungen.

(3) **Ablenkungs- und Pufferfragen**

Um die Beantwortung später folgender Fragen nicht zu stark von den bisherigen Fragen und den Einstellungen dazu abhängig zu machen, empfiehlt es sich, so genannte Ablenkungsfragen in den Fragebogen einzubauen. „Pufferfragen" oder „Auslöscherfragen", die zwischen thematisch verwandte Fragen eingeschoben werden, haben die Aufgabe, durch Wegführen vom bisherigen Thema etwaige Ausstrahlungseffekte zu beseitigen.

(4) **Motivationsfragen**

Motivationsfragen sollen die Antwortbereitschaft erhöhen, das Selbstvertrauen des Befragten heben und eventuelle Hemmungen abbauen.

(5) **Kontrollfragen**

Mit Kontrollfragen soll festgestellt werden, ob bisher gestellte Fragen wahrheitsgemäß beantwortet wurden und ob der Befragte auch die Fragen genau verstanden hat.

(6) **Fragen zur Person**

Mit den Fragen zur Person des Befragten sollten Befragungen abgeschlossen werden, weil die Auskunftsperson am Ende der Befragung auskunftsfreudiger, aber auch müder als zu Beginn ist. Zudem werden meist keine psychologischen Abwehrreaktionen auftreten.

Der allgemeine Ablauf von Befragungen lässt sich wie folgt grafisch veranschaulichen (siehe Abb. S.175):

Am Anfang steht in der Regel die Erteilung eines Marktforschungsauftrags an ein Marktforschungsinstitut bzw. ein Problem, für das Informationen zu beschaffen sind. Daran sollte sich zuerst eine Sammlung, Sichtung und Analyse vorhandenen sekundärstatistischen Materials anschließen.

Diese Analyse dient sowohl zur Kenntnis vorhandener Daten als auch zur Information über das Untersuchungsziel. Dem wird in vielen Fällen eine Befragung von Experten folgen, um den Untersuchungsgegenstand genauer festlegen und abgrenzen zu können.

Nach diesen grundlegenden Vorarbeiten folgt eine erste grobe Festlegung des der Befragung zu Grunde liegenden Fragebogens. Im Anschluss an die „Fragebogengrobstruktur" kann „zweigleisig" weiter vorgegangen werden.

Gleichzeitig kann das Auswahlverfahren festgelegt werden und damit zusammenhängende Fragen sowie der Fragebogen überarbeitet und in Druck gegeben werden. Im Anschluss daran erfolgt die Durchführung der Interviews, der sich die „Auswertungsphase" anschließt, die mit der Fertigstellung des Berichtsbandes endet.

13 Seite 623

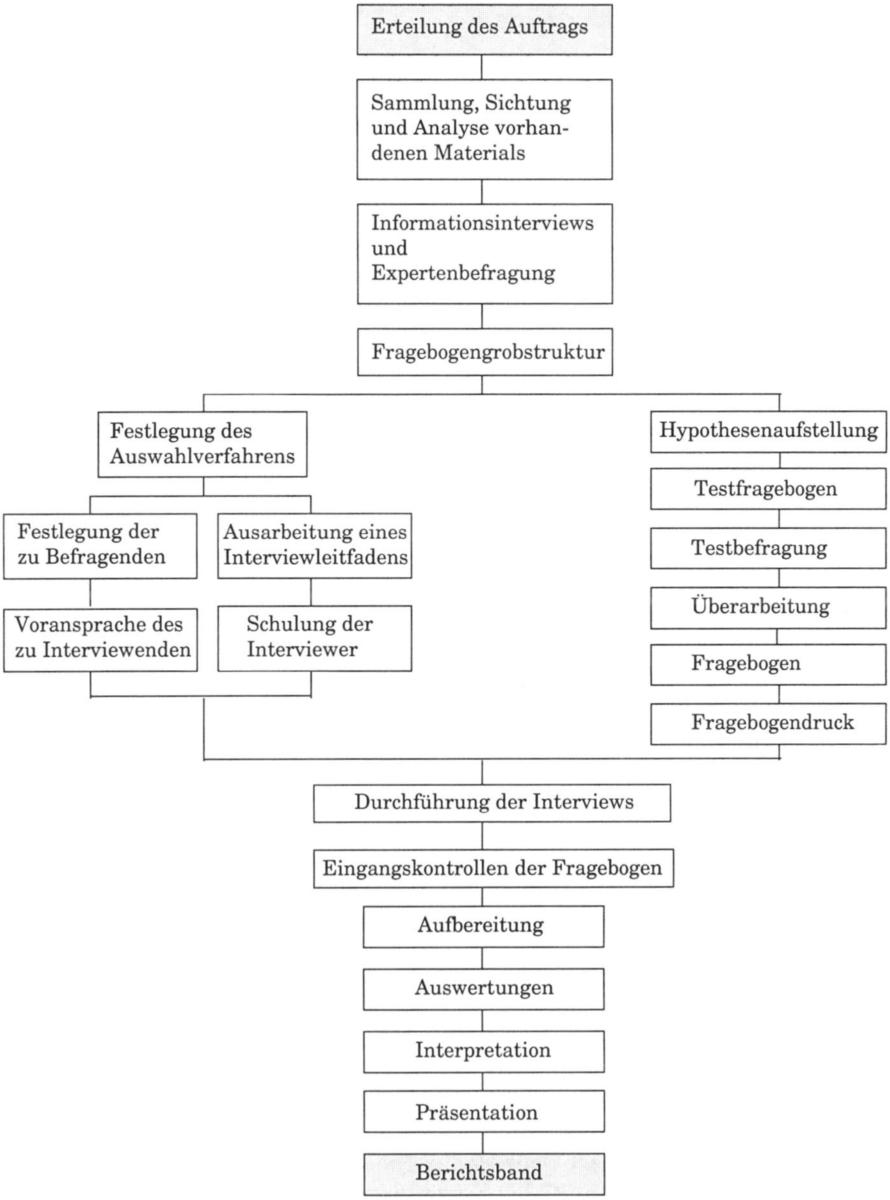

Ablauf einer Befragung

4.1.1.2 Mündliche Befragungen

Mündliche Befragungen können gestaltet werden als:

- Interviews
- Telefonische Befragungen
- Gruppeninterviews.

Bei **mündlichen Befragungen** wird der Kontakt zu den Befragenden direkt persönlich von Person zu Person oder durch Einschaltung des Telefons, Computers bzw. Internets hergestellt. Mündliche Befragungen (Interviews) haben den größten Anteil an allen Befragungen mit ca. 75 %. Die Dauer variiert in Abhängigkeit von der Kommunikationsform und dem Kommunikationsweg. Gruppeninterviews dauern i.d.R. länger als persönliche oder telefonische Befragungen. So sollten z.B. persönliche Inhouse-Befragungen maximal 30 und Outdoor-Befragungen i.d.R. nicht mehr als ca. 5-6 Minuten betragen.

In einer persönlichen mündlichen Befragung kann im Prinzip jede Person befragt werden. Der Interviewer stellt Fragen und hält die folgende Antwort des Interviewten auf einem Fragebogen oder auf PC bzw. Laptop oder PDA fest. Das persönliche Interview bietet dabei den Vorteil, auch komplexe Fragen stellen zu können sowie zu überprüfen, ob die gestellten Fragen auch verstanden werden. Hier liegt ein Vorteil in der Qualität der so erhobenen Daten, vorausgesetzt die Interviewer sind entsprechend ausgewählt und geschult. Die Gefahr ist jedoch gegeben, dass durch den Intervieweinfluss Verzerrungen entstehen können. Oft sprechen auch die lange Zeitdauer und die hohen Kosten gegen eine mündliche Befragung. Ein wesentlicher Vorteil ist jedoch i.d.R. in der hohen Antwortquote zu sehen. Dies liegt u.E. darin begründet, dass die Verweigerungsquote bei dieser Art der Kommunikation geringer als bei anderen ist. Während beim Quotenverfahren, bei dem der Interviewer eine 100 %-ige Ausschöpfung erreicht, dieses Problem sich nicht auswirkt, wird bei Stichprobenverfahren meist nur eine Ausschöpfung von 70 bis 90 % erreicht.

Dabei bieten sich unterschiedliche Möglichkeiten der Gestaltung an, auf die hier jedoch nicht näher eingegangen werden soll (siehe u.a. *Weis / Steinmetz* (2002) S. 101 f.)

4.1.1.3 Internetbasierte Erhebungen

Erhebungen, die sich des Internets als Medium bedienen, gewinnen mehr und mehr an Bedeutung. Allgemein nehmen Online- bzw. Internetbefragungen immer mehr im Vergleich zu anderen Erhebungsformen zu.

Nach dem Arbeitskreis deutscher Markt- und Sozialforschungsinstitute versteht man unter Internet-Befragungen Erhebungen, bei denen Teilnehmer einen Fragebogen

- auf dem Server des Forschungsinstituts oder Providers mittels Internet online ausfüllen oder
- vom Server mittels Internet herunterladen und per E-Mail beantworten oder
- in ein E-Mail integriert zugeschickt bekommen und auf die gleiche Weise zurücksenden.

Grundsätzlich lässt sich **Online-Marktforschung** allgemein wie in der folgenden Abbildung dargestellt, einteilen. Im Folgenden wird primär auf den Aspekt der Primärforschung kurz näher eingegangen.

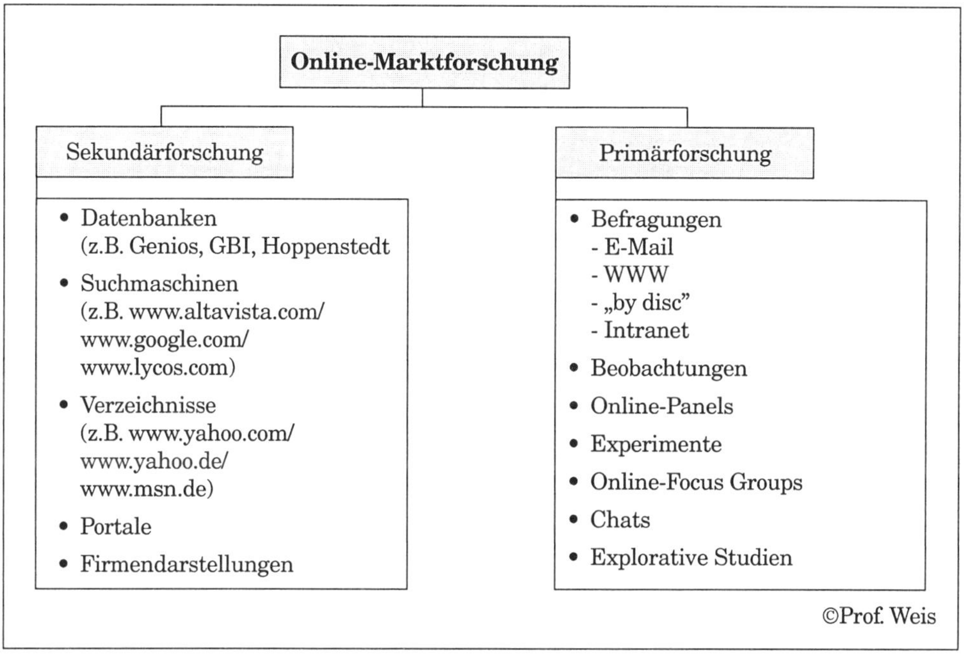

Grundsätzliche Möglichkeiten der Online-Marktforschung

Von den verschiedenen Möglichkeiten, Primärerhebungen über das Internet durchzuführen, soll hier nur auf Folgendes hingewiesen werden auf (Im Einzelnen siehe *Weis / Steinmetz*: Marktforschung 2002, S. 96 f.):

- E-Mail-Befragungen
- WWW-Befragungen
- User-Network
- Internet-Telefonkommunikation
- Internet-Videokommunikation.

Wie Online-Marktforschung an verschiedenen Untersuchungen im Jahr 2005 beteiligt sein wird, vermittelt die Abbildung auf S. 178.

Insgesamt wird für 2003 ein **Anteil der internetbasierten Befragungen** von 6 bis 7 Prozent an allen Befragungsarten erwartet (2001 betrug er 4 %). Besonders bei Kundenzufriedenheitsstudien, Panel-Befragungen, Ad-hoc-Befragungen, Testmarktsimulationen (virtuelle Realitäten) werden hohe Zuwachsraten erwartet.

Für ein Wachstum bei Online-Erhebungen sprechen nicht zuletzt auch die niedrigen Kosten im Verhältnis zu anderen Erhebungsformen (vgl. Abb S. 178.).

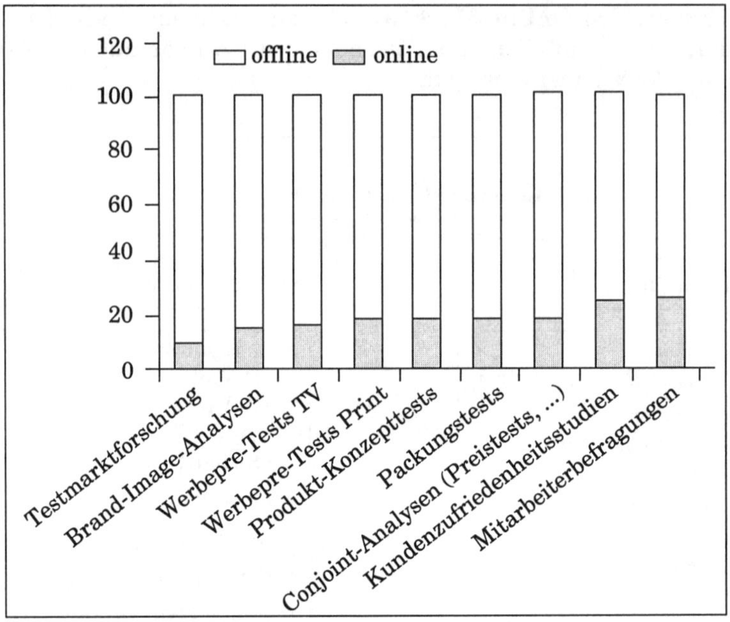

Anteil an Untersuchungen im Jahre 2005

Quelle: Dialego

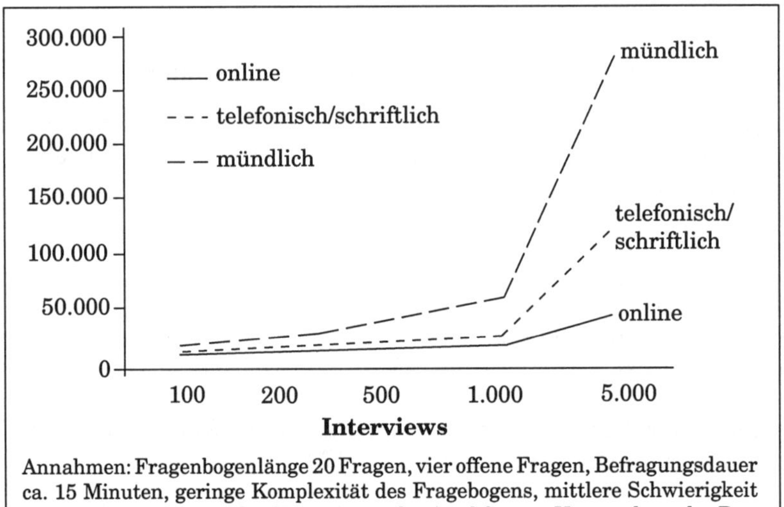

Annahmen: Fragenbogenlänge 20 Fragen, vier offene Fragen, Befragungsdauer ca. 15 Minuten, geringe Komplexität des Fragebogens, mittlere Schwierigkeit der Befragung, hohes Qualitätsniveau der Ausführung, Verwendung der Produktgattung von ca. 80 % der Bevölkerung

Kostenvergleich unterschiedlicher Erhebungswege

Quelle: Dialego

4.2 Beobachtung

Als Beobachtung kann man die planmäßige direkte Erhebung von Gegebenheiten und Verhaltensweisen verstehen, die nicht auf Fragen und Antworten beruht. Gegenstand der Beobachtung können Eigenschaften und Verhaltensweisen von Personen (z. B. Beobachtung des Kaufverhaltens, von Passanten, Lesern usw.) und von Sachen (z. B. Plazierung von Produkten in Regalen, Fernsehgerätebenutzung usw.) sein.

Beobachtungen lassen sich nach unterschiedlichen Kriterien einteilen, wie z. B. in der folgenden Übersicht dargestellt.

Beobachtung	
Kriterium	**Form**
• Art der Beobachtung	Feldbeobachtung – Laborbeobachtung
• Objekt	Einobjekt – Mehrobjekte
• Häufigkeit	Einmalbeobachtung – Mehrfachbeobachtung – Panelbeobachtung
• Beobachtungssituation	offen – biotisch – nicht biotisch
• Beobachtungsstrategie	standardisiert – nicht standardisiert
• Beobachtungsumfeld	real – experimentell
• Beobachter	teilnehmend – nicht teilnehmend
• Methode	menschlich – apparativ

Formen der Beobachtung

Quelle: *Weis/Steinmetz* (2002) S. 138

Bedeutsame **Anwendungsgebiete** sind:

- Beobachtung des Verkaufsverhaltens
- Blickregistrierung zur Analyse von Aufmerksamkeitswirkungen
- physiologische Messungen psychischer Variablen
- Zählen und Beobachten von Passanten
- Beobachten des Leserverhaltens
- Beobachten des Kaufverhaltens
- Beobachtung des Ausdrucks.

Obgleich hier einige Anwendungsbereiche aufgezeigt werden, sind die Anwendungsmöglichkeiten in der Praxis begrenzt. Die Datenerfassung bei der Beobachtung kann grundsätzlich durch den Einsatz von Beobachtern, durch technische Geräte und durch sog. indirekte Beobachtung erfolgen.

Wesentliche **Merkmale** der Beobachtung sind:

- Die Informationen können ohne die Auskunftsbereitschaft der Beobachteten gewonnen werden.
- Die erhaltenen Informationen erfolgen in der Praxis seitens des Beobachtungsobjekts unbewusst.
- Die Beobachtung bezieht sich auf die Gegenwart. Der Beobachter muss demzufolge bei Eintritt des beobachtenden Ereignisses am Ort der Beobachtung sein.

4.2.1 Arten

Beobachtungen lassen sich nach verschiedenen Kriterien unterteilen:

- Nach der **Häufigkeit** der Beobachtung.

  Bei **einmaligen Beobachtungen** wird zu einem bestimmten Zeitpunkt eine Beobachtung durchgeführt, während bei **wiederholten Beobachtungen** (z. B. Panels) im Prinzip gleiche Personen/Situationen zu verschiedenen Zeitpunkten registriert werden.

- Nach der **Standardisierung** der Beobachtung.

  Bei der **standardisierten** (strukturierten) **Beobachtung** werden die Informationen nach genau festgelegten Kriterien gewonnen. Mithilfe der **nicht standardisierten** (nicht strukturierten) **Beobachtung** – vergleichbar dem unstrukturierten Interview – werden Informationen ohne genau festgelegte Beobachtungssituation und -kriterien gewonnen.

- Nach **sonstigen Kriterien**.

  Auf die sonstigen Einteilungsmöglichkeiten von Beobachtungen wie Individual- und Gruppenbeobachtungen sowie Ein-Objekt- und Mehr-Objekt-Beobachtungen soll hier nicht näher eingegangen werden.

4.2.2 Analyse

Bei der Anwendung von Beobachtungen in der Praxis stehen den Vorteilen aber auch bestimmte Nachteile gegenüber, sodass insgesamt die Einsatzmöglichkeiten auf bestimmte Bereiche begrenzt bleiben.

Im Einzelnen zeigt die folgende Übersicht die **Vor- und Nachteile von Beobachtungen** auf.

Beobachtung	
Vorteile	**Nachteile**
○ kein Interviewereinfluss ○ Auskunftsbereitschaft ist nicht erforderlich ○ kostengünstig ○ reales Verhalten wird ermittelt (Feldbeobachtungen) ○ bei entsprechender Situation erhält man „wirklichkeitsgetreue" Ergebnisse	○ Motive des Verhaltens werden nicht erkannt ○ Beobachtete verhalten sich bewusst anders (Laborbeobachtung) ○ Beobachtete überlegen über die Ziele der Beobachtung (Laborbeobachtung) ○ Personen zeigen „Laborsituationsverhalten" ○ in bestimmten Situationen relativ hohe Kosten ○ Probleme bei Standardisierung

4.3 Experiment

Das Wesen des Experiments besteht darin, dass versucht wird, **durch Veränderung der Wirkung einer Größe oder mehrerer Größen die Auswirkungen aus diesen Veränderungen auf andere Größen aufzuzeigen**. Oder anders ausgedrückt: Man führt bewusst eine Veränderung herbei und versucht, die Entwicklung aufgrund dieser Veränderung zu ermitteln. Dieses Vorgehen wird allgemein als „Test" bezeichnet.

4.3.1 Arten

Experimente (Tests) lassen sich nach unterschiedlichen **Kriterien** einteilen, von denen einige kurz skizziert werden:

- Nach der **Art der Ermittlung** der Ergebnisse kann zwischen Befragungs- und Beobachtungsexperimenten unterschieden werden. Bei **Befragungsexperimenten** werden durch Fragen die relevanten Informationen ermittelt. Bei **Beobachtungsexperimenten** wird durch Beobachtung das Testergebnis festgestellt.

- Nach den **Bedingungen**, unter denen Experimente durchgeführt werden, kann man zwischen Feldexperimenten und Laboratoriumsexperimenten differenzieren. **Feldexperimente** liegen dann vor, wenn das Experiment unter „normalen" Alltagsbedingungen, d. h. unter Bedingungen, die nicht infolge der Durchführung des Experiments eine Veränderung erfahren, erfolgt. Vorteil dieser Experimente ist die Realitätsnähe und die Verallgemeinerungsmöglichkeit der Ergebnisse. Wichtige Einsatzmöglichkeiten des Feldexperiments stellen Testmärkte und Markttests dar.

Laboratoriumsexperimente werden unter speziellen für den Test hergestellten Bedingungen durchgeführt.

- Nach dem **Einblick**, den Versuchspersonen in das Versuchsgeschehen erhalten, lassen sich mit *Spiegel* vier Gruppen von Experimenten unterscheiden:

  - Experimente mit offener Versuchssituation, bei denen die Versuchsperson den Zweck, ihre Aufgabe und ihre Situation kennt;

  - Experimente mit nicht durchschaubarer Versuchssituation, bei denen die Versuchsperson Einblick in ihre Aufgabe und ihre Situation als Versuchsperson, nicht aber in den Zweck des Versuchs hat;

  - Experimente in quasibiotischer Situation, bei welchen der Versuchsperson Situation, nicht aber Zweck des Versuchs und eigentliche Aufgabe bekannt sind;

  - Experimente in biotischer Situation, in der die Versuchsperson sich in Unkenntnis aller Untersuchungsgegebenheiten befindet.

4.3.2 Typen

Experimente als entsprechend angelegte Untersuchungen lassen sich in vier Experimenttypen einteilen, und zwar unterschieden nach:

- der Messung an nur einer Gruppe oder an zwei verschiedenen zusammengesetzten Gruppen und

- der Vornahme des Zeitpunktes der Messung vor oder nach der Auswirkung des Testfaktors.

Die Darstellung erfolgt durch Benutzung der Abkürzungen aus der englischen Sprache für die verwendeten Begriffe. So steht:

E = Versuchsgruppe (Experimental Group)

C = Kontrollgruppe (Control Group)

B = before

A = after

Grundsätzlich ergeben sich vier verschiedene Typen:

Lfd. Nr.	Typ		Versuchsgruppe	Kontrollgruppe	Faktorwirkung
1	**EBA**	Zeitpunkt vor Auswirkung des Testfaktors (B)	x_0	-	$x_1 - x_0$
		Zeitpunkt nach Auswirkung des Testfaktors (A)	x_1	-	
2	**CB-EA**	B	-	y_0	$x_1 - y_0$
		A	x_1	-	
3	**EBA-CBA**	B	x_0	y_0	$(x_1 - x_0) - (y_1 - y_0)$
		A	x_1	y_1	
4	**EA-CA**	B	-	-	$x_1 - y_1$
		A	x_1	y_1	

Die Messung erfolgt dabei durch einen Vergleich des sich ergebenden Endwertes mit einem **Bezugs-** oder **Anfangswert**. Je nachdem, ob End- und Bezugswert gleichzeitig hintereinander gemessen werden, lässt sich vom Simultanexperiment oder Sukzessivexperiment sprechen. Simultanexperimente haben dabei den Vorteil, dass keine so genannten „carry-over-effects" (z. B. aufgrund von Lernvorgängen) als Störgrößen auftreten.

Beschreibung der einzelnen Typen:

(1) **EBA-Typ** entspricht bei gleich bleibendem Untersuchungsobjekt dem Panel. Er ist ein Sukzessivexperiment mit Versuchsgruppe. Bei diesem Typ ist die Gefahr von störenden carry-over- und Entwicklungseffekten gegeben.

(2) **CB-EA-Typ** stellt ein Sukzessivexperiment mit mindestens zwei Gruppen dar. Die erste Messung erfolgt in der Kontrollgruppe, die zweite Messung erfolgt in der Versuchsgruppe. Hier wirken sich nur Entwicklungstendenzen störend aus (Beispiel: Tendenzfrage).

(3) **EA-CA-Typ** ist ein Simultanexperiment mit mindestens zwei Gruppen. Die C-Gruppe liefert den Bezugswert, die E-Gruppe den Endwert. Hier können nur Entwicklungseffekte auftreten, wirken sich jedoch infolge der speziellen Anordnung nicht störend aus. Da die Gleichheit von E- und C-Gruppe in der Ausgangssituation meist hergestellt werden kann, wird dieser Typ oft in der Marktforschung angewendet.

(4) **EBA-CBA-Typ** ist ein simultanes Sukzessivexperiment mit C- und E-Gruppe. Dabei können zwar carry-over- und Entwicklungseffekte auftreten, infolge der entsprechenden Anordnung machen sich carry-over-Effekte jedoch nicht störend bemerkbar. Der Entwicklungseffekt lässt sich ermitteln.

4.3.3 Tests

In der Praxis finden sich verschiedene Anwendungen von Experimenten in Form verschiedener Testtypen. Diese Tests lassen sich nach unterschiedlichen Kriterien einordnen, wie z. B.

- nach dem **Ort** der Testdurchführung in Markt-, Studio- oder Home-use-test,

- nach dem **Objekt** des Tests in Produkttest, Preistest, Namenstest usw.,

- nach den **Testpersonen** in Tests mit aktuellen Konsumenten, potenziellen Konsumenten, Experten usw.,

- nach der **Testdauer** in Kurzzeittest und Langzeittest,

- nach dem **Testumfang** in Voll- bzw. Partialtest eines Produktes,

- nach der **Anzahl** der zu testenden Produkte in Einzeltests und Vergleichstests (mindestens zwei Produkte),

- nach der **Praxis** der Testsituation in Tests auf einem Markt- (Feld-) bzw. einem Labortestmarkt.

Im Folgenden soll nicht auf alle Aspekte der Testmöglichkeiten eingegangen werden. Vielmehr sollen nur zwei Bereiche untersucht werden und zwar:

- die verschiedenen Tests bei einer probeweisen Einführung eines Produktes auf dem Markt, wie der regionale Markttest, der Minimarkttest und der Storetest sowie

- die Testformen, die sich auf einzelne marketingpolitische Instrumente, wie z. B. Produkttest, Preistest, Verpackungstest, Namenstest usw. beziehen.

Im Rahmen der Praxistests werden im Folgenden betrachtet:

- regionale Markttests,
- lokale Markttests (Minimarkttests) und
- Ladentests (Store-tests).

Bei regionalen **Markttests** handelt es sich um die versuchsweise Einführung von Produkten in einem regional begrenzten Teilmarkt unter kontrollierbaren Bedingungen. Dabei soll der Teilmarkt im Prinzip repräsentativ für den Gesamtmarkt sein, was in der Praxis oft nicht hinreichend zu gewährleisten sein wird. Mithilfe eines Markttests lassen sich z.B. die Verhaltensweisen von Käufern, dem Handel und zum Teil der Konkurrenz erfassen. Markttests gehören zu den am besten entwickelten Feldexperimenten (vgl. Testmarktdaten der A.C. Nielsen GmbH; Nielsen S. 35).

Bei **Minimarkttests** wird in einer kleinen Stadt (z. B. Bad Kreuznach, Reutlingen, Buxtehude) das Produkt und die Effizienz der marketingpolitischen Maßnahmen im Hinblick auf die Verhaltensweise der Käufer getestet. In der Bundesrepublik werden verschiedene lokale Testmärkte von Marktforschungsinstituten für Testzwecke angeboten (TELERIM und Behavior Scan).

Beim **Ladentest (Store-test)** werden Produkte in ca. 20 bis 30 Ladengeschäften versuchsweise zum Kauf angeboten. Dadurch soll möglichst schnell ermittelt werden, wie sich ein Produkt absetzen lässt. Diese Methode ist relativ schnell und kostengünstig durchführbar, liefert jedoch i.d.R. keine repräsentativen Ergebnisse. Alle Tests haben die Aufgabe, Informationen über die Akzeptanz und Verhaltensweisen der Käufer und des Marktes zu gewinnen um die bestmöglichen Entscheidungen im Hinblick auf das Produkt und die marketingpolitischen Entscheidungen zu fällen. Im Einzelnen siehe zu den genannten Tests: *Weis / Steinmetz*, Marktforschung, 5. Auflage, Ludwigshafen 2002.

Im Folgenden werden einige Tests für Produkte bzw. die marketingpolitischen Instrumente im Hinblick auf den Erfolg eines Produktes kurz betrachtet. Dabei wird näher eingegangen auf den:

- Produkttest
- Preistest
- Verpackungstest
- Anzeigentest.

4.3.3.1 Produkttest

Mithilfe eines Produkttests will man eine Beurteilung eines marktreifen Produktes durch Testpersonen erreichen um die Produkteinwirkung, - wahrnehmung bzw. das Produkterlebnis der Testpersonen zu ermitteln. Die Beurteilung kann sowohl für das gesamte Produkt als auch für Teile des Produkts, wie z. B. Preis, Verpackung, Form, Namen usw. erfolgen.

Die wesentlichen Ziele von Produkttests sind:

- Beurteilung und Akzeptanz des Produktes auf dem Markt
- Findung eventueller Produktalternativen
- Ermittlung der Bewertung verschiedener Produktalternativen (Reihenfolge)
- Findung des optimalen Marketing-Mix (Substanz, Funktion, Verpackung, Preis usw.)
- Test der Imagewirkung usw.

Die praktische Ausgestaltung von Produkttests kann sehr unterschiedlich erfolgen. Ein Überblick über die allgemeinen Möglichkeiten vermittelt die Übersicht von *Benad*.

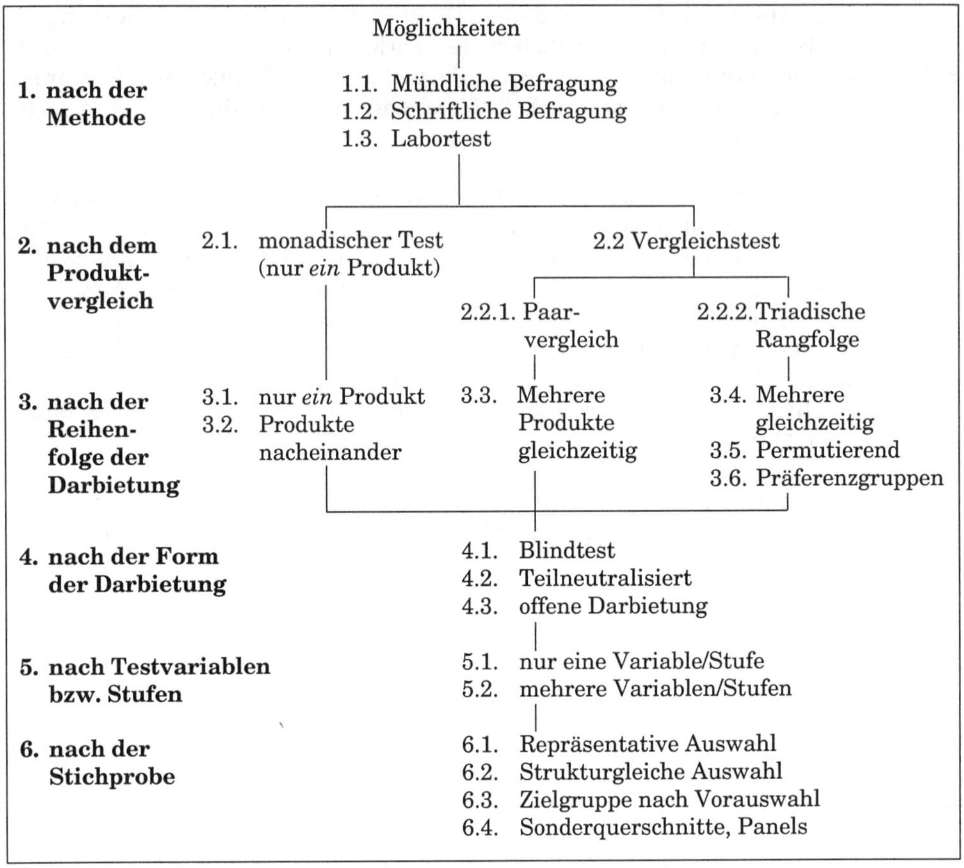

Übersicht von Gestaltungsmöglichkeiten von Produkttests

Quelle: in Erweiterung von *Benad, G.* (1978)

4.3.3.2 Preistest

Mithilfe von Preistests können sowohl Preiserwartung als auch mögliches Verbraucherverhalten auf eine bestimmte Preishöhe getestet werden. Allgemein können Preistests durchgeführt werden in der Form von:

- Preisschätzungstest,
- Preisreaktionstests,
- Preisbereitschaftstests und
- Preisklassentests.

Der Preistest kann im Studio durch Vorlage einer Abbildung oder durch Vorlage des Testproduktes durchgeführt werden. Daneben kann durch Praxisexperimente, d.h. Verkauf der Produkte in Einzelhandelsgeschäften über einen längeren Zeitraum der optimale Preis zu ermitteln versucht werden. So berichtet z. B. *Simon* (1998) von einer

Kaffeemarke, die in 58 Einzelhandelsgeschäften einer Handelskette über 24 Wochen beobachtet wurde, wobei die Preise variiert wurden, um zu einem marktanteilsgerechten Preis zu gelangen.

4.3.3.3 Verpackungstest

Bei dem Verpackungstest geht es darum, Informationen für die Gestaltung der Verpackung eines Produktes zu finden um eine möglichst hohe Produktakzeptanz beim Verbraucher zu erzielen. Manche Autoren unterscheiden zwischen Verpackungs- und Packungstests. Hier soll unter einem Verpackungstest oder Packungstest das gesamte Äußere eines Produktes verstanden werden, wie es sich einem potenziellen Käufer darbietet. So sind u.a. wahrnehmungspsychologische, motivationale und funktionale Faktoren zu testen. Im Einzelnen sind u.a. (vgl. *Compagnon Marktforschungsinstitut)* folgende Faktoren zu untersuchen:

- Aufmerksamkeitswert
- Display-Wirkung
- Gattungstypisches Aussehen
- Gestaltungsmerkmale
- Markenprägnanz
- Zielgruppenadäquanz
- Design
- Material
- Verpackungsgröße
- Verpackungseinheiten usw.

Für die Ermittlung verschiedener Werte werden verschiedene apparative Techniken wie z. B.

- tachistoskopische Messungen
- elektronische Produktbühne
- Blickaufzeichnung
- Hautwiderstandsmessungen usw.

im Rahmen von Studiotests durchgeführt. Daneben wird die Verpackung im Regalumfeld getestet um herauszufinden, wie schnell das gewünschte Produkt erkannt wird.

4.3.3.4 Anzeigentest

Anzeigen lassen sich vor und nach der Werbedurchführung testen. Infolgedessen unterscheidet man bei Anzeigentests (vgl. *Rehorn, J.* (1988), S. 3) in

(1) **Pretestverfahren**, wie z. B.

- Recalltest
- Recognitionstest
- Psychogalvanometerverfahren
- Pupillometer
- Tachistoskop
- Verfahren der psychischen Marktforschung

und

(2) **Posttestverfahren**

- Recalltest
- Recognitiontest
- Befragung
- Panel usw.

Einzelheiten siehe u.a. *Weis / Steinmetz*, Marktforschung, 5. Auflage, Ludwigshafen 2002.

4.4 Panel

Um nicht nur aufgrund der zu einem Zeitpunkt erhobenen Informationen entscheiden zu müssen, führt man über längere Zeiträume hinweg mehrfach Erhebungen durch um auch Aussagen über die Entwicklung von Daten machen zu können. Derartige zeitraumbezogene, dynamische Markterhebungen bezeichnet man als Panelerhebungen. *Hüttner* versteht unter einem Panel **einen bestimmten, gleich bleibenden, repräsentativen Kreis von Personen, der über einen längeren Zeitraum hinweg oder in gewissen Abständen über im Prinzip den gleichen Gegenstand befragt wird**.

4.4.1 Methodische Probleme

Bevor man ein Panel aufstellen kann, muss man folgende grundsätzlichen Probleme lösen:

- **Auswahl der Panelteilnehmer**

  Im Prinzip ist jedes beliebige Auswahlverfahren möglich, sofern gewährleistet ist, dass die Panelteilnehmer repräsentativ für die Grundgesamtheit sind.

- **Gewinnung und Erhaltung der Panelteilnehmer**
  Es ist dafür zu sorgen, dass Panelteilnehmer möglichst auskunftsbereit sind und bleiben. Dies kann durch Honorierung der Mitarbeit, aber auch durch eine auf Belange und Denkweise der Auskunftspersonen eingehende Betreuung erreicht werden.

- **Erhebung der Daten**

  Grundsätzlich können alle bekannten Methoden der Informationsbeschaffung, wie Beobachtung, Befragung oder eine Kombination beider Verfahren angewendet werden.

4.4.2 Arten

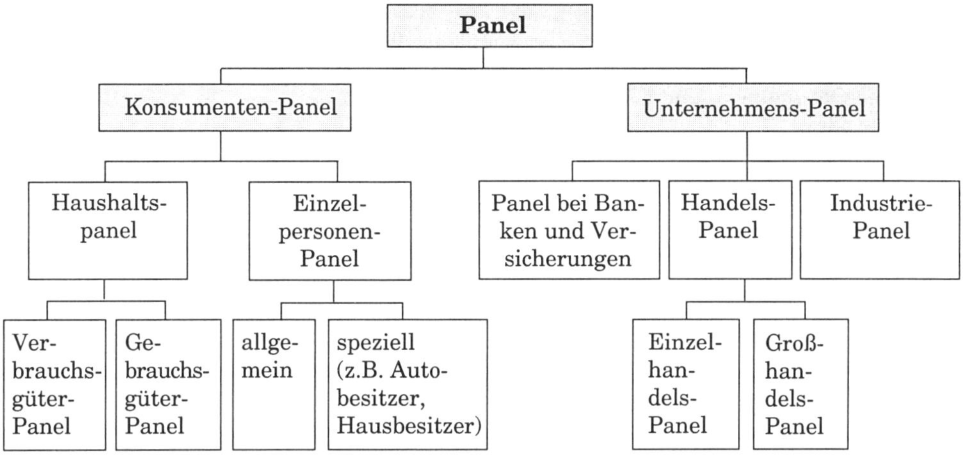

Je nach dem gefragten Personenkreis unterscheidet man folgende Arten von Panels: Für die Situation in der Praxis soll die Übersicht auf Seiten 189 und 190 Hinweise für die Vielfalt der Panelerhebungen in der Praxis geben.

Haushalts- und Verbraucherpanels	
• GfK-Fernsehpanel	• GfK-Dentalpanel
• GfK-Altenheimpanel	• GfK-Finanzmarktpanel
• GfK-Textil-Haushaltspanel	• GfK-Veterinärpanel
• GOI-Ärztepanel	• GPI-Apothekerpanel
• G & I Haushaltspanels	• G & I Frischepanel
• G & I Jugendpanel	• G & I Spielwarenpanel
• G & I Bücherpanel	• G & I Babypanel
• G & I Tonträgerpanel	• G & I Autofahrerpanel
• G & I Sport- und Freizeitpanel	• G & I Regionalpanels
• G & I Befragungspanels	• GFM Haushaltspanel
• GFM Individualpanel	• GFM Autolackepanel
• GFM Heizkessel/Wasseraufbereitung	• GFM Panel Baufarben
• GFM Panel Heizöl	• IfD Pkw-Besitzerpanel
• IfD Allensbach Hausfrauenpanel	• IfD Fotoamteur-Panel
• Infratest Krankenhauspanel	• BBF-Haushaltsreport

Handelspanels	
• Nielsen-Lebensmitteleinzelhandel-Index	– zweimonatliche und monatliche Daten
• Nielsen-Bier-Index	– incl. Getränke- und Abholmärkte
• Nielsen-Süßwaren-Index	– Kioske, Tankstellen, Bäckereien
• Nielsen-Gesundheits- und Körperpflegemittel-Index	
• Nielsen-Pharmazeutischer Index	
• Nielsen Reformhaus-Index	
• Nielsen-Audio-Video-Index	
• Nielsen-Elektro-Index	
• Nielsen-Telekom-Index	
• Nielsen-DIY-Index	– Hausrat-, Eisenwarengeschäfte – Bau- und Heimwerkermärkte – Tapeten-, Farben- und Lackgeschäfte – Garten-Fachgeschäfte
• Nielsen-Papier-, Büro-, Schreibwaren-Einzelhandels-Index	
• Nielsen-Produktbeschaffungs-Dienst	
• Nielsen-Gebrauchsgüter-Index	
• Nielsen-Scantrack-Service	– Wöchentliche, artikelgenaue Daten aus Scanner-Geschäften
• Nielsen-Key-Account-Service	– Absatz- und Preisinformationen namentlich benannter Handelsorganisationen
• Nielsen-Handelsbefragung	
• GfK-Gastronomie-Panel	• GfK-Glas-, Porzellan-, Keramik-Panel
• GfK-Sport-Panel	• GfK-Tapeten-, Farben-, Lacke-Panel
• GfK-Schuhfachhandel-Panel	• GfK-Baumarkt-Panel
• GfK-Spielwaren-Panel	• GfK-Gartenmarkt-Panel
• GfK-Foto-Panel	• GfK-Schmuck-Uhren-Panel
• GfK-Elektro-Panel	• GfK-Möbel-Panel
• GfK-Hausrat/Eisenwaren-Panel	• GfK-Augenoptiker-Panel
• GfK-Kfz-Zubehör-Panel	• GfK-Telekom-Panel
• GfK-Papier-, Büro-, Schreibwaren-Panel	
• GfK-Büromaschinen-, Büromöbel-, Organisationsmittel-Panel	
• GfK-Basis-Panel	– Lebensmitteleinzelhandel gesamt
• GfK-Leader-Panel	– Lebensmitteleinzelhandelsgeschäfte über 400 qm Verkaufsfläche
• GfK-Drug-Panel	– Drogerie-Fachhandel
• GfK-Scanner-Panel	– Wöchentliche Abverkaufsdaten aus Scannermärkten
• GfK-Cash+Carry-Panel	
• IMP-Angebotsanalyse	– Auswertung von Händleranzeigen in Tageszeitungen, Handzetteln, Anzeigenblättern, Kundenzeitschriften

Verschiedene Panels in der Praxis

Einige Marktforschungsinstitute haben zur Ermittlung bestimmter Sachverhalte (z.B. Fernseheinschaltquoten) oder zur Erhebung bei bestimmten Auskunftsstellen (z.B. Ärzten, privaten Kraftfahrzeugbesitzer) Spezialpanels geschaffen.

Stellvertretend für alle Panels sollen der Einzelhandelspanel *(Nielsen)* und der Haushaltspanel (GfK, GfM) näher betrachtet werden.

4.4.2.1 Einzelhandelspanel

Beim Einzelhandelspanel liegt die Entwicklung in ausgewählten Einzelhandelsbetrieben im Vordergrund des Interesses. Seit 1954 bietet die A.C. Nielsen Company auch in Deutschland einen Einzelhandelspanel (Nielsenpanel) an.

In Abständen von 2 Monaten (61 Tagen) werden in 1.000 Einzelhandelsgeschäften, die einen repräsentativen Querschnitt durch den Umsatz aller Geschäfte gleicher Art darstellen, durch über 300 fest angestellte Nielsenmitarbeiter die Lagerbestände bestimmter Produkte und anhand der vorliegenden Rechnungen und Lieferscheine die Einkäufe beim Großhandel oder direkt beim Hersteller festgestellt. Bei Handelsunternehmen, die mit EDV arbeiten, werden die Daten aus der Datenbank abgerufen.

Das Vorgehen bei der Erhebung des Absatzes und des Umsatzes veranschaulicht die folgende Übersicht.

Produkt	Lieferungen Packungen	Packungen
Warenbestand des Geschäfts am 5. September		152
Einkäufe des Geschäfts vom 5. September bis 5. November vom Hersteller vom Großhandel	 160 + 50	
Einkäufe insgesamt	210	+ 210
In der Berichtsperiode September/Oktober im Geschäft zur Verfügung stehende Packungen		362
Warenbestand des Geschäfts am 5. November		- 114
Absatz an Verbraucher in der Berichtsperiode September/Oktober		248
Einzelhandelsabgabepreis je Packung € 5,- **Umsatz** in der Berichtsperiode September/Oktober		€ 1.240,-

Schema der Erhebung im Handelspanel

Quelle: *A.C. Nielsen Company*

Welche Informationen der Einzelhandelspanel von *Nielsen* im Einzelnen je Berichtsperiode liefert, soll der folgende Informationskatalog aufzeigen:

(1) **Produktinformationen**

- Endverbraucherumsatz in Euro – absolut und Marktanteil
- Endverbraucherabsatz in Einheiten (Packungen, Kilogramm usw.) – absolut und Marktanteil
- Einkäufe des Einzelhandels – absolut und Anteil
- Lagerbestand des Einzelhandels – absolut und Anteil
- Lagerumschlagsgeschwindigkeit im Einzelhandel
- Durchschnittlicher Monatsabsatz je Geschäft, das die Ware führt
- Durchschnittlicher Lagerbestand je Geschäft, das die Ware lagert
- Anteil der Einkaufsmenge direkt vom Hersteller
- Großhandelsbezug

(2) **Distributionsinformationen**

- Numerische Distribution

  - Prozentsatz der Geschäfte, die die Ware zum Zeitpunkt der Bestandsaufnahme vorrätig hielten

  - Prozentsatz der Geschäfte, die die Ware nicht vorrätig hielten, sie aber normalerweise führen

  - Prozentsatz der Geschäfte, die die Ware nicht führen

  - Prozentsatz der Geschäfte, die die Ware im Berichtszeitraum eingekauft haben

  - Prozentsatz der Geschäfte, die die Ware im Berichtszeitraum direkt vom Hersteller eingekauft haben

  - Prozentsatz der Geschäfte, die die Ware im Berichtszeitraum verkauft haben

- Gewichtete Distribution

  - Anteil der Geschäfte, die die Ware vorrätig hielten, am Euro-Umsatz der Warengruppe

  - Anteil der Geschäfte, die die Ware nicht vorrätig hielten, sie aber normalerweise führen, am Euro-Umsatz der Warengruppe

  - Anteil der Geschäfte, die die Ware einkauften, am Euro-Umsatz der Warengruppe

  - Anteil der Geschäfte, die die Ware verkauften, am Euro-Umsatz der Warengruppe

(3) Gliederung des regulären Einzelhandels-Panels

- nach Nielsen-Gebieten (Abbildung Seite 194)

Gebiet 1:	Hamburg, Bremen, Schleswig-Holstein, Niedersachsen
Gebiet 2:	Nordrhein-Westfalen
Gebiet 3a:	Hessen, Rheinland-Pfalz, Saarland
Gebiet 3b:	Baden-Württemberg
Gebiet 4:	Bayern
Gebiet 5:	Berlin
Gebiet 6:	Mecklenburg-Vorpommern, Brandenburg, Sachsen-Anhalt
Gebiet 7:	Thüringen, Sachsen

- nach Nielsen-Standard-Regionen
- nach Ortsklassen
- nach Nielsen-Ballungsräumen
- nach Ortsgrößenklassen
- nach Einzelhandelstypen, wie z.B. SB-Warenhäuser, Discount-Geschäfte, Filial-Geschäfte usw.
- nach Organisationsformen (Filial-Geschäfte, Coop-Geschäfte, Edeka, Rewe, Spar usw.).

Der **Berichtsband** enthält Tabellen und Schaubilder. Während die Tabellen die Marktsituation zu einem festen Zeitpunkt in Zahlen widerspiegeln (Marktanalyse), wird auf Schaubildern die chronologische Entwicklung dieser Zeitpunktanalyse grafisch dargestellt (Marktbeobachtung).

Spezialanalysen:

Sonderauswertungen nach Verkaufsbezirken, Geschäftskriterien, Geschäften, die für die Warengruppe eine bestimmte Bedeutung haben, die überwiegend direkt beziehen, die an einer Promotion teilnehmen usw. sind ebenso auf Wunsch durchführbar.

Distributionsuntersuchungen für Reisende-Bezirke, Sortimentsverteilung, Display, sämtliche Marken der Warengruppe, verlorene Kunden, andere Absatzmittler.

Nielsen-Gebiete Deutschland

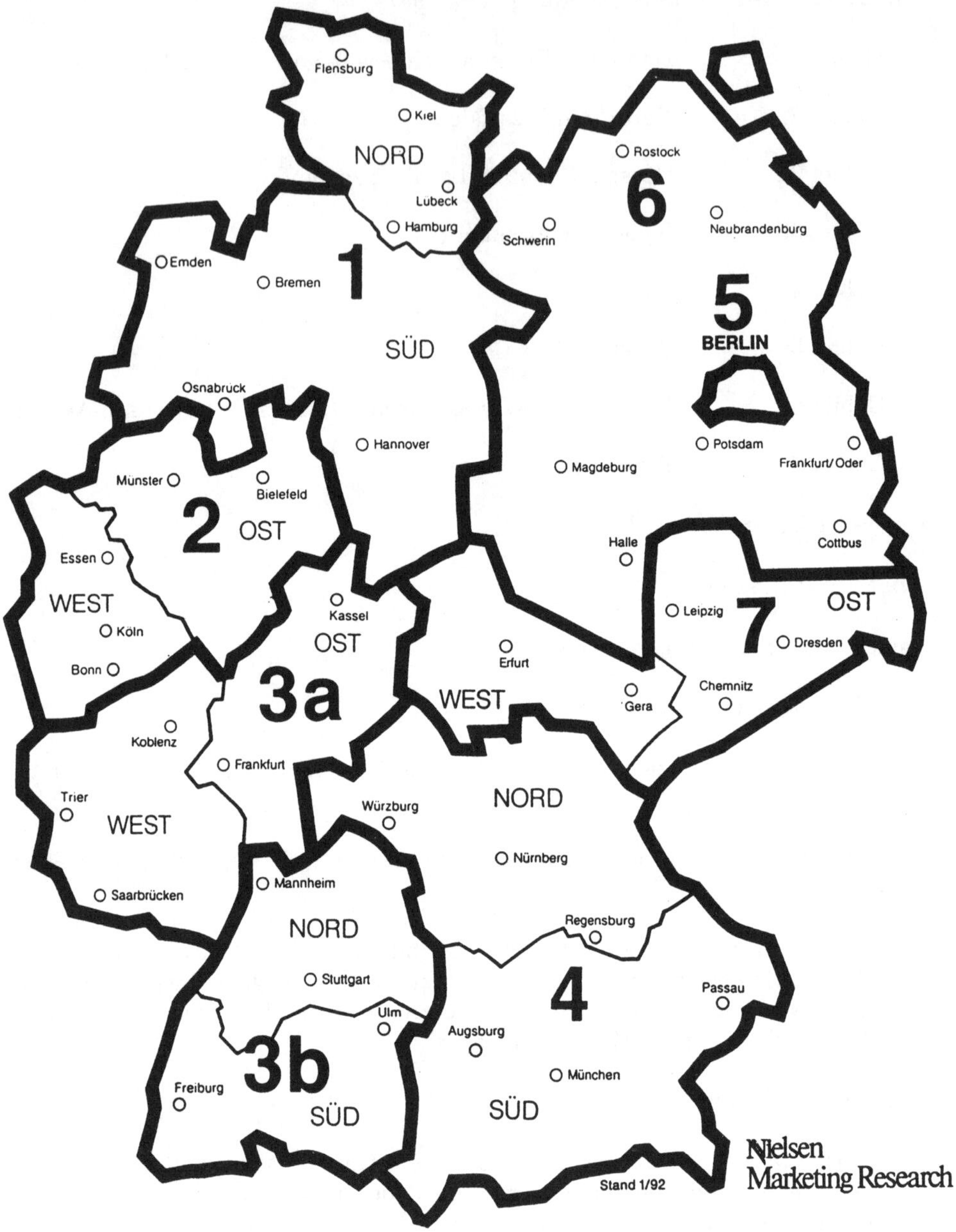

Neben *Nielsen* bietet auch die Gesellschaft für Konsum-, Markt- und Absatzforschung e.V. (GfK) einen Einzelhandelspanel an. Im Hinblick auf die Repräsentanz gegenüber der Grundgesamtheit weist der Einzelhandelsindex gewisse Mängel auf, da der Absatz über Kaufhäuser, Versandhäuser, Cafés, Bäckereien, Fleischereien u.a. nicht erfasst wird. Das heißt, der „coverage" des Nielsenpanels beträgt nicht 100 %, damit soll ausgedrückt werden, dass der Panel nicht den Gesamtumsatz auf dem Markt erfasst, sondern nur einen bestimmten Anteil. Mithilfe des Einzelhandelspanel lassen sich durch Beobachtung durch betriebsfremde Personen objektive Informationen über die Absatzentwicklung einzelner Produkte im Einzelhandel gewinnen.

Nachteilig für den Einzelhandelspanel erweist sich, dass

- sich nicht sagen lässt, wer was wo gekauft hat,
- kurzfristige Schwankungen schwer zu erfassen sind,
- nicht alle Betriebsformen des Einzelhandels erfasst werden.

Für Bezieher von Einzelhandelspanels entstehen – je nach Marktforschungsinstitut – unterschiedliche Kosten (ab ca. 80.000 €) pro Jahr und Warengruppe.

1992 startete die A.C. Nielsen GmbH, Frankfurt, ein neues Panel, das Haushalts- und Handelspanel integriert und die Werbeaktivitäten einbezieht. Der Kern des neuen Angebots ist ein **repräsentatives Haushaltspanel**. Die Haushaltungen zeichnen ihre Einkäufe kontinuierlich mithilfe eines Handscanners auf. Für Produkte ohne EAN stellt *Nielsen* einen Strichcode zur Verfügung. Die Einkaufsdaten werden wöchentlich per Modem und Telefon abgerufen und stehen in der Datenbank für Analysen zur Verfügung. Der Vorteil dieses Panels liegt u. a. darin, dass die Einkäufe in allen relevanten Geschäften erfasst werden können. Durch den Nielsen-Außendienst werden daneben die werblichen Aktivitäten erfasst. Dadurch lassen sich verbesserte Analysen durchführen. In der Endstufe umfasst das neue Panel 12.000 Haushalte. Damit sind europaweit Analysen möglich. TV-Meter werden in einer zweiten Ausbaustufe das Fernsehverhalten der Panelhaushalte aufzeichnen.

4.4.2.2 Haushaltspanel

Auf einer anderen Erhebungsebene werden die Haushaltspanels erstellt, von denen heute die bedeutendsten in Deutschland die Haushaltspanels der GfK mit 14.000 Haushaltungen und der GfM (Gesellschaft für Marktforschung mbH, Hamburg) sind. Das Haushaltspanel, dem von allen Verbraucherpanels die relativ größte Bedeutung zukommt, gibt Aufschluss über die von den teilnehmenden Haushaltungen getätigten Einkäufe.

Während bisher die Panelteilnehmer jeden einzelnen Einkauf in einem Haushaltsbogen eintragen mussten, werden jetzt die Panelhaushalte der GfK mit einem Strichcode-Leser ausgestattet, der die EAN-Codes (Europäische Artikelnummer) auf den Warenpackungen erfasst.

Wie **Electronic Diary** funktioniert, veranschaulicht die folgende Darstellung. Dadurch lassen sich folgende Vorteile erzielen (GfK).

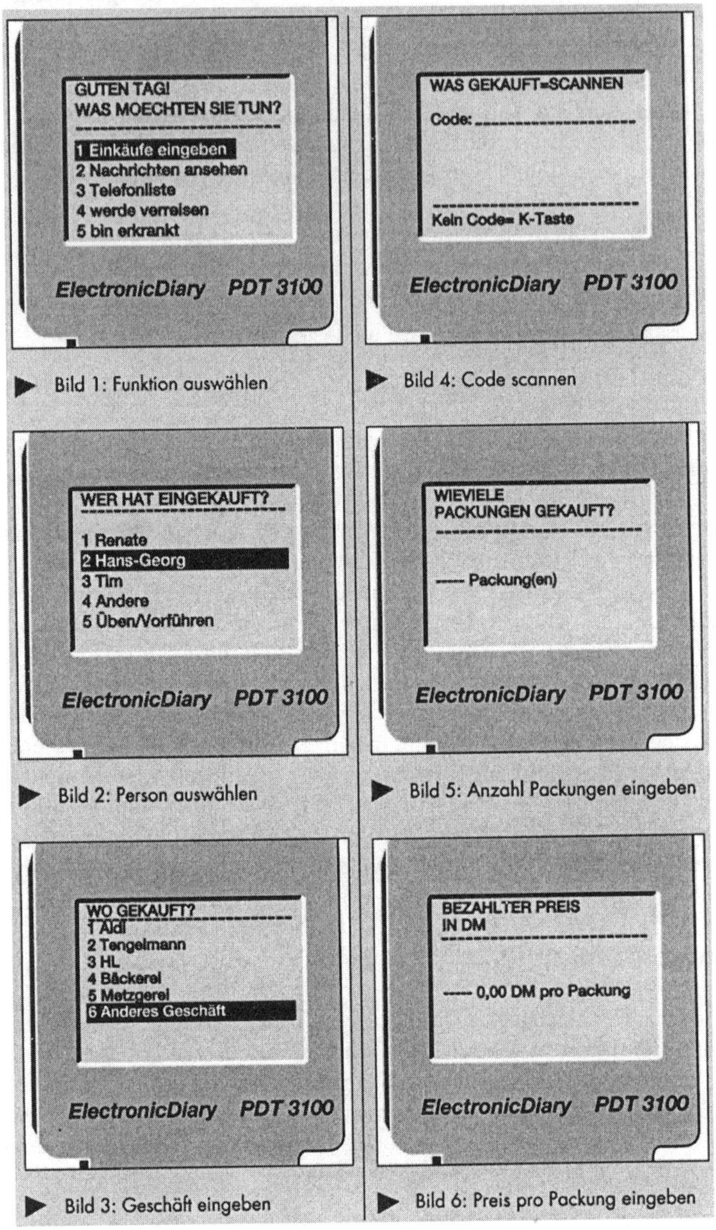

Bild 1: Funktion auswählen

Bild 4: Code scannen

Bild 2: Person auswählen

Bild 5: Anzahl Packungen eingeben

Bild 3: Geschäft eingeben

Bild 6: Preis pro Packung eingeben

Quelle: GfK

- Präzise Datenerfassung
- Flexible Einsatzmöglichkeiten
- Schneller Datentransfer
- Kurze Kommunikationswege
- Datenintegration
- Umfangreiche Analysemöglichkeiten.

Der **Informationskatalog von Haushaltspanels** liefert u. a. folgende Informationen:

(1) **Gesamtmarkt**

- Anzahl der durchschnittlich einkaufenden Haushaltungen

- Mengen, die von der betreffenden Artikelgruppe im Durchschnitt pro Haushalt in einer bestimmten Periode eingekauft werden

- Höhe des finanziellen Aufwands pro kaufendem Haushalt in einer bestimmten Periode

- Marken und Sorten, die auf dem Gesamtmarkt bzw. auf den Teilmärkten nachgefragt werden

- Marktanteile der Hauptmarken

- Einzelheiten über Verpackungsarten, Packungsarten, Preise, bevorzugte Geschmacksrichtungen

- Geschäftsarten, in denen Einkäufe getätigt werden: Selbstbedienungs- und Bedienungsgeschäfte, andere Betriebsformen

(2) **Informationen über das Kaufverhalten der Haushaltungen** nach

- Bundesländern
- Verkaufsgebieten
- Ortsgrößenklassen
- soziologischen Gruppen
- Altersgruppen der einkaufenden Personen
- Haushaltsgrößen

(3) **Spezielle Informationen über das Kaufverhalten,** beispielsweise

Käuferwanderungen, Markentreue, Einkaufshäufigkeit, gekaufte Mengen pro Einkauf, Mehrfachkäufe, Einkaufstage, Wirkungen bestimmter Werbemaßnahmen.

Nachteilig kann sich bei dieser Panelart auswirken: die relativ große Panelsterblichkeit, der Paneleffekt, die Probleme bei der Erfassung von Prestigeprodukten und Artikeln der Intimsphäre.

4.4.3 Repräsentanz

Die Repräsentanz eines Panels kann durch zwei Phänomene beeinträchtigt werden, die man mit Panelsterblichkeit und Paneleffekt bezeichnet.

Die **Panelsterblichkeit** gibt die Zahl der Panelaustritte innerhalb eines bestimmten Zeitraumes an, die entweder auf natürliche Prozesse (z. B. Geschäftsaufgabe, Ortswechsel des Haushaltes, Sterbefälle) oder auf subjektiven Vorgängen (Zeitmangel, Interessenlosigkeit, Krankheit usw.) beruhen. Sowohl beim Einzelhandels- als auch beim Haushaltspanel versucht man durch gewisse finanzielle Anreize, diese Panelsterblichkeit möglichst niedrig zu halten.

Unter dem **Paneleffekt** werden mehrere Aspekte der Panelbeeinträchtigung zusammengefasst. So werden dem Haushaltspanel vor allem folgende Nachteile nachgesagt, die die Repräsentanz der Panelergebnisse beeinflussen können:

- Panelhaushalte ändern aufgrund der ständigen Kontrolle ihrer Einkäufe ihr Kaufverhalten, d. h. sie kaufen „bewusster" und weniger spontan als Nicht-Panelhaushalte und werden damit atypisch für die Grundgesamtheit.

- Panelhaushalte neigen aus Prestigegründen dazu, bei bestimmten Warenarten überhöhte Einkäufe anzugeben oder Käufe einzutragen, die gar nicht stattgefunden haben („overreporting").

- Panelhaushalte zeigen nach einiger Zeit „Ermüdungserscheinungen", d. h. aus Nachlässigkeit, Vergesslichkeit usw. werden manche Käufe gar nicht mehr oder nur unvollständig eingetragen („underreporting").

Ob Panelhaushalte wirklich nach einiger Zeit atypisch werden oder die Eintragungen bewusst oder unbewusst verfälschen, ist umstritten und wird von den Marktforschungsinstituten verneint, zumindest im Hinblick auf einen gewissen Zeitraum. Um dem Paneleffekt und zugleich der Panelsterblichkeit vorzubeugen, wird z. B. jährlich 1/3 der Panelmasse durch neu angeworbene Haushalte ersetzt (**Panelrotation**). Ein vergleichbarer Paneleffekt ist beim Einzelhandelspanel aufgrund der objektiveren Erhebungsmethode nicht gegeben. Um zu vermeiden, dass die Repräsentanz des Nielsen-Panels durch gezielte Herstelleraktionen, die die Konkurrenz irreführen sollen, beeinträchtigt werden kann, wird die Identität der Nielsen-Stichproben streng gewahrt.

5. Marktprognosen

Unter einer Marktprognose soll die **bewusste und systematische Vorausschätzung zukünftiger Marktgegebenheiten** verstanden werden. Zusammen mit der Marktanalyse dient sie der Marketingplanung (vgl. Abschnitt G).

Prognosen beruhen auf Daten und Analysen und geben eine Vorhersage der künftigen Entwicklung.

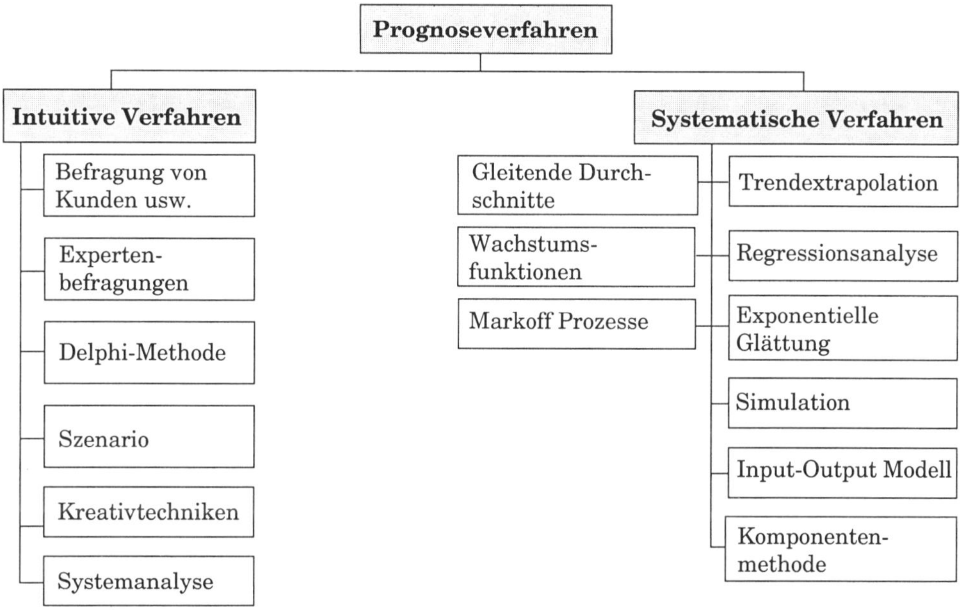

Überblick über Prognoseverfahren

Prognoseverfahren lassen sich nach verschiedenen Kriterien unterscheiden:

- **Nach dem Vorgehen** in intuitive (nicht-mathematische) und systematische (mathematische) Prognoseverfahren.

  Bei den **intuitiven Prognoseverfahren** spielt vor allem die persönliche Meinung von Personen (Kunden, Experten usw.) eine Rolle. Man wird auf diese Methoden zurückgreifen, wenn die Quantifizierung eines Problems von der Fragestellung her nicht möglich oder erforderlich ist, wenn die vorhandenen Informationen für eine Quantifizierung nicht ausreichen und wenn man eine die mathematische Prognose ergänzende Prognose wünscht. Dabei kann eine intuitive Prognose sowohl quantitativer und/oder qualitativer Art sein.

  Systematische Prognoseverfahren unterstellen einen mathematisch darstellbaren Zusammenhang zwischen der zu prognostizierenden Veränderlichen und anderen erklärenden Variablen. Erklärende Variable sind entweder Vergangenheitswerte oder andere mit der Veränderlichen zusammenhängende Tatbestände.

- Nach dem Prognosezeitraum unterscheidet man in kurzfristige (bis zu einem Jahr), mittelfristige (ein bis drei Jahre) und langfristige (drei bis zehn Jahre) Prognosen. Die Prognoseverfahren nach der Prognosezeit hat *Fiedler* schematisch dargestellt (siehe Seite 200).

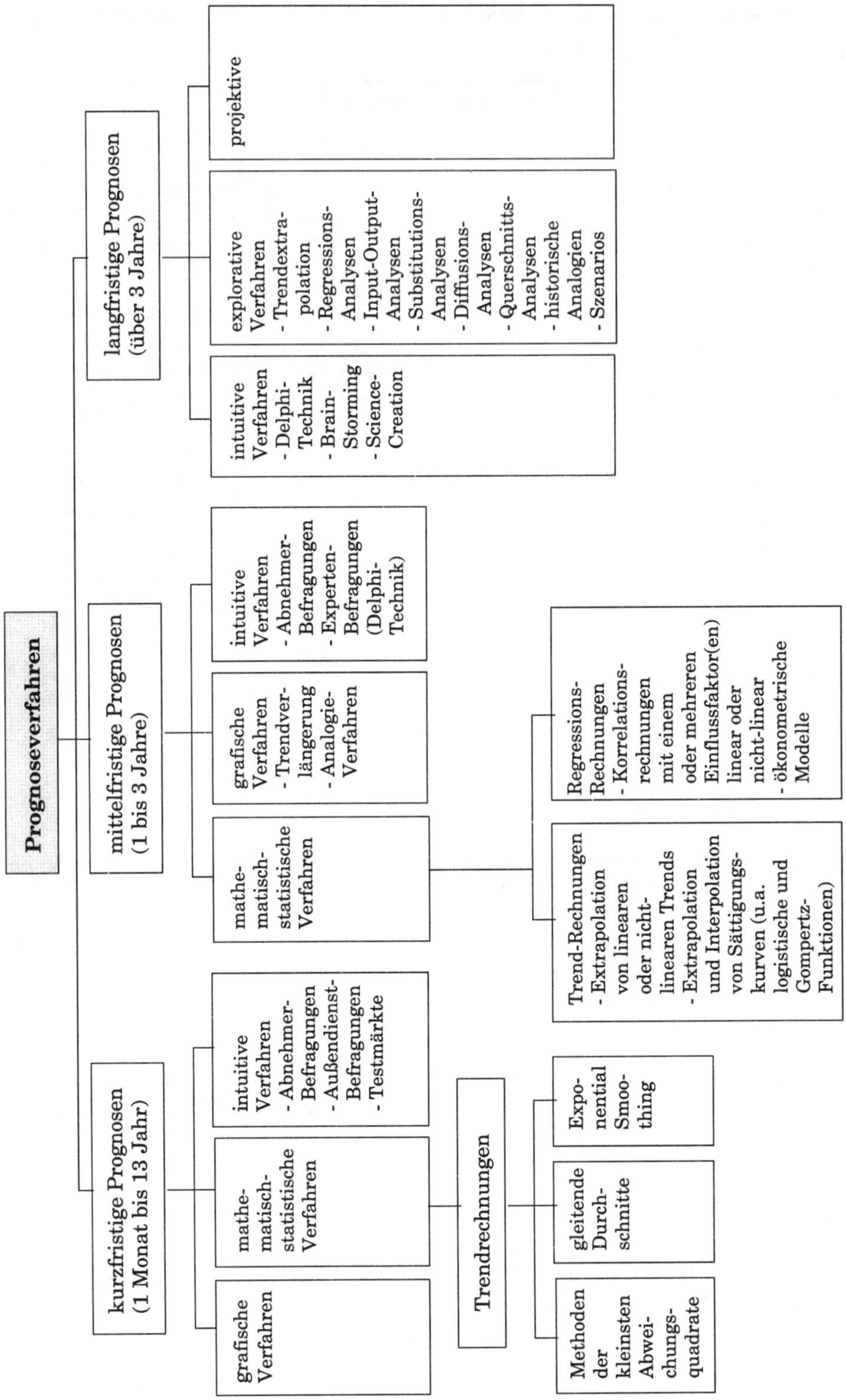

Prognoseverfahren nach der Prognosezeit (nach *Fiedler*)

- Nach dem Prognosegegenstand unterscheidet man in Totalprognosen und Partialprognosen. Von Totalprognosen spricht man, wenn man die künftige Gesamtentwicklung einer Volkswirtschaft oder eines anderen geografisch oder politisch abgegrenzten Wirtschaftsraumes vorausschätzen will. Partialprognosen befassen sich dagegen nur mit einem Ausschnitt aus dem wirtschaftlichen Geschehen, z. B. Absatzprognosen.

Einen Überblick über die Verwendung verschiedener Prognoseverfahren in der Praxis gibt eine Untersuchung von *Köhler* und *Uebele:*

Aus der Vielzahl der vorhandenen Prognosemethoden sollen einige kurz näher skizziert werden:

Merkmale / **Prognosemethoden**	(1) Verwendung in % der 334 Unternehmen	(2) Einschätzung der Zuverlässigkeit	(3) Einsatzhäufigkeit (falls überhaupt verwendet)
(A) Statistisch-mathematische Verfahren			
1. Trendextrapolationen	73,7	d	h
2. Bildung gleitender Durchschnitte	67,7	d	h
3. Regressionsanalysen	35,9	b	m
4. Exponentielle Glättung	32,9	d	m
5. Simulationsansätze	15,9	g	s
6. Input-Output-Projektionen	14,4	d	s
7. Markoff-Prozesse	4,2	g	s
(B) Eher subjektive Verfahren			
1. Schätzungen von Außendienstmitarbeitern	87,7	d	h
2. Schätzungen des kaufmännischen und technischen Managements	85,9	b	h
3. Vorhersagen aufgrund von Abnehmerbefragungen	81,8	d	h
4. Erwartungsbildung auf der Grundlage von Produkttests	50,0	d	m
5. Analogverfahren (z. B. historische bzw. geografische Analogie)	46,7	b	h
6. Hochrechnung von Testmarkt-Resultaten	37,7	d	m
7. Gruppen-Schätzungen speziell nach der Delphi-Methode	15,9	d	s

Legende:
Einschätzung der Zuverlässigkeit: b = besonders gut, d = durchschnittlich, g = gering (ermittelt durch eine Kombination aus Prozentangaben über durchschnittliche Prognose-Ist-Abweichungen)

Einsatzhäufigkeit der verwendeten Methoden: h = häufig, m = manchmal, s = selten (Gruppierung auf der Grundlage von Durchschnittswerten)

Verwendung von Prognosemethoden im Marketing

5.1 Freihandmethode

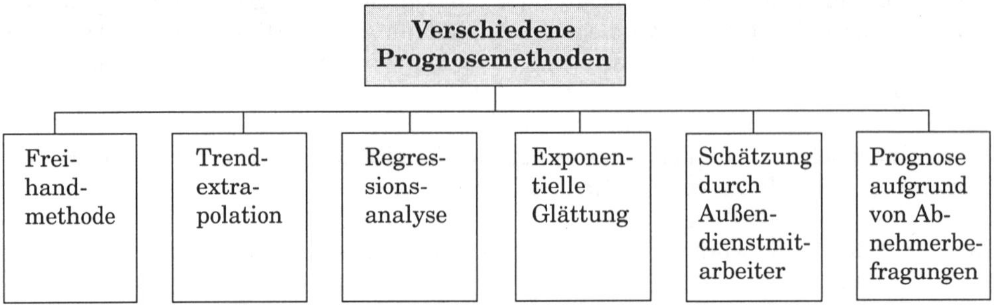

Der Ausgangspunkt für die Anwendung der Freihandmethode ist eine grafische Darstellung. Sie stellt praktisch eine „grafische Verlängerung" der bisherigen Entwicklung in die Zukunft dar. Dabei wird angestrebt, dass die Abweichung z.B. einer linearen Prognose (Gerade) „nach oben und unten als Summe" möglichst gleich ist. Ein derartiges Vorgehen unterliegt selbstverständlich einer gewissen Willkür. Auch dann, wenn man den Schwerpunkt der bisherigen Werte bestimmt und dadurch die Gerade legt, ist die Steigung der Geraden im Einzelfall nach Augenmaß festzulegen.

5.2 Trendextrapolation

Auch die Trendextrapolation, als am häufigsten angewendete Methode, geht von der Entwicklung der Vergangenheit aus, die in die Zukunft extrapoliert wird. Dabei wird unterstellt, dass die in der Vergangenheit festgestellte Gesetzmäßigkeit sich auch in der Zukunft fortsetzt. Diese Annahme erscheint umso bedenklicher, je dynamischer die Entwicklung auf dem jeweiligen Markt abläuft und je langfristiger die Prognose gelten soll. Die häufige Anwendung dieser Methode scheint m. E. in ihrer einfachen Anwendung zu liegen, da außer den erforderlichen Rechenoperationen keine zusätzlichen „Erhebungskosten" entstehen. Als Grundlage einer späteren Planung bedürfen alle mathematisch-statistischen Verfahren jedoch noch der zusätzlichen Berücksichtigung qualitativer Beurteilungen und Schätzungen. Dennoch sind z. B. mit dieser Methode durchaus brauchbare **Umsatz-, Markt- und Marktanteilschätzungen möglich.**

Die mathematische Trendextrapolation bedient sich meist der Methode der kleinsten Quadrate. Dabei geht man rechnerisch so vor, dass eine Trendfunktion ermittelt wird, bei der die Summe der Quadrate der Abweichungen ein Minimum ist. Auf die Qualität der Prognose wirkt sich vor allem der Funktionstyp der für die künftige Entwicklung zu Grunde gelegt werden soll, aus.

Die folgenden **Beispiele** veranschaulichen unterschiedliche Funktionstypen:

Da der lineare Trendtyp einfach zu handhaben ist, wird er sehr häufig angewendet. Das folgende Beispiel soll die Vorgehensweise veranschaulichen:

Linearer Trend: $y = a + b \cdot x$

Exponentieller Trend: $y = a \cdot b^{x}$

Logistischer Trend: $y_t = \frac{a}{1 + b \cdot e^{-cx}}$

Beispiel: Gegeben sind die Umsatzzahlen für die Jahre 1998 - 2003. Der Umsatz für 2004 und 2005 ist nach der Trendextrapolation zu schätzen.

x	Jahr	Umsatz Mio €	x · y	x^2
1.	1998	150	150	1
2.	1999	160	320	4
3.	2000	140	420	9
4.	2001	170	680	16
5.	2002	180	900	25
6.	2003	200	1.200	36
$\sum x = 21$		$\sum y = 1.000$	$\sum xy = 3.670$	$\sum x^2 = 91$

Die Arbeitswerte werden nun in die Normalgleichungen eingesetzt:

$$\sum y = n \cdot a + b \cdot \sum x \qquad (1)$$

$$\sum x \cdot y = a\sum x + b\sum x^{2} \qquad (2)$$

$$1.000 = 6 \cdot a + b \cdot 21 \qquad | \cdot (-7)$$

$$3.670 = 21 \cdot a + b \cdot 91 \qquad | \cdot 2$$

$$7.340 = 42 \cdot a + 182b$$

$$\underline{-7.000 = -42 \cdot a - 147b}$$

$$340 = 35\,b$$

$$b = \frac{340}{35} = \frac{68}{7} = 9\frac{5}{7}$$

$$a = \frac{1.000 - 3 \cdot 68}{6} = \frac{1.000 - 204}{6} = \frac{796}{6} = 132\frac{2}{3}$$

Die Trendgleichung lautet: $y = 9\frac{5}{7}x + 132\frac{2}{3}$

Für das Jahr 2004 ergibt sich somit folgender Umsatz:

$$y = 132\frac{2}{3} + 9\frac{5}{7} \cdot 7 = 132\frac{2}{3} + 68 = 200\frac{2}{3} \text{ Mio €}$$

Für das Jahr 2005 erhalten wir einen Umsatz von:

$$y = 132\frac{2}{3} + \frac{68}{7} \cdot 8 = 210\frac{8}{21} \text{ Mio €}$$

5.3 Gleitende Durchschnitte

Ein einfaches Vorhersageverfahren ist das der gleitenden Durchschnitte. Dabei werden nur die letzten Werte in Zeitreihen berücksichtigt, d. h. bei der Berechnung fallen jeweils am Rande der Reihe Werte aus und gehen am Ende neue Werte in die Berechnung ein.

Ein **Beispiel**, bei dem von einem Dreierdurchschnitt ausgegangen wird, möge das Vorgehen verdeutlichen:

Jahr	Umsatz in Mio €	Gleitender Dreijahresdurchschnitt	ø Steigerung
1997	140	–	
1998	100	117	
1999	110	107	$\frac{50}{5} = 10$
2000	110	123	
2001	150	137	
2002	150	157	
2003	170	167	

Aus den zurückliegenden Jahren wird die durchschnittliche Veränderung pro Jahr ermittelt und zu dem letzten Umsatz zugerechnet.

U 2004 = 170 + 10 = 180 Mio. €

Für 2003 ermittelt sich ein gleitender Durchschnitt von: 167 Mio €.

Die hier angewendete Methode ist eine Modifizierung der „normalen" Methode der „Gleitenden Durchschnitte". Dadurch lässt sich u. E. der Nachteil beseitigen, den letzten Mittelwert (2003) zu berechnen sowie darauf aufbauend eine Prognose für 2004 zu geben.

5.4 Regressionsanalyse

Mithilfe der Regressionsanalyse werden Werte einer abhängigen Variablen anhand der Werte einer oder mehrerer unabhängiger Variablen erklärt bzw. prognostiziert. Wird z.B. die Abhängigkeit des Umsatzes (y) eines Produktes von der Höhe der Werbeausgaben (x) für dieses Produkt untersucht, so spricht man von der einfachen Regressionsanalyse. Sollen dagegen die Zusammenhänge zwischen dem Umsatz (y) eines Artikels und der Anzahl der Einzelhandelsgeschäfte (x_1) sowie der Ausgaben für Werbung (x_2) und Verkaufsförderung (x_3) untersucht werden, so spricht man von der multiplen Regressionsanalyse.

Ein einfaches Beispiel soll die Zusammenhänge erläutern: Das Unternehmen A hat zuerst durch Anzeigen einmal im Monat für das Produkt „Zumo" geworben und dann jeden Monat die Werbung um eine Anzeige gesteigert. Dabei ergab sich der in der Tabelle aufgeführte Absatz in Einheiten. Es soll nun geprüft werden, ob und in welchem Zusammenhang Werbung und Absatz stehen. Ferner soll geprüft werden, ob eine Steigerung der Werbung auf 10 Anzeigen pro Monat wesentliche Absatzsteigerungen bewirkt.

Anzahl der Anzeigen für Produkt „Zumo" pro Monat	**Absatz des Produktes „Zumo" in Einheiten pro Monat**
(x)	(y)
1	50
2	80
3	100
4	110
5	120

Für die folgende Regression soll eine Gerade von Typ $y = a + b \cdot x$ zu Grunde gelegt werden. Die Regression lässt sich dann durch Einsetzen der aus der Arbeitstabelle gewonnenen Werte in die Normalgleichung ermitteln.

Dazu stellen wir folgende Arbeitstabelle auf:

x	y	x^2	$x \cdot y$
1	50	1	50
2	80	4	160
3	100	9	300
4	110	16	440
5	120	25	600
$\sum x = 15$	$\sum y = 460$	$\sum x^2 = 55$	$\sum x \cdot y = 1.550$

Diese Werte sind in die Normalgleichungen einzusetzen:

$$\sum y = n \cdot a + b\sum x$$
$$\sum x \cdot y = a\sum x + b\sum x^2$$

Im vorliegenden Fall n = 5 (Beobachtungswerte)

$$460 = 5 \cdot a + b \cdot 15$$
$$1.550 = a \cdot 15 + b \cdot 55$$

$$-1.380 = -15a - 45b$$
$$1.550 = 15a + 55b$$
$$170 = 10b$$
$$b = 17$$

$$460 = 5a + 255$$
$$205 = 5a$$
$$a = 41$$

$$\boxed{y = 41 + 17x}$$

Bei 10 Werbeanzeigen pro Monat ist rechnerisch folgender Absatz zu erwarten:

$$y = 41 + 170 = 211 \text{ Einheiten}$$

5.5 Exponentielle Glättung

Der exponentiellen Glättung liegt der Gedanke zu Grunde, dass die zuletzt beobachteten Vergangenheitswerte für die künftige Entwicklung aussagefähiger sind als weiter zurückliegende Daten. Infolgedessen werden die Vergangenheitswerte exponentiell fallend gewichtet, d. h. je weiter Daten zurückliegen, mit einem umso geringeren Gewicht gehen sie in die Prognose ein. Dazu kommt, dass man durch Wahl des Gewichtungsparameters α Einfluss auf das Prognoseergebnis nehmen kann. Der Gewichtungsparameter (Glättungsparameter) α, der zwischen 0 und 1 liegen kann, wird der Zielsetzung bzw. der individuellen Einschätzung der Entwicklung entsprechend festgelegt.

Die exponentielle Glättung erster Ordnung ist der einfachste Fall einer exponentiellen Glättung. Dabei ergibt sich der Vorhersagewert wie folgt:

$V_{t+1} = \alpha \cdot I_t + (1 - \alpha) \cdot V_t$

V_{t+1} = Vorhersage der Periode t + 1

V_t = Vorhersage der Periode t

I_t = Ist-Wert der Periode t

α = Glättungsparameter ($0 \leq \alpha \leq 1$)

Diese Methode eignet sich vor allem für kurzfristige Prognosen.

Ein Beispiel soll das Vorgehen veranschaulichen. Ausgehend von dem Ist-Umsatz 1989 wird die exponentielle Glättung bei α = 0,5 und α = 0,9 dargestellt.

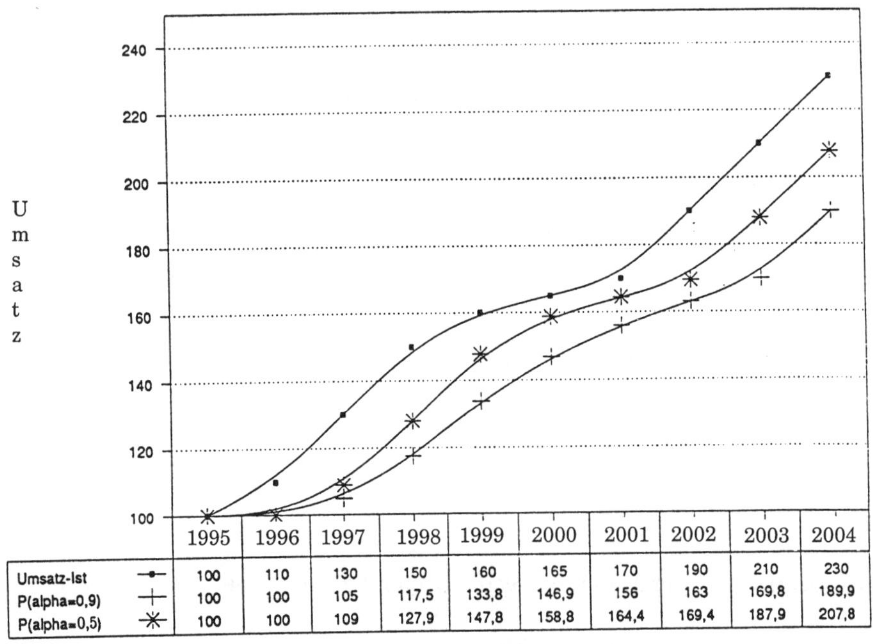

	1995	1996	1997	1998	1999	2000	2001	2002	2003	2004
Umsatz-Ist	100	110	130	150	160	165	170	190	210	230
P(alpha=0,9)	100	100	105	117,5	133,8	146,9	156	163	169,8	189,9
P(alpha=0,5)	100	100	109	127,9	147,8	158,8	164,4	169,4	187,9	207,8

Jahre

5.6 Schätzung durch Außendienstmitarbeiter

Untersuchungen in der Praxis zeigen, dass in noch stärkerem Maße neben den statistisch-mathemathischen Verfahren auf die subjektive Einschätzung jener Mitarbeiter Wert gelegt wird, die aufgrund ihrer Marktkenntnis und Aufgaben besonders gute Kenntnisse im Hinblick auf die künftige Entwicklung besitzen müssen, die Außendienstmitarbeiter. Die Vorteile derartiger Prognosen liegen primär in der Marktnähe und demzufolge in einer realistischeren Einschätzung der Entwicklung, da auch sehr kurzfristige Veränderungen berücksichtigt werden können.

Andererseits besteht die Gefahr, dass Außendienstmitarbeiter eher einen Prognosewert niedriger ansetzen, da sie befürchten, dass sonst ihr Verkaufssoll zu hoch festgelegt werden könnte.

5.7 Schätzung durch Management

Bei diesen Prognosen erfolgen die Schätzungen auf der Managementebene, wobei die Geschäfts- oder Verkaufsleitung sich auf etwa schon vorliegende Informationen stützt. Sie können in der Regel jedoch nur grobe Anhaltspunkte darstellen, da die Gefahr einer unrealistischen, da marktfernen Einschätzung stets besteht. Andererseits können derartige Schätzungen schnell und kostengünstig erfolgen und als erste Anhaltspunkte für die endgültige Prognose dienen bzw. dem Management als Vergleichsgrundlagen durch für andere Stellen erstellte Prognosen dienen.

5.8 Prognose aufgrund von Abnehmerbefragungen

Bei diesem Vorgehen ist in eine Befragung von Händlern und Konsumenten zu unterscheiden. Eine Befragung von Händlern erscheint dann empfehlenswert, wenn es um die Abnahme bzw. Aufnahme von Produkten seitens der Händler geht. Nicht sehr empfehlenswert erscheint eine Händlerbefragung, wenn es um den möglichen Absatz an Konsumenten geht, weil hierbei die Interessen des Handels u. U. das Ergebnis beeinflussen können. Eine Konsumentenbefragung im Konsumgüterbereich lässt sich nur dann anwenden, wenn es um kurzfristige Prognosen geht, weil in der Regel Konsumenten schwerlich langfristig ihre Kaufvorhaben, die in der Regel noch auf eine Marke festgelegt sein sollen, genau angeben können. Dazu kommt, dass eine Repräsentativität kaum erreicht werden kann. Im Investitionsgüterbereich jedoch erscheint eine Abnehmerbefragung besser geeignet, weil hier in vielen Fällen der Käuferkreis überschaubar und die Vorhaben oft schon lange vor dem Kaufentschluss spezifiziert sind.

14 Seite 623

6. Aufbereitung und Auswertung der Informationen

Der Datenerhebung folgt bei systematischem Vorgehen die Aufbereitung, Auswertung und Interpretation der Daten. Dabei sind drei Bereiche zu unterscheiden:

- das Ordnen
- das Skalieren
- das Analysieren.

6.1 Das Ordnen der Daten

Beim Ordnen geht es im Wesentlichen um das Aufstellen von Datenkategorien, das Redigieren und Verschlüsseln der Ergebnisse sowie das Tabulieren .

Aufgabe des Aufstellens von Datenkategorien ist es, die gesamten Daten nach bestimmten Kategorien zu ordnen. So ist z. B. eine Bildung von Einkommensklassen für alle erfassten Personen möglich

- mit einem Einkommen bis unter 1.000 €,
- mit einem Einkommen von 1.000 bis unter 1.500 €,
- mit einem Einkommen von 1.500 bis unter 2.000 € usw.

Die Kategorien sollen vollständig und eindeutig sowie dem Unternehmensziel adäquat sein.

Unter **Redigieren** soll die Durchsicht des vorliegenden Datenmaterials im Hinblick auf die Verwendungsmöglichkeiten verstanden werden. Das übersichtliche Darstellen des Datenmaterials in Form von Tabellen bezeichnet man als Tabulieren. Die einfachste Form der Tabelle ist die eindimensionale Häufigkeitsverteilung. Ein Beispiel einer Stichprobenziehung möge dies veranschaulichen.

Einkommen (netto)	Anzahl der Personen
bis unter 1.000 €	3
1.000 bis unter 1.500 €	4
1.500 bis unter 2.000 €	6
2.000 bis unter 2.500 €	12
2.500 bis unter 3.000 €	13
3.000 bis unter 3.500 €	6
3.500 bis unter 4.000 €	4
4.000 € und mehr	2

N = 50 (Stichprobengröße) 50

Eindimensionale Häufigkeitstabelle

6.2 Das Skalieren der Daten

Unter **Skalieren** versteht man das Zuordnen von Zahlen nach einem bestimmten Verfahren. Mit der fertigen „Skala", dem Bereich innerhalb dessen die Datenergebnisse variieren, lässt sich dann die Lage des Untersuchungsgegenstandes auf dieser Dimension ermitteln.

Es kann nach vier verschiedenen Ebenen des Messens, d.h. Skalentypen unterschieden werden:

- **Nominalskalen**. Nominalskalen stellen die „primitivste" Form des Messens dar. Es ist nichts anderes als das Klassifizieren eines Untersuchungsgegenstandes im Hinblick auf den Besitz oder Nichtbesitz eines bestimmten qualitativen Merkmals.

Beispiele:	männlich	= 1	oder	konfessionslos	= 0
	weiblich	= 2		katholisch	= 1
				evangelisch	= 2
				usw.	

- **Ordinalskalen**. Sie enthalten neben der Unterscheidung der Identität der Objekte auch noch eine Rangordnung.

  Beispiel: Schüler mit der Note 2 sind besser als die Schüler mit der Note 3 oder Schüler mit der Note 5 sind schlechter als die Schüler mit der Note 4.

- **Intervallskalen**. Die Intervallskala entspricht dem, was man in der Umgangssprache als „Skala" versteht. Eine Intervallskala ist somit eine Skala, bei der der Nullpunkt festgelegt wird, die Intervalle gleich sind und in Beziehung zu diesem Nullpunkt definiert werden. Intervallskalen erlauben Aussagen über die Abstände, die zwei Messobjekte voneinander trennen.

  Beispiele: Temperatur, Energie, Kalenderdaten.

- **Verhältnisskalen**. Sie repräsentieren die oberste Ebene des Messens, weil alle mathematisch-statistischen Operationen auf diesem Skalenniveau möglich sind. Eine Verhältnisskala enthält alle Informationen der Skalen niedrigerer Messniveaus.

  Beispiele: Gewicht, Wert, Lautstärke, Währungseinheiten.

6.3 Skalierungsverfahren

Unter **Skalierungsverfahren** versteht man Operationalisierungstechniken, die

- ordinal-, intervall- bzw. verhältnisskalierte Messwerte liefern,
- auf dem Prinzip der Fremdeinstufung beruhen und
- bei denen sowohl die Auswahl der in die Itembatterie aufzunehmenden Stimuli als auch die Interpretation der erhaltenen Reaktionsmuster objektiv nachvollziehbaren und empirisch abgesicherten Kriterien folgt (vgl. *Wettschureck*).

Ziel der Skalierungsverfahren ist es, Personen auf einer Merkmalsdimension zu positionieren. Die Merkmalsdimension wird dabei durch einen Dispositionsbegriff beschrieben, wie z. B. Einstellung zu Produkt X, zur Marke X, zum Unternehmen Z, Markenloyalität, Markenpräferenz, Käuferschichten usw. Entsprechend den Vorschriften der einzelnen Verfahren werden aus den erhobenen Itemwerten die Skalenwerte für die Auskunftspersonen, als die Positionen der Auskunftspersonen auf dem latenten Kontinuum, ermittelt.

Die bekanntesten Skalierungsverfahren sind die

- Thurstone-Skalierung
- Likert-Skalierung
- Guttman-Skalierung
- Combs-Skalierung.

In etwa einen Überblick über die hier genannten **Skalierungsverfahren** versucht die Übersicht von *Wettschureck* zu geben.

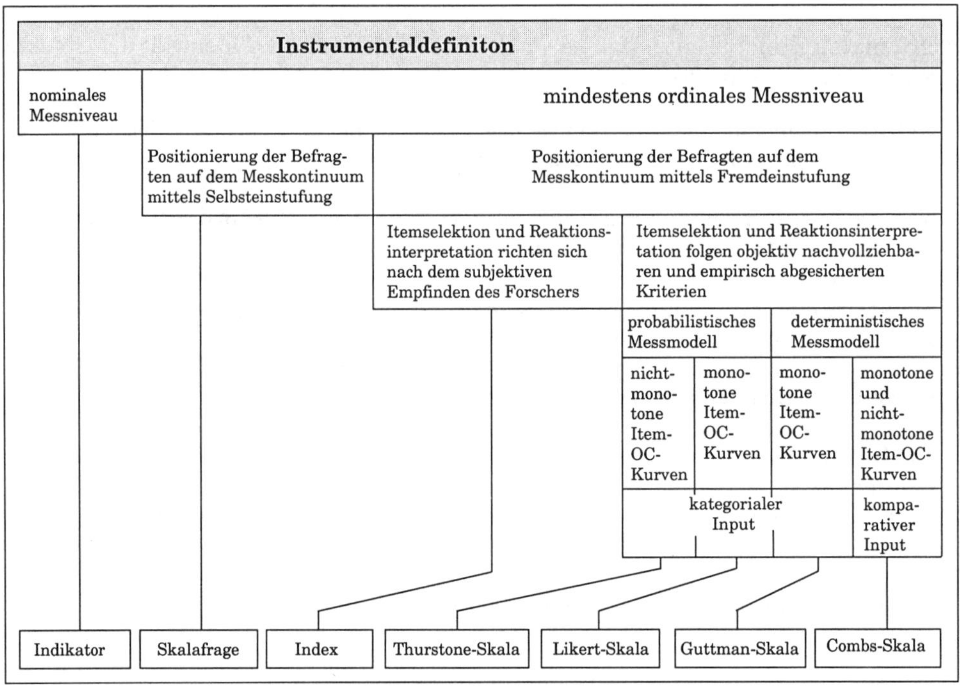

Im Hinblick auf die Anwendungs- und Einsatzmöglichkeiten von Skalierungsverfahren wird auf die einschlägige Literatur verwiesen.

6.4 Das Analysieren der Daten

Die erhobenen Daten müssen in einem weiteren Schritt entsprechend der Zielsetzung aufbereitet und analysiert werden. Dazu benutzt man heute entsprechende Computerprogramme.

Grundsätzlich lassen sich die Daten **auswerten** und **analysieren**:

- **manuell** (z.B. Strichlisten, einfache Rechenoperationen),
- **manuell-computerunterstützt** (z. B. unter Benutzung eines Taschenrechners),
- **elektronisch** (computerunterstützt z. B. mit Personalcomputer).

Dabei wird man eine **manuelle Auswertung** nur dann empfehlen, wenn die Datenmenge sehr klein und die Auswertung nur **Häufigkeitsverteilung** oder **Prozentierung** enthalten soll. In allen anderen Fällen lassen sich viele einfache Auswertungen bei kleinen Datenmengen mit einem Taschencomputer durchführen, wie z. B. Mittelwertberechnungen, Beziehungszahlen, Indexzahlen usw. In den Fällen, in denen es sich um große Datenmengen und/oder komplizierte Aufbereitungs- und Analyseverfahren handelt, kommt nur eine computerunterstützte Auswertung in Betracht.

Die in diesem Rahmen benutzten Verfahren lassen sich grundsätzlich in **deskriptive** und **analytische** Verfahren unterscheiden:

- Die **deskriptiven Analyseverfahren** sind dadurch gekennzeichnet, dass mit ihrer Hilfe bestimmte Gegebenheiten erfasst und aussagefähig beschrieben werden. Sie sind aber nicht im Stande, bestimmte, den Gegebenheiten zu Grunde liegende Beziehungen zu erklären. So gehört zu den deskriptiven Verfahren z. B. die Ermittlung des Marktvolumens, von Marktanteilen, des Marktpotenzials, der Käufer auf dem Markt, die Zugehörigkeit der Käufer zu bestimmten Einkommensklassen usw.

- Die **analytischen Analyseverfahren** lassen sich dadurch kennzeichnen, dass durch sie versucht wird, bestimmte Zusammenhänge (Interdependenzen) und/oder Abhängigkeiten (Dependenzen) zu finden und den Grad der Zusammenhänge sichtbar zu machen. Dabei unterscheidet man zwischen:
  - univariaten Verfahren
  - bivariaten Verfahren
  - multivariaten Verfahren.

Bei den **univariaten Verfahren** ist nur **eine** Variable Gegenstand der Untersuchung. **Beispiele**: Zeitreihenanalyse, Trendanalyse, Saisonschwankungsanalyse.

Bei **bivariaten Verfahren** werden aus der Vielzahl möglicher Variablen nur **zwei** Variablen explizit berücksichtigt. Sie sind – genau genommen – ein Unterfall der multivariaten Verfahren. **Beispiele**: zweidimensionale Häufigkeitsanalyse, nicht lineare Regression und Korrelation, Kontingenzmaße.

Multivariate Verfahren sind mathematisch-statistische Verfahren, die mehr als **zwei** miteinander in Beziehung stehende Variablen analysieren können.

Einen **Überblick** über die **gebräuchlichsten multivariaten Analyseverfahren** soll die folgende Darstellung vermitteln:

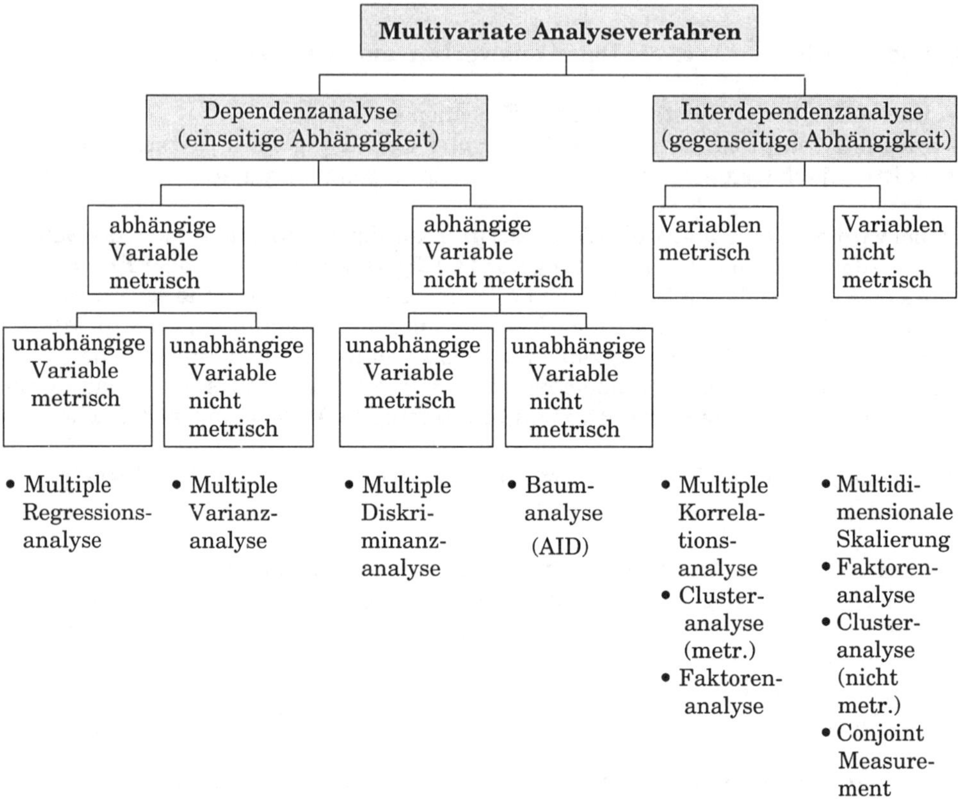

Quelle: *Schuchard-Fischer* u.a.

Aus der oben genannten Gruppe von Verfahren sollen – ihrer zunehmenden Bedeutung entsprechend – einige kurz skizziert werden:

- **Multiple Regressionsanalyse**
  Die Verfahren, mit deren Hilfe man zu einer Gleichung gelangt, die den Beitrag verschiedener unabhängiger Variablen zur Variation einer abhängigen Variablen aufzeigt, bezeichnet man als einfache (lineare) Regression. Das Untersuchungsproblem ist bei der multiplen Regression das Gleiche wie bei der einfachen Regression, nur soll nunmehr eine lineare Funktion für Daten einer abhängigen Variablen gefunden werden, die von mehreren unabhängigen Variablen abhängt.

  Beispiel: Es soll der Werbeerfolg bei einer bestimmten Zielgruppe vorhergesagt werden, deren Reaktion auf die Werbebotschaft bekannt ist und die eine bestimmte Kaufkraft haben.

- **Diskriminanzanalyse**
  Sie kann die Abhängigkeit einer Variablen von zwei oder mehreren metrischen Variablen untersuchen.

  Beispiel: Automobilkäufer lassen sich entsprechend der Wahl ihrer Marke z. B. in zwei Gruppen einteilen. Nunmehr kann die Wahl eines bestimmten PKW in Abhängigkeit der Käufer von Alter und Einkommen untersucht werden.

- **Varianzanalyse**
  Mit ihrer Hilfe lässt sich die Abhängigkeit einer metrischen Variablen von einer oder mehreren nominalen Variablen untersuchen.

  Beispiel: Es soll untersucht werden, ob im Hinblick auf die Kaufrate der Käufer von Mänteln ein Unterschied zwischen männlichen und weiblichen Käufern besteht.

- **Faktorenanalyse**
  Hierunter versteht man die Bezeichnung für eine Vielzahl von Verfahren, die das Ziel haben, Zusammenhänge innerhalb einer größeren Gruppe von Variablen zu analysieren. Das Hauptziel besteht darin, eine kleinere Zahl von Variablen zu finden, die einer größeren Anzahl von Variablen zu Grunde liegt und ihre Interkorrelation zu klären.

  Die Faktorenanalyse lässt sich in der Marktforschung für folgende Aufgaben einsetzen:

  (1) Als Hilfsmittel zur Aufstellung von Skalen, z. B. in der Imageforschung.
  (2) Zur Bestimmung der Dimension eines Merkmalraumes, z. B. in der Präferenzforschung.
  (3) Zur Überprüfung von Hypothesen über Dimensionen von Eigenschaftsräumen.

  Beispiel: Die Gesamtheit der verschiedenen genannten Eigenschaften, die für ein bestimmtes Produkt genannt wurden, lassen sich als Faktoren auffassen, die miteinander mehr oder weniger stark korrelieren. Die Faktorenanalyse kann nun untersuchen, ob dieser Vielzahl von Faktoren einige wenige Faktoren zu Grunde liegen, mit deren Hilfe das Produkt sich eindeutiger und anschaulicher darstellen lässt. Durch eine Reduktion der Datenfaktoren auf einige wenige Faktoren kann an Aussagefähigkeit gewonnen werden.

- **Clusteranalyse**
  Mit der Clusteranalyse wird versucht, eine Vielzahl unterschiedlicher Objekte in homogene Gruppen zusammenzufassen. Ziel der Gruppierung ist:

  - Gruppen zu ermitteln, die in sich möglichst homogen sind, wobei gleichzeitig
  - möglichst große Unterschiede zwischen den Gruppen bestehen.

  Dadurch lassen sich z. B. **Käufertypologien** ermitteln.

- **Mehrdimensionale Skalierung**
  Das Ziel der Mehrdimensionalen Skalierung ist, Beziehungen zwischen Objekten in einem mehrdimensionalen Raum räumlich zu positionieren. Dabei liegen ähnliche Objekte umso näher, unähnliche Objekte umso weiter auseinander.

Die folgende Übersicht zeigt, für welche Fragestellungen die einzelnen Verfahren eingesetzt werden können.

Verfahren	**Fragestellungen**
Regressionsanalyse	Wie verändert sich die Absatzmenge, wenn die Werbeausgaben um 10 % gekürzt werden? Wie lässt sich der Preis für Baumwolle in den nächsten 6 Monaten schätzen? Hat das Investitionsvolumen der Automobil-, Werft- und Bauindustrie einen Einfluss auf die Stahlnachfrage?
Varianzanalyse	Hat die Art der Verpackung einen Einfluss auf die Höhe der Absatzmenge? Hat die Farbe einer Anzeige einen Einfluss auf die Zahl der Personen, die sich an die Werbung erinnern? Hat die Wahl des Absatzweges einen Einfluss auf die Absatzmenge?
Diskriminanzanalyse	In welcher Hinsicht unterscheiden sich Raucher von Nichtrauchern? Welche Merkmale der Außendienstmitarbeiter tragen am besten zu einer Differenzierung in Erfolgreiche und Nichterfolgreiche bei? Lassen sich bestimmte Kreditkunden anhand der Merkmale „Einkommen", „Schulbildung", „Alter" etc. als kreditwürdig einstufen?
Faktorenanalyse	Lässt sich die Vielzahl der Eigenschaften, die Käufer von Automobilen als wichtig empfinden, auf wenige komplexe Faktoren reduzieren? Wie lassen sich darauf aufbauend die verschiedenen Automarken anhand dieser Faktoren beschreiben?
Clusteranalyse	Lassen sich die Kunden eines Kaufhauses entsprechend ihrer Bedürfnisse in Gruppen einteilen? Gibt es bei Zeitschriften verschiedene Lesertypen? Wie kann man die Wählerschaft entsprechend ihren Interessen an politischen Vorgängen klassifizieren?
Multidimensionale Skalierung	Inwieweit entspricht das eigene Produkt den Idealvorstellungen der Konsumenten? Welches Image besitzt die Unternehmung? Hat sich die Einstellung der Konsumenten zu Sekt innerhalb von 5 Jahren verändert?

Anwendungsbereiche von multivariaten Verfahren

Quelle: *Schuchard-Fischer* u.a., Multivariate Analysemethoden, a.a.O., S. 7

Da für die hier kurz erwähnten Verfahren der Rechenaufwand beträchtlich ist, lassen sich diese Verfahren nur unter Verwendung von entsprechenden Softwareprogrammen durchführen.

Als wichtigste Programmpakete, die ohne umfassende EDV-Kenntnisse eingesetzt werden können, gelten:

SPSS	=	Statistical Package for Social Sciences
BMDP	=	Biomedical Computer Programms, P-Series
SAS	=	Statistical Analysis System

Von den hier genannten Softwarepaketen ist das SPSS das am weitesten verbreitete, da es auch dem Anfänger die Möglichkeiten der statistischen Datenanalyse ermöglicht.

Zu einer ausführlicheren Behandlung der Marktforschung siehe *Weis/ Steinmetz*, Marktforschung, 5. Auflage, Ludwigshafen 2002.

	Kontrollfragen	bearbeitet	Lösungshinweis	Lösung +	Lösung -
01	Warum werden im Marketing Informationen über die wirtschaftliche Umwelt benötigt?		139		
02	Können Informationen die Marketingentscheidungen verbessern? Unter welchen Voraussetzungen?		139		
03	Wie lässt sich der Informationsbeschaffungsprozess schematisch darstellen?		140		
04	Inwiefern kann man von einem „Informationskreislauf" sprechen?		139		
05	Welche wichtigen Informationen über den Markt werden hauptsächlich benötigt?		141		
06	Welche für das Marketing wichtige Informationen lassen sich im Unternehmen intern beschaffen?		150		
07	Was verstehen Sie unter Marketingforschung bzw. Marktforschung? Inwieweit sehen Sie Unterschiede zwischen beiden Begriffen?		142		
08	Was ist die Aufgabe der Marktforschung?		142		
09	In welche Teilgebiete lässt sich die Marktforschung unterteilen?		145		
10	Welche Aufgaben hat die Marktforschung in den verschiedenen Phasen des Marketingentscheidungsprozesses?		147		
11	Nach welchen Kriterien lässt sich die Marktforschung einteilen?		143		
12	Was versteht man unter „Ökoskopie"?		145		
13	Was versteht man unter „Demoskopie"?		145		
14	Inwieweit unterscheiden sich Meinungs- und Motivforschung?		145		
15	Welche Einsatzgebiete der Marktforschung kennen Sie?		145		
16	Was bezeichnet man als qualitative Marktforschung?		147		
17	Was bezeichnet man als quantitative Marktforschung?		147		
18	Was versteht man unter „Sekundärerhebungen"?		149		
19	Welche „Vorteile" haben „Sekundärerhebungen"?		150		
20	Welche Quellen kennen Sie für sekundärstatistische Auswertungen?		150 f.		
21	Was bezeichnet man als internetbasierte Datenquelle?		154		
22	Was sind Suchmaschinen?		154		
23	Was sind „Verzeichnisse"?		155		
24	Welche Möglichkeiten der Online-Marktforschung kennen Sie?		154		
25	Welche internen Quellen können Sie benutzen?		150 f.		
26	Welche externen Quellen erscheinen Ihnen am bedeutsamsten?		153 f.		

	Kontrollfragen	bearbeitet	Lösungshinweis	Lösung +	-
27	Welche betriebsexternen Quellen können Sie verwenden?		153 f.		
28	Was verstehen Sie unter Primärerhebungen?		156		
29	Aus welchen Gründen sollten, bevor Primärerhebungen durchgeführt werden, Sekundäruntersuchungen durchgeführt werden?		156		
30	Was versteht man unter Vollerhebungen?		157		
31	Was sind Teilerhebungen?		157		
32	Warum müssen in vielen Fällen Teilerhebungen durchgeführt werden, obgleich die Ergebnisse nicht so genau sein können, wie bei Vollerhebungen?		157		
33	Was versteht man unter Zufallsauswahlverfahren?		158		
34	Was ist das Quotenauswahlverfahren?		164		
35	Was versteht man unter dem Konzentrationsauswahlverfahren?		166		
36	Wie geht man beim einfachen Stichprobenverfahren vor?		158		
37	Wovon hängt der Umfang der Stichprobe ab?		158		
38	Wie lässt sich die Zufallsauswahl in der Praxis realisieren?		161		
39	Wann wendet man das geschichtete Stichprobenverfahren an?		162		
40	Was versteht man unter dem Flächenstichprobenverfahren?		163		
41	Wie geht man beim Klumpenstichprobenverfahren vor?		164		
42	Welche Gründe sprechen für die Beliebtheit des Quotenauswahlverfahrens in der Praxis? Welche Nachteile sind damit verbunden?		164		
43	Welche Erhebungsmethoden kennen Sie?		166		
44	Was ist eine Befragung?		167		
45	Welche Vor- und Nachteile haben die verschiedenen Formen der Befragung?		169		
46	Wie lassen sich Befragungsteilnehmer gewinnen?		168		
47	Welche grundsätzlichen Möglichkeiten der Fragestellung kennen Sie?		171		
48	Welche Befragungstaktiken kennen Sie?		171		
49	Was verstehen Sie unter „offenen" und „geschlossenen" Fragen?		171		
50	Was sind indirekte Fragen?		171		
51	Was versteht man unter Kontakt-(Eisbrecher)-fragen?		173		
52	Warum sollte man auch Kontrollfragen stellen?		174		
53	Wie würden Sie bei dem Aufbau eines Fragebogens vorgehen?		172		

	Kontrollfragen	bearbeitet	Lösungshinweis	Lösung +	Lösung -
54	Was versteht man unter Programmfragen?		172		
55	Was ist Zielsetzung von Textfragen?		172		
56	Was beabsichtigt man mit Ablenkungs- oder Pufferfragen?		174		
57	Was sind Übergangs- und Vorbereitungsfragen?		174		
58	Was sind Motivationsfragen?		174		
59	An welcher Stelle im Ablauf einer Befragung sollten die „Fragen zur Person" gestellt werden?		174		
60	Wie würden Sie allgemein den Ablauf einer Umfrage systematisch darstellen?		175		
61	Welche Aufgabe hat der Pretest eines Fragebogens?		174		
62	Was versteht man unter einer Omnibusbefragung?		145		
63	Wann ist es empfehlenswert, die Beobachtung anzuwenden?		179		
64	Was versteht man unter einem Feldexperiment?		182		
65	Was versteht man unter einem Laboratoriumsexperiment?		182		
66	Was ist ein Experiment in der Marktforschung?		181		
67	Welche Typen von Experimenten kennen Sie?		181 f.		
68	Wann empfiehlt es sich, Experimente anzuwenden?		181 f.		
69	Was verstehen Sie unter einem Panel?		188		
70	Welche methodischen Probleme ergeben sich beim Aufbau eines Panels?		188		
71	Welche Arten von Panels kennen Sie?		189 f.		
72	Welche Informationen können aus dem Einzelhandelspanel von Nielsen gewonnen werden?		192		
73	Was sind Nielsen-Gebiete?		193 f.		
74	Was versteht man unter „Paneleffekt"?		198		
75	Was versteht man unter „Panelsterblichkeit"?		198		
76	Was versteht man unter Haushaltspanel?		195		
77	Was versteht man unter einer Marktprognose?		198		
78	Welche intuitiven Prognoseverfahren kennen Sie?		199		
79	Welche systematischen Prognoseverfahren kennen Sie?		199		
80	Was versteht man unter kurzfristigen Prognosen?		200		
81	Was versteht man unter mittelfristigen Prognosen?		200		
82	Was versteht man unter langfristigen Prognosen?		200		

	Kontrollfragen	bear-beitet	Lösungs-hinweis	Lösung +	Lösung -
83	Welche Prognoseverfahren werden am häufigsten in der Praxis eingesetzt?		201		
84	Wann ist die Trendextrapolation zu empfehlen?		202		
85	In welchen Fällen empfiehlt sich die exponentielle Glättung?		206		
86	Wann empfehlen sich Prognosen durch Außendienstmitarbeiter?		207		
87	Wann empfehlen sich Prognosen durch das Management?		207		
88	Wie sind Prognosen durch Abnehmer zu beurteilen?		207		
89	Was sind deskriptive Verfahren der Informationsaufbereitung?		211		
90	Was sind analytische Verfahren der Informationsaufbereitung?		211		
91	Was versteht man unter multivariaten Verfahren?		212		
92	Was versteht man unter multipler Regressionsanalyse?		212		
93	Was versteht man unter Diskriminanzanalyse?		213		
94	Was versteht man unter Varianzanalyse?		213		
95	Was versteht man unter Faktorenanalyse?		213		
96	Was versteht man unter der Clusteranalyse?		213		
97	Was versteht man unter der Multidimensionalen Skalierung?		213		
98	Welche Einteilung der multivariaten Verfahren kennen Sie?		214		
99	Was bedeutet SPSS?		215		
100	Welche anderen Rechenprogramme der Auswertung auf Computern kennen Sie?		215		

C. Produktpolitik

Die Produktpolitik wird oft als der Kern oder das Herz des Marketing bezeichnet. Der Grund liegt zum einen darin, dass Produkte wegen ihrer spezifischen Eigenschaften gekauft werden und zum anderen alle übrigen Marketinginstrumente erst nach dem Produkt festgelegt werden können.

Produktpolitik beschäftigt sich mit der Suche, Entwicklung und Gestaltung der von einem Unternehmen auf dem Markt anzubietenden Produkte bzw. Leistungen. In der Literatur findet man für den Begriff „Produktpolitik" **unterschiedliche Definitionen**".

Nieschlag/ Dichtl/ Hörschgen (1997)	[ ] „zählen zur Produktpolitik alle Überlegungen, Entscheidungen und Handlungen, die in unmittelbarem Zusammenhang mit der Kombination und Variation dieser Eigenschaften stehen. Sie [die Programmpolitik] bezieht sich im Gegensatz zur Produktpolitik nicht auf das einzelne Produkt, sondern auf die Zusammenstellung verschiedener Erzeugnisse oder Erzeugnisgruppen zu einer in den Augen der Nachfrager attraktiven, zum Kauf anregenden Gesamtheit."
Meffert (1998)	„Sie [die Produkt- und Programmpolitik] beinhaltet alle Entscheidungstatbestände, die sich auf die markgerechte Gestaltung aller vom Unternehmen im Absatzmarkt angebotenen Leistungen beziehen (S. 313)."
Bruhn, M. (2001)	„Die Produktpolitik beschäftigt sich mit sämtlichen Entscheidungen, die im Zusammenhang mit der Gestaltung des Leistungsprogramms einer Unternehmung stehen (Sach- und Dienstleistungen) und das Leistungsangebot eines Unternehmens repräsentieren (S. 125)."
Scharf/ Schubert (2001)	„Die Produktpolitik umfasst alle Aktivitäten eines Unternehmens, die auf die Gestaltung einzelner Produkte oder des ganzen Absatzprogramms gerichtet sind (S. 65)."

Wie man sieht, geben die verschiedenen Definitionen unterschiedliche Aspekte des Komplexes „Produktpolitik" wieder, je nachdem, welche Gesichtspunkte im Vordergrund stehen.

Der Gesamtbereich der Produktpolitik lässt sich in die folgenden Bereiche einteilen:

Produktpolitik im weiteren Sinne

Produktpolitik im engeren Sinne	Programm- und Sortimentspolitik	Kundendienst (Servicepolitik)	Garantie-Leistungspolitik
– Qualität – allgemeiner Nutzen – Grundnutzen – Zusatznutzen – Verpackung – Produktimage – Design – Prestige – Markenpolitik	– Programmbreite – Programmtiefe – Programmgestaltung – Sortimentsbreite – Sortimentstiefe – Sortimentsgestaltung – Produktelimination – Diversifikation	– Service vor dem Verkauf – Service nach dem Verkauf – Service am Produkt – Service ohne Produkt – Kaufmännischer Service – Technischer Service – Serviceumfang	– Sachgarantie – Funktionsgarantie – Zeitgarantie – Kaufgarantie – Beschwerdenmanagement – Reklamationsbearbeitung

Bereiche der Produktpolitik

Neben dieser Einteilung in die dargestellten Bereiche empfiehlt es sich das allgemeine sequentielle Vorgehen zu veranschaulichen (vgl. Abb. S. 223).

Dabei ist bei einem systematischen Vorgehen der hier dargestellte sequentielle Ablauf im Prinzip stets gegeben.

Ausgangspunkt ist die Konzeption des Strategischen Marketing dem sich eine Analyse des eigenen Leistungsangebots anschließt. Daraufhin werden die Ziele der Produktpolitik formuliert und eine Produktstrategie erarbeitet. Die folgenden Schritte dienen der Festlegung der operativen Maßnahmen. Den Abschluss bildet die Erfolgskontrolle der Produktpolitik.

1. Produktpolitik im engeren Sinne

Im Rahmen der Produktpolitik i. e. S. sind stets die folgenden Basisentscheidungen zu treffen im Hinblick auf:

- **Produktinnovation**, d. h. die Aufnahme eines neuen Produkts (Produktinnovation) oder eines in vergleichbarer Weise auf dem Markt schon vorhandenen Produktes (Me-too-Produkt) in das Leistungsangebot.

- **Produktdifferenzierung**, d. h. es werden nicht nur ein Basisprodukt sondern mehrere leicht bis mittel modifizierte Produkte des Basisproduktes angeboten.

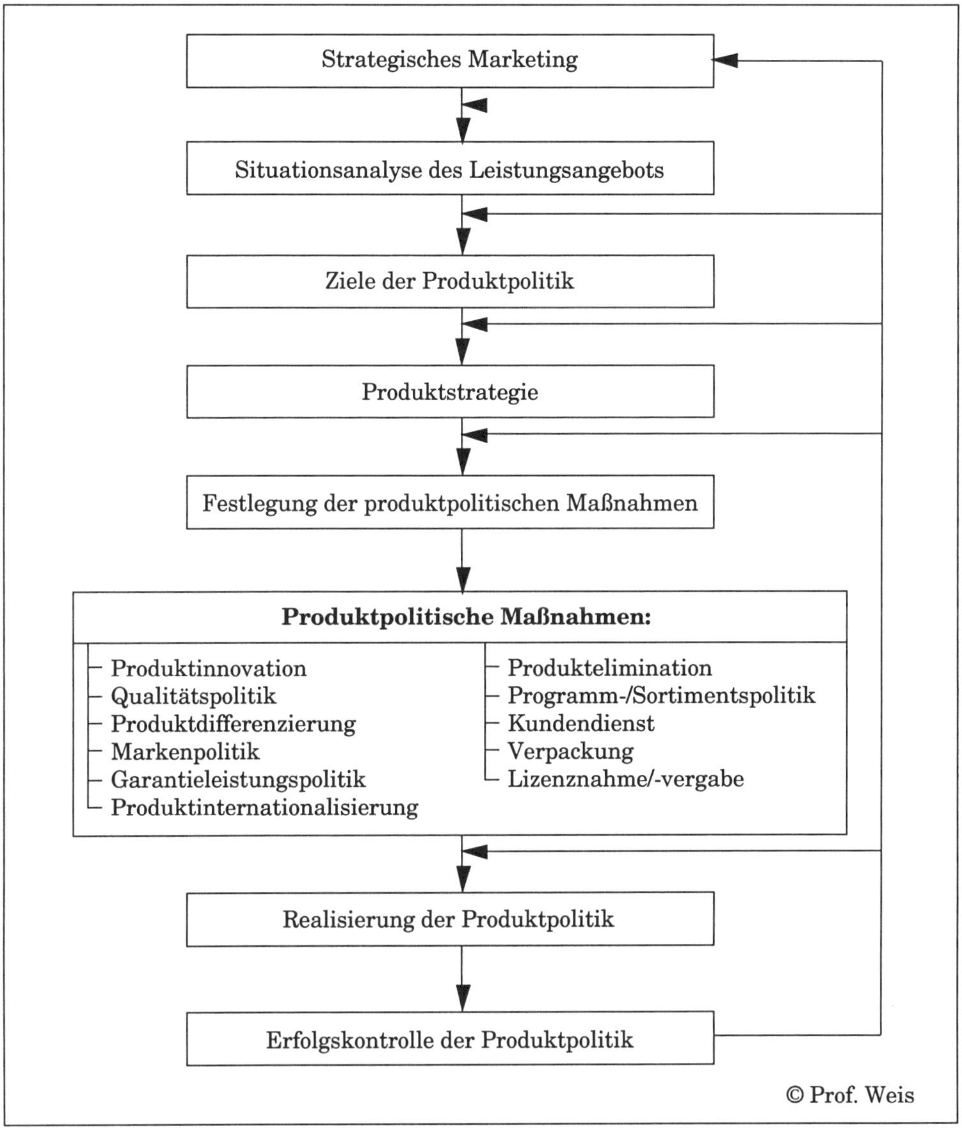

Ablauf der Produktpolitik (sequenziell)

- **Produktvariation**, d. h. auf dem Markt eingeführte Produkte werden den Bedürfnissen des Marktes (ästhetisch, funktional, technisch usw.) angepasst, wobei die Anzahl der Produkte insgesamt unverändert bleibt.

- **Produktelimination**, d. h. Aufgabe nicht mehr erfolgreicher Produkte und Elimination aus dem Angebot eines Unternehmens.

Der Begriff Produktinnovation (Abb.) wird in der Literatur oft sehr unterschiedlich gesehen. Zum einen spricht man von neuen Produkten, wenn es sich um ein völlig neues Produkt (eine echte Innovation) auf dem Markt handelt. Andererseits spricht man aber auch dann von neuen Produkten, wenn diese Produkte schon auf dem Markt sind, nunmehr aber von einem bestimmten Unternehmen erstmals angeboten werden. Daneben gibt es aber auch noch „Quasi-neue Produkte", die Modifikationen bisheriger Produkte darstellen (z. B. tragbarer PC, PKW mit Vierradantrieb, flüssiges Waschmittel usw.). Ferner gibt es noch sog. „Me-too-Produkte", die eine Nachahmung eines Originals darstellen (z. B. Schokolade, Zahnpasta, Waschmittel usw.).

Je nachdem, welche Produktpolitik verfolgt wird, sind die Marktchancen unterschiedlich. Bei echten Innovationen (z. B. PC, Quarzuhr, CD-Player, Mikrowellenherd usw.) sind Gewinnchancen größer, aber auch die Risiken höher als bei „Quasi-neuen" oder „Me-too-Produkten".

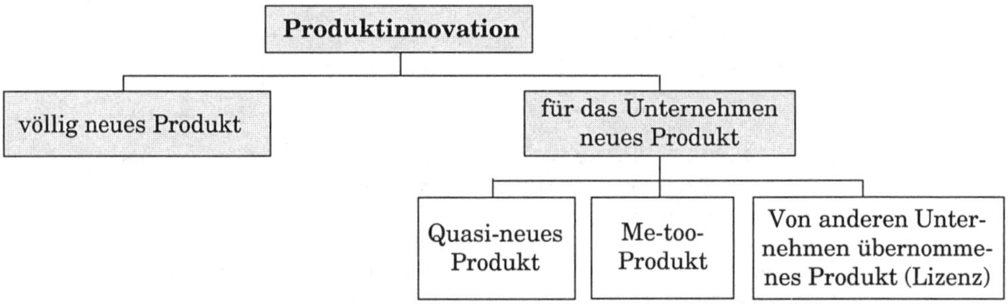

Wenn hier von neuen Produkten gesprochen wird, so sind damit alle Produkte gemeint, die von einem bestimmten Unternehmen neu in sein Leistungsprogramm bzw. Sortiment aufgenommen werden. Diese Produkte können aber durchaus schon in modifizierter oder gleicher Form auf dem Markt von anderen Wettbewerbern angeboten werden.

Produktpolitik wird in der amerikanischen Marketinglehre schon lange als „das Herz des Marketing" bezeichnet. Dem liegt die Überlegung zu Grunde, dass nur über den Entscheid des Verbrauchers ein bestimmtes Produkt zu kaufen oder nicht, Umsatz und Gewinn erzielt werden kann. Aus diesem Grunde müssen die Ziele für die Produktpolitik aus den Marketingzielen abgeleitet werden; Produkte müssen die Basis jeder Marketingkonzeption sein.

Neue Produkte/Innovationen sind insbesondere für hoch entwickelte Volkswirtschaften eine Notwendigkeit. Dies kann jedoch nur dann im erforderlichen Umfang gelingen, wenn genügend Mittel für Forschung und Entwicklung ausgegeben werden. Aus der folgenden Tabelle sieht man, dass die Europäische Union immer weiter gegen die Hauptkonkurrenten USA und Japan zurückfällt.

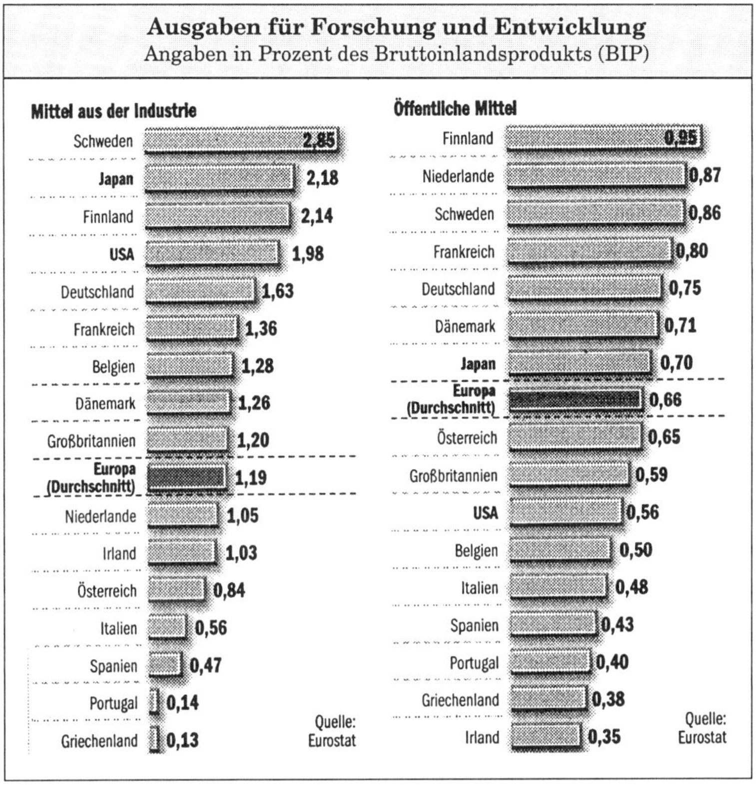

Bis 2010 ist es das Ziel der EU, den Anteil der Forschungs- und Entwicklungskosten am Bruttoinlandsprodukt (BIP) auf drei Prozent zu steigern, wovon zwei Drittel vom Privatsektor getragen werden sollen. Nach der Tabelle für 2001 nimmt Deutschland nach Schweden, Japan, Finnland, den USA den fünften Platz ein.

Ein **Produkt** kann als eine Leistung eines Anbieters gesehen werden, die er erbringt um die Bedürfnisse und Wünsche der Abnehmer zu befriedigen. Diese Leistungen bestehen aus der Summe aller physikalischen, chemischen und technischen Elemente eines Produktes und dem subjektiven Wert, den Abnehmer ihnen beimessen.

Die Art der jeweiligen Produktpolitik hat einen unterschiedlichen Einfluss auf verschiedene Merkmale des Marketing-Mix.

Produktpolitik hat Einfluss	
auf	**durch**
Preis	Design, Farbe, Material, Duft, Funktion, Leistung
Produktimage	Marke, Zielgruppe, Produktname, Design, Funktion
Lebensdauer	Qualität, Material, Aktualität, Modeorientierung
Servicebedürftigkeit	Konstruktion, Gestaltung, Funktion
Kundendienst	Art und Qualität der Beratung und Gestaltung
Umwelt	Umweltverträglichkeit des Produktes
Erhältlichkeit	Zielgruppe, Distributionssystem, Produktart
Verfügbarkeit	Lieferbereitschaft, Lieferzeit, Beschaffungsprozess
Gesamtnutzen	Nutzungsmöglichkeiten, Zusatznutzen
Verpackung	Art des Produktes, Funktion, Design
Markenbildung	Einzigartigkeit, Einstellung der Käufer, Produktimage

Auswirkungen der Produktpolitik

Wie man aus der Abbildung erkennt, wirkt sich „das Produkt" auf verschiedene u.a. bedeutsame wahrgenommene Merkmale mitbestimmend aus. Welche einzelnen Faktoren jeweils wirken bzw. wirken können, zeigt obige Übersicht.

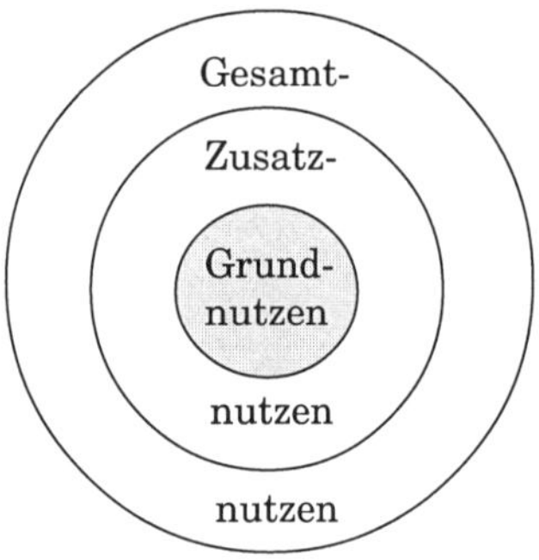

Produktnutzen

Bei einer Nutzenbetrachtung kann man von einem Produktkern (Grundnutzen) (stofflich-technischen Nutzen) und einem Zusatznutzen (persönlich empfundenen Nutzen) eines Produktes für seinen Käufer sprechen. Der Grundnutzen (Produktkern) zeigt sich in den technischen bzw. stofflichen Merkmalen eines Produktes, während sich der Zusatznutzen in der Verpackung, der Marke und dem Image sowie den Produktdienstleistungen zeigt.

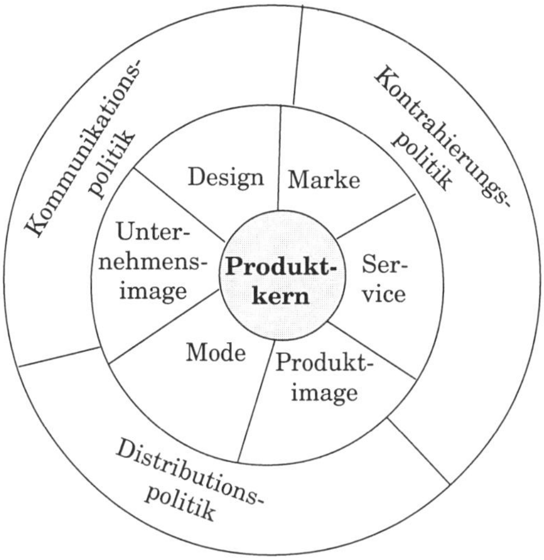

Wirkungen eines Produkts

Produkte lassen sich nach unterschiedlichen Kriterien zu bestimmten Gruppen zusammenfassen:

- Nach dem **Verwendungszweck** unterscheidet man in der Regel in Konsum-, Gebrauchs-, Produktions- und Investitionsgüter. Von Konsumgütern spricht man, wenn es sich um Produkte zum Verbrauch durch Privatpersonen handelt. Gebrauchsgüter werden ebenfalls von Privatpersonen gekauft, dienen jedoch dem längerfristigen Gebrauch. Bei Produktions- und Investitionsgütern sind die Käufer industrielle Abnehmer, die diese Güter für die Herstellung neuer Produkte einsetzen.

- Nach den **Märkten**, auf denen Produkte angeboten werden, unterscheidet *Kotler* in Produkte, die auf K-Märkten, P-Märkten, W-Märkten und Ö-Märkten angeboten werden. Auf dem K-Markt (Konsumgütermarkt) werden Produkte an Einzelpersonen und Haushaltungen angeboten.

  Die Produkte auf dem P-Markt (Produzentenmarkt) werden von Einzelpersonen und Organisationen zum Zwecke der Erzeugung neuer Produkte nachgefragt. Der W-Markt ist der Markt, auf dem Wiederverkäufer (Händler) Produkte nachfragen. Der Ö-Markt hat als Nachfrager öffentliche Betriebe für bestimmte Produkte und Dienstleistungen.

- Nach der **Verwendungsreife** kann in Rohstoffe, Halbfertigerzeugnisse, Halbzeuge, Zwischenprodukte und Fertigerzeugnisse unterschieden werden. Da das Marktverhalten je nach Produktart unterschiedlich sein wird, ist auch diese Einteilung u. U. für die Marketingpraxis aufschlussreich.

- Nach der **Zahl der Bedarfsträger** unterscheidet man in Massenprodukte und Individualgüter.

- Nach der **Selbstverkäuflichkeit** unterscheidet man in problemlose und problemvolle Produkte.

- Nach dem **Kaufverhalten** in Produkte, die gewohnheitsmäßig (habitualisiert), die überwiegend rational und die impulsiv bzw. sozialbeeinflusst gekauft werden.

- Nach **Kaufentscheidungen** von Haushalten unterteilt man Konsumgüter in:
  - Convenience goods, das sind preiswerte Produkte des täglichen Bedarfs, z. B. Nahrungsmittel, Zigaretten, Waschmittel
  - Specialitiy goods, das sind Güter, für die ein aufwändiger und i.d.R. längerer Kaufentscheidungsprozess stattfindet, z.B. Hauskauf, Pkw-Kauf.
  - Shopping goods, das sind Produkte, deren Kauf bedeutsamer als für convenience goods ist, aber weniger Bedeutung als der Kauf von speciality goods hat, z.B. Kleidung, Schuhe.

Nur auf die Einteilung nach den Verwendern soll im Folgenden näher eingegangen werden.

Betrachten wir **Konsumgüter** wie Zahnpasta, Kaffee, Teigwaren, Zigaretten und im Gegensatz dazu **Investitionsgüter** wie Maschinen, Elektromotoren, Pressen usw., so sehen wir, dass unterschiedliche Aspekte im Marketing im Vordergrund stehen müssen. Während bei Investitionsgütern weitgehend technische Bedingungen und Erfordernisse das Marketing und damit die Produktpolitik beeinflussen, sind es bei Konsumgütern, wie z. B. Zahnpasta, neben den materiellen Eigenschaften symbolische Eigenschaften wie Verpackungsform, Farbe der Verpackung, Aufdruck auf der Verpackung, der Produktname usw., die integrale Bestandteile der Produktpolitik sein müssen.

Es lässt sich somit festhalten, dass jedes Produkt aufgrund der unterschiedlichen Ausgangslage nach einer individuellen Produktpolitik verlangt. Im Folgenden soll die Produktpolitik für Konsumgüter im Vordergrund der Betrachtung stehen.

Oft wird bei Produkten nur an ihre physikalischen Eigenschaften gedacht. Dabei werden die soziopsychologischen Dimensionen, die Qualität, symbolische Bedeutungen und andere subjektive Faktoren vernachlässigt, die jedoch unter Marketinggesichtspunkten von großer Bedeutung sind.

Eine **gute Qualität** ist heute für jedes Produkt, das erfolgreich sein will, unabdingbar, genügt aber nicht mehr um sich vor der Konkurrenz Vorteile zu verschaffen. Wichtige Faktoren um mit seinen Produkten Erfolg zu haben, sind weiter pünktliche Lieferung, effizientes Marketing, exzellenter Kundendienst und gute Beziehungen zu den Kunden. Voraussetzung für gute Kundenbeziehungen sind das Wissen über die Bedürfnisse des Kunden. Die Befriedigung dieser Bedürfnisse kann nur durch eine „kundenindividuelle Massenproduktion, die jedem Kunden individualisierte Produkte und Dienstleistungen bietet", erfüllt werden. Durch Flexibilisierung, Modualisierung und weitergehende Computerisierung der Produktion wird dies in vielen Bereichen schon realisiert bzw. in Kürze realisiert werden (Mass Customization).

1.1 Aufgaben

Die Aufgaben der Produktpolitik lassen sich im Einzelnen in folgende Aufgabenbereiche einteilen:

- Suche nach neuen Produktideen
- Entwicklung neuer Produkte
- Markteinführung neuer Produkte
- Gestaltung von Produkten
- Qualitätsveränderung von Produkten
- Variation und Differenzierung von Produkten
- Elimination von Produkten
- Überwachung am Markt eingeführter Produkte.

Die ersten drei genannten Aufgaben entstehen vorzugsweise bei der **Neueinführung von Produkten,** während alle übrigen Aufgaben jederzeit „im Produktleben" wahrgenommen werden können.

Zur Unterstützung bei der Entscheidungsfindung kann die Betrachtung der **Lebenszyklen von Produkten** eingesetzt werden.

1.2 Produktlebenszyklus

Das Modell des Lebenszyklus von Produkten versucht, den „Lebensweg" eines Produktes, gemessen in Umsätzen, Umsatzveränderungen und Gewinn oder Verlust usw. zwischen der Markteinführung eines Produktes und dem Ausscheiden aus dem Markt darzustellen. Einige Autoren führen auch noch die Entwicklungsphase der Produkte an, wobei in die Entwicklungsphase Produktfindung, Produktentwicklung und die Einführung gerechnet werden.

Produktlebenszyklen lassen sich für alle Produkte Konsum-, Gebrauchs- und Investitionsgüter aufstellen. Mit dem Lebenszykluskonzept versucht man, die Lebensdauer eines Produktes in verschiedene charakteristische Phasen zu unterscheiden. Lässt sich ermitteln, in welcher Phase ein Produkt sich gerade befindet, so lassen sich dann die marketingpolitischen Instrumente effizienter einsetzen.

In der Literatur wird der Lebenszyklus meist in vier oder fünf unterscheidbare Phasen eingeteilt.

Produktlebenszyklus	
5-Phasen • Einführung • Wachstum • Reife • Sättigung • Degeneration (Rückgang)	**4-Phasen** • Einführung • Durchdringung • Sättigung • Degeneration

Phasen des Produktlebenszyklus

Da die Produktlebenszyklen idealtypisch dargestellt werden, ist darauf hinzuweisen, dass empirische Lebenszyklen das Ergebnis der eigenen Marketingaktivitäten als auch der wirtschaftlichen Entwicklung allgemein und der Maßnahmen und Forschungen der Konkurrenz sind.

1.2.1 Phasen

Im Rahmen der weiteren Betrachtung soll hier der **Produktlebenszyklus** in **fünf Phasen** besprochen und dargestellt werden.

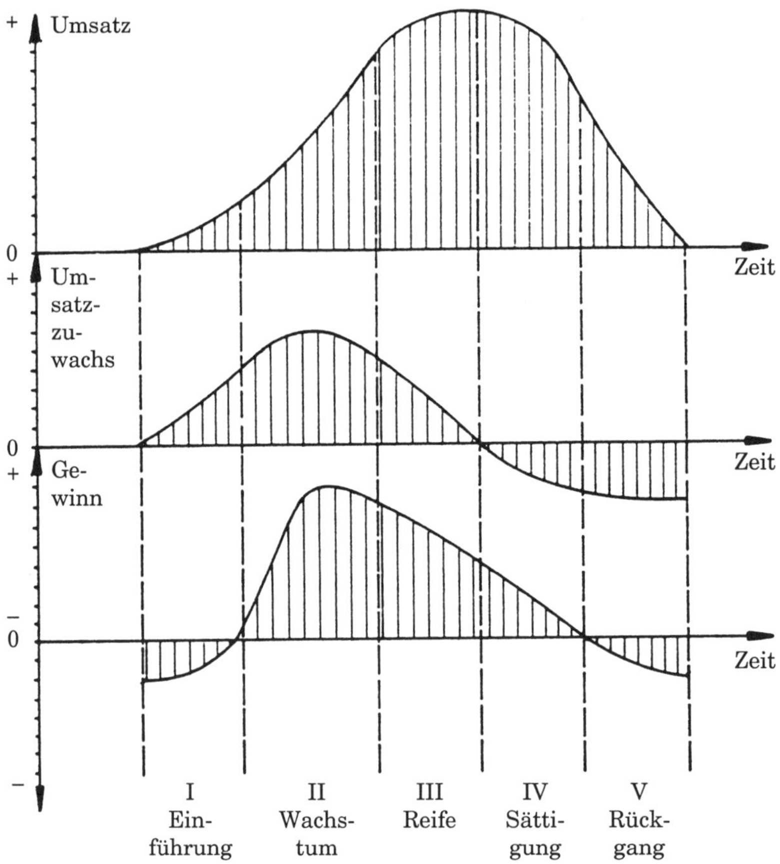

Dabei wird zwischen **folgenden Phasen** unterschieden:

- Einführungsphase
- Wachstumsphase
- Reifephase
- Sättigungsphase
- Rückgangsphase.

1.2.1.1 Einführungsphase

In der Einführungsphase, die mit dem Eintritt des Produktes in den Markt beginnt, werden zunächst geringe Umsätze getätigt. Bei einem völlig neuen Produkt hat dann der Anbieter als Pionierunternehmer eine monopolähnliche Stellung. Die geringen Anfangserfolge lassen sich mit der Reaktionsstruktur der Konsumenten erklären. Diejenigen, die sich schnell zum Kauf des Produktes entschließen, die so genannten Neuerer, zeichnen sich durch Vorurteilslosigkeit, Wagemut und vielseitige Interessen aus.

Um dem Produkt den Durchbruch auf dem Markt zu ermöglichen, ist die Werbung das wirksamste Instrument. Daneben ist durch Ausbau des Distributionsnetzes und durch Bereitstellung einer ausreichenden Produktionskapazität die Versorgung aller potenziellen Käufer vorzubereiten. Zur Preispolitik sind Aussagen schwierig. Bei Massenkonsumartikeln wird man meist eine befristete Niedrigpreispolitik durchführen, während bei höherwertigen Gebrauchsgütern eine „Politik der hohen Preise" vorherrschend ist, bei der man später die Preise langsam senkt.

Nach *Levitt* bestimmen folgende **Faktoren die Dauer der Einführungsphase**:

- Technische Erklärungsbedürftigkeit
- Neuigkeitswert der Güter
- Übereinstimmung mit bestehenden Bedarfsstrukturen
- Konkurrenzangebot auf dem Markt.

Da in der Einführungsphase langsam steigenden Umsätzen hohe Kosten im Bereich der Produktion und für die Markterschließung entgegenstehen, ergeben sich in dieser Phase in der Regel Anfangsverluste. Die Einführungsphase ist meist beendet, wenn das Produkt die Gewinnschwelle überschreitet und in die Wachstumsphase übergeht.

1.2.1.2 Wachstumsphase

In der Wachstumsphase, die bis zum Wendepunkt der Umsatzfunktion reicht, setzt der so genannte **Umsatzboom** ein, sofern sich das Produkt nicht als „Flop" erweist. In dieser Phase treten immer mehr Konkurrenten auf den Markt, die das neue Produkt imitieren. Neben die Pionierunternehmer treten die Nachahmer. Zu den bisherigen Abnehmern kommen die frühen Adoptoren (frühe Mehrheit der Abnehmer) hinzu. In diesem Zeitraum werden die höchsten Stückgewinne erzielt.

Die anfänglich monopolistische Marktform entwickelt sich in eine oligopolistische. Wurde in der Einführungsphase eine Politik der hohen Preise betrieben, so werden nun Preissenkungen vorgenommen. Bei einem Beginn mit Niedrigpreisen werden die Preise angehoben. Produktpolitisch werden dann Produktvariationen vorgenommen, wenn Konkurrenzprodukte auftreten, die zu Käuferverlusten führen. Die Werbung wird noch nicht nennenswert herabgesetzt.

1.2.1.3 Reifephase

In der Reifephase steigt der Umsatz zunächst weiter an um sein Maximum zu erreichen. Die Wachstumsrate sinkt am Ende dieser Phase auf Null. Durch eine wachsende Zahl von nunmehr auch konservativen Anbietern wird die Marktstruktur zunehmend polypolistisch.

	Einführung	Wachstum	Reife	Sättigung	Rückgang
Kunde	Innovatoren hohes Einkommen	Frühe Mehrheit hohes Einkommen	Masse durchschnittliches Einkommen	Nachzügler durchschnittliches Einkommen	Nachzügler niedriges Einkommen
Produkt	Grundprodukt	Produktweiterentwicklung	Segmentspezifisches Produkt	Produkt-relaunch	Einfachversion Elimination
Preis	niedrig oder hoch	konkurrenzorientiert	konkurrenzorientiert	niedrig	niedrig
Werbung	Produkt bekannt machen	Produktvorteil	Nutzen	individueller Nutzen	günstiges Angebot
Wettbewerber	keiner - wenige	mehrere	viele	wenige	wenige
Bruttogewinn je Einheit	hoch	hoch	gering	sehr gering	sehr gering

Beispiel für Produktlebenszyklusmuster für Konsumgüter

Der wachsenden Anzahl von Anbietern steht jetzt auch eine zunehmende Zahl von Nachfragern gegenüber, die so genannte frühe Mehrheit. Da das Produkt jetzt sein **Maximum an Umsatz** erreicht hat, werden sich Unternehmen auf eine Differenzierung des Produktionsprogramms einstellen um sich von den Konkurrenten zu unterscheiden. In dieser Phase ist die Produktpolitik von großer Bedeutung. Daneben wird die Werbung eingesetzt um bestehende Präferenzen zu erhalten bzw. neue aufzubauen. Durch den wachsenden Wettbewerb wird es in der Regel zu Preissenkungen kommen, da die Nachfrage in dieser Phase auf Preisänderungen sehr elastisch reagiert.

1.2.1.4 Sättigungsphase

In der Sättigungsphase sinkt der Umsatz und die Wachstumsrate ist negativ. Auch der Gewinn nimmt ständig ab und erreicht am Ende die **Gewinnschwelle**. Viele Pionierunternehmen der ersten und zweiten Phase verlagern ihre Aktivitäten nunmehr auf andere Märkte, sodass weitgehend nur konservative Unternehmen anbieten. Die Marktstruktur bleibt weiterhin polypolistisch. Als Abnehmer tritt die so genannte späte Mehrheit auf, das sind Personen, die sehr stark in der Tradition verhaftet sind und oft gewohnheitsmäßig kaufen. Die Preiselastizität der Nachfrage ist groß, wenn die Preise auch nur geringfügig erhöht werden, jedoch niedrig, wenn Preise gesenkt werden. Aus diesem Grunde weichen Unternehmer zunehmend der Produktpolitik in Form von Produktvariationen und Differenzierungen sowie dem Qualitätswettbewerb aus.

1.2.1.5 Rückgangsphase

In der Rückgangsphase sinkt der Umsatz stark, die Wachstumsrate ist negativ und Gewinne lassen sich auf dem nunmehr meist oligopolistischen Markt nicht mehr realisieren. Die übrig bleibenden Anbieter sind meist dynamische Unternehmen, die sich noch behaupten können, bevor sie sich neuen Märkten zuwenden.

Die Werbung wird zunehmend eingeschränkt, Preise zum Teil sogar angehoben und das Leistungsprogramm systematisch bereinigt. Als Ursachen für derartige Umsatzrückgänge können technische Verbesserungen des Substitutionsangebots oder Kaufkraft- und Einkommensverteilungsänderungen angesehen werden, die ihrerseits zu Änderungen der Bedarfsstrukturen führen.

Der dargestellte Kurvenverlauf stellt einen Spezialfall unter verschiedenen möglichen Verläufen (links- oder rechts-steilen) dar. Je nach Produkttyp ist die Dauer der Phasen und der Verlauf der Umsatz- und Gewinnkurven unterschiedlich.

Der Produktlebenszyklus wird heute oft schon in erweiterter Form betrachtet, indem in Ergänzung zu der bisherigen Produktlebenszykluszeit eine Entstehungsphase und Entsorgungsphase berücksichtigt wird. Die folgende Abb. (S. 234) veranschaulicht das erweiterte Konzept des Produktlebenszyklus.

1.2.2 Bedeutung der Produktlebenszyklen

Das Produktlebenszyklusmodell wird in unterschiedlichen Formen in der Literatur intensiv diskutiert, wobei Vor- und Nachteile aufgezeigt werden.

Die Länge des Produktlebenszyklus variiert von Produkt zu Produkt sehr stark. Zum einen gibt es Produkte, die sehr lange auf dem Markt sind (z.B. Aspirin, Investitionsgüter) und Produkte, die sehr kurzlebig sind (Modeartikel). Allgemein zeigt sich, dass die durchschnittliche Produktentwicklungszeit steigt (vgl. Abb. S. 235 und 236).

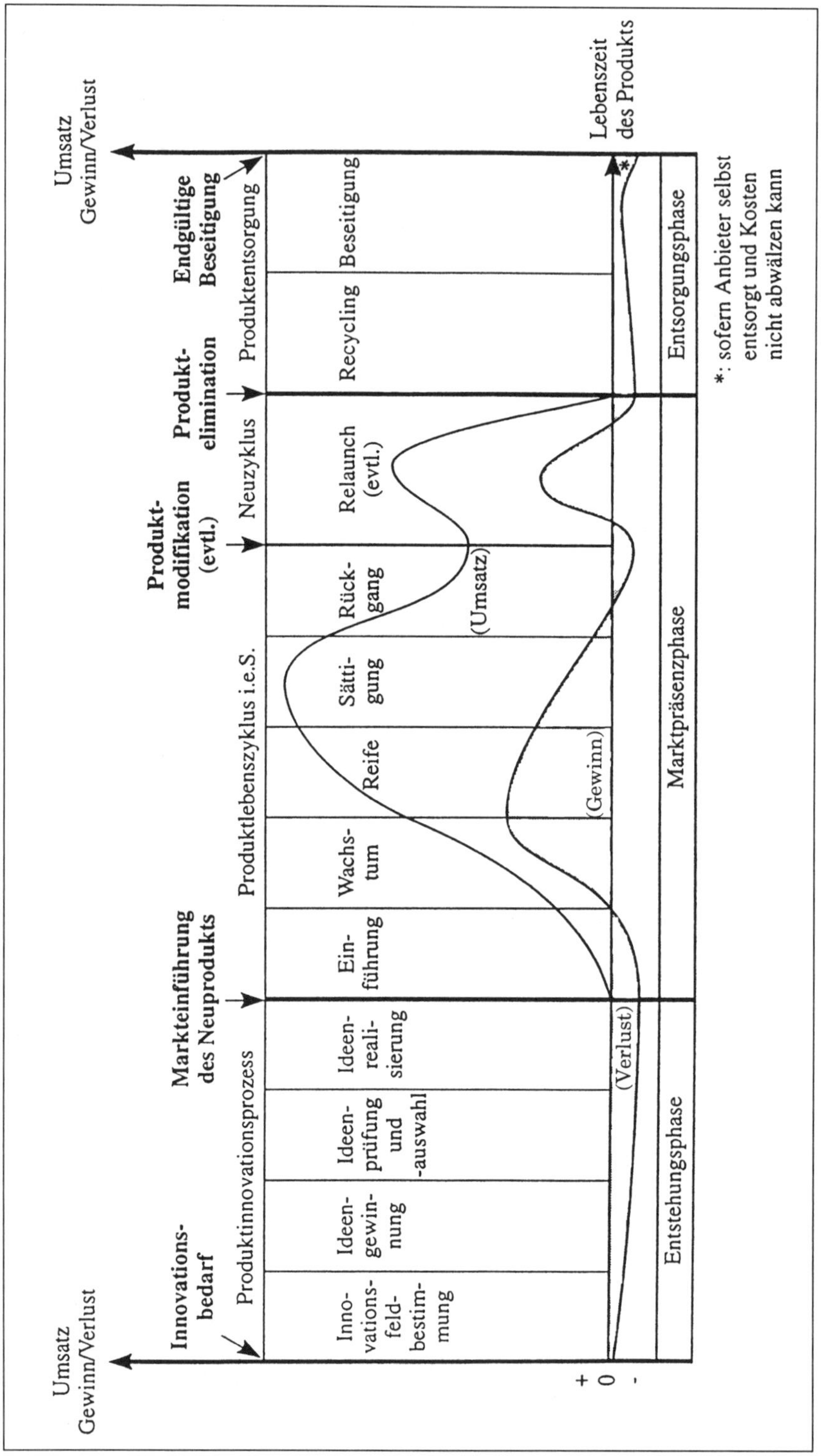

Erweiterter Produktlebenszyklus

Quelle: *Fritz / von Oelsen*, S. 181

Die Produktlebenszeiten nehmen dagegen ab, wenn auch von Branche zu Branche unterschiedlich (vgl. Abb.). Dadurch entsteht für die Unternehmen der Druck, in möglichst kurzer Zeit große Mengen auf dem Markt abzusetzen.

Die Entwicklung in einzelnen Branchen zeigt die folgende Übersicht.

Branche	**Zeitraum**		
	70er Jahre	**80er Jahre**	**90er Jahre**
Anlagenbau	13 Jahre	11 Jahre	9 Jahre
Chemische Industrie	10 Jahre	9 Jahre	6 Jahre
Elektrotechnik	12 Jahre	8 Jahre	6 Jahre
Fahrzeugbau	11 Jahre	9 Jahre	7 Jahre
Informationstechnik	11 Jahre	8 Jahre	5 Jahre
Maschinenbau	12 Jahre	9 Jahre	7 Jahre
Durchschnitt	11 Jahre	9 Jahre	6 Jahre

Produktlebenszyklus in verschiedenen Branchen

Quelle: *Droege / Backhaus / Weiber* (1993) S. 53

Ein weiteres Beispiel vermittelt die Entwicklung und Markteinführung einer neuen Brennstoffzellen-Technik, die in der Weltraumfahrt und bei U-Booten schon lange eingesetzt wird für die kommerzielle Nutzung.

Zeithorizont der Aktivitäten der Initiative Brennstoffzelle

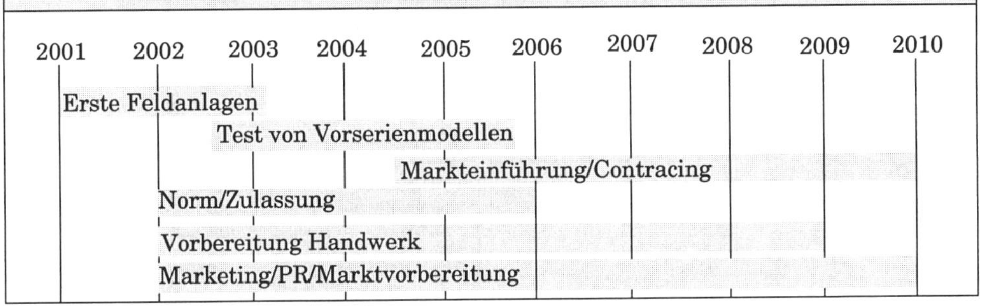

Quelle: Initiative Brennstoffzelle

Wie lange heute z.B. die Entwicklung eines neuen Medikamentes dauert, vermittelt die folgende Grafik.

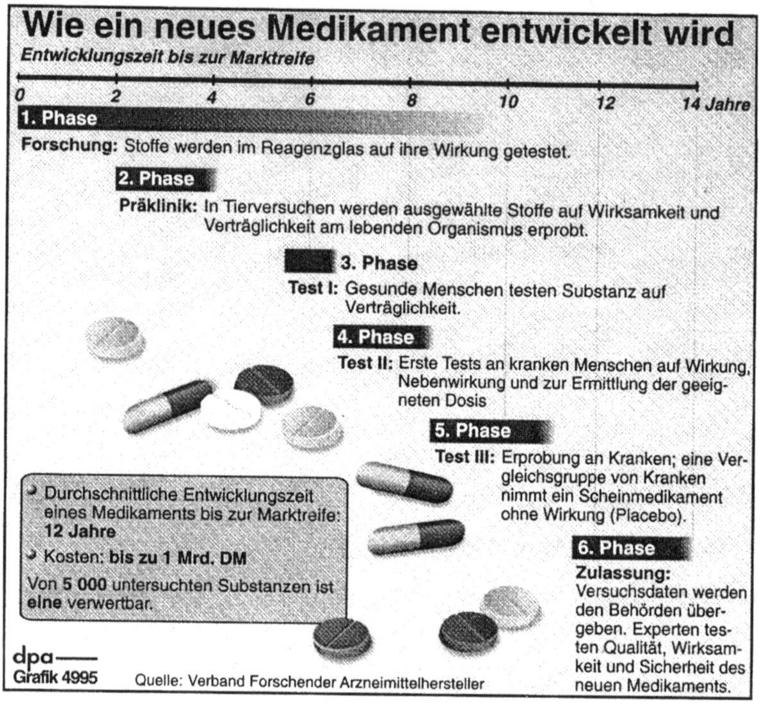

Die oft sehr lange Entwicklungszeit und kürzere Marktzeiten zwingen die Unternehmen, insbesondere sorgfältig und umfassend die mengen-, kosten- und zeitmäßigen Aspekte der Einführung von Produkten und ihrer Lebensdauer zu planen.

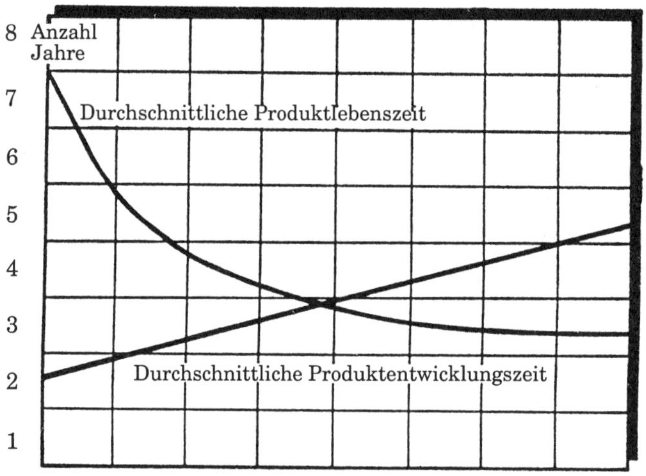

Veränderungen der Produktlebens- und -entwicklungszeiten

Quelle: *IBM*

Die Produktlebenszyklusanalyse leistet u. a. auch z. B. einen großen Beitrag zur Planung von Umsatz und Gewinn, indem sie z. B. im Rahmen der Ziellücken- oder Gap-Analyse aufzuzeigen hilft, wie sich der Umsatz mit den bisherigen Produkten entwickeln wird.

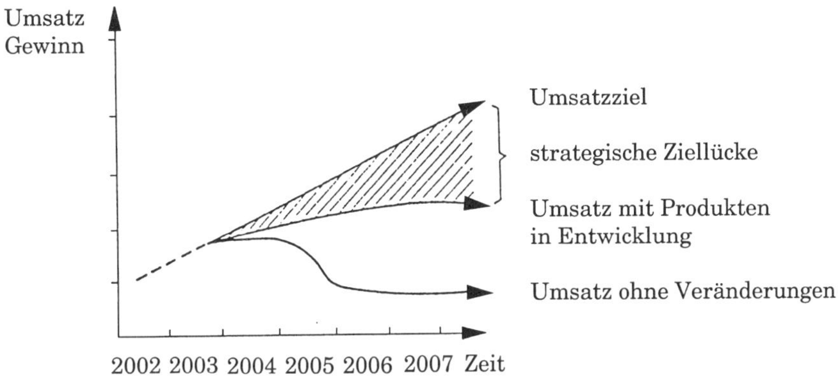

Gap-Analyse

Dabei kann aufgezeigt werden, wie sich der Umsatz mit den in Entwicklung befindlichen Produkten entwickeln wird und welche Maßnahmen zu ergreifen sind um eine sog. strategische Ziellücke zu schließen.

Der Produktlebenszyklus hilft nicht nur bei der Analyse einzelner Produkte, sondern auch bei

- der Analyse von Umsatz und Erfolg des gesamten Verkaufsprogramms bzw. Sortiments
- der Einführung bzw. Elimination von Produkten
- der Verbesserung (Relaunch) von Produkten.

Durch die anschauliche grafische Darstellung des Produktlebenszyklus kann man schnell einen Überblick über die Stärken und Schwächen des Verkaufsprogramms gewinnen.

Die Anwendung des Produktlebenszykluskonzepts z. B. auf bestimmte Gruppen von Unternehmen gibt aufschlussreiche Hinweise im Hinblick auf die anzustrebende Produktpolitik. Interessant ist dabei, in welcher Lebenszyklusphase sich wie viele der angebotenen Produkte befinden.

Aufgrund der jeweiligen Anteile in den einzelnen Phasen der Produkte lassen sich Rückschlüsse auf das Alter und die Entwicklung neuer Produkte ziehen. Man erkennt, dass wachsende Unternehmen im Vergleich zu schrumpfenden Unternehmen mehr Produkte in der Einführungs- und Wachstumsphase haben, also Produkte, die in der Regel erst kurze Zeit auf dem Markt sind.

Auch eine Betrachtung des **Diffusionsprozesses** mit der Produktlebenszykluskurve erweist sich als sinnvoll, da dadurch Erkenntnisse über den Stand der Verbreitung eines Produktes bei den voraussichtlichen Abnehmern gewonnen werden können.

Nach der von *Rogers* eingeführten Konsumententypologie würden sich die einzelnen Typen wie folgt in den Lebenszyklus einpassen:

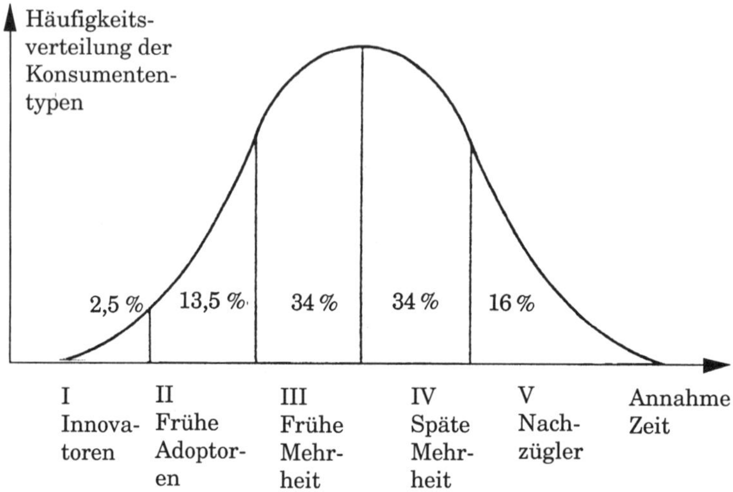

Diffusionsprozess

Derartige Modelle, die den Verlauf der Übernahme eines Produktes durch verschiedene Abnehmertypen aufzeigen, bezeichnet man als **Diffusionsmodelle**.

Bei diesem Modell geht man von der Prämisse aus, dass die einzelnen Zeitpunkte der Übernahme einer Innovation durch Subjekte (Abnehmer) nach einer Normalverteilung ablaufen. Theoretisch ist der Diffusionsprozess mit der Übernahme der Diffusion durch den letzten möglichen Abnehmer beendet.

Versucht man prinzipiell charakteristische produktpolitische Aktionen den einzelnen Phasen des Lebenszyklus zuzuordnen, so könnte diese Zuordnung folgendermaßen aussehen:

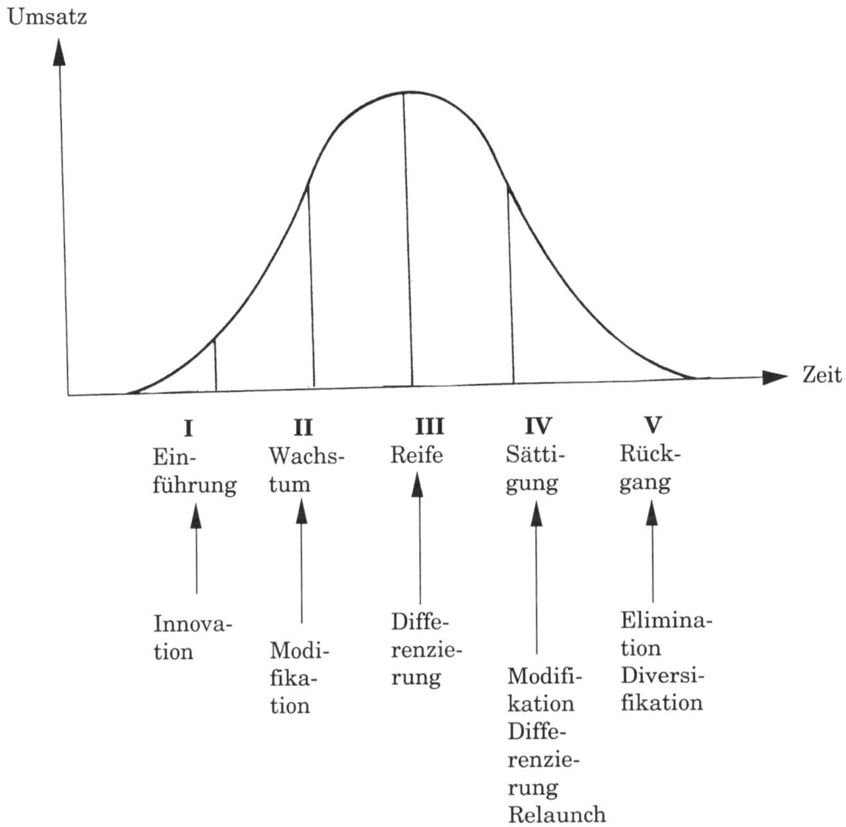

Produktpolitische Aktionen in den einzelnen Phasen

An einigen idealtypischen Produktlebenszyklen sollen charakteristische „Produktlebenswege" aufgezeigt werden.

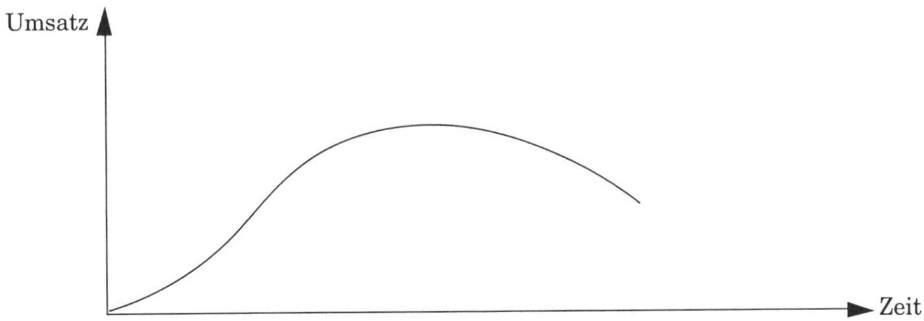

Normalform: Idealtypische Kurve (Einführung, Wachstum usw.)
Einzelne Phasen klar erkennbar

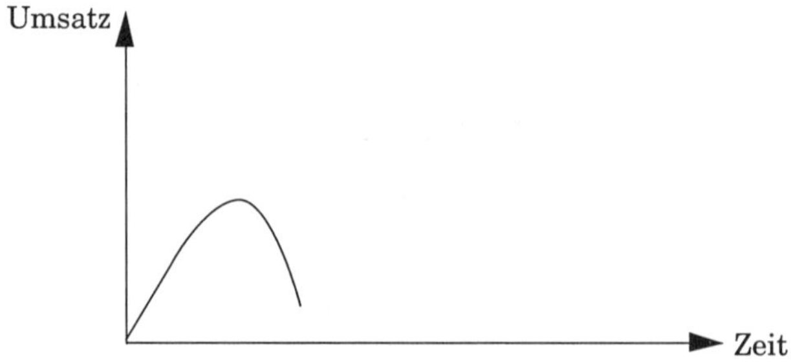

Flop:
- Schnelles, kurzes mäßiges Wachstum
- Schneller Rückgang
- Kurze Lebensdauer

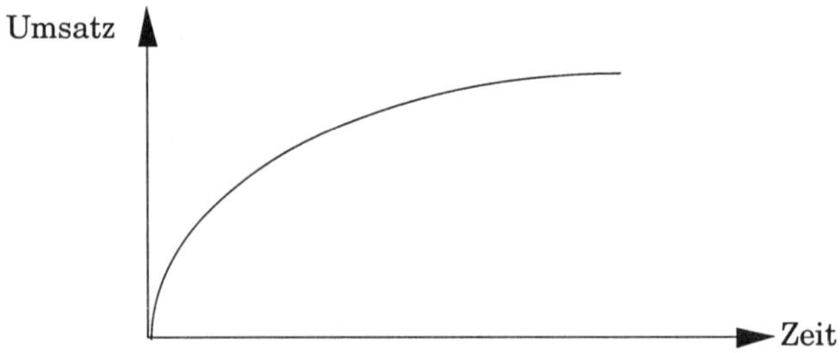

Erfolgreiches Produkt *(Hit)*:
- Schnelles kontinuierliches Wachstum
- Marktanteil wird erweitert
- Lange Lebensdauer

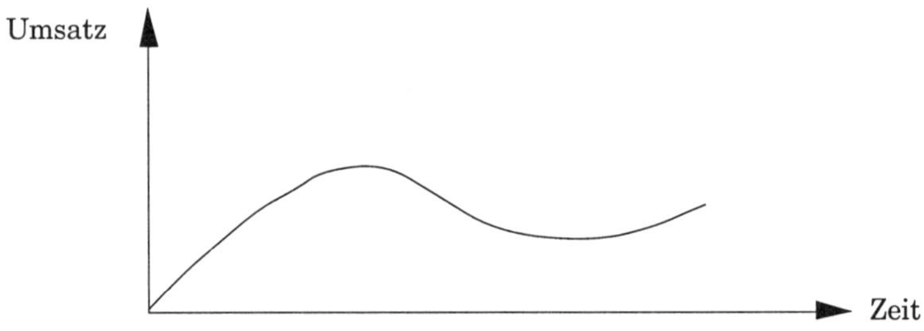

Nostalgisches Produkt:
- Rückgang nach Wachstum
- Neuer Aufschwung des „alten" Produkts aufgrund von Veränderungen in der Umwelt

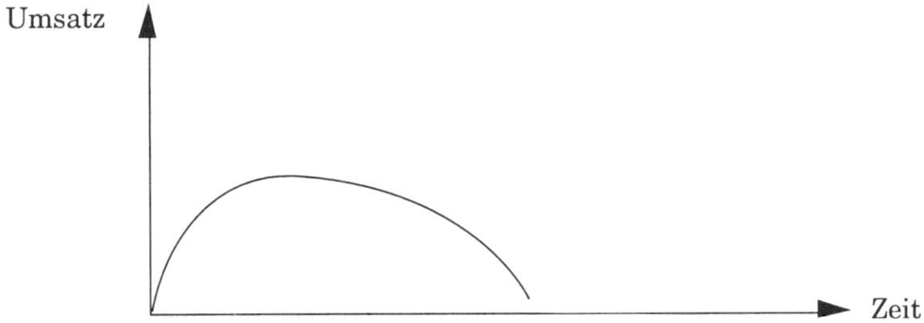

Langsam aussterbendes Produkt:
- Nach Umsatzmaximum kontinuierlicher Umsatzrückgang (z.B. Kohlebadeofen, S-W-Fernsehgeräte usw.)
- Keine Bemühungen Rückgang zu stoppen

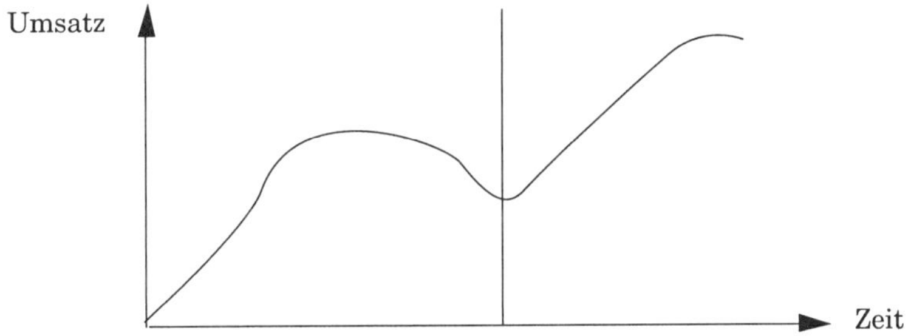

Relaunching:
- Nach Umsatzrückgang
- Neuanpassung des Produktes
- Umsatzzuwachs

Das letzte Beispiel veranschaulicht, wie in der Regel mit den meisten Marken bzw. Markenartikeln verfahren wird. Hat man einmal eine sehr gute Marke auf dem Markt, so versucht man durch Produktanpassung, Verpackung, Design usw. die Marke jeweils den neuen **Käufer- und Markttendenzen** anzupassen. Beispiele dafür sind z. B. u. a. die Seife Lux, das Waschmittel Persil und nicht zuletzt Coca Cola. Das 1894 zum ersten Mal angebotene Coca Cola konnte sich bis heute durch eine ausgezeichnete Marketing- und Werbekonzeption als „das Getränk" für die „junge Generation" halten, wobei Veränderungen der Zusammensetzung, des Designs, des Namens (Coke) usw. dem „Produkt" Coca Cola das Überleben sicherten. Es stellt sich nun die Frage, ob dadurch das Produktlebenszyklusmodell widerlegt wird. U. E. wäre diese Ansicht nur zutreffend, wenn ein Produkt in allen Details (Zusammensetzung, Design, Verpackung usw.) von Anfang unverändert auf dem Markt angeboten wird. Ein derartiges Produkt über z. B. 50 - 80 Jahre ist auf dem Markenartikelsektor aber u. E. bisher nicht vorhanden gewesen. So muss man u. E. zu dem Schluss kommen, dass auch Marken das Produktlebenszyklusmodell nicht widerlegen können. Am nächsten kommt vielleicht das Medikament Aspirin, für das neue Anwendungsmöglichkeiten entdeckt wurden.

15 Seite 624

1.3 Produktstrategien

Jedes Unternehmen hat die Möglichkeit, ein oder mehrere Produkte bzw. Artikel anzubieten. In diesem Zusammenhang spricht man auch vom Produkt-Mix eines Unternehmens. Der Produkt-Mix ist die Gesamtheit der verschiedenen Produkte, die ein Unternehmen anbietet. Das Verkaufsprogramm eines Herstellers bzw. das Sortiment eines Handelsunternehmens lässt sich nach Breite und Tiefe unterscheiden. Daneben spricht man von der Produktlinie, worunter man eine bestimmte Gruppe von Produkten versteht, die für die gleiche Verwendung angeboten werden und oft eine ähnliche physische Zusammensetzung haben.

Die produktstrategischen Entscheidungen beziehen sich u.a. auf die

- Anzahl der angebotenen Produkte bzw. Artikel
- Breite und Tiefe des Produktangebots
- Anzahl der Produktlinien
- Beibehaltung des bisherigen Produktangebots
- Erweiterung des bisherigen Produktangebots.

Im Hinblick auf Breite und Tiefe stehen die vier Basisalternativen zur Verfügung, zwischen denen im Prinzip jedes Unternehmen wählen muss.

	geringe Breite	**große Breite**
geringe Tiefe	**A** Wenige Produkte, Wenige Hersteller-versionen (Marken)	**B** Viele Produkte, Wenige Hersteller-versionen (Marken)
große Tiefe	**C** Wenige Produkte, Viele Hersteller-versionen (Marken)	**D** Viele Produkte, Viele Hersteller-versionen (Marken)

Produkt-Breite-Tiefe-Alternativen

Das folgende Beispiel zur Struktur des Produkt-Mix zeigt die Anzahl der Produktlinien, die einzelnen Produkte sowie Breite und Tiefe.

Breite

Tiefe

Produktlinie A	Produktlinie B	Produktlinie C
Produkt A 1	Produkt B 1	Produkt C 1
Produkt A 2		Produkt C 2
Produkt A 3		Produkt C 3
		Produkt C 4
		Produkt C 5
		Produkt C 6

Struktur des Produkt-Mix
Beispiel eines Produkt-Mix:
Zahl der Produktlinien = 3
Zahl der Produkte = 10
Durchschnittliche Tiefe = 3,3

Bei der Gestaltung des Produkt-Mix stehen dem Unternehmen die folgenden alternativen Entscheidungsmöglichkeiten zur Verfügung.

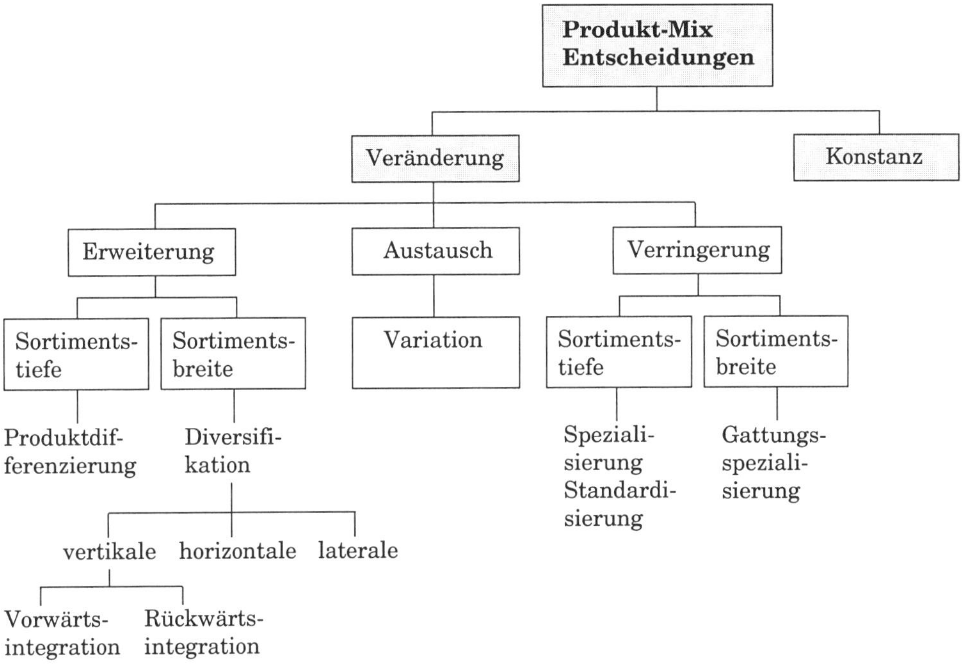

Produkt-Mix-Entscheidungsalternativen

In einer anderen Art der Darstellung lassen sich die allgemeinen Produkt-Mix-Strategien auch wie im Folgenden veranschaulichen:

- **Produktinnovation** und zwar in der Form der Produktdifferenzierung und Diversifikation
- **Produktvariation** in Veränderung schon im Programm enthaltener Produkte
- **Produktelimination** in Form der Aufgabe ganzer Produktgruppen (Spezialisierung) oder der Aufgabe einzelner Produktvarianten (Sortenreduktion).

A_1 B_1	A_1 B_1	A_1 B_1 C_1	A_1 B_1	A_1	A_1 B_1
A_2 B_2	A_2 B_2	A_2 B_2 C_2	A_2 B_2	A_2	A_2 B_2
A_3	A_3 B_3	A_3	A_3	A_3	
	A_4		neu		
	A_5				
	Produkt-differenzierung	Diversifikation		Spezialisierung	Sortenreduktion
Bisheriges Programm	Produktinnovation		Produktvariation	Produktelimination	

Programmstrategien

1.4 Produktinnovation

Die Produktinnovation, d. h. die Entwicklung und Einführung neuer Produkte, lässt sich unterteilen in Produktdifferenzierung und Produktdiversifikation.

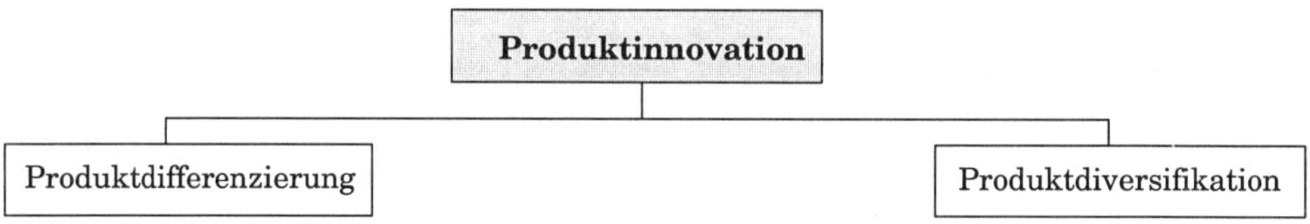

1.4.1 Produktdifferenzierung

Unter **Produktdifferenzierung** versteht man die Entwicklung und Vermarktung zusätzlicher Produktvarianten zu den schon auf dem Markt vorhandenen Produkten. Dabei kann die Differenzierung in zwei Richtungen vorgenommen werden:

- zum einen im Hinblick auf die eigenen Produkte (durch unterschiedliche Verpackung, Preise, Zweitmarken usw.)
- zum anderen im Hinblick auf die Angebote der Konkurrenten (durch Preise, Vertriebskanäle, Image usw.).

Produktdifferenzierungen werden nur erfolgreich sein, wenn die „neuen" Produkte als

- geeigneter,
- einzigartig,
- unterschiedlich,
- anders und
- käuferspezifisch

vom Markt akzeptiert werden als die bisherigen Varianten.

1.4.2 Produktdiversifikation

Der Begriff **Diversifikation** wird in Wissenschaft und Praxis oft sehr unterschiedlich interpretiert. Gemeinsam ist allen Begriffen der Produktdiversifikation, dass ein Unternehmen sich mit neuen Produkten bzw. Leistungen auf neuen Märkten betätigt. Die mögliche Veränderung kann sich auf die Produkte, die Märkte bzw. auf eine Kombination beider beziehen.

Die **Produkt-Markt-Matrix** *(Ansoff)* veranschaulicht den Zusammenhang.

Märkte / **Produkte**	**bestehende**	**neue**
bestehende	**Marktdurchdringung**	**Marktentwicklung**
neue	**Produktentwicklung**	**Diversifikation** • vertikale Diversifikation • horizontale Diversifikation • laterale Diversifikation

Diversifikation wird oft in horizontale, vertikale oder laterale Diversifikation unterschieden.

- **Horizontale Diversifikation**
  Eine horizontale Diversifikation liegt vor, wenn man Produkte aufnimmt, die produktionstechnisch, beschaffungs- oder absatzwirtschaftlich den bisherigen Produkten derart benachbart sind, dass gleiche Betriebsmittel, das gleiche Personal oder die gleichen Marktbeziehungen genutzt werden können.

  Beispiele: Coca-Cola führte Fanta, Sprite usw. ein. Ein Hersteller von Spirituosen führt alkoholfreie Getränke ein. Die Deutsche Bank bietet Bausparverträge und Versicherungen an. Procter & Gamble führt auch alkoholfreie Getränke ein.

- **Vertikale Diversifikation**
  Vertikale Diversifikation liegt dann vor, wenn Produkte der vor- und/oder nachgelagerten Wirtschaftsstufen aufgenommen werden. Man spricht dann von Vorstufen- und/oder Nachstufendiversifikation. Die neuen Produkte müssen jedoch nicht nur für den eigenen Bedarf bestimmt sein.

Beispiele: Ein Hersteller von Kunststoffen stellt zuerst Ton- und Videocassetten unbespielt und dann bespielt her (nachgelagert). Ein Fleischwarenhersteller unterhält eine Schweine- und später eine Rinderzüchtung.

- **Laterale Diversifikation**
  Unter lateraler Diversifikation versteht man die Aufnahme neuer Produkte, die für das Unternehmen völlig neu sind und keinen technischen oder wirtschaftlichen Bezug zu den bisherigen Produkten haben.

  Beispiele: Ein Automobilunternehmen übernimmt ein Unternehmen für elektrische Haushaltsgeräte. Ein Stahlunternehmen kauft ein Unternehmen, das Software erstellt.

Die Ziele, die mit der Diversifikation erreicht werden sollen, sind (vgl. *Löbler* (1988) S. 23, *Bühner* (1985) S. 23, *Jakobs* (1992) S. 14) oft unterschiedlich.

Ziele	
nach *Löbler*	nach *Jakobs*
• Renditesteigerungen • Synergieeffekte • Risikoreduzierung • Stabilisierung	• Wachstum • Risikoreduktion • Wettbewerbsziele • Rentabilität • ethische Ziele

Ziele der Diversifikation

Ziele, die durch Diversifikation erreicht werden sollen, sind in der Regel stets längerfristig und sehr unterschiedlich. Oft wird mit Diversifikation auch ein Wachstum des Unternehmens angestrebt.

Diversifikationen lassen sich auf unterschiedliche Weise in der Praxis realisieren. Die folgende Abbildung gibt dazu einen Überblick.

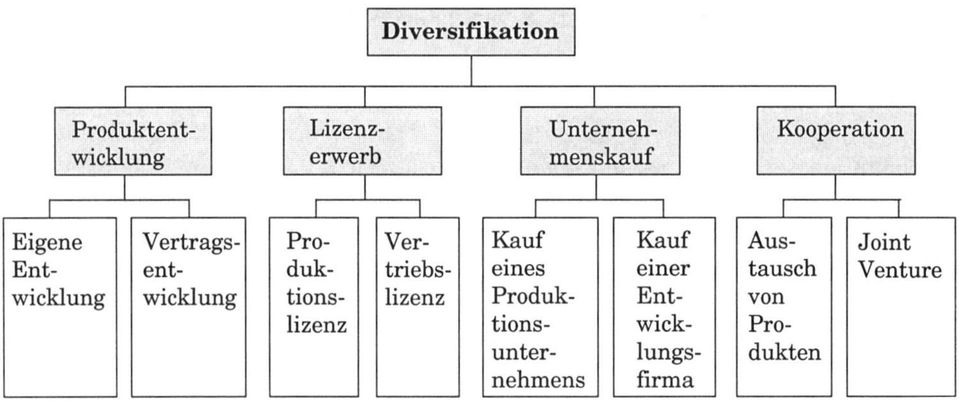

Durchführung der Diversifikation

Jede Vorgehensweise bei der Diversifikation hat Vor- und Nachteile im Hinblick auf verschiedene Faktoren, die von Unternehmen zu Unternehmen spezifische Bedeutung haben und variieren können.

Will ein Unternehmen z. B. schnell eine Diversifikation durchführen, so bietet sich der Unternehmenskauf an, sofern genügend finanzielle Mittel zur Verfügung stehen. Der Unternehmenskauf dient insbesondere der schnellen Marktausweitung, was am Beispiel der horizontalen Diversifikation von *Nestlé* und *Jakobs Suchard* veranschaulicht werden kann. Kooperationen sind in der Regel dann empfehlenswert, wenn dadurch die Marktstellung der Kooperationspartner gestärkt wird. In manchen Fällen sind z. B. Joint Ventures die einzige Möglichkeit der Diversifikation. Die eigene oder vertragliche Produktentwicklung beinhaltet in der Regel stets ein großes Risiko und dauert meist lange.

Die folgende Gegenüberstellung der vier grundsätzlichen Vorgehensweisen zeigt tendenziell die Vor- und Nachteile auf.

Vorgehen / **Faktoren**	**Produktentwicklung**	**Lizenzerwerb**	**Unternehmenskauf**	**Kooperation**
Investitionsvolumen (erforderlich)	hoch	klein	hoch	unterschiedlich
Schnelligkeit der Realisierung	gering	hoch	hoch	unterschiedlich
Risiko	hoch	niedrig	unterschiedlich	unterschiedlich
Abhängigkeit	keine	hoch	keine	hoch
Gewinnmöglichkeit	hoch	niedrig	hoch	durchschnittlich
Kosten	hoch	niedrig	unterschiedlich	niedrig

Vergleich der Diversifikationsvorgehensmöglichkeiten

Der Vorgehensweise bei der lateralen Diversifikation liegt der Gedanke der Risikostreuung zu Grunde. Es werden nicht nur sehr unterschiedliche Leistungen (Investitionsgüter, Gebrauchsgüter, Einbauelemente, Dienstleistungen usw.) erzeugt, sondern auch diese Leistungen oft auf verschiedenen Märkten (Endverbrauchermarkt, Herstellermarkt, Einzelhandelsmarkt usw.) angeboten. Der spezifische Vorteil einer derartigen lateralen Diversifikation liegt darin, dass ein Unternehmen von Schwankungen auf einzelnen Märkten und bei einzelnen Leistungsangeboten weniger abhängig ist als im Falle der Konzentration des Absatzes auf nur einen Markt. Dies ist u. a. ein Grund, warum sehr viele Konzerne die laterale Diversifikation in immer stärkerem Maße praktizieren.

Die verschiedenen Ziele und ihre Realisierung der Produktstrategien lassen sich an der erweiterten Produkt-Markt-Matrix veranschaulichen:

Produkte	Märkte	
	gegenwärtig	**neu**
gegenwärtig	• **Marktdurchdringung** - Verkaufsintensivierung - Neukundengewinnung - Konkurrenzverdrängung - Steigerung der Verwendung	• **Marktentwicklung** - neue Märkte - neue Absatzregionen - internationale Märkte - Schaffung neuer Einsatzgebiete
neu	• **Produktentwicklung** - Eigene Entwicklung - Vertragsentwicklung - Lizenzen - Austausch von Produkten	• **Diversifikation** - horizontal - vertikal - lateral

Marktstrategien

Oft ist jedoch die Produktentwicklung die einzige Möglichkeit zum Erfolg, wobei es darum geht, völlig neue Produkte zu entwickeln um einen Vorsprung vor den Mitbewerbern zu erreichen bzw. der einzige Anbieter zu werden (z. B. chemische und pharmazeutische Produkte). Da Forschung und Entwicklung i.d.R. sehr zeitaufwendig sind, stehen die Ergebnisse erst relativ spät auf dem Markt zur Verfügung.

Aus diesem Grunde ist es erforderlich, dass immer höhere Ausgaben für Forschung und Entwicklung gemacht werden und dass Unternehmen und Länder durch Innovationen ihre Marktstellung behaupten bzw. verbessern. So ist der Anteil der auf neue oder überarbeitete Produkte, Dienstleistungen und Waren in der Europäischen Union erst von 2001 auf 2002 um zwei Prozent auf 22 Prozent des Gesamtumsatzes der Unternehmen gestiegen. Dies geht aus dem sog. „Innobarometer" der Europäischen Kommission hervor. Wenn auch in Deutschland die Ausgaben für F.u.E. gestiegen sind, so nimmt Deutschland in der Weltliga der Forschungsländer doch nur den siebten Platz ein.

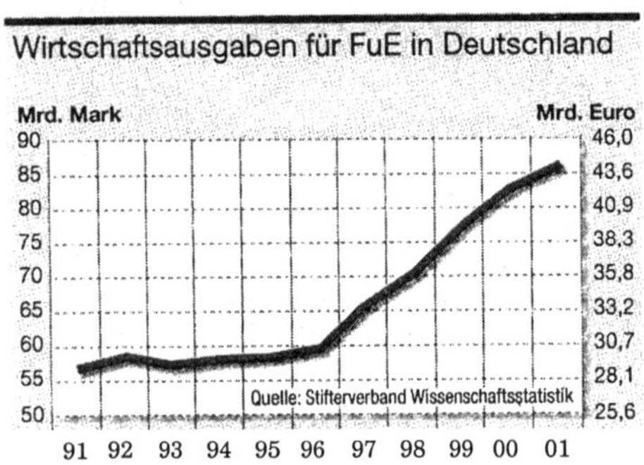

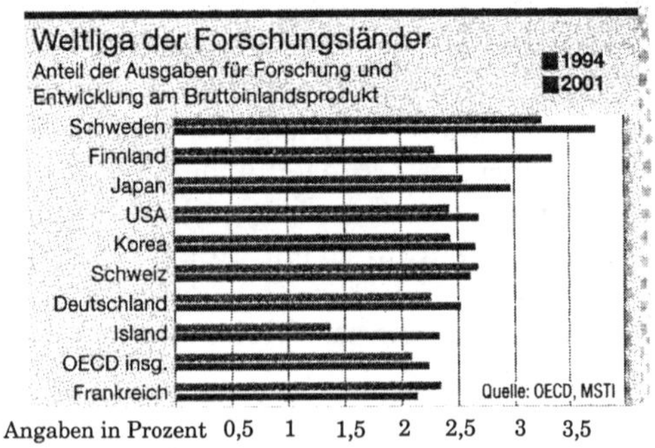

Bei der Patentanmeldung mit Wirkung in Deutschland liegt Deutschland an erster Stelle und bei den Unternehmen nimmt die Siemens AG den ersten Platz ein.

Patentanmeldungen in Deutschland 2001		
mit Wirkung in Deutschland nach Herkunftsländern		
	Deutsches Patentamt	**Europäisches Patentamt**
Deutschland	52.650	21.246
USA	2.580	30.348
Japan	3.551	19.776
Frankreich	382	6.776
Niederlande	256	5.351
Schweiz	1.405	3.788
Großbritannien	107	4.836
Italien	158	3.287
Schweden	216	2.534
Österreich	767	810
Sonstige	2.079	10.853
Insgesamt	64.151	109.605

Die Top-Ten beim Patentamt	
Siemens AG	3.252
Robert Bosch GmbH	3.156
Volkswagen AG	1.543
Matsushita Electric Industrial Co. Ltd.	1.353
DaimlerChrysler AG	1.330
Koninklijke Philips Electronics N.V.	1.289
Infineon AG	1.269
BASF AG	1.259
Sony Corp.	1.023
Bayer AG	956

Wegen der großen Bedeutung der Innovationen spielt daher für jedes Unternehmen der Ablauf des Innovationsprozesses eine wichtige Rolle.

1.4.3 Produktinnovationsprozess

Der Produktinnovationsprozess lässt sich im Prinzip in unterschiedliche Stufen einteilen. Im Folgenden erscheint es empfehlenswert, eine grundlegende Einteilung in sieben Stufen entsprechend den u. E. wichtigsten Stufen vorzunehmen (vgl. Abb. S. 250).

Am Anfang des Produktinnovationsprozesses steht die Suche nach Produktideen. Die einzelnen Produktideen müssen sodann in einem groben Vorauswahlverfahren im Hinblick auf ihre technischen und unternehmensindividuellen Realisierungsmöglichkeiten überprüft werden.

Erfolgreiche Ideen werden nunmehr einer genauen Wirtschaftlichkeitsanalyse unterzogen werden, bevor die Entwicklung eines Produktes begonnen wird. Der Entwicklungsauftrag umfasst die technische Entwicklung sowie die Marketingkonzeption. Die Produktentwicklung wird sowohl intern als auch – sofern empfehlenswert – auf Testmärkten getestet. Die Ergebnisse dieser Tests geben den Ausschlag, ob die Markteinführung genehmigt wird oder nicht.

Soll das Produkt eingeführt werden, schließt sich die Markteinführungsphase an, in der permanent die Einführung des Produktes überwacht wird und auftretende Probleme sobald wie möglich beseitigt werden.

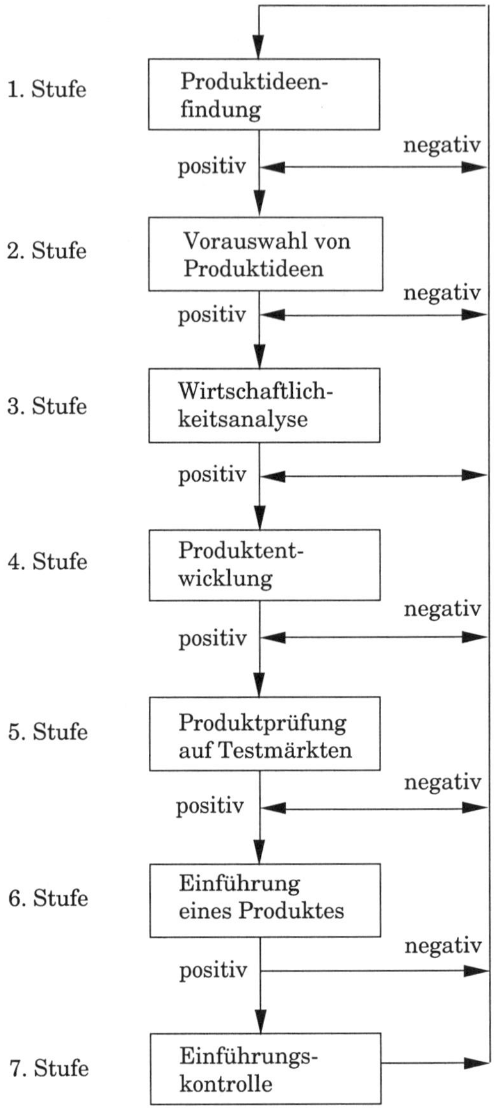

Produktinnovationsprozess

Die dabei einzusetzenden Methoden gibt die folgende Übersicht wieder.

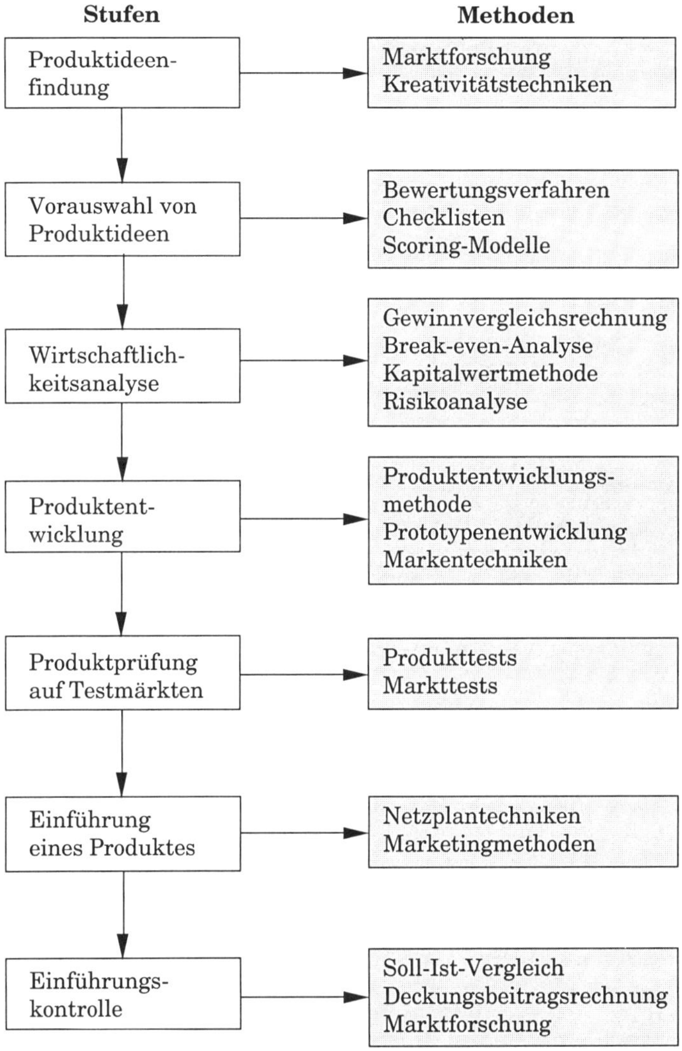

Produktinnovationsprozess und Methoden

Die einzelnen Phasen des Produktinnovationsprozesses sollen nachfolgend im Einzelnen erörtert werden.

1.4.3.1 Produktideenfindung

Produkte müssen sich den ständig wandelnden Ansprüchen ihrer Käufer und den Marktverhältnissen anpassen. Da es infolge des steigenden technischen Fortschritts immer schneller möglich ist Neuproduktentwicklungen zu kopieren oder sogar in verbessertem Zustand auf den Markt zu bringen, verkürzt sich oft die Lebensdauer der einzelnen Produkte. Um dennoch die Marktstellung halten zu können, müssen daher fortlaufend „alte" Produkte durch „neue" Produkte ersetzt werden, d. h. es müssen neue Produkte gefunden und entwickelt werden.

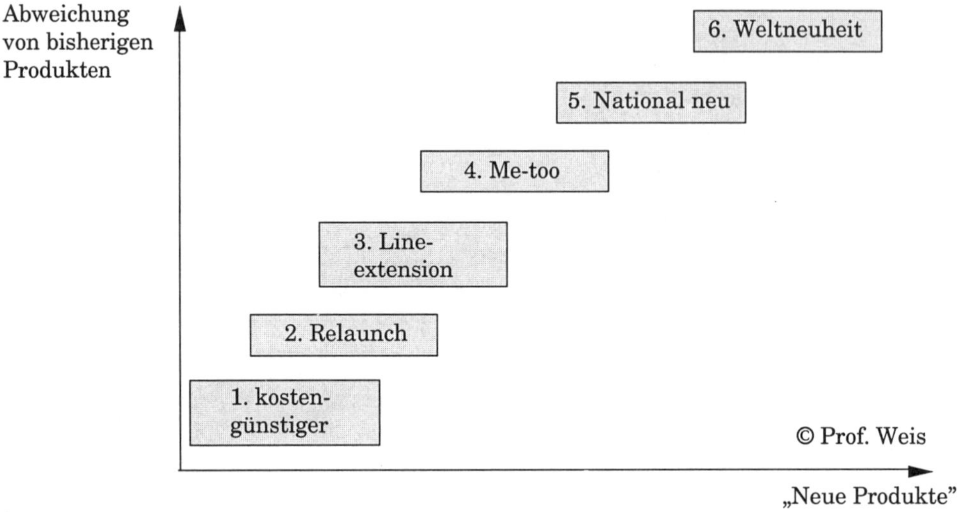

Bedeutung „neuer Produkte" für Unternehmen

Formallogisch hat man folgende Möglichkeiten – wie in der Abbildung dargestellt – Produkte zu verändern bis zur Entwicklung von Weltneuheiten. Je nach der Entscheidung ergeben sich für das Unternehmen dann auch i.d.R. steigende Kosten und Risiken.

Generell lassen sich die engeren Beweggründe zur Suche nach neuen Produkten in unternehmensinterne und unternehmensexterne Faktoren unterscheiden:

Unternehmensinterne Motive können sein:

- Existenzsicherung
- Sicherung des Wachstums
- Sicherung des Gewinns
- Stärkung der Wettbewerbsstellung
- Risikostreuung auf ein breiteres Leistungsprogramm.

Unternehmensexterne Motive sind:

- Marktveränderungen
- Gesättigte Märkte
- Anpassung an Strukturveränderungen
- Ausgleich von Saisonschwankungen
- Ausgleich von Konjunkturschwankungen
- Rechtsänderungen.

1.4.3.1.1 Quellen neuer Ideen

Unterschiedliche Wege, wie man zu neuen Produkten gelangen kann, zeigt die folgende Übersicht. Auf einige der hier aufgezeigten Möglichkeiten wird später eingegangen.

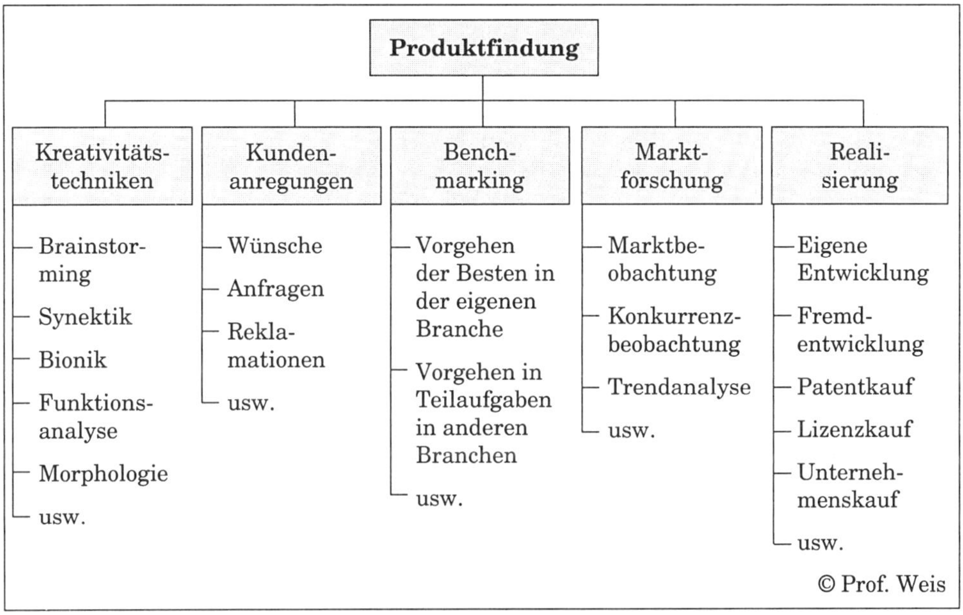

Ideen, die zur Findung neuer Produkte führen, können oft sehr unterschiedliche Quellen haben. Die möglichen Ideenquellen lassen sich nach verschiedenen Kriterien, wie z. B. der Herkunft oder dem Prozess der Gewinnung unterscheiden:

- Nach der **Herkunft der Ideen** unterscheidet man in betriebsinterne und betriebsexterne Quellen.

  Betriebsinterne Quellen können sein: Reisende, Reklamationen der Kunden, Auswertungen des Rechnungswesens, betriebliches Vorschlagswesen, die Forschungs- und Entwicklungsabteilung, Gründung von Kreativ-Teams usw.

  Betriebsexterne Quellen können sein: Kunden, Beobachtungen der Konkurrenz, Handel, Messen und Ausstellungen, Handelskammern, Handelsverbände, Forschungsinstitute, Veröffentlichungen in Fachzeitschriften, Hochschulen usw.

- Nach dem **Prozess der Ideenfindung** unterscheidet man in logisch-systematische und intuitiv-kreative Verfahren.

  Als **logisch-systematische** Verfahren werden diejenigen Verfahren bezeichnet, die versuchen, das Lösungsfeld für ein bestimmtes Problem möglichst umfassend darzustellen. Dabei versucht man durch systematische Gliederung des Gesamtproblems in Teilprobleme, die Analyse der Teilprobleme und ihre Parameter sowie durch die Kombination verschiedener Lösungsmöglichkeiten neue Problemlösungen zu finden. Durch die relative Eingrenzung des Suchfelds sind diese Verfahren u. a. besonders für das Finden von Verbesserungen geeignet.

Zu den bekanntesten logisch-systematischen Verfahren zählen: die Eigenschaftslisten (Attribute Listing), die Methode der erzwungenen Beziehungen (Forced Relationship), die Morphologische Methode.

Eine Methode, die von vielen Unternehmen eingesetzt wird um neue Ideen bzw. Verbesserungen für die bisherigen Produkte zu erzielen, ist **Benchmarking**. Dabei versucht man durch Analyse von Best of Class bzw. Best Practice-Unternehmen Anregungen zu erhalten, wie man die eigenen Leistungen/Produkte verbessern kann. Benchmarking kann sich auf Leistungen/Produkte und/oder Prozesse beziehen.

Die Suche kann auf das eigene Unternehmen oder die eigene Branche begrenzt sein, aber auch branchenübergreifend durchgeführt werden. Die folgende Abbildung zeigt die Dimensionen des Benchmarking auf.

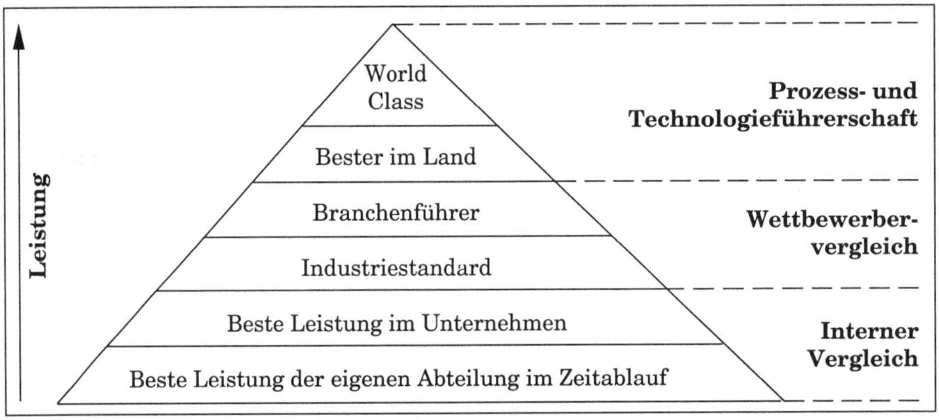

Möglichkeiten des Benchmarking

Quelle: *Kleinfeld* (1994)

Die verschiedenen Benchmarkingformen lassen sich z.B. auch nach Vergleichspartnern, zu untersuchenden Objekten oder Zielkriterien differenzieren.

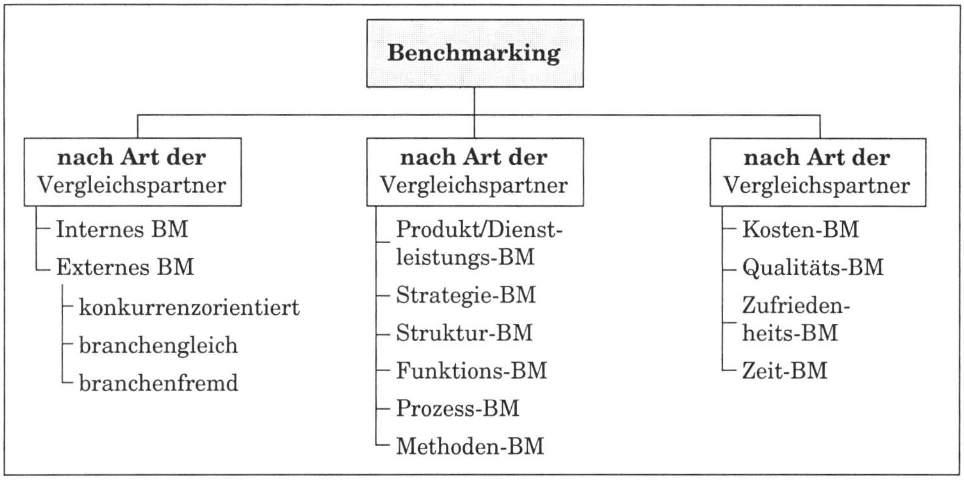

Benchmarkingformen

Quelle: Nach *Link* usw. (2000), S. 116, *Herrath / Heder* (1992)

Beim Einsatz des Benchmarking geht man im Rahmen der Gewinnung neuer Produktideen so vor, dass man Beispiele für beste Problemlösungen sucht und nach Analyse und Weiterentwicklung dann anschließend verbesserte Leistungen auf den Markt bringt.

Erfolgsfaktoren für ein erfolgreiches Benchmarking sind (vgl. *Weber, J. Wertz, B.* (1999)):

- Projektspezifische Planung
- Geeignete Teammitglieder
- Vergleichbarkeit der für das Benchmarking gewählten Vergleichsobjekte
- Vergleich und Analyse entsprechender Kennzahlen
- Einbeziehung der Geschäftsleitung und der betroffenen Abteilungen und Mitarbeiter in das Benchmarking.

Bei Benchmarking und anderen Produktvergleichen müssen jedoch stets die gültigen **Schutzrechte** beachtet werden, die im Folgenden kurz angesprochen werden. Es sind dies deutsche, europäische und internationale Patente, Gebrauchsmuster, Geschmacksmuster und Marken:

- **Patent:** Voraussetzung ist eine technische Innovation, die auf „erfinderischer" Leistung beruht, „gewerblich verwertbar" ist und einen Fortschritt gegenüber dem bisherigen Stand der Technik darstellt. Patente erteilt das Deutsche Patent- und Markenamt in München. Ihre Laufzeit beträgt maximal 20 Jahre.

- **Europa-Patent:** Das europäische Patentamt in München kann Patente für einige oder alle Mitgliedstaaten der Europäischen Union erteilen. Vorteil: Der Antragsteller erhält internationalen Schutz, ohne sich mit mehreren Behörden herumschlagen zu müssen.

- **Internationale Patente (PCT)**: Für außereuropäische Länder ist eine zentrale Anmeldung nicht möglich. Eine so genannte Neuheitsrecherche kann jedoch überprüfen, ob Aussichten für eine Erteilung bestehen. Wenn das der Fall ist, beschäftigen sich mit dem Antrag dann die jeweiligen nationalen Patentämter.

- **Gebrauchsmuster:** Das Schutzrecht wirkt wesentlich schneller als ein Patent. Der Grund: Vor dem Eintrag erfolgt keine amtliche Prüfung. Das bedeutet aber auch, dass es relativ leicht zu Konflikten kommt. Stellt sich dabei heraus, dass in Wahrheit kein „erfinderischer Schritt" vorliegt, ist das Recht wirkungslos. Die Laufzeit eines Gebrauchsmusters ist mit maximal zehn Jahren außerdem deutlich kürzer als die eines Patents.

- **Marke:** Marken sind keine technischen Neuerungen, sondern Worte, Bildzeichen, die Kombination aus beidem oder auch dreidimensionale Gebilde, die nur von Unternehmen verwendet werden dürfen. Nach Eintragung beim Deutschen Patent- und Markenamt besteht Schutz für zehn Jahre, der danach beliebig oft verlängert werden kann. Das Harmonisierungsamt für den Binnenmarkt im spanischen Alicante kann Marken für das Gebiet der gesamten EU schützen.

- **Geschmacksmuster:** Hiermit lassen sich Innovationen auf dem Gebiet des Designs schützen. Erfasst wird die Gestaltung von Form und Fläche eines Produkts, wenn diese neu und einzigartig ist. Laufzeit: maximal 20 Jahre.

1.4.3.1.2 Intuitiv-kreative Verfahren

Zu den **intuitiv-kreativen** Verfahren zählt man jene Verfahren, die primär durch spontane Einfälle, Intuition, Assoziationsverkettung, Analogieschlüsse und Verfremdung eines Problems bei anderer Betrachtungsweise zu neuen Lösungen gelangen. Durch die geringe bzw. nicht vorgenommene Eingrenzung des Suchfeldes erscheinen sie besonders für das Finden „echter" Innovationen geeignet. Die bekanntesten Verfahren dieser Gruppe sind das Brainstorming, die Synektik, die Methode 635 und die Delphi-Methode.

Aus der Vielzahl der in Praxis und Literatur besprochenen Verfahren sollen die folgenden kurz skizziert werden (siehe Abb. S. 257), ohne dass auf alle relevanten Aspekte eingegangen werden kann.

	Inexakte Methoden / Phasen (Funktionen)	Diagnose	Zielsetzung	Suche	Prognose	Handhabung von Unsicherheiten	Bewertung	Bewertungsstabilisierung	Durchführung	Soziale Beeinflussung, Unterstützung, Konflikthandhabung	Test, Kontrolle
○	Morphologische Methoden	x		x			x				x
○	Brainstorming	x	x	x	x			x			
○	Synektik		x	x	x						
	Quick-Look-Analyse	x	x	x				x			
	Fragenkatalog	x	x	x	x						
○	Attribute Listing	x		x							
○	Forced Relationships	x		x							
	Scenario-Writing	x	x	x	x			x			
	Interview (einschl. individuelle Expertenbefragung)	x	x	x	x						x
	Konferenzmethode	x	x	x	x			x			
○	Delphi Methode		x	x	x						
	SEER-Methode			x	x						
	Panel Consensus		x	x	x						
	Visionäre Prognose		x	x	x						
	Historische Analogie		x	x	x		x				
	Gaming	x		x	x		x	x		x	x
	Planspiele	x		x	x		x			x	x
	Unternehmensspiele	x		x	x		x			x	x
	Wertanalyse	x		x				x			
	Vergleichsmethode		x	x	x	x	x				
	Konkurrenzanalyse	x		x	x	x	x				
	Kepner Tregoe-Methode	x	x	x			x				
	Nutzen-Kosten-Analyse			x			x				
	Modal-Split-Verfahren			x	x			x			
	Sensitivitätsanalyse					x		x			
	Kontingenzanalyse					x		x			
	A-fortiori-Methode					x		x			
○	Break-even-Analyse					x		x			
	Cost-Constraint-Analyse	x				x		x	x	x	x

(Die mit ○ bezeichneten Methoden werden im Einzelnen dargestellt) Quelle: *Kirsch*

Die Anwendung inexakter Methoden in einzelnen Phasen des logistischen Entscheidungs- und Problemlösungsprozesses

- **Brainstorming**

Das Brainstorming wurde zuerst von dem Amerikaner *Alex Osborn* bekannt gemacht und beruht auf dem Prinzip der freien Assoziation und der impulsiven Kreativität der Teilnehmer an Brainstormingsitzungen. Diese Methode ist leicht durchzuführen und eignet sich primär für sog. schlecht-strukturierte Probleme, für deren Lösung sie erste Anregungen bringen kann. Grundprinzip dieser Methode ist es, durch die intensive Diskussion aller Teilnehmer eine positive wechselseitige „Assoziationsverkettung" zu erreichen um möglichst viele Vorschläge zu bekommen, deren Beurteilung und Bewertung jedoch erst zu einem späteren Zeitpunkt erfolgt.

Als **Grundregeln** für eine erfolgreiche Brainstormingsitzung werden allgemein angesehen:

- 5 bis maximal 15 Teilnehmer je Brainstormingsitzung
- Gleichberechtigung aller Teilnehmer
- Dauer der Sitzungen zwischen 15 und 30 Minuten
- freie, ungezwungene Ideenäußerung
- Quantität geht vor Qualität
- Verbot gegenseitiger Kritik
- keine Urheberrechte des Teilnehmers
- Themenbekanntgabe einige Zeit vor der Sitzung
- 3 bis 5 Tage nach der Brainstormingsitzung Bewertung der Ideen.

Während der Sitzung können die Ideen durch einen Schriftführer oder mittels Tonband festgehalten werden. Die Erfolgsquote des Brainstorming ist gemessen an der Anzahl der Ideen relativ niedrig.

- **Synektik**

Das von *W.J. Gordon* entwickelte Verfahren wird oft als die „kreativste" Methode der Ideenfindung bezeichnet. Diese Methode beruht auf dem Prinzip der systematischen Verfremdung eines Problems. Die Verfremdung wird durch Verwendung von Analogien aus anderen Bereichen herbeigeführt. Zu neuen Lösungen kommt man durch Verbindung des ursprünglichen Problems mit den Analogien.

Im Einzelnen unterscheidet man allgemein folgende Schritte:

- Erklärung des Problems
- Analyse des Problems und Erklärung durch Experten
- Problemverständnis prüfen und vertiefen
- Spontane Lösungen festhalten
- Übereinstimmung des Teams zum Problemverständnis
- Analogien bilden und vertiefen
- Beziehung zwischen Analogien und Problem herstellen
- Übertragung auf das Problem
- Lösungen entwickeln.

Dieses Verfahren ist anspruchsvoller und zeitraubender als Brainstorming, in vielen Fällen aber auch effizienter. Das folgende Ablaufschema soll das Synektikverfahren nochmals veranschaulichen.

Für die Synektik sollte man folgende Grundregeln berücksichtigen:

- 5 bis 7 Teilnehmer
- vorhergehende Schulung der Teilnehmer in der Methode
- Sitzungsdauer 90 bis 120 Minuten
- Festhalten der einzelnen Schritte auf großflächigen Tafeln.

- **Methode 6-3-5**

Diese Methode ist eine Abwandlung des Brainstorming und gehört zu den **Brainwriting-Verfahren.** Die Methode wird schriftlich durchgeführt, was der Vermeidung von Diskussionskonflikten dienen kann. An der Methode 6-3-5 nehmen 6 Teilnehmer teil, die jeweils 3 Ideen innerhalb von 5 Minuten zu einem Problem aufschreiben. Diese Ideenäußerungen werden anschließend ausgetauscht und durch 3 neue Vorschläge des nächsten Teilnehmers ergänzt. Die Formulare (siehe dazu S. 260) werden so lange ausgetauscht, bis jeder Teilnehmer 18 Lösungsideen niedergeschrieben hat. Auf diese Weise erhält man bei 6 Teilnehmern in 30 Minuten 108 Lösungsvorschläge. Diese Methode eignet sich nur für verhältnismäßig einfache und gut strukturierte Probleme (z. B. Namensfindung).

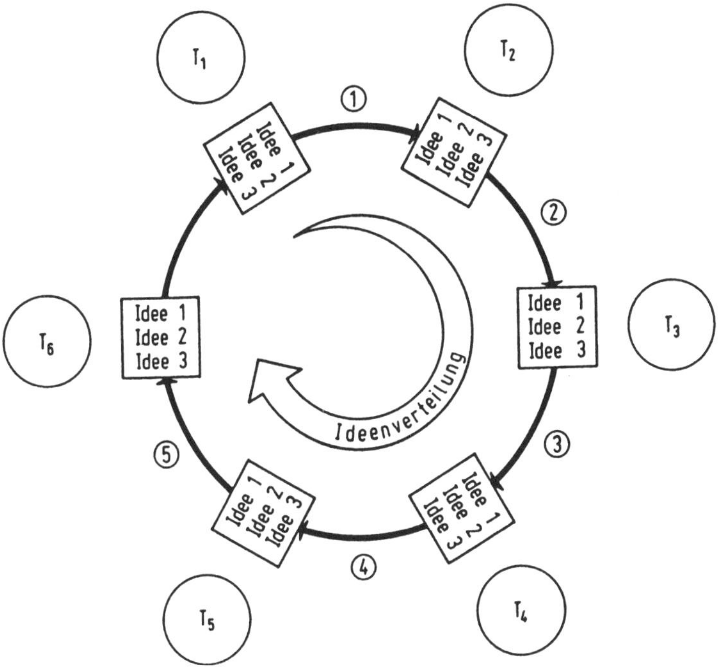

Ablaufschema der Methode 6-3-5 (*Siemens*, Organisationsplanung, S. 293)

Methode 6-3-5

Problem:		
Teilnehmer 1: Teilnehmer 2: Teilnehmer 3:		Teilnehmer 4: Teilnehmer 5: Teilnehmer 6:
1.1	1.2	1.3
2.1	2.2	2.3
3.1	3.2	3.3
4.1	4.2	4.3
5.1	5.2	5.3
6.1	6.2	6.3

Formular für Methode 6-3-5

- **Delphi-Verfahren**

  Die Delphi-Methode ist genau genommen eher eine Methode der Vorhersage als der Kreativität. In ihrer Anwendung führt sie aber dazu, die Ideenbildung und die Kreativität zu fördern. Das Grundprinzip besteht darin, eine Gruppe von Experten im Hinblick auf die künftige Entwicklung um Rat zu fragen. Die Experten werden einzeln und getrennt befragt, sodass nicht bekannt ist, wer welche Aussagen gemacht hat. Durch Rückkopplung und mehrfache Wiederholung wird versucht, extreme Meinungen und Fehleinschätzungen zu beseitigen. Die Delphi-Methode ist primär für langfristige Fragestellungen geeignet, insbesondere in den Fällen, in denen andere wissenschaftliche Methoden nicht angewendet werden können.

1.4.3.1.3 Systematisch-logische Verfahren

Folgende systematisch-logische Verfahren sind hervorzuheben:

(1) **Eigenschaftslisten**

Eine wirkungsvolle Methode, kreative Ideen zur Verbesserung von Produkten oder Verfahrensabläufen zu produzieren, ist die Technik der Eigenschaftslisten (**Attribute Listing**). Alle Eigenschaften, Ausprägungen und Merkmale eines Objekts werden genau beschrieben und schriftlich festgehalten. Die eigentliche Ideenproduktion besteht darin, ein oder mehrere Merkmale oder Attribute durch Austausch oder geringfügige bzw. vollkommene Veränderung zu einer neuen Kombination zusammenzusetzen. Austausch oder Kombination von Faktoren oder Funktionen ist eine der ergiebigsten Möglichkeiten, Produkte durch neue Ideen den sich wandelnden Anforderungen anzupassen. Voraussetzung für die Anwendung des „Attribute Listing" ist die Feststellbarkeit der für die Problemlösung relevanten Eigenschaften.

Beispielsweise wurden folgende Merkmale, Komponenten eines herkömmlichen Schraubenziehers festgestellt: vernieteter, hölzerner Griff; runder Stahlschaft; keilförmiges Ende; Handbetätigung; Anziehen oder Lösen der Schrauben erfolgt durch Drehbewegungen. Durch allmähliche Veränderung dieser Eigenschaften führen neue Ideen zu neuen und besseren, d. h. funktionsgerechteren Schraubenziehern: Der geformte Holzgriff wurde durch einen Kunststoffgriff ersetzt; der Antrieb erfolgt hydraulisch bzw. elektrisch usw.

Ein Beispiel für Attribute-Listing zur Neugestaltung eines Gartenschirmes soll das Verfahren nochmals veranschaulichen:

Merkmal	**Derzeitige Lösung**	**Merkmal-Varianten**			
Form des Schirms	rund	oval	viereckig	dreieckig	unregel-mäßig
Kante der Bespannung	eingenäht glatt	mit Fransen	gebogen gezackt	mit Schabracke	...
Material des Gestells	Stahlrohr lackiert	Stahlrohr verchromt	Aluminium	Kunststoff	...
Art der Bespannung	undurchsich-tiges Gewebe	transparent getönt	gelocht perforiert	netzförmig	...

Attribute Listing für Gartenschirme

Quelle: *Matheis, R.* (Hrsg.): Praxis der marktorientierten Unternehmenssteuerung, Düsseldorf 1973, S. 220

(2) **Erzwungene Beziehungen**

Die Technik der erzwungenen Beziehungen (**Forced Relationship**) ist der zuletzt genannten Methode sehr ähnlich. Die Ideengewinnung erfolgt durch gedankliche Zusammenfassung von ursprünglich nicht zusammengehörenden Gegenständen. Aus den Einzelobjekten Schreibtisch, Schreibmaschine und Tischlampe wurden folgende Ideen durch diese Technik ermittelt: in die Schreibtischplatte versenkbare Schreibmaschine, Stuhl-Tischeinheit, Umgestaltung der Schreibtischfächer zu Karteikästen usw.

Den Techniken des „Attribute Listing" und der „Forced Relationships" ist gemein, dass sie sich auf die Kombination von Eigenschaften bestehender Erzeugnisse beschränken. Somit besteht zwischen der Qualität der neuen Ideen eine direkte Abhängigkeit zu der Qualität früher gefundener Ideen.

(3) **Morphologische Methode**

Die von dem Astronomen *Zwicky* entwickelte morphologische Methode besteht im Prinzip in einer Strukturanalyse. Dabei werden die wichtigsten Dimensionen (Parameter) eines Problems isoliert und die totale Kombination aller gegenseitigen Beziehungen aufgestellt und untersucht. *Zwicky* hält seine Methode für eine Totalitätsforschung. Damit ist gemeint, dass mit der Morphologie unter anderem alle Lösungen eines gegebenen Problems abgeleitet werden können.

Der Ablauf der morphologischen Analyse vollzieht sich in fünf **Schritten**:

- Definition des Problems in möglichst allgemeiner Form.
- Aufstellung der Parameter, das heißt, das Problem wird in die Komponenten zerlegt, die seine Lösung beeinflussen.
- Aufstellung des morphologischen Kastens. Für jeden Parameter werden Lösungsalternativen festgelegt und in den morphologischen Kasten eingetragen.
- Analyse – Die im morphologischen Kasten enthaltenen Lösungsalternativen werden zu kreativen Lösungen kombiniert.
- Optimale Lösung – Aus allen möglichen Lösungen wird die für das Problem optimale Lösung ausgewählt.

Ein morphologisches Schema zur Konstruktion einer Armbanduhr soll das Vorgehen veranschaulichen. In der Vertikalen finden Sie verschiedene wahrzunehmende Funktionen und horizontal die möglichen Lösungsmöglichkeiten. Die Verbindungen zeigen alternative Lösungsmöglichkeiten auf, die zur Entscheidung gestellt werden (vgl. Abb S. 263).

Die Morphologie basiert vor allem auf dem Prinzip der totalen Strukturanalyse eines Problems und der systematischen Kombination aller „Elemente des Problems".

1.4.3.2 Produktauswahl

Liegen genügend Produktideen gesammelt vor, so gilt es, mit verschiedenen in der Praxis angewandten Bewertungsverfahren die für das Unternehmen erfolgversprechendsten zu ermitteln.

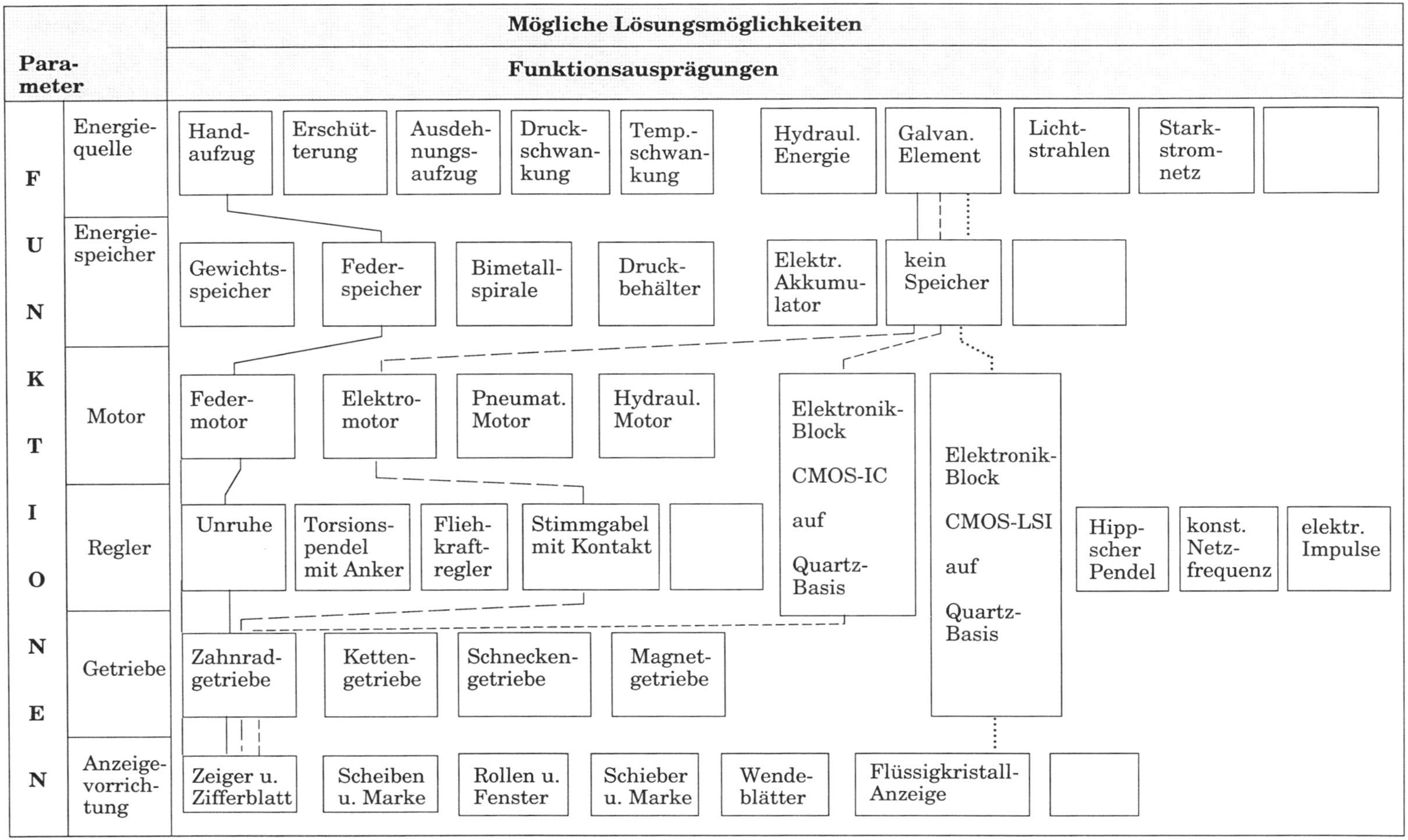

Morphologisches Schema zur Konstruktion einer Armbanduhr

Quelle: In Weiterentwicklung von *Boesch, W.*, S. 338

Legende:
- ——— Traditionelle Armbanduhr mit Federaufzug
- — — Elektro-Armbanduhr
- - - - Quartz-Armbanduhr mit Analog-Anzeiger
- .... Quartz-Armbanduhr mit Digital-Flüssigkristall-Anzeige

Dabei geht man in drei Stufen vor:

- Checklisten
- Scoringmodelle
- Wirtschaftlichkeitsanalysen.

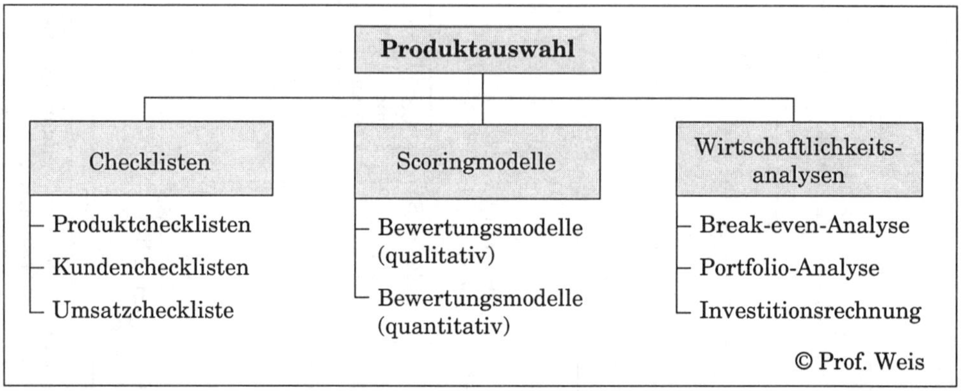

Bevor Produktideen weiterverfolgt werden, ist durch eine entsprechende Überprüfung festzustellen, welche Ideen weiter zu verfolgen sind und welche sich nicht realisieren lassen.

Für die Beurteilung der Produktideen scheinen folgende **Kriterien** besonders geeignet:

- Art und Größe des Marktpotenzials und -volumens für ein Produkt
- Wettbewerbssituation (Welche Produkte und Entwicklungen sind vorhanden? Wer arbeitet mit welcher Intensität? Patentlage?)
- Realisierbarkeit in Forschung, Entwicklung und Produktion
- Realisierbarkeit im Hinblick auf Finanzierungsmöglichkeiten und Marketing.

Die zu einer ersten Beurteilung angewendeten Methoden haben im Prinzip alle die gleiche Vorgehensweise. Man versucht durch Beurteilung qualitativer Kriterien ein Urteil zu erreichen, indem man sie bewertet und damit zu „quantitativen Kriterien" gelangt. Erst dann setzt man quantitative Methoden ein

Qualitative Bewertungsmethoden können sein:

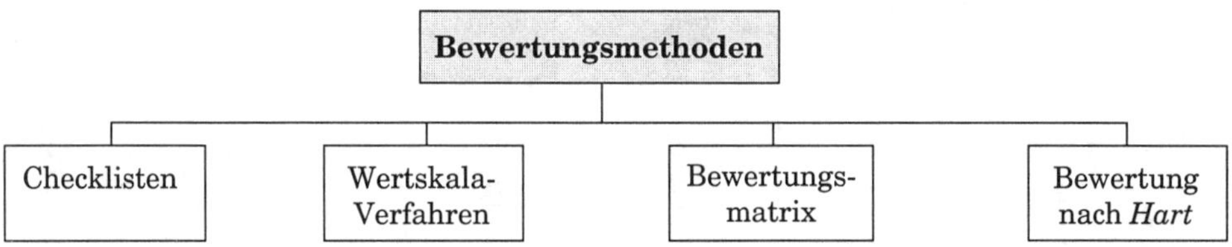

1.4.3.2.1 Checkliste

Mithilfe einer Checkliste lässt sich überprüfen, ob und gegebenenfalls in welchem Umfang z. B. ein Produkt bestimmte Mindestanforderungen erfüllt oder nicht. Sofern einzelne Fragen nicht sofort beantwortet sind, muss so lange weiter untersucht werden, bis die Frage beantwortet werden kann. Die folgende Checkliste veranschaulicht das Vorgehen:

Checkliste „Risikofaktoren"

- **Zielgruppen- und Problemrisiko**
  - unkritische Übernahme von Zielgruppenargumenten
  - zu kurzsichtige Problembetrachtung
  - Außerachtlassen neuer Verfahren oder Technologien
  - keine Beachtung neuer Werkstoffe
  - unvollständige Information über bereits bestehende Lösungen im Anbietermarkt
- **Unternehmungsriskio**
  - Fehleinschätzungen des Potenzials
    - der Unternehmerflexibilität
    - der Finanz- und Sachmittel
    - der Personalqualifikation
  - Umsatzausfall bei Fehlentwicklung
  - Fehlentwicklungen durch fehlende oder falsche, inkonsequente Unternehmungsstrategie
- **Marktrisiko**
  - nicht stimmende Prognosen
  - falsch eingeschätzte Marktgrößen
  - Wirtschaftskrisen, Kursschwankungen
  - einschränkende Gesetzgebung
  - Absatzrestriktionen, z. B. Schutzzölle
- **Technologisches Risiko**
  - neue Verfahren und Technologien
  - konkurrierende Schutzrechte
  - neue Wettbewerber
  - neue Produkte des bestehenden Wettbewerbs
  - zu wenig zukunftsweisende Konzeption
  - Innovationsverlust durch zu langen Entwicklungsprozess
- **Entwicklungsrisiko**
  - Systemfehler im konstruktiven Konzept
  - fehlendes eigenes Know-how
  - unzureichende Qualifikation der Produktentwicklung
  - Zeitverlust durch fehlende Systematik
  - konstruktive Mängel
  - fehlende Produktreife
- **Kostenrisiko**
  - unterschätzte Kapazität
  - falsch beurteilter Zeitaufwand
  - zusätzliche externe Dienstleistungen
  - Kostenüberschreitung durch Entwicklungsrisiken
  - Kostenausuferung durch Fehleinschätzung mehrerer Faktoren
- **Zeitrisiko**
  - ungenaue Schätzungen
  - fehlende Planung führt zur Verschleppung
  - verzögerte Innovationsprozesse gefährden den innovativen Erfolg
- **Finanzielles Risiko**
  - nicht abgesicherte Kostenüberschreitungen
  - Liquiditätsengpass
  - Gewinnreduzierung
  - Erlösminderung durch Produktausfall
  - Unterkapitalisierung
- **Vertriebsrisiko**
  - kein ausreichender Vertrieb
  - nicht qualifiziertes und geschultes Vertriebspersonal
  - neue Vertriebsformen
- **Kooperationsrisiko**
  - Kollision mit Programmen
  - Kollision mit Märkten
  - Kollision mit dem Vertrieb
  - Kollision mit den Entwicklungsvorhaben
- **Wirtschaftlichkeitsrisiko**
  - zu hoher Entwicklungsaufwand
  - keine kostengünstige Übersetzung der Produktidee
  - unrationelle Produktionsmethoden
- **Personalrisiko**
  - fehlende Qualifikationen
  - fehlende Spezialisten
  - höhere Anforderungen vom neuen Produkt her
  - höhere Anforderungen von neuen Märkten
- **Entscheidungsrisiko**
  - mangelnde Information
  - fehlende oder unzulängliche Entscheidungsrisiken
  - oberflächliche Analysen
  - Prognoserisiken
- **Produzentenhaftungsrisiko**
  - vom Entwicklungsrisiko her
  - der fehlenden Produktreife
  - dem unzureichenden Service
- **Kalkulationsrisiko**
  - verspätete Kalkulationsunterlagen
  - überholte Kalkulationsmethoden
  - keine Berücksichtigung von Strukturauswirkungen
- **Restrisiko**
  - nicht vorhersehbare Prämissenveränderung
  - unzulängliche Risikoanalyse und Risikokontrolle
  - nicht vollständige Risikoausschaltung
  - Planungsfehler

Checkliste Risikofaktoren im Innovationsprozess

Quelle: *Küttenbaum, V.*, Management-Zeitschrift i.o. (1979), S. 290

Die Checkliste zeigt eine Reihe von Risikofaktoren, die im Rahmen von Produktinnovationsprozessen auftreten können. Mithilfe der Checkliste ist nun zu prüfen, dass möglichst alle Risikofaktoren berücksichtigt werden, um keine eventuellen Überraschungen zu erleben. In der Praxis werden oft die verschiedenen Checklisten in Form einer bestimmten Anzahl von Fragen erstellt. Im Prinzip sind derartige Hilfsmittel für sehr viele Probleme denkbar. Sie geben erste Anhaltspunkte zur möglichen Lösung dieser Probleme.

1.4.3.2.2 Wertskala-Verfahren

Ein einfaches Bewertungsschema stellt das von *Freudemann* entwickelte Wertskala-Verfahren dar.

Freudemann zeigt die einzelnen Einflussfaktoren für die Bewertung auf und bewertet diese Faktoren mit 0, 1, 2 und -1 und -2. Man erhält auf diese Weise ein grafisches Profil für jedes Produkt. Der Vorteil dieses Verfahrens liegt darin, dass es einfach zu handhaben und anschaulich ist. Nachteilig wirkt sich aus, dass man keine numerische Gewichtung der Bewertung vornehmen kann.

Bewertungsfaktoren	**Wertskala** -2 -1 0 +1 +2
A. Bewertungsfaktoren des Entwicklungsbereichs	
a. Erfahrungen auf verwandten Gebieten	
b. Beitrag zur Entwicklung anderer Projekte	
c. Vorsprung vor der Konkurrenz	
d. Sicherheit vor Nachahmung	
B. Bewertungsfaktoren des Beschaffungsbereichs	
a. Kenntnis des neuen Beschaffungsmarktes	
b. Benutzung bewährter Lieferantenverbindungen	
c. Zahl der leistungsfähigen Lieferanten	
d. Möglichkeit für Gegenseitigkeitsgeschäfte	
e. Liefermöglichkeit in Krisenzeiten	
f. Preisvorteil infolge größerer Abnahmemengen	
g. Preisstabilität am Beschaffungsmarkt	
C. Bewertungsfaktoren des Produktionsbereichs	
a. Beschäftigung vorhandener Arbeitskräfte	
b. Körperliche Beanspruchung der Arbeitskräfte	
c. Erschütterungen, Lärm-, Staub-, Feuchtigkeitsentwicklung	
d. Unfallgefahr	
e. Beitrag zum Ausgleich saisonaler Beschäftigungsschwankungen	
f. Beitrag zur Abschwächung konjunktureller Beschäftigungsschwankungen	
g. Umstellungsschwierigkeiten	
h. Anpassungsfähigkeit der Anlagen an Produkt- oder Verfahrensänderungen	
i. Nutzung spezieller Verfahrenskenntnisse	
j. Kapazitätsreserven der Anlagen	

k. Reparaturanfälligkeit der Anlagen		
l. Risiko der technischen Überholung der Anlagen		
m. Erforderliche Produkttypen		
n. Belästigung der Umgebung		
D. Bewertungsfaktoren des Absatzbereichs		
a. Benutzung der vorhandenen Verkaufsorganisation		
b. Nutzung des Goodwill bisheriger Erzeugnisse		
c. Beitrag zum Verkauf der übrigen Erzeugnisse		
d. Substitutionsrisiko		
e. Modische Obsoleszenz		
f. Einkaufsmacht der Kunden		
g. Möglichkeit des Exports		

Wertskala-Verfahren

1.4.3.2.3 Bewertungsmatrix

Eine numerische Gewichtung erfolgt bei dem von *Richmond* entwickelten Verfahren:

Einflussbereiche	A Relatives Gewicht	B Produktwirkungskoeffizient										A x B Wert-zahlen
		0,1	0,2	0,3	0,4	0,5	0,6	0,7	0,8	0,9	1,0	
Eigenart und Ruf des Unternehmens	0,20						x					0,120
Marketing	0,20									x		0,180
Forschung und Entwicklung	0,20							x				0,140
Personal	0,15						x					0,090
Finanzen	0,10									x		0,090
Produktion	0,05								x			0,040
Standort und Ausrüstung	0,05			x								0,015
Einkauf und Belieferung	0,05									x		0,045
	1,00											0,720

Produktbewertungsmatrix

Bewertungsskala: 0,00 bis 0,40 schlecht
0,41 bis 0,75 mittel
0,76 bis 1,00 gut

1.4.3.2.4 Bewertung nach *Hart*

Hart hat einen zwölf Kriterien umfassenden Katalog vorgelegt, bei dem aufgrund von quantitativen bzw. qualitativen Merkmalen Punktbewertungen vergeben werden. Dieses Verfahren erscheint u. E. den übrigen Verfahren überlegen zu sein. Es stellt jedoch auch nur ein Verfahren der Grobauswahl dar.

Nr.	Kriterium										Punkte (Ergebnis)
1	Jahreshöchstumsatz	Geldeinh.	2.000	5.000	10.000	20.000	50.000	100 T	200 T		
		Punkte	30	70	100	130	170	200	230		200
2	Einzelkosten (in % des Umsatzes)	%	20	30	35	40	45	50	60		
		Punkte	35	30	25	20	15	10	0		25
3	Vorhandenes Know-how in der Fertigung	%	100	90	80	60	40	20			
		Punkte	30	25	20	15	10	0			25
4	Erforderliche Investitionen (in % von 1)	%	0	20	50	75	100	150			
		Punkte	20	17	13	10	7	0			10
5	Konkurrenzaktivität (Produkte; Unternehmen)		Keine K.	Schwache	Mäßige	Hohe					
			20	15	10	0					15
6	Käuferverhalten	Form	Hohe Aufnahmebereitschaft	Schwacher Marktwiderstand	Gemäßigter M.	Hoher M.					
		Punkte	25	20	10	0					25
7	Umsatzminderungen bei anderen Produkten der Unternehmung durch das Neuprodukt	Form	Keine	Schwache	Mäßige	Hohe	Sehr hohe				
		Punkte	20	15	10	5	0				10
8	Umsatzsteigerungen bei bisherigen Produkten (in % von 1)	%	0	10	20	50 T	100 T				
		Punkte	0	5	10	20	30				5
9	Entwicklungskosten	Geldeinh.	1.000	2.000	5.000	10.000	20.000	50	100		
		Punkte	200	170	130	100	70	30	0		100
10	Erfolgswahrscheinlichkeit der F & E	P. (in %)	100	80	60	40	20				
		Punkte	70	60	50	30	0				60
11	Gesamtlebensdauer des Produkts vom Bewertungszeitpunkt an (in Jahren)		5	10	15	25					
			Punktwerte								
12	Entwicklungszeit bis zum Beginn der „Wachstumsphase" im Lebenszyklus	6 Mon.	120	140	150	160					
		1 Jahr	110	135	145	155					
		2 Jahre	95	125	140	150					
		3 Jahre	75	[120]	135	145					120
		5 Jahre	–	100	120	135					
	Gesamtpunktwert										595

Punktwerte	über 600	600 - 550	549 - 500	unter 500
Projekturteile	Ausgezeichnet	Gut	Annehmbar	Unannehmbar

Produktbewertung nach *Hart*

16 Seite 624

17 Seite 625

18 Seite 625

1.4.3.3 Wirtschaftlichkeitsanalyse

Bei der Wirtschaftlichkeitsanalyse stehen die Break-even-Analyse, die Pay-off-Rechnung und die Kapitalwertmethode im Vordergrund der Anwendung in der Praxis. Daneben wurden jedoch noch verschiedene andere Methoden angewendet.

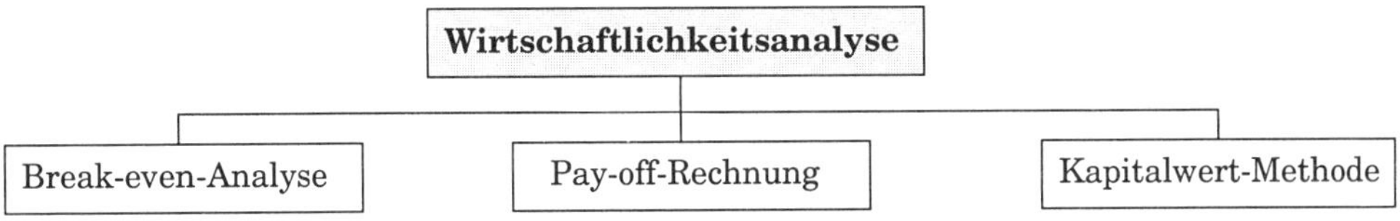

1.4.3.3.1 Break-even-Analyse

Hat ein Produkt die Vorauswahlverfahren erfolgreich zurückgelegt, so stellt sich die Frage, bei welchen Absatzmengen, Stückpreisen und Kosten ein Gewinn zu erwarten ist. Oder mit anderen Worten, bei welcher Absatzmenge und welchem Stückpreis decken die Erlöse die Kosten. Dieser Zusammenhang lässt sich in sehr einfacher Form in der Break-even-Analyse darstellen. Dort, wo die Kurve der Erlöse die Kurve der Gesamtkosten schneidet, ist der Übergang von der Verlust- in die Gewinnzone.

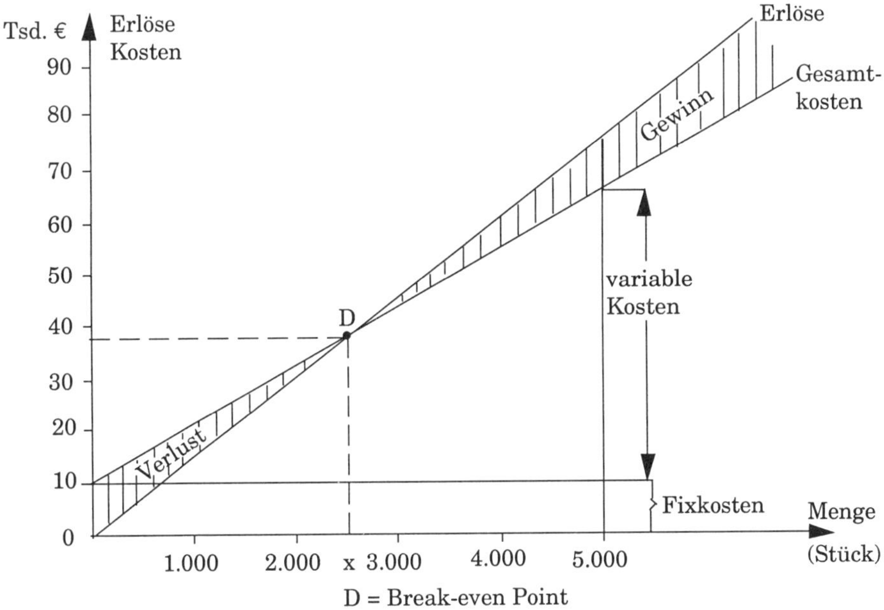

Break-even-Analyse

Im vorliegenden Beispiel soll bei einem Stückpreis von 15 € und einem Absatz von 4.000 Stück ein Verkaufserlös von 60.000 € erzielt werden. Wird dabei ein Gewinn erzielt?

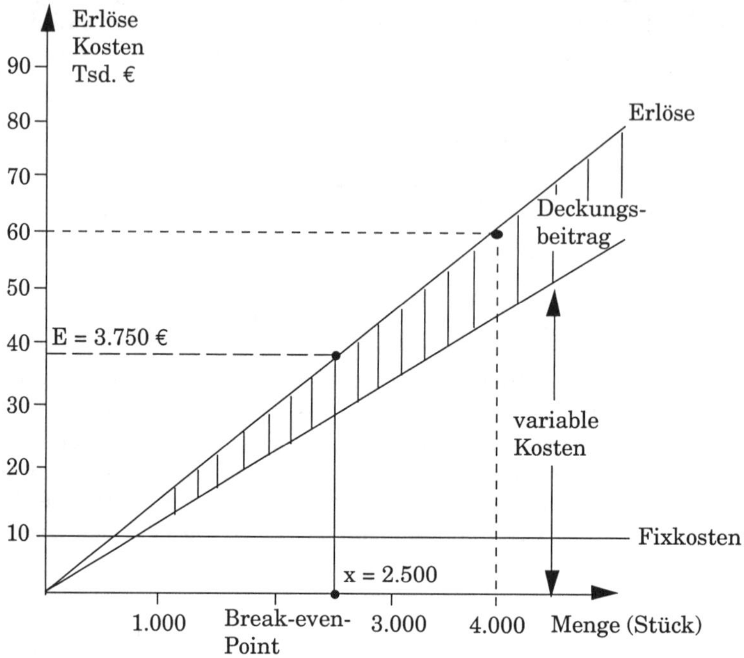

Unter folgenden Bedingungen ist die **Break-even-Menge** (Schwellenmenge) zu bestimmen:

- Zusätzlicher Investitionsbedarf = 50.000 €
  Nutzungsdauer = 5 Jahre
  Lineare Abschreibung pro Jahr = 10.000 € (Fixkosten)

- Variable Stückkosten = 11 €

	Preis €	**Fixkosten** €	**Variable Stückkosten** €	**Absatzmenge (Stück)**	**Gewinn/Verlust** €
1	15	10.000	11	2.000	– 2.000
2	15	10.000	11	2.500	± 0 Break-even-Menge
3	15	10.000	11	3.000	+ 2.000
4	15	10.000	11	4.000	+ 6.000
5	15	10.000	11	5.000	+ 10.000

Im Beispiel liegt die Gewinnschwelle bei 2.500 Stück. Werden mehr als 2.500 Stück abgesetzt, so ergibt sich ein Gewinn für das Unternehmen. Bei 4.000 Stück beträgt der Gewinn 6.000 € und erhöht sich bei 5.000 Stück auf 10.000 €.

Wenn die Nachfragekurve für das Produkt bekannt ist und man weiß, dass man pro Jahr noch für Werbung und Verkaufsförderung 10.000 € und für die Distribution zusätzlich 10.000 € ausgibt, dann aber bei einem Stückpreis von 20 € für das Produkt den Absatz mit ebenfalls 4.000 Stück ansetzen kann, stellt sich die Frage, ob man diese zusätzlichen Kosten aufwenden soll.

Mithilfe des Break-even-Diagramms lässt sich einfach und schnell feststellen, dass sich infolge der Preiserhöhung und der zusätzlichen Kosten der Gewinn bei einem Absatz von 4.000 Stück nicht verändert. Bei einem Absatz von 5.000 Stück steigt er jedoch auf 15.000 €.

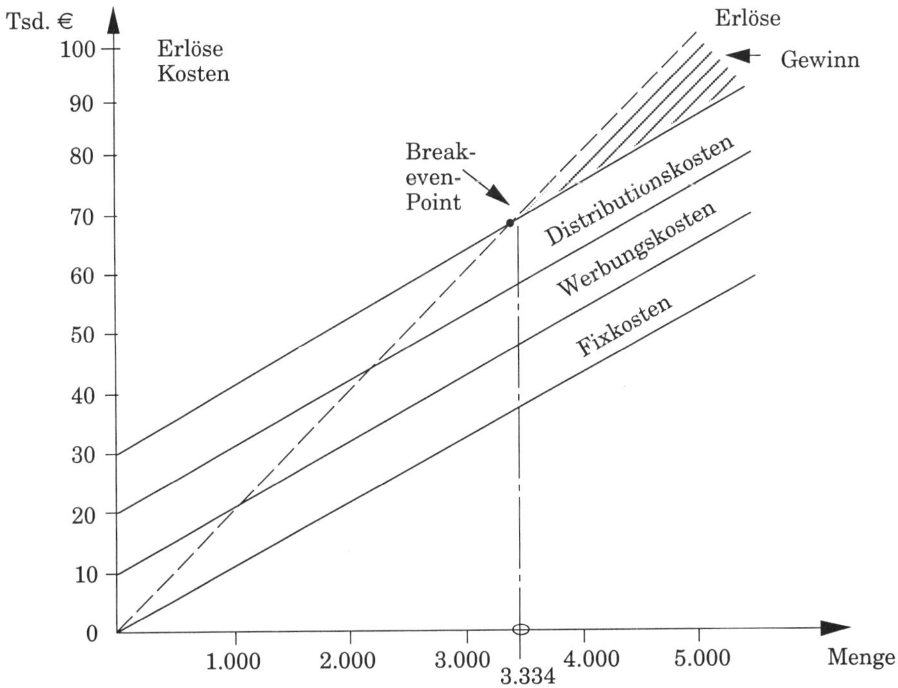

	Preis €	Fixkosten €	Werbung €	Distri-bution €	Variable Stückkosten €	Absatz-menge Stück	Gewinn/ Verlust €
1	20	10.000	10.000	10.000	11	2.000	– 12.000
2	20	10.000	10.000	10.000	11	2.500	– 7.500
3	20	10.000	10.000	10.000	11	3.000	– 3.000
4	20	10.000	10.000	10.000	11	4.000	+ 6.000
5	20	10.000	10.000	10.000	11	5.000	+ 15.000

Die Schwellenmenge (x) lässt sich wie folgt errechnen:

Gewinn/Verlust : $G = x \cdot p - (FK + x \cdot s) = 0$ (bei Break-even-point)

$x \cdot p = FK + x \cdot s$

$$x = \frac{FK}{p - s}$$

wobei
x = Schwellenmenge (Break-even-Menge)
p = Verkaufspreis des Produktes
FK = Fixkosten
s = Variable Stückkosten des Produktes

Break-even-Menge (x):

Beispiel 1: $x = \frac{10.000}{15 - 11} = \frac{10.000}{4} = 2.500$ Stück

Beispiel 2: $x = \frac{30.000}{20 - 11} \approx 3.334$ Stück

Im Rahmen der Break-even-Analyse lassen sich bei unterschiedlichen Bedingungen (Kosten, Absatzmengen, Erlösen) die jeweiligen Gewinne bzw. Verluste grafisch und rechnerisch ermitteln.

Gewinn/Verlust: $G = (p - s) \cdot (m - x)$

Beispiel 1: Prognostizierte Absatzmenge m = 4.000 Stück
$G = (15 - 11) \cdot (4.000 - 2.500) = 4 \cdot 1.500 = 6.000$ €

Mit der **Break-even-Analyse** lassen sich folgende Fragen beantworten:

- Wie wirkt sich ein Umsatzrückgang bzw. eine Umsatzzunahme auf den Gewinn aus?
- Wie wirkt sich eine Kostensenkung bzw. Kostensteigerung auf den Gewinn aus?
- Können zusätzliche Marketing-Kosten den Umsatz steigern?
- Kann eine Preiserhöhung (-senkung) aufgrund der Nachfragestruktur den Gewinn steigern?
- Um wie viel muss der Umsatz steigen, um zusätzliche Kosten zu decken?
- Wie groß ist der Deckungsbeitrag bei unterschiedlichen Absatzmengen?

Da die Break-even-Analyse auf unterschiedlichen Schätzungen beruht, sind die ermittelten Ergebnisse stets kritisch zu betrachten.

Aus mehreren Gründen kann dieses Verfahren nicht ohne Kritik dargestellt werden. Fragwürdig erscheinen insbesondere folgende **Annahmen**:

- der Preis und die variablen Stückkosten sollen über die gesamte Analysedauer (Lebensdauer) konstant bleiben. Dies ist wenig realistisch.

- die Verteilung der Geldströme im Zeitablauf und dadurch bedingte Abzinsungen werden nicht berücksichtigt.
- Forschungs- und Entwicklungskosten für das Produkt werden nicht explizit ausgewiesen.
- Umsatz- und Gewinninterdependenzen zwischen dem neuen Produkt und den alten Produkten werden nicht beachtet.
- die Kenntnis des Kurvenverlaufs aller berücksichtigten Parameter wird unterstellt.
- die eindeutige Trennbarkeit der Gesamtkosten in fixe und variable Kosten wird vorausgesetzt.

Obgleich kritisch betrachtet die Break-even-Analyse viele Angriffspunkte bietet, dürfte sie doch das in der Praxis am häufigsten angewandte Verfahren zur Wirtschaftlichkeitsanalyse von Produkten sein.

19 Seite 625

1.4.3.3.2 Pay-off-Rechnung

Mithilfe der Pay-off-Rechnung wird die Zeit (Pay-off-Periode) ermittelt, in der die für Entwicklung, Einführung und Investition zu tätigenden Investitionen zurückfließen.

Die Pay-off-Periode errechnet sich wie folgt:

$$n = \frac{\text{Investition}}{\text{Einnahmeüberschuss}} = \frac{EI}{(p-k_v) \cdot x - (F_k - A)}$$

Hierbei bedeutet:

EI = Einmalige Investition vor Einführung
p = Verkaufspreis pro Stück
k_v = Variable Kosten pro Stück
F_k = Jährliche Fixkosten
A = Abschreibungen
x = Menge

Bezogen auf das folgende Beispiel betragen:

EI = 50.000 €
p = 15 €
k_v = 11 €
F_k = 11.000 €
x = 4.000 Stück
A = 10.000 €

Somit ergibt sich eine Pay-off-Periode von

$$n = \frac{50.000}{(15 - 11) \cdot 4.000 - (11.000 - 10.000)} = \frac{50.000}{16.000 - 1.000} = \frac{50}{15} = 3{,}3 \text{ Jahre}$$

d. h. in 3,3 Jahren haben die Rückflüsse die Investitionen armortisiert.

Mit der Pay-off-Methode kann nicht die Frage beantwortet werden, ob eine Investition rentabel ist oder nicht. Liegt, wie im vorliegenden Fall, die Lebensdauer für das Investitionsobjekt bei 5 Jahren, so ist das Projekt bei einer Pay-off-Periode von 3,3 Jahren rentabel. Welche Rentabilität jedoch genau erreicht wird, kann mit dieser Methode nicht bestimmt werden.

1.4.3.3.3 Kapitalwertmethode

Mithilfe der Kapitalwertmethode können im vorliegenden Beispiel durch Umrechnung der zu verschiedenen Zeiten anfallenden Ausgaben und Einnahmen auf den Gegenwartswert die Kapitalwerte vergleichbar gemacht werden. Dazu werden in der Praxis entsprechende Tabellen benutzt. Im vorliegenden Fall soll nun geprüft werden, ob die Investition von 50.000 € eine Verzinsung des eingesetzten Kapitals von 10 % gewährleistet. Der jährliche Überschuss (Nutzen) beträgt wie im vorhergehenden Beispiel 15.000 €. Im Übrigen gelten die gleichen Aussagen.

	Nutzen (€)	**Umrechnungsfaktor**	**Gegenwartswert (€)**
1. Jahr	15.000	0,909	13.635
2. Jahr	15.000	0,826	12.390
3. Jahr	15.000	0,751	11.265
4. Jahr	15.000	0,683	10.245
5. Jahr	15.000	0,621	9.315

Nutzen insgesamt	56.850 €
./. Investition	50.000 €
Überschuss	6.850 €

Nach der vorliegenden Rechnung zeigt sich, dass neben einer Verzinsung von 10 % ein Überschuss von 6.850 € erzielt wird, der in etwa einer Verzinsung von 15 % entspricht.

Andere mögliche Planungsverfahren sind Investitionsrechnungsmodelle wie das Demon- und Sprinter-Modell, auf das an dieser Stelle nicht näher eingegangen werden soll.

1.4.3.4 Produktentwicklung und -gestaltung

Diejenigen Produktkandidaten, die in der Produktbewertungsphase bestanden haben, treten nun in die Produktentwicklungsphase ein.

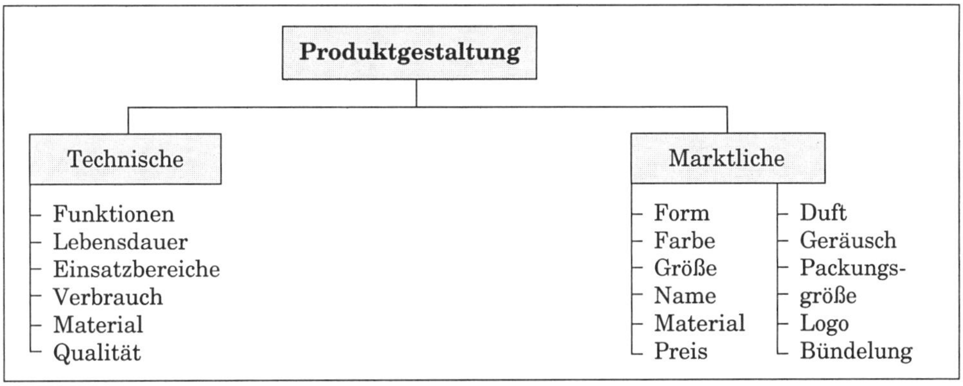

Aufgaben der Produktgestaltung

1.4.3.4.1 Technische Produktentwicklung

Im Rahmen der technischen Produktkonzeption geht es darum, ein erstes **Modell** oder einen **Prototyp** des neuen Produktes herzustellen. Die technische Entwicklung ist stets im Hinblick auf die funktionellen Anforderungen, die seitens der Käufer gestellt werden, in Angriff zu nehmen. Dabei muss vor allem berücksichtigt werden, dass es nicht allein ausreicht, ein funktionsfähiges oder qualitativ hochwertiges Produkt zu entwickeln, sondern ein Produkt, das in möglichst vielen Aspekten die Bedürfnisse der jeweiligen Zielgruppe befriedigen kann.

Dabei kommt es sowohl auf das richtige Material als auch auf eine benutzeradäquate Konstruktion und Ausführung an. Im Vordergrund muss dabei nicht eine revolutionäre technische Lösung stehen, sondern eine Lösung, die den Käufern den Nutzen gibt, den sie wünschen. Diese Gesichtspunkte sind in noch stärkerem Maße bei der Formgestaltung, der Namensgebung und der farblichen Gestaltung zu berücksichtigen.

1.4.3.4.2 Marktentwicklung

Aufgabe der Marktentwicklung ist es, das Produkt für die Zielgruppe und den Markt besonders attraktiv zu machen.

Allgemein kann gesagt werden, dass wie in der Abbildung dargestellt, die folgenden acht Faktoren die jeweilige Produktattraktivität weitgehend bestimmen.

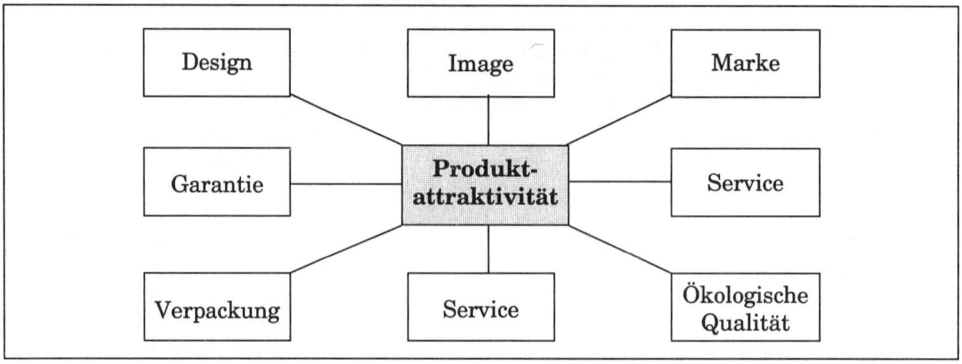

Produktattraktivität i.w.S.

Im Rahmen der produktbezogenen Marktentwicklung sind dabei u.a. folgende Aufgaben zu lösen.

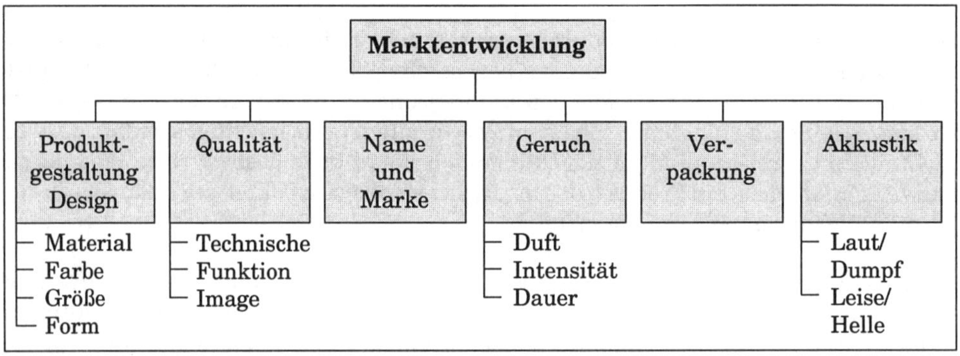

Damit Produktentwicklungen auch erfolgreich werden, empfiehlt es sich, Käuferanforderungen, Wettbewerbsverhältnisse und Unternehmensanforderungen zu berücksichtigen.

Vorgehensweise bei Marktentwicklung		
Käufer-anforderungen	**Wettbewerbs-verhältnisse**	**Unternehmens-anforderungen**
• Produkteinführungstests • Käufertests • Beschwerdemanagement • Lead User Workshops • Trendscouts	• Experten Workshops • Lead Seller Workshops • Produktvergleichstests • Verpackungstests • Wettbewerbsbeobachtung	• Betriebliches Vorschlags-wesen • Innovationstechniken • Strategische Portfolios • Total Quality Management

Die hier genannten Vorgehensweisen helfen nicht nur, dass ein Produkt kein Flop wird, sondern sie sind auch Voraussetzung für einen Markterfolg von Produkten. Je nach Situation sind eventuell alle oder nur einige Methoden erforderlich. Dies hängt von der Art und dem Neuigkeitscharakter des jeweiligen Produktes ab.

1.4.3.4.2.1 Produktgestaltung

Das Design, das Material, die Farbe, die Qualität usw. sind Faktoren eines Produktes, die richtig angewendet wirksame kaufbeeinflussende Impulse auf potenzielle Käufer ausüben können. Der erste Eindruck eines Produktes wird durch das Produktäußere (Design) vermittelt, lange bevor wir z.B. die Qualität oder Funktionsfähigkeit beurteilen können. Dieses Äußere muss einen potenziellen Käufer gleichsam für das „gesamte" Produkt gewinnen. Dies ist nicht nur bei Konsumgütern der Fall, sondern gleichermaßen bei Gebrauchs- und Investitionsgütern (Pkw, Personalcomputer, Fotoapparate usw.).

Grundsätzlich müssen bei der Formgebung jedoch auch die fertigungs-technischen Aspekte berücksichtigt werden. Auch sind die Möglichkeiten der Gestaltung bei komplizierten technischen Produkten geringer als bei Konsumgütern. Die Gestalt (Design) eines Produktes ist ein Instrument, das richtig angewendet, wirksame kaufbeeinflussende Impulse auf potenzielle Käufer ausüben kann.

Die Möglichkeiten der **Formgebung** sind bei technischen Produkten grundsätzlich stärker eingegrenzt als bei Konsumgütern. Die Form soll das Produkt erklären helfen und bestimmte Assoziationen beim Käufer wecken. Wenn die Produktfunktionen, das Material und seine Konsistenz die Formgebung nicht begrenzen, lässt sich mit der Formgebung die Produktform (Konsumgüter) und das gewünschte Produktbild erreichen. Dabei sollte man sich jedoch bei Konsumgütern des täglichen Bedarfs vor allzu viel Originalität und künstlerischer Progressivität hüten. Bestimmte Formen sind, wie folgende Abbildung aus der „Absatzwirtschaft" (1977, S. 65) zeigt, mit ganz bestimmten Vermutungen von Verbrauchern verbunden (vgl. Abb. S. 278).

Auch der Wahl des **Materials** kommt große Bedeutung zu. So wirken einige Materialien hochwertig (z.B. Leder, Holz), andere wirken z.B. eher hygienisch (z.B. Glas), während wieder andere eher billig wirken (z.B. Kunststoffe). Die Wirkung des Materials muss dabei stets im Zusammenhang mit der Form und der Farbe gesehen werden.

Der Farbe kommt dabei oft eine wichtige Bedeutung zu. Goldfarbene oder silberfarbene Produkte finden oft eine höhere Wertschätzung als z.B. braun oder gelb. Stets kommt es dabei auf das jeweilige Produkt an. Bei verschiedenen Produkten zu verschiedenen Zeiten werden dann von unterschiedlichen Käufern unterschiedliche Farben bevorzugt.

Flaschentyp	**deutsche Weinbrandflasche**	**Schwarzwälder Kirschflasche**	**franz. Weinbrandflasche**	**Boonekamp**	**Typ Cointreau**	**Korn**	**Steinhäger**	**Sondergruppe**
Formmerkmale (nach spontanen Aussagen der Befragten)	normal, rund, gleichmäßig hochgehend, längerer verlaufender Hals, Normalflasche	eckig (viereckig) auch mit abgerundeten Kanten, etwas längerer Hals, mit besonderen Verzierungen, Riffelungen etc.	dickbauchig, gedrungen mit sehr langem Hals	rund, mit langem, abgesetztem Hals, Annäherung an Normalflasche	Vierkantflasche mit abgerundeten Kanten, gestaucht, dickbauchig, mit ganz kurzem Hals	eckig, hochgezogener Flaschenkörper, mit kurzem Hals, abgerundeten Kanten	rund, walzenförmig, hochgezogener Flaschenkörper, kurzer Hals, z.T. mit Verzierungen	vermischte Formen, jede hat etwas Besonderes
Produktspezialitäten (nach spontanen Aussagen der Befragten)	Weinbrand, Weine, Säfte	klare Getränke, Schwarzwälder Kirsch, Himbeergeist etc., Liköre	Likör, französischer Cognac	Likör (Eierlikör), Weinbrand, Säfte	Likör	Korn, harte Getränke	Korn, harte Getränke	Wodka, Korn
Zuordnung von Getränken	Weißwein, Traubensaft, Apfelsaft, Obstsaft, Rotwein, Cognac, Apfelwein, Most, Beerenwein, Himbeersaft, Fruchtsaft, Weinbrand	Likör, Kirschwasser, Birnenschnaps, Orangenlikör, Zwetschgenwasser, Himbeergeist, Pfefferminzlikör, Wacholder	Likör, Cognac, Kirschlikör, Fruchtlikör, Orangenlikör, Weinbrand, Sherry, Portwein	Eierlikör, Aperitif, Sirup, Wermut, Rum, Essig, Beerenwein	Likör, Magenbitter, Whisky, Kirschlikör, Orangenlikör, Pfefferminzlikör, Sherry	Korn, Schnaps, Likör, Kümmel, Wacholder, Himbeergeist, Slibowitz, Wodka, Kirschwasser	Korn, Schnaps, Kümmel, Wacholder	Wodka, Birnenschnaps, Zwetschgenwasser

Mercedes-Fahrer mögen Silber

Für die Farbwahl bei Neuwagen ist die Mode nicht einziges Kriterium. Ebenso wichtig ist das Image der Marke

Hamburg HWM – Farbwünsche bei Autos wechseln so schnell wie die Kleidermode. Nachdem erst vor wenigen Jahren Blau den langjährigen Spitzenreiter Rot von Platz Eins der Farbpalette verdrängt hatte, bricht derzeit Silbergrau alle Rekorde. Fast jeder dritte Neuwagen – genau 31,2 Prozent – war laut Statistik des Flensburger Kraftfahrtbundesamtes im letzten Jahr grau lackiert, vorwiegend silbergrau-metallic.

Blau landete mit 24,5 Prozent abgeschlagen auf Platz zwei, gefolgt von Schwarz (18,5 Prozent, Grün (10,3 Prozent), Rot (8,1 Prozent) und Gelb (2,2 Prozent).

Je nach Automarke offenbart die Statistik allerdings sehr unterschiedliche Farbwünsche. So bestellten beispielsweise überdurchschnittlich viele Mercedes-Benz-Kunden, nämlich 43,1 Prozent, ihren Wagen in Grautönen, aber nur 19,5 Prozent der Jaguar-Käufer. Die stellten dafür mit 29,7 Prozent den drittgrößten Anteil der Grün-Liebhaber, einer Farbe, die im automobilen Oberhaus ansonsten wenig Freude findet. Die traditionelle Vorliebe der Briten für Racing Green teilen offensichtlich auch die deutschen Käufer englischer Automobile, denn Rower wies mit 33,2 Prozent den höchsten Grün-Anteil aller Marken auf. Auf dem zweiten Platz folgte Subaru dank diverser Sondermodelle für Waidmänner.

Rot, lange Zeit die Top-Farbe beim VW Golf, musste bei Deutschlands meistgekaufter Automarke inzwischen Blau (29,9 Prozent) weichen. Favorit wird Blau auch von Kunden der Marken Peugeot, Seat – jeweils 30,7 Prozent – und Ford (31,7 Prozent). Schwarz bevorzugen vor allem Saab- (47,0 Prozent) und Porsche-Käufer (39,5 Prozent).

Von 21,8 Prozent 1995 auf 8,1 Prozent abgestürzt, genießt Rot aber noch die Sympathie von Ferrari-Eignern: Mehr als jeder zweite Wagen aus Maranello, nämlich 56,7 Prozent, verließ die Fabrik entweder in traditionellem Rosso Corsa oder neuerdings auch in einem dunkleren Metallic-Rot namens Fiorano.

Weiße Autos kaufen private Kunden höchstens noch aus Unkenntnis. „Beim Wiederverkauf muss man mit durchschnittlichen Preisabschlägen von mindestens fünf Prozent rechnen“, warnt Roland Stach, Leiter Marktanalyse bei Eurotax Schwacke. „Fahrzeuge der oberen Mittelklasse und Oberklasse, beispielsweise ein 7er BMW oder ein Mercedes S-Klasse, sind in Weiß nahezu unverkäuflich.“

Farbige Sonderwünsche gab es schon in der Frühzeit des Automobils – zum Missfallen der Hersteller. Das über 15 Millionen Mal gebaute Ford T-Modell war von 1908 bis 1925 ausschließlich in Schwarz lieferbar, erst in den beiden letzten Produktionsjahren gab Henry Ford zähneknirschend den Farbwünschen der Käufer nach. Den Opel 4/12 PS (1924-25) gab es nur in einem giftigen Grün, weshalb ihn der Volksmund „Laubfrosch“ taufte. Auch das 1947 vorgestellte erste Saab-Auto, der Typ 92, war mehrere Jahre lang nur in Grün erhältlich.

Heute präsentieren die Lackhersteller jedes Jahr Hunderte neuer Farbtöne. Der Trend geht vor allem zu je nach Lichteinfall changierenden Effekt-Lackierungen. Nicht durchsetzen konnte sich dagegen das von 1995 bis 1997 gebaute vierfarbige VW-Polo-Sondermodell „Harlekin“.

Richtig bunt wird es eigentlich nur noch dann, wenn es um die Bezeichnungen der Farben geht. Sie reichen heute vom assoziativen Bahroloh-Rot bei Opel bis zu parapsychologischem Kauderwelsch wie Zeuss-Orange (Peugeot 206 CC) oder Fulminator-Grau (Citroen).

Beispiel: **Frauen lieben ihr Auto in Blau**. Laut Statistik des Kraftfahrt-Bundesamtes steht im ersten Halbjahr 1999 die königliche Farbe ganz oben auf der Hitliste. An zweiter Stelle folgt bei Autofahrerinnen Grau, darunter auch elegante Metallictöne wie Silber. Und nach wie vor ist nobles Schwarz ein Renner bei Neuzulassungen.

Daneben spielt die **Produktqualität** eines Produktes eine wesentliche Rolle bei Kauf und Wiederkauf. Produktqualität setzt sich aus der Gesamtwahrnehmung der Summe der Eigenschaften eines Produktes zusammen. Sie beinhaltet nicht nur die technisch funktionale Qualität, sondern auch Design, Material, Image, ökologische Qualität usw.

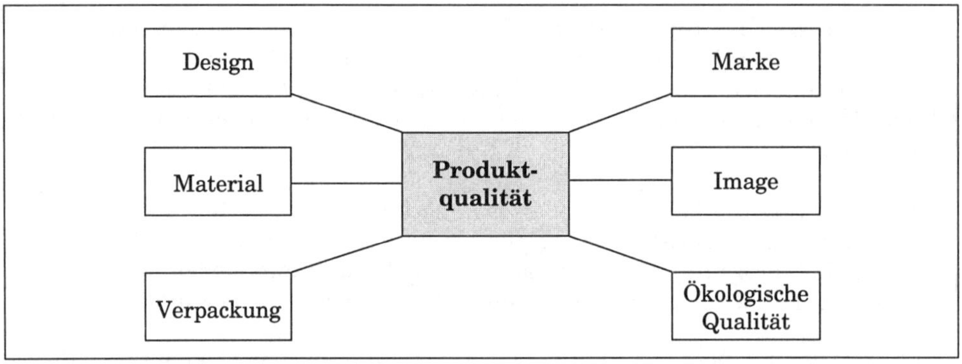

Dimensionen der Qualität

Je mehr derartige Eigenschaften ein Produkt besitzt, desto höher ist seine Qualität einzustufen. Aus Marketingüberlegungen ist z.B. eine lange Lebensdauer nicht empfehlenswert, sodass man in diesem Zusammenhang von „planned obsolescence“ und „built in obsolescence“ spricht.

„Geplante Alterung“ bedeutet, dass man bewusst daraufhin plant, Produkte kurzfristig technisch, imagemäßig oder psychologisch zu veraltern. „built in obsolescence“ heißt, bewusst die Qualität z.B. durch Sollbruchstellen usw. zu vermindern. Jede Qualitätssteigerung z.B. im Hinblick auf die Lebensdauer bedeutet ceteris paribus eine spätere Ersatzbeschaffung. Eine Qualitätsverringerung, nur um den Absatz zu steigern, kann jedoch geradezu das Gegenteil bewirken und zu Imageeinbußen führen, wie die Praxis schon gezeigt hat.

Wie unterschiedlich die Anforderungen, die von verschiedenen Bereichen an die Produktgestaltung gestellt werden, veranschaulicht humorvoll das folgende Bild.

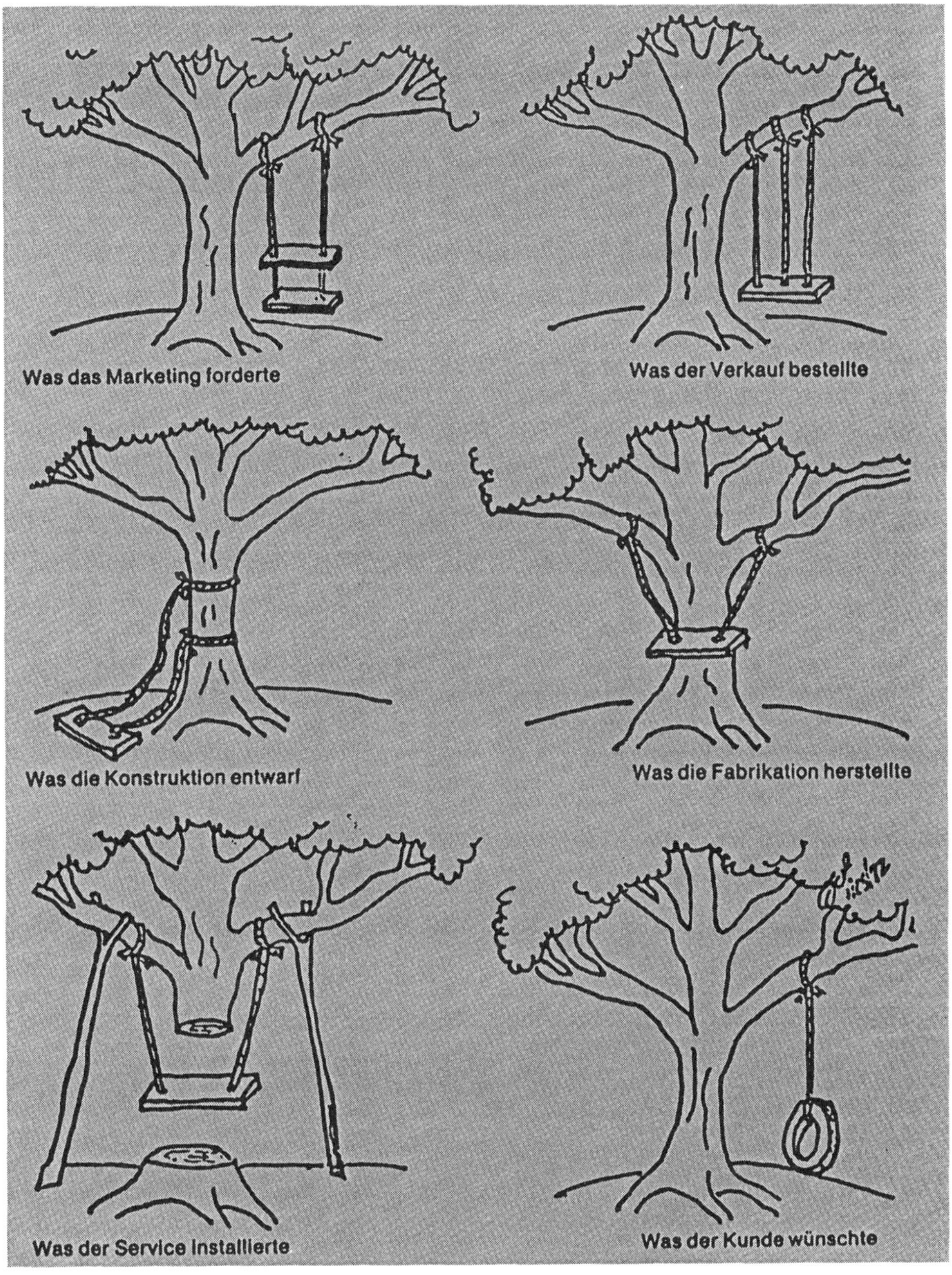

„Multidimensionale Produktgestaltung"

Quelle: Marketing Journal 4/74 – aufgelesen in Bachofen's Digest Nr. 2/1972 – Bachofen AG, Uster/Schweiz

1.4.3.4.2.2 Name

Um ein Produkt zu „individualisieren", um es von anderen Konsumprodukten zu unterscheiden und um es als „einmalig" und „einzigartig" erscheinen zu lassen, gibt man ihm einen Namen. Gleichzeitig wird dadurch die Kommunikation zwischen Anbietern und Nachfragern erleichtert. Oft hat der Produktname entscheidenden Einfluss über Erfolg oder Misserfolg eines neuen Produktes. Besonders ist darauf zu achten, dass der Produktname einen hohen Aufmerksamkeits- und Erinnerungswert hat, leicht auszusprechen und einzuprägen ist und positive Assoziationen hervorruft.

Wie schwierig es ist, neue Namen zu finden, zeigt das **Beispiel** für die Wahl des Kunstnamens „Jetta" für die Stufenheck-Version des VW-Golf. Das Volkswagenwerk hat bei der Suche nach einer Bezeichnung für die neue Modellversion immerhin 300 Namen überprüft, war am Rande der VW-Bilanzpressekonferenz zu hören. 296 Bezeichnungen fielen durch das Sieb des Anforderungsprofils schon bestehender oder geschützter Bezeichnungen. Vier Namen kamen in die „Endrunde", darunter sogar der Deckname „Hummel" für die neue Modellversion. Viel hätte nicht gefehlt, dass dieser Deckname als tatsächliche Bezeichnung gewählt worden wäre.

Am besten gefiel zuletzt „Regatt", doch machten dem Wolfsburger Automobilkonzern ausländische Autoproduzenten einen Strich durch die Rechnung. Man musste feststellen, dass die ähnliche Bezeichnung „Regatta" bereits registriert war.

Auf Zahlenbezeichnungen als Namen geht beispielsweise Fiat über, und die französische Konkurrenz hat sich in letzter Zeit mehr als ein Dutzend Namen schützen lassen. Das Endergebnis bei VW war die oder der „Jetta", wobei die Assoziationen zu „Jet" oder „Jetstream" bei der Namensgebung Pate standen.

Die Entwicklung neuer Namen für Produkte erweist sich somit als ein immer schwieriger werdendes Problem.

Der Name eines Produktes soll möglichst nicht nur zur Unterscheidung von Produkten dienen, sondern auch

- produkttypisch sein
- positive Assoziationen hervorrufen
- werbewirksam sein
- einprägsam sein und
- unverwechselbar sein.

Dazu kommt heute noch die Frage, ob und inwieweit sich ein Produktname auch international im Rahmen z. B. des Globalmarketing verwenden lässt.

Als Vorgehensweise bei der Suche nach einem neuen Produktnamen empfiehlt sich im Prinzip folgendes:

- Man versucht durch „Geistesblitze" neue Namen zu finden (Kreativitäts- oder Schöpfungsmethode).

- Man sucht bekannte Namen heraus und verändert sie so weit, dass rein rechtlich keine Einwände gegen den „neuen" Namen bestehen.
- Man versucht durch einen Zufallsgenerator einen neuen Namen zu kreieren.
- Man verändert Konkurrenznamen in das Gegenteil.
- Man wählt bekannte Namen und fügt sie dem Firmennamen zu.

Im Einzelnen sollten folgende Punkte bei der **Auswahl eines Namens**, insbesondere bei Konsumgütern, beachtet werden:

- Was soll der Name aussagen?
- Welche Namen sind überhaupt benutzbar? Welcher ist davon am besten? Lässt sich gegebenenfalls ein geeigneter Markenname kaufen?
- Wie lauten die Konkurrenznamen? Hebt sich unser Name davon ab?
- Soll der Name nur für ein Produkt verwendet werden oder später für ein ganzes Sortiment?
- Muss der Name zuvor getestet werden?
- Worauf muss bei dem Test besonders geachtet werden?

1.4.3.4.2.3 Marke

In Weiterführung des Gedankens der Namensgebung und des Herausstellens eines Artikels aus der Vielzahl der Angebote sind die **Marken** entstanden. Der Begriff Marke ist juristisch wie folgt festgelegt (Markenzeichengesetz – MarkenG): „Als Marke können alle Zeichen, insbesondere Wörter einschließlich Personennamen, Abbildungen, Buchstaben, Zahlen, Hörzeichen, dreidimensionale Gestaltungen einschließlich der Form einer Ware oder ihrer Verpackung sowie sonstige Aufmachungen einschließlich Farben und Farbzusammenstellungen geschützt werden, die geeignet sind, Waren oder Dienstleistungen eines Unternehmens von denjenigen anderer Unternehmen zu unterscheiden" (§ 4 Abs. 1 MarkenG).

Eine Marke dient also in der Regel zur

- **Unterscheidung**
- **Identifikation**
- **Differenzierung**

eines Produktes.

In der Praxis lassen sich die gewählten Namen nach unterschiedlichen Kriterien unterscheiden, wie dies z. B *Herstatt* gemacht hat.

- Produktherkunft (z. B. Bad Reichenhaller Spezial Salz)
- Produktanlass (z. B. Barcelona Chair / anlässlich der Weltausstellung)
- Hersteller des Produktes (z. B. BMW /Bayerische Motoren Werke)
- Produktdesigner (z. B. Gropius/Porzellan)
- Produktauftraggeber (z. B. Kurland/Porzellan)
- Produktgattung (z. B. Nescafé/Instantkaffee)
- Sortimentszugehörigkeit (z. B. Opel Corsa, Astra, Omega/Pkw)
- Produkteigenschaften
  - Größe (z. B. Knirps/Taschenschirm)
  - Gewicht (z. B. heavyhands/Hanteln)
  - Form (z. B. Waterpik slimline/Mundddusche)
  - Farbe (z. B. Signal/Zahnpasta in Signalfarben)
  - Konsistenz (z. B. flora soft/Margarine)
  - Geschmack (z. B. Mildessa/Sauerkraut)
  - Alter (z. B. Asbach Uralt/Weinbrand)
  - Qualität (z. B. Lord Extra/Zigarette)
  - Exklusivität (z. B. Prestige/Herrenkosmetik)
  - Haltbarkeit (z. B. Nirosta/Edelstahlspüle)
  - Aktualität (z. B. Die Aktuelle/Zeitschrift)
  - Vielseitigkeit (z. B. Braun Multimix/Küchenmaschine) etc.
- Produktnutzen (z. B. Kilofort/Schlankheitsmittel)
- Produktverwendung
  - Verwendungsbereich (z. B. Spüli/Spülmittel)
  - Verwendungsort (z. B. WC-frisch/Reinigungsmittel)
  - Verwendungszeit (z. B. Nacht und Tag/Kaffee)
  - Verwendungsdauer (z. B. Wipp-Express/Waschmittel)
- Produktverwender (z. B. Kinderschokolade, Lady Braun/Kosmetikrasierer) etc.

Quelle: *Herstatt, I.D.* S 38

Ebenso sind Klassifizierungen nach dem Geltungsbereich einer Marke möglich. Hier bieten sich z. B. folgende Unterscheidungen an, in:

- **Einzelmarken**, wie z. B. Dash, Odol, Rama, Tandil, Persil, Aspirin usw.
- **Gruppenmarken**, wie z. B. Nivea, Maggi, A & P, Libby's, Tesa usw.
- **Firmenmarken**, wie z. B. Bahlsen, Melitta, Nestlé, Allianz, Tipp-Ex, Knorr usw.
- **regionale Marken**, wie z. B. Südmilch, Küppers Kölsch, Karschhaus usw.
- **nationale Marken**, wie z. B. Ernte 23, Duden, Elite usw.
- **internationale Marken**, wie z. B. Coca-Cola, Avis, Swatch, Marlboro, Camel usw.

Von einem **Markenartikel** spricht man dann, wenn Merkmale vorliegen, wie:

- Markierte Fertigware,
- Gleich bleibende bzw. verbesserte Qualität,
- Gleich bleibende Mengen,
- Gleich bleibende Aufmachung,

- Größerer Absatzraum,
- Verbraucherwerbung,
- Anerkennung im Markt usw.

Zum Bereich der Marken gehören:

- Herstellermarken
- Handelsmarken und
- Gattungsmarken (no names), aber auch
- Dienstleistungsmarken und seit einiger Zeit
- Premiummarken.

Inwieweit sich Markenartikel (Herstellermarke), Handelsmarke und Gattungsmarke unterscheiden, veranschaulicht der Vergleich von *Meffert/Bruhn* (1984) S. 3.

Merkmale	**Markenartikel**	**Handelsmarke**	**Gattungsmarke**
Markierung	vom Hersteller	vom Handel	vom Handel
Distribution	Breit (Ubiquität)	Begrenzt (nur Handelsgruppe)	Begrenzt (nur Handelsgruppe)
Qualitätsniveau	Hohes Qualitätsniveau	Mittleres Qualitätsniveau	Mindeststandard-qualität
Qualitätsgarantie	vom Hersteller	vom Handel	vom Handel
Verkaufspreis	Hohes und mittleres Segment	Mittleres Segment	Niedriges (Discount-) Segment
Preiskonstanz	Variierender Verkaufspreis (Lockvogel)	Einheitlicher Verkaufspreis	Einheitlicher Verkaufspreis (Orientierung am Discountpreis)
Werbung	Produktwerbung	Werbung für Einkaufsstätte	Preiswerbung und Werbung für Einkaufsstätte
Verpackung/ Aufmachung	Hohes Anspruchsniveau	Mittleres Anspruchsniveau	Bewusst reduziertes Anspruchsniveau
Packungsgestaltung	Produkterlebnis	Produkterlebnis	Produktbeschreibung
Produktnutzen	Grund- und Zusatznutzen	Grundnutzen und teilweise Zusatznutzen	Nur Grundnutzen
Verkehrsgeltung/ Durchsetzung im Markt	Breit	Begrenzt	Stark begrenzt (austauschbar)
Marktfunktion	Innovation, Bedarfsdeckung, Marktaufbau	Me-Too, Bedarfsdeckung, begrenztes Produktangebot	Imitation, Bedarfsdeckung, stark begrenztes Produktangebot, reife Märkte

Vergleich von Markenartikel, Handels- und Gattungsmarken

Immer noch dominieren heute auf dem Markt die Herstellermarken. Die Handelsmarken nehmen jedoch weiter zu.

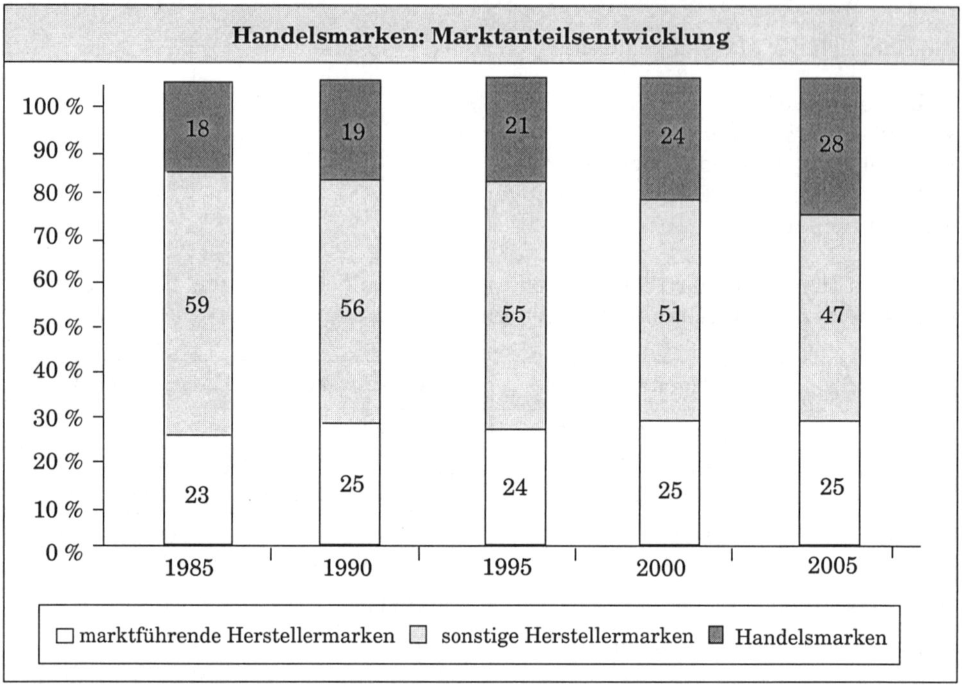

Quelle: GfK, Nürnberg

Mit **Premiummarken** versucht man dem Konsumenten noch das Gefühl einer Steigerung über den Markenartikel hinaus zu geben, indem man ein bestimmtes Marktsegment differenziert bearbeitet und gute Qualität bei relativ hohem Preis und intensivem Einsatz des Marketing anbietet.

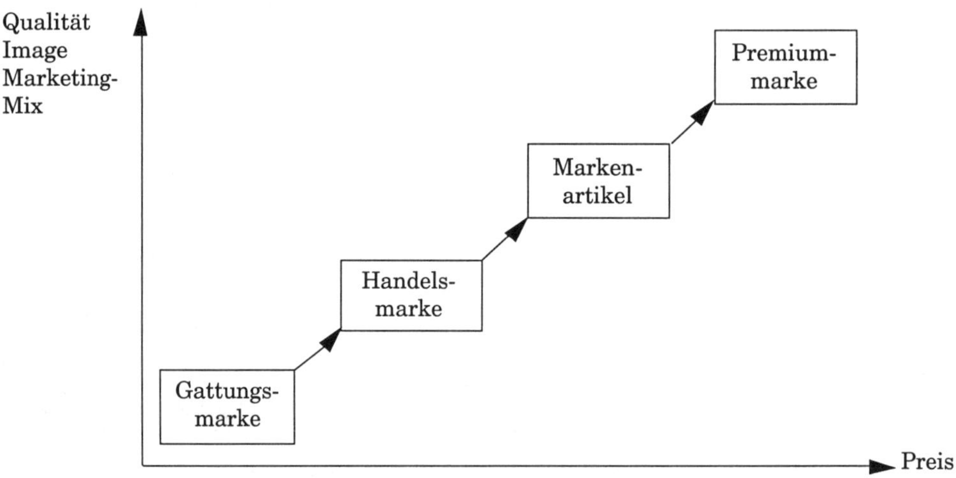

Herstellermarken sind Kennzeichen, mit denen Hersteller ihre Produkte ausstatten. Bietet ein Handelsunternehmen eine Eigenmarke an, so spricht man von einer **Handelsmarke**. Bei diesen Marken steht das Handelsunternehmen für das Qualitätsniveau der Marke ein. Von diesen beiden Marken sind die **Gattungsmarken** (no names) zu unterscheiden, die nur durch die Art der Produktart (z. B. Zucker, Mehl usw.) gekennzeichnet sind, schlicht verpackt sind und einen niedrigen Preis haben.

In der Praxis werden unterschiedliche Markenstrategien angewendet, die sich wie folgt gliedern lassen:

- **vertikale Markenstrategie**
  - Herstellermarke
  - Handelsmarke
  - Gattungsmarke
- **individuelle Markenstrategie**
  - Einzelmarken
  - Mehrmarken
  - Markenfamilien
  - Dachmarken
- **internationale Markenstrategie**
  - multinationale Marken
  - globale Marken.

Beispiele für **grundlegende Markenstrategien**.

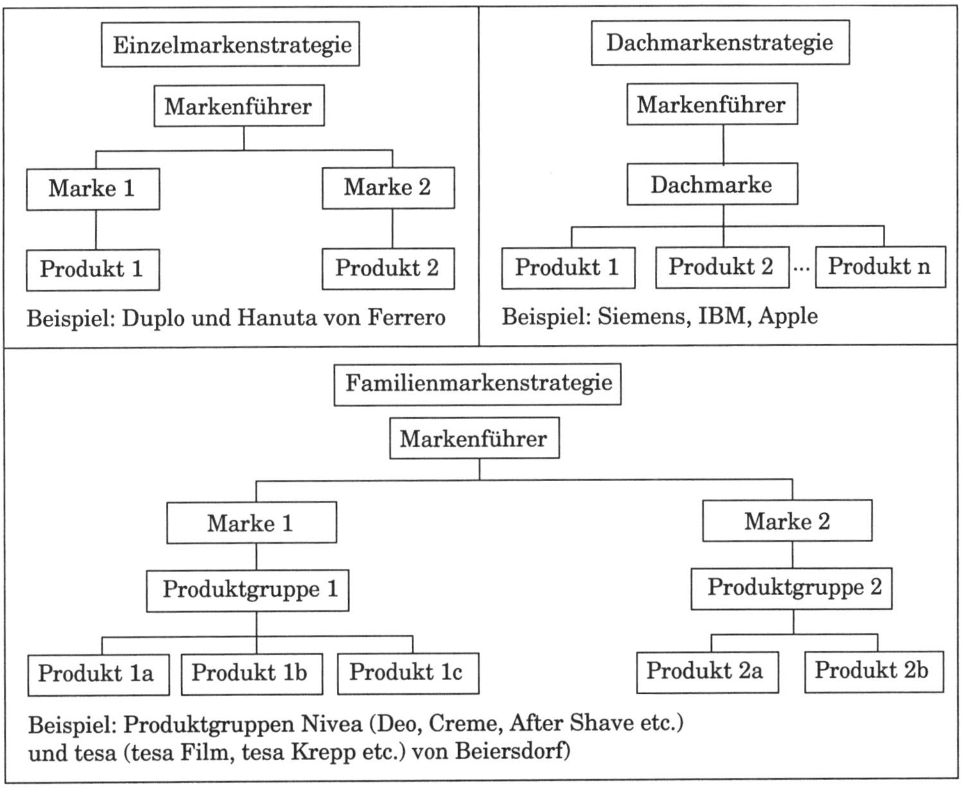

Quelle: *Homburg / Schäfer* (2001) S. 161 aus Köhler, R. u.a. (Hrsg.) (2002)

Welche Markenstrategie ein Unternehmen einschlägt, hängt von den individuellen Gegebenheiten dieses Unternehmens ab. Allgemein steht jedoch dem Markenartikel, in welcher Ausprägung auch immer, eine sehr positive Zukunft bevor.

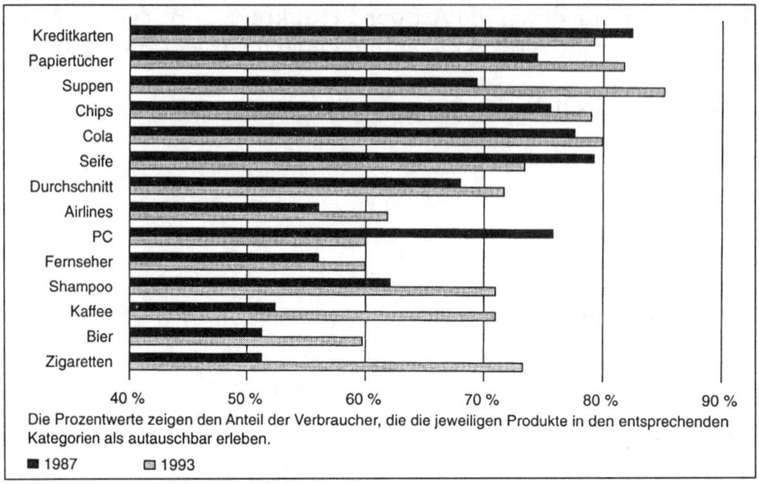

Wahrgenommene Markengleichheit in Deutschland 1987 und 1993

Quelle: o. V. BBDO 1994

Wie eine Untersuchung der BBDO zeigt, werden durch die Verbraucher Produkte in entsprechenden Kategorien als austauschbar erlebt. Diese Tatsache empfiehlt für das jeweilige Produkt eine eigenständige „Markenführung" und großen Wert auf eine „Markenpersönlichkeit" zu legen. Die wachsende Bedeutung, die die Marken haben, zeigt sich auch aus der steigenden Anzahl von Markenanmeldungen beim Deutschen Patent- und Markenamt (DPMA). So stieg die Zahl der nationalen Markeneintragungen im Jahr 2000 um 13,9 Prozent gegenüber 1999, wobei das Wachstum hauptsächlich auf die steigende Zahl von Marken für Dienstleistungen zurückzuführen ist.

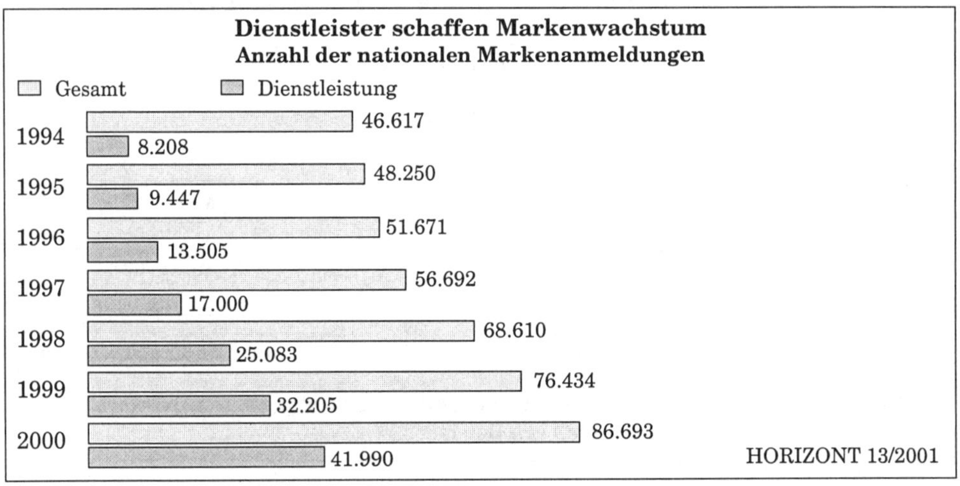

Quelle: Deutsches Patent- und Markenamt (DPMA)

– Produktpiraterie

Ein wachsendes Problem in der Wirtschaft ist die zunehmende **Marken-** und **Produktpiraterie**.

Fälschungen und Imitationen, unautorisierte Überproduktionen usw. bedrohen stark bekannte Markenunternehmen. Der wirtschaftliche Schaden durch billige Nachahmung ist sehr groß. Etwa 5-7 Prozent des Welthandels werden mit Plagiaten erwirtschaftet. Die Umsatzeinbußen der Hersteller von Originalen dürften sich nach Schätzungen auf ca. 30 Mrd. € belaufen.

Umsatzverluste in Deutschland errechnet der Aktionskreis Deutsche Wirtschaft gegen Produkt- und Markenpiraterie e.V. (APM) in Bonn entsprechend dem Anteil Deutschlands am Welthandel (etwa 10 Prozent auf etwa 30 Mio. €). Rund 400 Fälschungsfälle haben APM-Ermittler im vergangenen Jahr verfolgt und aufgedeckt. Der deutsche Zoll beschlagnahmte im gleichen Zeitraum in fast 3.200 Fällen Waren im Wert von rd. 90 Mio. €. Es muss mit weitaus höheren Summen gerechnet werden, schließlich werfen Zollbeamte ihren prüfenden Blick auf nur 5 Prozent des grenzüberschreitenden Warenverkehrs.

Die Liberalisierung der Märkte und die Öffnung der Ostgrenzen haben den Aktionsradius der Produktfälscher weiter vergrößert. Zu den Hochburgen der Produktpiraten zählen China, verschiedene Länder Südostasiens und Osteuropa. Die Fälscher machen vor kaum einem Produkt Halt. Nachgemacht werden nicht mehr nur Produkte, auf denen klangvolle Namen wie Armani, Boss oder Versace prangen, sondern auch technisch hochwertige Investitionsgüter. Auch die Softwarebranche und die Pharmaindustrie sind vor Nachahmungen nicht sicher.

Während die Hersteller von Konsumgütern neben Umsatzeinbußen häufig „nur" unter der Beschädigung des Markenimages zu leiden haben, kommen auf die Investitionsgüterindustrie und die Gesundheitsbranche durch minderwertige Fälschungen unter Umständen erhebliche Schadensersatzansprüche zu.

– Markenbewertung

Jedes Jahr wird von verschiedenen Instituten der Wert einer Marke ermittelt. Die Unternehmen legen darauf jedoch meist keinen großen Wert, da auf dem Markt ca. 25 unterschiedliche Verfahren zur Markenwertermittlung angewendet werden (vgl. Abb. S. 290).

In der Praxis kamen die einzelnen Verfahren zu sehr unterschiedlichen Ergebnissen bei der Bewertung einer Marke. So beziffert den Markenwert von BMW das Beratungsunternehmen Interbrand auf 14,4 Mrd. €, das Unternehmen Semion zum Beispiel nur auf 8 Mrd. €. Noch größer sind die Unterschiede bei Siemens; nach Interbrand 1,15 Mrd. € und nach Semion 10,59 € Markenwert. Aufgrund dieser großen Unterschiede sind die Markenwerte mit großer Zurückhaltung zu beurteilen, solange man sich nicht auf ein Standardverfahren geeinigt hat. Dennoch ist ein aussagefähiger Markenwert für die Unternehmen von großer Bedeutung.

Ohne auf die wesentlichen Unterschiede in der Berechnung eingehen zu wollen, werden im Folgenden die ermittelten Markenwerte von Semicon und BBDO Consulting dargestellt (s. dazu u.a. absatzwirtschaft, März 2003, Sonderausgabe marken / *Esch*, F.R. (Hrsg.) moderne Markenführung 2000, 2. Aufl.).

Bei dem **Semion Brand Evaluationsverfahren** werden zur Berechnung des Markenwertes alle diejenigen Faktoren berücksichtigt, die den Wert einer Marke bestimmen, wie: Finanzkraft, Markenschutz, Markenstärke, Markenimage (www.semion.com/value).

Bei dem **BBDO Brand Equity Evaluation** erfolgt die Bewertung in Abhängigkeit vom spezifischen Bewertungsanlass. Es berücksichtigt u.a. die Höhe des Werbebudgets, Umsatzstärke, Branchensituation intern, künftiges Absatzpotenzial, Umsatzprofita-bilität und u.a. die Entwicklungsperspektiven.

Monetäre Verfahren				**Nichtmonetäre Verfahren**
Lizenzpreis-analogien	Kostenorien-tierte Verfahren	Indikatoren-modelle	Marktdatenba-sierte Verfahren	Beispiele
Arthur Andersen	System Repenn	AC Nielsen	GfK (Marken-simulator)	GfK (BASS)
Copat-Data		Brand Finance	Boston Consul-ting Group	Infratest Burke (IMPSYS)
KPMG		Consor		Research International
PwC		Icon (Brand-Rating)		Konzept & Analyse (Marken-Monopole)
System Repenn		Interbrand		BBDO (Brand Potential Analysis)
		Konzept & Markt		Grey (Marken-Poten-zial-Ausschöpfung)
		Semion		Icon (Brand Status-Eisbergmodell
		BBDO (Brand Equity Evaluation System)		Ogilvy & Mather (Brand Stewardship)
				Young & Rubicam (Brand Asset Valuator)

Beispiele für Markenbewertungsverfahren

Quelle: GfK

Rang 02	Rang 01	Unternehmen/Marken	Markenwert in Mio. Euro 2001	2002	+/- 01-02
1	1	DaimlerChrysler	33.593	33.425	– 0,5 %
		Mercedes	20.962	20.752	– 1,0 %
2	2	VW	18.708	18.802	0,5 %
3	**3**	**BASF**	**17.158**	**17.203**	**0,3 %**
4	4	BAYER	15.614	15.739	0,8 %
5	**6**	**Dt. Post**	**15.220**	**15.601**	**2,5 %**
6	5	Dt. Telekom	15.586	14.963	– 4,0 %
7	**7**	**Allianz**	**12.565**	**12.088**	**- 3,8 %**
8	8	Siemens	10.594	10.663	0,7 %
9	**9**	**BMW**	**7.529**	**7.996**	**6,2 %**
10	10	SAP	7.124	6.996	– 1,8 %
11	**11**	**Henkel**	**6.620**	**6.786**	**2,5 %**
12	12	Lufthansa	6.540	6.638	1,5 %
13	**13**	**Deutsche Bank**	**6.172**	**6.018**	**- 2,5 %**
14	14	RWE	5.722	5.825	1,8 %
15	**15**	**E.on**	**4.632**	**4.725**	**2,0 %**
16	16	TUI	3.224	3.337	3,5 %
17	**17**	**Adidas**	**3.213**	**3.261**	**1,5 %**
18	18	Audi	2.889	2.947	2,0 %
19	**19**	**Beiersdorf**	**2.518**	**2.719**	**8,0 %**
20	20	Schering	2.356	2.398	1,8 %
21	**21**	**Porsche**	**2.223**	**2.367**	**6,5 %**
22	22	Continental	2.040	2.070	1,5 %
23	**23**	**Merck**	**1.855**	**1.933**	**4,2 %**
24	24	ProSiebenSat.1	1.669	1.524	– 8,7 %
25	**25**	**Bay. HypoVereinsbank**	**1.513**	**1.481**	**- 2,1 %**
26	26	Heidelberger Druck	1.311	1.324	1,0 %
27	**27**	**Commerzbank**	**1.221**	**1.170**	**- 4,2 %**
28	28	Linde	1.070	1.098	2,6 %
29	**29**	**Wella**	**822**	**851**	**3,5 %**
30	30	Fresenius Med-Care	758	772	1,8 %
31	**31**	**Schwarz Pharma**	**561**	**570**	**1,6 %**
32	32	Hugo Boss	462	469	1,5 %
33	**33**	**Puma**	**298**	**323**	**8,5 %**
34	34	Douglas	241	253	5,0 %
35	**36**	**Infineon**	**197**	**195**	**- 1,2 %**
36	37	Varta	154	152	1,0 %
37	**38**	**Villeroy & Boch**	**142**	**145**	**2,3 %**
38	39	Epcos	130	133	2,0 %
39	**40**	**Sixt**	**117**	**119**	**1,5 %**
40	41	Berentzen	115	118	2,5 %
41	**42**	**Fielmann**	**105**	**108**	**3,2 %**
42	43	Jenoptik	100	102	1,8 %
43	**44**	**Escada**	**91**	**92**	**1,5 %**
44	45	WMF	87	89	2,3 %
45	**35**	**MobilCom**	**208**	**77**	**- 63,0 %**
46	46	Beate Uhse	55	57	3,6 %
47	**47**	**Sartorius**	**44**	**45**	**2,3 %**
48	51	Loewe	39	40	1,8 %
49	**52**	**Gerry Weber**	**32**	**32**	**1,5 %**
50	53	Aigner	32	32	1,4 %

Semion-Ranking 2001-2002 (Deutschland) Quelle: Semion

DAX 30				
	2001 Markenwert in Mio. Euro	2001 Rang	2002 Markenwert in Mio. Euro	2002 Rang
Firma				
Allianz	23.200	2	28.706	1
BASF	**9.902**	**8**	**21.952**	**2**
Siemens	8.480	9	20.984	3
DaimlerChrysler	**35.843**	**1**	**19.739**	**4**
Eon	15.951	5	19.504	5
Deutsche Bank	**16.224**	**4**	**19.316**	**6**
Volkswagen	15.486	6	16.543	7
Bayerische Motoren Werke (BMW)	**7.234**	**11**	**13.396**	**8**
Deutsche Telekom	22.495	3	12.951	9
RWE	**7.934**	**10**	**11.899**	**10**
Bayer	10.269	7	10.884	11
Bayerische HypoVereinsbank	**6.629**	**15**	**9.441**	**12**
Deutsche Post	–	–	6.633	13
Thyssen Krupp	**4.260**	**18**	**5.919**	**14**
Henkel	3.637	19	5.743	15
Metro	**2.321**	**21**	**4.274**	**16**
SAP	6.677	13	4.100	17
Schering	**1.771**	**26**	**2.637**	**18**
Preussag	1.857	25	2.609	19
Adidas-Salomon	**2.220**	**22**	**2.126**	**20**
Linde	1.893	24	2.084	21
Deutsche Lufthansa	**6.674**	**14**	**1.993**	**22**
Münchener Rück	4.306	17	1.837	23
Commerzbank	**4.720**	**16**	**1.727**	**24**
Degussa (Degussa-Hüls)	1.577	27	1.699	25
MAN	**2.409**	**20**	**1.603**	**26**
EPCOS	425	29	1.284	27
Infineon	**184**	**30**	**729**	**28**
MLP	–	–	725	29
Fresenius	**1.975**	**23**	**538**	**30**
Dresdner Bank	7.041	–	–	–
Veba	–	–	–	–
Viag	–	–	–	–
Karstadt/Quelle	**839**	–	–	–
Berechnet nach dem BEES-Verfahren				

BBDO Consulting Ranking 2001-2002 (Deutschland)

Quelle: BBDO Consulting

Mercedes wertvollste deutsche Marke

Coca-Cola bleibt Nummer eins in der Welt / Interbrand-Rangliste

nr. FRANKFURT, 29. Juli. Mercedes ist die wertvollste deutsche Marke. Einer Untersuchung des Markenberatungsunternehmens Interbrand zufolge ist sie mit 21,37 Milliarden Dollar im Jahr 2003 sogar 2 Prozent mehr wert als im Vorjahr. International reicht es für die Stuttgarter Automobilbauer für Rang 10. An der Spitze der Markenwert-Rangliste steht wie in den Vorjahren Coca-Cola mit einem Wert von 70,45 Milliarden Dollar. Damit macht die Marke nahezu zwei Drittel des Börsenwerts des Unternehmens (rund 110 Milliarden Dollar) aus. Überhaupt dominieren Marken amerikanischen Ursprungs die Markenwelt. Die Interbrand-Untersuchung berücksichtigt nur solche Marken, die auf den wichtigen Märkten der Welt signifikante Erträge erzielen.

Unter den Top-20-Markenwerten befinden sich 14 amerikanische, aber nur zwei deutsche: neben Mercedes auf Rang 10 schaffte es BMW auf Rang 19 der Liste. Den Wert der Marke BMW beziffert Interbrand mit rund 15,11 Milliarden Dollar (plus 5 Prozent). Als weitere deutsche Unternehmen sind SAP (Markenwert 7,7 Milliarden Dollar, Rang 35), VW (6,9 Milliarden Dollar, Rang 42), Adidas (3,7 Milliarden Dollar, Rang 67) sowie Nivea (2,2 Milliarden Dollar, Rang 92) vertreten. Die höchste Plazierung aller Nichtamerikaner erreichte der finnische Handyhersteller Nokia, der mit einem Markenwert von 29,44 Milliarden Dollar auf Rang sechs liegt. Den mit 31 Prozent größten Zuwachs des Markenwerts erzielte der koreanische Elektronikkonzern Samsung. Mit 10,9 Milliarden Dollar liegt das Unternehmen auf Rang 25. Trotz Konjunkturschwäche haben die meisten der 100 Marken der Interbrand-Rangliste gegenüber dem vergangenen Jahr an Wert gewonnen – im Durchschnitt um 2 Prozent. Zu den großen Verlierern der Rangliste zählt Ford. Der Automobilhersteller büßte 16 Prozent seines Markenwertes ein. Die Flaute in der Medienbranche schlägt sich nun auch in den Markenwerten nieder. Sowohl die Nachrichtenagentur Reuters (minus 28 Prozent) als auch das „Wall Street Journal" (minus 10 Prozent) mußten kräftige Einbußen hinnehmen. Dagegen konnten Luxusmarken zum Teil deutlich zulegen. Prada, Tiffany, Moët & Chandon, Hermes sowie Hennessy kamen auf Steigerungen ihres Markenwertes um bis zu 6 Prozent. Interbrand legt bei der Berechnung der Markenwerte die diskontierten künftig zu erwartenden Einzahlungsüberschüsse zugrunde.

Die wertvollsten Marken 2003

	Markenwert (Millionen Dollar)	Veränderung zu 2002 in Prozent	Herkunftsland
1 Coca Cola	70,453	1	Vereinigte Staaten
2 Microsoft	65,174	2	Vereinigte Staaten
3 IBM	51,767		Vereinigte Staaten
4 GE	42,340	2	Vereinigte Staaten
5 Intel	31,112	1	Vereinigte Staaten
6 Nokia	29,440	–2	Finnland
7 Disney	28,036	–4	Vereinigte Staaten
8 McDonald's	24,699	–6	Vereinigte Staaten
9 Marlboro	22,183	–8	Vereinigte Staaten
10 Mercedes	21,371	2	Deutschland
19 BMW	15,106	5	Deutschland
35 SAP	7,714	14	Deutschland
42 Volkswagen	6,938	–4	Deutschland
67 Adidas	3,679	0	Deutschland
92 Nivea	2,221	8	Deutschland

Quelle Interbrand

Top-Markenwerte 2003

Quelle: FAZ 30.7.2003

1.4.3.4.2.4 Verpackung

Da die meisten Produkte, um zum Abnehmer zu gelangen, transportiert und oft auch gelagert werden müssen, sind sie in diesen Fällen vertriebs- und abnehmergerecht zu verpacken. Dabei hat die Verpackung neben der Ermöglichung der Transport- und Lagerfähigkeit, der Sicherung und des Schutzes der enthaltenen Produkte zunehmend, insbesondere im Konsumgüterbereich, als marketingpolitisches Instrument an Bedeutung gewonnen.

Die folgende Abbildung verdeutlicht, welche Gestaltungsmöglichkeiten grundsätzlich genutzt werden können.

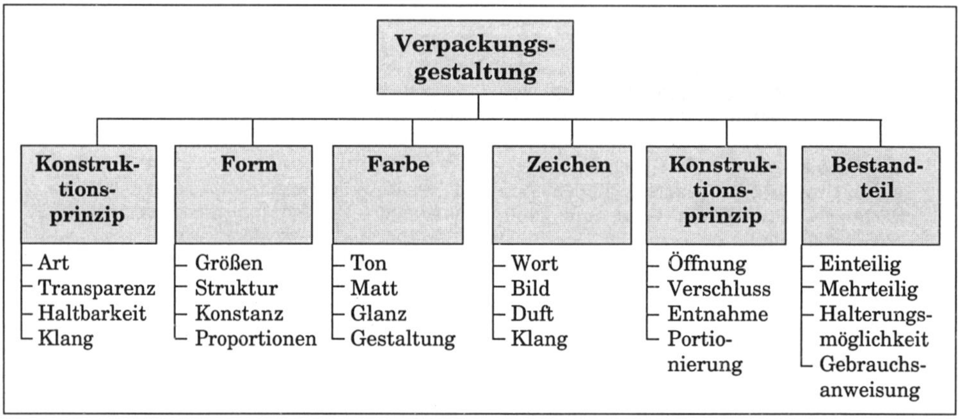

Gestaltungsmöglichkeit der Verpackung

Die wesentlichsten von der Verpackung eines Produktes wahrzunehmenden **Funktionen** lassen sich wie folgt darstellen:

- Schutz- und Bewahrungsfunktion
- optimale Distributionsfähigkeit
- Produktidentifizierung
- Produktdifferenzierung
- Wertausdruck der Ware
- Selbstpräsentation
- Verkaufsaufforderung
- Information
- Imagebildung.

Die Entwicklung der Verpackung vom „Transportschutz" zum „warenwirtschaftlichen Informationsträger" vermittelt die Abbildung von *Hansen/Leitherer* (1984) S. 295.

Die Verpackung übernimmt insbesondere im Konsumgüterbereich eine Vielzahl von Aufgaben. Dabei ist insbesondere auch auf die „Vermeidung von Verpackungsabfällen" Rücksicht zu nehmen, wie es die **Verpackungsverordnung** von 1991 vorschreibt.

Entwicklungsstufen \ Funktionen der Verpackung	Schutz und Sicherung im Transportweg	Dimensionierung für den Verkaufsakt	Selbstpräsentation am „point of purchase"	Ge- und Verbrauchserleichterung	Rationalisierung der Warenwirtschaft
(1) Verpackung als Transportschutz	X				
(2) Packung als Verkaufseinheit	X	X			
(3) Packung als Medium der Verkaufsförderung	X	X	X		
(4) Packung als Qualitätsbestandteil	X	X	X	X	
(5) Packung als warenwirtschaftlicher Informationsträger	X	X	X	X	X

Im Konsumgüterbereich ist die Verpackung von besonderer Bedeutung für den Erfolg eines Produktes. Daher muss bei der Verpackungsgestaltung jedes Produktes sehr sorgfältig vorgegangen werden. U. a. sind Aspekte zu untersuchen, die von den an der Verpackung interessierten Personen und Institutionen gewünscht werden.

Interessent	Forderung an Verpackung
Produzent	*optimale Vermarktung der Ware:* Preisgünstigkeit, technische Problemlosigkeit, ausreichende Schutzeigenschaften, Attraktivität (verkaufsfördernd)
Transportwesen	*optimales logistisches Verpackungskonzept:* geringes Gewicht, platzsparend, rasches Be- und Entladen, optimale Nutzung des Transport- und Lagerraumes, widerstandsfähig gegen mech. Beanspruchungen bei Warenumschlag, Lagerung und Transport (Stauchdruck, Stöße, Erschütterungen)
Handel	*rationelle Lagerung und rascher Umsatz:* Transportverpackungen: leicht entfernbar, platzsparend, problemlos fortschaffbar (entsorgbar) Verbraucherverpackungen: regalkonform, platzsparend, stapelbar, robust, leicht, handlich, gut auspreisbar, Diebstahl und Warenmanipulation erschwerend
Konsument	*Convenience, Konsumenten- und Umweltfreundlichkeit:* rasche Erkennbarkeit der Ware, techn. perfektes Aussehen, Übereinstimmung von Ware und Aufmachung, Handlichkeit, Festigkeit, Sicherheit, geringes Taragewicht, Platz sparend, leicht zu öffnen, wieder verschließbar, geringes Abfallvolumen, „Umweltfreundlichkeit"
Kommunalbehörden	*keinen Abfall verursachende Verpackungen:* für das jeweils angewandte Abfallbehandlungsverfahren problemlos, möglichst kein Deponievolumen beanspruchend
Umweltschutz	*möglichst keine oder wiederverwendbare bzw. verwertbare Verpackungen*

Forderung an die Produktverpackung

Quelle: DHI, Köln

Zusammenfassend lässt sich festhalten, dass die **Verpackung** heute ein wesentliches Instrument im Rahmen der Produktpolitik ist, das durch Selbstpräsentation den Verkaufsvorgang erleichtert und fördert. Oft bestimmt die werbliche Gestaltung der Verpackung stärker das Image eines Produktes als sein Inhalt.

Ist das Produkt endgültig entwickelt, geht es vor der Einführung in den Markt darum, festzustellen, wie das Produkt vom Markt aufgenommen werden wird. Dazu empfiehlt es sich, gegebenenfalls einen Markttest durchzuführen, wenn die Labortests positiv ausgefallen sind.

1.4.3.5 Produkttest

Haben sich Produkte und/oder Konzeptionen in den technischen Tests unter Laborbedingungen bewährt, so wird man, um Angaben über die im Test bewährten Produkte zu erhalten, das Produkt einem Produkt- und/oder Markttest unterziehen, soweit dies für das Produkt überhaupt möglich ist. Für Produkttests bieten sich unterschiedliche Gestaltungsoptionen an (siehe *Hansen / Henning-Thurau / Schreder* (2001) S. 150).

Übergeordnetes Kriterium	Untergeordnetes Kriterium	Alternative Ausprägungen von Produkttests (Beispiele)
Zu testendes Produkt	Anzahl der zu testenden Produkte	Einzeltest, Mehrprodukttest
	Zusammensetzung der Produkte	Test systematisch variierender Produkte, Test ähnlicher Produkte
	Markennennung	Offener Test (Marke genannt), Blindtest (Marke nicht genannt)
Testumfeld	Testort	Labor-/Studiotest, in-Home-Test
	Testdauer	Kurzzeittest, Langzeittest
	Häufigkeit der Testdurchführung/Testdauer	Einmaltest, Mehrfachtest
	Zieloffenheit	Impliziter Test, Expliziter Test
Erfolgsvariable	Konzeptualisierung	Präferenz-, Diskriminations-, Akzeptanz-, Evaluations-, Deskriptionstest
	Operationalisierung/ Messung	Ratingtest, Rankingtest, Konstantsummentest, Sortierungstest
Stichprobe	Stichprobengröße	Einzeltest, Kleingruppentest
	Zusammensetzung der Stichprobe	Repräsentative Auswahl, Selektion einzelner Personengruppen (z.B. Lead User, Heavy User, Zielgruppe)
Auswertung der Ergebnisse	Isolierte Auswertung	Häufigkeiten, Mittelwerte
	Vergleichende Auswertung	Inferenzstatistische Testverfahren
	Verknüpfende Auswertung	Varianzanalyse

Gestaltungsoptionen für Produkttests

Quelle: nach *Batsell / Wind* (1980); *Bauer* (1995); *Wind* (1982, S. 342f.)

Zentrales Anliegen des Tests ist die **Gewinnung von Informationen über das Verhalten der Käufer gegenüber dem Testprodukt**. Dabei wählt man z. B. beim Markttest als Testgebiet „ein strukturgleiches Modell des Gesamtmarktes” aus, auf dem später das Produkt eingeführt werden soll. Insbesondere die Bevölkerungsstruktur, die Wettbewerbsverhältnisse, die Struktur des Handels und der Werbeträger sollen repräsentativ für den Gesamtmarkt sein.

Die **Testdauer** ist grundsätzlich von dem zu testenden Produkt abhängig. Da erst die Zweit- und Drittkäufe Anhaltspunkte für eine langfristige Umsatzentwicklung geben, ist eine zu lange Testdauer unter Umständen problematisch, da die Konkurrenten frühzeitig von dem Vorhaben erfahren und dies ihnen die Möglichkeit gibt, mit einer „Kopie” auf dem Markt zu erscheinen. Wartet man nur die Erstkäufe auf dem Testmarkt ab, so können die Ergebnisse zu Fehlschlüssen führen, da die Konkurrenz auch hier störend Einfluss nehmen kann.

Neben den oben genannten Problemen sind die hohen Kosten und der große Zeitaufwand (Mindestzeit im allgemeinen 3 Monate) zu berücksichtigende Faktoren bei einer Entscheidung für die Durchführung eines Markttests.

Die Unterschiede zwischen Produkt-, Markt- und Warentest soll die folgende Übersicht veranschaulichen:

	1	2	3	4	5
	Ausführende Stelle	**Zeitpunkt**	**Orientierung**	**Zugang für Öffentlichkeit**	**gemessene Eigenschaften**
Produkttest	Anbieter/ Institut	vor Markteinführung	produktorientiert	nein	subjektiv und objektiv erkennbar
Markttest	Anbieter	vor Markteinführung	marktorientiert	ja	objektiv erkennbar
Warentest	neutrales Institut (Stiftung Warentest)	nach Markteinführung	verbraucherorientiert	ja	objektiv erkennbar

20 Seite 626

1.4.3.6 Produkteinführung

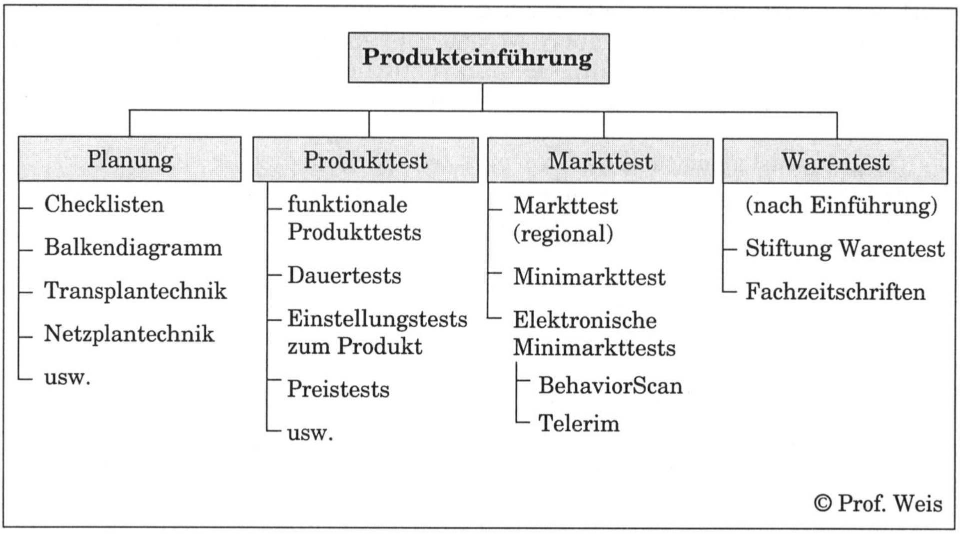

Methoden bei Produkteinführung

Sofern ein neues Produkt alle Auswahlprozesse, Wirtschaftlichkeitsanalysen und gegebenenfalls einen Markttest erfolgreich bestanden hat, ist die endgültige Einführung in den Markt zu planen. Dabei empfiehlt es sich, alle Einzelvorgänge genau zu durchdenken und in einem Einführungsplan festzuhalten. Für die Planung stehen die Methoden der Netzplantechnik wie CPM, PERT und MPM sowie deren Weiterentwicklungen, insbesondere von Herstellern der EDV, zur Verfügung.

Das folgende **Beispiel** von *Hädrich* stellt die **Einführung eines neuen Konsumgutes** dar. Am Anfang der Aufstellung des Netzplans steht die Tätigkeitsübersicht, welche die einzelnen Tätigkeiten, Vorgänge, Dauer und Zuständigkeiten enthält. Jede Tätigkeit erhält einen entsprechenden Code. Aufgrund der Tätigkeitsübersicht wird dann der Netzplan erstellt, der die wechselseitige Verzahnung der einzelnen Tätigkeiten deutlich veranschaulicht.

Code	Tätigkeit Beschreibung*)	Zuständig**)	Vorgänger	Dauer	Termine d. Tätigkeiten FS-FE	SS-SE
0	Sekundärst. Marktanalyse	U, A	S	8,0	0 - 8,0	0 - 8,0
1	Entscheidung für neues Produkt	U	0	0,2	8,0 - 8,2	8,0 - 8,2
2	Primärst. Marktanalyse	U, A, I	1	13,6	8,2 - 21,8	11,0 - 24,6
4	Analyse der Produktionsmöglichkeiten	U	1	6,0	8,2 - 14.2	8,2 - 14.2
6	Produktforschung	U, A, I	4	10,4	14,2 - 24,6	14,2 - 24,6
8	Studie über Erweiterung der Produktionsmöglichkeiten	U	4	6,0	14,2 - 20,2	24,4 - 20,4
10	Analyse der Ergebnisse aus Verbraucherbefragungen und Produktforschung	U, A, I	2, 6	3,4	24,6 - 28,0	24,6 - 28,0
12	Endgültige Produktentwicklung	U, A, I	10	24,0	28,0 - 52,0	47,0 - 71,0
14	Festlegung der Marketingstrategie	U, A	10	2,4	28,0 - 30,4	28,0 - 30,4
16	Vertriebsplanung	U	8, 14	12,6	30,4 - 43,0	62,8 - 75,4
18	Personalbeschaffung	U	8, 14	14.6	30,4 - 45,0	56,4 - 71,0
20	Produktionsvorbereitung	U	8, 14	30,6	30,4 - 61,0	30,4 - 61,0
22	Auftrag an Werbeagentur	U	8, 14	0,2	30,4 - 30,6	48,2 - 48,4
24	Testläufe der Anlage	U	20	2,0	61,0 - 63,0	69,0 - 71,0
26	Einkaufs- und Lagerplanung	U	20	11,2	61,0 - 72,2	61,0 - 72,2
28	Konzeption der Produktausstattung	A	22	5,8	30,6 - 36,4	48,4 - 54,2
30	Konzeption der Werbung	A	22	6,4	30,6 - 37,0	58,9 - 65,3
32	Produktion der Nullserie	U	12, 18, 24	1,2	63,0 - 64,2	71,0 - 72,2
34	Test der Ausstattung Bereitstellung der Verpackung	U, A, I, D	28	18,0	36,4 - 54,5	54,2 - 72,2
36	Konzeption von verkaufsförderndem Material	A	22	6,4	30,6 - 37,0	65,2 - 71,6
38	Vorbereitung der Gesamt-Markteinführung	U	16	4,5	43,0 - 48,5	92,7 - 97,2
40	Vorbereitung der Test-Markteinführung	U, A, I	16	1,4	43,0 - 44,4	75,4 - 76,8

Code	Tätigkeit Beschreibung*)	Zuständig**)	Vorgänger	Dauer	Termine d. Tätigkeiten FS-FE	SS-SE
42	Beginn der Normalproduktion	U	26, 32, 34	4,6	72,2 - 76,8	72,2 - 76,8
44	Verkaufsförderungsmaterial für Testmarkt vorbereiten	A	36	5,2	37,0 - 42,2	71,6 - 76,8
46	Verkaufsförderungsmaterial für Gesamtmarkt vorbereiten	A	36	6,0	37,0 - 43,0	91,2 - 97,2
48	Test der Werbekonzeption Ausarbeitung von Werbemethoden	I, A	30	8,3	37,0 - 45,3	65,3 - 73,6
50	Testmarkt-Werbung vorbereiten	A	48	3,2	45,3 - 48,5	73,6 - 76,8
52	Werbung für Gesamt-Markteinführung vorbereiten	A	48	20,6	45,3 - 65,9	76,6 - 97,2
54	Testmarkt u. Freigabe für Gesamt-Markteinführung	U, A, I	40, 42 44, 50	20,4	76,8 - 97,2	76,8 - 97,2
56	Planung der Absatzkontrolle	U, A, I	22	3,2	30,6 - 33,8	102,0 -105,2
58	Gesamtmarkteinführung	U	38, 46 52, 54	8,0	97,2 -105,2	97,2 -105,2
60	Absatzerfolgskontrolle	U, A, I	56, 58	9,0	105,2 -114,2	105,2 -114,2

Tätigkeitsliste für Produkteinführung

*) Um das Beispiel zu vereinfachen, entspricht der Kopplungsabstand zwischen den einzelnen Tätigkeiten der Dauer der jeweiligen Vorgängertätigkeiten

**) Zeichenerklärung:

U - Unternehmen
A - Werbeagentur
I - Marktforschungsinstitut
D - Druckerei

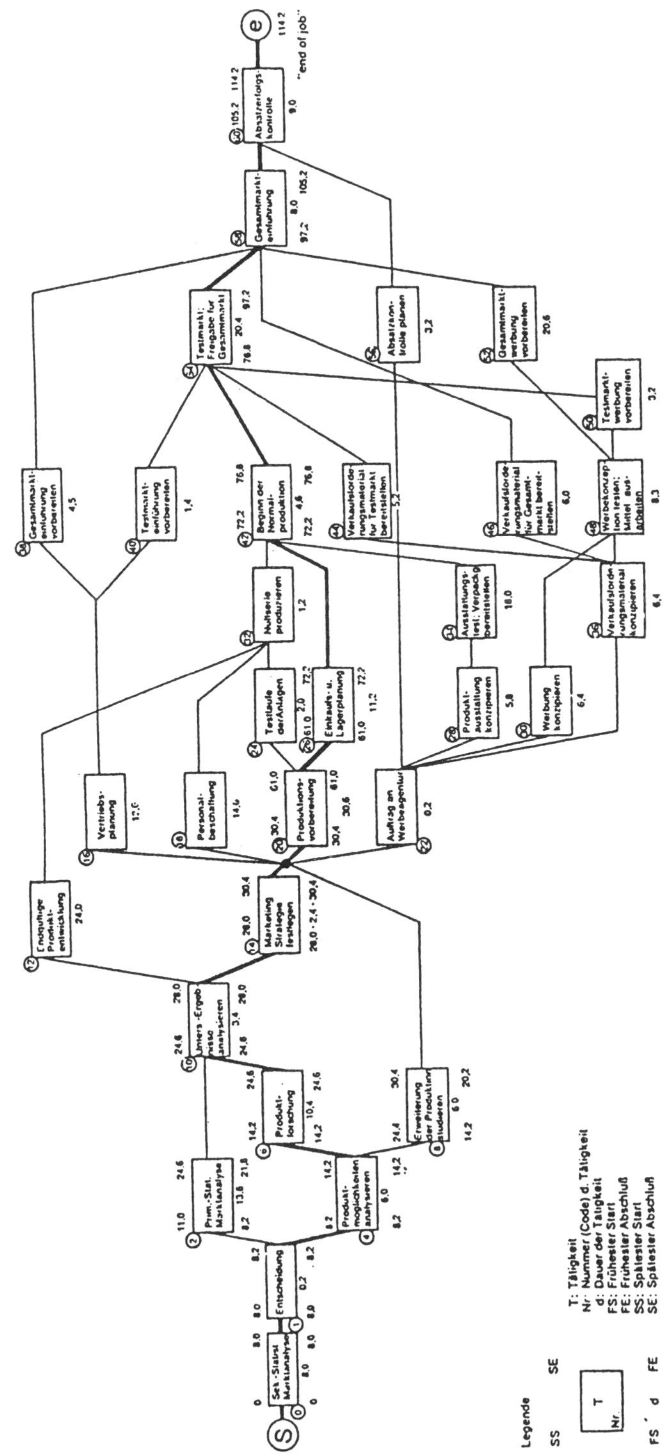

Netzplan einer Produkteinführung *(Hädrich)*

Ein noch so detailliertes Auswahlverfahren und die genaueste Planung bewahrt jedoch manchen Hersteller nicht vor einem **Flop**, d. h. vor einer erfolglosen Neueinführung eines Produktes.

Die folgende Übersicht gibt Flopquoten für ausgewählte Warengruppen an.

Warengruppen (ausgewählte)	**Flopquote pro Jahr**[1] %	**Innovationsquote**[2] %
Spirituosen	74,5	12,7
Bier und Wein	72,2	20,7
Schokoladige Süßwaren	69,7	18,4
Dauerbackwaren	69,1	20,1
Putzen und Pflegen	66,7	13,4
Fette	64,7	15,3
Körperpflege	64,4	19,4
Würzen	64,0	11,1
Süßer Brotaufstrich	61,9	17,0
Nudeln und Reis	61,6	18,0
Brot und Kuchen	60,5	16,7
Fleisch, Wurst und Fisch	59,5	9,5
Tabakwaren	58,9	31,5
Süßigkeiten	58,7	19,4
Heiße Getränke	57,4	16,4
Obst- und Gemüsekonserven	57,2	13,0
Suppen und Saucen	56,4	15,7
Backen	53,2	9,8
Alkoholfreie Getränke	53,1	22,6
Tiefkühlkost	52,7	16,7
Knabberartikel	52,5	20,6
Feinkost	52,4	21,2
Cerealien	52,0	19,6
Fixe Mahlzeiten	51,3	16,5
OTC	50,9	11,4
Diätetisches	49,5	6,8
Käse	48,9	17,2
Tiernahrung	48,7	16,2
Arithmetisches Mittel[3]	54,7	k.A.

[1] Durchschnitt 1998 bis 2001. [2] %-Anteil der Innovationen am Jahresanfangsbestand 2000. [3] Über alle Warengruppen.

Flops in ausgewählten Verbrauchsgütern

Quelle: Madakom, Köln

Typische **Gründe für Fehlschläge** können sein:

- **Falsche Wahl des Einführungszeitpunktes**
  Oft führt man saisonal abhängige Produkte zum falschen Zeitpunkt ein (z. B. „scharfe Getränke" im Sommer, Badeanzüge im Winter usw.). In manchen Fällen hat man z. B. nicht berücksichtigt, dass die Käufer die neuen Produkte nicht kaufen, weil sie

mit ihren bisherigen Produkten zufrieden sind. Hier kann das Risiko durch eine vorherige Befragung der Käufer verringert werden.

- **Unzureichende Distributionspolitik**
  In manchen Fällen ist es nicht möglich die neuen Produkte auf dem bisherigen Absatzweg zu distribuieren. Auch ist beispielsweise die Verkaufsorganisation oft nicht ausreichend auf die neuen Produkte vorbereitet.

- **Zu frühe oder zu späte Einführungswerbung**
  Mangelnde Abstimmung der Marketingmaßnahmen untereinander als auch mit z. B. der Produktion können die Anstrengungen sinnlos machen. Hier ist besonders auf die Abstimmung der Werbung mit dem Verkauf, der Verkaufsförderung und Distribution zu achten. Fehler in diesem Bereich können u. U. der Konkurrenz sehr nützlich sein.

- **Unausgereiftes Produkt**
  Technisch noch nicht voll entwickelte Produkte führen oft zu Einführungsrückschlägen, weil sich Mängel oft im Rahmen der „Mund-zu-Mund-Werbung" sehr schnell verbreiten. In solchen Fällen wären umfangreiche Tests vor der Einführung besser gewesen.

- **Unzureichende Planung**
  Oft wird das Verbraucherverhalten und das Verhalten der Wettbewerber falsch eingeschätzt. Dies muss nicht sein, wenn man mit systematischer Marktforschung und exakter Planung (Netzplantechnik) die Neueinführung plant.

- **Falsche Produktpreise**
  Diese Ursache trifft dann zu, wenn bei der Preisfestlegung die Wirkung der Preise der Konkurrenzprodukte und möglicherweise Substitutionsprodukte falsch eingeschätzt wurde. Darüber hinaus gibt es bei bestimmten Produkten sog. psychologische Hemmschwellen.

- **Unzureichender Kundendienst**
  Bei kundendienstbedürftigen Produkten (z. B. PKW, EDV-Systemen, Maschinen usw.) kann oft ein unzureichender Kundendienst, bei sonst hervorragenden Produkten, die Hauptursache für einen Fehlschlag darstellen.

1.5 Produktvariation

Unter Produktvariation versteht man die Veränderung bestimmter Eigenschaften bereits auf dem Markt eingeführter Produkte im Zeitablauf. Die dabei vorgenommenen Veränderungen sind meist auf Details beschränkt. Das so veränderte Produkt ersetzt das ursprüngliche.

Folgende **Arten** der Produktvariation lassen sich unterscheiden:

- Variation der funktionellen Eigenschaften eines Produktes
- Variation der physischen Eigenschaften eines Produktes

- Variation von Design, Stil, Farbe usw. eines Produktes
- Variation des „Images" eines Produktes (von modern auf hochmodern)
- Variation des Gesamtnutzens eines Produktes durch Gewährung von Zusatzleistungen (z.B. Kundendienst, Garantieleistungen usw.)
- Variation des Namens bzw. der Marke eines Produktes.

Ziel der Produktvariation ist es, das Programm „relativ" unverändert zu lassen. Mit der Produktvariation soll dem Nachfrager jedoch etwas Neues und gleichzeitig aber auch Vertrautes angeboten werden.

Vor jeder Produktvariation ist auf mögliche Auswirkungen des Substitutions- und Partizipationseffekts *(Gutenberg)* auf den Gesamtumsatz und Gewinn zu achten. Sinnvoll ist eine Produktvariation nur dann, wenn der Gewinn des Verkaufs der Produktvariation größer sein wird als vor Einführung der Produktvariation. Dieser ergibt sich aus den Käufen derjenigen, die bisher das Ausgangsprodukt kauften und nun die Variante (**Substitutionseffekt**) kaufen und den Käufern, welche die Variante erstmals kaufen (**Partizipationseffekt**).

1.6 Produktelimination

Aufgabe der Produktelimination ist es, solche Produkte herauszufinden, die als „aufgabeverdächtig" anzusehen sind und zu überprüfen, ob sie weiterhin im Verkaufsprogramm geführt werden oder eliminiert werden sollen. Dabei sind sowohl das gesamte Programm als auch einzelne Produkte einer Analyse zu unterziehen.

1.6.1 Produktcontrolling

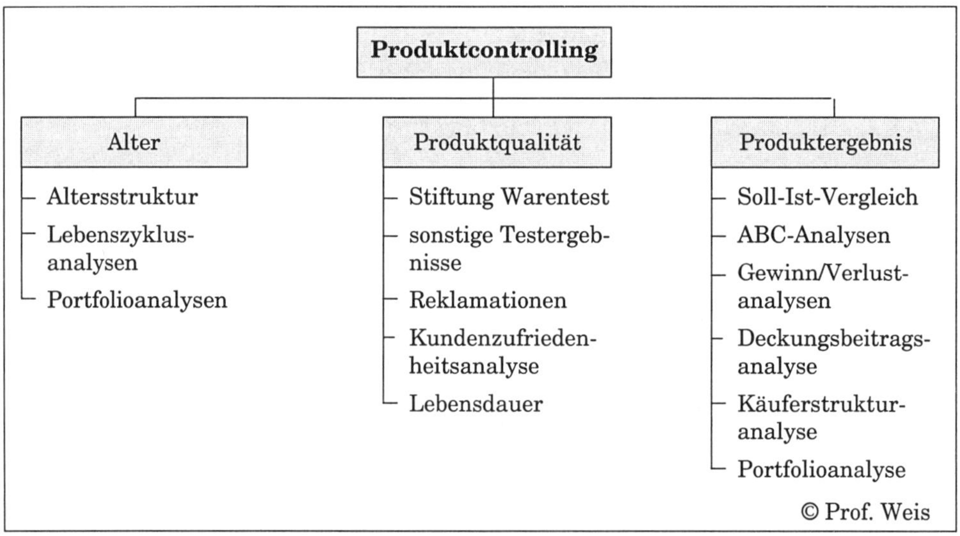

Methoden des Produktcontrolling

Produktcontrolling heißt Planung, Information und Kontrolle über die vom Unternehmen auf dem Markt angebotenen Produkte bzw. Leistungen mit dem Ziel der Optimierung des Verkaufsprogramms.

Einen Überblick über das Verkaufsprogramm kann man gewinnen durch

- Umsatzstrukturanalyse
- Branchenstrukturanalyse
- Deckungsbeitragsanalyse
- Kundenstrukturanalyse
- Altersstrukturanalyse
- Portfolioanalyse
- Lebenszyklusanalyse usw.

Diesen Programmanalysen müssen sich dann Einzelproduktanalysen für „eliminationsverdächtige" Produkte anschließen.

Dazu können beitragen:

- eine Produktlebenszyklusanalyse
- eine Einzelproduktergebnisanalyse sowie
- ein Produktbewertungsverfahren.

Die sog. **ABC-Analyse** (**Umsatzstrukturanalyse**) gibt an, welche Anteile einzelne Produkte am Verkaufsprogramm ausmachen:

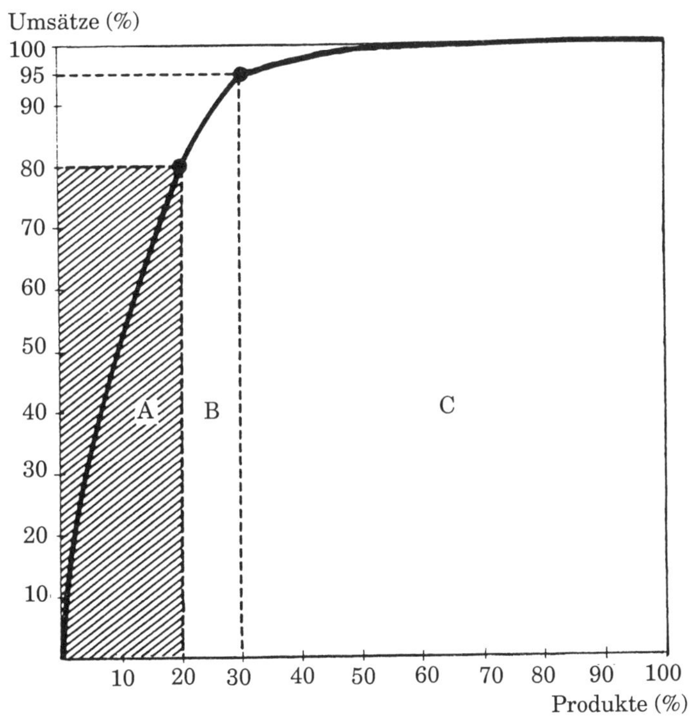

Im vorliegenden Fall zeigt die Abbildung, dass Produkt A 20 % der abgesetzten Produkte, aber 80 % des erzielten Umsatzes ausmacht. Mit 70 % der Produkte von C werden dagegen nur 5 % des Umsatzes erzielt.

Diese Analyse ist nun analog auch auf den Deckungsbeitrag und die Kundenstruktur auszudehnen.

In steigendem Maße gehen immer mehr Unternehmen dazu über, die traditionelle ABC-Analyse durch eine Kundentypologisierung analog zur Portfolio-Analyse zu ergänzen. Hier bieten sich z. B. als Eingliederungsparameter der Anteil am Gesamtumsatz des eigenen Unternehmens und das individuelle Wachstumspotenzial eines Kunden an.

Auf diese Weise gelangt man zu folgenden Kundentypen:

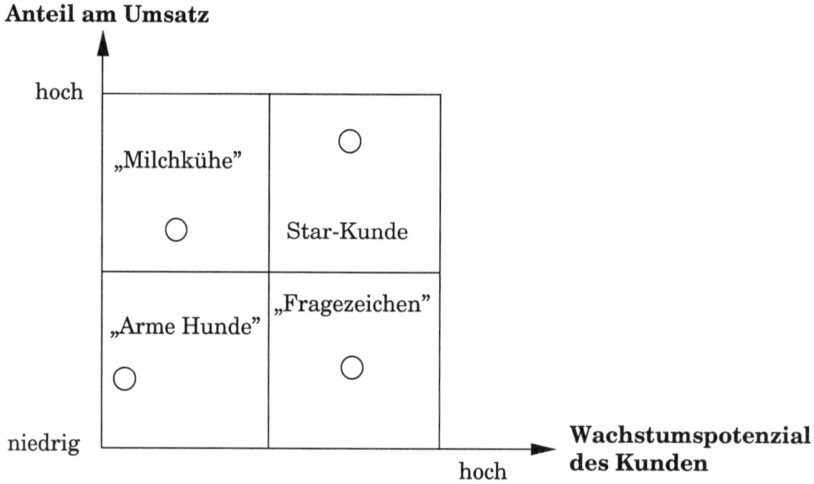

Kundentypologisierung

Eine **Kundenstrukturanalyse** z. B. zeigt auf, mit wie vielen Kunden wie viel Umsatz erzielt werden kann. Grafisch lässt sich dies mit einer sog. Konzentrations- oder **Lorenzkurve** darstellen.

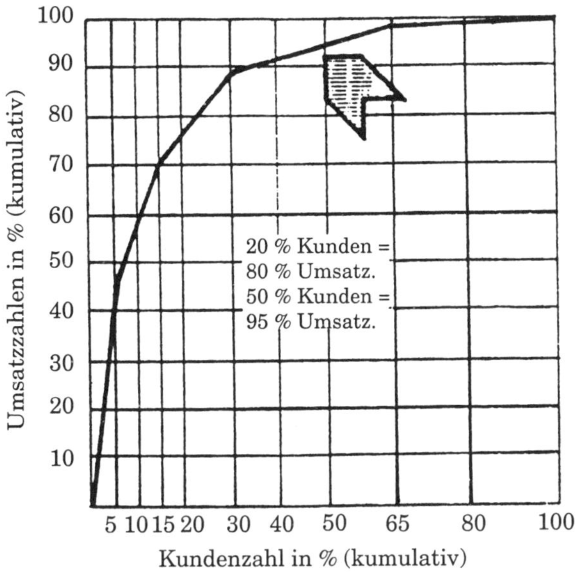

Kundenstrukturanalyse

Die Abbildung zeigt an, wie viel Prozent der Kunden wie viel Prozent Umsatz erzielen: Im vorliegenden Fall werden z. B. mit 50 % der Kunden nur 5 % des Umsatzes erzielt. Diese Tatsache sollte Anlass für weitere Untersuchungen sein, z. B. Kundenabbau (Kleinkunden), Marketingkostensenkung usw. Eine weitere Untersuchung des Verkaufsprogramms gilt dem **Altersaufbau**. Dabei wird, ausgehend vom Lebenszyklus, untersucht, wie viele Produkte sich in welcher Lebenszyklusphase befinden, bzw. welches Lebensalter die einzelnen Produkte aufweisen.

		Umsatzanteil	
Phase	**Anzahl der Produkte**	**T€**	**%**
Einführung	10 %	500	6
Wachstum	20 %	1.500	19
Reife	30 %	3.000	38
Sättigung	20 %	2.500	31
Rückgang	20 %	500	6
	100 %	8.000	100

Dieser allgemeinen Analyse des Verkaufsprogramms muss nun eine Analyse des einzelnen Produktes folgen.

1.6.2 Produkteinzelanalyse

Im Rahmen der Produkteinzelanalyse wird untersucht, nicht nur wie gegenwärtig die Erlös-, Kosten- und Deckungsbeitragssituation eines Produktes ist, sondern auch die künftige Entwicklung dieser Werte. Das folgende Beispiel von *Majer* soll das Vorgehen veranschaulichen.

Zeile	Lebensjahre ⟶	Istwerte			Erwartungswerte					
		1	**2**	**3**	**4**	**5**	**6**	**7**	**8**	**9**
1	Erlöse (10.000 €)	170	290	450	590	680	700	460	240	150
2	Kosten (10.000 €)									
3	prop. Kosten in % der Erlöse[1)]	50 %	50 %	50 %	50 %	60 %	65 %	70 %	70 %	75 %
4	prop. Kosten in €	85	145	225	295	408	455	322	168	112
5	Einführungskosten	150	100	50	-	-	-	-	-	-
6	zusätzl. Investitionen	50	50	50	50	50	50	50	-	-
7	Σ Kosten	285	295	325	345	458	505	372	168	112
8	Deckungsbeiträge (DB) (10.000 €)									
9	DB I: Erlös ./. prop. Kosten (Zeile 1 ./. Zeile 4)	85	145	225	295	272	245	138	72	38
10	DB II: Erlös ./. Σ Kosten (Zeile 1 ./. Zeile 7)	./.115	./. 5	+ 125	+ 245	+ 222	+195	+ 88	+ 72	+ 38
11	DB III: Erlös ./. Σ Kosten (bei Tilgung von Verlusten)	./.115	./.120	+ 5	+ 245	+ 222	+195	+ 88	+ 72	+ 38

1) Der prozentuale Kostenanstieg nach dem 4. Jahr ergibt sich entweder aus Kostensteigerungen oder aus dem Preisverfall, durch den die Bezugsbasis Erlöse trotz relativ hohen Mengenabsatzes kleiner wird.

Entwicklung eines Produktes während des Lebenszyklus

Bei allen Eliminationsentscheidungen kann man sich jedoch nicht nur auf derartige Rechenergebnisse stützen, sondern man muss die Marktverbundwirkungen sowie sonstige betriebliche Tatbestände (z. B. Kapazitäten usw.) berücksichtigen. Aus diesen Überlegungen heraus wurden Punktbewertungsverfahren aufgestellt, von denen der Ansatz von *Gregg* kurz beispielhaft skizziert werden soll. Dabei geht man wie folgt vor:

Man legt einige wichtige Kriterien für die Eliminierungsprüfung sowie für diese Kriterien ein Bewertungsintervall fest. Jedes Kriterium kann nur eine beliebige Punktzahl aus dem Intervall erreichen, wobei im vorliegenden Beispiel jeweils die unteren Punktzahlen für Beibehaltung des Produkts, die oberen für Elimination vergeben werden sollen.

Lfd. Nr.	Teilkriterium	Punktwerte	
		untere Grenze	obere Grenze
1	Gewinn/Verlust	20	50
2	Position im Lebenszyklus	2	10
3	Produkt-Führerschaft	2	5
4	Marktposition	2	5
5	Abhängigkeit anderer Produktgruppen des Unternehmens vom betrachteten Produkt	0	10
6	Summe	26	80

Eliminierungsprüfung nach Punkten *(Gregg)*

Sind alle Kriterien bewertet, wird die Summe ermittelt. Erhält man eine Summe
von über 75 Punkten = Produkt aussonderungsreif
von 51 bis 75 Punkten = Produkt stark eliminierungsfähig
von 40 bis 50 Punkten = Produkt eventuell eliminierungsverdächtig

Das hier dargestellte Verfahren soll nur beispielhaft für die Vielzahl bekannter ähnlicher Vorgehensweisen in der Praxis skizziert werden.

21 Seite 627

2. Programm- und Sortimentspolitik

Jedes Unternehmen hat ein oder mehrere Produkte (oder Dienstleistungen) auszuwählen, die es auf dem Markt anbieten will.

Die Gesamtheit der Produkte, die von einem **Industrieunternehmen** angeboten werden, bezeichnet man als **Verkaufsprogramm**. Aufgabe der Programmpolitik ist die Festlegung und Struktur des Verkaufsprogramms.

Als **Sortiment** bezeichnet man die Gesamtheit der Artikel, die ein Handelsbetrieb anbietet. Ziel der Sortimentspolitik ist ein möglichst attraktives Sortiment.

2.1 Programmpolitik

In der bisherigen Diskussion haben sich einige Gestaltungsprinzipien für die Programmpolitik von Herstellern herausgebildet:

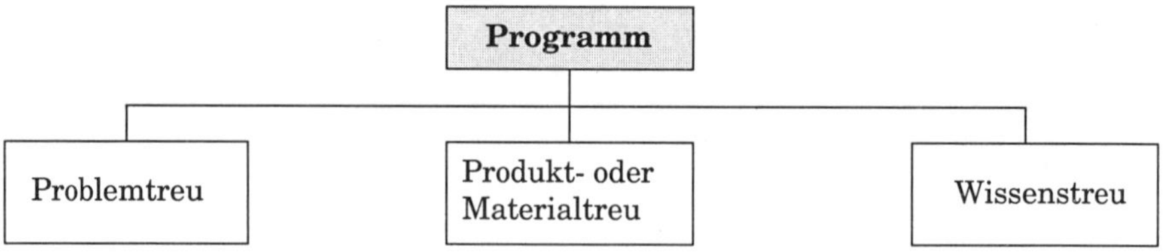

(1) **Problemtreue Programmpolitik**
Die schnellen technologischen und sonstigen Veränderungen führen dazu, dass Produkte schnell veralten und an Bedeutung verlieren. Wenn ein Unternehmen in dieser Marktsituation seinen Abnehmerkreis nicht verlieren will, dann muss es seine Produkte entsprechend umgestalten und seinerseits selbst zum Träger des technologischen Fortschritts werden. Die Politik, die diesem Handeln zu Grunde liegt, ist:

- stets bestimmte Probleme
- eines bestimmten Abnehmerkreises zu lösen.

(2) **Produkt- oder materialtreue Programmpolitik**
Eine Politik der Problemtreue ist in den Fällen nicht möglich, in denen der Anbieter an bestimmte Produkte oder Materialien gebunden ist. Dies gilt für Rohstoffproduzenten (Kohle, Erz).

Hier muss der Anbieter versuchen, neue Kundengruppen zu erschließen.

Eine Politik der Produkttreue kann ein Anbieter dann betreiben, wenn er aufgrund seiner produktionstechnischen Anlagen z. B. nur Textilien herstellen kann. Durch laufende Variation und Verbesserung seiner Produkte versucht er dann, neue Verwendungsmöglichkeiten und Kunden für sein Angebot zu finden.

(3) **Wissenstreue Programmpolitik**
Ein Unternehmen, das über einen ganz bestimmten Wissens- und Erfahrungsschatz verfügt, kann dieses Know-how zum Grundsatz seiner Programmpolitik machen. Beispiele dafür finden wir z. B. in der elektronischen Datenverarbeitung, der Raumfahrt und der Rüstung.

Bei der Festlegung des Umfangs des Verkaufsprogramms ist die Frage von besonderer Bedeutung, ob ein Unternehmen auch alle angebotenen Produkte selbst herstellen oder auch Handelsware führen soll. Es stellt sich hier das **Make or Buy-Problem**, das jedes Unternehmen situationsspezifisch beantworten muss.

Bei der Beantwortung dieser Frage sind u. a. mehrere Faktoren zu berücksichtigen:

- Können wir überhaupt alle Produkte des Verkaufsprogramms herstellen (Know-how, Kapazität)?

- Können die Produkte nicht kostengünstiger zugekauft werden?

- Ist aus marketingpolitischen Gründen ein Zukauf überhaupt möglich?

Erst nach sorgfältiger Abwägung aller Gesichtspunkte kann hier eine Entscheidung gefällt werden.

2.2 Sortimentspolitik

Im Rahmen der Sortimentspolitik für Handelsbetriebe kann die Zusammensetzung eines Sortiments im Hinblick auf Sortimentsbreite und -tiefe unterschieden werden.

Das Sortiment eines Handelsunternehmens ist nicht nur bestimmend für die Betriebsform des Handelsbetriebs, sondern zugleich eines der wichtigsten marktetingpolitischen Instrumente.

Als Gesichtspunkte für die Sortimentsgestaltung bieten sich an:

(1) **Ausrichtung am Material oder an der Herkunft der Güter**
Es ist noch nicht lange her, da waren die Sortimente des Handels in erster Linie von dem Material her bestimmt, aus dem sie bestehen. Textil-, Leder- und Eisenwarengeschäfte sind Geschäfte, deren Sortiment nach dem von ihnen gehandelten Material bestimmt wurde.

(2) **Ausrichtung nach Käufergruppen**
Hier finden wir Handelsbetriebe, die sich „in Qualität und Preis den Wünschen und Möglichkeiten einer bestimmten Käuferschicht anpassen." Hierher gehören z. B. Geschäfte, die nur Luxusprodukte verkaufen. Daneben aber insbesondere auch solche, die sich nur an bestimmte Käufergruppen wenden, wie Sportartikelgeschäfte, Miederwarenfachgeschäfte, Umstandsmodengeschäfte usw.

(3) **Ausrichtung nach der Preislage**
Die Ausrichtung des Sortiments an bestimmten Preislagen finden wir in den so genannten Einheitspreisgeschäften, die Ende der Zwanzigerjahre in Deutschland entstanden. Heute werden sie erfolgreich als Kleinpreisgeschäfte weitergeführt. Prinzip dieser Betriebsform, wie auch später vieler Verbrauchermärkte, Discount-Geschäfte und SB-Warenhäuser, war und ist die Ausrichtung auf niedrige Preisklassen.

(4) **Ausrichtung nach dem Verwendungszweck**
Im Laufe der Zeit wurden die Sortimente der Handelsbetriebe immer mehr verwendungs- und bedarfsorientiert. Das hatte zur Folge, dass sich z. B. Möbelgeschäfte in Einrichtungshäusern veränderten, in denen neben Möbeln Teppiche, Vorhänge, Lampen, Geschirr usw. zu kaufen waren. Gleichzeitig entwickelten sich Geschäfte, die „Alles für das Haus", „Alles für das Kind" usw. anboten. Das heißt, diese Geschäfte richteten ihr Sortiment eindeutig nach dem Verwender- bzw. nach dem Bedarfskreis aus.

Auch Waren- und Kaufhäuser – die weitgehend nach dem Prinzip des Erreichens eines Umsatzmaximums aufgebaut sind – übernahmen zum Teil diese bedarfsorientierte Gliederung, indem sich „shop in the shop" entwickelte, wie „Abteilung für das Kind", „Junge Mode" usw.

(5) **Ausrichtung nach Komplementär- und Kompensationsgesichtspunkten**
Neben den vorher genannten Prinzipien finden wir auch oft die obigen Gesichtspunkte realisiert. So versucht ein Kosmetikfachgeschäft, Bekleidung, ein Tapetenfachgeschäft, Bodenbeläge und ein Schreibwarengeschäft, PC's anzubieten. Aber auch Kompensationsgesichtspunkte, wie z. B. im Falle eines Lebensmittelgeschäftes, das Baustoffe oder eines Fahrradgeschäftes, das Kinderwagen anbietet, sind nicht selten.

Auch das immer stärkere Vordringen der Selbstbedienung hat zu einem starken Einfluss auf die Sortimentsgestaltung im Handel geführt. Da Selbstbedienung nur erreicht werden kann, wenn die Produkte sich „selbst verkaufen" oder als „problemlos" angesehen werden, hat diese Entwicklung starken Einfluss auf die Sortimentsgestaltung von Versandhäusern, Verbrauchermärkten, SB-Warenhäusern, Supermärkten usw. gehabt. Je problematischer die Produkte sind, desto eher werden sie in Fach- und Spezialgeschäften angeboten, in denen meist noch die entsprechende fachmännische Bedienung und Beratung gegeben ist.

Bei der Entscheidung, welche Produkte in welcher Breite und Tiefe in das Sortiment eines Handelsbetriebes aufgenommen werden, müssen viele Faktoren simultan berücksichtigt werden, um eine optimale Wirkung auf dem Markt zu erreichen. Die hier aufgezeigten Prinzipien können nur einige Gestaltungsprinzipien aufzeigen.

3. Kundendienstpolitik

In Wissenschaft und Praxis wird der Begriff Kundendienst und Service unterschiedlich interpretiert. So fand *Muser* (vgl. *Muser, V.* (1988)) bei einer Analyse verschiedener Autoren heraus, dass

- 13 Kundendienst und Service als synonym ansehen,
- 4 sehen Service dem Kundendienst übergeordnet und
- 3 sehen den Kundendienst dem Service übergeordnet an.

Ohne auf diese Diskussion näher einzugehen, soll Kundendienst und Service hier als synonym betrachet werden.

Bei dem Kundendienst handelt es sich u. E. stets um eine Dienstleistung, die neben der Hauptleistung, z. B. dem Produkt, einem Kunden bzw. potenziellen Kunden, angeboten wird. Kundendienst tritt also nur in Verbindung mit einer Ware oder Problemlösung auf. Sieht man die Absatzleistung des Anbieters nicht nur einfach als eine erzeugte Ware sondern als „ein komplexes Gebilde" an, dann lässt sich das Wesen des Kundendienstes als jede Art von Dienstleistung der Hersteller und des Handels bezeichnen, die vor oder nach dem Kauf erbracht werden und dem Abnehmer helfen, vollen Nutzen aus dem gekauften Produkt zu ziehen.

Dabei spielt es u. E. keine Rolle, ob diese Leistung freiwillig und kostenlos erbracht wird oder auf Anforderung und zu bestimmten Preisen. Diese Auffassung wird jedoch nicht von allen Autoren geteilt.

Die **wachsende Bedeutung** des Kundendienstes beruht im Wesentlichen auf folgenden Ursachen:

- steigender Wettbewerb auf immer mehr gesättigteren Märkten;

- Profilierung und Schaffung von Wettbewerbsvorteilen durch Kundendienst;

- dem zunehmenden Wunsch des Käufers nach Problemlösungen, die oft Produkt und Dienstleistung einschließen;

- dem steigenden Wettbewerb zwischen gleichartigen Massengütern und daraus sich ergebenden Differenzierungsstreben der Anbieter;

- die ständig komplizierter werdenden Produkte.

Die von einem Anbieter erbrachten Kundendienstleistungen lassen sich in zwei **Gruppen** unterscheiden:

- dem **technischen Kundendienst** und
- dem **kaufmännischen Kundendiens**t.

❑ Technischer Kundendienst

Die Aufgabe des technischen Kundendienstes lässt sich in drei Bereiche einteilen:

- Gewährleistung der Funktionserfüllung,
- Informationsgewinnung und
- Absatz von Ersatz-/Neuprodukten.

Daneben lassen sich die einzelnen Aufgaben darstellen, die zum technischen Kundendienst gehören, wie z. B.:

- technische Beratung (Problemlösung)
- Installation
- Anwendungsunterweisung/-schulung
- technische Gebrauchsanweisung/Dokumentation
- Inspektionen
- Ersatzteildienst
- Reparaturdienst
- Entsorgung usw.

Durch den Einsatz des technischen Kundendienstes ist es möglich, laufend Informationen über die Bewährung der Produkte in der Praxis zu gewinnen und so gegebenenfalls schnell Mängel auszugleichen bzw. Verbesserungen einzuführen. Daneben besteht die Möglichkeit, durch Kundendienst auf Produktentwicklungen und Verbesserungen hinzuweisen bzw. dem Verkauf entsprechende Hinweise zu geben.

❑ Kaufmännischer Kundendienst

Die kaufmännischen Kundendienstleistungen bestehen in der Regel darin, dem Käufer den Kauf durch bestimmte Leistungen nichttechnischer Art vor, während als auch nach dem Erwerb des Produktes zu erleichtern bzw. „angenehmer" zu gestalten. Zu diesen Leistungen werden im Allgemeinen gezählt: Einkaufserleichterungen, Beratungs- und Informationsdienste, Zustelldienste und Gefälligkeiten verschiedenster Art. Im Gegensatz zum technischen Kundendienst ist der kaufmännische Kundendienst als ein auf die Wünsche des Kunden angepasstes Angebot von „Extraleistungen" anzusehen, das auch nicht mit dem Verkauf eines Produktes direkt zusammenhängen muss, wie z. B. die Inzahlungnahme eines alten Produktes, die Vermittlung des alten Produktes oder die Entsorgung von Produkten.

4. Garantieleistungspolitik

Aus der Erkenntnis, dass sich Produkte besser verkaufen lassen, wenn der Anbieter sich verpflichtet, für den Erfolg einer Ware einzustehen bzw. das Risiko für einen etwaigen künftigen Schaden zu tragen, ergab sich die Überlegung, die Garantie als Marketinginstrument einzusetzen. Eine Garantie ist die Verpflichtung eines Anbieters (Garant), bestimmte Garantieleistungen seitens des Käufers für bestimmte Produktteile und -leistungen seitens des Verkäufers über einen bestimmten Zeitraum (Garantiezeit) in Anspruch zu nehmen.

Die Garantiepolitik eignet sich insbesondere bei der Einführung neuer Produkte, zum Abbau von Kaufzurückhaltungen und zur Verbesserung des Images eines Produktes bzw. einer Marke.

Beispiele für Garantieleistungen sollen dies am Beispiel von Sport-Scheck und der Garantieangebote der Kfz-Hersteller verdeutlichen (S. 315).

Garantiebeispiele von Sport-Scheck

Die Garantie ist klar von der Gewährleistung zu unterscheiden. **Gewährleistung** bedeutet, dass der Verkäufer dem Käufer gegenüber dafür haftet, dass die verkaufte Ware im Zeitpunkt des Verkaufs (Übergabe) nicht mit Mängeln behaftet ist, die Wert oder Funktion mindern bzw. unmöglich machen. Dabei ist der Zeitpunkt der Übergabe entscheidend. Erweist sich ein gekaufter Gegenstand als fehlerhaft, so ist der Verkäufer zur Nacherfüllung verpflichtet. Dies bedeutet, dass der Verkäufer den mangelhaften Gegenstand entweder reparieren oder einen intakten Ersatzgegenstand liefern muss.

Garantie-Angebote der Kfz-Hersteller im Vergleich

Auto-Marke	**Neuwagen-Garantie**	**Durchrostungs-Garantie**	**Lack-Garantie**	**Kostenpflichtige Anschluss-Garantie**
Alfa Romeo	2 Jahre	8 Jahre	3 Jahre	12 bis 24 Monate/ 150.000 km
Audi	2 Jahre	12 Jahre	3 Jahre	keine Angaben
BMW	keine*	6 Jahre	keine	12 bis 24 Monate
Chrysler	2 Jahre**	2 J. Karosseriebleche 7 J. außen sichtb. Bleche	keine	keine
Citroen	2 Jahre	12 Jahre Pkw 6 Jahre Nutzfahrzeuge	3 Jahre Pkw/ 2 J. Nutzfahrzeuge	max 60 Monate
Daihatsu	3 Jahre/ 100.000 km	6 Jahre	3 Jahre	für 4. oder 4./5. Jahr/ 150.000 km mit SB
Fiat	2 Jahre	8 J./2 J. für Stilo und Stilo Multiwagen	3 Jahre	12 bis 24 Monate/ 150.000 km
Ford	keine	6, 8 oder 12 Jahre je nach Modell	keine	Garantieschutzbriefe bis 7 Jahre/100.000 km
Honda	3 Jahre/ 100.000 km	6 Jahre	3 Jahre	keine
Hyundai	3 Jahre	6 Jahre	2 Jahre	keine Angaben
Lada	2 Jahre	6 Jahre für Lada 110, Lada 111, Lada 112	keine*	Geplant im 3. Jahr für Lada 110, 111 und 112
Landrover	3 Jahre/ 100.000 km	6 Jahre	3 Jahre	keine Angaben
Mazda	3 Jahre/ 100.000 km	6, 8 oder 12 Jahre je nach Modell	keine*	1 oder 2 Jahre ohne Kilometerbegrenzung
Mercedes	keine	30 Jahre	30	Service-Vertrag für 24 bis 48 Monate ab EZ
Mitsubishi	3 Jahre/ 100.000 km	6 Jahre	3 Jahre/ 100.000 km	2 Jahre/ 150.000 km
Nissan	3 Jahre/ 100.000 km	6 bis 12 Jahre je nach Modell	3 Jahre	für 4. oder 4./5. Jahr max. 150.000 km
Opel	2 Jahre (seit 11/2001)	6, 10 oder 12 Jahre je nach Modell	keine	keine. Dafür Gebrauchtwagen-Garantie
Peugeot	2 Jahre	12 Jahre Pkw/ 6 Jahre Nutzfahrzeuge	3 Jahre Pkw/ 2 Jahre Nutzfahrzeuge	max. 5 Jahre/ 120.000 km/ 150.000 km bei Diesel

Porsche	keine	10 Jahre	3 Jahre	1 Jahr Gebrauchtwagen-Garantie
Renault	2 Jahre	12 Jahre Pkw/6 Jahre Nutzfahrzeuge	3 Jahre	5 Jahre/ 100.000 km
Saab	2 Jahre	6 oder 10 Jahre je nach Modell	keine	keine
Seat	keine	6 bis 12 Jahre je nach Modell	3 Jahre	keine
Skoda	2 Jahre	10 Jahre	3 Jahre	keine
smart	2 Jahre seit 1.1.02, davor 3 Jahre/ 40.000 km	6 Jahre	2 Jahre seit 1.1.02, davor 3 Jahre/ 40.000 km	12 bis 24 Monate/ 100.000 km
Suzuki	3 Jahre/ 100.000 km	6 Jahre	keine	2 Jahre/150.000 km für Bauteile
Toyota	3 Jahre/ 100.000 km	12 Jahre	3 Jahre	1 Jahr/120.000 km oder 2 Jahre/150.000 km
Volkswagen	keine	keine/12 Jahre Sachmängelhaftung	keine/3 Jahre Sachmängelhaft.	bis zu 6 Jahre/ max. 150.000 km
Volvo	2 Jahre	8 Jahre	2 Jahre	keine

* Sachmängelhaftung mit verlängerter Beweislastumkehr
** auf Bremsen und Kupplungsscheiben nur 1 Jahr/20.000 km

Garantie-Angebote der Kfz-Hersteller

Quelle: ADAC motorwelt 3/2003

Der Kunde kann zwischen beiden Möglichkeiten wählen. Wird der Mangel nicht beseitigt, so kann er nach BGB entweder den Kauf rückgängig machen (Wandlung), wegen des Mangels den Kaufpreis mindern (Minderung), einen Ersatz verlangen (Umtausch) oder auch Schadensersatz wegen Nichterfüllung verlangen.

Treten Mängel innerhalb von sechs Monaten auf, so wird zu Gunsten des Käufers vermutet, dass sie von Anfang an vorhanden waren. Die Verjährungsrechte verliert der Käufer generell erst nach 24 Monaten. Im Rahmen der Allgemeinen Geschäftsbedingungen kann der Verkäufer eine Regelung zum Nachteil der Käufer nicht festlegen. Solche Regelungen sind nach dem Gesetz unwirksam.

Neben der großzügigen gesetzlichen Regelung und der Garantie setzen Anbieter noch die **Kulanz** als Instrument der Kundenbindung, der Imagesteigerung und der Kundenzufriedenheit ein. Obgleich kein rechtlicher Anspruch zur Rücknahme von Produkten besteht, wird insbesondere im Einzelhandel Kulanz praktiziert.

Unternehmen	Zeitspanne	Verpackung	Auszahlungsart	Zustand der Ware
Aldi Süd	unbegrenzt	keine Angaben	wählbar Geld/Ware	keine Angaben
C & A	ein Monat	ohne	wählbar Geld/Ware/ Gutschein	unbenuzt
Deichmann Schuhe	14 Tage	ohne ist möglich	wählbar Geld/Ware/ Gutschein	ohne Gebrauchs-spuren
Douglas Parfumerie	ein Monat	Verpackung, aber nicht unbedingt original	wählbar Geld/Ware/ Gutschein	benutzt aber sauber
Familia	zwei Jahre	Lebensmittel und Leibwäsche nur original verpackt, sonst keine Vorschriften	wählbar Geld/Ware	kommt auf die Ware an
H & M	14 Tage	keine Angaben	wählbar Geld/Ware/ Gutschein	unbenutzt mit Preisetikett
Ikea	drei Monate	Originalverpackung	nur Geld	unbenutzt
Kaufhof	unbegrenzt	keine, nur bei CD, DVD etc. original	wählbar Geld/Ware/ Gutschein	unbenutzt
Marktkauf Bau-, Hobby- und Gartencenter	ein Monat	keine Originalverpackung	wählbar Geld/Ware	benutzt aber sauber
Media-Markt	14 Tage	Verpackung, aber nicht unbedingt original	wählbar Geld/Ware	ohne Gebrauchs-spuren
Plus	14 Tage	Verpackung, aber nicht unbedingt original	wählbar Geld/Ware	unbenutzt

Kulanzbedingungen im Einzelhandel

Quelle: Rheinische Post vom 21.5.2003

	Kontrollfragen	bearbeitet	Lösungshinweis	Lösung +	Lösung -
01	Was versteht man unter Produktpolitik im weiteren Sinne?		221		
02	Was beinhaltet Produktpolitik im engeren Sinne?		222		
03	Was versteht man unter Produktinnovation?		222		
04	Was versteht man unter Produktvariation?		223		
05	Was versteht man unter Produktelimination?		223		
06	Welche Bedeutung kommt der Produktpolitik im Rahmen des Marketing-Mix heute zu?		224		
07	Nach welchen Kriterien lassen sich Produkte aus Marketingsicht sinnvoll einteilen?		227		
08	Welche Aufgaben sind Bestandteil der Produktpolitik?		229 f.		
09	Welche Aufgaben gehören primär zur „Neuproduktpolitik"?		229		
10	Was versteht man unter dem Modell des Lebenszyklus eines Produktes?		229		
11	In wie viel Phasen empfiehlt es sich, den Lebenszyklus zu unterteilen und warum?		230 f.		
12	Welche Bedeutung kommt dem Lebenszyklus für marketingpolitische Entscheidungen zu?		233		
13	Um welche Phasen hat man das traditionelle Konzept vom Produktlebenszkylus erweitert?		234		
14	Welche Aussagen macht die Darstellung des Diffusionsprozesses nach *Rogers*?		237		
15	In welche Konsumententypen wird dabei unterschieden?		237		
16	Wie verteilen sich nach *Rogers* die einzelnen Konsumententypen auf die verschiedenen Phasen des Lebenszyklus?		237		
17	Welche produktpolitischen Maßnahmen werden meist in den einzelnen Phasen des Lebenszyklus vorgenommen?		238		
18	Was versteht man unter Produktstrategien?		241		
19	Was versteht man unter Programm- bzw. Sortimentstiefe?		242		
20	Welche grundsätzlichen Programmstrategien sind möglich?		243		
21	Was versteht man unter Produktdifferenzierung?		244		
22	Was versteht man unter Diversifikation?		244		
23	Was versteht man unter Programmstrategie?		243		
24	Was versteht man unter Spezialisierung?		243		
25	Was versteht man unter Sortenreduktion?		243		
26	Was versteht man unter Produktvariation?		303		

	Kontrollfragen	bearbeitet	Lösungshinweis	Lösung +	Lösung -
27	Was versteht man unter dem Substitutions- und Partizipationseffekt?		304		
28	Was versteht man unter horizontaler Diversifikation?		245		
29	Was versteht man unter vertikaler Diversifikation?		245		
30	Was versteht man unter lateraler Diversifikation?		245		
31	Wie lässt sich eine geplante Diversifikation in der Praxis realisieren?		246		
32	In welche Stufen lässt sich der Produktinnovationsprozess einteilen?		256		
33	Welche Quellen für neue Produktideen im Unternehmen kennen Sie?		253		
34	Welche externen Quellen für neue Produktideen kennen Sie?		253		
35	Was versteht man unter Verfahren der Ideengewinnung (Kreativitätstechniken)?		253		
36	Welche Verfahren der Ideengewinnung kennen Sie?		253 f.		
37	Was versteht man unter intuitiv-kreativen Verfahren?		256		
38	Was ist Brainstorming und wie geht man bei diesem Verfahren vor?		258		
39	Was ist Synektik und wie geht man bei diesem Verfahren vor?		258		
40	Wie geht man bei Methode 635 vor?		259		
41	Was versteht man unter logisch-systematischen Verfahren der Ideengewinnung?		260		
42	Wie geht man bei der Methode der Eigenschaftslisten (Attribute Listing) vor?		261		
43	Was ist die Morphologische Methode?		262		
44	In welchen Schritten geht man bei der Morphologischen Methode vor?		262		
45	Was versteht man unter Benchmarking?		254		
46	Wie kann man dabei vorgehen?		254		
47	Was sind Erfolgsfaktoren für Benchmarking?		255		
48	Wie geht man bei der Vorauswahl von Produkten vor?		262		
49	Welche Bewertungsmethoden für Produktideen kennen Sie?		262 f.		
50	Was ist das Wertskala-Verfahren und wie beurteilen Sie dieses Verfahren?		266		
51	Wie beurteilen Sie die „Punktbewertungsverfahren"?		267		

	Kontrollfragen	bear-beitet	Lösungs-hinweis	Lösung +	Lösung -
52	Was ist die Aufgabe einer Wirtschaftlichkeitsanalyse im Rahmen der Neuproduktentwicklung?		269		
53	Wie beurteilen Sie im Rahmen der Vorauswahl die Break-even-Analyse?		269		
54	Welche Aufgaben sind in der „Produktentwicklung" wahrzunehmen?		274		
55	Was versteht man in diesem Zusammenhang unter „Marktentwicklung"?		275 f.		
56	Welche Anforderungen sind an die Form (Design) eines Produktes zu stellen?		277		
57	Welches Ziel verfolgt man mit der „Auszeichnung" eines Produktes mit einem Namen?		282		
58	Was versteht man unter einem Markenartikel?		284		
59	Was versteht man unter einer „Marke"?		283		
60	Welche verschiedenen Markenarten kennen Sie?		284		
61	Welche Funktionen muss die Verpackung eines Produktes erfüllen?		294		
62	Würden Sie bei Markenartikeln die Verpackung vor der Markteinführung testen?		295		
63	Was versteht man unter einem Produkttest?		297		
64	Was verstehen Sie unter einem Markttest?		297		
65	Was verstehen Sie unter Warentest?		297		
66	Wie sollte man bei Markteinführung eines Produktes vorgehen?		298		
67	Welche Gründe sprechen für die Planung der Einführung eines Produktes mit der Netzplantechnik?		298		
68	Welche Schritte sind dazu erforderlich?		299 f.		
69	Wie kann man sich am besten vor einem „Flop" schützen?		302		
70	Was versteht man unter Programm- und Sortimentspolitik?		309		
71	Welche Gestaltungsprinzipien sind für die Programmpolitik sinnvoll?		310		
72	Was versteht man unter „Make or Buy" im Rahmen der Programmpolitik?		310		
73	Welche Gestaltungsprinzipien sind für die Sortimentspolitik sinnvoll?		311		
74	Inwieweit beeinflusst das Prinzip der Selbstbedienung die Gestaltung des Sortiments eines Handelsbetriebes?		311		

	Kontrollfragen	bearbeitet	Lösungshinweis	Lösung +	Lösung -
75	Wie beurteilen Sie die Ausrichtung des Sortiments nach der Käufergruppe?		311		
76	Wie beurteilen Sie die Ausrichtung des Sortiments nach dem Verwendungszweck?		311		
77	Wie beurteilen Sie die Ausrichtung des Sortiments nach der Preislage?		311		
78	Was beinhaltet der technische Kundendienst?		313		
79	Warum gewinnt der technische Kundendienst für komplizierte Produkte immer mehr an Bedeutung?		313		
80	Was versteht man unter kaufmännischem Kundendienst?		314		
81	Welche Leistungen gehören zum kaufmännischen Kundendienst?		314		
82	Welche Kundendienstleistungen erbringen Anbieter vor dem Kaufabschluss?		314		
83	Was versteht man unter Garantieleistungspolitik?		314 f.		
84	In welchen Fällen ist die Garantieleistungspolitik verkaufsunterstützend?		314 f.		

D. Kontrahierungspolitik

Die Begriffe Kontrahierungs- bzw. Konditionen- oder Preispolitik sind in Wissenschaft und Literatur oft unterschiedlich interpretiert.

Backhaus, K. (1999)	„Die zentralen Aufgaben des Anbieters im Rahmen der Preis- und Konditionenpolitik liegen somit darin, das wahrgenommene Preis-/Leistungsverhältnis zu bestimmen, die entsprechenden optimalen Preise zu definieren sowie diese dem Nachfrager zu kommunizieren (S. 429)."
Bruhn, M. (2001)	„Die Preispolitik beschäftigt sich mit der Festlegung der Art der Gegenleistungen, die die Kunden für die Inanspruchnahme der Leistungen des Unternehmens zu entrichten haben (S. 167)."
Diller, H. (2000)	„Preispolitik umfasst alle von den Zielen des Anbieters geleiteten und gesteuerten Aktivitäten zur Suche, Auswahl und Durchsetzung von Preis-Leistungs-Relationen und damit verbundenen Problemlösungen für Kunden.
Meffert, H. (1998)	„Das Kontrahierungs-Mix umfasst alle vertraglich fixierten Vereinbarungen über das Entgelt des Leistungsangebots, über mögliche Rabatte und darüber hinausgehende Lieferungs-, Zahlungs- und Kreditierungsbedingungen (S. 467)."

Ohne auf weitere Definitionen einzugehen, sollen im Folgenden unter Kontrahierungspolitik alle marktingpolitischen Instrumnte zusammengefasst werden, die der Preispolitik, der Rabattpolitik, den Liefer- und Zahlungsbedingungen und der Absatzfinanzierungspolitik zugerechnet werden. Im Rahmen der Kontrahierungspolitik werden die monetären Vereinbarungen getroffen, zu denen Transaktionen in der Praxis erfolgen sollen.

Kontrahierungspolitik

Preispolitik	**Rabattpolitik**	**Liefer- und Zahlungsbedingungen**	**Absatzfinanzierungspolitik**
– Preisbildung – Preishöhe – Preisdifferenzierung – Preisveränderung – Preismodelle – Preislage	– Funktionsrabatte – Zeitrabatte – Mengenrabatte – Personalrabatte – Treuerabatte – Kundenrabatte – Jahresrabatte – Sonderrabatte	– Lieferbedingungen – Zahlungsbedingungen – Allgemeine Geschäftsbedingungen – Vertragsbedingungen	– A-Geschäft – B-Geschäft – Leasing – Factoring – Forfaitierung

Will man systematisch in der Kontrahierungspolitik vorgehen, so empfiehlt sich der im Folgenden skizzierte Ablauf.

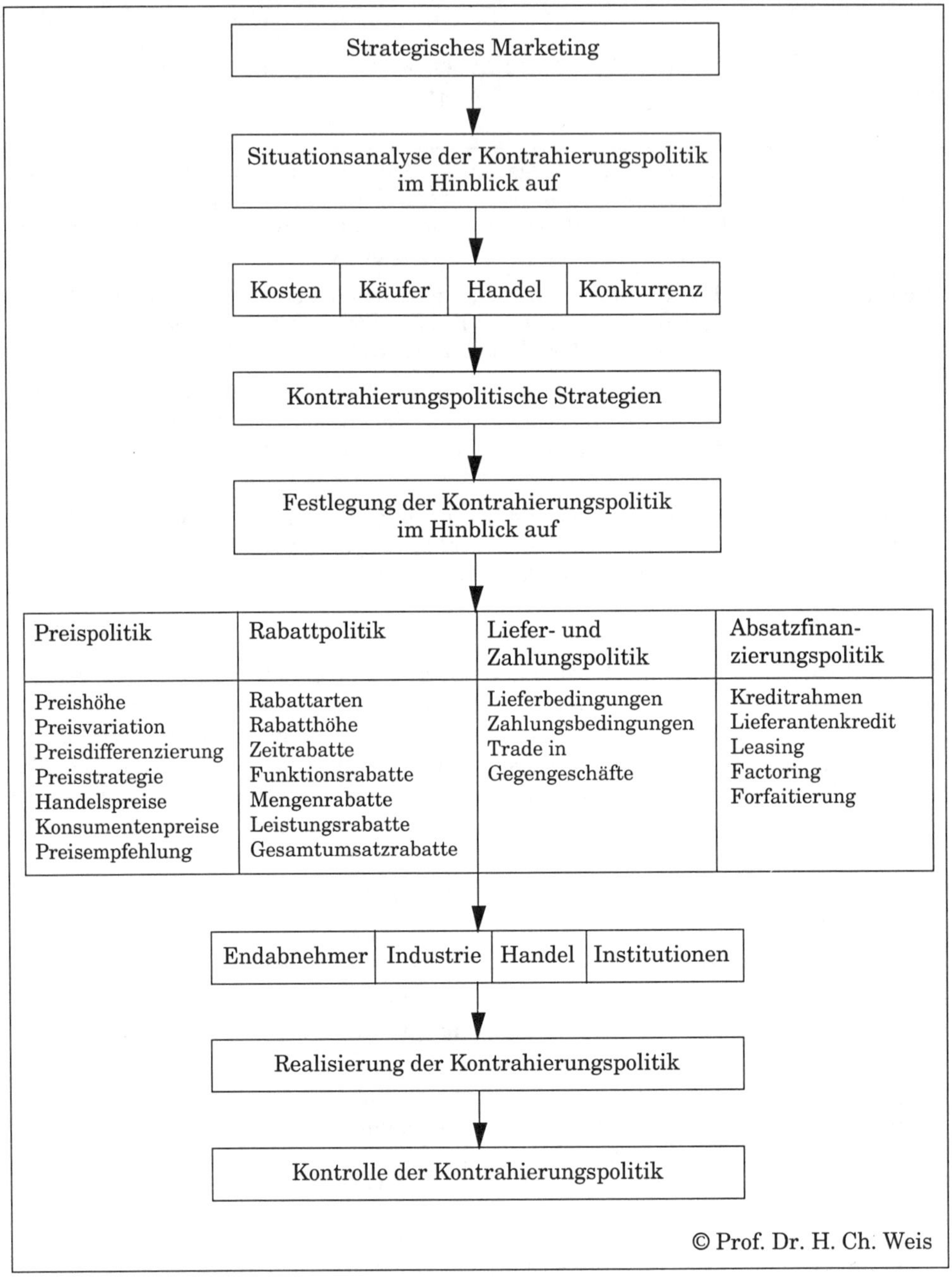

Ausgangspunkt ist das Ziel des Strategischen Marketing. Daraufhin erfolgt eine Situationsanalyse der Kontrahierungspolitik im Hinblick auf die eigene Kostensituation, die Konkurrenzsituation, die Preiserwartung der aktuellen und potenziellen Käufer sowie die Situation im Handel. Aufgrund der Situationsanalyse werden die kontrahierungspolitischen Strategiemöglichkeiten entwickelt. Je nach der Lagebeurteilung wird dann die Kontrahierungspolitik im Hinblick auf die Preisgestaltung, die Gewährung unterschiedlicher Rabatte, die Liefer- und Zahlungsbedingungen und die Absatzfinanzierungspolitik festgelegt. Die Maßnahmen der Kontrahierungspolitik werden dann gegenüber Handel und Konsumenten durchzusetzen versucht. Letztlich muss kontrolliert werden, inwieweit die Kontrahierungspolitik realisiert werden konnte. Je nach dem Ergebnis der Kontrolle werden die Maßnahmen fortgesetzt oder der Marktlage angepasst.

1. Preispolitik

Die **Preispolitik** beinhaltet alle marktbezogenen Maßnahmen und Entscheidungen, die durch Preisfestsetzung das Erreichen bestimmter Ziele fördern sollen. Dabei geht es nicht um die Festlegung objektiv gerechter, sondern zweckentsprechender Preise.

Sieht man den Preis als das Entgelt für die Leistungen an, die ein Unternehmen dem Markt zur Verfügung stellt, so sind unter der Preispolitik **alle Entscheidungen** des Unternehmens zu verstehen, **Einfluss auf die Preise zu nehmen und diese durchzusetzen**. Die Preispolitik kann sich beziehen auf das:

- Gesamtangebot eines Unternehmens,
- Teilbereiche des Gesamtangebots,
- Einzelprodukte oder Einzelleistungen.

Entscheidungen, die sich im Rahmen der Preispolitik stellen, sind u. a.:

- Festlegung der **Preislage** (obere, untere, mittlere), in der ein Unternehmen operieren will,

- **Preisbestimmung** für neu in das Leistungsprogramm aufzunehmende Produkte,

- **Preisänderung** von Produkten und Produktgruppen des bestehenden Leistungsprogramms,

- **Preisdifferenzierung** bei Produkten, d. h. Festlegung unterschiedlicher Preise für das gleiche Produkt in verschiedenen Marktsegmenten,

- **Preisfestlegung** der Preise für die einzelnen Stufen (Hersteller-Großhandel-Einzelhandel-Verbraucher) des Distributionsprozesses (Vertikale Preisbindung),

- **Preisvergleich** mit den Konkurrenzpreisen.

Der Preis ist ein Mittel der Einflussnahme auf das Marktgeschehen. Lange Zeit haben die Wirtschaftswissenschaftler dem Preis die größte Aufmerksamkeit unter den marketingpolitischen Instrumenten gewidmet.

Einen Überblick über die Schwerpunkte der Preispolitik und die dabei anzuwendenden Möglichkeiten zeigt das folgende Ablaufschema.

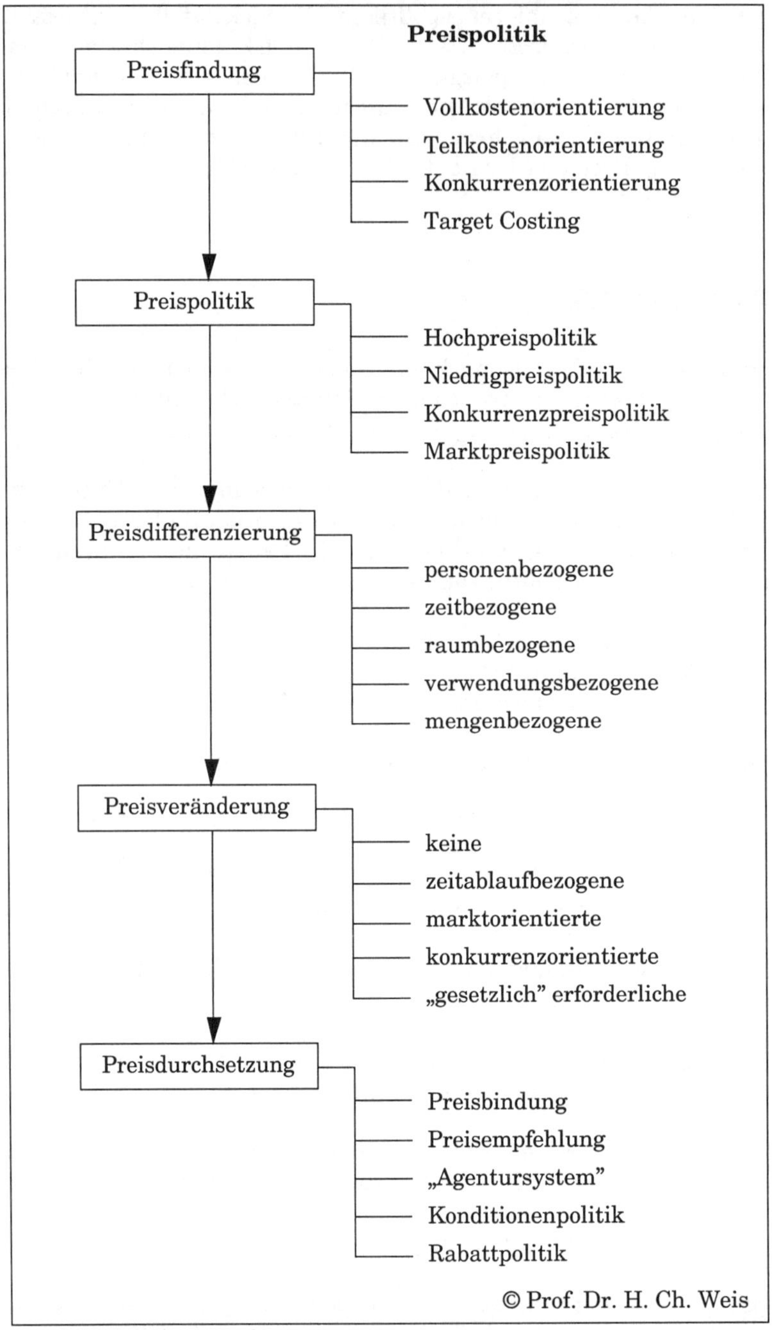

Preispolitik und Methoden

Heute hat die Erkenntnis, dass Preiskämpfe auf einem Käufermarkt eher ruinös sind, zu einer gewissen Preisstarrheit und einem preispolitischen Gleichverhalten geführt.

Damit soll nicht gesagt werden, dass die Preispolitik als marketingpolitisches Instrument keine Bedeutung mehr hat.

Im Gegenteil, wie *Simon* und *Dolan* berichten, ist der Preis bei der Bewertung von Marketingproblemen aus Managersicht von sehr großer Bedeutung.

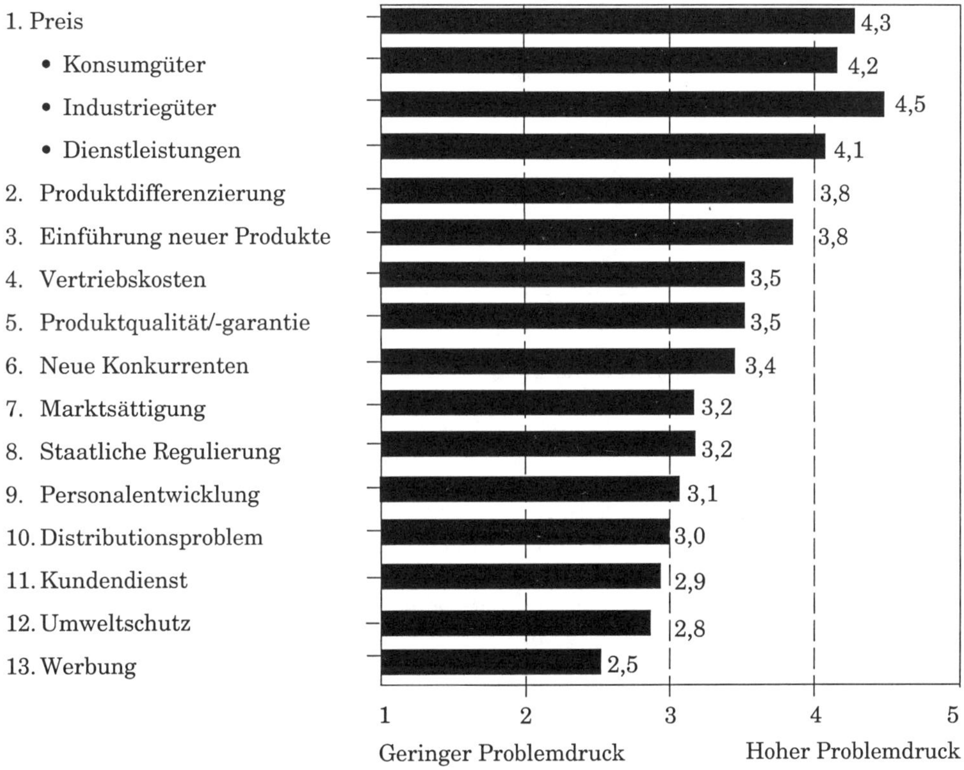

Bewertung von Marketingaspekten durch Manager

Quelle: *Simon, H. / Dolan, R. J.* (1997), S. 15

Diese Bewertung zeigt, dass Unternehmen heute der Preispolitik aufgrund der Marktgegebenheiten eine wesentliche Bedeutung beimessen und sich entsprechend verhalten.

1.1 Marktliche Grundlagen

Wenn man sich mit Preispolitik beschäftigt, so muss man auch auf den Markt, die Anbieter, Nachfrager und ihr Verhältnis zu den Preisen eingehen.

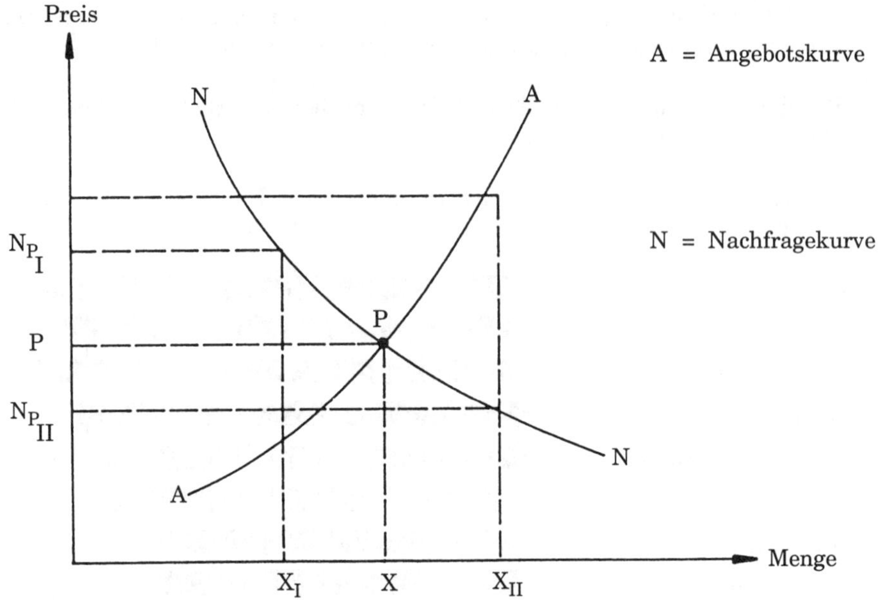

Preisbildung aus Angebot und Nachfrage

Der Preis richtet sich immer nach dem Markt, d. h. die Verhältnisse auf dem Markt bestimmen die Preishöhe. Ist das Angebot sehr groß, d. h. wird eine große Menge von Produkten auf den Markt gebracht, dann drückt dieser Umstand erfahrungsgemäß auf die Preise, weil einerseits die Nachfrager zusätzliche Mengen zu niedrigen Preisen aufnehmen und andererseits die Anbieter bei großem mengenmäßigem Angebot aus rein psychologischen Gründen eher einen tieferen Preis erwarten. In der Regel führt ein mengenmäßig kleines Angebot, welches einer mengenmäßig großen Nachfrage gegenübersteht, zu Preissteigerungen.

Das Verhalten der Nachfrager wird dabei in der Nachfragekurve dargestellt. Im Normalfall fällt die Nachfragekurve von links nach rechts ab, während die Angebotskurve von links nach rechts steigt.

Im Schnittpunkt von **Gesamtnachfragekurve** und **Gesamtangebotskurve**, die sich aus der Addition der jeweiligen individuellen Kurven ergeben, liegt der Konkurrenzpreis, der bei vollkommener Konkurrenz als Gleichgewichtspreis bezeichnet wird.

Dabei wirken im Einzelfall auf die Preisbildung:

- Anzahl der Anbieter und Nachfrager
- Einstellungen der potenziellen Abnehmer
- Verhalten der Konkurrenten
- Marktsituation.

1.1.1 Marktformen

In der Preistheorie hat man sich intensiv mit dem zahlenmäßigen Verhältnis von Anbietern und Nachfragern auf die Preisbildung und dem Verhalten der Anbieter und Nachfrager beschäftigt.

Unterstellt man, dass es auf einem Markt entweder nur einen Anbieter bzw. Nachfrager oder mehrere Anbieter bzw. Nachfrager oder sehr viele Anbieter bzw. Nachfrager gibt, so lässt sich die Kombination dieser Möglichkeiten in einem **Marktformenschema** darstellen:

Angebot / Nachfrage	**atomistisch (viele)**	**oligopolistisch (wenige)**	**monopolistisch (einer)**
atomistisch (viele)	atomistische Konkurrenz	Angebots-Oligopol	Angebots-Monopol
oligopolistisch (wenige)	Nachfrage-Oligopol	Bilaterales Oligopol	Beschränktes Angebots-Monopol
monopolistisch (einer)	Nachfrage-Monopol	Beschränktes Nachfrage-Monopol	Bilaterales Monopol

Das hier dargestellte Schema lässt sich dadurch erweitern, dass man die Kombinationen, die hier für vollkommene Märkte gemacht werden, auf unvollkommene Märkte ausdehnt. Macht man diese Ausdehnung für die Marktformen, die in Deutschland am häufigsten vorkommen, und zwar die atomistische Konkurrenz, das Angebotsoligopol und das Angebotsmonopol, so erkennt man gleich, dass diese Märkte in der Praxis unvollkommene Märkte sind.

Da die Preisfestsetzung letztlich durch die Anbieter erfolgt, empfiehlt es sich, die besonders oft auftretenden Angebotsformen in vollkommene und unvollkommene Märkte zu unterscheiden. Dadurch erhält man folgende **Marktsituationen**:

Marktsituationen / Marktformen	**vollkommener Markt**	**unvollkommener Markt**
Angebots-monopol	vollkommenes Monopol	unvollkommenes Monopol
Angebots-oligopol	homogenes Oligopol	inhomogenes Oligopol
Angebots-polypol	vollständige Konkurrenz	unvollständige Konkurrenz

Vollkommene Märkte sind Märkte, bei denen folgende Bedingungen vorliegen:

- Alle Anbieter erstreben ein Gewinnmaximum, alle Käufer erstreben ein Nutzenmaximum.
- Alle Marktteilnehmer haben völlige Marktübersicht und Markteinsicht (Markttransparenz).
- Es bestehen keinerlei sachliche und/oder persönliche Präferenzen auf Anbieter- oder Nachfragerseite.
- Bei Änderungen der Marktdaten handeln Anbieter und Nachfrager rational und „unendlich" schnell.

Da diese Bedingungen in der Praxis nicht erfüllt werden, gibt es vollkommene Märkte nur in der **Theorie**. Sobald eine Bedingung nicht erfüllt ist, entsteht ein **unvollkommener Markt**, der umso unvollkommener wird, je weniger Bedingungen erfüllt werden.

Neben der Einteilung der Marktsituationen in vollkommene und unvollkommene Märkte ist die Unterscheidung zwischen offenen und geschlossenen Märkten von Bedeutung.

Von einem **offenen Markt** spricht man, wenn alle Teilnahmewilligen freien Zutritt zu dem Markt haben.

Geschlossene Märkte sind Märkte, zu denen der Zutritt verboten (z. B. Schienenverkehr) oder erschwert ist (z. B. Konzessionen). Diese Unterteilung ist bei der Preisbildung deswegen von Bedeutung, weil die Regelung der Zugangsmöglichkeiten unter Umständen die Marktform verändern bzw. ein bestimmtes Angebotsverhalten hervorrufen kann.

Ein **Angebotsmonopolist** ist grundsätzlich frei seinen Angebotspreis und seine Angebotsmenge zu bestimmen. Eine extrem andere Situation findet ein Anbieter auf einem unvollkommenen Markt und atomistischer Konkurrenz (Polypolist) vor. Er muss versuchen, für sein Angebot Präferenzen zu schaffen und seine Leistungen gegenüber denen der Konkurrenten abzuheben. Bei etwaigen Preiserhöhungen im Vergleich zum Marktpreisniveau wird er in den meisten Fällen eine gewisse „Treuegrenze" nicht überschreiten dürfen um nicht stärkere Einbußen im Absatz hinzunehmen. Dabei spielt auch die Zahl, Struktur und Bedeutung der Konkurrenten eine wesentliche Rolle.

Im **Angebotsoligopol**, das durch das Auftreten relativ weniger Anbieter gekennzeichnet ist, von denen jeder einen starken Einfluss auf die Nachfrager hat, muss der Anbieter noch mehr Rücksicht auf das Verhalten seiner Konkurrenten nehmen.

Sehr viele Märkte stellen sich in der Praxis als mehr oder minder oligopolistische Märkte dar (vgl. Beispiele).

Beispiele für „Angebotsoligopole":

Nokia	35,0 %
Motorola	14,8 %
Siemens	7,4 %
Samsung	7,1 %
Ericsson	6,7 %
Andere	29,0 %

Handymarkt weltweit 2001

Quelle: Gartner Dataquest

Avis	18 %
Europcar	16 %
Herzt	13 %
National	11 %
Sixt	8 %
Budget	6 %
Andere	28 %

Marktanteil der Autovermieter in Westeuropa 2001

Quelle: Datamonitor

Weitere Beispiele:

- Mineralölkonzerne
- Automobilhersteller
- Computerhersteller
- Arzneimittelhersteller.

Angebotsoligopolisten können grundsätzlich zwischen drei **Verhaltensmöglichkeiten** wählen:

(1) die Anbieter halten ihre Preise möglichst konstant oder nehmen nur geringfügige (kosteninduzierte) Preisänderungen vor, vermeiden aber, mit dem Mittel des Preiskampfes, den anderen Konkurrenten Marktanteile abzugewinnen (wirtschaftliches Wettbewerbsverhalten);

(2) die Anbieter treffen eine vertragliche (oder stillschweigende) Vereinbarung über Preise und Preisänderungen (Preisabsprachen);

(3) die Anbieter versuchen durch eine aktive Kampfpreispolitik Marktanteile zu gewinnen, um schließlich die schwächsten Konkurrenten aus dem Markt zu verdrängen (Kampfstrategie).

Es ist hier nicht möglich, Handlungsmöglichkeiten für verschiedene denkbare Marktformen und -situationen im Detail darzustellen. Es sollte nur auf die Bedeutung von Marktform und -situation sowie mögliche Verhaltensweisen auf dem Markt hingewiesen werden.

1.1.2 Preiselastizitäten

Um Aussagen über den Preis, der sich auf dem Markt bildet, machen zu können, ist es erforderlich, sich mit den Preiselastizitäten zu beschäftigen.

Als **Preiselastizität der Nachfrage** bezeichnet man das Verhältnis zwischen der relativen Änderung der mengenmäßigen Nachfrage nach einem Produkt und der sie bewirkenden relativen Änderung des Preises dieses Produktes.

Preiselastizität-koeffizient	$e = \frac{\text{prozentuale Mengenänderung (x)}}{\text{prozentuale Preisänderung (p)}}$

Beispiel: Der Angebotspreis eines Produktes beträgt 20 €/Stück. Zu diesem Preis wurden 200 Stück des Produktes nachgefragt. Erhöht man den Preis auf 21 €, vermindert sich die Nachfrage um 20 Stück.

Die Preiselastizität errechnet sich in diesem Fall wie folgt:

$$e = \frac{+\frac{\text{Mengenänderungen}}{\text{Ausgangsmenge}}}{+\frac{\text{Preisänderung}}{\text{Ausgangspreis}}} = \frac{-\frac{20}{200}}{+\frac{1}{20}} = \frac{-\frac{10}{100}}{+\frac{1}{20}} = -2$$

Die Preiselastizität der Nachfrage beträgt im vorliegenden Fall – 2.

Die Preiselastizität gibt das Verhältnis der Nachfrage nach einem Produkt im Verhältnis zu der relativen Preisänderung für das Produkt an. Sie ist stets negativ. Sie kann Werte von – ∞ bis 0 (Null) haben. Die folgende Abbildung zeigt den Zusammenhang.

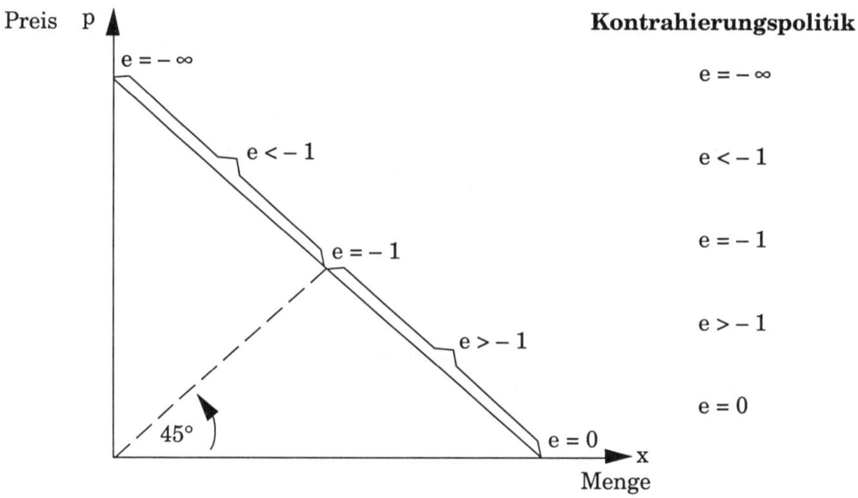

Preiselastizität (e) der Nachfrage

Ist e = – 1, so bleibt der Umsatz als Produkt aus neuem Preis und abgesetzter Menge unverändert.

Ist die Preiselastizität 0, so spricht man von vollkommen starrer Nachfrage, liegt sie zwischen 0 und – 1, spricht man von unelastischer oder starrer Nachfrage, liegt sie bei < – 1, spricht man von ausgeglichener, elastischer Nachfrage. Liegt sie bei – ∞, spricht man von vollkommen elastischer Nachfrage.

Wie im Hinblick auf einige Produktgruppen in Deutschland die Preiselastizität der Nachfrage aussieht, veranschaulicht die folgende Übersicht (nach *Fotiadis / Hutzel / Wied-Nebbeling*):

Waren/Dienstleistungen	Preiselastizität der Nachfrage eps/ys
Möbel, Heimtextilien	– 3,9
Schuhe	– 2,3
Dienstleistungen für Haushaltsführung	– 1,3
Bücher, Zeitungen, Zeitschriften	– 1,1
Kraftstoffe und Schmiermittel	– 0,8
Waren und Dienstleistungen für die Körperpflege	– 0,7
Tapeten, Farben, Baustoffe, Wohnungsreparaturen	– 0,5
Heizöl	– 0,5
Kunst, Sport, Vergnügungen	– 0,4
Metall- und Glaswaren, sonstige dauerhafte Waren	– 0,2
Rundfunk-, Fernseh- und Phonogeräte	– 0,2
Nahrungs- und Genußmittel	– 0,1
Mieten	– 0,1
Kleidung	0,0

Preiselastizität der Nachfrage für einzelne Produktgruppen

Da die Nachfrage nach einem bestimmten Produkt nicht nur vom Preis dieses Produktes, sondern auch von anderen Produkten, z. B. Substitutions- oder Komplementärprodukten, abhängt, verwendet man den Begriff der Kreuzpreiselastizität der Nachfrage.

Die **Kreuzpreiselastizität der Nachfrage** gibt die relative Mengenänderung eines Produktes A (bei einem unveränderten Preis für Produkt A) im Verhältnis zur relativen Preisänderung eines Produktes B an.

$$e_{A,B} = \frac{\text{relative Mengenänderung des Produktes A}}{\text{relative Preisänderung des Produktes B}}$$

Am höchsten ist die Kreuzpreiselastizität bei Produkten, die weitgehend gleich und daher substituierbar sind. Beispiele dafür sind Waschmittel, Zigaretten, Benzin, Kaffee.

Die Kreuzpreiselastizität bei substituierbaren Produkten ist im Allgemeinen positiv, bei komplementären Produkten negativ.

Die **Einkommenselastizität der Nachfrage** zeigt die relative Nachfrageänderung im Verhältnis zu einer relativen Einkommensänderung bei gegebenen Preisen an.

$$e_{Y} = \frac{\text{relative Nachfrageänderung}}{\text{relative Einkommensänderung}}$$

Für die Preisbildung ist die Kenntnis der Einkommenselastizität insofern von Bedeutung, als bei steigendem Einkommen die Nachfrage nach bestimmten Gütern (inferioren Gütern, wie z. B. Kartoffeln) abnimmt. Es wäre also falsch, in dieser Situation die Preise zu erhöhen. Andererseits wird die Nachfrage nach so genannten superioren Gütern („Luxusgüter") bei steigendem Einkommen steigen. Es empfiehlt sich also stets, die möglichen Auswirkungen von Einkommenssteigerungen auf die Nachfrage zu berücksichtigen, wenngleich die Verbindung zum Preis des Produktes nur indirekt gegeben ist.

Jedes Unternehmen muss bei jeder preispolitischen Maßnahme sowohl seine Stellung am Markt, die jeweilige Marktform, die zu erwartenden Verhaltensweisen der Konkurrenz und die Kenntnisse über Preiselastizität der Nachfrage, die Kreuzpreiselastizität und die Einkommenselastizität berücksichtigen.

1.1.3 Preistheorie

Die mikroökonomische Preistheorie hat sich sehr ausführlich mit der Erklärung des Zustandekommens von Preisen, auch durch betriebliche Faktoren und Marktfaktoren auseinander gesetzt. Jedoch liegen diesen Ansätzen Voraussetzungen zu Grunde, die in der Praxis nicht erfüllt sind, sodass eine Übernahme der Erkenntnisse der Preistheorie in das Marketing ohne wesentliche fundamentale Veränderungen nicht möglich ist. So werden in der Preistheorie folgende **Grundannahmen** vorausgesetzt:

(1) Es besteht eine freie Preisbildung, d. h. übergeordnete Eingriffe, z. B. durch den Staat, sind ausgeschlossen.

(2) Die Marktteilnehmer (Anbieter und Nachfrager) handeln nach dem Maximum- und Rationalprinzip.

(3) Es besteht eine vollkommene Markttransparenz, d. h. die Marktpartner besitzen eine vollkommene Information über den Markt.

(4) Der Markt reagiert bei Datenänderungen unendlich schnell, d. h. ohne zeitliche Verzögerung.

(5) Es bestehen keine Präferenzen in sachlicher, räumlicher, zeitlicher oder personeller Hinsicht. Es gelten Homogenitätsbedingungen.

Da diese Voraussetzungen in der Praxis nicht gegeben sind, soll aus pragmatischen Überlegungen auf die Ergebnisse und die Ansätze der betriebswirtschaftlichen Preistheorie an dieser Stelle nicht näher eingegangen werden.

1.2 Preisbildung

Keine Preisfestlegung darf jemals isoliert gesehen werden, sondern ist stets im Rahmen des Datenkreises der die Preisbildung beeinflussenden Faktoren und des Marketing-Mix zu betrachten. Die Preisbildung wird insbesondere von folgenden Faktoren berührt:

- unternehmensspezifische Kosten
- Nachfragesituation

- Konkurrenzsituation
- Zielsetzungen
- gesetzliche Preisvorschriften.

Die folgende Übersicht zeigt die unterschiedlichen Bestimmungsgrößen praktischer Preisbildung auf:

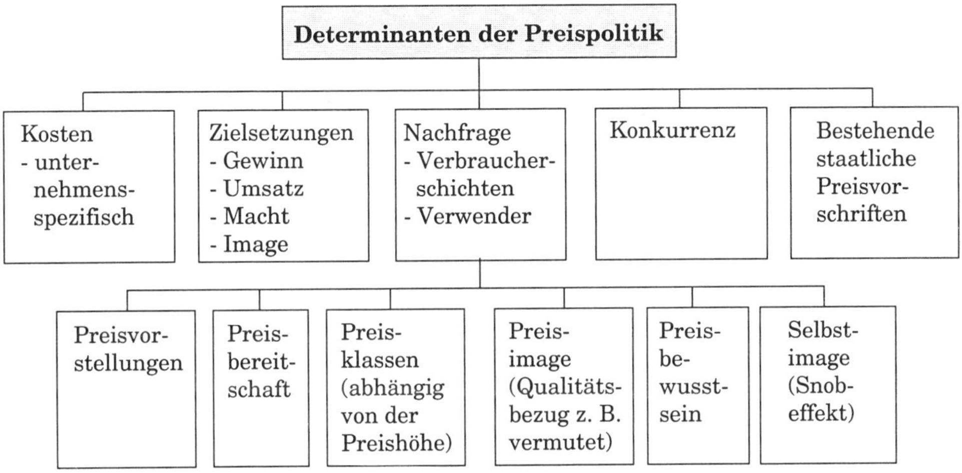

Determinanten der Preispolitik

Aus der Vielzahl von Determinanten soll im Folgenden näher eingegangen werden auf die:

- kostenorientierte Preisbildung
- nachfrageorientierte Preisbildung
- konkurrenzorientierte Preisbildung und
- Target Pricing.

1.2.1 Kostenorientierte Preisbildung

Im Rahmen der kostenorientierten Preisbildung ist der Preis zu ermitteln, den ein Unternehmen aufgrund der betriebsindividuellen Kostensituation erreichen muss. Die Ermittlung kann dabei grundsätzlich auf Vollkosten und/oder Teilkostenbasis erfolgen:

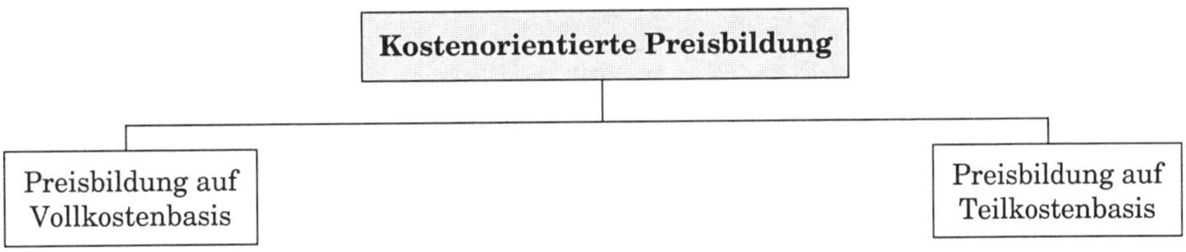

1.2.1.1 Preisbildung auf Vollkostenbasis

Bei der Preisbildung auf Vollkostenbasis sind die Selbstkosten die Grundlage der Preisforderung.

Dabei lassen sich die Selbstkosten, z. B. nach der **Zuschlagskalkulation**, wie folgt errechnen:

	Einzelmaterialkosten
+	Materialgemeinkosten
	Materialkosten
+	Einzellohnkosten
+	Lohngemeinkosten
	Herstellungskosten
+	Verwaltungskosten
+	Vertriebskosten
=	Selbstkosten
+	Gewinn
=	Verkaufspreis (kostenorientiert)

Ermittelt man auf diese Weise den Verkaufspreis, so spricht man von einer **progressiven Preisermittlung**. Die Einfachheit dieses Verfahrens erklärt seine weite Verbreitung und Beliebtheit (Handel, Großindustrie, Bauindustrie usw.). Die Problematik der Anwendung der Vollkostenrechnung und die Nichtberücksichtigung der Preiselastizität der Nachfrage sowie der möglichen Absatzmengen für die Preisbildung machen dieses Verfahren nicht empfehlenswert.

Es empfiehlt sich daher schon eher eine kostenorientierte Preisermittlung, die **retrograd** vorgeht.

Auch diese Methode beinhaltet noch die Probleme der Vollkostenrechnung, berücksichtigt jedoch schon die erzielbaren Marktpreise und Absatzmengen.

1.2.1.2 Preisbildung auf Teilkostenbasis

Aussagefähiger ist jedoch eine retrograde Teilkostenrechnung, die in der so genannten **Break-even-Analyse** dargestellt ist.

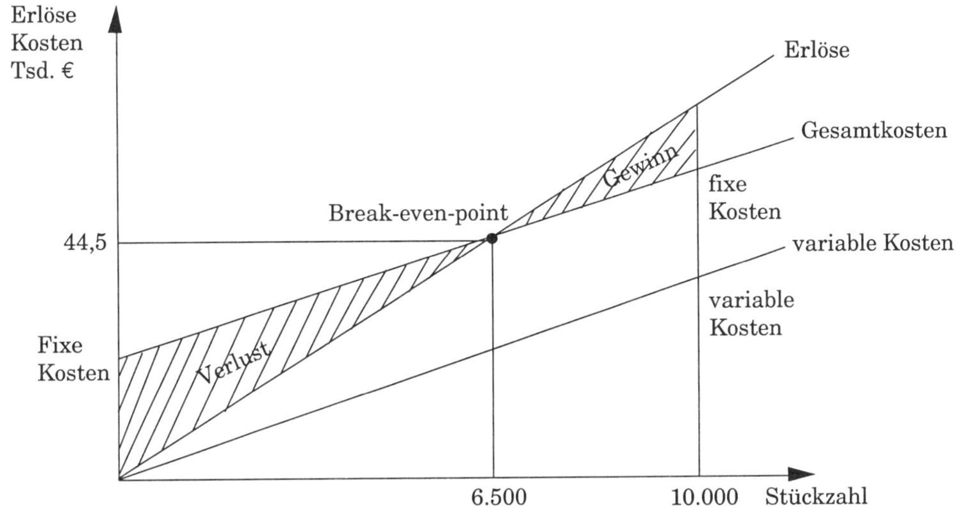

Break-even-Analyse zur Preisermittlung

Dabei werden die Gesamtkosten in fixe und variable Kostenbestandteile aufgelöst. **Fixe Kosten** sind Kosten, die sich mit der Höhe der Ausbringungsmenge nicht verändern, während sich die **variablen Kosten** mit der Höhe der Ausbringungsmenge verändern.

Der Grundgedanke der retrograden Preisermittlung ist, dass der Verkaufspreis aus den Marktgegebenheiten abgeleitet werden muss. Dabei sind folgende **Schritte** durchzuführen:

1. Schritt: Festlegung der möglichen Absatzmenge und des Preises auf der Grundlage der Marktgegebenheiten

2. Schritt: Ermittlung der Erlöse

3. Schritt: Abzug der variablen Kosten

4. Schritt: Errechnung des Deckungsbeitrags (= fixe Kosten und Gewinn)

5. Schritt: Vergleich von Deckungsbeitrag und Deckungsbedarf.

Beispiel: Aufgrund der Marktgegebenheiten lassen sich 10.000 Stück des Produktes A zu einem Preis von 7 € pro Stück absetzen. Die variablen Kosten pro Stück betragen 4 €. Als fixe Kosten entstehen 20.000 €. Soll das Produkt zu 7 € angeboten werden, wenn der Gewinn mindestens 10 % des Verkaufspreises betragen soll?

Preis x Absatzmenge		= Erlös	
7 € x 10.000		= 70.000 €	
./. variable Kosten			
4 € x 10.000	./.	= 40.000 €	
Deckungsbeitrag		= 30.000 €	
./. fixe Kosten (20.000 €)		= 20.000 €	
Gewinn		10.000 €	= 14,3 % vom Erlös

Im vorliegenden Fall ist der Gewinn höher (14,3 %) als in der Zielsetzung, sodass das Produkt anzubieten ist.

Bei retrograden Teilkostenrechnungen können verschiedene Verfahren angewandt werden:

- einstufige Deckungsbeitragsrechnung
- mehrstufige Deckungsbeitragsrechnung
- Direct Costing
- Grenzplankostenrechnung
- Standard-Grenzplankostenrechnung.

Beispiel einer retrograden Kalkulation bei einer mehrstufigen Deckungsbeitragsrechnung:

Ausgangsdaten für das Produkt

Geplanter Preis pro Stück	=	20 €
geplante Menge	=	100.000 Stück
variable Einzelkosten	=	2 €

(1) Geplanter Preis x geplante Menge	=	Erlös
(20 € x 100.000)	=	2.000.000 €
./. variable Einzelkosten		
(2 € x 100.000)	./.	200.000 €
= Deckungsbeitrag I		1.800.000 €
./. erzeugnisfixe Kosten		800.000 €
= Deckungsbeitrag II		1.000.000 €
(2) Summe aller DB II einer Erzeugnisgruppe		3.000.000 €
./. erzeugnisgruppenfixe Kosten		1.000.000 €
= Deckungsbeitrag III		2.000.000 €
(3) Summe aller DB III eines Bereichs		30.000.000 €
./. bereichsfixe Kosten		10.000.000 €
= Deckungsbeitrag IV		20.000.000 €
(4) Summe aller DB IV		50.000.000 €
./. unternehmensfixe Kosten		33.000.000 €
= Ergebnis	+	17.000.000 €

Pro Stück lässt sich nur der Deckungsbeitrag I ermitteln:

Preis 20 €	=	20 €
./. variable Einzelkosten		2 €
Deckungsbeitrag I	=	18 €

1.2.2 Nachfrageorientierte Preisbildung

Bei der Preisbildung kann man keineswegs auf kostenrechnerische Überlegungen verzichten, jedoch hat sich die Preisbildung in erster Linie am Markt – genauer an den potenziellen Nachfragern – zu orientieren.

Dabei geht es vor allem um folgende **Fragen**:

(1) **Struktur der Nachfrageseite**
Auf der Nachfrageseite interessieren für die Preisbildung vor allem

- Gesamtnachfrage (Anzahl der Nachfrager, Typologie der Nachfrager, Gruppen von Nachfragern)
- Bedeutung der Nachfrage nach dem Produkt
- Substituierbarkeit des Produktes
- Elastizitäten der Nachfrage, des Einkommens, Kreuzpreiselastizität.

(2) **Preisvorstellungen der Nachfrager**
Der Verbraucher orientiert sich heute auf den Märkten, indem er Produkte der gleichen Gattung miteinander vergleicht und auf diese Art zu gewissen Vorstellungen kommt, was seiner Meinung nach ein Produkt kosten darf. Diese Preisvorstellungen hängen insbesondere von dem Nutzen ab, den das Produkt für ihn stiftet.

(3) **Preisbereitschaft der Nachfrager**
Entsprechend seiner Preisvorstellungen und Kaufkraft sowie der Dringlichkeit seines Bedarfs ist der Nachfrager bereit, einen bestimmten Preis zu zahlen.

(4) **Preisklassen der Nachfrager**
Auch die Preisvorstellungen und die Preisbereitschaft der Nachfrager sind auf bestimmte Preisklassen (untere, mittlere, gehobene) verteilt. Dies ist bei der Einordnung eines Produktes in bestimmte Preisklassen besonders zu berücksichtigen.

(5) **Einfluss von Qualität und Image**
In vielen Fällen richtet der Nachfrager seine Beurteilung über Kauf oder Nichtkauf eines Produktes an der Höhe des Preises (weil teuer, gut; billig, also minderwertig) aus, oder am Image des Herstellers oder Händlers eines Produktes, weil ihm die Sachkenntnis, Information usw. für die Beurteilung der Qualität fehlt.

Alle hier aufgeführten Faktoren üben einen wesentlichen Einfluss auf das Nachfrageverhalten aus und sind bei jeder preispolitischen Maßnahme zu berücksichtigen.

Die besten Entscheidungshilfen lassen sich in vielen Fällen durch Tests geben (Preisreaktionstests). Die Ergebnisse derartiger Tests sind umso besser, je mehr die realen Marktverhältnisse berücksichtigt werden.

1.2.3 Konkurrenzorientierte Preisbildung

Unter konkurrenzorientierter Preisbildung versteht man die Ausrichtung des eigenen Preises - weitgehend unabhängig von der unternehmensindividuellen Kosten- oder Nachfragesituation - an den Preisstellungen der Konkurrenten.

Eine derartige Preisbildungspolitik tritt hauptsächlich in zwei Formen auf:

- **Orientierung am Branchenpreis**
  Diese Preisermittlung findet sich vor allem auf Märkten mit sehr homogenen Gütern und überwiegend oligopolistischer oder polypolistischer Konkurrenz.

- **Orientierung am Preisführer**
  Als Preisführer bezeichnet man einen Anbieter, dem sich bei Preisänderungen die übrigen Anbieter anschließen. Er tritt meist im Oligopol auf. Man unterscheidet dabei zwischen dominierender und barometrischer Preisführerschaft.

  Dominierende Preisführerschaft liegt vor, wenn sich die Wettbewerber an dem preispolitischen Verhalten eines marktbeherrschenden Anbieters orientieren.

  Bei **barometrischer Preisführerschaft** passen sich die Wettbewerber freiwillig an den Preisführer an.

  In der Praxis finden wir Beispiele dafür in der Automobilindustrie, Kraftstoffhandel usw.

Zusammenfassend kann gesagt werden, dass kosten-, nachfrage- und konkurrenzorientierte Gesichtspunkte bei der Preisbildung berücksichtigt werden müssen.

Das Vorgehen beim preispolitischen Entscheidungsprozess lässt sich allgemein in folgende Stufen gliedern:

(1) Ermittlung der Gesamtkosten bei alternativen Ausbringungsmengen.

(2) Festlegung alternativer Preise für unterschiedliche Mengen, bei denen die Gesamtkosten gedeckt werden (Break-even-Analyse).

(3) Ermittlung der Nachfragemenge bei unterschiedlichen Preisen auf der Grundlage der Preiselastizität der Nachfrage.

(4) Analyse der Wettbewerbssituation (Konkurrenzsituation).

(5) Vergleich der betrieblich ermittelten Preisforderung mit dem Marktpreis.

(6) Marktpreis > betriebliche Preisforderung → Angebot.

(7) Marktpreis < Preisforderung: Untersuchung, ob das Produkt nicht zu Teilkosten angeboten werden soll. Ferner ist zu prüfen, ob nicht die Kosten für die Herstellung gesenkt werden können oder die Marktlage beeinflusst werden kann durch Werbung, Verkaufsförderung, Öffentlichkeitsarbeit usw.

Im Einzelfall wird ein Unternehmen auf die Preisveränderung eines Konkurrenten – wie in der Abbildung dargestellt – reagieren (siehe Seite 342).

Allgemein sollte man erst dann Preissenkungen zugestehen, wenn sich der Anbieter darüber klar ist, welchen Mehrabsatz er erreichen muss, um eine Preissenkung auszugleichen. Die nachfolgende Tabelle zeigt, welchen Mehrabsatz man bei einem Preisnachlass und entsprechendem Deckungsbeitrag erzielen muss, um die Preissenkung auszugleichen.

Preisnachlass in %	**Deckungsbeitrag in % vom Verkaufspreis vor Preisnachlass:**								
	90 %	**80 %**	**70 %**	**60 %**	**50 %**	**40 %**	**30 %**	**20 %**	**10 %**
1	1,12	1,27	1,45	1,95	2,04	2,56	3,45	5,26	11,12
2,5	2,86	3,23	3,71	4,34	5,27	6,67	9,08	14,28	33,33
5	5,88	6,67	7,69	9,08	11,11	14,28	20,00	33,33	100,00
7,5	9,08	10,34	12,00	14,30	17,65	23,08	33,33	60,00	300,00
9	11,11	12,69	14,76	17.67	21,95	29,05	42,85	81,80	**900,00**
10	12,50	14,29	16,67	20,00	25,00	33,33	50,00	100,00	Verlust
12,5	16,10	18,50	21,70	26,30	33,33	45,40	71,40	166,67	
15	20,00	23,08	27,24	33,33	42,80	60,00	100,00	300,00	
17,5	24,10	28,00	33,33	41,20	53,80	77,80	166,67	700,00	
18	25,00	29,05	34,60	42,80	56,20	81,80	207,50	**900,00**	
20	28,58	33,33	40,00	50,00	66,67	100,00	300,00	Verlust	
25	38,50	45,50	55,50	71,40	100,00	117,40	500,00		
27	42,90	50,90	62,80	81,80	117,40	150,00	700,00		
30	50,00	60,00	75,00	100,00	150,00	200,00	**900,00**		
33,33	58,70	71,20	90,80	125,00	200,00	233,33	Verlust		
35	63,60	77,70	100,00	140,00	233,33	257,00			
36	66,67	81,80	105,90	150,00	257,00	400,00			
40	80,00	100,00	133,33	200,00	400,00	**900,00**			
45	100,00	128,50	180,00	300,00	**900,00**	Verlust			
50	125,00	166,67	250,00	500,00	Verlust				

Mehrabsatz bei Preisnachlass

Aus der Tabelle erkennt man, welchen Mehrabsatz ein Unternehmen erzielen muss, wenn es bei einem bestimmten Deckungsbeitrag den Preis senkt.

Bei einem Deckungsbeitrag von 70 % und einer Preissenkung von 30 % ist ein Mehrabsatz von 75 % bezogen auf den Absatz ohne Preissenkung erforderlich, wenn man das gleiche Ergebnis erreichen will.

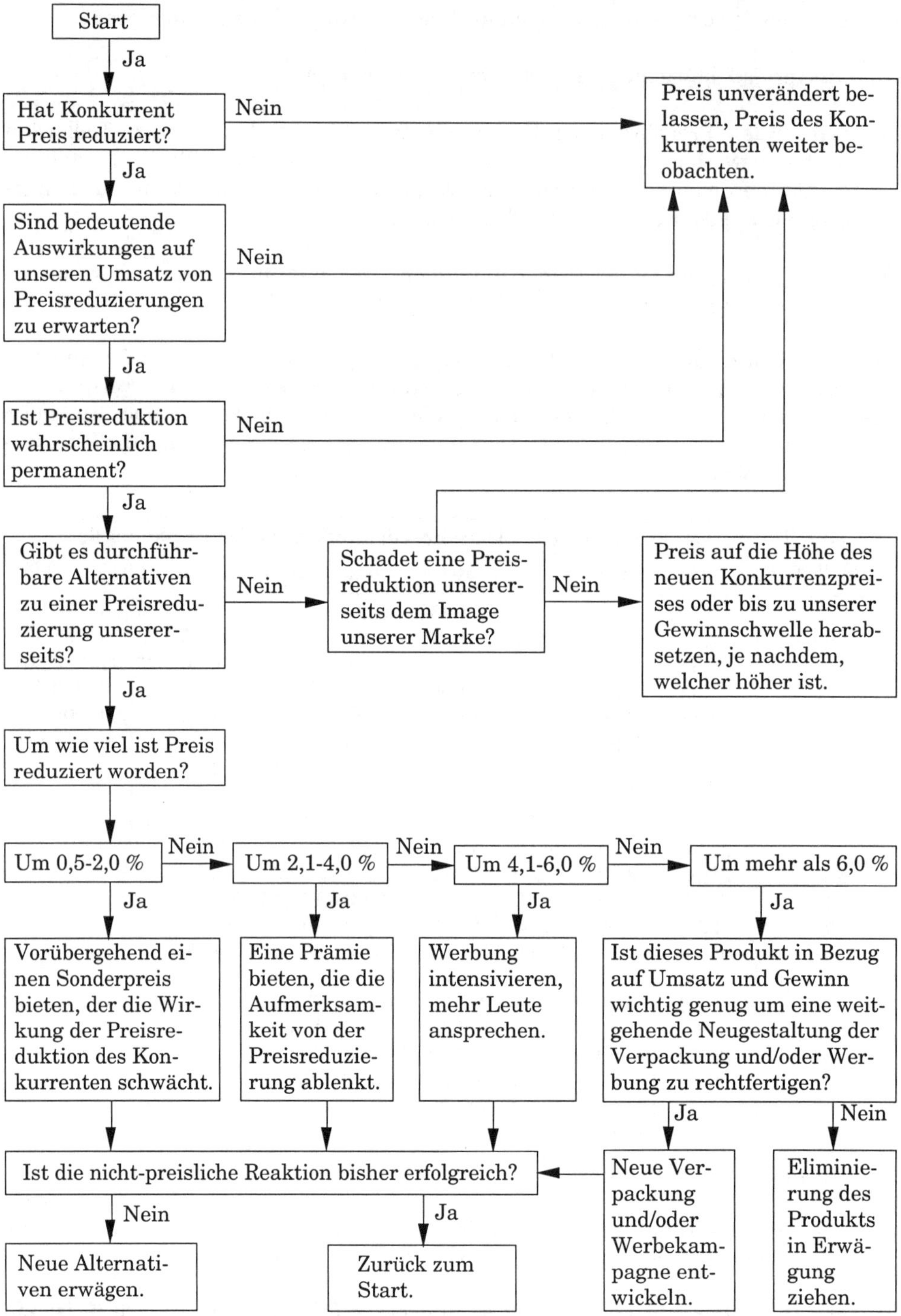

Vorgehen bei der Preissenkung durch die Konkurrenz

Quelle: *Kotler, Ph.* (1982), S. 422

Bei einer Preissenkung im vorliegenden Beispiel um 40 % sind 133,33 % Mehrabsatz zu erzielen.

Den Zusammenhang zwischen notwendigem Mehrabsatz und Preissenkung bzw. Deckungsbeitrag veranschaulicht die folgende Abbildung.

Notwendiger Mehrabsatz in %

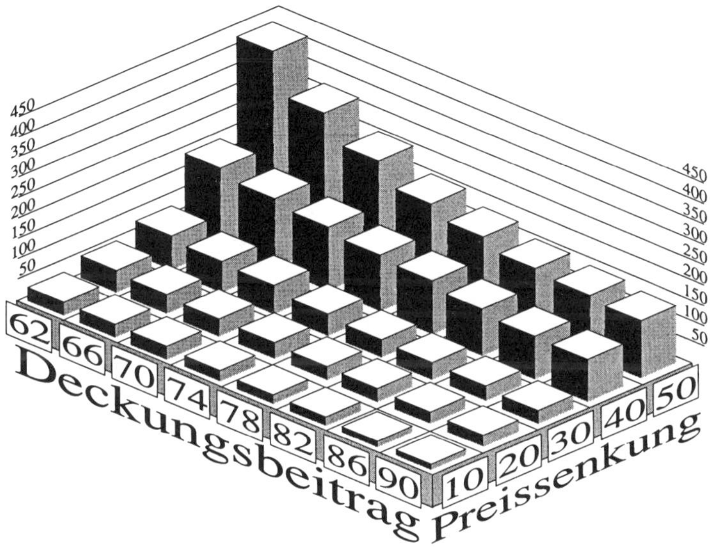

Notwendiger Mehrabsatz bei Preissenkungen

Die Abbildung zeigt, wie wichtig es ist, sich vor Preissenkungen über die vorliegenden Zusammenhänge klar zu sein.

22 Seite 627

23 Seite 627

24 Seite 627

1.2.4 Target Pricing

Mit dem Gedanken des Target Costing versucht man den Wandel in der Preisfindung von der unternehmensgetriebenen Kalkulation (Zuschlagskalkulation) zur marktgetriebenen Zielkostenrechnung („Preisminus") zu vollziehen.

Den Unterschied zwischen der traditionellen Kalkulation und dem Target Costing (retrograde Zielkostenrechnung) veranschaulicht die folgende Übersicht.

Zuschlagskalkulation	Target Costing
Materialkosten + Materialgemeinkosten + Fertigungskosten + Fertigungsgemeinkosten = Herstellkosten + Entwicklungskosten + Verwaltungskosten + Vertriebskosten = Selbstkosten + Gewinnzuschlag = Verkaufspreis pro Produkt	Zielumsatz – Zielgewinn = vom Markt erlaubte Kosten + Ziel-Herstellkosten + Ziel-Entwicklungskosten + Ziel-Verwaltungskosten + Ziel-Vertriebskosten
Fragestellung: Wie hoch sind die Kosten des Produkts? Können die Kosten an den Kunden weitergegeben werden?	**Fragestellung**: Was darf uns das Produkt kosten? Wie können wir dies erreichen?

Vereinfachte Gegenüberstellung von Zuschlagskalkulation und Target Costing

Ausgangspunkt bei Target Pricing ist der am Markt erzielbare Preis. Von diesem Preis (Target Price) erhält man nach Abzug des erwarteten Gewinns die Zielkosten (Target Costs), die vom Hersteller eingehalten werden müssen. Die Zielkosten müssen durch entsprechende Gestaltung und Strukturierung der Herstellung erreicht werden, wenn das Produkt am Markt gehalten werden soll.

Dabei haben sich für die Zielkostenrechnung folgende Ansätze entwickelt (vgl. *Seidenschwarz, W.*, 1993):

- **Market into Company**:

  Ausgehend vom Marktpreis (Target Price) sind unter Berücksichtigung des zu erwartenden Gewinns die maximal zulässigen Selbstkosten zu ermitteln. Bei der Ermittlung der zulässigen Selbstkosten ist die Entwicklung des Produktlebenszyklus zu berücksichtigen.

- **Out of Company**:

  Hier wird untersucht, inwieweit bei einem gegebenen Marktpreis und erwarteten Gewinn die eigene Kostensituation den zulässigen Selbstkosten entspricht. Es ist zu prüfen, inwieweit gegebenenfalls die Kosten reduziert werden können.

- **Out of Competitor**:

  Dabei ist zu prüfen, ob und gegebenenfalls wie die Kosten der Wettbewerber erreicht werden können (z. B. Benchmarking).

Aus Marketinggesichtspunkten ist das **Market into Company** der geeignetste Ansatz für die Preis- und Kostenermittlung. Dabei ermittelt zuerst die Marktforschung die vom Kunden gewünschten Kriterien und Preise eines Angebots. Die Geschäftsleitung legt den zu erreichenden Gewinn fest. Die Differenz von Marktpreis und Gewinn ergibt die Zielkosten (zulässige Kosten), die vom Anbieter erreicht werden müssen.

1.3 Preisstrategien

Von ganz besonderer Bedeutung für den Preis, den man auf dem Markt verlangt, ist die Strategie, die man verfolgt. Grundsätzlich kann man mit einem relativ hohen bzw. niedrigen oder einem an der Konkurrenz orientierten Preis auf den Markt gehen. Die jeweilige konkrete Ausgestaltung hängt von der Marktsituation ab. Generell unterscheidet man drei grundsätzliche Strategien, und zwar eine

- Hochpreispolitik
- Niedrigpreispolitik und
- Marktpreispolitik.

Diese unterschiedlichen Strategien finden natürlich je nach Marktsituation, Produktqualität, Produktlebenszyklus usw. eine differenzierte Anwendung.

Die **Hochpreispolitik** findet man insbesondere in der Form der **Prämienpreisstrategie** und **Skimming-Preisstrategie.** Bei der Prämienpreisstrategie versucht man einen relativ hohen Preis zu erzielen, aufgrund z. B. der Produktqualität, des Distributionssystems, des Images usw. Die Prämienpreisstrategie unterscheidet sich von der Skimming-Preisstrategie dadurch, dass sie auf Dauer angelegt ist. Das anbietende Unternehmen versucht hierbei möglichst **langfristig** einen relativ hohen Preis zu erzielen. Voraussetzung für diese Preisstrategie ist, dass das Produkt eine tatsächliche oder „quasi" Alleinstellung hat und die Preiselastizität der Nachfrage sehr gering bzw. nicht vorhanden ist. Die Skimming-Preisstrategie dagegen ist eine Strategie mit einem hohen Einführungspreis, großem Werbeaufwand und insbesondere dann empfehlenswert, wenn das Produkt eine Neuheit darstellt und kurzfristig keine großen Kapazitäten zur Herstellung zur Verfügung stehen. Auch wenn man als Alleinanbieter auftreten kann und die Konkurrenten keine Möglichkeit haben, das Produkt nachzubauen, empfiehlt sich diese Strategie. Als vorteilhaft zeigt sich, dass es dadurch möglich ist, relativ schnell die Forschungs- und Entwicklungskosten abzudecken. Da nach dem Diffusionsmodell die Verbreitung oft relativ langsam erfolgt, ist es dadurch möglich, die frühen Adaptoren mit einem hohen Preis als Käufer zu gewinnen. Als nachteilig kann sich diese Strategie erweisen, wenn mögliche Mitbewerber mit einem vergleichbaren Produkt schnell nachziehen können. Die folgende Übersicht zeigt die verschiedenen Argumente für die Skimming- und die Penetrationsstrategie auf:

Skimming-Strategie	Penetrations-Strategie
• Realisierung hoher kurzfristiger Gewinne, die von Diskontierung wenig getroffen werden • bei echten Innovationen Gewinnrealisierung im Zeitraum mit monopolistischer Marktposition, Reduktion des langfristigen Konkurrenzrisikos, schnelle Amortisation des F & E-Aufwandes • Gewinnrealisierung in frühen Lebenszyklusphasen, Reduktion des Obsoleszenzrisikos • Schaffung eines Preisspielraumes nach unten, Ausnutzung positiver Preisänderungswirkung wird möglich • graduelles Abschöpfen der Preisbereitschaft (Konsumentenrente) wird möglich (zeitliche Preisdifferenzierung) • Vermeidung der Notwendigkeit von Preiserhöhungen (Kalkulation nach der sicheren Seite) • positive Prestige- und Qualitätsindikation des hohen Preises • geringere Ansprüche an finanzielle Ressourcen • niedrige Kapazitäten	• durch schnelles Absatzwachstum trotz niedriger Stückdeckungsbeiträge hohe Gesamtdeckungsbeiträge • aufgrund von positiven intrapersonellen (Verbrauchsgüter) oder interpersonellen (Gebrauchsgüter) Carry-over-Effekten, Aufbau einer langfristigen starken und überlegenen Marktposition (höhere Preise und/oder höhere Absatzmengen in der Zukunft) • Ausnutzung von statistischen economies of scale, kurzfristige Kostensenkung • schnelle Erhöhung der kumulativen Menge, als Konsequenz schnelles „Herunterfahren" auf der Erfahrungskurve. Erreichen eines möglichst großen und von den Konkurrenten nur schwer einholbaren Kostenvorsprunges • Reduzierung des Fehlschlagrisikos, da niedriger Einführungspreis mit geringerer Flopwahrscheinlichkeit verbunden. • potenzielle Konkurrenten können vom Markteintritt abgehalten werden bzw. verzögert eintreten.

Argumente für Skimming- und Penetrations-Strategie

Quelle: *Simon, H.* (Preismanagement, (1982), S. 256)

Eine **Niedrigpreisstrategie** kann in Form der **Penetrationspreispolitik** und der **Promotionspreispolitik** beschrieben werden. Der Begriff „Niedrigpreis" bedeutet dabei, dass der geforderte Preis unter dem Preis vergleichbarer Produkte liegt bzw. mindestens in der Wahrnehmung der Käufer als niedriger erscheint. Ziele einer Niedrigpreisstrategie können sein:

- Verdrängung der Konkurrenten
- Verhinderung des Markteintritts neuer Anbieter
- Senkung der Stückkosten des Anbieters
- Auslastung der Kapazitäten
- Schaffung eines Preisimages.

Die **Penetrationspolitik** versucht dabei mit niedrigen Preisen für neue Produkte schnell große Absatzmengen zu erzielen. Im Laufe der Zeit und der Markteinführung werden dann die Preise angehoben. Bei der Promotionspolitik wird versucht, mit niedrigen Preisen einen Vorteil gegenüber der Konkurrenz zu erzielen, wobei der niedrige Preis längerfristig beibehalten wird. Während die **Promotionspolitik** im Prinzip in allen Phasen des Lebenszyklus eines Produktes eingesetzt werden kann, verwendet man die **Penetrationspolitik** vorzugsweise in der Einführungsphase. Dabei liegen u.a. Gefahren in der möglichen Zuordnung einer geringeren Produktqualität aufgrund des niedrigen Preises.

Hat sich ein Unternehmer für einen bestimmten Preis als Eintrittspreis für den Markt festgelegt, stellt sich die Frage, mit welcher Art des Preisangebots der größtmögliche Erfolg erzielt werden kann.

Grundsätzlich bieten sich folgende Möglichkeiten an (vgl. Abb.):

- **Ein** einziger Preis für **ein** Produkt
- **Unterschiedliche** Preise für ein Produkt (Preisdifferenzierung}
- **Preisbündelung**, d.h. ein „Paket- oder Komplettpreis" für mehrere Produkte.

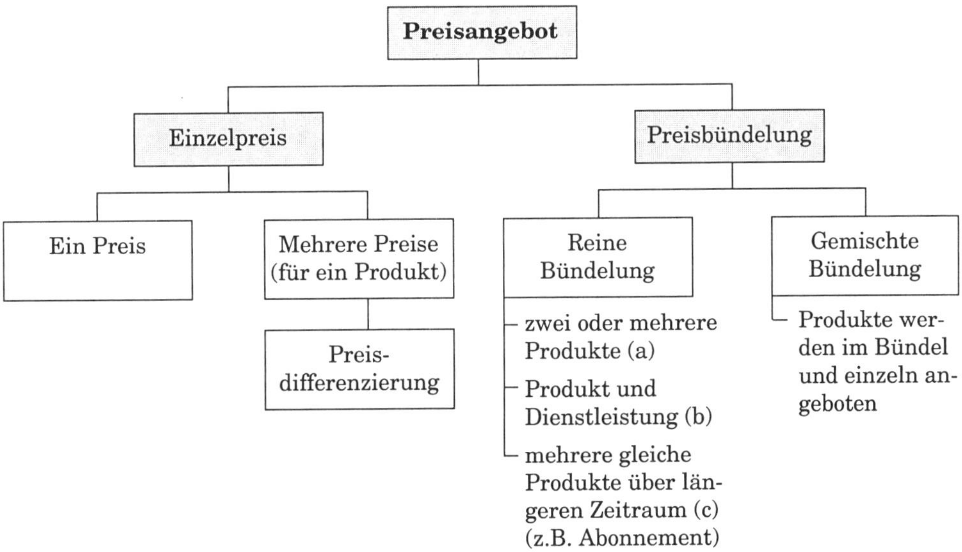

Formen des Preisangebotes

Beispiele: Reine Bündelung

a) Pkw mit Klimaanlage, PC + Monitor + Drucker + Scanner
b) Handy + 24-Monatsvertrag, Aufzug + Wartung
c) Theater-, Zeitschriften-Abonnement, Dauer-, Jahreskarten

Preisbündelung liegt dann vor, wenn verschiedene Produkte und/oder Dienstleistungen als Paket zu einem „Komplettpreis" angeboten werden. Mithilfe der Bildung von Produktbündeln oder Paketen versucht man, einen höheren Umsatz und Gewinn zu erzielen als durch den Verkauf von Produkten zu Einzelpreisen.

Beispiele:

- Pkw mit verschiedenen Sonderausstattungen wie zum Beispiel Navigationssystemen, Standheizung, Bordcomputer usw.
- Computer mit Monitor, Drucker und Standardsoftware
- Urlaubsreisen mit Flug, Hotel, Vollpension und Golfkursen
- Anzeigen in verschiedenen Zeitschriften eines Verlages, sog. „Titelkombinationen"
- Handys zu niedrigen Preisen oder kostenlos bei Abschluss eines längeren Vertrages (ein oder zwei Jahre).

Mit der Strategie der Preisbündelung ist es möglich, den Gewinn eines Unternehmens zu steigern, wenn der „Paketpreis" niedriger als die Summe der Einzelpreise ist. Erforderlich dafür ist jedoch, dass die Käufer bereit sind, aufgrund des Komplettpreises das Einzelprodukt überhaupt erst zu kaufen bzw. die weiteren ergänzenden Produkte oder Dienstleistungen wegen der Bündelung sofort mit dem „Hauptprodukt" kaufen.

1.4 Preisdifferenzierung

Eine Form der Preispolitik, die jedes Unternehmen mehr oder weniger intensiv einsetzt, ist die Preisdifferenzierung. Der Begriff der Preisdifferenzierung wird in der Literatur unterschiedlich definiert. Im Folgenden bedeutet **Preisdifferenzierung**, dass ein Anbieter für ein bestimmtes Produkt (Dienstleistung) von verschiedenen Käufern unterschiedliche Preise fordert. Ziel der Preisdifferenzierung ist die optimale Ausschöpfung des Marktpotenzials. Dies gelingt in der Praxis nur, wenn bestimmte Voraussetzungen vorliegen:

- Der Gesamtmarkt muss sich in Teilmärkte mit unterschiedlichem Nachfrageverhalten aufteilen lassen.
- Die Teilmärkte müssen so strukturiert sein, dass ein Wechseln der Käufer nicht möglich ist.
- Der Markt muss unvollkommen sein.
- Die Preiselastizität muss für die verschiedenen Nachfrager unterschiedlich sein.
- Die Nachfrager müssen sich in klar abgrenzbare Gruppen unterscheiden lassen.

Ist es gelungen, den Gesamtmarkt in Teilmärkte (Marktsegmente) aufzuteilen, sodass für verschiedene Marktsegmente verschiedene Preise verlangt werden können, stellt sich dann die Frage nach dem optimalen Preis für jedes Marktsegment. Allgemein ist der Preis zu wählen, bei dem ein Optimum (Marktvolumen, Gewinn, Marktanteil usw.) erzielt werden kann.

Im Einzelnen lassen sich folgende Arten der Preisdifferenzierung unterscheiden:

- **Räumliche (regionale) Preisdifferenzierung**
  Bei der räumlichen Preisdifferenzierung werden in verschiedenen geografischen Gebieten (Inland, Ausland, Stadt, Land, z. B. Benzinpreise) je nach der Kunden- und Konkurrenzstruktur für gleiche Produkte unterschiedliche Preise, meist in Abhängigkeit von der Marktsituation, festgelegt.

  Wie sich die Preisunterschiede in der EU in den verschiedenen Mitgliedstaaten darstellen, zeigt die folgene Übersicht aus dem Jahre 2001.

Preisunterschiede bei Markenprodukten zwischen den Mitgliedstaaten*

Produkt	Höchster Preis		Niedrigster Preis		Verhältnis zwischen höchstem und niedrigstem Preis
Evian Mineralwasser	Finnland	189	Frankreich	44	4,3
Barilla Spaghetti	Schweden	138	Italien	59	2,3
Heinz Ketchup	Italien	138	Deutschland	66	2,1
Kellogg's Cornflakes	Griechenland	152	Großbritannien	71	2,1
Mars Schokoladenriegel	Dänemark	143	Belgien	73	2,0
Coca-Cola	Dänemark	139	Deutschland	73	1,9
Fanta	Schweden	146	Niederlande	77	1,9
Nivea Rasierschaum	Großbritannien	142	Frankreich	81	1,8
Colgate Zahncreme	Großbritannien	126	Portugal/Spanien	76	1,7
Elvital Shampoo	Irland	126	Spanien	76	1,7
Nescafé	Italien	133	Griechenland	77	1,7

* (Durchschnitt = 100) Quelle: EU-Kommission

- **Zeitliche Preisdifferenzierung**
  Diese Preisdifferenzierungen werden meist sowohl aus Marktgesichtspunkten als auch aus betriebswirtschaftlichen Gesichtspunkten vorgenommen. Hauptgrund ist das Schwanken der Nachfrage im Zeitablauf. Beispiele dafür finden wir beim Telefonverkehr (Tag-, Nacht-, Sonn- und Feiertagstarife).

- **Personelle Preisdifferenzierung**
  Diese Form der Preisdifferenzierung erfolgt aufgrund von Käufermerkmalen.

  Beispiele dafür führt *Simon* (1982, S. 386) an:

  - Lebensalter: z. B. für Eintrittspreise, Fahrpreise usw. für Kinder, Jugendliche, Senioren
  - Berufliche Situation: Unterschiedliche Preise für Schüler, Studenten, Arbeitslose usw.
  - Berufsgruppen: Sonderpreise für Wiederverkäufer, Sonderpreise für Betriebsangehörige, Sonderpreise für Lehrer, Dozenten, Professoren usw.
  - bestimmte Gruppen: Mitglieder im Vergleich zu Nichtmitgliedern
  - erworbene Zugangsberechtigung: Kurkarte (Kurorte), Seniorenpass und Familienpass (Bundesbahn).

- **Preisdifferenzierung nach Produktvariation**
  Oft werden Preisdifferenzierungen auch im Zusammenhang mit kleineren Veränderungen in der Produktausführung vorgenommen um Käufer veschiedener Einkommensklassen zu erreichen. Beispiele dafür sind: Bücher in Luxusausgaben und billige Taschenbuchausgaben, Uhren in Stahl- und Goldausführungen, Automobile in Standard- und „de luxe"-Ausführungen usw. Mit allen diesen Maßnahmen versucht man neben dem Grundnutzen noch einen Geltungsnutzen zu verkaufen.

- **Mengenmäßige Preisdifferenzierung**
  Hier sind insbesondere unterschiedliche Preise für unterschiedliche Abnahmemengen zu nennen. Die Preisdifferenzierung kann auch in Form von Mengenrabatten auftreten.

- **Preisdifferenzierung nach dem Verwendungszweck**
  Ein Beispiel stellt Salz dar, das als Speisesalz, Viehsalz und Industriesalz angeboten wird. Obgleich für Speisesalz die höchsten Preise verlangt werden, ist es in der Herstellung kostengünstiger als Viehsalz. Viehsalz wird in der Regel erst durch Beimischung zusätzlicher Stoffe aus dem „Speisesalz" hergestellt.

1.5 Preispolitik im Handel

Besonders im Handel ist die Preispolitik von der starken Konkurrenz und den immer größer werdenden Sortimenten der verschiedenen Betriebsformen geprägt. Andererseits lassen sich Preisänderungen schneller und leichter durchführen als in anderen Wirtschaftszweigen.

Die Preisbildung erfolgt im Handel meist ausgehend vom Einstandspreis des Produktes. Der Einstandspreis eines Produktes beinhaltet den Einkaufspreis zuzüglich der vom Käufer zu tragenden Bezugskosten, abzüglich der Rabatte und Skonti.

Im Rahmen der **Zuschlagskalkulation** – die im Handel noch weitgehend üblich ist – wird der Bruttoverkaufspreis wie folgt errechnet:

	Einkaufs(Rechnungs)preis der Ware
+	Bezugskosten
=	Einstandspreis
+	Handlungskosten (Betriebskosten)
=	Selbstkosten der Ware
+	Gewinn
=	Nettoverkaufspreis der Ware
+	Mehrwertsteuer
=	Bruttoverkaufspreis der Ware

Die **Handlungskosten** und der **Gewinn** können als summarischer Zuschlag (Handelsspanne) auf ein Produkt (Stückspanne), eine Warengruppe (Warengruppenspanne) oder alle Produkte einer Betriebsform (Betriebsspanne) erfolgen. Sinnvoller ist es, die Spanne in eine Handlungsspanne und Gewinnspanne zu unterteilen.

Das Ziel eines Handelsunternehmens, einen möglichst hohen Unternehmensgewinn zu erreichen, lässt sich durch einen so genannten kalkulatorischen Ausgleich innerhalb des Sortiments erreichen.

Als Politik des kalkulatorischen Ausgleichs bezeichnet man eine Preispolitik, bei der Artikel, deren Handelsspanne die durchschnittliche Handelsspanne nicht erreichen kann, durch andere Artikel, deren Handelsspanne über der durchschnittlichen Handelsspanne liegt, ausgeglichen wird. Dabei liegt der Gedanke zu Grunde, dass Verluste durch zu niedrige Preise (im Vergleich zum Durchschnitt) durch überhöhte Preise ausgeglichen werden müssen und jeder Artikel nur so viel an anteiligen Gemeinkosten tragen kann, wie der Markt hergibt. Im Sortiment des Handels spricht man daher nicht von „Gewinn- und Verlustartikeln", sondern von „Ausgleichsnehmern" und „Ausgleichsträgern".

Handelsspannen*-Hitliste nach Branchen		(1999 ohne Lebensmittelhandelsketten)	
Blumenfachgeschäfte	46,3 %	Bürowirtschaftlicher Fachhandel insgesamt	34,1 %
Teppiche und Gardinen	46,1 %	Sportartikeleinzelhandel	34,0 %
Bettwaren, Bett- und Hauswäsche	44,9 %	Zweiradhandel	32,5 %
Uhren, Juwelen, Gold- und Silberwaren	43,5 %	Hartwarenhandel insgesamt	32,0 %
Tapeten, Bodenbelag- und Farbhandel	43,4 %	Musikfachgeschäfte	31,7 %
Lederwareneinzelhandel	43,0 %	Reformhäuser	30,9 %
Wäsche, Miederwaren und Badeartikel	41,3 %	Kinder- und Babyausstattung	30,5 %
Herrenbekleidung	40,9 %	Consumer Electronics-Einzelhandel	30,2 %
Textileinzelhandel insgesamt	39,7 %	Sortimentsbuchhandel	30,1 %
Herren-, Damen- und Kinderoberbekleidung	38,7 %	Naturkost/Naturwaren-Einzelhandel	27,1 %
Gemischtes Textilsortiment	38,6 %	Apotheken	27,3 %
Schuheinzelhandel	38,4 %	Tabakwareneinzelhandel	20,3 %
Glas-, Porzellan- und Keramikeinzelhandel	38,2 %	Lebensmitteleinzelhandel	19,6 %
Damenoberbekleidung	38,0 %	Einzelhandelsfachgeschäfte insgesamt	29,9 %
Drogerien	34,6 %		
Möbeleinzelhandel	34,4 %		

* Differenz zwischen Verkaufs- und Einkaufspreis

Quelle: Institut für Handelsforschung (IfH)

1.6 Preispolitik bei Investitionsgütern

Die Preispolitik für Investitionsgüter unterscheidet sich von der bei Konsumgütern durch die Marktsituation und die Kaufmotive. Die Preise werden durch Preisaushandlung zwischen Anbieter und Nachfrager ermittelt oder kommen aufgrund von Ausscheidungen zu Stande. In jedem Falle ist eine nutzenorientierte Preisbildung durch den Anbieter erforderlich.

Der Kunde wird aus diesem Grunde oft vor dem Kauf eine Investitionsrechnung durchführen, die der Verkäufer sinnvollerweise schon vor der Preisnennung durchgeführt haben sollte. So kann der Verkäufer die Preisbereitschaft des Kunden ermitteln.

Ein **Beispiel** von *Deyhle* soll die Preisbildung nach dem Ertragswert veranschaulichen: Ein LKW soll verkauft und die mögliche Preisbereitschaft des Kunden errechnet werden.

Soll der LKW im Jahr 2.000 Betriebsstunden leisten, so werden 79.320 € zusätzliche Kosten entstehen. Da es sich hier um eine Investitionsrechnung handelt, sollte mit Ausgaben gerechnet werden. Da in den 79.320 € kalkulatorische Abschreibungen in Höhe von 40.000 € enthalten sind, betragen die zusätzlichen Ausgaben pro Jahr:

	79.320 €
./.	40.000 €
	39.320 €

Unterstellen wir, der Kunde könnte für jede Einsatzstunde des LKW 45 € berechnen, so betragen die jährlichen Einnahmen 90.000 €.

Es ergibt sich somit ein Einnahmeüberschuss vor Steuern von

	90.000 €
./.	39.320 €
	50.680 €

Die Steuerberechnung sieht wie folgt aus:

Einnahmeüberschuss **vor** Steuern		50.680 €
steuerlich anerkannte Abschreibungen (120.000 € Anschaffungswert auf 4 Jahre)	./.	30.000 €
Zu versteuernder Mehrgewinn		20.680 €
50 % Ertragsteuersatz ergibt als zusätzliche Steuerzahlung		10.340 €

Einnahmeüberschuss **nach** Steuern:

Überschuss **vor** Steuern		50.680 €
./ Ertragsteuern	./.	10.340 €
Überschuss **nach** Steuern		40.340 €

Der Kauf des Lastwagens entspricht für den Kunden einer jährlichen Rente in Höhe von etwa 40.000 €.

Die Frage stellt sich nun für den Kunden, wie viel müsste er heute für eine Rente in den nächsten 5 Jahren von 40.000 € jährlich ausgeben. Unterstellen wir, dass der Kunde wegen des größeren Risikos eine Verzinsung von 16 % haben will, anstelle eines Zinses von 8 % bei Anlage in festverzinslichen Papieren. Nimmt man eine 5-jährige Nutzungsdauer für den Lastwagen an, so ergibt sich als Ertragswert für LKW-Einsatz

40.000 € Einnahmeüberschuss nach Steuern x 3,275 = 131.000 €

Der Faktor 3,275 ergibt sich aus der Tabelle über die Barwerte einer nachschüssigen Rente von 1 € (siehe Tab.).

Jahre	6 %	8 %	10 %	12 %	14 %	16 %	18 %
1	0,943	0,926	0,909	0,893	0,877	0,862	0,847
2	1,833	1,783	1,736	1,690	1,647	1,605	1,566
3	2,673	2,577	2,487	2,402	2,322	2,246	2,174
4	3,465	3,312	3,170	3,037	2,914	2,798	2,690
5	4,212	3,993	3,791	3,605	3,433	3,275	3,127
6	4,917	4,623	4,355	4,111	3,889	3,685	3,498
7	5,582	5,206	4,868	4,564	4,288	4,039	3,812
8	6,210	5,747	5,335	4,968	4,639	4,344	4,078
9	6,802	6,247	5,759	5,328	4,946	4,607	4,303
10	7,360	6,710	6,145	5,650	5,216	4,833	4,494
11	7,887	7,139	6,495	5,988	5,453	5,029	4,656
12	8,384	7,536	6,814	6,194	5,660	5,197	4,793
13	8,853	7,904	7,103	6,424	5,842	5,342	4,910
14	9,295	8,244	7,367	6,628	6,002	5,468	5,008
15	9,712	8,559	7,606	6,811	6,142	5,575	5,092
16	10,106	8,851	7,824	6,974	6,265	5,669	5,162
17	10,477	9,122	8,022	7,120	6,373	5,749	5,222
18	10,828	9,372	8,201	7,250	6,467	5,818	5,273
19	11,158	9,604	8,365	7,366	6,550	5,877	5,316
20	11,470	9,818	8,514	7,469	6,623	5,929	5,353
21	11,764	10,017	8,649	7,562	6,687	5,973	5,384
22	12,042	10,201	8,772	7,645	6,743	6,011	5,410
23	12,303	10,371	8,883	7,718	6,792	6,044	5,432
24	12,550	10,529	8,985	7,784	6,835	6,073	5,451
25	12,783	10,675	9,077	7,843	6,873	6,097	5,467

Barwert nachschüssiger Renten (1 €)

Der LKW hat für den Kunden somit einen Barwert von 131.000 €.

Das heißt, der Kunde ist bereit, einen Kaufpreis dieser Größenordnung zu akzeptieren. Liegt der Preis des LKW noch darunter (z. B. 120.000 €), so ist der Kauf für den Kunden noch interessanter.

1.7 Preisbildung bei öffentlichen Aufträgen

Um bei öffentlichen Aufträgen eine sparsame und wirtschaftliche Verwendung der Mittel zu gewährleisten, wurden Richtlinien erlassen, die die Preisermittlung und -vereinbarung regeln.

Die wichtigsten **Rechtsvorschriften** dazu, auf die hier nicht näher eingegangen werden kann, sind:

VOB Verdingungsordnung für Bauleistungen
VOL Verdingungsordnung für Leistungen - ausgenommen Bauleistungen
VPöA Verordnung über die Preise bei öffentlichen Aufträgen
LSP Leitsätze für die Preisermittlung aufgrund von Selbstkosten

Die LSP gelten für die Ermittlung der Preise bei öffentlichen Aufträgen, für die keine Marktpreise vorhanden sind. Nach den LSP dürfen in die Preisermittlung aufgrund von Selbstkosten nur die Kosten eingehen, die bei wirtschaftlicher Betriebsführung zur Erstellung der Leistung entstehen.

Der Selbstkostenpreis nach den LSP ergibt sich als Summe der nach den Leitsätzen ermittelten Kosten und eines kalkulatorischen Gewinns. Die Preiskalkulation ist wie folgt zu gliedern:

	Fertigungsstoffkosten
+	Fertigungskosten
+	Entwicklungs- und Entwurfskosten
+	Verwaltungskosten
+	Vertriebskosten
=	Selbstkosten
+	Kalkulatorischer Gewinn
=	Selbstkostenpreis

1.8 Psychologische Preisgestaltung

Als psychologische Preisgestaltung bezeichnet man alle Maßnahmen, die versuchen, Produkte oder Dienstleistungen für den Käufer preiswerter erscheinen zu lassen, als sie effektiv sind.

So wurde festgestellt, dass Preise, die unterhalb „runder" Preise liegen, als „preiswert" angesehen werden im Gegensatz zu „runden" Preisen und solchen, die knapp darüberliegen. Ein PKW, der 35.995 € kostet, ist im Urteil der Käufer wesentlich günstiger im Preis als ein PKW, der 36.005 € kostet. Diese älteste Methode psychologischer Preisstellung findet sich bei fast allen Verbrauchs- und Gebrauchsgütern.

Zu diesen Gestaltungsmethoden gehört auch die vermeintliche Gewährung von Mengenrabatten bei Multipacks. Dabei wurde bei Experimenten festgestellt, dass beispielsweise Käufer glauben, preiswerter zu kaufen, wenn sie drei Dosen für 1,45 € kaufen bei einem Einzelpreis von 0,48 €.

Ebenfalls zu dieser Gruppe von Maßnahmen zählt, dass man z.B. bestimmte Preisnormen, das sind Vorstellungen über einen angemessenen oder akzeptablen Preis, für ein Produkt nicht über- oder unterschreitet.

So wurde lange Zeit z. B. der Preis von ca. 1 € für einen Liter Superbenzin als obere Preisschwelle bezeichnet, die sich heute jedoch nach oben verschoben hat.

Andere so genannte Preisnormen finden wir bei verschiedenen Automobilen, „Aktuellen Illustrierten", Markensekt und Schokolade, um einige zu nennen. Diese Preisnormen sind nicht konstant, sondern verändern sich im Zeitablauf.

Zu den psychologischen Preisstellungen gehören auch Preise mit nur abfallenden Zahlen wie 9.875 € oder 7.775 € oder das Vermeiden der Zahl 13.

1.9 Preisangaben

Nicht mehr ganz in den Bereich der psychologischen Preisgestaltung gehört die Angabe **unverbindlicher Preisempfehlungen** (empfohlene Preise) seitens der Hersteller. Sie kann in der Form der „Handelspreisempfehlung" als Anhaltspunkt für die Preisstellung durch den Handel oder als „Verbraucherpreisempfehlung" für Endabnehmer gedacht sein.

Die Preisempfehlung wird von vielen Unternehmen gerne angewendet, seit die **vertikale Preisbindung** generell untersagt wurde. Lediglich bei Verlagserzeugnissen (Bücher, Zeitschriften) ist sie gesetzlich erlaubt (§ 16 Gesetz gegen Wettbewerbsbeschränkungen – GWB). In der Praxis finden sich dennoch weitere Beispiele faktischer Preisbindung wie z. B. bei Tabakwaren, Arzneimitteln, verschiedenen Verkehrsträgern sowie in der Elektrizitäts-, Gas- und Wasserwirtschaft.

Mit der Preisempfehlung will das herstellende Unternehmen weiter einen gewissen Einfluss auf die Preisgestaltung bis zum Endabnehmer ausüben. Vertikale Preisempfehlungen müssen nicht beim Bundeskartellamt angemeldet werden. Im Rahmen der Ausübung der Missbrauchsaufsicht kann das Bundeskartellamt jedoch von preisempfehlenden Unternehmen Auskünfte verlangen. Dies wird dann angebracht sein, wenn die empfohlenen Preise so hoch ausgewiesen werden, dass sie nicht ernsthaft als Marktpreise anzusehen sind („Mondpreise").

Beim Verkauf von Produkten über den Einzelhandel sind alle Einzelhändler nach der „Verordnung über die Preisauszeichnung" verpflichtet, die zum Kauf angebotenen Waren unter Angabe der Verkaufseinheit und der Gütebezeichnung mit dem geforderten Preis auszuzeichnen. Ziel der Preisauszeichnungsverordnung soll es sein, dem Verbraucher die Möglichkeit zu geben, Preise zu vergleichen und einen Preiswettbewerb zu ermöglichen.

Nachdem das Bundesverfassungsgericht 1984 wegen eines Formfehlers die Preisangabenverordnung für verfassungswidrig erklärt hatte, legte die Bundesregierung eine neue Preisangabenverordnung vor. Danach sind bei der Werbung für Waren oder Leistungen der Anbieter auch künftig gegenüber dem Endverbraucher die Endpreise anzugeben, die einschließlich der Umsatzsteuer und sonstiger Preisbestandteile unabhängig von einer Rabattgewährung zu zahlen sind.

Soweit es der allgemeinen Verkehrsauffassung entspricht, sind auch die Verkaufs- oder Leistungseinheit und die Gebührenbezeichnung anzugeben, auf die sich die Preise beziehen.

Auf die Bereitschaft, über den angegebenen Preis zu verhandeln, kann hingewiesen werden, soweit es der allgemeinen Verkehrsauffassung entspricht und Rechtsvorschriften nicht entgegenstehen. Das ist z. B. bei Immobilien und Gebrauchtwagen der Fall.

Eine Neuregelung der Kreditvorschriften ist erfolgt (Gesetz über Verbraucherkredite 1990).

Die Regelung der Preisangabe bei Krediten, insbesondere solchen mit nicht über die gesamte Laufzeit festen Konditionen, bedurfte zur Verbesserung der Rechtsklarheit und der Wettbewerbsbedingungen einer präzisen Fassung. Nach dem Verbraucherkreditgesetz ist der Preis, der sich unter Zugrundelegung der gesamten Kredit-Laufzeit, des ausgezahlten Betrags, der Tilgungsleistungen, des Zinssatzes, der Vermittlungs- und sonstigen Kosten ergibt, in vom Hundert des Kredits für das Jahr unter der Bezeichnung „effektiver Jahreszins" anzugeben.

25 Seite 628

26 Seite 628

2. Rabattpolitik

Der einmal von einem Anbieter festgelegte Preis kann durch die Gewährung von Rabatten in verschiedener Weise modifiziert werden. Rabatte stellen Preisnachlässe dar, die für bestimmte Leistungen des Abnehmers gewährt werden und mit dem Produkt in einem Zusammenhang stehen. Mit der Rabattpolitik kann man sofort oder später bei Vorliegen bestimmter Kriterien den einmal festgelegten Preis herabsetzen.

Grundsätzlich ist der Einsatz der Rabattpolitik nur sinnvoll, wenn für das abzusetzende Gut ein „normaler", ein eingeführter Preis besteht, von dem sich der Anbieter (im Einzelfall der Verkäufer) abheben möchte.

Rabattpolitik ist als ein **Mittel der preispolitischen Feinsteuerung** anzusehen, das insbesondere zwischen Hersteller und Handel von besonderer Effizienz sein kann.

Der Gesetzgeber hat im Sommer 2001 die fast 70 Jahre alten Gesetze zur Beschränkung von Rabatten und Zugaben aufgehoben. Die Beurteilung dieser Maßnahme ist sehr unterschiedlich (siehe Branchenbeispiele) nach der wirtschaftlichen Situation in den einzelnen Bereichen.

Die neue Gesetzeslage erlaubt es dann neue Maßnahmen zu ergreifen wie z. B. Rabattkarten, lebenslange Garantien, höhere Preisnachlässe als bisher. Bei Zugabe können z. B. Umtauschgarantien, Zubehör oder „Paketpreise" („Vier zum Preis von Drei") gewährt werden.

Da Rabatte unterschiedliche Zielsetzungen haben und aus diesem Grunde auch in unterschiedlichen Formen auftreten, sollen sie sich nach verschiedenen Gesichtspunkten eingeteilt werden.

Internet

Der Deutschland-Chef des Internet-Portals Yahoo, Peter Würtenberger, prophezeit, dass die Beschlüsse der Bundesregierung dem E-Commerce in Deutschland zum Durchbruch verhelfen könnten. Erste Indizien belegen, dass er Recht zu haben scheint. So schoss die Aktie der Interneteinkaufsgemeinschaft Letsbuyit.com gestern im Handelsverlauf um 90 Prozent nach oben. „In den USA konnte das Business-to-Consumer-Geschäft besser starten, weil die Vorteile klar erkennbar waren." So habe zum Beispiel der Internet-Buchhändler Amazon.com dort von Anfang an Preisnachlässe von bis zu 50 Prozent gewährt. Wenn man es jetzt klug anstelle, könne man viele Internet-Nutzer dazu bewegen, Online einzukaufen, so Würtenberger im Reuters-Interview. Mehr Möglichkeiten sehe er auch für Bonusprogramme. *cw*

Einzelhandel

Die großen Handelsketten haben schon lange auf die Abschaffung der antiquierten Gesetze gedrungen, um im europaweitem Wettbewerb besser um die Gunst der Kunden buhlen zu können. Bei der Metro AG werden derzeit Informationen gesammelt „was alles möglich ist". Karstadt-Quelle denkt über Möglichkeiten nach, die Kundenkarte, zurzeit von vier Millionen Kunden genutzt, „stärker auszubauen". Die Douglas Holding AG arbeitet an einem Bonussystem. Schon jetzt haben 1,2 Millionen deutsche Kunden die „Douglas-Card", bald sollen sie mit noch mehr Leistungen belohnt werden. Die Lebensmittelketten liebäugeln mit dem in den USA bereits seit langem erfolgreichen Lockruf: „Buy one, get one free". Das bedeutet, beim Kauf eines Produktes erhält der Kunde das gleiche Produkt noch einmal gratis. *cw*

Versandhäuser

Der Versandhandel hat bereits klare Vorstellung, wie er vom Wegfall des Rabattgesetzes und der Zugabeverordnung profitieren will. Grundlage dafür sind die Erfahrungen, die etwa die Neckermann Versand AG bereits in anderen Ländern gesammelt hat. Beispiel Frankreich: Hier werden die Kunden per Post auf Sonderangebote im laufenden Katalog aufmerksam gemacht. „Jede dieser Trockenmailings löst wahre Bestellwellen aus", sagt Sprecherin Ines Hennig. In den Niederlanden gewährt das Versandhaus pro Bestellung Punkte, für die sich der Kunde aus einem Zusatzkatalog (Nex-Katalog) bestimmte Waren, für die jeweils eine bestimmte Anzahl von Punkten erforderlich ist, aussuchen kann. „Beide Ansätze sind auch für den deutschen Markt denkbar", sagt Frau Hennig. *cw*

Autoverkauf

Wenn es eine Branche gibt, die bereits vor dem Wegfall von Rabattgesetz und Zugabeverordnung kräftig Preisnachlässe gewährt hat, ist es der Autohandel. Doch bislang geschah dies unter der Hand. Der Wegfall der gesetzlichen Hürden wird nach Meinung der Experten nun dazu führen, dass noch stärker um die Kunden gebuhlt wird. Schon deshalb, weil der Markt als weitgehend gesättigt gilt, sprich die Nachfrage bei gleichbleibend hohem Angebot zurückgehen wird. Die Rede ist bereits von Rabatten bis zu 30 Prozent. Neben satten Preisnachlässen sind künftig auch dicke Zusatzgeschenke erlaubt: Winterreifen, Radio, Navigationssysteme. Branchenkenner rechnen damit, dass der Autoindustrie unterm Strich jährlich eine halbe Mrd. DM an Einnahmen verloren gehen wird. *cw*

Beurteilungen zum Wegfall des Rabattgesetzes und der Zugabeverordnung

Quelle: Welt Dezember 2000

Im Einzelnen soll nach folgenden **Rabattarten** unterschieden werden:

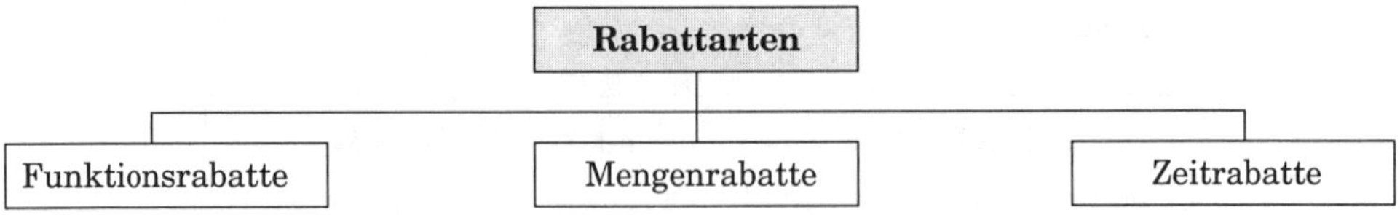

2.1 Funktionsrabatte

Funktions- oder Stufenrabatte werden dem Groß- und Einzelhandel zur Wahrnehmung der von ihm übernommenen Funktionen gewährt. Für die Ausübung dieser Funktion erhält der Handel eine angemessene Vergütung seitens des Herstellers. Mit der Gewährung des Funktionsrabatts will der Hersteller sicherstellen, dass der Handel weiterhin diese Funktion wahrnimmt und die Existenz eines leistungsfähigen Handels gewährleistet ist.

Unter der Betrachtung nach der Handelsfunktion lassen sich diese Rabatte unterteilen in:

- Auftragserlangungsrabatte
- Auftragserledigungsrabatte
- Absatzfunktionsrabatte.

Zu den Funktionsrabatten sind auch die **Barzahlungsrabatte** oder **Skonti** zu zählen. Zielsetzung dieser Rabattart ist, den Abnehmer zu einem Verzicht auf die Kreditfunktion des Lieferanten zu veranlassen.

2.2 Mengenrabatte

Bei Abnahme großer Mengen gewährt der Lieferant einen Mengenrabatt von unterschiedlicher Höhe. Die Rabattform kann dabei ein Preisnachlass (**Barrabatt**) sein oder in Form unentgeltlicher Warenabgaben (**Naturalrabatt**) erfolgen.

Bemessungsgrundlage für den Mengenrabatt kann die Menge pro Auftrag entsprechend der bezogenen Produktmenge oder der Auftragswert pro Periode (i.d.R. ein Jahr) sein.

Zielsetzung der verschiedenen Erscheinungsformen der Mengenrabatte ist eine Ausnutzung der Kosten- und Dispositionsvorteile, die sich aus dem Kauf größerer Mengen je Auftrag ergeben und damit eine Ausweitung des Absatzes ermöglichen.

Werden als Bezugsgrundlagen für eine Rabattgewährung die Bezüge eines Jahres zu Grunde gelegt, so spricht man von Bonus. Diese Form dient vor allem dazu, den Kunden zu veranlassen zum Stammkunden zu werden, der alle infrage kommenden Aufträge an den Anbieter vergibt. Der Bonus erhält Elemente des Mengen- und Treuerabatts.

2.3 Zeitrabatte

Zu den Zeitrabatten gehören:

- Einführungsrabatte
- Vordispositionsrabatte
- Saisonrabatte
- Auslaufrabatte.

Einführungsrabatte sollen dazu dienen, schnell Frühkunden zu gewinnen um die Einführungsphase des Produktes zu verkürzen. Die Zielsetzung ist identisch mit der werbepolitischen Zielsetzung der Einführungswerbung.

Vordispositionsrabatte haben die Aufgabe, jahreszeitliche Absatzschwankungen auszugleichen. Ebenfalls auf eine ausgeglichene Beschäftigung sind Saisonrabatte ausgerichtet.

Auslaufrabatte haben die Aufgabe, möglichst schnell die Läger von veralteten Produkten zu räumen.

Da, wie wir gesehen haben, jede Rabattart eine bestimmte Funktion hat, muss die Rabattpolitik als wichtiges und wirksames eigenständiges marketingpolitisches Instrument betrachtet werden, das keineswegs in der Preispolitik aufgehen kann.

Denn Rabattgewährung und Preissenkung sind aus verschiedenen Aspekten oft nicht substituierbar.

Die Wirkungsweise der verschiedenen Rabatte veranschaulicht zusammenfassend die Übersicht von *Bott / Peterson / Whatley* (vgl. Übersicht S. 360).

Rabattart	Der Rabatt basiert auf dem Lieferanten-nutzen der	Der Rabatt deckt die Abnehmerkosten für	Bei Überbietung des Wettbewerbs bewirkt der Rabatt
Grundrabatt (pauschalisierter Funktionsrabatt, Fixum)	Öffnung und Sicherung von Absatzmöglichkeiten im handelsüblichen Umfang der Sortimentspflege	bereitgestellte Kontaktkapazität und ihre Verzinsung bis zum Zeitpunkt des Warenbezugs.	Abnehmer setzt sein Absatzpotenzial im Interesse des Lieferanten ein. Abnehmer ist geneigt, lieferantenorientierte Kapazität aufzubauen (Personal zur Schulung freizustellen, kompatible EDV, Kühlmöbel usw. zu beschaffen). Abnehmer senkt Verkaufspreise.
Zeitrabatt (Einführungs-, Saison-, Auslauf-Rabatt)	Absatzsteigerung in verkaufsschwacher Zeit. Entlastung der Lagerhaltung. Verstetigung der Auslieferung.	die Bevorratung diskontiert auf den Zahlungstermin. Leistungen, die Verkäuflichkeit erhöhen (Werbung, Kredite, Garantien), Erlösschmälerungen	Abnehmer erhöht seine Eindeckung. Abnehmer senkt Verkaufspreis und stört so eventuell andere Abnehmer.
Mengenrabatt Auftragsgrößen-Rabatt	Abnahme größerer Mengen je Bestellung. Zusammenfassung von Kleinbestellungen.	Artikel- bzw. auftragsgrößenabhängige Bezugs-, Lager- und Vertriebsleistung. Rabattvorteile, die bei Konkurrenzartikeln entgehen.	Artikelbezogene (bzw. lieferantenprogrammbezogene) Verkaufsaktivität des Abnehmers
Jahresumsatz-Rabatt (Mengenbonus)	Intensivierung und Verstetigung der Geschäftsbeziehungen.	entgangene Vorteile aus Gelegenheitsgeschäften mit anderen Lieferanten.	Abnehmer strafft Sortiment; Abnehmer bestellt Kleinstmengen.
Barzahlungs-Rabatt	Verminderung des Zins- und Einziehungsaufwands bzw. des Insolvenzrisikos.	Finanzierung in der Nettofrist.	Abnehmer bezahlen andere Lieferanten später.
Garantiepauschale (verdeckter Rabatt)	Vorhaltung von Kundendienstleistungen. Einsparung der Einzelabwicklung von Garantiefällen (besonders bei Export).	Bereitstellung von Kundendienstkapazität. Tatsächliche Garantieleistung.	Das Gleiche wie ein Grundrabatt.

Im Wirtschaftsalltag treten Rabatte in den unterschiedlichsten Formen auf. Die Hauptgemeinschaft des Deutschen Einzelhandels (HdE) hat die folgende Übersicht über Funktionsrabatte in der Praxis aufgestellt.

1. Handwerkerrabatt	12. Dispositionsrabatt	23. Sortimentserweiterungsrabatt
2. Großhandelsrabatt	13. Sonderdispositionsrabatt	24. Set-Rabatt (z. B. bei Abnahme mehrerer Geräte für eine Küche)
3. Liefergroßhandelsrabatt, C+C-Rabatt	14. Sondervergütungsprämie	25. Musterrabatt
4. Vorausrabatt (für verschiedene Abnehmergruppen)	15. Sonderleistungsrabatt	26. Platzierungsrabatt Neuplatzierungsrabatt
5. Leistungsstaffelrabatt	16. Montagerabatt	27. Delcredere-Rabatt
6. Stützpunkthändlerrabatt	17. Lieferrabatt	28. Bar-Rabatt
7. Einwaschprämie (bei Waschmaschinen)	18. Konzentrationsrabatt	29. Schaufensterrabatt
8. Kollegenrabatt	19. Förderungsrabatt	30. Werbevergütung
9. Selbstabholrabatt	20. Fakturenrabatt	31. Werbekostensondervergütung, Insertionsunterstützungsrabatt
10. Sonderprämie	21. Messerabatt, Börsenrabatt, Börsensonderprämien	32. Rabatte für lose Ladung
11. Exklusivrabatt	22. Vollsortimentsrabatt	33. Naturalrabatt

Funktionsrabatte in der Praxis

Quelle: HdE, 1978 S. 7

Wie z. B. die Gewährung verschiedener Rabatte den Grundpreis mindert, zeigt das folgende Beispiel von *Homburg* (WHU).

Rabattdschungel und Preisverfall

Ein Beispiel eines Herstellers technischer Gebrauchsgüter (Anlagen in €)

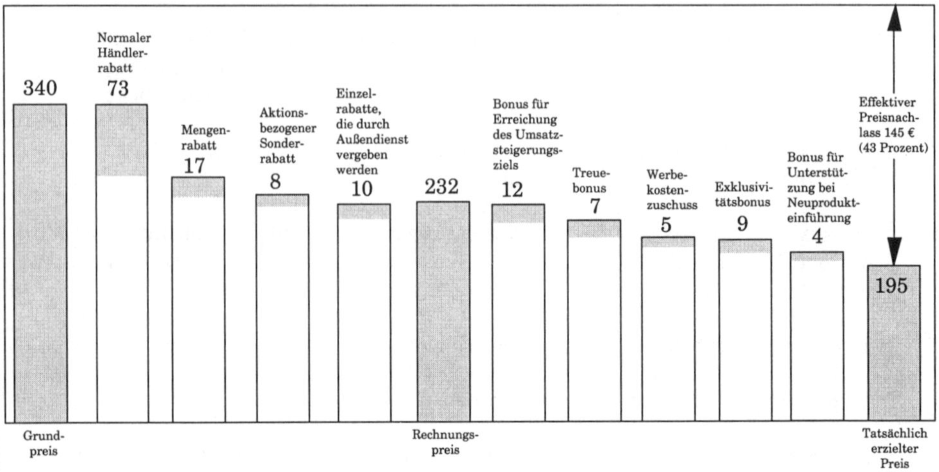

Quelle: WHU

3. Liefer- und Zahlungsbedingungen

Unter den Liefer- und Zahlungsbedingungen versteht man die Modalitäten der Übergabe und des Gefahren- und Eigentumsübergangs der Produkte vom Lieferanten zum Kunden und die Art und Weise der Entrichtung des vereinbarten Kaufpreises durch den Käufer. In der Praxis werden sie als **Konditionen** bezeichnet. Mit den Liefer- und Zahlungsbedingungen lassen sich ähnliche Wirkungen erzielen wie mit der Preis- und Rabattpolitik oder Kreditpolitik.

3.1 Lieferbedingungen

Die Lieferbedingungen umfassen eine Vielzahl von Aktionsmöglichkeiten:

- Lieferbereitschaft
- Lieferzeit
- Lieferart
- Umtausch- und Rücktrittsmöglichkeiten
- Berechnung der Verpackungs-, Fracht- und Versicherungskosten.

So ist z. B. die Gestaltung der **Lieferbereitschaft** (Lieferfrist) ein bedeutsames Instrument der Marketingpolitik in Zeiten gesteigerter Nachfrage nach einem Produkt.

Auch die **Lieferzeit** spielt eine nicht zu unterschätzende Rolle, wenn es um Aufträge geht, die zu einem bestimmten Termin abgewickelt sein müssen. Insbesondere in der Hochkonjunktur bekommt oft derjenige Lieferant den Auftrag, der früher liefern kann, obgleich er höhere Preise hat. Im Falle der Vereinbarung einer Konventionalstrafe bei nicht rechtzeitiger Erfüllung des Auftrags spielt die genaue Einhaltung der Lieferzeit eine wichtige Rolle.

Eine besondere Rolle im Rahmen der Lieferbedingungen spielt die **Lieferart**. Hierunter soll der Weg verstanden werden, auf dem das Produkt zum Käufer gelangt. Dabei soll besonders nach den Transportmitteln, die benutzt werden (wie Versand durch die Post, Bahn, Schiff, LKW, Flugzeug usw.) unterschieden werden und danach, ob der Lieferant oder der Käufer die Kosten trägt.

So kann eine Lieferung frei Haus erfolgen, sie kann aber auch frei Haus einschließlich der Aufstellung der gekauften Gegenstände erfolgen.

Besonders im Export sind die Lieferbedingungen von großer Bedeutung, da früher die Auslegung in den einzelnen Ländern unterschiedlich war. Durch die Aufstellung der **Incoterms** (International Commercial Terms) im Jahre 1936, die 1990 eine neue Fassung erhielten, lassen sich die Lieferbedingungen im zwischenstaatlichen Handelsverkehr heute eindeutig regeln.

Die mittlerweile aktuellen Fassung von 2000 gibt die folgende Übersicht (s. S. 364) wieder.

Incoterms gelten nicht automatisch: Sie müssen durch Vereinbarung in den Vertrag zwischen Käufer und Verkäufer aufgenommen werden.

Die Incoterms 2000 bestehen aus 13 Klauseln, die nach einem 3-Buchstabensystem abgekürzt werden. Seit 1990 gilt die Aufteilung der Klauseln in vier Kategorien E, F, C und D.

- **E-Klausel (Abholklausel)**

Die EXW-Klausel (Ab Werk = Ex Works) enthält die Minimalverpflichtung für den Verkäufer, er muss lediglich dem Käufer die Ware auf dem eigenen Gelände zur Verfügung stellen. Alle Transportkosten und -risiken trägt der Käufer, der auch alle Ausfuhr- und Einfuhrgenehmigungen zu beschaffen hat.

- **F-Klauseln**

Auch bei den F-Klauseln wird der Haupttransport nicht vom Verkäufer bezahlt. Der Verkäufer muss die Ware einem vom Käufer benannten Frachtführer übergeben und bis dahin die Gefahr für Verlust und Beschädigung tragen. Hierzu zählen die Klauseln: Frei Frachtführer (FCA = Free Carrier), Frei Längsseite Schiff (FAS = Free alongside Ship) und Frei an Bord (FOB = Free on Board).

Gruppeneinteilung der Incoterms		Transportart
Gruppe E (Abholklausel)		
EXW	ex works (ab Werk)	jede Transportart einschließlich multimodaler Transport (.. benannter Ort)
Gruppe F (Haupttransport wird vom Verkäufer nicht bezahlt)		
FCA	free carrier (frei Frachtführer)	jede Transportart (.. benannter Ort)
FAS	free alongside ship (frei Längsseite Schiff)	See- und Binnenschiffstransport (.. benannter Verschiffungshafen)
FOB	free on board (frei an Bord)	See- und Binnenschiffstransport (.. benannter Verschiffungshafen)
Gruppe C (Haupttransport wird vom Verkäufer bezahlt)		
CFR	cost and freight (Kosten und Fracht)	See- und Binnenschiffstransport (.. benannter Bestimmungshafen)
CIF	cost, insurance and freight (Kosten, Versicherung, Fracht)	See- und Binnenschiffstransport (.. benannter Bestimmungshafen)
CPT	carriage paid to (frachtfrei)	jede Transportart (.. benannter Bestimmungsort)
CIP	carriage and insurance paid to (frachtfrei versichert)	jede Transportart (.. benannter Bestimmungsort)
Gruppe D (Ankunftsklauseln)		
DAF	delivered at frontier (geliefert Grenze)	jede Transportart (.. benannter Ort)
DES	delivered ex ship (geliefert ab Schiff)	See- und Binnenschiffstransport (.. benannter Bestimmungshafen)
DEQ	delivered ex quay (geliefert verzollt ab Kai)	See- und Bestimmungstransport (.. benannter Bestimmungshafen)
DDU	delivered duty unpaid (geliefert unverzollt)	jede Transportart (.. benannter Ort)
DDP	delivered duty paid (geliefert verzollt)	jede Transportart (.. benannter Ort)

Übersicht Incoterms 2000

- **C-Klauseln**

Bei den vier C-Klauseln muss der Beförderungsvertrag vom Verkäufer abgeschlossen und bezahlt werden. Das Risiko des Verlusts oder der Beschädigung der Ware während des Transports sowie zusätzlicher, nach Abtransport entstehender Kosten werden aber vom Käufer getragen.

C-Klauseln sind: Kosten und Fracht (CFR = Cost and Freight), Kosten, Versicherung, Fracht (CIF = Cost, Insurance and Freight), Frachtfrei (CPT = Carriage paid to) und frachtfrei versichert (CIP = Carriage and Insurance paid to). Bei CIF und CIP ist der Verkäufer zusätzlich verpflichtet, auf eigene Kosten eine Transportversicherung zu 110 % des Kaufpreises mit Mindestdeckung der Institute Cargo Clauses so abzuschließen, dass im Schadensfall der Käufer berechtigt ist, unmittelbar gegenüber dem Versicherer Ansprüche geltend zu machen. Den C-Klauseln und den F-Klauseln ist gemein, dass der Verkäufer bei beiden seine vertraglichen Verpflichtungen im Versandland erfüllen muss.

- **D-Klauseln**

Bei den so genannten Ankunftsklauseln trägt der Verkäufer alle Kosten und alle Risiken bis die Ware im Bestimmungsland am vereinbarten Ort eintrifft. Die fünf D-Klauseln sind:

Geliefert Grenze (DAF = Delivered at Frontier), Geliefert ab Schiff (DES = Delivered ex Ship), Geliefert ab Kai - verzollt (DEQ = Delivered ex Quay - Duty paid), Geliefert unverzollt (DDU = Delivered Duty unpaid), Geliefert verzollt (DDP = Delivered Duty paid).

DDP stellt die Maximalverpflichtung des Verkäufers dar, der hier sogar Einfuhrbewilligungen, Zölle, Steuern und andere Abgaben bis zur Verfügungstellung der Ware am Bestimmungsort im Einfuhrland zu tragen hat. DDP (ebenso wie DEQ) sollte nur verwendet werden, wenn dem Verkäufer die Einholung der Einfuhrbewilligung und die Abwicklung der Zollformalitäten faktisch möglich ist.

Nicht jede Klausel kann für jede beliebige Transportart eingesetzt werden. So sind FAS, FOB, CFR, CIF, DES, DEQ reine Schiffsklauseln für den See- und Binnentransport, während alle übrigen Klauseln für jede Transportart einschließlich des multimodalen (kombinierten) Transports verwendet werden können. DAF ist vorwiegend für den Eisenbahn- und Straßentransport vorgesehen. Als besonders weitgehend verwendbar, insbesondere auch für Eisenbahn- und Lufttransporte, ist die FCA-Klausel ausgestaltet worden.

Die Incoterms sind so gestaltet, dass sie neue Transporttechniken, wie die Bildung von Ladungseinheiten in Containern, den multimodalen Transport und Ro-Ro-Transporte mit LKW oder Eisenbahnwaggons über See erfassen. Insoweit stellen die neuen Klauseln eine deutliche Verbesserung zu den bisher gültigen Incoterms dar.

Was die Berücksichtigung des elektronischen Datenaustausches angeht, so sind die neuen Incoterms noch nicht am Endpunkt der Entwicklung angelangt. Die Incoterms stellen im elektronischen Datenaustausch (EDI message) die Mitteilung den üblichen Transportdokumenten zum Beförderungsvertrag gleich.

Die Incoterms 2000 haben ihren festen Platz in Außenhandelsverträgen eingenommen. Mit Zunahme des internationalen Handelsverkehrs ist ihre Bedeutung gewachsen.

Die gegenseitigen Verpflichtungen, die sich aus den Klauseln der Incoterms ergeben, können jedoch durch Vereinbarung zwischen Lieferant und Käufer jederzeit abgeändert werden.

Im Versandhandel sind insbesondere die Lieferung mit Rückgaberecht nach Erhalt und Prüfung (z. B. innerhalb 8 Tagen) bzw. die Lieferung zur Ansicht von wesentlicher Bedeutung.

Allgemein lässt sich sagen, dass die jeweiligen Lieferbedingungen vom Produkt, vom Lieferanten, vom Kunden, vom Absatzweg, von der Branche, von Maßnahmen der Konkurrenz, der abgenommenen Menge und weiterer Faktoren abhängen, die im Einzelfall berücksichtigt werden müssen.

So liefern bestimmte Hersteller erst von einer bestimmten Mindestauftragsgröße bzw. erheben auf kleine Aufträge Mindermengenzuschläge, um nicht durch „Kleinaufträge" überlastet zu werden.

In anderen Fällen werden die Liefer- und Zahlungsbedingungen zwischen den Verbänden der Anbieter und Nachfrager für ganze Branchen bzw. Wirtschaftszweige generell geregelt und in **Konditionskartellen** niedergelegt. In diesem Falle kann der einzelne Anbieter dieses Instrument nicht mehr individuell benutzen. Oft kann die genaue Erfüllung der Lieferbedingungen dazu beitragen, dass der Kunde zufrieden ist und auch Anschlussaufträge erteilt.

3.2 Zahlungsbedingungen

Durch die Zahlungsbedingungen wird die Art und Weise der Zahlung der gekauften Produkte festgelegt.

So kann z. B. Vorauszahlung, Barzahlung oder Zahlung nach Erhalt der Ware festgelegt werden.

Es können insbesondere bei einer langen Fertigungsdauer der Produkte Anzahlungen bzw. besondere Bedingungen vereinbart werden. Solche Bedingungen können etwa lauten: „Ein Drittel bei Bestellung, ein Drittel bei Meldung der Versandbereitschaft, ein Drittel bei Ablieferung."

Bei Gebrauchsgütern können die Produkte sofort bezahlt werden oder es kann Teilzahlung vereinbart werden.

Bei Teilzahlungsmöglichkeit wird meist mit zwei Preisen gearbeitet, dem Barpreis und dem Teilzahlungspreis, wobei der letztere meist in einer Anzahlung zuzüglich Raten ausgewiesen wird und insgesamt höher als der Barpreis liegt.

Einen Sonderfall der Zahlungsbedingungen bilden die Abzahlungsgeschäfte im Export.

Im Einzelhandel werden in zunehmendem Umfang die Zahlungen kartengestützt durchgeführt. Die Übersicht gibt die prozentualen Anteile der Zahlungsarten am Umsatz für verschiedene Betriebsformen für 1999 (1997) wieder.

	Bar	Scheck	ELV/PoZ	EC-Cash	Kredit-karten Handels-karten	Rechnung/ Sonstige
Drogeriemärkte	92,5 (k. A.)	0,5 (k. A.)	5,5 (k. A.)	1,0 (k. A.)	–	0,5 (k. A.)
LM-Discounter	98,0 (98,5)	0,5 (1,5)	1,5 (–)	–	–	–
Supermärkte	88,0 (89,5)	1,5 (4,5)	7,5 (4,0)	2,0 (1,0)	–	1,0 (1,0)
VM/SB-Warenh.	77,5 (84,0)	1,0 (3,0)	19,0 (11,5)	1,5 (0,5)	0,5 (•)	0,5 (1,5)
übrige SB-Geschäfte	92,0 (93,0)	1,5 (3,5)	3,5 (1,5)	1,5 (0,5)	–	1,57 (1,5)
(City-)Kaufh./WH	67,5 (73,0)	1,0 (2,5)	17,5 (13,5)	0,5 (< 0,5)	12,0 (9,5)	1,5 (1,5)
Textil-KH/-fachg.	45,5 (57,0)	1,0 (1,0)	39,5 (31,0)	2,5 (2,0)	10,0 (8,0)	1,5 (1,0)
Baumärkte	71,5 (74,0)	2,5 (6,5)	13,5 (9,5)	10,0 (8,5)	1,0 (< 0,5)	1,5 (1,5)
Sonst. Fachge./FM	68,5 (k. A.)	1,5 (k. A.)	9,0 (k. A.)	6,0 (k. A.)	6,5 (k. A.)	8,5 (k. A.)
insgesamt (ca. 300 Mrd. €)	**73,3 (76,5)**	**1,3 (3,5)**	**12,1 (8,0)**	**4,0 (2,5)**	**4,7 (4,0)**	**4,6 (5,5)**

Zahlungsarten (Prozent) für verschiedene Handelsbetriebsformen

Quelle: EHI, Köln

4. Absatzfinanzierungspolitik

Unter Absatzfinanzierungspolitik als marketingpolitisches Instrument soll die Einflussnahme von Herstellern und Handel auf Nachfrager verstanden werden, mit dem Ziel, diese entweder überhaupt oder früher als ohne Kreditpolitik zum Kauf zu bewegen. Ziel der Kreditpolitik oder der Absatzfinanzierungspolitik ist die nachhaltige Beeinflussung des Absatzes durch Stärkung der Kaufkraft der Nachfrager. Dadurch lassen sich diejenigen Kaufwilligen als Nachfrager hinzugewinnen, denen es im Augenblick an Kaufkraft mangelt, um die Kaufwünsche erfüllen zu können.

Im Rahmen der Absatzfinanzierungspolitik wird unterschieden in:

- Absatzfinanzierungspolitik gegenüber Absatzorganen und Konsumenten und in
- die Möglichkeit des Absatzes ohne direkte Kreditgewährung durch den Anbieter in der Form des Leasing oder Factoring.

Allgemein kann die Absatzfinanzierungspolitik in Allein-, Re- und Drittfinanzierung eingeteilt werden.

Alleinfinanzierung	Die Finanzierung erfolgt aus Mitteln des Anbieters. o A-Geschäft - Anschreibkredit - Buchkredit - Kreditkarte o B-Geschäft - Anzahlung - Ratenzahlung o C-Geschäft - Wechselfinanzierung
Refinanzierung	Die Finanzierung erfolgt durch die Sicherung des Kredits durch Personen oder Sachen. o Persönliche Sicherheit - Bürgschaft o Dingliche Sicherheit - Sicherungsübereignung - Forderungsabtretung o Eigentumsvorbehalt
Drittfinanzierung	o **Leasing** Hierbei erwirbt der „Käufer" nicht das Eigentum am Produkt, sondern nur das Nutzungsrecht für einen bestimmten Zeitraum. Dafür zahlt er sog. Leasing-Raten. o **Factoring** Ein Factor kauft die Forderungen eines Unternehmens und bevorschusst die Forderungen, sodass dem Unternehmen sofort liquide Mittel zur Verfügung stehen und übernimmt oft weitere damit verbundene Verwaltungsaufgaben. o **Forfaitierung** ist ein Exportfinanzierungsinstrument, das der Finanzierung von Exporten dient, die wegen des größeren Risikos durch Wechsel, Aval oder Bankbürgschaft abgesichert sind.

Formen der Absatzfinanzierungspolitik

Einige Formen der Absatzfinanzierungspolitik sollen kurz näher betrachtet werden.

4.1 Finanzierungspolitik gegenüber Absatzorganen

Gegenüber den Absatzorganen kann die Finanzierungspolitik u. a. geprägt sein durch:

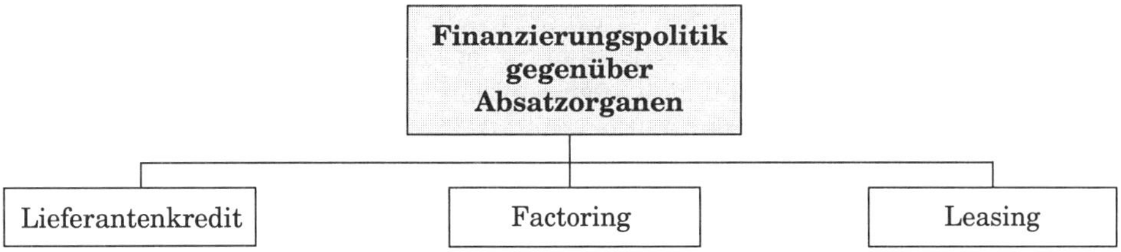

4.1.1 Lieferantenkredit

Seinen gewerblichen Abnehmern kann ein Lieferant einen **Lieferantenkredit** einräumen.

Einem Lieferantenkredit liegt ein Kaufvertrag zwischen einem Lieferanten (Kreditgeber) und einem Kunden (Kreditnehmer) zu Grunde. Lieferantenkredite stellen Stundungen der Zahlungen für Waren- oder Dienstleistungsverkäufe dar. Sie werden nach individuellen oder branchen- bzw. wirtschaftszweigbezogenen Bedingungen gewährt.

So gelten z. B. in einem Wirtschaftszweig

3,5 % Skonto bei Zahlung innerhalb 10 Tagen,
2 % Skonto von 10 bis 30 Tagen,
netto von 30 bis 60 Tagen,
später Verzugszinsen,

während in anderen Bereichen bei Zahlung innerhalb 10 Tagen 2 % Skonto und netto von 10 bis 30 Tagen üblich sind.

Aus Kostengründen ist eine Inanspruchnahme von Lieferantenkrediten meist abzulehnen.

4.1.2 Factoring

Durch **Factoring** ist es Anbietern möglich, zu günstigeren Konditionen zu verkaufen als sonst, da der Anbieter schneller zum Gegenwert seiner Forderungen durch die Einschaltung eines Factors kommt.

Factoring ist ein zwischen einem Unternehmen und einem Finanzierungsinstitut, dem Factor, geschlossener Vertrag, aufgrund dessen der Factor Kundenforderungen des Unternehmens aus Warenlieferungen und Dienstleistungen übernimmt und unter Umständen das Ausfallrisiko trägt. Der Factor stellt dem Unternehmen den Gegenwert der Forderung – abzüglich der entstehenden Kosten – zur Verfügung.

Nach Angaben der Deutschen Factoring Bank eignet sich Factoring bei Vorliegen folgender Voraussetzungen:

- Der Jahresumsatz im Inlandsgeschäft sollte mindestens zwei Millionen € betragen. Im Exportgeschäft sollten es nicht weniger als drei Millionen € sein, wobei pro Abnehmerland eine Million € als Untergrenze gilt. Factoringfähige Exportmärkte sind westliche Industrieländer, Fernost und Australien.

- Der Factor kauft nur Forderungen, die aus Lieferungen an gewerbliche Abnehmer resultieren.

- Der Kundenstamm sollte weitgehend konstant sein. Die Zahlungsziele sollten im Inland 90 Tage und im Ausland 120 Tage nicht überschreiten.

- Die Forderungen müssen auf Lieferungen und Leistungen beruhen, die bereits voll erfüllt sind. Forderungen aus Rahmen- oder Sukzessivlieferverträgen – wie etwa in der Bauwirtschaft üblich – kauft der Factor nicht an. Ausnahmen sind möglich, werden aber besonders kritisch überprüft.

Im Jahre 2001 betrug das Factoring-Geschäft der Factoring-Institute des Deutschen Factory Verbands ca. 29 Milliarden € Umsatz. Damit stiegen die Umsätze gegenüber dem Vorjahr um 25 Prozent.

Durch Factoring lassen sich sofort Zahlungsmittel bereitstellen und die Liquidität des Anbieters erhöhen. Diese Mittel stehen nunmehr für einen verstärkten Einsatz der marketingpolitischen Instrumente zur Verfügung, auch z. B. für die Einräumung von Lieferantenkrediten.

Factoring (Umsatz in Mrd. Euro) in Deutschland			
	Gesamt	**Inland**	**International**
1996	14,97	12,10	2,87
1997	17,87	14,43	3,44
1998	20,43	16,37	4,06
1999	19,98	16,25	3,73
2000	23,50	18,67	4,83
2001	29,40	22,83	6,57

Factoringumsatz 1996 - 2001

Quelle: Deutscher Factoring-Verband (umgerechnet in Euro)

Vergleichbar mit dem Factoring ist die **Forfaitierung**. Hierunter versteht man den Abkauf einer Forderung aus einem Exportgeschäft durch einen Forderungsankäufer (Forfaiteur). Dabei entfallen für den Exporteur die mit der Forderung verbundenen Risiken. Darüber hinaus treibt der Forfaiteur die Forderungen ein und trägt das Delkredere-, Zinsänderungs- und Wechselkursrisiko. Der Exporteur kann mit diesem Instrument seine Liquidität erhöhen, seine Bilanz entlasten und dadurch sein Kreditvolumen erhöhen.

4.1.3 Leasing

Leasing ist eine Form der Absatzfinanzierung, bei der der Kaufpreis für kleinere oder große Absatzobjekte in laufende Mietzahlungen umgewandelt wird.

Heute liegt Leasing meist folgender Ablauf zu Grunde:

(1) Der (potenzielle) Leasingnehmer sucht sich beim Hersteller die für seine Zwecke geeigneten Leasing-Güter aus und vereinbart den Preis.

(2) Der (potenzielle) Leasingnehmer wendet sich an ein Leasing-Institut mit dem Zwecke, dass dieses ihm die Güter im Rahmen des Leasing zur Verfügung stellt.

(3) Bei Einigung kauft das Leasing-Institut die Güter beim Hersteller und überlässt sie dem Leasingnehmer.

Durch Leasing ergeben sich für den Verkäufer grundsätzlich folgende Vorteile:

- Gesteigerter Absatz
- Geringeres Kreditrisiko
- Bessere Auslastung der Produktionskapazitäten
- Bessere Einführung von Innovationen.

Für den Leasingnehmer bietet Leasing folgende Vorteile:

- Erhöhung der Liquidität (Kreditlinie)
- Schutz vor Überalterung der Anlagen
- Inanspruchnahme ohne Kapitalbindung
- Steuerliche Vorteile
- Variable Kosten (Leasingrate)
- Absatzförderung
- Erleichterte Modernisierung.

Fahrzeuge werden am häufigsten geleast			
Anteile der Leasingobjekte am Branchenumsatz	**1999**	**2000**	**2001**
Fahrzeuge	55,9 %	54,7 %	52,5 %
Büromaschinen inklusive EDV	12,3 %	12,0 %	12,9 %
Produktionsmaschinen	8,5 %	8,3 %	8,4 %
Nachrichten-, Signaltechnik, Sonstiges	6,9 %	8,3 %	7,8 %
Geschäfts-, Bürogebäude	9,7 %	9,8 %	11,5 %
Produktionsgebäude, Hallen	6,7 %	6,9 %	6,9 %

Quelle: Institut für Wirtschaftsforschung, München

Leasing wird in verschiedenen Formen durchgeführt:

Kriterien	Leasingarten	Kurzcharakterisierung
Amortisation	• Vollamortisations- (full pay out-) Verträge	Volle Tilgung der Investitionsausgaben für die Anlage innerhalb der Grundmietzeit
	• Teilamortisations- (non full pay out- Verträge)	Partielle Tilgung der Investitionsausgaben für die Anlage innerhalb der Grund-Miet-periode, anschließende Weitervermietung oder Kauf der Anlage
Leistungs-umfang	• Reines Finanzierungs-leasing	Leasing als reine Finanzierungsmaßnahme für die Anlage
	• Full-Service-Leasing	Neben der Finanzierung wird auch die Projektierung, Bauleitung und Abrechnung übernommen
Beschaffungs-weg des Leasingobjektes	• Sale-and-Lease-back	Der Leasingnehmer verkauft seine vorhandene Anlage an den Leasinggeber und least sie zurück
	• Buy-and-Lease	Der Leasinggeber kauft die bereits bestehende Anlage von einem Dritten und verleast sie an den Leasingnehmer
	• Erect-and-Lease	Die Anlage wird nach Kundenwunsch errichtet, vom Leasinggeber erworben und dem Kunden verleast
Variabilität der Leasinggebühr	• Festzins-Leasing	Die Leasinggebühr ist über die Vertrags-laufzeit fest
	• Leasing mit variablem Zins	Die Leasinggebühr kann anknüpfend an bestimmte Veränderungen variieren (z.B. Senkung bei zurückgehendem Auftragseingang)
Leasinggeber	• Hersteller • Vermietung durch Dritte	Es wird durch den Hersteller verleast oder indirekt über Dritte
Leasingobjekt	• Konsumgüter	Konsumenten als Leasingnehmer zum Beispiel Pkw, PC usw.
	• Investitionsgüter	Mobilien oder Immobilien als Objekt

Leasingformen

Quelle: in Erweiterung von *Backhaus, K.* (1982)

Leasing hat in Deutschland eine stetige Aufwärtsentwicklung erlebt, wobei der Zuwachs bei Leasing über der Entwicklung der Gesamtwirtschaft lag. Insgesamt waren 2001 Wirtschaftsgüter mit einem Anschaffungswert von ca. 97 Mrd. € verleast mit steigender Tendenz.

Bei den Güterarten dominieren Fahrzeuge, Büromaschinen einschließlich EDV und Gebäude. Allerdings ist in den letzten Jahren beim Fahrzeugleasing ein leichter Rückgang zu verzeichnen.

Die Sektoren mit dem größten Anteil an Leasingobjekten sind die Industrie, sonstige Dienstleister und der Handel sowie Verkehr und „Nachrichten". Private Haushalte sind mit ca. 12 % am Leasing beteiligt.

Ein **Beispiel** soll veranschaulichen, ob die Finanzierung per Leasing oder Kredit empfehlenswert ist.

Was lohnt sich für Ihr Unternehmen: Finanzierung per Kredit oder Leasing?

Ob sich die Finanzierung einer Investition per Leasing oder Kredit lohnt, muss im Einzelfall geprüft werden. In der Beispielrechnung benötigt ein Unternehmen mit guter Bonität eine Werkzeugmaschine im Wert von 500.000 Euro mit einer Abschreibungszeit von acht Jahren. Als Alternativen kommen ein Bankkredit oder ein Leasingvertrag über 60 Monate mit einem Restwert von 100.000 Euro in Betracht. Der Gewerbesteuerhebesatz beträgt 480 Prozent, die Körperschaftsteuer 45 Prozent.

	Kauf mit Kredit	Kauf mit Leasing
Maschinenpreis	500.000 Euro	500.000 Euro
Nominalzins	8,50 %	8,50 %
Effektivzins	8,87 %	8,87 %
Laufzeit	5 Jahre	5 Jahre
Monatsrate	10.258,27 Euro	8.852,24 Euro
Raten (60 Monate)	615.496,20 Euro	531.134,40 Euro
Restwert	0 Euro	100.000,00 Euro
Kosten vor Steuern	615.496,20 Euro	631.134,40 Euro
Gesamtkosten nach Steuern	293.467,00 Euro	289.270,00 Euro
Barwert nach Steuern*	261.179,00 Euro	239.727,00 Euro

* Summe aller Monatsraten, abgezinst auf den Kauftermin.

Neben den Zahlen sollten Unternehmer aber auch die qualitativen Kriterien abwägen. So steht zum Beispiel im Fall des Kreditkaufs das Leasingobjekt länger wirtschaftlich zur Verfügung als bei einem Leasingvertrag mit einer festgelegten Veräußerung des Leasingobjekts am Ende der Grundmietzeit. Hinzu kommt, dass Leasingnehmer stark in ihren Möglichkeiten einer wirtschaftlichen Anpassung eingeschränkt sind. So können Unternehmer bei kreditfinanzierten Anlagen eher technische Änderungen vornehmen oder durch einen vorzeitigen Verkauf den Totalverlust verhindern. Für den Leasingvertrag spricht hingegen, dass eine bessere Relation von Eigenkapital zum Anlagevermögen die Kreditwürdigkeit des Unternehmens erhöht.

Quelle: Initiativbanking 2 - 2002, S. 9

Wichtige Leasingmotive sind nach der Deutschen Leasing AG in den folgenden Leitsätzen zusammengestellt:

- Leasing heißt für den Unternehmer: Investieren ohne Kapitaleinsatz. Sein Eigenkapital, seine Kreditlinien und auch seine bankmäßigen Sicherheiten bleiben bei dieser Investitionsform unberührt. Seine Liquidität bleibt erhalten.

- Leasing-Kosten sind monatlich wiederkehrende Zahlungen, die parallel zur Nutzung des Leasing-Objektes anfallen. Da der Ertrag aus dem Maschinen-Einsatz in der Regel höher liegt als die Leasing-Kosten, finanziert sich das Investitionsgut aus den von ihm erwirtschafteten Erträgen. Beim Kauf des Objektes muss dagegen für Tausende von Maschinenstunden im Voraus bezahlt werden.

- Leasing-Kosten sind fest vereinbart. Während der gesamten Vertragszeit sind Erhöhungen ausgeschlossen. Die monatlichen Zahlungen sind eine klare Planungs- und Kostengrundlage und erleichtern damit die innerbetriebliche Kalkulation.

- Die Laufzeit der Leasing-Verträge orientiert sich in der Regel an den steuerlichen AfA-Zeiten. Dagegen erfolgt die Rückzahlung von Krediten meist schneller als die Nutzung. Selbstverständlich können Optionen auf die weitere Nutzung des Leasing-Objektes nach Ablauf der Vertragszeit zu günstigen Konditionen eingeräumt werden, die entsprechend den wirtschaftlichen und steuerlichen Gegebenheiten vereinbart werden.

- Leasen ist nicht teurer als kaufen. Dies wird bei einem exakten Kostenvergleich deutlich. Um ein objektives Bild zu erhalten, müssen allerdings beim Kauf auch die Folgekosten berücksichtigt werden, wie z. B. Eigenkapitalkosten, Gewerbesteuer, Gebühren verschiedenster Art, Verwaltungskosten.

- Mit Leasing wird der unternehmerische Handlungsspielraum erweitert. Mit der Deutschen Leasing AG wird ein zusätzlicher Partner gewonnen, der die finanzielle Unabhängigkeit sichern hilft. Eine Tatsache, die gerade für mittelständische Unternehmen immer größere Bedeutung gewinnt und die auch das Großunternehmen zu schätzen weiß.

- Leasing-Zahlungen für Leasing-Objekte sind – betriebswirtschaftlich gesehen – Aufwand und als Betriebsausgaben steuerlich voll absetzbar.

Aufgrund einer Befragung von Führungskräften steigt Leasing in Zukunft noch im Hinblick auf die Finanzierung und fast gleichauf mit dem kurzfristigen Betriebsmittelkredit vor dem langfristigen Bankkredit (vgl. Übersicht).

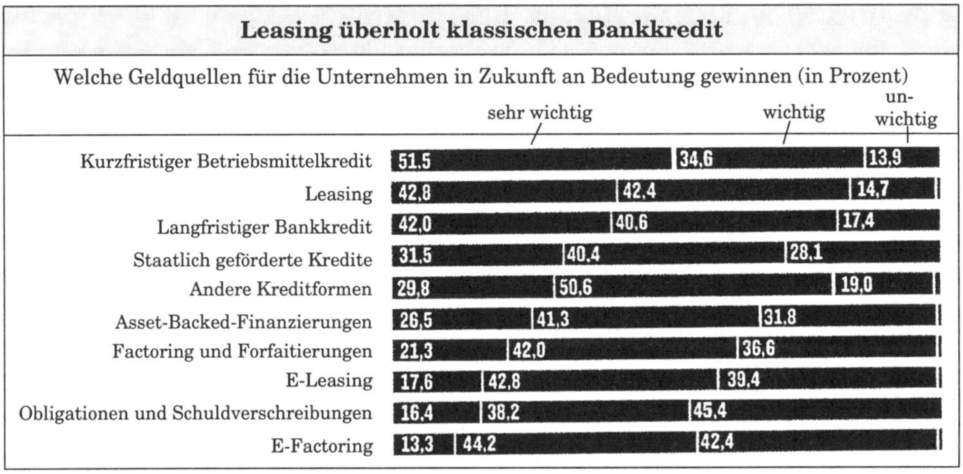

Quelle: Siemens Financial Services, Befragung von 690 Führungskräften im Unternehmen ab 50 Millionen Euro Umsatz

4.2 Absatzfinanzierungspolitik gegenüber Konsumenten

Die Kaufkraft ist ein wesentlicher Bestandteil der Nachfrage durch Konsumenten. Gelingt es durch Konsumentenkredite diese Nachfrage zu steigern, so kann der Absatz gesteigert werden. Da die meisten Konsumgüter über den Handel gekauft werden, sollen die Möglichkeiten, insbesondere des Handels, aufgezeigt werden.

Grundsätzlich hat jeder Anbieter von Konsumgütern die Möglichkeit, Nachfragern ein Zahlungsziel einzuräumen („Anschreiben") oder Verkäufe durch eigene Teilzahlungskredite zu finanzieren. Beide Möglichkeiten sind jedoch nicht immer empfehlenswert.

Großbetriebsformen des Handels räumen ihren Kunden zusätzliche Möglichkeiten der Kreditgewährung in Form von Monatskonten, Kleinkrediten und Anschaffungsdarlehen ein.

Da für die meisten Anbieter nur die zuerst genannten Formen durchführbar sind, entschloss man sich für die Gewährung von Krediten an Konsumenten, eigene Teilzahlungskreditinstitute zu gründen.

Der **Teilzahlungskredit** tritt dabei in folgenden Formen auf:

(1) **Direkte Kundenfinanzierung (A-Geschäfte)**

Bei dieser Form beantragt der Kunde beim Finanzierungsinstitut einen Kredit, den er in Form von Schecks (Zahlungsanweisungen) erhält, mit denen er bei bestimmten Unternehmen kaufen kann. Das verkaufende Unternehmen gibt den Scheck an das Finanzierungsinstitut zurück, das dem Verkäufer den Scheck einlöst. Bei diesem System besteht keine Mithaftung des Verkäufers.

(2) **Indirekte Kundenfinanzierung (B-Geschäft)**

Bei dieser Form stellt das verkaufende Unternehmen die Beziehung zwischen dem Kunden und dem Finanzierungsinstitut her. Bei Vertragsabschluss leistet der Käufer eine Anzahlung und beantragt für die Restsumme bei dem verkaufenden Unternehmen einen Teilzahlungskredit. Da das verkaufende Unternehmen im Rahmen eines Globalkreditvertrages schon ein bestimmtes Kreditkontingent hat, kann es daraus dem Käufer einen Kredit vermitteln. Bei dieser Kreditform haftet das verkaufende Unternehmen mit. Werden die Teilzahlungskredite wie hier dargestellt als Buchkredite gegeben, so spricht man vom B-Geschäft.

(3) **Indirekte Kundenfinanzierung (C-Geschäft)**

Bei dem C-Geschäft, eine Variante des B-Geschäfts, werden die Teilzahlungskredite nicht als Buchkredite, sondern in Form von Wechseln gewährt.

Mit der Kreditpolitik lassen sich oft im Verkauf an Endverbraucher bessere Ergebnisse erzielen als durch den Einsatz anderer Instrumente. So ist z. B. die Kfz-Finanzierung mit einem Anteil von rund 76 % in der Hand der hauseigenen Kreditinstitute der Fahrzeughersteller und -importeure. Die Tatsache, dass mit den Banken von Mercedes-Benz, Mitsubishi, Seat, Toyota, Nissan und Skoda die Hälfte der Anbieter erst nach 1987 auf den Markt getreten ist, lässt erwarten, dass die Autobanken auch künftig den größten Anteil des Kfz-Geschäfts für sich verbuchen. Daneben spielt die Kundenfinanzierung bei Möbel, PCs, Elektrogeräten usw. eine bedeutende Rolle.

Da auch Handelsunternehmen die Absatzfinanzierung zunehmend als Marketing-Instrument einsetzen, bietet sich den Banken in der Zusammenarbeit mit dem Handel ein neues Betätigungsfeld. Viele Händler gründen freilich gleich eigene Kreditinstitute. Ausländische Banken, die sich bisher im Konsumentenkreditgeschäft zurückgehalten haben, werden in der Zukunft verstärkt auf dem deutschen Markt auftreten.

Beispiel: Finanzierung Pkw

Den Kauf eines neuen bzw. gebrauchten Autos finanzieren die Deutschen nach wie vor überwiegend aus Eigenmitteln. Dabei wird laut DAT-Veedol-Report 2001 in der Regel über die Hälfte des Kaufpreises durch Ersparnisse abgedeckt, der Rest durch Erlöse aus dem Vorwagenverkauf, Geschenke und Kredite. Im Vergleich zum Vorjahr ist allerdings der Kreditanteil im Jahr 2000 erheblich gesunken. Grund dafür könnte unter anderem Unsicherheit über die weitere wirtschaftliche Entwicklung sein.

	Kontrollfragen	bearbeitet	Lösungshinweis	Lösung +	Lösung -
01	Was versteht man unter Kontrahierungspolitik?		323		
02	Welche verschiedenen marketingpolitischen Maßnahmen fasst man unter diesem Begriff zusammen?		323		
03	Was versteht man unter Preispolitik?		325		
04	Welche Entscheidungen sind im Rahmen der Preispolitik zu treffen?		325		
05	Welche Bedeutung kommt der Preispolitik im Vergleich zu anderen marketingpolitischen Instrumenten zu?		327		
06	Wie entsteht der Preis im Prinzip auf einen vollkommenen Markt?		328		
07	Was versteht man unter Marktformen?		329		
08	Was versteht man unter atomistischer Konkurrenz?		329		
09	Was ist ein Angebotsoligopol?		330		
10	Was versteht man unter einem vollkommenen Markt?		330		
11	Was versteht man unter einem unvollkommenen Markt?		330		
12	Was sind „geschlossene" Märkte?		330		
13	Wie kann sich grundsätzlich ein Angebotsoligopol verhalten?		331		
14	Was versteht man unter der Preiselastizität der Nachfrage?		331		
15	Was versteht man unter Kreuzpreiselastizität?		333		
16	Was bezeichnet man als Einkommenselastizität der Nachfrage?		333		
17	Aus welchen Gründen geben die Erkenntnisse der Preistheorie nur geringe Anhaltspunkte für die Erklärung der Preise auf den Märkten?		334		
18	Welche Faktoren sind unbedingt bei der Preisfestlegung zu beachten?		334		
19	Was versteht man unter kostenorientierter Preisbildung?		335		
20	Wie geht man grundsätzlich bei der Preisbildung auf Vollkostenbasis vor?		336		
21	Wie geht man grundsätzlich bei der Preisbildung auf Teilkostenbasis vor?		336		
22	Was versteht man unter nachfrageorientierter Preisbildung?		339		
23	Welche Faktoren spielen dabei eine wesentliche Rolle?		339		
24	Was bezeichnet man als konkurrenzorientierte Preisbildung?		340		
25	Was ist Target Pricing?		343		
26	Was versteht man unter Target Costing?		344		

	Kontrollfragen	bearbeitet	Lösungshinweis	Lösung +	Lösung -
27	Was sind „vom Markt erlaubte Kosten”?		344		
28	Was besagt der Ansatz „Market into Company”?		344		
29	Was ist ein Preisführer?		340		
30	Was bezeichnet man als Preisdifferenzierung?		348		
31	Was versteht man unter räumlicher Preisdifferenzierung?		349		
32	Was versteht man unter zeitlicher Preisdifferenzierung?		349		
33	Was versteht man unter personeller Preisdifferenzierung?		349		
34	Welche Voraussetzungen müssen für die Durchführung der Preisdifferenzierung erfüllt sein?		348		
35	Wie geht man bei der traditionellen Preisbildung im Handel vor?		350		
36	Was versteht man unter der Handelsspanne?		351		
37	Was ist das Prinzip des kalkulatorischen Ausgleichs?		351		
38	Was sind „Ausgleichsnehmer”?		351		
39	Was sind „Ausgleichsträger”?		351		
40	Wie empfiehlt sich bei der Preisfestlegung von Investitionsgütern vorzugehen?		351		
41	Wie erfolgt die Preisbildung bei öffentlichen Aufträgen?		353		
42	Was versteht man unter psychologischer Preisgestaltung?		354		
43	Was versteht man unter der unverbindlichen Preisempfehlung?		355		
44	Was heißt vertikale Preisbindung?		355		
45	Was sind „Mondpreise”?		355		
46	Was regelt die „Verordnung über die Preisauszeichnung”?		355		
47	Was sieht die vorliegende Preisangabenverordnung vor?		356		
48	Welche Aufgabe hat die Rabattpolitik?		356		
49	Wie ist die gesetzliche Regelung für Rabatte und Zugaben seit 2001?		356		
50	Was sind Funktionsrabatte?		358		
51	Was sind Mengenrabatte?		358		
52	Was sind Zeitrabatte?		359		
53	Welche Aufgaben haben Einführungsrabatte?		359		
54	Welche Vorteile bietet ein Naturalrabatt im Vergleich zum Barrabatt?		358		
55	Was versteht man unter Lieferbedingungen?		362		

	Kontrollfragen	bearbeitet	Lösungshinweis	Lösung +	Lösung -
56	Was bezeichnet die Lieferart?		363		
57	Was versteht man unter den Incoterms?		363		
58	Welche Regelungen werden in den Incoterms festgelegt?		363		
59	Was sind E-Klauseln?		363		
60	Was sind F-Klauseln?		363		
61	Was sind C-Klauseln?		364		
62	Was sind D-Klauseln?		365		
63	Was ist ein Konditionskartell?		366		
64	Was regeln die Zahlungsbedingungen?		366		
65	Was versteht man unter Absatzfinanzierungspolitik?		367		
66	Welche Formen der Absatzfinanzierungspolitik sind im Marketing von Bedeutung?		368		
67	Welche Ziele verfolgt ein Lieferant mit dem Lieferantenkredit?		369		
68	Was versteht man unter Factoring?		369		
69	Welche Vorteile bietet das Factoring dem Lieferanten?		370		
70	Was versteht man unter Leasing?		371		
71	Welche Vorteile hat beim Leasing der Leasinggeber?		371		
72	Welche Vorteile hat der Leasingnehmer?		371		
73	Welche Produkte können über Leasing „abgesetzt" werden?		371		
74	Was versteht man unter Forfaitierung?		370		
75	Welche verschiedenen Arten von Kreditmöglichkeiten für Konsumenten kennen Sie?		375		
76	Welche besonderen Vorteile hat die Kreditpolitik im Vergleich zu den übrigen marketingpolitischen Instrumenten?		375		
77	Warum ist das „Anschreiben" unter Umständen für einen Händler gefährlich?		375		
78	Was versteht man unter direkter Kundenfinanzierung (A-Geschäft)?		375		
79	Welche Finanzierungsform wird als B-Geschäft bezeichnet?		376		
80	Welche Finanzierungsform wird als C-Geschäft bezeichnet?		376		

E. Distributionspolitik

Bei sehr vielen Begriffen im Marketing wird der Kern weitgehend einheitlich gesehen, so auch in den folgenden Definitionen. Die genauen Formulierungen differieren jedoch zum Teil stark.

Backhaus, K. (1999)	„Üblicherweise ist es Aufgabe der Distributionspolitik, alle Maßnahmen zu definieren und umzusetzen, die den Leistungsübertragungsweg zum Kunden sicherstellen (S. 997).“
Becker, J. (1998)	„Die Distributionspolitik sorgt für die Präsenz und damit die ausreichende Verfügbarkeit des Produkts am Markt (S. 489).“
Bruhn, M. (2001)	„Die Vertriebspolitik (= Distributionspolitik) beschäftigt sich mit sämtlichen Entscheidungen, die sich auf die Versorgung nachgelagerter Vertriebsstufen mit Unternehmensleistungen beziehen, damit die Kunden die angebotenen Leistungen beziehen können (S. 249).“
Meffert, H. (2000)	„Die Distributionspolitik bezieht sich auf die Gesamtheit aller Entscheidungen und Handlungen, welche die Übermittlung von materiellen und/oder immateriellen Leistungen vom Hersteller zum Endkäufer und damit von der Produktion zur Konsumption bzw. gewerblichen Verwendung betreffen.“

Im Folgenden soll folgende **Definition** zu Grunde gelegt werden:

> Distributionspolitik beschäftigt sich mit allen Entscheidungen und deren Realisierung, die im Zusammenhang mit dem Weg eines Produktes oder einer Leistung von Produzenten zum Endverbraucher oder Verwender gefällt werden müssen.

Dabei ist sicherzustellen, dass die angebotenen Produkte bzw. Leistungen zur richtigen Zeit im richtigen Zustand und in der erforderlichen Menge dem Abnehmer bzw. Verwender zur Verfügung stehen.

Aufgrund dieser Aufgabenstellung ergeben sich **folgende Hauptaufgaben** für die Distributionspolitik:

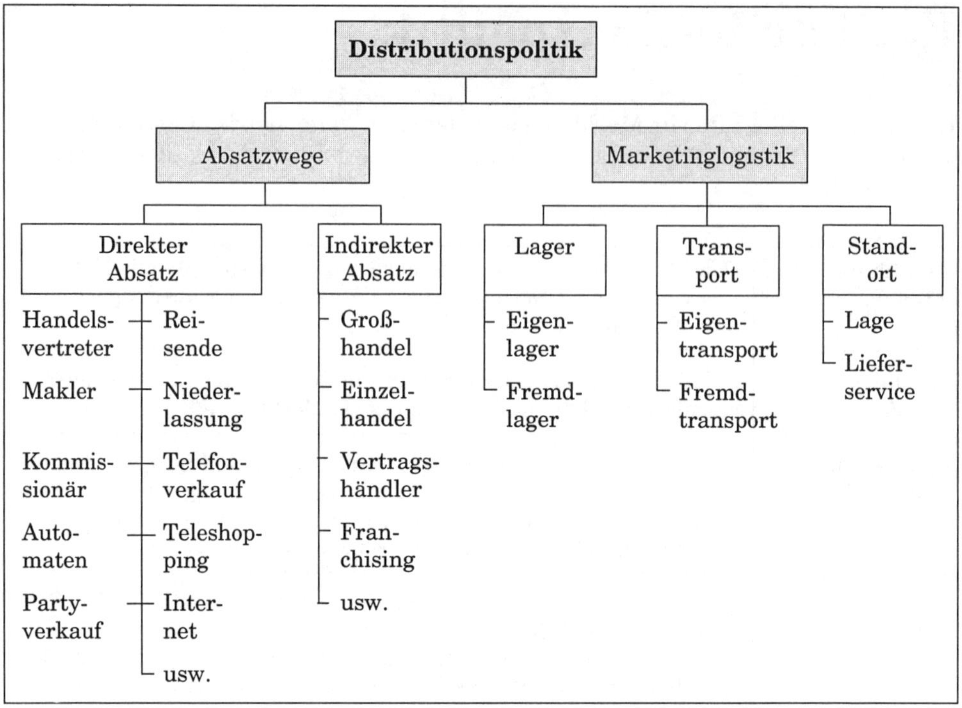

Den allgemeinen sequentiellen Ablauf bei der Durchführung der Distributionspolitik gibt die folgende Darstellung wieder (vgl. Abb. S. 383).

Dabei sind ausgehend vom Strategischen Marketing und der Situationsanalyse die Ziele und die Strategie für die entsprechende Distributionspolitik festzulegen. Wichtige Aspekte der Distributionspolitik sind die Rechtsform der Organe, die Absatzwege und die Logistik sowie die etwaige Einschaltung des Handels. Dieser Phase schließt sich die Realisierung der geplanten Maßnahmen an. Am Ende des allgemeinen Prozessablaufs steht die Erfolgskontrolle der Distributionspolitik, der sich entsprechende Feedbacks anschließen können.

1. Absatzwege

Mit der Festlegung des Absatzweges, d. h. der Art und Zahl von Institutionen, die ein Produkt vom Hersteller bis zum Endabnehmer durchläuft, wird eine Entscheidung getroffen, die kurzfristig nur schwer zu ändern ist.

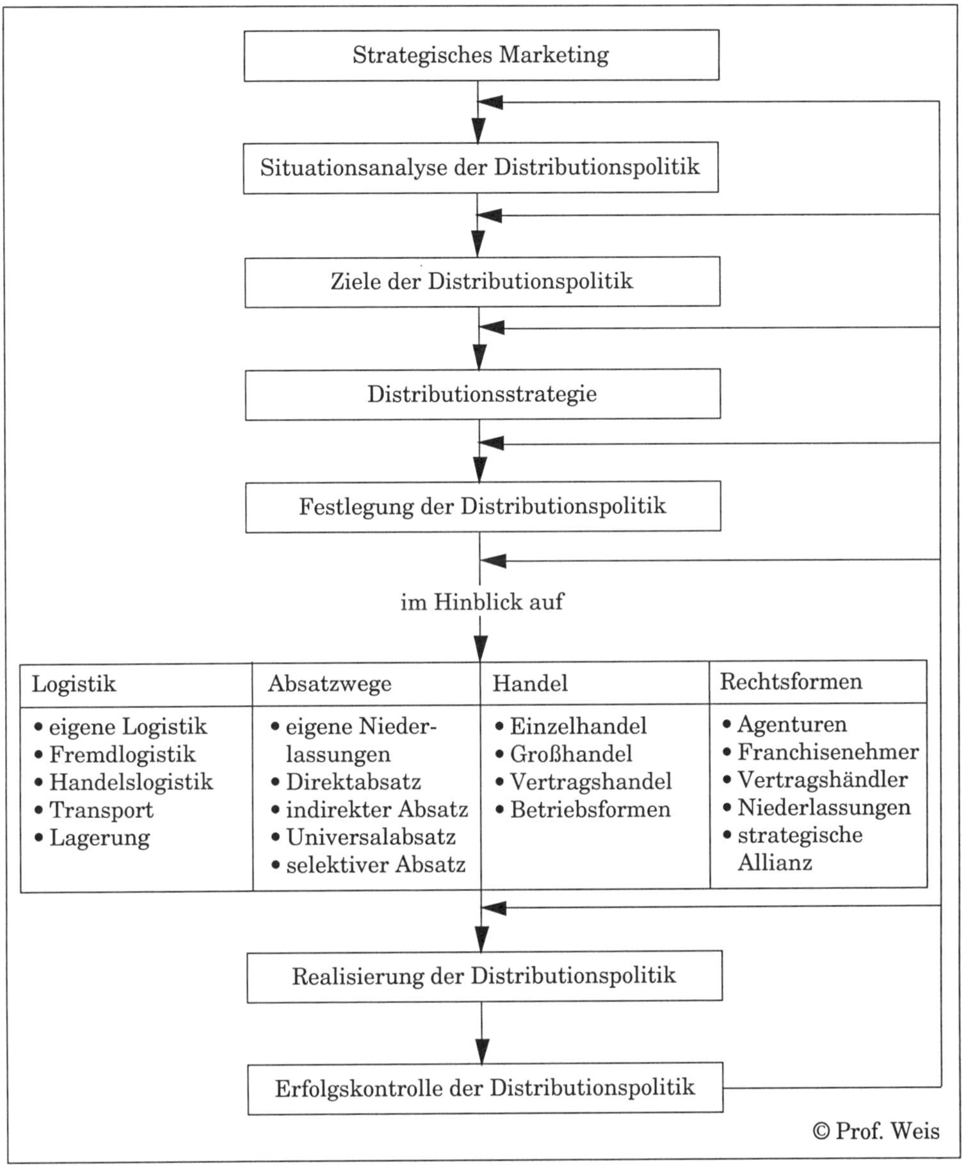

Allgemeiner Ablauf bei der Distributionspolitik

Aus der Vielzahl der möglichen Absatzwege sind für einen Hersteller im Prinzip folgende Absatzwege grundsätzlich denkbar, wobei die spezifischen Gegebenheiten zu berücksichtigen sind:

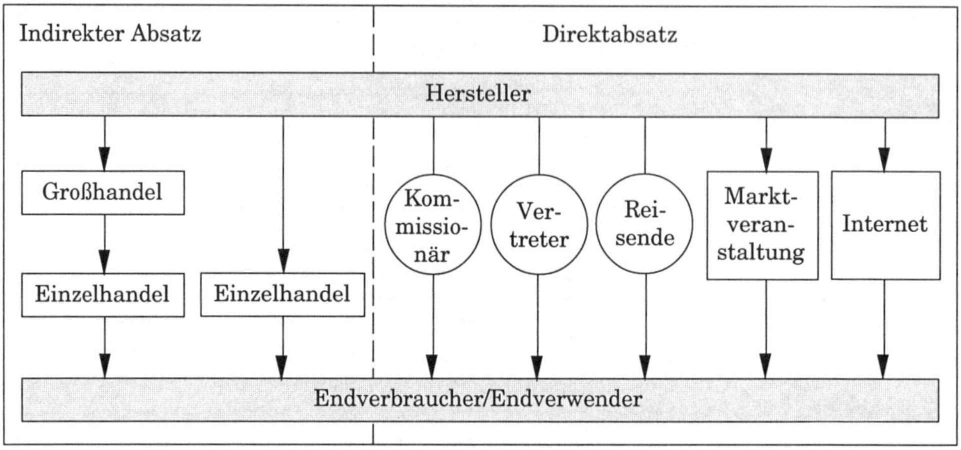

System der Absatzwege

Bei der endgültigen Auswahl der Absatzwege für ein Unternehmen sind insbesondere folgende Kriterien zu berücksichtigen:

- Die individuellen **Besonderheiten der Produkte** haben einen bedeutsamen Einfluss auf den zu wählenden Absatzweg. Hier spielen im Einzelfall folgende Faktoren eine Rolle: Größe, Gewicht, Lebensdauer, Verderblichkeit, Erklärungsbedürftigkeit, Preis, Kundendienstbedürftigkeit, Bekanntheitsgrad usw. Je nachdem kommt einem der genannten Faktoren dann u. U. die entscheidende Rolle zu (vgl. Fertighaus, Seife, Arzneimittel, Pkw).

- Der **Umfang und die Art des Verkaufsprogramms** eines Unternehmens ist oft für den einzuschlagenden Absatzweg entscheidend. Je breiter und tiefer das Verkaufsprogramm eines Herstellers ist, desto eher wird er versuchen – soweit als möglich – z. B. den Großhandel auszuschalten. Ebenso wird ein Hersteller eines exklusiven Verkaufsprogramms verfahren. Hier ist z. B. auch an die Gründung eigener Verkaufsstellen oder Niederlassungen zu denken.

- Die **Größe eines Unternehmens,** die in der Regel auch mit den Angebotsmengen und der Finanzkraft in einem Zusammenhang steht, begünstigt die Entscheidung für den Direktabsatz und zur Ausschaltung des Groß- und gegebenenfalls des Einzelhandels.

- Die jeweilige **Konkurrenzsituation** auf dem Markt kann sowohl dazu führen, dass neben eingeführten Absatzwegen (vgl. z. B. Zigaretten, Bier usw.), die weiter benutzt werden müssen, auch neue Absatzwege gesucht werden (vgl. Kosmetikerzeugnisse, Elektrogeräte, Strümpfe usw.).

- Die **Anzahl und Struktur** der Abnehmer ist eine wesentliche Bestimmungsgröße des Absatzweges. So fördert eine große Zahl von Nachfragen mit unterschiedlichem Einkaufsrhythmus und z. B. geringem Einkaufswert pro Kauf den indirekten Absatz. Andererseits begünstigt eine geringe Zahl von Nachfragern mit großem Einkaufswert pro Kauf und großer Einkaufshäufigkeit den Direktabsatz.

  Sind die Abnehmer selbst Weiterverarbeiter oder ist die Zahl der Abnehmer sehr klein, so spricht dieser Umstand oft für Direktabsatz.

- **Die Kosten- bzw. Erlössituation** muss stets bei jeder Entscheidung berücksichtigt werden. Werden nämlich Groß- und Einzelhandel in den Absatzweg eingeschaltet, so sinken die Erlöse des Herstellers um die jeweiligen Handelsspannen. Dazu kommt noch, dass der Hersteller – mit Ausnahme der wenigen preisgebundenen Produkte – keinen Einfluss auf den Abgabepreis an die Konsumenten hat. Beim Direktabsatz an die Endverbraucher werden zwar in der Regel höhere Erlöse erzielt, die jedoch auch mit höheren Absatzkosten (Außendienst, Transport-, Lager- und Verkaufskosten) verbunden sind. Letztlich muss sich jedes Unternehmen aufgrund der individuellen Situation für den jeweils besten Absatzweg entscheiden.

Inwieweit diese Faktoren den Absatz der Leistungen bzw. Produkte mitbestimmen werden, veranschaulichen die möglichen Absatzsysteme und ihre Realisierung an den folgenden Beispielen für **Konsumgüter**, **Investitionsgüter** und **Dienstleistungen**.

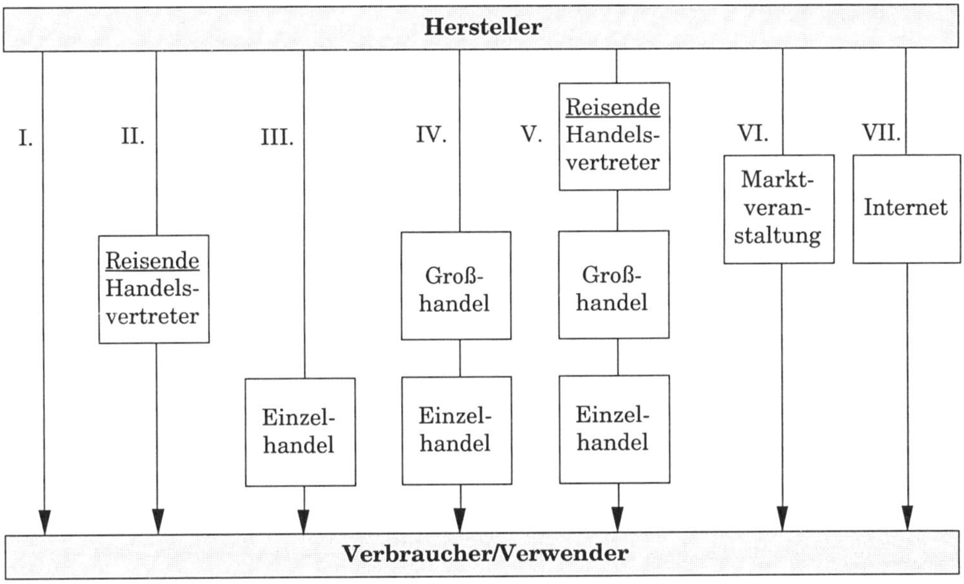

Absatzwege für Verbrauchs- und Gebrauchsgüter

Beispiele:

Zu I: Bäcker, Metzger, Niederlassungsverkauf, FOC-Verkauf

Zu II: Vorwerk-Elektrogeräte; Avon; Pieroth; Elektrolux usw.

Zu III: Markenartikel; Lieferungen an Großabnehmer (Warenhäuser, SB-Warenhäuser, Versandhandelsunternehmen usw.).

Zu IV: Beleuchtungsartikel; Sanitärartikel; Artikel, die über Einkaufsgenossenschaften (EDEKA, REWE usw.) eingekauft werden.

Zu V: Artikel, die von kleineren Anbietern an den Großhandel verkauft werden.

Zu VI: Artikel, die auf Verbrauchermessen angeboten werden.

Zu VII: Standardisierte Verbrauchs- und Gebrauchsgüter (z. B. Konsumgüter des täglichen Bedarfs, PKW, Immobilien, Bücher usw.).

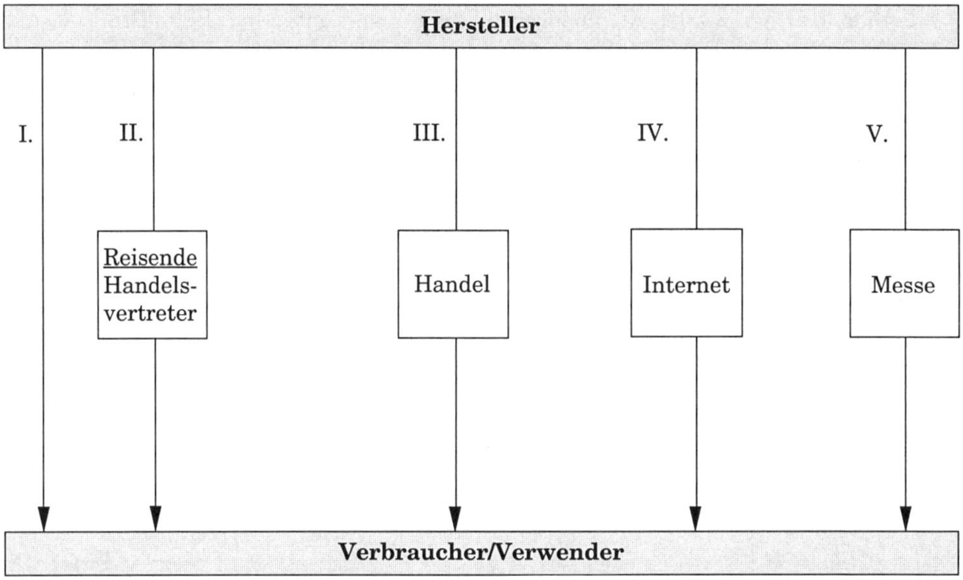

Absatzwege für Investitionsgüter

Beispiele:

Zu I: Kleinere Anbieter von Investitionsgütern (Sonderanfertigung, Bauunternehmen, Zulieferer usw.).

Zu II: Der überwiegende Vertriebsweg, insbesondere bei erklärungsbedürftigen und komplizierten Investitionsgütern.

Zu III: Trifft nur für wenige Investitionsgüter zu (einfache Werkzeugmaschinen, Baumaschinen usw.).

Zu IV: Standardisierte Erzeugnisse (wie auch Normteile, Ersatzteile, Katalogware usw.)

Zu V: Kann im Prinzip für alle auf Messen angebotenen Investitionsgüter zutreffen.

Der vorherrschende Absatzweg bei Investitionsgütern ist bei industriellen Anbietern der Weg über eine eigenständige Verkaufsorganisation, die als Außendienstmitarbeiter Reisende oder Handelsvertreter einsetzt.

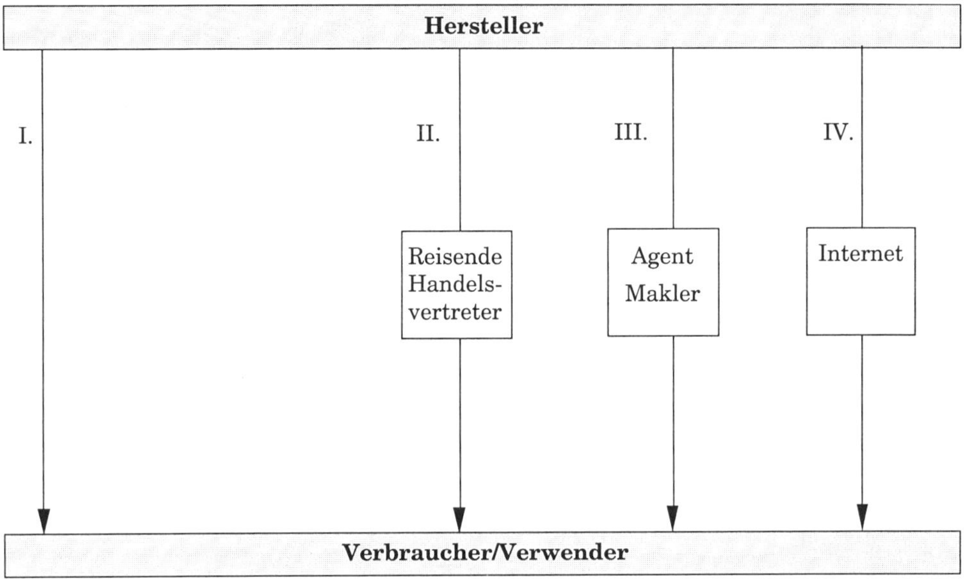

Absatzwege für Dienstleistungen

Beispiele:

Zu I: Fremdenverkehr, Reisen, Werbeleistungen, Marktforschungsleistungen, Friseur, Arzt, Masseur usw.

Zu II: Versicherungen, Bausparkassen, Anlagegesellschaften, Fernlehrgänge usw.

Zu III: Versicherungen, Reisen, Bausparkassen usw.

Zu IV: Reisen, Versicherungen, Software, Tickets, Bankleistungen usw.

Im Hinblick auf die Distribution muss des weiteren über die **Erhältlichkeit** für den Käufer entschieden werden. Dabei bieten sich grundsätzlich drei Möglichkeiten an:

Art der Distribution	Universelle (Intensive)	Selektive	Exklusive
Produkte	Massenprodukte, Produkte des täglichen Bedarfs, Niedrigpreisige, Low Involvement	Individualprodukte, Höherpreisige, Higher Involvement, Servicebedürftige	Hochwertige, Hochpreisige, Servicebedürftige, Imageorientierte
Verkaufsstellen pro Gebiet	Unbegrenzt, so viele wie möglich	Wenige zum Produkt passend	Eine zu Marketingkonzeption und Produkt passend

Universeller, selektiver und exklusiver Absatz

Im Folgenden wird der **Direktabsatz,** d.h. die Belieferung des Abnehmers ohne Einschaltung des Handels und der **Indirekte Absatz** bei Einschaltung des Handels weiter betrachtet.

Der Hauptvorteil des **Direktabsatzes** liegt darin, dass der Hersteller/Anbieter das gesamte marketingpolitische Instrumentarium einsetzen kann und entsprechend seiner Zielsetzung jederzeit die Maßnahmen ergreifen kann, die erforderlich sind. Besonders empfehlenswert ist der Direktabsatz, wenn eine der folgenden Bedingungen gegeben sind:

- Eine begrenzte Anzahl von Abnehmern
- Eine starke räumliche Konzentration der Abnehmer
- Hohe Erklärungsbedürftigkeit der Produkte beim Kauf
- Technisch komplizierte Produkte
- Starke Kundendienstbedürftigkeit
- Konstante Nachfrage.

Die Distribution unter Einsatz des Handels – **der Indirekte Absatz** – ist mit Vor- und Nachteilen verbunden. Vorteilhaft wirken sich folgende Faktoren aus:

- **Kosten**

  - geringere Kosten für den Außendienst
  - geringere Lagerkosten
  - geringere Finanzierungskosten
  - geringere Verkaufsabwicklungskosten
  - geringere Kundendienstkosten
  - geringere Belastung des Innendienstes

- **Überallerhältlichkeit**

  Der Handel gewährleistet, dass der Käufer jederzeit die gewünschten Produkte schnell erhält.

- **Kundendienst**

  Der Handel übernimmt die Verkaufs- und in vielen Fällen weitgehend die Servicefunktion.

Nachteilig wirkt sich neben den niedrigeren Erlösen vor allem der ganze bzw. teilweise Verlust der Einsatzmöglichkeiten folgender Instrumente in Bezug auf den Endverbraucher aus:

- Preisfestlegung im Hinblick auf den Endverbraucherpreis
- Kundendienstleistung und -qualität
- Auslieferungsservice
- Verkaufsbemühungen im Hinblick auf Endverbraucher
- Handelswerbung (Umfang und Art)
- Kundengewinnungsaktivitäten
- Bedienungsform.

Beim Absatz über den Handel unterscheidet man einige wichtige Kennzahlen wie z.B. den Distributionsgrad.

Unter **Distributionsgrad** versteht man den Grad der Verbreitung eines Produktes oder einer Marke im Handel. Man unterscheidet in **numerische** und **gewichtete** Distribution.

Der **numerische** Distributionsgrad gibt an, wie viel Prozent der potenziellen Verkaufsstellen ein betreffendes Produkt anbieten.

$$\text{numerischer Distributionsgrad} = \frac{\text{Anzahl der belieferten Verkaufsstellen}}{\text{Anzahl aller infrage kommenden Verkaufsstellen}}$$

Problematisch an diesem Distributionsgrad ist, dass alle nur die Anzahl der Verkaufsstellen berücksichtigen und nicht deren Umsatzbedeutung.

Beim **gewichteten** Distributionsgrad wird die Umsatzbedeutung der einzelnen Verkaufsstellen berücksichtigt.

$$\text{gewichteter Distributionsgrad} = \frac{\text{Umsatz der Verkaufsstellen}}{\text{Umsatz aller Verkaufsstellen der Warengruppe}}$$

Beispiel:

Ein numerischer Distributionsgrad von 70 % gibt an, dass in 70 % aller potenziellen Verkaufsstellen mein Produkt angeboten wird.

Ein gewichteter Distributionsgrad von 70 % gibt an, dass die Verkaufsstellen, die mein Produkt führen, damit 70 % des Umsatzes der gleichen Warengruppe aller Verkaufssellen erzielen.

1.1 Direktabsatz

Als **direkter** Absatz wird heute überwiegend der Absatz von Produkten an Endabnehmer ohne Einschaltung des Handels, aber unter Einsatz von Handelsvertretern,

Kommissionären und Maklern angesehen. Diese Auffassung wird jedoch in der Literatur nicht einheitlich von allen Autoren vertreten.

1.1.1 Möglichkeiten

Direkter Absatz heißt Absatz durch unternehmenseigene **Distributionsorgane** (Mitglieder der Geschäftsleitung, Reisende, Niederlassungen usw.) sowie unter **Mithilfe von Absatzhelfern** (Handelsvertreter, Kommissionäre, Makler).

Der direkte Absatz spielt eine wichtige Rolle in der Investitionsgüterindustrie und auf dem Dienstleistungssektor (Banken, Versicherungen). Ferner bei den Unternehmen, die sich bewusst durch den Direktabsatz von der Konkurrenz durch den sog. Haus-zu-Haus-Verkauf unterscheiden wollen (Beispiele: Vorwerk, Avon, Tupper).

In der Investitionsgüterindustrie ist der Direktabsatz aufgrund der technischen Kompliziertheit, der großen Erklärungsbedürftigkeit und der gründlichen Information und Unterstützung der Kunden seitens des Herstellers erforderlich. Daneben müssen die Außendienstmitarbeiter hohe Fachkenntnisse und Marktkenntnisse haben, um eine qualifizierte Beratung und Information über Neuerungen zu ermöglichen. Gleichzeitig können die Außendienstmitarbeiter Unterstützung bei der Anwendung und beim Kundendienst geben, was durch betriebseigene Absatzorgane besser zu realisieren ist.

Auch im **Export** finden wir Direktabsatz in Form von

- Verkaufsniederlassungen im Ausland
- Reisenden
- Vertretern.

Hier erfordern oft auch Finanzierungsaufgaben neben den technischen Notwendigkeiten einen engen Kontakt zwischen Hersteller und Abnehmer.

Wenn sich in der Konsumgüterindustrie Hersteller des Direktabsatzes bedienen, spielen häufig andere Gründe eine wesentliche Rolle. Der indirekte Absatz gilt vielen Produzenten als **unsicher**. Der Hersteller will durch diese Maßnahme seinen Absatz auf einem von ihm allein bestimmten Absatzweg sichern. Oft ist auch die Furcht, dass der Handel andere Anbieter heranzieht oder sich nicht mit dem nötigen Druck für die eigenen Produkte einsetzt, die Ursache.

Folgende Möglichkeiten bieten sich grundsätzlich an:

- Eigene Verkaufsstellen (Fabrikfilialen, Vertragshändler)
- Postversand
- Franchising.

Oft bedienen sich auch Hersteller sowohl des direkten als auch des indirekten Absatzes (Salamander, WMF, Tupper).

1.1.2 Formen

Die im Rahmen des direkten Absatzes anfallenden Aufgaben können entweder durch die unternehmenseigenen oder unternehmensexternen Absatzorgane wahrgenommen werden:

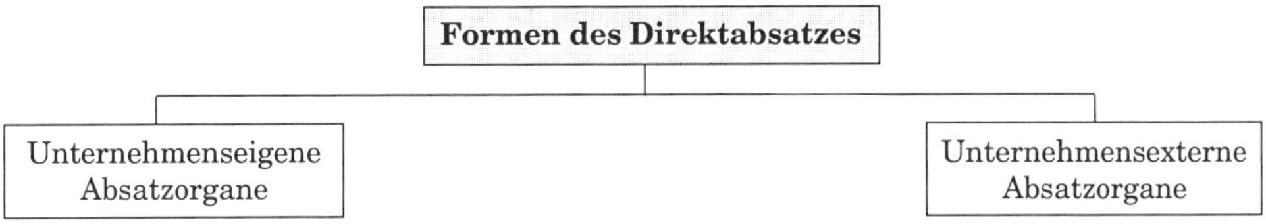

1.1.2.1 Unternehmenseigene Absatzorgane

Als unternehmenseigene Absatzorgane kommen in erster Linie infrage:

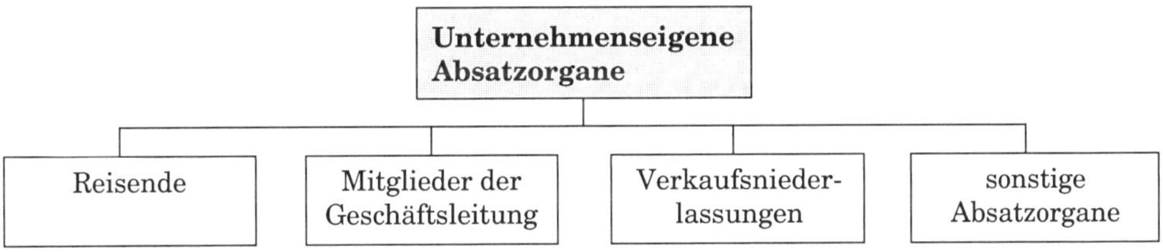

1.1.2.1.1 Reisende

Der Reisende ist handelsgesetzlich und arbeitsrechtlich Angestellter eines Unternehmens. Juristisch ist er Handlungsgehilfe im Sinne der §§ 59 ff. HGB. Inwieweit der Reisende ein Unternehmen rechtlich vertreten kann, ist im Einzelfall vertraglich zu regeln. Liegt Abschlussvollmacht vor, kann er Geschäfte für sein Unternehmen abschließen. Sofern keine Abschlussvollmacht vorliegt, können nur Geschäfte vermittelt und Bestellungen entgegengenommen werden. Der Vertragsabschluss kommt mit der Auftragsbestätigung des Unternehmens zu Stande.

Zu den wesentlichen **Aufgaben** von Reisenden gehören:

- Kunden und potenzielle Käufer aufsuchen
- Kundengespräche führen
- Waren oder Dienstleistungen anbieten
- Bestellungen entgegennehmen
- Kontaktpflege zu Kunden halten
- Informationen über Abnehmer, Wettbewerber und den Markt zu beschaffen.

Die Vergütung des Reisenden besteht in der Zahlung eines Gehaltes, zu dem im Einzelfall noch Provision und Prämie kommen können (§§ 59, 64 HGB).

1.1.2.1.2 Mitglieder der Geschäftsleitung

Der Verkauf durch Mitglieder der Geschäftsleitung ist nicht selten in der Investitionsgüterindustrie, in der Bekleidungsindustrie und in vielen Zulieferunternehmen anzutreffen.

Oft bahnen auch bei noch kleinen Unternehmen, deren Kundenzahl begrenzt ist, die Inhaber die Geschäfte selbst an. Dies ist auch meist der Fall, wenn es sich um größere Gegengeschäfte handelt.

1.1.2.1.3 Verkaufsniederlassungen

Viele große Unternehmen haben Niederlassungen (Verkaufsstellen) aufgebaut um direkt die verschiedenen Abnehmer im In- und Ausland in der richtigen Form beraten zu können und ihre Produkte ohne Zwischenschaltung Dritter verkaufen zu können. Diese Niederlassungen finden wir bei chemischen und pharmazeutischen Unternehmen ebenso wie im Bereich der Investitionsgüterindustrie.

Auch der Versandhandel ist zunehmend dazu übergegangen, Verkaufsstellen einzurichten.

1.1.2.1.4 Vertragshändler

Ein „quasi unternehmenseigenes" Absatzorgan stellt der Vertragshändler dar (Beispiele: Kraftfahrzeuge, technische Produkte, Büromaschinen usw.). Der Vertragshändler schließt mit einem Hersteller einen Vertrag ab, der ihn verpflichtet, die Erzeugnisse des Herstellers zu führen und sie nach dessen Marketingkonzeptionen abzusetzen.

Oft übernimmt der Vertragshändler neben der Handelsfunktion noch Lagerhaltung, Kundendienst, Reparaturdienst usw.

Der Vertragshändler ist rechtlich selbstständig, benutzt dem Markt gegenüber jedoch den bekannten Namen und das Markenzeichen des Herstellers, sodass nach außen der Eindruck einer Art Filialsystem entstehen kann.

Ein Vertragshändler kann exklusiv für einen Hersteller, aber auch für mehrere Hersteller tätig sein.

1.1.2.1.5 Franchising

Franchising ist ein aus den USA stammendes Absatzsystem, das seit Ende der Sechzigerjahre in der Bundesrepublik Fuß gefasst hat und zunehmend an Bedeutung gewinnt.

Da Franchising in einer Vielzahl von Ausgestaltungen möglich ist, soll auf das in der Bundesrepublik auf fast allen Wirtschaftsstufen anzutreffende Franchising etwas ausführlicher eingegangen werden. Beim Vertriebsfranchising überträgt der Franchisegeber dem Franchisenehmer den Vertrieb seiner Produkte oder Dienstleistungen unter Verwendung eines/r

- gemeinsamen Warenzeichens
- gemeinsamen Symbols
- gemeinsamen Namens
- gemeinsamen Marke
- gleichartigen Ausgestaltung der Verkaufsräume.

Außenstehenden Dritten erscheint der Betrieb des Franchisenehmers wie eine Filiale des Franchisegebers. Der Franchisegeber verpflichtet sich, die für den Absatz der Waren oder Dienstleistungen erforderlichen Kenntnisse, Erfahrungen und „Betriebsgeheimnisse" (das sog. Know-how) dem Franchisenehmer zu vermitteln, ihn zu beraten und zu unterstützen. Dafür zahlt der Franchisenehmer eine Vergütung, die meistens in Prozenten vom Umsatz festgelegt wird. Oft wird mit dem Abschluss des Vertrages die Zahlung einer einmaligen Abschlussgebühr fällig.

Das Franchisesystem bietet sowohl dem Franchisegeber als auch dem Franchisenehmer Vor- und Nachteile.

Franchise-Nehmer	
Vorteile	**Nachteile**
o Erhält ein geschlossenes Marketingkonzept o Möglichkeit zur Selbstständigkeit o Finanzierungshilfe o Beratung durch Franchise-Geber o Benötigt kein eigenes Know-how o Günstige Bezugsmöglichkeiten o Entgelt oft umsatzabhängig o Imagevorteil	o Franchise-Nehmer trägt das Geschäftsrisiko o Verliert weitgehend Freiheit der Programm- und Sortimentsgestaltung o Kann sich nicht allein an Veränderungen anpassen o Muss Standard des Franchise-Gebers realisieren

Franchise-Geber	
Vorteile	**Nachteile**
o Schnelle Expansionsmöglichkeiten o Geringes Investitionsrisiko o Hoher Distributionsgrad o Kein Insolvenzrisiko o „Einheitlicher Marktauftritt" o Umsatzabhängige Einahmen (i.d.R.) o Führung entsprechend der Richtlinien o „Kontrollmöglichkeiten" des Absatzsystems	o Starke Marktstellung Voraussetzung für Realisierung o Einnahmen abhängig von den Aktivitäten des Franchise-Nehmers o Aufwändige Kontrolle erforderlich o Eventuelle Imageschädigungen bei schlechter Geschäftsführung o Ausfälle bei Insolvenz des Franchise-Nehmers o Oft nicht flexibel genug

Vor- und Nachteile des Franchising

Nach Angaben des Franchise-Verbandes sind derzeit in Deutschland 39.000 Franchise-Nehmer den 810 Systemen angeschlossen. Diese Franchise-Nehmer beschäftigen 370.000 Mitarbeiter, haben also in der Regel knapp sieben Beschäftigte. Der durchschnittliche Umsatz eines Franchise-Nehmers betrage knapp 1 Million Euro.

Rang	Franchise-System	Branche	Anzahl Betriebe
1	Foto Quelle	Fotohandel	1.236
2	TUI/First	Reisebüro	800
3	McDonalds	Fast Food	765
4	Schülerhilfe	Nachhilfe	703
5	Ad-Auto-Dienst	Autoreparatur	610
6	Essanelle	Friseursalons	557
7	Sunpoint	Sonnenstudios	535
8	Musikschule Fröhlich	Musikpädagogik	528
9	Datac	Buchhaltung	493
10	Quick-Schuh	Schuhhandel	480
11	Minit	Schuh- und Schlüsseldienst	450
12	Fressnapf	Tiernahrung	445
13	AYK BeautySun	Sonnenstudios	421
14	Studienkreis	Nachhilfe	420
15	Obi	Heimwerkermärkte	348
16	Clean-Park	Autowaschanlagen	345
17	Burger King	Fast Food	344
18	Avis Rent a Car	Autovermietung	328
19	Vergölst/Pneu Expert	Reifen-/Kfz-Handel	284
20	Portas	Renovierung	252

Die 20 größten Franchise-Systeme (zahlenmäßig)

Quelle: ADVISA Wirtschaftskommunikation / Stand 2002

Die Unterschiede zwischen anderen Absatzsystemen und dem Franchising-System zeigt die von *Boehm* übernommene Übersicht.

Merkmal	**Franchise-system**	**Filial-System**	**Vertrags-händler-System**	**Agentur-System**	**Vertikale Verbund-Gruppen**
Vertikal	•	•	•	•	•
Dauerschuld	•		•	•	•
Vertrag	•		•	•	•
einheitliches Auftreten	•	•	•	•	•
Nutzungsrecht	•	•	•	•	•
Konzeption + Verhaltensschema	•	•		•	
Unterstützung	•	•	•	•	•
Weisungen	•	•		•	
Kontrolle	•	•		•	
Vergütung	•	•		•	•
Selbstständigkeit	•		•	•	•
Einsatz von Arbeits-kraft	•	•	•	•	•
Kapitaleinsatz	•		•		•
Risiko	•		•		•

Vergleich verschiedener Absatzsysteme

Quelle: *Boehm, H.*, Checkliste Franchising, S. 20

1.1.2.1.6 E-Commerce

Unter **E-Commerce** (Electronic Commerce) versteht man den Direktabsatz über Online-Dienste (z. B. T-Online der Telekom) oder das Internet (World Wide Web). E-Commerce tritt in unterschiedlichen Formen auf dem Markt auf. Es tritt im Business-to-Consumer als auch im Business-to-Business-Bereich in unterschiedlichen Formen auf. Dabei können verschiedene Aspekte im Vordergrund stehen, wie z. B. Information, Werbung, Kundendienst, Datenaustausch usw. und der Absatz.

Das Internet ist das neueste Marketinginstrument, das mit wachsender Zahl der Nutzer an Bedeutung auch als Absatzinstrument (vgl. S. 505) gewinnen wird. Dabei wird dem Business-to-Business-Bereich eine wachsende Bedeutung zugemessen. In den USA ist der Direktabsatz über das Internet schon weiter verbreitet als bei uns. Dabei kann z. B. direkt durch Eingabe über Tastatur unter Angabe der Kreditkartennummer bestellt werden. Die Lieferung wird dann ausgeführt. Daneben sind andere Möglichkeiten in der Praxis realisierbar. Weitgehend herrscht die Meinung vor, dass der E-Commerce Umsatzeinbußen im traditionellen Handel und bei Handelsvertretern verursachen wird.

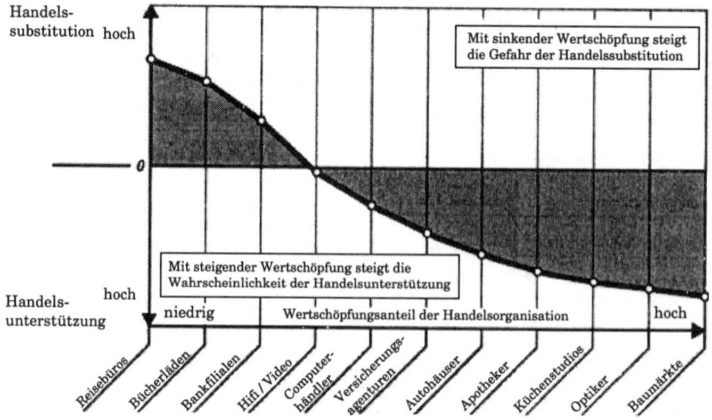

Quelle: Diebold Deutschland GmbH

Auswirkungen des Internets im Handel

Da Hersteller und Verbraucher über die Internet-Datenleitungen ohne Einschaltung des Handels Geschäfte abschließen, wächst einerseits der Druck auf die Händlermargen, andererseits auch die Gefahr der völligen Ausschaltung des Handels. Stark gefährdet erscheinen die Branchen mit einem niedrigen Wertschöpfungsanteil wie die Reisebüros, der Buchhandel und Bankfilialen. Allerdings wird das Internet in der traditionellen Handelskette auch häufig zur Unterstützung des Handels eingesetzt. Je höher die Beratungsleistung des Handels ist, desto weniger wird das Internet den Handel ersetzen können. Chancen, sich im Internet-Zeitalter zu behaupten, haben zum Beispiel Baumärkte, Optiker, Küchenstudios und Apotheken.

Im Jahre 2002 soll der Online-Handel einen Umsatz von 98 Mrd. € in Europa erreichen (Gartner). Für Deutschland wird ein Umsatz von ca. 23 Mrd. € erwartet, der bis 2005 auf ca. 75. Mrd. € steigen soll (Gartner). Bisher verteilen sich die Online-Umsätze wie folgt dargestellt.

Online-Käufe und -Transaktionen nach Produktkategorien		
Produktkategorie	**2001***	**2002***
Bücher	25,6	28,7
Buchung von Reisen	17,5	19,3
Buchung von Bahn- oder Flugtickets	18,7	18,7
CDs	16,6	17,3
Hotelreservierung, Hotelbuchung	16,5	17,1
Theaterkarten, Konzertkarten	13,6	15,0
Teilnahme an Warenbörsen, Auktionen	7,9	12,4
Computer-Hardware und -zubehör	12,0	11,9
Kleider, Mode, Schuhe	7,1	10,7
Videofilme, DVDs	6,8	9,9

* Angabe in Prozent der Onlinenutzer
Quelle: Allensbacher Computer- und Telekommunikationsanalysen (ACTA) 2001/2002 HORIZONT 42/2002

Nach der Allensbacher Computer- und Telekommunikationsanalyse (ACTA) wurden 2002 die folgenden Onlineshops am häufigsten genutzt.

Quelle: Allensbacher Computer- und Telekommunikationsanalysen (ACTA) 2002

1.1.2.1.7 Sonstige Absatzorgane

Hierzu gehören u. a. Postversand und der Automatenverkauf.

Der **Postversand** wird im Rahmen des Versandhandels behandelt, sodass hier nicht näher darauf einzugehen ist.

Unter **Automatenverkauf** versteht man die Abgabe gespeicherter Waren nach Einwurf bestimmter vorgeschriebener Geldbeträge.

Warenautomaten werden für Zigaretten, Getränke, Nahrungsmittel, Blumen usw. verwendet. In der Bundesrepublik gibt es über eine Million Automaten. Die größte Bedeutung hat der Automatenverkauf bei Zigaretten mit ca. 60 % des Gesamtumsatzes.

1.1.2.2 Unternehmensexterne Absatzorgane

Als unternehmensexterne Absatzorgane sollen alle rechtlich selbstständigen Organe betrachtet werden, die von dem anbietenden Unternehmen zur Erlangung von Aufträgen und zum Abschluss von Kaufverträgen eingesetzt werden. Hierher gehören:

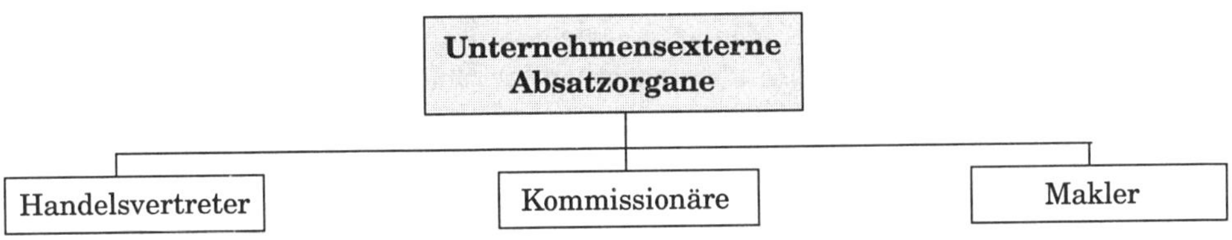

1.1.2.2.1 Handelsvertreter

Als Handelsvertreter wird ein selbstständiger Gewerbetreibender bezeichnet, der ständig damit betraut ist, für einen anderen Unternehmer Geschäfte zu vermitteln oder in dessen Namen abzuschließen (§§ 84 - 92c HGB).

Seine **Selbstständigkeit** erstreckt sich im Wesentlichen auf freie Gestaltung seiner Tätigkeit sowie Bestimmung seiner Arbeitszeit, sofern vertraglich keine anderen Vereinbarungen getroffen wurden. Die Erscheinungsformen des Handelsvertreters können im Rahmen des § 84 HGB sehr vielfältig sein. So kann der Handelsvertreter nicht nur Produkte, sondern auch Dienstleistungen (Versicherungen, Bausparverträge, Anzeigen usw.) vermitteln.

Der Handelsvertreter übt verschiedene Funktionen wie Kontaktfunktion, Informationsfunktion usw. für das von ihm vertretene Unternehmen aus. Seine Hauptfunktion besteht jedoch im „Hereinholen von Aufträgen".

Seine **Pflichten** sind u. a.:

- die Vermittlung oder der Abschluss von Geschäften, wobei das Unternehmensinteresse zu wahren ist (§ 86 Abs. 1 HGB).

- die Beachtung von Geschäftsgeheimnissen und Wettbewerbsabreden (§ 90 HGB). Die übrigen Pflichten und Rechte sind Bestandteil des Handelsvertretervertrages, der auch die Vergütung des Handelsvertreters bestimmen muss.

Grundsätzlich bieten sich folgende **Vergütungsformen** an:

- Der Handelsvertreter erhält für seine Tätigkeit eine umsatzabhängige Provision (§ 87 HGB). Als Berechnungsgrundlage ist dabei von dem Betrag auszugehen, den das Unternehmen erhält.

- Der Handelsvertreter erhält eine Provision und ein Fixum (Festbetrag), das dazu dienen soll, dem Handelsvertreter eine gewisse wirtschaftliche Sicherheit zu geben.

- Der Handelsvertreter erhält Provision, eine produkt- oder umsatzbezogene Prämie und ein Fixum.

In der Praxis finden sich alle drei Vergütungsformen. Bei Lösung des Vertragsverhältnisses hat der Handelsvertreter Anspruch auf Zahlung eines Ausgleichsanspruchs (§ 89 HGB), der im Voraus nicht ausgeschlossen werden kann. Nur für Handelsvertreter im Nebenberuf ist dies nach § 92 b HGB möglich.

Die Mehrzahl der Handelsvertreter in der Bundesrepublik (ca. 60.000) sind meist für mehrere Unternehmen tätig (Mehrfirmenvertreter). Ungefähr 90 % der Handelsvertreter (ca. 50.000) in der Bundesrepublik vertreten Industrieunternehmen. Oft unterhalten Handelsvertreter als Bindeglied zwischen Anbieter und Abnehmer eigene Auslieferungslager, bieten technischen Kundendienst und setzen selbst Mitarbeiter im Außendienst ein. Darüber hinaus kooperieren Handelsvertreter in verschiedenen

Bezirken, veranstalten Musterschauen und arbeiten in sog. Handelsvertreterhäusern zusammen.

Bei der Entscheidung zwischen dem Einsatz von Reisenden oder Vertretern sind verschiedene Faktoren von Bedeutung:

- Kostensituation des Unternehmens
- Größe des Unternehmens
- Aufgaben des Vertreters/Reisenden.

Zur Erleichterung der Entscheidungsfindung empfiehlt sich zunächst, die kostenmäßigen Aspekte zu überprüfen und dann anhand einer Checkliste die qualitativen Aspekte zu bewerten (Seite 400).

Handelsvertreter versus Reisende

Geht man davon aus, dass auch der Handelsvertreter dem Unternehmen fixe Kosten verursacht, jedoch in geringerem Maße als der Reisende, die variablen Kosten beim Handelsvertreter aber schneller ansteigen (weil höherer Provisionssatz) als beim Reisenden, so lässt sich der Zusammenhang zwischen Umsatz und Kosten der Alternativen grafisch und rechnerisch darstellen:

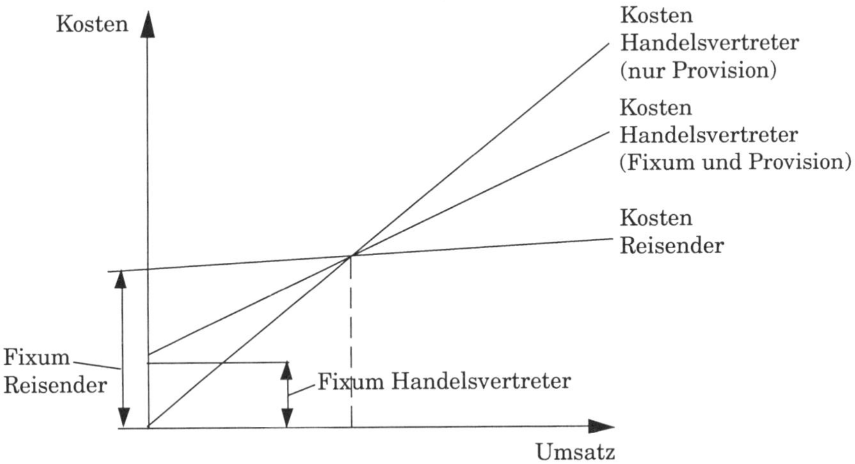

Kosten des Reisenden und Handelsvertreters

Wie man ersehen kann, ist erst von einem bestimmten Umsatz an (kritischer Umsatz) unter bestimmten Voraussetzungen (Provisionssatz, Fixum) der Einsatz von Reisenden aus Kostengesichtspunkten günstiger.

Beispiel: Ein Unternehmen steht vor der Entscheidung, ob es aus Kostengesichtspunkten günstiger ist, die Produkte durch Vertreter oder Reisende zu verkaufen. Die Verkaufsgebiete sind derart aufgeteilt, dass in jedem Verkaufsgebiet ein Umsatz von 600.000 € pro Jahr (50.000 € pro Monat) erwartet wird. Als Vergütung sollen die Vertreter (ohne km-Gelder und Tage- und

Checkliste:

Kriterium	Reisender	Einfirmenvertreter	Mehrfirmenvertreter
Vertragliche Bindung	§§ 59 ff. HGB, unselbstständig, stark weisungsgebunden	§§ 84 ff. HGB, selbstständig, grundsätzlich nicht weisungsgebunden	in der Regel wie Einfirmenvertreter
Arbeitszeit und Tätigkeit	Vorgabe durch das Unternehmen, Umsatzsoll	freie Gestaltung im Rahmen des Vertrages	in der Regel wie Einfirmenvertreter
Entgelt	Gehalt, evtl. Provision und Prämie	Provision vom erzielten Umsatz (Deckungsbeitrag)	in der Regel wie Einfirmenvertreter
Zusätzliche Kosten	Kfz-Kosten, Bürokosten, Sozialleistungen, Telefonkosten, Tagegelder, Übernachtungsgelder	eventuell aus Vertrag, z. B. garantiertes Einkommen	in der Regel keine
Kostencharakter	größtenteils fix	fast nur variabel	in der Regel variabel
Kundenbearbeitung	weitgehend nach Vorgabe durch die Verkaufsleitung	nach eigener Entscheidung in Abstimmung mit der Verkaufskonzeption des Unternehmens	wie Einfirmenvertreter, Überschneidungen können auftreten
Kontakte zu Kunden	auf der Basis des Verkaufsprogramms und persönlicher Beziehungen	auf der Basis des Verkaufssprogramms und persönlicher Beziehungen	sehr vielseitige Kontakte durch das breite Verkaufsprogramm von verschiedenen Unternehmen
Interessenlage	vertritt vorwiegend Interessen des Unternehmens	vertritt Interessen des Unternehmens und „eigene" Interessen	vertritt vorwiegend sein Interesse und das seiner Kunden
Änderung der Verkaufsbezirke	grundsätzlich leicht möglich	schwieriger, nur mit Einverständnis des Vertreters, sonst Änderungskündigung	wie Einfirmenvertreter
Berichterstattung	kann von Verkaufsleitung genau vorgeschrieben werden	muss vertraglich vereinbart werden	wie Einfirmenvertreter
Einsatzmöglichkeiten	grundsätzlich im gesamten Unternehmen	nur im Rahmen des Vertrages	Rücksichtnahme auf die anderen vertretenen Unternehmen
Arbeitskapazität	steht dem Unternehmen voll zur Verfügung	steht dem Unternehmen voll zur Verfügung	verteilt sich auf mehrere Unternehmen
Arbeitsweise	weitgehend unternehmensorientiert	unternehmens- und einkommensorientiert	vorwiegend einkommensorientiert
Verkaufstraining	integrierter Bestandteil der Aus- und Weiterbildung	entsprechend des Vertrages	schwieriger möglich, nur im Rahmen des Vertrages
Nebenfunktionen	Verkaufsförderung, Markterkundung, Kundendienst	entsprechend der vertraglichen Vereinbarungen	schwieriger möglich, nur im Rahmen des Vertrages
Kündigung	wie bei jedem Angestellten	Sonderregelung, eventuell Ausgleichsanspruch nach § 89 HGB	wie Einfirmenvertreter

Kriterien für die Wahl zwischen Reisenden und Handelsvertretern

Übernachtungsgelder) erhalten: Fixum 800 €, Provision 3 % vom Umsatz und die Reisenden 1.800 € und 1 % Provision.

Kosten = Fixum + Provision x Umsatz
F_R = Fixkosten des Reisenden
F_V = Fixkosten des Handelsvertreters
q_R = Provisionssatz des Reisenden
q_V = Provisionssatz des Handelsvertreters
U = Umsatz pro Monat

$K_{Vertreter} = F_V + q_V \cdot U = 800 + 3/100 \cdot 50.000 = 2.300$ €
$K_{Reisender} = F_R + q_R \cdot U = 1.800 + 1/100 \cdot 50.000 = 2.300$ €

Bei den oben genannten Voraussetzungen, einem Umsatz von 50.000 € pro Monat im Durchschnitt, verursachen Vertreter und Reisende die gleichen Kosten. Bei durchschnittlichen Umsätzen über 50.000 € ist der Reisende kostengünstiger.

Neben dem Handelsvertreter, der nur ein Unternehmen vertritt, gibt es Handelsvertreter, die mehrere Unternehmen vertreten, die sog. Mehrfirmenvertreter.

Der Absatz über **Mehrfirmenvertreter** empfiehlt sich für ein Unternehmen insbesondere dann, wenn:

- durch die Aufnahme des Produktes in das Verkaufsprogramm des Vertreters die Absatzmöglichkeiten größer sind als bei einer anderen Absatzmethode,
- ein neues Produkt eines neu auf den Markt auftretenden Unternehmens abgesetzt werden soll,
- die Umsätze nicht die Höhe erreichen, dass ein Einfirmenvertreter existenzfähig ist,
- ein Unternehmen keine großen Kostenvorleistungen erbringen will (z.B. in Form eines hohen Fixums).

Als nachhaltig gegen den Einsatz von Vertretern wirkt sich insbesondere die geringere Einflussmöglichkeit im Vergleich zu Reisenden aus. Auch der sog. Ausgleichsanspruch, den ein Handelsvertreter bei Beendigung des Vertragsverhältnisses (§ 89 HGB) hat, ist als negativ für den Einsatz des Handelsvertreters anzusehen (vgl. auch S. 400).

Auf Seite 400 sind verschiedene Bewertungskriterien für die Beurteilung und die Entscheidung zwischen Reisenden, Einfirmenvertretern und Mehrfirmenvertretern angegeben.

Für die aufgeführten Kriterien können Punkte vergeben werden, um zu einer besseren Entscheidung zu gelangen. Erstes Kriterium für den Entscheid müssen aber stets die jeweiligen Aufgaben und Möglichkeiten des Unternehmens sein.

27 Seite 629

1.1.2.2.2 Kommissionär

Der Kommissionär unterscheidet sich dadurch vom Handelsvertreter, dass er als selbstständiger Gewerbetreibender im eigenen Namen für die Rechnung seines Auftraggebers handelt (§ 383 HGB). Für diesen kauft und verkauft er Waren und Wertpapiere, ohne dass die Objekte in sein Eigentum übergehen. Als Vergütung erhält er eine umsatzabhängige Kommission.

1.1.2.2.3 Makler

Auch der Makler ist selbstständiger Gewerbetreibender (§§ 93 - 104 HGB), der sich die Partner für den Abschluss von Verträgen von Fall zu Fall aussucht. Er hat stets die Interessen beider Partner, für die er tätig ist und zwischen denen er vermittelt, zu wahren.

1.1.3 Marktveranstaltungen

Der Begriff Marktveranstaltungen wird in der betriebswirtschaftlichen Literatur unterschiedlich verstanden. Einig ist man sich, dass sie dem Waren- und Informationsaustausch dienen und Einrichtungen mit einer spezifischen Organisation sind. Hierzu zählen Messen, Ausstellungen, Börsen, Auktionen, Jahr-, Wochen- und Tagesmärkte, Großmärkte, Ausschreibungen, Submissionen u. a. Eine Klassifikation der **Marktveranstaltungen** zeigt die Darstellung von *Jaspert*.

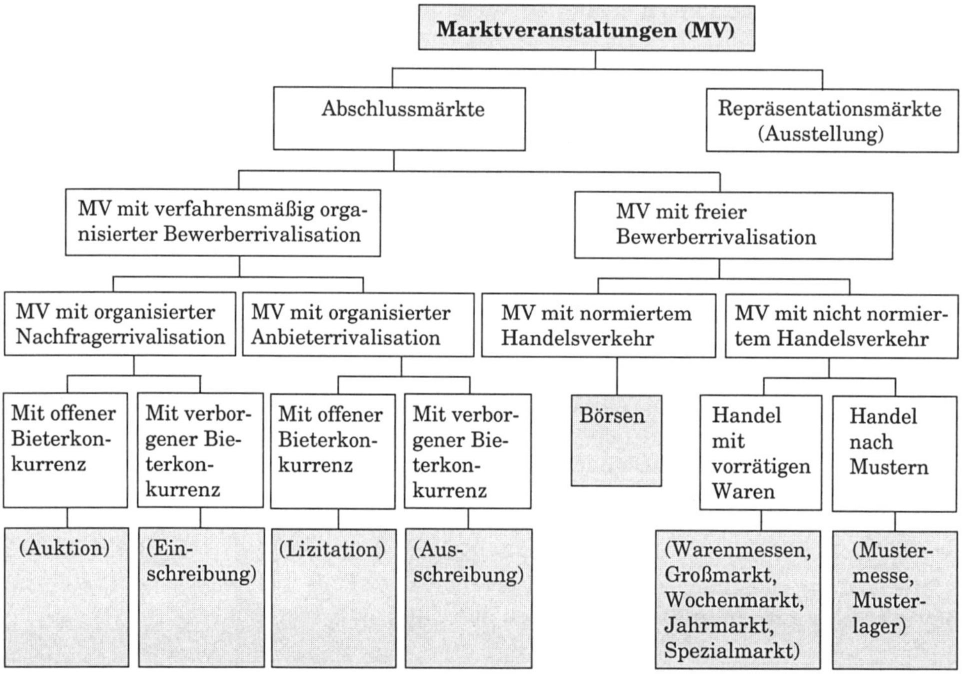

Quelle: *Jaspert*, Marketing-Intensivkurs, S. 37

Aus dem Bereich der Marktveranstaltungen sollen kurz näher betrachtet werden:

- Messen und Ausstellungen,
- Börsen und
- Auktionen.

1.1.3.1 Messen und Ausstellungen

Der Zentralausschuss der Werbewirtschaft (ZAW) hat für Messen und Ausstellungen folgende Definition erarbeitet:

„Messen sind Veranstaltungen mit Marktcharakter, die ein umfassendes Angebot eines oder mehrerer Wirtschaftszweige bieten. Sie finden im Allgemeinen in regelmäßigem Turnus am gleichen Ort statt. Auf Messen wird aufgrund von Mustern für den Wiederverkauf oder für gewerbliche Verwendung verkauft. Der Zutritt zur Messe ist grundsätzlich dem Fachbesucher vorbehalten. Fachausstellungen dienen der aufklärenden und werbenden Darstellung einzelner Wirtschaftszweige und sprechen neben den Fachkreisen auch die Allgemeinheit an. Allgemeine Ausstellungen sind Veranstaltungen, die sich aufklärend und werbend für bestimmte Wirtschaftsräume oder Wirtschaftsprobleme an die Allgemeinheit wenden, Ausstellungen können dem Verkauf dienen."

Messen und Ausstellungen lassen sich nach verschiedenen Kriterien unterscheiden:

- nach dem **Ausstrahlungsgebiet**:
  regional, national, international

- nach der **Angebotsbreite**:
  Fachmesse (Einbranchenmesse), Mehrbranchenmesse (Universalmesse)

- nach den ausgestellten **Produkten**:
  Konsumgüter-, Gebrauchsgüter-, Investitionsgütermessen

- nach der **Funktion**:
  Verkaufsmessen, Informationsausstellungen

- nach der **Dauer**:
  ständig, zu bestimmten Zeitpunkten

- nach dem **Standort**:
  fester Standort, wechselnder Standort

- nach Stellung der **Anbieter**:
  Industrie, Handel, Dienstleistungen, Landwirtschaft, Gewerbe.

Die heutigen Messen sind aus den Warenmärkten entstanden, auf denen der Verkäufer seine Waren zum Kauf anbietet. Sie bestehen zwar heute noch weiter, verbreiteter ist jedoch die Mustermesse, auf der nach Mustern Verträge geschlossen werden.

In Leipzig liegen nach 1880 die Anfänge der Mustermessen.

Als wichtigste Messen und Ausstellungen in der Bundesrepublik können die Hannover Messe, die Internationale Frankfurter Messe als Universalmesse und die Internationale Lederwarenmesse (Offenbach), die Internationale Modemesse (IGEDO) Düsseldorf, die Internationale Spielwarenmesse Nürnberg, die Internationale Möbelmesse (Köln) und die Frankfurter Buchmesse als Einbranchenmesse angesehen werden.

Mit der Teilnahme an Messen und Ausstellungen wollen Aussteller primär folgende Ziele erreichen:

- Informieren über das eigene Angebot
- Kontakte mit Kunden aufnehmen, interviewen und zu Verkaufsabschlüssen führen
- Good-will-Effekte erzielen
- Verkäufe vorbereiten und abschließen.

Infolge der Vielzahl von Produkten in hoch entwickelten Industrieländern zeichnet sich hier ein Trend weg von der Universal- und Mehrbranchenmesse und hin zur Einbranchenmesse ab, die branchen- oder bedarfsorientiert sein kann.

Die Bedeutung der Messen für den Außenhandel nimmt ständig zu, ebenso wie die Beteiligung deutscher Aussteller an ausländischen Messen sowie ausländischer Aussteller an deutschen Messen.

Nach der Definition des ZAW können Ausstellungen dem Verkauf dienen. Dies trifft jedoch nicht für alle zu. Hier sind vor allem die Weltausstellungen zu nennen, die dazu dienen, die nationale wirtschaftliche Leistungsfähigkeit und Kultur im friedlichen Wettbewerb nebeneinander darzustellen. Die erste Weltausstellung fand 1851 in London statt.

Auf der Basis zunehmender Konkurrenz bedient man sich auch der Messen als wichtiges Marketinginstrument. Während die Anzahl der Veranstaltungen von 1990 bis 1997 um 49 stieg, schwankt die Zahl der Besucher seit 1990 zwischen 9 und 10 Mio. und 2003 zeigt sich ein Rückgang der Besucher an.

Welche Bedeutung Messen im Kommunikations-Mix heute für die Praxis haben, gibt die folgende Übersicht wieder:

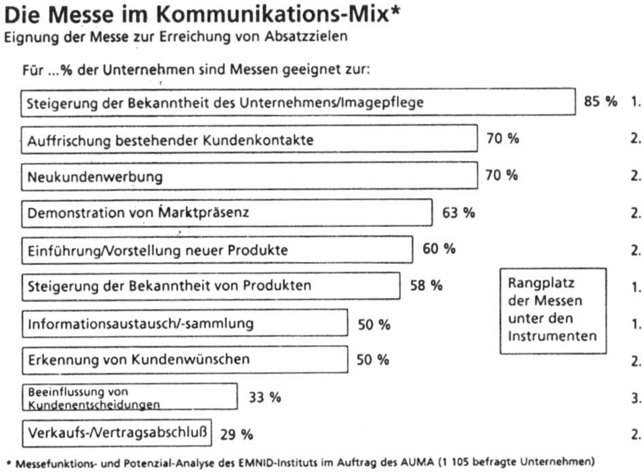

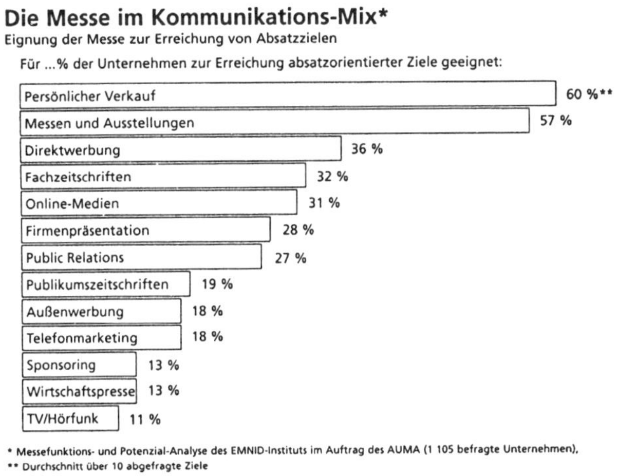

1.1.3.2 Börsen

Börsen sind regelmäßig institutionalisierte Marktveranstaltungen, die an einem bestimmten Ort für begrenzte Zeit stattfinden und auf denen nach einer fest vereinbarten Ordnung Handelsgeschäfte in vertretbaren Wirtschaftsgütern abgeschlossen werden.

Nach den Objekten, die gehandelt werden, lassen sich Börsen einteilen in:

- Wertpapierbörsen
- Produktenbörsen (Warenbörsen)
- Warenterminbörsen.

Warenbörsen (Produktenbörsen) dienen dem Handel mit vertretbaren beweglichen Waren, die eindeutig standardisiert oder typisiert sind. Da dies insbesondere bei Rohwaren möglich ist, gehören diese zu den wichtigsten Börsenwaren (z.B. Getreide, Kaffee, Zucker, Kupfer, Blei, Zinn, Leder, Baumwolle usw.).

Nach der Dauer der Abwicklung der an Börsen geschlossenen Geschäfte unterscheidet man in Effektiv- und Termingeschäfte.

Effektivgeschäfte sind Abschlüsse, bei denen die Kontrahenten die vertraglichen Leistungen „sofort" erbringen.

Termingeschäfte sind Geschäfte mit Kontrakten, die nur selten sofort ausgeführt werden, d. h. durch Lieferung der Waren erfüllt werden. Termingeschäfte haben heute an Warenbörsen große Bedeutung, da sie durch Abschluss von Gegengeschäften eine Ausschaltung des Preisrisikos ermöglichen. Heute werden in der Bundesrepublik nur noch an zwei Börsen Termin- und Effektivgeschäfte abgeschlossen, während an den übrigen 25 Produktbörsen (Warenbörsen) nur Effektivgeschäfte abgeschlossen werden.

Daneben gibt es verschiedene Wertpapier- und Produktenbörsen.

1.1.3.3 Auktionen

Auktionen sind für einen bestimmten Ort und eine bestimmte Zeit angekündigte Marktveranstaltungen, die jeweils unter einer einheitlichen Leistung stehen und bei denen anwesende oder zur Besichtigung zugängliche Waren im öffentlichen Bieteverfahren an den Meistbietenden verkauft werden.

Bei den Auktionen unterscheidet man die drei verschiedenen Formen:

- die **Englische Auktion**. Dabei wird der Bietprozess mit einem Mindestangebot begonnen bis nur noch ein Bieter übrig bleibt, der den höchsten Preis zahlt.

- die **Holländische Auktion**. Hier legt man zu Beginn einen sehr hohen Preis fest und senkt den Preis, bis ein Bieter den gesenkten Preis akzeptiert.

- die **Höchstpreisauktion**. Die Bieter geben innerhalb einer festgesetzten Frist ein Angebot ab. Der Bieter mit dem höchsten Angebot erhält am Auktionsende den Zuschlag.

1.2 Indirekter Absatz

Als indirekter Absatz wird der Absatz unter Einschaltung des Handels angesehen. Obgleich die Hersteller sich bemühen, den Direktabsatz zu fördern, spielt der Handel insbesondere im Konsumgüterbereich beim Absatz an den Endverbraucher eine dominierende Rolle.

Gründe dafür sind:

- Produkte von zum Teil sehr spezialisierten Herstellern bedürfen der Einordnung in das Sortiment des Groß- und Einzelhandels.
- Hersteller sind oft nicht in der Lage, die weit verstreuten Endverbraucher aus Kostengründen oder sonstigen Gründen zu beliefern.
- Manche Erzeuger sind überhaupt nicht in der Lage, effizientes Marketing zu betreiben (z. B. bei Agrarprodukten).
- Einzelne Produkte werden durch den Sortimentsverbund, d. h. dadurch, dass sie in einem Sortiment angeboten werden, erst verkäuflich.
- Durch den Einsatz des Handels lassen sich für einen Hersteller die Anzahl der Kontakte zu Abnehmern verringern.

Ein Beispiel möge dies veranschaulichen. Sind z. B. auf einem Markt 3 Anbieter und 5 Nachfrager, so müssen die Anbieter 3 mal 5 Kontakte aufnehmen, wenn zu allen Beteiligten Kontakt aufgenommen werden soll. Wird nun der Handel dazwischengeschaltet, so verringern sich die Kontakte auf 3 + 5 = 8 Kontakte. Allgemein gilt für den vorliegenden Fall die Anzahl der Kontakte sinkt von m mal n auf m + n Kontakte.

Kontakte ohne Einschaltung des Handels

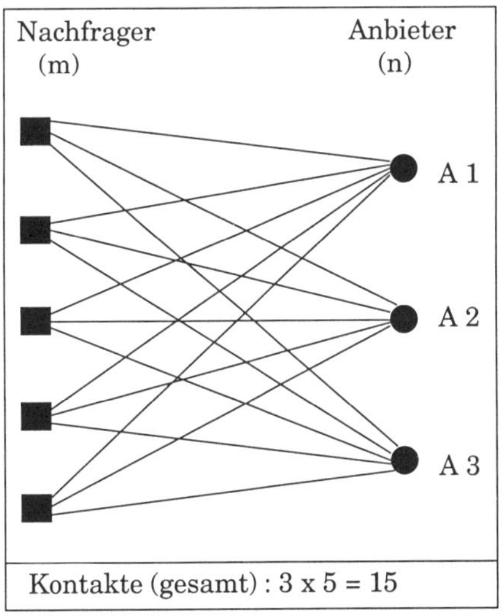

Kontakte mit Einschaltung des Handels

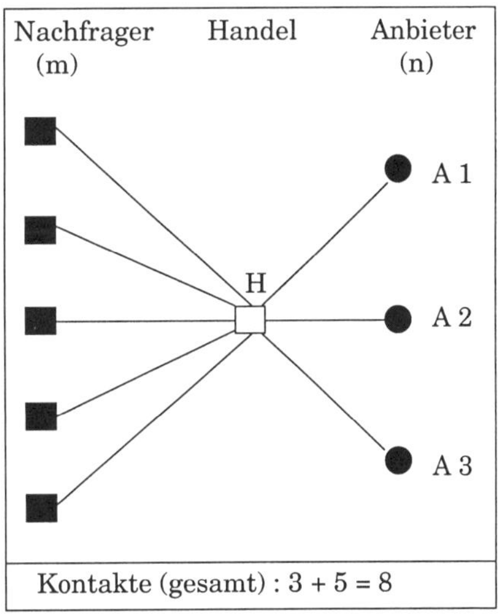

Schaltet ein Hersteller den Handel ein, so hat er grundsätzlich folgende Möglichkeiten:

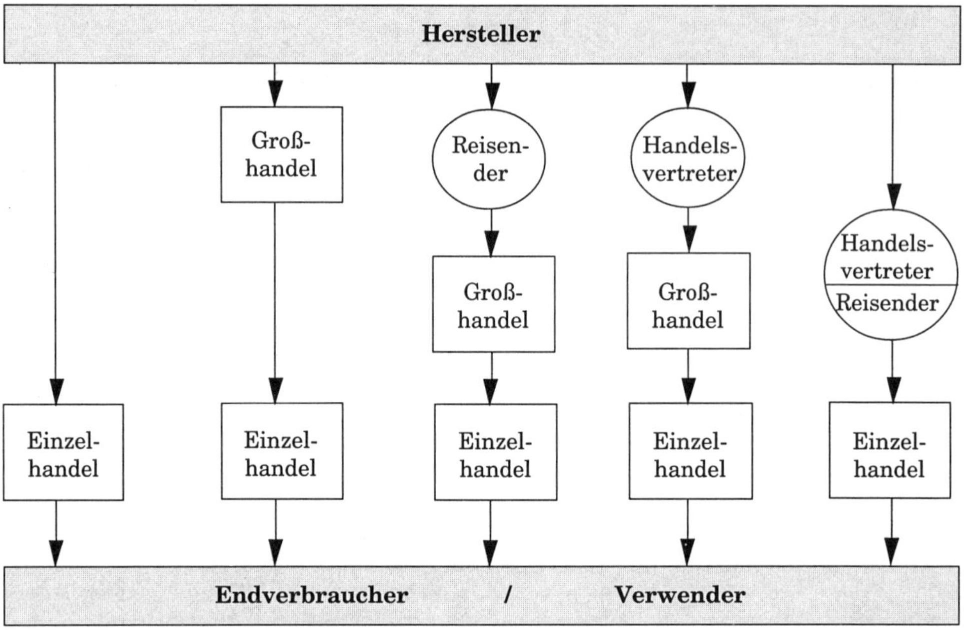

Im Folgenden sollen die **Handelsfunktionen** und die Formen, in denen der Handel auftritt, die **Handelsformen**, näher betrachtet werden.

Insgesamt sind mit dem Indirekten Absatz aus Herstellersicht Vor- und Nachteile verbunden.

Indirekter Absatz	
Vorteile	**Nachteile**
• Relativ kleine Vertriebsorganisation erforderlich • Hoher Distributionsgrad möglich • Handel übernimmt zahlreiche Absatzfunktionen • Handel verkauft an Endabnehmer • Schnellere Anpassungsfähigkeit an den Markt • Geringere Investitionen in den Markt	• Kein Kontakt zum Endabnehmer • Niedrigerer Abgabepreis im Vergleich zum Direktabsatz • Abhängigkeit vom Handel • Meist kein Einfluss auf Endabnehmerpreis (Preisbindung) • Nicht alle Instrumente werden i. S. des Herstellers eingesetzt. • Auf die Aktivitäten des Handels angewiesen • Keine direkten Einwirkungsmöglichkeiten auf den gesamten Absatzprozess

1.3 Multichannelabsatzsysteme

Als Multichannelabsatz (Multi-Channel Management) bezeichnet man den Einsatz mehrerer Absatzkanäle durch ein Unternehmen. Insbesondere durch den Einsatz des Internet und des Handy gewinnt die Bedeutung des Multichannelsabsatzes.

Die Ziele, die Hersteller bzw. Handelsunternehmen dadurch erreichen wollen, sind u.a. (vgl. *Schlögel* (1997), *Wirtz*, 2001):

- Erzielung einer Gewinnsteigerung
- Realisierung von Kostensenkungen
- Steigerung der Wirtschaftlichkeit
- Neukundengewinnung
- Verbesserung der Kundenbindung
- Bessere Kundenbetreuung
- Erreichung von Synergiepotenzialen.

Eine Umfrage von *Wirtz* 2002 bei 50 insbesondere Großunternehmen ergab das folgende Ergebnis (entnommen aus Wirtschaftswoche).

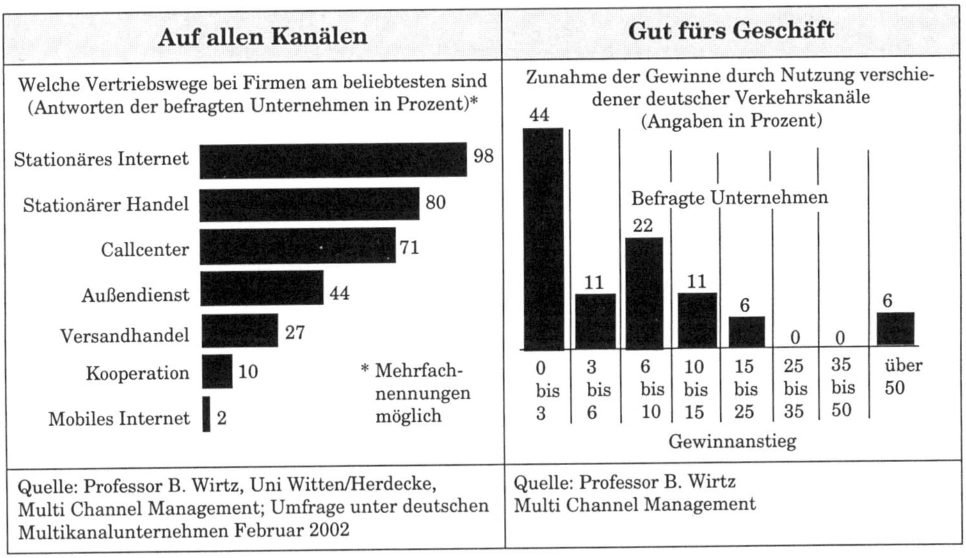

Damit hat sich weitgehend gezeigt, dass durch den Einsatz mehrerer Vertriebswege die angestrebten Ziele besser erreicht werden können. Da der Vertriebsweg über das Internet kostengünstiger ist, wundert auch die Beliebtheit dieses Absatzkanals nicht. Dennoch muss gegenwärtig vor einer Überschätzung von E- und M-Commerce gewarnt werden.

1.4 Handelsfunktionen

Unter Handelsfunktionen werden die Aufgaben verstanden, die der Handel im

Distributionsprozess wahrnehmen kann. In der Betriebswirtschaftslehre wurde schon sehr lange über Funktionen und Produktivität des Handels diskutiert. Heute ist die Leistung des Handels jedoch weitgehend unbestritten.

Ein erstes eindeutiges Funktionsschema zeigt erstmals für den deutschen Raum *Oberparleiter*, der die Funktionen des Warenhandels wie folgt differenziert:

- **Räumliche Funktion**
  Der Handel schließt die räumlichen Unterschiede zwischen Hersteller und Verbraucher.

- **Zeitliche Funktion**
  Die sich zwischen Herstellung und Verbrauch bzw. Verwendung ergebenden zeitlichen Differenzen hilft der Handel durch seine Aktivitäten zu überbrücken.

- **Quantitätsfunktion**
  Die Mengenunterschiede, die sich zwischen Herstellung und Verbrauch ergeben, gleicht der Handel durch seine Maßnahmen an. Dies geschieht sowohl durch die Anpassung des Verbrauchs in kleinen Mengen an die Produktion in großen Mengen als auch des Verbrauchs in großen Mengen an die Produktion in kleinen Mengen (Aufkaufgroßhandel).

- **Qualitätsfunktion**
  Die zwischen Herstellung und Verbrauch bestehenden qualitätsmäßigen Unterschiede werden durch Sortieren der Artikel und die Sortimentsbildung des Handels überbrückt.

- **Kreditfunktion**
  Die Aufgabe der Kreditfunktion besteht darin, dort Verbrauch zu ermöglichen, wo er sonst unterbleiben würde, da die erforderlichen Geldmittel nicht vorhanden sind. Insoweit kann die Kreditfunktion auch als handelspolitisches Instrument eingesetzt werden.

- **Werbefunktion**
  Mithilfe der Werbung sollen Bedürfnisse geweckt und bestehender Bedarf zielgerecht gedeckt werden. Im Hinblick auf den einzelnen Betrieb dient die Werbefunktion der Ertragssteigerung, während gesamtwirtschaftlich eine Wettbewerbsintensivierung angestrebt wird.

Seyffert unterscheidet in seiner Systematik die **Funktionen des Handels** in:

(1) **Überbrückungsfunktionen**
Raumüberbrückung (Transportfunktion)
Zeitüberbrückung (Lagerfunktion)
Vordisposition
Preisausgleich
Kreditfunktion

(2) **Warenfunktionen**
Quantitätsfunktion
Qualitätsfunktion
Sortimentsfunktion

(3) **Funktionen des Makleramtes**
Markterschließungsfunktion (z.B. Werbung)
Interessenwahrungsfunktion
Beratungsfunktion.

Neben beiden kurz skizzierten Funktionsschemen des Handels finden sich noch andere Funktionsschemata bei verschiedenen Autoren. Obgleich die einzelnen Funktionen immer von den einzelnen Handelsbetrieben mehr oder minder intensiv ausgeübt werden, ergeben sich doch von Betriebsform zu Betriebsform graduelle Unterschiede.

1.5 Handelsbetriebsformen

Es ist heute weitgehend üblich, die Handelsbetriebe nach folgenden Betriebsformen zu unterscheiden:

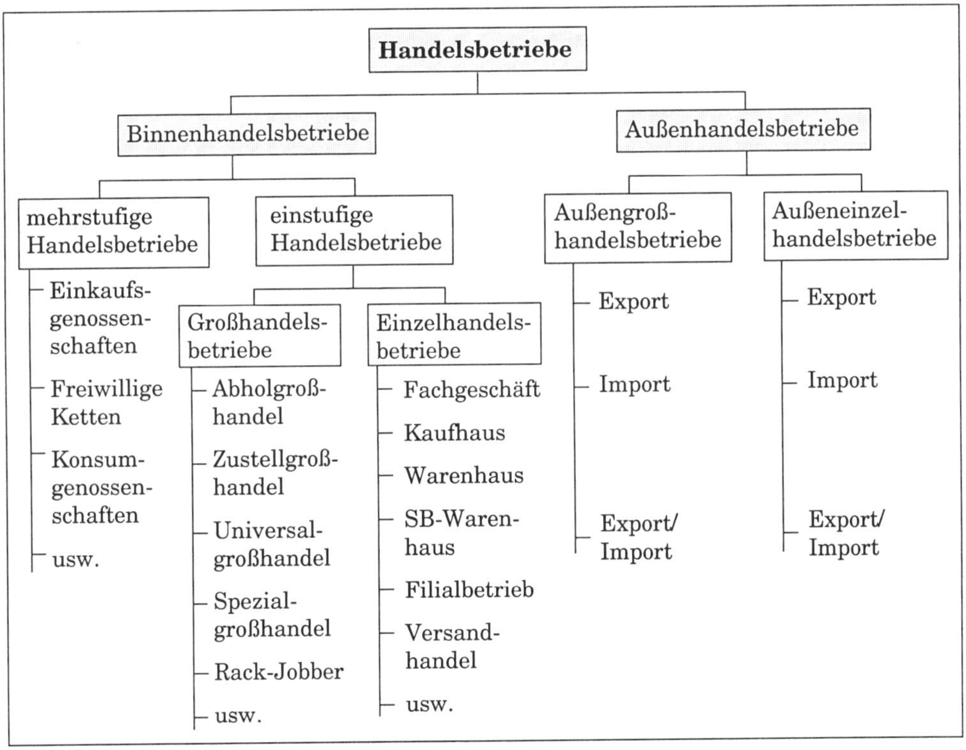

Die folgende Übersicht zeigt die 10 größten Handelsunternehmen in Europa im Jahre 2002.

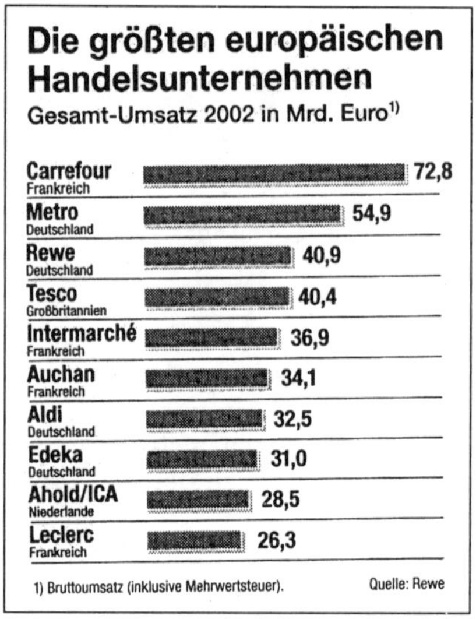

1.5.1 Großhandelsbetrieb

Man spricht dann von einem Großhandelsbetrieb, wenn ein Betrieb Waren beschafft und sie entweder unverändert oder nach nicht nennenswerter Be- und Verarbeitung an Wiederverkäufer, an Weiterverarbeiter, sonstige Verarbeiter (Gaststätten, Kantinen usw.) oder an andere Großabnehmer (z. B. staatliche Institutionen) absetzt.

Lieferungen an Endverbraucher zählen grundsätzlich nicht zu den Großhandelsleistungen.

Neben dem Kennzeichen der **Nichtbelieferung** der Endverbraucher übt der Großhandel folgende **Funktionen** aus, die diese Handelsbetriebsform kennzeichnen:

- Eine **räumliche Funktion,** indem der Großhandel physisch den Raum zwischen Hersteller und seinem Standort bzw. im Falle des Zustellgroßhandels auch noch bis zu seinem Abnehmer überbrückt – beim Cash-and-Carry-Großhandel jedoch nur beschaffungsseitig. Neben den physischen Prozessen wirkt der Großhandel auch kommunikationspolitisch auf seine Abnehmer ein.

- Die **zeitliche Funktion** beinhaltet die Ausübung der Lagerhaltungsfunktion über die individuelle betriebsspezifische Dauer hinaus. Im Extremfall wäre denkbar, dass der Hersteller völlig auf eigene oder fremde Lager verzichtet, weil der Großhandel unmittelbar die Produktion abnimmt.

- Die **Quantitätsfunktion** des Großhandels zeigt sich darin, dass Großhändler in großen Mengen von Herstellern einkaufen und in kleineren Mengen an Einzelhändler, Hersteller oder sonstige Betriebe weiterverkaufen. Dabei sind die Preise im Regelfall niedriger als im Einzelfall, die Mengen dagegen erheblich größer.

- Die **Qualitätsfunktion** besteht primär in der Zusammenstellung des Großhandelssortiments. Durch die Sortimentsbildung von Großhandelsunternehmen ist es manchen Betrieben erst möglich geworden, sich zu spezialisieren.

- Die **Finanzierungsfunktion** liegt im Einräumen von Zahlungszielen, die bei vielen Großhändlern oft länger sind als im Einzelhandel und bei Herstellern.

- Auch die **Informationsfunktion** übt der Großhandel durch die Information und den Kontakt zu seinen Abnehmern aus. Dadurch wirbt er nicht nur für seine Institution, sondern auch für die in seinem Sortiment enthaltenen Artikel.

Die folgende Tabelle zeigt nochmals die verschiedenen Funktionen der unterschiedlichen Betriebsformen des Großhandels im Überblick.

Funktion / Betriebsform	Transaktionsfunktion	Lagerungsfunktion	Transportfunktion	Finanzierungsfunktion	Sortimentsbildung	Qualitätskontrolle	Informationsfunktion
Sortimentsgroßhandel	*	+	+	+	+	+	+
Spezialgroßhandel	*	+	+	+	*	+	+
Streckengroßhandel	*	–	–	–	+	–	+
Zustellgroßhandel	*	*	*	+	+	+	+
Cash & Carry-Großhandel	*	*	–	–	+	+	+
Rack-Jobber	*	*	*	*	*	*	+

* = spezifisches Betriebsmerkmal
\+ = Funktion kann übernommen werden
– = Funktion wird nicht übernommen

Betriebsformen des Großhandels und Funktionen

Quelle: in Anlehnung an *Scharf/Schubert*, (2001) S, 303

Zu den klassischen Zustellgroßhandlungen gehören der Lebensmittelsortimentshandel, der Getränkespezialgroßhandel und die genossenschaftlichen Großhandlungen (Edeka, Rewe).

Im Gegensatz zu den Zustellgroßhandlungen stehen die **Abholgroßhandlungen**, die auch als **Cash-and-Carry-Großhandlungen** bezeichnet werden. Ihre Zielsetzung besteht darin, durch das Prinzip der Selbstbedienung die Kosten zu senken und durch die Selbstabholung den Einkaufspreis niedrig zu halten. Zu den Abnehmern zählen überwiegend kleine gewerbliche Kunden, die Gastronomie, Großverbraucher, Krankenhäuser, Kantinen, Kioske und der Lebensmittelhandel.

Branche	Umsatz je Betrieb Mio. €	Beschäftigte je Betrieb	Umsatz je Beschäftigte Tsd. €
Getränkefachgroßhandel	11,1	47	238
Elektrogroßhandel	67,7	201	278
Reifenhandel	5,8	30	195
Glas-, Porzellan-, Keramik-Gh.	17,7	87	204
Uhren-, Schmuck-Großhandel	11,6	40	293
Autoteilehandel	16,5	89	185
Flachglasgroßhandel	10,0	68	166
Holzhandel	9,7	37	263
Stahlhandel	97,6	246	397
Schraubengroßhandel	84,0	407	206
Großhandel mit Baumaschinen, Baugeräten und Industriemaschinen	57,0	198	287
Großhandel mit Heim und Farbe	15,6	74	210

Großhandel nach Branchen 2000

Quelle: Institut für Handelsforschung an der Universität zu Köln

Die **Vorteile für die Käufer** sind:

- niedrige Preise
- der Einkauf auch kleiner Warenmengen
- durch eigene Abholung schneller Warennachschub
- Information über das Warenangebot für kleine Gewerbebetriebe
- Einkauf nach Ladenschluss.

Eine Sonderform stellen die sog. **Rack-Jobber** (Regal-Großhändler) dar. Die Rack-Jobber sind Großhändler oder Hersteller, denen in Handelsbetrieben Verkaufsraum oder Regalflächen zur Verfügung gestellt werden und die dort für eigene Rechnung Waren anbieten, die das vorhandene Sortiment ergänzen. Der Rack-Jobber übernimmt diese Funktion in Supermärkten, Verbrauchermärkten und anderen Einzelhandelsunternehmen, aber auch in Cash-and-Carry-Lagern.

Die Chancen des Großhandels sind alles in allem durchaus positiv zu beurteilen. Wenngleich auch der Ausleseprozess im Handel zu einer Reihe von Fusionen im Großhandel und zwischen Groß- und Einzelhandelsbetrieben geführt hat, so wird die Zahl der Großhandelsunternehmen insgesamt sinken, die Zahl der Großunternehmen im Großhandel jedoch – nicht zuletzt infolge der weiteren Internationalisierung des Warenverkehrs – weiter zunehmen.

Die künftige Entwicklung muss differenziert betrachtet werden.

1.5.2 Einzelhandelsbetrieb

1.5.2.1 Wesen des Einzelhandelsbetriebs

Einzelhandel im Sinne des Gesetzes (Gesetz über die Berufsausübung im Einzelhandel) betreibt, wer gewerbsmäßig

- Waren anschafft und sie unverändert oder nach üblicher Be- oder Verarbeitung in einer oder mehreren offenen Verkaufsstellen zum Verkauf jedermann anbietet
- Muster oder Proben zeigt, um Bestellungen entgegenzunehmen oder
- Waren versendet, die nach Katalog, Mustern, Proben oder aufgrund eines sonstigen Angebotes bestellt wurden (Versandhandel).

Der Einzelhandel lässt sich funktionell und institutionell betrachten. Unter Einzelhandel im funktionellen Sinne versteht man die wirtschaftliche Tätigkeit des Absatzes von Waren an Endabnehmer. Als Einzelhandel im institutionellen Sinne versteht man diejenigen Betriebe (Einzelhandelsbetriebe), die Einzelhandel im funktionellen Sinne betreiben.

Wie sich die Anteile am Umsatz im Einzelhandel sich von 1985 bis 2002 entwickelten, zeigt die folgende Abbildung:

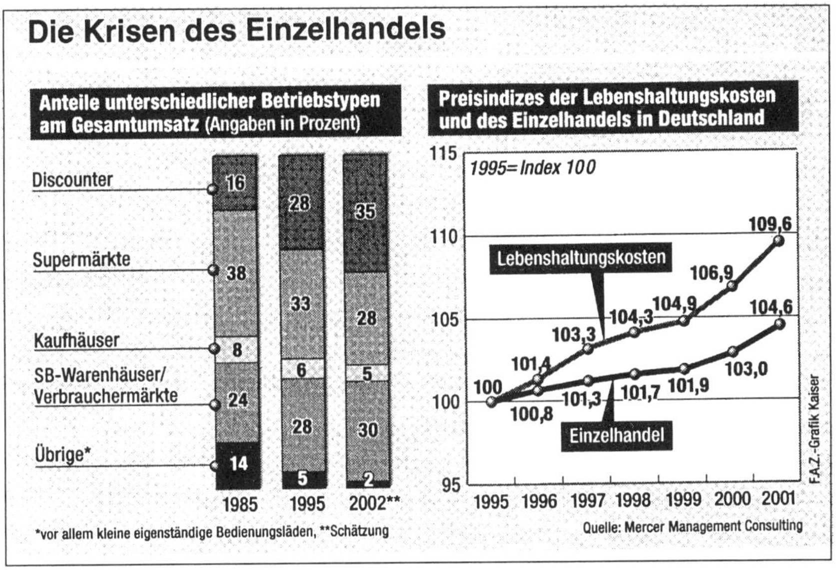

Allgemein lässt sich in folgende Kategorien und Formen unterscheiden (vgl. *Czech-Winkelmann, Haller*) in:

- **Stationärer Einzelhandel**
(Spezialgeschäft, Fachgeschäft, Kaufhaus, Warenhaus, Verbrauchermarkt, SB-Warenhaus, Discounter, Supermarkt, Fachmarkt, Boutique, Gemischtwarengeschäft, „Resteladen", Kiosk, Tankstelle usw.)

- **Ambulanter Einzelhandel**
(Markthandel, Haus-zu-Haus-Verkauf, Straßenverkauf, Verkaufswagenverkauf usw.)

- **Versandhandel**
(Universalversandhandel, Spezialversandhandel, Sortimentsversandhandel usw.)

- **Virtueller Einzelhandel**
(B2C-Handelonline, E-Commerce)

- **Handwerkshandel**
(z.B. Metzger-, Bäcker-, Friseur-, Kosmetik-Handel usw. mit Handelswaren).

Im Folgenden sollen einige Betriebsformen kurz besprochen werden.

1.5.2.2 Handelsbetriebsformen

In der Praxis gibt es eine Vielzahl von Handelsbetriebsformen oder -betriebstypen des Einzelhandels. Bestimmend für die einzelnen Betriebsformen sind in erster Linie das angebotene Sortiment (Breite und Tiefe) und die Betriebsgröße sowie das Bedienungsprinzip. Sortimentspolitik und Betriebsgröße bilden primär die konstitutiven Elemente für die Betriebsformen des Einzelhandels.

Folgende Betriebsformen sollen kurz skizziert werden:

1.5.2.2.1 Gemischtwarengeschäft („Tante Emma Laden")

Unter einem Gemischtwarengeschäft versteht man allgemein ein Ladengeschäft, in dem Waren weitgehend nach dem Bedienungsprinzip zu empfohlenen oder „üblichen" Preisen angeboten werden. Sie haben ein mittelbreites und flaches Sortiment.

Im hart umkämpften Einzelhandel gibt es einen eindeutigen Verlierer: die Bedienungsläden, auch „Tante-Emma-Laden" genannt. Noch in den 60er-Jahren prägten sie das Bild des Lebensmittel-Einzelhandels. Die fast 140.000 Geschäfte erwirtschafteten einen Umsatz von nahezu 10 Mrd. €. Das waren über 60 Prozent des gesamten Einzelhandelsumsatzes mit Lebensmitteln. Heute gibt es in Westdeutschland nur noch ca. 5.000 Bedienungsläden.

1.5.2.2.2 Fach- und Spezialgeschäft

Fachgeschäfte bieten Artikel einer bestimmten stoff- oder bedarfsorientierten Branche mit ergänzenden Dienstleistungen an. Sie sind kleine und mittelgroße Einzelhandelsbetriebe, die eine Warengruppe bei mittlerer Sortimentsbreite und -tiefe anbieten.

Sie haben in der Regel Fremdbedienung und konventionelle Preisbildung mit Ausnahme der Lebensmitteleinzelhandelsgeschäfte.

Das *Deutsche Handelsinstitut Köln* unterscheidet folgende Geschäftstypen mit Selbstbedienung:

(1) **Lebensmittel-SB-Laden**
Ein Lebensmittel-SB-Laden ist ein Einzelhandelsgeschäft mit weniger als 200 qm Verkaufsfläche, das Lebensmittel in Selbstbedienung anbietet.

(2) **Lebensmittel-SB-Markt**
Ein Lebensmittel-SB-Markt ist ein Lebensmittel-Einzelhandelsgeschäft mit 200 bis 400 qm Verkaufsfläche, das auch Frischwaren sowie integrierte Non-Foods in Selbstbedienung führt.

(3) **Lebensmittel-Discountmarkt**
Ein Lebensmittel-Discountmarkt ist ein Lebensmittel-Selbstbedienungsgeschäft, das ein auf umschlagstarke Artikel konzentriertes Angebot führt und den Verbraucher insbesondere über seine Niedrigpreispolitik anspricht.

Unter **Spezialgeschäften** versteht man allgemein einen Einzelhandelsbetrieb, der einen Ausschnitt aus dem Sortiment eines Fachgeschäftes anbietet. Sie haben ein „enges und tiefes" Sortiment. Kennzeichnend für diese Betriebe ist meist fachkundige Beratung und konventionelle Preisbildung.

Die Zukunft von Fach- und Spezialgeschäften kann insgesamt als durchaus positiv betrachtet werden, wobei insbesondere aus dem Streben der Bevölkerung nach Differenzierung sich Erfolgschancen für die Spezialgeschäfte bieten.

Voraussetzung dafür ist jedoch eine sorgfältige Untersuchung des Marktes vor Geschäftserrichtung.

1.5.2.2.3 Kauf- und Warenhaus

Kaufhäuser sind Einzelhandelsbetriebe, die in der Regel auf Verkaufsflächen in mehreren Stockwerken Waren einer Branche oder einiger Branchen zum überwiegenden Teil in Fremdbedienung anbieten. Im Hinblick auf die Branchenzugehörigkeit dominieren Textilkaufhäuser, Möbelkaufhäuser, Elektrokaufhäuser usw.

In der Handelspraxis wird oft nicht eindeutig zwischen Kauf- und Warenhaus unterschieden, wenngleich die geringere Betriebsfläche und das weniger tiefe Sortiment eine Grenze zum Warenhaus bilden. Zudem bestehen erhebliche Unterschiede zwischen Kaufhäusern in Klein-, Mittel- und Großstädten. Das Vorhandensein einer Lebensmittelabteilung kann heute nicht mehr als Abgrenzung des Kaufhauses gegenüber dem Warenhaus angesehen werden.

Warenhäuser sind Großbetriebe des Einzelhandels, die Waren aus mehreren Branchen, vor allem Bekleidung, Textilien, Hausrat, Wohnbedarf sowie meist Nahrungs-

und Genussmittel überwiegend im Wege der Fremdbedienung anbieten. Ihre Sortimente sind breit, jedoch im Hinblick auf die Sortimentstiefe unterschiedlich.

Es lassen sich Warenhäuser mit flachen, mittleren und tiefen Sortimenten in der Praxis antreffen. Dominierend bei den Warenhäusern ist in der Bundesrepublik das „Warenhausfilialunternehmen" der Warenhauskonzerne (Kaufhof, Karstadt).

Die folgende Übersicht zeigt die führenden Europäischen Waren- und Kaufhausunternehmen/gruppen für das Jahr 2001.

Unternehmen/ Gruppe	**Vertriebslinie**	**Land**	**Verkaufs-stellen Anzahl**	**Verkaufs-fläche Mio. qm**	**Netto-umsatz Mrd. Euro**
Mark & Spencer[1] (GB)	M & S	GB, HK, IRL	317	1,1	10,7
Karstadt Quelle[3] (D)	Karstadt, Hertie u. a.	D	188	2,2	6,9
El Corte Inglés (E)	El Corte Inglés	E, P	67	•	7,1
Galeries Lafayette[2] (F)	Galeries Lafayette, Nouvelles Galeries, BHV, Monoprix, Prisunic	F, D	383	1,1	6,5 [4]
Metro (D)	Kaufhof u. a.	B, D	148	1,4	4,0
Woolworth	Woolworth	GB	821	0,6	3,3
John Lewis (GB)	John Lewis u. a.	GB	26	•	3,2
Vendex KBB (NL)	Vroom & Dressmann Hema, Bijenkorf	B, NL	358	0,7	2,2
Manor (CH)	Manor, Placette, Innovazione	CH	72	0,3	1,9
Coin (I)	Coin, Oviesse, Kaufhalle, La Standa	D, CH, I	462	•	1,6
Woolworth (D)	Woolworth	A, D	202	•	1,0
Pinault-Printemps-Redoute	Printemps	F	31 [2]	0,2	0,9
Rinascente (I)	Rinascente, Upim	I	166	•	0,9

[1] Ohne Franchise-Betriebe. [2] Einschl. Franchise-Betriebe. [3] Einschl. Spezialhäuser. [4] Bruttoumsatz

Die großen europäischen Warenhausgruppen

Quelle: EHI, Köln

1.5.2.2.4 Kleinpreisgeschäfte

Unter Kleinpreisgeschäften (Kleinkaufhäusern) versteht man heute Warenhäuser mit spezifischen auf eine (Einheitspreisgeschäfte) oder wenige niedrige Preisstufen konzentrierte Sortimente. Sie bieten überwiegend problemlose Artikel des kurz- und mittelfristigen Massenbedarfs in den unteren und mittleren Preislagen an. Die Bedienungsform ist soweit wie möglich Selbstbedienung.

Heute entwickeln sich die Kleinpreisgeschäfte zu Kleinkaufhäusern mit einem gestrafften Sortiment im Vergleich zu Warenhäusern und Lebensmittelabteilungen.

Die wesentlichen **Unterschiede zu den Warenhäusern** sind:

- gestrafftes Sortiment (8.000 - 30.000 Artikel)
- nur untere und mittlere Preislage
- geringere Verkaufsfläche
- meist nur eine Verkaufsetage
- Selbstbedienung so weit wie möglich.

Die künftige Entwicklung der Kleinpreisgeschäfte ist infolge des weiteren Vordringens der Filialunternehmen und der SB-Warenhäuser sowie des trading up und des veränderten Käuferverhaltens eher negativ zu beurteilen.

1.5.2.2.5 Filialunternehmen

Ein Filialunternehmen ist ein Einzelhandelsbetrieb, der mehrere räumlich getrennte Verkaufsstellen (Filialen) unter einheitlicher Leitung betreibt. Nach dem Statistischen Bundesamt liegt ein Filialunternehmen vor, wenn ein Unternehmen mindestens fünf Filialen betreibt. Die ALF (Arbeitsgemeinschaft für Lebensmittelbetriebe e.V.) bezeichnet erst Unternehmen mit mindestens 10 Filialen als Filialunternehmen.

Die **Vorteile von Filialunternehmen** liegen insbesondere im:

1. **Leistungsbereich Beschaffung**
1.1 Niedrigere Einkaufspreise durch Auftragskonzentration
1.2 Möglichkeit der Ausschaltung von Zwischenhändlern
1.3 Zentrale Beschaffungsorganisation
1.4 Bessere Marktkenntnisse

2. **Leistungsbereich Lagerung**
2.1 Zentrale Lagerhaltung und entsprechende Verminderung des Lagerbestandes pro Betrieb
2.2 Senkung der Lagerkosten
2.3 Senkung des Lagerrisikos
2.4 Wirkungsvolle Sortimentspolitik

3. **Leistungsbereich Verwaltung**
3.1 Zentrale Verwaltung für alle Betriebe
3.2 Möglichkeit einer wissenschaftlichen Betriebsführung (Betriebsvergleiche)
3.3 Einheitliche und wirkungsvolle Personalpolitik

4. **Leistungsbereich Absatz**
4.1 Einheitliche Ausgestaltung der einzelnen Filialen
4.2 Einheitliche Werbung
4.3 Bessere Kalkulationsmöglichkeit
4.4 Überregionale Werbung

Diese Vorteile wirken sich nur dann aus, wenn folgende Merkmale für Filialunternehmen gegeben sind:

- Ein Eigentümer betreibt an mehreren Standorten Einzelhandelsgeschäfte.

- Es gilt das Prinzip der gemeinsamen Oberleitung, d.h. grundlegende Entscheidungen werden in der Zentrale gefällt. Die Handlungsfreiheit des Filialleiters wird mehr oder weniger stark eingeengt.

- Die Sortimente der einzelnen Filialen müssen zu den gleichen Waren- bzw. Bedarfsgruppen gehören.

1.5.2.2.6 Supermarkt

Supermärkte sind Einzelhandelsbetriebe, die auf einer Verkaufsfläche von mindestens 400 qm Nahrungs- und Genussmittel einschließlich ergänzende problemlose Nichtlebensmittel (Non-Foods) zu konventionellen Preisen in Selbstbedienung anbieten. Der Trend in dieser Betriebsform geht in eine Ausweitung der Verkaufsfläche zum Verbrauchermarkt.

Merkmale von Supermärkten:

- Standort in Haupt- und Nebenstraßen von Städten oder in Einkaufszentren
- Begrenzte Artikelzahl ca. 4.000
- Konventionelle Preispolitik
- Anteil des Non-Food-Bereichs ca. 25 %
- Wachsender Anteil des Frischsortiments
- Kauffördernde Verteilung der Artikel
- Relativ hohe Personalleistung.

Die bisherige Entwicklung sowie ein Vergleich mit den anderen europäischen Ländern lässt ein weiteres Wachstum dieser Betriebsform erwarten.

Jahr	Anzahl der Supermärkte
1961	250
1970	2.009
1980	5.545
1990	7.817
1991 x)	9.433
1992	9.735
1993	9.949
1996	9.610
1998	9.460
1999	9.134
2000	9.230

x) ab 1991 inkl. der neuen Bundesländer und Aldi

Entwicklung der Supermärkte in der Bundesrepublik

Quelle: EHI, Köln

1.5.2.2.7 Fachmarkt

Unter einem Fachmarkt versteht man einen Großbetrieb des Einzelhandels, der ein branchenorientiertes breites und tiefes Sortiment führt. Vorherrschend ist Selbstbedienung, auf Wunsch wird dem Kunden jedoch auch Beratung und Service angeboten. Die Unternehmenspolitik ist durch aggressive Sonderangebote und relativ niedriges Preisniveau der Waren geprägt.

In der Praxis sind u. a. folgende Fachmärkte anzutreffen:

- Baumärkte
- Bekleidungsmärkte
- Drogeriemärkte
- Möbelmärkte
- Heimwerkermärkte usw.

1.5.2.2.8 SB-Warenhaus

SB-Warenhäuser (Verbrauchermärkte) sind Einzelhandelsbetriebe, die auf einer Mindestverkaufsfläche von mindestens 5.000 qm ein warenhausähnliches Sortiment einschließlich Nahrungs- und Genussmittel vorwiegend in Selbstbedienung mit zentralem Check-out anbieten. Sie haben einen verkehrsgünstigen Standort und verfügen meist über zahlreiche Kundenparkplätze.

Ihr **Marketingprogramm** lässt sich wie folgt kennzeichnen:

- niedriges Preisniveau

- Vollsortiment oder „Trockensortiment" in der Lebensmittelabteilung und ein unterschiedliches Sortiment in den anderen Abteilungen auf Artikel mit hoher Stücknachfrage

- meist eine oder mehrere ergänzende eigenständige Dienstleistungsabteilungen

- weitgehende Realisation des Selbstbedienungsprinzips unter Mitnahme aller geeigneten Artikel auf Einkaufswagen, die vom Käufer im Verkaufsraum und auf den Parkplätzen benutzt werden können

- geschichtete Warenpräsentation und zunehmend ansprechende Gestaltung der Verkaufsräume

- im Allgemeinen aggressive Preispolitik

- Anwendung des Prinzips des kalkulatorischen Ausgleichs im großen Stil um durch gezielte Aktionen den Eindruck der Preiswürdigkeit zu erwecken

- intensive Werbung um Kunden aufmerksam zu machen und das Einzugsgebiet zu erweitern

- verkehrsgünstiger Standort mit einer entsprechenden Anzahl von Parkplätzen
- Bemühungen, den individuellen Leistungsstand im Vergleich zur Konkurrenz zu heben (trading up).

Die bisherige Entwicklung zeigt die folgende Übersicht:

Entwicklung der Anzahl der SB-Center und SB-Warenhäuser 1966 bis 2000	
Stand zum 1. Januar	Anzahl
1966	54
1977	1.085
1980	1.323
1985	1.522
1990	1.656
1991 *)	1.715
1992	1.854
1995	2.038
1996	2.097
1997	2.191
1998	2.225
1999	2.278
2000	2.363

Entwicklung der Anzahl und der Verkaufsfläche der SB-Warenhäuser (ab 1.500 qm)

Quelle: EHI, Köln *) Incl. neue Bundesländer

Die Anzahl der SB-Warenhäuser stieg – wie in der Tabelle ersichtlich – bis Ende der 70er-Jahre stark an. Durch die Baunutzungsverordnung von 1977 wurde das Wachstum jedoch gebremst, aber nicht gebrochen. Ein weiteres langsames Wachstum wird erwartet. Auch in diesem Bereich zeigt sich eine Konzentration des Umsatzes auf die größten Betreiber dieser Betriebsform. Eine neue Konkurrenz ergibt sich durch die Factory-Outlet-Center.

1.5.2.2.9 Factory-Outlet-Center

Unter einem Factory-Outlet-Center (FOC) versteht man den Zusammenschluss mehrerer Hersteller, die an einem Standort unter einem Dach ihre Produkte direkt an die Endverbraucher verkaufen. Fabrikverkäufe gibt es schon lange in Deutschland. Neu an dieser Konzeption ist, dass derartige FOC nach den Erfahrungen in den USA und in anderen Ländern an den Stadträndern oder verkehrsgünstig gelegen zwischen Städten gebaut werden und bis zu 160 Hersteller dort ihre Produkte anbieten sollen. Gegen derartige FOC bestehen Ängste des innerstädtischen Einzelhandels, der um seinen Umsatz fürchtet, da Kaufkraft aus den Citys abgezogen wird.

Factory-Outlet-Center in Europa 1992 bis 2002[1]		
Jahr	**Anzahl**	**Geschäftsfläche qm**
1992	3	51.900
1993	5	91.400
1994	9	112.944
1995	17	254.075
1996	22	297.245
1997	31	400.172
1998	40	515.930
1999	54	686.713
2000	67	878.501
2001[2]	77	1.058.600
2002[2]	93	1.388.600

[1] Stand jeweils zum 31.12. [2] Forecast Prognose.

Quelle: Institut für Gewerbezentren, Starnberg

In Europa wurden bis 2002 93 FOC errichtet. Obgleich bis jetzt noch wenige FOC betrieben werden, bestehen Planungen für mehr als 20 derartige Center in Deutschland. Wird eine größere Zahl derartiger Center realisiert, führt dies zu Strukturverschiebungen im Handel zwischen City und Umgebung.

1.5.2.2.10 Versandhandelsunternehmen

Der Versandhandel ist eine Form des Einzelhandels, bei der der Kunde die Ware nach Katalogen, Prospekten, Anzeigen usw. bzw. über das Internet unmittelbar oder bei Vertretern bzw. per Brief, Fax, Telefon, E-Mail oder Online bestellt.

Jahr	Umsatz Versandhandel insgesamt in Mrd. €
1955	0,9
1965	3,0
1970	4,0
1975	7,1
1980	11,6
1985	11,4
1989	12,8
1991	18,5
1996	20,8
1997	20,6
1998	20,8
1999	20,9
2000	21,2
2001	20,7

Entwicklung des Versandhandels in Deutschland

Quelle: Statistisches Bundesamt/ BHV

Insbesondere von 1955 bis 1980 erlebte der Versandhandel eine besonders dynamische Entwicklung, die sich in wachsenden Umsätzen und steigenden Marktanteilen zeigte. Nach 1981 werden jedoch Rückgänge im Umsatz als auch im Marktanteil sichtbar. Dies liegt u. E. vor allem darin begründet, dass viele Artikel, an denen der Versandhandel einen hohen Marktanteil hat, Rückgänge (z.B. Fotoartikel, Damenwäsche, Bodenbeläge) bzw. niedrigere Zuwachsraten (z. B. Bettwäsche, Damenoberbekleidung, Uhren, Schmuck) aufweisen. Mit dem Anschluss der neuen Bundesländer stieg der Umsatz auf 18,5 Mrd. € im Jahre 1991 und auf 21.2 Mrd. im Jahre 2000. 2001 sank der Umsatz auf 20,7 Mrd. €.

Die folgenden Übersichten zeigen den Versandhandelsumsatz in Europa 2001 und die 20 größten Versandhandelsunternehmen in Deutschland 2001.

Versandhandelsumsatz in Europa 2001	
Land	**Angaben in Mio. €**
Deutschland	20.700
Großbritannien	12.977
Frankreich	7.900
Niederlande	1.470
Schweiz	1.276
Österreich	1.134
Schweden	971
Norwegen	822
Italien	786
Finnland	745
Spanien	659
Dänemark	658
Belgien	655
Tschechien	150
Irland	81
Ungarn	71
Slowakei	70
Insgesamt	**51.125**

Quelle: Bundesverband des Deutschen Versandhandels

Die 20 größten Versandhandelsunternehmen in Deutschland 2001		
Rang	**Unternehmen**	**Umsatz Mio. €**
1	Quelle	3.533
2	Otto Versand	3.319
3	Neckermann	1.499
4	Klingel	850
5	Baur	814
6	bon prix	721
7	Heine	714
8	Conrad Electronic	665
9	Weltbild Verlag	590
10	SSI Schäfer Shop (Gruppe)	513
11	Bader*	511
12	Schwab*	500
13	Corporate Express	500
14	Witt	496
15	Bertelsmann Der Club	480
16	Vorwerk Deutschland Stiftung	402
17	Printus	400
18	Kaiser + Kraft Europa	383
19	Westfalia*	383
20	Viking Direkt*	300
Insgesamt		**17.633**

* Geschätzt

Quelle: Fachverlag für Informationsdienste, Bonn

Die meisten Großversandhandelsunternehmen verfügen heute auch über Verkaufsagenturen, Verkaufsstellen, Bestellkontore und/oder Kauf- und Warenhäuser. Um dem „Distanzkauf" auch in den Gebieten eine persönliche Note zu geben, in denen keine „Verkaufsstellen" existieren, werden oft Vertreter und Sammelbesteller eingeschaltet.

Daneben wurde die Katalogwerbung intensiviert und zusätzliche Werbeträger wie Fernsehen, Zeitschriften, Tageszeitungen, Rundfunk und das Internet eingesetzt, um das Interesse am Sortiment wach zu halten.

Den **Vorteilen**, die immer wieder für Versandhandelskäufer genannt werden, wie:

- günstige Preise
- breites Angebot (bis zu 70.000 Artikel)
- überall erhältlich
- bequemes Aussuchen zu Hause
- nicht an Ladenschlusszeiten gebunden
- jederzeit bestellbar (Telefon, Fax, Internet)

stehen aber auch **Nachteile** entgegen:

- die angebotenen Artikel sind nicht körperlich präsentierbar
- kein persönlicher Kontakt zum Kunden
- Zustellkosten für den Kunden (ausgenommen Sammelbesteller)
- bestellte Artikel sind nicht unmittelbar im Besitz des Käufers
- bei vielen Artikeln entstehen „Passformprobleme"
- Schwierigkeiten beim Ausfüllen von Bestellscheinen
- Schwierigkeiten bei der Abwicklung der Rücksendung von Artikeln.

Die hier genannten Nachteile des Versandkaufs führen jedoch zusammen mit einem Wandel im Einkaufsverhalten u. E. dazu, dass der Versandhandel höchstens seine gegenwärtigen Marktanteile halten kann. Ob und inwieweit der E-Commerce, den Versandhandel stärken kann, lässt sich noch nicht exakt beantworten. Auch wie sich die Angebote im Rahmen von virtuellen Warenhäusern entwickeln, ist noch nicht eindeutig. Ohne Zweifel ergeben sich hier neue Chancen für den Versandhandel. Im Jahre 2000 machte der E-Commerce einen Umsatz von 1.073 Mrd. €, das sind 5,3 Prozent des Versandhandelsumsatzes, während für den gesamten Einzelhandel nur 0,5 Prozent auf den E-Commerce entfielen.

Zur Schaffung von Rechtssicherheit für Anbieter und Verbraucher und nach den Vorgaben einer EU-Richtlinie wurde das so genannte **Fernabsatzgesetz** geschaffen. Es gilt für Verträge über Waren oder Dienstleistungen, die zwischen einem Unternehmer und einem privaten Verbraucher unter ausschließlicher Verwendung von „Fernkommunikationsmitteln" – also z. B. per Brief, Katalog, Fax, Telefon, E-Mail oder online – abgeschlossen werden.

Es schreibt u. a. vor:

- weitreichende Informationspflicht des Anbieters
- Kenntnis der wesentlichen Vertragsbestandteile vor Bestellung
- Bestätigung mit Lieferung bzw. Vertragserfüllung auf einem „dauerhaften Datenträger"
- Widerrufs- und Rückgaberecht
- Garantieleistungen
- Kündigungsbedingungen
- Identität und Anschrift des Lieferanten z. B. für Reklamationen.

1.5.2.2.11 Einkaufszentrum (Shopping-Center)

Der Begriff „Einkaufszentrum" wird in der Literatur und Praxis nicht einheitlich gesehen. Im deutschsprachigen Raum wird der Begriff „Einkaufszentrum" (= Shopping-Center) meist auf geplante Einkaufszentren außerhalb der gewachsenen Geschäftszentren angewendet.

Ein Einkaufszentrum weist in der Regel folgende **Merkmale** auf:

- Das Einkaufszentrum besteht aus einer größeren Anzahl rechtlich selbstständiger Einzelhandelsbetriebe.
- Das Einkaufszentrum wird in der Regel als eine Einheit von einem Unternehmen oder einer Gesellschaft geplant und gebaut.
- Das Einkaufszentrum ist in der Regel in einheitlichem Besitz. Hier sind Ausnahmen jedoch möglich.
- Das Einkaufszentrum wird einheitlich von einer „Verwaltungsgesellschaft" verwaltet. Dies ist für den Betrieb und die Werbung nach außen unerlässlich.
- Das Einkaufszentrum ist in Lage, Größe und Art auf das Einzugsgebiet ausgerichtet. Die verschiedenen Betriebsformen und das Sortiment des Einkaufszentrums richten sich nach dem Kundenkreis.
- Das Einkaufszentrum besitzt eigene Parkplätze, deren Zahl von der Art der Geschäfte und der Größe der Verkaufsfläche bestimmt wird. Das Parken ist für Besucher kostenlos.
- Das Einkaufszentrum liegt verkehrsgünstig und besitzt gute Zufahrtsmöglichkeiten.

Am 1.1.2002 gab es 318 Shopping-Center in Deutschland mit einer Gesamtfläche von 10.121.300 qm. In der folgenden Übersicht zeigt sich die Entwicklung von 1965 bis 2002.

Jahr/ Stand 01.01.	Zahl der Shopping-Center	Gesamtfläche in qm	Fläche je Center in qm
1965	2	68.000	34.000
1970	14	458.000	32.800
1975	50	1.545.900	30.900
1980	65	1.956.500	30.100
1985	81	2.413.800	29.800
1990	93	2.780.700	29.900
1995	179	6.019.500	33.600
1998	249	8.453.500	34.000
1999	264	8.854.000	33.500
2000	279	9.212.200	33.000
2001	300	9.712.000	32.400
2002	318	10.121.300	31.800

Entwicklung der Shopping-Center in Deutschland von 1965 bis 2002

Quelle: EHI, Köln

Wo und wie oft deutsche Hausfrauen z.B. im Jahre 1998 in den verschiedenen Handelsbetriebsformen einkaufen, hat die GfK mit den Panel Services Consumer Research ermittelt (GfK 1998).

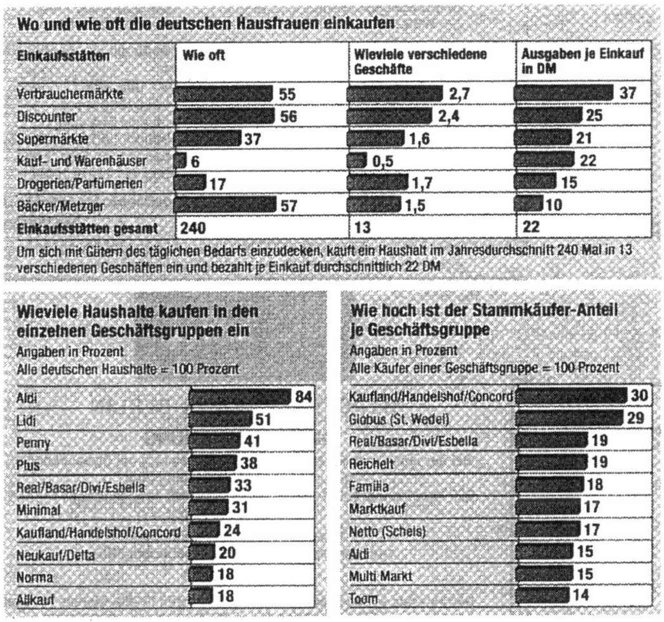

Wo und wie oft die deutschen Hausfrauen einkaufen

Einkaufsstätten	Wie oft	Wieviele verschiedene Geschäfte	Ausgaben je Einkauf in DM
Verbrauchermärkte	55	2,7	37
Discounter	56	2,4	25
Supermärkte	37	1,6	21
Kauf- und Warenhäuser	6	0,5	22
Drogerien/Parfümerien	17	1,7	15
Bäcker/Metzger	57	1,5	10
Einkaufsstätten gesamt	240	13	22

Um sich mit Gütern des täglichen Bedarfs einzudecken, kauft ein Haushalt im Jahresdurchschnitt 240 Mal in 13 verschiedenen Geschäften ein und bezahlt je Einkauf durchschnittlich 22 DM

Wieviele Haushalte kaufen in den einzelnen Geschäftsgruppen ein
Angaben in Prozent
Alle deutschen Haushalte = 100 Prozent

Aldi	84
Lidl	51
Penny	41
Plus	38
Real/Basar/Divi/Esbella	33
Minimal	31
Kaufland/Handelshof/Concord	24
Neukauf/Delta	20
Norma	18
Allkauf	18

Wie hoch ist der Stammkäufer-Anteil je Geschäftsgruppe
Angaben in Prozent
Alle Käufer einer Geschäftsgruppe = 100 Prozent

Kaufland/Handelshof/Concord	30
Globus (St. Wedel)	29
Real/Basar/Divi/Esbella	19
Reichelt	19
Familia	18
Marktkauf	17
Netto (Scheis)	17
Aldi	15
Multi Markt	15
Toom	14

Quelle: GfK Panel Services Consumer Research, 1998

Einkaufsverhalten

1.5.2.2.12 Künftige Entwicklung des Einzelhandels

In den letzten Jahren sind in Deutschland zahlreiche Einkaufszentren entstanden. Die Kombination von Fachgeschäften, Supermärkten und Warenhäusern sowie Gaststätten zieht viele Kunden an – innerhalb und außerhalb der Städte. Die künftige Entwicklung der Einkaufszentren kann nur durch eingehende Untersuchungen des Bevölkerungswachstums, der Einkommensentwicklung, der Einkaufs- und Verbrauchsgewohnheiten der Bewohner bestimmter Gebiete, in denen Einkaufszentren errichtet werden sollen, abgeleitet werden. Daraus lässt sich prognostizieren, dass in den folgenden Jahren, wie erkennbar, eine Verlangsamung des Wachstums eintreten wird. Dazu trägt auch die Baunutzungsverordnung und das Bundesbaugesetz bei. Nach den Erfahrungen in den USA scheint sich auch in der Bundesrepublik eine „Funktionsteilung" zwischen der City und den außerstädtischen Einkaufszentren durchzusetzen. Das innerstädtische Zentrum will ein eigenständiges Einkaufserlebnis bieten, wobei bevorzugt qualitativ hochwertige Sortimente und Luxuswaren angeboten werden, daneben aber soll auch durch die Vielzahl der Betriebsformen ein Überblick über das Gesamtangebot des Marktes vermittelt werden. Bei den Einkaufszentren außerhalb des städtischen Zentrums zeigt sich ein Trend, bevorzugt Waren des täglichen Bedarfs sowie das Standardsortiment des aperiodischen Bedarfs anzubieten. Die Gewinner im Wettbewerb um den Kunden sind weiterhin die Filialunternehmen, Fachmärkte und Versandhandelunternehmen. Insgesamt gesehen hält die Konzentration im Handel weiter an.

Nach einer Prognose des Ifo-Instituts verändern sich die Marktanteile der verschiedenen Einzelhandelstypen bis 2010 wie in der folgenden Tabelle dargestellt.

Einzelhandelstyp	1980	1995	2010*)
kleine und mittlere Fachgeschäfte	55,40	36,10	25,00
kleine und mittlere filialisierte Fachgeschäfte	18,00	21,80	27,00
Fachmärkte	2,00	13,80	20,50
Verbrauchermärkte und SB-Warenhäuser mit Lebensmitteln	11,90	17,50	16,00
Warenhäuser	7,20	5,30	4,00
Versandhandelsunternehmen	5,50	5,50	7,50

*) geschätzt

Marktanteile westdeutscher Einzelhandelstypen in Prozent

Quelle: Ifo-Institut, München

1.6 Hersteller-Handelsbeziehungen

Hersteller und Handel versuchen ihre Umsatz- und Gewinnziele zu erreichen, verfolgen dabei jedoch unterschiedliche marketingpolitische Ziele.

Marketingziele	Hersteller	Handel
• Produktpolitik	• Produktimage • Markenimage • Herstellerimage • Hohe Produktinnovationsrate	• Sortimentsimage • Eigenmarken • Konzentration auf „wirkliche" Innovation
• Kontrahierungspolitik	• Preispositionierung • Niedrige Handelsspanne • „Konditionenpaket"	• Variable Preisgestaltung • Hohe Handelsspanne • Eindeutige Preistellung • Preisreaktionsmöglichkeiten
• Distributionspolitik	• Große Bestellmengen • Hohe Distributionsdichte • Optimale Platzierung • Abnahme des gesamten Herstellersortiments	• Lieferung auch kleiner Mengen • Niedrige Lagerhaltung • Selektive bzw. exclusive Distribution • Geringe Beratung • Eigene Platzierung der Artikel
• Kommunikationspolitik	• Allgemeine Bekanntmachung des Angebots • Schaffung von Präferenzen • Erzielung von Markentreue • „Vorverkauf"	• Erhöhung der Kundenbindung • Gewinnung neuer Kunden • POS-Überzeugung • Unternehmensimageverbesserung • Positionierung der Einkaufsstätte

Um die Beziehungen zwischen Hersteller und Handel zu verbessern, wurden im Laufe der Zeit verschiedene Instrumente geschaffen, die eine Zusammenarbeit heute erfolgreicher gestalten sollen.

Im Einzelnen werden hier genannt und kurz skizziert:

- **Key-Account-Manager**
- **EDI (Electronic Data Interchange)**
- **DPR (Direkte Produkt-Rentabilität)**
- **ECR (Efficient Consumer Response)**
- **Category-Management**.

1.6.1 Key-Account-Manager

Mit der Schaffung von Key-Account-Managern versuchen die Hersteller ihre Position gegenüber Großabnehmern, speziell dem Handel, zu verbessern.

Aufgabe des Key-Account-Management ist die bessere Betreuung von Großkunden (Schlüsselkunden), die eine wesentliche Bedeutung für den Anbieter haben. Folgende Ziele sollen dabei erreicht werden:

- Optimierung der Beziehungen zum Abnehmer
- Verbesserung der Wettbewerbsposition
- Verbesserung der Kundenorientierung
- Sicherung und Ausbau der Umsätze und erzielten Deckungsbeiträge
- Bessere Information.

Für den **Key-Account-Manager** bedeutet dies im Einzelnen:

- Durchsetzung der Konditionenpolitik
- Erzielung der festgelegten Absatz-, Umsatz- und Gewinnziele
- Platzierung von Neuprodukten
- Motivation zu Handelsaktivitäten
- Kontinuierliche Aufnahme und Platzierung der eigenen Produkte
- Laufende Kontakte und Koordination.

1.6.2 EDI (Electronic Data Interchange)

Als wichtige Voraussetzung für die Verbesserung der Beziehungen zwischen Anbieter und Käufer ist die Einführung des EDI (**E**lectronic **D**ata **I**nterchange For Administration, Commerce and Transport) anzusehen. Dazu sind weltweite einheitliche Regeln für den elektronischen Geschäftsverkehr festgelegt worden. Es handelt sich dabei um strukturierte Daten, für die Nachrichten-Standards vereinbart wurden. Zum Nutzen von Hersteller, Handel und Abnehmer können dadurch die Kommunikationsmöglichkeiten besser gestaltet werden. Die vielfältigen Möglichkeiten der Telekommunikation zeigt die folgende Abbildung.

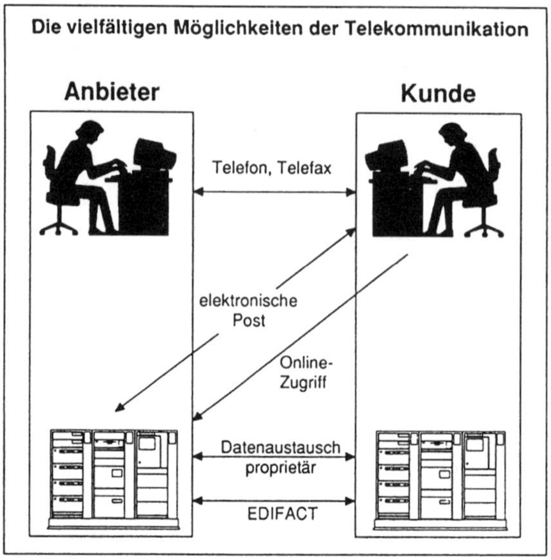

Elektronischer Geschäftsverkehr

Quelle: *Mülder / Weis* (1996) nach Schwab (1993, S. 47)

1.6.3 Direkte Produkt-Profitabilität (DPR)

Ziel der DPR-Rechnung ist es, den Deckungsbeitrag für einzelne Artikel des Handels zu ermitteln. Bei der Berechnung der Direkten-Produkt-Rentabilität geht man dabei, wie in der folgenden Übersicht dargestellt, vor.

Berechnungspositionen	**Erläuterungen**
Netto-Verkaufspreis	um MwSt sowie alle Nachlässe und Erlösschmälerungen reduzierter Endverbraucherpreis
abzüglich	
Netto-Netto-Einkaufspreis	um alle Rabatte, WKZ und sonstige Vergünstigungen bereinigter Einkaufspreis
abzüglich	
Direkte Produkt-Kosten (= DPK)	Direkt zurechenbare Handelskosten
ergibt	
Direkte Produkt-Rentabilität (= DPR)	Deckungsbeitrag zur Abdeckung der nicht zurechenbaren Kosten und des Gewinns

Berechnung DPR

Die Ziele, die man damit verfolgen will, sind insbesondere die Optimierung der Warendistribution unter Einschluss der Aspekte

- einer für die Distribution optimalen Produktverpackung inklusive der optimalen Logistikeinheit
- eines optimalen Sortiments für eine bestimmte Einzelhandelsgröße oder eines bestimmten Vertriebstyps
- einer Regaloptimierung
- der Entwickung des optimalen Ladendesign
- zu einer von Handel und Industrie gleichermaßen als „angenehm" empfundenen Profitabilität (*Hallier, B.*, 1988, S. 106).

Das DPR-Modell wurde gemeinsam von Herstellern und Handel entwickelt, um ein computergestütztes Kostenrechnungsmodell zu entwickeln, das als Deckungsbeitragsrechnung sowohl artikelbezogene Ergebnisanalyse als auch zusätzliche Informationen für das Marketing bereitstellt (z. B. Bevorratung, Warencontrolling, Regaloptimierung). Zum Nutzen von Hersteller und Handel kann dadurch der Handel seine Marketingpolitik verbessern.

1.6.4 ECR (Efficient Consumer Response)

Im Rahmen von **ECR (Efficient Consumer Response)** wird eine ganzheitliche Betrachtung der Wertschöpfungskette vom Hersteller über den Handel bis zum Endverbraucher durchgeführt mit der Zielsetzung, die Wünsche und den Bedarf des Endverbrauchers zu ermitteln und bestmöglich zu befriedigen. Um dies zu erreichen, muss der Waren- und Informationsfluss zwischen Hersteller und Handel abgestimmt und gesteuert werden um für beide Vorteile zu erreichen. Welche Vorteile mit ECR und seinen 4 Basis-Strategien erreicht werden kann, veranschaulicht die Abbildung von *A.C. Nielsen*.

Efficient Consumer Response
Die strategische Zukunftsperspektive für Industrie und Handel

Die 4 ECR-Basis-Strategien

Efficient Store Assortments	**Efficient Replenishment**	**Efficient Promotion**	**Efficient Product Introductions**
→ Bestandsoptimierung → Regaloptimierung • verbesserte Regalproduktivität • erhöhte Umschlagsgeschwindigkeit	→ Zeit- und Kostenoptimierung • automatisches Bestellwesen • Just-in-time-Logistik • geringere Warenverluste durch Beschädigung • verringerte Bestandsführung in der Großhandelsstufe	→ „Total system efficiency" von Handels- und Konsumenten-Promotion • Minimierung der Handlingskosten (Administration, Lager, Transport, Personal) • besseres Know-how und schnellere Reaktionsmöglichkeit auf Verbraucherverhalten	→ Optimierung der Produktentwicklung → Optimierung der Einführungaktivitäten • bessere Testmöglichkeiten • schnelle Reaktion auf Verbraucherverhalten

Quelle: *A. C. Nielsen*

Hinweise zur Nutzung, Planung und dem Trend von ECR-Projekten im Handel gibt die Untersuchung der Centrale für Coorganisation aus dem Jahre 1999.

	Angaben in % der antwortenden Handelsunternehmen			
	Nutzung	**Planung**	**sehr wichtig**	**wichtig**
Efficient Assortments	53	11	–	–
Efficient Promotion	42	11	–	–
Efficient Product Introductions	26	11	–	–
Trend CM-Projekte	–	–	26	58
einstufiges Cross Docking	37	21	26	37
zweistufiges Cross Docking	37	11	21	26
Continious Replenishment Program	26	21	32	37
Forecasting	16	32	16	37

Nutzung, Planung und Trend von ECR-Projekten

Quelle: Centrale für Coorganisation, Köln

1.6.5 Category Management

Mithilfe des Category Managements versucht der Handel, die strategischen Warengruppen, die Categories, so zu steuern, dass Kunden sein Angebot vorziehen und zugleich ein entsprechender Deckungsbeitrag erzielt sowie der Marktanteil erweitert und Kundenzufriedenheit erhöht wird.

Category Management des Herstellers versucht aus Herstellersicht das Angebot an den Handel im Hinblick auf seine Bedürfnisse zu koordinieren und zu steuern unter Berücksichtigung des gesamten Absatzprogramms des Herstellers. Dem CM obliegt die Koordination mit Produktmanagement und Verkauf sowie die verschiedenen Maßnahmen der Konzeption und Koordination im Hinblick auf die betreuten Warengruppen.

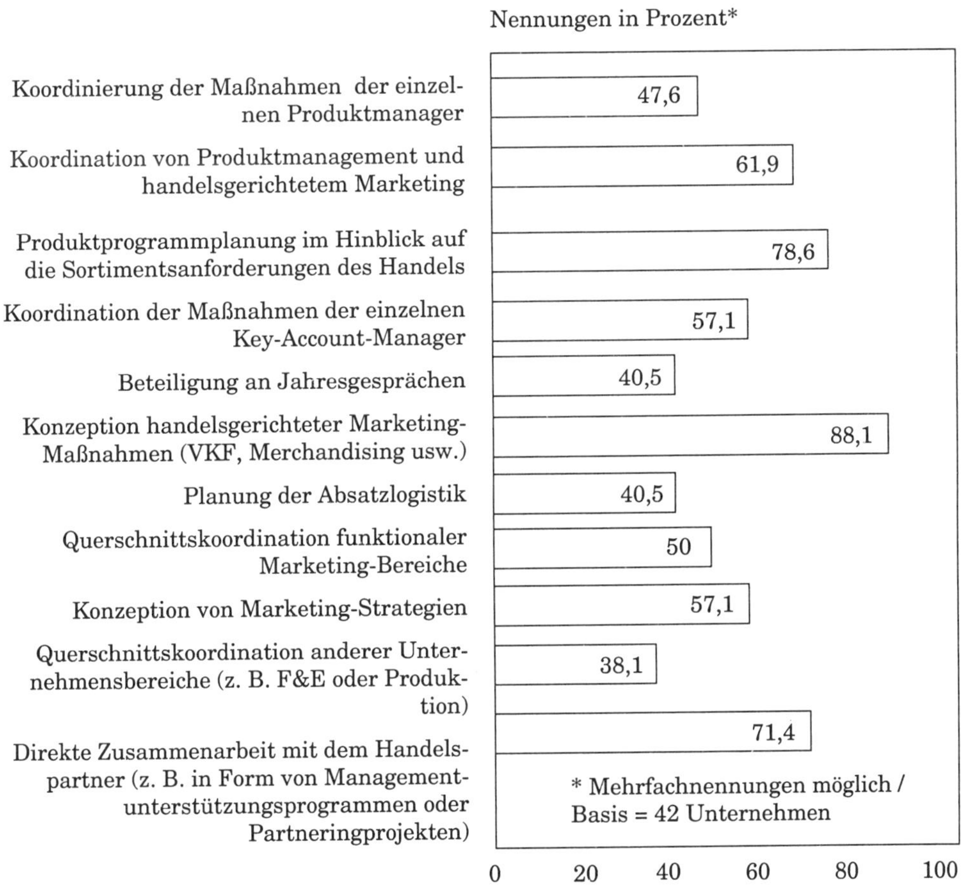

Aufgaben im Category Management in der Praxis

Quelle: *Hahne, H.*, Category Management, in Absatzwirtschaft, 3/1997, S. 74

2. Marketinglogistik

2.1 Ziele und Aufgaben

Aufgabe der **Marketinglogistik** (auch Absatz-, Vertriebs- bzw. Distributionslogistik genannt) sind die Planung, Steuerung, Realisation und Kontrolle aller Güter und Dienstleistungen, die von Anbietern zu den Abnehmern gelangen sollen. Entsprechend der Kundennachfrage sollen zu minimalen Kosten vorhanden sein:

- die **richtigen** Produkte (Leistungen) in Menge und Zustand
- zur **richtigen** Zeit (zum Kauf bzw. zur Nutzung)
- am **richtigen** Ort (Käufer bzw. Verkaufsort)

Dies bedeutet, dass im Rahmen der Marketinglogistik Entscheidungen über den Lieferservice getroffen werden müssen, wie z.B.

- die Lieferzeit
- die Lieferbereitschaft
- die Lieferzuverlässigkeit
- die Lieferbeschaffenheit
- die Lieferflexibilität usw.

Welche Bedeutung der Gesamtlogistikstruktur für Deutschland und für die USA zukommt, zeigt die folgende Übersicht.

	USA		BR Deutschland	
Aufgliederung der Logistikkosten	**% vom Umsatz**	**% der ges. Logistikkosten**	**% vom Umsatz**	**% der ges. Logistikkosten**
Verwaltung	2,4	11,0	1,4	10,3
Transportwesen	6,4	29,4	3,8	27,9
Wareneingang (in Lagerhäusern) und Versand	1,7	7,8	1,2	8,8
Verpackung	2,6	11,9	1,4	10,3
Lagerhaus (Depot)	3,7	17,0	1,5	11,0
Lagerhaltung	3,8	17,4	2,0	14,8
Auftragabwicklung	1,2	5,5	2,3	16,9
Summe	21,8	100,0	13,6	100,0

Logistikkosten in Deutschland und den USA (1996)

Nach *Pfohl* (1988) schwanken die **Logistikkosten** in Deutschland je nach Branche zwischen 16 und 25 %. Im Hinblick auf die einzelnen Branchen ergibt sich somit der folgende Logistikkostenanteil (vgl. *Specht* (1992), S. 85).

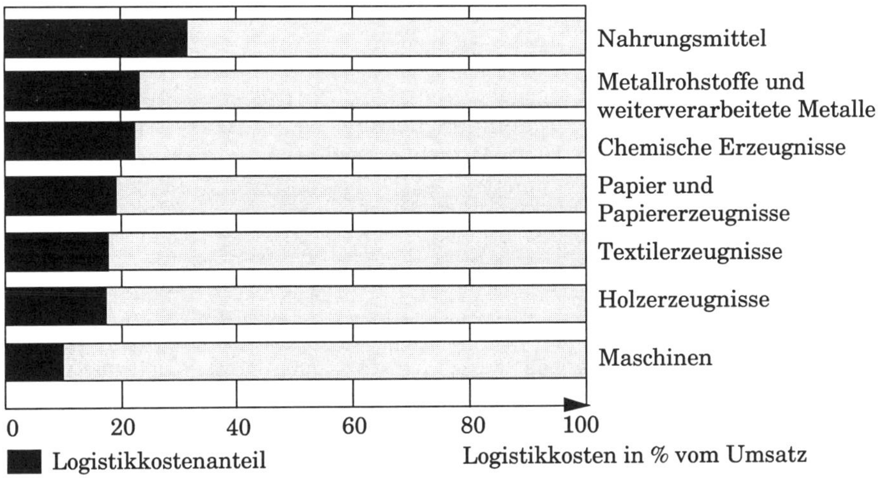

Logistikkosten in % vom Umsatz

Quelle: *Specht*, 1992

Die einzelnen logistischen Subsysteme, um Marketinglogistik zu optimieren, sind

- die Auftragsabwicklung
- die Lagerhaltung
- der Transport und
- die Verpackung.

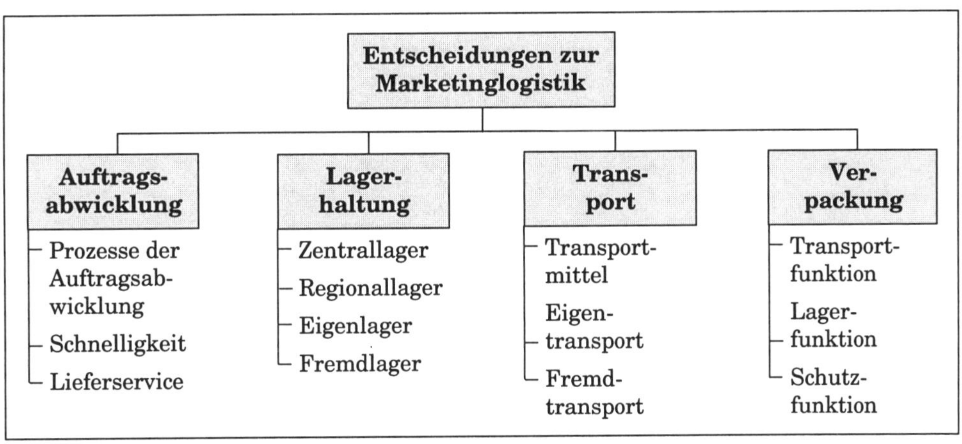

Entscheidungen zur Marketinglogistik

2.2 Auftragsabwicklung

Im Rahmen der Auftragsabwicklung geht es darum, Auftragsannahme, Auftragsbearbeitung, Auftragsrealisation, Kommissionierung, Versandbereitstellung und Fakturierung optimal zu gestalten. Diese Aufgaben werden heute mithilfe von Datenbanken, Warenwirtschaftssystemen und des elektronischen Datenaustausches (EDI) durchgeführt.

Bei der Auftragsabwicklung spielt auch die Frage der Auftragsgröße eine wichtige Rolle.

Der Anbieter steht oft vor der Frage, ob er auch Aufträge geringeren Werts ausführen soll (Mindestauftragsgröße) oder nicht. Hier bietet sich die Möglichkeit, entweder Mindermengenaufschläge zu verlangen oder die Belieferung von „Kleinkunden" über einen oder mehrere Händler vorzunehmen.

Zur Ermittlung der Mindestauftragsgröße kann man grob in einem ersten Schritt nach folgender Formel vorgehen:

$$\textbf{Mindestauftragsgröße} = \frac{\text{Fixe Kosten pro Auftrag (€)} \cdot 100}{\left(100 - \text{Proportionale Herstellkosten in \%} - \text{Proportionale Vertriebskosten in \%}\right)}$$

Ein Beispiel möge das Vorgehen verdeutlichen:

Für jeden Auftrag entstehen beispielsweise nach den Unterlagen der Kostenrechnung fixe Kosten in Höhe von 150 €. Die proportionalen Herstellungskosten in Prozent vom Umsatz betragen 40 %. Proportionale Vertriebskosten ergeben sich in Höhe von 20 % des Umsatzes.

Nach diesen Daten ergibt sich eine Mindestauftragsgröße von:

$$M = \frac{150\text{ €} \cdot 100}{100 - 40 - 20} = \frac{15.000}{40} = 375\text{ €}$$

Diese errechnete Mindestauftragsgröße in Höhe von 375 € würde die auftragsfixen und auftragsproportionalen Kosten decken. Eine die sonstigen Fixkosten mitdeckende und gewinnbringende Mindestauftragsgröße müsste über der Mindestgröße von 375 € liegen.

2.3 Lagerhaltung

Bei der Lagerhaltung geht es um die Frage, wie viele Lager erforderlich sind, den Standort eventueller Lager, die Größe der Lager, die Betriebsform der Lager (Eigenlager, Fremdlager), die Höhe der jeweiligen Lagerbestände und die Lagergestaltung.

Alle damit zusammenhängenden Entscheidungen sind abhängig von den angebotenen Produkten und der Zielsetzung des Distributionssystems im Rahmen der Marketingkonzeption zu fällen.

Die Bemühungen, zu möglichst niedrigen Lagerbeständen und damit geringer Kapitalbindung, haben zu den Just-in-time-Konzepten geführt. Auch die Mass Customization (Massenindividualisierung) führt zu einer Minimierung der Lagerhaltung, setzt aber computerbasierte Informations-, Kommunikations- und Produktionssysteme voraus.

Die Frage nach der richtigen Lagerhaltung beinhaltet die Entscheidung nach Zentrallager und eventuellen Regionallagern sowie nach Eigenlager oder Fremdlager.

Bei der Lagerkapazität Lo sind die Kosten für das Fremdlager gleich denen des Eigenlagers (vgl. Abb. S. 438).

Je mehr Auslieferungslager ein Unternehmer hat, desto kürzer kann die Lieferzeit sein, desto stärker können die Kosten jedoch steigen. Dies resultiert aus der Tatsache, dass einerseits mit zunehmender Anzahl der Auslieferungslager die Transportkosten sinken, andererseits die Kosten für den Betrieb der Auslieferungslager und die Transportkosten zu den Lagern steigen. Diesen Zusammenhang verdeutlicht die Abbildung.

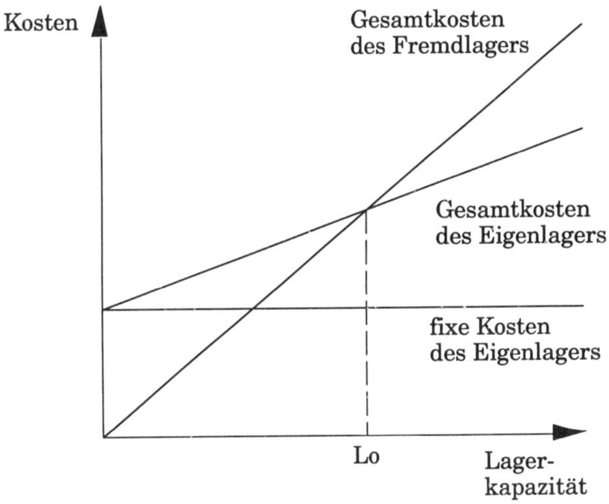

Kostenvergleich Eigen- und Fremdlager

Neben einer Kostenbetrachtung können die folgenden Kriterien zur Entscheidung für Eigen- und Fremdlager herangezogen werden.

Eigenlager bietet sich an, wenn	Fremdlager bietet sich an, wenn
• die Nachfrage sehr stabil ist • die Märkte sehr stark konzentriert sind • ein hoher Lagerdurchsatz gewährleistet ist • direkte Kontrolle nötig ist • spezielle Ausrüstung zur Materialhandhabung erforderlich ist • die Produkte vor der Auslieferung eine spezielle Behandlung erfordern	• die Nachfrage schwankt bzw. saisonal unterschiedlich ist • die Märkte weit verstreut sind oder häufiger wechseln • die Transportmittel häufig wechseln • ein Produkt neu eingeführt wird (Markterprobungsphase, Markteinführungsphase)

Kriterien für Eigen- oder Fremdlager

Quelle: *Specht, G.* (1987), S. 98

Auch die Entscheidung für die Auswahl möglicher Lager ist unter Berücksichtigung der Zielsetzung der Marketinglogistik und der Höhe der Distributionskosten zu treffen.

Wichige Faktoren für die Standortwahl sind:

- angestrebter Lieferservice
- Struktur des Absatzgebietes
- Nachfrageentwicklung
- Verkehrslage
- Transport- und Lagerhauskosten.

Den Gesamtzusammenhang der Distributionskosten und Lagerkosten verdeutlicht die folgende Abbildung.

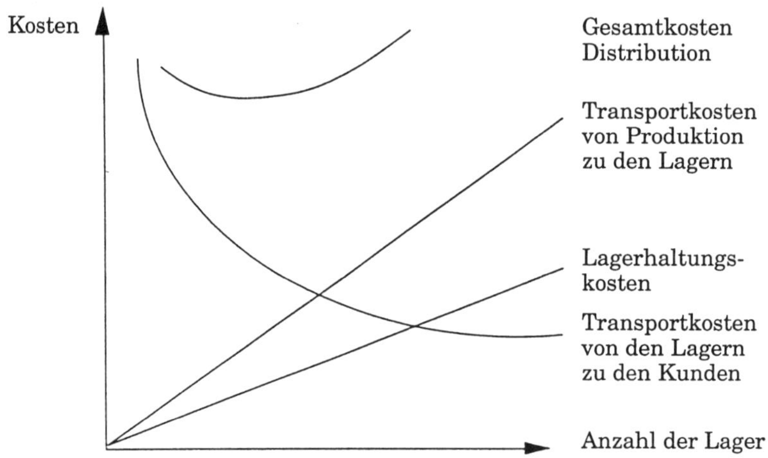

Gesamtkosten Distribution und Anzahl der Lager

2.4 Transport

Bei der Entscheidung über den optimalen Transport sind das Produkt (Transportgut), das Transportmittel und der Transportprozess (Transportkette) zu berücksichtigen. Das Produkt ist in vielen Fällen ausschlaggebend dafür, welcher Verkehrsträger gewählt wird.

Grundsätzlich bieten sich für den Transport von Gütern an: Schiene, Straße, Wasser, Luft und Pipelines. Jede dieser Transportalternativen hat Vor- und Nachteile. Insbesondere sind nicht alle Transportmöglichkeiten für alle Güter geeignet. Dazu kommen unterschiedliche Transportgeschwindigkeiten und die Transportkosten. In Europa betragen die Marktanteile der Verkehrsträger am Transportaufkommen in Tonnenkilometer in etwa: Straße 73 %, Schiene 16 %, Binnenschifffahrt 10 % und Luftfracht 0,2 %.

Transportmittel	Vorteile	Nachteile
❑ Straße	- schnell - ungebrochene Transportkette - hohe Verfügbarkeit - flexibel - zuverlässig	- hohe Transportkosten - Umweltverschmutzung
❑ Schiene	- mittlere Geschwindigkeit - Massengutverkehr - mittlere Transportkosten	- oft mangelnde Zuverlässigkeit - oft unterbrochene Transportkette
❑ Schiff	- niedrige Transportkosten - Transport über große Entfernungen	- lange Transportdauer - nicht für zeitkritische Güter geeignet
❑ Luft	- sehr schnell - sehr sicher - sehr zuverlässig	- sehr hohe Kosten - vorwiegend nur für hochwertige, dringend benötigte leicht verderbliche Güter
❑ Pipeline	- für Massengüter - niedrige Transportkosten - geringe Umweltbelastung - geruchs- und geräuscharm	- nicht für alle Güter - langsam - unflexibel - aufwändige Nutzung

Vor- und Nachteile von Transportmitteln

Die Beliebtheit des Lkw-Verkehrs ist in der Schnelligkeit und in der ungebrochenen Transportkette zu sehen. Vorteilhaft ist auch die Anpassungsfähigkeit an die individuellen Transportbedürfnisse. Bei Bahn und Schiff sind i.d.R. Umschlagsvorgänge von einem zum anderen Transportmittel, die geringere Anpassungsfähigkeit (Menge, Zustand) und die langsamere Durchführung nachteilig. Luftverkehr ist zwar schnell, sicher, zuverlässig und anpassungsfähig, aber im Vergleich zu anderen Transportmitteln oft mehr als fünf Mal so teuer. Zudem kommt Luftfracht nicht für alle Produkte infrage, sondern nur für vorwiegend hochwertige Güter, wie z.B. High-Tech-Produkte, Arzneimittel, verderbliche Nahrungs- und Genussmittel.

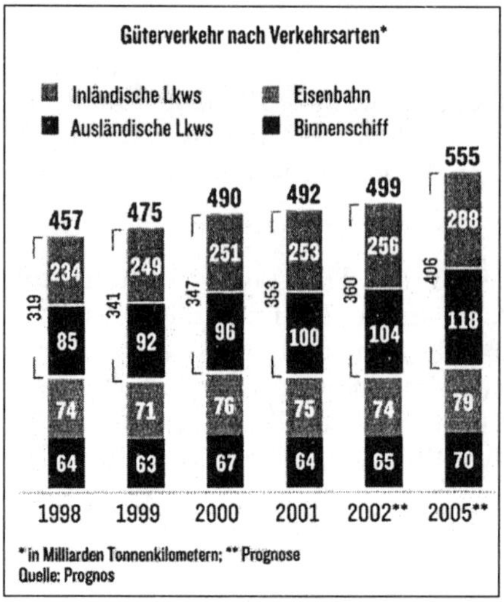

Bei diesem Problemkreis stellt sich auch die Frage, ob der Einsatz der Transportmittel im Eigenbetrieb oder im Fremdbetrieb vorzuziehen ist. Neben Kostengesichtspunkten spielen die größere Unabhängigkeit bei Eigentransport und die Tatsache, dass derartige Entscheidungen kurzfristig nur schwer revidierbar sind, eine wesentliche Rolle, sodass allgemeine Empfehlungen nicht gegeben werden können. Ausgangspunkt der Analyse sollte ein Vergleich der entstehenden Kosten bei Eigentransport (Eigenfuhrpark) und Fremdtransport sein. Auch kann die Entscheidung über die Wahl der Transportmittel nicht unabhängig von der Entscheidung über die Anzahl und die Art der Auslieferungslager gefällt werden. Die Zusammenhänge veranschaulicht das folgende Beispiel.

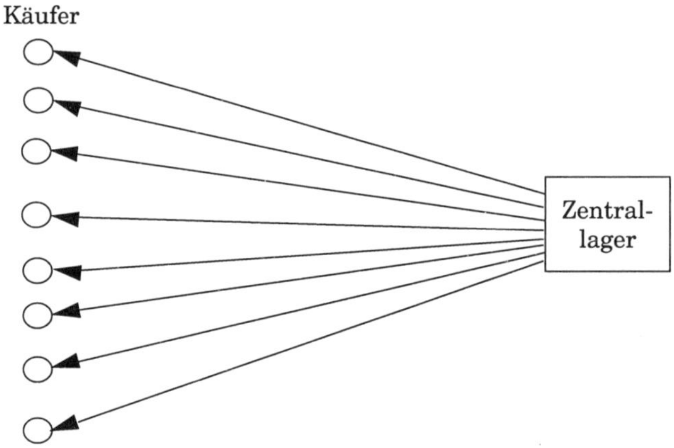

Fall A:
- hohe Transportkosten
- niedrige Lagerkosten
- langsame Liefermöglichkeiten

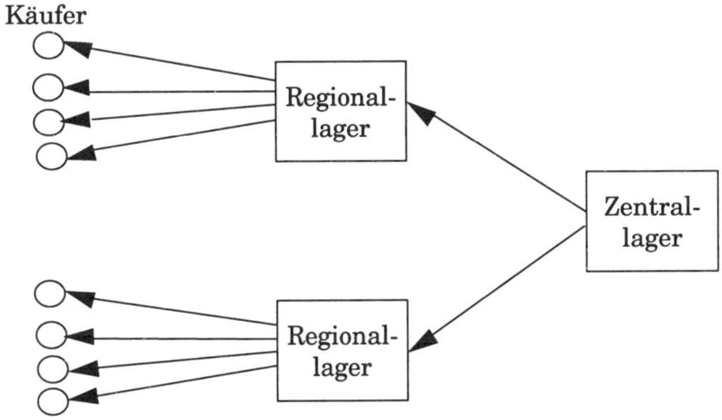

Fall B:
- geringe Transportkosten
- hohe Lagerkosten
- schnelle Liefermöglichkeiten

2.5 Verpackung

Die Verpackung hat neben ihrer Distributionsfunktion auch die Anforderungen an den Transport zu erfüllen, wie z. B. raumsparend, druckfest, stapelbar, handhabbar, automatisierbar, unterfahrbar usw. zu sein. Daneben hat die Verpackung noch weitere Marketing- und Verkaufsaufgaben zu erfüllen, die auf den Seiten 294 f. behandelt werden.

28 Seite 629

29 Seite 629

30 Seite 630

31 Seite 630

	Kontrollfragen	bearbeitet	Lösungshinweis	Lösung +	Lösung -
01	Was versteht man unter Distributionspolitik?		381		
02	Welche Aufgaben hat die Distributionspolitik zu lösen?		382		
03	Welche Absatzwege sind grundsätzlich möglich?		382		
04	Welche Kriterien sind bestimmend für den Absatzweg eines Produktes?		384		
05	Was versteht man unter Direktabsatz?		389		
06	Was sind Absatzhelfer?		390		
07	Kennen Sie Beispiele für den Haus-zu-Haus-Verkauf?		390		
08	Was versteht man unter indirektem Absatz?		406		
09	Welche Möglichkeiten des Direktabsatzes kennen Sie?		406 f.		
10	Was versteht man unter unternehmenseigenen Absatzorganen?		391		
11	Was versteht man unter unternehmensexternen Absatzorganen?		397		
12	Wann empfiehlt sich der Einsatz von Reisenden?		391		
13	Was sind die Hauptaufgaben eines Reisenden?		391		
14	Was ist ein Handelsvertreter?		398		
15	Welche Möglichkeiten der Vergütung für Reisende und Handelsvertreter kennen Sie?		399 f.		
16	In welchen Situationen ist es empfehlenswert Produkte über einen Mehrfirmenvertreter abzusetzen?		401		
17	Was versteht man unter dem Ausgleichsanspruch des Handelsvertreters?		401		
18	In welchen Fällen werden Mitglieder der Geschäftsleitung in den Absatz eingeschaltet?		392		
19	Aus welchen Gründen kann es für einen Hersteller sinnvoll sein, Verkaufsstellen (Verkaufsniederlassungen) einzurichten?		392		
20	Was versteht man unter E-Commerce?		395 f.		
21	Welche Aufgaben hat ein Kommissionär?		402		
22	Welche Aufgaben hat ein Makler?		402		
23	Erklären Sie das Prinzip des Franchising!		392		
24	Welche Vorteile hat der Franchisegeber?		393		
25	Welche Vorteile hat ein Franchisenehmer?		393		
26	Welche Funktionen übernimmt der Handel nach *Oberparleiter*?		410		
27	Welche Funktionen übernimmt der Handel nach *R. Seyffert*?		410		
28	Wer betreibt Großhandel?		412 f.		

	Kontrollfragen	bear-beitet	Lösungs-hinweis	Lösung +	-
29	Wann ist die Einschaltung des Großhandels für einen Hersteller empfehlenswert (nicht empfehlenswert)?		412 f.		
30	Welche Betriebsformen des Großhandels kennen Sie?		413 f.		
31	Was verstehen Sie unter Cash & Carry-Lagern?		413		
32	Was ist ein Rack-Jobber?		414		
33	Wann empfiehlt sich die Einschaltung des Einzelhandels?		415 f.		
34	Wer betreibt nach dem Gesetz Einzelhandel? Wo ist dies gesetzlich geregelt?		415		
35	Was versteht man unter Einzelhandel im institutionellen Sinne?		415		
36	Welche Betriebsformen des Einzelhandels kennen Sie?		416 f.		
37	Was sind Gemischtwarengeschäfte? Wie ist ihre Lage?		416		
38	Was ist ein Fachgeschäft?		416		
39	Was ist ein Spezialgeschäft?		416		
40	Was versteht man unter einem Kaufhaus?		417		
41	Wie unterscheiden sich Warenhäuser von Kaufhäusern?		418		
42	Was sind Kleinpreisgeschäfte (Kleinkaufhäuser)?		418		
43	Wann spricht man von einem Filialunternehmen?		419		
44	Was ist ein Supermarkt?		420		
45	Was sind SB-Warenhäuser (Verbrauchermärkte)?		421		
46	Welche Vorteile können Versandhandelsunternehmen dem Verbraucher bieten?		424		
47	Welche Bestellmöglichkeiten gibt es im Versandhandel?		425		
48	Warum gründeten Versandhandelsunternehmen im Laufe der Zeit Verkaufsagenturen, Verkaufsstellen usw.?		424		
49	Was ist ein Shopping-Center (Einkaufszentrum)? Welche Ursachen führten zu seiner Entstehung?		426		
50	Was sind Fachmärkte?		421		
51	Was versteht man unter einem Factory Outlet Center (FOC)?		422 f.		
52	Wie sieht die Einkaufsstättenwahl in Deutschland aus?		427		
53	Wie entwickeln sich nach Prognosen die Betriebsformen des Einzelhandels bis 2010?		428		
54	Welche Gründe sind Ihrer Meinung nach maßgebend für die relative Stagnation des Marktanteils des Versandhandels?		424		
55	Wie kam es zum Key-Account-Manger?		429		
56	Was bedeutet EDI?		429		

	Kontrollfragen	bearbeitet	Lösungshinweis	Lösung +	Lösung -
57	Was versteht man unter DPR?		430		
58	Welche Bedeutung kommt ECR zu?		431 f.		
59	Was versteht man unter Category Management?		433 f.		
60	Was versteht man unter Messen?		403		
61	Was sind Ausstellungen?		403		
62	Welche Ziele verfolgt man primär mit der Teilnahme an Messen?		404		
63	Was sind Börsen? Welche Waren werden an Börsen gehandelt?		405		
64	Welche Auktionen kennen Sie? Welche Produkte werden über Auktionen abgesetzt?		406		
65	Wie ist der Ablauf von Auktionen?		406		
66	Welche sonstigen Marktveranstaltungen kennen Sie noch?		402		
67	Welche Fragen hat die Marketing-Logistik (Physische Distribution) zu beantworten?		434		
68	Was ist die zentrale Zielsetzung der Marketing-Logistik?		434 f.		
69	Von welchen Faktoren hängt in erster Linie die Anzahl und der Standort von Auslieferungslagern ab?		437 f.		
70	Welche Faktoren sprechen für Eigenlager?		438		
71	Wann empfiehlt sich Fremdtransport?		439 f.		
72	Was bezeichnet man als Mindestauftragsgröße?		436		
73	Welcher Zusammenhang besteht zwischen der Anzahl der Auslieferungslager und der Lieferzeit?		437		

F. Kommunikationspolitik

Seit einiger Zeit fasst man in der amerikanischen Marketingliteratur Werbung, Verkaufsförderung, Persönlicher Verkauf und Öffentlichkeitsarbeit zum Kommunikations-Mix zusammen (*Webster*, *Lazer*). *Kotler* dagegen versteht unter den genannten Instrumenten die sog. „Promotional strategy" eines Unternehmens.

Im deutschsprachigen Raum sprechen *Köhler, Meffert, Bruhn* u. a. von der Kommunikationspolitik als zusammenfassendem Ausdruck für die obigen Instrumente. *Nieschlag / Dichtl / Hörschgen* benutzen Kommunikationspolitik als Oberbegriff für Werbung, Verkaufsförderung und Public Relations. In der Praxis setzt sich der hier verwendete Begriff des Kommunikations-Mix immer mehr durch (Integrierte Kommunikation).

Wir verstehen unter Kommunikationspolitik (Marketingkommunikation) den Einsatz derjenigen Instrumente des Marketing, die als Träger für auf den Absatzmarkt gerichteter Informationen eines Unternehmens eingesetzt werden können, wobei Werbung, Verkaufsförderung, Persönlicher Verkauf und Public Relations die in der Praxis und in der Literatur üblichen Bezeichnungen sind. Dazu kommen in neuerer Zeit die Direktwerbung, das Product-Placement und das Sponsoring.

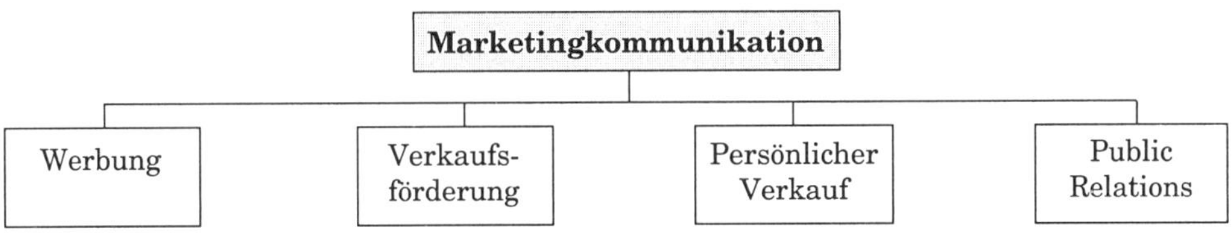

Kennzeichnend für die Kommunikationspolitik ist u.E. insbesondere die Tatsache, dass durch die Kommunikationspolitik Produkte und Leistungen weder substanziell noch funktionell verändert werden können. Nur die Einstellung von Abnehmern und deren Vorstellung und Beurteilung vom Angebot des Anbieters kann beeinflusst werden. Dieses Phänomen findet sich im Marketing so nur in der Marketingkommunikation.

Es ist heute empfehlenswert, Marketingkommunikation **differenziert** zu betrachten. Als Ergebnis zeigt sich eine Einteilung der Marketingkommunikationsinstrumente in folgende Bereiche, und zwar:

- **Klassische Werbung (Massenwerbung)**
- **Direktwerbung (Dialogmarketing)**
- **Sponsoring**
- **Product-Placement**
- **Verkaufsförderung**
- **Verkauf**

- **Public Relations (einschließlich der Corporate Identity Politik)**
- **Events**
- **Messen und Ausstellungen**.

Die klassischen Kommunikationsinstrumente (Klassische Werbung, PR usw.) bezeichnet man auch als **above the line**-Instrumente, alle übrigen – außer Verkauf – werden als **below the line**-Instrumente bezeichnet.

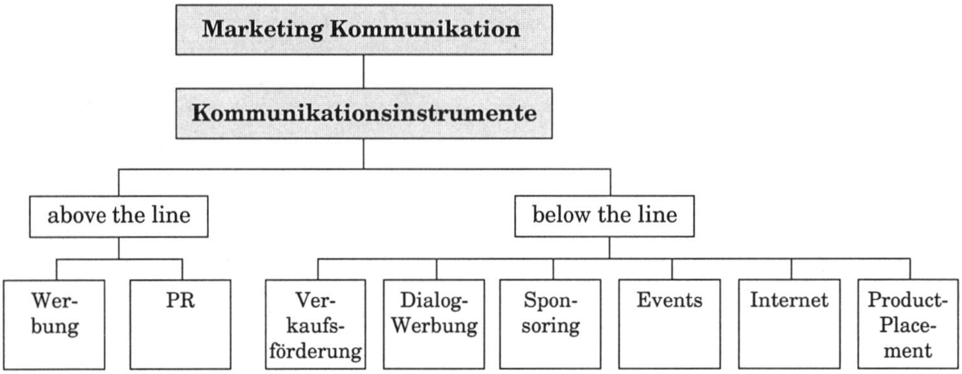

Kommunikationsinstrumente

Da der persönliche Verkauf sowie Messen und Ausstellungen neben der Kommunikationsfunktion auch Verkaufsfunktion haben bzw. haben können, werden sie in der obigen Abbildung nicht berücksichtigt.

Nach einer Untersuchung soll Verkaufsförderung in Zukunft noch einen größeren Anteil am Marketingkommunikations-Mix haben, wobei dann auch alle Marketingpolitischen Instrumente beteiligt sein können, um zu einem optimalen Verkaufsförderungs-Mix zu gelangen.

Kommunikations-instrumente	**Gesamt**		**Konsumgüter-Industrie**		**Investitions-güter-Industrie**		**Handel/Dienst-leistungssektor**	
	heute	**Zukunft**	**heute**	**Zukunft**	**heute**	**Zukunft**	**heute**	**Zukunft**
Klass. Werbung	39	35	42	35	29	21	40	30
Verkaufsförderung	**20**	**23**	**21**	**22**	**21**	**24**	**15**	**18**
Direktmarketing	6	7	4	6	6	7	13	11
PR	4	3	4	3	4	5	4	4
Sponsoring	6	4	6	4	7	4	3	3
Co-Marketing-Programme	2	3	3	3	1	4	2	4
Co-Branding-Aktionen	2	2	3	3	1	1	0	4
Messen	7	6	6	6	17	13	9	6
Multimedia/Internet	2	4	1	3	3	5	3	5
Training/Weiterbildung	2	4	2	4	3	5	3	5
Persönlicher Verkauf	6	7	4	9	8	8	5	4
Sonstige	4	2	4	2	0	3	3	6

Entwicklung des Kommunikations-Mix

Quelle: *Frey / Beaumont-Bennet* (1998)

Eine aktuelle Umfrage im Jahre 2003 bei 270 Unternehmen zeigt jedoch eine Verschiebung der Bedeutung verschiedener Kommunikationsinstrumente. Danach verlieren Messen, klassische Werbung und Sponsoring stark und PR und Persönliche Kommunikation nehmen an Bedeutung zu.

Wie sich die Bedeutung der Kommunikationskanäle verschiebt
(Angaben in Prozent)*

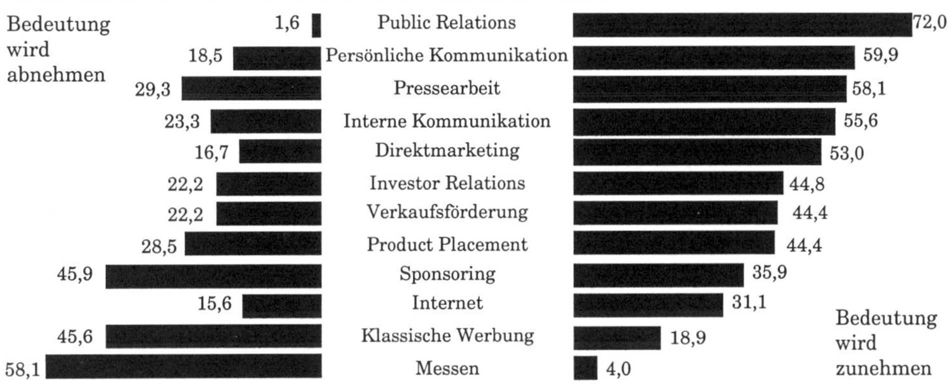

* Befragung unter 270 Unternehmen: Quelle: Mercer Management Consulting

Veränderungen der Kommunikationskanäle (2003)

Will man Marketingkommunikation in die Praxis umsetzen, muss man sich den grundlegenden Vorgang jedes Kommunikationsprozesses veranschaulichen. Damit überhaupt eine Kommunikation zu Stande kommt, muss ein Sender, eine Botschaft, ein Träger der Botschaft und ein Empfänger der Botschaft vorhanden sein. Dabei kommt Kommunikation nur zu Stande, wenn der Empfänger die übermittelte Botschaft rezipiert und verarbeitet. Das Ergebnis der Informationsverarbeitung kann in einer Reaktion als Rückmeldung oder Rückkopplung (Feed-back) dem Sender wieder erkennbar werden.

Vereinfacht lässt sich der Marketing-Kommunikationsprozess wie folgt darstellen (vgl. Abb. S. 448).

Die vorliegende Darstellung des Kommunikationsprozesses verdeutlicht auch die sog. **Kommunikationsformel** von *Lasswell*:

- **Wer** (Unternehmung, Kommunikator)
- **sagt was** (Botschaft)
- **über welchen Kana**l (Werbeträger, Verkäufer)
- **zu wem** (Zielperson, Zielgruppe)
- **mit welcher Wirkung** (Kommunikationserfolg, Kauf, Image, Einstellung).

Diese Kommunikationsformel sollte bei der Gestaltung jeder Art der Kommunikation, sei sie persönlich oder unpersönlich, sprachlich, bildlich oder akustisch, stets berücksichtigt werden.

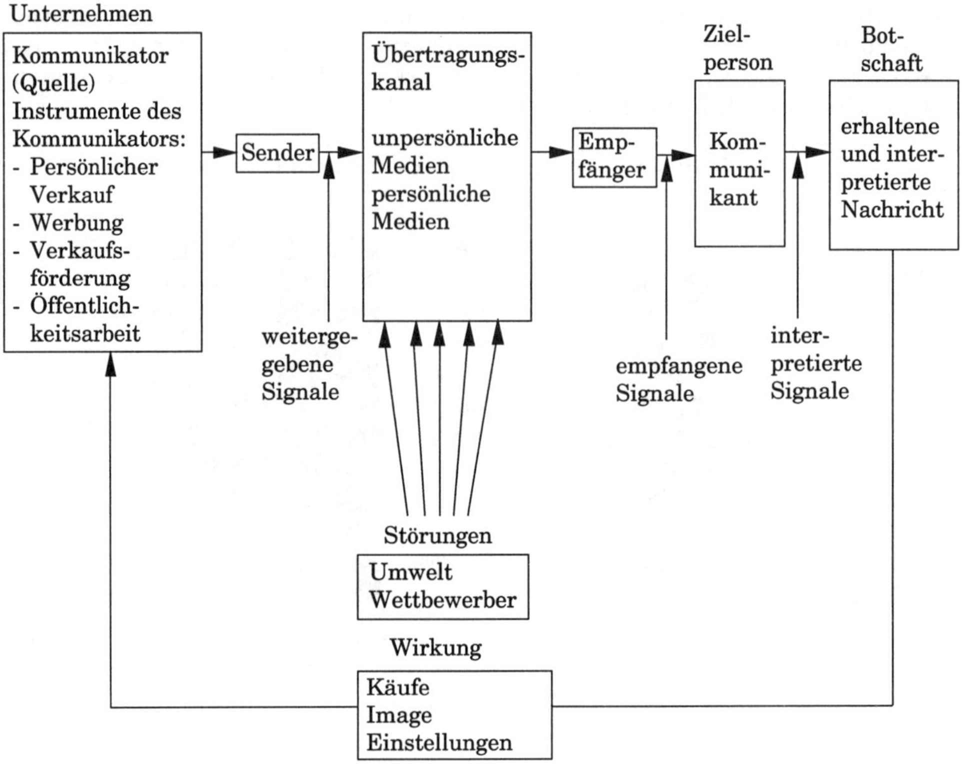

Marketingkommunikationssystem

Quelle: *Weis, H.C.* (1983), S. 17

Ferner steht heute nicht nur die Optimierung der einzelnen Formen der Marketingkommunikation sondern die Optimierung der gesamten Maßnahmen der Marketingkommunikation im Sinne einer optimalen **Integrierten Marketingkommunikation** im Vordergrund, d. h. die Gesamtheit aller unterschiedlichen Aktivitäten sollen integriert geplant und durchgeführt werden und dadurch eine optimale Wirkung erzielen.

Im Hinblick auf den allgemeinen Ablauf der Kommunikationspolitik gilt das folgende sequenzielle Schema.

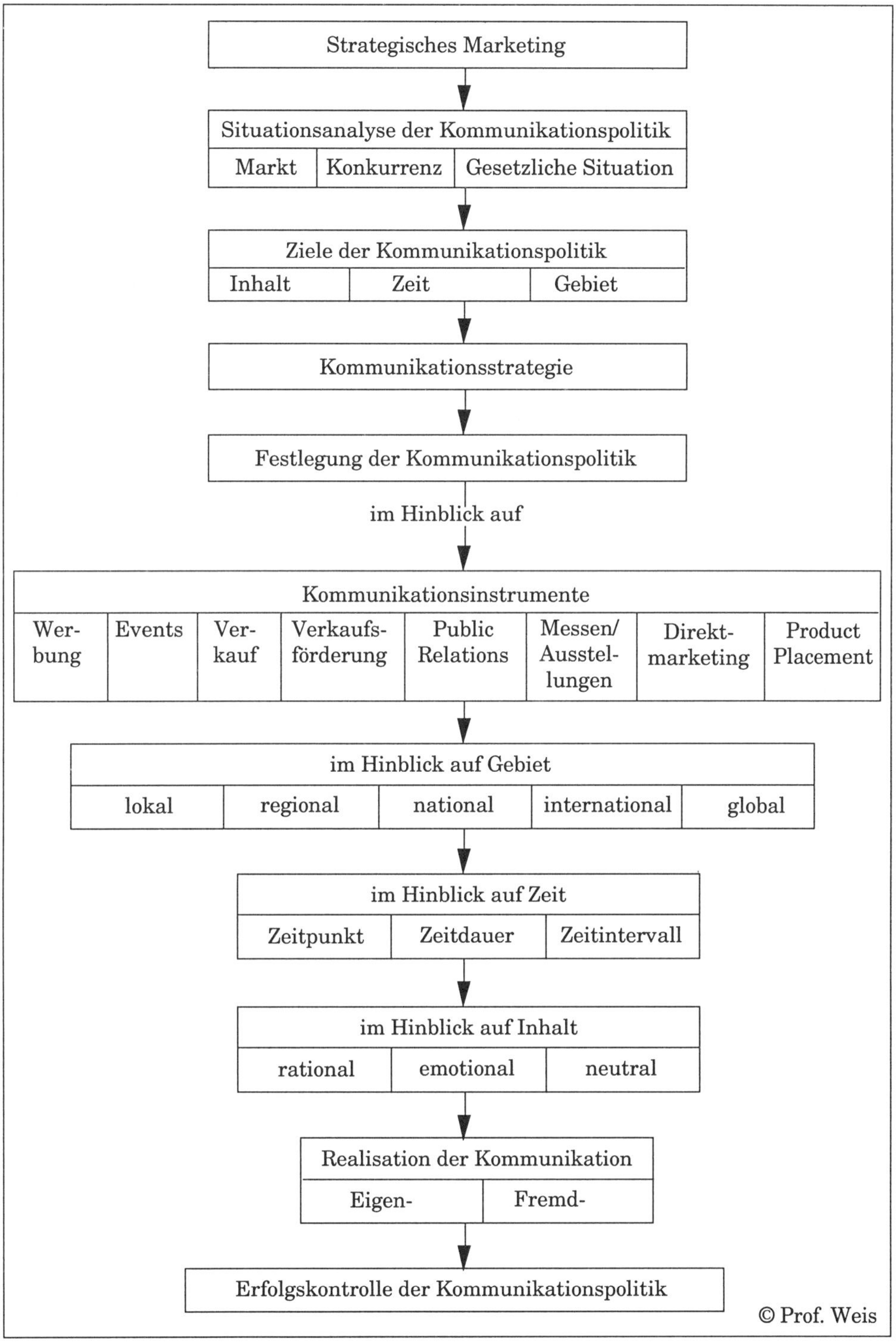

Allgemeiner Ablauf bei der Kommunikationspolitik

1. Werbung

1.1 Ziele und Aufgaben

Aufgrund der vielfältigen Erscheinungsformen und der Komplexität der Werbung gibt es heute im Prinzip zwar Einigkeit über die grundsätzlichen Ziele und Aufgaben der Werbung, jedoch konnten sich Wissenschaft und Praxis noch nicht auf eine eindeutige Definition des Begriffs Werbung einigen.

Behrens versteht unter Werbung „eine absichtliche und zwangfreie Form der Beeinflussung, welche die Menschen zur Erfüllung der Werbeziele veranlassen soll."

Bezieht sich Werbung nur auf die Absatzwerbung, so sieht *Bidlingmaier* „Absatzwerbung als ein Marketinginstrument, das durch absichtlichen und zwangfreien Einsatz spezieller Kommunikationsmittel die Zielpersonen zu einem Verhalten veranlassen will, das zur Erfüllung der Werbeziele des Unternehmens beiträgt".

Bei der Werbung kann man u.a. folgende Funktionen unterscheiden (*Kroeber-Riel, W.* (1992) S. 612, *Mayer, H.* (1993) S. 14:

- Informationsfunktion
- Motivationsfunktion
- Sozialisationsfunktion
- Verstärkungsfunktion.

Wiswede sieht Werbung wie folgt: „Werbung kann als interessengebundene, intentional beeinflussende Kommunikation aufgefasst werden, die bestimmten absatzwirtschaftlichen Zielen dient: ... im Sinne der Absatzsteigerung oder -erhaltung; auch indirekt über Einstellungs- und Imageänderungen" (*Wiswede* (1995) S. 284).

Allgemein lässt sich Werbung auch wie im Folgenden charakterisieren: „Werbung lässt sich als versuchte Verhaltensbeeinflussung mittels besonderer Kommunikationsmittel auffassen" (*Kroeber-Riel, W. / Esch, F.-R.* (2000) S. 31).

Auch diese Definition charakterisiert u.E. jedoch auch nur unzureichend den Gesamtkomplex der Werbung, speziell der Absatzwerbung, sodass ergänzend zugefügt werden muss, dass Werbung eine Kommunikationsform ist, die unpersönlich und oft in räumlicher Distanz vom Verkaufsort durchgeführt wird und sich auf ein Produkt oder auf eine Gruppe von Bedürfnissen oder Produkten bezieht.

Für die weiteren Ausführungen wird deshalb die folgende pragmatische Definition für Absatzwerbung zu Grunde gelegt:

Absatzwerbung kann somit als diejenige Einzelform der Werbung bezeichnet werden, die bei Käufern und potenziellen Abnehmern einen Einfluss auf die Kaufentscheidung für die Leistungen des werbenden Unternehmens ausüben soll.

Für Marketingüberlegungen ist der Inhalt des Begriffs Werbung differenziert zu sehen, sodass sich für die weiteren Ausführungen die Einteilung des Oberbegriffs Werbung in Anlehnung an *Behrens* und andere in folgende Unterbegriffe empfiehlt:

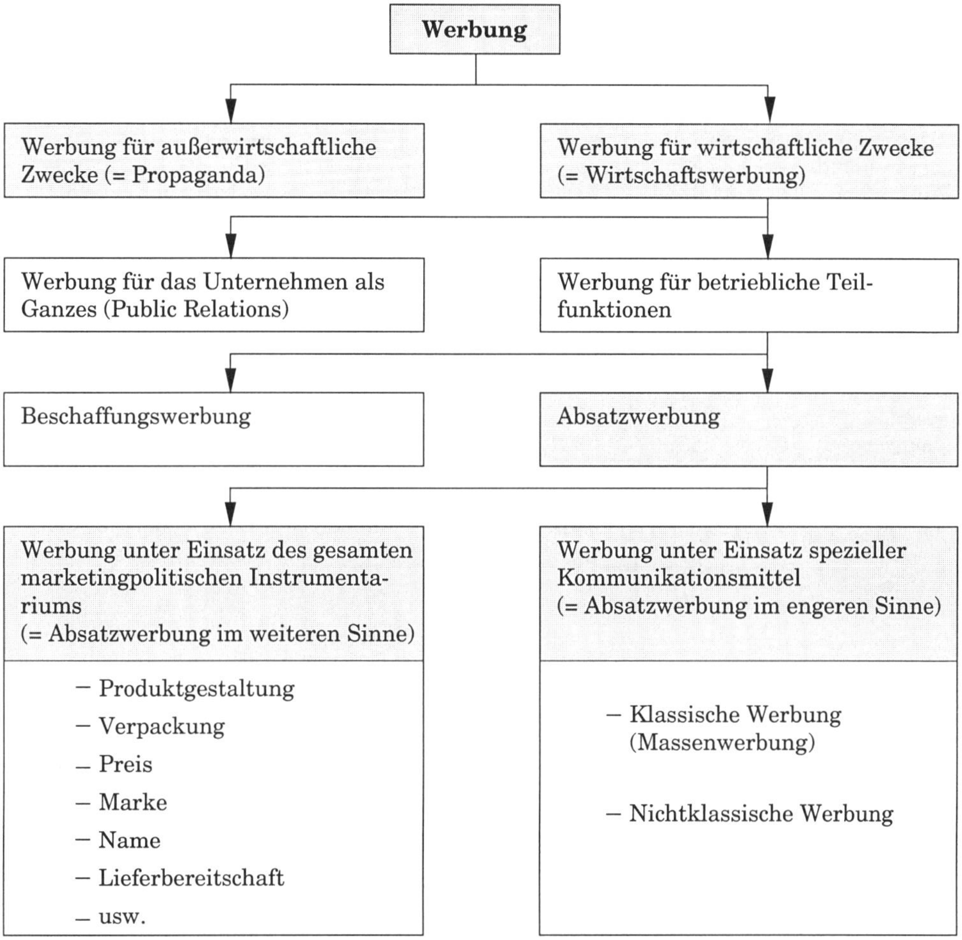

Die weiteren Ausführungen beziehen sich nur auf die Absatzwerbung im engeren Sinne.

Bei den Werbeeinnahmen im internationalen Vergleich liegt Deutschland auf dem vierten Platz, hinter den USA, Japan und Großbritannien. In Europa nimmt Deutschland den zweiten Platz hinter Großbritannien ein.

Werbeeinnahmen der Medien im internationalen Vergleich 2001							
Staaten	**Werbung in Mio. US-Dollar**	**Tages-zei-tungen**	**Publi-kums-zeit-schriften**	**TV**	**Radio**	**Kino**	**Außen-wer-bung**
USA	98.278	21,8	23,8	48,9	3,1	0,0	2,5
Japan	45.964	19,9	6,9	34,1	3,2	0,0	9,0
Großbritannien	16.970	41,9	16,9	30,1	4,2	1,1	5,8
Deutschland	16.578	45,1	18,5	26,8	4,1	1,0	4,5
Australien	16.436	51,3	6,8	29,7	8,3	0,8	3,2
Mexiko	11.382	6,0	2,9	77,5	13,6	0,0	0,0
Frankreich	8.590	26,4	24,5	29,8	6,8	0,8	11,7
Italien	6.998	24,1	18,1	50,2	4,1	0,9	2,6
Südkorea	4.617	58,0	5,0	34,0	3,0	0,0	0,0
Spanien	4.549	33,5	12,2	41,1	7,7	0,9	4,6
Brasilien	3.968	21,3	10,5	58,8	4,8	0,0	4,7
Hongkong	3.776	35,0	14,0	45,0	3,0	0,0	3,0
Kanada	3.774	40,8	7,0	40,6	6,4	0,0	5,2
Neuseeland	3.593	39,9	10,5	33,6	12,7	0,9	1,9
Niederlande	3.339	45,7	24,7	19,3	6,4	0,2	3,6
Schweiz	2.457	51,8	17,7	11,9	3,1	1,0	14,5
Indien	2.070	49,0 *	–	40,0	2,6	0,4	8,0
Polen	1.927	12,1	14,3	62,7	5,5	0,5	4,9
Kolumbien	1.781	15,0	3,9	55,9	25,2	0,0	0,0
Österreich	1.771	44,4	18,7	22,5	7,8	0,5	6,1

Netto – inklusive Agenturkommission und Presseeigenwerbung ohne Rabatt und Produktionskosten
China wurde nicht berücksichtigt, da nur Angaben für 1999 vorlagen (Werbung in US-Dollar: 4.159 Mio)
* Wert für Tageszeitungen und Publikumszeitschriften zusammen

Quellen: The Americas Marketing Pocket Book 2003, the Asia Pacific Marketing Pocket Book 2003, The Europeam Marketing Pocket Book 2003, World Advertising Research Center Ltd., Henley-on-Thames (Internet: www.warc.com) und ZAW

Wie die Bevölkerung in Deutschland die Werbung im Hinblick auf Umfang und Funktion beurteilt, ergibt sich aus der folgenden Umfrage.

Einstellung der Bevölkerung zur Werbung in Prozent			
Stimme voll und ganz bzw. weitgehend zu ...	Gesamt	Abitur/ Studium	hohes Politik-interesse
Werbung ist nützlich für unsere Wirtschaft	81	87	84
Werbung sichert auch Arbeitsplätze	79	83	80
Werbung sichert die Existenz vieler Medien und damit auch die Meinungsvielfalt	78	76	78
Werbung ist ein Teil des modernen Lebens	73	81	75
Werbung ist etwas ganz Normales	69	80	72
Werbung bringt oft nützliche Tipps	41	31	40
Werbung erleichtert mir das Einkaufen	21	14	18

Basis: 1.968 Personen ab 14 Jahren, die mindestens einmal in der Woche fernsehen; Befragungszeitraum Juni 1999
Auftraggeber. ARD-Werbung und ZDF-Medienforschung/ZDF-Werbefernsehen.
Durchgeführt vom Institut Media Markt Analysen (MMA), Frankfurt a.M.

Werbung hat unterschiedliche Aspekte. Welche unterschiedlichen Vor- und Nachteile sich aus Verbraucher- bzw. aus Unternehmenssicht, in der Beurteilung der Werbung ergeben können, zeigen die folgenden Übersichten (in Anlehnung an *Tietz / Zentes*).

Werbung aus Verbrauchersicht	
Vorteile	**Nachteile**
1. Steigerung der Markttransparenz	1. Verhinderung von Markttransparenz
2. Erhöhung der Auswahlmöglichkeiten	2. Einschränkung der Auswahlmöglichkeiten
3. Zeitgewinn bei der Wareninformation	3. Verunsicherung infolge Informationsüberflutung
4. Preissenkungen infolge hoher Stückzahlen	4. Preiserhöhungen infolge Werbekosten
5. Verringerung von Unsicherheit beim Verbraucher	5. Erhöhung von Unsicherheit
6. Findung neuer Einkaufsmöglichkeiten	6. Stabilisierung etablierter Einkaufsquellen
7. Erschließung neuer Nutzungsalternativen	7. Einschränkung von Nutzungsalternativen
8. Ausdehnung der Marktentnahme	8. „Verführung" zu überflüssigen Käufen
9. Zuverlässigkeit der Information	9. „Fehlinformationen"
10. Lebensstiladäquate Ansprache	10. Übervorteilung durch Manipulation

Werbung aus Unternehmenssicht	
Vorteile	**Nachteile**
1. Senkung der Produktionskosten je Einheit	1. Kostensteigerung durch Werbung
2. Erhöhung der Präferenzen	2. Bedeutung des Preises sinkt
3. Stabilisierung der Preise	3. U. U. Probleme bei der Preisflexibilität
4. Marktsegmentierung und Zielgruppenorientierung	4. Hypersegmentierungsprobleme
5. Qualitätsförderung	5. Höhere Produktrisiken
6. Erleichterung der Einführung neuer Produkte	6. Förderung der Produktethik
7. Hersteller hat direkten Kontakt zum Kunden	7. Kosten der Kontrolle für die Absatzwege

Aus den beiden Darstellungen ergibt sich, dass je nach Standpunkt unterschiedliche Vor- oder Nachteile relevant erscheinen können und gegebenenfalls angestrebt werden.

1.2 Arten der Werbung

Absatzwerbung zeigt sich in vielfältigen Arten (Kategorien) auf dem Markt.

Werbeformen	
• Herstellerwerbung • Fachwerbung • Einzelwerbung • Gemeinschaftswerbung • Informationswerbung • Dienstleistungswerbung • Akustische Werbung • Multisensorische Werbung • Eigenwerbung • Produktwerbung • Bewusste Werbung	• Handelswerbung • Publikumswerbung • Erinnerungswerbung • Sugestivwerbung • Investitionsgüterwerbung • Konsumgüterwerbung • Optische Werbung • Unternehmenswerbung • Fremdwerbung • Imagewerbung • Unterschwellige Werbung • usw.

Werbeformen (Kategorien) Beispiele

Im Folgenden sollen einige Erscheinungsformen aufgrund der zu Grunde liegenden Kriterien kurz näher betrachtet werden. So kann man Werbung unterscheiden zum Beispiel:

❑ nach den primären **Zielen der Werbung** in:

- **Einführungswerbung**
  Hierunter soll die erstmalige Werbung für ein neues Produkt in einem bestimmten Gebiet oder bei einer bestimmten Zielgruppe verstanden werden. Das Hauptanliegen der Einführungswerbung ist die Bekanntmachung eines Produktes.

- **Expansionswerbung**
  Primäres Ziel der Expansionswerbung ist eine künftige Erhöhung des Umsatzes oder Steigerung des Marktanteils gegenüber dem gegenwärtigen Zustand.

- **Erhaltungswerbung (Erinnerungswerbung)**
  Hier steht im Vordergrund die Erhaltung des bisherigen Bekanntheitsgrades, Images bzw. die Information über ein Produkt mit der Tendenz, Umsatzrückgänge zu vermeiden.

- **Reduktionswerbung**
  Die Reduktionswerbung hat schon oft zu Fehlinterpretationen Anlass gegeben. Ziel einer Reduktionswerbung ist nicht eine Senkung des Umsatzes für ein Produkt, sondern eine Verlagerung des Absatzes des Produktes im Zeitablauf oder eine Verlagerung der Positionierung im Verkaufsprogramm.

❑ nach der **Zahl der Werbenden** in:

- **Einzelwerbung** liegt dann vor, wenn ein Anbieter für seine Produkte Werbung treibt. Dabei ist es unerheblich, ob der Anbieter namentlich in Erscheinung tritt oder nicht.

- **Sammelwerbung** und **Gemeinschaftswerbung** werden auch unter dem Oberbegriff **Kollektivwerbung** zusammengefasst. Damit soll ausgesagt werden, dass mehrere Anbieter gemeinsam für ihre Angebote werben.

❑ nach der Zahl der **Umworbenen** in:

- **Einzelumwerbung** (Direktwerbung)
  Diese Werbeart liegt dann vor, wenn sich eine Werbebotschaft an eine genau adressierte Zielperson wendet und individuell gestaltet ist (z. B. Werbebrief).

- **Mengenumwerbung**
  wendet sich an genau definierte Teilmengen der Bevölkerung (z. B. Studenten, Ärzte, Autobesitzer usw.) oder die Bevölkerungsgesamtheit.

❑ nach der **Stellung der Werbetreibenden** im Distributionsprozess:

- **Herstellerwerbung**
  Aufgabe der Herstellerwerbung ist ein Produkt allgemein bekannt zu machen und über die Produkteigenschaften zu informieren sowie ein Produktimage aufzubauen. Die Herstellerwerbung hat im Vergleich zur Handelswerbung meist langfristigere Ziele.

- **Handelswerbung (Einzelhandelswerbung)**
  Dabei handelt es sich um die Werbung, die ein Einzelhandelsunternehmen betreibt um kurzfristig Umsatz zu erzielen. Die Werbebotschaft enthält in der Regel nur den Namen des Produktes, Größen- und Preisangabe. Sie ist auf kurzfristige Wirkung angelegt.

❑ nach der **beabsichtigten Wirkung** in:

- **Informationswerbung**
  Informationswerbung treibt man dann, wenn objektive Informationen (Produkteigenschaften, Preise, Zahlungsbedingungen, Garantie usw.) im Vordergrund der Werbebotschaft stehen. Hierbei will man vorwiegend rationale Gesichtspunkte, die für ein Produkt sprechen, hervorheben.

- **Suggestivwerbung**
  Durch die Suggestivwerbung will man Triebe und versteckte und/oder unterdrückte Gefühle freisetzen. Beispiele dafür sind die Leitbild- und Assoziationswerbung. Durch die so genannte Leitbildwerbung soll dem Umworbenen suggeriert werden, dass durch den Kauf und Besitz eines Produktes beispielsweise sein Ansehen und seine gesellschaftliche Stellung erhöht wird.

  Mit der zunehmenden Sättigung auf allen Märkten verliert die „Informationswerbung" an Bedeutung. Dies zeigt u. a. die Studie von *Leiss / Kline / Ihally* (1986), S. 20, die eine Zunahme der emotionalen (sensual) und eine Abnahme der informativen (rationalen) Werbeelemente ausweist.

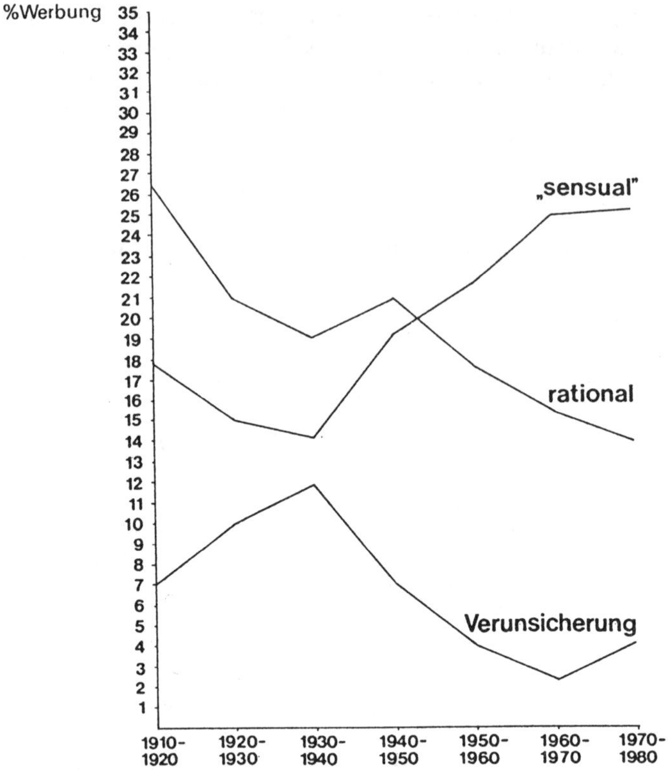

Werbetrends (entnommen: *Kroeber-Riel* (1988), S. 63)

Quelle: Nach *Leiss / Kline / Ihally,* 1986, S. 220

❑ nach der **Form der psychologischen Ausgestaltung** der Werbung in:

- **Überschwellige Werbung**
  Diese Werbung ist dadurch gekennzeichnet, dass der Umworbene die Werbung bewusst wahrnimmt.

- **Unterschwellige Werbung**
  Hier wird die Werbung so kurz eingeschaltet, dass eine Werbebotschaft nicht mehr bewusst wahrgenommen werden kann. Sie soll auf das Unterbewusstsein des Umworbenen einwirken und ihn zu bestimmten Handlungen veranlassen. Unterschwellige Werbung ist als sittenwidrig anzusehen.

❑ nach den **Werbeobjekten** in

- Produktwerbung
- Dienstleistungswerbung
- Unternehmenswerbung (Firmenwerbung).

Bei der Produkt- und Dienstleistungswerbung wird die einzelne Leistung herausgestellt, während das werbende Unternehmen unter Umständen ganz in den Hintergrund tritt.

Bei der Unternehmenswerbung (Firmenwerbung) ist die Werbung primär auf das Unternehmen abgestellt und sekundär auf die angebotenen Produkte. Diese Form wird von Handelsbetrieben mit großen Sortimenten, aber auch von Produzenten von Produktions- und Investitionsgütern immer häufiger angewendet.

❑ nach der **inhaltlichen Gestaltung** der Werbung

Werbung stellt i.d.R. die eigenen Produkte in den Vordergrund, kann aber auch seit April 2000 Vergleiche zur Konkurrenz in der Werbung darstellen. Dabei sind jedoch bestimmte Bedingungen einzuhalten. So darf z. B. **Vergleichende Werbung** nicht irreführend sein, der Vergleich muss objektiv und nachprüfbar sein und es dürfen keine Verwechslungen zwischen dem Werbung Treibenden und seinem Konkurrenten verursacht weden. Da in Deutschland noch keine großen Erfahrungen mit vergleichender Werbung vorliegen, sind genaue Aussagen über eine effiziente Gestaltung vergleichender Werbung nur begrenzt möglich.

Beispiel: Vergleichende Werbung im Handel

Wo gibt es die tiefsten Preise?					
	MARKTKAUF	**Aldi**	**Lidl**	**Penny**	**Plus**
Artikel	**€**	**€**	**€**	**€**	**€**
200 g Kochschinken	1,09	1,09	1,09	1,09	1,09
1 l frische Vollmich, 3,5 % Fett	0,55	0,55	0,55	0,55	0,55
250g Speisequark, 40 % F.i.Tr.	0,39	0,39	0,39	0,39	0,39
500 g Buttertoast	0,39	0,39	0,39	0,39	0,39
1 kg Zucker	0,89	0,89	0,89	0,89	0,89
1 kg Mehl	0,29	0,29	0,29	0,29	0,29
450 g Rahmspinat tiefgefroren	0,39	0,39	0,39	0,39	0,39
15 Fischstäbchen, 450 g tiefgefr.	1,39	1,39	1,39	1,39	1,39
500 g Nudeln aus Hartweizen	0,29	0,29	0,29	0,29	0,29
100 g Vollmilch Schokolade	0,29	0,29	0,29	0,29	0,29
Summe	**5,96**	**5,96**	**5,96**	**5,96**	**5,96**

Nach dem Gesetz ist vergleichende Werbung unlauter, wenn sie

- sich nicht auf Waren oder Dienstleistungen für den gleichen Bedarf oder dieselbe Zweckbestimmung bezieht;
- nicht objektiv auf Eigenschaften oder den Preis von Waren und Dienstleistungen bezogen ist;
- im geschäftlichen Verkehr zu Verwechslungen zwischen Werbenden und Mitbewerbern oder Waren und Dienstleistungen führen kann;

- die Wertschätzung des von einem Mitbewerber verwendeten Kennzeichens in unlauterer Weite ausnutzt oder beeinträchtigt;
- die Waren, Dienstleistungen, Tätigkeiten oder Person eines Mitbewerbers herabsetzt oder verunglimpft;
- Waren oder Dienstleistungen als Imitation oder Nachahmung einer geschützten Ware oder Dienstleistung darstellt.

Und Stimmen aus der Praxis (Welt vom 9.11.2000) dazu:

Vergleichende Werbung in der Praxis

Kundennutzen soll im Vordergrund stehen

HAMBURG, 8. November (dpa). Seit der Zulassung vergleichender Werbung in Deutschland geraten Unternehmen durch ihre teils aggressiven Anzeigenschlachten zunehmend in die Schlagzeilen. Der Werberummel um Produkte kommt beim Verbraucher aber keineswegs nur positiv an, sondern kann sogar zur Ablehnung führen. Vergleiche wirken nur, wenn sie intelligent inszeniert sind. Dies hat eine Studie im Auftrag der Hamburger Werbeagentur KNSK/BBDO ergeben, in der erstmals die Wirkung vergleichender Werbung auf Kunden untersucht wurde.

Der Nutzen für die Kunden muß bei vergleichender Werbung im Vordergrund stehen. „Wer Werbung dazu benutzt, einen Konkurrenten zu beschädigen, schadet sich selbst", beschreibt Jens Lönneker vom Marktforschungsinstitut Rheingold eine der Erkenntnisse aus Verbraucherinterviews. Die Verbraucher empfänden Reibereien zwischen Konkurrenten zwar als reizvoll, sie dürften aber nicht diffamierend oder bevormundend sein. „Aggression ja, aber sie muß stilvoll und elegant verpackt sein."

Die Konsumenten erwarteten bei jedem Kräftemessen einen „gepflegten Umgang" der Konkurrenten. „Ein Rückfall in die Steinzeit, in der Menschen unkultiviert aufeinander einschlugen, macht den Verbrauchern eher Angst und wird abgelehnt", so Lönneker. Kampf als reiner Selbstzweck schade ebenso. Der Kunde wolle aus der Werbung einen Nutzen ziehen, ohne bevormundet zu werden. Wenn der Verbraucher dabei eine Neuigkeit auf humorvolle Weise erfahre, seien Kampagnen besonders wirkungsvoll. Als beispielhaft für gute vergleichende Werbung schnitt die Werbung eines Autovermieters ab, der seine Mietpreise mit der Konkurrenz verglich. „Das Motiv schafft auf humorvolle Weise Markttransparenz. Zudem bleibt dem Kunden die Wahl. Die Werbung wird positiv aufgenommen", so Lönneker. Eine Replik der Konkurrenz richtete sich unterdessen nur gegen den Angreifer, war nicht für den Kunden gemacht und gehe entsprechend an diesem wirkungslos vorbei.

Vergleichende Werbung sollte nicht von jedem Unternehmen genutzt werden, rät der Geschäftsführer von KNSK/BBDO, Johannes Röhr. Sie funktioniere aber besonders gut aus der Position des kleineren David, der den stärkeren Goliath angreife. Dies habe auch die jüngste Offensive von Mobilcom gegen Telekom gezeigt. Mobilcom habe mit der neuen Werbeform experimentiert und viel bewirkt. Die Telekom habe reagiert, den Herausforderer durch Gegenanzeigen ernst genommen und dabei nicht immer souverän gewirkt, sagte Wolfgang Sasse von KNSK/BBDO.

Noch stecke vergleichende Werbung in den Kinderschuhen. Aber sie werde für Werbeagenturen bald zum Tagesgeschäft, meint Röhr. Die ersten Gewinner der neuen Werbeform seien bisher die Juristen. Denn: Auf fast jede Vergleichswerbung folge von der Gegenseite eine einstweilige Verfügung oder Unterlassung.

1.3 Prozess der Werbeplanung und -durchführung

Der allgemeine Ablauf der Werbeplanung und -durchführung von den Marketingzielen bis zur Werbeerfolgskontrolle kann sequenziell wie auf Seite 460 grafisch dargestellt werden.

Ausgangspunkt sind stets die operationalen Werbeziele, die auf der Grundlage der Marketingziele formuliert werden. Um diese Werbeziele erreichen zu können und die Maßnahmen zur Zielerreichung durchführen zu können, müssen finanzielle Mittel bereitgestellt werden. Diese finanziellen Mittel bezeichnet man allgemein als Werbeetat bzw. Werbebudget.

Der Werbeetat weist stets periodenbezogene Ausgaben aus. Er ist auf die einzelnen Werbeobjekte (Produkte, Programme, Unternehmen usw.) zu verteilen. Dieser Vorgang kann jedoch nicht isoliert gesehen werden, sondern ist wie die anderen Vorgänge auch in Abstimmung und unter Berücksichtigung der übrigen Maßnahmen auszuführen. An diese Entscheidung schließt sich die Auswahl der Werbesubjekte an, die mit der Werbebotschaft erreicht werden sollen.

Die Entscheidung über die Werbebotschaft und Werbemittel, Werbeträger, Periode und Werbegebiet wird primär von den Zielpersonen beeinflusst. Sind diese Entscheidungen getroffen, ist die Werbedurchführung, d.h. die Realisation des Einsatzes der Werbeträger vorzunehmen.

Aufgabe der Werbeerfolgskontrolle ist es vor allem festzustellen, inwieweit die Werbeziele erreicht wurden. Die Analyse etwaiger Abweichungen kann in folgenden Perioden zu zielentsprechenden Korrekturen führen.

Prozess und Aufgabe der Werbeplanung im engeren Sinne, verbunden mit den dabei zu treffenden Entscheidungen veranschaulicht die Abbildung auf Seite 460.

Die einzelnen Phasen des Prozesses der Werbeplanung und -kontrolle sind weiter sehr differenziert zu betrachten. So kann zum Beispiel Aufgabe der Werbeziele sein:

- Informieren
- Motivieren
- Sozialisieren
- Unterhalten
- Positionieren
- Bekanntheitsgrad erhalten bzw. steigern
- Verkaufen
- Image beeinflussen

usw.

Als Zielgruppen kommen allgemein infrage:

- Konsumenten
- Handelsunternehmen
- Produzenten

usw.

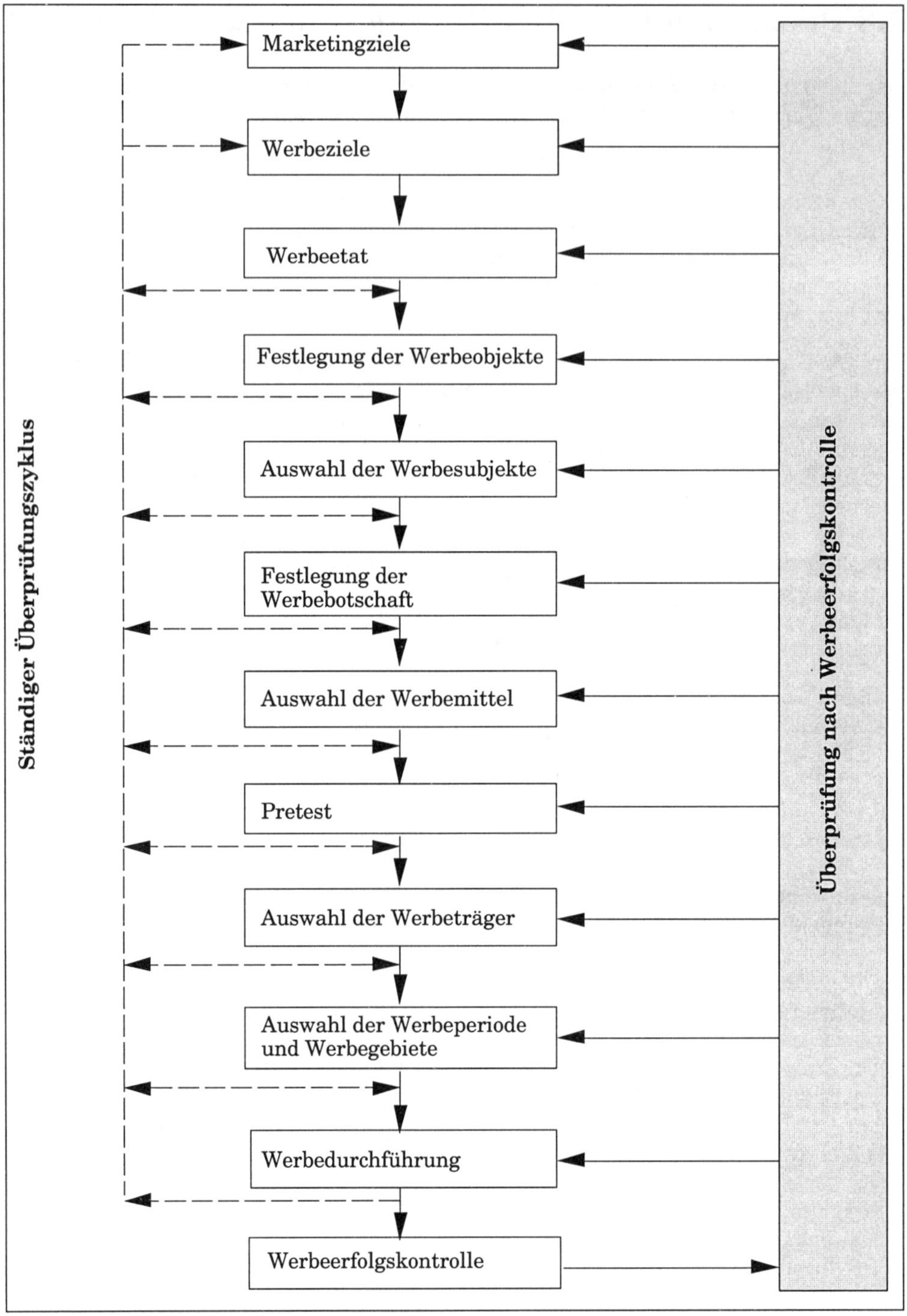

Prozess der Werbeplanung und -durchführung

Bei der Gestaltung der Werbebotschaft kommt es auf viele Faktoren an, u.a.

- Inhalt
- Darstellung
- Argumentation
- Form
- Träger der Botschaft
- Tonality.

Im Einzelnen soll auf die verschiedenen Phasen jedoch nicht weiter eingegangen werden.

Bevor ein Werbeerfolg festgestellt werden kann, ist stets jede Phase des Prozesses auf die folgenden abzustimmen, was zu einem ständigen Überprüfungszyklus führt.

Allgemein gesehen kommt es im Prozess der Werbeplanung stets zu einem Rückkoppelungsprozess, der sich als kybernetisches Modell vereinfacht darstellen lässt:

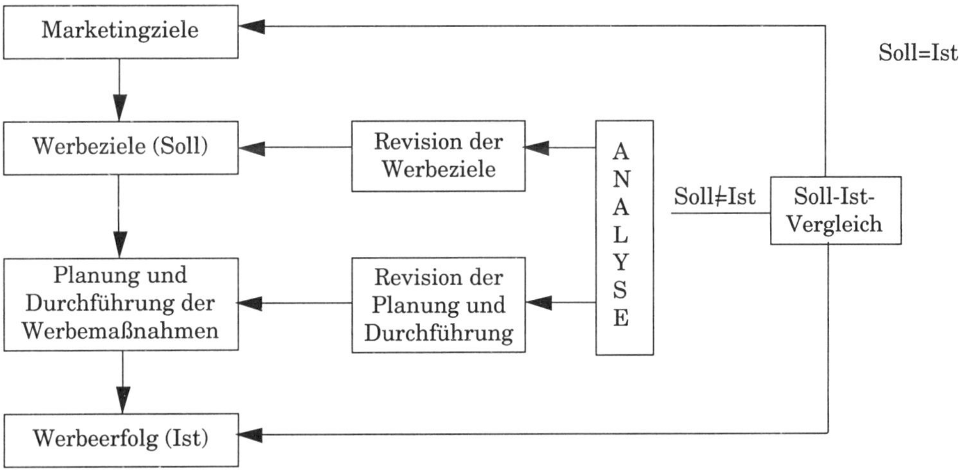

Kybernetisches Modell der Werbung

1.4 Werbeziele

Will man Werbung betreiben, so muss man sich über die Ziele, die man erreichen will, klar sein. Die Festlegung der Werbeziele ist daher von fundamentaler Bedeutung für die Planung und Durchführung der Werbung. Dabei bestehen zwischen Theorie und Praxis oft Differenzen im Hinblick auf die Zielsetzungen und Werbewirkungen.

Da bei wissenschaftlicher Betrachtung die Frage der Operationalität und der Formulierung ökonomischer Ziele (Umsatz, Gewinn) für die Werbung nicht lösbar erscheint, stellt man außerökonomische Ziele, die messbar (operational) sind, in den Vordergrund (wie z. B. Aufmerksamkeit, Berührung, Interesse usw.). Diese Gründe führen zur Aufstellung kommunikativer Werbeziele, wobei unterstellt wird, dass Zielpersonen der Werbung eine bestimmte „Stufenleiter" durchlaufen, die schließlich in die Kaufentscheidung mündet.

Freter gibt eine Übersicht verschiedener Autoren über verschiedene Stufenmodelle der Werbewirkung:

Autor	Werbewirkung					
	Stufe I	**Stufe II**	**Stufe III**	**Stufe IV**	**Stufe V**	**Stufe VI**
Behrens	Berührungs-erfolg	Beeindru-ckungserfolg	Erinne-rungs-erfolg	Interesse-weckungs-erfolg		Aktions-erfolg
Colley	Bewusstsein	Einsicht	Überzeugung			Handlung
Fischerkoesen	Bekanntheit	Image	Nutzen (Erwartung)	Präferenz		Handlung
Hotchkiss	Aufmerksamk. Interesse	Wunsch	Überzeugung			Handlung
Kitson	Aufmerksam-keit	Interesse	Wunsch	Vertrauen	Ent-schei-dung	Handlung u. Zufrie-denheit
Kotler	Bewusstheit	Wissen		Bevorzu-gung		Loyalität
Lavidge, Steiner	Bewusstheit	Wissen	Zuneigung	Bevorzu-gung	Über-zeugung	Kauf
Lewis (AIDA-Regel)	Aufmerksam-keit	Interesse	Wunsch			Handlung
Meyer	Bekannt-machung	Information	Zustimmung			Handlungs-anstoß
Seyffert	Sinnes-wirkung	Aufmerksam-keitswirkung	Vorstellungs-wirkung	Gefühls-wirkung	Gedächt-niswir-kung	Willens-wirkung

Modelle zu Stufen der Werbewirkung

Andere Autoren führen oft einen Katalog möglicher Werbeziele auf, die sich allgemein wie folgt gliedern lassen:

1. **Bekanntmachung von Produkten/Leistungen**

1.1 Erlangung eines Bekanntheitsgrades
1.2 Erhaltung des Bekanntheitsgrades
1.3 Erhöhung des Bekanntheitsgrades
1.4 Schaffung einer UAP (Unique Advertising Proposition)

2. **Information über Produkte/Leistungen**

2.1 Informationen über Funktionen des Produktes bzw. der Leistung
2.2 Informationen über Einsatzmöglichkeiten des Produktes
2.3 Informationen über Kosten-Nutzen-Verhältnis
2.4 Produktdifferenzierung durch Information

3. **Stärkung des Vertrauens in das Produkt/die Leistung**

3.1 Imageverbesserung des Produktes beim Käuferpotenzial
3.2 Schaffung von Präferenzen für das Produkt im Vergleich zu Konkurrenzprodukten
3.3 Vermeidung von kognitiven Dissonanzen nach dem Kauf
3.4 Sozialfunktion als psychologische Verstärkung für das Produkt
3.5 Käufer an Produkt und Unternehmen binden

4. **Unterstützung der Absatzchancen des Angebots**

4.1 Bewirkung von Veränderungsprozessen
4.2 Schaffung einer USP (Unique Selling Proposition)
4.3 Argumente für Kaufentschluss bereitstellen
4.4 Motivation zum Kaufentschluss geben
4.5 Senkung der „Vertriebskosten" für das Angebot
4.5 Gezieltes Timing der Werbung mit den übrigen kommunikations- und marketingpolitischen Instrumenten.

Ohne auf den Vorgang der Ermittlung der Werbeziele (z. B. als Ableitung aus den Marketingzielen) früher einzugehen, soll festgehalten werden, dass vor dem Eintritt in die Planungsphase die Werbeziele festgelegt werden müssen.

1.5 Festlegung des Werbeetats

Zur Aufstellung des Werbeetats kann man auf verschiedenen Wegen gelangen. Grundsätzlich bieten sich

- Heuristische Vorgehensweisen,
- Modellorientierte Optimierungsansätze und
- Simulationsansätze an.

In der Praxis haben überwiegend nur die heuristischen Ansätze Bedeutung erlangt. Daher sollen in diesem Rahmen auch nur einige der folgenden heuristischen Vorgehensweisen näher betrachtet werden.

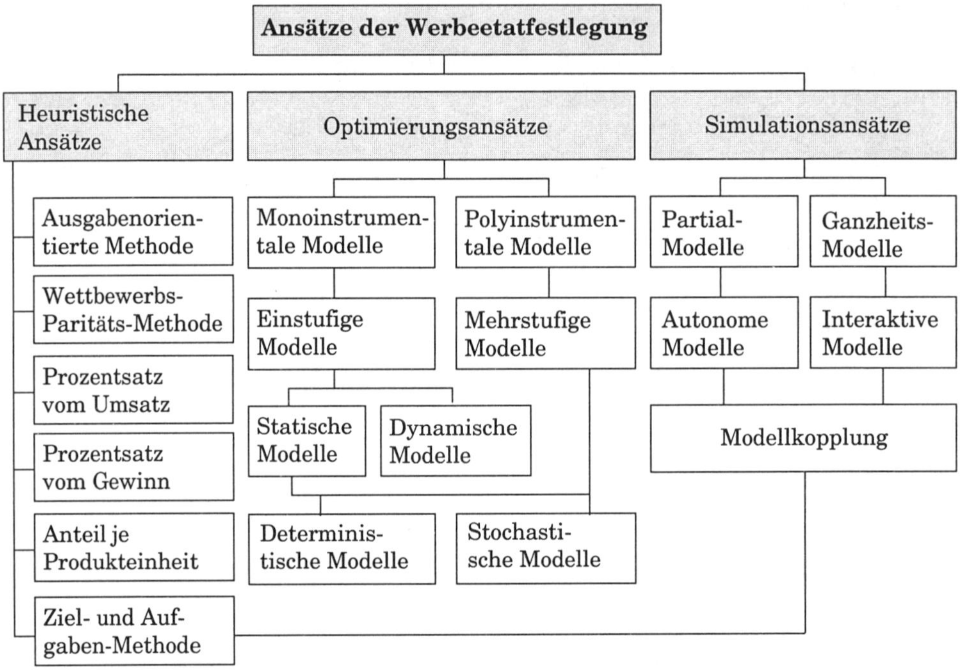

Ansätze zur Werbeetatfestlegung (nach *Jaspersen* (1993))

Die heuristischen Vorgehensweisen lassen sich in vier Methoden zusammenfassen:

- Die **ausgabenorientierte Methode** (All-you-can-afford-method).
- Die **Prozentsatz von...Methode** (Percentage-of-...method).
- Die **konkurrenzorientierte Methode** (Competitive-Parity-method).
- Die **Ziel- und Aufgaben-Methode** (Objective-and-Task-method).

(1) Die **ausgabenorientierte Methode** geht von den vorhandenen finanziellen Mitteln zu Beginn der Werbeperiode aus. Diese Höhe ergibt sich aus dem Gewinn der abgelaufenen Periode. Die Nachteile dieser Methode liegen in der

- Nichtberücksichtigung des Ziels der Periode (Umsatz, Gewinn, Marktanteil),
- der mangelnden Berücksichtigung aller Instrumente des Marketing-Mix,
- prozyklischen Wirkung,
- Verstärkung von Nachfrageschwankungen.

(2) Bei der **Prozentsatz-von ... Methode** wird die Höhe des Werbeetats als bestimmter Prozentsatz vom Umsatz, Gewinn, Einheit usw. bestimmt. Die Werbeausgaben wirken in diesem Fall prozyklisch. Eine Orientierung z. B. am Umsatz berücksichtigt nicht die Gewinnsituation. Eine ziel- und gewinnoptimale Kombination der Werbeausgaben kann mit dieser Methode nicht erzielt werden.

(3) Die **konkurrenzorientierte Methode** geht von der Höhe des Werbeetats vergleichbarer Konkurrenzunternehmen aus.

Damit wird die spezifische Situation des eigenen Unternehmens völlig vernachlässigt. Daneben bleibt die Marktlage sowie die Liquiditätssituation unberücksichtigt. Auch eine Orientierung an den Marketing- und Werbezielen unterbleibt sowie z. B. die Phase im Produkt- und Unternehmenslebenszyklus.

(4) Die **Ziel- und Aufgaben-Methode** legt die Höhe des Werbeetats nach den angestrebten Werbezielen fest, wobei die finanzielle Situation und die Konkurrenzsituation als Nebenbedingungen berücksichtigt werden. Diese Methode ist die einzige logische Vorgehensweise zur Festlegung des Werbeetats. Um diese Vorgehensweise in der Praxis durchsetzen zu können, ist eine genaue Festlegung der Werbeziele im Rahmen der Marketingziele unbedingt erforderlich. Die folgende Abbildung vermittelt zusammenfassend einen Überblick über Vor- und Nachteile sowie Vorgehen der verschiedenen Methoden (siehe Seite 466).

32 Seite 631

1.6 Werbeplanung

Unter Werbeplanung soll die Planung und Durchführung der Maßnahmen für die Realisierung der in den Werbezielen festgelegten Ziele verstanden werden.

Die dabei durchzuführenden **Maßnahmen** sind:

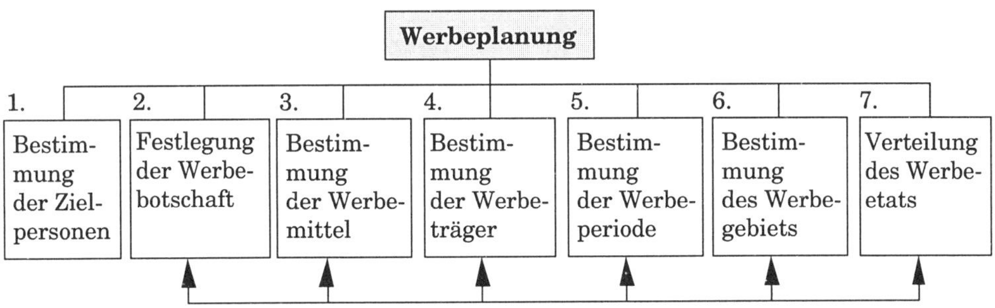

Methode	All-you-can-afford-Method	Competitive-Parity-Method	Percentage-of-Sales-Method	Percentage-of-profit-Method	Per-unit-Method	Objective-and-Task-Method
Vorgehen	Bei der Festlegung des Werbe-Etats sind die vorhandenen finanziellen Mittel ausschlaggebend.	Die Festlegung des Werbe-Etats orientiert sich an den Gepflogenheiten der Konkurrenz.	Der Werbe-Etat wird in Prozentanteilen des vergangenen, des künftigen oder eines arithmetischen Durchschnitts der Umsätze festgelegt.	Der Werbe-Etat wird aufgrund eines bestimmten Prozentsatzes vom Gewinn festgelegt.	Je Produkteeinheit wird ein bestimmter Betrag für Werbezwecke geplant. Multipliziert mit der Anzahl der Verkaufseinheiten ergibt sich die Höhe des Werbe-Etats.	Die Höhe des Werbe-Etats wird nach den angestrebten Werbezielen festgelegt.
Vorteil	Einfache Methode, mit der die Höhe des Werbe-Etats schnell ermittelt werden kann. Werbe-Etat kann als Instrument der Steuereinsparung fungieren.	Auch das ist eine recht unproblematische Art, den Werbe-Etat festzulegen. Man kann dadurch der Gefahr krasser Fehlentscheidungen bei der Festlegung des Werbe-Etats entgehen.	Einfaches Verfahren, wenn der Werbe-Etat sich am vergangenen Umsatz orientiert.	Einfaches Verfahren, das u.U. zu großer Sparsamkeit bei den Werbeaufwendungen führen kann.	Eine Methode, die bei Unternehmen mit begrenztem Produktionsprogramm und bei gemeinsamer Werbung kooperierender Firmen der gleichen Branche angebracht ist.	Das ist die einzig logisch einwandfreie Methode zur Festlegung eines Werbe-Etats. Die Werbung ist, sofern sich die Werbeziele von den Marketing-Zielen herleiten, in das Marketing des Unternehmens integriert.
Nachteile und Bedenken	Es besteht kein sachlich begründeter Zusammenhang zwischen Werbezweck und Finanzmitteln. Deshalb ist diese Methode sinnlos. Die Werbung erscheint nicht als Teil des Marketing-Mix.	Sinn dieser Methode: die Werbeanstrengungen der Konkurrenz zu neutralisieren. Daher führt diese Methode dazu, dass Werbung unproduktiv ist. Vor allem aber: es besteht kein sachlich begründeter Zusammenhang zwischen den Werbeausgaben der Konkurrenz und dem eigenen Werbe-Etat.	Das Kausalprinzip wird auf den Kopf gestellt: Werbung soll ja gerade den Umsatz beeinflussen und nicht umgekehrt. Volkswirtschaftlich hat diese weit verbreitete Methode den Nachteil, dass sie prozyklisch wirkt. Schließlich: der Umsatz ist Resultat verschiedener Marketing-Parameter, nicht nur der Werbung.	Der Gewinn wird auch von betriebsfremden und außerordentlichen Aufwendungen und Erträgen beeinflusst. Er ist kein sinnvolles Maß für die Höhe des Werbe-Etats. Auch hier wird die Kausalität auf den Kopf gestellt: Werbung soll über den Umsatz den Gewinn erhöhen, nicht umgekehrt.	Auch bei dieser Methode orientiert sich die Höhe des Werbe-Etats an den Umsätzen. Eine ökonomisch sinnvolle Feststellung des pro Erzeugniseinheit anzusetzenden finanziellen Betrages bereitet große Schwierigkeiten.	Diese Methode erfordert die präzise Festlegung von Werbezielen. Das bereitet, wo es noch nicht geschehen ist, kurzfristig Schwierigkeiten. Es dürfte sich dieser Nachteil jedoch immer zum Vorteil wenden.

Vergleich der Methoden zur Aufstellung des Werbeetats

1.6.1 Werbeetatplanung

Um den Werbe-Etat zieladäquat festlegen und zuordnen zu können, sind folgende Maßnahmen erforderlich:

- Auswahl der Zielpersonen (Zielgruppe),
- Festlegung der Werbebotschaft,
- Auswahl der Werbemittel, der Instrumente, mit denen geworben werden soll,
- Auswahl der Werbeträger (Streumedien), durch die geworben werden soll,
- Festlegung des zeitlichen Einsatzes der Werbung,
- Festlegung des Werbegebiets.

1.6.2 Auswahl der Zielpersonen

Da Fälle, in denen Produkte eines Unternehmens von der Allgemeinheit ohne Intensitätsunterschiede nachgefragt werden, in der Regel nicht existieren, muss jedes Unternehmen aus der Gesamtbevölkerung eine Teilgruppe (**Zielgruppe**) auswählen, an die sich ihr Angebot richtet.

Diese Personen werden als Zielpersonen, Umworbene oder potenziellen Käufer bezeichnet. Wer in die Zielgruppen aufzunehmen ist, richtet sich nach den Werbezielen. Als Grundsatz sollte gelten, die Zielgruppe so auszuwählen, dass die Werbeziele optimal erfüllt werden.

1.6.3 Festlegung der Werbebotschaft

Hat man die Zielpersonen, die man mit der Werbung erreichen will, festgelegt, ist zu entscheiden, **was** in der Werbebotschaft übermittelt werden soll (**Inhalt der Werbebotschaft**) als auch, **wie** sie übermittelt werden soll (**Form der Werbebotschaft**). Grundsätzlich geht es darum, ein Thema auszuwählen, das die Aufmerksamkeit für das Produkt und das Interesse am Produkt steigert. Der geistige Inhalt dieses Themas, der bis in das Detail festgelegt werden muss, ergibt die Werbebotschaft. Die Werbebotschaft ist aufgrund der Kenntnis über Motive und Verhaltensweise der Zielgruppe festzulegen. Dabei gehen die Aussagen über die Einzelziele der Werbebotschaft in Praxis und Literatur auseinander.

Hill bezeichnet als Werbebotschaft die grundsätzliche Argumentation mit der ein Unternehmen die Aufmerksamkeit und Sympathie seiner potenziellen Abnehmer gewinnen und sie zum Kauf ihrer Produkte motivieren möchte.

Heuer meint, der Käufer muss einen echten Nutzen aus der Werbebotschaft erkennen, wenn er gerade dieses Produkt und kein anderes kaufen soll, wobei es letztlich gleichgültig ist, ob sein Grundnutzen oder irgendein interessanter Zusatznutzen in der „zentralen Werbebotschaft" zum Ausdruck gebracht wird.

Reeves glaubt, dass es Aufgabe der Werbebotschaft ist, einen einzigartigen Verkaufsvorteil („unique selling proposition" – USP –) für das Produkt zu erreichen und zu behalten.

Andere Autoren meinen, die Käufer müssten dazu gebracht werden, dass das Unternehmen gerade die Produkte anbietet, die sie (die Käufer) wünschen. Wieder andere (*Maloney* u. a.) glauben, dass Werbebotschaften vor allem den Käufern Belohnungen oder Bestätigungen vermitteln sollen.

Allgemein kann man sagen, dass Werbebotschaften die Operationalisierung der von den Werbezielen, der Zielgruppe und den sonstigen Daten abgeleiteten Inhalten sind.

Je nach der Zielgruppe und ihrer Struktur werden wirtschaftliche, funktionale, technische, ökologische, soziale oder emotionale Aspekte im Vordergrund der Werbebotschaft stehen. Ebenfalls von großer Bedeutung ist die Höhe des Werbeetats und die angestrebte Positionierung.

Bevor man die endgültige Werbebotschaft festlegt, wird man im Rahmen der Copyerstellung (= Vorlage, Muster) als der gedanklichen und verbindlichen Vorstufe zur Verbalisierung und Visualisierung der Werbebotschaft unterscheiden in:

(1) **Basisbotschaft** (Basic message)
Aufgabe dieses Teils der Werbung ist es, das Produkt eindeutig zu identifizieren und von anderen Produkten zu unterscheiden.

(2) **Nutzenbotschaft** (Consumerbenefit- oder USP-Technik)
Die Nutzenbotschaft soll den Zielpersonen einen besonderen Nutzen anbieten, den nur das umworbene Produkt hat und der über den üblichen Grundnutzen hinausgeht und damit dem Produkt einen USP gibt. Dieser USP kann aus einem objektiven (d. h. nachvollziehbaren, beweisbaren) oder subjektiven Nutzen oder aus beiden abgeleitet werden.

(3) **Nutzenbegründung** (Reason-why-Technik)
Wichtig ist, dass der Nutzen, der dem Produkt den USP verschafft, begründet wird. Dabei wird die Begründung für den „einzigartigen Nutzen" umso glaubhafter sein, je glaubwürdiger und genauer die „angeführten Beweise" sind.

Der Erfolg oder Misserfolg hängt nicht nur davon ab, was gesagt wird, sondern auch, in welcher Form die Werbebotschaft präsentiert wird (akustisch, grafisch, farblich).

1.6.4 Auswahl der Werbemittel

Hat sich ein Unternehmen für eine Werbebotschaft entschieden, so muss die Werbebotschaft in „eine reale, sinnlich wahrnehmbare Erscheinungsform" transformiert werden, d.h. in ein Werbemittel integriert werden.

Werbemittel stellen gewissermaßen die Verkörperung der gedanklichen Werbebotschaft dar.

Zu den wichtigsten **Werbemitteln** zählen:

- Anzeigen (Inserate)
- Fernsehspots
- Werbefunkdurchsagen
- Prospekte
- Plakate
- Kataloge
- Werbefilme
- Werbebriefe
- Flyers
- Werbedias
- Beilagen
- Schaufensterwerbung
- Werbegeschenke
- CDs
- Banner
- usw.

Alle Werbemittel dienen als Medium, mit dessen Hilfe die Werbebotschaft von werbenden Unternehmen zum Empfänger gelangen soll. Dabei können Werbemittel und Werbeträger auch identisch sein, wie z.B. beim Werbebrief oder bei der Kundenzeitschrift. Obgleich eine Trennung häufig schwer fällt, empfiehlt sich eine systematische Trennung.

Nieschlag / Dichtl / Hörschgen schlagen eine Trennung aus entscheidungsorientierter Sicht derart vor, dass man zu den **Werbemittelentscheidungen** jene Entscheidungen zählt, die auf die Erreichung der zuvor in der Zielsetzung umrissenen Abnehmerreaktionen ausgerichtet sind und zählt zu den **Werbeträgerentscheidungen** jene, die in erster Linie (primär) den physischen Kontakt zwischen Werbemittel und Zielgruppe herbeiführen sollen. Aber auch hier bestehen Interdependenzen, wie in der Praxis leicht festzustellen ist.

Die Auswahl des infrage kommenden Werbemittels wird zunächst durch die Produkte, für die geworben werden soll und von der Zielgruppe, die angesprochen werden soll, bestimmt. Oft bestimmt aber auch die Werbestrategie der Konkurrenz und der Werbeträger, sofern er schon festliegt, das Werbemittel.

Ein wichtiges Kriterium für die Auswahl eines Werbeträgers ist die Anzahl der Personen, die mit dem Werbeträger in Kontakt kommen können, nämlich die **Reichweite**. Je nachdem, ob ein Werbemittel in einem oder mehreren Werbeträgern eingeschaltet wird, wird man verschiedene „Reichweiten" unterscheiden können.

Wie die Nettoreichweite bei der einmaligen Schaltung eines Werbemittels (man spricht dann von Lesern pro Nummer, Hörern pro Sendung, Zuschauern pro Sendung usw.) eines Mediums ermittelt wird, soll am Beispiel einer Anzeige in einer Zeitung aufgezeigt werden.

Die von einer Zeitung verbreiteten Exemplare ergeben sich aus der Druckauflage abzüglich der an den Verlag zurückgegebenen nicht verkauften Exemplare (Remittenden). Diese „verbreitete Auflage" wird aber i.d.R. nicht nur von einer Person, sondern von mehreren Personen gelesen. Diese sog. „Mitleser" sind bei der Ermittlung der Nettoreichweite eines Werbeträgers jedoch mit zu berücksichtigen.

Im Rahmen der Ermittlung der Reichweite eines Werbeträgers ist es wichtig festzustellen, welcher Prozentsatz der Bevölkerung durch eine einmalige Sendung in einem Werbeträger erreicht werden kann. Bezogen auf eine Zeitschrift ist wie folgt vorzugehen:

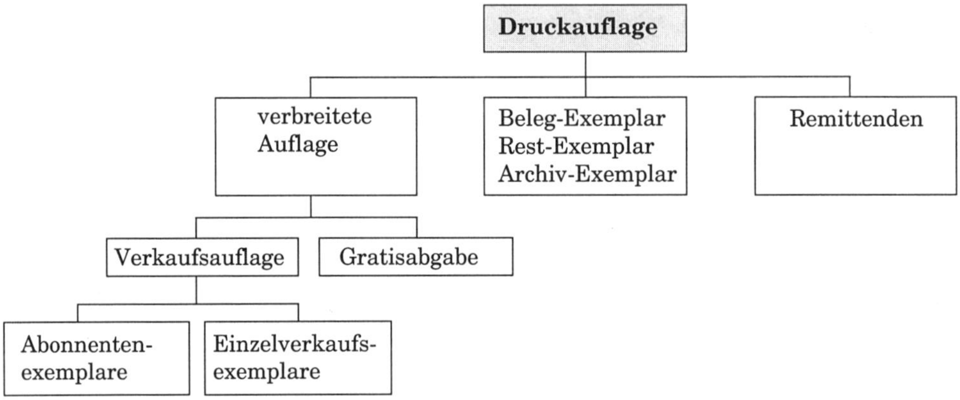

Aufgliederung der Druckauflage

Ist nun noch bekannt, wie groß die Anzahl der durchschnittlichen Leser ist, lässt sich die jeweilige Reichweite errechnen.

Zahl der Einschaltungen pro Werbeträger	Ein Werbeträger	Mehrere Werbeträger
Eine Einschaltung	„Netto-Reichweite" (ein Werbeträger)	„Netto-Reichweite" (mehrere Werbeträger)
Mehrere Einschaltungen	kumulierte Reichweite	kombinierte Reichweite

Arten von Reichweiten

Wird eine Anzeige mehrmals in denselben Werbeträger geschaltet, so spricht man von der **kumulierten** Reichweite. Diese Maßzahl gibt an, wie oft eine bestimmte Zielperson von einem Werbeträger erreicht wurde (man spricht hier auch von Bruttoreichweite).

Die **kombinierte** Reichweite gibt an, wie oft ein- und dieselbe Zielperson von mehreren Werbeträgern bei mehreren Einschaltungen erreicht werden kann.

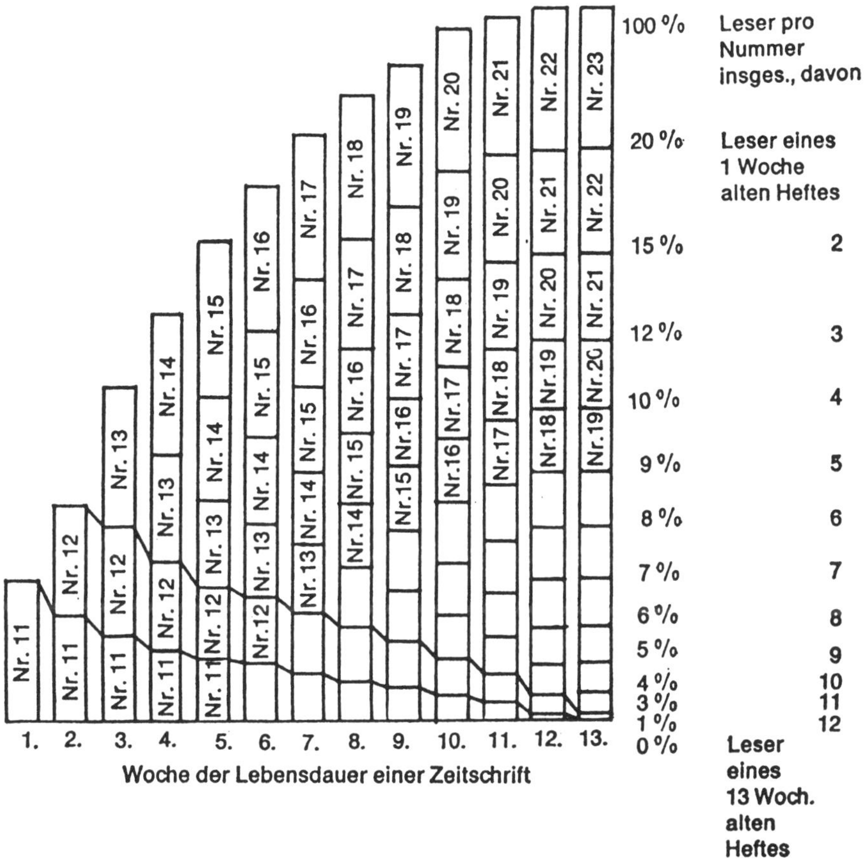

Die theoretische Zusammensetzung des Lesers pro Nummer aus Lesern verschiedener Ausgaben

Quelle: *Schweiger*, S. 96

Um einen möglichen Misserfolg einzelner Werbemittel von vornherein auszuschließen, führt man verschiedene Prüfmethoden durch. Diese Prüfmethoden bezeichnet man als Werbemittelerfolgsprognosen.

1.6.5 Pretest

Bevor sich ein Unternehmen für eine Werbung mit einer bestimmten Botschaft über ein bestimmtes Werbemittel entschließt, sollte eine **Werbemittelerfolgsprognose** durchgeführt, d.h. der Erfolg des Werbemittels getestet werden, was auch als **Pretest** bezeichnet wird.

Bevor man einen potenziellen Werbeerfolg messen kann, muss man Überlegungen über die von der Werbung ausgelösten Wirkungsmöglichkeiten anstellen. Dabei empfiehlt es sich zuerst mit *Kroeber-Riel* zwischen den Techniken, Teilwirkungen und Verfahren der Messungen der Werbung zu unterscheiden. Die von der Werbung ausgelösten Wirkungen lassen sich in Teilwirkungen unterscheiden.

Die Messung der durch die Werbung und die dabei eingesetzten **Sozialtechniken (Beeinflussungstechniken)** möglichen Teilwirkungen sowie die entsprechenden Messverfahren zeigt die Abbildung auf Seite 473.

Zur Messung möglicher **Werbewirkungen** lassen sich viele der genannten Verfahren auch im Rahmen des Pretests verwenden. Die einzelnen Verfahren lassen sich wie folgt einteilen:

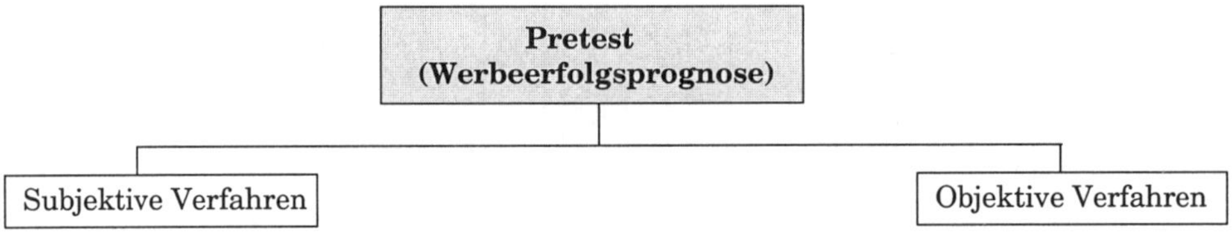

1.6.5.1 Subjektive Verfahren

Subjektive Verfahren geben die Meinung der das Werbemittel begutachtenden Personen wieder, die Verbraucher, Verwender oder Fachleute sein können.

Einige wichtige subjektive Verfahren sollen im Folgenden kurz skizziert werden:

(1) **Rangfolgeverfahren**
Beim Rangfolgeverfahren müssen Versuchspersonen die verschiedenen Entwürfe im Hinblick auf z. B. folgende Kriterien bewerten:

- Welche Werbebotschaft würden Sie am liebsten lesen?
- Welche der Werbebotschaften interessiert Sie am stärksten?
- Welche der Werbebotschaften könnte Sie am besten bewegen zu kaufen?

usw.

Der Werbeentwurf, der von den meisten Versuchspersonen die beste Bewertung erhält, wird vorgezogen.

(2) **Paarvergleich**
Beim Paarvergleich müssen die Versuchspersonen ihre Beurteilung jeweils gegenüber zwei Entwürfen der Reihe nach abgeben. Bei diesem Verfahren sind deshalb so viele Paare zu bilden wie Entwürfe vorliegen. Der Entwurf, der die besten Beurteilungen erfährt, ist voraussichtlich der erfolgreichste.

Sozialtechniken	Teilwirkungen (ausgelöstes Verhalten)	Vorrangige Messverfahren
Aktualisierung	1 Aufmerksamkeit (Aktivierung) und Kontakt	Aktivierungsmessung, Blickaufzeichnung, Markenbeachtung und -erinnerung
Information	2 kognitive Wirkungen	
	21 gedankliche Informationsaufnahme	Blickaufzeichnung, Beobachtung des Aufnahmeverhaltens, Befragungen
	22 gedankliche Informationsverarbeitung	kognitive Reaktionsanalyse, Wahrnehmungs- und Verständnismessungen, Irritations- und Akzeptanzprofile
	23 gedankliche Informationsspeicherung	Recall und Recognition der Werbebotschaft, Imagemessungen
Emotionale Beeinflussung	3 emotionale Wirkungen	
	31 emotionale Reizaufnahme	Aktivierungsmessung, Blickaufzeichnung, ersatzweise Befragungen
	32 emotionale Reizverarbeitung	verbale und nichtverbale Erlebnismessungen, Programmanalysator
	33 emotionale Reizspeicherung	Recognition, auch Recall der emotionalen Appelle, Techniken zur Messung innerer Bilder, insbes. Bilderskalen
Verhaltenslenkung	4 komplexe Haltungen	
	41 Einstellung	Einstellungs- und Imageskalen, Multiattributmodelle
	42 innere Bilder	Techniken zur Messung innerer Bilder, insbes. Bilderskalen
	43 Kaufabsicht	verbale Skalen, Konstantsummenverfahren, Flächenskalen, Beobachtung des simulierten Wahlverhaltens
	5 Verhalten	Beobachtung und Verhaltensregistrierung, ersatzweise: Befragung nach erinnertem Verhalten

Beeinflussungstechniken der Werbung und ihre Messung
Quelle: *Esch, F.R. / Kroeber-Riel, M.* (2000), S. 134

(3) **Skalentest**
Beim Skalentest haben die Versuchspersonen die Entwürfe anhand bestimmter Skalen (z.B. teuer – billig, defensiv – aggresiv oder sehr gern mögen – mögen – indifferent – ablehnen – sehr stark ablehnen) zu beurteilen. Die Versuchspersonen geben dabei für jede Skala die Beurteilung ab, die ihnen geeignet erscheint. Der Entwurf, der am nächsten dem beabsichtigten Profil kommt, erscheint am geeignetsten.

1.6.5.2 Objektive Verfahren

Daneben gibt es sog. objektive Verfahren, bei denen die Reaktion der Versuchsperson unter Versuchsbedingungen (verkürzte Darbietung z. B. 1/1.000; 1/500; 1/100 oder 1/10 Sekunden) gemessen wird und die Versuchsperson über ihre Eindrücke berichtet:

(1) **Tachistoskopverfahren**
Bei diesem Verfahren wird der Versuchsperson sehr kurz und unter unterschiedlichen Bedingungen das Werbemittel gezeigt und die visuelle Wahrnehmung gemessen.

(2) **Psychogalvanometerverfahren**
Bei diesem Verfahren wird die Heftigkeit und Intensität der Schweißdrüsenfunktion (galvanische Hautreaktion) gemessen. Dabei wird zu Grunde gelegt, dass die Intensität der galvanischen Hautreaktion das Interesse des Betrachters wiedergibt.

Trotz mancher Kritik wird dieses Verfahren erfolgreich beim Pretesten von Werbeentwürfen eingesetzt.

(3) **Pupillenveränderungsmessungsverfahren**
Dieses Instrument misst den Durchmesser der Pupille in häufigen Intervallen, z. B. zweimal pro Sekunde. Es wird benutzt, um die Wirkung verschiedener kreativer Methoden zu beurteilen, um das Interesse in verschiedenen Teilstücken einer Werbesendung zu messen und um Werbemittel für eine Werbekampagne auszusuchen.

Obgleich auch diese Technik kritisiert wird, ist sie eine der Techniken, die für sehr erfolgreiche Werbeentwürfe vieler bekannter Werbeunternehmen angewandt wurde.

(4) **Speichelflussmessungen**
Hier wird die Intensität des Speichelflusses gemessen. Sie werden hauptsächlich zum Vortesten bei der Nahrungsmittelwerbung benutzt, da der Speichelfluss weitgehend variiert, wenn Konsumenten Nahrungsmittel betrachten.

1.6.6 Auswahl der Werbeträger

Werbeträger sind die Medien, die Werbemittel an Zielpersonen herantragen. Da durch sie die in den Werbemitteln enthaltene Werbebotschaft auf die Empfänger „gestreut" werden soll, werden Werbeträger auch als Streumedien bezeichnet.

Einen Überblick über Anzahl und Aktivitäten der Werbeträger vermittelt die folgende Übersicht (ZAW).

Netto-Werbeeinnahmen erfassbarer Werbeträger in Deutschland
in Mio Euro

Gebiet	Deutschland							
Werbeträger	1999	Prozent	2000	Prozent	2001	Prozent	2002	Prozent
Tageszeitungen[1]	6 066,43	+ 3,4	6 556,55	+ 8,1	5 642,16	– 14,0	4 936,70	– 12,5
Fernsehen[2]	4 317,55	+ 6,8	4 709,14	+ 9,1	4 469,03	– 5,1	3 956,41	– 11,5
Werbung per Post[3]	3 309,85	+ 3,8	3 383,49	+ 2,2	3 255,78	– 3,7	3 334,67	+ 2,4
Publikumszeitschriften[4]	2 006,51	+ 7,4	2 247,32	+ 12,0	2 092,45	– 6,9	1 934,79	– 7,5
Anzeigenblätter[5]	1 742,33	– 1,1	1 791,87	+ 2,8	1 742,00	– 2,8	1 656,00	– 4,9
Verzeichnis-Medien[6]	1 227,10	+ 2,4	1 268,00	+ 3,3	1 269,40	+ 0,1	1 249,90	– 1,5
Fachzeitschriften[7]	1 189,78	+ 2,4	1 267,00	+ 6,5	1 074,00	– 15,2	966,00	– 10,1
Außenwerbung[9]	681,71	–*	746,23	+ 9,5	759,71	+ 1,8	713,45	– 6,1
Hörfunk[8]	690,93	+ 14,3	732,93	+ 6,1	677,98	– 7,5	595,12	– 12,2
Wochen-/ Sonntagszeitungen[1]	261,32	+ 4,8	277,63	+ 6,2	286,73	+ 3,3*	267,80	– 6,6
Online-Angebote[11]	76,69	+ 200	153,39	+ 100	185,00	+ 20,6	227,00	+ 22,7
Filmtheater[10]	172,36	+ 4,2	175,12	+ 1,6	170,22	– 2,8	160,52	– 5,7
Zeitungssupplements[1]	73,32	– 20,6	67,59	– 7,8	66,70	+ 2,3	68,30	+ 2,4
Gesamt	21 815,88	+ 4,9	23 376,26	+ 7,1	21 691,16	– 7,2	20 066,66	– 7,5

Netto – nach Abzug von Mengen- und Malrabatten sowie Mittlerprovisionen, sofern nicht anders bezeichnet; vor Skonti, ohne Produktionskosten
*) Wegen unterschiedlicher Repräsentanz in der Erhebungsgruppe nur bedingt mit Vorjahr vergleichbar
Quellen:
1) Bundesverband Deutscher Zeitungsverleger (BDZV)
2) ARD-Werbung Sales & Services, ZDF-Werbefernsehen, Verband Privater Rundfunk und Telekommunikation (VPRT), IP Deutschland, SevenOne Media
3) Streukosten von Prospekten, Werbebriefen und Druckschriften nach den Verkehrszahlen der Deutschen Post AG
4) Fachverband Die Publikumszeitschriften im Verband Deutscher Zeitschriftenverleger e.V.
5) Bundesverband Deutscher Anzeigenblätter (BVDA)
6) Verband Deutscher Auskunfts- und Verzeichnismedien e.V., Erhebung bei Mitgliedern und Hochrechnung, nach Skonti, vor Mehrwertsteuer, inklusive rund 10 Prozent Mehrwertsteuer
7) Fachverband Fachpresse im Verband Deutscher Zeitschriftenverleger e.V.
8) ARD-Werbung Sales & Services, RMS Verein zur Förderung der Gattung Funk, Verband Privater Rundfunk und Telekommunikation (VPRT)
9) Hochrechnung des Fachverbandes Aussenwerbung (FAW) und des ZAW
10) FDW Werbung im Kino e.V., Erhebung bei Mitgliedern
11) Gemeinsame Hochrechnung von Bundesverband Deutscher Zeitungsverleger, Verband Deutscher Zeitschriftenverleger und Verband Privater Rundfunk und Telekommunikation

Die werbestärksten Branchen in Deutschland
Rangfolge der Brutto-Medien-Investitionen 2002, Werte gerundet

Branchen Rangfolge 2002	2002 in Mio Euro	2001 in Mio Euro	Vergleich 2002/2001 in Prozent	Rangfolge 2001
1. Massen-Medien	1 752,8	1 702,5	+ 3,0	1
2. Auto-Markt	1 629,6	1 542,6	+ 5,6	2
3. Handels-Organisationen	1 331,8	1 245,8	+ 6,9	3
4. Pharmazie Publikumswerbung	591,8	572,4	+ 3,4	7
5. Schokolade + Süsswaren	582,4	603,7	– 3,5	5
6. Telekommunikation*	582,0	–	–	–
7. Spezial-Versender	447,3	592,2	– 24,5	6
8. Finanzdienstleistungen**	431,8	–	–	–
9. Unternehmens-Werbung	360,1	364,7	– 1,3	10
10. Bier	347,4	361,3	– 3,8	11
11. Bekleidungs-Zubehör	317,7	301,3	+ 5,4	13
12. Haarpflege	279,7	271,9	+ 2,8	15
13. Reise-Gesellschaften	263,0	245,1	+ 7,3	18
14. Bild- und Tonträger	244,8	234,4	+ 4,4	19
15. Alkoholfreie Getränke	244,3	291,5	– 16,2	14
16. Versicherungen	227,3	319,2	– 28,8	12
17. Waschmittel	217,9	181,2	+ 20,2	23
18. Pflegende Kosmetik	205,3	178,2	+ 15,2	25
19. Pelze	196,5	180,9	+ 8,6	24
20. Finanzanlagen**	186,1	–	–	–
21. Altersvorsorge	185,4	–	–	–
22. Körperschaften	183,1	177,6	+ 3,1	26
23. Computer + Zusatzgeräte	182,5	249,3	– 26,8	17
24. Möbel + Einrichtung	182,1	203,3	– 10,4	20
25. Kunst + Kultur	173,8	144,2	+ 20,5	30

Quelle: Nielsen Media Research GmbH (Hamburg)/ZAW-Berechnung, Stand: 19.02.2003
* Wegen Umstrukturierung mit dem Vorjahr nicht vergleichbar
** Wegen Umstrukturierung des Bereichs Finanzmärkte mit dem Vorjahr nicht vergleichbar

Eine Betrachtung der Gewinner und Verlierer der Netto-Werbeeinnahmen zeigt, dass nur Werbung per Post, Online-Angebote und Zeitungssupplements 2002 Zuwächse zu verzeichnen haben.

Werbeträger	1998	1999	2000	2001	2002
Werbung per Post	+ 159,42	+ 120,51	+ 73,64	– 127,71	+ 78,89
Online-Angebote	+ 12,78	+ 51,13	+ 76,43	+ 31,61	+ 42,00
Zeitungssupplements	– 15,85	– 18,97	– 5,73	– 0,89	+ 1,60
Filmtheater	+ 9,30	+ 6,90	+ 2,75	– 4,90	– 9,72
Wochen-/Sonntagszeitungen	+ 7,82	+ 12,02	+ 16,31	+ 9,10	– 18,93
Verzeichnis-Medien	+ 20,96	+ 29,14	+ 15,85	+ 1,40	– 19,50
Außenwerbung	+ 50,31	k.V.m.	+ 64,52	+ 13,48	– 46,26
Hörfunk	+ 3,43	+ 91,71	+ 36,40	– 54,95	– 82,86
Anzeigenblätter	+ 85,49	– 19,43	+ 49,54	– 49,87	– 86,00
Fachzeitschriften	+ 56,24	+ 28,12	+ 20,22	– 210,00	– 108,00
Publikumszeitschriften	+ 74,65	+ 137,54	+ 240,81	– 154,87	– 157,66
Fernsehen	+ 238,62	+ 275,84	+ 391,59	– 240,11	– 512,62
Tageszeitungen	+ 310,71	+ 198,13	+ 490,12	– 914,39	– 705,46

Zuwächse und Verluste der Nettowerbeeinnahmen (€)

Quelle: Zentralverband der deutschen Werbewirtschaft (ZAW)

Die in den Tabellen auf Seiten 476 und 477 ausgewiesenen Zahlen für 2002 zeigen, welche Bedeutung den einzelnen Medien zukommt. Man sieht nicht nur, dass Zeitungen, die am stärksten für die Werbung genutzten Medien sind, sondern auch, dass die „Pressemedien" insgesamt einen Marktanteil von ca. 48 Prozent am Markt für Medien erzielen. Die „Funkmedien" erzielen 23 Prozent. Die Hörfunkwerbung erzielte dabei ca. 3 Prozent und die Fernsehwerbung einen Marktanteil von ca. 20 Prozent. Online-Angebote erreichten 1 Prozent.

Werbeträger	1997	1998	1999	2000	2001	2002
Tageszeitungen	28	28	28	28	26	25
Fernsehen	19	19	20	20	21	20
Werbung per Post	15	15	15	15	15	17
Publikumszeitschriften	9	9	9	10	10	10
Anzeigenblätter	8	8	8	8	8	8
Verzeichnis-Medien	6	6	6	5	6	6
Fachzeitschriften	6	6	5	5	5	5
Außenwerbung	3	3	3	3	4	4
Hörfunk	3	3	3	3	3	3
Wochen-/Sonntagszeitungen	1	1	1	1	1	1
Filmtheater	1	1	1	1	1	1
Online-Angebote	–	–	–	–	1	1
Zeitungssupplements	1	–	–	–	–	–

Marktanteile der Medien 1997 - 2002

Quelle: Zentralverband der deutschen Werbewirtschaft (ZAW)

1.6.6.1 Klassische Werbeträger

Die bedeutendsten Werbeträger werden im Folgenden in ihrer Funktion und Bedeutung kurz skizziert:

• Zeitungen

Auf Tageszeitungen entfielen im Jahre 2002 Netto-Werbeeinnahmen von 4,9 Mrd. €. Sie stellen damit den Werbeträger mit dem höchsten Umsatz dar. Der spezifische Vorteil dieses Werbeträgers liegt einerseits in seiner fast unbegrenzten Verfügbarkeit, andererseits lässt sich ein mehr oder weniger spezifischer Zielpersonenkreis mit den verschiedenen Zeitungen erreichen.

Diese Faktoren sowie die relativ niedrigen Kontaktkosten und die Vielfalt der Gestaltungsmöglichkeiten der Werbung erweisen sich ebenfalls als attraktiv für diese Medien. Es dominiert die Anzeigenwerbung. Daneben ist die Möglichkeit der Beilagenwerbung gegeben. Tageszeitungen werden oft für lokale und regionale, aber auch für überregionale Werbekampagnen eingesetzt. Die Anzahl der Zeitungen betrug Ende 2002: 349 wirtschaftlich selbstständige Tageszeitungen, 24 Wochen- und 7 Sonntagszeitungen.

- **Fernsehen**

Das Fernsehen nimmt im Hinblick auf die Werbeausgaben 2002 mit 3,96 Mrd. € den zweiten Platz ein. In der Bundesrepublik können über acht regionale ARD-Anstalten, das ZDF, sowie private Fernsehveranstalter (RTL, SAT-1, PRO-7, DSF, RTL 2 usw.) Werbefernsehsendungen ausgestrahlt werden.

Der besondere Vorteil des Fernsehens liegt in der multisensorischen (Text, Bild, Ton, Farbe) Ansprache der Zuschauer. Es können verhältnismäßig hohe Streuverluste auftreten. Dennoch eignet sich Werbefernsehen besonders für die Einführungs- und Erhaltungswerbung sowie zum Aufbau eines Images. Für Konsumgüter des täglichen Bedarfs erscheint Fernsehwerbung besonders geeignet. Die unterschiedlichen Formen veranschaulicht die folgende Abbildung.

Fernsehwerbung

- TV-Spots (Sekunden)
- Werbesendungen (Unterhaltung enthaltend)
- Programmsponsoring
- Productplacement
- Werbesendungen(dauer)
(Sell on Vision, Sell Direct usw.)
- Fernsehkanäle
(HSE, QVC)
- Videotext
- Laufbandwerbung
- Sonderformen

Formen der Werbung im Fernsehen

- **Direktwerbung**

Die Direktwerbung liegt 2002 im Hinblick auf die Höhe der Werbeumsätze mit 3,3 Mrd. € an dritter Stelle. Direktwerbung weist eine Steigerung um 2,4 Prozent aus. Sie ist u.a. in folgenden Formen möglich: als Briefsendung, Briefdrucksache, Drucksache, Massendrucksache, Wurfsendung, Warensendung usw. Damit hat man die Möglichkeit, genau definierte Zielpersonen ebenso zu erreichen wie ganze Bevölkerungsgebiete. Diese Werbemöglichkeit ist unbegrenzt einsetzbar, doch sind die relativ hohen Herstell- und Streukosten zu beachten.

Ein besonderer Vorteil dieses Mediums liegt im Konkurrenzausschluss. Die Gefahr des Nichtlesens ist hier u. U. stärker gegeben als bei anderen Printmedien. Bei gutem Adressenmaterial ist eine Kommunikation mit extrem niedrigen Streuverlusten möglich.

- **Publikumszeitschriften**

Publikumszeitschriften weisen im Jahre 2002 Werbeumsätze in Höhe von 1,9 Mrd. € aus. Sie bieten eine hohe Reichweite, sind praktisch unbegrenzt verfügbar und eignen sich vor allem als nationales Basismedium für viele Werbekampagnen. Besonders vorteilhaft wirkt sich die Möglichkeit der wiederholten Betrachtung von Anzeigen aus. Publikumszeitschriften sind vorteilhaft, da sie sich als Werbeträger für Konsumgüter und Gebrauchsgüter eignen. 2001 wurden 954 Publikumszeitschriften gezählt.

Zeitschriftenwerbung
- Anzeigen ohne Coupon
- Anzeigen mit Coupon
- Beilagen
- Sonstiges

- **Fachzeitschriften**

Die Fachzeitschriften erreichten 2002 einen Werbeumsatz von 0,966 Mrd. €. Sie eignen sich besonders als Werbeträger für eine zielgruppenspezifische Ansprache durch Anzeigen und Beilagen. Dies zeigen auch Untersuchungsergebnisse, nach denen Fachleute Fachzeitschriften als unbedingt erforderliche Informationsquelle ansehen. Nach einer Erhebung des Statistischen Bundesamtes machen Anzeigen etwa 32 % des Gesamtumfangs bei Fachzeitschriften aus. Insgesamt haben sie eine Marktsättigung erreicht.

Im Vertrieb ist das Abonnement vorherrschend, ein Teil der Auflagen wird auch kostenlos (an interessierte Zielgruppen) verteilt. Wichtig für den optimalen Einsatz des Mediums sind Informationen über die gesamte Leserschaft sowie die tatsächlichen Fachzeitschriftennutzer. Diese können nur vergleichbar sein, wenn bei den Werbeträgeranalysen methodisch entsprechend vorgegangen wird. Dem soll das „ZAW-Rahmen-Schema für Werbeträgeranalysen" dienen.

- **Verzeichnismedien**

Die Werbeumsätze für Verzeichnismedien belaufen sich in 2002 auf 1,25Mrd. €. Dazu gehören:

- Bundesadressbücher
- Landesadressbücher
- Branchenadressbücher
- Exportadressbücher
- Fachadressbücher
- CD-ROMs.

Adressbuchwerbung (CD-ROM) wird aufgrund der langen Werbewirkung, der Zielgruppenausrichtung der Werbung sowie der relativen Preiswürdigkeit weiter ein vorteilhaftes Werbemedium sein.

- **Hörfunk**

Hörfunkwerbung (0,59 Mrd. € Umsatz), die einen Marktanteil von 3 Prozent erreicht, wird heute von allen Rundfunkanstalten ausgestrahlt. Die tägliche Werbefunkzeit ist nicht wie beim Werbefernsehen begrenzt.

Grundsätzlich ist der Werbefunk nur für Werbebotschaften geeignet, die sich akustisch gut darstellen lassen. Daher sollte man möglichst klare, unkomplizierte und rationale Werbebotschaften senden.

Für emotionale Appelle gilt der Hörfunk nur als Zusatzmedium. Besonders nachteilig wirkt sich aus, dass Werbespots oft nur flüchtig, unvollständig und oberflächlich wahrgenommen werden. Deshalb auch die oben genannte Forderung nach Kürze und Prägnanz.

- **Anzeigenblätter**

Anzeigenblätter haben sich im Laufe der Jahre zu einem bedeutsamen Werbeträger entwickelt. Im Jahre 2002 betrug die durchschnittliche Gesamtauflage der Anzeigenblätter in der Bundesrepublik ca. 88 Millionen Exemplare. Damit konnte jeder Haushalt erreicht werden. Der Werbeumsatz der Anzeigenblätter wird 2002 mit 1,66 Mrd. € ausgewiesen.

Am 1.1.2003 wurden 1.312 Anzeigenblätter von 485 Verlagen gezählt.

Die spezifische Bedeutung der Anzeigenblätter liegt in der gezielten Ansprache aller Haushaltungen eines bestimmten Gebietes. Infolge der regionalen (lokalen) Abgrenzung des Werbegebietes eignet sich dieser Werbeträger besonders für Einzelhandelsbetriebe mit lokalem Einzugsgebiet. Ein Werbeerfolg tritt relativ kurzfristig ein. Daher steht oft die Werbung mit Sonderangeboten im Vordergrund der Handelswerbung.

Wie sich die Werbeausgaben bei den 50 größten Werbetreibenden 2002 (2001) veränderten und wie sich die Werbeausgaben auf die einzelne Werbeträger verteilten, zeigt die folgende Abbildung (S. 481). Unter den ersten zehn größten Werbetreibenden befinden sich vier Konsumgüterhersteller, zwei Handelsunternehmen, zwei Pkw-Hersteller sowie zwei Verlage.

1.6.6.2 Bedeutung

Die im Zusammenhang mit der Werbeträgerauswahl zu treffenden Entscheidungen dürfen nicht isoliert gesehen werden, weil:

- Werbeträger den größten Teil des Werbe-Etats beanspruchen,
- Werbeträger- und Werbemittelauswahl meist miteinander gekoppelt werden müssen,
- Werbeträger weitgehend die Aussagemöglichkeit der Werbebotschaft bestimmen,
- Werbeträger die Zielgruppen nach Größe und Struktur festlegen,
- Werbeträger ein eigenständiges „Image" haben, das auf die durch sie übermittelten Werbebotschaften einen Einfluss hat,

2002	2001	Werbungtreibende	Werbeausgaben 2002 Mio Euro	2001 Mio Euro	Veränderung in %
1	3	Procter & Gamble	282,6	184,4	+ 53,3
2	2	Media-Markt/Saturn	239,4	222,7	+ 7,5
3	1	Ferrero	232,9	234,1	– 0,5
4	6	Springer Verlag	221,8	148,4	+ 49,5
5	4	Lidl & Schwarz	213,2	183,0	+ 16,5
6	5	L'Oréal Haarkosmetik + Parfüm	200,2	169,1	+ 18,4
7	7	Unilever Bestfoods	164,6	139,0	+ 18,4
8	9	Opel	151,8	137,1	+ 10,7
9	8	VW	146,9	137,2	+ 7,0
10	11	Gruner+Jahr Verlag	145,2	132,0	+ 10,0
11	17	Albrecht (Aldi)	144,4	120,6	+ 19,8
12	20	Daimler Chrysler	142,2	116,2	+ 22,4
13	12	Vodafone	139,5	131,2	+ 6,3
14	16	Henkel Waschmittel	129,8	123,0	+ 5,6
15	19	C&A	126,0	116,9	+ 7,7
16	13	Renault	125,5	128,9	– 2,6
17	10	Ford	116,1	135,3	– 14,2
18	24	Tengelmann	112,6	107,4	+ 4,9
19	28	McDonalds Deutschland	106,9	100,3	+ 6,5
20	14	Beiersdorf	105,7	127,1	– 16,9
21	34	Citroen	103,1	82,6	+ 24,9
22	23	Peugeot	100,3	107,7	– 6,9
23	15	Fiat	100,0	125,2	– 20,2
24	31	Schwarzkopf + Henkel	96,5	93,4	+ 3,3
25	26	Deutsche Telekom	96,0	105,0	– 8,5
26	33	T-Mobile	89,7	83,2	+ 7,9
27	44	Lever Fabergé	89,6	62,0	+ 44,4
28	30	Karstadt	87,2	93,5	– 6,8
29	32	Deutscher Sparkassen- und Giroverband	84,0	91,1	– 7,8
30	40	BMW	83,9	69,9	+ 20,0
31	36	Deutsche Bahn	83,8	76,1	+ 10,1
32	46	Reckitt-Benckiser	79,3	56,0	+ 41,6
33	42	Toyota	78,9	63,1	+ 25,2
34	27	Maggi	77,9	104,2	– 25,3
35	29	Masterfoods, Viersen	77,3	96,2	– 19,6
36	25	Kraft Foods	75,0	105,2	– 28,7
37	35	Audi	72,2	77,7	– 7,1
38	18	Coca-Cola	65,9	118,5	– 44,7
39	50	Johnson & Johnson	65,1	41,9	+ 55,3
40	37	O2 Germany	65,1	74,4	– 12,5
41	22	Masterfoods, Verden	64,5	110,1	– 41,4
42	43	Dr. Oetker	64,2	62,7	+ 2,5
43	21	Premiere Medien	63,6	115,1	– 44,7
44	38	Glaxo Smith Kline	62,7	73,3	– 14,4
45	45	Langnese-Iglo	62,2	56,7	+ 9,7

Die 45 größte Werbetreibenden 2002

Quelle: ZAW 2003

- Werbeträger bestimmte Erscheinungshäufigkeiten haben, die Einsatz und zeitliche Dauer der Werbung bestimmen.

Die größte Glaubwürdigkeit misst das Publikum dem öffentlich-rechtlichen Fernsehen zu, gefolgt von Rundfunk und Tageszeitungen. Diese Aussage lässt jedoch noch keinesfalls den Schluss zu, dass die hohe Glaubwürdigkeit des Werbeträgers auch zu einer hohen Glaubwürdigkeit der Werbebotschaft führt.

Von der richtigen Wahl der Werbeträger und ihrer Einschaltung in den Werbeplan hängt weitgehend der Erfolg der Werbung ab. Aus diesem Grunde ist eine eingehende Analyse und Prüfung des Werbeträgers bei der Werbeplanung unabdingbar.

In der Bundesrepublik gibt es sowohl

- **Gemeinschaftsuntersuchungen** der Werbeträger, die von mehreren Interessenten getragen werden. Die folgende Übersicht zeigt ausgewählte Untersuchungen mit Gemeinschaftscharakter.

als auch

- **Einzeluntersuchungen**, die von den Herausgebern einzelner Werbeträger herausgegeben werden um ihre Bedeutung darzustellen, wie z. B.:

  - Brigitte Frauen Typologie
  - Profile von Stern
  - Typologie der Wünsche von Burda
  - „EVA" von „Hör zu" und „Funk Uhr"
  - Der Markenkompass des Heinrich Bauer Verlags.

1.6.6.3 Auswahlkriterien

Bei der Entscheidung für den Einsatz eines Werbeträgers spielen vor allem die besonderen Eigenschaften der einzelnen Werbeträger eine Rolle. Oft werden die relevanten Eigenschaften der verschiedenen Medien im Rahmen eines Bewertungsvergleichs miteinander verglichen, um die bestmögliche Auswahlentscheidung treffen zu können. Die folgende Tabelle zeigt eine derartige Gegenüberstellung, wobei die einzelnen Werbeträger mit Punkten bewertet werden.

Eigenschaften	Mediagruppen							
	Zeitungen	**Zeitschriften**	**Fernsehen**	**Funk**	**Film**	**Plakat**	**Direktwerbung**	**Internet**
Inhaltsbreite	10	10	6	5	8	2	10	10
Gestaltungsmöglichkeit	6	8	10	3	10	4	10	10
Grundfunktion	10	5 -10	5	5	2	10	5 -10	5 -10
Penetrationskraft	9	6	8	7	2	10	2	5
Kostensituation	6	10	9	10	2	4	2	2
Regionale Steuerbarkeit	9	0 - 5	8	10	10	10	10	1
Verfügbarkeit	10	10	10	10	10	6	10	10
Expositionsvermögen	7	5	9	8	10	2	10	10
Umfeldbedingungen	5	5 -10	2	1	2	0	10	10
Wertschätzung	10	5 -10	8	5	3	2	5 -10	5 -10
Selektivität	2	2 -10	2 -10	5	8	2	10	10
Empfangssituation	8	5 - 8	8	5	10	1	9	10

Punktbewertung:

0 = Eigenschaft trifft überhaupt nicht zu.
10 = Eigenschaft trifft in sehr starkem Maße zu.

Vergleich verschiedener Medien

Eine noch aussagefähigere Checkliste zu einem allgemeinen Intermedia-Vergleich bietet die folgende Übersicht.

	Tageszeitung	Publikums-zeitschrit	Fernsehen	Film	Plakat	Direkt-werbung
Reichweite a) quantitativ	Hohe Reichweite bei Gesamtbelegung; wenig Überschneidungen zwischen den Zeitungen.	Hohe Reichweite möglich, aber teilweise starke Überschneidungen.	Hohe Reichweite möglich.	Geringe Reichweite.	Hohe Reichweite bei breiter Standortbelegung.	Nahezu vollständige Durchdringung möglich.
b) qualitativ (Wer wird erreicht?)	Breites Publikum, aber gute regionale Selektion möglich.	Selektion nach Zielgruppen möglich, insbesondere Interessengruppen.	Breites Publikum; grobe Zielgruppenselektion durch Senderwahl.	Vorwiegend junges Publikum, aber gute regionale Selektion möglich.	Breites Publikum, aber gute regionale Selektion möglich.	Sehr genaue Zielgruppenselektion möglich.
Belegbarkeit a) zeitlich	Sehr gut, da schnelle Belegung möglich; ein bis drei Tage vor Erscheinungstermin.	Vorlauf ist von Erscheinungsweise abhängig. Schlusstermin meistens 4 bis 10 Wochen vor Erscheinungstermin.	Langfristige Planungen notwendig. Durch die privaten Fernsehanstalten hat sich die Belegbarkeit aber verbessert.	Unterschiedlich, aber in neuen Filmtheatern schnelle Belegung möglich, wenn Filmmaterial vorliegt.	In einigen Bereichen Engpässe. Daher in der Regel langfristige Planung notwendig.	Sehr schnell einsetzbar, wenn die gedruckten Werbeinformationen vorliegen.
b) regional	Gute regionale Abgrenzungen möglich.	Einige Zeitschriften ermöglichen eine grobe regionale Teilbelegung.	Regionale Steuerung nur sehr beschränkt, wenn Regionalprogramme vorhanden sind.	Über die Belegung der einzelnen Filmtheater ist eine sehr genaue Teilbelegung möglich.	Sehr gute regionale und teilweise auch lokale Teilbelegungen möglich.	Individuelles Medium, das über die regionale Abgrenzung hinaus genaue Zielgruppenselektion ermöglicht.
Funktion a) Grundfunktion	Aktuelle Informationen, vor allem auch regionale und lokale Nachrichten.	Unterhaltung und Informationen, insbesondere auch über Trends und soziale Ereignisse.	Unterhaltung, Berichte, aktuelle Informationen.	Unterhaltung	Werbung	Werbung
b) werbliche Funktion	Vorwiegend sachliche Produktinformationen. Häufig Unterstützung von Aktionen des Handels.	Schaffung und Pflege von Images.	Veranschaulichung von Produkteigenschaften, breite Erhöhung des Bekanntheitsgrades und imagebildend.	Zur Veranschaulichung von Produkteigenschaften geeignet, aber mehr zum Imageaufbau verwendet.	Zur Erhöhung des Bekanntheitsgrades und imagebildend. Ein unterstützendes Zusatzmedium.	Persönliche Ansprache und Appelle. Umfassende Produktinformationen.
Darstellungsmöglichkeit	Text und Bild, Farbe möglich, aber keine gute Qualität.	Vor allem farbige Bilder, aber auch Text. Gute Farbqualität möglich.	Multisensorische Ansprache: bewegte Bilder in guter Farbqualität und vielfältige akustische Möglichkeiten.	Durch Bildgröße und Klangfülle ist eine besonders eindrucksvolle multisensorische Ansprache möglich.	Farbiges Großbild mit wenig Text.	Genaue Textdarstellung mit Bildunterstützung.

Leistungsprofil einiger Werbeträger

Quelle: *Behrens, G.*, Werbung 1996 S. 169

Die Auswahl des idealen Werbeträgers bezeichnet man als **Mediaselektion**. Man unterscheidet hierbei zwei Arten von Entscheidungen:

- Die Entscheidung nach der Mediengattung bezeichnet man als **Inter-Mediaselektion**. Hier geht es darum herauszufinden, welche Mediengattung für die Werbemaßnahmen als geeignet erscheinen. Kriterien für die Medienwahl sind allgemein:

- Verfügbarkeit	- Kosten
- Reichweite	- Werbebudget
- Zielgruppe	- Affinität

Ist die Mediengattung (Zeitung, Fernsehen usw.) ausgewählt, stellt sich die Frage nach dem auszuwählenden Medium.

Die Entscheidung für die geeignete Medienart in einer Mediengattung bezeichnet man als **Intra-Mediaselektion**.

Die wichtigsten Auswahlkriterien bei der **Intra-Media-Selektion** sind:

- Verbreitungsgebiet	- Kosten
- Reichweite	- Kontaktqualität
- Zielgruppenaffinität	- Umfeld

Die Daten für die **Mediaselektion** können aus den auf dem Markt vorhandenen Media-Analysen entnommen werden. Zu nennen sind hier insbesondere (vgl. Tab.):

- Mediaanalyse (MA)
- Allensbacher Werbeträgeranalyse (AWA)
- Verbraucheranalyse.

Studie	**Mediaanalyse (MA)**	**Allensbacher Werbeträger-analyse (AWA)**	**Verbraucheranalyse (VA)**
Grundgesamtheit	Wohnbevölkerung in Privathaushalten über 14 Jahre	Wohnbevölkerung in Privathaushalten über 14 Jahre	Wohnbevölkerung in Privathaushalten über 14 Jahre
Stichprobe	ca. 25.000 Personen bei Pressemedien, ca. 50.000 bei Hörfunk	ca. 20.000 Personen	ca. 31.000 Personen
Auswahl	Random	Quota	Random
Methodik	mündliche und telefonische Interviews	mündliche Interviews	mündliche Interviews
Erhebungsperiode	jährlich	jährlich	mehrmals jährlich
Erhebungsthemen	Nutzung von Zeitschriften, Zeitungen, Kino, Hörfunk, Fernsehen	Mediennutzung: Print, TV, Hörfunk, Kino, Plakat Konsumgewohnheiten: Ernährung, Urlaub, Gesundheit, Haus, Wohnen, Audio, Video, Computer, Telekommunikation, Kfz, Mode, Kosmetik	Reichweiten von Publikumszeitschriften, überregionalen Tageszeitungen, Fernsehen und Hörfunk, Soziodemografie der Medianutzer, Produktinformationen (mit Marken) in 20 Produktfeldern, Freizeitbeschäftigung, Interessen, Einstellungen
Informationen	Mediaplanung	Zielgruppen- und Mediaplanung	Zielgruppen- und Mediaplanung
Marktforschungs-institute	mehrere kooperierende Mafo-Institute (z.B. Gfk, Emnid etc.)	Institut für Demoskopie Allensbach	mehrere kooperierende Mafo-Institute (z.B. Ifak, Ipsos, Gfm-Getas)

Medien- und Verbraucheranalyse

Einige für die Mediaselektion wichtige Begriffe werden im Folgenden kurz erläutert werden.

Bei der **Verfügbarkeit** geht es darum, wie schnell und/oder wie oft und in welchem Zeitraum sich Werbung übermitteln lässt.

Unter **Reichweite** versteht man die Anzahl der Kontaktpersonen, die von einem Medium (Werbeträger) mindestens einmal erreicht werden. Man unterscheidet in **quantitative** und **qualitative** Reichweite. Quantitative Reichweite gibt die absolute Anzahl der Personen an, die mit einem bestimmten Medium in Kontakt kommen. Qualitative Reichweite gibt die Anzahl der mit dem Medium in Kontakt kommenden Zielpersonen an. Unter **räumlicher** Reichweite versteht man das geografische Gebiet, das man mit einem Medium erreichen kann. Die Reichweite wird in Prozent ausgewiesen.

Gesamtbevölkerung (ab 14 Jahren)	:	1.000.000
Gesamtleserschaft	:	200.000
Quantitative Reichweite	=	**20 %**
Qualitative Reichweite	=	35 %
(= Anteil der Zielpersonen Gesamtleserschaft)		
Zielpersonen als Leser	=	**70.000 Leser**

Als Maßstab für **Kostenvergleiche** dient bei Medien der so genannte **Tausenderkontaktpreis**.

$$\textbf{Tausenderkontaktpreis} = \frac{\text{Schaltkosten (zum Beispiel Seite in Zeitschrift) x 1.000}}{\text{Reichweite}}$$

Er gibt an, wie hoch die Kosten zur Erreichung von einmal 1.000 Zielpersonenkontakten sind.

Weitere Bedeutung haben die **Gross Rating Points (GRP's)**. Sie geben die Reichweite (in %) multipliziert mit der Kontakthäufigkeit an. Kontakthäufigkeit gibt an, wie oft eine Person durchschnittlich erreicht wird. GRP lässt sich auch ermitteln, indem die Gesamtreichweite x 100, dividiert durch die Anzahl der Zielpersonen, multipliziert mit der Gesamtkontaktzahl, dividiert durch die Gesamtreichweite ermittelt wird.

Die folgende Übersicht gibt kurz zusammengefasst einige wichtige Mediabegriffe wieder:

Intermediavergleich:	Vergleich von verschiedenen Mediengattungen im Hinblick auf ihre Eignung (zum Beispiel Fernsehen, Zeitschriften)
Intramediavergleich:	Vergleich verschiedener Werbeträger der gleichen Mediengruppe im Hinblick auf ihre Eignung (z. B. SAT 1, RTL, PRO SIEBEN)
Reichweite (in %):	Prozentsatz der Personen, die durch einen Werbeträger erreicht werden
Affinität:	Prozentualer Anteil der Reichweite bei Zielpersonen an der Reichweite der Grundgesamtheit
Tausenderkontaktpreis:	Kosten für die Erreichung von 1.000 Zielpersonen
Kontaktintensität:	Anzahl der Werbeträgerkontakte mit Zielpersonen
Gross Rating Points (GRP):	Reichweite (in %) x Kontaktintensität

Das Ergebnis eines Auswahlverfahrens ist dann der sog. **Medienplan** (siehe Seite 488), der aufzeigt, in welchen Medien zu welchem Zeitpunkt geworben wird.

Beim Einsatz verschiedener Medien können sich oft sowohl Überschneidungen dadurch ergeben, dass Zielpersonen durch verschiedene Medien erreicht werden als auch, dass sie von einem Medium öfters umworben werden.

33 Seite 631
35 Seite 632
34 Seite 632
36 Seite 632

1.6.6.4 Elektronische Medien

Die Weiterentwicklung der sog. „neuen Medien" wird zu weitreichenden Veränderungen auch im Bereich der Werbung führen. Unter den „neuen Medien" werden allgemein Bildschirmtext, Kabeltext, Videotext, Satellitenfernsehen, Videorecorder, CD-ROM, DVD und Interet verstanden. Der Ausdruck scheint heute veraltet, sodass man besser von Elektronischen Medien (Online bzw. Offline) spricht.

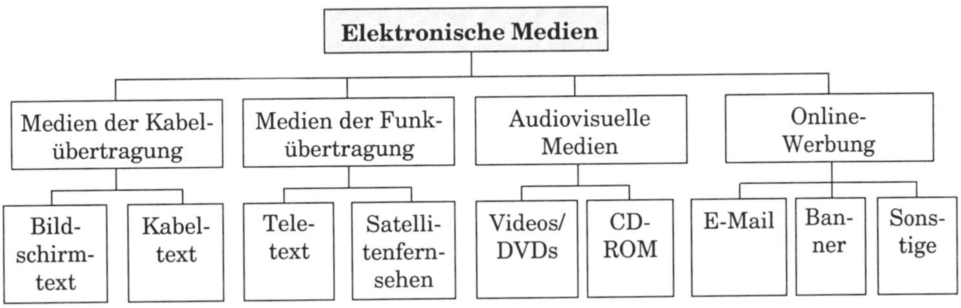

Zeitschrift	Jan.				Febr.				März				April					Mai				Juni				Juli					August				September					Oktober				Nov.				Dez.				
	1	2	3	4	5	6	7	8	9	10	11	12	13	14	15	16	17	18	19	20	21	22	23	24	25	26	27	28	29	30	31	32	33	34	35	36	37	38	39	40	41	42	43	44	45	46	47	48	49	50	51	52
Der Spiegel												•		•		•		•		•		•		•							•		•		•		•							•								
Stern																										•		•		•		•		•		•		•						•								
Bunte													•		•		•		•		•		•		•		•		•									•		•												
Freundin																•		•		•		•		•		•																										
Max													•		•		•		•		•		•		•										•		•		•													
Quick																																											•		•							
Brigitte																								•		•		•				•		•		•																
Für Sie																					•		•		•										•		•		•													
Capital																							•		•		•														•											
Eltern															•		•				•				•					•				•																		
Hör zu																	•				•					•								•					•				•									
Gong																	•					•													•				•													
Die Zeit															•		•				•					•				•				•					•				•									

• = Belegung mit einer ganzseitigen Anzeige

Mediaplan für Anzeigenwerbung

Die neuen Kommunikationsmedien werden nicht nur mehr Informationsmöglichkeiten bieten, sondern auch Dialogmöglichkeiten eröffnen, z. B. beim Bildschirmtext und Kabeltext sowie beim Kabelfernsehen mit Rückkanal. Grundsätzlich lassen sich alle hier genannten Medien für Werbeaktivitäten einsetzen. Dabei stellt sich vor allem die Frage, in welchen Fällen diese eingesetzt werden und ob sie ggf. traditionelle Medien substituieren werden.

Beim **Bildschirmtext** (Teletext) und **Kabeltext** (Kabelfernsehen) lässt sich aufgrund der weiten Verbreitung des „Fernsehens" (98 %) und „Telefon" (95 %) ein Großteil der Bevölkerung erreichen. Voraussetzung ist dabei jedoch, dass der Empfänger die Initiative ergreift und sich über bestimmte Angebote informieren will. Das setzt jedoch voraus, dass der Empfänger auf irgendeine Weise schon im Hinblick auf den Anbieter oder das Angebot stimuliert ist. Ebenso müssen alle Bildschirmtext-Zentralen in Betrieb und die Empfänger angeschlossen sein. Die Verbreitung wird daher sicher noch einige Jahre von der Empfängerseite beanspruchen. Zu berücksichtigen ist dabei auch, dass dem Empfänger nicht nur zusätzliche Anschaffungskosten entstehen, sondern auch Kosten bei der Nutzung des Bildschirmtextsystems. Die Auswirkungen auf die Werbeträgergesamtsituation kann nicht genau vorausgesagt werden.

Teletext lässt sich primär als relativ ungezieltes Informationsinstrument einsetzen, da der Empfänger die Textseiten nur nacheinander betrachten kann. Große Bedeutung wird Videotext als Werbemedium kaum erreichen. Eher wäre denkbar, dass Videotext (Teletext) teilweise die Funktion von Tageszeitungen übernehmen kann.

Die Möglichkeit, Werbebotschaften über **Kabelfernsehen ohne Rückkanal** und **Satellitenfernsehen** zu senden, verläuft wie bei den gegenwärtigen Fernsehprogrammen mit dem Unterschied, dass die Übertragungstechniken anders sind, und zwar **Kabelübertragung** bzw. **Funkübertragung** von einem Satelliten.

Auch die audiovisuellen Medien **Videos, CD-ROM, DVD** sowie das **Internet** eignen sich in Verbindung mit Fernsehgeräten und PCs als Werbeträger, die an jedem beliebigen Ort für den jeweiligen Empfängerkreis als Werbeträger eingesetzt werden können. Sie lassen die Werbebotschaft sowohl zu Hause beim Empfänger als auch am Ort des Verkaufs übermitteln, unabhängig von öffentlichen Sendezeiten und in größerem zeitlichen Umfang.

Elektronische Vernetzung der Haushalte nimmt weiter zu Ausstattung privater Haushalte in Deutschland (in Prozent)							
	1993	**1994**	**1995**	**1996**	**1997**	**1998**	**2001**
TV-Geräte	96	96	97	98	98	98	98
TV-Kabel	37	40	43	45	47	48	58
TV-Satelliten	19	22	27	30	30	39,4	48
Pay-TV (analog)	2,1	2,5	3	3,8	4,3	4,5	10
Digital-TV	–	–	–	–	0,1	0,75	3
Telefon stationär	–	87	89	90	91	93	96
Telefon mobil	2,7	4,8	10	15,6	22,5	35,9	56
ISDN-Anschlüsse	–	–	–	2,4	3,1	5,4	12
Online-Dienste/ Internetzugang[1]	–	1,2	4,5	10,4	14	19,8	27
Videorecorder	57	59	61	62	62	63	67
Camcorder	16	14	14	15	16	16,2	19
Personal Computer	18	24	29	32	35	44,4	53
CD-ROM-Laufwerke[2]	–	3	14	17	22	30	50

1) Eingeschlossen sind alle Zugangswege zum Internet bei Schulen und Universitäten
2) GfK-Panel
Basis: 1992: 34,7 Mio Haushalte; ab 1993: 36,2 Mio; 1995: 36,7 Mio: 1996: 36,9 Mio Haushalte; ab 1997: 37,3 Mio Haushalte

Quelle: Deutsches Video Institut (Berlin) mit den Mitgliedsfirmen sowie BBE-Unternehmensberatung/Köln, BVU, CIC, Deutsche Telekom, Entertainment Media, E plus, GfK, IVD, Mannesmann Mobilfunk, Premiere, Statistisches Bundesamt

1.6.6.5 Online-Werbung

Mit der steigenden Verbreitung der Nutzung des Internets steigt auch der Einsatz für Online-Werbung. Wenn auch die Ausgaben für Online-Werbung 2002 nur 227 Mio. € betrugen, so schätzen Experten die Werbeausgaben für Online-Werbung europaweit auf 400 Mio. € im Jahr 2005 (Quelle: Prognos). Auch dann wird die Online-Werbung nur ca. 1 bis 2 % der Gesamtwerbeausgaben ausmachen.

Netto-Werbeumsätze der Online-Angebote in Mio. Euro, gerundet					
	1998	**1999**	**2000**	**2001**	**2002**
Werbeumsätze	25,56	76,69	163,39	185,00	227,00
Veränderungen in Prozent	+ 100	+ 200	+ 100	+ 21	+ 23

Quelle: Hochrechnung BDZV, VDZ

Einen Überblick über die verschiedenen **Werbeformen im Internet** gibt die folgende Abbildung:

Werbeformen im Internet

Direkte Werbung	Indirekte Werbung	Werbung im redaktionellen Umfeld
- E-Mail-Werbebriefe - Newsletter - Artikel in Newsgroups	- Banner - Interstitial - Pop-ups - Sponsoring - Links von anderen Sites auf die eigene Hompage	- Eintrag in Suchmaschinen - Placement in Datenbanken - Eintrag in Adressbücher

Quelle: Hermanns/Sauter (2001) S. 111

- **Bannerwerbung**
  Die klassische Bannerwerbung ist noch immer die am häufigsten angewendete Internet-Werbeform, zum einen wegen des großen Angebots an Werbeflächen für unterschiedliche Banner und Buttons, zum anderen wegen der einfachen Handhabung. Banner bieten verschiedene Möglichkeiten der grafischen Darstellung und Interaktionen mit dem Betrachter (z. B. „Walking Banner"). Nach einer Untersuchung der GfK stehen Banner an erster Stelle der eingesetzten Werbeformen, gefolgt von Sponsoring und Newsletter-Werbung.

- **E-Mail-Ads**
  Mithilfe von E-Mails lassen sich direkte Kontakte zu potenziellen Kunden knüpfen. E-Mail-Werbung ist jedoch nur dann zulässig, wenn der Empfänger damit einverstanden ist oder sein Einverständnis im Rahmen bestehender Geschäftsverbindungen vermutet werden kann.

- **Web-Site**
  Hier kann sich ein Unternehmen z. B mit einer Homepage darstellen. Eine Homepage kann die mannigfaltigsten Informationen über das Unternehmen und seine Produkte, Angebotsmöglichkeiten, Kontaktaufnahmen usw. bieten.

- **Pop-ups**
  Pop ups sind eine Variante der Interstitials, wobei die Werbebotschaft in einem neu geöffneten Fenster („Pop-up) erscheint. Eine Sonderwerbeform, die im Bildschirmhintergrund geladen wird, nur kurz in Erscheinung tritt und dann aus der Sicht des Users verschwindet. Beim Verlassen der Website taucht es wieder auf und muss aktiv geschlossen werden.

- **Interstitials**
  Sie funktionieren ähnlich wie Werbeunterbrechungen. Sie werden beim Aufrufen einer Seite direkt in das bereits geöffnete Browserfenster eingeblendet.

- **Transition Ads**
  Sie werden beim Wechseln einer Website zur nächsten eingespielt, sind für ca. drei Sekunden sichtbar und werden dann automatisch wieder ausgeblendet.

- **Screenflyer**
  Screenflyer sind direkt in die Website integrierte Animationen, die zum Beispiel von links nach rechts oder von oben nach unten laufen.

Mit der steigenden Verbreitung und Nutzung des Internets in Deutschland steigen auch die Werbeumsätze für Online-Werbung. So stiegen die Netto-Werbeumsätze von 25 Mio. € auf 227 Mio. € 2002, das sind 1 % Marktanteil mit steigender Tendenz. Auch für 2003 werden wieder Zuwächse erwartet.

Online-Werbungtreibende 2002 – Top 30		
Rang	**Werbungstreibender**	**Mediawert in Mio Euro**
1	eBay GmbH, Europarc Dreilinden	7,90
2	Amazon.de GmbH, Bad Hersfeld, GERMANY	4,81
3	Care GmbH, Norderfriedrichskoop, GERMANY	2,48
4	Tchibo Internet GmbH, Hamburg	2,43
5	Otto Versand, Hamburg	2,34
6	Opodo Ltd., London, UNITED KINGDOM	2,34
7	Vodafone D2 GmbH, Düsseldorf	2,11
8	Deutsche Postbank AG, Bonn	2,06
9	IBM Corp., Armonk, UNITED STATES	1,59
10	T-Online International aG, Weiterstadt	1,55
11	Deutsche Telekom AG, Bonn	1,50
12	Deutsche Renault AG, Brühl	1,49
13	Igedo International GmbH, Düsseldorf	1,29
14	Volkswagen AG, Wolfsburg	1,28
15	Quelle AG, Fürth	1,26
16	Expedia. com GmbH, Unterschleißheim	1,25
17	Jobs & Adverts AG, Bad Homburg, GERMANY	1,24
18	HUK Coburg Versicherungsgruppe, Coburg	1,16
19	Fittkau & Maaß GmbH, Hamburg	1,15
20	T-Mobile Deutschland GmbH, Bonn	1,14
21	Deutscher Sparkassen Verlag GmbH, Stuttgart	1,13
22	ShortNews.com GmbH, Regensburg	1,10
23	Toyota Deutschland GmbH, Köln	1,10
24	Dell Computer Corp ., Round Rock, UNITED STATES	1,09
25	1&1 Internet AG, Montabaur	1,06
26	DGZ Dekabank GmbH, Frankfurt/Main	1,05
27	House of Beauty GmbH, Hagen	1,05
28	Impuls Finanzmanagement AG, Gersthofen, GERMANY	1,04
29	Takline GmbH, Elmshorn	1,04
30	TOMORROW FOCUS AG, München	1,02

Quelle: Digitale Hanse, 2003

Die Werbung im Internet entwickelt sich mit steigender Nutzerzahl zu einem lukrativen Markt. Allerdings wächst der Werbemarkt in den USA in den kommenden drei Jahren nach einer Schätzung der Prognos AG deutlich schneller als in Europa. Die Schweizer Marktforscher erwarten bis 2010 einen kräftigen Zuwachs in Europa. Die lukrativsten Werbemärkte werden Deutschland und England sein. Allerdings werden sich die Werbeformen in Zukunft weiter ändern, denn die klassische Bannerwerbung erreicht zurzeit nur noch geringe Wachstumsraten.

Wie sich die Online-Werbung im Hinblick auf die beiden größten Werbeträger Print-Medien und Fernsehen im Vergleich verhält, zeigt die folgende Gegenüberstellung.

	Fernseh-Werbung	**Online-Werbung**	**Print-Werbung**
Zeit	zeitpunktabhängig	weitgehend zeitpunktabhängig	zeitpunktunabhängig
Ort	ortsgebunden	weitgehend ortsgebunden	ortsungebunden
Kosten	für den Zuschauer nicht mit direkten Kosten verbunden	für den User mit Kosten verbunden	für den Leser weitgehend nicht mit direkten Kosten verbunden
Interaktivität	niedriger Interaktivitätslevel	niedriger Interaktivitätslevel	niedriger Interaktivitätslevel
Zeit	verzögerungsfrei	unterschiedliche Verzögerungsgrade durch verschiedene Download-Zeiten	verzögerungsfrei
Kontakte	zufällige Werbekontakte	wird weitgehend aufgesucht	zufällige Werbekontakte
Streuung	hohe Streuverluste	geringe Streuverluste	Streuverluste unterschiedlich
Einsetzbarkeit	isoliert einsetzbar	id.R. nur im Kommunikationsmix einsetzbar	isoliert einsetzbar
Empfänger	Inhalt kommt bei jedem Zuschauer nahezu gleich an	Inhalte kommen durch verschiedene Computer und Browser in verschiedenen Versionen an	Inhalte kommen bei den Lesern einer Printpublikation nahezu gleich an

Vergleich Fernseh-, Online und Printwerbung

Quelle: In Anlehnung an Werner, A./Stephan, R.: Marketing-Instrument Internet, Heidelberg 1997, S 19

1.6.7 Auswahl des Werbezeitraums

Der Festlegung des Werbeetats, der Werbebotschaft, Werbemittel und Werbeträger muss die Auswahl des Zeitraums folgen, in dem der Werbeeinsatz erfolgen soll. Die Wirkung der Werbemaßnahmen hängt nicht zuletzt von der richtigen Verteilung der Werbeeinsätze im Zeitablauf ab.

Grundsätzlich bestehen folgende **Möglichkeiten**:

- einmalige, zeitlich begrenzte intensive Werbeaktionen
- kontinuierliche Werbeaktionen
  (pro Tag, pro Woche, pro Monat usw.)
- intermittierende Werbeaktionen
  (z. B. kurze intensive Werbeaktionen in unregelmäßigen Zeitabständen)
- eine Kombination aus den genannten Möglichkeiten.

Zielske hat die Entwicklung der Erinnerungswerte aus einer Werbeaktion (I), die über drei Monate lief und bei der Zielpersonen einen Kontakt pro Woche hatten, mit Zielpersonen, die über 52 Wochen alle vier Wochen (II) einen Kontakt mit der Werbebotschaft hatten, untersucht.

Die Entwicklung der Erinnerungswerte bei zeitlich unterschiedlicher Verteilung der Kontakte zeigt das Bild:

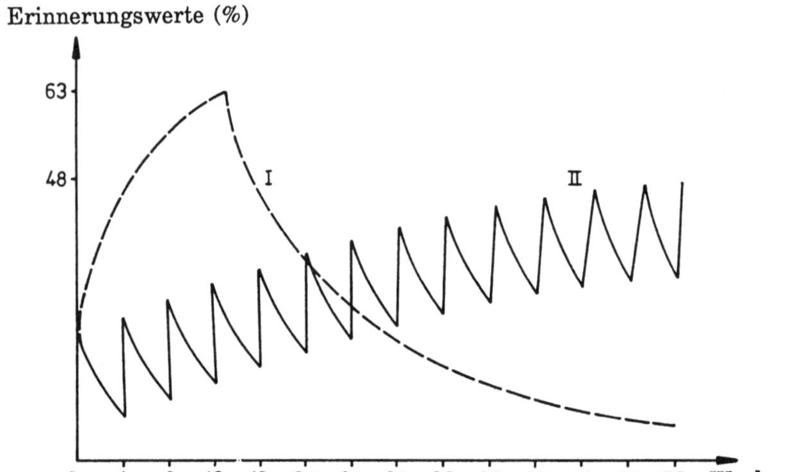

Erinnerungswerte bei zeitlich unterschiedlicher Verteilung der Kontakte *(Zielske)*

Die Wirkungskurven sprechen grundsätzlich für eine gleichmäßige Streuung der Werbemittel im Zeitablauf.

Ob jedoch im Einzelfall derart verfahren werden sollte, hängt von den Werbezielen, Produkten, Abnehmern, Konkurrenten usw. ab.

So wird man z. B. in der Werbepraxis bei der Neueinführung eines Produktes durch eine intensive Werbeaktion versuchen, schnell einen hohen Bekanntheitsgrad zu erreichen und diesen dann durch kontinuierliche Werbeaktionen zu halten. Untersuchungen zeigten auch, dass für bekannte Marken Vergessenheitseffekte nur schwach oder nicht eintraten.

Will man die Werbeaktivitäten nicht gleichmäßig über die Werbeperiode verteilen, so bieten sich folgende Alternativen:

(1) **Prosaisonale Werbung**

Die Werbeaktionen werden entsprechend der Bedarfsentwicklung durchgeführt. Allgemein neigt die werbliche Praxis zur prosaisonalen Werbung. Ziel ist dabei, in der „Saison der Nachfrage", also in der Zeit, in der Kaufkraft und Kaufwille schon relativ hoch sind, durch Werbeaktionen die Nachfrage auf die eigenen Produkte zu lenken.

(2) **Antisaisonale Werbung**

Die Werbeaktionen werden in diesem Falle zum Ausgleich von Umsatzschwankungen und Nachfragerückgängen durchgeführt.

Ein antisaisonales Verhalten wird jedoch bei starker Saisongebundenheit unwirksam sein.

Beispiel: Werbung für Ostereier im August.

Andererseits könnte zur Ausdehnung der Saison eine antisaisonale Werbung zur Glättung von Absatz- und Umsatzschwankungen beitragen.

Beispiele: Eiskrem, Erfrischungsgetränke, Fremdenverkehr.

Neben dem Inhalt der Werbebotschaft, dem Werbemittel und Werbeträger sind die Anzahl und die zeitliche Aufeinanderfolge von Kontakten der Werbebotschaft mit Werbesubjekten von großer Bedeutung für die Wirkung.

Allgemein lassen sich aufgrund der vorhandenen **Forschungsergebnisse** folgende Aussagen machen:

- Zwischen der Anzahl der Kontakte und dem Werbeerfolg hat sich eine Korrelation gezeigt, die sich in Form einer Werbewirkungskurve (Response Function) darstellen lässt.

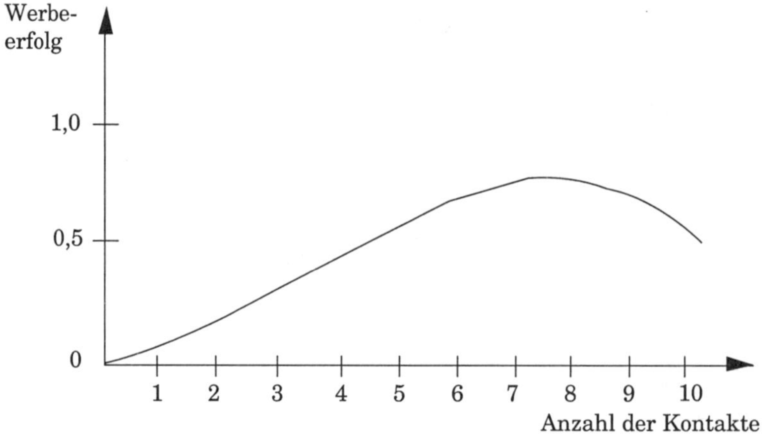

Anzahl der Kontakte und Werbeerfolg

Dabei hat sich gezeigt, dass der Werbeerfolg zuerst mit der Steigerung der Kontakte ebenfalls ansteigt, dann stagniert und bei einer weiteren Zunahme der Kontakte sogar sinkt. Daraus lässt sich ableiten, dass ein Optimum an Kontakten, kein Maximum anzustreben ist.

- Bei prosaisonalem Verhalten der Werbenden einer Branche sinkt die Wirkung eines Kontaktes in den Saisonhöhen.

- Erinnerungswerte an eine Werbebotschaft nehmen ab, wenn sie nicht durch neue Werbekontakte erhalten werden können.

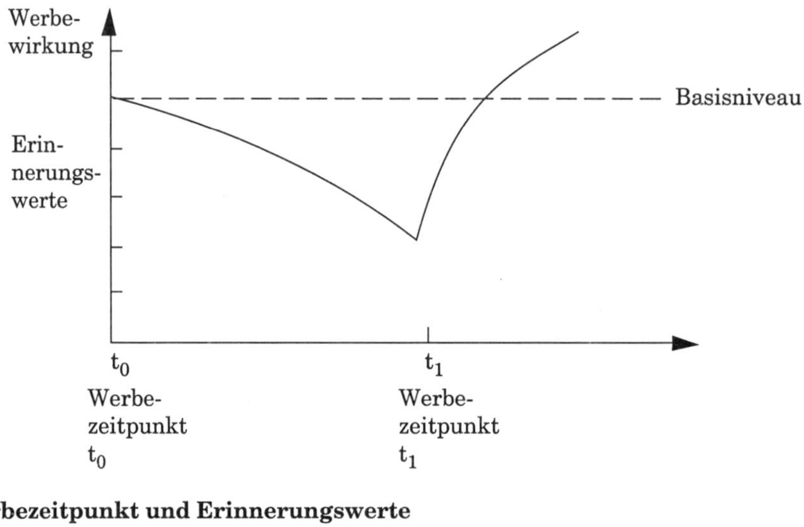

Werbezeitpunkt und Erinnerungswerte

- Bei einer sinnvollen (nicht zu großen, 5 - 6maligen) Zahl von Werbewiederholungen können sich für den Werbenden Imageverbesserungen ergeben.

- Mit der Zahl der Einschaltungen ist ein Zuwachs an Reichweite verbunden.

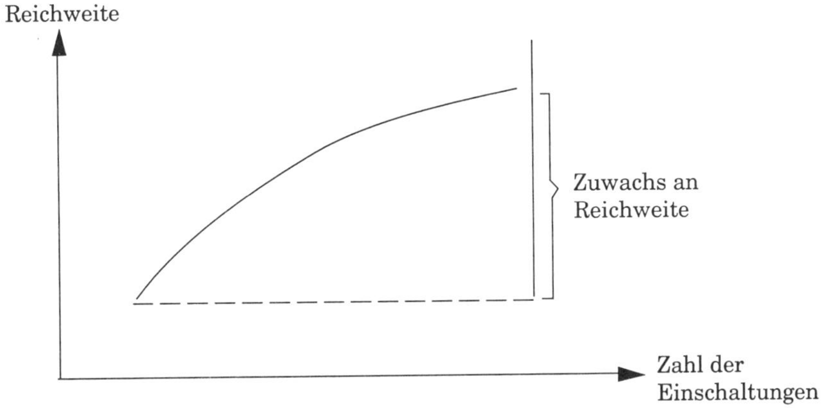

Verhältnis zwischen Zahl der Einschaltungen und Reichweite

1.7 Werbedurchführung

Grundsätzlich bieten sich folgende **Möglichkeiten** der Werbedurchführung an:

(1) Das werbende Unternehmen führt die Werbeaktion selbstständig durch.

(2) Das werbende Unternehmen übergibt die Werbekonzeption und -durchführung einer Werbeagentur.

(3) Die Werbung wird zum einen Teil durch die eigene Werbeabteilung, zum anderen Teil durch eine Werbeagentur oder Mediaagentur durchgeführt.

In der Regel ist in der Praxis die zweite Situation am häufigsten anzutreffen.

Werbeagenturen sind Dienstleistungsunternehmen, die gegen entsprechende Vergütung die gesamte oder Teile der Werbung eines Unternehmens entwickeln und durchführen.

Je nach dem Leistungsumfang unterscheidet man zwischen der:

- **Full-Service-Agentur**, d. h. diese Werbeagentur erbringt Marketing-, Kreativ- und Media-Leistungen.

- **Media-Agentur**, d. h. diese Werbeagentur streut die für die Werbung vorgesehenen Werbegelder eines Unternehmens.

- **Kreativ-Agentur**, d. h. diese Werbeagentur ist nur für den Kreativbereich zuständig.

- **Marketing-Agentur**, die Leistungen nur im Marketingbereich ohne Kreativ- und Medialeistungen bietet.

- **Spezial-Agentur**, die ihre Tätigkeiten auf bestimmte Medien oder Branchen beschränkt, wie z. B. Direktwerbeagenturen für Investitionsgüter.

Wie eine Full-Service-Agentur aufgebaut sein kann, zeigt die folgende Abbildung.

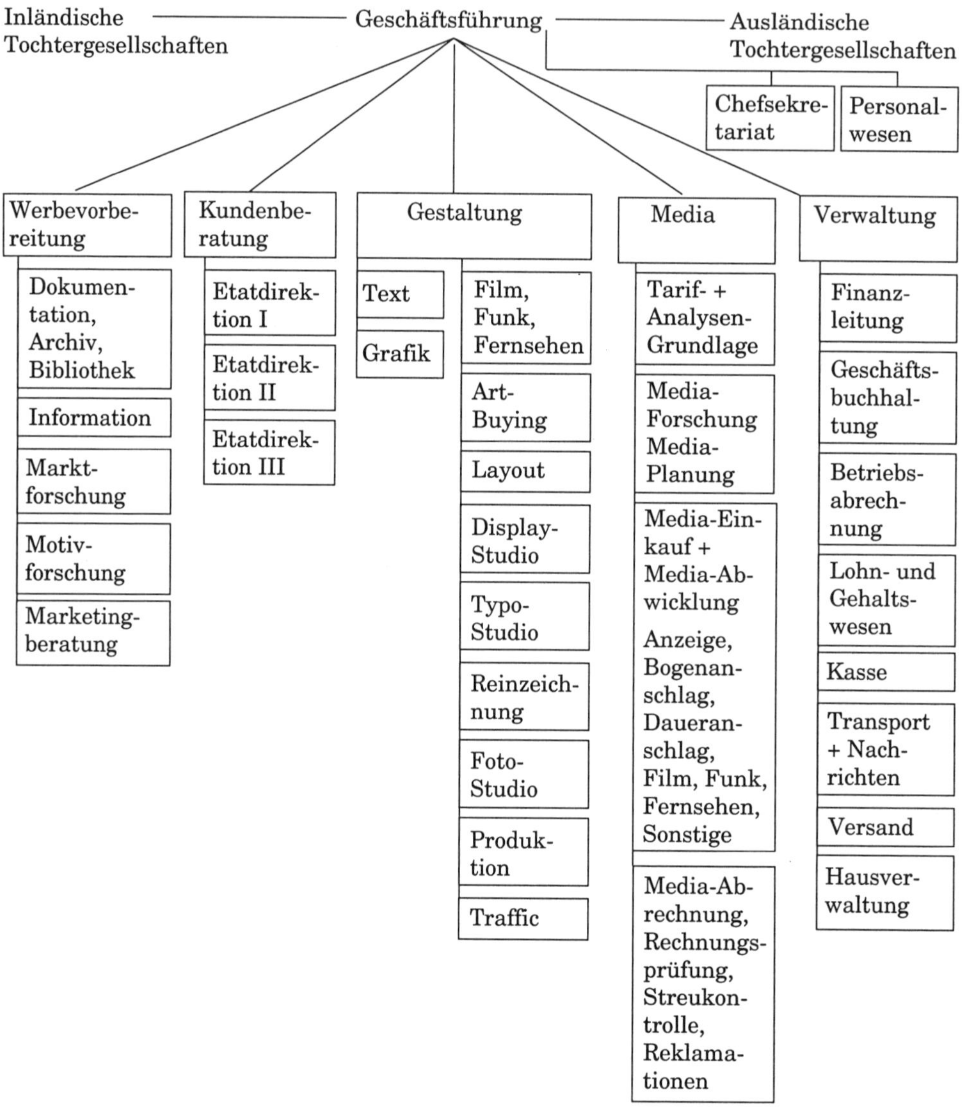

Aufbau einer Werbeagentur

Quelle: *Huth/Pflaum* (1980), S. 39

Je nach der rechtlichen Stellung der Werbeagentur unterscheidet man zwischen:

- **Externen Service Agenturen**, das sind Agenturen, die rechtlich selbstständig sind und in keiner besonderen Beziehung zum werbenden Unternehmen stehen.
- **„Hausagenturen"**, die meist rechtlich selbstständige Unternehmen sind und als „quasi" ausgelagerte Werbeabteilung die Aufgaben der Werbung wahrnehmen.

Insgesamt klagt die Werbebranche wegen des harten Wettbewerbs und des hohen Kostendruckes. Zum einen ergeben sich für Werbeagenturen neue Geschäftsfelder, zum anderen steigen Fusionen und Diversifizierung. Welche grundsätzlichen Entwicklungsmöglichkeiten möglich sind, zeigt die folgende Abbildung.

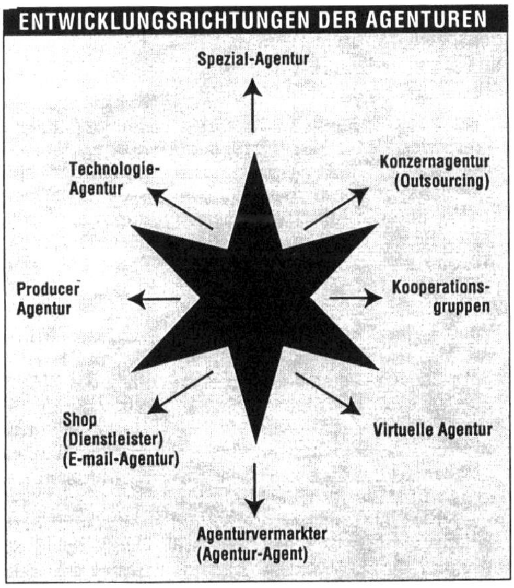

Quelle: *Schub-von Bossiazky*, 6/1997

Wird eine Werbeagentur eingeschaltet, so ist der Ablauf einer Werbeaktion wie folgt denkbar:

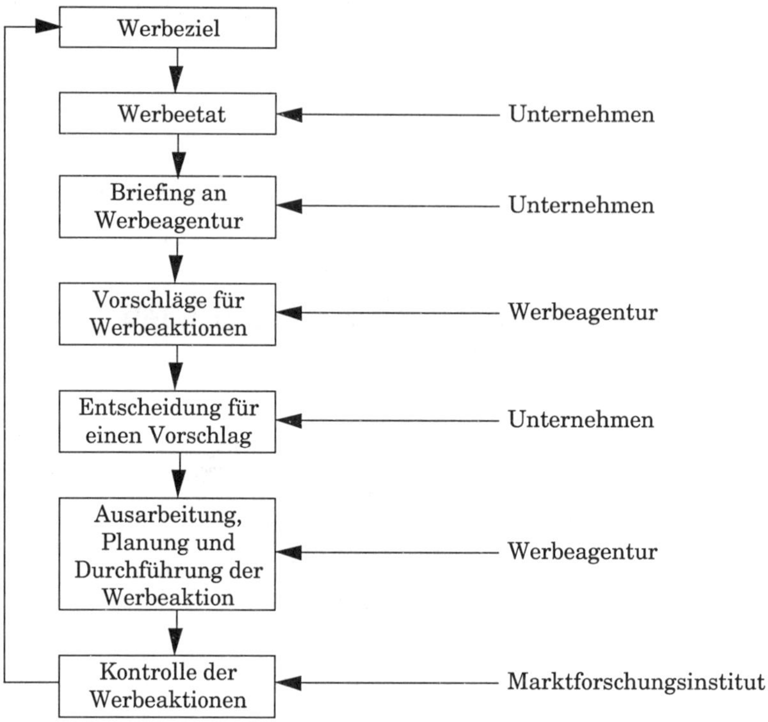

Entwicklung einer Werbeaktion unter Einschaltung einer Werbeagentur

Im Jahre 2002 haben die Werbeagenturen, die im Gesamtverband Werbeagenturen (GWA) Mitglied sind, ihren Umsatz um 5 % auf 12,9 Mrd. € steigern können. Die Anzahl der Werbeagenturen erhöhte sich auf über 200. In den Werbeagenturen sind ca. 17.000 Mitarbeiter beschäftigt.

Die Rangfolge der größten 50 Werbeagenturen für 2002 gibt die folgende Übersicht wieder.

Die 50 größten Werbeagenturen in Deutschland 2002				
Rang	**Werbeagenturen**	**GWA-Mitglied**	**Netto-Rohein-kommen*) 2002 in Mio. €**	**Betreutes Wer-bevolumen **) 2002 in Mio €**
1	BBDO-Group Germany, Düsseldorf	X	316.233	2.109.274
	BBDO InterOne, München		25.540	170.352
	Proximity Group Germany, Hamburg		21.289	141.998
2	Grey Global Group Deutschland, Düsseldorf	X	150.750	1.005.503
	Gramm, Düsseldorf		9.082	60.577
	Consell Gruppe, Frankfurt/Main		4.100	3.471
	Connect 21, München		27.347	23.152
3	Publicis Gruppe Deutschland, Frankfurt/Main	X	125.405	836.451
4	McCann-Erickson Gruppe Deutschland, Frankfurt/M.	X	111.212	741.784
5	Ogilvy & Mather Gruppe Deutschland, Frankfurt/M.	X	105.146	701.324
6	Young & Rubicam Gruppe, Frankfurt/Main	X	79.388	46.615
	Wunderman, Frankfurt/Main		529.519	310.921
7	Scholz & Friends, Berlin	X	71.188	474.824
8	Springer & Jacoby Gruppe, Hamburg	X	68.578	457.415
9	J. Walter Thompson Communication Group, Frankfurt/Main	X	62.485	416.775
10	DDB Gruppe, Deutschland, Düsseldorf	X	60.948	406.523
	Rapp Collins/Direct Friends, Hamburg		14.432	96.261
	Freihafen, Hamburg		3.434	22.905
	Jahns and Friends, Düsseldorf		1.605	10.705
11	TBWA Deutschland, Frankfurt/Main	X	57.505	383.558
12	Serviceplan Gruppe, München	X	51.397	342.818
13	Lowe Communication Group, Hamburg	X	50.370	335.968
14	FCB Deutschland, Hamburg	X	48.360	322.561
15	Heye & Partner, Unterhaching	X	38.011	253.533
16	Jung von Matt Gruppe, Hamburg	X	37.516	250.232
17	Michael Conrad & Leo Burnett, Frankfurt/Main	X	29.213	194.847
18	Citigate Gruppe Deutschland, Düsseldorf	X	28.887	192.676
19	Bates Germany, Frankfurt/Main	X	24.930	166.283
20	Saatchi & Saatchi, Frankfurt/Main	X	24.257	161.794
21	Select Communications, Koblenz		24.008	160.133
22	Economia, Hamburg	X	15.795	105.353
23	G.V.K., Lüneburg		15.400	102.718
24	Cayenne Gruppe, Düsseldorf	X	15.175	101.217
25	Media Consulta Deutschland, Berlin		14.097	94.027
26	PACT, München		12.463	83.128
27	Heller & Partner, München	X	12.050	80.374
28	KNSK, Hamburg	X	11.528	76.892
29	Flad & Flad, Eckental		11.500	76.705
30	Draft Worldwide, München		11.421	76.178
31	WOB, Viernheim	X	11.316	75.478
32	ConTeam Unternehmensgruppe, Groß-Gerau		10.745	71.669
33	b + d, Köln		10.650	71.036
34	Barten & Barten, Köln		10.633	70.922
35	von Mannstein, Solingen	X	10.587	70.615
	Pauli-Bach + Pool, Wiesbaden		2.440	16.275
36	Schaffhausen, Elmshorn		10.523	70.188
37	Simon & Goetz, Frankfurt/Main		9.700	64.699
38	Plenum Stoll & Fischbach Communication, Herrenberg	X	9.657	64.412
39	Kolle Rebbe, Hamburg	X	9.114	60.790
40	Combera, München	X	8.927	59.542
41	Gingco, Braunschweig		8.899	59.356
42	Hanke Multi Media Haus, Bremen		8.869	59.156
43	Start, München	X	8.796	58.669
44	Schindler, Parent & Cie, Meersburg	X	8.277	55.208
45	Karius & Partner, Leonberg		8.180	54.561
46	Lüders BBDO, Köln		8.124	54.187
47	Mungenast Dialog Marketing, Stuttgart		8.113	54.114
48	Wächter & Wächter Worldwide Partners, München	X	7.986	53.257
49	H & P Herrwerth & Partner, München		7.983	53.247
50	Grabarz & Partner, Hamburg	X	7.903	52.713

*) Gross Income, **) Equivalent Billings

Quelle: Arbeitsgemeinschaft „Rankingliste" von GWA, Horizont, werben & verkaufen,

1.8 Werbeerfolgskontrolle

Mithilfe der Verfahren der Werbeerfolgskontrolle will das werbende Unternehmen feststellen, wie die Werbung gewirkt hat, ob sie erfolgreich war, d. h. ob die Werbeziele erreicht wurden.

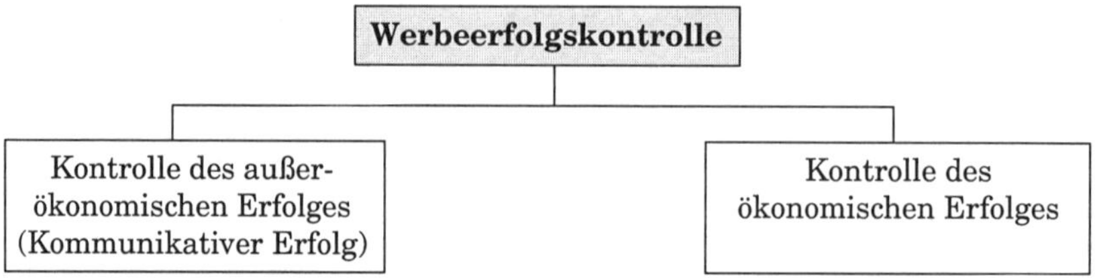

Werbung stellt eine spezielle Form der Kommunikation dar, deren Aufgabe es ist, eine Werbebotschaft einem Empfänger zu übermitteln um ihn im Sinne des Werbenden zu beeinflussen. Je nachdem, welches Ziel die Werbebotschaft hat, werden unterschiedliche Ziele zu messen sein. Wie wir im Abschnitt über die Werbeziele gesehen haben, sind Werbeziele in Theorie und Praxis unterschiedlich interpretiert und bei den einzelnen Autoren in unterschiedliche Werbewirkungsstufen unterteilt.

Das älteste Stufenmodell ist die sog. AIDA-Formel, bei der **A**ttention (Aufmerksamkeit), **I**nterest (Interesse), **D**esire (Wunsch) und **A**ction (Handlung) die Wirkungsstufen der Werbung kennzeichnen sollen.

Colley hat eine ähnliche Stufenfolge aufgestellt in Awareness (Bewusstsein), Comprehension (Einsicht), Conviction (Überzeugung) und Action (Handlung).

Daneben ließen sich noch eine Vielzahl von anderen Ansätzen zur Erklärung der Werbewirkung anführen, wie dies sehr anschaulich *Koeppler* u. a. getan haben. Sie kommen dabei zu dem Ergebnis, dass es aufgrund der Auswertung der verschiedenen Ansätze sinnvoll ist, nach Wirkungsstufen der Werbung zu unterscheiden, die durch bestimmte Kriterien gemessen werden können.

Wirkungsstufen der Werbung			
außerökonomische Wirkung			**ökonomische Wirkung**
Stufe 1 Kontake und Wahrnehmung	Stufe 2 Verarbeitung	Stufe 3 Verhalten	Stufe 4 Kauf
Erkennbar			
• Kontakte • Recall • Recognition	• Recall • Recognition • Psychologische Verfahren	• Image • Produktinteresse • Einstellung • Kaufneigung	• Kauf

1. Wirkungsstufe: Wahrnehmung

Wahrnehmung ist an sich kein Ziel der Werbung, sondern eine Voraussetzung für die kommunikative Funktion der Werbung. Will man Aussagen über die Wirkung der Werbung ableiten, so muss man zuerst feststellen, ob die Werbung überhaupt wahrgenommen wurde.

Kriterien für die „Wahrnehmung" können sein:

- Kontakte mit dem Werbeträger
- Kontakte mit der Seite der Werbebotschaft
- Recall = Erinnerung an die Werbung
- Recognition = Wiedererkennen der Werbebotschaft.

Im Rahmen von **Pretests** lässt sich Wahrnehmung mit folgenden Verfahren messen:

- Recalltests (z. B. Foldertest, 24-Stunden-später-Befragung),
- Recognitiontests,
- Verfahren mit Anwendung technisch-apparativer Instrumente,
  - Galvanometer (PGR/EDR),
  - Pupillometer (Augenkamera),
  - Herz-, Atem-, Puls-, Stimmfrequenz-, Hirnstrommesser,
  - Tachistoskop.

Bei **Posttests** werden i. d. R. Recall- und Recognitiontest anwendbar sein.

- **Recall-Verfahren**

  Bei diesem Verfahren, das auch als Erinnerungsverfahren bezeichnet wird, fragt man, ob Personen sich an bestimmte Werbebotschaften erinnern. Dabei unterscheidet man zwei grundsätzliche Verfahren:

  - die ungestützte Erinnerung (unaided recall)
  - die gestützte Erinnerung (aided recall).

  Bei der **ungestützten Erinnerung** soll die Zielperson z. B. Details einer Anzeige beschreiben, ohne dass Erinnerungshilfen in irgendeiner Weise gegeben werden.

  Im Falle der **gestützten Erinnerung** werden den Versuchspersonen Erinnerungshilfen unterschiedlicher Art und Weise gegeben. Diese Erinnerungshilfen können in Angaben zu Produktnamen, Markennamen, Firmennamen usw. bestehen.

2. Wirkungsstufe: Verarbeitung

Auf dieser Stufe soll festgestellt werden, ob und wie die Werbebotschaft vom Empfänger verarbeitet wurde. Dies lässt sich ableiten aus

- dem Engagement, d. h. der Herstellung einer persönlichen Beziehung zu einem Gegenstand
- der Markenbekanntheit

- dem Image, das ein Produkt hat
- der Einstellung gegenüber dem Produkt
- dem Interesse am Kauf des Produktes
- der eventuellen Empfehlung des Produktes an andere.

Hier bieten sich im Rahmen von Pre- und Posttests an:

- Recall- und Recognitionverfahren,

- Verfahren der psychologischen Marktforschung (Exploration, halbstrukturierte Interviews; dabei: direkte und indirekte Fragen, Satzergänzungsfragen, Sprechblasen, Polaritätsprofile, Zuordnungstests, Skalierungsverfahren etc.),

- Apparative Messverfahren.

3. Wirkungsstufe: Verhalten

Auf dieser Wirkungsstufe können sich Effekte der Werbung zeigen, die durch die Werbung beeinflusst worden sind, können aber auch durch andere Faktoren (Umwelt, die übrigen marketingpolitischen Instrumente) hervorgerufen werden. Die Messkriterien wären dann nur eindeutig, wenn keine anderen Faktoren auf das Verhalten wirken oder diese Faktoren konstant bleiben.

Verhaltensbeeinflussungen lassen sich ableiten:

- aus Imageänderungen
- am Produktinteresse
- an der Betrachtungsdauer
- an der Einstellung
- an der Kaufneigung
- am Probierverhalten.

Dies ist feststellbar mit:

- Verfahren der psychologischen Marktforschung
- Kaufbereitschaftsmessung
- Minimarkttestverfahren
- Labortestmarktverfahren.

4. Wirkungsstufe: Ökonomischer Erfolg

Um den „ökonomischen Erfolg" festzustellen, wäre zu klären, wie groß der Beitrag des durch Werbung hervorgerufenen Umsatzanteils ist. Die Differenz zwischen dem werbebeeinflussten Umsatz (U_w) und dem werbelosen Umsatz (U_{ow}) ergibt den Umsatzerfolg der Werbung (U_e).

$$U_e = U_w - U_{ow}$$

Da sich der Beitrag der Werbung zum Umsatz nicht isolieren lässt, kommt man zu dem Ergebnis, dass der Umsatz kein geeignetes Kriterium für die Messung des Werbeerfolges sein kann.

Zu diesem Ergebnis kommt man auch über die Überlegung, dass sich ein Werbeerfolg nur messen lässt, wenn die Werbeziele operational sind. Der Umsatz und der Gewinn erfüllen diese Anforderungen an die Operationalität nicht.

Grundsätzlich stehen – bei den genannten Bedenken – folgende **Methoden zur Messung eines Umsatzerfolges** zur Verfügung:

- **Bestellung unter Bezugnahme auf das Werbemittel** (Bu-BaW-Verfahren)

  Dieses Verfahren ist dann empfehlenswert, wenn die Werbebotschaft mit einem Bestellabschnitt ausgestattet ist. Dieses Verfahren ist anwendbar, wenn mit Inseraten in Zeitungen oder Zeitschriften oder mit Werbebriefen geworben wird. Mit diesem Verfahren lässt sich z. B. durch zusätzliche Kennziffern feststellen, welche Zielgruppe (Ort, Alter, Beruf usw.) wann durch die Werbebotschaft erreicht wurde.

  Dabei möge ein Beispiel das allgemeine Vorgehen verdeutlichen: Es wird eine Anzeige in einer Zeitschrift geschaltet. Die Kosten für die Konzeption und Schaltung der Anzeige betragen 40.000 €. Es gehen insgesamt 1.000 Bestellungen ein. Der Preis des Produktes beträgt 299 €, wobei ein Gewinn von 49 € je Produkt erzielt wird. Nunmehr lässt sich der ökonomische Erfolg der Werbeaktion ermitteln.

  Durch die Werbung lässt sich ein zusätzlicher Umsatz von 299.000 € erzielen. Ohne die Werbekosten wäre der zusätzliche Gewinn 49.000 €. Es sind nunmehr jedoch von den 49.000 € die zusätzlich entstandenen Kosten von 40.000 € abzuziehen und man erhält einen rechnerischen „ökonomischen" Werbeerfolg von 9.000 €. Außerdem lässt sich ermitteln, wie viele Bestellungen mindestens erfolgen müssen, um die Werbekosten auszugleichen.

  $$\text{Mindestzahl von Bestellungen} = 40.000 : 49 \approx 817$$

  Das heißt, es müssen mindestens 817 Bestellungen erfolgen, um die durch die Werbung verursachten zusätzlichen Kosten auszugleichen.

  Auch bei Direktwerbeaktionen lässt sich ein ökonomischer Werbeerfolg ermitteln. Im folgenden Beispiel werden 20.000 Werbebriefe versendet, deren Kosten je Brief einschließlich Porto 5 € betragen. Auf diese Direktwerbeaktionen gingen 1.500 Bestellungen ein. Eine Bestellung bringt einen Gewinn von 60 €. Hat die Direktwerbeaktion einen ökonomischen Werbeerfolg gebracht? Diese Frage lässt sich im vorliegenden Fall beantworten.

  Die Gesamtkosten der Aktion betragen 100.000 €. Die 1.500 zusätzlichen Bestellungen bringen einen zusätzlichen Gewinn von 90.000 €. Somit lässt sich sagen, dass der Werbeerfolg keinen ökonomischen Werbegewinn erbracht hat. Im vorliegenden Fall hätten mindestens 1.667 Bestellungen erfolgen müssen, um einen zusätzlichen Gewinn zu erzielen.

- **Methode der Direktbefragung**

Bei diesem Verfahren wird der Käufer befragt, auf welche Werbemaßnahme seine Käufe zurückzuführen sind. Obgleich dieses Verfahren in der Praxis häufig angewendet wird, erscheint es nicht unproblematisch. Die Befragten werden oft nicht bereit sein, ihre Handlungsmotive anzugeben bzw. in vielen Fällen nicht fähig sein, genaue Angaben über den Einfluss der Werbung auf ihren Kaufentschluss geben zu können.

Ein **Beispiel** möge diese Methode veranschaulichen:

Eine neue Zahnpasta wird durch eine Anzeigenkampagne auf dem Markt eingeführt. Anschließend werden 2.000 Personen befragt, die aufgrund einer Stichprobe gezogen wurden. Es zeigte sich, dass 360 Personen die Anzeigen gelesen hatten und die Zahnpasta gekauft hatten. 840 hatten die Anzeige gelesen, aber nicht gekauft. Ebenfalls hatten 100 Personen die Zahnpasta gekauft, ohne die Anzeigen gesehen zu haben. Auf wie viel Prozent beläuft sich in etwa der durch die Anzeigenkampagne zusätzlich erworbene Umsatz?

Zahnpasta	Anzeigenleser	Insgesamt
Käufer	360 = 30 %	460 = 23 %
Nichtkäufer	840 = 70 %	1.540 = 77 %
Insgesamt	1.200 = 100 %	2.000 = 100 %

Der durch die Anzeigenkampagne erzielte Umsatzeffekt beträgt: 460 – 100 = 360 Käufer. Das heißt, unter den Prämissen der Wahrscheinlichkeiten und Fehlertoleranzen der Stichprobe sind ca. 78 % des erzielten Umsatzes auf die Anzeigenkampagne zurückzuführen.

Daneben können aber auch andere – typische – Kennzeichen für einen Werbeerfolg aufgezeigt werden, wie z. B.

– **Anzahl der Kontakte** der Werbung. Im vorliegenden Fall:

Somit beträgt der **„Kontakterfolg"** 60 % in der Zielgruppe.

$$\text{Kontakte in \%} = \frac{\text{Anzeigenleser}}{\text{Gesamtheit}} \cdot 100 = \frac{1.200}{2.000} \cdot 100 = \underline{\underline{60\ \%}}$$

– **Anzahl der Käufer** an den Anzeigenkontakten

Käufer aufgrund Anzeige = 360
Leser = 1.200

$$\text{Anzahl Käufer (nach Anzeigenkontakt)} = \frac{360}{1.200} = \underline{\underline{30\ \%}} \text{ der Leser kauften.}$$

Der **„Kauferfolg"** bei den Lesern beträgt = 30 %.

– **Anzahl der Käufer** (die Werbung lasen)

Der „Kauferfolg" bei den späteren Käufern beträgt = 78 %.

$\frac{360}{460}$ = **78 %** Käufer lasen die Anzeige und kauften.

– **Anzahl der Käufer (netto)** = 360 – 5 % von 1.200 = 300
(nur aufgrund der Werbung)

Nettowerbeerfolg = $\frac{300}{1.200}$ = **25 %**, d. h. 25 %, die die Werbung lasen, kauften aufgrund der Werbung.

Außer den hier aufgestellten „Werbeerfolgszahlen" lassen sich noch zusätzliche Kennzahlen ermitteln. Wie man sieht, gibt es den „Werbeerfolg" nicht. Der jeweilige Werbeerfolg ist vielmehr jeweils im Hinblick auf Kontakte, Aufnahme, Verarbeitung und Kauf zu ermitteln. Die Folge ist, dass man sehr unterschiedliche „Erfolgszahlen" erhält. Dabei sind jedoch noch nicht die Spill-over- und Carry-over-Effekte berücksichtigt.

- **Gebiets-Verkaufstest**

Mit dem Gebiets-Verkaufstest soll die Wirkung des Einflusses der Werbung auf regional getrennten Märkten ermittelt werden. Dazu bedient man sich gleichartig strukturierter Verkaufsgebiete (Test- und Kontrollmarkt), wobei auf dem Testmarkt geworben wird, während auf dem Kontrollmarkt eine Werbeaktivität unterbleibt. Ein Werbeerfolg ergibt sich als Quotient von werbebedingter Umsatzveränderung und den getätigten Werbeausgaben im Test- und Kontrollmarkt.

Bei Anwendung des Verkaufsgebietstests lassen sich folgende Probleme lösen:

- Feststellung der Umsätze beim Einsatz bestimmter Werbeträger im Vergleich zu ihrem Nichteinsatz.

- Ermittlung der Umsatzentwicklung bei einer neuen Werbekonzeption im Vergleich zu der bisherigen.

- Darstellung der unterschiedlichen Umsatzentwicklung aufgrund gleichzeitig durchgeführter Werbestrategien.

Problematisch ist hierbei, dass sich i.d.R. keine zwei völlig gleich strukturierte Verkaufsgebiete finden lassen.

- **Netapps-Methode von *Daniel Starch***

Diese Methode will die Relation von Werbeaufwand und Werbeertrag aufgrund folgender Informationen aufzeigen:

- der Zahl der Personen, die eine Werbebotschaft wahrnahmen.
- der Zahl der Personen, die die Werbebotschaft wahrnahmen und das Produkt, für das geworben wurde, in einem bestimmten Zeitraum kauften.
- der Zahl der Personen, die die Werbebotschaft nicht wahrnahmen.
- der Zahl der Personen, die die Werbebotschaft nicht wahrnahmen und das Produkt nicht kauften.
- der Kosten der Werbebotschaft pro Person, die die Werbebotschaft wahrnahm.
- des Ertrags in Form von Käufen, die aufgrund der Wahrnehmung der Werbebotschaft erfolgten.

• **Noreensches Modell**

Dieses Modell ist eine Variante des Verkaufsgebietstests, bei der direkte Umsatzerfolge einzelner Werbemaßnahmen und Werbekonzeptionen in regional getrennten Märkten ermittelt werden.

Als Methoden zur **Messung des außerökonomischen Werbeerfolgs** sollen folgende Verfahren kurz skizziert werden:

• **Kontaktmessungsverfahren**

Bei den Kontaktmessungsverfahren wird festgestellt, ob Zielpersonen mit einer bestimmten Werbebotschaft eines Werbeträgers Kontakt hatten. Solche Kontaktmessungen werden bei Werbebotschaften in Zeitungen und Zeitschriften, Rundfunk, im Fernsehen sowie an Plakatanschlagstellen durchgeführt.

Zur Messung des Kontaktes bei Zeitschriften werden folgende Methoden angewendet:

- Beobachtung des Leseverhaltens von Personen durch einen Interviewer im Wartezimmer oder durch eine versteckte Kamera
- Verteilung von Leseexemplaren und darauf folgende Befragung der Leser
- Feststellung der Fingerabdrücke auf Zeitungsseiten.

Kontakte mit Rundfunk- und Fernsehgeräten werden durch Aufzeichnungsgeräte (z. B. Audimeter, Tammeter, GfK-Meter), die an die Geräte angeschlossen sind, erfasst.

• **Recognition-Verfahren**

Dieses Verfahren, das auch als Wiedererkennungsverfahren bezeichnet wird, versucht zu ermitteln, inwieweit ein Werbekontakt stattgefunden hat und die Zielpersonen die Werbebotschaft gesehen oder gehört haben.

Ein Wiedererkennungsverfahren ist u.a. der Starch-Test, mit dem ermittelt wird, ob Anzeigen ganz oder teilweise wieder erkannt werden. Im Einzelnen werden folgende Starch-Werte unterschieden *(Koeppler)*:

- Noted Reader
  Prozentsatz der Personen, die angeben, eine Anzeige in der betreffenden Zeitschrift gesehen oder bemerkt zu haben,
- Seen Associated
  Prozentsatz der Personen, die angeben, eine Anzeige gesehen zu haben und Teile davon gelesen zu haben sowie sich an den Namen des Produktes oder Anbieters zu erinnern,
- Read Most
  Prozentsatz der Personen, die bestätigen, mehr als die Hälfte des Textes gelesen zu haben.

Aus der unterschiedlichen Beachtung der Anzeigen versucht man Rückschlüsse auf das Interesse und mögliche Kaufabsichten zu ziehen. Dieses Vorgehen scheint jedoch nicht unbedenklich, da ein Interesse an einer Werbebotschaft noch keinesfalls zu Kaufabsichten führen muss. Dazu kommt, dass die Ergebnisse des Recognition-Verfahrens mit Fehlern (Verwechslung, Raten, Übertreibung usw.) behaftet sein können.

- **Nicht verbale Methoden**

  Mit diesen Methoden wird primär die Kontaktintensität und die Auseinandersetzung mit einer Werbebotschaft gemessen. Zu diesen Verfahren zählen z. B. Markentests, das Ad Rem-Verfahren (Advertising registration measurement), Darbietungen mittels Tachistoskop und Perimeter usw.

Um Beschwerden in der Wirtschaft kümmert sich der **Werberat**, eine Organisation im Zentralverband der deutschen Werbewirtschaft. Im Jahre 2002 haben sich 1.985 Personen und damit dreimal so viele wie im Jahre 2001 beschwert.

Davon betroffen waren 389 Kampagnen, wobei auf eine Kampagne einer großen Boulevardzeitung allein rund 1.000 Eingaben erfolgten. 270 Werbemaßnahmen hat der Werberat geprüft.

Ist der Werberat der Ansicht, die Beschwerde sei berechtigt, fordert er die Werbetreibenden zu Korrekturen auf. Erfolgen diese nicht, wird das betreffende Unternehmen in Medien gerügt. Bei 81 der beanstandeten Werbemaßnahmen des vergangenen Jahres folgten die Unternehmen ganz überwiegend den Korrekturvorschlägen des Werberats. Nur in sechs Fällen erfolgte eine Rüge. Thematischer Schwerpunkt der Beschwerden war wie in den Vorjahren der Vorwurf frauenfeindlicher Werbemaßnahmen.

37 Seite 633

38 Seite 633

39 Seite 633

2. Product-Placement

Unter Product-Placement versteht man die werbewirksame Integration von Produkten und/oder Dienstleistungen in Medienprogramme (Kino-, Video- und Fernsehprogramme) mit dem Ziel, deren Marktstellung und -erfolg zu verbessern. Als Ursachen für das Entstehen und Wachstum von Product-Placement gelten:

- die zunehmende Verstärkung des Wettbewerbs auf allen Konsumgütermärkten,
- eine wachsende Abneigung gegenüber den klassischen Formen der Werbung,
- die wachsende Anzahl von Spielfilmen, sowohl im Fernsehen wie auch als Videofilme und
- die zunehmende Globalisierung der Konsumgütermärkte.

Product-Placement kann in verschiedenen Formen auftreten. Auf einige Formen wird dabei kurz eingegangen.

Klassifikationsmerkmal	Product-Placement-Form
Art der Informationsübertragung	– visuelles Product-Placement – verbales Product-Placement – kombiniertes Product-Placement
Art und Eigenschaft der beworbenen Produkte	– Product-Placement i.e.S. (Platzierung von Markenartikeln) – Innovation Placement (Platzierung neuer Produkte) – Corporate Placement (Platzierung von Unternehmen oder Dienstleistungen) – Generic Placement (Platzierung unmarkierter Produkte) – Country Placement (Platzierung regionaler Gebiete)
Grad der Programmintegration	– On-Set-Placement (Produkt bleibt handlungsneutral) – Creative Placement (Produkt wird kreativ in die Handlung integriert) – Image Placement (das Gesamtthema des Films wird auf das Produkt ausgerichtet)
Grad der Anbindung an den Hauptdarsteller	– Placement mit Endorsement – Placement ohne Endorsement

Erscheinungsformen des Product-Placements

Bei Generic-Placement steht eine Warengattung (z. B. Getränk, Zigaretten, Tee usw.) im Vordergrund, die benutzt wird, wobei jedoch die benutzten Marken nicht erkennbar sind.

Im Falle des Image-Placement ist das gesamte Thema des Films auf ein bestimmtes Produkt oder eine Marke abgestimmt. Dieses Produkt steht im Mittelpunkt des Films (z. B. VW-Käfer, Coca-Cola, Volvo-Lkw usw.).

Soll eine Innovation mit Product-Placement einem großen Personenkreis zugänglich gemacht werden, so spricht man von Innovations-Placement (Beispiel: Sony, Seiko, Philips in James-Bond Filmen, JVC-Videokamera usw.).

Die jeweiligen von den Unternehmen zu zahlenden Entgelte für Product-Placement sind unterschiedlich. In der Literatur findet man für einen Film Beträge zwischen 25.000 und 900.000 € (vgl. *Richter* (1986) u. a.). Insgesamt schätzt man, dass zwischen 100 und 200 Mio. € in Deutschland und zwischen 4 und 8 Milliarden US-Dollar weltweit für Product-Placement ausgegeben werden.

Die besondere Wirkung wird insbesondere in folgenden Bedingungen gesehen:

- Personen werden auf Produkte aufmerksam gemacht, ohne dass eine kaufbeeinflussende Absicht erkennbar ist.

- Eine mögliche Reaktanz findet beim Zuschauer nicht statt, da er nie das Gefühl hat, zum Kauf bewegt zu werden.

- Das Umfeld des Films und das Image der Rolle bzw. des Schauspielers kann zu einem Image-Transfer für das Produkt führen.

- Durch das fortlaufende Bemerken des Produktes können sich Lern- und Konditionierungseffekte einstellen.

- Je stärker die Zuschauer beteiligt sind, umso höher ist nach neuen Erkenntnissen die Werbewirkung.

- Es lässt sich durch Product-Placement eine höhere Glaubwürdigkeit im Vergleich zur Werbung erzielen.

- Die „Ansprache" der potenziellen Käufer ist zeitlich und räumlich unterschiedlich möglich.

- Auch die Zuschauer, die Zapping ausüben, d. h. das Gerät wird ausgeschaltet oder der Kanal gewechselt, wenn Werbung ausgestrahlt wird, können erreicht werden.

Obgleich über die Werbewirkung von Product-Placement noch keine genauen Aussagen vorliegen, wird es in weiterer Zukunft an Bedeutung gewinnen und eine sinnvolle Ergänzung der Kommunikationspolitik für die Anbieter von Konsum- und Gebrauchsgütern darstellen. Dies gilt auch im Hinblick auf die Internationalisierung der Märkte.

3. Sponsoring

3.1 Ziele

Seit Anfang der 80er-Jahre gewinnt Sponsoring an Bedeutung. Sponsoring beruht auf dem Prinzip von Leistung und Gegenleistung. Der Sponsor stellt dem Gesponsorten Geld und/oder Sachmittel zur Verfügung und erhält eine Gegenleistung, die zur Erreichung der Marketingziele beitragen soll. Sponsoring ist in fast allen Bereichen der Kommunikationspolitik möglich.

Sponsoring hat sich den Ausgaben nach von 1989 mit ca. 0,6 Mrd. Euro auf ca. 1,6 Mrd. Euro im Jahre 2002 entwickelt. Für 2006 wird ein Wachstum auf ca. 3,3 Mrd. Euro erwartet.

Sponsoringausgaben (in Mrd. Euro) *) = geschätzt					
Jahr	**Sport**	**Kultur**	**Öko**	**Sozial**	**Medien**
1989	0,425	0,115	—	0,01	0,05
1994	0,700	0,190	0,125	0,075	0,01
2000	1,450	0,300	0,1	0,10	0,45
2002	1,6	0,300	0,1	0,15	0,55
2003*)	1,7	0,300	0,1	0,2	0,70
2006*)	1,9	0,350	0,1	0,2	0,75

Quelle: SponsorVisions, FASPO

Die Sponsoring-Zielsetzungen waren nach einer Untersuchung von SponsorVisions und des Fachverbandes für Sponsoring & Sonderwerbeformen wie folgt dargestellt.

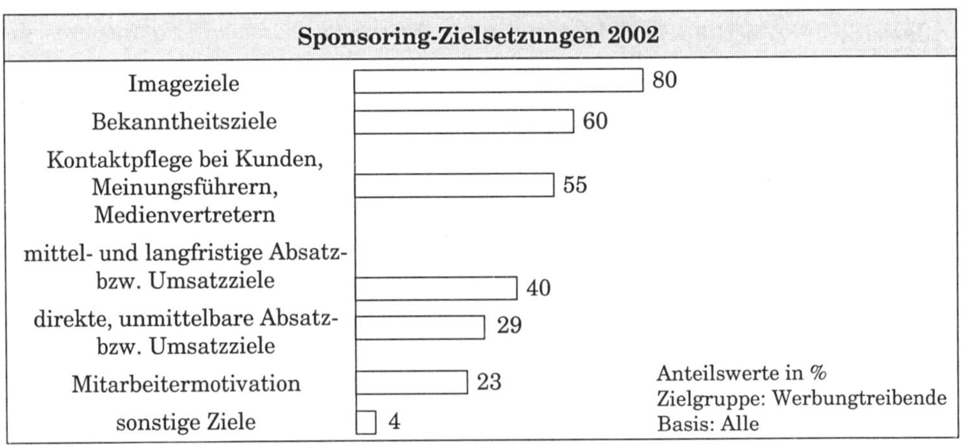

Quelle: Sponsor Visions, FASPO

3.2 Arten

Man unterscheidet heute überwiegend die fünf dargestellten Sponsoringarten.

Sponsoring

Sportsponsoring	**Kultursponsoring**	**Sozialsponsoring**	**Umwelt(Öko-) sponsoring**	**Programmsponsoring**
– Sportvereine – Sportveranstaltungen – Sportverbände – Sportler – Mannschaften – Sporttalente – usw.	– Kunstausstellungen – Stiftungen – Musikveranstaltungen – Tourneen – Orchester – Filme – Literatur – usw.	– Wissenschaft – Bildung – Karitative Aktionen – Karitative Einrichtungen – Karitative Verbände – usw.	– Ökologische Initiative – Ökologische Vereine – Ökologische Aktionen – Ökologische Stiftungen – usw.	– Programmsponsoring – Programming – Product Placement – Game Shows – Sendepatronat – usw.

Der größte Teil der Aktivitäten des Mediensponsoring liegt beim Sportsponsoring gefolgt von Kultursponsoring, Umweltsponsoring und Sozialsponsoring. Sport-Sponsoring liegt vor, wenn Sportorganisationen, Sportvereine, Ausrichter von Sportveranstaltungen, Teams und Einzelsportler einem Sponsor gegenüber Rechte einräumen, die dieser für seine Ziele (z.B. Werbung am Mann, Bandenwerbung usw.) einsetzen kann. Ziel aller Sponsoringaktivitäten ist:

- die Erzielung und Aufrechterhaltung von Kontakten zu bestimmten Zielgruppen,
- die Steigerung des Bekanntheitsgrades,
- die individuelle Gestaltung des Produkt- und/oder Unternehmensimages.

Kultur-Sponsoring erstreckt sich auf den Bereich der Museen, der Musik, des Theaters, der bildenden Kunst und der Literatur. Diese Bereiche werden von einem Sponsor unterstützt, der seinerseits die Möglichkeit hat, in und mit diesen Institutionen zu werben.

Im Falle des Sozial-Sponsoring werden Personen, Institutionen und Veranstaltungen gefördert, deren Ziel der soziale Bereich ist. Dieses Gebiet ist schon relativ entwickelt und wird voraussichtlich auch die geringsten Zuwachsraten aller Sponsoringbereiche in der Zukunft haben (vgl. *Drees, N.* (1990), S. 267).

Das Umwelt-Sponsoring hat zum Ziel alle ökologischen Aspekte der Umwelt. Dieser Bereich wird in absehbarer Zeit zunehmen (vgl. auch *Drees, N.* (1990), S. 267). Dies erklärt sich u. E. aus dem erheblich gestiegenen Umweltbewusstsein der Bürger.

Alle Arten des Sponsoring können neben den klassischen Formen der Kommunikation dazu beitragen, die Ziele des Unternehmens besser zu erreichen. Dabei bedienen sich i.d.R. Firmen des Sponsoring um die Kommunikationsziele effizienter und mit weniger Streuverlusten zu erreichen als mit den traditionellen Kommunikationsinstrumenten.

Die Objekte des Sponsoring und ihre Nutzungsmöglichkeiten zeigt die folgende Übersicht.

Objekte des Sponsoring / Nutzung im Bereich	Personen, Personengruppen, Institutionen	Veranstaltungen
Werbung	• Aufschriften auf der Bekleidung (Trikotwerbung) • Ausrüstungsverträge • Testimonialwerbung	• Beschriftung von Banden • Anzeigen in Programmheften und auf Plakaten • Benennung von Veranstaltungen nach dem Sponsor (Titelsponsoring)
Verkaufsförderung	• Autogrammstunden • Händlertreffen, Messen • Vorträge	• VIP-Lounges • Ehrenlogen • Sondergastspiele, „private views"
Public Relations	• Veranstaltungen mit gesponserten Prominenten • Pressekonferenzen • Vorträge	• Kongresse, Tagungen • Ehrenlogen • Sondergastspiele, „private views"
Persönlicher Verkauf	• gesponserte Personen als Repräsentanten einer Unternehmung	• Verkaufsgespräche während einer gesponserten Veranstaltung

Viele Unternehmen planen weiter einen wachsenden Anteil des Sponsoring am Gesamtkommunikationsetat ein. Schwierig und noch nicht realisiert ist in der Praxis die Messung des Erfolges der verschiedenen Sponsoringmaßnahmen. Viele Unternehmen kontrollieren heute schon den Erfolg durch Reichweiten- und Bekanntheitsgradmessungen sowie qualitativ durch Befragungen und Image-Studien.

4. Direktmarketing

Der Begriff **Direktmarketing** oder Direct-Marketing ist in Wissenschaft und Praxis nicht eindeutig interpretiert. Zum einen wird Direktmarketing als Marketing gesehen, das einen direkten (individuellen) Kontakt mit den Käufer durch den Einsatz aller möglichen marketingpolitischen Instrumente erreichen will. Die andere (engere) Definition sieht Direktmarketing als dasjenige Marketing, das durch den Einsatz speziell der Instrumente der Kommunikationspolitik einen direkten Kontakt zum Abnehmer herstellen will. Die dabei einsetzbaren Instrumente sind heute sehr unterschiedlich:

- Direktwerbung (Mailings, Haushaltswerbung, Postwurfsendungen usw.)
- Persönlicher Verkauf (Partyverkauf, Kaffeefahrten usw.)
- Telefonmarketing (z.B. Callcenter usw.)
- Direkte Verkaufsförderung (Couponing, Kundenkarten usw.)
- Direkte Public Relations (Kundenclubs usw.)
- Online-Marketing (z.B. E-Mails usw.)
- Teleshopping (QVC, HSE usw.)

Während in den Jahren 1900 bis 1970 nur Versandhäuser und Buchclubs Direkt-Marketing einsetzten, wird es heute von fast allen Unternehmen in irgendeiner Art und Weise praktiziert.

Zeit	Anwender	Grundlage	Adressaten	Vorwiegend eingesetzte Instrumente
1900-1970	Versandhäuser, Buchclubs	eigene Kundenadressen	Einzelpersonen	Mailing, Direktvertrieb
1970-1980	zahlreiche andere Unternehmen	Kundenadressen, gekaufte und gemietete Adressen	nach Kriterien ausgewählte Einzelpersonen	Mailing, Telefon, Direktvertrieb
1980-2000	fast alle Unternehmen	Datenbanken mit Kundenadressen, Fremdadressen, E-Mail-Adressen	nach detaillierten Kriterien ausgewählte Einzelpersonen	moderne Kommunikationstechniken, Dialogtechniken, Direktvertrieb
nach 2000	fast alle Unternehmen	Datenbanken mit Kundenadressen, Fremdadressen, E-Mail-Adressen Internetnutzer	nach detaillierten Kriterien ausgewählte Einzelpersonen	moderne Kommunikationstechniken, Dialogtechniken, Direktvertrieb, „individuelle Massenfertigung"

Entwicklung des Direktmarketing

Quelle: *Löffler/Scherke* (2000), S. 9

Ohne diese Diskussion abschließend zu beurteilen, wird Direktmarketing als das direkte (individuelle) auf Zielpersonen gerichtete Marketing gesehen, das sich zuerst um eine Direktkommunikation zu den Zielpersonen bemüht, um ein Feedback zu erhalten.

4.1 Ziele und Aufgaben

Immer mehr Unternehmen versuchen Direktmarketing in ihr Marketingkonzept zu integrieren. Dabei spielt in zunehmendem Maße das Business-to-Business-Geschäft eine bedeutende Rolle.

Direktmarketing heißt mit Kommunikation so direkt auf die Abnehmer einwirken, dass letztlich ein Kauf-, Leasing- oder anderer Vertragsabschluss

erzielt werden kann. Das charakteristische Element des Direktmarketing ist der direkte, individuelle Kontakt zwischen Anbieter und Abnehmer.

Zielgruppen des Direktmarketing können dabei sein:

- Endverbraucher (Konsumenten)
- Handelsunternehmen
- Industrielle und gewerbliche Abnehmer
- Nicht-gewerbliche Abnehmer (wie z. B. Organisationen, Schulen, Kirche, Institutionen usw.).

Als Ursachen für das Wachstum des Direktmarketing sind folgende Faktoren anzusehen:

- bei den immer differenzierter werdenden Märkten können Zielpersonen besser angesprochen werden;
- die Streuverluste der klassischen Werbung lassen sich verringern;
- durch Direktmarketing lassen sich im Vergleich zum klassischen Verkauf Kosten sparen;
- die Abnehmer wollen heute individuell angesprochen werden.

Die vorliegende Darstellung zeigt, dass ein personaler oder medialer direkter Kontakt bzw. ein indirekter Erstkontakt oder eine Kombination mehrerer Kontaktmöglichkeiten denkbar ist. Die folgende Typologie in Anlehnung an *Tietz* veranschaulicht dies.

- **Der direkte Kontakt**

  1. der persönliche Kontakt,
  2. der mediale Kontakt
     a) der schriftliche Kontakt, Katalog, Broschüre, Prospekt, Mailing, Werbebrief, Fax usw.)
     b) der Kontakt aufgrund einer Zusendung von Mustern oder Proben,
     c) der elektronische Kontakt
        - Telemedien (wie Teletext, T-Online, Kabeltext, Kabelfernsehen, Internet)
        - Speichermedien wie Zusendung von Videoband oder CD-ROM,
        - kombinierte Tele- und Speichermedien wie T-Online,
     d) der kombinierte schriftliche, gegenständliche und elektronische Kontakt wie Mailing mit Muster, Werbebrief mit CD-ROM, E-Mails usw.
  3. der kombinierte personale und mediale Kontakt wie Vorführung von Katalogen, Mustern, CD-ROM, Telefonanruf, E-Mail.

- **Der indirekte Kontakt**

  1. der Kontakt durch Massenmedien
     a) der Kontakt durch Printmedien wie Anzeigen und Beilagen in Zeitungen und Zeitschriften, z. B. mit Coupons oder eingehefteten Antwortpostkarten,

b) der Kontakt durch Funkmedien, d. h. Rundfunk- und Fernsehspots mit Adressenangabe.
c) der Kontakt im Internet (Web-Site usw.).

2. der Kontakt durch Postwurfsendungen, z. B. die unadressierte Haushaltswerbung.

- **Der kombinierte direkte und indirekte Kontakt**, wie Anzeigen zur Anforderung eines Vertreterbesuchs oder eines Kataloges, Fernsehspots zur Nutzung von Fax, des Telefon oder Internets.

Typologie des Direktmarketing

Einen Überblick über die **Medien des Direktmarketing** soll die folgende grafische Darstellung vermitteln.

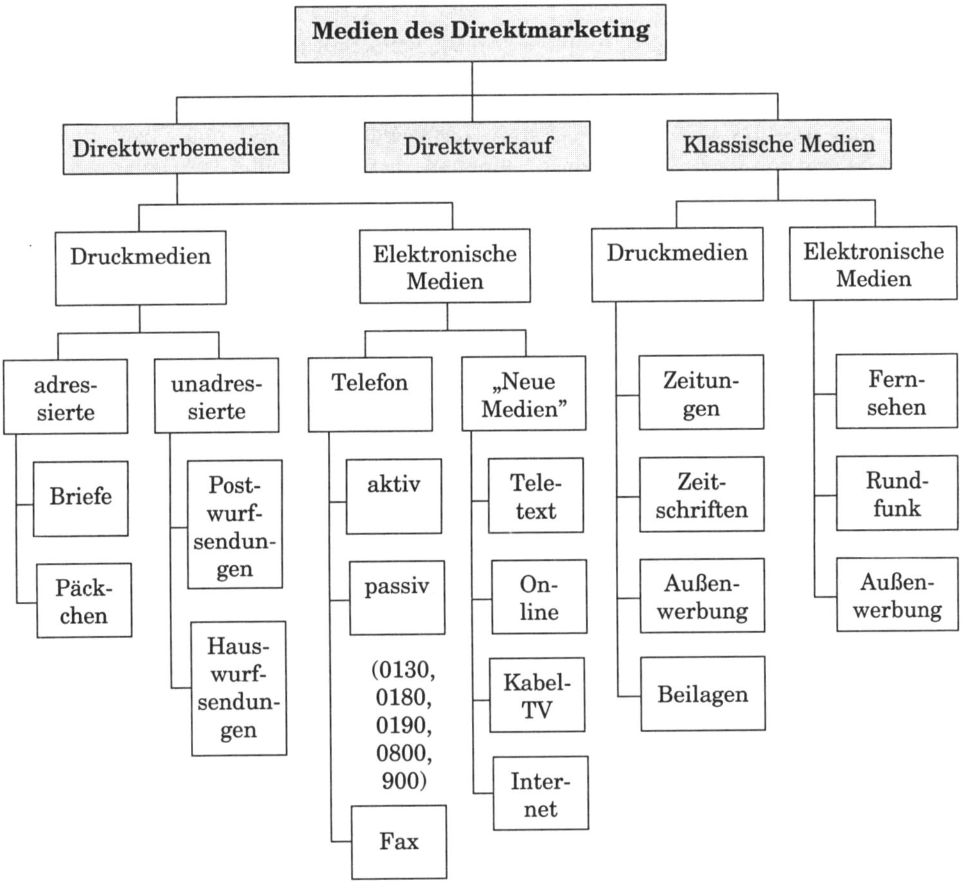

Seit 1990 haben sich die Budgets für Direktmarketing mehr als verdoppelt.

Da Direktmarketing immer mehr an Bedeutung gewinnt, steigt auch die Zahl der Dialogmarketing-Agenturen.

Als Umsatz werden dort Cross Income und Billings ausgewiesen. Unter **Gross Income** bezeichnet man die einer Agentur zufließenden Agentureinkommen (Provisionen, Honorare usw.). Das Gross Income stellt den Netto-Umsatz dar, während die **Billings** den Brutto-Umsatz darstellen (die aufgrund der Etats erhaltenen Vergütungen). Um die Vergleichbarkeit zu erhalten, werden i.d.R. die Gross Incomes mit dem Faktor 6,67 multipliziert und ergeben dann die Billings. Dies wäre der Fall bei 15 % Vergütung für den betreuten Etat an die Agentur.

5. Verkaufsförderung

5.1 Ziele und Aufgaben

Der Begriff der Verkaufsförderung wird in Wissenschaft und Praxis unterschiedlich ausgelegt. Gemeinsam ist allen Formulierungen, dass Verkaufsförderung den Absatz steigern helfen soll. Verkaufsförderung dient der Unterstützung, Information und Motivation aller am Absatzprozess beteiligten Organe (Außendienst, Groß- und Einzelhandel) um den Verkauf zu fördern. Daneben soll sie aber auch dazu beitragen, dass Endverbraucher markt- und absatzbezogen im Sinne des herstellenden Unternehmens informiert werden.

Marketing-Mix				
Verkaufs-förderungs-maßnahmen	**Kommuni-kations-politik**	**Produkt-politik**	**Kontra-hierungs-politik**	**Distribu-tions-politik**
	zum Beispiel - POS-Werbung - Events - Handzettel - Displays - usw.	zum Beispiel - Produktproben - Musterver-teilungen - Sonder-packungen - Sonder-fertigungen - usw.	zum Beispiel - Preisnachlässe - Rabatte - Skonti - Coupons - Rückerstattung - usw	zum Beispiel - Spaßmanage-ment - Sonderverkaufs-aktionen - Just-in-time-Anlieferung - Warenwirt-schaftsysteme - ECR - usw.

Verkaufsförderungsmaßnahmen im Marketing-Mix

Verkaufsförderungsmaßnahmen treten oft in Verbindung mit anderen Marketing-Mixmaßnahmen auf.

Die Ziele der Verkaufsförderung variieren je nachdem, ob sie sich an die Verkaufsorganisation (Staff), den Handel oder die Verbraucher wenden.

Wichtige Ziele der **Verkaufspromotion** sind:

- Information der Verkaufsorganisation
- Unterstützung der Verkaufsorganisation
- Motivation der Mitarbeiter
- Steigerung der Qualität der Verkaufstätigkeit
- Erhöhung des Umsatzes (Deckungsbeitrag).

Wichtige Ziele der **Handelspromotion** sind:

- Listung der Produkte
- Verbesserung der Motivation des Handels und seiner Mitarbeiter
- Verbesserung der Kommunikation mit dem Handel
- Category Management
- Space Management
- Steigerung des Absatzes (Umsatz, Deckungsbeitrag) des Handels.

Wichtige Ziele der **Verbraucherpromotion** sind:

- Einführung und Bekanntmachung neuer Produkte
- Steigerung der Kaufmotivation am POS
- Erhöhung der Kaufsumme und Frequenz
- Kundenbindung (Customer Relationship)
- Markenbindung
- Imageverbesserung.

Die Übersicht auf S. 520 zeigt verschiedene Verkaufsförderungsmaßnahmen und ihre unterschiedliche Wirkungsdauer auf.

5.2 Verkaufspromotions

Hierunter versteht man Maßnahmen, die sich an die Verkaufsorganisation (Außendienst) richten und dessen Leistungsfähigkeit verbessern sollen, wie z.B.:

❑ **Verkaufstraining**

Hierunter gehören Maßnahmen, um

- den allgemeinen Bildungsstand der Außendienstmitarbeiter zu heben

- die Kenntnisse der Außendienstmitarbeiter über das Unternehmen, die Produkte, den Markt usw. verbessern

- die akquisitorischen Fähigkeiten der Außendienstmitarbeiter, wie z. B. Verkaufsgesprächsführung, Sprechtechnik usw. zu verbessern

Formen	Wirkung	
Handelspromotions	**kurzfristig**	**langfristig**
• Händlerschulungen	–	x
• Händlerwettbewerbe	x	–
• Warenplatzierung	x	–
• Displays	x	–
• Schaufenstergestaltung	x	–
• POS-Radio	x	–
• Display am Einkaufswagen/Dauerdisplays	x	x
• Produktpräsentation	x	x
• Werbegeschenke	x	x
• Preisaktionen (Rabatte)	x	–
• Regalmieten	x	x
• Handelsbeirat	–	x
• Händlerhotline usw.	x	x
Verkaufspromotions		
• Verkaufstreffen (Salesmeetings)	x	x
• Verkaufswettbewerbe	x	–
• Verkaufstraining	–	x
• Verkaufshandbücher	–	x
• Lap-Top	–	x
• Sales Folder	x	–
• Produktkatalog	x	–
• Auszeichnungen	x	x
• Aktionsprämien	x	–
• Verkaufstagungen	x	x
• Business Theater	x	x
• Topverkäuferclub	–	x
• Incentive-Reisen	x	x
• Events usw.	x	–
Verbraucherpromotions		
• Displays	x	–
• Produktproben	x	–
• Preisausschreiben	x	–
• Kundenkarten	–	x
• Kundenclubs	–	x
• Personality-Promotion	x	–
• Sonderangebote	x	–
• Werbegeschenke	x	x
• Zugaben	–	x
• Verlosungen	x	–
• Preisaktionen	x	–
• Treueprämien	–	x
• Payback	–	x
• Event usw.	x	–

Wirkungsdauer von Promotions

❑ Verkaufsunterstützung

Durch eine Unterstützung der Außendienstmitarbeiter mit Preislisten, Referenzlisten, Katalogen, Prospekten, Mustern, Proben, Veröffentlichungen, Fachaufsätzen in Fachzeitschriften usw. lässt sich die Tätigkeit im Verkauf günstig beeinflussen.

Auch Verkaufshandbücher, die alle wichtigen Daten für den Außendienstmitarbeiter, um zum Verkaufsabschluss zu gelangen, enthalten, können wesentlich zur Effizienz der Verkaufsbemühungen beitragen.

Daneben helfen Laptops, CD-ROM's, Videos und das Intranet, insbesondere für Investitionsgüter, dem Außendienst bei seiner Tätigkeit.

❑ Verkaufsmotivation

Im Außendienst lässt sich besonders durch gute Motivation die Leistung steigern. Hierzu stehen den einzelnen Unternehmen geldliche Motivationsmöglichkeiten durch entsprechende Gestaltung des Vergütungssystems (Provisions- und Prämiensysteme) als auch durch Aktions- und Verkaufswettbewerbe zur Verfügung.

Auch Verkaufstreffen (salesmeetings), in denen z. B. über neue Produkte berichtet wird und neue Verkaufstechniken vermittelt werden, zählen zu dieser Gruppe von Verkaufsförderungsmaßnahmen.

5.3 Handelspromotions

Die Handelspromotions lassen sich in folgende Gruppen einteilen:

❑ Ausbildung und Information des Handels

Zur Ausbildung und Information des Handels können Hersteller folgende Maßnahmen ergreifen:

- Händlerzeitschriften
- Händlertreffen
- Tagungen
- Kundendienstinformationsdienste
- Ausbildung der Verkäufer des Handels
- Schulung der Händler usw.

❑ Beratung bei der Ausgestaltung der Verkaufsräume

Im Rahmen der Ausgestaltung der Verkaufsräume des Handels können Hersteller die Händler unterstützen und beraten durch:

- Aufstellen von Displays (wie z. B. Bodenkleber, Schaufensterstreifen, Packungsattrappen, Regalattrappen usw.)
- Verpackung der Ware

- Warenplatzierung
- Beratung bei der Lagerung
- Gestaltung der Verkaufsfläche usw.

❑ Preisliche Beratung und Förderung des Handels

Unterstützung bei der Preisgestaltung von Seiten der Hersteller kann der Handel erhalten durch:

- Kalkulationshilfen
- Verkaufsaktionen (Price-off, Naturalrabatte, Zupack, Einführungsaktionen)
- betriebswirtschaftliche Beratung usw.

❑ Motivation des Handels

Eine Motivation des Händlers kann erfolgen durch: Händlerpreisausschreiben, Händlerwettbewerbe, Produktdemonstration, Ausarbeitung von Aktionsprogrammen, Platzierungswettbewerbe, Schaufensterwettbewerbe usw.

Werden Produkte, die schon länger auf dem Markt eingeführt sind, verändert, so können durch verschiedene Promotion-Maßnahmen, z. B. Preisausschreiben, diese Änderungen unterstützt werden.

Ganz allgemein kann man Händlerpromotions in Zusammenhang mit Werbung und den Verbraucherpromotions wie folgt charakterisieren: Aufgabe der Händlerpromotions ist es, die Ware in die Regale und Lager der Händler zu bringen, Aufgabe der Werbung, die Kunden zum Händler und Aufgabe der POP-Werbung (Point of Sale), die Kunden am Verkaufsort zum Kauf zu bringen.

In der amerikanischen Literatur spricht man in diesem Zusammenhang auch von dem **push-and-pull-System**. Die Push-Maßnahmen bestehen darin, durch Händlerpromotions die Produkte „in den Handel hineinzuverkaufen". Die Pull-Maßnahmen (Werbung, Verbraucherpromotions) ziehen den Käufer zu den Produkten in den Einzelhandelsgeschäften.

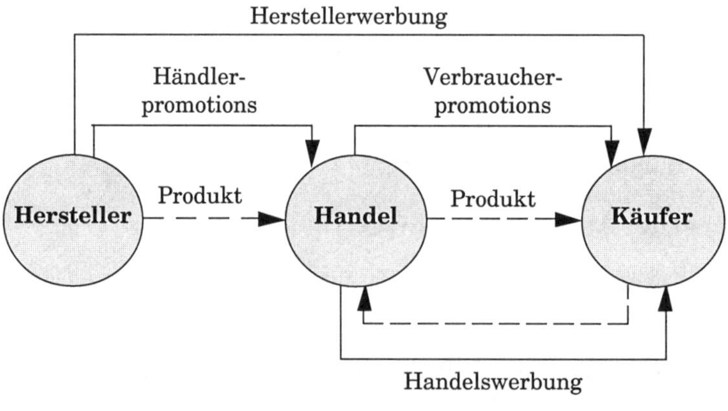

Zusammenwirken von Verkaufsförderung und Werbung

5.4 Verbraucherpromotions

Die spezifische Zielsetzungen von Verbraucherpromotions liegen darin:

- Konsumenten schnell auf bestimmte Produkte aufmerksam zu machen (Displays, Produktproben)
- einen körperlichen Kontakt zwischen Verbraucher und Produkt herzustellen (Proben, Preisausschreiben, Gewinnspiele, Events)
- eine aktive Auseinandersetzung mit dem Produkt seitens des Konsumenten zu bewirken (Preisausschreiben)
- Produkt und Konsument am Ort des Verkaufs zusammenzubringen (Produktproben)
- über das Produkt hinaus zusätzliche Anreize auszuüben (Verlosungen, Befragungen, Preisausschreiben)
- besondere Vorteile beim sofortigen Kauf des Produktes aufzuzeigen (Sonderpreisaktionen, Preisausschreiben, Couponing).

Auf einige Beispiele für die gegenwärtig stark verbreiteten Coupons in unterschiedlichen Formen soll hingewiesen werden. So flattern laufend Rabattcoupons auf unterschiedlichen Wegen (zum Beispiel per Post, mit der Zeitung, auf Flyern usw.) ins Haus. Nicht immer ist etwas Geeignetes für den Empfänger dabei. Auch im Internet findet man unterschiedliche Coupons, vor allem zur Verrechnung beim Internetshopping oder als Ausdruck zur Vorlage in Geschäften.

Doch in der Regel gibt's die Coupons nur für eine Gegenleistung: Schnäppchenjäger müssen sich registrieren und persönliche Daten wie Einkommen, Haustiere oder die Internetnutzung preisgeben. Werden die Fragebogen nicht ausgefüllt, bleibt der Zugriff auf die scheinbar lukrativen Coupons verwehrt.

Oft bekommt der Verbraucher auch Rabatte nur auf eine begrenzte Anzahl von Artikeln. Schnäppchenhinweise gibt es neuerdings auch auf dem Handy. So bekommt man Rabatte bei S. Oliver, einzulösen einfach durch Vorlage der SMS. Nur Eile ist geboten. Die Handy-Coupons haben ein nahes Verfalldatum. Für den Handel scheint die gezielte Zusendung von Coupons per E-Mail oder SMS dennoch weit Erfolg versprechender als Kunden auf Schnipseljagd zu schicken, in Zeitschriften wie im Internet – das finden die meisten Verbraucher zu mühevoll, ermitteln Betriebswirtschaftler der Uni Mannheim.

Einige wichtige Verbraucherpromotions sollen im Folgenden nochmals kurz genannt werden:

Monetäre Promotions:

- Sonderangebote
- Sonderpackungen
- Preisnachlässe
- Self-Liquidation Promotions
- Bonus Product Packs
- Rückerstattungen
- Rabatte
- Coupons
- Sonderrabatte
- Sonstige

Nichtmonetäre Promotions:

- Gewinnspiele (Game Promotions)
- Warenproben
- Handzettel
- Events
- POS-Materialien
- Preisausschreiben
- Game-Shows
- Online-Gewinnspiele
- „Virtual Communities“
- Platzierungen
- Produktzugaben
- Beilagen/Inserate
- POS-Werbung
- Aktionsverpackungen
- Displays
- Merchandising Promotions
- Musterverteilungen
- Online-Events
- Sonstige

Ein Beispiel einer etwas anderen Verkaufsförderungs- und Event-Aktion zeigt, welche kreativen Möglichkeiten noch in der Praxis gegeben sind.

Rheinische Post vom 21.06.2003
Kabarettist Rainer Pause
Skurriles am Grabmal
Jüchen. Er nimmt den Tod auf die Schippe; der Kabarettist Rainer Pausel. Als sein Alter Ego, der Bestatter Fritz Litzmann, tritt der Rheinländer morgen, 19 Uhr in entsprechendem Ambiente, nämlich bei Grabmale Wolf, Neusser Straße 113 in Jüchen, auf. „Das letzte Gericht“ lautet der Titel der Veranstaltung, in dem Pause in kabarettistischer Weise an das Tabuthema Tod herangeht. Jupps Asche, das Grabherrenmodell, die „gepresste Fauna“, also das Nebenergebnis rasanter Autofahrten, und Eier köpfen – es gibt kaum etwas, das Pause nicht zu zynischen und skurrilen Bemerkungen über den Tod animiert. Rainer Pause alias Fritz Litzmann spannt den Bogen von Henkersmahlzeit über Leichenschmaus bis hin zum letzten Abendmahl.

Der Abend mit Rainer Pause soll die Premiere einer Reihe von Veranstaltungen sein, mit der Steinmetz Michael Wolf das Kulturangebot Jüchens bereichern will. Unter dem Motto „Stein-Kunst-Werkstatt“ möchte er drei Themenbereiche ansprechen: „Stein“ soll stehen für Theorie und Praxis der Materie, „Kunst“ für Kabarett und Konzerte und „Werkstatt“ für Gespräche und Informationsabende.

Karten für den Auftaktabend „Das letzte Gericht“ mit dem rheinischen Kabarettisten Rainer Pause kosten an der Abendkasse 15 Euro. Nach dem Programm lädt Michael Wolf zum Essen ein – passend zum Thema gibt es „Himmel & Ääd“.

Verkaufsförderungsevent

6. Event-Marketing

Unter **Event-Marketing** versteht man die zielgerichtete erlebnisorientierte Kommunikation und Präsentation eines Produktes, einer Dienstleistung und/oder eines Unternehmens im Rahmen einer Veranstaltung. Events sind Veranstaltungen, die zum Dialog führen sollen, indem sie emotionale und physische Reize auslösen und Aktivierungsprozesse initiieren.

Ziele von Events können sein:

- Schaffung und Steigerung der Bewusstseinsbildung
- Information und Kommunikation
- Imagebildung
- Schaffung eines Dialogs mit den Zielgruppen
- Emotionalisierung und Motivation
- Produkt- und Unternehmenskommunikation.

Als **Zielgruppen** kommen infrage:

- Endverbraucher
- Unternehmen
- Handel
- Mitarbeiter
- Außendienst
- Medienvertreter.

Für die Erreichung der unterschiedlichen Ziele bieten sich verschiedenen Zielgruppen unterschiedliche Events (vgl. Übersicht) an, wobei sich unterschiedliche Möglichkeiten der Gestaltung ergeben. Da die Ausrichtung von Events i.d.R. sehr kompliziert und zeitaufwendig ist, empfiehlt es sich, die Konzeption und Ausrichtung einer der ca. 250 Eventagenturen auf dem Markt zu übertragen.

Zielgruppe	**Events**	
• Abnehmer - private - Business	• Event am Point of Sale • Promotion-Event • Ausstellung • Messe und Messe-Events • Tage der offenen Tür • Unternehmenspräsentationen	• Jahreshauptversammlung • Händlermeetings • Kongresse, Tagungen, Workshops usw. • VIP-Event
• Mitarbeiter Außendienst	• Get-together-Event • Incentive-Event • Motivationsveranstaltung	• Produktpräsentation • Workshop • Kick-off-Veranstaltungen usw.
• Medienvertreter	• Presse-Event • PR-Event • VIP-Event	• Symposium • Unternehmenspräsentation usw.

Eventformen

7. Persönlicher Verkauf

Den persönlichen Verkauf sehen wir als einen zwischenmenschlichen Prozess an, in dem Marktpartner, insbesondere Käufer, über ein Angebot informiert, von seiner Qualität überzeugt und hinsichtlich der Verwendung und Auswahl beraten werden um zu einem Kaufvertragsabschluss, Mietvertrag oder zur Übernahme einer sonstigen Leistung veranlasst zu werden.

Die Durchführung des persönlichen Verkaufs obliegt den Verkäufern eines Unternehmens, der Geschäftsleitung oder sonstigen damit beauftragten Personen.

Persönlicher Verkauf kann mit einer unterschiedlichen Anzahl von Personen auf der Verkäufer- als auch auf der Käuferseite erfolgen.

Verkäufer	Käufer	Beispiele
eine Person	eine Person	– Waren des täglichen Bedarfs
eine Person	mehrere Personen (z. B. Paare, Familien usw.)	– Kauf von Einrichtungsgegenständen – PKW-Kauf – Hauskauf
mehrere Personen (Selling Center)	mehrere Personen (Buying Center)	– Kauf von Investitionsgütern – Kauf durch Institutionen

Verkäufer-Käufer-Situation

Verkäufer können dabei unterschiedliche rechtliche Stellungen einnehmen. Zum einen können sie Mitarbeiter des anbietenden Unternehmens sein, zum anderen können sie Selbstständige sein (z. B. Handelsvertreter), die Verkaufsaufgaben übernommen haben.

In den Fällen des Verkaufs von z. B. Anlagen, Großmaschinen usw. haben die Anbieter i.d.R. ein Selling-Team oder -Center, dem unterschiedliche Mitarbeiter (Vertrieb, Konstruktion, Produktion usw.) angehören. Auf der Käuferseite sind dann meist auch mehrere Personen im sog. Buying Center vertreten, wie z. B. Technik, Produktion, Einkauf, Finanzen, Geschäftsleitung usw.

7.1 Ziele und Aufgaben

Die Aufgabenbereiche, die Verkäufer allgemein erfüllen müssen, ergeben sich aus den spezifischen Verkaufszielen, die sich wiederum aus den Kommunikations- und Marketingzielen ableiten.

Grundsätzlich haben Verkäufer die folgenden Aufgabengebiete, die je nach Produkt, Unternehmen, Absatzweg usw. mit unterschiedlicher Intensität wahrzunehmen sind (vgl. dazu u.a. *Weis, H.C.*, Verkauf, 6. Aufl., Ludwigshafen 2004).

- **Informationsbeschaffung**
  - Informationen über Absatzmöglichkeiten (Absatzpotenzial)
  - Informationen über Konkurrenten (Konkurrenzanalyse)
  - Informationen über die eigene Verkaufstätigkeit (Besuchsberichte)

- **Verkaufsplanung (-vorbereitung)**
  - Information über die Kundensituation vor Kundenbesuch
  - Ermittlung der kaufentscheidenden und kaufbeeinflussenden Personen
  - Ermittlung der Verwender beim Kunden
  - Individuelle Besuchsplanung
  - Tourenplanung
  - Verkaufsgesprächsvorbereitung
  - Verkaufsargumentation
  - Verkaufsgesprächstaktik
  - Besuchsanmeldung

- **Kundenkontakte**
  - Kontaktgespräche (allgemein)
  - Verkaufsgespräche
  - Verkaufsverhandlungen
  - Verkaufsabschlüsse
  - Gespräche nach Verkaufsabschluss
  - Kundenbesuche
  - Interessentenbesuche

- **Auftragsabwicklung**
  - Überwachung der Auftragsabwicklung
  - Bearbeitung von Reklamationen

Im Einzelnen lassen sich unterschiedliche Verkaufsaufgaben feststellen, die verschiedene Schwerpunkte der Verkaufstätigkeit erkennen lassen (in Anlehnung an *McMurry*):

(1) **„Verkäufer", die hauptsächlich den Kunden Produkte liefern**
(Milchmann, Brötchenbelieferung, Heizöl usw.). Ein aktives Bemühen um Umsatz ist gering.

(2) **„Verkäufer", die im verkaufenden Unternehmen damit betraut sind, Interessenten Produkte vorzulegen, anzubieten und auszuhändigen**
Ihr Einfluss auf den Umsatz ist begrenzt, da sie nur an anwesende Personen verkaufen können.

(3) **„Verkäufer", die im Wesentlichen damit betraut sind, im Außendienst (also beim Kunden) Bestellungen entgegenzunehmen**
Durch sein persönliches Verhalten kann er den Verkauf positiv beeinflussen, ohne kreativ sein zu müssen.

(4) **„Verkäufer", deren Aufgabe darin besteht, zu informieren, zu beraten und einen „good will" aufzubauen**, aber nicht primär oder überhaupt nicht zu „verkaufen" (Pharmareferenten, Klinikbesucher).

(5) **„Verkäufer", deren Aufgabe vorrangig darin besteht, Kunden bei Problemlösungen zu helfen und zu beraten**
Ohne fundierte Beratung wird der Kunde nicht kaufen (z. B. Verkaufsingenieur, Vertriebsbeauftragte für EDV; Kontakter, Klinikbesucher).

(6) **„Verkäufer", die Kunden überzeugen müssen, dass die bisher verwendeten Produkte nicht ihre Bedürfnisse befriedigen, sondern nur die von ihnen vertretenen Produkte bzw. Leistungen**
McMurry bezeichnet diese Aufgabe als „kreativ" (z.B. Einführung neuer Produkte, Prozessänderungen, Neue Pkw-Marke).

(7) **„Verkäufer", die Dienstleistungen verkaufen**
Diese Aufgabe erfordert insofern mehr Kreativität vom Verkäufer, da das „Produkt" i.d.R. nicht vorhanden ist und die Demonstration „gedanklich" erfolgen muss (z.B. Unternehmensberater, Trainer, Wachdienste, Ärzte, Rechtsanwälte).

Zusammenfassend lässt sich sagen, dass die Verkaufsaufgaben sehr unterschiedlich strukturiert sind und abhängig vom Produkt, von der Verkaufssituation und von den Kunden ist. Daraus folgt, dass auch an Verkäufer unterschiedliche Anforderungen zu stellen sind.

Es kann somit festgestellt werden, dass die Schwierigkeiten der Verkaufsaufgabe sehr unterschiedlich sind und allgemein von folgenden Faktoren abhängen:

- der Leistung (Konsumgut, Investitionsgut, Dienstleistung), die ein Verkäufer anbietet,
- dem Image seines Angebots,
- dem Wert (Preis), den sein Angebot darstellt,
- der Verkaufssituation (Erstkauf, Wiederkauf),
- dem potenziellen Abnehmer (Konsument, industrieller Abnehmer, Handel),
- der allgemeinen Wettbewerbssituation,
- der Situation des Käufers.

Aufgaben, Kompetenz und Verantwortung eines Mitarbeiters im Außendienst veranschaulicht die folgende Stellenbeschreibung:

Stellenbeschreibung		
1.	**Stellenbezeichnung**:	Mitarbeiter im Außendienst
2.	**Unterstellung**:	Abteilungsleiter Verkauf Bundesrepublik Süd
3.	**Überstellung**:	- - - - -
4.	**Dienstrang des Stelleninhabers**:	Sachbearbeiter
5.	**Stellvertretung**: Wird vertreten von: Mitarbeiter im Außendienst für Verkaufsbezirk A Platzhalter: Vertritt selbst:	 - - Mitarbeiter im Außendienst für Verkaufsbezirk A
6.	**Ziel der Stelle**: Hat in seinem Verkaufsbezirk die vorhandenen Kunden optimal und im Sinne der festgelegten Verkaufspolitik mit dem Ergebnis steigender Verkaufserfolge zu betreuen, neue solvente Abnehmer zu gewinnen und das Unternehmen möglichst umfassend und präzise über die betreuten Abnehmer, über das Verhalten der Konkurrenz und über Tendenzen im Markt zu informieren.	

7. **Aufgaben, Kompetenz, Verantwortung**

7.1 Führt Kundenbesuche entsprechend den Richtlinien der erforderlichen Besuchshäufigkeit und Besuchsdauer je nach Kunde sowie auf spezielle Anforderung durch die Verkaufsleitung durch, mit den Zielen

- Verkaufsaufträge bei solventen Kunden einzuholen,
- alle zur lückenlosen Führung des Kundenbogens erforderlichen Informationen über den Kunden einzuholen,
- Möglichkeiten für die Entwicklung neuer Produkte festzustellen,
- die Richtigkeit des gegenwärtigen Angebots zu überprüfen und ggf. Neuerungen einzuführen,
- den Servicegedanken gegenüber den Kunden zu vertiefen,
- Informationen des Unternehmens zu überbringen,
- die besonderen Vorzüge des eigenen Unternehmens und des eigenen Produktangebots für den Kunden in überzeugender Weise darzustellen und
- Probleme zu klären, die aufgrund ihrer hervorragenden Bedeutung die persönliche Anwesenheit eines Repräsentanten des Unternehmens erforderlich machen.

7.2 Sucht beständig nach neuen potenziellen Abnehmern im Verkaufsbezirk um sie dann als Kunden für das Unternehmen zu gewinnen.

7.3 Setzt sich nachhaltig und mit Überzeugungskraft für die Durchsetzung der von der Unternehmensführung beschlossenen Verkaufspolitik beim Kunden ein.

7.4 Erfüllt seine Verpflichtungen zur Information entsprechend der „Übersicht Informationssystem" in möglichst umfassender und präziser Weise.

7.5 Erstellt halbjährlich zu den festgelegten Zeitpunkten eine nach Produkten gegliederte Absatzprognose für seine Kunden und legt sie dem Abteilungsleiter Verkauf vor.

7.6 Fertigt zu jedem Besuch einen Besuchsbericht auf dem dafür vorgesehenen Formblatt an und übersendet ihn innerhalb von 2 Tagen nach dem Besuch an das Unternehmen.

7.7 Führt den Kundenbogen lückenlos und aktualisiert ihn kontinuierlich.

7.8 Setzt sich ein für die Einhaltung des für ihn festgesetzten Jahreskostenetats und begründet Abweichungen von mehr als 5 %.

7.9 Plant seine Kundenbesuche und sonstigen Reisen und übersendet dem Unternehmen bis zum Freitag jeder Woche dort eingehend einen detaillierten Besuchsplan für die Folgewoche.

7.10 Führt Reisekostenabrechnungen sachlich und termingemäß entsprechend der geltenden Spesenregelung durch und übersendet sie an das Unternehmen.

7.11 Organisiert Besuche von Vorgesetzten und Technikern sowie Produktvorführungen bei Kunden und ist verantwortlich für reibungsloses Ablaufen von Vorführungen.

7.12 Nimmt nach Abstimmung mit der Verkaufsleitung Bundesrepublik Süd teil an Messen, Tagungen und Veranstaltungen in seinem Verkaufsbezirk, soweit dies der Förderung des Absatzes in seinem Verkaufsbezirk dienlich ist.

7.13 Arbeitet an der eigenen Weiterbildung und beantragt Unterstützung entsprechend seinen individuellen Trainingsbedürfnissen bei dem Verkaufsleiter Bundesrepublik Süd. Nimmt teil an entsprechenden Tagungen und Seminaren.

Einen Überblick über Vertriebsorganisationen in Deutschland vermittelt die folgende Erhebung der Zeitschrift „absatzwirtschaft" (10/2001).

Vertriebsorganisation in Deutschland **Eine »absatzwirtschaft«Erhebung per 31.12.2000**

Unternehmen	Branche	Mitarbeiter Gesamt	Mitarbeiter Vertrieb	Davon Außendienst	Nebenberuflich	Separate Vertriebsorganisationen	Vertriebsaufwendungen am Umsatz (in %)
Vorwerk & Co. KG	Elektrogeräte/Direktvertrieb	16.462 [4]	8.500	7.900 [5]	2.675	7	–
Bofrost Dienstleistungs GmbH und Co. KG	Direktvertrieb/Heimdienst Tiefkühlkost und Eiskrem	6.000	5.300	–	–	–	–
Jungheinrich AG	Maschinenbau	4.436	1.465	180	–	2	16
3M Deutschland GmbH	Multi-Technologie	3.248	1.054	440	–	26	16
ZEPPELIN GmbH	Handel mit Baumaschinen und Motoren	2.248	600	260	–	55 [1]	–
SKF GmbH	Zulieferind. Maschinenbau/ Automobilind.	5.180	559	70	–	5	6
Bijou Brigitte modische Accessoires AG	Schmuck/modische Accessoires	718	551 [6]	10	–	1	–
Heim & Haus GmbH	Bauelemente Vertrieb	850	520	520	–	–	25
KSI – Klaus Steilmann Institut für Innovation und Umwelt GmbH	Bekleidungsindustrie	2.300	485	112	–	6	86,8
H.F. & Ph.F. Reemtsma GmbH	Genussmittel	406	346	280	–	1	3,8
Dräger Safety AG & Co. KGaA	Feinmechanik/Optik/Arbeitsschutz/Messtechnik	1.450	270	180	–	25	17
AZUPHARMA GmbH	Pharmazie	500	264	230	–	2	40
Cewe Color AG & Co. oHG	Fotobranche	3.500	250	200	50	10	–
Bauknecht Hausgeräte GmbH	Hausgeräte	2.267	200	70	–	–	–
EKO Stahl GmbH	Stahlindustrie	3.200	134	–	–	–	–
Varta Gerätebatterie GmbH	Elektroindustrie Batterien	1.900	116	59	–	1	16
Privatbrauerei Diebels	Brauereiwirtschaft	410	100	85	–	2	22
ABIG Werke Carry Gross GmbH & Co. KG	Heiztechnik	180	100	60	–	–	–
AGCO GmbH & Co	Fahrzeugbau	2.700	95	25	10	1	6
Loher AG	Elektrotechnik	1.100	90	20	–	1	10
VOGT-electronik AG	Elektro- und Elektronikindustrie	5.350 [7]	80	15 [7]	–	4	–
Werner Rietschle GmbH & Co. KG	Maschinenbau und Leichtmetallgießerei	808	62	7	–	1	10,5 [2]
Skoda Auto Deutschland	Automobilbranche	126	40	17	–	–	–
Wikhahn Wilkening + Hahne GmbH + Co	Herstellung + Vertrieb hochw. Büroeinrichtungen	526	38	19	–	1	6,6
Brähler ICS Konferenztechnik AG	Konferenztechnik/Beschallung/ Interaktive Medien	115	20	7	–	2	13
Kisters Maschinenbau GmbH	Verpackungsmaschinen	362	14	6	1	2	11,2
Kallfass Verpackungsmaschinen	Verpackungsmaschinen, Druckbranche	100	12	5	–	3	10
Bacchus-Weinhaus Graf Eltz	Weinhandel	436	5 [3]	360	71	50	–
GFC Getriebefabrik Coswig GmbH	Maschinenbau	100	5	1	4	–	24
Velind Chemie Schwedt	Chemie	28	4	1	–	–	20
SEGU Systemelektrik GmbH	Kabelkonfektion, elektrische Bauteile	300	3	2	–	4	3
Tupperware Deutschland GmbH	Direktvertrieb	–	–	–	55.000	–	–

1) Vertriebs-, Service- und Mietstandorte, 2) Inklusive Export-Vertriebsaufwendungen, 3) im Stammhaus, 4) inklusive selbstständige Berater, 5) selbstständige Berater, 6) auf Vollzeitkräfte umgerechnet, 7) weltweit

Die Tabelle basiert auf freiwilligen Angaben der Unternehmen. Die Frage zur Größe lautete: Wie viele Mitarbeiter zählte der gesamte Absatz-/Verkaufs-/Vertriebsbereich am 31.12.2000 (bzw. am Bilanzstichtag) in Deutschland (Außendienst, Innendienst, Key-Account-Management, Auftragsbearbeitung, Technischer Kundendienst, Anwendungsberatung, Logistik/Transport, Mitarbeiter eigener Verkaufsstellen oder Handelsorganisationen)? Das Problem: Der Unternehmensbereich, der sich mit dem Verkauf und der Verteilung der Produkte befasst, wird von Unternehmen unterschiedlich abgegrenzt. Die eingehende Beschäftigung mit den Zahlen kann jedoch erste Hinweise auf Stärken und Schwächen in der eigenen Vertriebsorganisation liefern.

Die Zahlen für die USA im Business-to-Business-Verkauf und im Direktverkauf dienen dem Vergleich mit der deutschen Vertriebssituation.

Manufacturing Companies		
Rank	**Company**	**Estimated Number of U.S. Salespeople**
1.	Sara Lee	29.000
2.	IBM	16.000
3.	PepsiCo	15.000
4.	International Paper	13.225
5.	General Electric	12.800
6.	InterstateBakeries	10.863
7.	SBC Communications	10.403
8.	Philip Morris	10.000
9.	Sysco	9.582
10.	Microsoft	9.346
11.	Gillette	8.000
12.	Pitney Bowes	6.200
13.	RJR Nabisco	5.900
14.	Xerox	5.200
15.	Snap-On	4.900
16.	Eastman Kodak	4.500
17.	Masco	4.500
18.	Bridgestone-Firestone	4.475
19.	Escolab	4.260
20.	Bayer	4.200
21.	E.I. du Pont de Nemours	4.115
22.	Georgia Pacific	4.000
23.	Novartis	4.000
24.	American Home Products	3.940
25.	Bristol-Myers Squibb	3.800

Quelle: *Futrell, C. B.* 1998

Mitarbeiter im B-to B-Verkauf (USA 1996)

Direct Selling Companies		
Rank	**Company**	**Estimated Sales-people Worldwide**
1.	Amway	2.500.000
2.	Noevir USA	1.000.000
3.	Sunrider International	1.000.000
4.	Excel Communications	979.000
5.	Tupperware Worldwide	800.000
6.	Herbalife International	750.000
7.	Nature's Sunshine International	500.000
8.	Nu Skin International	500.000
9.	Mary Kay	475.000
10.	Avon Products	440.000
11.	Shaklee	400.000
12.	NSA	300.000
13.	Quorum International	210.000
14.	Jafra Cosmetics International	200.000
15.	Alliance USA	160.000
16.	Melaleuca	150.000
17.	Enrich International	126.000
18.	Equinox International	100.000
19.	Just	100.000
20.	Primerica Financial Services	90.000
21.	Body Wise International	80.000
22.	House of Lloyd	80.000
23.	Watkins	73.000
24.	Reliv	60.000
25.	Stanhome	60.000
26.	Home Interiors and Gifts	40.000
27.	Sportron International Inc.	40.000
28.	Nikken Inc.	38.000
29.	Diamite Corporation	35.000
30.	Rexal Showcase International	35.000
	Total	11.321.000

Quelle: *Futrell, C. B.* 1998

Mitarbeiter im Direktverkauf weltweit

7.2 Verkaufspolitische Entscheidungen

Allgemein leiten sich die im Verkauf erforderlichen verkaufspolitischen Entscheidungen aus den sich von den Marketingzielen ergebenden Verkaufszielen ab. Die einzelnen verkaufspolitischen Aufgaben und Entscheidungen sollen in diesem Rahmen jedoch nur kurz angedeutet werden.

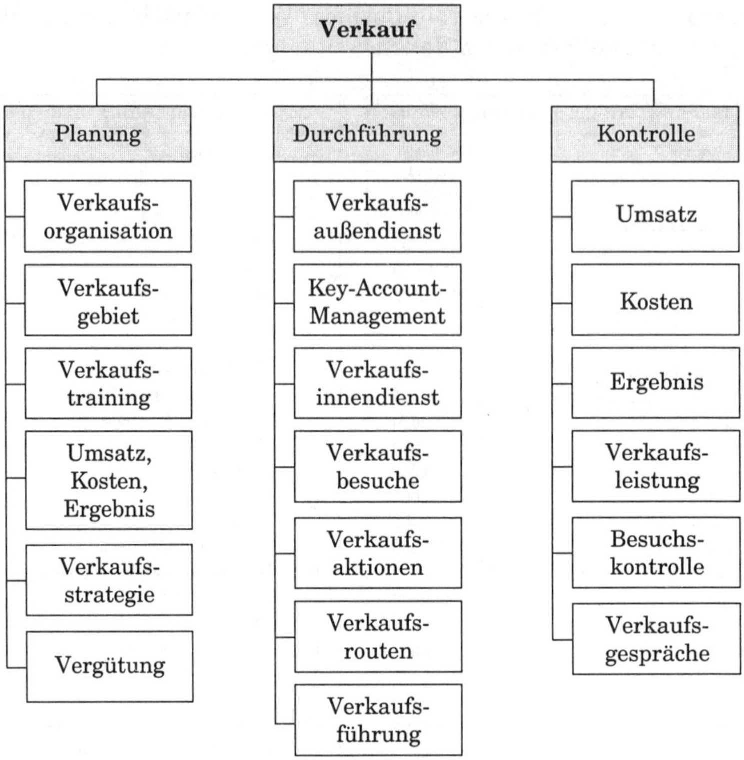

Entscheidungen im Verkauf

Die Abbildung vermittelt grob eine Einteilung der verschiedenen Aufgaben nach den Schwerpunkten der Funktionen.

- **Entscheidungen über die Verkaufsorganisation**

  Wie in Abschnitt A über die Organisation im Gesamtbereich Marketing ergibt sich auch im Verkauf das Problem der optimalen Gestaltung der Verkaufsorganisation. Grundsätzlich bietet sich auch hier eine primär funktionsorientierte, produktorientierte oder abnehmerorientierte Verkaufsorganisation bzw. ein Mischsystem aus diesen Kriterien an. Für welche Organisationsstruktur man sich letztlich entscheidet, hängt von den eigenen Produkten, den Marktgegebenheiten sowie den finanziellen Möglichkeiten ab (vgl. *Weis, H.C.*: Verkauf (2004)). Von entscheidender Bedeutung sind;

  - Anzahl und Struktur der Käufer
  - Wettbewerbssituation
  - Marktverhältnisse

- **Bestimmung der Verkaufsgebiete**

  Außendienstmitarbeitern sind geografisch genau abgegrenzte Verkaufsgebiete zuzuordnen. Dabei sollte grundsätzlich so vorgegangen werden, dass keine Überschneidungen entstehen und die einzelnen Mitarbeiter vergleichsweise gleich große Absatzpotenziale und eine etwa gleiche Arbeitsbelastung (Arbeitslast) haben.

In der Praxis finden sich die unterschiedlichsten Kriterien, die der Einteilung in Verkaufsgebiete zu Grunde gelegt sind, wie z. B. Bundesländer, Regierungsbezirke, Postleitzahlgebiete und Nielsengebiete. Eine optimale Verkaufsgebietseinteilung ist für Führung, Realisation und Kontrolle des Verkaufs sehr wichtig.

- **Verkaufstraining**

Im Rahmen der Einführung sollten Außendienstmitarbeiter mit den erforderlichen unternehmens- und marktspezifischen Gegebenheiten vertraut gemacht werden sowie in Verkaufstechnik, Verkaufsgesprächsführung und Kommunikationstechnik trainiert werden. Später sollten die Außendienstmitarbeiter periodisch wiederkehrend (wöchentlich, monatlich) in zweckmäßiger Argumentations- und Verhaltenstechnik trainiert werden.

Daneben ist es wichtig die Mitarbeiter im Außen- und Innendienst durch Motivationsveranstaltungen zu aktivieren.

- **Planung von Umsatz und Kosten**

Da die Planzahlen des Verkaufs Ausgangspunkt für die sonstigen betrieblichen Aktivitäten sind, ist es erforderlich, diese Zahlen besonders gut zu planen. Im Hinblick auf die Verkäufer können dadurch dann auch realistische und motivierende Verkaufsvorgaben erarbeitet werden.

- **Vergütungs-und Anreizsystem**

Für jede Verkaufsorganisation ist ein auf die individuellen Verhältnisse abgestimmtes Vergütungssystem zu entwickeln. Dabei empfiehlt es sich, sowohl monetäre Anreize (Provision, Prämie) als auch sog. nichtmonetäre Anreize (Wettbewerbe, Auszeichnungen usw.) in das Vergütungssystem aufzunehmen.

	Verwendung in Prozent		
Materieller Anreiz	**insgesamt**	**> 5.000 Mitarbeiter**	**< 5.000 Mitarbeiter**
Weihnachtsgeld oder sonstige extra Gehälter	94	91	96
Geldprämien oder Bonuszahlungen	92	87	100
Fortbildung	84	74	92
Dienstwagen	80	70	88
Sonderzulagen	80	74	83
Mobiltelefone	75	65	79
verbilligter Produktbezug	75	57	88
Darlehen	53	48	58
Aktienoptionen	47	35	50
Dienstwohnungen	37	30	42

Wichtige materielle Anreize (Basis: Unternehmen, die materielle Anreize vergeben)

Quelle: Forsa

- **Festlegung der Anzahl der Außendienstmitarbeiter**

  Um sowohl eine sach- und fachgerechte Betreuung der Kunden zu erreichen, als auch um die Außendienstmitarbeiter physisch nicht zu stark zu belasten, muss die Ermittlung der erforderlichen Außendienstmitarbeiter genau und objektiv erfolgen.

Um dies zu gewährleisten, müssen folgende Daten bekannt sein oder festgelegt werden:

- Die Zahl der bereits vorhandenen sowie die der neu zu werbenden Kunden im Geschäftsjahr. Die Zahl der neu zu werbenden Kunden ist von der Verkaufsleitung festzulegen.

- Die Besuchsfrequenz der Kunden. Diese Zahl ist ebenfalls geschätzt und muss sehr sorgfältig ermittelt werden, wobei zu beachten ist, dass Großunternehmen in kürzeren Intervallen und daher häufiger besucht werden müssen als kleinere Unternehmen.

- Die durchschnittliche Tagesbesuchsrate des Außendienstmitarbeiters.

- Die Zahl der vorhandenen Arbeitstage pro Jahr. In diesem Fall versteht man unter Arbeitstag jeden Tag, an dem es möglich ist, mit Kunden zu verhandeln bzw. sie aufzusuchen.

Sind alle diese Daten vorhanden, errechnet sich die optimale Zahl der Außendienstmitarbeiter wie folgt:

$$Z_{AD} = \frac{\text{Zahl der Kunden} \cdot \text{Besuchsfrequenz}}{\text{Tagesbesuchsrate} \cdot \text{Zahl der Arbeitstage}}$$

Die ermittelte Zahl kann sich durch strukturelle Eigenarten eines Verkaufsgebietes und unterschiedlicher Schwerpunkte von Unternehmen zu Unternehmen noch leicht verändern.

Beispiel zur Errechnung der erforderlichen Außendienstmitarbeiter:

Kundentyp I	= 500	Besuchsfrequenz p.a. = 16
Kundentyp II	= 400	Besuchsfrequenz p.a. = 12
Kundentyp III	= 200	Besuchsfrequenz p.a. = 8
Neu-Kunden	= 50	Besuchsfrequenz p.a. = 12

Durchschnittliche Tagesbesuchsrate des Außendienstmitarbeiters	= 5
Zahl der Arbeitstage	= 200

Zahl der erforderlichen Außendienstmitarbeiter: 15

$$Z_{AD} = \frac{(500 \cdot 16) + (400 \cdot 12) + (200 \cdot 8) + (50 \cdot 12)}{5 \cdot 200} = \frac{15.000}{1.000} = 15$$

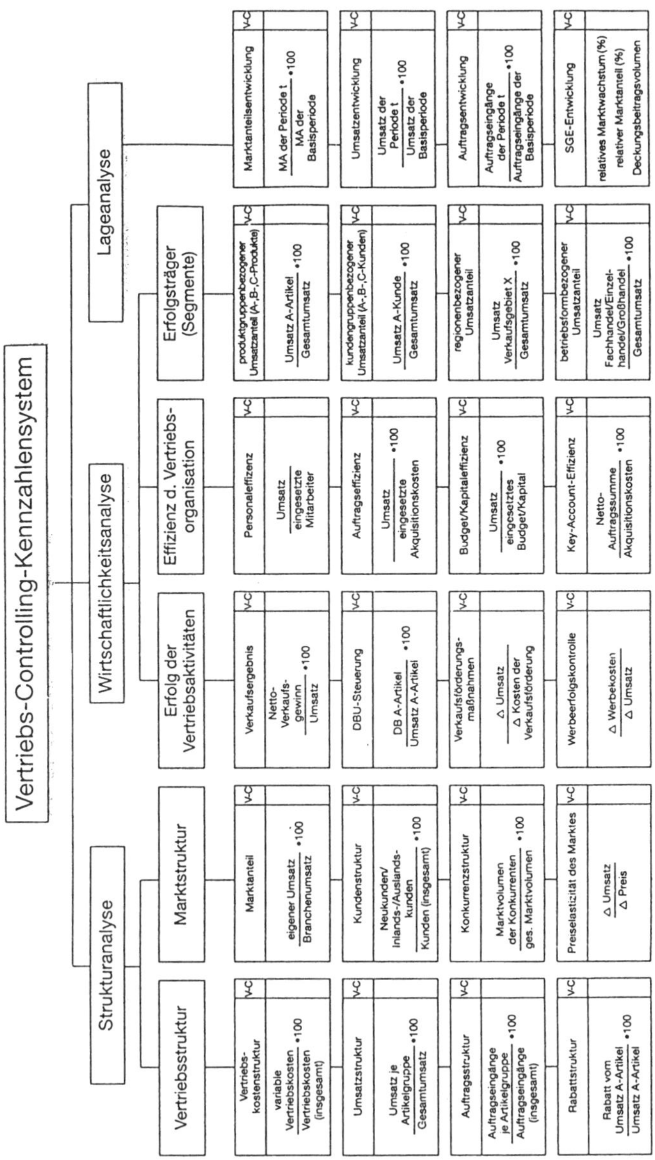

Kennzahlensystem zum Vertriebscontrolling

Quelle: *Reichmann, T.* (1997), S. 403

- **Suche und Auswahl von Außendienstmitarbeitern**

  Bei diesem Aufgabenkomplex geht es primär um die Anforderungen, die an Außendienstmitarbeiter im konkreten Fall zu stellen sind. Bei der Auswahl ist besonders darauf zu achten, dass Außendienstmitarbeiter die erforderlichen persönlichen Eigenschaften (Eigenverantwortung, Belastbarkeit, Anpassungsfähigkeit usw.) als auch die fachlichen Voraussetzungen mitbringen.

- **Durchführung der Verkaufstätigkeit**

  Im Rahmen der Durchführung der Verkaufsaufgabe ist insbesondere die Planungsrealisation von wesentlicher Bedeutung. Im Einzelnen geht es dabei um die Besuchsdurchführung, die Routengestaltung, die Motivation der Mitarbeiter und den optimalen Einsatz der Führungsmöglichkeiten durch die Verkaufsleitung.

- **Kontrolle**

  Zur Messung der Verkaufsaktivitäten können Kennzahlen herangezogen werden. Das Kennzahlensystem zum Vertriebscontrolling von *Reichmann* dient der Veranschaulichung eines derartigen Systems (vgl. Abb. S. 535).

- **Sonstige Aufgaben**

  Neben den hier skizzierten Aufgaben sind darüber hinaus Besuchsnormen festzulegen, Fragen der Verkehrsmittel für Außendienstmitarbeiter zu lösen, Reiserouten zu planen sowie ein verbindliches Verkaufsbudget (Kostenetat) für jeden Mitarbeiter aufzustellen.

40 Seite 634 | 41 Seite 634 | 42 Seite 634 | 43 Seite 635

44 Seite 635 | 45 Seite 635 | 46 Seite 636 | 47 Seite 636

Zu weiteren Ausführungen siehe *Weis, H.C.*, Verkauf, 6. Aufl., Ludwigshafen 2004.

8. Öffentlichkeitsarbeit

8.1 Ziele und Aufgaben

Nach *Oeckl* ist „Öffentlichkeitsarbeit das bewusste, geplante und dauernde Bemühen, gegenseitiges Verständnis und Vertrauen in der Öffentlichkeit aufzubauen und zu pflegen."

Öffentlichkeitsarbeit gehört wie die Werbung zu den kommunikativen Instrumenten eines Unternehmens. Da gute Öffentlichkeitsarbeit zur Erhöhung des Bekanntheitsgrades und Aufbau eines guten Images (bei tatsächlichen und potenziellen Käufern) beitragen kann, ist es wichtig Öffentlichkeitsarbeit oder **Public Relations** (PR) in die

Kommunikationspolitik eines Unternehmens zu integrieren, da sowohl werbliche als auch verkaufsfördernde Wirkungen von ihr ausgehen.

Infolge der Verschiedenartigkeit der Gesamtzielsetzung ist eine organisatorische Einordnung in die Werbeabteilung jedoch nicht empfehlenswert. Eine Abstimmung der PR-Maßnahmen mit den übrigen marketingpolitischen Instrumenten ist jedoch unbedingt erforderlich.

Hauptaufgabe der Public Relations im Rahmen des Marketing ist es, das aufgrund der Meinungsforschung festgestellte Unternehmensimage im Sinne der Zielsetzung des Unternehmens so zu verändern, dass sich „ein positiv wirksames Firmenbild als Ergebnis eines systematisch gepflegten Firmenstils einstellt".

Werden Public Relations unter diesen Gesichtspunkten betrieben, so werden sie stets akquisitorische Auswirkungen zeigen.

Im Einzelnen lässt sich die Gesamtfunktion Public Relations eines Unternehmens in fünf Teilfunktionen aufteilen (vgl. *Zankl*):

- die **Informationsfunktion**, d. h. die Übermittlung von Informationen über das Unternehmen an relevante Zielgruppen mit dem Ziel, eine verständnisvolle Einstellung im Hinblick auf das Unternehmen und seine Situation zu erzielen.

- die **Imagefunktion**, d. h. den Aufbau und die Änderung eines bestimmten Vorstellungsbildes von dem Unternehmen im Urteil der Öffentlichkeit zu Stande zu bringen.

- die **Führungsfunktion**, d. h. die Beeinflussung der relevanten Öffentlichkeit im Hinblick auf die Positionierung eines Unternehmens auf dem Markt.

- die **Kommunikationsfunktion**, d. h. das Zustandebringen von Kontakten zwischen dem Unternehmen und relevanten Zielgruppen (z. B. Verbänden, Parteien, Kirchen, Ländern, Kunden usw.).

- die **Existenzerhaltungsfunktion**, d. h. die glaubwürdige Darstellung der Notwendigkeit des Unternehmens für die Öffentlichkeit.

Die Ausübung dieser Funktionen sollten unter Beachtung der Leitsätze: Wahrheit, Klarheit und Einheit von Wort und Tat *(Oeckl)* erfolgen.

Wenngleich auch die Ausgaben für Public Relations, gemessen am Umsatz, niedriger liegen als die für Werbung (bei Großunternehmen zwischen 1 und 3 %), so stellt diese Art der Pflege der Beziehungen zur Öffentlichkeit doch eine Basis dar, die der Werbung und ihrem Erfolg zugute kommt. Daran sollten auch kleinere und mittlere Unternehmen denken, die sich noch viel zu wenig der Public Relations bedienen.

Die Bedeutung des Images eines Unternehmens ist von besonderer Bedeutung für den Markterfolg. Dies zeigt sich u. a. darin, dass sowohl Unternehmen aber auch die „Öffentlichkeit" wie z. B. Verbände, Zeitungen usw. sich für ihr Image interessieren.

Eine von der Zeitschrift „manager magazin" durchgeführte Image-Analyse der „imagestärksten" Unternehmen in Deutschland bei Deutschlands Managern zeigte das folgende Ergebnis.

Bundesliga der Konzerne

Kleine Spitze, breites Mittelfeld und am Ende meist tiefrote Zahlen: Wie Deutschlands Manager das Ansehen der führenden Unternehmen beurteilen.

Rang 2002	(2000)	Unternehmen	Ruf 2002	Veränderung zu 2000
1	(1)	Porsche	864	11
2	(3)	BMW	854	20
3	(4)	Audi	825	-8
4	(8)	Coca-Cola	804	28
5	(2)	DaimlerChrysler	800	-41
6	(5)	Volkswagen	799	-10
7	(-)	Nokia	790	-
8	(-)	Sony	773	-
8	(15)	Siemens	773	16
10	(10)	FAZ-Gruppe	764	-8
11	(16)	Miele	762	6
12	(17)	Deutsche Lufthansa	759	4
13	(22)	Aldi	756	17
14	(-)	Boss	753	-
14	(6)	SAP	753	-40
16	(19)	Bosch	752	-2
17	(9)	Airbus (2000: Dasa)	749	-24
18	(11)	IBM	747	21
19	(34)	Dr. Oetker	745	27
20	(30)	Nestlé	740	18
21	(27)	Adidas-Salomon	738	13
22	(12)	Bertelsmann	737	-29
23	(-)	Microsoft	734	-
24	(25)	Heidelberger Druck	728	-3
24	(13)	Hewlett-Packard	728	-34
26	(23)	Henkel	725	-13
26	(29)	Allianz	725	2
28	(-)	Intel	723	-
29	(26)	Gruner + Jahr	716	-13
30	(35)	Tchibo	715	2
31	(44)	RWE	712	19
32	(-)	Eon	710	-
33	(32)	Otto Versand	708	-12
34	(48)	Michelin	706	17
34	(-)	Beiersdorf	706	-
36	(17)	Sixt	704	-49
37	(42)	Bosch-Siemens Hausger.	700	2
38	(70)	Siemens VDO	698	28
39	(21)	Deutsche Bank	695	-47
40	(38)	Hapag Lloyd (2000: HTU)	694	-9
41	(48)	Continental	690	1
41	(-)	Wella	690	-
43	(54)	MAN Nutzfahrzeuge	688	7
44	(37)	Aral	686	-23
45	(58)	Unilever	685	6
46	(-)	AOL	684	-
47	(68)	Süddeutscher Verlag	682	11
47	(43)	Compaq	682	-15
47	(31)	Procter & Gamble	682	-39
50	(66)	Fresenius	680	8
50	(54)	Braun	680	-1
52	(89)	Münchener Rück	678	26
52	(70)	ZF Friedrichshafen	678	8
54	(68)	Schering	676	5
55	(62)	Axel Springer Verlag	675	-2
55	(35)	BASF	675	-38
57	(60)	MAN	674	-4
57	(41)	LTU	674	-28
57	(-)	Fujitsu Siemens	674	-
60	(51)	Linde	670	-14
60	(73)	KarstadtQuelle	670	2
62	(60)	Merck	669	-9
62	(-)	Escada	669	-
62	(108)	Liebherr	669	39
65	(62)	Toshiba	665	-12
65	(80)	Philips	665	4
67	(51)	Dresdner Bank	658	-26
68	(86)	Preussag	657	2
69	(70)	Metro	656	-14
70	(24)	Bayer	655	-81
70	(80)	Hella	655	-6
70	(85)	ThyssenKrupp	655	-1
73	(77)	Hubert Burda Medien	654	-9
74	(-)	Puma	653	-
75	(76)	ABB	652	-12
76	(101)	Bosch Rexroth	650	12
76	(-)	Gerry Weber	650	-
78	(116)	Stinnes	649	37
79	(97)	Deutsche BP	648	2
80	(-)	Motorola	647	-
81	(94)	Boehringer Ingelheim	646	-2
81	(84)	Deutsche Shell	646	-11
83	(32)	Kraft Foods	645	-75
83	(127)	HypoVereinsbank	645	42
85	(109)	Gerling	644	16
86	(99)	Ruhrgas	643	2
87	(-)	T-Mobile (D1)	640	-
88	(65)	Commerzbank	639	-35
89	(-)	Yahoo	638	-
90	(106)	Degussa	637	5
90	(-)	Renault	637	-
92	(-)	T-Online	635	-
92	(38)	Viag Interkom	635	-68
94	(-)	BOL Bertelsmann Online	633	-

Die imagestärksten Unternehmen

Quelle: manager magazin 2/2002

Rang 2002	(2000)	Unternehmen	Ruf 2002	Veränderung zu 2000
95	(89)	Aventis (2000: Hoechst/Av.)	632	-20
96	(99)	Verlagsgruppe Holtzbrinck	630	-11
96	(106)	Verlagsgruppe WAZ	630	-2
98	(141)	Bayerische Landesbank	628	38
99	(120)	Edeka	626	20
100	(132)	Behr	625	26
101	(-)	Amazon	624	-
102	(120)	Rewe	623	17
102	(7)	Vodafone Mobilfunk (D2)	623	-158
104	(75)	E-Plus	622	-43
105	(118)	Axa	621	11
106	(-)	Steilmann-Gruppe	620	-
107	(-)	Kolbenschmidt Pierburg	618	-
108	(-)	Peugeot	616	-
108	(87)	Debitel	616	-38
110	(173)	Thomas Cook (2000: C&N)	614	64
110	(144)	Lidl & Schwarz	614	26
110	(105)	Heidelberger Zement	614	-20
110	(20)	Arcor	614	-134
114	(124)	HDI	613	8
114	(138)	Heinrich Bauer Verlag	613	20
116	(115)	Mahle	612	-1
117	(119)	Tengelmann	609	0
118	(138)	Südzucker	608	15
118	(130)	LBBW	608	7
120	(136)	Haniel	607	13
120	(-)	Voith	607	-
122	(137)	R+V Versicherungen	604	10
123	(157)	Babcock Borsig	603	29
123	(154)	Klöckner-Werke	603	20
123	(183)	Deutsche Post	603	102
126	(-)	Lycos Network	602	-
126	(127)	Ford	602	-1
128	(-)	Infineon	600	-
129	(54)	Mobilcom	599	-82
130	(114)	WestLB	598	-16
131	(-)	Heraeus	595	-
131	(66)	Exxon Mobil (2000: Esso)	595	-77
133	(-)	EnBW	594	-
134	(-)	Benteler	591	-
134	(132)	Aachener und Münchener	591	-8
136	(-)	Signal Iduna	589	-
137	(77)	Deutsche Telekom	588	-75
138	(-)	Epcos	587	-
139	(165)	Debeka Versicherungen	585	27
140	(-)	EBay	583	-
141	(-)	Qiagen	581	-
142	(-)	Wal-Mart	579	-
143	(160)	Philip Morris	576	6
144	(155)	Readymix	574	-1
145	(161)	Spar	573	9
146	(117)	Alcatel	572	-39
147	(-)	MLP	570	-
148	(144)	Dyckerhoff	567	-21
149	(144)	Bilfinger + Berger	566	-22
150	(163)	Ergo Versicherungsgruppe	563	3
151	(166)	MG Technologies	562	5
152	(-)	Total Fina Elf	561	-
153	(171)	RAG Ruhrkohle	557	4
154	(131)	Otelo	553	-47
154	(177)	Reemtsma	553	10
156	(166)	Walter-Dywidag	551	-6
156	(181)	BAT	551	29
158	(-)	Züblin	548	-
158	(120)	Opel	548	-58
158	(148)	Talkline	548	-38
161	(-)	Kirch-Gruppe	547	-
162	(162)	Strabag	545	-16
163	(135)	DZ Bank (2000: DG Bank)	541	-54
163	(126)	Hochtief	541	-63
165	(174)	Gebr. Röchling	530	-19
166	(170)	Wayss & Freytag	526	-28
167	(184)	Deutsche Bahn	513	56
168	(-)	1&1	512	-
169	(-)	Pixelpark	500	-
170	(-)	Intershop	481	-
171	(141)	Philipp Holzmann	418	-172
172	(179)	Bankgesellschaft Berlin	356	-178
		Durchschnittliche Bewertung:	644	

Bewertungsklassen

hervorragend	über 825
sehr gut	751 - 825
gut	701 - 750
durchschnittl.	626 - 700
mäßig	576 - 625
schlecht	501 - 575
katastrophal	bis 500

i Online

Weitere Informationen zu den Imageprofilen 2002 finden Sie bei manager-magazin.de. Dort sind die Platzierungen und Ruf-Werte als Datenbank verfügbar, die Daten können nach beliebigen Kriterien sortiert werden. Außerdem ist eine komplette Liste der Gewinner und Verlierer hinterlegt.
www.manager-magazin.de/unternehmen/imageprofile/

Danach steht 2002 Porsche vor BMW, Audi, Coca-Cola, DaimlerChrysler und Volkswagen an erster Stelle. Im Vergleich zu 2000 verzeichnete DaimlerChrysler einen großen Imageverlust.

8.2 Instrumente und Einsatz

Grundsätzlich ist nicht nur die Zielsetzung der Public Relations eine andere als die der übrigen kommunikationspolitischen Instrumente, auch die Mittel differieren. Die Mittel und die Methoden der Public Relations werden jeweils von der Zielsetzung bestimmt, die durch bestimmte Public Relations-Maßnahmen erreicht werden sollen. PR-Maßnahmen können sich an die „externe" Öffentlichkeit als auch an die sog. „interne" Öffentlichkeit, d. h, die Mitarbeiterinnen und Mitarbeiter wenden. Die folgende Übersicht gibt Hinweise für mögliche PR-Maßnahmen.

PR-Maßnahmen	
Externe	**Interne**
• Ausstellungen • Tag der offenen Tür • Betriebsbesichtigungen • Stiftungen • Unternehmensvideos/CDs/Filme • Informationsveranstaltungen z. B. für Schüler/Studenten • Informationsbroschüren • Internetauftritte • Vortragsveranstaltungen für Kunden und Interessenten • Branchen-PR-Aktionen • PR-Anzeigen (eigene) • Geschäftsbericht • Sozialbericht • Firmenjubiläum • Fest- und Jubiläumsschrift • Presseinformation • Pressekonferenzen • Redaktionelle Beiträge • Veranstaltung von Wettbewerben unterschiedlicher Art • Interviews in Presse und Fernsehen • Kundenzeitschriften • Internet-Portal	• Mitarbeiterzeitschriften • Mitarbeiterzeitungen (für alle) • Interne Mitteilungen • Informationsschreiben • „Schwarzes Brett" • Betriebsversammlungen • Veranstaltungen für Mitarbeiter und Angehörige • Informationsvideos/CDs/Filme • Vorträge • Hot-line • Sozialbericht • Mitarbeiterstammtisch • Mitarbeiterbefragungen • Beschwerdestelle • Mitarbeiterauszeichnungen • Mitarbeiterjubiläen • Business-TV • Internet-Portal

Externe und Interne PR-Möglichkeiten

Die Instrumente der Public Relations unterscheiden sich, wie wir sehen, ganz erheblich von denen der Werbung.

Allen Instrumenten ist jedoch gemeinsam, dass sie für ein bestimmtes Unternehmen eingesetzt werden und sich positiv auf dessen Absatzbemühungen auswirken sollen. Trifft die Werbung auf einen durch entsprechende Public Relations-Arbeit positiv für das werbende Unternehmen eingestellten Markt, so wird der Erfolg der Werbung umso größer sein.

Aufgabe jedes Unternehmens muss es daher u.a. sein, durch eine optimale Abstimmung von Public Relations mit den übrigen Kommunikationsinstrumenten eine möglichst große Wirkung zu erzielen.

9. Corporate Identity

9.1 Aufgabe

Als Weiterentwicklung des Gedankens ein positives Image in der Öffentlichkeit zu schaffen, kann die Corporate-Identity-Politik angesehen werden. Die Corporate-Identity-Politik hat dabei die Aufgabe, die verschiedenen und unterschiedlichen Kommunikationsmöglichkeiten so zu koordinieren und zu integrieren, dass eine **bestimmte unternehmensspezifische Identität** erzielt wird. Mit CI (Corporate Identity) will man das jeweilige Unternehmen **eindeutig positionieren** und identifizierbar machen sowie die **Mitarbeiter** bestmöglich integrieren. CI wendet sich somit an interne und externe Zielpersonen an Shareholder und Stakeholder.

Interne Zielgruppen		• Mitarbeiter • Eigentümer	• Gesellschafter • Pensionäre
Externe Zielgruppen	Beschaffungsmarkt	• Lieferanten • Banken	• Potenzielle Mitarbeiter • Dienstleistungsanbieter
	Absatzmarkt	• Handel • Kunden (Konsumenten, Einkaufsorganisationen) • Konkurrenz (auch auf anderen Märkten) • Absatzmittler (z. B. Handelsvertreter) • Berater	
	Kapitalmarkt	• Banken • Aktionäre (siehe auch Eigentümer) • Sonstige Investoren • Beeinflusser (Vermögensverwalter, Berater usw.)	
	Sonstiges Umfeld	• Angehörige der Mitarbeiter • Politische Gruppen • Publizistische Gruppen • Medienvertreter • Staat • Vereine, Verbände, Organisationen i.w.S., Schulen, Hochschulen usw.	• Gewerkschaften • Interessierte Öffentlichkeit • „Sondergruppen mit gesellschaftlichem Einfluss" (z. B. Schriftsteller, Sportler)

Zielgruppen der CI-Politik

CI versucht ein einheitliches und unverwechselbares Unternehmensbild anzustreben: Die Zielrichtungen (intern, extern) und die Instrumente sowie die beabsichtigten Wirkungen veranschaulicht die Abbildung von *Wiedemann, K.P.*, WiSt-Heft 5, 1988, S. 238.

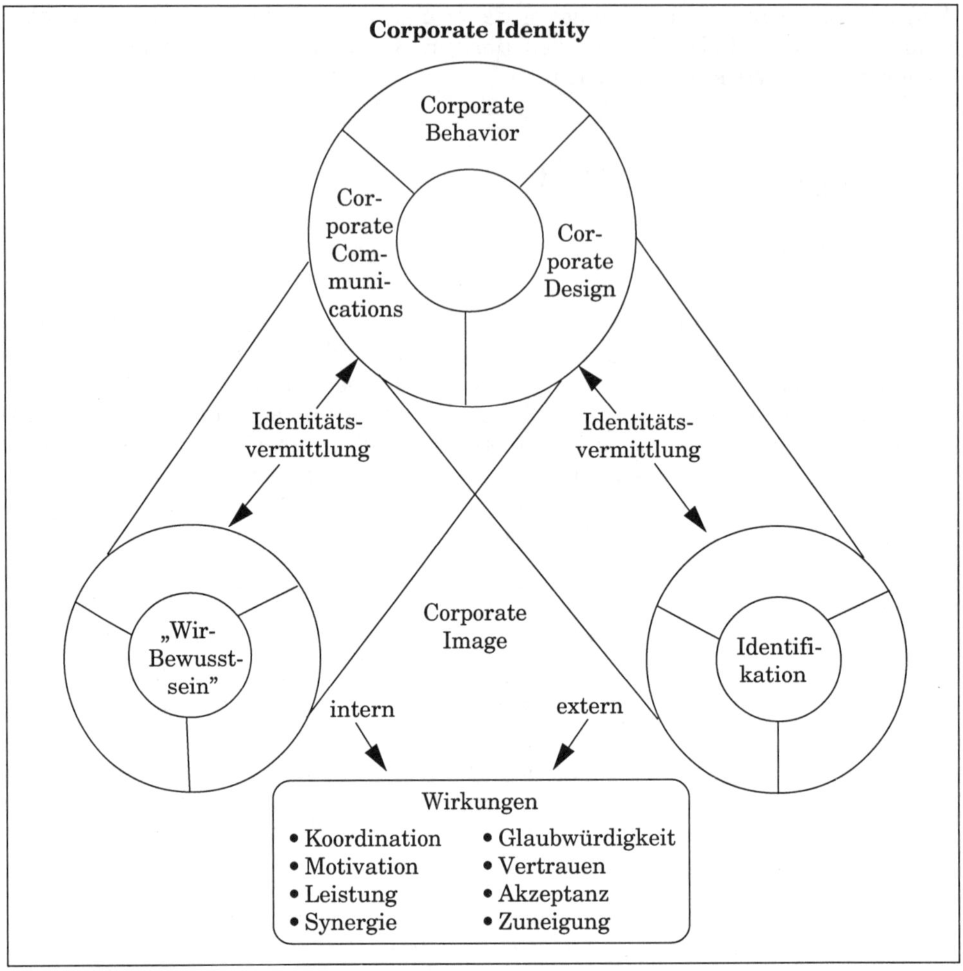

Zielsetzungen der CI-Politik

9.2 Instrumente

Zur Realisierung der Zielsetzung bedient man sich der folgenden Gestaltungsmöglichkeiten:

- **Corporate Design**
- **Corporate Communications**
- **Corporate Behavior**.

Da in den drei genannten Gestaltungsbereichen eine Vielzahl von Faktoren zur Wirkung kommen kann, sollen einige kurz näher betrachtet werden.

Corporate-Identity-Politik		
Corporate Design	Corporate Communications	Corporate Behavior
Erscheinungsbild	Kommunikation	Verhalten
Design	Anzeigen	Führung
Architektur	Plakate	Vergütung
Uniform	Broschüren	Personalentwicklung
Farben	Mitarbeiter, Kunden-Zeitungen	Beurteilung
Formulare	Gebrauchsanweisungen	Umgangston
Schrift	Slogan	Konferenzstil
Signets	Messen	Kritikfähigkeit
Produkte		

Kurzübersicht über Corporate-Identity

- **Corporate Design**

  Ein Unternehmen wirkt auch durch die visuell-formale Gestaltung der Firmenpersönlichkeit, wie z. B. durch den Firmennamen (Firmenlogo, Firmenzeichen usw.), die Farben, die Schrift, das Design seiner Gebäude und Produkte.

  Einige Firmenzeichen mögen dies veranschaulichen:

Verschiedene Firmenzeichen

- **Corporate Communications**

Mit Corporate Communications versucht man durch alle Kommunikationsaktivitäten das jeweils „Unternehmensspezifische" sichtbar und hörbar zu machen. Dies zeigt sich z. B. auch durch die Art der Unternehmenswerbung und die Verwendung entsprechender „Image-Slogans". Dabei werden oft wiederholt bestimmte Aussagen verwendet, die im Rahmen der Kommunikation die Zielrichtung der Corporate Identity ausdrücken sollen.

Unternehmen	Aussage	Kommunikationsziel
Commerzbank	Die Bank an Ihrer Seite	Hilfe, Unterstützung
Bosch	Immer eine Lösung	Problemlöser, Helfer
Breitling	Instrument for Professionals	Experte für Experten
BMW	Freude am Fahren	Lebensgefühl, Selbstverwirklichung
Toshiba	In Touch with Tomorrow	Fortschritt, Zukunft
Toyota	Nichts ist unmöglich	Problemlöser, Kreativität
NEC	Eine Idee voraus	Zukunft, Fortschritt
Hewlett Packard	Expanding Possibilities	Fortschritt, Zukunft
Ford	Die tun was	Aktivität, Fortschritt
Fiat	Leidenschaft ist unser Antrieb	Lebensgefühl, Engagement
Audi	Vorsprung durch Technik	Fortschritt, Innovation
Renault	Autos zum Leben	Lebensqualität
Schwäbisch Hall	Auf diese Steine können Sie bauen	Vertrauen, Glaubwürdigkeit
Swatch	Time is what you make of it	Selbstverwirklichung
Debitel	Kommunikation ist alles	Erfolg, Selbstverwirklichung
Bayer	Kompetenz und Verantwortung	Vertrauen, Können

Aussagen in der Unternehmenswerbung

- **Corporate Behavior**

Das dritte Instrument der Corporate Identity stellt Corporate Behavior dar. Darunter versteht man sowohl das Verhalten des Unternehmens auf den verschiedenen Märkten (Absatz-, Beschaffungs-, Finanzierungsmarkt usw.) als auch im Unternehmen selbst.

Die Frage, ob, wenn und warum heute Unternehmen Corporate-Identity-Politik betreiben müssen, lässt sich leicht erkennen und beantworten. Da sich heute in vielen Bereichen Produkte, ihre Qualität und Preise kaum noch voneinander unterscheiden, muss jedes Unternehmen versuchen, sich von der Anzahl der Wettbewerber zu unterscheiden. Dies geschieht mithilfe einer systematisch entwickelten und kontinuierlich realisierten Corporate-Identity-Politik, die dafür sorgt, das sowohl die Sach- als auch die Beziehungsebene zum Käufer im Kaufentscheid wirksam werden kann.

48 Seite 636

10. Marketingkommunikations-Mix

Wie eingangs zur Kommunikationspolitik erwähnt, sollte jedes Unternehmen versuchen, eine optimale Kombination der verschiedenen Kommunikationsmaßnahmen anzustreben. Dabei kommt es darauf an, die einzelnen Instrumente der jeweiligen Marktsituation adäquat einzusetzen.

Die Gegenüberstellung (S. 546/547) ausgewählter Merkmale, die Vor- und Nachteile der vier traditionellen Kommunikationsinstrumente wiedergibt, kann für das Verständnis und den Einsatz der Instrumente eine gute Hilfestellung sein.

Das folgende Schema gibt die Wirkungszusammenhänge der verschiedenen Kommunikationsinstrumente (Kommunikationsmix) des Herstellers und Handels auf den Konsumenten wieder und zeigt welche Aktivitäten auf welche Zielgruppe wirken.

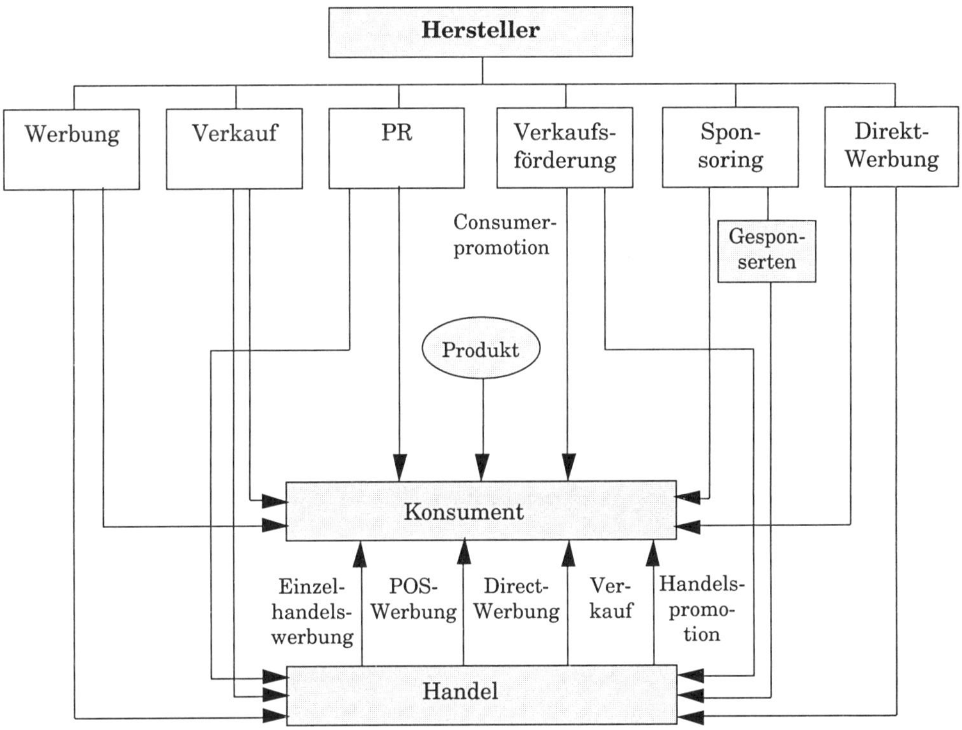

© Prof. Weis

Kommunikationsmixwirkungen

Merkmal / Kommunikationsinstrument	Ziel (primär) (1)	Zielgruppe (2)	Kommunikationsträger (3)	Wirkungsdauer (4)
Werbung	Positive Beeinflussung des Kaufverhaltens der Zielpersonen	Genau definierte Zielgruppen, Zielpersonen, Marktsegmente usw.	Zeitungen Zeitschriften Fernsehen Hörfunk Außenwerbeträger Internet	kurzfristig - mittelfristig langfristig
Verkaufsförderung	Förderung der Verkaufsaktivitäten der eigenen Verkaufsorganisation und des Handels	Eigene Verkaufsorganisation, Handel, Konsumenten	Messen, Ausstellungen, Verkäuferschulungen, Preisausschreiben, Verkaufswettbewerbe, Produktproben, Zeitschriften, Informationsmaterial	kurzfristig – mittelfristig
Persönlicher Verkauf	Erzielung von Verkaufsabschlüssen, Information	Potenzielle Abnehmer, Kunden, Interessenten	Eigene Außendienstorganisation, Handelsvertreter	kurzfristig
Öffentlichkeitsarbeit	Aufbau und Pflege eines in der Öffentlichkeit positiv wirkenden Images	Gesamte Öffentlichkeit oder Teilöffentlichkeiten	Zeitungen Zeitschriften Fernsehen Hörfunk Veranstaltungen Pressekonferenzen Personen Internet	langfristig

Merkmale des traditionellen Marketingkommunikations-Mix

Erfolgsmessung im Hinblick auf den Absatz (5)	**Streuverluste (6)**	**Verhältnis zu dem Marketingziel für Produkte (7)**	**Inhalt der Kommunikationsaussage (8)**	**Wirkung im Hinblick auf den Kaufentschluss (9)**
relativ schwierig möglich	mittelgroß	eindeutiges Teilziel	Primär auf den Nutzen von Produkten und Leistungen bezogen	vor, bei und nach dem Kaufentschluss
teilweise möglich	meistens gering	eindeutiges Teilziel	eindeutig auf einzelne Produkte bezogen	Primär vor Kaufentschluss
relativ leicht möglich	meistens sehr gering	eindeutiges Teilziel	auf mit dem Kauf eines Produktes verbundene Vorteile bezogen	Primär vor Kaufentschluss
sehr schwierig möglich	meistens groß	oft nicht eindeutig	auf das Unternehmen bezogen	vor, bei und nach Kaufentschluss

Ob und wie erfolgreich der gesamte Kommunikations-Mix war, lässt sich aufgrund von Befragungen und Analysen ermitteln. Hinweise dazu vermittelt die gegenüberstehende Abbildung.

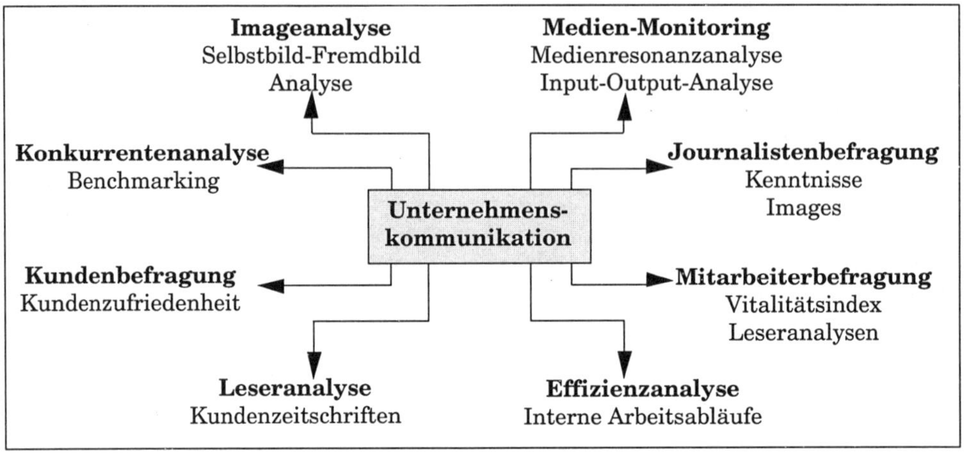

Ergänzend soll die folgende Tabelle zusammenfassend einen Überblick über die Stärken und Schwächen der vier traditionellen Kommunikationsformen geben.

Klassische Werbung	
Stärken	**Schwächen**
- Niedrige Kosten pro Kontakt - Große Reichweite möglich (TV) - Einsatz der Massenmedien - Weitgehende Gestaltungsmöglichkeiten - Wiederholungsmöglichkeiten - Kurzfristig einsetzbar	- Hohe Streuverluste - Oft keine Zielgruppenauswahl möglich (TV, Hörfunk) - Unpersönlich - Anonyme Ansprache - Oft geringe Glaubwürdigkeit - Geringe ökonomische Erfolgskontrolle

Persönlicher Verkauf	
Stärken	**Schwächen**
- Personenbezogener Kontakt - Interaktionsmöglichkeit - Gezielter Kontakt mit Zielpersonen - Keine Streuverluste - Direktes Feedback - Gute Erfolgsmessung - Situationsbezogene Reaktion - Kurzfristig einsetzbar	- Hohe Kosten - Nicht in jeden Fall realisierbar - Abhängig von Qualität der Verkäufer - Eventueller „Verkaufsdruck"

Verkaufsförderung	
Stärken	**Schwächen**
- Kurzfristig einsetzbar - Aktivierung und Motivation der Zielgruppen - Erfolgsmessung möglich - Flexibel einsetzbar - Gute Kombination mit anderen Marketinginstrumenten - Auf unterschiedliche Zielgruppen anwendbar	- Nur in Kombination mit anderen Kommunikationsinstrumenten einsetzbar - Maßnahmen nur kurzfristig durchführbar (Aktionen) - Übernahme der Aktivität durch Konkurrenz möglich - Gleichartig meist nicht wiederholbar

Public Relations	
Stärken	**Schwächen**
- Verhältnismäßig niedrige Kosten - „Verkaufsfreie" Kommunikation - Stärkung der Glaubwürdigkeit und des Images - Mit unterschiedlichem finanziellen Einsatz durchführbar	- Schwierige Erfolgsmessung - Erfolgsbeitrag oft nicht feststellbar

Stärken und Schwächen der traditionellen Kommunikationsformen

	Kontrollfragen	bearbeitet	Lösungshinweis	Lösung +	Lösung -
01	Was versteht man unter Kommunikationspolitik?		445		
02	Welche besonderen Ziele verfolgt die Kommunikationspolitik?		445		
03	Welche marketingpolitischen Instrumente gehören zur Kommunikationspolitik?		445 f.		
04	Was verstehen Sie unter Werbung?		450 f.		
05	Was bezeichnet man als Propaganda?		451		
06	Was versteht man unter Absatzwerbung?		451		
07	Was bezeichnet man als Erinnerungswerbung?		454		
08	Was verstehen Sie unter Einzelwerbung?		455		
09	Was bezeichnet man als Kollektivwerbung?		455		
10	Was ist Direktwerbung?		455		
11	Welches sind die Ziele der Suggestivwerbung?		455		
12	Worin liegt der Unterschied zwischen unterschwelliger und überschwelliger Werbung?		456		
13	Was versteht man unter Unternehmenswerbung?		457		
14	In welche Phasen lässt sich der Prozess der Werbeplanung unterteilen?		459 f.		
15	Wie lässt sich Werbung als kybernetisches Modell darstellen?		461		
16	Was sind Werbeziele?		461 f.		
17	Warum müssen Werbeziele operational (messbar) sein?		461		
18	Welche Gruppen von Zielen werden in der Literatur als mögliche Werbeziele genannt?		463		
19	Was versteht man unter Stufenmodellen der Werbewirkung?		462		
20	Welche Werbewirkungsmodelle kennen Sie?		462		
21	Wie geht man in der Praxis bei der Aufstellung des Werbeetats vor?		464 f.		
22	Warum ist die „Ziel- und Aufgaben-Methode" (objective-and-task method) die einzige logische Vorgehensweise?		465		
23	Was versteht man unter Zielpersonen (Zielgruppe)?		467		
24	Welche Aufgabe hat die Werbebotschaft?		467		
25	Welche Überlegungen sollten bei der Festlegung der Werbebotschaft durchgeführt werden?		467 f.		
26	Was versteht man unter der USP (Unique selling proposition)?		468		
27	Was bezeichnet man als „Nutzenbotschaft"?		468		
28	Was versteht man unter „Reason-why-Technik"?		468		

	Kontrollfragen	bearbeitet	Lösungshinweis	Lösung +	Lösung -
29	Welche Werbemittel sind Ihrer Meinung nach die wichtigsten in der Bundesrepublik?		469		
30	Welcher Zusammenhang besteht zwischen Werbemittel und Werbeträger?		469		
31	Was versteht man unter der Werbemittelerfolgsprognose (Pretest)?		471		
32	Was versteht man unter subjektiven Verfahren der Werbemittelerfolgsprognose?		472		
33	Was versteht man unter objektiven Verfahren der Werbemittelerfolgsprognose?		474		
34	Welche Werbeträger sind die „stärksten" Werbeträger in der Bundesrepublik?		475 f.		
35	Welche Entscheidungen sind im Rahmen der Werbeträgerauswahl zu fällen?		482 f.		
36	Welche Möglichkeiten der Online-Werbung gibt es?		490 f.		
37	Welche Entwicklung zeigt sich bei der Online-Werbung?		490		
38	Welche Kriterien sind nach Ihrer Meinung bei der Auswahl der Werbeträger zu berücksichtigen?		484 f.		
39	Was versteht man unter dem sog. „Tausenderpreis" in der Werbung?		486		
40	Welche Werbeträger haben im Urteil des Publikums die größte Glaubwürdigkeit?		477 f.		
41	Wie kann man grundsätzlich bei der zeitlichen Planung der Werbung vorgehen?		494		
42	Was versteht man unter intermittierenden Werbeaktionen?		494		
43	Was versteht man unter prosaisonaler Werbung?		495		
44	Was versteht man unter antisaisonaler (antizyklischer) Werbung?		495		
45	Welche Aussagen lassen sich aufgrund der vorliegenden Forschungsergebnisse über die Anzahl der Werbekontakte und die Wahrscheinlichkeit des Werbeerfolgs machen?		496		
46	Wie lässt sich im Prinzip eine Werbekonzeption realisieren?		497		
47	Wie sieht Ihrer Meinung nach der Ablauf von Entwicklung und Durchführung einer Werbeaktion aus, wenn eine Werbeagentur eingeschaltet wird?		500		
48	Welche Arten von Werbeagenturen kennen Sie?		497		
49	Was sind Mediaagenturen?		497		
50	Was sind Full-Service-Agenturen?		497		

	Kontrollfragen	bearbeitet	Lösungshinweis	Lösung +	Lösung -
51	Was versteht man unter Werbeerfolgskontrolle?		502		
52	Wie lässt sich ein Werbeerfolg ermitteln?		502 f.		
53	Was versteht man unter kommunikativem Erfolg der Werbung?		503 f.		
54	Was versteht man unter ökonomischem Erfolg der Werbung?		504 f.		
55	An welchen Kriterien lässt sich die Wirkungseffizienz der Werbung messen?		502		
56	Nach welchen Stufen empfiehlt es sich dabei zu unterscheiden?		502		
57	Wie lässt sich ggf. ein Umsatzerfolg der Werbung messen?		504		
58	Welche Methoden der Messung des außerökonomischen Erfolgs kennen Sie?		503 f.		
59	Was versteht man unter dem Bu-BaW-Verfahren?		505		
60	Was versteht man unter der Methode der Direktbefragung im Rahmen der Werbeerfolgskontrolle?		506		
61	Was will man mit einem Gebietsverkaufstest zur Messung des Einflusses der Werbung erreichen?		507		
62	Wie geht man beim Netapps-Teil von Daniel Starch vor?		507		
63	Was sind Recall-Verfahren?		503		
64	Wie geht man bei den Recognition-Verfahren vor?		504/508		
65	Was versteht man unter gestützter (aided) Erinnerung?		503		
66	Was versteht man unter ungestützter (unaided) Erinnerung?		503		
67	Was versteht man unter Sponsoring?		512		
68	Was versteht man unter Product Placement?		510		
69	Wie entwickelt sich das Verhältnis der Bedeutung der Verkaufsförderung im Vergleich zur Werbung?		446		
70	Was versteht man unter Verkaufspromotions?		519		
71	Welche Maßnahmen zählen Sie zu den Verkaufspromotions?		519 f.		
72	Was versteht man unter Handelspromotions?		521		
73	Welche Maßnahmen gehören zu Handelspromotions?		521 f.		
74	Was versteht man unter dem „Push-und-Pull-System"?		522		
75	Was versteht man unter Verbraucherpromotions?		523		
76	Welche Maßnahmen gehören zu den Verbraucherpromotions?		524		
77	Was ist das primäre Ziel von Verbraucherpromotions?		523		
78	Welche Vor- und Nachteile haben Coupons als Verbraucherpromotions?		523		

	Kontrollfragen	bear-beitet	Lösungs-hinweis	Lösung +	Lösung -
79	Was versteht man unter Direktmarketing?		514		
80	Was sind Zielgruppen des Event Marketing?		525		
81	Welche Formen des Event Marketing kennen Sie?		525		
82	Was versteht man unter dem „Persönlichen Verkauf"?		526		
83	Welche Aufgaben hat der „Persönliche Verkauf" im Rahmen des Marketing zu erfüllen?		526 f.		
84	Wie lassen sich Verkäufer im Hinblick auf ihre Verkaufsaufgabe unterscheiden?		527		
85	Über welche grundsätzlichen Fähigkeiten und Kenntnisse sollte ein Verkäufer verfügen?		536		
86	Welche allgemeinen verkaufspolitischen Entscheidungen sind im Verkauf zu treffen?		531		
87	Wie sollte bei der Ermittlung der erforderlichen Verkäufer vorgegangen werden?		534		
88	Worin sollten Außendienstmitarbeiter in erster Linie trainiert werden?		533		
89	Was versteht man unter Öffentlichkeitsarbeit (Public Relations)?		536 f.		
90	Inwiefern ist es berechtigt, die Öffentlichkeitsarbeit zu den marketingpolitischen Instrumenten zu zählen?		537		
91	Welches Instrumentarium benutzt die Öffentlichkeitsarbeit?		540		
92	Was bezeichnet man als Marketingkommunikations-Mix?		545		
93	Welche Kommunikationsträger wirken primär kurzfristig?		545		
94	Welche Kommunikationsträger wirken eher langfristig?		545		
95	Bei welchen Kommunikationsinstrumenten sind die Streuverluste am geringsten?		546		
96	Bei welchen Kommunikationsinstrumenten lässt sich ein „Umsatzerfolg" am besten messen?		546		
97	Welche Kommunikationsinstrumente wirken primär vor dem Kaufentschluss?		546		
98	Bei welchem Kommunikationsinstrument ist ein Einfluss auf den Kaufentschluss am schwierigsten messbar?		546		
99	Welche Voraussetzungen sind an einen erfolgreichen Kommunikationsprozess zu stellen?		448		
100	Welche Werbeträgeranalysen werden in der Bundesrepublik durchgeführt?		485		
101	Was versteht man unter Media-Analyse (MA)?		485		
102	Was sind Anzeigenblätter?		480		

	Kontrollfragen	bearbeitet	Lösungshinweis	Lösung +	Lösung -
103	Welche Vorteile bieten Anzeigenblätter im Vergleich zu anderen Werbeträgern?		480		
104	Welche Informationen sollen Werbeträgeranalysen geben?		485		
105	Welche Bedeutung haben die „neuen Medien" als Werbeträger?		487		
106	Wie geht der Trend bei der Struktur der Werbeausgaben?		446		
107	Welche Vorzüge als Medium haben Video, CD-ROM und DVD?		489		
108	Welche Werbeträger haben nach Prognosen die größten Zukunftschancen?		490		
109	Was versteht man unter vergleichender Werbung?		457		
110	Wie ist die Wirkung von vergleichender Werbung zu beurteilen?		458		
111	Wie beurteilen Sie Stärken und Schwächen der klassischen Werbung?		548		
112	Welche Stärken und Schwächen hat der persönliche Verkauf?		548		
113	Welche Stärken und Schwächen bietet die Verkaufsförderung?		548		
114	Wo liegen die Stärken und Schwächen der Public Relations?		548		
115	Mit welchen Methoden lässt sich der Erfolg der Kommunikation im Hinblick auf verschiedene Zielsetzungen messen?		547		

G. Marketingplanung

1. Ziele und Aufgaben

In den bisherigen Ausführungen haben wir Aspekte der Möglichkeiten und Grenzen eines Einsatzes marketingpolitischer Instrumente isoliert betrachtet. Es erweist sich jedoch für jedes Unternehmen als erforderlich, heute schon darüber zu entscheiden, was in der Zukunft geschehen soll, d. h. zu planen. In Anlehnung an *Kotler* wollen wir **Planung als Festlegung der erwünschten Zustände und Verhältnisse in der Zukunft und die dazu erforderlichen Maßnahmen** betrachten.

Marketingplanung umfasst alle gedanklichen Überlegungen über die im Rahmen der Unternehmensziele realisierbaren Marketingziele sowie über die zu wählenden Mittel und Wege zur Zielerreichung. Hieraus ergibt sich der Marketingplan als Teilplan des Unternehmensplans, der sich an den Marketingzielen ausrichten muss, die ihrerseits aus den Unternehmenszielen abgeleitet werden.

Aus dieser Sicht heraus genügt es auch nicht, den Marketingplan isoliert betrachtet zu sehen, sondern im Rahmen eines integrierten Prozesses, der sich einteilen lässt in die **Phasen**

- Zielsetzung
- Planung
- Realisation
- Kontrolle.

Planung ist daher als ein **permanenter Prozess,** der heute unabdingbare Notwendigkeit für eine zielorientierte Unternehmensführung geworden ist, zu betrachten.

Die Notwendigkeit zur systematischen Marketingplanung ergibt sich, weil u. a.:

- die schnelle Veränderung der Umwelt bzw. des Marktes eine ständige Reaktion auf diese Veränderungen erfordert;

- die Bedeutung des Ausmaßes der Auswirkungen marketingpolitischer Entscheidungen für das gesamte Unternehmen ständig zunimmt;

- die schwer überschaubaren, komplexen Zusammenhänge ein systematisch aufeinander abgestimmtes Vorgehen aller Unternehmensaktivitäten erfordert;

- die größer und komplizierter werdenden Unternehmen eine Versachlichung der Führung erfordern;

- der Wettbewerb immer globaler wird;

- die sozialen, rechtlichen und wirtschaftlichen Gegebenheiten sich immer schneller ändern;

- die Kapitalintensität in den Unternehmen zunimmt;

- die Anzahl der Innovationen ständig steigt;

- die Marketingkosten überproportional wachsen;

- die Planung zwar keine Garantie für die Existenzsicherung eines Unternehmens ist, Fehler und Gefahren aber vermindert.

Ausgehend von den Unternehmenszielen sind sukzessive Ziele für die übrigen Bereiche, Abteilungen und Mitarbeiter so exakt wie möglich festzulegen.

Die folgende Abbildung veranschaulicht in etwa das Vorgehen zur Festlegung von Zielen im Marketing:

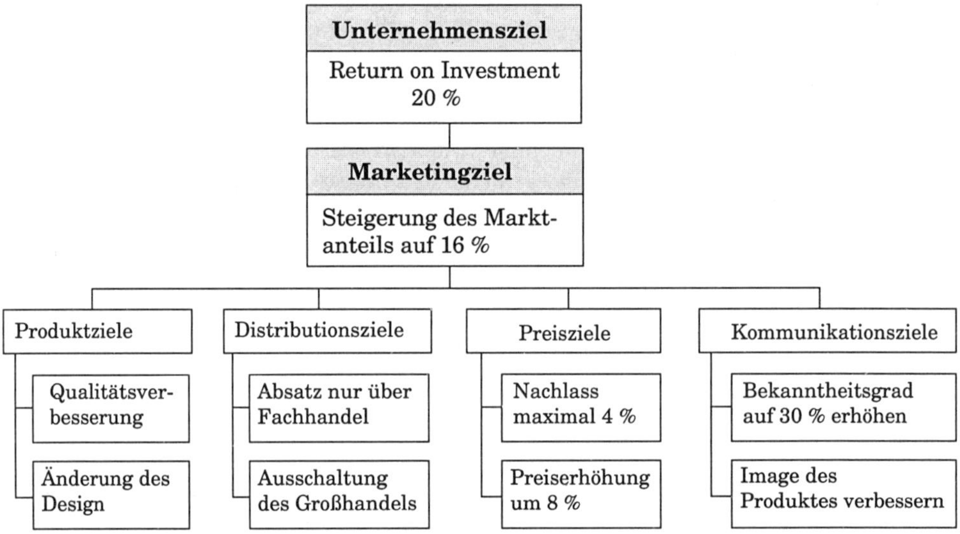

Beispiel für Zielhierarchie

Da jeder Marketingplan den jeweiligen individuellen Zielsetzungen gerecht werden muss, empfiehlt sich für die Praxis:

- die Erstellung eines kurz-, mittel- und langfristigen Absatzplanes;
- die Erstellung eines Maßnahmen- und Aktionsplanes;
- die Erarbeitung von Durchführungsplänen (Werbeaktionen, Sonderangeboten, Preissenkungen usw.).

In diesem Zusammenhang stellt sich u. a. die Frage, was ein Marketingplan enthalten soll.

Allgemein sollte jeder **Marketingplan** wie folgt aufgebaut sein:

- Zusammenfassung der wichtigsten Ergebnisse (Kurzfassung)
- Situationsanalyse (Marktsituation des Unternehmens)
- Marketingziele
- Marketingstrategie
- Marketingmaßnahmen
- Kosten
- Kontrolle

Die Zusammenfassung der wichtigsten Ergebnisse soll schnell und schwerpunktartig mit den Leitgedanken und -zielen des Marketingplans vertraut machen. Im Rahmen der Situationsanalyse wird die gegenwärtige Situation des Unternehmens, die Entwicklung der relevanten Umwelt sowie die voraussichtliche Entwicklung untersucht.

Der Abschnitt über die Marketingziele zeigt auf, welche Ziele dem Marketing zu Grunde gelegt werden sollen. Marketingstrategie und -maßnahmen geben an, welche strategischen und operativen Maßnahmen zur Zielerreichung eingesetzt werden. Die Ausführungen über die damit verbundenen Kosten sowie die Kontrolle der Marketingmaßnahmen bilden den Abschluss des Marketingplans.

Den gesamten Ablauf des Prozesses der Marketingplanung von der Information über Zielsetzung, Planung, Realisation und Kontrolle soll die Abbildung auf Seite 558 veranschaulichen.

2. Formen

Marketingpläne lassen sich nach unterschiedlichen Kriterien einteilen:

(1) **Zeitbezogenheit**

Die Betrachtung der zeitlichen Dimension von Marketingplänen führt in der Regel zur Unterscheidung in kurz-, mittel- und langfristige Marketingpläne.

Unter kurzfristigen Plänen versteht man allgemein eine Planung, die sich bis zu einem Zeitraum von bis zu einem Jahr erstreckt. Sie beinhalten sowohl genau festgelegte Ziele als auch Maßnahmen zu deren Erreichung. Kurzfristige Pläne können sich auf den Zeitraum eines Jahres, eines halben Jahres, eines Quartals oder Monats, einer Woche oder auch nur eines Tages beziehen. Der Schwerpunkt der kurzfristigen Planung liegt in der Umsatz- und Absatzplanung sowie in der Maßnahmenplanung. Die Maßnahmenpläne beinhalten, in **welchem Umfang** und **wann** die verschiedenen Marketinginstrumente wie z. B. Werbung, Verkaufsförderung, Öffentlichkeitsarbeit usw. einzusetzen sind. Die Maßnahmenplanung beinhaltet aber auch Maßnahmen im Rahmen der Marktforschung.

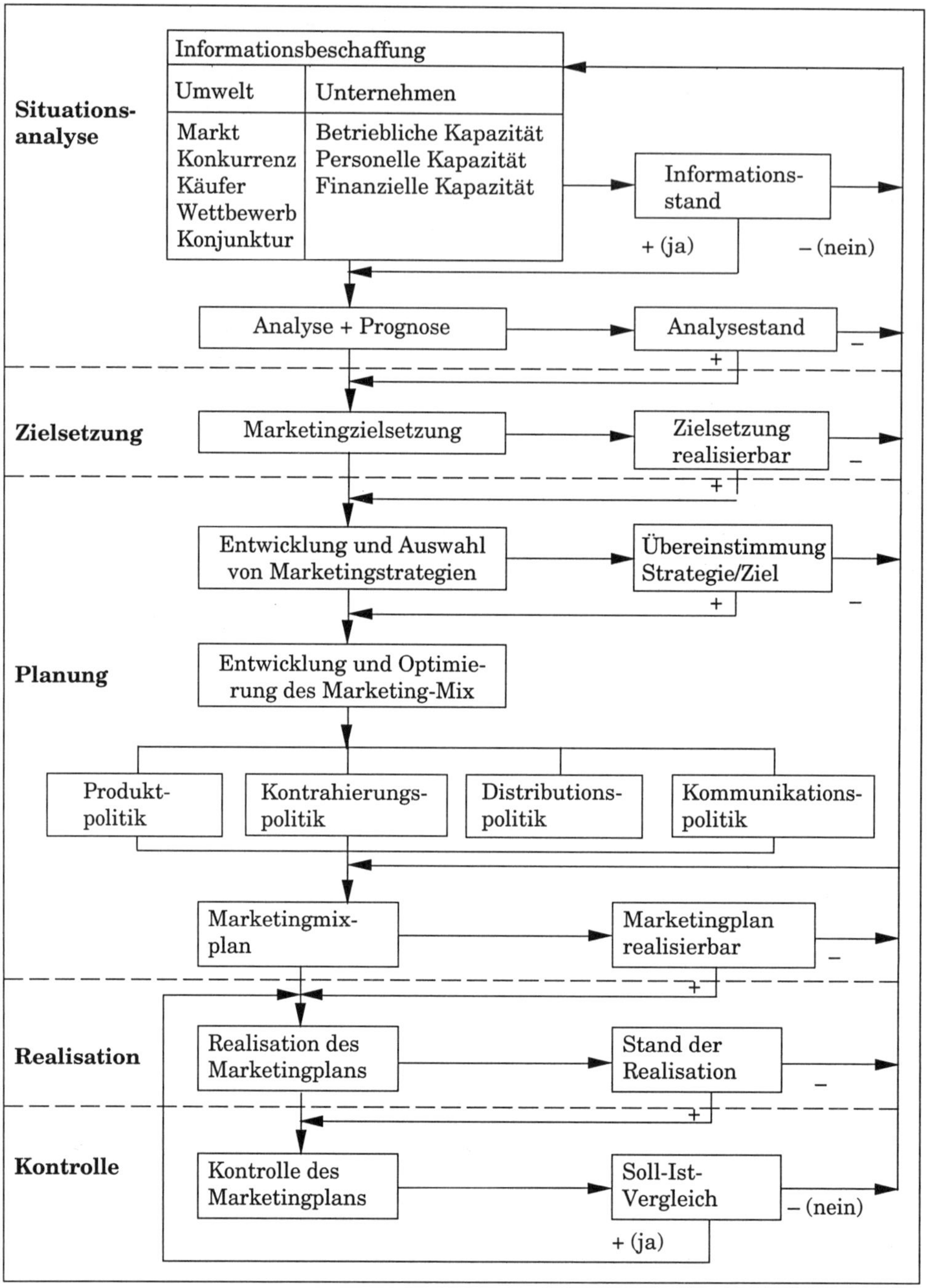

Prozess der Marketingplanung

Von **mittelfristiger Marketingplanung** spricht man dann, wenn es sich um Pläne handelt, deren Gültigkeitsdauer zwischen einem und fünf Jahren liegt. Die mittelfristigen Pläne stellen gewissermaßen eine Fortschreibung der kurzfristigen Pläne unter Berücksichtigung neuer Entwicklungen und Investitionen dar. Aus diesem Grunde bestehen diese Pläne in der Hauptsache aus den Umsatz- und Absatzplänen, den Kosten- und Erfolgsplänen sowie der Festlegung der dazu erforderlichen Marketingpolitik. Sie bilden die Grundlage für jede weitere mittelfristige Planung im Unternehmen, insbesondere für die Finanz- und Investitionsplanung.

Als **langfristige Marketingpläne** werden alle Pläne bezeichnet, deren Planungszeitraum über fünf Jahre hinausgeht. Nach *Pümpin* besteht die zentrale Aufgabe der langfristigen Planung darin, die in der Gegenwart fälligen, langfristig wirkenden Entscheidungen zu planen und die dafür erforderlichen Marketingmaßnahmen zu ergreifen und festzulegen. Sie stellt das Rahmenwerk dar, innerhalb dessen die anderen Unternehmenspläne erstellt werden *(Kotler)*. Der Schwerpunkt der langfristigen Marketingplanung stellt daher die Planung des künftigen Angebotsprogramms und der Märkte, auf denen es abgesetzt werden soll sowie Strukturentscheidungen im Marketing dar. Ausgangspunkt für die langfristige Marketingplanung sind Prognosen und eine Analyse der Lebenszyklen der gegenwärtig angebotenen Produkte als auch der Stand der eigenen Entwicklung neuer Produkte. Die Frage nach dem optimalen Planungshorizont lässt sich nicht allgemein beantworten. Sie ist z. B. im Handel kürzer als in der Energiewirtschaft oder der Verkehrswirtschaft. Jede systematische Planung setzt jedoch stets voraus, dass langfristige, mittelfristige und kurzfristige Marketingpläne aufeinander abgestimmt sind.

Die Abstimmung der verschiedenen Marketingpläne erfolgt durch die sog. **rollierende Planung,** d. h. die mittel- und langfristigen Pläne werden nach Ablauf des kurzfristigen Marketingplans überprüft und ggf. korrigiert. Ebenso können Veränderungen des mittelfristigen Plans ggf. zu Änderungen der langfristigen Planung führen. Durch die ständige Anpassung der verschiedenen Planungen wird versucht, die jeweilige Marktsituation in den Plänen zu berücksichtigen.

(2) **Inhalt**

Je nachdem, welchen Inhalt Marketingpläne haben, kann man unterscheiden:

- Integrierte Gesamtpläne
- Nichtintegrierte Teilpläne
- Umsatz- und Absatzpläne
- Zielpläne
- Maßnahmenpläne
- Marktbearbeitungspläne
- Informationsbeschaffungspläne.

(3) **Genauigkeit**

In der Regel sind die Marketingpläne von unterschiedlicher Genauigkeit, je nachdem, welche Zwecke sie erfüllen sollen. Grobpläne, die auch Globalpläne genannt werden, weisen meist nur einen allgemeinen Rahmen für die künftige Entwicklung aus und legen verhältnismäßig global die künftigen Maßnahmen fest. **Detailpläne**, bei denen auch von Teilplänen oder Einzelplänen gesprochen werden kann, weisen exakt einzelne Marketingmaßnahmen aufgrund konkreter Situationen oder Prognosen für Produkte oder Projekte aus.

(4) **Ziel**

Nach dem primären Ziel der Marketingplanung lassen sich beispielsweise unterscheiden:

- Produktplanung
- Umsatzplanung
- Werbeplanung
- Verkaufsplanung
- Kostenplanung
- Preisplanung
- Absatzwegeplanung.

Bei dieser Einteilung kennzeichnet jeweils das Hauptziel den Kernprozess der Planung.

Wenn im Folgenden der Prozess der Marketingplanung als Sukzessivplanung dargestellt wird, so ist dies nur ein Hilfsmittel, da eine Darstellung aller simultan in der Praxis durchzuführenden Prozesse wegen der großen Zahl von interdependenten Variablen nicht möglich ist. „Daher müssen wir uns, obwohl wir Totalmodelle behandeln sollten, mit Partialanalysen begnügen" *(Bidlingmaier)*. In der Marketingplanung müssen wir uns daher in der Praxis sukzessive dem Optimum nähern, eine eindeutige Verfahrensregel gibt es nicht.

Zwar wurden von verschiedenen Autoren wie *Dorfmann / Steiner, Kotler, Krelle, Stern, Forrester* und anderen Modellansätze aufgezeigt, jedoch stellen diese Ansätze nur grundsätzliche Lösungsmöglichkeiten dar, die von stark vereinfachten Annahmen ausgehen und den Realitäten der Praxis noch nicht gerecht werden können.

3. Prozess der Marketingplanung

Um die ihr gestellten Aufgaben lösen zu können, muss die Marketingplanung auch organisatorisch im Unternehmen institutionalisiert werden. Marketingplanung ist als systematischer Prozess der Erkenntnis über die gegenwärtige Marktsituation und die Lösung von künftigen Marktproblemen anzusehen. Dabei ist ausgehend von der Situationsanalyse, der Entwicklung der Planungsziele usw. der in der Abbildung dargestellte Planungsprozess zu durchlaufen.

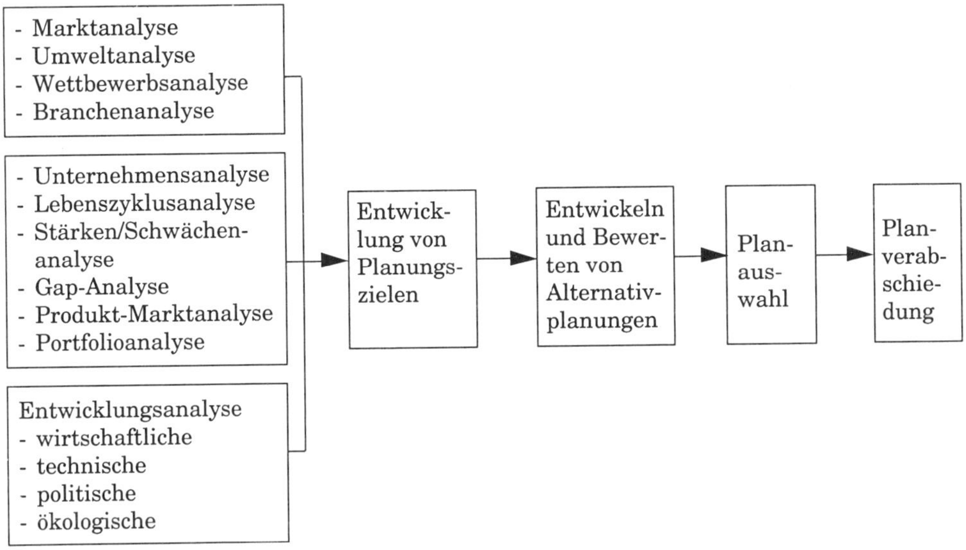

Abb.: Prozess der Planentwicklung

3.1 Festlegung von Planungszielen

Aufgrund der Unternehmensziele und der Analyse der gegenwärtigen Situation werden die Planziele für die einzelnen Bereiche und Abteilungen festgelegt. Um realistische Ziele festlegen zu können, ist erforderlich eine **Situationsanalyse**

- der Umwelt
- der unternehmensinternen Möglichkeiten
- der Entwicklung
- des Wettbewerbs.

Die **Umweltanalyse** hat folgende Aspekte zu untersuchen:

- Gesamtwirtschaftliche und technologische Entwicklung (Bevölkerung, Wirtschaftspolitik, Umweltschutz, Rechtsvorschriften, Einkommen usw.)

- Absatzmärkte (Abnehmer, Abnehmerbranchen, Konkurrenten, Marktpotenzial, Marktvolumen usw.)

- Beschaffungsmärkte (Rohstoffe, Anlagen, Kapital, Personal usw.).

Die **Unternehmensanalyse** hat folgende Situation zu analysieren:

- Kann das Unternehmen im Augenblick die angestrebten Ziele erreichen?
- Wie sieht die finanzielle Situation aus? Sind zusätzliche Investitionen möglich?

- Wie ist die Marktstellung?
- Werden genügend Forschungs- und Entwicklungsvorhaben durchgeführt?
- Wie sind die produktionstechnischen Gegebenheiten?
- Ist die Organisationsstruktur den Aufgaben entsprechend?
- Wie sind die personellen Voraussetzungen?

Zusätzlich ist eine **Prognose der Gesamtentwicklung** (Umsätze, Kapazitäten, Kosten, Gewinne) für die Festlegung der Planungsziele heranzuziehen.

Die Analyse der Ausgangssituation umfasst die Darstellung und Analyse der bisherigen Entwicklung und die voraussichtliche Entwicklung in den nächsten 4 bis 5 Jahren. Im Einzelnen sollte eine Situationsanalyse umfassen:

- Umsatz
- Absatz
- Marktvolumen
- Marktanteil
- Marktpotenzial
- Kosten
- Deckungsbeitrag
- Wettbewerbssituation usw.

Diese Analyse sollte unterteilt nach Produkt, Produktgruppe, Branche und Märkten durchgeführt werden. Im Einzelnen könnte eine Unternehmenssituationsanalyse nach folgendem Schema durchgeführt werden.

	Eigenes Unternehmen	**Unternehmen A**	**Unternehmen B**	**Unternehmen C**
• Umsatz (Mio. €) • Absatz (Stück) • Marktanteil • Marktwachstum • Preis • Preisentwicklung (in den nächsten 3 Jahren) • Deckungsbeitrag • Produktsituation • Werbung • Verkauf • Kundendienst • Vertriebsweg ---- ---- ---- • Marktführer • Art des Wettbewerbs				

Situationsanalyse

Aufgrund der Situationsanalyse lässt sich dann auch ein **Stärken-Schwächenprofil** aufstellen, z. B. zu dem stärksten Konkurrenzunternehmen.

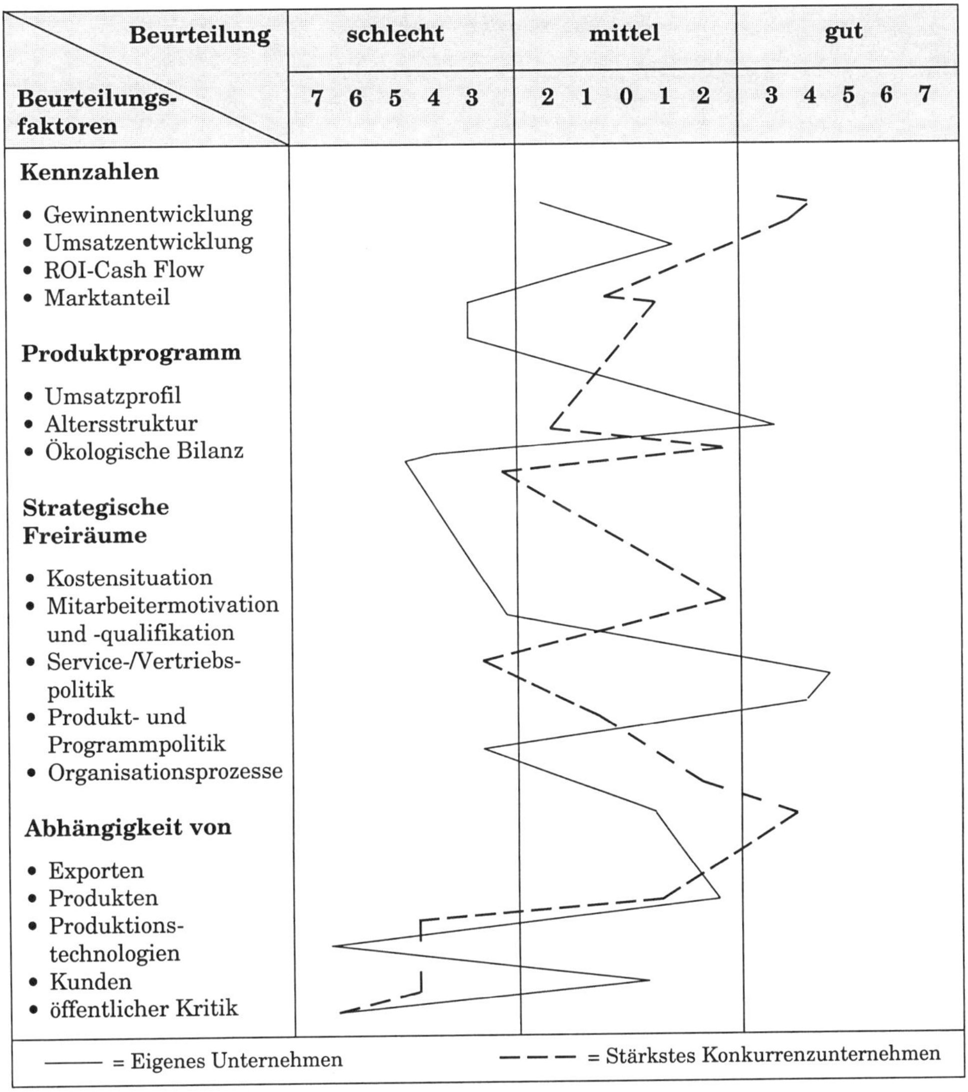

Quelle: *Raffée, H., Wiedemann K.-P.* (1985), S. 96

Eine im Rahmen der Situationsanalyse durchzuführende **Wettbewerbsanalyse** sollte die folgenden Aspekte umfassen:

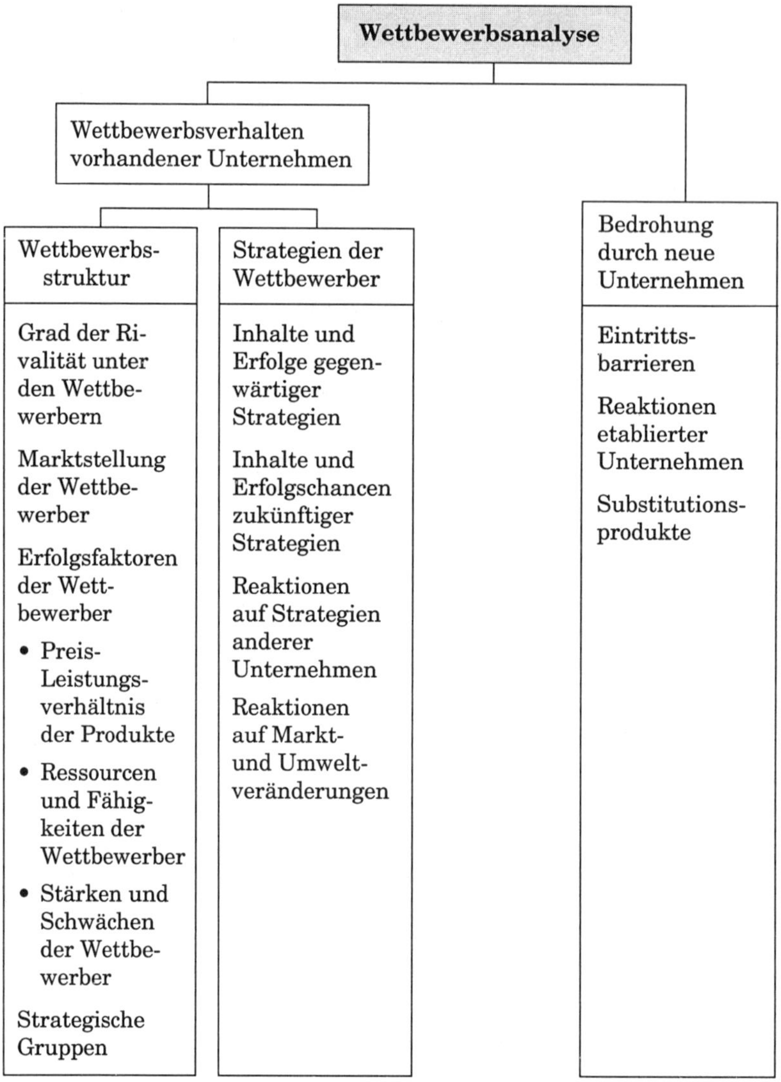

Struktur der Wettbewerbsanalyse

Quelle: *Kreilkamp* (1987), S. 169

Im Rahmen der Situationsanalyse empfiehlt es sich ferner,

- eine Branchenanalyse
- eine Konkurrenzanalyse und
- eine Lieferantenanalyse

durchzuführen.

Die Konkurrenzanalyse sollte alle jene Faktoren berücksichtigen, die Konkurrenten auf dem Markt einsetzen können um Marktvorteile zu erreichen. Dabei müssen auch die eigenen Stärken und Schwächen im Vergleich zur Konkurrenz untersucht werden.

Im Einzelnen sollte sich eine derartige Analyse auf die einzelnen Bereiche des Unternehmens sowie auf die gegenwärtigen und künftigen Strategien erstrecken.

	Konkurrenten		
Bereich	**Unternehmen A**	**Unternehmen B**	**Unternehmen C**
Programmbereich Marketingbereich Fertigungsbereich Personalbereich Forschung & Entwicklung Finanzbereich Organisationsbereich Planungsbereich . . .			

Konkurrenzanalyse

Die Branchenanalyse sollte z.B. alle Faktoren enthalten, die Einfluss auf die Branche haben, wie (vgl. *Aacker*, D.A. (1989), S. 92):

- gegenwärtige Branchengröße
- Branchenpotenzial
- Wachstum der Branche
- Branchenstruktur
- Kostenstruktur
- Distributionssystem
- Branchentrend
- Wettbewerbsfaktoren der Branche.

Insbesondere **die den Wettbewerb bestimmenden Faktoren** (vgl. *Porter, M.F.* (1983) S. 26) sind genau zu analysieren.

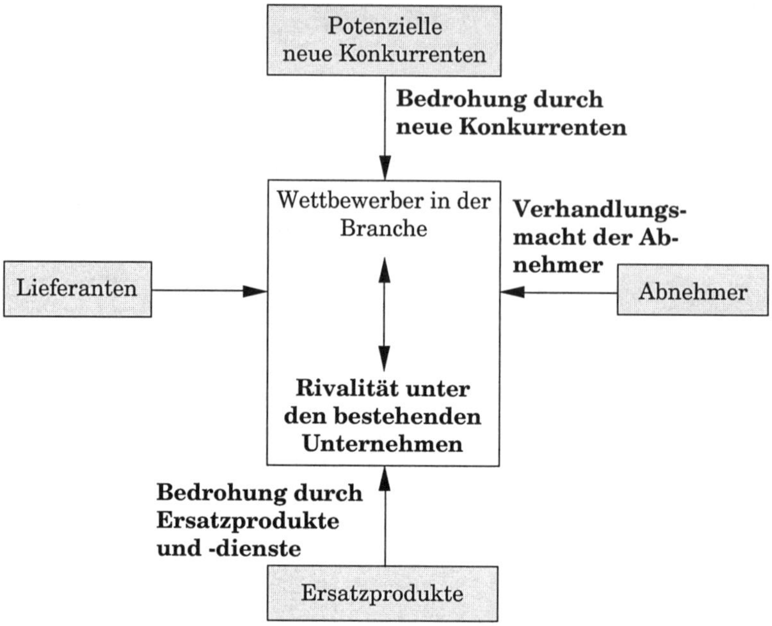

Die den Wettbewerb bestimmenden Faktoren

Der Situationsanalyse schließt sich die Umweltanalyse an, deren Aufgabe es ist, folgende Aspekte zu untersuchen (ohne die schon in der Situationsanalyse untersuchten ökonomischen Aspekte).

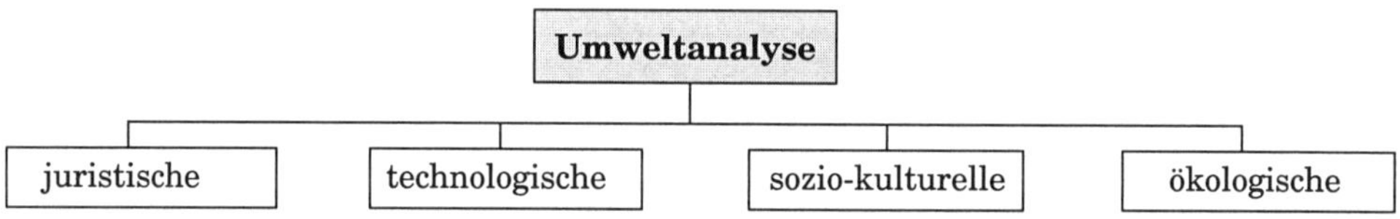

3.2 Aufstellung der Marketingstrategie

Auf der Grundlage der formulierten Planungsziele sind zur Erreichung der Ziele alternative Planungsstrategien zu erstellen. Grundsätzlich muss man dabei entscheiden, mit welchen Produkten auf welchen Märkten man in welchem Umfang tätig sein will.

Hilfestellung kann dabei auch das sog. **strategische „Spielbrett"** leisten, das aufzeigt,

- wo ein Unternehmen aktiv werden soll und
- wie ein Unternehmen dabei vorgehen kann.

Die dabei möglichen Strategien veranschaulichen die Felder 1 bis 4.

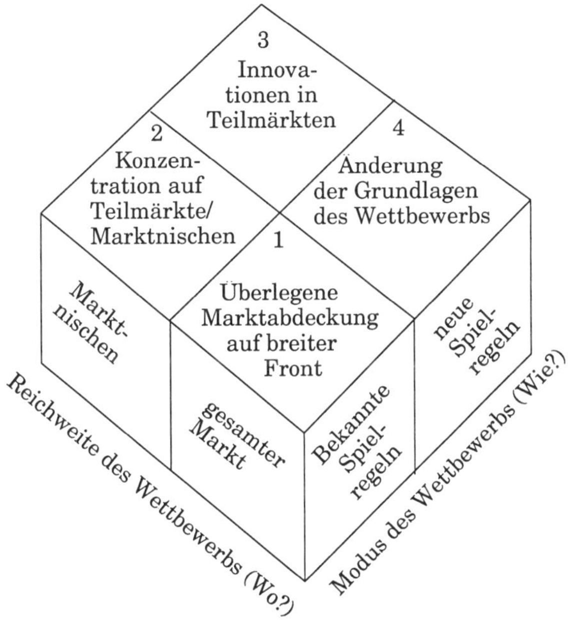

Das strategische „Spielbrett" (nach *McKinsey*)

Um weitere erforderliche Erkenntnisse gewinnen zu können, bedient man sich ferner noch insbesonderer folgender Instrumente:

- der Lebenszyklusanalyse
- der Gap-Analyse
- der Produkt-Markt-Analyse
- der Portfolio-Analyse.

Die Lebenszyklusanalyse der Produkte gibt Hinweise dafür, wie sich die einzelnen Produkte voraussichtlich ohne besondere Marketinganstrengung entwickeln werden.

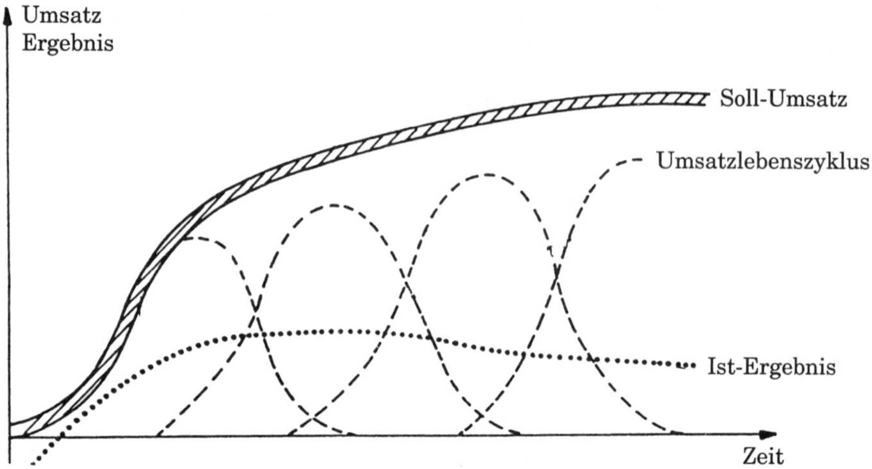

Das vorliegende Bild zeigt die Umsatzkurve eines Unternehmens im Zeitablauf als Summe der Produktlebenszykluskurven der einzelnen Produkte. Aufgrund der Analyse der verschiedenen Kurven lässt sich schnell erkennen, dass der Umsatz nicht weiter gehalten oder gesteigert werden kann, wenn nicht dafür gesorgt wird, dass Marketingmaßnahmen ergriffen werden.

Die dafür allgemein erforderlichen Maßnahmen lauten:

- Entwicklung neuer Produkte
- Förderung neuer Produkte zur Marktreife
- Schnelle Marktdurchdringung für die neuen Produkte
- Verlängerung des Lebenszyklus bisheriger Produkte
- Relaunch bisheriger Produkte
- Schließung der strategischen Lücke.

Im Anschluss an die individuelle Produktlebenszyklusanalyse ist die Gap- oder Ziel-Lücken-Analyse durchzuführen.

In der einfachen Form zeigt die Gap-Analyse, wie sich der Umsatz eines Unternehmens aufgrund der gegenwärtigen Situation in der Zukunft einstellen wird.

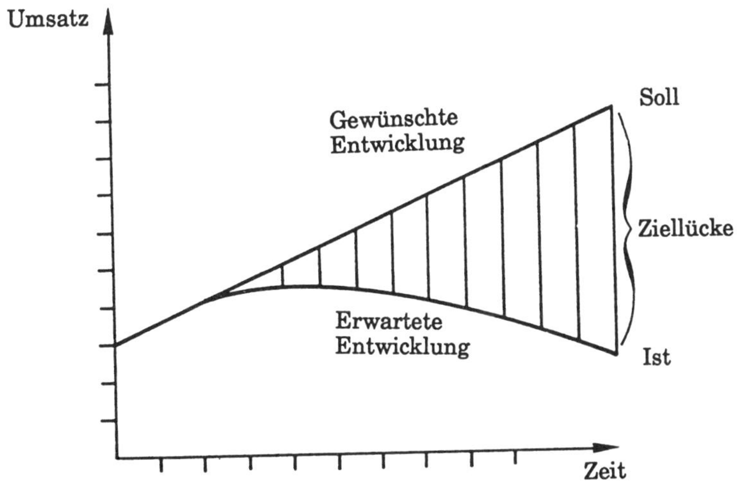

Einfache Gap-Analyse

Man erkennt daraus, wie weit Soll- und Ist-Zustand voraussichtlich auseinander liegen. Daraufhin kann nunmehr überlegt werden, ob und wie die erkannte Lücke geschlossen werden kann.

Zu diesen Überlegungen empfiehlt es sich, die von *Ansoff* entwickelte Produkt-Markt-Matrix heranzuziehen. Nach *Köhler* (1981, S. 268) ist sie als „Orientierungsrahmen für die umrisshafte Erörterung strategischer Handlungsalternativen" anzusehen. Grundsätzlich bietet die Produkt-Markt-Matrix folgende **Basisstrategien** an.

Märkte / Produkte	**gegenwärtig**	**neu**
gegenwärtig	Marktdurchdringung	Marktentwicklung
neu	Produktentwicklung	Diversifikation

Die Frage, die sich nunmehr stellt, ist, ob eine oder mehrere Strategien angewendet werden sollen und in welcher Reihenfolge der Anwendung sich welche Vorteile ergeben können. Ohne auf die ausführliche Diskussion dieser Frage einzugehen, lässt sich sagen, dass das Leistungspotenzial des Unternehmens dabei den Ausschlag geben soll. In der Regel bietet sich in sehr vielen Fällen die Reihenfolge Marktdurchdringung, Marktentwicklung, Produktentwicklung und Diversifikation an.

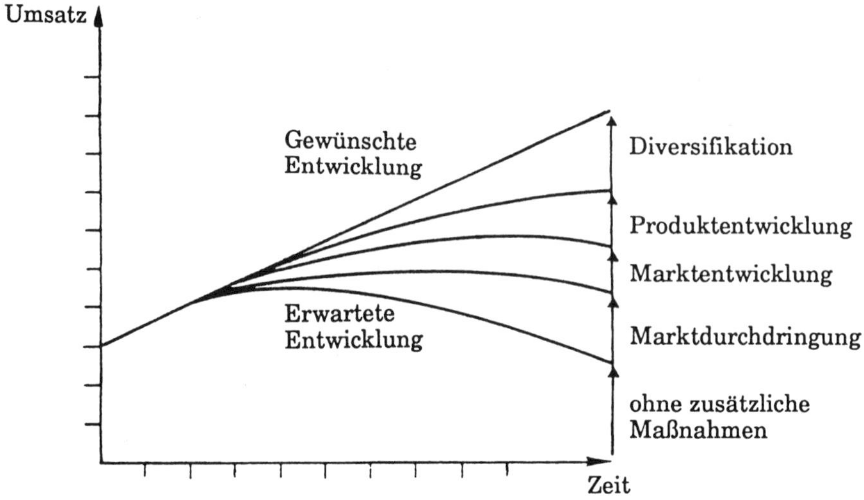

Differenzierte Gap-Analyse

Die differenzierte Gap-Analyse zeigt auf, welche Basisstrategien die Ziellücke schließen können. Aufgabe jedes Unternehmens ist es nunmehr, diejenige Strategiekombination auszuwählen, die am besten geeignet erscheint, die jeweilige Ziellücke zu schließen.

Zur Unterstützung der Entscheidung über die Planungsstrategien ist daneben die Portfolio-Analyse heranzuziehen. Die Portfolio-Analyse, die ursprünglich zur optimalen Zusammenstellung von Wertpapieren entwickelt wurde, wird seit Anfang der 70er-Jahre auch zur optimalen Verteilung der Aktivitäten eines Unternehmens auf verschiedene strategische Geschäftseinheiten benutzt. Die Portfolio-Analyse wird in einer sog. Marktattraktivitäts-Wettbewerbs-Matrix (9-Felder-Matrix) und der Marktanteils-Marktwachstums-Matrix (4-Felder-Matrix) durchgeführt. Daneben entwickelten sich weitere Ausprägungen.

- **Die 9-Felder-Portfolio-Matrix**

  Die hier zuerst dargestellte **Marktattraktivitäts-Wettbewerbsvorteil-Matrix** wurde in den USA von General Electric und der Beratungsfirma *McKinsey & Co.* entwickelt. Sie ist durch neun Quadrate gekennzeichnet. Im Vergleich zu der später zu behandelnden **Marktanteils-Marktwachstums-Matrix**, die nur aus vier Quadraten besteht und von der *Boston Consulting Group* entwickelt wurde, eignet sich die Neun-Quadrate-Matrix für eine differenziertere Beurteilung der SGE (Strategischen Geschäftseinheiten) und die Lösung auch komplexer Probleme.

Die **9-Felder-Portfolio-Matrix** ***(McKinsey)*** wird wie folgt dargestellt:

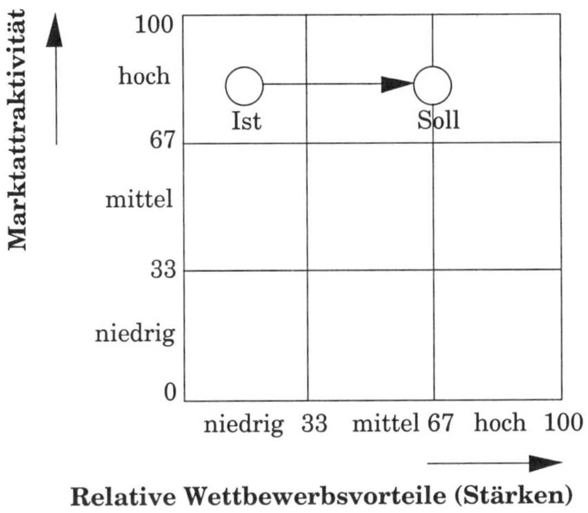

Diese Portfolio-Matrix kann die gegenwärtige und künftige Standortlage (Stellung) der einzelnen SGE zueinander aufzeigen und auf ihre relative Bedeutung hinweisen.

Beim Aufstellen einer Portfolio-Matrix kann wie folgt vorgegangen werden:

- In einem ersten Schritt wird das Unternehmen in relevante strategische Geschäftseinheiten (Geschäftsbereiche) eingeteilt. Dabei können bestimmte Produkte, Produktgruppen, Kundengruppen oder Märkte sowie deren Kombination zu einzelnen Geschäftseinheiten (Geschäftsbereichen) zusammengefasst werden. Vorgehensweise, Art und Umfang der Bildung der Geschäftseinheiten haben sich stets an den Gegebenheiten des Einzelfalles zu orientieren.

- In einem zweiten Schritt wird jede Geschäftseinheit (business unit) allgemein nach den Kriterien gegenwärtiger bzw. künftiger

  - relativer Wettbewerbsvorteile sowie
  - Marktattraktivität

  analysiert.

Als Ausgangsbasis für die Strategiefindung empfiehlt es sich, folgende Analysen durchzuführen:

- Analyse des Unternehmenszustandes (Stärken-Schwächen-Analyse)
- Analyse der Umwelt
- Marktanalysen
- Konkurrenzanalysen
- Analyse der politischen und gesellschaftlichen Entwicklung
- Analyse der Wertvorstellungen.

Dabei ist für jede Geschäftseinheit (strategische Geschäftseinheit) eine getrennte Analyse durchzuführen. Wie man zur Positionierung von Geschäftseinheiten kommt, zeigt die folgende Darstellung, die von *Pümpin* übernommen wurde. Die Größe der Kreise gibt das unterschiedliche Umsatzvolumen an. Im vorliegenden Beispiel weisen die strategische Geschäftseinheit C das größte Umsatzvolumen und die SGE D und E niedrige Umsatzvolumen aus.

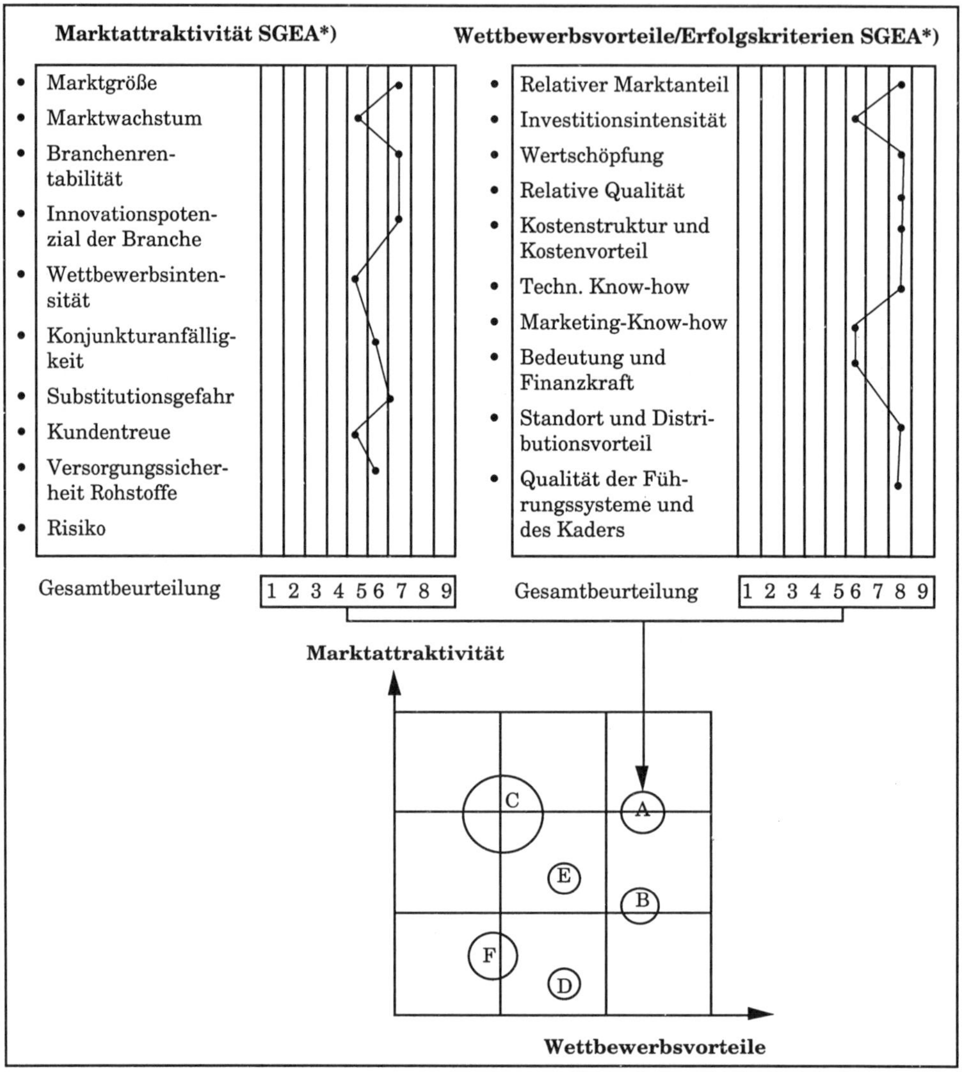

*) Für jede SGE einzeln durchführen

Positionierung der SGE A

Quelle: *Pümpin, C.*, Produkt-Markt-Strategien

Aufgrund der Ist-Positionierung lassen sich für bestimmte Positionen sog. allgemeine Normstrategien ableiten, die folgende Grafik wiedergibt:

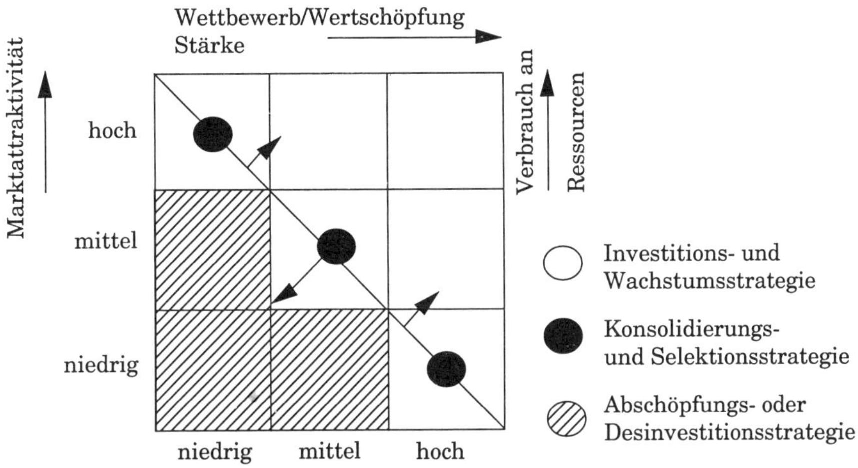

Basisstrategie der Portofolio-Matrix

Eine weitergehende detaillierte Darstellung der Marketingnormstrategien zeigt *Hinterhuber* (1980, S. 163) in Anlehnung an *McKinsey & Co.* auf.

Elemente der Marketingpolitik	Norm-Strategien: Investitions- und Wachstumsstrategien	Norm-Strategien: Selektive Strategien	Norm-Strategien: Abschöpfungs- oder Desinvestitionsstrategien
1. Programmpolitik	Sortiment ausbauen; Diversifizieren; Innovation	Spezialisierung; Schwerpunktbildung (Randtypenbereinigung); Imitation	Programmbegrenzung (keine neuen Produkte; Aufgaben ganzer Linien)
2. Abnehmermärkte und Marktanteile	Gewinnen, Basis verbreitern - Neue Regionen - Neue Anwendungen	Gezielt wachsen, Position verteidigen	Aufgeben zu Gunsten von Erträgen - Kundenselektion - Regionaler Rückzug
3. Preispolitik	Preisführer (nach oben und unten)	Stabilisieren des Preisniveaus, tendenzielle Niedrigpreispolitik	Tendenzielle Hochpreispolitik (Preisabschläge nicht mitmachen)
4. Vertriebspolitik (Werbung und Absatzkanäle)	Aktiver Einsatz von - Werbemitteln - Zweitmarken - Markennamen	Gezielter Einsatz für Produktwerbung	Zurückgehender Einsatz des vertriebspolitischen Instrumentariums
5. Risiko	Akzeptieren	Begrenzen	Vermeiden
6. Investitionen	Vertretbares Maximum (Invest. > Abschr.)	Gezielt auf Cash-flow (Invest. ≈ Abschr.)	Minimum bzw. Stillegen (Invest. < Abschr.)

Normstrategien und Marketingaktivitäten

Die hier dargestellten Portfolio-Analysen lassen sich für unterschiedliche Einordnungskriterien aufstellen. Daneben ist es möglich, von der strategischen Geschäftseinheit über Produktlinien, Produktgruppen bis hin zum Produkt zu differenzieren um dadurch zusätzliche Erkenntnisse zu gewinnen.

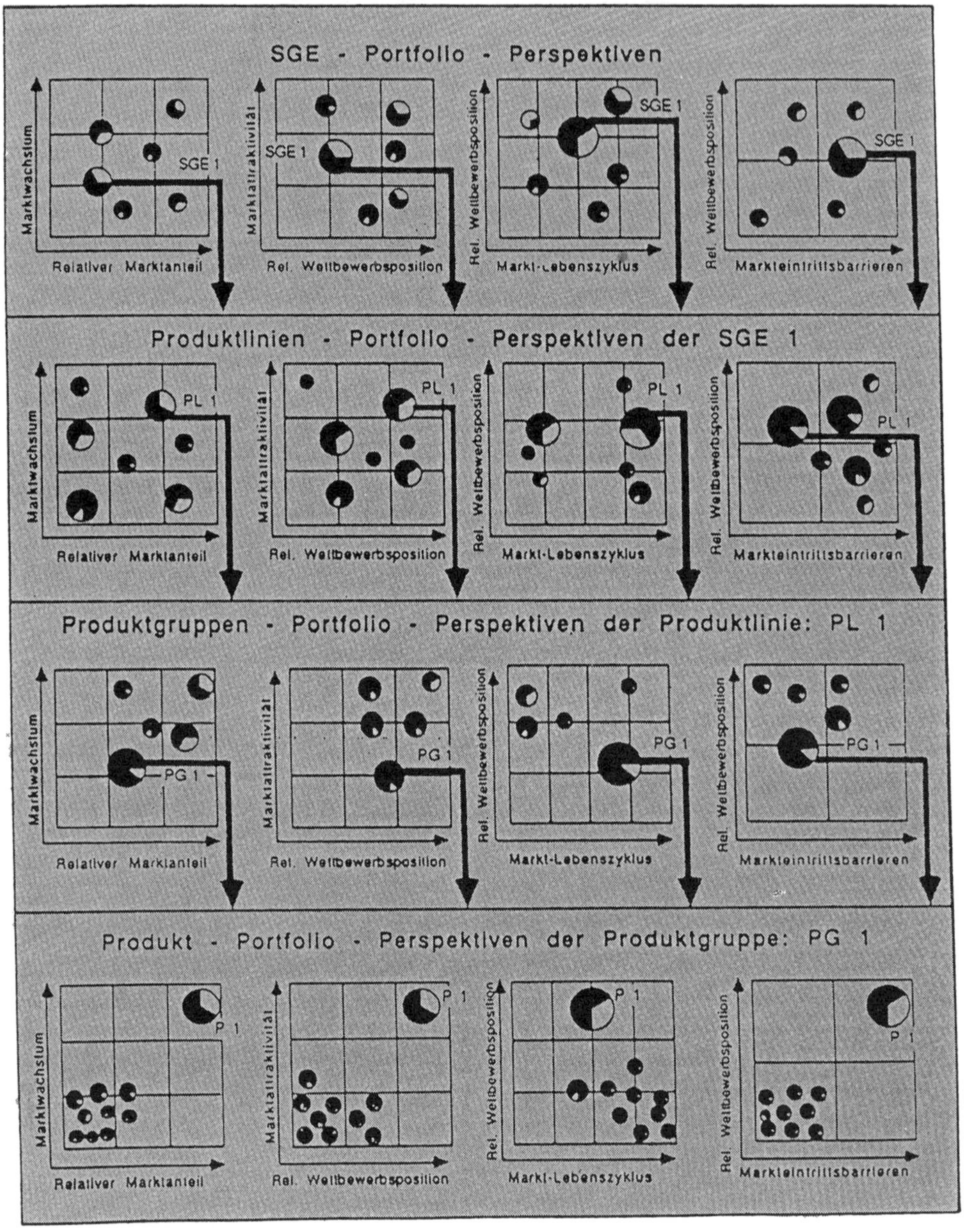

Horizontales und vertikales Portfolio-Mix

Quelle: *Barzen, D.*, Marketing-Budgetierung, Frankfurt/M. (1990), S. 221

- **Die 4-Felder-Portfolio-Matrix**

  Bei der 4-Felder-Portfolio-Matrix werden Marktanteil und Marktwachstum benutzt um die SGE in die Matrix einzuordnen. Als Ergebnis kommt eine Matrix heraus, deren Felder wie in der Abbildung bezeichnet werden.

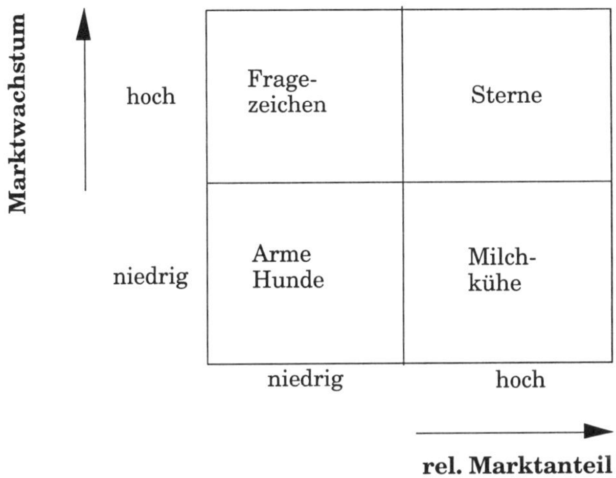

Marktanteil-Marktwachstums-Matrix *(Boston Consulting Group)*
(4-Felder-Portfolio-Matrix)

Fragezeichen	Sterne
Einführungs-phase/ Beginn der Wachstumsphase	Wachstums-phase
Arme Hunde	Milchkühe
Reifephase/ Rückgangsphase	Reife-phase
niedrig	hoch

Phase im Produkt-Lebenszyklus (nach 4-phasigem PLZ)

	Fragezeichen	Sterne
hoch	Marktanteil erhöhen **oder** Aufgabe	Marktanteil erhöhen
	Arme Hunde	Milchkühe
niedrig	Aufgabe	Marktanteil halten
	niedrig	hoch

Normstrategie (Kurzbeschreibung)

Je nach der Positionierung innerhalb der Marktanteil-Marktwachstums-Matrix findet sich jede SGE in einer der vier charakteristischen Felder wieder.

Sterne sind SGE in der Wachstumsphase mit hohem Wachstum und hohem Marktanteil. Sie benötigen gegenwärtig hohe finanzielle Mittel, die sie in der Regel selbst erwirtschaften. Die für diese SGE einzuschlagende Normstrategie heißt, den Marktanteil leicht erhöhen bzw. halten.

Milchkühe sind SGE in dem Übergang von der Wachstums- in die Reifephase bzw. schon in der Reifephase: Sie haben einen hohen relativen Marktanteil. Sie erwirtschaften gegenwärtig einen hohen Cashflow. Als Normstrategie empfiehlt es sich, den Marktanteil zu halten bzw. nur geringe Rückgänge in Kauf zu nehmen.

Fragezeichen werden die SGE genannt, die sich in der Einführungsphase bzw. beim Beginn der Wachstumsphase befinden. Ihr Marktanteil ist niedrig, das gesamte Marktwachstum hoch. Sie erfordern gegenwärtig hohe finanzielle Mittel. Die einzuschlagende Normstrategie besteht entweder darin, den Marktanteil zu steigern oder zu senken, d.h. ganz auszuscheiden. Die Entscheidung ist im Einzelfall genau zu untersuchen.

Arme Hunde sind solche SGE, die schon länger auf dem Markt sind und sich in der Rückgangs- und/oder Degenerationsphase befinden. Sie bringen gegenwärtig weder Gewinne noch Verluste. Aufgrund der schlechten Zukunftsaussichten empfiehlt sich eine Rückzugsstrategie (Aufgabe).

Aufgrund der Eingliederung der SGE in die Portfolio-Matrix wird es dann auch möglich, die Phase im Produktlebenszyklus (PLZ) als auch sog. Normstrategien diesen Portfolio-Kategorien zuzuordnen.

Eine inhaltlich weitergehende Darstellung dieser Marketingstrategien, auch im Hinblick auf die Instrumente, weist die folgende von *Kiener* übernommene Darstellung auf.

Strategie-Elemente	**Portfolio-Kategorien**			
	„Nachwuchs"	„Stars"	„Cash-Kühe"	„Probleme"
	relevante Marketing-Strategien			
	Offensiv-Strategien	Investitions-Strategien	Abschöpfungs-Strategien	Desinvestitions-Strategien
1. Programmpolitik	Produktspezialisierung	Sortiment ausbauen, diversifizieren	Imitation	Programmbegrenzung (keine neuen Produkte, aufgeben ganzer Linien)
2. Abnehmermärkte und Marktanteile	gezielt vergrößern	gewinnen, Basis verbreitern: - neue Regionen, - neue Anwendungen	Position verteidigen, Konkurrenzabwehr	aufgeben zu Gunsten von Erträgen: - Kundenselektion, - regionaler Rückzug
3. Preispolitik	tendenzielle Niedrigpreise	Anstreben von Preisführerschaft	Preisstabilisierung	tendenzielle Hochpreispolitik
4. Vertriebspolitik (Werbung und Absatzkanäle)	stark forcieren	aktiver Einsatz von - Werbemitteln, - Zweitmarken	gezielte Produktwerbung, Verbesserung des Kundendienstes	zurückgehender Einsatz des vertriebspolitischen Instrumentariums
5. Risiko	akzeptieren	akzeptieren	begrenzen	vermeiden
6. Investitionen	hoch, Erweiterungs-Investitionen	vertretbares Maximum, Reinvestitionen	beschränkte Ersatzinvestitionen	Minimum bzw. Stillegen

Normstrategien für Ist-Positionen

3.3 Planungsergebnis

Als Ergebnis der Planungen hat das Unternehmen einen **strategischen Marketingplan** und einen **kurz- und mittelfristigen Marketingplan**.

Der strategische Marketingplan enthält Aussagen über Wahl der Strategien, die Strategien der Marktteilnehmer, Marketing-Mix-Strategien sowie die Strategischen Zielgrößen und Langfrist-Budgets.

Strategischer Marketingplan

I. Marktwahlstrategien

1. Kennzeichnung der **Märkte** bzw. **Marktsegmente**, auf denen die Unternehmung sich längerfristig betätigen will (nach Regionen, Nachfragergruppen, Bedarfsmerkmalen).

2. Grundsätzliche Beschreibung der **Leistungsprogramme** für die gewählten Märkte (nach technologischen Merkmalen und nach Problemlösungsgesichtspunkten).

3. Angabe, ob es sich dabei um Strategien der **Marktdurchdringung**, der **Produktentwicklung**, der **Marktentwicklung** oder der **Diversifikation** (i. S. von *Ansoff*) handelt; oder ob ein Rückzug aus bisherigen Produkt-Markt-Kombinationen vorliegt.

II. Marktteilnehmerstrategien

1. Geplanter Standardisierungsgrad bei der Deckung des **Nachfragerbedarfs** (undifferenziertes Vorgehen oder differenzierte Bearbeitung von Marktsegmenten).

2. **Konkurrenzbezogene** Stoßrichtung (Darstellung der angestrebten Wettbewerbsvorteile oder der auszugleichenden Wettbewerbsnachteile).

3. **Handelsorientierte** Grundsatzentscheidungen (Einschaltung oder Nichteinschaltung von Handelsbetrieben, Kriterien für die Selektion bestimmter Handelsbetriebsformen, Kooperationsabsicht im vertikalen Marketing oder Bereitschaft zum Konflikt).

III. Marketing-Mix-Strategien	
1. Produktpositionierung	....
2. Preispositionierung und geplante Abfolge von Preisniveaus im Zeitablauf	....
3. Kommunikationsgrundsätze	....
4. Rahmengestaltung für die Distribution (Beschreibung der Absatzwege, der Außendienststruktur, des Logistiksystems)	....
IV. Strategische Zielgrößen unter Berücksichtigung von I. – III.	
1. Grundsätzliche Markterschließungs-, Marktdurchdringungs- oder Marktrückzugsziele 2. Produktinnovationsziele 3. Portfolioziele (Soll-Portfoliostruktur) 4. Grundsätzliche verwender-, konkurrenten- und handelsorientierte Positionierungsziele 5. Bekanntheitsgradziele 6. Angestrebte produktbezogene Einstellungen 7. Distributionsziele 8. Angestrebte Ausmaße der Kenngrößen „Marktpenetration" und „Wiederkaufrate" 9. Marktanteils-, Gewinn- und Renditeziele	Mehrperiodenbetrachtung mit Angabe der angestrebten Zielverwirklichung über die Zeit (Zielleitlinien, sog. **Zieltrajektorien**)
V. Langfrist-Budgets für bestimmte Organisationseinheiten bzw. Projekte	
....	

Grundstruktur des strategischen Marketingplans

Quelle: *Köhler, R.* 1993

Der kurzfristige Marketingplan (vgl. Übersicht) dagegen zeigt die gegenwärtige Marktsituation, die kurzfristigen Marketingziele sowie die dazu erforderlichen Aktionen auf.

1. Zusammenfassung der wichtigsten Ergebnisse
(Kurzkommentar)

2. Marktsituation des Unternehmens
- 2.1 Gegenwärtige Situation des Gesamtmarktes und Teilmarktes
- 2.2 Voraussichtliche Entwicklung der Märkte
- 2.3 Situation und Entwicklung der eigenen Branche
- 2.4 Situation und Entwicklung der wichtigsten Abnehmer
- 2.5 Stärken und Schwächen des eigenen Unternehmens
- 2.6 Zusammenfassende Gesamtbeurteilung der Marktsituation

3. Marketingziele
- 3.1 Unternehmensziele
- 3.2 Marketingziele
  - 3.2.1 Wichtigste Marktziele
    (Marktanteil, Bekanntheitsgrad, Distributionsdichte, Image)
  - 3.2.2 Aus den Marktzielen sich ergebende Ziele für Bereiche, Abteilungen, Produktgruppen und Produkte

4. Marketingmaßnahmen

4.1 Produktpolitik
- 4.1.1 Produktgestaltung
- 4.1.2 Programm- bzw. Sortimentspolitik
- 4.1.3 Kundendienstpolitik
- 4.1.4 Garantieleistungspolitik

4.2 Kontrahierungspolitik
- 4.2.1 Preispolitik
- 4.2.2 Liefer- und Zahlungsbedingungen
- 4.2.3 Kreditpolitik
- 4.2.4 Rabattpolitik

4.3 Distributionspolitik
- 4.3.1 Absatzwegpolitik
- 4.3.2 „Handelspolitik"
- 4.3.3 Vertriebsbindung
- 4.3.4 Marketing-Logistik

4.4 Kommunikationspolitik
- 4.4.1 Werbung
- 4.4.2 Verkaufsförderung
- 4.4.3 Persönlicher Verkauf
- 4.4.4 Öffentlichkeitsarbeit

5. Marketing-Kosten
- 5.1 Kosten für Marketingmaßnahmen
- 5.2 Kosten der Auftragserzielung
- 5.3 Kosten der Auftragsbearbeitung
- 5.4 Kosten der Auftragsausführung

Grundgliederung des kurzfristigen Marketingplans

Alle Marketingpläne sind nach Genehmigung und Bekanntgabe durch die Unternehmensleitung als vollzugsverbindlich für den jeweiligen Planungszeitraum zu erklären. Sie bilden die Grundlage für die Durchführung der Planungen und für die spätere Kontrolle.

3.4 Absatzplan

Die Zusammenhänge der Marketing- und Absatzplanung mit den übrigen Plänen im Unternehmen veranschaulicht die folgende vereinfachte Darstellung. Daraus wird ersichtlich, dass insbesondere der Absatzplan, die Absatzmengen und Erlöse in detaillierter Form nach Produkten, Produktgruppen, Märkten, Absatzgebieten, Zeiträumen und Abnehmern ausweist, von besonderer Bedeutung für die übrigen Teilpläne ist. Ausgangspunkt des Absatzplans sind die allgemeinen Planungsdaten, die Produktionskapazitäten und vor allem die aus den Marketingzielen abgeleiteten Absatzziele. In jedem marktorientiert geführten Unternehmen sollte der Absatzplan der Ausgangspunkt der weiteren Planungen in den übrigen Bereichen sein.

Die spezifischen Ziele des Absatzplans hängen wechselseitig eng mit dem Marketingplan und dem Produktionsplan zusammen. Im Einzelnen müssen insbesondere im Rahmen des Absatzplans folgende Fragen beantwortet werden:

- Welche Produkte sollen verkauft werden?
  (= Verkaufsprogramm)
- An wen sollen die Produkte verkauft werden?
  (= Zielgruppe)
- Zu welchem Preis sollen die Produkte verkauft werden?
  (= Preisstellung)
- Mit welchem Ergebnis sollen die Produkte verkauft werden?
  (= Ergebnisplanung)

Der Absatzplan gibt somit die in zukünftigen Perioden aufgrund der Zielsetzung mit den Produkten zu erzielenden Umsätze (mengen- und wertmäßig sowie regional und zeitlich) an. Er zeigt, **was, in welchem** Umfang, **wann**, **wo** und mit welchem Ergebnis abgesetzt werden soll.

Grundlage für die Erarbeitung des Absatzplans sind drei **Hauptfaktoren**:

- Markt- und Absatzpotenzial
- Leistungsfähigkeit des Unternehmens
- Umfang und Höhe der geplanten Marketingmaßnahmen.

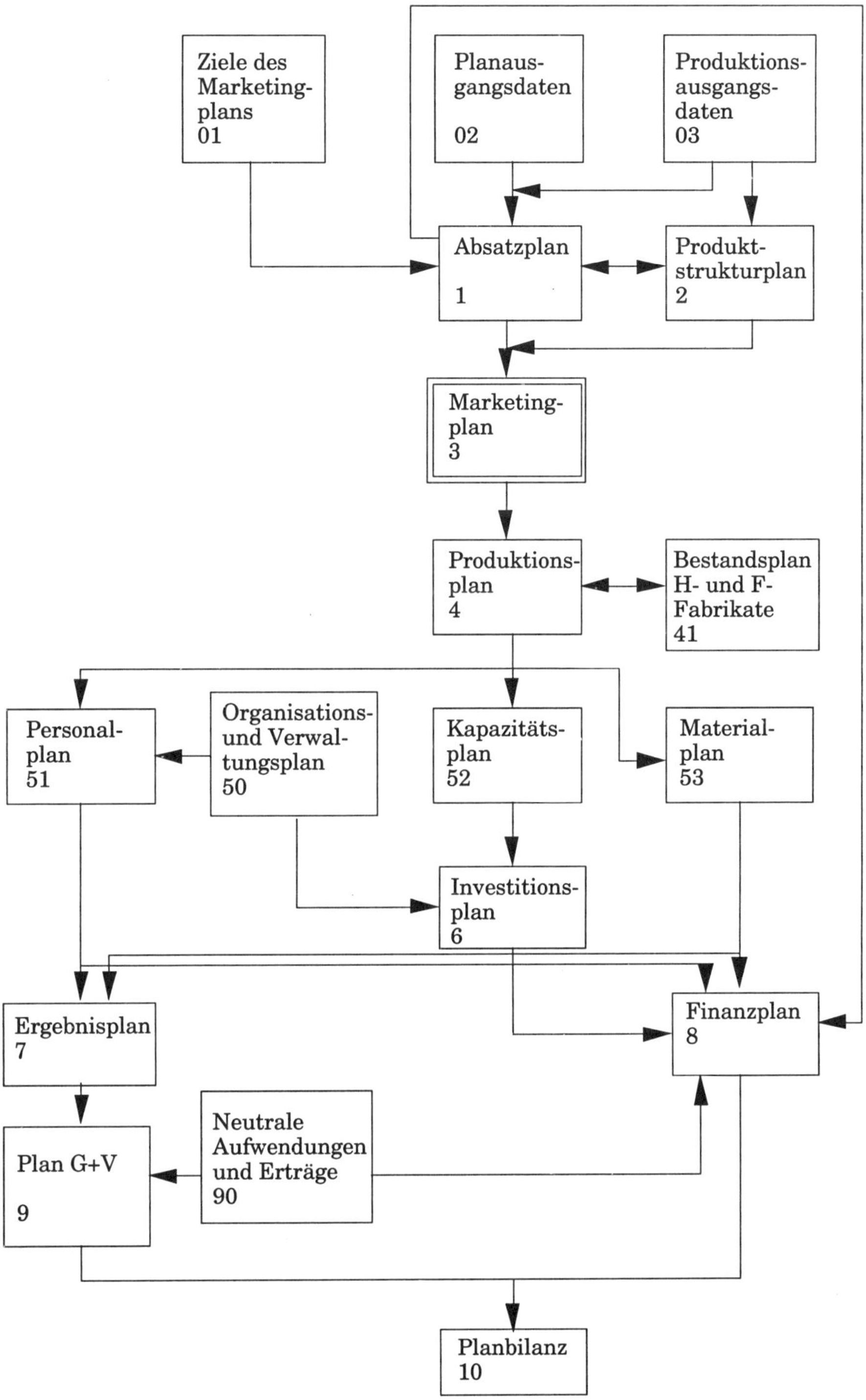

Vereinfachte Darstellung der Zusammenhänge der Teilpläne in der kurzfristigen Planung

Formal sollte der **Jahresabsatzplan** so aussehen, wie in der Übersicht dargestellt:

HCW-AG		**IST**						**SOLL**	
Absatzplan		**2001**		**2002**		**2003**		**2004**	
		M	W	M	W	M	W	M	W
Produktgruppe A	I A G	50 30 80	100 75 175	60 30 90	120 90 210	60 30 90	125 95 220	70 40 110	160 130 290
Produktgruppe B	I A G	40 10 50	120 40 160	50 20 70	160 80 240	40 20 60	120 90 210	50 30 80	150 130 280
Produktgruppe C	I A G								
Produktgruppe D	I A G								
Produktgruppe E	I A G								
Produktgruppe F	I A G								
Produktgruppe G	I A G								
Gesamtabsatz	I A G								

Jahresabsatzplan

M = Menge (Stück, to etc.)
W = Wert (1.000 €)

Das **Marktpotenzial** oder die optimale Aufnahmefähigkeit des Marktes gibt an, wie viel Produkte oder Dienstleistungen auf einem bestimmten Markt abgesetzt werden können. Aus dem Marktpotenzial lässt sich dann unter Berücksichtigung der gesamtwirtschaftlichen Entwicklung, der Branchenentwicklung, der Maßnahmen der Konkurrenz und der eigenen vorgesehenen Aktivitäten das **Absatzpotenzial** eines Unternehmens ableiten. Dieses erreichbare Absatzpotenzial ist der Leistungsfähigkeit des Unternehmens gegenüberzustellen um ermitteln zu können, ob das rechnerisch ermittelte Absatzpotenzial auch in der Praxis erreicht werden kann. Je nachdem, inwieweit man das Absatzpotenzial ausschöpfen will, werden die Marketingmaßnahmen gestaltet werden müssen, die ihrerseits von der Leistungsfähigkeit des anbietenden Unternehmens abhängen.

Im nächsten Schritt müsste der Absatzplan z. B. für das Jahr 2004

- zeitlich (z. B. pro Monat, Dekade)
- räumlich (z. B. pro Verkaufsgebiet, Inland, Ausland)
- sachlich (z. B. nach Produkten, Branchen, Großabnehmern)

differenziert ausgewiesen werden.

Der Jahresabsatzplan, der Ausgangspunkt für die übrigen Einzelpläne im Unternehmen ist, sollte für jedes Unternehmen so frühzeitig wie möglich im Laufe des laufenden Jahres (z. B. April, Mai) begonnen werden, damit der verbindliche Plan für das Folgejahr spätestens bis November verabschiedet werden kann. Vor Verabschiedung muss jedoch nicht nur eine horizontale, sondern auch eine vertikale Abstimmung mit allen für die Planung zuständigen Stellen erfolgt sein. Das Ergebnis der Planung wird umso besser sein, wenn eine Planung der Planung erfolgt.

Im Einzelnen muss der Jahresabsatzplan nach räumlichen, zeitlichen, produktorientierten und abnehmerorientierten Gesichtspunkten aufgestellt werden. So ergibt z. B. im Hinblick auf die räumlichen Aspekte die folgende Darstellung den Jahresplan.

HCW-AG	**Absatzplan 2004**						
	Gesamt	**Ausland**	**Inland**	davon **VK Nord**	**VK Mitte**	**VK Süd**	**VK West**
Produktgruppe A	M 110	40	70	10	10	30	20
	W 290	130	160	20	20	80	40
Produktgruppe B	M 80	20	60	10	20	10	20
	W 280	100	180	20	50	45	65
Produktgruppe C	M 40	25	15				
	W 400	300	100				

Absatzplan nach Absatzgebieten

M = Menge
W = Wert
VK = Verkaufsgebiet

Im Hinblick auf zeitliche und produktbezogene Aspekte ist die folgende Darstellung empfehlenswert.

HCW-AG	Absatzplan 2004 gesamt														
	Produktgruppe A					Produktgruppe B					Produktgruppe C				
	SOLL		IST			SOLL		IST			SOLL		IST		
	M	W	M	W	A	M	W	M	W	A	M	W	M	W	A
Januar	8	19				6	22				6	20			
Februar	9	21				10	38				3	60			
März	10	26				9	36				5	63			
April	11	28													
Mai	15	36													
Juni	18	36													
Juli	12	36													
August	7	24													
September	5	15													
Oktober	3	12													
November	7	22													
Dezember	5	15													
Insgesamt	110	290				80	280				40	400			

Absatzplan nach Produktgruppen A = Abweichung

Neben den dargestellten Absatzplänen sind nach Bedarf noch andere detaillierte Pläne z. B. für einzelne Produktgruppen, Produkte, Abnehmergruppen, Branchen oder Reisende aufzustellen.

Da die Umsatz- und Absatzplanung allein für die Steuerung des Absatzes nicht ausreicht, ist es erforderlich, zusätzlich eine Ergebnisplanung aufzubauen. Hierzu wird es erforderlich sein, die Kosten insgesamt sowie für die einzelnen Teilabsatzsegmente zu planen und zu überwachen.

3.5 Kostenplanung

Bevor eine Ergebnisplanung durchgeführt werden kann, empfiehlt es sich, die Vertriebskosten (Marketingkosten) zu planen. Als Vertriebskosten werden heute allgemein alle diejenigen Kosten angesehen, die entstehen, um die gefertigten Erzeugnisse auf dem Markt anzubieten und abzusetzen.

Nach den die Kosten hervorrufenden Bereiche unterscheidet man zwischen:

Kostenbereiche	Funktionen
• Marketingleitung	• Marketing- und Verkaufsleitung • Marketingplanung und -kontrolle • Marketing-Controlling • Marktforschung
• Umsatzerzielende Marketingkosten	• Werbung • Verkaufsförderng • Öffentlichkeitsarbeit • Verkaufsaußendienst • Verkaufsinnendienst • Sponsoring • Direktwerbung • Product Placement • Akquisitorischer Kundendienst • Angebotserstellung
• Umsatzdurchführende Marketingkosten	• Auftragsbearbeitung • Zahlungsabwicklung • Verpackung • Versand • Kundendienst • Lieferung

Gliederung der Marketingkosten

Eine Planung der Kosten nach der oben genannten Einteilung bietet den Vorteil einer funktionalen Kostenerfassung und Kontrolle. Daneben bietet sich die Planung entsprechend den verschiedenen marketingpolitischen Instrumenten wie Werbung, Verkaufsförderung, Persönlicher Verkauf usw. an. Welches Vorgehen im Einzelfall geeigneter ist, hängt von der Größe des Unternehmens, der Organisation und nicht zuletzt von der Zielsetzung der Kostenplanung ab (vgl. dazu auch *Weis, H.C.*,Verkauf, 6. Aufl., Ludwigshafen 2004).

3.6 Ergebnisplanung

Sind Umsatz (mengen- und wertmäßig) sowie die Kosten geplant, so ist die Planung des Ergebnisses für das Unternehmen möglich. Dabei kann die Ergebnisplanung nach **Vollkosten** und/oder **Teilkosten** erfolgen. Welche Vorgehensweise gewählt wird, hängt von der Zielsetzung der Planung ab.

Das folgende Beispiel soll vereinfacht die **Ergebnisplanung auf Teilkostenbasis** veranschaulichen:

	HCW-AG	Produkt-gruppe A			Produkt-gruppe B			Produkt-gruppe C
	(1.000 €)	Soll	Ist	Abw. in %	Soll	Ist	Abw. in %	
1	Bruttoumsatz	290	319	+ 10%				
2	./. Rabatt	10	12	+ 20%				
3	./. Skonti und sonstige Erlöse	10	11	+ 10%				
4	Nettoumsatz	270	296	+ 10 %				
5	./. Herstellkosten	110	131	+ 19%				
6	Deckungsbeitrag I	160	165	+ 3%				
7	./. direkt zurechenbare Kosten des Verkaufs	30	30	± 0%				
8	./. direkt zurechenbare Werbekosten	5	4	– 20%				
9	./. direkt zurechenbare Kosten der Verkaufs-förderung	10	12	+ 20%				
10	./. direkt zurechenbare Verpackungskosten	10	15	+ 50%				
11	./. direkt zurechenbare Frachtkosten	15	12	– 20%				
12	./. direkt zurechenbare Provisionen	5	6	+ 20%				
13	./. direkt zurechenbare sonst. Vertriebskosten	15	12	– 20%				
14	Deckungsbeitrag II	70	74	+ 5%				

Ergebnisplanung (Teilkostenbasis)

Bei dieser Form der Ergebnisplanung (Bruttogewinn) werden vom für jede Produktgruppe geplanten Bruttoumsatz die jeweils direkt zurechenbaren Kostenwerte abgezogen. Nach Abzug der Herstellkosten erhält man einen Deckungsbeitrag I, der als unmittelbar beeinflussbare Planungsgröße für das Marketing aussagefähiger ist als der Bruttoumsatz. Alle direkt zurechenbaren Kosten, die den Deckungsbeitrag I schmälern, sind vom Marketingbereich zu verantworten. Der nach dieser Vorgehensweise sich ergebende Deckungsbeitrag II stellt ein Maß für die Leistungsfähigkeit der Marketingaktivitäten dar. Der Deckungsbeitrag II muss zur Deckung der übrigen Kosten sowie zur Erzielung eines angemessenen Gewinns ausreichen.

	HCW-AG	Produkt-gruppe A			Produkt-gruppe B			Produkt-gruppe C		
	(1.000 €)	Soll	Ist	Abw. in %	Soll	Ist	Abw. in %	Soll	Ist	Abw. in %
1	Bruttoumsatz	290								
2	./. Rabatt	10								
3	./. Skonti und sonstige Erlöse	10								
4	Nettoumsatz	270								
5	./. Herstellkosten	110								
6	Deckungsbeitrag I (ohne Berücksichtigung der Vertriebskosten)	160								
7	./. Kosten der Umsatzerzielung	60								
8	./. Kosten der Umsatzabwicklung	30								
9	./. Kosten der Marketingleitung	15								
10	Deckungsbeitrag II	55								
11	./. anteilige Verwaltungskosten	23								
12	Nettoerfolg	32								

Ergebnisplanung (Vollkostenbasis)

In diesem Fall stellt der Deckungsbeitrag II den Beitrag einer Produktgruppe zur Deckung der übrigen Verwaltungskosten und eines Gewinns dar. Für die Einhaltung der Ergebnisplanung (Deckungsbeitrag II) ist bei den Produktgruppen zum Beispiel der jeweilige Produktgruppenleiter verantwortlich. Für die einzelnen Produktergebnisse können die jeweils zuständigen Mitarbeiter verantwortlich sein. Sie können jedoch umso eher verantwortlich gemacht werden, wenn, wie auf Seite 586 dargestellt, nur direkt zurechenbare Kosten bei der Ermittlung des Deckungsbeitrags II berücksichtigt werden.

4. Marketingaktivitätenplanung

Will man bestimmte Marketingaktionen, z. B. Verkaufsförderungsaktionen, Einführung eines neuen Produktes, Messebeteiligung systematisch durchführen, so ist es unumgänglich, diese Aktionen im Detail zu planen. Von den zur Planung, Durchführung und Kontrolle möglichen Verfahren können die folgenden **Planungstechniken** u.a. für die unterschiedlichen Aufgaben eingesetzt werden:

- Balkendiagramm
- Transplantechnik
- Netzplantechnik (am häufigsten in der Praxis eingesetztes Verfahren).

Eine Übersicht über Planungsmethoden und ihren Einsatz geben die folgenden Tabellen wieder.

Planungsmethoden im Marketing		
Langfristige Methoden	**Mittelfristige Methoden**	**Kurzfristige Methoden**
• Szenario • Delphi-Methode • Morphologische Methode • Portfolio-Methode	• Netzplantechnik • Entscheidungs-baumverfahren • Morphologische Methode • Lineare Programmierung • Finanzmathematische Methoden • Heuristische Verfahren	• Netzplantechnik • Entscheidungs-baumverfahren • Lineare Programmierung • Simulation • Spezielle Verfahren der Transportoptimierung • Heuristische Verfahren • Entscheidungstabellen

Übersicht über Planungsmethoden im Marketing

Inwieweit die verschiedenen möglichen Planungsverfahren in der Praxis in Industrieunternehmen tatsächlich eingesetzt werden, zeigt eine Untersuchung von *Köhler* und *Uebele:*

Mathematische Planungsmethoden	**Verwendung in % der Unternehmen**
1. Netzplantechnik	47,0
2. Entscheidungsbaum-Verfahren (mit Angabe von Wahrscheinlichkeiten)	18,9
3. Risikoanalyse (mit Monte-Carlo-Simulation)	20,1
4. Deterministische Simulation	12,0
5. Finanzmathematische Verfahren	28,4
6. Näherungsverfahren (heuristische Verfahren)	13,8
7. Lineare Programmierung	18,0
8. Nichtlineare Programmierung	6,6
9. Dynamische Programmierung	3,9
10. Stochastische Programmierung	3,6
11. Spezielle Verfahren der Lager- oder Transportoptimierung	24,3
Überhaupt keine Verwendung dieser Methoden	35,0

Verwendung mathematischer Methoden der Maßnahmenplanung und -optimierung im Marketing *(Köhler / Uebele)*

Als Beispiel soll im Folgenden nur die Vorgehensweise bei der Netzplantechnik aufgezeigt werden.

Beispiel: Netzplantechnik

Eine Testmarktuntersuchung ist durchzuführen, die aus den in der Tätigkeitsliste aufgeführten Tätigkeiten besteht.

Nr.	Tätigkeit	Dauer (Wochen)	Unmittelbar vorhergehende Tätigkeit
1	Testkonzepte erstellen	3	-
2	Testgebiete auswählen	1	1
3	Testhändler auswählen	2	2
4	Testunterlagen konzipieren	2	3
5	Testunterlagen drucken	2	4
6	Verpackung gestalten	4	1
7	Genehmigung des Verpackungsentwurfs	1	6
8	Verpackung bestellen	1	7
9	Lieferung der Verpackung	7	8
10	Verkaufshilfen gestalten	4	4, 7
11	Verkaufshilfen beschaffen	5	10
12	Rohstoffe bestellen	1	1
13	Lieferung der Rohstoffe	4	12
14	Hilfsstoffe bestellen	1	1
15	Lieferung der Hilfsstoffe	4	14
16	Herstellung des Fertigprodukts	2	9, 13, 15
17	Versand an den Handel	1	16, 11
18	Testzeit	12	17
19	Testbericht erstellen	3	18

Die Vorgehensweise bei der Erstellung eines Netzplanes soll kurz aufgezeigt werden. Benötigt werden im Vergleich zum Balkendiagramm die wechselseitigen sachlichen und zeitlichen Abhängigkeiten. Die einzelnen Tätigkeiten werden je nach Verfahren als Kreise, Kästchen oder Pfeile dargestellt. Die Relationen zwischen den Tätigkeiten werden durch Linien veranschaulicht *(Al-Ani):*

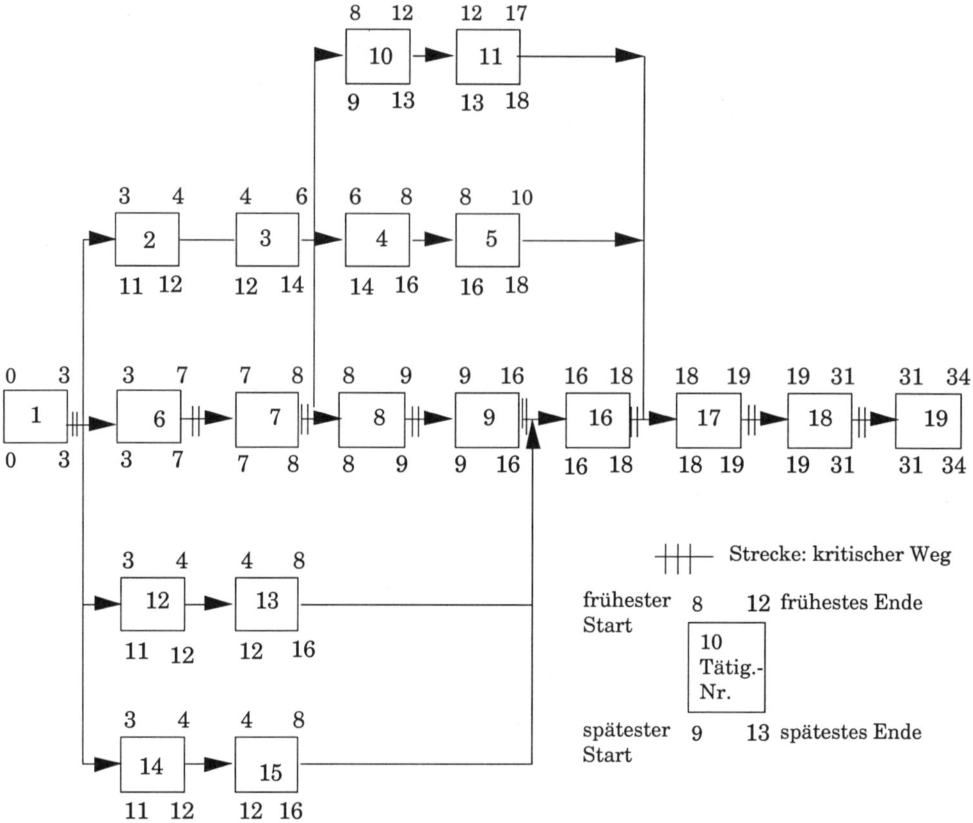

Netzplan für Testuntersuchung

Die **Vorteile** der Netzplantechnik liegen in:

- Einsatzmöglichkeiten für alle Projekte und Aktivitäten
- übersichtlicher und vollständiger Darstellung eines Projektes
- Berücksichtigung von Alternativen
- Hoher Flexibilität bei Änderungen
- Computerbasierte Berechnung von Alternativen
- Schneller Diagnose von Planabweichungen.

Viele Maßnahmen im Marketing können mithilfe der Netzplantechnik geplant werden, da nach diesem Verfahren sowohl die wechselseitigen Abhängigkeiten der einzelnen Tätigkeiten berücksichtigt werden als auch Änderungen sowie Abweichungen erkannt und berücksichtigt werden können. Netzpläne, die i.d.R. auf Computern erstellt werden, ermöglichen oft auch die Ausgabe von Balkendiagrammen oder Transplänen.

5. Marketingkontrolle

Die Marketingkontrolle stellt bei systematischem Vorgehen die letzte Phase im Marketingmanagementprozess – Zielsetzung, Planung, Realisation, Kontrolle – dar. Aufgabe der Marketingkontrolle ist es, eine systematische und objektive Beurteilung des Marketings eines Unternehmens zu erreichen. Sie lässt sich in eine Kontrolle der Marketingaktivitäten und in die **Marketing-Revision** (oder **Marketing-Audit**) unterteilen.

Aufgabe der **Kontrolle der Marketingaktivitäten** ist es, aufzuzeigen, inwieweit die Marketingziele und -pläne erreicht wurden. Der **Marketingrevision** obliegt es im Rahmen einer unabhängigen Untersuchung, die gesamten Marketingaktivitäten eines Unternehmens oder eines Unternehmensbereichs, die jeweiligen Marketingziele, Marketingpläne und ihre Realisation sowie die Marketingorganisation zu überwachen.

Marketing-Kontrolle ist kein Selbstzweck, sondern ein Instrument zur Beurteilung der Marketingkonzeption im Hinblick auf Zielsetzung, Realisation und Zielerreichung.

Darüber hinaus soll Kontrolle nicht nur diagnostizieren, sondern ebenso Denkanstoß für mögliche Analysen sein. Sie dient der Anpassung der Planung an Änderungen bzw. der marketingpolitischen Instrumente an die Umweltänderungen. Kontrolle erfolgt dadurch, dass man die in der Praxis realisierten Ergebnisse zu den Planungsgrößen in Beziehung setzt. Aus diesem Grunde muss schon in der Planungsphase auf die Möglichkeiten der Kontrolle geachtet werden.

Der **Kontrollprozess** lässt sich allgemein in fünf Schritte einteilen:

- Die **Festlegung von Kontrollgrößen** (Sollgrößen), an denen die verschiedenen Leistungen (Umsatz, Marktanteil usw.) gemessen werden sollen.
- Die **Leistungsergebnisse (Ist-Werte)** müssen bestimmt werden.
- Die Kontrollgrößen werden mit den Leistungsergebnissen verglichen (**Soll-Ist-Vergleich**).
- Etwa auftretende Abweichungen werden analysiert (**Abweichungsanalyse**).
- Aufgrund der Abweichungsanalyse werden **Maßnahmen** getroffen.

Strukturell lässt sich der **Kontrollprozess** am Beispiel des Absatzplans, wie dargestellt, veranschaulichen *(Saval)*.

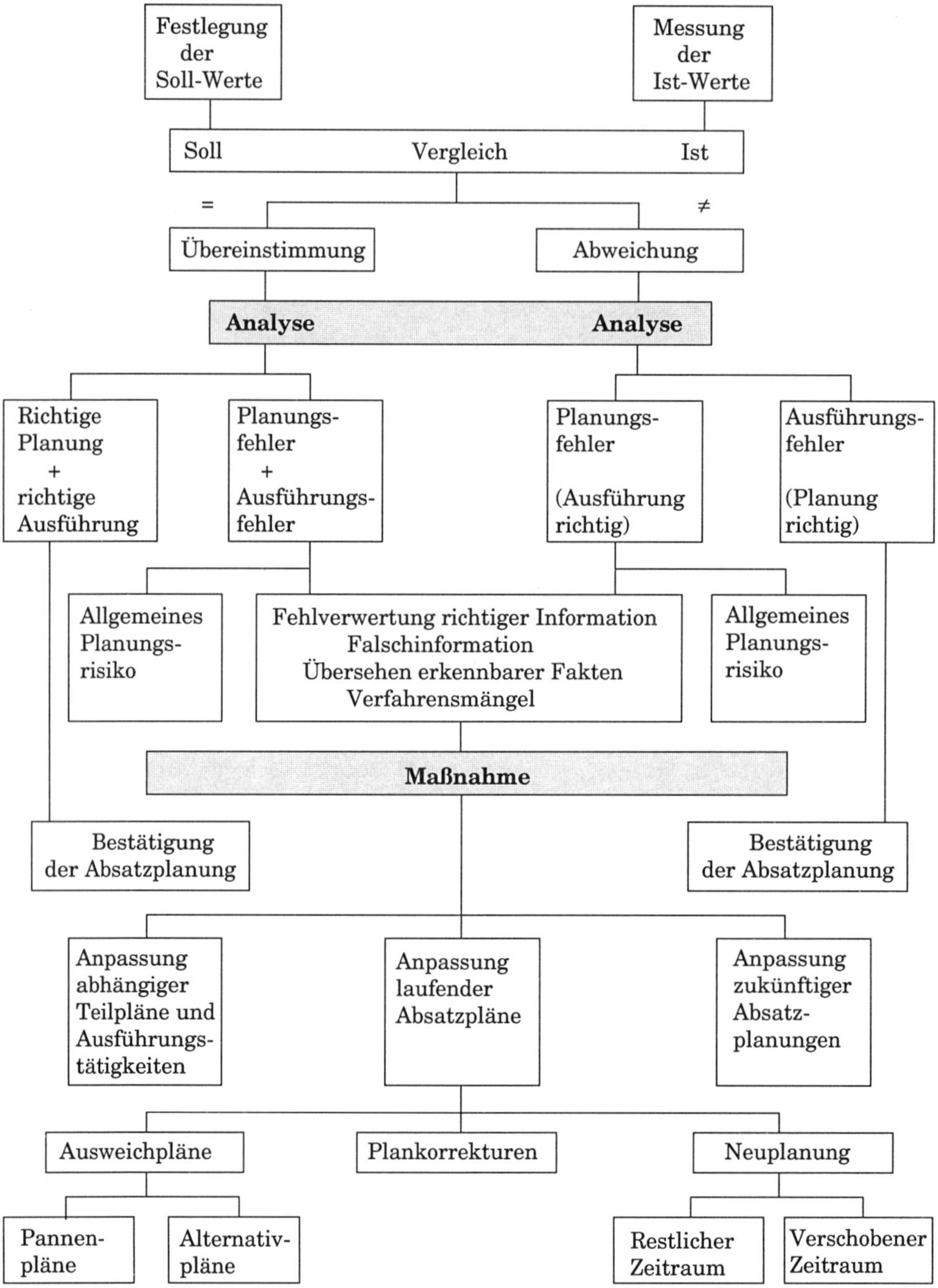

Im Einzelnen lassen sich sechs Schwerpunkte der Marketingkontrolle aufzeigen *(Kotler):*

- Kontrolle der Marketingabteilung
- Kontrolle der Marketingaktivitäten
- Kontrolle der Aktivitäten anderer Abteilungen im Hinblick auf das Marketing
- Kontrolle der Distributionsorgane (Handel)
- Kontrolle der Mitarbeiter im Marketing
- Kontrolle der Effizienz des Marketing-Mix.

Dabei kann sich die Kontrollfunktion auf **externe** und **interne** Bezugsgrößen beziehen.

- Von den **externen Größen** werden am häufigsten Umsatz, Marktanteil und Einstellungen von Marktteilnehmern sowie Ergebnisse des Einsatzes der marketingpolitischen Instrumente (z.B. Werbeerfolgskontrolle) untersucht.

- Von den **internen Größen** sind der Deckungsbeitrag je Produkt, Produktgruppe, Verkaufsgebiet, Return on Investment, Anzahl der Kundenbesuche je Außendienstmitarbeiter usw. oft benutzte Kontrollgrößen.

Im Folgenden sollen beispielhaft einige Bereiche der Kontrollmaßnahmen genannt werden:

(1) **Marketingabteilung**
Im Hinblick auf die sich laufend ändernden Marktsituationen ist zu überprüfen, ob die Marketingabteilung noch optimal strukturiert ist. Hier geht es um die Intensität der Marktbearbeitung, die Kostenentstehung, die Flexibilität usw.

(2) **Marketingkosten**
Hier ist vor allem die Höhe der verschiedenen Kostenbereiche (Werbekosten, Kosten des Verkaufs, Verkaufsförderungskosten und Kosten der Öffentlichkeitsarbeit) und ihr Verhältnis zueinander von Bedeutung. Dabei können auch Kennzahlen wie: Kosten je Euro Umsatz, Werbungskosten je Euro Umsatz, Kosten der Verkaufsförderung je Euro Umsatz usw. hilfreich sein.

(3) **Gesamtkosten**
Bei der Analyse der Gesamtkosten steht die Frage nach der absoluten Höhe der Kosten sowie nach möglichen Kostensenkungen im Vordergrund. Daneben wird die Einhaltung der jeweiligen Kostenpläne zu überprüfen sein.

(4) **Kostenpläne**
Die Untersuchung der Marketingkosten im Hinblick auf die Einhaltung der Planvorgaben (Soll-Ist-Vergleich) steht hier im Vordergrund. Anschließend soll eine Analyse der Kosten im Hinblick auf ihre Funktion wie z. B. Kosten der Auftragserlangung (Reisende, Werbung, Verkaufsförderung usw.) und Kosten der Auftragsabwicklung (Rechnungserstellung, Transport, Verpackung, Frachtkosten) sowie der Marketingverwaltung erfolgen.

(5) **Umsatz**
Die Analyse des Umsatzes im Hinblick auf die mengen- und wertmäßige Entwicklung. Analyse der Umsätze nach Produktgruppen, nach Verkäufern, Verkaufsgebieten, Absatzwegen, Kundengruppen, Branchen, Untersuchung der Auswirkung marketingpolitischer Maßnahmen auf den Umsatz wie z. B. Werbemaßnahmen oder Preissenkungen.

(6) **Kosten/Umsatz**
Hierbei bieten sich als erstes alle Marketingkosten im Verhältnis zum geplanten als auch zum realisierten Umsatz an. Ferner das Verhältnis von Kosten der Umsatzerzielung und -abwicklung im Verhältnis zum Umsatz.

(7) **Distribution**
Im Rahmen der Kontrolle der Distribution muss vor allem geprüft werden, ob der Handel eingeschaltet werden soll oder nicht. Dazu sind sowohl kostenrechnerische als auch marketingpolitische Untersuchungen erforderlich.

(8) **Effizienz des Verkaufs**
Die Produktivität des Verkäufers, gemessen als Verhältnis von Kosten des Verkäufers pro Umsatzeinheit, kann ein Maßstab für die Effizienz der Verkaufsorganisation sein, da die Effizienz des Verkäufers letztlich ein Indikator für die gesamte Verkaufsorganisation ist.

(9) **Durchschnittliche Auftragsgröße**
Aufgrund der durchschnittlich erzielten Auftragsgröße lässt sich beurteilen, inwieweit die gesamte Marketingplanung, insbesondere die Verkaufsplanung, ihre Ziele erreicht hat.

Die vorgenannten Kontrollgrößen können nur einige Hinweise geben und Kontrollmöglichkeiten kurz andeuten. Die unternehmensindividuellen Kontrollmaßnahmen müssen stets auf Marktsituation, Größe, Branche und Zielsetzung des jeweiligen Unternehmens abgestimmt werden.

In jedem Falle muss aber gewährleistet werden, dass Marketingkontrolle nie zum Selbstzweck wird, sondern ein wichtiges Instrument zur Erreichung der Marketingziele bleibt.

49 Seite 636

6. Marketing-Controlling

6.1 Begriff

Der Begriff Marketing-Controlling wird i.d.R. noch stärker, unterschiedlich weit bzw. eng interpretiert als die Begriffe Marketing und Controlling, aus denen er sich zusammensetzt. So gibt es zu Marketing-Controlling u.a. folgende Aussagen:

- ❑ *Kotler / Bliemel* sehen als Aufgaben des Marketing-Controlling die Möglichkeit, Probleme und Chancen im Marketing systematisch zu überprüfen (2001, S. 153).
- ❑ *Meffert* betrachtet Controlling als Führungsparameter vom Ergebnis her, wobei Marketing-Controlling Aufgaben der Information, Planung, Koordination und Kontrolle umfasst und der Kontrollprozess als kontinuierlicher Vorgang anzusehen ist (1998, S. 1035 f.).
- ❑ *Köhler* sieht die Aufgabe des Marketing-Controlling in der Koordination der Informationsversorgung der Marketingplanung und -kontrolle sowie der Organisationseinheiten und Mitarbeiterführung im Marketingbereich (1998, S. 11 f.).
- ❑ *Link* versteht Marketing-Controlling als Aufgabe zu:
  - Einsatz und Verbesserung von Planungs-, Kontroll- und Informationssystemen im Marketingbereich zur Erhöhung der Führungseffizienz sowie
  - Integration dieser Systeme untereinander und mit anderen Führungssystemen (2000 S. 14).

Im Folgenden schließen wir uns der Aussage von *Link* im Prinzip weitgehend an.

6.2 Aufgaben

Während früher Marketing-Controlling sich nur auf die Aufgabenbereiche Marketing-Planung und -kontrolle beschränkte, erfuhr es in den vergangenen Jahren eine Ausweitung im Hinblick auf die Informationsversorgung über Marketing für alle Aufgaben- und Funktionsbereiche eines Unternehmens. Die Aufgaben des Marketing-Controlling lassen sich in operative und strategische Aufgaben unterscheiden:

Marketing-Controlling

operative Aufgaben	strategische Aufgaben
– Marketingplanung (kurzfristig) – Marketing-Kontrolle (Soll-Ist-Vergleich) – Verkaufseffizienz – Werbeeffizienz – Verkaufsförderungseffizienz – Distributionseffizienz – PR-Effizienz – Kundenbindungskontrolle – Kundenzufriedenheitsmessung	– Marketingplanung (mittelfristig) – Marketing-Kontrolle – Marketing-Audit – Verfahrens-Audit – Marketing-Mix-Audit – Marketingstrategien-Audit – Markenorganisations-Audit

Im Rahmen der **operativen Marketing-Controllingaufgaben** geht es u. a. um den Einsatz folgender Instrumente (in Anlehnung an *Köhler, R.,* 1996, S. 523):

- Absatzsegmentrechnungen (Verkaufsgebiete, Länder, Regionen, Kunden, Branchen usw.)
- Teilkostenrechnungen (Deckungsbeitragsrechnungen)
- Provisionssysteme (Deckungsbeitrag)
- Budgetierung (kurzfristig)
- Target Costing
- Daten aus dem Rechnungswesen (Umsätze, Teilkosten, ROI usw.)
- Daten aus Verkaufsberichten (Besuche, Angebote, Aufträge usw.)
- Daten aus der Marktforschung
- Interne Verrechnungspreise
- usw.

Die **strategischen Marketing-Controllingaufgaben** bestehen u. a. aus:

- Benchmarking
- Stärken-Schwächen-Analyse
- Portfolio-Analysen
- Wirtschaftlichkeitsrechnungen
- Aufbau von Früherkennungssystemen
- Cost- und Profit-Centeranalysen
- Marketing-Audits.

Beim **Marketing-Audit** handelt es sich um eine „zukunftsorientierte Überwachung", damit die marktbezogenen Strategien und Führungsmaßnahmen rechtzeitig und umfassend an die Marktveränderungen angepasst werden.

Allgemein rechnet man zum Marketing-Audit die folgenden Gebiete (*Köhler, R.,* 1992, Sp. 1277):

Marketing-Audit	
Verfahrens-Audit: Prüfung der • Planungsverfahren • Kontrollverfahren • Informationsversorgung	**Strategien-Audit:** Prüfung der • zu Grunde gelegten Prämissen • strategischen Ziele • Konsistenz von Schlussfolgerungen
Marketing-Mix-Audit: Prüfung der • Vereinbarkeit mit strategischen Grundkonzeptionen • wechselseitigen Maßnahmen-abstimmung • Mittel-Zweck-Angemessenheit	**Organisations-Audit:** Prüfung der • vollständigen Berücksichtigung von Marketing-Aufgaben • aufgabenentsprechenden Organisationsform • Koordinationsregelungen

Quelle: *Köhler, R.* (1992), Sp. 1277

Kotler / Bliemel (1998, S. 12-11) unterscheiden beim Marketing-Audit in sechs Bereiche, wie:

- Audit des Marketingumfelds
- Audit der Marketingstrategie
- Audit der Marketingorganisation
- Audit der Marketingsysteme
- Audit der Marketingproduktivität
- Audit der Marketingfunktionen.

Damit haben sie dem Marketingbereich einen umfangreicheren Aufgabenbereich zugeordnet als dies bisher allgemein der Fall war.

6.3 Balanced Scorecard

Eine Weiterentwicklung der Kontrolle durch Kennzahlen (z.B. ROI-/Cash-flow-Kennzahlen) stellt der Balanced Scorecard-Ansatz von *Kaplan* und *Norton* dar.

Unter der **Balanced Scorecard** (BSC) versteht man ein Steuerungs- und Kontrollkonzept, das die Strategien und operativen Akitivitäten integriert darstellt und auswertet. Sie ist somit sowohl strategisches als auch operatives Controlling. Sie verbindet sowohl nichtmonetäre als auch finanzwirtschaftliche Perspektiven.

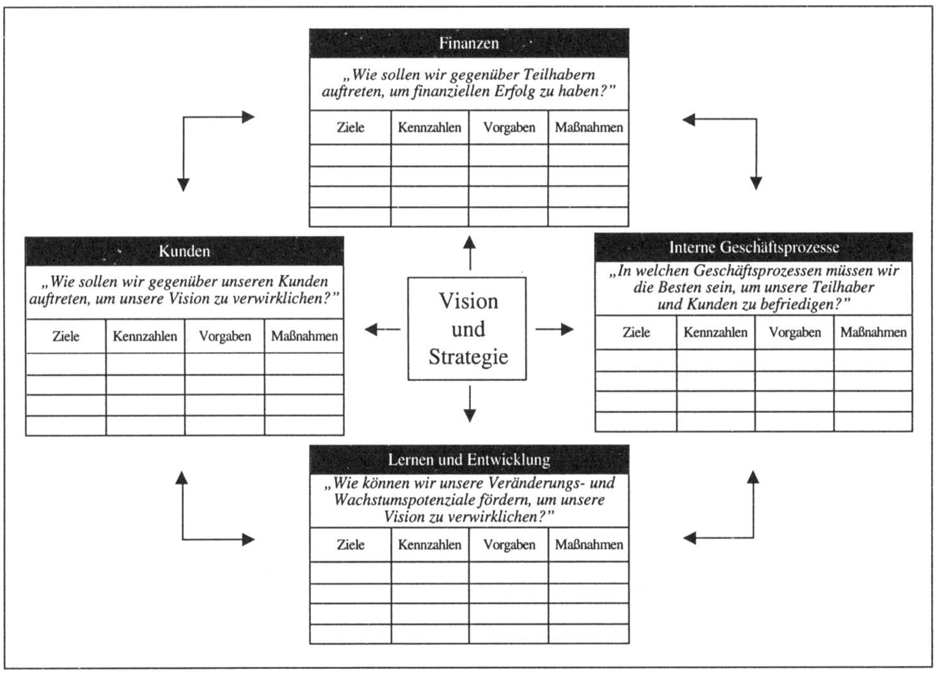

Quelle: in Anlehnung an *Kaplan / Norton*, 1997, S. 9

Die vier Perspektiven der BSC sind:

- **Finanzwirtschaftliche Perspektive**
  Hier geht es um die Ertragssituation des Unternehmens.

  Ziele: Ertragswachstum, Kostentransparenz, Produktivitätssteigerung, Rationalisierungsmöglichkeiten

  Kenngrößen: Umsatz, Kosten, Gewinn, Rentabilität, Mitarbeiterproduktivität, Kapitalrentabilität, Working capital.

- **Kundenperspektive**
  Hier geht es um die Erreichung kundenbezogener Ziele durch das Marketing.

  Ziele: Festlegung der kundenspezifischen Darstellung des Unternehmens

  Kenngrößen: Kundenzufriedenheit (Kundenbarometer), Marktanteil, Kundentreue, Kundenimage, Innovationen.

- **Betriebsinterne Prozessperspektive**
  Um die internen Prozesse zu analysieren und zu verbessern, wird das generische Wertkettenmodell entwickelt, das die Prozesse zwischen der Identifikation des Kundenwunsches und seiner Befriedigung untersucht.

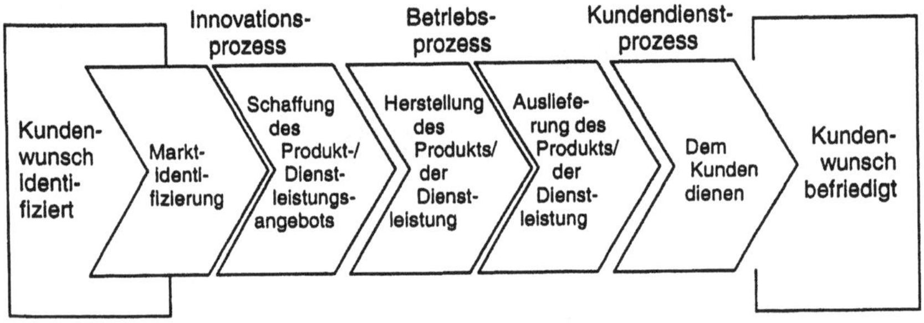

Das generische Wertkettenmodell der internen Prozessperspektive

Quelle: *Kaplan/Norton* (1997), S. 93

Ziele: Kundenwünsche identifizieren, Prozesse beschleunigen, Prozesskosten senken, Prozessqualität steigern, Fehlerraten senken, Kundendienstqualität erhöhen, Innovationen entwickeln (Produkt- und Prozessinnovationen)

Kenngrößen: Prozesszeiten, Prozessqualität, Fehlerhafte Lieferungen, Innovationsqualität, Kapazitätsauslastung, Auslieferungszeiten, Servicezeiten, Logistik verbessern

- **Lern- und Entwicklungsperspektive**
  Dieser Bereich beschäftigt sich mit den unternehmensinternen Grundlagen der Zielsetzungen, insbesondere im Hinblick auf die Mitarbeiter.

  Ziele: Schaffung der Voraussetzungen zur Entwicklung und zum Wachstum, Qualifizierung der Mitarbeiter, Motivation der Mitarbeiter, Förderung der Mitarbeiterzufriedenheit

Kenngrößen: Mitarbeiterzufriedenheit, Unternehmenskultur, Mitarbeitertreue und -fluktuation, Informationsstand, Verbesserungsvorschläge, Patentanmeldungen, Wettbewerbsposition.

Die Balanced Scorecard ist u.E. das erste geschlossene Konzept zur dezentralen Planung, Steuerung und der Kontrolle der Unternehmensstrategie. Sie ist nicht nur ein Instrument zur Steuerung des gesamten Unternehmens, sondern auch der verschiedenen Ebenen und Prozesse, der strategischen und operativen Ebene. Integriert in den Marketingplanungsprozess verbessert sie die operative Umsetzung der Marketingstrategien (vgl. Abb. auf S. 91 f.).

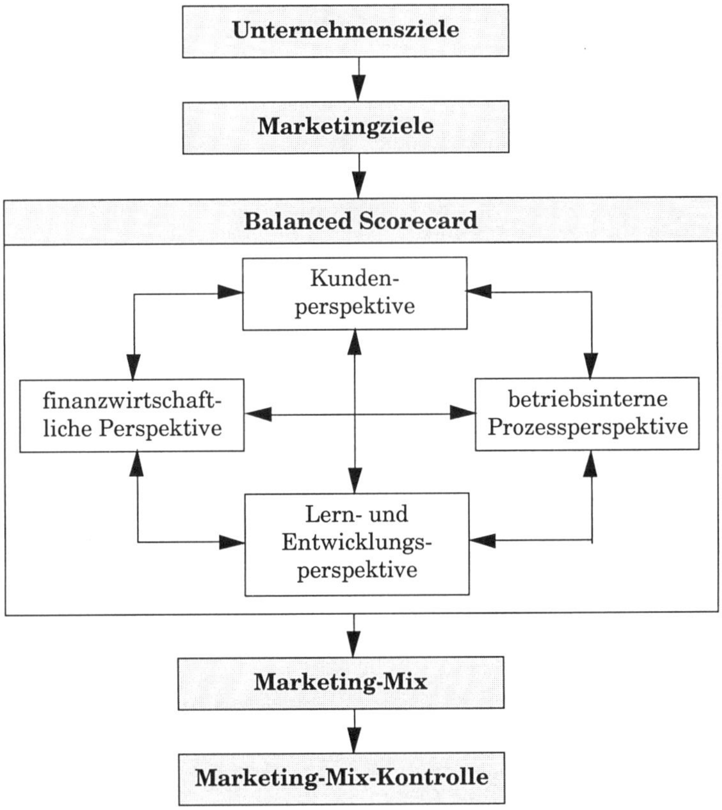

BSC im Marketingmanagementprozess

6.4 Marketingcontroller

Ausführende des Marketing-Controlling sind die **Marketing-Controller**.

Sie müssen gleichermaßen im Marketing als auch im Controlling zu Hause sein. Ihre Aufgaben liegen insbesondere in den folgenden Bereichen (*Kiener, Köhler, Ehrmann, Reichmann*):

- Entwicklung und Planung organisatorischer Planungs- und Kontrollrichtlinien für das Marketing
- Entwicklung von Marketinginformationssystemen
- Entwicklung eines Marketing-Budgets und Abstimmung mit dem Gesamtbudget
- Aufbau von Kennzahlen und Kennzahlensystemen für das Marketing und seine Teilbereiche
- Informatorische und analytische Unterstützung bei der Gestaltung der strategischen Marketingplanung
- Aufbau und Durchführung des Marketing-Audit
- Informations- und Analysefunktion bei der Planung des Einsatzes der Marketinginstrumente
- Aufgaben der Marketingkontrolle
- Erarbeitung von Früherkennungssystemen
- Einführung psychografischer Kontrollgrößen (wie z. B. Kundenzufriedenheit).

Der Erfolg des Marketing-Controllers hängt von seiner Persönlichkeit, den ihm zur Verfügung stehenden Instrumenten und der organisatorischen Eingliederung ab.

Neben der erforderlichen persönlichen Eignung muss der Marketing-Controller über die erforderlichen Instrumente und Kenntnisse verfügen um seinen Aufgaben nachzukommen. Im Einzelnen sind dies:

- **Analysen und Prognosetechniken**
  - Umweltanalysen
  - Marktanalysen
  - Branchenanalysen
  - Benchmarking
  - Frühwarnsysteme
  - Wertanalyse
  - usw.
- **Planungstechniken**
  - Netzplantechniken
  - Target Costing
  - Wirtschaftlichkeitsrechnung
  - Deckungsbeitragsrechnungen
  - Break-even-Analyse
  - Portfolioanalyse
  - Budgetierungsverfahren
  - usw.
- **Kontrolltechniken**
  - Soll-Ist-Vergleich
  - Benchmarking
  - Deckungsbeitragsrechnungen
  - Gap-Analysen
  - Checklisten
  - Kundenzufriedenheitsmessung
  - Beschwerdemessung
  - usw.

6.5 Organisation

Im Hinblick auf die organisatorische Eingliederung des Marketing-Controlling bieten sich folgende Lösungen an:

- Integration des Marketing-Controlling in das Marketing
- Marketing-Controlling als Teil eines Controlling-Bereichs
- Marketing-Controlling als Stabsstelle der Unternehmensleitung
- Einordnung des Marketing-Controllings nach dem Dotted-Line-Prinzip.

Die folgende Übersicht zeigt die Vor- und Nachteile der Alternativen auf.

Alternative	**Beschreibung**	**Beurteilung**	
		Vorteile	**Nachteile**
1. Integriertes Marketing-Controlling	Eingliederung in Marketing-Bereich	enge Zusammenarbeit mit Marketing, schnelle und umfangreiche Information	Isolierung als „Wachhund", Abhängigkeit von Marketing-Leitung
2. Funktionelles Marketing-Controlling	Stabstelle bei Geschäftsleitung	mehr Kompetenz (zumindest informelle)	Gefahr unkritisch zu werden, da außerhalb des Marketing-Bereiches
3. Institutionalisiertes Marketing-Controlling	Controlling-Abteilung untersteht Finanzen/Rechnungswesen	geringere Gefahr der Isolation, keine Abhängigkeit von Marketing	kaum, diese Organisatiosform kommt häufig vor (evtl. zu wenig Nähe zu Marketing)
4. „Dotted-Line"-Prinzip	Disziplinarisch dem Marketing und funktional Finanzen/Rechnungswesen zugeordnet	gute Kombination zwischen Unabhängigkeit des Controllers von Marketing und Einbinden in den Marketing-Entscheidungs-Prozess	

Vor- und Nachteile der organisatorischen Eingliederung

Quelle: in Anlehnung an *Geml, R.* (1998), S. 229

Bei der organisatorischen Eingliederung nach dem Dotted-Lineprinzip ist die günstigste Lösung gefunden (vgl. Abb. S. 602).

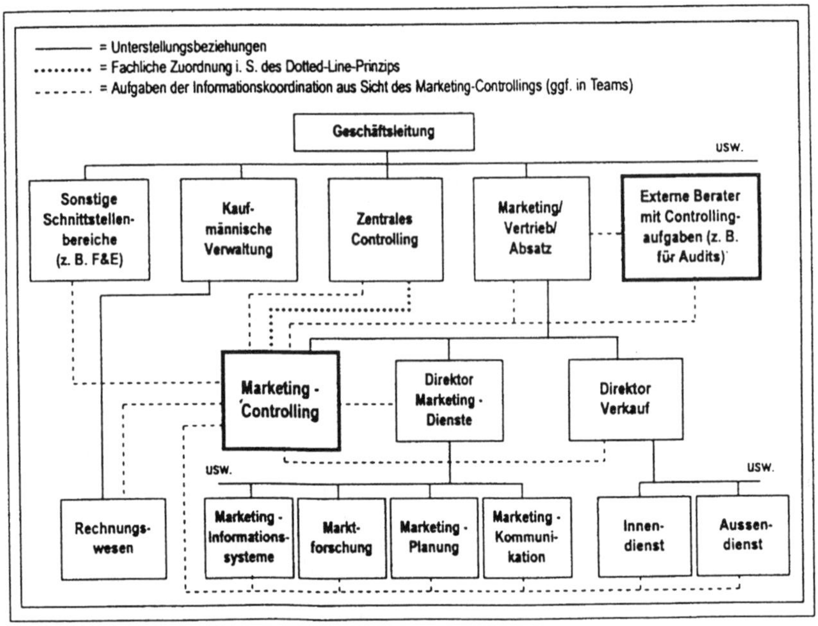

Organisatorische Eingliederung nach dem Dotted-Line-Prinzip

Quelle: *Köhler, R.* (1980), S. 20

Zum einen ist der Marketingcontroller relativ unabhängig infolge seiner disziplinarischen Zuordnung zum Marketing aber gleichzeitig in den Marketingentscheidungsprozess einbezogen. Andererseits gewährleistet die fachliche Unterstellung dem Rechnungswesen bzw. Controlling einen engen Kontakt zum Finanz- und Rechnungswesen, sodass dieser Lösung der Vorzug zu geben ist.

50 Seite 636

	Kontrollfragen	bear-beitet	Lösungs-hinweis	Lösung +	-
01	Was verstehen Sie unter Planung im Marketing?		555		
02	Welche Aufgaben hat die Planung zu erfüllen?		555		
03	Welche Faktoren sprechen für die Einführung der Planung?		555		
04	Welcher Zusammenhang besteht zwischen Marketingzielen und Planung?		556		
05	Was versteht man unter kurz-, mittel- und langfristiger Planung?		557		
06	Welche Teilpläne der Marketingplanung kennen Sie?		560		
07	Was versteht man unter der sog. „rollierenden Planung"?		559		
08	In welchen Phasen (Stufen) lässt sich der Planungsprozess einteilen?		561		
09	Welche grundsätzlichen Planungsstrategien im Marketing kennen Sie?		566 f.		
10	Was versteht man unter Planungszielen?		561		
11	Was ist eine Situationsanalyse?		562		
12	Was erkennt man aus Stärken-Schwächenprofilen?		563		
13	Welches sind nach *Porter* die den Wettbewerb bestimmenden Faktoren?		566		
14	Was ist eine Gap-Analyse?		569 f.		
15	Wie lässt sich eine Ziellücke (Gap) schließen?		570		
16	Was versteht man unter der 9-Felder-Portfolio-Matrix?		570 f.		
17	Wie gelangt man zu der Marktattraktivitäts-Wettbewerbsvorteils-Matrix?		570 f.		
18	Was versteht man unter „Sternen"?		575		
19	Was versteht man unter „Fragezeichen"?		576		
20	Was versteht man unter „Kühen"?		576		
21	Was versteht man unter „Armen Hunden"?		576		
22	Was versteht man unter der 4-Felder-Portofolio-Matrix?		575		
23	Welche Normstratgien gelten für die einzelnen Quadranten?		576		
24	Was enthält ein strategischer Marketingplan?		577		
25	Skizzieren Sie den Aufbau eines kurzfristigen Marketingplans!		579		
26	Weshalb ist es berechtigt, von Absatzplan als dem Ausgangspunkt der Unternehmensplanung zu sprechen?		580		
27	Welche Aussagen beinhaltet der Absatzplan?		580		
28	Welches sind die Hauptgrundlagen für die Erstellung des Absatzplans?		580		

	Kontrollfragen	bearbeitet	Lösungshinweis	Lösung +	Lösung -
29	Skizzieren Sie formal einen Absatzplan!		582 f.		
30	Für welche Teilabsatzsegmente ist es ggf. empfehlenswert, Umsatz- und Absatzpläne aufzustellen?		583		
31	Welche Aufgaben hat die Kostenplanung im Marketing?		584		
32	Nach welchen Kriterien lassen sich die Marketingkosten (Vertriebskosten) einteilen?		585		
33	Wie sollte man bei der Ergebnisplanung vorgehen?		585		
34	Was versteht man im Marketing unter Ergebnisplanung auf Teilkostenbasis?		586		
35	Was versteht man im Marketing unter Ergebnisplanung auf Vollkostenbasis?		587		
36	Welche Aufgabe hat die Marketingmaßnahmenplanung?		587		
37	Welche Planungstechniken werden in der Praxis am häufigsten angewendet?		588		
38	Welche Vorteile bietet die Netzplantechnik im Vergleich zum Balkendiagramm und der Transplantechnik?		589 f.		
39	Welche Aufgaben hat die Marketingkontrolle?		591		
40	Was versteht man unter Kontrolle der Marketingaktivitäten?		591		
41	Welche besonderen Probleme ergeben sich bei der Kontrolle der Marketingaktivitäten?		591		
42	In welche Schritte lässt sich der Kontrollprozess grundsätzlich einteilen?		592		
43	Welche Aufgabe hat die Abweichungsanalyse?		592		
44	Worin können grundsätzlich Ursachen für Abweichungen liegen?		592		
45	In welchen Fällen ist eine sofortige Plankorrektur vorzunehmen?		592		
46	Nach welchen Kriterien sollte der Umsatz analysiert werden?		593		
47	Was sollte Aufgabe der Kostenkontrolle im Marketing sein?		593		
48	Was sind Kontrollgrößen für die Effizienz des Verkaufs?		594		
49	Welche Bedeutung haben Kennzahlen als Kontrollgröße?		593		
50	Aus welchen Gründen sollte man Marketingorganisationen kontrollieren?		593		
51	Wie beurteilen Sie die Aussage „Marketingkontrolle ist ein wichtiges Instrument zur Erreichung der Marketingziele"?		594		
52	Was versteht man unter Marketing-Controlling?		594 f.		
53	Was sind die operativen Marketing-Controllingaufgaben?		595		

	Kontrollfragen	bearbeitet	Lösungshinweis	Lösung +	Lösung -
54	Was sind strategische Marketing-Controllingaufgaben?		595		
55	Was versteht man unter Marketing-Audit?		596		
56	Was versteht man unter der Balanced Scorecard?		597		
57	Wie ist die Balanced Scorecard aufgebaut?		597 f		
58	Was ist das Wertkettenmodell?		598		
59	Welche Aufgaben führen Marketing-Controller durch?		599		
60	Welche Instrumente können Marketing-Controller einsetzen?		600		
61	Wie lässt sich grundsätzlich Marketing-Controlling in das Unternehmen eingliedern?		601		
62	Was versteht man unter der Eingliederung nach dem Dotted-Line-Prinzip?		601		
63	Welche Vorteile bietet diese Organisationsstruktur?		602		

Gesamtliteraturverzeichnis

Gesamtliteraturverzeichnis

A. Grundlagen

Aacker, D. A, Strategisches Markt-Management, Wiesbaden 1989
Abell, D. F., Defining the Business, Englewood Cliffs, N.J. 1980
Ahlert, D., Grundzüge des Marketing, 4. Auflage, Düsseldorf 1995
Ahlert, D., Distributionspolitik, 3. Auflage, Stuttgart/Jena 1996
Ansoff, H. J., Management-Strategie, München 1966
Backhaus, K., Investitionsgütermarketing, 7. Auflage, München 2003
Backhaus, K., Industriegütermarketing, 5. Auflage, München 1997
Bänsch, A., Einführung in die Marketing-Lehre, 5. Auflage, München 1995
Bauer, H., Marktabgrenzung, Berlin 1989
Becker, J., Marketing-Konzeption, 7. Auflage, München 2001
Benkenstein, M., Strategisches Marketing, Stuttgart 1997
Berndt, R., Marketing 1+2, 3. Auflage, Berlin 1995/96
Bieberstein, I., Dienstleistungsmarketing, 3. Auflage, Ludwigshafen/Rhein 2001
Böcker, F., Marketing, 5. Auflage, Stuttgart u.a. 1995
Bruhn, M. (Hrsg)., Handbuch des Marketing, München 2001
Bruhn, M., Marketing, 5. Auflage, Wiesbaden 1999
Bruhn/Homburg, Handbuch Kundenbindungsmanagement, Wiesbaden 1998
Bruhn, M./Steffenhagen, H., Marktorientierte Unternehmensführung, 2. Auflage, Wiesbaden 1998
Bruns, J., Internationales Marketing, Ludwigshafen/Rheinn 2003
D'Aveni, R. A., Hypercompetition, New York u. a. 1994
Dichtl, E., Strategische Optionen im Marketing, 3. Auflage, München 1994
Diller, H. (Hrsg.), Vahlens Großes Marketinglexikon, 2. Auflage, München 2001
Fletcher, K., Marketing Management and Information Technologie, 2nd ed. London 1995
Frese, E. (Hrsg.), Handwörterbuch der Organisation, 3. Auflage, Stuttgart 1992
Fritz, W., Internet-Marketing und Electronic-Commerce, Wiesbaden 2000
Fritz/v.d. Oelsnitz, Marketing, 2. Auflage, Stuttgart 2000
Geisbüsch/Geml/Lauer, Marketing, 2. Auflage, Landsberg 1991
Gierl, H., Marketing, Stuttgart u.a. 1995
Godefroid, P., Business-to-Business-Marketing, 3. Auflage, Ludwigshafen/Rhein 2003
Hädrich/Tomczak, Strategische Markenführung, Bern/Stuttgart 1990
Homburg/Daum, Marktorientiertes Kostenmanagement, Frankfurt 1997
Hörschgen/Kirsch/Kässer-Pawelka, Marketing-Strategien, 2. Auflage, Ludwigsburg/Berlin 1993
Hüttner, M., u. a., Marketing-Management, München 1994
Kemna, H., Key-Account Management, München 1979
Köhler, R., Beiträge zum Marketing-Management, 3. Auflage, Stuttgart 1993
Köhler/Uebele, Planung und Entscheidung im Absatzbereich industrieller Großunternehmen, Aachen 1977
Kotler/Bliemel, Marketing Management-Analyse, Umsetzung und Steuerung, 9. Auflage, Stuttgart 1999
Kotler, Ph., Marketing Management-Analysis, Planning, Implementation and Control, 9. Auflage, London 1998
Kroeber-Riel/Weinberg Konsumentenverhalten, 7. Auflage, München 1993
Kuß, A., Marketing-Einführung, Wiesbaden 2001
Lambin, J.-J., Grundlagen und Methoden strategischen Marketings, Hamburg 1988
Lancaster/Reynolds, Marketing, London 1998
Ludger/Plaum, Marketing, München/Wien 1996
Meffert, H., Marketing-Grundlagen marktorientierter Unternehmensführung, 8. Auflage, Wiesbaden 1998
Meyer, A., Dienstleistungsmarketing, 6. Auflage, Augsburg 1996
Müller-Hagedorn, L., Handelsmarketing, 2. Auflage, Stuttgart 1993
Nieschlag/Dichtl/Hörschgen, Marketing, 17. Auflage, Berlin 1997
Olbrich, R., Marketing, Heidelberg 2000

Payne/Rapp, Handbuch Relationship Marketing, München 2000
Pepels, W., Handbuch Moderne Marketing-Praxis, Band 1+2, Düsseldorf 1993
Porter, M. E., Wettbewerbsstrategie, 9. Auflage, Frankfurt 1997
Porter, M. E., Wettbewerbsvorteile, 5. Auflage, Frankfurt 1999
Pümpin, C., Grundlagen der strategischen Führung, in Pümpin u.a. (Hrsg.), Produkt-Markt-Strategien, Bern 1980
Reedy/Schullo/Zimmermann, Electronic Marketing, Harcourt, Inc. 2000
Rühli/Wehrli (Hrsg.), Strategisches Marketing und Management, 2. Auflage, Bern/Stuttgart 1987
Scharf/Schubert, Marketing, 2. Auflage, Stuttgart 1998
Scheuch, F., Dienstleistungsmarketing, 4. Auflage, München 1995
Schwetz, W., Customer Relationship Management, 2. Auflage, Wiesbaden 2001
Schmalen, H., Grundlagen und Probleme der Betriebswirtschaft, 8. Auflage, Köln 1994
Steffenhagen, H., Marketing, 3. Auflage, Stuttgart 1994
Tietz, B., Marketing, 3. Auflage, Stuttgart 1994
Tietz/Köhler/Zentes *(Hrsg.)*, Handwörterbuch des Marketing, Stuttgart 1995
Trommsdorf, V., Konsumentenverhalten, 2. Auflage, Stuttgart 1992
Ulrich/Probst, Anleitung zum ganzheitlichen Denken und Handeln, Bern 1990
Walldorf, E. G., Auslandsmarketing, Wiesbaden 1987
Weis, H. C., Kompakt-Training Marketing, 3. Auflage, Ludwigshafen/Rhein 2003
Wild, J., Product Management, München 1972
Winkelmann, P., Marketing und Vertrieb, 2. Auflage, München 2000
Wirtz, B.W., Electronic Business, 2. Auflage, Wiesbaden 2001
Zentes, J., Grundbegriffe des Marketing, 5. Auflage, Stuttgart 2001

B. Marktinformationsbeschaffung

Aaker/Day, Marketing Research, New York u.a. 1990
Backhaus, H., Das Marktexperiment, Frankfurt/Zürich 1977
Backhaus/Erichson/Plinke/Weiber, Multivariate Analysemethoden, 9. Auflage, Berlin 2000
Bauer, E., Produkttests in der Marketingforschung, Göttingen 1981
Becker, W., Beobachtungsverfahren der demoskopischen Marktforschung, Stuttgart 1973
Behrens, K. Ch. (Hrsg.), Handbuch der Marktforschung, Band 1, Wiesbaden 1974
Berekoven/Eckert/Ellenrieder, Marktforschung, 8. Auflage, Wiesbaden 2001
Bidlingmaier, J., Marketing 1, Reinbeck bei Hamburg 1973
Bliemel/Fassot/Theobald (Hrsg.), Electronic Commerce, 2. Auflage, Wiesbaden 2001
Böhler, H., Marktforschung, 2. Auflage, Stuttgart u. a. 1992
Dannenberg/Barthel, Effiziente Marktforschung, Bonn 2002
Green/Tull, Methoden und Techniken der Marketingforschung (Deutsche Übersetzung von Richard Köhler und Mitarb.), Stuttgart 1982
Günther, M./Vossebein, U./Wildner, R., Marktforschung mit Panels, Wiesbaden 1998
Hafermalz, D., Schriftliche Befragung - Möglichkeiten und Grenzen, Wiesbaden 1976
Hammann/Erichson, Marktforschung, 4. Auflage, Stuttgart/New York 2000
Hansen, J., Das Panel. Zur Analyse von Verhaltens- und Einstellungswandel, Opladen 1982
Heinzelbecker, K., Datenbanken externe in HWM, hrsg. von Tietz/Köhler/Zentes, Stuttgart 1995
Herrmann/Homburg, (Hrsg.), Marktforschung, Wiesbaden 1999
Holm, K. (Hrsg.), Die Befragung 1, München 1976
Holm, K. (Hrsg.), Die Befragung 2, München 1976
Hoepner, G., Computereinsatz bei Befragungen, Wiesbaden 1994
Hüttner, M., Informationen für Marketingentscheidungen, München 1979
Hüttner, M., Markt- und Absatzprognosen, Stuttgart 1982
Kastin, K.-S., Marktforschung mit einfachen Mitteln, München 1995
Kepper, G., Qualitative Marktforschung, Wiesbaden 1996
Koch, I., Marktforschung, München/Wien 1996
Köhler, R., Methoden und Marktforschungsdaten für die Konkurrentenanalyse in Erichson/Hildeband (Hrsg.), Probleme und Trends in der Marketingforschung, Stuttgart 1998
Kroeber-Riel, W./Weinberg, P., Konsumentenverhalten, 7. Auflage, München 1999
Mayntz/Holm/Hübner, Einführung in die Methoden der empirischen Soziologie, 4. Auflage, Opladen 1974

Meffert, H., Marketingforschung und Käuferverhalten, 2. Auflage, Wiesbaden 1992
Noelle, E., Umfragen in der Massengesellschaft, Hamburg 1963
Pepels, W., Käuferverhalten und Marktforschung, Stuttgart 1995
Pepels, W. (Hrsg.), Moderne Marktforschungspraxis, Neuwied 1999
Rehorn, J., Werbetests, Neuwied 1988
Reinke/Stockmann/Stockmann, Marketing und Marktforschung am PC, München 2001
Salcher, E. F., Psychologische Marktforschung, 2. Auflage, Berlin/New York 1995
Schub v. Bossiazky, G., Psychologische Marktforschung, München 1992
Spiegel, B., Die Strukturen der Meinungsverteilung im sozialen Feld, Das psychologische Marktmodell, Bern/Stuttgart 1961
Stoffels, I., Der elektronische Minimarkttest, Wiesbaden 1989
Theobald, A./Dreyer, M./Starsetzki, Th. (Hrsg.), Online-Marktforschung, Wiesbaden 2001
Tietz, B., Die Grundlagen des Marketing, Band 1: Die Marketing-Methoden, München 1975
Tomczak, T./Reinecke, S. (Hrsg.), Marktforschung, St. Gallen 1996
Unger, F., Marktforschung, Heidelberg 1989
Weber, G., Strategische Marktforschung, München/Wien 1996
Weis/Steinmetz, Marktforschung, 5. Auflage, Ludwigshafen/Rhein 2002
Wettschurek, G., Grundlagen der Stichprobenbildung in der demoskopischen Marktforschung, in Behrens, K. (Hrsg.), Handbuch der Marktforschung, Wiesbaden 1974
Wolf, I., Marktforschung, Landsberg 1988

C. Produktpolitik

Aaker, D. A., Management des Markenwertes, Frankfurt 1992
Backhaus, K., Investitionsgüter-Marketing, 7. Auflage, München 2003
Backhaus, W., Das Marktexperiment, Frankfurt/Zürich 1977
Becker, I., Marketing-Konzeption, 7. Auflage, München 2001
Böcker, F., Die Bestimmung der Kaufverbundenheit von Produkten, Berlin 1978
Brockhoff, K., Produktpolitik, 4. Auflage, Stuttgart/New York 1999
Crawford, C.M., Neuproduktmanagement, Frankfurt/New York 1992
Dichtl, E., Strategische Optionen im Marketing, 3. Auflage, München 1994
Dichtl/Eggers (Hrsg.), Marke und Markenartikel, München 1992
Esch, F.-R. (Hrsg.), Moderne Markenführung, 2. Auflage, Wiesbaden, 2000
Gansemeier/Ebbesmeyer/Kallmeyer, Produktinnovation, München 2001
Gümbel, R., Die Sortimentspolitik im Bereich des Wareneinzelhandels, Köln und Opladen 1963
Haedrich/Tomczak, Produktpolitik, Stuttgart 1990
Hamann, M., Die Produktgestaltung, Würzburg/Wien 1975
Hansen, U./ Henning-Thurnau, Th./Schroeder, U., Produktpolitik, 3. Auflage, Stuttgart, 2001
Hart, A., A Chart for Evaluating Product Research and Development Projects, in Operation Research Quaterly 1966, S. 34 ff.
Herrmann, A., Produktmanagement, München 1998
Herstatt, I. D., Die Entwicklung von Markennamen im Rahmen der Neuproduktplanung, Frankfurt/M. 1985
Hinterhuber, H. H., Strategische Unternehmensführung, 3. Auflage, Berlin/New York 1984
Hüttel, K., Produktpolitik, 3. Auflage, Ludwigshafen/Rhein 1998
Köhler, R., Beiträge zum Marketing-Management, 3. Auflage, Stuttgart 1993
Köhler R., u. a. (Hrsg.), Erfolgsfaktor Marke, München, 2001
Koppelmann, U., Produktmarketing, 5. Auflage, Berlin 1997
Kotler/Bliemel, Marketing-Management, 8. Auflage, Stuttgart 1995
Majer, W., Programmbereinigung als unternehmenspolitisches Problem, Wiesbaden 1969
Meyer, A., Dienstleistungsmarketing, Augsburg, 1996
Muser, V., Der integrative Kundendienst, Augsburg 1988
Nieschlag/Dichtl/Hörschgen, Marketing, 18. Auflage, Berlin 1997
Pepels, W., Produktmanagement, München, 1998
Rogers, E., Diffusion of Innovations, New York 1962
Schlicksupp, H., Kreative Ideenfindung in der Unternehmung, Methoden und Modelle, Berlin/New York 1977

Schmitt-Grohé, J., Produktinnovation, Verfahren und Organisation der Neuproduktplanung, Wiesbaden 1972
Stabernack, W., (Hrsg.), Verpackung, München 1998
Stiftung Warentest (Hrsg.), Stiftung Warentest informiert, Berlin 2002
Strauss, B./Seidel, W., Beschwerdemanagement, 2. Auflage, München 1998
Tietz/Köhler/Zentes (Hrsg.), Handwörterbuch des Marketing, Stuttgart u.a. 1995
Trommsdorf, V., Konsumentenverhalten, 3. Auflage, Stuttgart 1998
Weinberg, P., Das Entscheidungsverhalten der Konsumenten, Paderborn 1981
Weinberg, P., Erlebnismarketing, München 1992
Wild, J., Product Management, München 1972

D. Kontrahierungspolitik

Ahlert/Schröder, Rechtliche Grundlagen des Marketing, Stuttgart 1989
Al-Ani, A., Moderne Entscheidungstechniken im Marketing, Schriften zum Marketing, Bd. 5, 2. Auflage, Düsseldorf 1973
Backhaus, K., Investitionsgüter-Marketing, 5. Auflage, München 1997
Böcker, F. (Hrsg.), Preistheorie und Preisverhalten, München 1982
Bott/Peterson/Whatley, Lehrbuch Marketing, München 1981
Deyhle, A., Preispolitik, in Marketing- und Verkaufsleiter-Handbuch, München 1970
Diller, H., Preispolitik, 3. Auflage, Stuttgart 2000
Hansen, U., Absatz- und Beschaffungsmarketing des Einzelhandels, Göttingen 1990
Homburg/Daum, Marktorientiertes Kostenmanagement, Frankfurt 1997
Jahrmann, F.-U., Außenhandel, 10. Auflage, Ludwigshafen/Rhein2001
Köhler, R., Das Problem - richtiger - preispolitischer Entscheidungen bei unvollkommener Voraussicht, Zeitschrift für betriebswirtschaftliche Forschung 1968, S. 249 ff.
Kotler/Bliemel, Marketing-Management, 8. Auflage, Stuttgart 1995
Lauer, H., Konditionen-Management, Düsseldorf 1998
Listl, A., Target Costing zur Ermittlung der Preisuntergrenze, Frankfurt am Main, 1998
Olfert, K., Finanzierung, 13. Auflage, Ludwigshafen/Rhein 2003
Oxenfeldt, A. R., Pricing Strategies, New York 1975
Reichmann, T., Handbuch Kosten- und Erfolgscontrolling, München 1995
Riebel, P., Einzelkosten- und Deckungsbeitragsrechnung, Köln und Opladen 1972
Schmalen, H., Preispolitik, 2. Auflage, Stuttgart u. a. 1995
Seidenschwarz, W., Target Costing, 2. Auflage, München 1998
Seidenschwarz, W., Nie wieder zu teuer, Stuttgart 1997
Simon, H., Preisstrategien für neue Produkte, Wiesbaden 1976
Simon, H., Preismanagement, 2. Auflage, Wiesbaden 1992
Simon/Dolan, Profit durch Power Princing, Frankfurt/New York 1997
Specht, G., Grundlagen der Preisführerschaft, Wiesbaden 1971
Vollmuth, H. J., Führungsinstrument Controlling, München 1997
Weber, M., Einführung in das Controlling, 7. Auflage, Stuttgart 2000
Wied-Nebbeling, S., Das Preisverhalten in der Industrie, Tübingen 1985
Wübker, G., Preisbündelung, Wiesbaden 1998

E. Distributionspolitik

Ahlert, D., Distributionspolitik, 3. Auflage, Stuttgart 1996
Bauer, H. H., Die Entscheidung des Handels über die Aufnahme neuer Produkte, Berlin 1980
Berekoven, L., Erfolgreiches Einzelhandelsmarketing, 2. Auflage, München 1995
Boehm, H. (Hrsg.), Checklist Franchising, München 1980
Böker, F., Der Distributionsweg einer Unternehmung - Eine Marketingentscheidung, Berlin 1972
Czech-Winkelmann, S., Handbuch Trade-Marketing, Berlin, 2002
Ehrmann, H., Logistik, 3. Auflage, Ludwigshafen/Rhein 2002
Evers, J., Der Vertrieb. Eine Analyse der Aufgaben, Mittel und Entscheidungen im System des Marketing, Würzburg und Wien 1979

Falk/Wolf, Handelsbetriebslehre, 11. Auflage, Landsberg 1992
Haller, S., Handelsmarketing, 2. Auflage, Ludwigshafen/Rhein 2001
Hansen/Algermissen, Handelsbetriebslehre Band 1 und 2, Göttingen 1979
Jaspert, F., Marketing, 5. Auflage, München 1991
Köhler, R., Beiträge zum Marketing-Management, 3. Auflage, Stuttgart 1993
Kotler/Bliemel, Marketing-Management, 9. Auflage, Stuttgart 1998
Kroeber-Riel, W., Konsumentenverhalten, 5. Auflage, München 1992
Lerchenmüller, M., Handelsbetriebslehre, 4. Auflage, Ludwigshafen/Rhein 2003
Morse, St., Marketing Management (deutsche Übersetzung), München 1973
Mühlstein, S., Marketing-Controlling, Chemnitz, 1996
Müller-Hagedorn, L., Handelsmarketing, 2. Auflage, Stuttgart 1995
Oehme, W., Handelsmarketing, München 1993
Olfert, K., Kostenrechnung, 13. Auflage, Ludwigshafen/Rhein 2003
Pfohl, H. Ch., Marketing-Logistik-Gestaltung, Steuerung und Kontrolle des Warenflusses im modernen Markt, Mainz 1972
Piontek, I., Distributionscontrolling, München, 1995
Preißner, A., Marketing-Controlling, München, 1996
Specht, G., Distributionsmanagement, 3. Auflage, Stuttgart u.a. 1998
Steffenhagen, H., Konflikt und Kooperation in Absatzkanälen, Wiesbaden 1975
Tempelmeier, H., Quantitative Marketing-Logistik, Berlin 1983
Tietz, B., Binnenhandelspolitik, 2. Auflage, München 1993
Tietz/Köhler/Zentes (Hrsg.), Handwörterbuch des Marketing, Stuttgart u.a. 1995
Vahrenkamp, R., Logistikmanagement, 3. Auflage, München, 1998
Weber, I., Logistik-Controlling, 4. Auflage, Stuttgart 1995
Weber/Kummer, Logistikmanagement, Stuttgart 1994
Zentes, J., Moderne Distributionskonzepte in der Konsumgüterwirtschaft, Stuttgart 1991

F. Kommunikationspolitik

Ackerschott, H., Strategische Vertriebssteuerung, Wiesbaden 1998
Ackerschott, H., Wissensmanagement für Marketing und Vertrieb, Wiesbaden, 2001
Albers, S., Entscheidungshilfen für den persönlichen Verkauf, Berlin 1989
Albers, S./Krafft, M., Vertriebsmanagement, Wiesbaden, 2003
Auer/Kalweit/Nüßler, Product Placement, Düsseldorf u.a. 1988
Bänsch, A., Verkaufspsychologie und Verkaufstechnik, 6. Auflage, München 1995
Barowski/Müller, Online Marketing, Berlin 2000
Behrens, K. Ch., Absatzwerbung, Wiesbaden 1973
Behrens, G., Werbung, München 1996
Berndt, R., Marketing 2, 3. Auflage, Berlin u.a. 1995
Berndt/Hermanns (Hrsg.), Handbuch Marketing-Kommunikation, Wiesbaden 1993
Birkigt, K., Verkaufsförderung, 2. Auflage, Hamburg 1971
Birkigt/Stadler, Corporate Identity, 4. Auflage, Landsberg 1988
Böcker/Dichtl (Hrsg.), Erfolgskontrolle im Marketing, Schriften zum Marketing, Band 1, Berlin 1975
Bruhn, M., Sponsoring, 2. Auflage, Frankfurt 1991
Bruhn, M., Integrierte Unternehmenskommunikation, 2. Auflage, Stuttgart 1995
Bruhn, M., Kommunikationspolitik, München 1997
Bruhn, M., Relationship Management 2001
Bruhn/Schmidt/Tropp, (Hrsg.), Integrierte Kommunikation in Theorie und Praxis, Wiesbaden 2000
Bruns, J., Direktmarketing, Ludwigshafen/Rhein 1998
Christofolini/Thies, Verkaufsförderung - Strategie und Taktik, Berlin und New York 1979
Czech-Winkelmann, S., Handbuch Trade-Marketing, Berlin, 2002
Dallmer, H. (Hrsg.), Handbuch Direktmarketing, Wiesbaden 2002
Dallmer, H. (Hrsg.), Handbuch Direct Marketing, 7. Auflage, Wiesbaden 1997
Drees, N., Sportsponsoring, 2. Auflage, Wiesbaden 1990
Freter, H. W., Mediaselektion. Informationsgewinnung und Entscheidungsmodelle für die Werbeträgerauswahl, Wiesbaden 1974
Fuchs, W./Unger, F., Verkaufsförderung, Wiesbaden 1999

Gedenk, K., Verkaufsförderung, München 2002
Haedrich, G., Werbung als Marketinginstrument, Berlin/New York 1976
Hamm, I., Internet-Werbung, Stuttgart 2000
Holland, H., Dialogmarketing, München 2002
Hormuth, S., Placement: Eine innovative Kommunikationsstrategie, München 1993
Hörschgen, H. u. a., Die Werbeerfolgskontrolle in der Industrie, Stuttgart 1981
Huth/Pflaum, Einführung in die Werbelehre, 6. Auflage, Stuttgart 1996
Janssen, V., Einsatz des Werbecontrolling, Wiesbaden, 1999
Kloss, I., Werbung, 2. Auflage, München 2001
Köhler, R., Beiträge zum Marketing-Management, 3. Auflage, Stuttgart 1993
Kroeber-Riel, W., Konsumentenverhalten, 5. Auflage, München 1992
Kroeber-Riel/Esch, Strategie und Technik der Werbung, 5. Auflage, Stuttgart 2000
Kruppa, M., Die Optimale Verkaufsorganisation, Düsseldorf/Wien 1975
McMurry, R., The Mystique of Super-Salesmanship, Harvard Business Review, Nr. 39 (1961) Nr. 2 S. 114 ff.
Nieschlag/Dichtl/Hörschgen, Marketing, 17. Auflage, Berlin 1998
Oeckl, A., Handbuch der Public Relations - Theorie und Praxis der Öffentlichkeitsarbeit in Deutschland und in der Welt, München 1964
Pepels, W., Kommunikations-Management, Stuttgart 1994
Pflaum/Eisenmann, Einführung in die Handelswerbung, Stuttgart 1992
Pflaum/Eisenmann, Verkaufsförderung, Stuttgart 1993
Pflaum/Eisenmann/Linzweiler, Verkaufsförderung, Landsberg, 2000
Reiter, W. (Hrsg.), Werbeträger, 8. Auflage, Frankfurt 1994
Rogge, H.-J., Werbung, 5. Auflage, Ludwigshafen/Rhein 2000
Ronneberger/Rühl, Theorie der Public Relations, Opladen 1992
Schorr, A., (Hrsg.), Publikums- und Wirkungsforschung, Wiesbaden 2000
Schweiger, G., Mediaselektion - Daten und Modelle, Wiesbaden 1975
Schweiger/Schrattenecker, Werbung, 5. Auflage, Stuttgart/Jena 2001
Silberer, G. (Hrsg.), Interaktive Werbung, Stuttgart 1997
Steffenhagen, H., Wirkungen der Werbung, Aachen 1996
Tietz, B. (Hrsg.), Handwörterbuch der Absatzwirtschaft, Stuttgart 1974
Tietz, B. (Hrsg.), Werbung, Handbuch der Kommunikations- und Werbewirtschaft, Bd. 1-3, Landsberg 1982
Tietz/Zentes, Die Werbung der Unternehmung, Reinbeck 1980
Trommsdorf, V., Konsumentenverhalten, 3. Auflage, Stuttgart,1997
Unger, F., Werbemanagement, Heidelberg/Berlin 1988
Unger, F., u. a., Mediaplanung, 3. Auflage, Heidelberg 2002
Unger/Fuchs, Management der Marktkommunikation, 2. Auflage, Heidelberg 1999
Unger, F./Fuchs, W., Management der Marktkommunikation, 2. Auflage, Heidelberg 1999
Weis, H.C., Marketingkommunikation in der Investitionsgüterindustrie - Konzeptionelle Überlegungen und Ergebnisse einer empirischen Studie -, Frankfurt 1983
Weis, H. C., Public Relations, in: Geisbüsch/Geml/Lauer (Hrsg.): Marketing, 2. Auflage, Landsberg 1991
Weis, H. C., Verkauf, 6. Auflage, Ludwigshafen 2004
Weis, H. C., Verkaufsgesprächsführung, 4. Auflage, Ludwigshafen/Rhein 2003
Weis, H. C., Persönlicher Verkauf, in Tietz/Köhler/Zentes (Hrsg.) HWM, Stuttgart 1995
Winkelmann, P., Marketing und Vertrieb, München 1999
Zankl, H. L., Public Relations, Wiesbaden 1975
ZAW (Hrsg.), Werbung in Deutschland 2000, Bonn 2000
ZAW (Hrsg.), Werbung in Deutschland 2001, Bonn 2001
ZAW (Hrsg.), Werbung in Deutschland 2002, Bonn 2002
ZAW (Hrsg.), Werbung in Deutschland 2003, Bonn, 2003

G. Marketing-Planung

Aaker, A. D., Strategisches Markt-Management, Wiesbaden 1989
Abell/Hammond, Strategic Market Planning, Englewood Cliffs N.J. 1979
Alpar, P., Kommerzielle Nutzung des Internet, Berlin, Heidelberg 1996

Ansoff, H. J., Management-Strategie, München 1966
Ansoff, H. J., Strategic Management, London 1979
Auerbach, H., Internationales Marketing-Controlling, Stuttgart 1999
Barzen, D., Marketing-Budgetierung, Frankfurt u.a. 1990
Becker, J., Marketing-Konzeption, 6. Auflage, München 1998
Böcker, F., Marketingkontrolle, Stuttgart 1988
Bramsemann, R., Handbuch Controlling, München/Wien 1987
Diller, H. (Hrsg). Marketingplanung, München 1998
Ehrmann, H., Marketing-Controlling, 3. Auflage, Ludwigshafen/Rhein 1999
Hahn/Taylor, Strategische Unternehmensplanung, 6. Auflage, Heidelberg/Wien 1992
Hammer, R. M., Unternehmensplanung, 3. Auflage, München/Wien 1988
Hinterhuber, H. H., Strategische Unternehmensführung, Band I und II, 5. Auflage, Berlin 1992
Homburg, Ch., Modellgestützte Unternehmensplanung, Wiesbaden 1991
Hörschgen/Kirsch u. a., Marketingstrategien – Konzepte zur Strategiebildung im Marketing, 2. Auflage, Ludwigsburg/Berlin 1993
Horvath, P., Controlling, 6. Auflage, München 1996
Kiener, J., Marketing-Controlling, Darmstadt 1980
Köhler, R., Grundprobleme der strategischen Marketingplanung, in Geist/Köhler (Hrsg.), Die Führung des Betriebes, Stuttgart 1981
Köhler, R., Beiträge zum Marketing-Management, 3. Auflage, Stuttgart 1993
Köhler, R., Marketing-Controlling; Konzepte und Methoden, in Marketingcontrolling Thexis-Fachbuch für Marketing, St. Gallen 1998
Köhler, R., Überwachung des Marketing, in HW Revision, Stuttgart 1998, Sp. 1269-1284
Kotler/Bliemel, Marketing-Management, Analyse, Planung und Kontrolle, 9. Auflage, Stuttgart 1999
Kreikebaum, H., Strategische Unternehmensplanung, 6. Auflage, Stuttgart 1997
Kreilkamp, E., Strategisches Management und Marketing, Berlin 1987
Kuß, A./Tomczak, T., Marketingplanung, 3. Auflage, Wiesbaden 2002
Lambin, J.-J., Grundlagen und Methoden Strategischen Marketings, Hamburg u.a. 1987
Link, J./Gerth, N./Voßbeck, E., Marketing-Controlling, München 2002
Müller, W., Planung von Marketingstrategien, Frankfurt 1986
Nieschlag/Dicht/Hörschgen, Marketing, 17. Auflage, Berlin 1997
Palloks, M., Marketing-Controlling, Frankfurt 1991
Piontek, I., Distributionscontrolling, München 1995
Preißler, P. R., Controlling, München 1997
Pümpin, C., Langfristige Marketingplanung – Konzeption und Formalisierung, Bern und Stuttgart 1986
Reichmann, T., Handbuch Kosten- und Erfolgscontrolling, München 1995
Reichmann, T., Controlling mit Kennzahlen und Managementberichten, 6. Auflage, München 2001
Reinecke, S./Tomczak, T./Dittrich, S. (Hrsg.), Marketing-Controlling, St. Gallen 1998
Riebel, P., Einzelkosten- und Deckungsbeitragsrechnung, 6. Auflage, Wiesbaden 1990
Saval, G. A., Rationale Absatzplanung, Wiesbaden 1972
Skiera, B., Verkaufsgebietseinteilung zur Maximierung des Deckungsbeitrags, Wiesbaden 1996
Vollmuth, H. I., Führungsinstrument Controlling, Planegg 1997
Weber, I., Einführung in das Controlling, 8. Auflage, Stuttgart 2002
Weis, H. C., Unternehmensführung - Grundlagen, Bamberg 1979
Weis, H. C., Verkauf, 6. Auflage, Ludwigshafen/Rhein 2004
Welge, M. K., Unternehmensführung Band 1: Planung, Stuttgart 1985
Wild, J., Grundlagen der Unternehmungsplanung, Reinbeck bei Hamburg 1974
Wild, J., Product-Management, München 1972
Wittek, B. F., Strategische Unternehmensführung bei Diversifikation, Berlin/New York 1980
Zerres, M., Kooperatives Marketing-Controlling, Frankfurt, 1998
Ziegenbein, K., Controlling, 7. Auflage, Ludwigshafen/Rhein 2002

Übungsteil

Aufgaben/Fälle

1: Marketingkonzept

Das monatliche Ritual begann wie gewohnt. Gemeinsam mit der Geschäftsleitung besprachen der Verkaufsleiter, der Leiter der Fertigung, der Versandleiter und der Verwaltungsleiter die Verkaufsergebnisse des abgelaufenen Monats. Zum Erstaunen aller Anwesenden lagen die Ergebnisse unter dem Plan, sogar unter den Vorjahresergebnissen.

Der Verkaufsleiter bedauerte diese Entwicklung und sagte, dass es auf dem gegenwärtigen Markt mit den gegenwärtigen Produkten zu den kalkulierten Preisen nicht möglich sei, mehr zu verkaufen. Der Produktionsleiter meinte, man könne die Herstellkosten senken, wenn man nur in größeren Stückzahlen produzieren würde. Dies sei aber nicht möglich, da immer weniger von den einzelnen Produkten hergestellt würden, andererseits aber immer mehr unterschiedliche Produkte gefertigt werden müssten. Der Versandleiter beklagte sich über die geringe Auftragsgröße vieler Aufträge. Der Verwaltungsleiter, dem die Kostenrechnung untersteht, beklagte sich, dass immer mehr Produkte ein unbefriedigendes Produktergebnis aufweisen.

Nachdem die Lage soweit bekannt ist, fragt der Geschäftsführer den Marketingleiter, wie er die Situation sieht, insbesondere wie er die Marktlage beurteilt.

(1) Welche Informationen hätten Sie als Marketingleiter zur Beurteilung der Marktlage vorgetragen?

(2) Wie sind die von den anderen Abteilungsleitern vorgetragenen Argumente zu beurteilen?

(3) Müssen sich alle Unternehmen und deren Abteilungen am modernen Marketingkonzept orientieren?

(4) Welche Unternehmen haben dies u. U. nicht unbedingt nötig?

2: Marketingziel und Bedürfnisbefriedigung

Nach dem modernen Marketingkonzept soll der Kauf eines Produktes (Marketingziel) durch die Befriedigung eines Bedürfnisses seitens des Käufers erreicht werden bzw. soll der Käufer durch den Kauf einen Vorteil für sich sehen. Anders ausgedrückt: ein Umsatz lässt sich nur dann erzielen, wenn der Käufer durch den Kauf bestimmte Bedürfnisse befriedigen kann. Welches sind die Bedürfnisse, die Unternehmen mit den folgenden Produkten zu befriedigen versuchen?

	Unternehmen	Produkt
(1)	Bayer-AG	Aspirin
(2)	Volkswagen AG	Golf
(3)	Frankfurter Allgemeine Zeitung	Zeitung
(4)	Beiersdorf	Nivea
(5)	Henkel	Persil

3: Marketingziel - Werbeziel

Die Firma Vedor will mit dem neuen Produkt Novedor im nächsten Jahr einen Umsatz von 50 Mio. € erreichen, was einem Marktanteil von 5 % entsprechen würde. Es wird eine Werbeagentur mit der Ausarbeitung einer Werbestrategie beauftragt. Die Werbeagentur sieht als Werbeziel einen Bekanntheitsgrad von 30 % in der relevanten Zielgruppe als erforderlich an und glaubt, dass bei Erreichung dieses Bekanntheitsgrades ein Marktanteil von 5 % realisiert werden kann. Der Auftraggeber, die Firma Vedor meint, dass mindestens ein Bekanntheitsgrad von 45 % erreicht werden muss, da z. B. das Konkurrenzprodukt Doran einen Bekanntheitsgrad von 50 % hat und seit Jahren nur einen Marktanteil von 10 % erreichen kann.

(1) In welchem Verhältnis sollten Werbeziel und Marketingziel grundsätzlich zueinander stehen?

(2) Welcher der beiden Ansichten würden Sie ohne zusätzliche Informationen zustimmen?

4: Ermittlung des Marktanteils und der Marktsättigung

Das Unternehmen Still-AG verkaufte 2003 für 500 Mio. € „Knabber-Artikel" (Chips, Salz-, Käse-, Laugengebäck usw.). Auf dem Markt wurden von den übrigen Konkurrenten im gleichen Zeitraum „Knabber-Artikel" für 900 Mio. € verkauft.

Die Delphi-GmbH glaubt, dass bei Ausschöpfung aller marketingpolitischen Mittel ca. 2 Mrd. € „Knabber-Artikel" abgesetzt werden könnten.

(1) Wie hoch ist der Marktanteil der Still-AG?

(2) Wie weit ist das Marktpotenzial für „Knabber-Artikel" schon ausgeschöpft?

5: Produktmanager

Folgende Anzeige war in einer führenden Tageszeitung zu lesen:

„Wir suchen einen PRODUKTMANAGER für unsere Stabsstelle Produktmanagement. Er soll selbstständig und verantwortlich mit den übrigen Abteilungen unseres Hauses die Planung und Steuerung aller Absatzinstrumente wahrnehmen und für das Ergebnis voll verantwortlich sein."

Wie beurteilen Sie diese Stellenausschreibung als Produktmanager?

6: Aufgaben des Produktmanagers

Peter Schnell nahm nach dem Studium der Betriebswirtschaftslehre eine Stelle als Juniorproduktmanager an. Nach zwei Jahren rückte er als Produktmanager für die Produktgruppe Schokolade auf. Nach einigen Monaten verzeichnet die Marke Schoko-2010 einen gewaltigen Umsatzrückgang, weil eine Werbekampagne, die nicht mit dem Produktmanager abgestimmt war, nicht erfolgreich ist. Die Soll-Umsatzzahlen werden über 20 % unterschritten. Die Verkaufsleitung wirft dem Produktmanager mangelnden Einsatz, Durchsetzungsvermögen und falsche Planung vor. Die Abteilung Verkaufsförderung beklagt sich über zu wenig Koordination im Hinblick auf Schoko-2010. Die Geschäftsleitung, der der Produktmanager als Stabsstelle unterstellt ist, weiß nicht, was sie mit dem Produktmanager machen soll. Nach Ansicht des Leiters der Produktion ist er für sein Aufgabengebiet nicht geeignet, weil „so etwas nicht passieren darf". Der Leiter der Werbeabteilung vertritt die Meinung, dass nicht die von ihm eingeleitete Werbekampagne der Grund des Misserfolgs ist, sondern der im Vergleich zur Konkurrenz zu hohe Preis.

(1) Wie würden Sie als Unternehmensleiter entscheiden?

(2) Wie wäre das Nichtabstimmen der Werbekampagne mit dem Produktmanager zu verhindern gewesen?

(3) Welche grundsätzlichen Aufgaben hat der Produktmanager in der Regel wahrzunehmen?

7: Informationen des Verkaufsleiters

Jeder Verkaufsleiter hat täglich eine Vielzahl von Entscheidungen zu treffen. Im Einzelnen sind es im Hinblick auf die Verkaufstätigkeiten folgende:

(1) die Beurteilung des Erfolgs der einzelnen Produkte,
(2) die Entwicklung von Absatz, Umsatz und Marktanteil,
(3) die Kosten für den Einsatz der einzelnen Marketinginstrumente,
(4) die Anzahl der Besuche je Außendienstmitarbeiter und Tag,
(5) die Liefermöglichkeiten, Auftragseingang und Auftragsbestand,
(6) das Marktvolumen, das Marktpotenzial, den Marktanteil.

Bei welchen Stellen in einem gut geführten Unternehmen kann der Verkaufsleiter welche Informationen erhalten?

8: Ermittlung des Bekanntheitsgrades

Ein Zigarettenhersteller RTB hat eine neue Zigarettenmarke „Rauchwohl" auf den Markt gebracht. Nach einer Einführungszeit von 3 Monaten will er den Bekanntheitsgrad von „Rauchwohl" feststellen.

(1) Wie geht RTB am besten vor, wenn mit 99,7 % Wahrscheinlichkeit der Bekanntheitsgrad (Fehlertoleranz 3 %) festgestellt werden soll?

(2) Wie viel Personen sind zu befragen, wenn der Bekanntheitsgrad nur bei Rauchern ermittelt werden soll?

(3) Sollte sich RTB Ihrer Meinung nach nicht mit einer geringeren Wahrscheinlichkeit (95,5 %) und einer Fehlertoleranz von 5 % zufrieden geben, wenn die Befragung einer Person etwa 50 € kostet?

9: Festlegung des Stichprobenumfangs

Ein Verlag hat ein neues Lehrbuch für Marketing auf den Markt gebracht und schon fünfmal in einer Fachzeitschrift für Marketing für dieses Buch geworben. Er will nun feststellen, wie viele der Abonnenten dieser Zeitschrift, die mit 10.000 angegeben werden, das Buch gekauft haben. Das Ergebnis soll mit 95,5 % Wahrscheinlichkeit gültig sein und der Fehler höchstens +/– 2 % betragen.

(1) Wieviele Abonnenten sind zu befragen?

(2) Wieviele Abonnenten können nur befragt werden, wenn das beauftragte Marktforschungsinstitut für jede Befragung 70 € verlangt und nur 7.000 € für die Befragung ausgegeben werden sollen. Wie groß ist dann die Fehlertoleranz, wenn die Wahrscheinlichkeit für das Ergebnis 95,5 % betragen soll?

10: Berechnung des Anteilswertes P an der Grundgesamtheit

Aus einer Grundgesamtheit von 10.000 Personen wurde eine Stichprobe von n = 900 gezogen. Es ergab sich ein Anteilswert von 42 % Teilnehmer, die „Quarzarmbanduhren" trugen. Wie groß ist der Anteil an "Quarzuhrenträgern" in der Grundgesamtheit

bei a) 68,3 %
b) 95,5 %
c) 99,7 %

Wahrscheinlichkeit?

11: Marktanteil

Das Unternehmen Zahnweiß AG will ermitteln, ob zwischen dem Marktanteil des Produktes Zahnweiß 2000 und dem Umsatz ein Zusammenhang besteht. Eine Marktuntersuchung ergab folgende Daten:

Bekanntheitsgrad des Unternehmens in % (x)	Marktanteil in % (y)
10	20
16	28
18	30
20	32
30	40
40	44

(1) Besteht ein Zusammenhang zwischen Bekanntheitsgrad und Marktanteil?

(2) Wenn ja, wie wäre dann rechnerisch der Marktanteil bei einem Bekanntheitsgrad von 80 %?

12: Pilotstudie

Um die Marktchancen eines neuen alkoholfreien Fruchtsaftgetränkes für jüngere Konsumenten zu testen, soll eine Versuchsbefragung (Pilotstudie) bei Studenten durchgeführt werden. Entwerfen Sie einen dafür geeigneten Fragebogen!

13: Erstellung eines Fragebogens

Entwickeln Sie einen Fragebogen zur Ermittlung des Bekanntheitsgrades und des Images der Tageszeitung Neue Zeitung!

Die Neue Zeitung ist eine Tageszeitung mit überwiegend regionalem Charakter, die schon über 20 Jahre auf dem Markt ist.

14: Umsatzvorausschätzung

Schätzen Sie den Umsatz für 2004 für das Produkt X, das bisher folgende Umsätze erzielte:

Nr.	Jahr	Umsatz (Mio €)	Prognose (Mio €)
1	1997	100	95
2	1998	120	115
3	1999	135	130
4	2000	140	145
5	2001	150	153
6	2002	160	162
7	2003	175	170
8	2004	?	

Zur Schätzung sollen folgende Verfahren benutzt werden:

(1) „Freihandmethode" – Durch Festlegung einer Ausgleichslinie durch die Reihe der beobachteten Werte soll der Wert für 2001 ermittelt werden (ungenau).

(2) Methode des gleitenden Mittelwerts

(3) Trendextrapolation (Methode der kleinsten Quadrate)

Der Trend soll hierbei geradlinig verlaufen nach der Gleichung
y (Umsatz) = $\alpha + b \cdot x$ — α,b = konstanter Wert
x = Nummer des laufenden Jahres

(4) Exponenzielle Glättung (1. Ordnung)
$V_{t+1} = \alpha \cdot I_t + (1 - a)\, V_t$

α = Glättungsparameter, der zwischen O < α < 1 liegt
V_t = Prognosewert der Vorperiode
I_i = Istwert der Vorperiode
V_{t+1} = Prognosewert der Periode (t + 1)

Auf die Problematik der Berücksichtigung anderer Faktoren soll nicht eingegangen werden.

15: Produktlebenszyklus

In welche verschiedenen Phasen lässt sich Ihrer Meinung nach der Lebenszyklus des VW-Käfers einteilen?

Welche Zeiträume würden Sie den einzelnen Phasen zuordnen?

16: Produktbewertung mit Break-even-Analyse

Sie haben als Unternehmensleiter zu entscheiden, ob Sie das Produkt „Evergon", das nach Meinung der Marktforschungsabteilung zu einem Preis von 20 € pro Stück in Höhe von 100.000 Stück pro Jahr auf dem Markt abgesetzt werden kann, fertigen und in das Verkaufsprogramm aufnehmen wollen. Die Fertigung hat der Aufnahme schon zugestimmt und benötigt 200.000 € für Investitionen. Die Investitionen sollen in 5 Jahren abgeschrieben werden.

Nach Angaben der Marketingabteilung belaufen sich die allgemeinen Vertriebskosten auf 230.000 € und die Werbekosten auf 100.000 € pro Jahr.

Die Kostenrechnung gibt variable Stückkosten von 9 € an.

(1) Wie würden Sie entscheiden?
(2) Wie groß ist die Break-even-Menge?

17: Morphologischer Kasten

Zeigen Sie unter Einsatz des Morphologischen Kastens, wie sich unter Berücksichtigung der Parameter:

- Werbeträger
- Zielgruppe
- Reichweite
- Frequenz
- Zielsetzung

eine Werbekonzeption erarbeiten lässt.

18: Produktbewertung

Die Unternehmensleitung der Maschinen-AG steht vor der Entscheidung, ob die Maschine „Star 80" hergestellt werden soll oder nicht. Nach den Untersuchungen der Marktforschungsabteilung soll in den ersten Jahren der Umsatz zwischen 100.000 € und 200.000 € liegen. Nach Auskunft der Kostenrechnungsabteilung belaufen sich die Einzelkosten auf ca. 50 % des Umsatzes. Die Fertigungsabteilung kann die Maschine „Star 80" ohne zusätzliche Investitionen mit dem vorhandenen Know-how fertigen. Die Verkaufsabteilung vertritt die Meinung, dass das Produkt nur eine schwache Aktivität der Konkurrenz hervorrufen würde und von den Käufern gerne angenommen würde. Nach Auskunft der Forschungs- und Entwicklungsabteilung wären noch etwa 100.000 € an Entwicklungskosten aufzubringen, wobei der erfolgreiche Abschluss der Entwicklung mit 80 % Wahrscheinlichkeit angegeben wird. Dauer der Entwicklungsarbeit ist etwa 1 Jahr. Die Gesamtlebensdauer des Produktes soll etwa 10 Jahre betragen. Man rechnet mit einer „Einführungsphase" von einem Jahr.

Soll „Star 80" gefertigt und verkauft werden?

19: Produkteliminierung

Die Progress-AG verkauft schon seit ca. 20 Jahren das Produkt „Geruchfrei X 10". In letzter Zeit ging der Gewinn zurück und der Marktanteil fiel von 5 % auf 2 %. Obgleich das Produkt „Geruchfrei X 10" in keiner Abhängigkeit zu den übrigen angebotenen Produkten steht, zögert der Verkaufsleiter, das Produkt aufzugeben, da es noch einen Gewinn bringt. Er hat zwar ein neues Produkt „Super-Odem 100" in das Verkaufsprogramm aufgenommen, das auch schon einen Marktanteil von 1 % hat und gemessen am Umsatz einen höheren Gewinn als "Geruchfrei X 10" erbringt.

(1) Würden Sie „Geruchfrei X 10" aus dem Verkaufsprogramm nehmen?
(2) Was würde gegen eine Aufgabe von „Geruchfrei X 10" sprechen?

20: Untersuchung Warentest

Neben der Stiftung Warentest untersuchen Zeitschriften und Vereinigungen Produkte, deren Ergebnis veröffentlicht werden. Im Rahmen eines Euro-Tests haben zwölf europäische Automobilclubs 23 Kindersitze und Babyschalen untersucht. Das Ergebnis lautet wie in der Abbildung (ADAC Motorwelt):

23 KINDERSITZE IM TEST

	MARKE	MODELL	GEWICHT DES KINDES IN KG	FRONTCRASH	SEITENCRASH	BEDIENUNG	KOMFORT	REINIGUNG	GESAMTURTEIL
1	Römer	Duo Isofix[1]	9–18	+	+	+	++	+	sehr empfehlenswert
2	Römer	King Quickfix	9–18	+	+	+	+	+	sehr empfehlenswert
3	Concord	Baboo	bis 13	+	ө	+	+	+	empfehlenswert
4	Dremefa	easybob maxi	bis 13	+	ө	+	+	+	empfehlenswert
5	Maxi Cosi	Citi	bis 13	+	o	+	+	+	empfehlenswert
6	Römer	Baby star	bis 13	+	ө	+	+	+	empfehlenswert
7	Römer	Baby-sitter	bis 13	+	ө	+	+	+	empfehlenswert
8	Storchenmühle	Maximum	bis 13	+	ө	+	+	o	empfehlenswert
9	Chicco	Shuttle	bis 13/ 9–18[2]	o	+	o	+	o	empfehlenswert
10	Dremefa	bobob plus	9–18	o	o	+	+	+	empfehlenswert
11	Maxi Cosi	Priori	9–18	+	o	+	+	+	empfehlenswert
12	Römer	Prince	9–18	+	o	+	+	+	empfehlenswert
13	Concord	FixMax	9–25	+	o	+	+	+	empfehlenswert
14	Maxi Cosi	Rodi	15–36	o	o	++	+	+	empfehlenswert
15	Römer	Zoom mit Comfy	15–36	+	ө	+	++	+	empfehlenswert
16	Klippan	Prima	bis 13	ө	o	o	+	o	bedingt empfehlenswert
17	Bebe Confort	Iseos neu	9–18	ө	o	+	++	+	bedingt empfehlenswert
18	Klippan	Folda	9–25	ө	ө	+	+	+	bedingt empfehlenswert
19	Recaro	Start	9–36	o	ө	+	+	+	bedingt empfehlenswert
20	Römer	Vario	15–25	o	ө	++	+	o	bedingt empfehlenswert
21	Kiddy	mega base	15–36	o	ө	+	+	+	bedingt empfehlenswert
22	Storchenmühle	Formel 1 plus	15–36	o	ө	+	+	o	bedingt empfehlenswert
23	Baby	Sunny-Touring	15–36	–	–	++	+	+	nicht empfehlenswert

[1] fahrzeugspezifische Zulassung (siehe Text) [2] niedrigeres Kindergewicht bei Einbau entgegen der Fahrtrichtung, höherer Wert bei Einbau in Fahrtrichtung

++ = sehr gut + = gut o = zufrieden stellend ө = ausreichend – = mangelhaft

sehr empfehlenswert empfehlenswert bedingt empfehlenswert nicht empfehlenswert

So haben wir getestet FRONTCRASH: 50 km/h in Sitz- und Liegeposition (soweit vorhanden). SEITENCRASH: Rammstoß-Simulation mit 50 km/h. BEDIENUNG (subjektive Beurteilung): Einbau, Anschnallen, Fehlbedienungsmöglichkeiten. KOMFORT: Einbauversuche mit Kindern auf verschiedenen Plätzen. REINIGUNG: Reinigung, Verarbeitungsqualität.

Römer Duo Isofix
Bester Sitz, schwer. Sitzschale mit Hosenträger-Zentralverstellgurt. Mit ISOFIX z. Zt. nur in wenigen Autos zugelassen (mit 3-Punkt-Gurt universell einsetzbar)

Römer King Quickfix
Sitzschale mit Hosenträger-Verstellgurt. Neuartige Befestigung mit Vorspannung sorgt für feste Verbindung. Gute Werte im Seitencrash. Systembedingt schwerer Sitz

Concord Baboo
Babyschale. Große Sitzschale mit gut einstellbaren Kindergurten. Sitzverkleinerer für Neugeborene serienmäßig. Hohe Belastungswerte beim Seitencrash. Sicht eingeschränkt

Dremefa easybob maxi
Babyschale. Gut einstellbare Kindergurte. Sitzverkleinerer für Neugeborene und Sonnenschutz serienmäßig. Hohe Belastungswerte beim Seitencrash. Sicht eingeschränkt

Maxi Cosi Citi
Babyschale. Rasches und leichtes Anschnallen möglich. Sitzverkleiner für Neugeborene und Sonnenschutz serienmäßig. Beim Seitencrash Kopfkontakt mit Tür möglich

Römer Baby star
Babyschale. Große Schale mit leicht einstellbaren Gurten. Sitzverkleinerer für Neugeborene Serie. Beim Seitencrash hohe Belastungen. Alternative Gurtführung verwirrend

Römer Babysitter
Babyschale. Große Schale mit leicht einstellbaren Gurten. Alternative Gurtführung (für kurze Autogurte) verwirrend. Beim Seitencrash hohe Belastungswerte

Storchenmühle Maximum
Babyschale. Gutes, rasches Anschnallen mit Kindergurten. Sonnenschutz Serie. Einbau durch Umklappen des Bügels umständlich. Beim Seitencrash hohe Belastungen

Chicco Shuttle
Sitzschale mit Hosenträger-Zentralverstellgurt. Gute Werte im Seitencrash und erhöhte Belastungen beim Frontcrash. Ausziehbare Fußstütze für die Sitzposition

Dremefa bobob plus
Sitzschale mit Hosenträger-Zentralverstellgurt. Einfaches Anschnallen des Kindes. Erhöhte Belastungen beim Frontcrash. Beim Seitencrash Kopfkontakt mit Tür möglich

Maxi Cosi Priori
Sitzschale mit Hosenträger-Zentralverstellgurt. Fest am Fahrzeugsitz fixierbar. Einfaches Anschnallen des Kindes möglich. Erschwerte Gurtanpassung für Kindergröße

Römer Prince
Sitzschale mit Fangkörper. Sitzeinbau und Anschnallen des Kindes sehr einfach. Gute Kopfabstützung. Kind durch Fangkörper beengt. Keine Liegeposition möglich

Concord FixMax
Sitzschale mit Hosenträger-Zentralverstellgurt. Einfacher Einbau. Kopfabstützung für große Kinder knapp. Seitencrash: Kopfkontakt mit Tür. Keine Liegepos. möglich

Maxi Cosi Rodi
Sitzerhöher mit Rückenlehne. Sitzeinbau und Anschnallen des Kindes einfach. Frontcrash: erhöhte Belastungswerte. Seitencrash: Kopfkontakt mit Tür möglich

Römer Zoom mit Comfy
Sitzerhöher mit Rückenlehne. Sitzeinbau und Anschnallen des Kindes sehr einfach. Hohe Belastungswerte beim Seitencrash wegen unzureichender Kopfabstützung

sehr empfehlenswert
empfehlenswert
bedingt empfehlenswert
nicht empfehlenswert

Klippan Prima
Babyschale. Gut einstellbare Gurte. Beim Frontcrash mit Alternativgurtführung beide unteren Führungen ausgerissen. Beim Seitencrash Kopfkontakt mit Tür möglich

Bebe Confort Iseos neu
Sitzschale mit Hosenträger-Zentralverstellgurt. Liegeposition stufenlos einstellbar. Schale beim Frontcrash teilw. beschädigt. Erschwerter Einbau durch große, sperrige Schale

Klippan Folda
(ab 10/01) Sitzerhöher mit Rückenlehne. Einfacher Einbau. Leichter Sitz. Hohe Belastungswerte beim Front- und Seitencrash. Halskontakt mit Autogurt leicht möglich

Recaro Start
Sitzerhöher mit Rückenlehne. Gute Standfestigkeit. Erhöhte Belastungswerte im Front- und hohe im Seitencrash wegen fehlender serienmäßiger Kopfabstützung

Römer Vario
Fangkörper. Sehr einfacher Einbau. Leichtes Anschnallen des Kindes. Erhöhte Belastungswerte im Front- und hohe im Seitencrash. Eingeschränkte Sicht des Kindes

Kiddy mega base
Sitzerhöher mit Rückenlehne. Einfacher Einbau. Leichte Größenanpassung. Gute Sicht. Erhöhte Belastungswerte beim Frontcrash und hohe im Seitencrash

Storchenmühle Formel 1 plus
(Set) Sitzerhöher mit Rückenlehne. Einfacher Einbau. Leichte Größenanpassung. Erhöhte Belastungen im Front- und hohe im Seitencrash. Unzureichende Kopfabstützung

Baby Sunny-Touring
Sitzerhöher ohne Rückenlehne. Einfache Bedienung. Leichter Sitz. Sehr hohe Belastungen im Front- und Seitencrash. Keine Führungen für Schulter- und Beckengurt

FOTOS: REINER POHL

(1) Welche Konsequenzen für die Produktpolitik könnten Ihrer Meinung nach aufgrund der Testergebnisse die folgenden Unternehmen ziehen:

- Unternehmen Römer (1)?
- das Unternehmen Cicco (9)?
- das Unternehmen Bebe Comfort (17)?

(2) Wie kann das Unternehmen 1 das Ergebnis in der Werbung verwenden?

(3) Welche Kritik kann an dem vorliegenden Test angebracht werden?

21: Produkt- und Sortimentspolitik

Ein Hersteller von Küchengeräten (Elektroherde, Kühlschränke, Spülmaschinen) will durch produkt- und sortimentspolitische Maßnahmen seine Marktstellung verbessern.

(1) Was würden Sie ihm im Hinblick auf produktpolitische Maßnahmen empfehlen?
(2) Was könnte im Hinblick auf sortimentspolitische Entscheidungen empfohlen werden?

22: Deckungsbeitragsrechnung im Verkauf

Die Deckungsbeitragsrechnung wird zunehmend auch im Marketing eingesetzt.

(1) Wozu kann die Deckungsbeitragsrechnung im Verkaufgrundsätzlich dienen?
(2) Für welche einzelnen Aufgaben kann sie Hilfsmittel sein?

23: Preisfestlegung

Ein Unternehmen, das elektrische Kaffeemühlen herstellt, verzeichnet in den letzten Monaten einen erheblichen Absatzrückgang. Es verkauft seine Kaffeemühlen zum Preis von 25 €. Da die Konkurrenten ihre Preise in diesem Zeitraum nicht veränderten, überlegt der Verkaufsleiter, ob man nicht den Preis senken sollte. Der Verkaufsleiter hat die Marktforschungsabteilung beauftragt, die Preiselastizität der Nachfrage zu ermitteln. Ihm wird als Preiselastizität der Nachfrage + 2,5 genannt.

Würden Sie ihm empfehlen den Preis um 2 € zu senken, wenn bisher pro Monat 20.000 Stück abgesetzt wurden und die variablen Kosten pro Stück 15 € betragen, die sonstigen zu tragenden Kosten pro Monat sich auf 100.000 € belaufen und ein Gewinn von 20 % des Umsatzes erreicht werden soll?

24: Preisermittlung

Der Verkaufsleiter eines Konsumgüterunternehmens weiß, dass es für das Produkt „Super-2000" folgende Preis-Nachfragekurve gibt:

Preis (€)	80	50	40	38	30
Menge (Stück)	10.000	20.000	30.000	40.000	50.000

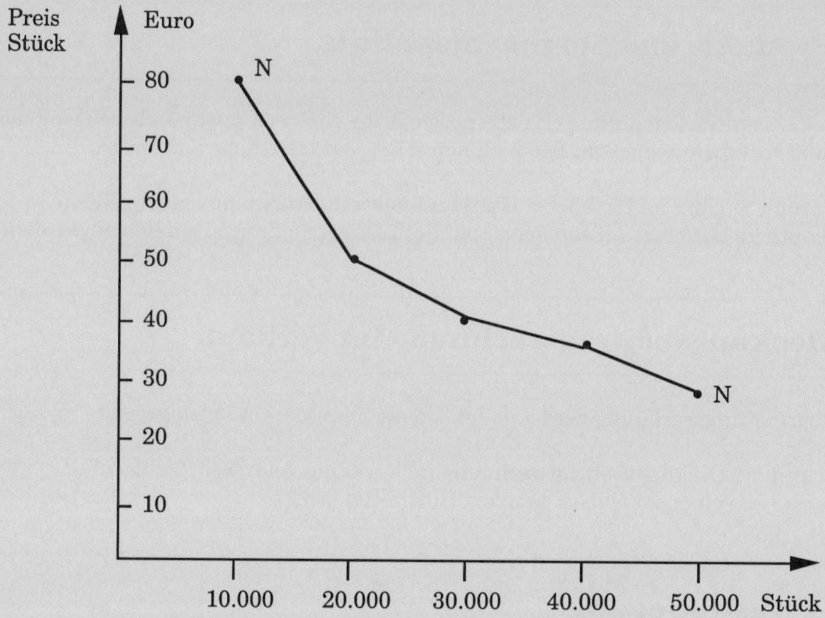

Die beiden Konkurrenten verlangen gegenwärtig 38 € und setzen 40.000 Stück ab. Der Verkaufsleiter beabsichtigt, 30 € zu verlangen und hofft, 10.000 Stück auf dem Markt absetzen zu können. Es ist zu erwarten, dass die beiden Konkurrenten in diesem Fall auch ihren Preis auf 30 € senken würden. Für ihn entstehen Einzelkosten von 15 €. Der durchschnittliche Gewinn, der erreicht werden soll, beträgt in diesem Unternehmen 15 %. Daneben muss „Super-2000" Fixkosten in Höhe von 100.000 € pro Jahr tragen.

Soll „Super-2000" auf den Markt gebracht werden?

25: Preisstrategien

In der Praxis werden sehr unterschiedliche Preisstrategien angewendet.

(1) Welche möglichen Preisstrategien lassen sich grundsätzlich unterscheiden?
(2) Skizzieren Sie die Vor- und Nachteile dieser beiden „Extremstrategien".
(3) Welche sonstigen Strategien kennen Sie?

26: Handelskalkulation

Das Elektrofachgeschäft A. Schmidt kauft Lampen zum Listenpreis von 300 € von dem Hersteller X. Darauf bekommt das Einzelhandelsunternehmen 3 % Rabatt und 2 % Skonto. Daneben entstehen anteilige Transport- und Versicherungskosten in Höhe von 2,82 € pro Lampe.

Beim Verkauf sollen die Lampen eine Bruttohandelsspanne von 42 % auf den Einstandswert (Bezugspreis) erbringen. Den Abnehmern können 2 % Skonto und 5 % Rabatt gewährt werden.

(1) Wie hoch ist der Einstandswert (Bezugspreis) für das Elektrofachgeschäft?

(2) Wie hoch muss unter den gegebenen Voraussetzungen der Verkaufspreis festgesetzt werden?

27: Absatzwegeentscheidung

Sie sind Hersteller folgender Produkte und müssen sich für einen Absatzweg entscheiden. Wie würden Sie in den folgenden Fällen entscheiden?

Hersteller	Produkt
1. Maschinenbauunternehmen	Turbinen
2. Landwirt	Obst
3. Baumaschinenunternehmen	kleine Zementmischmaschinen
4. Gummiwarenfabrik	Gummimatten für Pkw

28: Kostenvergleich Reisender - Handelsvertreter

Sie sind der Leiter einer Marketingabteilung und haben zu entscheiden, wer aus Kostengesichtspunkten für das Unternehmen günstiger ist, der Reisende oder der Vertreter.

Als Vergütung ist im Falle der Entscheidung für Reisende ein Gehalt von 2.800 € pro Monat und Umsatzprovision von 2 % bzw. für Vertreter ein Fixum von 600 € und eine Umsatzprovision von 5 % vorgesehen. Es wird in den einzelnen Verkaufsgebieten ein monatlicher Umsatz von ca. 80.000 € erwartet.

(1) Sind Reisende oder Vertreter bei Berücksichtigung der genannten Daten vorzuziehen?

(2) Bei welchem Umsatz pro Monat verursachen je Verkaufsgebiet Vertreter und Reisende Kosten in gleicher Höhe?

29: Umstellung der Außendienstorganisation von Handelsvertretern auf Reisende

Das Unternehmen Paul Acker GmbH will seine Produkte, die sie bisher über Handelsvertreter vertrieben hat, über angestellte Außendienstmitarbeiter vertreiben.

Welche Probleme ergeben sich dabei für die Paul Acker GmbH:

(1) im Hinblick auf die Ansprüche, die Handelsvertreter aufgrund ihrer bisherigen Tätigkeit stellen können?

(2) im Hinblick auf die künftigen Aktivitäten der „ehemaligen" Vertreter?

30: Mindestauftragsgröße

Das Unternehmen Mowei-AG will untersuchen, welche Mindestauftragsgröße ein Kunde durchschnittlich tätigen muss um

(1) die entstehenden Kosten zu decken?

(2) die entstehenden Kosten zu decken sowie Fixkosten in Höhe von 10 €€ und einen Gewinnzuschlag auf die Kosten von 10 % zu erzielen?

Das Unternehmen hat folgende Kosten zu Grunde gelegt:
Die durchschnittlichen Kosten für die Bearbeitung eines Auftrags ergeben sich mit 50 €. Die proportionalen Herstellkosten in % vom Umsatz betragen 60 %. Die proportionalen Vertriebskosten (ohne Auftragsbearbeitung) betragen 10 %. Nach einer Berechnung der Kostenrechnung soll jeder Auftrag 10 € Fixkosten tragen.

Die Mindestauftragsgröße ermittelt sich wie folgt:

$$\text{Mindestauftragsgröße} = \frac{\text{auftragsfixe Kosten in €} \cdot 100}{(100 - \text{Anteil der Herstell- und Vertriebskosten des Umsatzes})}$$

31: Eigenlieferung oder Fremdlieferung

Ein Kleinunternehmen muss im Laufe eines Monats verschiedene Kunden beliefern und etwa 2.000 km mit einem Kleinlieferwagen zurücklegen. Es steht vor der Entscheidung, einen Kleinlieferwagen anzuschaffen oder ein Nahverkehrsunternehmen mit der Auslieferung zu beauftragen.

Ein Nahverkehrsunternehmer würde 0,95 € je km berechnen. Bei Eigentransport sind folgende Kosten zu berücksichtigen:
Anschaffungskosten in Höhe von 12.000 € für einen Kleinlieferwagen. Dieser Wert wird zur Hälfte in 4 Jahren abgeschrieben. Die andere Hälfte wird mit 0,06 € je km Fahrtleistung abgeschrieben.

An Zinsen werden jährlich 10 % auf das durchschnittlich gebundene Kapital (= 1/2 des Anschaffungswertes) gerechnet.

An Steuer und Versicherung entstehen 2.000 €.

Die Lohnkosten für den Fahrer betragen 1.800 € pro Monat.

Treibstoff-, Instandhaltungs- und Reparaturkosten betragen ca. 0,15 € pro km.

(1) Welche Alternative ist bei 2.000 km günstiger?
(2) Bei welcher km-Zahl sind die Kosten beider Belieferungsmöglichkeiten gleich hoch?

32: Erhöhung des Werbeetats

Der Leiter der Werbeabteilung eines Unternehmens stellt den Antrag, den Werbeetat um 150.000 € zu erhöhen. Die Mehrausgaben für Werbung bringen nach Ansicht des Werbeleiters einen zusätzlichen Umsatz von 1.000.000 €.

Würden Sie dem Antrag des Werbeleiters stattgeben?

33: Werbeetatverteilung

Das Unternehmen HaWe-AG kann mit den Zeitschriften A bis F die Zielgruppe Haushaltungen erreichen. Als Kriterium für die Verteilung des Werbeetats kann der Preis für 1.000 Kontakte (Tausender-Preis) herangezogen werden. Der 1.000-Preis ergibt sich wie folgt:

$$\text{Tausender-Preis} = \frac{\text{Preis je Anzeigenseite} \cdot 1.000}{\text{Leser pro Nummer}}$$

Für die Zeitschriften, die belegt werden können, ergeben sich folgende Tausender-Preise:

Zeitschrift	Preis für 1/1 Seite	Tausender-Preis	weibliche Leser (Hausfrauen)
A	24.000	32 €	80 %
B	28.000	28 €	60 %
C	32.000	34 €	70 %
D	30.000	30 €	80 %
E	40.000	26 €	70 %
F	29.000	29 €	60 %

Sollen nun z.B. nur Frauen erreicht werden, so ist der Anzeigenpreis zielgruppenspezifisch zu gewichten. Dies erfolgt in der Weise, dass der Tausender-Preis zielgruppenspezifisch errechnet wird, d. h. der Preis pro Anzeigenseite nur auf die weiblichen Leser bezogen wird.

(1) Welche Zeitschriften würden Sie belegen, wenn Sie vom ungewichteten Preis pro 1.000 Leser ausgehen und insgesamt ein Etat von 250.000 € zur Verfügung steht?

Wie viele Zielpersonen lassen sich bei einmaliger Belegung erreichen?

(2) Welche Zeitschriften würden Sie belegen, wenn Sie vom zielgruppenspezifischen Preis von 1.000 Lesern (Hausfrauen) ausgehen?

Wie viele Zielpersonen (Hausfrauen) lassen sich bei einmaliger Belegung erreichen?

34: Auswahl der Werbeträger

Nach Abschluss Ihres Studiums treten Sie in eine kleinere Maschinenfabrik in das Rechnungswesen ein. Der Geschäftsführer, ein Ingenieur, ruft Sie zu sich und fragt, mit welchen Werbeträgern (Medien) Sie für die Produkte des Unternehmens werben würden.

35: Werbemittel des Fachhandels

Ein Fachhandelsgeschäft für Bekleidung hat zurückgehende Umsätze. Eine von dem Inhaber in Auftrag gegebene Untersuchung ergab, dass obgleich der Standort nicht ungünstig ist, das Fachgeschäft nicht genügend bekannt ist. Aus diesem Grunde soll die Werbung verstärkt werden. Welche Werbemittel würden Sie ihm empfehlen?

36: Kosten der Werbeträger

Der Geschäftsführer einer kleinen Maschinenfabrik überlegt, welche Werbeträger er für die Information über seine Produkte benutzen soll. Er will folgende Möglichkeiten prüfen:

- **Anzeigen in Fachzeitschriften**
  Mit einer ganzseitigen Anzeige in vier Fachzeitschriften mit 42.000 Stück Auflage könnten 18.000 potenzielle Zielpersonen erreicht werden. Die Kosten für eine einmalige Insertion würden 5.600 € betragen.

- **Direktwerbung**
  Die potenziellen 18.000 Interessenten könnten auch direkt angeschrieben werden. In diesem Falle würden für Begleitbrief, Prospekt und Antwortkarte 55.620 € und Kosten für den Versand 13.140 € entstehen.

- **Messe**
  Es könnte aber auch die nächste Messe beschickt werden. Dann würden bei einem Stand von 60 qm Kosten in Höhe von 120.000 € entstehen. Am Messestand werden etwa 6.000 Messebesucher vorbeikommen.

Fragen:

(1) Wie viele Interessenten haben bei den drei dargestellten Möglichkeiten eine „Kontaktchance" mit dem Werbeträger?

(2) Wie hoch sind die Kosten pro „Kontaktchance" (möglicher Kontakt mit Interessenten)?

(3) Wie hoch sind die Kosten pro Kontakt, wenn 1 % der Zielpersonen aus der Zeitschriftenwerbung mit der Direktwerbung auf die Werbung antworten und 600 Fachgespräche mit Interessenten auf der Messe geführt würden?

(4) Würden Sie die „Kontakte" alle „gleich" bewerten?

37: Werbeerfolgskontrolle

Ein Markenartikelhersteller hat eine Werbekonzeption entwickelt, die sich auf drei Strategien stützt:

(1) Einrichtung eines Schaufensters beim Handel mit dem Ziel, 10 % der Passanten zum Anhalten und Betrachten des Schaufensters zu bewegen.

(2) Einen TV-Spot senden um 20 % der Fernsehteilnehmer im Regionalfernsehen den Hersteller- und Produktnamen derart nahe zu bringen, dass sie sich später daran erinnern.

(3) 3 % der Bezieher einer Zeitschrift zu veranlassen, dass sie aufgrund einer Anzeige an einem Preisausschreiben teilnehmen.

Wie lässt sich der Werbeerfolg bei den drei Strategien ermitteln?

38: Verkaufs- und Werbeentscheidungen

Bei einem Verkäufertreffen eines Maschinenbauunternehmens vertritt der Verkaufsleiter die Meinung, dass es im kommenden Jahr Erfolg versprechender sei, anstelle von 12 ganzseitigen Werbeanzeigen in einer Fachzeitschrift für je 2.500 €, einen zusätzlichen Außendienstmitarbeiter einzustellen. Die Anzeigen könnten ja doch keine Produkte verkaufen und die Außendienstmitarbeiter müssten erst durch Besuche die jeweils anzubietende Maschinengröße ermitteln. Daraufhin verließ der Werbeleiter kopfschüttelnd den Raum. Was hätten Sie getan?

39: Preissenkung-Werbekampagne

In der Mowei-AG wird diskutiert, ob es im Falle des Markenartikels Maiex, dessen Umsatz auf dem Markt bei einem Endverbraucherpreis von 25 € bei ca. 100.000 Stück pro Jahr stagniert, eher empfehlenswert ist, den Preis um 3 € pro Stück zu senken oder 300.000 € für eine Werbekampagne auszugeben. Die zurechenbaren Einzelkosten betragen 12 €. Durch jede der beiden Maßnahmen hofft man dann, 20.000 Stück mehr pro Jahr absetzen zu können.

(1) Welche Maßnahme (Preissenkung oder Werbekampagne) halten Sie aus grundsätzlichen Überlegungen (Risiko usw.) eher für geeignet?

(2) Welche Maßnahme ist kostenrechnerisch und gewinnbezogen vorzuziehen?

(3) Welchen Vorschlag würden Sie durchführen?

40: Kosten der Außendienstmitarbeiter

Ein Unternehmen kommt aufgrund seiner Umsatzplanung im nächsten Jahr auf einen Umsatz von 50 Mio. €.

Die insgesamt für Reisende eingeplanten Kosten betragen 1 Mio. €. Können daraus die 20 Reisenden, die ein Fixum von 1.000 € pro Monat und 2 % Umsatzprovision erhalten, bezahlt werden oder sind die Kosten in der Planung zu erhöhen?

41: Bewertung von Reisenden und Handelsvertretern

Beurteilen Sie anhand der folgenden Kriterien, ohne Berücksichtigung der Kostengesichtspunkte, ob sich eine mittlere Maschinenfabrik grundsätzlich für Reisende oder Einfirmenhandelsvertreter entscheiden soll. Die Beurteilungskriterien sind:

1. Steuerungsfähigkeit
2. Verkaufsfähigkeit
3. Produktkenntnisse
4. Kundenbetreuung
5. Einsatz
6. Kontrolle
7. Informationsbeschaffung
8. Flexibilität der Organisation
9. Kundenpflege
10. Unternehmensloyalität

Vergeben Sie Bewertungen zwischen 1 = niedrigste und 5 = höchste Punktzahl!

42: Verkaufsleiter

a) Erstellen Sie eine Stellenbeschreibung für einen Verkaufsleiter eines größeren Industrieunternehmens, der dem Geschäftsführer unterstellt ist. Für alle übrigen Mitarbeiter des Verkaufs ist er der Vorgesetzte. Die Marketingabteilung und die Werbeabteilung sind Stabsabteilungen. Auch die Kundendienstabteilung ist dem Verkaufsleiter unterstellt.

Die organisatorische Eingliederung stellt sich wie folgt dar:

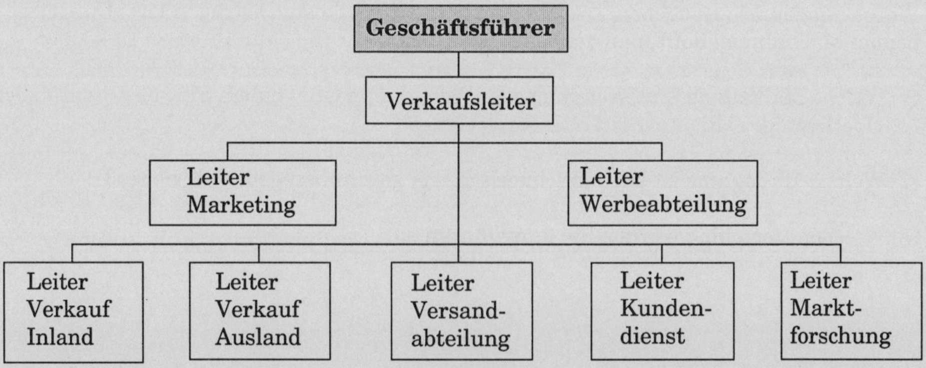

b) Was ist Ihrer Meinung nach an der organisatorischen Eingliederung unbefriedigend?

43: Motivation des Außendienstes

Das Unternehmen ABC-AG hat in der Bundesrepublik 10 Außendienstmitarbeiter im Angestelltenverhältnis. Die Außendienstmitarbeiter erhalten ein Gehalt und die üblichen Tages- und Übernachtungsgelder. Da in letzter Zeit die Umsätze zurückgegangen sind, ohne dass ein allgemeiner Trend oder Produktnachteile der eigenen Produkte erkennbar waren, glaubt der Verkaufsleiter, dass die Außendienstmitarbeiter nicht genügend motiviert sind.

(1) Wie kann der Verkaufsleiter ermitteln, ob in der Tat Motivationsdefizite vorliegen?
(2) Welche monetären Motivationsmöglichkeiten kann er einsetzen?
(3) Welche nichtmonetären Motivationsmöglichkeiten wären denkbar?

44: Festlegung der Anzahl der Außendienstmitarbeiter einer Verkaufsorganisation

Sie sind Verkaufsleiter eines Markenartikelunternehmens geworden und hören von den 30 Außendienstmitarbeitern in den 5 Nielsengebieten Klagen, dass sie überlastet seien, da zu viele Besuche zu absolvieren sind. Sie beliefern sowohl den Groß- als auch den Einzelhändler, die wie in der Übersicht dargestellt, besucht werden sollen.

Handelsbetriebe		Anzahl	Zahl der Besuche p.a.
Großhandlungen	Klasse A	100	24
Großhandlungen	Klasse B	200	12
Großhandlungen	Klasse C	300	6
Einzelhändler	Klasse A	1.000	12
Einzelhändler	Klasse B	2.000	8
Einzelhändler	Klasse C	3.000	6

Wie können Sie vereinfacht überprüfen, ob die Anzahl der Außendienstmitarbeiter ausreicht oder nicht? Ermitteln Sie die Anzahl der durchzuführenden Besuche und ob diese Zahl realistisch ist!

45: Kennzahlen der Verkaufskontrolle

Der Diplom-Betriebswirt Peter Müller hat als Anfangsposition eine Stelle als Assistent des Verkaufsleiters angenommen. Nach der Einarbeitungszeit bittet der Verkaufsleiter Herrn Müller, ihm Vorschläge zu machen, wie er den Verkauf bzw. die Verkaufsmitarbeiter am besten kontrollieren könne. Bisher werden von dem Verkaufsleiter nur die Besuchsberichte durchgesehen und monatlich die Ist-Umsätze kontrolliert.

Der Verkaufsleiter möchte insbesondere wissen:

(1) welche Kennzahlen er noch zur Kontrolle heranziehen kann?
(2) welche Kennzahlen insbesondere zur Messung der persönlichen Verkaufsleistung herangezogen werden könnten?

46: Verkaufsförderer

Im Verkauf gibt es neben den Verkäufern unter anderem noch andere Außendienstmitarbeiter, die die Verkäufer unterstützen sollen sowie den Handel dahingehend fördern, dass er die vom Hersteller angebotenen Produkte besser verkaufen kann, die sog. Verkaufsförderer.

(1) Welches sind Ihrer Meinung nach die wesentlichen Aufgaben eines Verkaufsförderers?
(2) Wo könnte der Verkaufsförderer organisatorisch eingegliedert sein?

47: Absatz- und Verkaufsförderungsmaßnahmen

Die Firma Spiel + Sport GmbH in Nürnberg hat ein funkferngesteuertes Schiff als Spielzeug auf den Markt gebracht. Der Absatz erfolgt über Reisende, die den Fachhandel in der Bundesrepublik besuchen. Aufgrund der Marktforschungsuntersuchungen war zu erwarten, dass die funkferngesteuerten Schiffe guten Absatz finden würden. Nach 6 Monaten Markteinführung zeigt sich jedoch, dass die Erwartungen nicht erfüllt werden, obgleich von der Leistungsfähigkeit und vom Preis der Konkurrenten aus gesehen, der Artikel erfolgreich sein müsste. Der Preis des Artikels beträgt 189 €.

(1) Welche Maßnahmen würden Sie vorschlagen?
(2) Würde es sich auch anbieten, einen zusätzlichen Absatzweg zu wählen?

48: Öffentlichkeitsarbeit

Begriff und Aufgaben der Öffentlichkeitsarbeit werden oft fehlinterpretiert. Zeigen Sie auf:

(1) An welche Zielgruppen sich die Öffentlichkeitsarbeit wendet?
(2) Welche Kommunikationsmaßnahmen dazu eingesetzt werden?

49: Einführung eines Produktes

Skizzieren Sie, in welche Schritte sich der Einführungsprozess einer neuen Zahnpasta „Zahnweiß-2000" gliedern lässt!

Zeigen Sie, in welcher Reihenfolge welche Aktivitäten erfolgen sollten!

50: Absatzanalyse

Die Auto-Super-AG hatte in den letzten Monaten einen erheblichen Umsatzrückgang im Pkw-Verkauf/Inland zu verzeichnen. Dies, obgleich weder die eigenen Preise erhöht wurden, noch die Aktivitäten des Verkaufs nachließen und die Ausgaben für Werbung und Kundendienst sogar erhöht wurden. Der Verkaufsleiter überlegt nun, was er untersuchen und welche Maßnahmen ggf. die Geschäftsleitung veranlassen soll, um den Absatz wieder zu steigern.

(1) Welche Faktoren sollte der Verkaufsleiter nach Ihrer Meinung primär untersuchen?

(2) In welchen Fällen kann langfristig etwas gegen die Umsatzrückgänge unternommen werden?

Lösungen

1: Marketingkonzept

(1) Aufgabe des Marketingleiters ist es, eine Übersicht über die Marktlage zu geben und den seiner Meinung einzuschlagenden Weg aufzuzeigen. Dazu gehört u. a. ein Überblick über die Marktsituation, die folgende Informationen enthalten sollte:

- Rechtliche Ausgangslage und Entwicklung
- Allgemeine Marktentwicklung
- Marketingaktivitäten der Konkurrenz
- Eigene Marketingmaßnahmen
- Entwicklung des Marktanteils
- Voraussichtliche Marktentwicklung
- Verbrauchereinstellungen
- Mögliche neue Substitutionsprodukte usw.

Diese Informationen sollten entsprechend der individuellen Situation des Unternehmens bereitgestellt werden. Dabei sollte dafür gesorgt werden, dass diese Informationen periodisch wiederkehrend (wöchentlich, monatlich, jährlich) zur Verfügung stehen.

(2) Die von den anderen Abteilungsleitern vorgetragenen Argumente sind nur aus ihrer Bereichszielsetzung heraus zu verstehen. Sie tragen jedoch nicht allein dazu bei, dass die Gesamtsituation richtig beurteilt werden kann. Sie können vielmehr nur im Gesamtzusammenhang der Marktentwicklung beurteilt werden.

Aus der Sicht des Marketing gilt das Primat des Marktes, d. h. die übrigen Funktionsbereiche haben sich an der Marktsituation und Marktentwicklung zu orientieren um aufgrund dieser Voraussetzungen ihre spezifische Aufgabe optimal zu erfüllen. Dies bedeutet für den Leiter der Produktion, die erforderliche Anzahl von Produkten mit den niedrigst-möglichen Kosten herzustellen, für den Versandleiter möglichst kostengünstig den Versand abzuwickeln und für den Verwaltungsleiter zum Beispiel eine effiziente Kostenrechnung aufzubauen.

(3) In einer nach marktwirtschaftlichen Gesetzen orientierten Volkswirtschaft, in der ein polypolistischer Markt vorhanden ist, müssen sich alle Unternehmen an dem modernen Marketingkonzept orientieren, wenn sie überleben wollen. In zentral geleiteten Volkswirtschaften ist dies nicht erforderlich.

(4) Jedoch auch in marktwirtschaftlichen Systemen haben einige Unternehmen eine absolute Marktorientierung mit dem Ziel der individuellen Bedürfnisbefriedigung nicht unbedingt nötig. Dies sind vor allem

- Unternehmen, die fast monopolistisch das Angebot für ein bestimmtes Produkt oder eine bestimmte Leistung bestimmen können (z. B. Eisenbahn, Elektrizitätswerke, Wasserwerke, Fernsehanstalten, Rundfunkanstalten usw.).

- Unternehmen, die sich auf Ausschreibungen um öffentliche Aufträge bemühen.

- Unternehmen, die standardisierte Verbrauchsgüter auf noch nicht gesättigten Märkten anbieten.

2: Marketingziel und Bedürfnisbefriedigung

Im Folgenden sollen die im Vordergrund stehenden Bedürfnisse aufgezeigt werden:

(1) Aspirin soll gekauft werden um dem Käufer u. a. das Gefühl zu geben, durch Einnahme von Aspirin von seinen Schmerzen befreit zu werden (Bedürfnis nach Schmerzfreiheit) bzw. vor Schlaganfall und Herzinfarkt geschützt zu sein.

(2) Durch den Kauf eines Pkw von Typ „Golf" soll das Bedürfnis nach individueller Fortbewegungsmöglichkeit befriedigt werden. Gleichzeitig kann ein bestimmtes Imagebedürfnis (sparsam, ökonomisch) befriedigt werden.

(3) Durch den Kauf der Frankfurter Allgemeinen Zeitung (FAZ) befriedigt der Käufer sein spezielles Bedürfnis nach Information, das er auf andere Art und Weise nicht befriedigen kann. Daneben kann eventuell auch ein „Prestigebedürfnis" befriedigt werden.

(4) Die Creme Nivea dient dem Bedürfnis des Menschen, seine Haut zu pflegen und möglichst lange jugendlich zu erhalten.

(5) Das Waschmittel Persil dient dem Bedürfnis nach Sauberkeit, insbesondere nach „sauberer" Wäsche, die durch eine Anwendung von Persil erreicht werden kann.

3: Marketingziel - Werbeziel

(1) Das Werbeziel muss grundsätzlich aus dem Marketingziel abgeleitet werden. Werbeziele sind Subziele des Marketingziels.

(2) Es ist sicher richtig, dass ein bestimmter Bekanntheitsgrad Voraussetzung für einen bestimmten Umsatz und damit auch Marktanteil ist. Es kann jedoch nicht gesagt werden, in welcher Beziehung die Höhe des Bekanntheitsgrads zu dem Umsatz steht. Um hier eine Aussage machen zu können, müssten noch qualitative Aussagen über den Bekanntheitsgrad vorliegen.

(3) Zur Beurteilung, ein wie hoher Bekanntheitsgrad erforderlich ist um einen Marktanteil von 5 % zu erreichen, ist es erforderlich, genau die Zusammenhänge zwischen dem Bekanntheitsgrad und dem Umsatz zu kennen. Dies ist im vorliegenden Fall jedoch nicht gegeben. Es könnten gewisse analoge Schlüsse aus den Gegebenheiten bei dem Konkurrenzprodukt Doran gezogen werden, die jedoch bei einer Neueinführung nicht zutreffen müssten. Aus diesem Grunde könnte nur im Rahmen einer Untersuchung ermittelt werden, welche Zusammenhänge zwischen dem Bekanntheitsgrad und dem Umsatz bestehen könnten. Exakte Angaben lassen sich jedoch erst durch eine Untersuchung nach Einführung von Novedor machen.

4: Ermittlung des Marktanteils und der Marktsättigung

(1) Marktanteil (in Prozent)

$$\text{Marktanteil (in Prozent)} = \frac{\text{Umsatz Still-AG} \cdot 100}{\text{Marktvolumen in Knabberartikel}} = \frac{500 \cdot 100}{1.400} = 35{,}7$$

(2) Marktpotenzial = 2.000 Mio. €
Marktvolumen = 1.400 Mio. €€

$$\text{Marktsättigung (in Prozent)} = \frac{\text{Marktvolumen} \cdot 100}{\text{Marktpotenzial}} = \frac{1.400 \cdot 100}{2.000} = 70\ \%$$

Das Marktpotenzial ist zu 70 % ausgeschöpft.

5: Produktmanager

Die Stelle des in der vorliegenden Anzeige gesuchten „Produktmanagers" ist im Hinblick auf die wahrzunehmenden Aufgaben und Verantwortungen unzureichend mit Kompetenzen ausgestattet.

Als Stabsstelle wären folgende organisatorische Eingliederungen möglich:

Fall 1:

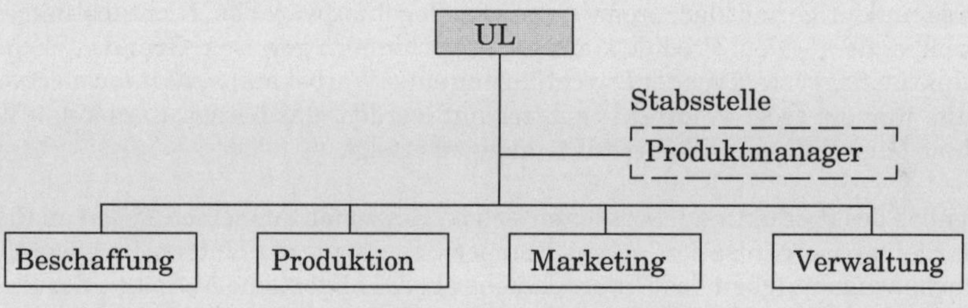

Fall 2:

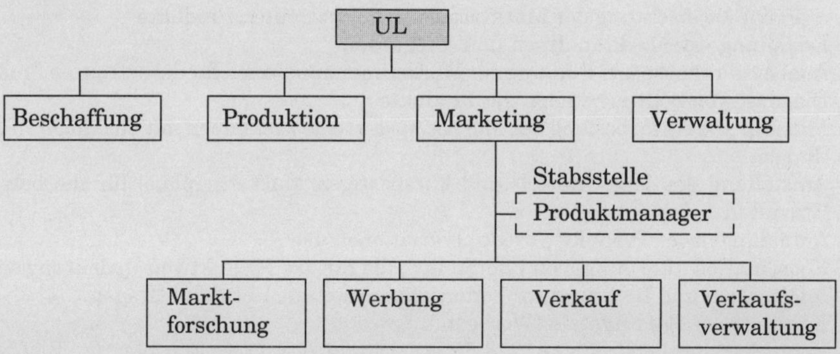

In beiden Fällen sind Produktmanager Inhaber von Stabsstellen und haben damit keine Anweisungsbefugnis anderen Stellen gegenüber. Aus der dargestellten organisatorischen Verankerung wird es dem Produktmanager schwer möglich sein, seine Ideen zu realisieren, da er zur Durchsetzung seiner Vorstellung nur auf seine Überzeugungskraft angewiesen ist. Da er also keine Anweisungsbefugnis hat, wird man den Produktmanager auch nicht für das Ergebnis verantwortlich machen können.

In der ausgeschriebenen Stelle wird grob gegen den Organisationsgrundsatz der Kongruenz von Aufgabe, Kompetenz und Verantwortung verstoßen.

Sollte für die ausgeschriebene Stelle ein Mitarbeiter gefunden werden, so ist zu erwarten, dass sich infolge der mangelnden Kompetenz bald ein Kreativitätsrückgang, Aktivitätsverlust und Unzufriedenheit einstellen werden. Bei einem dynamischen und fähigen Mitarbeiter wird eine baldige Kündigung zu erwarten sein, sofern keine organisatorischen Änderungen vorgenommen werden.

6: Aufgaben des Produktmanagers

(1) Als Erstes sollte sich der Leiter des Unternehmens die Umsatz-, Absatz- und Marktanteilswerte für das Produkt Schoko-2010 sowie die Ergebnisse der Konkurrenz beschaffen. Dabei sollten diese Zahlen im Hinblick auf die Ursachen für den Umsatzeinbruch analysiert werden. Nach dem Ergebnis der Analyse sind dann entsprechende Maßnahmen zusammen mit den Abteilungsleitern und dem Produktmanager zu ergreifen. Personelle Entscheidungen sollten, soweit erforderlich, zu einem späteren Zeitpunkt erfolgen.

(2) Durch eine eindeutige und klare organisatorische Regelung wäre das „Nichtabstimmen" der Werbekampagne mit dem Produktmanager zu verhindern gewesen. Grundsätzlich sollte der Produktmanager stets vor der Durchführung einer Werbekampagne informiert werden bzw. sollte ihm ein „sog. Vetorecht" eingeräumt werden, das besagt, dass keine Werbemaßnahme ohne Billigung des Produktmanagers erfolgt.

(3) Die Aufgaben des Produktmanagers leiten sich im Einzelnen aus seinen Zielen im Rahmen der Unternehmensorganisation, seinen Kompetenzen sowie der Unternehmensgröße und der Branchenzugehörigkeit des Unternehmens ab. Als allgemeine Aufgaben des Produktmanagers können folgende Aufgaben bezeichnet werden *(Köhler, Wild):*

1. Ständige Beobachtung der Marktsituation der betreuten Produkte
2. Erstellung von Marktanalysen und -prognosen
3. Analyse, Prognose und Planung der Marketingmaßnahmen für die betreuten Produkte.
4. Diagnose von Schwachstellen der Produkte
5. Planung und Ausarbeitung der Marketingstrategie zusammen mit den anderen Abteilungen
6. Aufstellung des lang-, mittel- und kurzfristigen Marketingplans für die betreuten Produkte
7. Aufnahme neuer Produkte, Produktvariationen usw.
8. Koordination aller Aufgaben und Stellen, die für das Produkt von Bedeutung sind
9. Information und Beratung der Unternehmensleitung in Produktfragen
10. Kontrolle der Produktetats (Werbeetat usw.)
11. Kontrolle sämtlicher Pläne und Überwachung des Produkterfolgs (z. B. Umsatz, Kosten, Deckungsbeitrag, Gewinn, Marktanteil usw. nach Produkt, Abnehmern, Verkaufsgebieten, Reisenden, Branchen usw.).

7: Informationen des Verkaufsleiters

In einem gut geleiteten Unternehmen sollten einem Verkaufsleiter mindestens folgende Informationen zur Verfügung stehen:

	Informationen	Stelle	Antwort zu Frage
Umsatz Absatz Marktanteil	je Produkt, Produktgruppe, Abteilung Außendienstmitarbeiter Kunde Verkaufsgebiet lfd. Jahr, Vorjahr Branche usw. je Produkt usw.	Absatz- statistik	2
Deckungs- beitrag (Gewinn)	je Produkt, Produktgruppe Abteilung Verkaufsgebiet Kunde usw.	Rechnungs- wesen	1
Vertriebs- kosten insgesamt	je Produkt, Produktgruppe Abteilung Verkaufsgebiet Kunde usw.		
Vertriebskosten in % vom Umsatz			
Kosten der einzelnen Marketinginstrumente (Distributionskosten, Kommunikationskosten usw.)			3
ø Besuche ø Kosten	je Außendienstmitarbeiter und Tag je Besuch	Absatz- statistik	4
Marktvolumen Marktpotenzial Marktanteil Marktstruktur	der Produkte, Produkt- gruppen usw.	Marktfor- schung	6
ABC-Analyse	Gruppierung der Kun- den nach Größenklassen verschieden		
Liefermöglichkeiten Auftragsbestand Auftragseingang Reklamations- statistik		Produktions- und Auf- trags- eingangs- statistik	5

Auf Wunsch lassen sich aus dem Basismaterial noch zusätzlich gewünschte Kennzahlen ermitteln.

8: Ermittlung des Bekanntheitsgrades

(1) Bei der Ermittlung des Bekanntheitsgrades soll ein Fehler von +/– 3 Prozent toleriert werden.

Unter dieser Voraussetzung sind:

$$n = \frac{3^2 \cdot 0{,}5 \cdot 0{,}5}{0{,}03^2} = 2.500$$ Personen zu befragen, ob sie „Rauchwohl" kennen.

Soll der Bekanntheitsgrad repräsentativ für die Bundesrepublik ermittelt werden, so müsste aus der Gesamtbevölkerung der Bundesrepublik eine zufallsgesteuerte Stichprobe von 2.500 gezogen werden. Würde man auf diese Weise vorgehen, so stünden die entstehenden Kosten voraussichtlich in keinem vertretbaren Verhältnis zum Ergebnis.

Es empfiehlt sich deshalb, den Bekanntheitsgrad durch ein Marktforschungsinstitut feststellen zu lassen, das dies durch seinen Außendienstmitarbeiter in verschiedenen Städten der Bundesrepublik nach dem Quotenverfahren schneller und kostengünstiger, unter Umständen im Rahmen einer Omnibusbefragung ermitteln kann.

(2) Um den Bekanntheitsgrad bei Rauchern für „Rauchwohl" festzustellen, müssen mehr Personen befragt werden, da zuerst festgestellt werden muss, ob die befragte Person Raucher oder Nichtraucher ist (Männer = 51 % Raucher; Frauen = 35 % Raucher).

(3) Bei einer Wahrscheinlichkeit von 95,5 % und einer Fehlerquote von 5 % beträgt die Größe der Stichprobe bei Rauchern und Nichtrauchern:

$$n = \frac{2^2 \cdot 0{,}5 \cdot 0{,}5}{0{,}05^2} = 400$$

Die Kosten der Gesamtuntersuchung belaufen sich dann auf 20.000 €. Dieser Betrag erscheint vertretbar.

9: Festlegung des Stichprobenumfangs

(1) $$n = \frac{2^2 \cdot 0{,}5 \cdot 0{,}5}{0{,}02^2} = 2.500$$

Es sind 2.500 Abonnenten zu befragen.

(2) In Fall 2 können nur 100 Personen befragt werden.

$$100 = \frac{2^2 \cdot 0{,}5 \cdot 0{,}5}{x^2}$$

$$x^2 = \frac{4 \cdot 0{,}25}{100} = \frac{1}{100} = 0{,}01$$

Die Fehlertoleranz beträgt in diesen Fall ± 10 %.

10: Berechnung des Anteilswertes P an der Grundgesamtheit

Der Anteilswert P der Grundgesamtheit ergibt sich wie folgt:

$$P = p \pm z \cdot \sqrt{\frac{p\,(1-p)}{n} \cdot \frac{N-n}{N-1}}$$

Zu a): $P = 0{,}42 \pm 1\sqrt{\frac{0{,}42 \cdot 0{,}58}{900} \cdot \frac{10.000 - 900}{9.999}}$

$P = 0{,}42 \pm 0{,}0157$

Bei einer Wahrscheinlichkeit von 68,3 % liegt der Anteilswert P zwischen 43,57 % und 40,43 %.

Zu b): $P = 0{,}42 \pm 0{,}0157 \cdot 2 = 0{,}42 \pm 0{,}0314$

Bei einer Wahrscheinlichkeit von 95,5 % liegt der Anteilswert P zwischen 45,14 % und 38,86 %.

Zu c): $P = 0{,}42 \pm 0{,}0157 \cdot 3 = 0{,}42 \pm 0{,}0471$

Bei einer Wahrscheinlichkeit von 99,7 % liegt der Anteilswert P zwischen 46,71 % und 37,29 %.

11: Marktanteil

Legt man einen linearen Zusammenhang zu Grunde, so ergibt sich der Zusammenhang wie folgt:

y (Marktanteil) = a + b · x (Bekanntheitsgrad)

Zur Berechnung erstellen wir eine Arbeitstabelle:

x	x^2	y	y^2	x · y	i
10	100	20	400	200	1
16	256	28	784	448	2
18	324	30	900	540	3
20	400	32	1.024	640	4
30	900	40	1.600	1.200	5
40	1.600	44	1.936	1.760	6
$\sum x = 134$	$\sum x^2 = 3.580$	$\sum y = 194$	$\sum y^2 = 6.644$	$\sum x \cdot y = 4.788$	

$$a = \frac{\sum x^2 \cdot \sum y - \sum x \cdot \sum x \cdot y}{n \sum x^2 - (\sum x)^2}$$

$$b = \frac{n \sum x \cdot y - \sum x \cdot \sum y}{n \sum x^2 - (\sum x)^2}$$

$$a = \frac{3.580 \cdot 194 - 134 \cdot 4.788}{6 \cdot 3.580 - (134)^2} = \frac{694.520 - 641.592}{21.480 - 17.956} = \frac{52.928}{3.524} = \underline{\underline{15,02}}$$

$$b = \frac{6 \cdot 4.788 - 134 \cdot 194}{6 \cdot 3.580 - (134)^2} = \frac{28.728 - 25.996}{3.524} = \underline{\underline{0,78}}$$

Der Zusammenhang lautet: y = 15,02 + 0,78 x

Zwischen dem Bekanntheitsgrad und dem Marktanteil besteht der oben genannte Zusammenhang.

b) Bei einem Bekanntheitsgrad von 80 % ergibt sich rechnerisch der folgende Marktanteil:
y = 15,02 + 0,78 · 80 = 15,02 + 62,40 = 77,42

Der Marktanteil beträgt dann ca. 77 %.

12: Pilotstudie

Fragebogenentwurf

Frage 1:

Glauben Sie, dass sich Studenten bei der Auswahl ihrer Getränke anders verhalten als ihre Mitbürger?

Ja ☐ Nein ☐

Frage 2:

Ordnen Sie die nachfolgend aufgeführten Getränke in der Reihenfolge ihrer Präferenz, d.h. beginnen Sie also mit der Zahl des von Ihnen am meisten bevorzugten Getränkes:

1. Cola
2. Tee
3. Kaffee
4. Fruchtgetränk
5. Mineralwasser
6. Bier
7. Wein
8. Alkohol
9. Milchgetränk
10. Sonstiges

....

1	2	3	4	5	6	7	8	9	10

Frage 3:

Bevorzugen Sie eher alkoholische Getränke oder nichtalkoholische Getränke?

1. ☐ Bevorzuge eher alkoholische Getränke
2. ☐ Bevorzuge eher nichtalkoholische Getränke
3. ☐ sowohl alkoholische Getränke als auch nichtalkoholische Getränke

Frage 4:

Wie hoch ist schätzungsweise Ihr täglicher Verbrauch an gekauften alkoholfreien Getränken?

ca. 1/2 bis 1 Liter ☐
ca. 1 bis 2 Liter ☐
mehr als 2 Liter ☐
kein Verbrauch ☐ ⟶ Bei dieser Antwort mit Frage 21 weitergehen

Frage 5:

Welchen Fruchtanteil sollte ein nichtalkoholisches Getränk haben?

einen hohen ☐
einen mittleren ☐
einen niedrigen ☐
keinen ☐

Frage 6:

Würden Sie lieber ein Getränk **mit** oder **ohne** Kohlensäure trinken?

mit ☐ ohne ☐

Frage 7:

Bereitet Ihnen ein höherer Kohlensäureanteil Magenbeschwerden oder Unbehagen?

Ja ☐ Nein ☐

Frage 8:

Ordnen Sie Ihr Idealgetränk zwischen den folgenden Begriffen ein. Kreuzen Sie bitte nur je Zeile ein Kästchen an:

mit Zucker	☐	☐	☐	☐	☐	☐	☐	ohne Zucker
süß	☐	☐	☐	☐	☐	☐	☐	sauer
kalorienreich	☐	☐	☐	☐	☐	☐	☐	kalorienarm
mit Frucht	☐	☐	☐	☐	☐	☐	☐	ohne Frucht
Getränkefarbe klar	☐	☐	☐	☐	☐	☐	☐	Getränkefarbe natur
mit Fruchtgeschmack	☐	☐	☐	☐	☐	☐	☐	ohne Fruchtgeschmack

Frage 9:

Welche der genannten Geschmacksrichtungen bevorzugen Sie? Kreuzen Sie das Zutreffende an:

Orangen ☐
Äpfel ☐
Zitronen ☐
Kirschen ☐
Johannisbeeren ☐
Fantasiegeschmack ☐
Sonstige ☐ Welche? ____________________

Frage 10:

Würden Sie das Fruchtgetränk als Pulver, Sirup o. Ä. bevorzugen oder trinkfertig?

Pulver ☐
Sirup ☐
trinkfertig (flüssig) ☐

Frage 11:

Bevorzugen Sie vitaminreiche Getränke?

Ja ☐ weiß nicht ☐

Nein ☐

Frage 12:

Wie bewerten Sie gefärbte Getränke?

eher negativ ☐☐☐☐☐☐☐ eher positiv

Frage 13:

Legen Sie Wert auf Farbe, Form und Material der Verpackung?

Farbe		Form		Material	
Ja	☐	Ja	☐	Ja	☐
Nein	☐	Nein	☐	Nein	☐

Frage 14:

Welches Verpackungsmaterial bevorzugen Sie für Getränke?

Glas ☐ Einweg ☐ Mehrweg ☐

Papier ☐

Metall ☐

Plastik ☐

Frage 15:

Beschreiben Sie die Form, die Ihnen am meisten zusagt (z. B. rund, eckig etc.)!

____

Frage 16:

Wie groß sollte der Inhalt der Verpackung von alkoholfreien Getränken sein?

0,2 Liter ☐

0,33 Liter ☐

0,5 Liter ☐

0,7 Liter ☐

1,0 Liter ☐

Frage 17:

Wie oft kaufen Sie alkoholfreie Getränke ein?

täglich ☐ wöchentlich ☐ monatlich ☐

Frage 18:

Bei welchen Gelegenheiten trinken Sie alkoholfreie Getränke?

1. ....
2. ....
3. ....
4. ....
5. ....

Frage 19:

Wie oft trinken Sie täglich alkoholfreie Getränke?

einmal ☐ zweimal ☐ dreimal ☐ mehr als dreimal ☐ nie ☐

Frage 20:

Wann trinken Sie vorzugsweise alkoholfreie Getränke?

morgens ☐ mittags ☐ nachmittags ☐ abends ☐ nachts ☐

Frage 21:

Bei welchen Gelegenheiten trinken Sie alkoholhaltige Getränke?

1. ....
2. ....
3. ....
4. ....
5. ....

Frage 22:

Fragen zur Person:

Geschlecht: männlich ☐ weiblich ☐

Alter: Jahre ☐

Familienstand: ledig ☐ verheiratet ☐

Gewicht: Normalgewicht ☐ Übergewicht ☐ Untergewicht ☐

Raucher: Ja ☐ Nein ☐

Fachrichtung:

Semester:

Hobby:

Sportler: Ja ☐ Nein ☐

Haben Sie eine eigene Wohnung: Ja ☐ Nein ☐ Wohngemeinschaft ☐

13: Erstellung eines Fragebogens

(Der folgende Fragebogen ist für eine Befragung durch Interviewer gedacht. Die Interviewer haben vor der Befragungsaktion einen Interviewleitfaden erhalten.)

Fragebogen:

Frage 1:

Heute ist „informiert sein" wichtiger denn je. Wie informieren Sie sich?

Antwort:

1. ....
2. ....
3. ....
4. ....

Frage 2:

Lesen Sie eine Tageszeitung?

Ja ☐ Nein ☐

Frage 3:

Welche der folgenden Tageszeitungen kennen Sie?

Kölner Stadtanzeiger	☐	Stuttgarter Nachrichten	☐
Nordwest Presse	☐	Rheinpfalz	☐
Süddeutsche Zeitung	☐	Neue Zeitung (NZ)	☐
Rheinische Post	☐	Welt	☐
Frankfurter Rundschau	☐	Bild Zeitung	☐

Vom Interviewten in eine Reihenfolge der von ihm angemessenen Bedeutung bringen!
Wenn NZ nicht genannt, Frage 19!

Frage 4:

Welche der folgenden Tageszeitungen (nur diejenige, die unter Frage 3 genannt wurden, vorlegen) lesen Sie?
Wenn NZ nicht genannt, Frage 19!

Frage 5:

Lesen Sie die NZ regelmäßig?

Ja ☐ Nein ☐ Abonnent Ja ☐ Nein ☐

Frage 6:

Aus welchen Gründen lesen Sie die NZ?
(Kartenvorlage 2 vorlegen und in eine Reihenfolge durch Interviewten bringen lassen)!

Karten:

1	Politik	5	Lokales
2	Wirtschaft	6	Unterhaltung
3	Sport	7	Sonstiges
4	Anzeigen		

Frage 7:

Haben Sie ein Fernsehgerät?

Ja ☐ Nein ☐

Frage 8:

Sie sind besonders (in Frage 6 an erster Stelle genannt) an den Rubriken der NZ über (bitte die entsprechenden Rubriken ankreuzen)

1	Politik	5	Lokales
2	Wirtschaft	6	Unterhaltung
3	Sport	7	Sonstiges
4	Anzeigen		

interessiert.

Sind Sie mit der Berichterstattung zufrieden? Ja ☐ Nein ☐

Ist der Anteil dieser Berichterstattung in der Gesamtausgabe ausreichend? Ja ☐ Nein ☐

Frage 9:

Sie sind auch (in Frage 6 an zweiter Stelle genannt) an den Rubriken der NZ über (bitte die entsprechenden Rubriken ankreuzen)

1	Politik	5	Lokales
2	Wirtschaft	6	Unterhaltung
3	Sport	7	Sonstiges
4	Anzeigen		

interessiert.

Sind Sie mit der Berichterstattung zufrieden? Ja ☐ Nein ☐

Ist der Anteil dieser Berichterstattung in der Gesamtausgabe ausreichend? Ja ☐ Nein ☐

Frage 10:

Was gefällt Ihnen besonders an der NZ?

Text			
Format			
Titelseite			
Einteilung			
	sehr gut	gut	befriedigend

Frage 11:

Was gefällt Ihnen nicht an der NZ?

1. ....
2. ....
3. ....
4. ....
5. ....

Frage 12:

Wie gefällt Ihnen die Beilage „prisma" Wochenzeitung zur Zeitung?

sehr gut ☐ gut ☐ weniger gut ☐ weiß nicht ☐

Frage 13:

Welchen Charakter repräsentiert Ihrer Meinung nach die NZ überwiegend?

lokalen ☐ regionalen ☐ überregionalen ☐

Frage 14:

Wer liest Ihrer Meinung nach vorzugsweise die NZ?

	Ja	Nein	weiß nicht
Angestellte			
Arbeiter			
Beamte			
Soldaten			
Studenten			
Schüler			
Rentner			
Akademiker			

Frage 15:

Welche politische Richtung vertritt Ihrer Meinung nach die NZ?

progressive									konservative
linksorientierte									rechtsorientierte
freiheitliche									dogmatische
politisch abhängige									politisch unabhängige
soziale									sozialistische
christliche									nichtchristliche

Frage 16:

Wenn Sie die in der NZ geäußerten Meinungen und Ansichten mit denen politischer Parteien vergleichen, welcher Partei stehen diese Aussagen am nächsten?

FDP	CDU	Keiner
CSU	Grünen	weiß nicht
SPD	PDS	sonstige

Frage 17:

Wenn Sie ein Gesamturteil über die NZ abgeben sollten, wie würde es lauten?

sehr gut — gut — befriedigend — ausreichend — mangelhaft — schlecht

Frage 18:

Welche anderen, hier nicht genannten Zeitungen, lesen Sie?

1. ....
2. ....
3. ....
4. ....

Aus statistischen Gründen möchte ich Ihnen abschließend noch einige Fragen zu Ihrer Person stellen.

Fragen 19 - 24: Fragen zur Person (wenn nicht beantwortet, bitte schätzen)

Frage 19:

Geschlecht: männlich weiblich

Frage 20:

Alter:

bis unter 18	über 40 - 60
über 18 - 25	über 60
über 25 - 40	

Frage 21: Schulbildung Hauptschule ☐ Gymnasium ☐ Realschule ☐ Studium ☐	
Frage 22: Einkommen unter 1.000 € ☐ 2.100 € bis unter 2.500 € ☐ 1.000 € bis unter 1.500 € ☐ 2.500 € bis unter 3.000 € ☐ 1.500 € bis unter 1.800 € ☐ 3.000 € und mehr ☐ 1.800 € bis unter 2.100 € ☐	
Frage 23: Welchen Beruf üben Sie zur Zeit aus bzw. haben Sie zuletzt ausgeübt? Antwort:	
Frage 24: Wie viele Personen leben ständig in ihrem Haushalt? Antwort: ☐ Anzahl der Personen	
Ort: Datum:	Interviewer (Nr. 1234) .... (Unterschrift)

14: Umsatzvorausschätzung

(1) **Freihandmethode**

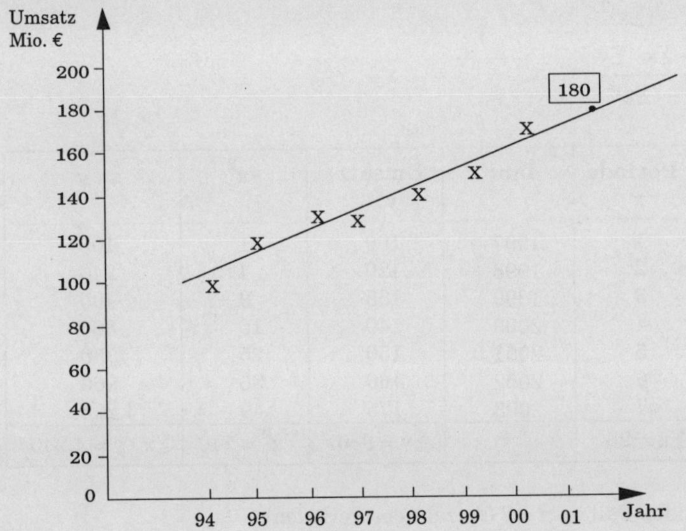

(2) **Gleitende Durchschnitte**

Da nur Werte für wenige Jahre vorhanden sind, soll eine modifizierte Form der Durchschnitte angewendet werden.

	Jahr i	Umsatz (Mio. €) I	Gleitender Dreierdurchschnitt Y	ø Steigerung pro Jahr
	1997	100	–	
	1998	120	118,3	
	1999	135	131,7	
	2000	140	141,7	$+\frac{43,4}{4} = +10,85$
	2001	150	150,0	
	2002	160	161,7	
	2003	175	–	
Vorhersage:	2004	185,85		

Berechnung: $Y_I = \frac{100 + 120 + 135}{3} = 118,3$

Aus den gleitenden Dreierdurchschnitten wird die durchschnittliche Veränderung pro Jahr errechnet (+ 10,85) und zu dem letzten Umsatz zugerechnet. Umsatzrechnung 2004: U 2004 = 175,0 + 10,85 = 185,85

(3) **Trendextrapolation**

Als Trend wird eine Gerade zu Grunde gelegt von der Form

$y = a + b \cdot x$ y = Umsatz

a,b = Konstante

x = Nummer des laufenden Jahres

Der Trend lässt sich dann mathematisch nach folgenden Formeln ermitteln:

$$a = \frac{\Sigma x^2 \cdot \Sigma y - \Sigma x \cdot y}{n \quad \Sigma x^2 -- (\Sigma x)^2}$$

$$b = \frac{n \cdot \Sigma xy - \Sigma x \cdot \Sigma y}{n \cdot \Sigma x^2 - (\Sigma x)^2}$$

Periode x	Jahr	Umsatz y	x^2	$x \cdot y$
1	1997	100	1	100
2	1998	120	4	240
3	1999	135	9	405
4	2000	140	16	560
5	2001	150	25	750
6	2002	160	36	960
7	2003	175	49	1.225
$\Sigma x = 28$		$\Sigma y = 980$	$\Sigma x^2 = 140$	$\Sigma x \cdot y = 4.240$

Im vorliegenden Fall ist n = 7 (Anzahl der Perioden).

$$a = \frac{140 \cdot 980 - 28 \cdot 4.240}{7 \cdot 140 - 28 \cdot 28} = \frac{137.200 - 118.720}{980 - 784} = 94\frac{2}{7}$$

$$b = \frac{7 \cdot 4.240 - 28 \cdot 980}{7 \cdot 140 - 28 \cdot 28} = \frac{29.680 - 27.440}{196} = 11\frac{3}{7}$$

Die Trendlinie lautet:

$$\boxed{y = 94\frac{2}{7} + \frac{80}{7} \cdot x}$$

Nach dem Trendextrapolationsverfahren lautet die Umsatzprognose 2004:

$$y = 94\frac{2}{7} + \frac{80}{7} \cdot 8 = 185{,}71 \text{ Mio. €}$$

(4) **Exponentielle Glättung**

Während bei dem Trendextrapolationsverfahren alle Werte in die Berechnung mit dem gleichen Gewicht eingehen, lassen sich bei dem Verfahren der exponentiellen Glättung (exponential smoothing) durch eine entsprechende Wahl des Glättungsparameters α die jüngere Vergangenheit stärker berücksichtigen als die weiter zurückliegende Vergangenheit bzw. umgekehrt.

Aus diesem Grunde ist der 1. Schritt die Festlegung des Glättungsparameters α. Die Wahl von α trifft man, indem verschiedene Alternativen durchgerechnet werden.

Umsatzprognose: $V_{t+1} = \alpha \cdot I_t + (1 - \alpha) \cdot V_t$

Umsatzprognose nach exponentieller Glättung erster Ordnung bei α = 0,9

Periode i	**Umsatz I_t (Mio. €)**	**Vorhersage V_{t+1}**	**gewichteter Umsatz $(\alpha \cdot I_t)$**	**gewichtete Prognose $(1 - \alpha) \cdot V_t$**
1	100	95,00	–	–
2	120	99,50	108	9,95
3	135	117,95	121,50	11,80
4	140	133,30	126,00	13,33
5	150	139,33	135,00	13,93
6	160	148,93	144,00	14,89
7	175	158,89	157,50	15,89
8	–	173,39		–

Als Prognose des Umsatzes für 2004 erhält man nach der Methode der exponentiellen Glättung erster Ordnung mit α = 0,9 ca. 173,4 Mio. €.

Eine Gegenüberstellung der hier angewendeten Verfahren ergibt für 2004 folgende Umsatzprognosen:

1. Freihandmethode ca. 180 Mio. €
2. Gleitende Durchschnitte ca. 184 Mio. €
3. Trendextrapolation ca. 186 Mio. €
4. Exponentielle Glättung ca. 173 Mio. €

15: Produktlebenszyklus

Aufgrund der vorliegenden Daten (Zulassungszahlen, Produktionszahlen usw.) ergibt sich in etwa folgender Lebenszyklus:

1. Einführungsphase	1945 - 1950
2. Wachstumsphase	1951 - 1955
3. Reifephase	1956 - 1961
4. Sättigungsphase	1962 - 1972
5. Rückgangsphase	seit 1973
6. Marktaustritt	2003 (auch Ende der Produktion in Brasilien)

16: Produktbewertung mit Break-even-Analyse

(1)

			1. Jahr
1	Erlös (20 · 100.000)	=	2.000.000 €
2	proportionale Kosten (9 · 100.000)	=	900.000 €
3	direkt zurechenbare Vertriebskosten	=	230.000 €
4	Werbekosten	=	100.000 €
5	Abschreibungen	=	40.000 €
	Kosten insgesamt	=	1.270.000 €
6	Ergebnis (Gewinn)	=	730.000 €

Da im ersten und in den laufenden Jahren nach der gegenwärtigen Situation ein Gewinn vor Steuern von 730.000 € erzielt wird, ist Evergon in das Verkaufsprogramm aufzunehmen.

(2) Rechnerisch ermittelt sich die Break-even-Menge nach folgender Formel:

$$M = \frac{A + G + W + V}{P - S}$$

M = Break-even-Menge (Gewinnschwellenmenge)
A = Abschreibungen pro Jahr
G = Gemeinkosten
W = Werbekosten
V = Vertriebskosten
P = Verkaufspreis pro Stück
S = variable Stückkosten

$$M = \frac{40.000 + 100.000 + 230.000}{20 - 9} = \frac{370.000}{11} = \underline{\underline{33.636\frac{4}{11}}}$$

Die Break-even-Menge liegt bei 33.637 Stück, d.h. wenn 33.637 Stück verkauft werden, sind die anfallenden Kosten gedeckt.

17: Morphologischer Kasten

Parameter	Mögliche Lösungen				
Werbeträger	Zeitschrift	Zeitung	Fernsehen	Rundfunk	Brief
Zielgruppe	Hausfrauen	Studenten	Angestellte	Soldaten	Teenager
Reichweite	örtlich	regional	überregional	europäisch	weltweit
Frequenz (Häufigkeit)	täglich	wöchentlich	monatlich	jährlich	wechselnd
Ziel (primär)	Information	Aufmerksamkeit wecken	Interesse hervorrufen	Image verbessern	„Vorverkaufen„

18: Produktbewertung

Da noch keine Aussagen über die Auswirkungen des Star 80 auf die Absatzchancen der übrigen Produkte des Unternehmens vorliegen, müssen zuerst diese möglichen Auswirkungen untersucht werden. Nach Auskunft der Marktforschungsabteilung sind keine nennenswerten Umsatzminderungen, aber auch keine Umsatzsteigerungen bei anderen Produkten zu erwarten (kein Partizipations- und Substitutionseffekt).

(1) Zur Entscheidungsfindung soll die Produktbewertung nach *Hart* herangezogen werden:

Nr.	Kriterium									Punkte
1	Jahreshöchstumsatz	Geldeinh.	2000	5000	10000	20000	50000	100'	200'	215
		Punkte	30	70	100	130	170	200	230	
2	Einzelkosten (in % des Umsatzes)	%	20	30	35	40	45	50	60	10
		Punkte	35	30	25	20	15	10	0	
3	Vorhandenes Know-How in der Fertigung	%	100	90	80	60	40	20		30
		Punkte	30	25	20	15	10	0		
4	Erforderliche Investitionen (in % von 1)	%	~0	20	50	75	100	150		20
		Punkte	20	17	13	10	7	0		
5	Konkurrenzaktivität (Produkte; Unternehmungen)		Keine K.	Schwache	Mäßig	Hoch				15
			20	15	10	0				
6	Käuferverhalten	Form	Hohe Aufnahmebereitschaft	Schwacher Marktwiderstand	Gemäßigter M.	Hoher M.				20
		Punkte	25	20	10	0				
7	Umsatzminderungen bei anderen Produkten der Unternehmung durch das Neuprodukt	Form	Keine	Schwache	Mäßige	Hohe	Sehr hohe			20
		Punkte	20	15	10	5	0			
8	Umsatzsteigerungen bei bisherigen Produkten (in % von 1)	%	0	10	20	50	100			0
		Punkte	0	5	10	20	30			
9	Entwicklungskosten	Geldeinh.	1000	2000	5000	10000	20000	50'	100'	0
		Punkte	200	170	130	100	70	30	0	
10	Erfolgswahrscheinlichkeit der F & E	P (in %)	100	80	60	40	20			60
		Punkte	70	60	50	30	0			
11	Gesamtlebensdauer des Produkts vom Bewertungszeitpunkt an (in Jahren)		5	10	15	25				
			Punktwerte							
12	Entwicklungszeit bis zum Beginn der "Wachstumsphase" im Lebenszyklus	6 Mon.	120	140	150	160				
		1 Jahr	110	135	145	155				
		2 Jahre	95	125	140	150				
		3 Jahre	75	[120]	135	145				120
		5 Jahre	-	100	120	135				
	Gesamtpunktwert									525

Punktwerte	über 600	600 - 550	550 - 500	unter 500
Projekturteil	Ausgezeichnet	gut	Annehmbar	Unannehmbar

Danach kommen wir zu dem Urteil für Star 80 „Annehmbar".

(2) Auch nach der Bewertungsmatrix von *Richmond* soll Star 80 bewertet werden:

Einflussbereiche	**A Relatives Gewicht**											**A x B Wert-zahlen**
		0,1	**0,2**	**0,3**	**0,4**	**0,5**	**0,6**	**0,7**	**0,8**	**0,9**	**1,0**	
Eigenart und Ruf des Unternehmens	0,20								X			0,160
Marketing	0,20									X		0,180
Forschung und Entwicklung	0,20					X						0,100
Personal	0,15					X						0,075
Finanzen	0,10						X					0,060
Produktion	0,05										X	0,050
Standort und Ausrüstung	0,05								X			0,040
Einkauf und Belieferung	0,05							X				0,035
	1,00											0,700

Bewertungsskala: 0,00 bis 0,40 schlecht
0,41 bis 0,75 mittelmäßig
0,76 bis 1,00 gut

Nach der Produktbewertung von *Richmond* kommt man zu dem Ergebnis „mittelmäßig".

Mit beiden Verfahren können nur grob (Grobauswahl) die Aussichten für Star 80 ermittelt werden.

Eine Entscheidung, Star 80 zu fertigen und zu verkaufen, kann aufgrund der vorliegenden Unterlagen noch nicht gefällt werden. Dafür sind noch mindestens folgende Unterlagen erforderlich:

- Anzahl der in den nächsten 5 Jahren zu verkaufenden Star 80
- Erzielbare Einzelpreise in den nächsten 5 Jahren
- die zusätzlich verursachten Kosten in den übrigen Bereichen der Maschinen-AG
- der zu erreichende Gewinn.

19: Produkteliminierung

(1) Die Eliminierungsprüfung wird nach Gregg durchgeführt:

Lfd. Nr.	Teilkriterium	Punkte
1	Gewinn/-Verlust	40
2	Position im Lebenszyklus	10
3	Produktführerschaft	5
4	Marktposition	5
5	Abhängigkeit anderer Produktgruppen der Unternehmung vom betrachteten Produkt	10
Summe Punkte		70

Nach der Eliminierungsprüfung kann das Produkt als stark „eliminierungsfähig" bezeichnet werden. Es ist sogar zu empfehlen, das Produkt schnellstens aus dem Sortiment zu nehmen, da das neue „Super-Odem-100" am noch guten Image des „Geruchfrei x 10" partizipieren kann.

(2) Gegen eine Aufgabe von „Geruchfrei x 10" könnten nur dann Bedenken bestehen, wenn die bisherigen Käufer zum größten Teil nicht „Super-Odem-100" anstelle von „Geruchfrei x 10" kaufen würden, sondern ein Produkt eines anderen Herstellers.

20: Untersuchung Warentest

(1) (a) Römer (Duo Isofix) wurde als bester Kindersitz getestet. Daher sind keine weiteren produktpolitischen Maßnahmen zu ergreifen.

(b) Chicco (9) sollte versuchen im Hinblick auf Frontcrash, Bedienung und Reinigung den Kindersitz zu verbessern.

(c) Bebe Comfort (17) müsste im Hinblick auf den Einbau sowie Front- und Seitencrash den Sitz verbessern.

(2) Das Unternehmen Marke „Römer" kann die Wertung am besten getesteter Kindersitz in der Werbung herausstellen.

(3) Kritik am vorliegenden Test ergibt sich u. a.:

- Es werden Produkte mit sehr unterschiedlichen Preisen verglichen.
- Ebenfalls werden Produkte verglichen, die Kinder mit unterschiedlichem Gewicht aufnehmen können. Von z. B. maximal 13 kg bis zu 36 kg.
- Es ist für Leser nicht ersichtlich, welche Maßstäbe für die Einordnung der Bewertung angewandt wurden.
- Ferner ist nicht ersichtlich, ob und wenn welche Normen (DIN, Euro usw.) für den Test zu Grunde gelegt wurden. Für zusätzliche Informationen wird auf das Internet bzw. Faxabruf verwiesen.
- Auch ist die Bewertung mit sehr gut (++) bis mangelhaft (–) bzw. dann in sehr empfehlenswert bis nicht empfehlenswert aufgrund der Veröffentlichung nicht nachvollziehbar.
- Es kann somit nicht ausgeschlossen werden, dass auch eine parteiliche Bewertung seitens der Tester erfolgt ist.

21: Produkt- und Sortimentspolitik

(1) Der Hersteller von Küchengeräten hat im Rahmen der Produktpolitik vor allem die Möglichkeit, seine Marktstellung durch Produktinnovationen zu sichern bzw. zu verbessern. Hier sind alle Maßnahmen im Hinblick auf die Entwicklung, Verbesserung und Einführung neuer Küchengeräte zu nennen.

Daneben sollte er sich ständig den Modeänderungen und allgemeinen Veränderungen anpassen. Dies kann primär durch Produktvariationen erfolgen. Diese Produktvariationen können in der Änderung physikalischer (z. B. Automatisierung, Lebensdauer, Materialänderung), funktionaler (z. B. Küchengeräte als Allzweckgeräte), ästhetischer (z. B. Design, Farbe) und symbolischer Eigenschaften (z. B. Name) bestehen.

(2) Im Hinblick auf sortimentspolitische Maßnahmen empfehlen sich Diversifikationen. Folgende Möglichkeiten könnten beispielsweise in Erwägung gezogen werden:

- Aufnahme von Geschirr und Eisenwaren oder der Verkauf von kompletten Kücheneinrichtungen (horizontale Diversifikation)
- Aufbau von Einzelhandelsgeschäften nach dem Franchisingsystem oder Aufbau eigener Verkaufsstellen (vertikale Diversifikation)
- Aufbau der Fertigung von z. B. Großküchen oder Bohrmaschinen oder Trockenschränken (laterale Diversifikation).

22: Deckungsbeitragsrechnung im Verkauf

(1) Die Deckungsbeitragsrechnung kann für den Verkauf dienen als
1. Mittel zur Erfüllung der Zielsetzungen
2. Entscheidungsgrundlage für die Beurteilung von Marktsituationen und
3. Steuerungsinstrument.

(2) Im Einzelnen hilft die Deckungsbeitragsrechnung bei
- der gewinnoptimalen Steuerung des Verkaufsprogramms
- der Ermittlung der „erfolgreichsten" (d.h. gewinnergiebigsten) Umsätze
- der Ermittlung der „optimalen" Artikelzusammensetzung (des Verkaufsprogramms)
- der Aufstellung einer Rangfolge (Favoritenstellung) der Produkte
- der Ermittlung der Preisuntergrenze
- der Ermittlung der Gewinnergiebigkeit einzelner Absatzsegmente (Kunden, Produkte, Länder, Branchen, Verkaufsbezirke usw.)
- der Ermittlung des Produktionsvolumens
- der Verbesserung der Kosten- und Gewinnergiebigkeit
- der Entscheidung „Eigenproduktion oder Zukauf"
- der Verbesserung der Kostenverantwortung
- der Verbesserung der Kostenplanung
- der Ermittlung der Verantwortung des Ergebnisses pro Produkt usw.
- der schnelleren Feststellung von signifikanten Veränderungen (variable Kosten!)
- der „Rationalisierung" von Verkaufsgesprächen
- der Präzisierung des Verkaufsgespräches
- der Verbesserung der Verkaufsplanung.

23: Preisfestlegung

Ausgangslage:

Erlös (20.000 · 25)	= 500.000 €	100 %
./. variable Kosten (20.000 · 15) ./. Gemeinkosten	= 300.000 € = 100.000 €	
Gewinn	= 100.000 €	20 %

Lage nach Preissenkung:
Berechnung der Absatzänderung:

$$\text{Preiselastizität der Nachfrage} = -\frac{+\dfrac{\text{Mengenänderung}}{\text{Ausgangsmenge}}}{-\dfrac{\text{Preisänderung}}{\text{Ausgangspreis}}}$$

$$2,5 = -\frac{\dfrac{\text{Mengenänderung}}{\text{Ausgangsmenge}}}{\dfrac{-2}{25}}$$

$$\frac{2 \cdot 2,5}{25} = \frac{1}{5} = \frac{\text{Mengenänderung}}{\text{Ausgangsmenge}}$$

Mengenänderung = 1/5 Ausgangsmenge

Aus den vorliegenden Angaben ergibt sich, dass die Mengenzunahme 20 % der Ausgangsmenge beträgt.

Es werden also 4.000 Stück mehr abgesetzt.

Neue Lage:

Erlös (24.000 · 23)	= 552.000 €	100 %
./. variable Kosten (24.000 · 15) ./. Gemeinkosten	= 360.000 € = 100.000 €	
Gewinn	= 92.000 €	16 %

Da der Gewinn absolut als auch in Prozent vom Erlös sinkt, ist von der Preissenkung abzuraten. Dazu kommt, dass der Sollgewinn in Höhe von 20 % des Erlöses nicht erreicht wird.

24: Preisermittlung

Unter der Annahme, dass die beiden Konkurrenten nur 40.000 Stück absetzen, könnten mit 10.000 Stück Super-2000 ein Gewinn von 50.000 € erzielt werden, das sind 16 2/3 % vom Erlös.

Aus kostenrechnerischer Sicht bestehen keine Bedenken, Super-2000 auf den Markt zu bringen. Jedoch lassen die Marktgegebenheiten nicht wie unterstellt, den Schluss zu, dass auch tatsächlich 10.000 Stück abgesetzt werden. Vor einem endgültigen Urteil über Super-2000 sollte daher nochmal die Marktsituation und die vermutlichen Reaktionen der Konkurrenten untersucht werden.

25: Preisstrategien

(1) Die möglichen Preisstrategien lassen sich grundsätzlich in Strategien der Niedrigpreispolitik und Hochpreispolitik unterscheiden.

(2) Die Niedrigpreispolitik wird meist bei Konsumgütern des täglichen Bedarfs in der Einführungsphase, zur Erreichung eines bestimmten Marktanteils oder aus Konkurrenzgesichtspunkten eingesetzt.

Beispiele: Einführung einer neuen Brotmarke
Neue Publikumszeitschrift
Marktanteilserhöhung bei Kaffee
Preissenkung bei PC's

Vor- und Nachteile der Niedrigpreispolitik

Vorteile	Nachteile
1. Verdrängung vorhandener Konkurrenz	1. Für kleine Märkte nicht geeignet
2. Verhinderung des Markteintritts neuer Konkurrenten	2. Langsame Verzinsung des eingesetzten Kapitals
3. Senkung der Kosten pro Stück infolge Größendegression	3. Geringer Prestigewert des Produktes
4. Werbewirksamkeit	4. Negativwirkung des Niedrigpreisimages
5. Niedrigpreisimage	5. Kurzfristig geringe Gewinnerzielung

Die Hochpreispolitik eignet sich besonders für komplizierte, hochwertige Produkte auf kleineren wachsenden Märkten, wobei Image und Prestige eine Rolle spielen. Sie ist besonders dann empfehlenswert, wenn das Produkt eine einmalige Marktstellung und einen hohen Nutzen hat.

Beispiele: Einführung von Fernsehgeräten; Mobiltelefonen und Ferrari Automobilen usw.
Arzneimittel: z. B. Valium, Viagra usw.
Digitales Fernsehen, MP3

Vor- und Nachteile der Hochpreispolitik

Vorteile	Nachteile
1. Kurzfristige Gewinnmaximierung möglich 2. Schaffung eines positiven Hochpreisimages 3. Hochpreis wird als Qualitätsgarant betrachtet 4. Schnelle Amortisation des investierten Kapitals 5. Sogwirkung auf andere Produkte des Unternehmens	1. Rückgang des Marktanteils bei aggressiver Preispolitik der Konkurrenten 2. Hochpreisimage kann sich auch negativ auswirken 3. Verstärkter Einsatz der Werbung, Verkaufsförderungen und Öffentlichkeitsarbeit erforderlich

(3) Neben diesen beiden „Extremstrategien" gibt es noch verschiedene modifizierte Strategien wie z. B. die

Skimming-Strategie = Hochpreiseinführung mit stufenweiser Senkung des Preises (z. B. Farbfernsehgeräte, PC, Lap-Top)

Nischen-Strategie = eine bewusst von der Konkurrenz sich abhebende Hoch- oder Niedrigpreispolitik (Aldi, Lidl)

Anpassungs-Strategie = Parallelverhalten in der Preisbildung mit Konkurrenten (z. B. Mineralölkonzerne, Pkw-Hersteller, Bäcker)

Cournot-Preis-Strategie = der Preis wird gefordert, der den Gewinn maximiert

Schirmpreis-Strategie = der Preis wird vom Marktführer auf einer Höhe festgelegt, damit kleinere, kostenintensivere Konkurrenten überleben können (z. B. Margarineunion).

26: Handelskalkulation

(1) **Einstandswert** (Bezugspreis)

Rechnungspreis	300,00 €
./. Rabatt 3 %	9,00 €
	291,00 €
./. Skonto	5,82 €
	285,18 €
+ Bezugskosten	2,82 €
Einstandswert	288,00 €

(2) **Verkaufspreis**

Einstandswert	288,00 €
+ Handelsspanne (42 %)	120,96 €
Barverkaufspreis	408,96 €
+ Skonto 2 % i. H.	8,34 €
	417,30 €
+ Rabatt 5 % i. H.	21,96 €
Endgültiger Verkaufspreis	**439,26 €**

27: Absatzwegeentscheidung

(1) Da beim Absatz von Turbinen Interessenten ausführlich beraten werden müssen und die Größe der Turbinen auf die jeweiligen Betriebsverhältnisse zu berechnen sind, empfiehlt sich der Direktabsatz vom Hersteller über angestellte Außendienstmitarbeiter (Vertriebsingenieure). Beim Absatz von Turbinen kommt es insbesondere auf die intensive und fachmännische Beratung von Interessenten an.

(2) Ein Landwirt, der Obst verkaufen will, kann dies entweder direkt an Verbraucher versuchen oder über die Großmärkte absetzen. Der letzte Weg wird in der Regel gewählt, da hier größere Mengen abzusetzen sind.

(3) Ein Baumaschinenunternehmen, das kleinere und wenig erklärungsbedürftige Zementmischmaschinen herstellt, wird dies über den Handel tun. Hier bietet sich zum einen der Fachhandel für Baubedarf an sowie sonstige Einzelhändler (Do-it-yourself, Heimwerkerbedarf, Eisenwarenhandel usw.).

(4) Der Hersteller von Gummimatten für Pkw hat verschiedene Möglichkeiten, seine Gummimatten abzusetzen. Direktabsatz sollte er zu den Herstellern für Pkw wählen. Im Rahmen des Ersatz- oder Zusatzbedarfs empfiehlt sich auch der Absatz über den Automobilzubehörhandel aber auch sonstige Großbetriebsformen des Einzelhandels wie Versandhandel, Warenhäuser, Verbrauchermärkte usw.

28: Kostenvergleich Reisender – Handelsvertreter

(1) Die Kosten für Reisende und Handelsvertreter errechnen sich wie folgt:

K	=	$K_{fix} + q \cdot p$
K	=	Gesamtkosten
K_{fix}	=	fixe Kosten
q	=	Provisionssatz pro Umsatzeinheit
x	=	Menge
p	=	Preis

Bei den vorliegenden Daten entstehen pro Monat folgende Kosten:

Reisender:

$$K_R = 2.800 + \frac{2 \cdot 80.000}{100} = \underline{\underline{4.400\ €}}$$

Vertreter:

$$K_V = 600 + \frac{5 \cdot 80.000}{100} = \underline{\underline{4.600\ €}}$$

Nach dieser Rechnung sind Reisende kostengünstiger. Die Rechnung müsste für die Praxis jedoch noch zusätzliche Kostenaspekte berücksichtigen:

- bei Reisenden sind u. U. Beiträge zur Altersversorgung, Lebensversicherung usw. zu entrichten, die Kosten für einen Firmenwagen oder km-Gelder, die Kosten für Übernachtung und Tagegelder usw.
- bei Vertretern können ggf. Tage- und Übernachtungsgelder dazukommen. Auch ist für den Fall des Ausscheidens der Ausgleichsanspruch des Handelsvertreters in Betracht zu ziehen.

(2) Es ist derjenige Umsatz zu ermitteln, bei dem die Kosten je Vertreter und Reisender je Verkaufsgebiet gleich sind.

Kosten Reisender	=	Kosten Vertreter
2.800 + 2/100 · U	=	600 + 5/100 · U
2.200	=	3/100 · U
U	=	73.333 €

Bei einem Umsatz von 73.333 € verursachen Vertreter und Reisende je Verkaufsgebiet Kosten in gleicher Höhe, und zwar 4.266 €.

29: Umstellung der Außendienstorganisation von Handelsvertretern auf Reisende

Viele Unternehmen neigen heute dazu, die Außendienstorganisation, sofern sie mit Vertretern arbeiten, auf Reisende (angestellte Außendienstmitarbeiter) umzustellen.

Dabei können sich folgende Probleme ergeben:

(1) Der Handelsvertreter kann von der Paul Acker GmbH nach Beendigung des Vertragsverhältnisses einen angemessenen Ausgleich verlangen, wenn und soweit

- das Unternehmen aus der Geschäftsverbindung mit neuen Kunden, die der Handelsvertreter geworben hat, auch nach Beendigung des Vertragsverhältnisses erhebliche Vorteile hat,
- der Handelsvertreter infolge der Beendigung des Vertragsverhältnisses Ansprüche auf Provision verliert, die er bei Fortsetzung desselben aus bereits abgeschlossenen oder zu Stande kommenden Geschäften mit den von ihm geworbenen Kunden hätte und

- die Zahlung eines Ausgleichs unter Berücksichtigung aller Umstände der Billigkeit entspricht (§ 89b Abs. 1 HGB).

Die Höhe der Leistung ist jedoch gesetzlich begrenzt und beträgt im Höchstfall eine Jahresprovision, die sich aus dem Durchschnitt der letzten fünf Tätigkeitsjahre ergibt (§ 89b Abs. 2 HGB).

(2) Stimmt ein Handelsvertreter der Umstellung des Vertragsverhältnisses zu, so können Schwierigkeiten im Hinblick auf die Höhe der Vergütung auftreten, da die Vergütung für Reisende oft niedriger liegt als die tatsächliche Vergütung für Vertreter. Dies liegt meist an der Gehaltsstruktur in den sonstigen Bereichen des Verkaufs.

(3) Es wurde in der Praxis oft festgestellt, dass nach der Umstellung die Aktivität, Initiative und der Erfolg der „ehemaligen Vertreter" nachließ. Dem ist durch geeignete Maßnahmen entgegenzuwirken (Nichtmaterielle Leistungsanreize).

30: Mindestauftragsgröße

(1) $\text{Mindestauftragsgröße (€)} = \dfrac{50 \cdot 100}{100 - 70} = \dfrac{5.000}{30} = 166{,}67\ €$

Das Unternehmen muss einen Mindestumsatz von 167 € pro Auftrag erreichen, um die proportionalen Kosten zu decken.

(2) Unter Berücksichtigung von 10 € Fixkosten, sowie eines Gewinnzuschlags von 10 % auf die Kosten ergibt sich ein Umsatzwert von

Mindestumsatz = 177 + 17,7 = 194,70 €

Bei Erzielung eines Gewinns und Deckung aller Kosten muss der durchschnittliche Auftragswert mindestens 194,70 € betragen.

31: Eigenlieferung oder Fremdlieferung

(1) Kosten bei Fremdlieferung:
Kosten: 2.000 (km) · 0,95 € = 1.900 € pro Monat

Kosten bei Eigenlieferung:

Abschreibungen: 2.000 (km) · 0,06 €	=	120 € pro Monat
+ 1.500 € : 12	=	125 € pro Monat
Zinsen · $\dfrac{6.000 \cdot 10 \cdot 1}{100 \cdot 12}$	=	50 € pro Monat
Steuer und Versicherung	= ca.	167 € pro Monat
Lohnkosten	=	1.800 € pro Monat
Treibstoff, Instandhaltungs-, Reparaturkosten (2.000 · 0,15)	=	300 € pro Monat
		2.562 € pro Monat

Bei einem Kostenvergleich ist die Fremdlieferung bei 2.000 km Fahrleistung pro Monat um ca. 662 € günstiger. Längerfristig wäre zu überlegen, ob nicht die Fahrleistung höher als 2.000 km liegt, denn dann könnte die Eigenlieferung günstiger sein. Zudem wäre noch zu überlegen, ob nicht Eigenlieferung für das Image des Unternehmens förderlicher wäre als Fremdlieferung. Ein Fahrer ist bei 2.000 km pro Monat nicht voll ausgelastet, sodass ihm zusätzliche Aufgaben übertragen werden können. Auch ist die Auslieferung durch den eigenen Fahrer eventuell zuverlässiger.

Zusammenfassend sollte nochmals festgehalten werden, dass eine „reine" Kostenbetrachtung die Entscheidung allein nicht bestimmen kann.

(2) Kosten Fremdlieferung = Kosten Eigenlieferung

$$x \cdot 0{,}95 = x \cdot 0{,}06 + 50 + 167 + 1.800 + x \cdot 0{,}15 + 125$$
$$x \cdot 0{,}74 = 2.142$$

$$x = \frac{2.142}{0{,}74} = \underline{\underline{2.894{,}6\text{ km}}}$$

Bei ca. 2.894,6 km sind die Kosten beider Belieferungsmöglichkeiten gleich hoch.

32: Erhöhung des Werbeetats

Um den Antrag des Leiters der Werbeabteilung beurteilen zu können, muss die Höhe des Gewinns aus dem zusätzlich zu erreichenden Umsatz von 1.000.000 € bekannt sein. Dem Antrag des Werbeleiters sollte nur entsprochen werden, wenn der zusätzliche Umsatz auch einen zusätzlichen Gewinn einbringt, der höher als 150.000 € ist.

33: Werbeetatverteilung

(1) In diesem Fall haben die Zeitschriften E und B den niedrigsten Tausender-Preis. Wird unterstellt, dass eine maximale Zahl von Lesern erreicht werden soll, empfiehlt es sich, nur diese beiden Zeitschriften zu belegen. Und zwar

3 mal Zeitschrift B	=	84.000 €
4 mal Zeitschrift E	=	160.000 €
		244.000 €

Damit verbleibt ein Restetat von 6.000 €. Insgesamt können somit durch B und E bei einmaliger Belegung ca. 2,5 Mio. Leser erreicht werden.

(2) Um die zielgruppenspezifische Belegung zu ermitteln, ist erst der zielgruppenspezifische Tausender-Preis zu ermitteln:

Zeitschrift	zielgruppenspezifischer Tausender-Preis
A	40,00 €
B	46,67 €
C	48,57 €
D	37,75 €
E	36,11 €
F	48,33 €

Bei dieser Fragestellung sind vorzugsweise E und D zu belegen:

Zeitschrift E: 4 mal 40.000 € = 160.000 €
Zeitschrift D: 3 mal 30.000 € = 90.000 €
= 250.000 €

Insgesamt lassen sich damit folgende Hausfrauen erreichen:

$$\text{Zeitschrift E: Leser pro Nummer} = \frac{40.000 \cdot 1.000}{26} \cdot 0{,}7 = \frac{28.000.000}{26}$$

= 1,08 Mio. Leser pro Ausgabe E

$$\text{Zeitschrift D: Leser pro Nummer} = \frac{30.000 \cdot 1.000}{30} \cdot 0{,}8$$

= 800.000 Leser pro Ausgabe D

Somit lassen sich bei einmaliger Belegung von Ausgabe E und D 1,88 Mio. Hausfrauen erreichen.

34: Auswahl der Werbeträger

Nach Umfragen des Verein Deutscher Maschinenbau-Anstalten e. V. (VDMA) entfallen im Maschinenbau auf Messen und Ausstellungen, Werbedruckschriften und Anzeigenwerbung die prozentual höchsten Ausgaben im Rahmen der Werbung.

Im vorliegenden Fall kommt es auf das Werbeziel des Unternehmens an, welche Werbeträger eingesetzt werden müssen, sodass sich die Frage nur allgemein beantworten lässt.

Auf jeden Fall sollte das Unternehmen auf den entsprechenden Messen vertreten sein. Auch eine Eintragung in Branchenadressbücher ist zu empfehlen. Ob und wie oft Insertionen in Fachzeitschriften oder Direktwerbeaktionen Erfolg versprechend sind, hängt vom Werbeziel ab.

35: Werbemittel des Fachhandels

Als Werbeträger für ein Bekleidungsfachgeschäft bieten sich insbesondere an:

(1) Schaufensterwerbung
(2) Inserate (Beilagen) in Tageszeitungen und Anzeigenblätter
(3) Werbebriefe an ehemalige Kunden oder Interessenten
(4) Lichtwerbung außen
(5) Musik (innen)
(6) Duftwerbung (innen)
(7) Werbegeschenke
(8) Modenschauen
(9) Regionaler Hörfunk
(10) Internet
(11) Kinowerbung
(12) Bandenwerbung
(13) Luftwerbung

Gemessen an den Werbekosten insgesamt entfielen nach einer Untersuchung von *Klein-Blenkers* (*Klein-Blenkers F.*, Die Werbung des Facheinzelhandels, Köln und Opladen 1970) auf Schaufensterwerbung ca. 73 %, auf Inserate ca. 17 % und Werbebriefe ca. 3 %. Die übrigen Kosten verteilen sich auf Werbegeschenke, Werbedias, Verkehrsmittelwerbung, Modenschauen, Außenfrontwerbung usw. Heute kommt das Internet, Kinowerbung und Hörfunk als wichtige Werbeträger dazu.

Die Wahl des „richtigen" Werbemittels und Werbeträgers hängt letztlich von der Zielsetzung ab, die mit der Werbeaktion erreicht werden soll.

36: Kosten der Werbeträger

(1) **Kontaktchance**

Fachzeitschriften: 18.000 Interessenten (Leser)
Direktwerbung: 18.000 Interessenten (Empfänger)
Messe: 6.000 Messebesucher (Interessenten)

(2) **Kosten pro Kontaktchance**

Fachzeitschriften: $\frac{5.600\ €}{18.000 \text{ Empfänger}} = 0{,}31\ €$ pro Empfänger

Direktwerbung: $\frac{68.760\ €}{18.000 \text{ Empfänger}} = 3{,}82\ €$ pro Empfänger

Messe: $\frac{120.000\ €}{6.000 \text{ Messebesucher}} = 20\ €$ pro Messebesucher

(3) **Kosten pro Kontakt**

Fachzeitschrift: $\frac{5.600\ €}{180 \text{ Kontakte}} = 31\ €$ pro Kontakt

Direktwerbung: $\frac{68.760\ €}{180 \text{ Kontakte}} = 382\ €$ pro Kontakt

Messe: $\frac{120.000\ €}{600 \text{ Messegespräche}} = 200\ €$ pro Messegespräch

(4) Die jeweils erzielten Kontakte können nicht alle als qualitativ gleich angesehen werden.

37: Werbeerfolgskontrolle

Zu (1) Ob in der Tat 10 % der Passanten zum näheren Betrachten des Schaufensters stehen bleiben, kann nur durch Beobachtung festgestellt werden.

Zu (2) Ein 20 %iger „Erinnerungserfolg" kann durch ein telefonisches Interview im Anschluss an die Fernsehwerbung festgestellt werden.

Zu (3) Dieser Erfolg lässt sich aufgrund der zurückgesendeten Teilnahmescheine (Coupons) im Vergleich zu der Anzahl der verkauften Zeitschriften ermitteln.

38: Verkaufs- und Werbeentscheidungen

Die Aufgaben von Werbung und Verkauf im Rahmen des Marketing-Mix sind unterschiedlich, lassen sich jedoch nicht genau voneinander trennen, weil sie Instrumente ein und desselben Kommunikationsprozesses zwischen Anbieter und Käufer sind. Oft ist Werbung sogar der Ersatz für das persönliche Verkaufsgespräch, z. B. wenn ein Unternehmen 20 Millionen Haushaltungen ansprechen will.

Es ist ohne Zweifel richtig, dass die Werbung allein keine komplizierten Maschinen verkaufen kann. Andererseits kann die Werbung ein günstiges Klima für das Verkaufsgespräch des Verkäufers schaffen. Werbung kann dazu beitragen, dass der Markt Vertrauen zu einem Unternehmen hat. Werbung kann Aufgaben erfüllen, die ein Verkäufer nicht erfüllen kann, sei es, weil ein persönliches Verkaufsgespräch zu teuer ist, sei es, weil er sich selbst unbeliebt machen würde, wenn ein Verkäufer zu oft beim Kunden erscheint. Die Werbebotschaft dagegen kann so oft, wie es kostenmäßig zu verantworten ist, verbreitet werden. Zwar ist es richtig, dass bei erklärungsbedürftigen Maschinen die Werbung nicht direkt verkaufen kann; sie kann aber Aufmerksamkeit erregen, Anfragen auslösen, den Wunsch nach Informationsmaterial hervorrufen usw. Dadurch wird die Aufgabe des Verkäufers, einen Abschluss zu erzielen, zum Teil erst lösbar und wesentlich erleichtert. Das Unternehmen kann daher auf Werbung nicht verzichten.

Werbung und persönlicher Verkauf sind je nach Einzelfall entsprechend anzuwenden.

39: Preissenkung - Werbekampagne

(1) Da die meisten Märkte für Markenartikel in der Bundesrepublik oligopolistisch strukturiert sind, erscheint es zweifelhaft, ob preispolitische Maßnahmen den gewünschten Erfolg haben werden. Zudem ist das Risiko kaum einschätzbar. Bei den vorgesehenen Werbemaßnahmen dagegen ist sowohl das Risiko abschätzbar als auch eher gewährleistet, dass die Konsumenten tatsächlich erreicht werden. Werbemaßnahmen schaden in der Regel dem Image eines Produktes nicht, während Preissenkungen eher negative Effekte auf das Image haben können. Hinzu kommt, dass Werbemaßnahmen im Prinzip beliebig wiederholbar und veränderten Marktgegebenheiten jederzeit angepasst werden können.

(2) Bei der Preissenkung betragen die entsprechenden Kosten für 120.000 Stück insgesamt 1.440.000 €. Bei Durchführung der Werbekampagne dagegen entstehen insgesamt Kosten von 1.740.000 €. Bei der Preissenkung ergibt sich somit ein Deckungsbeitrag von 1.200.000 €, während er bei der Werbekampagne 1.260.000 € beträgt.

(3) Unter Berücksichtigung der Ausführungen zu (1) und (2) ist daher die Werbekampagne in diesem Falle grundsätzlich vorzuziehen.

40: Kosten der Außendienstmitarbeiter

Die Kosten der Planung sind auf 1.240.000 € zu erhöhen.

Kosten der 20 Reisenden: $K = 20\,(12 \cdot 1.000) + \dfrac{2 \cdot 50.000.000}{100}$

$$= 20\,(12 \cdot 1.000) + 1.000.000$$

$$= 240.000 + 1.000.000$$

$$= \underline{\underline{1.240.000\ €}}$$

41 : Bewertung von Reisenden und Handelsvertretern

Beurteilungskriterien	Reisende	Handelsvertreter
1. Steuerungsfähigkeit	5	2
2. Verkaufsfähigkeit	3	4
3. Technische Fähigkeit	4	2
4. Kundenbetreuung	4	3
5. Einsatz	3	5
6. Kontrolle	4	2
7. Informationsbeschaffung	5	3
8. Flexibilität	5	1
9. Kundenpflege	4	2
10. Unternehmensloyalität	4	3
Insgesamt	41	27

Nach diesem Kurzbewertungsverfahren sind – ohne Berücksichtigung der Kostengesichtspunkte – Reisende vorzuziehen.

42: Verkaufsleiter

(a) **Stellenbeschreibung für den Verkaufsleiter eines größeren Industrieunternehmens**

I. Stellenbezeichnung
Verkaufsleiter.

II. Dienstrang
Verkaufsdirektor.

III. Unterstellung
Der Verkaufsdirektor ist dem Geschäftsführer unterstellt. Dieser ist auch sein Disziplinarvorgesetzter.

IV. Überstellung
Dem Verkaufsdirektor sind folgende Mitarbeiter unterstellt:

A. In Linienfunktion:
Der Leiter des Verkaufs Inland
Der Leiter des Verkaufs Ausland
Der Leiter der Versandabteilung
Der Leiter der Kundendienstabteilung
Der Leiter der Marketingabteilung

B. In Stabsfunktion:
Der Leiter der Marktforschung
Der Leiter der Werbeabteilung

C. In Linien-, Stabs- und Dienstleistungsfunktion:
Die Sekretärin

V. Ziel der Stelle
Er hat eine möglichst effiziente Verkaufsorganisation auf- und auszubauen und den Verkauf unter optimalem Einsatz aller ihm zur Verfügung stehenden Marketinginstrumente (z. B. Werbung) so zu steuern, dass die von der Unternehmensleitung festgelegten Marktziele mit dem größtmöglichen Gewinn auf die Dauer erreicht werden.
Dabei hat er seine Mitarbeiter so zu führen, dass er sich deren Initiative und Mitdenken nutzbar macht. (Im Einzelnen wird auf die „Allgemeine Führungsanweisung" verwiesen.)

VI. Stellvertretung
1. Er wird durch seinen hauptamtlichen Stellvertreter vertreten.
2. Er vertritt nebenamtlich den Leiter der Verkaufsabteilung Inland.

VII. Der Aufgabenbereich im Einzelnen
Folgende fachlichen Aufgaben hat der Stelleninhaber selbst wahrzunehmen:

A. In Linienfunktion
1. Verkaufspolitik
a) Er entscheidet über den Zeitpunkt und das Aktionsprogramm zur Einführung neuer Produkte.
b) Er bestimmt die Instrumente der Absatzpolitik wie:
aa) die Vertriebswege;
bb) die werbepolitischen Maßnahmen, insbesondere die Einschaltung von Werbeagenturen im Rahmen des Budgets;
cc) Art und Umfang des Service;
dd) Versand- und Verpackungsformen.
c) Er entscheidet über die endgültigen Verkaufs-Soll-Zahlen für die verschiedenen Warengruppen im In- und Ausland nach Anhören des Leiters der Produktion.

d) Er entscheidet über die Teilnahme an Messen und Ausstellungen im In- und Ausland sowie deren personelle Besetzung.
e) Er bestimmt die Richtlinien für die Ersatzteillagerhaltung.
f) Er bestimmt die Grundsätze zur Behandlung von Reklamationen.

2. Verkauf
a) Er trifft die Grundsatzentscheidung über die Verkaufsförderung.
b) Er entscheidet über dritte Mahnungen an Großkunden sowie über eventuelle weitere Schritte bei Forderungen, die den Betrag von € .... übersteigen.
c) Er entscheidet über Preisnachlässe bei auslaufenden oder geänderten Artikeln.
d) Er entscheidet über Sonderzahlungsbedingungen und Lieferungen von Mustern im Rahmen der Richtlinien.

3. Personal
a) Er entscheidet über Einstellung, Entlassung und Versetzung von Außendienstmitarbeitern sowie Mitarbeitern des Innendienstes bis zum Rang eines Abteilungsleiters.
b) Er entscheidet über die Aus- und Weiterbildungsmaßnahmen von Außendienstmitarbeitern im Rahmen des Gesamtschulungsprogramms.
c) Er entscheidet über die Richtlinien der Vergütung (Fixum, Provisionen, Prämien) sowie Reisekosten von Außendienstmitarbeitern.
d) Er entscheidet über Ernennungen bis einschließlich zum Abteilungsleiter.

4. Verwaltung
a) Er entscheidet über Verkäuferwettbewerbe und deren Prämierung.
b) Er entscheidet über die Anschaffung von Organisationsmitteln für die ihm unterstellten Bereiche im Rahmen des Budgets.

B. In Stabsfunktion
1. Er berät den Geschäftsführer bei der Festlegung der Einzelziele im Bereich Verkauf.
2. Er berät den Geschäftsführer bei der Entscheidung über die Einführung neuer und die Aufgabe alter Produkte.
3. Er berät den Geschäftsführer bei der Festlegung der Listenpreise und der Aufstellung von Richtlinien für die allgemeinen Verkaufsbedingungen.
4. Er berät den Geschäftsführer bei der Aufstellung der Richtlinien für Sonderzahlungsbedingungen und Lieferung von Mustern, Ersatzlieferungen und Gutschriften.
5. Er macht dem Geschäftsführer Vorschläge für das Schulungsprogramm im Bereich des Verkaufs.

C. Nach außen wahrzunehmende Aufgaben
1. Er verhandelt mit Finanzierungsinstituten wegen Sonderfragen der mittelfristigen Finanzierung im Auslandsgeschäft.

VIII. Besondere Befugnisse
1. Der Stelleninhaber unterschreibt seine Post als Einzelprokurist.
2. Er ist berechtigt, Geschäftsreisen bis zu einer Reisedauer von 7 Tagen ohne Genehmigung im Rahmen der Richtlinien durchzuführen.
3. Er verfügt über einen Geschäftswagen, den er auch privat verwenden kann.
4. Er ist berechtigt, die ihm zur ordnungsgemäßen Wahrnehmung seiner Aufgaben erforderlichen Ausgaben zu machen.
5. Er ist nicht an die im Unternehmen allgemein übliche Arbeitszeit gebunden.

(b) Eine bessere organisatorische Lösung, die eine volle Verwirklichung des Marketingkonzeptes im vorliegenden Fall bietet, wäre die folgende kurz skizzierte Gliederung:

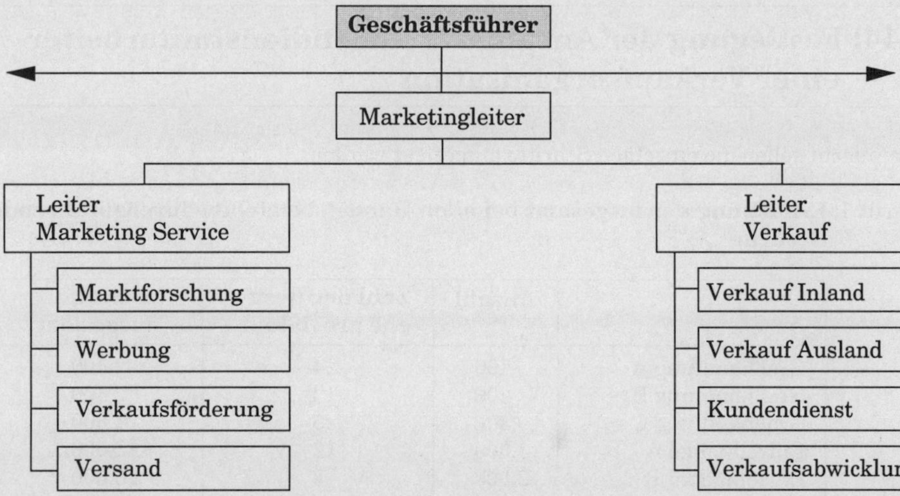

Bei dieser Lösung sind alle Marketingfunktionen dem Marketingleiter unterstellt, der auch die Kompetenz und Verantwortung hat. Für die Teilfunktion Verkauf ist der Leiter Verkauf zuständig, in dessen Bereich alle mit dem Verkauf direkt zusammenhängenden Aufgaben liegen.

43: Motivation des Außendienstes

(1) Die Frage, ob die Außendienstmitarbeiter zu gering motiviert sind, sollte der Verkaufsleiter im ersten Schritt durch eine Analyse der vorliegenden Besuchsberichte (Tages-, Wochen-, Monatsberichte) zu klären versuchen. Im zweiten Schritt sollte er dann durch Gespräche in Erfahrung bringen, ob und inwieweit eine mangelnde Motivation bei den einzelnen Außendienstmitarbeitern vorliegt.

(2) Im Rahmen der monetären Motivationssteigerung wäre eine Umstellung der Vergütung denkbar. Danach könnte sich z. B. die Vergütung aus den drei Komponenten Festgehalt, Provision und Prämie zusammensetzen. Ob dieser Weg gegangen werden soll, müsste aufgrund der Analyse der spezifischen Situation entschieden werden.

(3) An nichtmonetären Anreizen wären denkbar:
- Zurverfügungstellung eines Pkw der gehobenen Mittelklasse
- Verkäufermeetings
- Einführung von realistischen Soll-Vorgaben
- Verkäuferschulungen
- Verkäuferwettbewerbe
- Auszeichnungen bei sehr guten Leistungen
- Intensivierung des persönlichen Kontaktes zwischen Verkaufsleitung und Verkäufern
- Verbesserung des „Betriebsklimas" usw.
- Topverkäuferclubs
- Eventteilnahmen

Auch bei diesen Anreizen muss unter Berücksichtigung der Gesamtsituation entschieden werden, welche Möglichkeiten eingesetzt werden können und sollen.

44: Festlegung der Anzahl der Außendienstmitarbeiter einer Verkaufsorganisation

Vereinfacht sollen die einzelnen Schritte aufgezeigt werden.

Schritt 1: **Ermittlung der insgesamt bei allen Handelsbetrieben durchzuführenden Besuche**

	Anzahl	Zahl der Besuche pro Jahr	Besuche insgesamt
Großhandlung A	100	24	2.400
Großhandlung B	200	12	2.400
Großhandlung C	300	6	1.800
Einzelhandel A	1.000	12	12.000
Einzelhandel B	2.000	8	16.000
Einzelhandel C	3.000	6	18.000
Kunden insgesamt	6.600		52.600

Gesamtzahl der Besuche = 52.600

Schritt 2: **Ermittlung der Besuche, die ein Außendienstmitarbeiter im Jahr ausführen kann**

Dabei kann im vorliegenden Fall von durchschnittlich 8 Besuchen pro Verkäufer ausgegangen werden. Anzahl der Arbeitstage pro Jahr 210.

Besuche eines Verkäufers im Jahr = 8 · 210 = 1.680 Besuche pro Jahr.

Schritt 3: **Ermittlung der erforderlichen Anzahl Verkäufer**

$$\text{Anzahl Verkäufer} = \frac{\text{Gesamtzahl der Besuche}}{\text{Besuche eines Verkäufers pro Jahr}} = \frac{52.600}{1.680} = 31{,}3 \text{ Verkäufer}$$

Es werden bei den vorliegenden Gegebenheiten 32 Verkäufer benötigt.

Durch die vereinfachte Rechnung ergibt sich, dass noch 2 Verkäufer einzustellen sind.

In der Praxis kann es aber durchaus sein, dass die 30 vorhandenen Verkäufer völlig ausreichen, wenn die zwischen Außendienstmitarbeitern und Verkaufsleitern eingesetzten 5 Gebietsverkaufsleiter bestimmte, die Verkäufer entlastende Aufgaben, übernehmen. Da, wie im vorliegenden Fall, im Durchschnitt 6 Verkäufer einem Gebietsverkaufsleiter unterstehen, erscheint dies durchaus möglich, da man in ähnlich liegenden Situationen von einer Kontrollspanne von 5 - 8 Verkäufern ausgeht.

Sollte der Verkaufsleiter jedoch bisher noch keine Gebietsverkaufsleiter eingesetzt haben, so ist ihm schnellstens zu raten, diese einzusetzen. In diesem Falle sind die Klagen der Außendienstmitarbeiter berechtigt.

45: Kennzahlen der Verkaufskontrolle

(1) Zur Kontrolle der Verkaufstätigkeit empfehlen sich u. a. folgende Kennzahlen:

- Deckungsbeitrag/Produkt
- Deckungsbeitrag/Auftrag
- Deckungsbeitrag/Kunde
- Kosten je €-Umsatz
- Kosten in % vom Umsatz
- Kosten in % vom Deckungsbeitrag
- Umsatz je Auftrag
- Umsatz je Kunde
- Marktausschöpfung in %
- Ist-Umsatz in % vom Soll-Umsatz
- Anzahl der Produkte, die 30 % des Umsatzes ausmachen
- Anzahl der Produkte, die 60 % des Umsatzes ausmachen
- Anzahl der Produkte, die 80 % des Umsatzes ausmachen usw., je nach Situation des Unternehmens.
- Anzahl der Besuche pro Tag
- Besuche pro Auftrag
- Anzahl der Neukunden
- „Verlorene Aufträge"
- Verlorene Stammkunden
- Entwicklung des Marktanteils

(2) Zur Messung der individuellen Leistung der Verkäufer eignen sich besonders:

Anzahl der Besuche pro Tag
Anzahl der Neukunden
Anzahl der verlorenen Kunden
Besuche/Auftrag
Umsatz/Besuch
Deckungsbeitrag/Besuch
Anzahl der gefahrenen km
Höhe der eingeräumten Rabatte
usw.

46: Verkaufsförderer

(1) Die wesentlichen Aufgaben eines Verkaufsförderers im Marketingartikelsektor bezogen auf Händler sind, den Handel zu besuchen und ihn bei dem Absatz der angebotenen Artikel zu unterstützen. Im Einzelnen sind von Fall zu Fall folgende Aufgaben durchzuführen:

1. Schulungsprogramme beim Handel
2. Händlerinformationen
3. Händlerbefragungen
4. Schaufensterpflege
5. „Regalpflege"
6. Aufstellen von Displays (Bodensteller, Deckenhänger, Regalstopper, Schaufensterkleber, Deckendekoration usw.)
7. Displays mit Zusatznutzen für Käufer
8. Kassenaufsätze aufstellen
9. „Stumme Verkäufer"
10. Prospekte verteilen
11. Preisausschreiben fördern
12. Kundenzeitschrift verteilen
13. Sonderangebote anregen
14. Giveaways
15. Proben anbieten
16. Vorführungen
17. Tragetaschenverteilung
18. Gratisverlosungen
19. Händlertagungen
20. Gewinnspiele beim Verkaufspersonal

(2) Je nachdem, welche Leistungen ein Unternehmen anbietet und welche Absatzwege es wählt, wird man eine der folgenden grundsätzlichen organisatorischen Gliederungen wählen:

Fall 1:

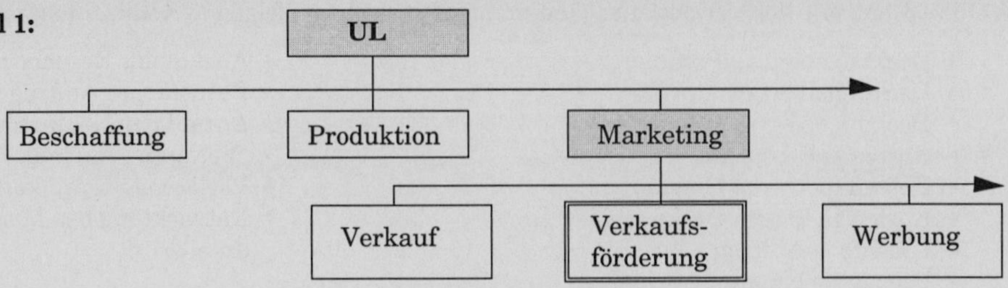

Fall 2:

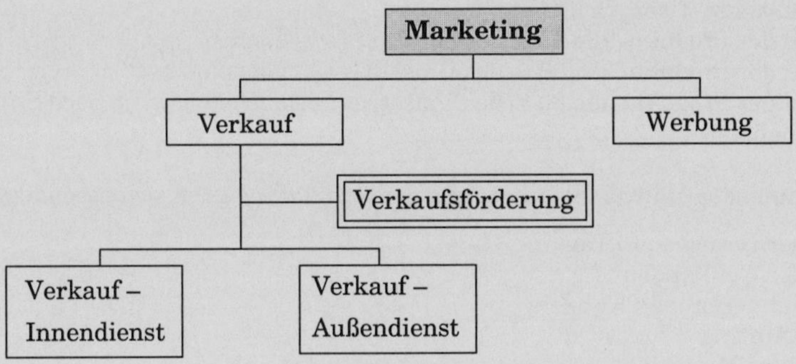

Fall 3:

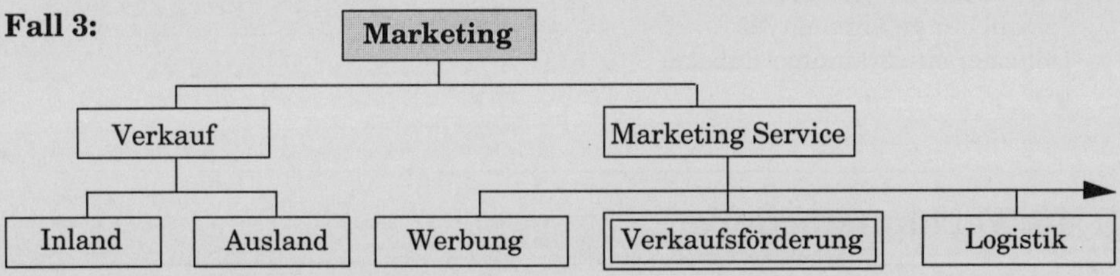

Neben den drei skizzierten Fällen sind noch verschiedene andere Kombinationen, je nach der jeweiligen Marktsituation (z.B. Konkurrenz, Angebot, Wettbewerb) denkbar.

47: Absatz- und Verkaufsförderungsmaßnahmen

(1) Da vom Preis, vom Design und von der Leistungs- und Funktionsfähigkeit der Artikel der geringe Absatz nicht zu erklären ist, muss geprüft werden, ob die funkferngesteuerten Schiffe genügend bekannt gemacht wurden und die Zielgruppen über das Angebot hinreichend informiert sind.

Es empfiehlt sich daher sowohl Werbe- als auch Verkaufsförderungsmaßnahmen durchzuführen. Obgleich das Marktpotenzial begrenzt ist, sind u.E. Anzeigen in einschlägigen Zeitschriften sowie die Unterstützung von Anzeigen des Fachhandels in Tageszeitungen zu empfehlen. Die Werbung über Fernsehen und Rundfunk scheidet u. E. wegen der damit verbundenen hohen Kosten und Streuverluste aus.

Dagegen sind in verstärktem Umfang Verkaufsförderungsmaßnahmen durchzuführen. Hier empfehlen sich z. B. Preisausschreiben, Verteilung aussagefähiger Prospekte an Händler, günstige Platzierung in den Schaufenstern und Fachgeschäften der Händler, Displays, Käuferwettbewerbe usw. Die Verkaufsförderungsmaßnahmen scheinen grundsätzlich Erfolg versprechender zu sein, da sie gezielter durchgeführt werden können. Auf die Werbemaßnahmen sollte jedoch nicht verzichtet werden.

(2) Da bisher nur der Facheinzelhandel beliefert wurde, kann der relativ geringe Absatz auch darin begründet liegen, dass die Fachabteilungen der Warenhäuser und der SB-Warenhäuser nicht beliefert wurden. Da ein nicht unbeträchtlicher Teil an Spielwaren in Warenhäusern gekauft wird, muss untersucht werden, ob nicht in der Vernachlässigung dieses Absatzweges der geringe Absatz begründet ist. Ob auch ein Absatz über den Versandhandel infrage kommt, sollte ebenfalls geprüft werden.

48: Öffentlichkeitsarbeit

Zielgruppen und Kommunikationsmaßnahmen (Quelle: Absatzwirtschaft Nr. 10, 1977, S. 50)

Zielgruppen	Kommunikationsmaßnahmen	Zielgruppen	Kommunikationsmaßnahmen
Öffentlichkeit insbesondere Presse Tageszeitungen Illustrierte Fachzeitungen Betriebszeitung Internet	Pressemitteilung Pressemappe Firmenportrait Mitarbeitervorstellung Anzeigenkampagne Radio, TV-Spots	**Belegschaft** aktive Mitarbeiter Pensionäre Lehrlinge Angehörige Hinterbliebene Intranet Business TV	Geldzuwendungen arbeitsfreier Tag Jubilarehrungen Broschüren Festakte Festessen Betriebsausflüge Pensionsfonds Lehrwerkstätten Lehrlingsfreizeitheime Betriebsbesichtigungen persönlicher Kontakt mit Firmenspitze
Institutionen Wirtschaft und Forschung Hochschulen Kindergärten Unicef Kinderdörfer Waisenhäuser Kunstakademien Künstler Stadt, Staat Sportvereine Kirche Schulen	Schenkung Stiftung Gebäude Anlagen Sachmittel Fondsbildung Kunst Restaurierungsübernahme Geb. kariativer Einrichtungen Kunstdenkmal	**Geschäftspartner** Kunden potenzielle Kunden zukünftige Kunden Lieferanten Branchenkollegen Kapitaleigner potenzielle Kapitalgeber Banken	Jubiläumsangebote - produkte - rabatte - geschenke - werbung PR-Maßnahmen Broschüren Empfänge Festakte Diners Kulturveranstaltungen Jubiläumsaktien Jubiläumsausschüttungen
Personenkreis - Publikum allgemein - ältere Menschen - Kinder - speziell Interessierte - Sportfreunde - Kunstliebhaber	Öffentlicher Festakt Feuerwerk Volksbelustigung Tag der offenen Tür Denkmalseinweihung Straßennamensänderung Broschüren Anzeigenkampagnen Geschenkverteilung Stiftung von Bänken Kinderspielplätze Spiele Kunstereignisse Sportveranstaltungen Siegesprämienstiftungen Naturschutzaktivitäten		

49: Einführung eines Produktes

1. Schritt:
Festlegung des Marketingziels, z. B.: Erzielung eines Marktanteils von 2 % am Gesamtmarkt „Zahnpasta" innerhalb eines Jahres.

2. Schritt:
Festlegung der Zielgruppen, die mit der neuen Zahnpasta erreicht werden sollen. Im vorliegenden Fall sollen bewusst männliche Personen angesprochen werden, d.h. die Zahnpasta soll einen bewusst „männlichen Duft" ausstrahlen.

3. Schritt:
Die Informationen aus dem Absatzmarkt müssen beschafft werden, damit die Zielpersonen in der „richtigen" Art und Weise angesprochen werden können. Das bedingt, dass Informationen über Aussehen und Geschmack der Zahnpasta sowie über die potenziellen Abnehmer in Erfahrung gebracht werden. Da die produktionstechnischen Probleme im vorliegenden Fall unbedeutend erscheinen, soll darauf nicht näher eingegangen werden.

4. Schritt:
Aufgrund der durch die Marktforschung gewonnenen Informationen werden Grobplanungen im Hinblick auf das Produktions- und Absatzvolumen erstellt.

5. Schritt:
Auf der Grundlage der Grobplanung sind detaillierte Pläne für Absatz (an wen, wo, wann) und Produktion zu erstellen.

6. Schritt:
Nunmehr werden die Teilpläne wie Werbeplan, Plan der Verkaufsförderung usw. erstellt und mit den übrigen Plänen und Abteilungen abgestimmt.
Im Werbeplan geht es z. B. darum, mit welcher Werbebotschaft und welchen Werbemitteln und Werbeträgern (Fernsehen, Rundfunk, Zeitschriften usw.) die Zielpersonen erreicht werden können. Besondere Bedeutung ist im vorliegenden Fall der Planung der Verpackung beizumessen.

7. Schritt:
Nach Erstellung der verschiedenen Einzelpläne sind diese sowohl inhaltlich als auch zeitlich wechselseitig aufeinander abzustimmen und dann zu verabschieden.

8. Schritt:
Die Pläne werden nunmehr durch die zuständigen Instanzen realisiert.

9. Schritt:
Nach Ablauf eines Jahres wird kontrolliert, ob die Marketingzielsetzung, nämlich 2 % Marktanteil, erzielt wurde. Wurde das Ziel nicht erreicht, sind die Ursachen zu suchen und ggf. die Pläne entsprechend anzupassen.

50: Absatzanalyse

(1) • Zuerst sollte der Verkaufsleiter untersuchen, ob und inwieweit Aktivitäten der Konkurrenz (neue Modelle, Werbekonzeption, Preissenkungen usw.) einen Einfluss auf den Umsatzrückgang haben könnten.

• Da der Absatz von Pkw – wie Untersuchungen gezeigt haben – durch Erhöhung der Benzinpreise beeinflusst werden kann, müsste untersucht werden, ob diese Situation hier zum Umsatzrückgang geführt hat.

• Die allgemeine wirtschaftliche Lage müsste analysiert werden, da hiervon ebenfalls Einflüsse ausgehen können.

• Ferner müsste geprüft werden, ob sich vielleicht das Käuferverhalten geändert hat. Hier wäre denkbar, dass Pkw-Besitzer ihre Automobile länger fahren als bisher oder die oben genannten Modelle (Spareffekt) nicht mehr gekauft werden (Wechselkäufer).

(2) Grundsätzlich kann der Verkaufsleiter der Unternehmensleitung nur dann Vorschläge zur Behebung des Umsatzrückgangs machen, wenn Faktoren den Umsatzrückgang bewirkt haben, auf die das Unternehmen Einfluss nehmen kann.

Folgende Beispiele wären u. a. denkbar:

Ursache Umsatzrückgang	**Maßnahmen**
1. Produkte der Konkurrenz besser	1. Neue, verbesserte Modelle entwickeln
2. Eigene PKW zu groß und teuer	2. Kleinere und billigere PKW auf den Markt bringen
3. Steigende Benzinpreise	3. Sparsamere Automobile entwickeln oder PKW mit anderer Antriebsenergie ausrüsten
4. Bessere Werbepräsentation der Konkurrenz	4. Neue Werbekonzeptionen entwickeln
5. Schlechter Kundendienst	5. Kundendienst verbessern
6. Zu geringe Anzahl von Händlern	6. Neue qualifizierte Händler anwerben
7. Schlechtes Unternehmens- und Produktimage	7. Unternehmens- und Produktimage verbessern

In der Regel wird eine Maßnahme allein nicht ausreichen, sondern nur eine problemadäquate Kombination mehrerer Maßnahmen.

Stichwortverzeichnis